“十三五”国家重点出版物
出版规划项目

中国植物
大化石记录
1865—2005

Ⅱ

中国中生代真蕨植物大化石记录

Record of Mesozoic Megafossil Filicophytes from China

吴向午 李春香 王永栋 王 冠／编著

科学技术部科技基础性工作专项
(2013FY113000)资助

中国科学技术大学出版社

内 容 简 介

本书是“中国植物大化石记录(1865－2005)”丛书的第Ⅱ分册，由内容基本相同的中、英文两部分组成，共记录1865－2005年间正式发表的中国中生代真蕨植物大化石属名109个(含依据中国标本建立的属名35个)、种名903个(含依据中国标本建立的种名402个)。书中对每一个属的创建者、创建年代、异名表、模式种、分类位置以及种的创建者、创建年代和模式标本等原始资料做了详细编录；对归于每个种名下的中国标本的发表年代、作者(或鉴定者)，文献页码、图版、插图、器官名称，产地、时代、层位等数据做了收录；对依据中国标本建立的属、种名，种名的模式标本及标本的存放单位等信息也做了详细汇编。各部分附有属、种名索引，存放模式标本的单位名称及丛书属名索引(Ⅰ－Ⅵ分册)，书末附有参考文献。

本书在广泛查阅国内外古植物学文献和系统采集数据的基础上编写而成，是一份资料收集较齐全、查阅较方便的文献，可供国内外古植物学、生命科学和地球科学的科研、教育及数据库等有关人员参阅。

图书在版编目(CIP)数据

中国中生代真蕨植物大化石记录/吴向午，李春香，王永栋，王冠编著. —合肥：中国科学技术大学出版社，2019.4
(中国植物大化石记录：1865－2005)
国家出版基金项目
“十三五”国家重点出版物出版规划项目
ISBN 978-7-312-04615-5

Ⅰ. 中…　Ⅱ. ① 吴… ② 李… ③ 王… ④ 王…　Ⅲ. 中生代—真蕨类植物—植物化石—中国　Ⅳ. Q914.2

中国版本图书馆CIP数据核字(2018)第272587号

出版　中国科学技术大学出版社
　　　安徽省合肥市金寨路96号
　　　http://press.ustc.edu.cn
　　　https://zgkxjsdxcbs.tmall.com
印刷　合肥华苑印刷包装有限公司
发行　中国科学技术大学出版社
经销　全国新华书店

开本　787 mm×1092 mm　1/16
印张　39.75
插页　1
字数　1281千
版次　2019年4月第1版
印次　2019年4月第1次印刷
定价　350.00元

总序

古生物学作为一门研究地质时期生物化石的学科，历来十分重视和依赖化石的记录，古植物学作为古生物学的一个分支，亦是如此。对古植物化石名称的收录和编纂，早在19世纪就已经开始了。在K. M. von Sternberg于1820年开始在古植物研究中采用林奈双名法不久后，F. Unger就注意收集和整理植物化石的分类单元名称，并于1845年和1850年分别出版了*Synopsis Plantarum Fossilium*和*Genera et Species Plantarium Fossilium*两部著作，对古植物学科的发展起了历史性的作用。在这以后，多国古植物学家和相关的机构相继编著了古植物化石记录的相关著作，其中影响较大的先后有：由大英博物馆主持，A. C. Seward等著名学者在19世纪末20世纪初编著的该馆地质分部收藏的标本目录；荷兰W. J. Jongmans和他的后继者S. J. Dijkstra等用多年时间编著的*Fossilium Catalogus Ⅱ：Plantae*；英国W. B. Harland等和M. J. Benton先后主编的*The Fossil Record* (*Volume 1*)和*The Fossil Record* (*Volume 2*)；美国地质调查所出版的由H. N. Andrews Jr. 及其继任者A. D. Watt和A. M. Blazer等编著的*Index of Generic Names of Fossil Plants*，以及后来由隶属于国际生物科学联合会的国际植物分类学会和美国史密森研究院以这一索引作为基础建立的"Index Nominum Genericorum (ING)"电子版数据库等。这些记录尽管详略不一，但各有特色，都早已成为各国古植物学工作者的共同资源，是他们进行科学研究十分有用的工具。至于地区性、断代的化石记录和单位库存标本的编目等更是不胜枚举：早年F. H. Knowlton和L. F. Ward以及后来的R. S. La Motte等对北美白垩纪和第三纪植物化石的记录，S. Ash编写的美国西部晚三叠世植物化石名录，荷兰M. Boersma和L. M. Broekmeyer所编的石炭纪、二叠纪和侏罗纪大化石索引，R. N. Lakhanpal等编写的印度植物化石目录，S. V. Meyen的植物化石编录以及V. A. Vachrameev的有关苏联中生代孢子植物和裸子植物的索引等。这些资料也都对古植物学成果的交流和学科的发展起到了积极的作用。从上述目录和索引不难看出，编著者分布在一些古植物学比较发达、有关研究论著和专业人员众多的国家或地区。显然,目录和索引的编纂,是学科发展到一定阶段的需要和必然的产物,因而代表了这些国家或地区古植物学研究的学术水平和学科发展的程度。

虽然我国地域广大,植物化石资源十分丰富,但古植物学的发展较晚,直到 20 世纪 50 年代以后,才逐渐有较多的人员从事研究和出版论著。随着改革开放的深化,国家对科学日益重视,从 20 世纪 80 年代开始,我国古植物学各个方面都发展到了一个新的阶段。研究水平不断提高,研究成果日益增多,不仅迎合了国内有关科研、教学和生产部门的需求,也越来越多地得到了国际同行的重视和引用。一些具有我国特色的研究材料和成果已成为国际同行开展相关研究的重要参考资料。在这样的背景下,我国也开始了植物化石记录的收集和整理工作,同时和国际古植物学协会开展的"Plant Fossil Record (PFR)"项目相互配合,编撰有关著作并筹建了自己的数据库。吴向午研究员在这方面是我国起步最早、做得最多的。早在 1993 年,他就发表了文章《中国中、新生代大植物化石新属索引(1865 — 1990)》,出版了专著《中国中生代大植物化石属名记录(1865 — 1990)》。2006 年,他又整理发表了 1990 年以后的属名记录。刘裕生等(1996)则编制了《中国新生代植物大化石目录》。这些都对学科的交流起到了有益的作用。

由于古植物学内容丰富、资料繁多,要对其进行全面、综合和详细的记录,显然是不可能在短时间内完成的。经过多年的艰苦奋斗,现终能根据资料收集的情况,将中国植物化石记录按照银杏植物、真蕨植物、苏铁植物、松柏植物、被子植物等门类,结合地质时代分别编纂出版。与此同时,还要将收集和编录的资料数据化,不断地充实已经初步建立起来的"中国古生物和地层学专业数据库"和"地球生物多样性数据库(GBDB)"。

"中国植物大化石记录(1865 — 2005)"丛书的编纂和出版是我国古植物学科发展的一件大事,无疑将为学科的进一步发展提供良好的基础信息,同时也有利于国际交流和信息的综合利用。作为一个长期从事古植物学研究的工作者,我热切期盼该丛书的出版。

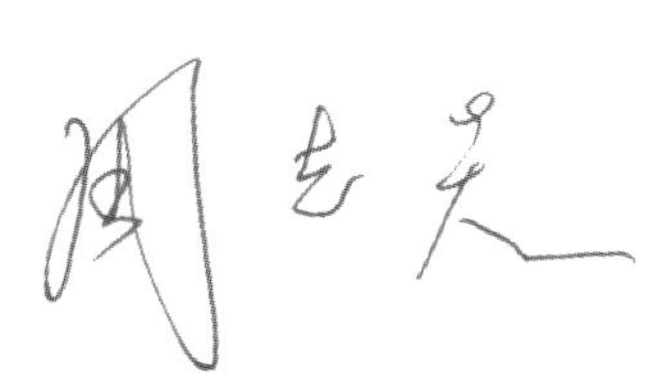

前言

在我国，对植物化石的研究有着悠久的历史。最早的文献记载，可追溯到北宋学者沈括（1031－1095）编著的《梦溪笔谈》。在该书第21卷中，详细记述了陕西延州永宁关（今陕西省延安市延川县延水关）的"竹笋"化石［据邓龙华（1976）考辨，可能为似木贼或新芦木髓模］。此文也对古地理、古气候等问题做了阐述。

和现代植物一样，对植物化石的认识、命名和研究离不开双名法。双名法系瑞典探险家和植物学家Carl von Linné于1753年在其巨著《植物种志》（*Species Plantarum*）中创立的用于现代植物的命名法。捷克矿物学家和古植物学家K. M. von Sternberg在1820年开始发表其系列著作《史前植物群》（*Flora der Vorwelt*）时率先把双名法用于化石植物，确定了化石植物名称合格发表的起始点（McNeill等，2006）。因此收录于本丛书的现生属、种名以1753年后（包括1753年）创立的为准，化石属、种名则采用1820年后（包括1820年）创立的名称。用双名法命名中国的植物化石是从美国史密森研究院（Smithsonian Institute）的J. S. Newberry［1865（1867）］撰写的《中国含煤地层化石的描述》（*Description of Fossil Plants from the Chinese Coal-bearing Rocks*）一文开始的，本丛书对数据的采集时限也以这篇文章的发表时间作为起始点。

我国幅员辽阔，各地质时代地层发育齐全，蕴藏着丰富的植物化石资源。新中国成立后，特别是改革开放以来，随着国家建设的需要，尤其是地质勘探、找矿事业以及相关科学研究工作的不断深入，我国古植物学的研究发展到了一个新的阶段，积累了大量的古植物学资料。据不完全统计，1865（1867）－2000年间正式发表的中国古植物大化石文献有2000多篇［周志炎、吴向午（主编），2002］；1865（1867）－1990年间发表的用于中国中生代植物大化石的属名有525个（吴向午，1993a）；至1993年止，用于中国新生代植物大化石的属名有281个（刘裕生等，1996）；至2000年，根据中国中、新生代植物大化石建立的属名有154个（吴向午，1993b，2006）。但这些化石资料零散地刊载于浩瀚的国内外文献之中，使古植物学工作者的查找、统计和引用极为不便，而且有许多文献仅以中文或其他文字发表，不利于国内外同行的引用与交流。

为了便于检索、引用和增进学术交流，编者从20世纪80年代开始，在广泛查阅文献和系统采集数据的基础上，把这些分散的资料做了系统编录，并进行了系列出版。如先后出版了《中国中生代大植物化石属名记录（1865－1990）》（吴向午，1993a）、《中国中、新生代大植物化石新属索引（1865－1990）》（吴向午，1993b）和《中国中、新生代大植物化石新属记录（1991－2000）》（吴向午，2006）。这些著作仅涉及属名记录，未收录种名信息，因此编写一部包括属、种名记录的中国植物大化石记录显得非常必要。本丛书主要编录1865－2005年间正式发表的中国中生代植物大化石信息。由于篇幅较大，我们按苔藓植物、石松植物、有节植物、真蕨植物、苏铁植物、银杏植物、松柏植物、被子植物等门类分别编写和出版。

本丛书以种和属为编写的基本单位。科、目等不立专门的记录条目，仅在属的“分类位置”栏中注明。为了便于读者全面地了解植物大化石的有关资料，对模式种（模式标本）并非产自中国的属（种），我们也尽可能做了收录。

属的记录：按拉丁文属名的词序排列。记述内容包括属（属名）的创建者、创建年代、异名表、模式种[现生属不要求，但在“模式种”栏以“（现生属）”形式注明]及分类位置等。

种的记录：在每一个属中首先列出模式种，然后按种名的拉丁文词序排列。记录种（种名）的创建者、创建年代等信息。某些附有“aff.”“Cf.”“cf.”“ex gr.”“?”等符号的种名，作为一个独立的分类单元记述，排列在没有此种符号的种名之后。每个属内的未定种（sp.）排列在该属的最后。如果一个属内包含两个或两个以上未定种，则将这些未定种罗列在该属的未定多种（spp.）的名称之下，以发表年代先后为序排列。

种内的每一条记录（或每一块中国标本的记录）均以正式发表的为准；仅有名单，既未描述又未提供图像的，一般不做记录。所记录的内容包括发表年代、作者（或鉴定者）的姓名，文献页码、图版、插图、器官名称，产地、时代、层位等。已发表的同一种内的多个记录（或标本），以文献发表年代先后为序排列；年代相同的则按作者的姓名拼音升序排列。如果同一作者同一年内发表了两篇或两篇以上文献，则在年代后加“a”“b”等以示区别。

在属名或种名前标有“△”者，表示此属名或种名是根据中国标本建立的分类单元。凡涉及模式标本信息的记录，均根据原文做了尽可能详细的记述。

为了全面客观地反映我国古植物学研究的基本面貌，本丛书一律按原始文献收录所有属、种和标本的数据，一般不做删舍，不做修改，也不做评论，但尽可能全面地引证和记录后来发表的不同见解和修订意见，尤其对于那些存在较大问题的，包括某些不合格发表的属、种名等做了注释。

《国际植物命名法规》(《维也纳法规》)第36.3条规定:自1996年1月1日起,植物(包括孢粉型)化石名称的合格发表,要求提供拉丁文或英文的特征集要和描述。如果仅用中文发表,属不合格发表[McNeill等,2006;周志炎,2007;周志炎、梅盛吴(编译),1996;《古植物学简讯》第38期]。为便于读者查证,本记录在收录根据中国标本建立的分类单元时,从1996年起注明原文的发表语种。

为了增进和扩大学术交流,促使国际学术界更好地了解我国古植物学研究现状,所有属、种的记录均分为内容基本相同的中文和英文两个部分。参考文献用英文(或其他西文)列出,其中原文未提供英文(或其他西文)题目的,参考周志炎、吴向午(2002)主编的《中国古植物学(大化石)文献目录(1865—2000)》的翻译格式。各部分附有4个附录:属名索引、种名索引、存放模式标本的单位名称以及丛书属名索引(Ⅰ—Ⅵ分册)。

"中国植物大化石记录(1865—2005)"丛书的出版,不仅是古植物学科积累和发展的需要,而且将为进一步了解中国不同类群植物化石在地史时期的多样性演化与辐射以及相关研究提供参考,同时对促进国内外学者在古植物学方面的学术交流也会有诸多益处。

本书是"中国植物大化石记录(1865—2005)"丛书的第Ⅱ分册,记录1865—2005年间正式发表的中国中生代真蕨植物大化石属名109个(含依据中国标本建立的属名35个)、种名903个(含依据中国标本建立的种名402个)。分散保存的化石孢子不属于当前记录的范畴,故未做收录。本书在文献收录的数据采集中存在不足、错误和遗漏,请读者多提宝贵意见。

本项工作得到了国家科学技术部科技基础性工作专项(2013FY113000)及国家基础研究发展计划项目(2012CB822003,2006CB700401)、国家自然科学基金项目(No. 40972001,No. 40972008,No. 41272010)、现代古生物学和地层学国家重点实验室基金项目(No. 103115,Y026150112)、国家重点基础研究发展计划项目(2012CB822003,2006CB701401)、中国科学院知识创新工程重要方向项目(ZKZCX2-YW-154)及信息化建设专项(INF105-SDB-1-42),以及中国科学院科技创新交叉团队项目等的联合资助。

本书在编写过程中得到了中国科学院南京地质古生物研究所古植物学与孢粉学研究室主任王军等有关专家和同行的关心与支持,尤其是周志炎院士给予了多方面帮助和鼓励并撰写了总序;南京地质古生物研究所图书馆张小萍和冯曼等协助借阅图书和网上下载文献。此外,本书的顺利编写和出版与杨群所长以及现代古生物学和地层学国家重点实验室戎嘉余院士、沈树忠院士、袁训来主任的关心和帮助是分不开的。编者在此一并致以衷心的感谢。

编　者

目 录

系 统 记 录

△华脉蕨属 Genus *Abropteris* Lee et Tsao,1976

1976 李佩娟、曹正尧,见李佩娟等,100 页。

1993a 吴向午,5,212 页。

1993b 吴向午,499,509 页。

模式种:*Abropteris virginiensis* (Fontaine) Lee et Tsao,1976

分类位置:真蕨纲紫萁科(Osmundaceae,Filicopsida)

△弗吉尼亚华脉蕨 *Abropteris virginiensis* (Fontaine) Lee et Tsao,1976

1883 *Lonchopteris virginiensis* Fontaine,53 页,图版 28,图 1,2;图版 29,图 1－4;蕨叶;美国弗吉尼亚州;晚三叠世。

1976 李佩娟、曹正尧,见李佩娟等,100 页;蕨叶;美国弗吉尼亚州;晚三叠世。

1993a 吴向午,5,212 页。

1993b 吴向午,499,509 页。

△永仁华脉蕨 *Abropteris yongrenensis* Lee et Tsao,1976

1976 李佩娟、曹正尧,见李佩娟等,102 页,图版 12,图 1－3;图版 13,图 6,10,11;插图3-1;裸羽片;登记号:PB5215－PB5217,PB5220－PB5222;正模:PB5215(图版 12,图 1);标本保存在中国科学院南京地质古生物研究所;四川渡口摩沙河;晚三叠世纳拉箐组大荞地段。

1993a 吴向午,5,212 页。

1993b 吴向午,499,509 页。

1995a 李星学(主编),图版 76,图 1,2;蕨叶;四川渡口摩沙河;晚三叠世纳拉箐组。(中文)

1995b 李星学(主编),图版 76,图 1,2;蕨叶;四川渡口摩沙河;晚三叠世纳拉箐组。(英文)

△刺蕨属 Genus *Acanthopteris* Sze,1931

1931 斯行健,53 页。

1963 斯行健、李星学等,125 页。

1970 Andrews,11 页。

1984 王自强,241 页。

1993a 吴向午,5,212 页。

1993b 吴向午,499,509 页。

模式种:*Acanthopteris gothani* Sze,1931

分类位置:真蕨纲蚌壳蕨科(Dicksoniaceae,Filicopsida)

△高腾刺蕨 *Acanthopteris gothani* Sze,1931

1931 斯行健,53 页,图版 7,图 2－4;蕨叶;辽宁阜新孙家沟;早侏罗世(Lias)。

1963 斯行健、李星学等,125 页,图版 46,图 1,2;蕨叶;辽宁阜新孙家沟;晚侏罗世。

1970 Andrews,11 页。

1979 王自强、王璞,图版 1,图 15－17;蕨叶;北京西山坨里土洞;早白垩世坨里组。

1980 张武等,251 页,图版 158,图 1,2;蕨叶;辽宁阜新;早白垩世阜新组。

1981 陈芬等,46 页,图版 1,图 1－3;蕨叶;辽宁阜新海州露天煤矿;早白垩世阜新组太平层或中间层。

1982 陈芬、杨关秀,577 页,图版 1,图 3;蕨叶;河北平泉猴山沟;早白垩世九佛堂组。

1982a 杨学林、孙礼文,589 页,图版 1,图 1,2;蕨叶;松辽盆地东南部沙河子;晚侏罗世沙河子组;松辽盆地东南部刘房子;早白垩世营城组。

1983b 曹正尧,30 页,图版 2,图 3,3a;营养羽片;黑龙江虎林永红煤矿;晚侏罗世云山组上部。

1984 王自强,241 页,图版 148,图 1－3;图版 149,图 1;蕨叶;北京西山;早白垩世坨里组;河北张家口;早白垩世青石砬组。

1985 李杰儒,203 页,图版 2,图 1,2;蕨叶;辽宁岫岩黄花甸子张家窝堡;早白垩世小岭组。

1985 商平,图版 1,图 1－3,8;蕨叶;辽宁阜新煤田;早白垩世海州组孙家湾段。

1986 张川波,图版 1,图 7;蕨叶;吉林延吉铜佛寺;早白垩世中—晚期铜佛寺组。

1987 张志诚,377 页,图版 1,图 5,6;图版 2,图 1,2;营养羽片和生殖羽片;辽宁阜新海州露天煤矿;早白垩世阜新组。

1988 陈芬等,39 页,图版 9,图 1－5;图版 10,图 1,2;图版 12,图 1;图版 62,图 5－7;蕨叶和生殖羽片;辽宁阜新海州矿、新丘矿;早白垩世阜新组;辽宁阜新清河门;早白垩世沙海组;辽宁铁法;早白垩世小明安碑组下含煤段、上含煤段。

1988 孙革、商平,图版 1,图 8;图版 2,图 5;蕨叶;内蒙古霍林河煤田;早白垩世霍林河组。

1991 北京市地质矿产局,图版 17,图 13;北京房山小院上;早白垩世芦尚坟组。

1991 邓胜徽,图版 1,图 8,9;裸羽片和实羽片;内蒙古霍林河盆地;早白垩世霍林河组下含煤段。

1991 张川波等,图版 2,图 10;蕨叶;吉林九台石碑岭;早白垩世大羊草沟组。

1992a 曹正尧,图版 3,图 5,10,11;蕨叶;黑龙江东部绥滨-双鸭山地区;早白垩世城子河组 1 段、2 段和 4 段。

1992 邓胜徽,图版 1,图 15－20;生殖羽片;辽宁铁法盆地;早白垩世小明安碑组。

1993 黑龙江省地质矿产局,图版 12,图 2;蕨叶;黑龙江省;早白垩世城子河组。

1993 胡书生、梅美棠,326 页,图版 1,图 3;蕨叶;吉林辽源太信;早白垩世长安组下含煤段。

1993 李杰儒等,图版 1,图 17;蕨叶;辽宁丹东集贤;早白垩世小岭组。

1993a 吴向午,5,212 页。

1993b 吴向午,499,509 页。

1994 曹正尧,图 4e;蕨叶;黑龙江省;早白垩世早期城子河组。

1994 萧宗正等,图版 15,图 4;蕨叶;北京房山小院上;早白垩世坨里组。

1995b 邓胜徽,28 页,图版 13,图 1－4;图版 14,图 2－6;图版 15,图 1－4;图版 17,图 5;蕨叶和生殖羽片;内蒙古霍林河盆地;早白垩世霍林河组。

1995 邓胜徽、姚立军,图版1,图1;囊群;中国东北地区;早白垩世。

1995a 李星学(主编),图版97,图4;图版98,图3—5;蕨叶和生殖羽片;黑龙江鹤岗;早白垩世石头河子组;吉林和龙松下坪煤矿;早白垩世长财组;辽宁铁法;早白垩世小明安碑组。(中文)

1995b 李星学(主编),图版97,图4;图版98,图3—5;蕨叶和生殖羽片;黑龙江鹤岗;早白垩世石头河子组;吉林和龙松下坪煤矿;早白垩世长财组;辽宁铁法;早白垩世小明安碑组。(英文)

1997 邓胜徽等,34页,图版15,图1—9;蕨叶;内蒙古扎赉诺尔、大雁盆地;早白垩世伊敏组、大磨拐河组。

1998b 邓胜徽,图版1,图9;蕨叶;内蒙古平庄-元宝山盆地;早白垩世元宝山组。

2000 胡书生、梅美棠,图版1,图2;蕨叶;吉林辽源太信三井;早白垩世长安组下含煤段。

2001 邓胜徽、陈芬,92,208页,图版51,图1;图版52,图1,2;图版53,图1—8;图版54,图1—4;图版55,图1—5;图版56,图1—6;图版57,图1—9;图版58,图1—8;图版59,图1—9;图版60,图1—7;图版61,图1—6;图版62,图1—6;图版63,图1—6;图版64,图1—6;插图20;蕨叶和生殖羽片;辽宁阜新盆地;早白垩世阜新组;辽宁铁法盆地;早白垩世小明安碑组;内蒙古海拉尔;早白垩世大磨拐河组、伊敏组;内蒙古霍林河盆地;早白垩世霍林河组;内蒙古平庄-元宝山盆地;早白垩世杏园组、元宝山组;吉林辽源盆地;早白垩世辽源组;吉林蛟河盆地;早白垩世乌林组、杉松组;吉林九台营城;早白垩世沙河子组、营城组;黑龙江鸡西盆地;早白垩世滴道组、城子河组;黑龙江三江盆地;早白垩世城子河组;黑龙江龙爪沟;早白垩世云山组;黑龙江东宁盆地;早白垩世东宁组。

2002 邓胜徽,图版1,图1—4;图版2,图2,3;实羽片和裸羽片;中国东北地区;早白垩世。

2003 杨小菊,565页,图版2,图4,10;营养蕨叶;黑龙江鸡西盆地;早白垩世穆棱组。

△尖叶刺蕨 *Acanthopteris acutata* (Samylina) Zhang,1980

1972 *Birisia acutata* Samylina,96页,图版1,图1—4;图版2,图3;蕨叶;科雷马河流域;早白垩世。

1980 张武等,250页,图版158,图3—5;蕨叶;黑龙江鸡西城子河;早白垩世城子河组;黑龙江鸡东哈达、密山黑台;早白垩世穆棱组。

1982b 郑少林、张武,296页,图版5,图7;蕨叶;黑龙江双鸭山宝山;早白垩世城子河组。

1986 李星学等,6页,图版1,图3;图版2,图1,1a,2;图版3,图3—3b;图版44,图1;插图2;蕨叶;吉林蛟河杉松;早白垩世蛟河群。

1992a 曹正尧,213页,图版2,图5;图版3,图1—4;蕨叶;黑龙江东部绥滨-双鸭山地区;早白垩世城子河组3段。

1993a 吴向午,5,212页。

△具翼刺蕨 *Acanthopteris alata* (Fontaine) Zhang,1980

1905 *Cladophlebis alata* Fontaine,见Ward L F,158页,图版39,图9—11;图版40,图1—9;蕨叶;北美;白垩纪。

1938 *Cladophlebidium alatum* Prynada,34页,图版1;图版2,图1a,2a;蕨叶;科雷马河流域;早白垩世。

1980 张武等,251页,图版158,图6,7;图版159,图1—3;营养叶和生殖叶;黑龙江鹤岗;早白垩世石头庙子组;黑龙江鸡西、密山黑台;早白垩世穆棱组;黑龙江鸡东哈达;早白垩世城子河组。

1983 张志诚、熊宪政,55页,图版1,图5,8;图版3,图4;蕨叶;黑龙江东宁盆地;早白垩世东宁组。

1986 李星学等,7 页,图版 5,图 1—3;图版 6,图 1—3;图版 7,图 6—8;图版 8,图 5;蕨叶;吉林蛟河杉松;早白垩世蛟河群。

1989 梅美棠等,91 页,图版 43,图 1;蕨叶;中国;侏罗纪—早白垩世。

1991 张川波等,图版 2,图 5,7;蕨叶;吉林九台刘房子;早白垩世大羊草沟组。

1993a 吴向午,5,212 页。

1993c 吴向午,77 页,图版 1,图 3,3a,4;蕨叶;陕西商县凤家山-山倾村剖面;早白垩世凤家山组下段。

△拟金粉蕨型刺蕨 *Acanthopteris onychioides* (Vassilvskajia et Kara-Murse) Zhang,1980

1956 *Coniopteris onychioides* Vassilvskajia et Kara-Mursa,38 页,图版 1—3;插图 1—5;蕨叶;勒拿河流域;早白垩世。

1980 张武等,251 页,图版 159,图 4—6;蕨叶;黑龙江鸡西;早白垩世城子河组;黑龙江密山黑台;早白垩世穆棱组。

1982b 郑少林、张武,299 页,图版 6,图 6—8;图版 9,图 3;蕨叶;黑龙江虎林云山;晚侏罗世云山组。

1983b 曹正尧,30 页,图版 1,图 3,4;图版 2,图 2,2a;图版 3,图 8—11;图版 8,图 5,6;营养羽片和生殖羽片;黑龙江虎林永红煤矿;晚侏罗世云山组上部。

1983a 郑少林、张武,80 页,图版 3,图 2;图版 4,图 8,9;营养叶和生殖叶;黑龙江勃利万龙村;早白垩世东山组。

1984 王自强,241 页,图版 148,图 6—9;蕨叶;北京西山;早白垩世坨里组。

1989 梅美棠等,91 页,图版 43,图 2;蕨叶;中国;晚侏罗世—早白垩世。

1992a 曹正尧,图版 3,图 7—9;营养羽片和生殖羽片;黑龙江东部绥滨-双鸭山地区;早白垩世城子河组 2 段、3 段。

1992 孙革、赵衍华,526 页,图版 228,图 7;蕨叶;吉林和龙松下坪;晚侏罗世长财组。

1993 黑龙江省地质矿产局,图版 11,图 11;蕨叶;黑龙江省;晚侏罗世曙光组。

1993a 吴向午,5 页。

1994 曹正尧,图 4f;蕨叶;黑龙江东部;早白垩世早期城子河组。

△斯氏刺蕨 *Acanthopteris szei* Cao,1984

1984a 曹正尧,31,45 页,图版 1,图 5—6b;图版 2,图 4(?);图版 8,图 7,8;蕨叶;采集号:HM62;登记号:PB10262—PB10267;正模:PB10265(图版 8,图 8);标本保存在中国科学院南京地质古生物研究所;黑龙江虎林永红;晚侏罗世云山组下部。

刺蕨(未定多种) *Acanthopteris* spp.

1984a *Acanthopteris* sp.,曹正尧,6 页,图版 8,图 3—4a;营养羽片;黑龙江密山裴德煤矿;中侏罗世七虎林组。

1985 *Acanthopteris* sp.,李杰儒,图版 1,图 11—13;生殖羽片;辽宁岫岩黄花甸子张家窝堡;早白垩世小岭组。

1992a *Acanthopteris* sp.,曹正尧,214 页,图版 3,图 6;蕨叶;黑龙江东部绥滨-双鸭山地区;早白垩世城子河组 3 段。

2003 *Acanthopteris* sp.,许坤等,图版 5,图 6—8;蕨叶;黑龙江密山裴德煤矿;中侏罗世七虎林组。

刺蕨?（未定种）*Acanthopteris*? sp.

1984a *Acanthopteris*? sp.，曹正尧，7 页，图版 2，图 9；图版 3，图 4A；营养羽片；黑龙江密山新村；晚侏罗世云山组下部。

尖囊蕨属 Genus *Acitheca* Schimper，1879

1879（1879－1890） Schimper，见 Schimper，Schenk，91 页。

1983 何元良，见杨遵仪等，186 页。

1993a 吴向午，49 页。

模式种：*Acitheca polymorpha* (Brongniart) Schimper，1879

分类位置：真蕨纲合囊蕨科（Marattiaceae，Filicopsida）

多型尖囊蕨 *Acitheca polymorpha* (Brongniart) Schimper，1879

1879（1879－1890） Schimper，见 Schimper，Schenk，91 页，图 66(9－12)；生殖羽片；英国；晚石炭世。

1993a 吴向午，49 页。

△青海尖囊蕨 *Acitheca qinghaiensis* He，1983

1983 何元良，见杨遵仪等，186 页，图版 28，图 4－10；蕨叶（生殖叶）；采集号：75YP$_{vi}$F9-2；登记号：Y1605－Y1620；青海刚察伊克乌兰；晚三叠世默勒群阿塔寺组上段。（注：原文未指定模式标本）

1993a 吴向午，49 页。

卤叶蕨属 Genus *Acrostichopteris* Fontaine，1889

1889 Fontaine，107 页。

1980 张志诚，见张武等，252 页。

1993a 吴向午，49 页。

模式种：*Acrostichopteris longipennis* Fontaine，1889

分类位置：真蕨纲（Filicopsida）

长羽片卤叶蕨 *Acrostichopteris longipennis* Fontaine，1889

1889 Fontaine，107 页，图版 170，图 10；图版 171，图 5，7；营养蕨叶；美国马里兰州巴尔的摩（Baltimore）；早白垩世（Potomac Group）。

1993a 吴向午，49 页。

△拜拉型? 卤叶蕨 *Acrostichopteris*? *baierioides* Chang，1980

1980 张志诚，见张武等，252 页，图版 162，图 6；蕨叶；登记号：D187；吉林延吉铜佛寺；早白垩世铜佛寺组。

1993a 吴向午，49 页。

△间小羽片卤叶蕨 *Acrostichopteris interpinnula* Meng et Chen,1988

1988 孟祥营、陈芬,见陈芬等,45,147 页,图版 11,图 1—14;蕨叶和生殖羽片;标本号:Fx062—Fx065;标本保存在武汉地质学院北京研究生部;辽宁阜新新丘矿;早白垩世阜新组中段。(注:原文未指定模式标本)

2001 邓胜徽、陈芬,116,213 页,图版 66,图 1—7;图版 67,图 1—8;图版 68,图 1—6;蕨叶和生殖羽片;辽宁阜新盆地;早白垩世阜新组。

△辽宁卤叶蕨 *Acrostichopteris liaoningensis* Zhang,1987

1987 张志诚,377 页,图版 2,图 3—6;蕨叶;登记号:SG12014—SG12017;标本保存在沈阳地质矿产研究所;辽宁阜新海州矿;早白垩世阜新组。(注:原文未指定模式标本)

△临海? 卤叶蕨 *Acrostichopteris*? *linhaiensis* Cao,1999(中文和英文发表)

1999 曹正尧,54,146 页,图版 13,图 10;营养羽片;采集号:C3—A6;登记号:PB14364;正模:PB14364(图版 13,图 10);标本保存在中国科学院南京地质古生物研究所;浙江临海小岭;早白垩世馆头组。

△平泉卤叶蕨 *Acrostichopteris pingquanensis* Chen et Yang,1982

1982 陈芬、杨关秀,577,580 页,图版 1,图 5—8;蕨叶;标本号:HP003—HP006;河北平泉猴山沟;早白垩世九佛堂组。(注:原文未指定模式标本)

△西山卤叶蕨 *Acrostichopteris xishanensis* Xiao,1991(裸名)

1991 萧宗正,见北京市地质矿产局,图版 17,图 12;北京房山小院上;早白垩世芦尚坟组。(裸名)

1994 萧宗正等,图版 15,图 4;蕨叶;登记号:PL006;北京房山小院上;早白垩世坨里组。(裸名)

△张家口? 卤叶蕨 *Acrostichopteris*? *zhangjiakouensis* Wang X F,1984

1984 王喜富,299 页,图版 177,图 3,4;蕨叶;登记号:HB-73;河北万全黄家铺;早白垩世青石砬组。

卤叶蕨(未定多种) *Acrostichopteris* spp.

1982 *Acrostichopteris* sp.,陈芬、杨关秀,578 页,图版 2,图 1—4;蕨叶;北京房山小院上;早白垩世坨里群辛庄组;河北平泉猴山沟;早白垩世九佛堂组。

1989 *Acrostichopteris* sp.,丁保良等,图版 1,图 10;蕨叶;浙江文成赤砂岗;早白垩世馆头组。

1991 *Acrostichopteris* sp.,李佩娟、吴一民,285 页,图版 7,图 2,2a;蕨叶;西藏改则麻米;早白垩世川巴组。

1995b *Acrostichopteris* sp.,邓胜徽,33 页,图版 1,图 12;插图 10;蕨叶;内蒙古霍林河盆地;早白垩世霍林河组。

2001 *Acrostichopteris* sp.,邓胜徽、陈芬,117 页,图版 106,图 7;蕨叶;辽宁铁法盆地;早白垩世小明安碑组。

似铁线蕨属 Genus *Adiantopteris* Vassilevskajia,1963

1963 Vassilevskajia,586 页。

1982b 郑少林、张武,304 页。

1993a 吴向午,50 页。
模式种:*Adiantopteris sewardii* (Yabe) Vassilevskajia,1963
分类位置:真蕨纲铁线蕨科(Adiantaceae,Filicopsida)

秀厄德似铁线蕨 *Adiantopteris sewardii* (Yabe) Vassilevskajia,1963
1905 *Adiantites sewardii* Yabe,39 页,图版 1,图 1—8;蕨叶;朝鲜;晚侏罗世—早白垩世。
1963 Vassilevskajia,586 页。
1982b 郑少林、张武,304 页,图版 8,图 5—9;蕨叶;黑龙江鸡西滴道暖泉;晚侏罗世滴道组。
1993 黑龙江省地质矿产局,图版 11,图 8;蕨叶;黑龙江省;晚侏罗世滴道组。
1993a 吴向午,50 页。

秀厄德似铁线蕨(比较种) *Adiantopteris* cf. *sewardii* (Yabe) Vassilevskajia
1983a 郑少林、张武,81 页,图版 2,图 13—15;蕨叶;黑龙江勃利万龙村;早白垩世东山组。

△雅致似铁线蕨 *Adiantopteris eleganta* Deng,1993
1993 邓胜徽,257 页,图版 1,图 3,4;插图 b,c;蕨叶和生殖羽片;标本号:H14A330;标本保存在中国地质大学(北京);内蒙古霍林河盆地;早白垩世霍林河组。
1995b 邓胜徽,21 页,图版 8,图 2,2a;插图 6;生殖羽片;内蒙古霍林河盆地;早白垩世霍林河组。
2001 邓胜徽、陈芬,112,212 页,图版 65,图 1—8;插图 24;营养羽片和生殖羽片;内蒙古霍林河盆地;早白垩世霍林河组。

△希米德特似铁线蕨 *Adiantopteris schmidtianus* (Heer) Zheng et Zhang,1982
1876 *Adiantite schmidtianus* Heer,36 页,图版 2,图 12,13;蕨叶;伊尔库茨克盆地;侏罗纪。
1876 *Adiantite schmidtianus* Heer,93 页,图版 21,图 7;蕨叶;黑龙江上游;晚侏罗世。
1982b 郑少林、张武,304 页,图版 7,图 11—13;蕨叶;黑龙江密山元宝山;晚侏罗世云山组。
1993a 吴向午,50 页。

似铁线蕨(未定种) *Adiantopteris* sp.
1982b *Adiantopteris* sp.,郑少林、张武,305 页,图版 8,图 10,11;蕨叶;黑龙江双鸭山宝山;早白垩世城子河组。
1993a *Adiantopteris* sp.,吴向午,50 页。

铁线蕨属 Genus *Adiantum* Linné,1875
1885 Schenk,168(6)页。
1993a 吴向午,50 页。
模式种:(现生属)
分类位置:真蕨纲铁线蕨科(Adiantaceae,Filicopsida)

△斯氏铁线蕨 *Adiantum szechenyi* Schenk,1884

1884 Schenk,168(6)页,图版13(1),图6;蕨叶;四川广元;晚三叠世晚期—早侏罗世。[注:此标本后被改定为 *Sphenopteris* sp.(斯行健、李星学等,1963)]

1993a 吴向午,50页。

△奇异木属 Genus *Allophyton* Wu,1982

1982a 吴向午,53页。

1993a 吴向午,6,213页。

1993b 吴向午,498,509页。

模式种:*Allophyton dengqenensis* Wu,1982

分类位置:真蕨纲?(Filicopsida?)

△丁青奇异木 *Allophyton dengqenensis* Wu,1982

1982a 吴向午,53页,图版6,图1;图版7,图1,2;茎干;采集号:RN0038,RN0040,RN0045;登记号:PB7263—PB7265;正模:PB7263(图版6,图1);标本保存在中国科学院南京地质古生物研究所;西藏丁青八达松多;中生代(晚三叠世?)含煤地层。

1993a 吴向午,6,213页。

1993b 吴向午,498,509页。

准莲座蕨属 Genus *Angiopteridium* Schimper,1869

1869(1869—1874) Schimper,603页。

1906 Yokoyama,13,16页。

1993a 吴向午,53页。

模式种:*Angiopteridium muensteri* (Goeppert) Schimper,1869

分类位置:真蕨纲合囊蕨科(Marattiaceae,Filicopsida)

敏斯特准莲座蕨 *Angiopteridium muensteri* (Goeppert) Schimper,1869

1869(1869—1874) Schimper,603页,图版35,图1—6;蕨叶;巴伐利亚拜罗伊特(Bayreuth)、班贝克(Bamberg);晚三叠世(Rhaetic)。

1993a 吴向午,53页。

坚实准莲座蕨 *Angiopteridium infarctum* Feistmantel,1881

1881 Feistmantel,93页,图版34,图4,5;蕨叶;西孟加拉柏德旺(Burdwan)地区西巴拉卡尔(Barakar)库马尔杜比(Kumardhubi)附近;二叠纪(Barakar Stage)。

坚实准莲座蕨(比较种) *Angiopteridium* cf. *infarctum* Feistmantel

1906 Yokoyama,13,16页,图版1,图1—7;图版2,图2;蕨叶;云南宣威倘塘、水塘铺;三叠纪。[注:此标本后被改定为 *Protoblechnum contractum* Chow(手稿),层位为晚二叠世龙潭组(斯行健、李星学等,1963)]

1993a 吴向午,53页。

莲座蕨属 Genus *Angiopteris* Hoffmann, 1796

1883　Schenk, 260 页。

1993a 吴向午, 54 页。

模式种:(现生属)

分类位置:真蕨纲莲座蕨科(Angiopteridaceae, Filicopsida)

△古莲座蕨 *Angiopteris antiqua* Hsu et Chen, 1974

1974　徐仁、陈晔,见徐仁等, 267,图版 1,图 1,2;蕨叶;编号:No. 2676;标本保存在中国科学院植物研究所;云南永仁纳拉箐;晚三叠世大荞地组中上部。

1978　杨贤河, 473 页,图版 166,图 3;图版 185,图 4;羽状复叶;四川渡口;晚三叠世大荞地组。

1979　徐仁等, 19 页,图版 5,图 1,1a;蕨叶;四川宝鼎;晚三叠世大箐组。

△?红泥莲座蕨 ?*Angiopteris hongniensis* Chen et Duan, 1979

1979a 陈晔、段淑英,见陈晔等, 57 页,图版 1,图 5,5a;蕨叶;标本号:No. 6908;标本保存在中国科学院植物研究所古植物研究室;四川盐边红泥煤田;晚三叠世大荞地组。

△李希霍芬莲座蕨 *Angiopteris richthofeni* Schenk, 1883

1883　Schenk, 260 页,图版 53,图 3,4;蕨叶;湖北秭归;侏罗纪。[注:此标本后被改定为 *Taeniopteris richthofeni* (Schenk) Sze(斯行健,李星学等, 1963)]

1993a 吴向午, 54 页。

△带羊型? 莲座蕨 *Angiopteris? taeniopteroides* Yang, 1978

1978　杨贤河, 473 页,图版 156,图 4;蕨叶;标本号:Sp0010;正模:Sp0010(图版 156,图 4);标本保存在成都地质矿产研究所;四川渡口宝鼎;晚三叠世大荞地组。

△永仁莲座蕨 *Angiopteris yungjenensis* Hsu et Chen, 1974

1974　徐仁、陈晔,见徐仁等, 267,图版 1,图 3,4;蕨叶;标本号:No. 836;标本保存在中国科学院植物研究所;四川渡口太平场;晚三叠世大箐组。

1978　杨贤河, 474 页,图版 165,图 2;羽状复叶;四川渡口太平场;晚三叠世大荞地组。

1979　徐仁等, 19 页,图版 5,图 2,2a;蕨叶;四川渡口太平场;晚三叠世大箐组下部。

异形羊齿属 Genus *Anomopteris* Brongniart, 1828

1828　Brongniart, 69, 190 页。

1990a 王自强、王立新, 121 页。

1993a 吴向午, 55 页。

模式种:*Anomopteris mougeotii* Brongniart, 1828

分类位置:真蕨纲?(Filicopsida?)

穆氏异形羊齿 *Anomopteris mougeotii* Brongniart, 1828

1828　Brongniart, 69, 190 页;蕨类营养叶;法国孚日(Vosges);三叠纪。

1831(1928－1938)　Brongniart, 258 页, 图版 79－81;蕨类营养叶;法国孚日;三叠纪。

1993a 吴向午, 55 页。

穆氏异形羊齿(比较种) *Anomopteris* cf. *mougeotii* Brongniart

1990a 王自强、王立新, 121 页, 图版 24, 图 5;蕨叶;河南宜阳西沟;早三叠世和尚沟组上段。

穆氏异形羊齿(比较属种) Cf. *Anomopteris mougeotii* Brongniart

1978　王立新等, 图版 4, 图 1, 2;蕨叶;山西平遥上庄;早三叠世。

1993a 吴向午, 55 页。

△二马营? 异形羊齿 *Anomopteris*? *ermayingensis* Wang Z et Wang L, 1990

1990b 王自强、王立新, 306 页, 图版 4, 图 3－5;插图 3;蕨叶;标本号:No. 2801, No. 8409-8, No. 8409-14;正模:No. 8409-8(图版 4, 图 3);标本保存在中国科学院南京地质古生物研究所;山西沁县漫水;中三叠世二马营组底部。

△微小异形羊齿 *Anomopteris minima* Wang Z et Wang L, 1990

1990a 王自强、王立新, 119 页, 图版 15, 图 1－5;图版 16, 图 1－9;插图 5a－5e;蕨叶;标本号:No. 8307-1, No. 8307-3 － No. 8307-6, No. 8307-19 － No. 8307-21, No. 8307-25, No. 8307c, No. 8307d;正模:No. 8307-1(插图 5c);副模 1:No. 8307d(图版 16, 图 9);副模 2:No. 8307-21(图版 16, 图 1);标本保存在中国科学院南京地质古生物产研究所;山西寿阳红咀;早三叠世和尚沟组下段。

异形羊齿?(未定种) *Anomopteris*? sp.

1986b *Anomopteris*? sp., 郑少林、张武, 178 页, 图版 4, 图 1－4;蕨叶;辽宁西部喀喇沁左翼杨树沟;早三叠世红砬组。

北极蕨属 Genus *Arctopteris* Samylina, 1964

1964　Samylina, 51 页。

1978　杨学林等, 图版 2, 图 6。

1993a 吴向午, 57 页。

模式种:*Arctopteris kolymensis* Samylina, 1964

分类位置:真蕨纲凤尾蕨科(Pteridaceae, Filicopsida)

库累马北极蕨 *Arctopteris kolymensis* Samylina, 1964

1964　Samylina, 51 页, 图版 3, 图 5－8;图版 4, 图 1, 2;插图 4;蕨叶;苏联东北部;早白垩世。

1984　王自强, 249 页, 图版 149, 图 14, 15;蕨叶;河北张家口;早白垩世青石砬组。

1993a 吴向午, 57 页。

异小羽片北极蕨 *Arctopteris heteropinnula* Kiritchkova, 1966

1966　Kiritchkova 等, 157 页, 图版 5, 图 5－10;插图 2;蕨叶;勒拿河流域;早白垩世。

1988 陈芬等，40 页，图版 12，图 2A，3，4，4a；图版 13，图 1－4；蕨叶和生殖羽片；辽宁阜新；早白垩世阜新组。

2001 邓胜徽、陈芬，147，226 页，图版 106，图 1A，1a－1c，2－5；图版 107，图 1－5；营养蕨叶和生殖蕨叶；辽宁阜新盆地；早白垩世阜新组；辽宁铁法盆地；早白垩世小明安碑组。

△虎林北极蕨 *Arctopteris hulinensis* Zheng et Zhang，1982

1982b 郑少林、张武，300 页，图版 2，图 6－9；图版 7，图 3－7；插图 3；蕨叶；登记号：HPY001－HPY006，HPY008－HPY010；标本保存在沈阳地质矿产研究所；黑龙江虎林云山；中侏罗世裴德组。（注：原文未指定模式标本）

1989 梅美棠等，90 页，图版 42，图 1，2；蕨叶；中国东北地区；中侏罗世。

△宽叶北极蕨 *Arctopteris latifolius* Chen et Ren，1997（中文和英文发表）

1997 陈芬、任守勤，见邓胜徽等，29，102 页，图版 9，图 2－7；图版 11，图 1－4；插图 10；蕨叶和生殖羽片；内蒙古扎赉诺尔；早白垩世伊敏组。（注：原文未指定模式标本）

2001 邓胜徽、陈芬，148，227 页，图版 108，图 4－7；图版 109，图 3－8；图版 110，图 1－13；图版 111，图 1－8；插图 38；营养蕨叶和生殖蕨叶；内蒙古海拉尔；早白垩世伊敏组。

△斑点北极蕨 *Arctopteris maculatus* Zheng et Zhang，1982

1982b 郑少林、张武，301 页，图版 7，图 1，2；插图 4；蕨叶；登记号：HCC001，HCC002；标本保存在沈阳地质矿产研究所；黑龙江鸡西城子河、勃利茄子河；早白垩世城子河组。（注：原文未指定模式标本）

钝羽北极蕨 *Arctopteris obtuspinnata* Samylina，1976

1976 Samylina，33 页，图版 10，图 1，2；图版 12，图 5；蕨叶；西伯利亚 Omsukchan；早白垩世。

1979 王自强、王璞，图版 1，图 10－13；蕨叶；北京西山坨里土洞；早白垩世坨里组。

1984 王自强，249 页，图版 151，图 1－6；蕨叶；北京西山；早白垩世坨里组。

△东方北极蕨 *Arctopteris orientalis* Chen et Ren，1997（中文和英文发表）

1997 陈芬、任守勤，见邓胜徽等，30，103 页，图版 10，图 6－8；图版 11，图 5－7；图版 16，图 1；插图 11；蕨叶、生殖羽片；内蒙古扎赉诺尔；早白垩世伊敏组。（注：原文未指定模式标本）

2001 邓胜徽、陈芬，149，228 页，图版 108，图 1－3；图版 109，图 1，2；图版 112，图 1－5；图版 113，图 1－8；图版 114，图 1－7；插图 39；营养蕨叶和生殖蕨叶；内蒙古海拉尔；早白垩世伊敏组。

稀脉北极蕨 *Arctopteris rarinervis* Samylina，1964

1964 Samylina，53 页，图版 4，图 3－5；图版 13，图 5b；蕨叶；科雷马河流域；早白垩世。

1978 杨学林等，图版 2，图 6；蕨叶；吉林蛟河盆地杉松剖面；早白垩世磨石砬子组。

1980 张武等，249 页，图版 161，图 5；图版 162，图 3－5；插图 183；营养叶和实羽片；吉林蛟河；早白垩世磨石砬子组；黑龙江鸡西城子河；早白垩世城子河组。

1982a 杨学林、孙礼文，590 页，图版 2，图 9；蕨叶；松辽盆地东南部九台六台；早白垩世营城组。

1989 梅美棠等，90 页，图版 43，图 3；蕨叶；中国东北地区；早白垩世。

1993a 吴向午，57 页。

1995a 李星学（主编），图版 99，图 6；蕨叶；黑龙江鹤岗；早白垩世石头河子组。（中文）

1995b 李星学（主编），图版 99，图 6；蕨叶；黑龙江鹤岗；早白垩世石头河子组。（英文）

兹库密坎北极蕨 *Arctopteris tschumikanensis* Lebedev E,1974

1974 Lebedev E,37 页,图版 5,图 4,5,7;插图 11;蕨叶;苏联西鄂霍茨克海(Oxotck Sea);早白垩世。

1986 李星学等,9 页,图版 5,图 4;图版 6,图 4—6;图版 7,图 4,5;图版 8,图 1—4;图版 10,图 4,5;图版 11,图 2;图版 14,图 7;图版 15,图 4;蕨叶;吉林蛟河杉松;早白垩世蛟河群。

1993c 吴向午,78 页,图版 1,图 1,1a;图版 2,图 2;蕨叶;河南南召马市坪黄土岭附近;早白垩世马市坪组。

△正阳北极蕨 *Arctopteris zhengyangensis* Zheng et Zhang,1982

1982b 郑少林、张武,302 页,图版 7,图 8—10;图版 8,图 1—4;插图 5;登记号:ZHC001—ZHC006;蕨叶;标本保存在沈阳地质矿产研究所;黑龙江鸡西正阳;早白垩世城子河组。(注:原文未指定模式标本)

北极蕨(未定多种) *Arctopteris* spp.

1984 *Arctopteris* sp.,张志诚,117 页,图版 1,图 2;插图 1;蕨叶;黑龙江嘉荫太平林场;晚白垩世太平林场组。

1993c *Arctopteris* sp.,吴向午,78 页,图版 1,图 2;蕨叶;河南南召马市坪黄土岭附近;早白垩世马市坪组。

1995 邓胜徽、姚立军,图版 1,图 3;孢子;中国东北地区;早白垩世。

1995a *Arctopteris* sp.,李星学(主编),图版 118,图 8;蕨叶;黑龙江嘉荫太平林场;晚白垩世太平林场组。(中文)

1995b *Arctopteris* sp.,李星学(主编),图版 118,图 8;蕨叶;黑龙江嘉荫太平林场;晚白垩世太平林场组。(英文)

△华网蕨属 Genus *Areolatophyllum* Li et He,1979

1979 李佩娟、何元良,见何元良等,137 页。

1993a 吴向午,8,214 页。

1993b 吴向午,499,510 页。

模式种:*Areolatophyllum qinghaiense* Li et He,1979

分类位置:真蕨纲双扇蕨科(Dipteridaceae,Filicopsida)

△青海华网蕨 *Areolatophyllum qinghaiense* Li et He,1979

1979 李佩娟、何元良,见何元良等,137 页,图版 62,图 1,1a,2,2a;蕨叶;采集号:58-7a-12;登记号:PB6327,PB6328;正模:PB6328(图版 62,图 1,1a);副模:PB6327(图版 62,图 2,2a);标本保存在中国科学院南京地质古生物研究所;青海都兰八宝山;晚三叠世八宝山群。

1993a 吴向午,8,214 页。

1993b 吴向午,499,510 页。

铁角蕨属 Genus *Asplenium* Linné, 1753

1883　Schenk, 246, 259 页。

1993a　吴向午, 57 页。

模式种:(现生属)

分类位置:真蕨纲铁角蕨科(Aspleniaceae, Filicopsida)

微尖铁角蕨 *Asplenium argutula* Heer, 1876

1876　Heer, 41, 96 页, 图版 3, 图 7; 图版 19, 图 1—4; 蕨叶; 伊尔库茨克盆地; 侏罗纪; 黑龙江上游; 晚侏罗世(?)。

1883　Schenk, 246 页, 图版 46, 图 2—4; 图版 47, 图 1, 2; 蕨叶; 内蒙古察哈尔右翼后旗土木路; 侏罗纪。[注:此标本后被改定为 *Cladophlebis argutula* (Heer) Fontaine(斯行健、李星学等, 1963)]

1906　Krasser, 598 页, 图版 1, 图 6, 7; 蕨叶; 黑龙江三道岗; 侏罗纪。[注:此标本后被改定为 ?*Cladophlebis argutula* (Heer) Fontaine(斯行健、李星学等, 1963)]

蚌壳蕨型铁角蕨 *Asplenium dicksonianum* Heer, 1868

1868　Heer, 31 页, 图版 1, 图 1—5; 蕨叶; 格陵兰; 早白垩世。

1997　邓胜徽等, 27 页, 图版 8, 图 1—13; 蕨叶; 内蒙古扎赉诺尔; 早白垩世伊敏组; 内蒙古拉布达林盆地、大雁盆地; 早白垩世大磨拐河组。

蚌壳蕨型"铁角蕨" "*Asplenium*" *dicksonianum* Heer

1984　张志诚, 117 页, 图版 1, 图 4, 5; 蕨叶; 黑龙江嘉荫永安屯; 晚白垩世永安屯组。

△小叶铁角蕨 *Asplenium parvum* Ren, 1997(中文和英文发表)

1997　任守勤, 见邓胜徽等, 28, 102 页, 图版 9, 图 1, 8; 插图 9; 蕨叶和生殖羽片; 内蒙古扎赉诺尔; 早白垩世伊敏组。(注:原文未指定模式标本)

2001　邓胜徽、陈芬, 141, 224 页, 图版 119, 图 5, 5a; 插图 34; 蕨叶和生殖羽片; 内蒙古海拉尔; 早白垩世伊敏组。

彼德鲁欣铁角蕨 *Asplenium petruschinense* Heer, 1878

1878　Heer, 3 页, 图版 1, 图 1; 蕨叶; 伊尔库茨克盆地; 侏罗纪。

1883　Schenk, 259 页, 图版 53, 图 2; 蕨叶; 湖北秭归; 侏罗纪。[注:此标本后被改定为 *Cladophlebis* sp.(斯行健、李星学等, 1963)]

1993a　吴向午, 57 页。

△菲氏铁角蕨 *Asplenium phillipsi* (Brongniart) Schimper, 1925

1928　*Pecopteris phillipsi* Brongniart, 304 页, 图版 109, 图 1; 蕨叶; 英国约克郡; 中侏罗世。

1925　Schimper, 见 Teilhard de Chardin, Fritel, 530, 533 页, 图版 23, 图 2; 插图 2a; 蕨叶; 辽宁朝阳、丰镇; 侏罗纪。[注:此标本后被改定为 *Cladophlebis delicatula* Yabe et Ôishi(斯行健、李星学等, 1963)]

波波夫铁角蕨 *Asplenium popovii* Samylina, 1964

1964 Samylina, 64 页, 图版 2, 图 2—5; 插图 2; 蕨叶; 科雷马河流域; 早白垩世。

1982b 郑少林、张武, 300 页, 图版 6, 图 4, 4a; 生殖羽片; 黑龙江鸡东; 早白垩世穆棱组。

1993 黑龙江省地质矿产局, 图版 12, 图 6; 蕨叶; 黑龙江省; 早白垩世穆棱组。

1995a 邓胜徽, 487 页, 图版 2, 图 1—4; 插图 1D; 蕨叶和生殖羽片; 辽宁铁法盆地; 早白垩世小明安碑组。

2001 邓胜徽、陈芬, 142, 224 页, 图版 104, 图 1—3; 图版 105, 图 1—10; 插图 35; 蕨叶和生殖羽片; 内蒙古海拉尔; 早白垩世伊敏组。

△铁法铁角蕨 *Asplenium tiefanum* Deng, 1992

1992 邓胜徽, 11 页, 图版 4, 图 6—9; 插图 1d, 1e; 生殖羽片; 标本号: TDL413, TDL414; 标本保存在中国地质大学(北京); 辽宁铁法盆地; 早白垩世小明安碑组。(注: 原文未指定模式标本)

2001 邓胜徽、陈芬, 143, 225 页, 图版 100, 图 1—8; 图版 101, 图 1—7; 图版 102, 图 1—13; 图版 103, 图 1—6; 插图 36; 蕨叶和生殖羽片; 辽宁铁法盆地; 早白垩世小明安碑组。

2002 邓胜徽, 图版 7, 图 1—3; 蕨叶、孢子囊和孢子; 中国东北地区; 早白垩世。

怀特铁角蕨 *Asplenium whitbiense* (Brongniart) Heer, 1876

1828—1838 *Pecopteris whitbiensis* Brongniart, 321 页, 图版 109, 图 2, 4; 蕨叶; 西欧; 侏罗纪。

1876 Heer, 38 页, 图版 1, 图 1c; 图版 3, 图 1—5; 蕨叶; 伊尔库茨克盆地; 侏罗纪; 94 页, 图版 16, 图 8; 图版 20, 图 1, 6; 图版 21, 图 3, 4; 图版 22, 图 4a, 9c; 蕨叶; 黑龙江上游布列亚河; 晚侏罗世。

1883 Schenk, 246 页, 图版 46, 图 4, 6, 7; 图版 47, 图 3—5; 图版 48, 图 1—4; 图版 49, 图 4a, 6b; 蕨叶; 内蒙古察哈尔右翼后旗土木路; 侏罗纪。[注: 此标本后改定为 *Cladophlebis* sp. (斯行健、李星学等, 1963)]

1883 Schenk, 253 页, 图版 52, 图 1—3; 蕨叶; 北京西山; 侏罗纪。[注: 此标本后改定为 *Cladophlebis* sp. (斯行健、李星学等, 1963)]

1884 Schenk, 168(6)页, 图版 13(1), 图 6; 蕨叶; 四川广元; 晚三叠世晚期—早侏罗世。[注: 此标本后被改定为 *Sphenopteris* sp. (斯行健、李星学等, 1963)]

1925 Teilhard de Chardin, Fritel, 533 页, 图版 23, 图 1; 蕨叶; 辽宁丰镇; 侏罗纪。

铁角蕨(未定种) *Asplenium* sp.

1995b *Asplenium* sp., 邓胜徽, 20 页, 图版 4, 图 3; 蕨叶; 内蒙古霍林河盆地; 早白垩世霍林河组。

铁角蕨? (未定种) *Asplenium*? sp.

1995a *Asplenium*? sp., 李星学(主编), 图版 110, 图 2; 蕨叶; 吉林龙井智新; 早白垩世大拉子组。(中文)

1995b *Asplenium*? sp., 李星学(主编), 图版 110, 图 2; 蕨叶; 吉林龙井智新; 早白垩世大拉子组。(英文)

星囊蕨属 Genus *Asterotheca* Presl, 1845

1845 Presl, 见 Corda, 89 页。

1963 斯行健、李星学等，59 页。

1993a 吴向午，57 页。

模式种：*Asterotheca sternbergii* (Goeppert) Presl，1845

分类位置：真蕨纲星囊蕨科(Asterothecaceae，Filicopsida)

司腾伯星囊蕨 *Asterotheca sternbergii* (Goeppert) Presl，1845

1836 *Astercarpus sternbergii* Goeppert，188 页，图版 6，图 1－4；生殖叶；石炭纪。

1845 Presl，见 Corda，89 页。

1993a 吴向午，57 页。

△渐尖星囊蕨 *Asterotheca acuminata* Wang，1984

1984 王自强，236 页，图版 123，图 8，9；蕨叶；登记号：P0209，P0210；合模 1：P0209(图版 123，图 8)；合模 2：P0210(图版 123，图 9)；标本保存在中国科学院南京地质古生物研究所；内蒙古察哈尔右翼中旗；早侏罗世南苏勒图组。[注：依据《国际植物命名法规》(《维也纳法规》)第 37.2 条，1958 年起，模式标本只能是 1 块标本]

柯顿星囊蕨 *Asterotheca cottoni* Zeiller，1902

1902－1903 Zeiller，26 页，图版 1，图 4－9；蕨叶；越南鸿基；晚三叠世。

1978 杨贤河，476 页，图版 161，图 4，5；生殖叶；四川渡口宝鼎；晚三叠世大荞地组。

1979 徐仁等，15 页，图版 2，图 8－10a；图版 3；图版 4，图 1，2；营养羽片和生殖羽片；四川宝鼎花山；晚三叠世大荞地组中上部；四川太平场；晚三叠世大箐组下部。

1981 陈晔、段淑英，图版 3，图 2；生殖叶；四川盐边红泥煤田；晚三叠世大荞地组。

1983 鞠魁祥等，图版 1，图 3；蕨叶；江苏南京龙潭范家塘；晚三叠世范家塘组。

1984 陈公信，572 页，图版 226，图 1－3；生殖叶；湖北荆门分水岭、南漳东巩；晚三叠世九里岗组。

1987 陈晔等，90 页，图版 4，图 7，7a；生殖叶；四川盐边箐河；晚三叠世红果组。

1989 梅美棠等，77 页，图版 35，图 2；生殖叶；中国；晚三叠世—早侏罗世。

柯顿星囊蕨(比较属种) Cf. *Asterotheca cottoni* Zeiller

1979 何元良等，135 页，图版 59，图 5，5a；蕨叶；青海都兰八宝山；晚三叠世八宝山群。

柯顿星囊蕨(比较种) *Asterotheca* cf. *cottoni* Zeiller

1986 陈晔等，39 页，图版 3，图 3；营养羽片；四川理塘；晚三叠世拉纳山组。

△偏羽星囊蕨 *Asterotheca latepinnata* (Leuthardt) Hsu，1979

1904 *Pecopteris latepinnata* Leuthardt，35 页，图版 17，图 1－3；蕨叶；欧洲(Neuewelt)；晚三叠世。

1979 徐仁等，15 页，图版 4，图 3－9；图版 5，图 6－9；营养羽片和生殖羽片；四川宝鼎花山；晚三叠世大荞地组中上部；四川太平场；晚三叠世大箐组下部。

1983 段淑英等，图版 7，图 3，3a；蕨叶；云南宁蒗背箩山；晚三叠世。

1983 鞠魁祥等，图版 3，图 4；蕨叶；江苏南京龙潭范家塘；晚三叠世范家塘组。

1987 陈晔等，90 页，图版 4，图 4－5a；生殖叶；四川盐边箐河；晚三叠世红果组。

冈藤星囊蕨 *Asterotheca okafujii* Kimura et Ohana，1980

1980 Kimura，Ohana，73 页，图版 1，图 1；图版 2，图 1，2；图版 3，图 1；图版 5，图 1a；插图 2a－2f；营养羽片和生殖羽片；日本山口；晚三叠世早期。

1986 李佩娟、何元良,277 页,图版 1,图 1—5a;图版 2,图 2—6;营养羽片和生殖羽片;青海都兰八宝山;晚三叠世八宝山群下岩组。

五果星囊蕨 *Asterotheca penticarpa* (Fontaine)

1883 *Asterocarpus penticarpus* Fontaine,48 页,图版 26,图 2;生殖蕨叶;美国弗吉尼亚州克拉弗山(Clover Hill);晚三叠世。

1977 冯少南等,203 页,图版 73,图 7;实羽片;湖北南漳东巩;晚三叠世香溪群下煤组。

2002 张振来等,图版 14,图 4;末次实羽片;湖北巴东宝塔河煤矿;晚三叠世沙镇溪组。

△显脉星囊蕨 *Asterotheca phaenonerva* Lee et Tsao,1976

1976 李佩娟、曹正尧,见李佩娟等,96 页,图版 6,图 4—7a;插图 1;裸羽片和实羽片;登记号:PB5178—PB5181;合模:PB5178—PB5181(图版 6,图 4—7a);标本保存在中国科学院南京地质古生物研究所;四川渡口摩沙河;晚三叠世纳拉箐组大荞地段。[注:依据《国际植物命名法规》(《维也纳法规》)第 37.2 条,1958 年起,模式标本只能是 1 块标本]

斯氏星囊蕨 *Asterotheca szeiana* (P'an) ex Sze,Lee et al.

1936 *Cladophlebis szeiana* P'an,潘钟祥,18 页,图版 6,图 1—3;图版 8,图 3—7;蕨叶;陕西绥德叶家坪、延长怀林坪;晚三叠世延长层。

1956a *Cladophlebis* (*Asterothaca*?) *szeiana* P'an,斯行健,33,140 页,图版 16,图 1—4;图版 17,图 1—5;图版 21,图 6;裸羽片和实羽片;陕西宜君四郎庙炭河沟,绥德叶家坪、怀林坪,延长七里村;甘肃华亭剑沟河、砚河口;晚三叠世延长层。

1979 何元良等,135 页,图版 57,图 6;图版 59,图 6,6a,7;实羽片;青海祁连默勒;晚三叠世默勒群上岩组;青海都兰八宝山;晚三叠世八宝山群。

1982b 吴向午,80 页,图版 3,图 1,2;图版 4,图 1,2;图版 16,图 7;蕨叶;西藏昌都妥巴河;晚三叠世巴贡组上段。

1984 顾道源,137 页,图版 71,图 7,8;蕨叶;新疆库车基奇克套;晚三叠世塔里奇克组。

△斯氏? 星囊蕨 *Asterotheca*? *szeiana* (P'an) ex Sze,Lee et al.,1963

1936 *Cladophlebis szeiana* P'an,潘钟祥,18 页,图版 6,图 1—3;图版 8,图 3—7;蕨叶;陕西绥德叶家坪、延长怀林坪;晚三叠世延长层。

1956a *Cladophlebis* (*Asterothaca*?) *szeiana* P'an,斯行健,33,140 页,图版 16,图 1—4;图版 17,图 1—5;图版 21,图 6;裸羽片和实羽片;陕西宜君四郎庙炭河沟,绥德叶家坪、怀林坪,延长七里村;甘肃华亭剑沟河、砚河口;晚三叠世延长层。

1963 斯行健、李星学等,59 页,图版 15,图 3;图版 17,图 3—5;实羽片和裸羽片;陕西宜君、延长绥德;甘肃华亭;晚三叠世延长群。

1980 黄枝高、周惠琴,72 页,图版 26,图 4,5;图版 28,图 3;图版 31,图 3;营养叶和生殖叶;陕西铜川柳林沟、神木杨家坪;晚三叠世延长组下部和上部。

1982 刘子进,120 页,图版 59,图 5,6;实羽片;陕西铜川柳林沟,神木杨家坪,宜君四郎庙,延长七里村,绥德怀林坪、叶家坪;甘肃华亭汭水峡;晚三叠世延长群。

1987 胡雨帆、顾道源,223 页,图版 2,图 5,5a;裸羽片;新疆克拉玛依(库车)克拉苏河;晚三叠世塔里奇克组。

1988a 黄其胜、卢宗盛,182 页,图版 2,图 4;蕨叶;河南卢氏双槐树;晚三叠世延长群下部 5 层。

1993 米家榕等,84 页,图版 6,图 6,6a,7,7a;生殖羽片;河北承德上谷、平泉围场沟;晚三叠世杏石口组。

1993a 吴向午,57 页。

2000 吴舜卿等,10 页,图版 2,图 5,5a,9,9a,10;裸羽片和实羽片;新疆克拉玛依(库车)克拉苏河;晚三叠世"克拉玛依组"上部。

斯氏星囊蕨(比较属种) Cf. *Asterotheca szeiana* (P'an) ex Sze, Lee et al.

1979 周志炎、厉宝贤,445 页,图版 1,图 4a,5;裸羽片;海南琼海九曲江塔岭、新华;早三叠世岭文群九曲江组。

1999b 吴舜卿,24 页,图版 13,图 3;实羽片;贵州六枝郎岱;晚三叠世火把冲组。

斯氏? 星囊蕨(枝脉蕨) *Asterotheca*? (*Cladophlebis*) *szeiana* (P'an) ex Sze, Lee et al.

1963 李星学等,128 页,图版 100,图 1,2;营养羽片和生殖羽片;中国西北地区;晚三叠世。

星囊蕨(未定多种) *Asterotheca* spp.

1983 *Asterotheca* spp.,张武等,72 页,图版 1,图 15;生殖羽片;辽宁本溪林家崴子;中三叠世林家组。

星囊蕨? (未定种) *Asterotheca*? sp.

1966 *Asterotheca*? sp. [Cf. *Pecopteris* (*Asterotheca*) *cttnii* Zeiller],吴舜卿,235 页,图版 1,图 5－5b;裸羽片;贵州安龙龙头山;晚三叠世。

蹄盖蕨属 Genus *Athyrium* Roth, 1799

1988 陈芬、孟祥营,见陈芬等,42,146 页。

1993a 吴向午,58 页。

模式种:(现生属)

分类位置:真蕨纲蹄盖蕨科(Athyriaceae, Filicopsida)

△不对称蹄盖蕨 *Athyrium asymmetricum* (Meng) Deng, 1995

1988 *Cladophlebis* (*Athyrium*?) *asymmetricum* Meng,孟祥营,见陈芬等,45,148 页,图版 16,图 1,1a,3;蕨叶;辽宁阜新海州矿、新丘矿;早白垩世阜新组。

1995a 邓胜徽,484,485 页,图版 1,图 4－7;插图 1A;蕨叶、营养羽片、生殖羽片、孢子囊和原位孢子;辽宁铁法盆地;早白垩世小明安碑组。

1996 陈芬、邓胜徽,310 页;插图 1D,2E;营养羽片、生殖羽片和孢子囊;辽宁阜新盆地;早白垩世阜新组;辽宁铁法盆地;早白垩世小明安碑组;黑龙江鸡西盆地;早白垩世穆棱组。

1997 邓胜徽等,23 页,图版 7,图 9－12;蕨叶;内蒙古扎赉诺尔;早白垩世伊敏组。

2001 邓胜徽、陈芬,122,215 页,图版 72,图 1－5;图版 73,图 1;图版 74,图 1－6;图版 75,图 1－8;图版 76,图 1－6;图版 77,图 1－6;图版 78,图 1－6;图版 82,图 3;插图 27;蕨叶和生殖羽片;辽宁阜新盆地;早白垩世阜新组;辽宁铁法盆地;早白垩世小明安碑组;吉林营城;早白垩世营城组;内蒙古海拉尔;早白垩世伊敏组;黑龙江鸡西盆地;早白垩世城子河组。

2002 邓胜徽,图版 5,图 1－3;图版 6,图 1,2;生殖叶、孢子囊和假根;中国东北地区;早白垩世。

2003 杨小菊,564 页,图版 1,图 3;蕨叶;黑龙江鸡西盆地;早白垩世穆棱组。

△白垩蹄盖蕨 *Athyrium cretaceum* Chen et Meng,1988

1988 陈芬、孟祥营,见陈芬等,42,146 页,图版 13,图 5—9;图版 14,图 1—11;插图 14b;蕨叶、孢子囊群和原位子孢子;标本号:Fx071—Fx075;标本保存在武汉地质学院北京研究生部;辽宁阜新新丘矿;早白垩世阜新组。(注:原文未指定模式标本)

1991 邓胜徽,图版 1,图 1,2;实羽片;内蒙古霍林河盆地;早白垩世霍林河组下含煤段。

1992 邓胜徽,图版 4,图 1—5;蕨叶、孢子囊群和原位孢子;辽宁铁法盆地;早白垩世小明安碑组。

1993a 吴向午,58 页。

1995b 邓胜徽,18 页,图版 6,图 1,1a;图版 7,图 8;生殖羽片、孢子囊群和原位孢子;内蒙古霍林河盆地;早白垩世霍林河组。

1995a 李星学(主编),图版 100,图 5—8;蕨叶、营养羽片、生殖羽片、孢子囊和原位孢子;辽宁铁法盆地;早白垩世小明安碑组。(中文)

1995b 李星学(主编),图版 100,图 5—8;蕨叶、营养羽片、生殖羽片、孢子囊和原位孢子;辽宁铁法盆地;早白垩世小明安碑组。(英文)

1996 陈芬、邓胜徽,309 页;插图 1E,2A;营养羽片、生殖羽片和孢子囊;辽宁阜新盆地;早白垩世阜新组;辽宁铁法盆地;早白垩世小明安碑组;内蒙古霍林河盆地;早白垩世霍林河组。

1996 郑少林、张武,图版 1,图 12,13;生殖叶;吉林九台营城煤田;早白垩世沙河子组。

1997 陈芬等,122 页,图版 1,图 1—8;图版 2,图 1—11;插图 2;蕨叶、营养羽片、生殖羽片、孢子囊和原位孢子;辽宁阜新盆地;早白垩世阜新组;辽宁铁法盆地;早白垩世小明安碑组;内蒙古霍林河盆地;早白垩世霍林河组。

2001 邓胜徽、陈芬,123,216 页,图版 79,图 1—4;图版 80,图 1—8;图版 81,图 1—10;插图 28;蕨叶、营养羽片、生殖羽片、孢子囊和原位孢子;辽宁阜新盆地;早白垩世阜新组;辽宁铁法盆地;早白垩世小明安碑组;内蒙古霍林河盆地;早白垩世霍林河组。

2002 邓胜徽,图版 5,图 4;图版 6,图 3;孢子囊和原位孢子;中国东北地区;早白垩世。

△齿状蹄盖蕨 *Athyrium dentosum* Zheng et Zhang,1996(英文发表)

1996 郑少林、张武,382 页,图版 1,图 9—11;生殖叶;登记号:SG110304;标本保存在沈阳地质矿产研究所;吉林九台营城煤田;早白垩世沙河子组。

△阜新蹄盖蕨 *Athyrium fuxinense* Chen et Meng,1988

1988 陈芬、孟祥营,见陈芬等,43,147 页,图版 14,图 12,13;图版 15,图 1—5;插图 14a;蕨叶、营养羽片、生殖羽片、孢子囊和原位孢子;标本号:Fx076—Fx078;标本保存在武汉地质学院北京研究生部;辽宁阜新海州矿;早白垩世阜新组中段。(注:原文未指定模式标本)

1993a 吴向午,58 页。

1996 陈芬、邓胜徽,309 页;插图 1B,2D;营养羽片、生殖羽片和孢子囊;辽宁阜新盆地;早白垩世阜新组。

1996 郑少林、张武,图版 1,图 14,15;蕨叶、营养羽片、生殖羽片、孢子囊和原位孢子;吉林九台营城煤田;早白垩世沙河子组。

1997 陈芬等,122 页,图版 3;图 1—10;插图 3;蕨叶、营养羽片、生殖羽片、孢子囊和原位孢子;辽宁阜新盆地;早白垩世阜新组。

2001 邓胜徽、陈芬,124,217 页,图版 82,图 1,2,4—8;插图 29;蕨叶、营养羽片、生殖羽片、孢子囊和原位孢子；辽宁阜新盆地；早白垩世阜新组。

△海拉尔蹄盖蕨 ***Athyrium hailaerianum* Deng et Chen, 1993**

1993 邓胜徽、陈芬，见陈芬等，562，563 页，图版 1，图 5－8，12，13；蕨叶、营养羽片、生殖羽片、孢子囊和原位孢子；内蒙古扎赉诺尔盆地；早白垩世伊敏组。

1996 陈芬、邓胜徽，310 页；插图 1C，2B；营养羽片、生殖羽片和孢子囊群；内蒙古扎赉诺尔；早白垩世伊敏组。

1997 陈芬等，126 页，图版 5，图 8，9；图版 6，图 1－6；图版 7，图 1－11；插图 5；蕨叶、营养羽片、生殖羽片、孢子囊群和原位孢子；内蒙古扎赉诺尔盆地；早白垩世伊敏组。

1997 邓胜徽等，24 页，图版 4，图 9－11；图版 5，图 1－7；图版 6，图 1－11；图版 7，图 1，2；插图 6；蕨叶、营养羽片、生殖羽片、孢子囊群和原位孢子；内蒙古扎赉诺尔；早白垩世伊敏组。

2001 邓胜徽、陈芬，125，217 页，图版 83，图 1－10；图版 84，图 1－5；图版 85，图 1－8；图版 86，图 1－11；插图 30；蕨叶、营养羽片、生殖羽片、孢子囊和原位孢子；内蒙古海拉尔；早白垩世伊敏组。

2002 邓胜徽，图版 6，图 4，5；孢子囊和孢子；中国东北地区；早白垩世。

△呼伦蹄盖蕨 ***Athyrium hulunianum* Chen, Ren et Deng, 1993**

1993 陈芬、任守勤、邓胜徽，见陈芬等，561，562 页，图版 1，图 1－4，9－11；蕨叶和孢子囊；内蒙古扎赉诺尔盆地；早白垩世伊敏组。

1995 邓胜徽、姚立军，图版 1，图 7，9；孢子囊和囊群；中国东北地区；早白垩世。

1996 陈芬、邓胜徽，309 页；插图 1A，2C；营养羽片、生殖羽片和孢子囊群；内蒙古扎赉诺尔；早白垩世伊敏组。

1997 陈芬等，124 页，图版 4，图 1－7；图版 5，图 1－5；插图 4；蕨叶、营养羽片、生殖羽片、孢子囊和原位孢子；内蒙古扎赉诺尔盆地；早白垩世伊敏组。

1997 邓胜徽等，25 页，图版 6，图 12；图版 7，图 3－8；插图 7；蕨叶、营养羽片、生殖羽片、孢子囊群；内蒙古扎赉诺尔；早白垩世伊敏组。

2001 邓胜徽、陈芬，126，218 页，图版 87，图 1－7；插图 31；蕨叶、营养羽片、生殖羽片、孢子囊群和原位孢子；内蒙古海拉尔；早白垩世伊敏组。

△内蒙蹄盖蕨 ***Athyrium neimongianum* Deng, 1995**

1995b 邓胜徽，18，109 页，图版 6，图 2－5；图版 7，图 1－7；插图 5；营养叶和生殖叶；标本号：H14-094，H14-418，H14-425，H14-428；标本保存在石油勘探开发科学研究院；内蒙古霍林河盆地；早白垩世霍林河组。（原文未指定模式标本）

2001 邓胜徽、陈芬，127，219 页，图版 88，图 1－7；蕨叶和生殖羽片；内蒙古霍林河盆地；早白垩世霍林河组。

贝尔瑙蕨属 Genus *Bernouillia* Heer, 1876 ex Seward, 1910

［注：此属的含义与 *Bernoullia* Heer，1876 相同，但多 1 个字母“*i*”。此属名的引用可追溯至上世纪初（Seward，1910）。此后，Hirmer（1927），Jongmans（1958），Boureau（1975）等也沿用此属名。顾道源（1984）、王自强（1984）同时在中国引用此属名，替代 *Bernoullia* 和 *Symopteris*

Hsu,1979]

1876 *Bernoullia*,Heer,88 页。

1910 Seward,410 页。

1927 Hirmer,591 页。

1984 王自强,236 页。

1984 顾道源,138 页。

1993a 吴向午,60 页。

△拟丹蕨型贝尔瑙蕨 *Bernouillia danaeopsioides* Hu et Gu,1987

1987 胡雨帆、顾道源,222 页,图版 3,图 5,5a;营养羽片;采集号:F209;登记号:XPC-121;标本保存在中国科学院植物研究所古植物研究室;新疆吉木萨尔大龙口;晚三叠世郝家沟组。

△蔡耶贝尔瑙蕨 *Bernouillia zeilleri* P'an ex Wang,1984

1936 *Bernouillia zeilleri* P'an,潘钟祥,26 页,图版 9,图 6,7;图版 11,图 3,3a,4,4a;图版 14,图 5,6,6a;裸羽片和实羽片;陕西延川清涧;晚三叠世延长层中部。

1984 顾道源,138 页,图版 71,图 3;裸羽片和实羽片;新疆吉木萨尔大龙口;中—晚三叠世克拉玛依组。

1984 王自强,236 页,图版 121,图 1,2;蕨叶;山西吉县;中—晚三叠世延长群。

1995a 李星学(主编),图版 70,图 5;蕨叶;陕西宜君杏树坪;晚三叠世延长组上部。(中文)

1995b 李星学(主编),图版 70,图 5;蕨叶;陕西宜君杏树坪;晚三叠世延长组上部。(英文)

贝尔瑙蕨属 Genus *Bernoullia* Heer,1876

[注:此属曾更名为 *Bernouillia* Heer (Seward,1910)或 *Symopteris* Hsu(徐仁等,1979)]

1876 Heer,88 页。

1936 潘钟祥,26 页。

1963 斯行健、李星学等,60 页。

1993a 吴向午,60 页。

模式种:*Bernoullia helvetica* Heer,1876

分类位置:真蕨纲合囊蕨科(Marattiaceae,Filicopsida)

瑞士贝尔瑙蕨 *Bernoullia helvetica* Heer,1876

1876 Heer,88 页,图版 38,图 1－6;蕨叶;瑞士;三叠纪。

1993a 吴向午,60 页。

瑞士贝尔瑙蕨(比较种) *Bernoullia* cf. *helvetica* Heer

1977 冯少南等,203 页,图版 73,图 9;蕨叶;河南渑池下董沟;晚三叠世延长群。

△栉羽贝尔瑙蕨 *Bernoullia pecopteroides* Feng,1977

1977 冯少南等,204 页,图版 73,图 3－5;蕨叶;标本号:P25219－P25221;合模:P25219－P25221(图版 73,图 3－5);标本保存在湖北地质科学研究所;湖北南漳东巩;晚三叠世香溪群下煤组。[注:依据《国际植物命名法规》(《维也纳法规》)第 37.2 条,1958 年起,模式标本只能是 1 块标本]

△假裂叶贝尔瑙蕨 ***Bernoullia pseudolobifolia*** **Yang, 1978**

1978 杨贤河,476页,图版160,图5;蕨叶;标本号:Sp0024;正模:Sp0024(图版160,图5);标本保存在成都地质矿产研究所;四川渡口摩沙河;晚三叠世大荞地组。

△丁菲羊齿型贝尔瑙蕨 ***Bernoullia thinnfeldioides*** **Wang (MS) ex Li et He, 1986**

1975 王喜富,17页,图版7,图1B,2B,2a,3,3a;蕨叶;陕西宜君焦坪;晚三叠世延长层上部(MS)。

1986 李佩娟、何元良,278页,图版3,图1,2;蕨叶;青海都兰乌拉斯太沟;晚三叠世草木策组。

△蔡耶贝尔瑙蕨 ***Bernoullia zeilleri*** **P'an, 1936**

1936 潘钟祥,26页,图版9,图6,7;图版11,图3,3a,4,4a;图版14,图5,6,6a;裸羽片和实羽片;陕西延川清涧;晚三叠世延长层中部。

1954 徐仁,45页,图版42,图1—4;营养叶和生殖叶;陕西宜君杏树坪黄草湾七母桥,延川清涧城外;晚三叠世延长层。

1956a 斯行健,31,138页,图版29,图3,3a;图版32,图1—3;图版33,图1—3;图版34,图1—4;图版37,图9;图版43,图2;图版44,图5,6;图版52,图3;图版53,图2;裸羽片和实羽片;陕西宜君四郎庙炭河沟、杏树坪,延川清涧城外;甘肃华亭剑沟河、砚河口;晚三叠世延长层。

1956c 斯行健,图版2,图1—3;裸羽片和实羽片;甘肃固原汭水峡;晚三叠世延长层。

1963 李星学等,127页,图版97,图1,2;营养羽片和生殖羽片;中国西北地区;晚三叠世。

1963 李佩娟,124页,图版58,图2,3;蕨叶;陕西宜君,甘肃平凉;晚三叠世。

1963 斯行健、李星学等,61页,图版16,图1—4;图版18,图1—3;营养羽片和生殖羽片;陕西宜君、延川清涧,甘肃华亭,宁夏固原,新疆准噶尔盆地,河南济源;晚三叠世延长群。

1976 周惠琴等,206页,图版106,图9,13;蕨叶;内蒙古准格尔旗五字湾;中三叠世二马营组。

1976 李佩娟等,97页,图版4,图6,7;裸羽片;云南禄丰一平浪;晚三叠世一平浪组干海子段。

1977 冯少南等,204页,图版73,图1,2;蕨叶;河南渑池;晚三叠世延长群;湖北南漳东巩、远安九里岗;晚三叠世香溪群下煤组;广西上思;晚三叠世。

1978 杨贤河,476页,图版159,图8;蕨叶;四川渡口摩沙河;晚三叠世大荞地组。

1979 何元良等,135页,图版59,图8,9;蕨叶;青海刚察达日格;晚三叠世默勒群下岩组。

1980 黄枝高、周惠琴,73页,图版10,图8—10;图版25,图1—3;蕨叶;陕西铜川焦坪、柳林沟、何家坊,神木杨家坪;内蒙古准格尔旗五字湾;晚三叠世延长组,中三叠世铜川组、二马营组。

1982 刘子进,120页,图版60,图1,2;蕨叶;陕西铜川焦坪、神木杨家坪、宜君清涧,甘肃华亭,宁夏固原;晚三叠世延长群。

1986 周统顺、周惠琴,67页,图版20,图10;裸羽片;新疆吉木萨尔大龙口;中三叠世克拉玛依组。

1988a 黄其胜、卢宗盛,182页,图版1,图1,1a;蕨叶;河南卢氏双槐树;晚三叠世延长群下部5层。

1990 宁夏回族自治区地质矿产局,图版8,图2,2a;蕨叶;宁夏平罗汝箕沟;晚三叠世延长群。

1993a 吴向午,60页。

2000 吴舜卿等,图版2,图2,4,7;蕨叶;新疆克拉玛依(库车)克拉苏河;晚三叠世"克拉玛依组"上部。

?贝尔瑙蕨(未定种) ?***Bernoullia*** **sp.**

1976 周惠琴等,206页,图版106,图12;蕨叶;内蒙古准格尔旗五字湾;中三叠世二马营组。

贝尔瑙蕨?(未定种) *Bernoullia*? sp.

1980 黄枝高、周惠琴,73 页,图版 1,图 8;蕨叶;内蒙古准格尔旗五字湾;中三叠世二马营组上部。

△似阴地蕨属 Genus *Botrychites* Wu S,1999(中文发表)

1999 吴舜卿,13 页。

2001 孙革等,72,183 页。

模式种:*Botrychites reheensis* Wu S,1999

分类位置:真蕨纲阴地蕨科?(Botrychiaceae?,Filicopsida)

△热河似阴地蕨 *Botrychites reheensis* Wu S,1999(中文发表)

1999a 吴舜卿,13 页,图版 4,图 8—10A,10a;图版 6,图 1—3a;营养叶和生殖叶;采集号:AEO-65,AEO-66,AEO-117,AEO-119,AEO-233,AEO-233a;登记号:PB18248—PB18253;正模:PB18252(图版 6,图 2);标本保存在中国科学院南京地质古生物研究所;辽宁北票上园黄半吉沟;晚侏罗世义县组下部尖山沟层。

2001 孙革等,72,183 页,图版 11,图 1;图版 41,图 10,11(?);图版 42,图 1—8;营养叶和生殖叶;辽宁北票上园;晚侏罗世尖山沟组。

2001 吴舜卿,120 页,图 154,155;营养叶和生殖叶;辽宁北票上园黄半吉沟;晚侏罗世义县组下部尖山沟层。

2003 吴舜卿,170 页,图 229,230;营养叶和生殖叶;辽宁北票上园黄半吉沟;晚侏罗世义县组下部尖山沟层。

茎干蕨属 Genus *Caulopteris* Lindley et Hutton,1832

1832(1831—1837) Lindley,Hutton,121 页。

1978 杨贤河,496 页。

1993a 吴向午,63 页。

模式种:*Caulopteris primaeva* Lindley et Hutton,1832

分类位置:真蕨纲(Filicopsida)

初生茎干蕨 *Caulopteris primaeva* Lindley et Hutton,1832

1832(1831—1837) Lindley,Hutton,121 页,图版 42;树蕨茎干印痕;英国巴思(Bath)拉德斯托克(Radstock);晚石炭世。

1993a 吴向午,63 页。

△纳拉箐茎干蕨 *Caulopteris nalajingensis* Yang,1978

1978 杨贤河,496 页,图版 172,图 7,8;插图 109;蕨类树干印痕;标本号:Sp0071;正模:Sp0071(图版 172,图 7);标本保存在成都地质矿产研究所;四川渡口摩沙河;晚三叠世大荞地组。

1993a 吴向午,63 页。

孚日茎干蕨 *Caulopteris vogesiaca* Schimper et Mougeot, 1844

1844 Schimper, Mougeot, 65 页, 图版 30; 图版 31, 图 1, 2; 根状茎; 法国孚日(Vosges); 三叠纪。

1984 王自强, 252 页, 图版 115, 图 1, 2; 根状茎; 山西永和; 中—晚三叠世延长群。[注: 此标本后被改定为 *Lesangeana vogesiaca* (Schimper et Mougeot) Mougeot(王自强、王立新, 1990b)]

茎干蕨?(未定多种) *Caulopteris*? spp.

1979 *Caulopteris*? sp., 周志炎、厉宝贤, 446 页, 图版 1, 图 4b; 根状茎; 海南琼海九曲江新华; 早三叠世岭文群(九曲江组)。

1990 *Caulopteris*? sp., 吴舜卿、周汉忠, 451 页, 图版 4, 图 8, 8a; 蕨叶; 新疆库车; 早三叠世俄霍布拉克组。

△小蛟河蕨属 Genus *Chiaohoella* Li et Ye, 1980

1978 *Chiaohoella* Lee et Yeh, 杨学林等, 图版 3, 图 2—4。(裸名)

1980 李星学、叶美娜, 7 页。

1986 *Chiaohoella* Lee et Yeh, 李星学等, 12 页。

1993a *Chiaohoella* Lee et Yeh, 吴向午, 9, 215 页。

1993b *Chiaohoella* Lee et Yeh, 吴向午, 500, 510 页。

模式种: *Chiaohoella mirabilis* Li et Ye, 1980

分类位置: 真蕨纲铁线蕨科(Adiantaceae, Filicopsida)

△奇异小蛟河蕨 *Chiaohoella mirabilis* Li et Ye, 1980

1978 *Chiaohoella mirabilis* Lee et Yeh, 杨学林等, 图版 3, 图 2—4; 蕨叶; 吉林蛟河盆地杉松剖面; 早白垩世磨石砬子组。(裸名)

1980 李星学、叶美娜, 7 页, 图版 2, 图 7; 图版 4, 图 1—3; 蕨叶; 登记号: PB4606, PB4608, PB8970; 正模 PB4606(图版 4, 图 1); 标本保存在中国科学院南京地质古生物研究所; 吉林蛟河杉松; 早白垩世中—晚期杉松组。

1986 *Chiaohoella mirabilis* Lee et Yeh, 李星学等, 12 页, 图版 8, 图 1—5; 插图 3C, 3E; 蕨叶; 吉林蛟河杉松; 早白垩世蛟河群。

1987 *Chiaohoella mirabilis* Lee et Yeh, 商平, 图版 3, 图 4; 蕨叶; 辽宁阜新煤田; 早白垩世。

1993a *Chiaohoella mirabilis* Lee et Yeh, 吴向午, 9, 215 页。

1993a *Chiaohoella mirabilis* Lee et Yeh, 吴向午, 500, 510 页。

1995a *Chiaohoella mirabilis* Lee et Yeh, 李星学(主编), 图版 108, 图 5; 蕨叶; 吉林蛟河杉松顶子; 早白垩世乌云组顶部。(中文)

1995b *Chiaohoella mirabilis* Lee et Yeh, 李星学(主编), 图版 108, 图 5; 蕨叶; 吉林蛟河杉松顶子; 早白垩世乌云组顶部。(英文)

△新查米叶型小蛟河蕨 *Chiaohoella neozamioides* Li et Ye, 1980

1980 李星学、叶美娜, 8 页, 图版 3, 图 1; 蕨叶; 登记号: PB8971; 正模 PB8971(图版 3, 图 1); 标本保存在中国科学院南京地质古生物研究所; 吉林蛟河杉松; 早白垩世中—晚期杉松组。

1985 *Chiaohoella neozamioides* Lee et Yeh,李杰儒,204 页,图版 2,图 6;蕨叶;辽宁岫岩黄花甸子韩家大沟;早白垩世小岭组。

1986 *Chiaohoella neozamioides* Lee et Yeh,李星学等,12 页,图版 8,图 1－5;插图 3C,3E;蕨叶;吉林蛟河杉松;早白垩世蛟河群。

1993a *Chiaohoella neozamioides* Lee et Yeh,吴向午,9,215 页。

1995a *Chiaohoella neozamioides* Lee et Yeh,李星学(主编),图版 108,图 4;蕨叶;吉林蛟河杉松顶子;早白垩世乌云组顶部。(中文)

1995b *Chiaohoella neozamioides* Lee et Yeh,李星学(主编),图版 108,图 4;蕨叶;吉林蛟河杉松顶子;早白垩世乌云组顶部。(英文)

△蝶形小蛟河蕨 *Chiaohoella papilioformia* Li,Ye et Zhou,1986

1986 李星学、叶美娜、周志炎,13 页,图版 10,图 3;图版 11,图 5,5a;图版 15,图 3;插图 3F;蕨叶;登记号:PB8970,PB11579,PB11598;标本保存在中国科学院南京地质古生物研究所;吉林蛟河杉松;早白垩世蛟河群。(注:原文未指定模式标本)

1995a 李星学(主编),图版 109,图 2;蕨叶;吉林蛟河杉松顶子;早白垩世乌云组顶部。(中文)

1995b 李星学(主编),图版 109,图 2;蕨叶;吉林蛟河杉松顶子;早白垩世乌云组顶部。(英文)

小蛟河蕨?(未定多种) *Chiaohoella*? spp.

1993c *Chiaohoella*? sp. 1 (Cf. *C. neozamioide* Lee et Yeh),吴向午,79 页,图版 3,图 1,1a;蕨叶;河南南召马市坪黄土岭附近;早白垩世马市坪组。

1993c *Chiaohoella*? sp. 2 (Cf. *C. papilioformia* Lee et Yeh),吴向午,79 页,图版 2,图 7,7a;蕨叶;河南南召马市坪黄土岭附近;早白垩世马市坪组。

掌状蕨属 Genus *Chiropteris* Kurr,1858

1858 Kurr,见 Bronn,143 页。

1935 Toyam,Ôishi,64 页。

1956b 斯行健,467,475 页。

1963 斯行健、李星学等,123 页。

1993a 吴向午,65 页。

模式种:*Chiropteris digitata* Kurr,1858

分类位置:真蕨纲(Filicopsida)

指状掌状蕨 *Chiropteris digitata* Kurr,1858

1858 Kurr,见 Bronn,143 页,图版 12;叶;欧洲晚三叠世。

1993a 吴向午,65 页。

△银杏形掌状蕨 *Chiropteris ginkgoformis* Liu (MS) ex Feng et al.,1977

1977 冯少南等,215 页,图版 78,图 5;叶;广东乐昌小水;晚三叠世小坪组。

△玛纳斯掌状蕨 *Chiropteris manasiensis* Gu et Hu,1979 (non Gu et Hu,1984,nec Gu et Hu,1987)

1979 顾道源、胡雨帆,11 页,图版 2,图 6,6a;蕨叶;登记号:XPC047;标本保存在新疆石油管理局;新疆石河子水沟;中—晚三叠世克拉玛依组。

△玛纳斯掌状蕨 ***Chiropteris manasiensis*** **Gu et Hu, 1984 (non Gu et Hu, 1979, nec Gu et Hu, 1987)**
(注:此种名为 *Chiropteris manasiensis* Gu et Hu,1979 的晚出等同名)

1984 顾道源、胡雨帆,见顾道源,144 页,图版 69,图 6;蕨叶;采集号:Sh001;登记号:XPC047;标本保存在新疆石油管理局;新疆石河子水沟;中—晚三叠世克拉玛依组。

△玛纳斯掌状蕨 ***Chiropteris manasiensis*** **Gu et Hu, 1987 (non Gu et Hu, 1979, nec Gu et Hu, 1984)**
(注:此种名为 *Chiropteris manasiensis* Gu et Hu,1979 的晚出等同名)

1987 胡雨帆、顾道源,226 页,图版 2,图 1,1a;蕨叶;采集号:Sh001;登记号:XPC047;标本保存在新疆石油管理局;新疆石河子水沟;中—晚三叠世克拉玛依组。

△太子河掌状蕨 ***Chiropteris taizihoensis*** **Zhang, 1980**

1980 张武等,260 页,图版 109,图 8—10;插图 190;蕨叶;登记号:D306—D308;辽宁本溪林家崴子;中三叠世林家组。(注:原文未指定模式标本)

袁氏掌状蕨 *Chiropteris yuanii* Sze

1984 顾道源,145 页,图版 73,图 2;蕨叶;新疆克拉玛依;中—晚三叠世克拉玛依组。

△袁氏? 掌状蕨 ***Chirpteris? yuanii*** **Sze, 1956**

1956b 斯行健,467,475 页,图版 1,图 2,2a,3,3a;蕨叶;登记号:PB2579;标本保存在中国科学院南京地质古生物研究所;新疆准噶尔盆地克拉玛依;晚三叠世晚期延长层上部。

1963 斯行健、李星学等,123 页,图版 45,图 2,3;蕨叶;新疆准噶尔盆地克拉玛依;晚三叠世小泉沟群。

1986 叶美娜等,40 页,图版 24,图 4,4a;蕨叶;四川达县雷音铺;晚三叠世须家河组 7 段。

掌状蕨(未定多种) *Chiropteris* spp.

1983 *Chiropteris* spp.,张武等,77 页,图版 2,图 7,8,10,12,13;蕨叶;辽宁本溪林家崴子;中三叠世林家组。

1983 *Chiropteris* sp.,孟繁松,224 页,图版 1,图 6;蕨叶;湖北南漳东巩;晚三叠世九里岗组。

1987 *Chiropteris* sp.,何德长,74 页,图版 7,图 1;图版 9,图 3;蕨叶;浙江遂昌枫坪;早侏罗世早期花桥组 2 层。

掌状蕨? (未定种) *Chiropteris*? sp.

1986 *Chiropteris*? sp.,叶美娜等,40 页,图版 24,图 3,3a;蕨叶;四川达县斌郎;晚三叠世须家河组 7 段。

?掌状蕨(未定种) ?*Chiropteris* sp.

1935 ?*Chiropteris* sp.,Toyama,Ôishi,64 页,图版 3,图 3A;蕨叶;内蒙古扎赉诺尔;中侏罗世。[注:此标本后被改定为 ?*Ctenis uwatokoi* Toyama et Ôishi(斯行健、李星学等,1963)]

1993a ?*Chiropteris* sp.,吴向午,65 页。

△细毛蕨属 **Genus *Ciliatopteris* Wu X W, 1979**

1979 吴向午,见何元良等,139 页。

1993a 吴向午,11,216 页。

1993b 吴向午,499,511 页。

模式种:*Ciliatopteris pecotinata* Wu X W,1979

分类位置:真蕨纲蚌壳蕨科?(Dicksoniaceae?,Filicopsida)

△栉齿细毛蕨 *Ciliatopteris pecotinata* Wu X W,1979

1979 吴向午,见何元良等,139 页,图版 63,图 3－6;插图 9;裸羽片和实羽片;采集号:002,003;登记号:PB6339－PB6342;正模:PB6340(图版 63,图 4);副模:PB6342(图版 63,图 6);标本保存在中国科学院南京地质古生物研究所;青海刚察海德尔;早—中侏罗世木里群江仓组。

1993a 吴向午,11,216 页。

1993b 吴向午,499,511 页。

△准枝脉蕨属 Genus *Cladophlebidium* Sze,1931

1931 斯行健,4 页。

1963 斯行健、李星学等,125 页。

1970 Andrews,54 页。

1993a 吴向午,11,217 页。

1993b 吴向午,498,511 页。

模式种:*Cladophlebidium wongi* Sze,1931

分类位置:真蕨纲(Filicopsida)

△翁氏准枝脉蕨 *Cladophlebidium wongi* Sze,1931

1931 斯行健,4 页,图版 2,图 4;蕨叶;江西萍乡;早侏罗世(Lias)。

1963 斯行健、李星学等,125 页,图版 45,图 4;蕨叶;江西萍乡;晚三叠世晚期—早侏罗世(Lias)。

1970 Andrews,54 页。

1982 王国平等,254 页,图版 113,图 2;蕨叶;江西萍乡;晚三叠世—早侏罗世。

1993a 吴向午,11,217 页。

1993b 吴向午,498,511 页。

?翁氏准枝脉蕨 ?*Cladophlebidium wongi* Sze

1984 顾道源,144 页,图版 75,图 6;图版 77,图 5;蕨叶;新疆克拉玛依深底沟;中—晚三叠世克拉玛依组。

枝脉蕨属 Genus *Cladophlebis* Brongniart,1849

1849 Brongniart,107 页。

1902－1903 Zeiller,291 页。

1963 斯行健、李星学等,97 页。

1993a 吴向午,66 页。

模式种:*Cladophlebis albertsii* (Dunker) Brongniart,1849

分类位置:真蕨纲(Filicopsida)

阿尔培茨枝脉蕨 *Cladophlebis albertsii* (Dunker) Brongniart,1849

1846 *Neuropteris albertsii* Dunker,8 页,图版 7,图 6;蕨叶;德国;早白垩世(Wealden)(?)。

1849 Brongniart,107 页。

1993a 吴向午,66 页。

急裂枝脉蕨 *Cladophlebis acutiloba* (Heer) Fontaine,1905

1876 *Dicksonia acutiloba* Heer,92 页,图版 18,图 4,4c;蕨叶;东西伯利亚;侏罗纪。

1905 Fontaine,见 Ward,72 页,图版 11,图 11,12;蕨叶;美国;侏罗纪。

1980 张武等,259 页,图版 165,图 3－5;蕨叶;黑龙江密山裴德;中—晚侏罗世龙爪沟群。

1986 李蔚荣等,图版 1,图 5;蕨叶;黑龙江密山裴德过关山;中侏罗世裴德组。

急尖枝脉蕨 *Cladophlebis acuta* Fontaine,1889

1889 Fontaine,74 页,图版 5,图 7;图版 7,图 6;图版 10,图 6,7;图版 11,图 7,8;蕨叶;美国弗吉尼亚州弗雷德里克斯堡(Fredericksburg);早白垩世(Potomac Group)。

1980 张武等,252 页,图版 163,图 1,2;插图 184;蕨叶;吉林和龙松下坪;早白垩世长财组。

1992 孙革、赵衍华,531 页,图版 231,图 3,7;图版 253,图 4;蕨叶;吉林和龙松下坪;晚侏罗世长财组。

1995b 邓胜徽,29 页,图版 20,图 6;蕨叶;内蒙古霍林河盆地;早白垩世霍林河组。

2003 杨小菊,566 页,图版 2,图 9,11;蕨叶;黑龙江鸡西盆地;早白垩世穆棱组。

阿克塔什枝脉蕨 *Cladophlebis aktashensis* Turutanova-Ketova,1931

1931 Turutanova-Ketova,322 页,图版 3,图 7;图版 4,图 7;图版 5,图 8;插图 1;蕨叶;伊塞克库尔湖;早侏罗世。

1982 张采繁,525 页,图版 355,图 11;蕨叶;湖南祁阳黄泥塘;早侏罗世。

1998 张泓等,图版 22,图 3;图版 29,图 2,3;图版 35,图 4;蕨叶;新疆乌恰康苏;中侏罗世杨叶组。

△狭瘦枝脉蕨 *Cladophlebis angusta* (Li) Wu,1988

1979 *Cladophlebis tsaidamensis* Sze f. *angustus* Li,李佩娟,见何元良等,143 页,图版 66,图 3;蕨叶;青海大柴旦大煤沟;早侏罗世小煤沟组。

1988 吴向午,见李佩娟等,61 页,图版 29,图 3,3a;图版 30,图 4;图版 31,图 1,1a;图版 36,图 2,3;蕨叶;青海大柴旦大煤沟;早侏罗世火烧山组 *Cladophlebis* 层。

1995a 李星学(主编),图版 92,图 4;蕨叶;青海大柴旦大煤沟;早侏罗世火烧山组。(中文)

1995b 李星学(主编),图版 92,图 4;蕨叶;青海大柴旦大煤沟;早侏罗世火烧山组。(英文)

1995 曾勇等,54 页,图版 10,图 2;蕨叶;河南义马;中侏罗世义马组。

2003 邓胜徽等,图版 66,图 1;蕨叶;河南义马盆地;中侏罗世义马组。

2005 苗雨雁,524 页,图版 2,图 7,8;蕨叶;新疆准噶尔盆地白杨河地区;中侏罗世西山窑组。

清晰枝脉蕨 *Cladophlebis arguta* (Lindley et Hutton) Halle,1913

1834 *Neuropteris arguta* Lindley et Hutton,67 页,图版 105;裸羽片;英国约克郡(Yorkshire);中侏罗世。

1913 *Cladophlebis* (*Coniopteris*?) *arguta* (Lindley et Hutton) Halle,15 页,图版 2,图 1—3,5;裸羽片;南极半岛葛拉汉地;侏罗纪。

1922 *Cladophlebis arguta* (Lindley et Hutton),Johansson,25 页,图版 7,图 11;裸羽片;瑞典;早侏罗世(Lias)。

1933d 斯行健,24 页,图版 4,图 1—4;蕨叶;内蒙古萨拉齐石拐子;早侏罗世。{注:此标本后被改定为 *Cladophlebis* sp. [Cf. *Klukia exilis* (Phillips) Raciborski,emend Harris](斯行健、李星学等,1963)或 *Kylikipteris arguta* (Lindley et Hutton) Harris (Harris,1961)}

清晰枝脉蕨(比较种) *Cladophlebis* cf. *arguta* (Lindley et Hutton) Halle

1933b 斯行健,81 页,图版 12,图 1(?n. sp.),2;蕨叶;陕西府谷石盘湾;侏罗纪。[注:此标本后被改定为 *Cladophlebis* sp.(斯行健、李星学等,1963)或可能为 *Kylikipteris arguta* (Lindley et Hutton) Harris (Harris,1961)]

1933d 斯行健,15 页,图版 10,图 10,11;蕨叶;山西广灵;早侏罗世。

微尖枝脉蕨 *Cladophlebis argutula* (Heer) Fontaine,1900

1876 *Asplenium argutulum* Heer,41,96 页,图版 3,图 7;图版 19,图 1—4;蕨叶;伊尔库茨克盆地;侏罗纪;黑龙江上游;晚侏罗世(?)。

1900 Fontaine,见 Ward,345 页,图版 50,图 1—6;蕨叶;美国;侏罗纪。

1933 Yabe,Ôishi,204(10)页;蕨叶;黑龙江三道岗(Sandogan);早白垩世。

1950 Ôishi,86 页;蕨叶;中国东北地区;中侏罗世。

1961 沈光隆,168 页,图版 2,图 3,4;蕨叶;甘肃西南部徽县、成县;侏罗纪沔县群。

1963 斯行健、李星学等,98 页,图版 29,图 1,2;蕨叶;内蒙古察哈尔右翼后旗土木路,陕西沔县苏草湾;侏罗纪。

1976 张志诚,188 页,图版 88,图 4;图版 90,图 5;蕨叶;内蒙古察哈尔右翼后旗土木路;早—中侏罗世。

1980 张武等,253 页,图版 129,图 2—5;图版 164,图 1,2;蕨叶;辽宁北票;早侏罗世北票组,中侏罗世海房沟组;黑龙江密山;中—晚侏罗世龙爪沟群。

1982 刘子进,126 页,图版 64,图 4,5;蕨叶;甘肃两当西坡、武都龙家沟,陕西凤县户家窑;中侏罗世龙家沟组。

1982b 杨学林、孙礼文,33 页,图版 5,图 5;图版 6,图 2;蕨叶;大兴安岭东南部红旗煤矿;早侏罗世红旗组。

1982b 杨学林、孙礼文,47 页,图版 18,图 2,3;蕨叶;大兴安岭东南部万宝煤矿和黑顶山裕民煤矿;中侏罗世万宝组。

1983a 曹正尧,13 页,图版 1,图 4—6A;蕨叶;黑龙江虎林云山;中侏罗世龙爪沟群下部。

1983 李杰儒,图版 2,图 2;蕨叶;辽宁锦西后富隆山;中侏罗世海房沟组 1 段。

1984 陈芬等,42 页,图版 12,图 1,2;插图 5;蕨叶;北京西山大安山;早侏罗世下窑坡组。

1984 王自强,250 页,图版 137,图 3—5;蕨叶;山西广灵;中侏罗世大同组;河北下花园、涿鹿;中侏罗世门头沟组、玉带山组。

1988 孙革、商平,图版 1,图 9;蕨叶;内蒙古霍林河煤田;早白垩世霍林河组。

1988 张汉荣等,图版 1,图 5;蕨叶;河北蔚县;早侏罗世郑家窑组。

1995 曾勇等,53 页,图版 8,图 1;图版 10,图 6;蕨叶;河南义马;中侏罗世义马组。

1996 米家榕等,95 页,图版 11,图 3;蕨叶;辽宁北票三宝、乍甲;中侏罗世海房沟组。

1998 张泓等,图版26,图1B;蕨叶;青海大柴旦大煤沟;早侏罗世火烧山组。
2005 苗雨雁,524页,图版2,图5;蕨叶;新疆准噶尔盆地白杨河地区;中侏罗世西山窑组。

微尖枝脉蕨(比较种) *Cladophlebis* cf. *argutula* (Heer) Fontaine

1981 陈芬等,图版2,图3;蕨叶;辽宁阜新海州露天煤矿;早白垩世阜新组太平层底部。
1985 商平,图版2,图1;蕨叶;辽宁阜新煤田;早白垩世海州组孙家湾段。

△亚洲枝脉蕨 *Cladophlebis asiatica* Chow et Yeh,1963

1963 周志炎、叶美娜,见斯行健、李星学等,99页,图版30,图3;图版31,图3;蕨叶;辽宁北票、凤城、本溪,北京房山,甘肃武威,陕西府谷;早—中侏罗世。
1980 黄枝高、周惠琴,76页,图版57,图6;蕨叶;陕西铜川焦坪;中侏罗世延安组。
1980 张武等,253页,图版129,图6,7;图版132,图11;蕨叶;辽宁北票;早侏罗世北票组。
1982 段淑英、陈晔,498页,图版6,图1;蕨叶;四川云阳南溪;早侏罗世珍珠冲组。
1982b 杨学林、孙礼文,47页,图版18,图4;图版19,图1—3;蕨叶;大兴安岭东南部黑顶山;中侏罗世万宝组。
1984 陈芬等,42页,图版12,图3;图版13,图1,2;插图6;蕨叶;北京西山;早侏罗世下窑坡组、上窑坡组,中侏罗世龙门组。
1984 陈公信,579页,图版228,图3;蕨叶;湖北鄂城程潮;早侏罗世武昌组。
1984 顾道源,143页,图版72,图3;蕨叶;新疆鄯善连木沁;中侏罗世西山窑组。
1986 段淑英等,图版1,图8;蕨叶;鄂尔多斯盆地南缘;中侏罗世延安组。
1987 段淑英,32页,图版7,图5;图版8,图1,1a;蕨叶;北京西山斋堂;中侏罗世。
1987 张武、郑少林,图版1,图4;蕨叶;辽宁北票长皋台子山南沟;中侏罗世蓝旗组。
1989 辽宁省地质矿产局,图版9,图3;蕨叶;辽宁北票冠山;早侏罗世北票组。
1989 梅美棠等,89页,图版45,图3;蕨叶;中国;侏罗纪—晚白垩世。
1990 郑少林、张武,218页,图版3,图4;蕨叶;辽宁本溪田师傅;中侏罗世大堡组。
1993 米家榕等,91页,图版12,图3—6;蕨叶;吉林双阳大酱缸;晚三叠世大酱缸组;吉林浑江石人北山;晚三叠世北山组(小河口组);辽宁北票羊草沟;晚三叠世羊草沟组;北京西山门头沟;晚三叠世杏石口组。
1995 曾勇等,52页,图版5,图2;图版11,图2;蕨叶;河南义马;中侏罗世义马组。
1996 黄其胜等,图版2,图1,2;蕨叶;四川达县铁山;早侏罗世珍珠冲组上部20层。
1996 米家榕等,96页,图版9,图1,8;图版10,图3,10;蕨叶;辽宁北票冠山二井;早侏罗世北票组下段;河北抚宁石门寨;早侏罗世北票组。
2001 黄其胜,图版2,图5;蕨叶;四川达县铁山;早侏罗世珍珠冲组上部。
2003 许坤等,图版8,图6;蕨叶;辽宁西部;中侏罗世蓝旗组。
2004 孙革、梅盛吴,图版7,图1,3,4;蕨叶;中国西北地区潮水盆地、雅布赖盆地;早—中侏罗世。

亚洲枝脉蕨(亲近种) *Cladophlebis* aff. *asiatica* Chow et Yeh

1996 米家榕等,96页,图版9,图5;蕨叶;辽宁北票冠山二井;早侏罗世北票组下段。

亚洲枝脉蕨(比较种) *Cladophlebis* cf. *asiatica* Chow et Yeh

1977 长春地质学院勘探系等,图版2,图4;图版3,图8;蕨叶;吉林浑江石人;晚三叠世小河口组。
1990 曹正尧、商平,图版3,图1,1a;蕨叶;辽宁北票长皋蛇不歹;中侏罗世蓝旗组。

1992 黄其胜、卢宗盛,图版3,图3;蕨叶;陕西神木考考乌素沟;中侏罗世延安组。

△不对称枝脉蕨(蹄盖蕨?) *Cladophlebis* (*Athyrium*?) *asymmetrica* Meng,1988

1988 孟祥营,见陈芬等,45,148页,图版16,图1,1a,3;蕨叶;标本号:Fx083,Fx084;标本保存在武汉地质学院北京研究生部;辽宁阜新海州矿、新丘矿;早白垩世阜新组。(注:原文未指定模式标本)

△北京枝脉蕨 *Cladophlebis beijingensis* Chen et Dou,1984

1984 陈芬、窦亚伟,见陈芬等,43,120页,图版12,图4—6;插图7;蕨叶;采集号:MP11—MP17;登记号:BM090—BM092;标本保存在武汉地质学院北京研究生部;北京西山大台;早侏罗世下窑坡组。(注:原文未指定模式标本)

北京枝脉蕨(比较种) *Cladophlebis* cf. *beijingensis* Chen et Dou

2002 吴向午等,155页,图版3,图4—5a;图版5,图8;蕨叶;内蒙古阿拉善右旗梧桐树沟;中侏罗世宁远堡组下段。

△雅叶枝脉蕨 *Cladophlebis bella* Li,1982

1982 李佩娟,88页,图版10,图3,4(?);蕨叶;采集号:FT2000—FT2006;登记号:PB7954,PB7956;正模:PB7954(图版10,图3);标本保存在中国科学院南京地质古生物研究所;西藏八宿白马区哈曲河;早白垩世多尼组。

备中枝脉蕨 *Cladophlebis bitchuensis* Ôishi,1932

1932 Ôishi,284页,图版7,图1;蕨叶;日本成羽(Nariwa);晚三叠世(Nariwa Series)。

备中枝脉蕨(比较种) *Cladophlebis* cf. *bitchuensis* Ôishi

1980 张武等,253页,图版130,图1,1a;蕨叶;吉林双阳板石顶子;早侏罗世板石顶子组。

备中枝脉蕨(比较属种) *Cladophlebis* cf. *C. bitchuensis* Ôishi

1993 米家榕等,92页,图版13,图4;蕨叶;北京西山门头沟;晚三叠世杏石口组。

布朗枝脉蕨 *Cladophlebis browniana* (Dunker) Seward,1894

1846 *Pecopteris browniana* Dunker,5页,图版8,图7;蕨叶;早白垩世。

1894 Seward,99页,图版12,图4;蕨叶;早白垩世。

1977 段淑英等,115页,图版1,图9,10;图版3,图1;蕨叶;西藏拉萨牛马沟;早白垩世。

1982 王国平等,245页,图版112,图6;蕨叶;江西上坪岭下;晚侏罗世—早白垩世。

1983a 郑少林、张武,82页,图版3,图3—5;蕨叶;黑龙江勃利万龙村;早白垩世东山组。

1989 丁保良等,图版2,图8;蕨叶;江西上坪岭下;晚侏罗世—早白垩世。

1989 梅美棠等,89页,图版46,图3;蕨叶;中国;晚侏罗世—早白垩世。

布朗枝脉蕨? *Cladophlebis browniana*? (Dunker) Seward

1931 斯行健,31页,图版4,图5;蕨叶;山东潍县坊子;早侏罗世(Lias)。{注:此标本后被改定为 *Cladophlebis* sp. [Cf. *Klukia exilis* (Phillips) Raciborski,emend Harris](斯行健、李星学等,1963)}

布朗枝脉蕨(比较种) *Cladophlebis* cf. *browniana* (Dunker) Seward

1954 徐仁,48页,图版39,图9—11;蕨叶;浙江寿昌东村;早白垩世晚期。[注:此标本后被

改定为 Cf. *Klukia browniana* (Dunker)(斯行健、李星学等,1963)]

1958 汪龙文等,623 页,图 623;蕨叶;浙江,福建,吉林,西藏;早白垩世早期。

1963 顾知微等,图版 1,图 3;蕨叶;浙江寿昌东村白水岭;早白垩世建德亚群砚岭组上部(?)。[注:此标本后被改定为 Cf. *Klukia browniana* (Dunker)(斯行健、李星学等,1963,图版 21,图 5)]

1964 李星学等,136 页,图版 88,图 10,11;图版 89,图 1;蕨叶;华南地区;晚侏罗世—早白垩世。

1982a 杨学林、孙礼文,图版 1,图 4;蕨叶;松辽盆地东南部营城;早白垩世营城组。

1994 曹正尧,图 2a;蕨叶;浙江建德;早白垩世早期寿昌组。

1995 曹正尧等,4 页,图版 4,图 2A;蕨叶;福建政和大溪村附近;早白垩世南园组中段。

1995a 李星学(主编),图版 111,图 3;蕨叶;浙江建德;早白垩世寿昌组。(中文)

1995b 李星学(主编),图版 111,图 3;蕨叶;浙江建德;早白垩世寿昌组。(英文)

1999 曹正尧,54 页,图版 4,图 8,9;图版 8,图 3,4;图版 12,图 1;插图 21;蕨叶;浙江寿昌东村、大桥,丽水老竹;早白垩世寿昌组。

△矩羽枝脉蕨 *Cladophlebis calcariformis* Chu,1975

1975 朱家柟,见徐仁等,71 页,图版 2,图 1—3;蕨叶;标本号:No.2500a;标本保存在中国科学院植物研究所;云南永仁纳拉箐;晚三叠世大荞地组中上部。

1979 徐仁等,31 页,图版 18,图 2;图版 19,图 2a;蕨叶;四川宝鼎;晚三叠世大荞地组中上部。

1984 顾道源,143 页,图版 68,图 1;蕨叶;新疆鄯善连木沁;中侏罗世西山窑组。

1986 叶美娜等,33 页,图版 20,图 4,4a;蕨叶;四川开县温泉;晚三叠世须家河组 5 段。

△枝脉蕨型枝脉蕨 *Cladophlebis cladophleoides* (Yao) Yang,1982

1968 *Amdrupia? cladonhheboides* Yao,姚兆奇,见《湘赣地区中生代含煤地层化石手册》,79 页,图版 3,图 4—6;蕨叶;湖南浏阳澄潭江;晚三叠世安源组紫家冲段;江西乐平涌山桥;晚三叠世安源组。

1982 杨贤河,471 页,图版 15,图 1—5;蕨叶;四川威远黄石板;晚三叠世须家河组。

△皱褶枝脉蕨 *Cladophlebis complicata* Meng,1987

1987 孟繁松,242 页,图版 26,图 5;蕨叶;采集号:S-81-6P-61;登记号:P82155;正模:P82155(图版 26,图 5);标本保存在宜昌地质矿产研究所;湖北当阳三里岗;早侏罗世香溪组。

△锥叶蕨型枝脉蕨 *Cladophlebis coniopteroides* Chang,1980

1980 张志诚,见张武等,253 页,图版 130,图 4,5;图版 131,图 1;图版 136,图 1b;蕨叶;登记号:D249—D252;辽宁凌源双庙;早侏罗世郭家店组。(注:原文未指定模式标本)

△收缩枝脉蕨 *Cladophlebis contracta* Cao,1983

1983a 曹正尧,35,45 页,图版 4,图 10;图版 5,图 4—6;图版 9,图 8,9;蕨叶;采集号:HM13,HM325;登记号:PB10285—PB10288,PB10317,PB10318;正模:PB10285(图版 4,图 10);标本保存在中国科学院南京地质古生物研究所;黑龙江虎林永红;晚侏罗世云山组下部;黑龙江宝清索伦东露天煤矿;早白垩世珠山组。

△粗轴枝脉蕨 *Cladophlebis crassicaulis* Zheng,1980

1980 郑少林,见张武等,254 页,图版 131,图 2;插图 185;蕨叶;登记号:D253;辽宁北票;早侏罗世北票组。

△大巴山枝脉蕨(似里白?) ***Cladophlebis* (*Gleichenites*?) *dabashanensis* Cao, 1984**

1984b 曹正尧,38,45 页,图版 1,图 1—6;图版 2,图 1—8a;图版 3,图 1—4a;图版 4,图 1—6a;蕨叶;采集号:HM205;登记号:PB10925—PB10948;正模:PB10939(图版 3,图 1);标本保存在中国科学院南京地质古生物研究所;黑龙江密山大巴山;早白垩世东山组。

△大煤沟枝脉蕨 ***Cladophlebis dameigouensis* He, 1988**

1988 何元良,见李佩娟等,62 页,图版 25,图 1—3b;图版 52,图 3;蕨叶;采集号:80DP$_1$F$_{87}$;登记号:PB13441—PB13444,PB13497;正模:PB13497(图版 25,图 3);标本保存在中国科学院南京地质古生物研究所;青海大柴旦大煤沟;中侏罗世大煤沟组 *Tyrmia-Sphenobaiera* 层。

1995a 李星学(主编),图版 91,图 1;蕨叶;青海大柴旦大煤沟;中侏罗世大煤沟组。(中文)

1995b 李星学(主编),图版 91,图 1;蕨叶;青海大柴旦大煤沟;中侏罗世大煤沟组。(英文)

1998 张泓等,图版 22,图 6;蕨叶;青海大柴旦大煤沟;早侏罗世火烧山组。

△当阳枝脉蕨 ***Cladophlebis dangyangensis* Chen, 1977**

1977 陈公信,见冯少南等,214 页,图版 80,图 5;蕨叶;标本号:P5044;正模:P5044(图版 80,图 5);标本保存在湖北省地质局;湖北当阳三里岗;早—中侏罗世香溪群上煤组。

1984 陈公信,579 页,图版 229,图 3,4;蕨叶;湖北当阳三里岗;早侏罗世桐竹园组。

△大溪枝脉蕨 ***Cladophlebis daxiensis* Cao, Liang et Ma, 1995**

1995 曹正尧、梁诗经、马爱双,见曹正尧等,4,13 页,图版 1,图 2—7;蕨叶;登记号:PB16827—PB16830;标本保存在中国科学院南京古生物研究所;福建政和大溪村附近;早白垩世南园组中段。(注:原文未指定模式标本)

纤柔枝脉蕨 ***Cladophlebis delicatula* Yabe et Ôishi, 1933**

1920 Yabe, Hayasaka,图版 3,图 1;图版 4,图 5,5a;蕨叶;江西萍乡炭山、崇江张家岭;晚三叠世(Rhaetic)—侏罗纪。[注:此标本后被改定为 *Todites denticulatus* (Brongniart) Krasser(斯行健、李星学等,1963)]

1933 Yabe, Ôishi,205(11)页,图版 30(1),图 7,7a;蕨叶;辽宁昌图沙河子;中—晚侏罗世。

1950 Ôishi,86 页;辽宁昌图沙河子;晚侏罗世。

1963 斯行健、李星学等,100 页,图版 30,图 1—2a;蕨叶;辽宁昌图沙河子、朝阳;中—晚侏罗世。

1980 陈芬等,428 页,图版 2,图 10,10a;蕨叶;河北涿鹿下花园;中侏罗世玉带山组。

1984 王自强,250 页,图版 144,图 1—3;蕨叶;河北涿鹿;中侏罗世玉带山组。

1986 李星学等,18 页,图版 18;图 1,1a;蕨叶;吉林蛟河杉松;早白垩世蛟河群。

1992 孙革、赵衍华,531 页,图版 231,图 8;蕨叶;吉林和龙松下坪;晚侏罗世长财组。

1994 萧宗正等,图版 15,图 1;蕨叶;北京房山公主坟;早白垩世坨里组。

齿形枝脉蕨 ***Cladophlebis denticulata* (Brongniart) Fontaine, 1889**

1828 *Pecopteris denticulata* Brongniart,301 页,图版 98,图 1,2;蕨叶;西欧;侏罗纪。

1889 Fontaine,71 页,图版 7,图 7;蕨叶;北美;侏罗纪。

1922 Yabe,9 页,图版 1,图 3,4;蕨叶;北京西山大安山,山东潍县二十里铺;晚三叠世—早侏罗世。[注:此标本后被改定为 ?*Todites denticulatus* (Brongniart) Seward(斯行健、李星学等,1963)]

1928 Yabe,Ôishi,5 页,图版 1,图 3,4;蕨叶;山东潍县坊子煤田;侏罗纪。[注:此标本后被改定为 *Todites denticulatus* (Brongniart) Seward(斯行健、李星学等,1963)]

1931 斯行健,2 页,图版 1,图 1;蕨叶;江西萍乡;早侏罗世(Lias)。[注:此标本后被改定为 *Todites denticulatus* (Brongniart) Seward(斯行健、李星学等,1963)]

1931 斯行健,30 页,图版 4,图 4;蕨叶;山东潍县坊子;早侏罗世(Lias)。[注:此标本后被改定为 *Todites denticulatus* (Brongniart) Seward(斯行健、李星学等,1963)]

1933 Yabe,Ôishi,206(12)页,图版 30(1),图 8;蕨叶;辽宁本溪大堡;早—中侏罗世。[注:此标本后被改定为 *Todites denticulatus* (Brongniart) Seward(斯行健、李星学等,1963)]

1939 Matuzawa,9 页,图版 2,图 5;图版 3,图 3;图版 4,图 5;蕨叶;辽宁北票;晚三叠世—中侏罗世早期北票煤组。[注:此标本后被改定为 ?*Todites denticulatus* (Brongniart) Seward(斯行健、李星学等,1963)]

1949 斯行健,4 页,图版 13,图 11,12;图版 14,图 1,2;蕨叶;湖北秭归香溪贾家店,当阳奋子沟、马头洒、崔家沟;早侏罗世香溪煤系。[注:此标本后被改定为 *Todites denticulatus* (Brongniart) Seward(斯行健、李星学等,1963)]

1950 Ôishi,81 页,图版 24,图 4;蕨叶;北京西山;早侏罗世;辽宁阜新;晚侏罗世。

1952 斯行健、李星学,4,23 页,图版 6,图 2;图版 7,图 5,6;蕨叶;四川巴县一品场;早侏罗世。[注:此标本后被改定为 *Todites denticulatus* (Brongniart) Seward(斯行健、李星学等,1963)]

1962 李星学等,151 页,图版 91,图 2;蕨叶;中国长江流域;早侏罗世—早白垩世。

1963 李佩娟,128 页,图版 56,图 2;蕨叶;华北地区,四川,甘肃徽县;早侏罗世—早白垩世。

1964 李星学等,130 页,图版 85,图 2,3;蕨叶;华南地区;早侏罗世—早白垩世。

1975 徐福祥,102 页,图版 2,图 1;蕨叶;甘肃天水后老庙硬湾沟;晚三叠世干柴沟组。

1984a 曹正尧,7 页,图版 2,图 11;图版 8,图 7,8;插图 2;蕨叶;黑龙江密山新村;中侏罗世裴德组;黑龙江密山裴德煤矿;中侏罗世七虎林组;16 页,图版 4,图 10,11B;蕨叶;黑龙江虎林永红;中侏罗世七虎林组下部。

1984 王自强,250 页,图版 127,图 1—4;蕨叶;河北承德;早侏罗世甲山组。

1986 叶美娜等,33 页,图版 22,图 3;图版 23,图 4,4a;蕨叶;四川达县斌郎;晚三叠世须家河组 5 段;四川开县温泉;早侏罗世珍珠冲组。

1992 谢明忠、孙景嵩,图版 1,图 7;蕨叶;河北宣化;中侏罗世下花园组。

1993 王士俊,10 页,图版 3,图 2;图版 4,图 7;蕨叶;广东乐昌关春;晚三叠世艮口群。

1998 张泓等,图版 30,图 1;蕨叶;新疆哈密三道岭;中侏罗世西山窑组。

2002 王永栋,图版 1,图 3;蕨叶;湖北秭归香溪;早侏罗世香溪组。

2003 孟繁松等,图版 3,图 7;营养羽片;重庆云阳水市口;早侏罗世自流井组东岳庙段。

2003 许坤等,图版 5,图 12;蕨叶;黑龙江密山裴德煤矿;中侏罗世七虎林组。

2005 苗雨雁,525 页,图版 2,图 9;蕨叶;新疆准噶尔盆地白杨河地区;中侏罗世西山窑组。

齿形枝脉蕨(比较种) *Cladophlebis* cf. *denticulata* (Brongniart) Fontaine

1933c 斯行健,10 页,图版 6,图 5—7;蕨叶;四川广元须家河;晚三叠世晚期—早侏罗世。[注:此标本后被改定为 ?*Todites denticulatus* (Brongniart) Seward(斯行健、李星学等,1963)]

1954 徐仁,47 页,图版 40,图 4;蕨叶;山东潍县坊子;侏罗纪。[注:此标本后被改定为 ?*Todites denticulatus* (Brongniart) Seward(斯行健、李星学等,1963)]

1958 汪龙文等,604 页,图 604;蕨叶;华南地区,华北地区;侏罗纪。

1959 斯行健,8,25 页,图版 4,图 2,2a;蕨叶;青海柴达木红柳沟;侏罗纪。[注:此标本后被改定为 ? *Todites denticulatus* (Brongniart) Seward(斯行健、李星学等,1963)]

1961 沈光隆,171 页,图版 2,图 5;蕨叶;甘肃徽县崖头村;侏罗纪沔县群。

1980 吴舜卿等,76 页,图版 3,图 4;蕨叶;湖北兴山郑家河;晚三叠世沙镇溪组。

1980 吴舜卿等,95 页,图版 12,图 8;图版 13,图 1;裸羽片;湖北秭归香溪;早—中侏罗世香溪组。

1983 张志诚、熊宪政,56 页,图版 1,图 7;图版 2,图 6;蕨叶;黑龙江东宁盆地;早白垩世东宁组。

1988 李佩娟等,62 页,图版 52,图 1,1a;蕨叶;青海大柴旦大煤沟;早侏罗世火烧山组 *Cladophlebis* 层。

2004 邓胜徽等,210,214 页,图版 1,图 4;图版 2,图 9;营养羽片;内蒙古阿拉善右旗雅布赖盆地红柳沟剖面;中侏罗世新河组。

齿形枝脉蕨(似托第蕨)*Cladophlebis* (*Todites*) *denticulata* (Brongniart) Fontaine

1964 李佩娟,117 页,图版 7,图 1—3;图版 9,图 1a;蕨叶;四川广元荣山须家河、杨家崖;晚三叠世须家河组。

齿形枝脉蕨斑点变种 *Cladophlebis denticulata* (Brongniart) var. *punctata* Thomas,1911

1911 Thomas,64 页,图版 2,图 13,13a;蕨叶;卡缅卡(Kamenka);侏罗纪。

1933 Yabe,Ôishi,207(13)页,图版 31(2),图 1,1a,2;蕨叶;辽宁昌图沙河子;中—晚侏罗世。[注:此标本后被改定为 *Cladophlebis punctata* (Thomas) Chow et Yeh(斯行健、李星学等,1963)]

离生枝脉蕨 *Cladophlebis distanis* (Heer) Yabe,1922

1876 *Asplenium distanis* Heer,97 页,图版 19,图 5,6,7(?);蕨叶;黑龙江上游;晚侏罗世。

1922 Yabe,13 页,图版 1,图 6;图版 2,图 3;插图 9;蕨叶;日本;早白垩世。

1950 Ôishi,82 页;蕨叶;中国东北地区;晚侏罗世。

1982b 郑少林、张武,307 页,图版 3,图 1—4;插图 8;蕨叶;黑龙江虎林永红;晚侏罗世云山组。

展开枝脉蕨 *Cladophlebis divaricata* Johansson,1922

1922 Johansson,23 页,图版 1,图版 1,1a;蕨叶;瑞典;侏罗纪。

展开枝脉蕨(比较种)*Cladophlebis* cf. *divaricata* Johansson

1988 李佩娟等,63 页,图版 33,图 1A;图版 34,图 1A,2A;图版 36,图 4A;图版 37,图 1,2;图版 38,图 2A;蕨叶;青海大柴旦大煤沟;早侏罗世火烧山组 *Cladophlebis* 层。

1995a 李星学(主编),图版 92,图 6;蕨叶;青海大柴旦大煤沟;早侏罗世火烧山组。(中文)

1995b 李星学(主编),图版 92,图 6;蕨叶;青海大柴旦大煤沟;早侏罗世火烧山组。(英文)

1998 张泓等,图版 32,图 6;图版 33,图 2;图版 34,图 3,4;蕨叶;青海大柴旦大煤沟;早侏罗世火烧山组。

董克枝脉蕨 *Cladophlebis dunkeri* (Schimper) Seward,1894

1869—1874 *Pecopteris dunkeri* Schimper,539 页;中欧;早白垩世。

1894 Seward,100 页,图版 7,图 3;蕨叶;英国;早白垩世。

1980 张武等,254 页,图版 164,图 3－5;蕨叶;吉林延吉铜佛寺;早白垩世铜佛寺组。

1986 张川波,图版 2,图 3;蕨叶;吉林延吉铜佛寺;早白垩世中一晚期大拉子组。

1989 郑少林、张武,图版 1,图 10,11;蕨叶;辽宁新宾南杂木聂尔库村;早白垩世聂尔库组。

1999 曹正尧,55 页,图版 4,图 5－7;蕨叶;江苏溧水;早白垩世龙王山组。

△微凹枝脉蕨 *Cladophlebis emarginata* Wu et He,1988

1988 吴向午、何元良,见李佩娟等,63 页,图版 31,图 2,2a;蕨叶;采集号:80DP$_1$F$_{25}$;登记号:PB13446;正模:PB13446(图版 31,图 2,2a);标本保存在中国科学院南京地质古生物研究所;青海大柴旦大煤沟;早侏罗世火烧山组 *Cladophlebis* 层。

瘦形枝脉蕨 *Cladophlebis exiliformis* (Geyler) Ôishi,1940

1877 *Pecopteris exiliformis* Geyler,226 页,图版 30,图 2a。

1940 Ôishi,261 页,图版 22－24;图版 25,图 2,2a,3;蕨叶;日本;早白垩世(Kyoseki Group)。

1941 Ôishi,170 页,图版 36(1),图 4;蕨叶;吉林汪清罗子沟;早白垩世。[注:此标本后被改定为 *Cladophlebis* cf. *exiliformis* (Geyler) Ôishi(斯行健、李星学等,1963)]

1980 张武等,254 页,图版 164,图 8;蕨叶;黑龙江东宁;早白垩世穆棱组;吉林汪清;早白垩世大拉子组。

1982 李佩娟,85 页,图版 8,图 5－7a;蕨叶;西藏洛隆孜托北山;早白垩世多尼组。

1984 王自强,251 页,图版 150,图 13;蕨叶;河北围场;早白垩世九佛堂组。

1994 曹正尧,图 3c;蕨叶;浙江临海;早白垩世早期馆头组。

2000 吴舜卿,222 页,图版 2,图 1－7a;图版 3,图 1－6a;裸羽片和实羽片(?);香港新界;早白垩世浅水湾群。

瘦形枝脉蕨(比较种) *Cladophlebis* cf. *exiliformis* (Geyler) Ôishi

1963 斯行健、李星学等,101 页,图版 39,图 2;蕨叶;吉林汪清罗子沟;早白垩世大拉子组上部和中部(?)。

1988 陈芬等,46 页,图版 63,图 2;蕨叶;辽宁铁法;早白垩世小明安碑组下含煤段。

1988 李佩娟等,64 页,图版 24,图 3,4;蕨叶;青海大柴旦大煤沟;中侏罗世大煤沟组 *Tyrmia-Sphenobaiera* 层。

1989 丁保良等,图版 2,图 13;蕨叶;浙江文成花前;晚侏罗世磨石山组 C-2 段。

1992c 孟繁松,212 页,图版 3,图 1－4;蕨叶;海南琼海合水水库;早白垩世鹿母湾群。

镰状枝脉蕨 *Cladophlebis falcata* Ôishi,1940

1940 Ôishi,264 页,图版 15,图 1,2;蕨叶;日本(Hagignotani of Koti);早白垩世(Kyoseki Group)。

镰状枝脉蕨(比较种) *Cladophlebis* cf. *falcata* Ôishi

1982 王国平等,250 页,图版 130,图 8,9;蕨叶;浙江浦江;晚侏罗世寿昌组。

1989 丁保良等,图版 1,图 13;蕨叶;浙江浦江山桠桥;晚侏罗世一早白垩世寿昌组。

1999 曹正尧,56 页,图版 6,图 1,1a,2,2a;图版 11,图 6,7;图版 12,图 4;图版 13,图 2;蕨叶;浙江苍南九甲、加隆,福建福鼎垟边;早白垩世馆头组;浙江浦江;早白垩世寿昌组。

△坊子枝脉蕨 *Cladophlebis fangtzuensis* Sze,1933

1933d 斯行健,35 页,图版 3,图 3,4;蕨叶;山东潍县坊子,早侏罗世。

1941 Stockmans,Mathieu,39 页,图版 3,图 4－6;蕨叶;河北柳江;侏罗纪。

1954 徐仁,48页,图版41,图1,2;蕨叶;山东潍县坊子;早侏罗世。
1958 汪龙文等,607页,图608;蕨叶;山东潍县坊子;侏罗纪。
1963 斯行健、李星学等,101页,图版32,图1;图版33,图3;蕨叶;山东潍县坊子;河北柳江;早一中侏罗世。
1982 王国平等,250页,图版115,图3;蕨叶;山东潍县坊子;早一中侏罗世坊子组。
1984 顾道源,143页,图版69,图1,2,7;图版73,图1;蕨叶;新疆克拉玛依(库车)克拉苏河;中侏罗世克孜勒努尔组;新疆鄯善连木沁;中侏罗世西山窑组。
1988 李佩娟等,64页,图版40,图1—1c;蕨叶;青海大柴旦大煤沟;早侏罗世火烧山组 *Cladophlebis* 层。

△小叶枝脉蕨 *Cladophlebis foliolata* Lee,1976

1976 李佩娟等,111页,图版28,图1,2;蕨叶;登记号:PB5321,PB5322;合模:PB5321,PB5322(图版28,图1,2);标本保存在中国科学院南京地质古生物研究所;四川渡口摩沙河;晚三叠世纳拉箐组大荞地段。[注:依据《国际植物命名法规》(《维也纳法规》)第37.2条,1958年起,模式标本只能是1块标本]
1987 陈晔等,100页,图版12,图4,4a;蕨叶;四川盐边箐河;晚三叠世红果组。

寒冷枝脉蕨 *Cladophlebis frigida* (Heer) Seward,1926

1882 *Pteris frigida* Heer,25页,图版6,图5e;图版11,图2—8;图版12;蕨叶;格陵兰乌佩尼维克岛(Upernivik Island);白垩纪。
1926 Seward,87页;蕨叶;格陵兰乌佩尼维克岛;白垩纪。
1982b 郑少林、张武,307页,图版6,图13,14;蕨叶;黑龙江鸡东哈达;早白垩世城子河组。

△福建枝脉蕨 *Cladophlebis fukiensis* Sze,1933

1933d 斯行健,48页,图版8,图1—3;蕨叶;福建长汀马兰岭;早侏罗世。
1950 Ôishi,86页;蕨叶;福建长汀;早侏罗世。
1963 斯行健、李星学等,102页,图版31,图1,1a;蕨叶;福建长汀马兰岭;晚三叠世晚期—早侏罗世。
1982 王国平等,250页,图版114,图3,4;蕨叶;福建长汀马兰岭;晚三叠世晚期—早侏罗世。
1987 段淑英,34页,图版9,图1,1a;蕨叶;北京西山斋堂;中侏罗世。
1987 何德长,72页,图版5,图2;图版6,图3;蕨叶;浙江龙泉花桥;早侏罗世早期花桥组6层。
1989 段淑英,图版1,图7;蕨叶;北京西山斋堂;中侏罗世门头沟煤系。

△富县枝脉蕨 *Cladophlebis fuxiaensis* Huang et Chow,1980

1980 黄枝高、周惠琴,76页,图版27,图4;图版28,图2;图版32,图6;蕨叶;登记号:OP901,OP902;陕西富县罗儿山;晚三叠世延长组上部。(注:原文未指定模式标本)
1982 刘子进,126页,图版64,图4,5;蕨叶;甘肃两当西坡、武都龙家沟,陕西凤县户家窑;中侏罗世龙家沟组。

△阜新枝脉蕨 *Cladophlebis fuxinensis* Meng,1988

1988 孟祥营,见陈芬等,46,148页,图版18,图5;图版19,图1,2;插图15;蕨叶;标本号:Fx097,Fx099;标本保存在武汉地质学院北京研究生部;辽宁阜新海州矿、新丘矿;早白垩世阜新组。(注:原文未指定模式标本)

盖氏枝脉蕨 *Cladophlebis geyleriana* (Nathorst) Yabe, 1922

1889 *Pecopteris geyleriana* Nathorst,48 页,图版 4,图 1;图版 6,图 2;日本;中生代。

1922 Yabe,7 页。

盖氏枝脉蕨(比较种) *Cladophlebis* cf. *geyleriana* (Nathorst) Yabe

1999 曹正尧,56 页,图版 11,图 1,1a,2;蕨叶;浙江临海小岭;早白垩世馆头组。

巨大枝脉蕨 *Cladophlebis gigantea* Ôishi, 1932

1932 Ôishi,283 页,图版 7 图 2;蕨叶;日本(Nariwa of Okayama);晚三叠世(Nariwa Series)。

1936 潘钟祥,17 页,图版 4,图 9;图版 7,图 1—8;图版 8,图 1,2;蕨叶;陕西绥德沙滩坪;晚三叠世延长层。[注:此标本后被改定为 *Cladophlebis* cf. *gigantea* Ôishi(斯行健、李星学等,1963)]

1950 Ôishi,85 页;陕西;晚三叠世延长层。

1954 徐仁,47 页,图版 37,图 10,11;蕨叶;陕西绥德沙滩坪;晚三叠世。[注:此标本后被改定为 *Cladophlebis* cf. *gigantea* Ôishi(斯行健、李星学等,1963)]

1979 何元良等,142 页,图版 64,图 6;蕨叶;青海祁连油葫芦西沟;晚三叠世南营儿群。

1980 张武等,254 页,图版 130,图 2,3;蕨叶;吉林双阳板石顶子;早侏罗世板石顶子组。

1984 王自强,251 页,图版 127,图 6;蕨叶;河北承德;早侏罗世甲山组。

1987 陈晔等,101 页,图版 13,图 2;蕨叶;四川盐边箐河;晚三叠世红果组。

1988a 黄其胜、卢宗盛,183 页,图版 2,图 3,3a;蕨叶;河南卢氏双槐树;晚三叠世延长群下部 6 层。

巨大枝脉蕨(亲近种) *Cladophlebis* aff. *gigantea* Ôishi

1978 陈其奭等,图版 1,图 1;蕨叶;浙江义乌乌灶;晚三叠世乌灶组。

巨大枝脉蕨(比较种) *Cladophlebis* cf. *gigantea* Ôishi

1956 敖振宽,20 页,图版 2,图 2;蕨叶;广东广州小坪;晚三叠世小坪煤系。

1956a 斯行健,19,126 页,图版 9,图 3,4;图版 23,图 3,3a;蕨叶;陕西宜君四郎庙炭河沟;晚三叠世延长层上部;陕西绥德沙滩坪;晚三叠世延长层中部。

1963 斯行健、李星学等,102 页,图版 31,图 2,2a;蕨叶;陕西铜川宜君四郎庙炭河沟、榆林绥德沙滩坪;晚三叠世延长群。

1980 黄枝高、周惠琴,77 页,图版 26,图 3;图版 27,图 1;蕨叶;陕西铜川柳林沟、焦坪;晚三叠世延长组上部。

1984 陈芬等,43 页,图版 15,图 2;插图 8;蕨叶;北京西山大台;早侏罗世下窑坡组;北京西山门头沟;中侏罗世龙门组。

1986 周统顺、周惠琴,68 页,图版 20,图 9;蕨叶;新疆吉木萨尔大龙口;晚三叠世郝家沟组。

1990 宁夏回族自治区地质矿产局,图版 8,图 6,6a;蕨叶;宁夏平罗汝箕沟;晚三叠世延长群。

葛伯特枝脉蕨 *Cladophlebis goeppertianus* (Muenster) ex Lee et al., 1964

1841—1846 *Neuropteris goeppertiana* Muenster,见 Goeppert,104 页,图版 8,9,图 9,10;蕨叶;西欧;早侏罗世。

1922 *Todites goeppertianus* (Muenster) Krasser,355 页;西欧;早侏罗世。

1964 *Cladophlebis goeppertianus* (Muenster) Krasser,李星学等,130 页,图版 85,图 4;图版

86,图 1;蕨叶;华南地区;晚三叠世—早侏罗世[中侏罗世(?)]。

1965 *Cladophlebis goeppertianus* (Muenster) Krasser,曹正尧,516 页,图版 1,图 6,6a;蕨叶;广东高明松柏坑;晚三叠世小坪组。

葛伯特枝脉蕨(比较种) *Cladophlebis* cf. *goeppertianus* (Muenster)

1963 李星学等,图版 1,图 1,9;蕨叶;浙江寿昌李家;早—中侏罗世乌灶组。

葛伯特枝脉蕨(似托第蕨) *Cladophlebis* (*Todites*) *goeppertianus* (Schenk) Du Toit,1927

1867 *Acrostichites goepperitianus* Schenk,44 页,图版 5,图 5,5a;图版 7,图 2,2a。

1927 Du Toit,319 页;插图 1。

△葛利普枝脉蕨 *Cladophlebis grabauiana* P'an,1936

1936 潘钟祥,20 页,图版 9,图 1,1a;图版 10,图 4—4b;蕨叶;陕西绥德叶家坪;晚三叠世延长层上部。

1963 斯行健、李星学等,102 页,图版 31,图 2,2a;蕨叶;陕西绥德叶家坪,甘肃华亭砚河口;晚三叠世延长群上部。

1976 李佩娟等,113 页,图版 45,图 7,7a;蕨叶;四川渡口摩沙河;晚三叠世纳拉箐组。

1977 长春地质学院勘探系等,图版 2,图 2,2a;蕨叶;吉林浑江石人;晚三叠世小河口组。

1980 黄枝高、周惠琴,77 页,图版 29,图 2;蕨叶;陕西铜川柳林沟;晚三叠世延长组上部。

1988 吉林省地质矿产局,图版 7,图 7;蕨叶;吉林;晚三叠世。

1989 梅美棠等,89 页,图版 45,图 4;蕨叶;中国;晚三叠世。

1992 孙革、赵衍华,531 页,图版 231,图 2,6;蕨叶;吉林浑江石人;晚三叠世小河口组。

1993 米家榕等,92 页,图版 13,图 1,1a,2,3,5;蕨叶;吉林汪清天桥岭;晚三叠世马鹿沟组;吉林浑江石人北山;晚三叠世北山组(小河口组);河北承德上谷;晚三叠世杏石口组。

葛利普枝脉蕨(比较种) *Cladophlebis* cf. *grabauiana* P'an

1982b 吴向午,86 页,图版 10,图 1,1a,2;蕨叶;西藏昌都希雄煤点、察雅巴贡一带;晚三叠世巴贡组上段。

△纤细枝脉蕨 *Cladophlebis gracilis* Sze,1956

1956a 斯行健,23,130 页,图版 24,图 1—2a;图版 25,图 1—4;蕨叶;采集号:PB2347—PB2352;标本保存在中国科学院南京地质古生物研究所;陕西宜君杏树坪黄草湾;晚三叠世延长层上部。

1963 李佩娟,127 页,图版 56,图 1;蕨叶;陕西宜君,甘肃平凉;晚三叠世。

1963 斯行健、李星学等,103 页,图版 32,图 2,2a;图版 33,图 2;蕨叶;陕西宜君杏树坪黄草湾;晚三叠世延长群上部。

1977 长春地质学院勘探系等,图版 1,图 4;图版 2,图 7;蕨叶;吉林浑江石人;晚三叠世小河口组。

1979 何元良等,142 页,图版 64,图 7;蕨叶;青海祁连尕勒德寺北马尔根滩;晚三叠世默勒群中岩组。

1979 徐仁等,32 页,图版 17,图 2—4a;图版 18,图 1—2a;蕨叶;四川宝鼎;晚三叠世大荞地组中上部。

1980 黄枝高、周惠琴,77 页,图版 26,图 2,2a;图版 29,图 4;蕨叶;陕西铜川柳林沟、榆林神木石窑上;晚三叠世延长组上部。

1981 周惠琴,图版 1,图 7;蕨叶;辽宁北票羊草沟;晚三叠世羊草沟组。
1984 黄其胜,图版 1,图 5,6;蕨叶;安徽怀宁宝龙山;晚三叠世拉犁尖组。
1984 王自强,251 页,图版 116,图 3;蕨叶;山西吉县;中一晚三叠世延长群。
1986 陈晔等,图版 5,图 4;图版 6,图 2,3;蕨叶;四川理塘;晚三叠世拉纳山组。
1993 米家榕等,92 页,图版 12,图 1,2;蕨叶;吉林浑江石人北山;晚三叠世北山组(小河口组)。
1996 吴舜卿、周汉忠,4 页,图版 2,图 1,1a;蕨叶;新疆库车库车河剖面;中三叠世克拉玛依组下段。

△哈达枝脉蕨 *Cladophlebis hadaensis* Zhang,1980

1980 张武等,255 页,图版 164,图 6,6a;插图 186;蕨叶;登记号:D260;黑龙江鸡东哈达;早白垩世穆棱组。
1993 黑龙江省地质矿产局,图版 12,图 5;蕨叶;黑龙江省;早白垩世穆棱组。

海庞枝脉蕨 *Cladophlebis haiburensis* (Lindley et Hutton) Brongniart,1849

1836 *Pecopteris haiburensis* Lindley et Hutton,97 页,图版 187;蕨叶;英国约克郡;侏罗纪。
1849 Brongniart,105 页。
1922 Yabe,18 页;插图 12;蕨叶;北京西山大安山;侏罗纪。[注:此标本后被改定为 *Cladophlebis asiatica* Chow et Yeh(斯行健、李星学等,1963)]
1928 Yabe,Ôishi,5 页,图版 1,图 2;图版 3,图 1;蕨叶;山东潍县坊子煤田;侏罗纪。[注:此标本后被改定为 ?*Cladophlebis fangtzuensis* Sze(斯行健、李星学等,1963)]
1933 Yabe,Ôishi,208(14)页,图版 30(1),图 12;图版 31(2),图 4,4a,5;图版 32(3),图 1,2;蕨叶;辽宁本溪田师傅沟魏家铺子、大堡,凤城赛马集碾子沟、平顶山;中一晚侏罗世。[注:此标本后被改定为 ?*Cladophlebis asiatica* Chow et Yeh(斯行健、李星学等,1963)]
1939 Matuzawa,11 页,图版 1,图 5;图版 2,图 3a,3b,4;图版 3,图 1,2a,2b;图版 4,图 4;蕨叶;辽宁北票;晚三叠世一中侏罗世早期北票煤组。[注:此标本后被改定为 *Cladophlebis asiatica* Chow et Yeh(斯行健、李星学等,1963)]
1950 Ôishi,83 页,图版 25,图 2;蕨叶;北京房山大安山;中侏罗世;辽宁北票;晚三叠世;吉林通化、沈阳(奉天);晚三叠世—早侏罗世。
1979 何元良等,143 页,图版 64,图 8;图版 66,图 1—2a;蕨叶;青海都兰三通沟;晚三叠世八宝山群。
1982 段淑英、陈晔,498 页,图版 5,图 3;蕨叶;四川开县桐树坝;晚三叠世须家河组。
1982 刘子进,126 页,图版 65,图 4;蕨叶;陕西铜川崔家沟、小街前河;中侏罗世直罗组,早—中侏罗世延安组;甘肃武都大岭沟;中侏罗世龙家沟组。
1986b 陈其奭,5 页,图版 6,图 1,2;插图 2;蕨叶;浙江义乌乌灶;晚三叠世乌灶组。
1986 吴舜卿、周汉忠,641 页,图版 4,图 1—3a;蕨叶;新疆吐鲁番盆地西北缘托克逊克尔碱地区;早侏罗世八道湾组。
1988 李佩娟等,65 页,图版 38,图 1;图版 41,图 1—3;图版 42,图 1—2a;图版 43,图 1,2;蕨叶;青海大柴旦大煤沟;早侏罗世火烧山组 *Cladophlebis* 层。
1991 黄其胜、齐悦,604 页,图版 2,图 1,11;蕨叶;浙江兰溪马涧;早—中侏罗世马涧组下段。
1993 米家榕等,93 页,图版 13,图 9—11;蕨叶;吉林双阳大酱缸;晚三叠世大酱缸组;吉林浑江石人北山;晚三叠世北山组(小河口组);北京西山门头沟;晚三叠世杏石口组。

1995a 李星学(主编),图版 90,图 6;蕨叶;青海大柴旦大煤沟;早侏罗世火烧山组。(中文)

1995b 李星学(主编),图版 90,图 6;蕨叶;青海大柴旦大煤沟;早侏罗世火烧山组。(英文)

1998 张泓等,图版 32,图 4;图版 33,图 1;图版 34,图 1;图版 35,图 2;蕨叶;新疆乌恰康苏;中侏罗世杨叶组。

2003 修申成等,图版 1,图 4;蕨叶;河南义马盆地;中侏罗世义马组。

2003 袁效奇等,图版 14,图 1,2;蕨叶;内蒙古达拉特旗高头窑柳沟;中侏罗世延安组。

2003 赵应成等,图版 10,图 7;蕨叶;青海柴达木盆地大煤沟剖面;中侏罗世大煤沟组。

海庞枝脉蕨(比较种) *Cladophlebis* cf. *haiburensis* (Lindley et Hutton) Brongniart

1963 周惠琴,170 页,图版 72,图 1;蕨叶;广东花县华岭;晚三叠世。

1976 张志诚,188 页,图版 92,图 3;蕨叶;内蒙古乌拉特前旗;早—中侏罗世石拐群。

1996 米家榕等,97 页,图版 9,图 6;蕨叶;河北抚宁石门寨;早侏罗世北票组。

2002 吴向午等,155 页,图版 5,图 6—7a;蕨叶;甘肃山丹毛湖洞;早侏罗世芨芨沟组上段。

△赫勒枝脉蕨 *Cladophlebis halleiana* Sze,1931

1931 斯行健,32 页,图版 8,图 1,2;蕨叶;山东普集大口桥;早侏罗世(Lias)。

1963 斯行健、李星学等,103 页,图版 34,图 1,1a;蕨叶;山东普集(?)大口桥;侏罗纪[早—中侏罗世(?)]。

1982 王国平等,250 页,图版 114,图 1,2;蕨叶;山东普集(?)大口桥;侏罗纪[早—中侏罗世(?)]。

△镰形枝脉蕨 *Cladophlebis harpophylla* Li et Wu W X,1979

1979 李佩娟、吴向午,见何元良等,144 页,图版 67,图 2—3a;蕨叶;采集号:017,94-37;登记号:PB6356,PB6357;合模 1:PB6356(图版 67,图 2);合模 2:PB6357(图版 67,图 3);标本保存在中国科学院南京地质古生物研究所;青海天峻江仓、刚察海德尔;早—中侏罗世木里群江仓组。[注:依据《国际植物命名法规》(《维也纳法规》)第 37.2 条,1958 年起,模式标本只能是 1 块标本]

1998 张泓等,图版 28,图 4;蕨叶;青海大柴旦大煤沟;早侏罗世火烧山组。

△河北枝脉蕨 *Cladophlebis hebeiensis* Wang,1984

1984 王自强,251 页,图版 144,图 4,5;蕨叶;登记号:P0476;正模:P0476(图版 144,图 5);标本保存在中国科学院南京地质古生物研究所;河北涿鹿;中侏罗世玉带山组。

△黑顶山枝脉蕨 *Cladophlebis heitingshanensis* Yang et Sun,1982 (non Yang et Sun,1985)

1982b 杨学林、孙礼文,48 页,图版 19,图 4,4a;插图 18;蕨叶;标本号:Wh001;标本保存在吉林省煤田地质研究所;大兴安岭东南部黑顶山;中侏罗世万宝组。

△黑顶山枝脉蕨 *Cladophlebis heitingshanensis* Yang et Sun,1985 (non Yang et Sun,1982)

(注:此种名为 *Cladophlebis heitingshanensis* Yang et Sun,1982 的晚出等同名)

1985 杨学林、孙礼文,105 页,图版 3,图 4;插图 4;蕨叶;标本号:Wh001;标本保存在吉林省煤田地质研究所;大兴安岭南部黑顶山;中侏罗世万宝组。

△异缘枝脉蕨 *Cladophlebis heteromarginata* Chen et Dou,1984

1984 陈芬、窦亚伟,见陈芬等,44,120 页,图版 14,图 1—3;图版 18,图 3;插图 9;蕨叶;采集号:MP11—MP17;登记号:BM096—BM098,BM117;合模 1—4:BM096—BM098,BM117(图版 14,图 1—3;图版 18,图 3);标本保存在武汉地质学院北京研究生部;北

京西山大台；早侏罗世下窑坡组。[注：依据《国际植物命名法规》(《维也纳法规》)第37.2条，1958年起，模式标本只能是1块标本]

1996 米家榕等，97页，图版11，图5；蕨叶；河北抚宁石门寨；早侏罗世北票组。

△异叶枝脉蕨 *Cladophlebis heterophylla* Zhou, 1978

1978 周统顺，105页，图版17，图2；插图2a，2b；蕨叶；采集号：LF-04；登记号：FKP054；标本保存在中国地质科学院地质研究所；福建武平龙井；晚三叠世文宾山组。

1982 王国平等，250页，图版115，图5；蕨叶；福建武平龙井；晚三叠世文宾山组。

毛点枝脉蕨 *Cladophlebis hirta* Moeller, 1902

1902 Moeller，30页，图版2，图23，24；图版3，图2；蕨叶；丹麦博恩霍尔姆(Bornholm)；侏罗纪。

1979 何元良等，142页，图版65，图2，3；蕨叶；青海天峻江仓；早一中侏罗世木里群江仓组；青海大柴旦鱼卡；中侏罗世大煤沟组。

1987a 钱丽君等，80页，图版17；图版21，图5；蕨叶；陕西神木考考乌素沟；中侏罗世延安组3段68层。

1988 李佩娟等，66页，图版49，图1－2a；图版50，图4；图版51，图4－4b；蕨叶；青海大柴旦大煤沟；早侏罗世火烧山组 *Cladophlebis* 层，中侏罗世饮马沟组 *Eboracia* 层。

1998 张泓等，图版23，图1，2；蕨叶；陕西神木；中侏罗世延安组。

1999 商平等，图版2，图5；蕨叶；新疆吐哈盆地；中侏罗世西山窑组。

2003 邓胜徽等，图版66，图3；蕨叶；新疆哈密三道岭煤矿；中侏罗世西山窑组。

△谢氏枝脉蕨 *Cladophlebis hsiehiana* Sze, 1931

[注：此种曾被改定为 *Todites hsiehiana* (Sze) Wang(王自强，1984)]

1931 斯行健，62页，图版10，图3；蕨叶；内蒙古萨拉齐羊圪埮；早侏罗世(Lias)。

1933d 斯行健，26页，图版4，图5；蕨叶；内蒙古萨拉齐石拐子；早侏罗世。

1950 Ôishi，86页；内蒙古萨拉齐；侏罗纪。

1963 斯行健、李星学等，104页，图版33，图4，5；蕨叶；内蒙古土默特右旗萨拉齐羊圪埮、包头石拐子谷大梁，山西大同，北京西山门头沟、斋堂；早一中侏罗世。

1976 张志诚，188页，图版90，图6；图版91，图3；蕨叶；内蒙古土默特右旗萨拉齐羊圪埮、包头石拐沟；早一中侏罗世石拐群。

1982b 杨学林、孙礼文，47页，图版17，图4，5；蕨叶；大兴安岭东南部万宝煤矿和黑顶山裕民煤矿；中侏罗世万宝组。

1984 厉宝贤、胡斌，139页，图版2，图3，3a，5；蕨叶；山西大同；早侏罗世永定庄组。

1986 段淑英等，图版2，图10；蕨叶；鄂尔多斯盆地南缘；中侏罗世延安组。

1996 米家榕等，97页，图版8，图8；图版11，图2；蕨叶；河北抚宁石门寨；早侏罗世北票组。

2002 吴向午等，156页，图版6，图4；图版7，图6，6a；图版8，图3；蕨叶；甘肃山丹毛湖洞；早侏罗世芨芨沟组上段。

谢氏枝脉蕨(比较种) *Cladophlebis* cf. *hsiehiana* Sze

1941 Stockmans，Mathieu，41页，图版3，图1，1a；蕨叶；北京门头沟；侏罗纪。[注：此标本后被改定为 *Cladophlebis hsiehiana* Sze(斯行健、李星学等，1963)]

1984 顾道源，142页，图版68，图3；蕨叶；新疆乌鲁木齐三工河；早侏罗世八道湾组。

△宜君枝脉蕨 *Cladophlebis ichunensis* Sze, 1956

1956a 斯行健,24,131 页,图版 18,图 10,11;图版 28,图 1,2;图版 53,图 4;蕨叶;采集号:PB2353－PB2357;标本保存在中国科学院南京地质古生物研究所;陕西宜君杏树坪黄草湾七母桥;晚三叠世延长层上部。

1956c 斯行健,图版 2,图 5;裸羽片;甘肃固原汭水峡;晚三叠世延长层。[注:此标本后被改定为 *Asterothaca? szeiana*(斯行健、李星学等,1963)]

1963 李佩娟,126 页,图版 54,图 1;蕨叶;陕西宜君;晚三叠世。

1963 斯行健、李星学等,104 页,图版 32,图 3;图版 33,图 1,1a;蕨叶;陕西宜君杏树坪黄草湾;晚三叠世延长群上部。

1978 周统顺,图版 16,图 5;蕨叶;福建武平龙井;晚三叠世大坑组。

1979 徐仁等,32 页,图版 15,图 4,4a;蕨叶;四川宝鼎;晚三叠世大荞地组中上部。

1980 黄枝高、周惠琴,78 页,图版 32,图 3;蕨叶;陕西铜川柳林沟;晚三叠世延长组上部和中部。

1982 刘子进,126 页,图版 65,图 5;蕨叶;陕西宜君杏树坪、神木屈野河、富县罗儿山、铜川柳林沟;晚三叠世延长群。

1982 王国平等,251 页,图版 114,图 6;蕨叶;福建武平龙井;晚三叠世文宾山组。

1983 张武等,74 页,图版 1,图 24;蕨叶;辽宁本溪林家崴子;中三叠世林家组。

1984 顾道源,143 页,图版 72,图 1;蕨叶;新疆乌恰康苏;早侏罗世康苏组。

1984 王自强,251 页,图版 119,图 1,2;蕨叶;山西兴县;中—晚三叠世延长群。

宜君枝脉蕨(比较属种) *Cladophlebis* cf. *C. ichunensis* Sze

1993 米家榕等,93 页,图版 13,图 7;蕨叶;河北承德武家厂;晚三叠世杏石口组。

△覆瓦枝脉蕨 *Cladophlebis imbricata* Chu, 1975

1975 朱家柟,见徐仁等,72,图版 2,图 4,5;蕨叶;编号:No.2624;标本保存在中国科学院植物研究所;云南永仁纳拉箐;晚三叠世大荞地组。

1979 徐仁等,33 页,图版 15,图 5,5a;蕨叶;四川宝鼎;晚三叠世大荞地组中上部。

倾斜枝脉蕨 *Cladophlebis inclinata* Fontaine, 1889

1889 Fontaine,76 页,图版 10,图 3,4;图版 20,图 8;蕨叶,美国弗吉尼亚州弗雷德里克斯堡;早白垩世(Potomac Group)。

倾斜枝脉蕨(比较种) *Cladophlebis* cf. *inclinata* Fontaine

1976 张志诚,188 页,图版 91,图 2;蕨叶;内蒙古四子王旗河南村;早白垩世后白银不浪组。

特大枝脉蕨 *Cladophlebis ingens* Harris, 1931

1931 Harris,55 页;插图 17A－17D;蕨叶;东格陵兰斯科斯比湾(Scoresby Sound);早侏罗世(*Thaumatopteris* Zone)。

1980 张武等,255 页,图版 131,图 3－5;图版 132,图 3,3a;蕨叶;辽宁北票;早侏罗世北票组。

1982 段淑英、陈晔,499 页,图版 5,图 2;蕨叶;四川开县桐树坝;早侏罗世须家河组。

1982b 杨学林、孙礼文,31 页,图版 5,图 3,3a;图版 7,图 2;图版 8,图 1,2,2a;插图 14;蕨叶;大兴安岭东南部红旗煤矿、扎鲁特旗西沙拉;早侏罗世红旗组。

1984 陈芬等,45 页,图版 14,图 4,5;插图 10;蕨叶;北京西山千军台;早侏罗世下窑坡组。

1987 陈晔等,101 页,图版 13,图 3;蕨叶;四川盐边箐河;晚三叠世红果组。

1988 李佩娟等,67 页,图版 29,图 2,2a;图版 30,图 3,3a;蕨叶;青海大柴旦大煤沟;早侏罗

世小煤沟组 *Zamites* 层。

1993 米家榕等,93 页,图版 13,图 6,8;蕨叶;河北承德上谷;晚三叠世杏石口组。

1995 曾勇等,54 页,图版 11,图 5;蕨叶;河南义马;中侏罗世义马组。

1996 米家榕等,98 页,图版 9,图 3;蕨叶;辽宁北票冠山二井;早侏罗世北票组下段;辽宁北票砂金沟;早侏罗世北票组上段。

1998 张泓等,图版 32,图 1;图版 35,图 1;蕨叶;青海湟源大茶石浪;早—中侏罗世日月山组。

2003 许坤等,图版 7,图 2;蕨叶;辽宁北票冠山二井;早侏罗世北票组下段。

全缘枝脉蕨 *Cladophlebis integra* (Ôishi et Takahashi) Frenguelli, 1947

1936 *Cladophlebis raciborskii* forma *integra* Ôishi et Takahasi, 113 页;蕨叶;日本成羽(Nariwa);晚三叠世(Nariwa Series)。

1947 Frenguelli, 35, 57 页。

1986 叶美娜等,34 页,图版 19,图 2;图版 22,图 1,2,4,4a;图版 23,图 1,5,5a;蕨叶;四川达县斌郎,开县温泉、水田;晚三叠世须家河组 7 段。

1993 米家榕等,93 页,图版 13,图 9—11;蕨叶;辽宁北票羊草沟;晚三叠世羊草沟组;北京西山门头沟;晚三叠世杏石口组。

1993 孙革,71 页,图版 17,图 5;插图 19;蕨叶;吉林汪清马鹿沟;晚三叠世马鹿沟组。

1995 王鑫,图版 1,图 14;蕨叶;陕西铜川;中侏罗世延安组。

1996 米家榕等,98 页,图版 9,图 4,7;图版 10,图 6,7,9;图版 11,图 8;蕨叶;河北抚宁石门寨;早侏罗世北票组;辽宁北票冠山一井;早侏罗世北票组下段;辽宁北票东升矿四井;早侏罗世北票组上段。

2003 邓胜徽等,图版 65,图 1;蕨叶;新疆焉耆盆地;早侏罗世八道湾组。

△江山枝脉蕨 *Cladophlebis jiangshanensis* Cao, 1999(中文和英文发表)

1999 曹正尧,57,146 页,图版 12,图 2,2a,3;插图 22;蕨叶;采集号:江-205;登记号:PB14356,PB14357;正模:PB14357(图版 12,图 3);标本保存在中国科学院南京地质古生物研究所;浙江江山黄坛;早白垩世馆头组。

△靖远枝脉蕨 *Cladophlebis jingyuanensis* Xu, 1986

1986 徐福祥,421,425 页,图版 1,图 4;蕨叶;登记号:GP-1019;正模:GP-1019(图版 1,图 4);标本保存在甘肃省煤田地质公司中心实验室;甘肃靖远刀楞山;早侏罗世。

卡门克枝脉蕨 *Cladophlebis kamenkensis* Thomas, 1911

1911 Thomas, 18 页,图版 3,图 1—3;蕨叶;乌克兰顿巴斯;晚侏罗世。

1982 王国平等,251 页,图版 114,图 3;蕨叶;浙江龙泉宫头;早侏罗世早期花桥组。

△甘肃枝脉蕨 *Cladophlebis kansuensis* Shen, 1975

1975 沈光隆,93 页,图版 1,图 1—1b;蕨叶;甘肃武都龙家沟煤田;中侏罗世。

△高氏枝脉蕨 *Cladophlebis kaoiana* Sze, 1956

1956a 斯行健,22,129 页,图版 19,图 1,1a,2;图版 20,图 1—3;图版 22,图 1,1a;蕨叶;采集号:PB2341—PB2346;标本保存在中国科学院南京地质古生物研究所;陕西宜君四郎庙炭河沟;晚三叠世延长层上部。

1963 李佩娟,125 页,图版 53,图 2;蕨叶;陕西宜君;晚三叠世延长层。

1963 斯行健、李星学等,105 页,图版 34,图 2,2a;图版 35,图 1;蕨叶;陕西宜君四郎庙炭河沟;晚三叠世延长群。

1977 长春地质学院勘探系等,图版 2,图 10;图版 4,图 3,12;蕨叶;吉林浑江石人;晚三叠世小河口组。

1980 黄枝高、周惠琴,78 页,图版 28,图 4;蕨叶;陕西神木高家塔;晚三叠世延长组中部。

1980 张武等,255 页,图版 107,图 1, 2;蕨叶;吉林浑江石人公社;晚三叠世北山组。

1981 周惠琴,图版 3,图 1;蕨叶;辽宁北票羊草沟;晚三叠世羊草沟组。

1983 段淑英等,图版 8,图 1;蕨叶;云南宁蒗背箩山;晚三叠世。

1984 陈芬等,45 页,图版 16,图 1,2;插图 11;蕨叶;北京西山大台;早侏罗世下窑坡组。

1984 陈公信,579 页,图版 233,图 7;蕨叶;湖北蒲圻苦竹桥;晚三叠世鸡公山组,早侏罗世桐竹园组;湖北鄂城碧石渡;早侏罗世武昌组。

1984 米家榕等,图版 1,图 2;蕨叶;北京西山;晚三叠世杏石口组。

1986 周统顺、周惠琴,68 页,图版 20,图 7,8;蕨叶;新疆吉木萨尔大龙口;晚三叠世郝家沟组。

1991 北京市地质矿产局,图版 12,图 5;蕨叶;北京门头沟大峪西坡头;晚三叠世杏石口组。

1993 米家榕等,95 页,图版 14,图 1－3;蕨叶;吉林浑江石人北山;晚三叠世北山组(小河口组);辽宁北票羊草沟;晚三叠世羊草沟组;北京西山门头沟;晚三叠世杏石口组。

1994 萧宗正等,图版 13,图 2;蕨叶;北京门头沟西坡头;晚三叠世杏石口组。

2000 吴舜卿等,图版 1,图 4－5a;蕨叶;新疆克拉玛依(库车)克拉苏河;晚三叠世“克拉玛依组”上部。

高氏枝脉蕨(比较属种) *Cladophlebis* cf. *C. kaoiana* Sze

1986 叶美娜等,35 页,图版 17,图 3－4a;图版 20,图 2;图版 24,图 1;蕨叶;四川达县、宣汉、开江;晚三叠世须家河组。

△喀什枝脉蕨 *Cladophlebis kaxgensis* Zhang,1998(中文发表)

1998 张泓等,274 页,图版 24,图 1－5;蕨叶;采集号:KS-8;登记号:MP-92106,MP-92109,MP-92113;标本保存在煤炭科学研究总院西安分院;新疆乌恰康苏;中侏罗世杨叶组。(注:原文未指定模式标本)

朝鲜枝脉蕨 *Cladophlebis koraiensis* Yabe,1905

1905 Yabe,32 页,图版 2,图 1;图版 3,图 12,13;蕨叶;朝鲜庆尚北道尚州郡佛堂岘(Butudoken)、永川郡北安面柳上洞(Ryuzyodo);早白垩世洛东层(Rakudo Bed)。

朝鲜枝脉蕨(克鲁克蕨?) *Cladophlebis* (*Klukia*?) *koraiensis* Yabe

1940 Ôishi,270 页,图版 17,图 3,3a;图版 19,图 3;朝鲜庆尚北道尚州郡佛堂岘(Butudoken),庆尚北道永川郡北安面柳上洞(Ryuzyodo);早白垩世洛东层(Rakudo Bed)。

1982 李佩娟,86 页,图版 6,图 1－2a;图版 7,图 8;蕨叶;西藏洛隆中一松多;早白垩世多尼组。

△广元枝脉蕨 *Cladophlebis kwangyuanensis* Lee,1964

1964 李佩娟,118,168 页,图版 8,图 1－1b;蕨叶;四川广元荣山;采集号:L13;登记号:PB2815;标本保存在中国科学院南京地质古生物研究所;晚三叠世须家河组。

1982 段淑英、陈晔,499 页,图版 5,图 1;图版 7,图 1;蕨叶;四川合川炭坝;晚三叠世须家河组;四川云阳南溪;早侏罗世珍珠冲组。

1984 陈公信,579 页,图版 228,图 2;蕨叶;湖北蒲圻苦竹桥;晚三叠世鸡公山组。

1999b 吴舜卿,24 页,图版 14,图 2—4;图版 15,图 1,2,3(?),4—5a;图版 16,图 2;图版 17,图 5;蕨叶;四川万源万新煤矿、旺苍金溪、达县铁山、合川沥濞峡;晚三叠世须家河组。

△阔基枝脉蕨 *Cladophlebis latibasis* Deng,1993

1993 邓胜徽,258 页,图版 1,图 1,2;插图 a;蕨叶;标本号:H14A439,H14A440;标本保存在中国地质大学(北京);内蒙古霍林河盆地;早白垩世霍林河组。(注:原文未指定模式标本)

1995b 邓胜徽,30 页,图版 17,图 1,2;插图 9-A;蕨叶;内蒙古霍林河盆地;早白垩世霍林河组。

2001 邓胜徽、陈芬,164 页,图版 121,图 1—3;蕨叶;内蒙古霍林河盆地;早白垩世霍林河组。

△洛隆枝脉蕨 *Cladophlebis lhorongensis* Li,1982

1982 李佩娟,86 页,图版 4,图 1—4a;图版 5,图 1;插图 5;裸羽片和实羽片;采集号:F-1;登记号:PB7922—PB7924b;合模 1:PB7923(图版 4,图 2);合模 2:PB7924a,PB7924b(图版 4,图 3,4);标本保存在中国科学院南京地质古生物研究所;西藏洛隆孜托业牙;早白垩世多尼组。[注:依据《国际植物命名法规》(《维也纳法规》)第 37.2 条,1958 年起,模式标本只能是 1 块标本]

洛隆枝脉蕨(比较属种) Cf. *Cladophlebis lhorongensis* Li

2000 吴舜卿,图版 4,图 2,2a,6,6a;蕨叶;香港新界西贡嶂上;早白垩世浅水湾群。

裂叶枝脉蕨 *Cladophlebis lobifolia* (Phillips) Brongniart,1849

1829 *Neuropteris lobifolia* Phillips,148 页,图版 8,图 13;营养叶;英国约克郡;中侏罗世。

1849 Brongniart,105 页;英国约克郡;中侏罗世。

1938 Ôishi,Takahasi,60 页,图版 5(1),图 5,5a;蕨叶;黑龙江穆棱梨树;中侏罗世或晚侏罗世穆棱系。[注:此标本后被改定为 ?*Eboracia lobifolia* (Phillips) Thomas(斯行健、李星学等,1963)]

1950 Ôishi,84 页,蕨叶;黑龙江穆棱;晚侏罗世穆棱系;陕西,江苏;早侏罗世。

裂叶枝脉蕨(比较种) *Cladophlebis* cf. *lobifolia* (Phillips) Brongniart

1956b 斯行健,图版 3,图 5;蕨叶;新疆准噶尔盆地克拉玛依;早侏罗世(Lias)—中侏罗世(Dogger)。[注:此标本后被改定为 *Cladophlebis* sp.(斯行健、李星学等,1963)]

裂叶枝脉蕨(爱博拉契蕨) *Cladophlebis* (*Eboracia*) *lobifolia* (Phillips) Brongniart

1933a 斯行健,68 页,图版 8,图 2,3;图版 10,图 13;蕨叶;甘肃武威小石门沟口;早侏罗世。[注:此标本后被改定为 ?*Eboracia lobifolia* (Phillips) Thomas(斯行健、李星学等,1963)]

1933b 斯行健,80 页,图版 11,图 16,17,20—22;图版 12,图 3—6;蕨叶;陕西府谷石盘湾;侏罗纪。[注:此标本后被改定为 *Eboracia lobifolia* (Phillips) Thomas(斯行健、李星学等,1963)]

裂叶枝脉蕨(?爱博拉契蕨) *Cladophlebis* (?*Eboracia*) *lobifolia* (Phillips) Brongniart

1933a 斯行健,69 页;蕨叶;甘肃武威下大窪;早侏罗世。[注:此标本后被改定为 ?*Eboracia lobifolia* (Phillips) Thomas(斯行健、李星学等,1963)]

裂叶枝脉蕨(爱博拉契蕨?) *Cladophlebis* (*Eboracia*?) *lobifolia* (Phillips) Brongniart

1933 Yabe,Ôishi,208(14)页,图版 30(1),图 9,9a;蕨叶;辽宁沙河子;早—中侏罗世。[注:

此标本后被改定为 *Eboracia lobifolia* (Phillips) Thomas(斯行健、李星学等,1963)]
1961 沈光隆,171 页,图版 2,图 5;蕨叶;甘肃徽县崖头村;侏罗纪沔县群。

浅裂枝脉蕨 *Cladophlebis lobulata* Samylina,1976

1976 Samylina,41 页,图版 14,图 7;图版 16,图 4,5;插图 2;蕨叶;马加丹地区(Magadan district);早白垩世。
1986 李星学等,17 页,图版 15,图 1,2;图版 16,图 1－2a;图版 17,图 1－4a;蕨叶;吉林蛟河杉松;早白垩世蛟河群。
1995a 李星学(主编),图版 97,图 5;蕨叶;黑龙江鹤岗;早白垩世石头河子组。(中文)
1995b 李星学(主编),图版 97,图 5;蕨叶;黑龙江鹤岗;早白垩世石头河子组。(英文)
1996 郑少林、张武,图版 1,图 8;蕨叶;吉林九台营城煤田;早白垩世沙河子组。
2001 邓胜徽、陈芬,164 页,图版 120,图 3,3a;图版 124,图 5,6;蕨叶;辽宁阜新盆地;早白垩世阜新组;辽宁铁法盆地;早白垩世小明安碑组;内蒙古海拉尔;早白垩世伊敏组;吉林蛟河盆地;早白垩世杉松组;黑龙江鸡西盆地、三江盆地;早白垩世城子河组。

浅裂枝脉蕨(比较种) *Cladophlebis* cf. *lobulata* Samylina

1997 邓胜徽等,34 页,图版 16,图 8－13;蕨叶;内蒙古扎赉诺尔;早白垩世伊敏组。

长羽枝脉蕨 *Cladophlebis longipennis* (Heer) Seward,1925

1882 *Pteris longipennis* Heer,28 页,图版 10,图 5－13;图版 13,图 1;蕨叶;格陵兰;白垩纪。
1925 Seward,238 页,图版 B,图 12,12A;蕨叶;格陵兰;白垩纪。
1995 *Cladophlebis longipennis* Seward,王鑫,图版 2,图 1;蕨叶;陕西铜川;中侏罗世延安组。

△龙泉枝脉蕨 *Cladophlebis longquanensis* He,1987

1987 何德长,72 页,图版 4,图 4;图版 5,图 1,3,4;图版 6,图 1;蕨叶;标本保存在煤炭科学研究总院地质勘探分院;浙江龙泉花桥;早侏罗世早期花桥组 6 层;85 页,图版 18,图 4;图版 21,图 3,4;标本保存在煤炭科学研究总地质勘探分院;福建安溪格口;早侏罗世梨山组。(注:原文未指定模式标本)

大叶枝脉蕨 *Cladophlebis magnifica* Brick,1953

1953 Brick,48 页,图版 24,图 1－3;蕨叶;东费尔干纳;早侏罗世。
1982b 杨学林、孙礼文,48 页,图版 17,图 7;蕨叶;大兴安岭东南部黑顶山;中侏罗世万宝组。
1988 李佩娟等,67 页,图版 32,图 2;图版 35,图 1－4a;蕨叶;青海大柴旦大煤沟;早侏罗世甜水沟组 *Hausmannia* 层,中侏罗世饮马沟组 *Eboracia* 层。
1998 张泓等,图版 32,图 5;蕨叶;青海大柴旦大煤沟;早侏罗世甜水沟组。

中生代枝脉蕨 *Cladophlebis mesozoica* Kurtz,1902

1902 Kurtz,见 Bodenbende,240,261 页;西班牙科尔多瓦(Cordoba);三叠纪。
1911 Bodenbende,80,101 页。
1921 Kurtz,图版 9,图 115－118。

中生代枝脉蕨(比较种) *Cladophlebis* cf. *mesozoica* Kurtz

1977 长春地质学院勘探系等,图版 2,图 10;图版 4,图 3,12;蕨叶;吉林浑江石人镇;晚三叠世小河口组。

细叶枝脉蕨 *Cladophlebis microphylla* Fontaine,1883

1883　Fontaine,51 页,图版 27,图 2;蕨叶;美国弗吉尼亚州克拉弗山;晚三叠世。

细叶枝脉蕨(比较属种) *Cladophlebis* cf. *C. microphylla* Fontaine

1986　叶美娜等,35 页,图版 8,图 6;图版 51,图 3B;蕨叶;四川大足柏林;晚三叠世须家河组 7 段。

△小枝脉蕨 *Cladophlebis mina* Li,1982

1982　李佩娟,88 页,图版 6,图 3－5,8;图版 7,图 7;插图 6;蕨叶;采集号:向-3(2),D20-1,D26-6;登记号:PB7930－PB7932,PB7942;正模:PB7930(图版 6,图 3);标本保存在中国科学院南京地质古生物研究所;西藏堆龙德庆向阳煤矿;早白垩世含煤段;西藏洛隆硕般多;早白垩世多尼组;西藏拉萨澎波牛马沟;早白垩世林布宗组。

△极小枝脉蕨 *Cladophlebis minutusa* Chen,1982

1982　陈其奭,见王国平等,251 页,图版 130,图 1,2;蕨叶和实羽片;标本号:A-浦山-18;正模:A-浦山-18(图版 130,图 1);浙江浦江山桠桥;晚侏罗世寿昌组。

1995a　李星学(主编),图版 112,图 1;蕨叶;浙江浦江;早白垩世寿昌组。(中文)

1995b　李星学(主编),图版 112,图 1;蕨叶;浙江浦江;早白垩世寿昌组。(英文)

△变异枝脉蕨 *Cladophlebis mutatus* Zeng,Shen et Fan,1995

1995　曾勇、沈树忠、范炳恒,55,77 页,图版 8,图 3;蕨叶;采集号:No. 80092;登记号:YM94039;正模:YM94039(图版 8,图 3);标本保存在中国矿业大学地质系;河南义马;中侏罗世义马组。

纳利夫金枝脉蕨 *Cladophlebis nalivkini* Thomas,1911

1911　Thomas,20 页,图版 3,图 7,8;蕨叶;乌克兰顿巴斯;中侏罗世。

1980　张武等,255 页,图版 133,图 2,2a;蕨叶;辽宁北票海房沟;中侏罗世海房沟组。

纳利夫金枝脉蕨(比较属种) *Cladophlebis* cf. *C. nalivkini* Thomas

1986　叶美娜等,36 页,图版 5,图 4;图版 19,图 4;蕨叶;四川开县白乐;晚三叠世须家河组 5 段。

1998　黄其胜等,图版 1,图 7;蕨叶;江西上饶清水缪源村;早侏罗世林山组 2 段。

尼本枝脉蕨 *Cladophlebis nebbensis* (Brongniart) Nathorst,1878

1828－1838　*Pecopteris nebbensis* Brongniart,299 页,图版 98,图 3;蕨叶;西欧;侏罗纪。

1878　Nathorst,10 页,图版 2,图 1－6;图版 3,图 1－3;蕨叶;西欧;侏罗纪。

1980　张武等,253 页,图版 129,图 6,7;图版 132,图 11;蕨叶;辽宁北票;早侏罗世北票组。

1984　陈芬等,46 页,图版 12,图 7;图版 15,图 3;插图 11;蕨叶;北京西山大安山;早侏罗世下窑坡组。

1988　李佩娟等,68 页,图版 45,图 1－2a;图版 98,图 5(?);蕨叶;青海大柴旦大煤沟;早侏罗世火烧山组 *Cladophlebis* 层。

1992　孙革、赵衍华,532 页,图版 229,图 4－6;图版 230,图 1;图版 232,图 4;蕨叶;吉林汪清天桥岭;晚三叠世马鹿沟组;吉林临江闹枝街(?);早侏罗世义和组。

1993　米家榕等,95 页,图版 15,图 1－3,7;图版 16,图 6;蕨叶;吉林汪清天桥岭;晚三叠世马鹿沟组;吉林双阳大酱缸;晚三叠世大酱缸组;辽宁北票羊草沟;晚三叠世羊草沟组;河北承德上谷;晚三叠世杏石口组;北京西山潭柘寺东山;晚三叠世杏石口组。

1993　孙革,70 页,图版 13,图 3－7;图版 14,图 1－7;图版 15,图 1－6;图版 16,图 1－4;蕨

叶;吉林汪清天桥岭、鹿圈子村北山;晚三叠世马鹿沟组。

1998 张泓等,图版 23,图 4;图版 25,图 4;图版 32,图 2,3;蕨叶;青海大柴旦大煤沟;早侏罗世火烧山组;新疆乌恰康苏;中侏罗世杨叶组。

2003 赵应成等,图版 10,图 2;蕨叶;青海柴达木盆地大煤沟剖面;中侏罗世大煤沟组。

尼本枝脉蕨(比较种) *Cladophlebis* cf. *nebbensis* (Brongniart) Nathorst

1927a Halle,18 页,图版 5,图 7;蕨叶;四川会理白果湾真家洞;晚三叠世(Rhaetic)。[注:此标本后被改定为 *Cladophlebis* sp.(斯行健、李星学等,1963)]

1981 刘茂强、米家榕,24 页,图版 1,图 17,23;图版 2,图 1;蕨叶;吉林临江闹枝沟;早侏罗世义和组。

△内蒙枝脉蕨 *Cladophlebis neimongensis* Deng,1991

1991 邓胜徽,151,154 页,图版 1,图 14;蕨叶;标本号:H1009;标本保存在中国地质大学(北京);内蒙古霍林河盆地;早白垩世霍林河组下含煤段。

1995b 邓胜徽,30 页,图版 17,图 3,4;图版 18,图 6,7;插图 9-B,9-C;蕨叶;内蒙古霍林河盆地;早白垩世霍林河组。

2001 邓胜徽、陈芬,165 页,图版 119,图 1—3;图版 120,图 1,2;蕨叶;内蒙古霍林河盆地;早白垩世霍林河组。

△壮丽枝脉蕨 *Cladophlebis nobilis* Zhang et Zheng,1984

1984 张武、郑少林,384 页,图版 1,图 2—5;插图 2;蕨叶和生殖羽片;登记号:ch5-1-4;标本保存在沈阳地质矿产研究所;辽宁西部北票东坤头营子;晚三叠世老虎沟组。

△肥大枝脉蕨 *Cladophlebis obesus* Chang,1980

1980 张志诚,见张武等,256 页,图版 166,图 1;蕨叶;登记号:D271;吉林蛟河;早白垩世磨石砬子组。

1991 张川波等,图版 2,图 9;蕨叶;吉林九台刘房子;早白垩世大羊草沟组。

△疏齿枝脉蕨 *Cladophlebis oligodonta* Zhang,1980

1980 张武等,256 页,图版 134,图 2—4;蕨叶;登记号:D273—D275;辽宁凌源刀子沟;早侏罗世郭家店组。(注:原文未指定模式标本)

△具耳枝脉蕨 *Cladophlebis otophorus* Zhang,1980

1980 张武等,256 页,图版 133,图 1,1a;插图 187;蕨叶;登记号:D272;辽宁北票;早侏罗世北票组。

△副纤柔枝脉蕨 *Cladophlebis paradelicatula* Shen,1975

1975 沈光隆,93 页,图版 1,图 2;图版 2,图 2—4;蕨叶;甘肃武都龙家沟煤田;中侏罗世。(注:原文未指定模式标本)

△副裂叶枝脉蕨 *Cladophlebis paralobifolia* Sze,1956

1956a 斯行健,24,132 页,图版 22,图 2,2a;图版 23,图 1;蕨叶;采集号:PB2362;标本保存在中国科学院南京地质古生物研究所;陕西延安;晚三叠世延长层。

1963 斯行健、李星学等,105 页,图版 32,图 2,2a;蕨叶;陕西延安;晚三叠世延长群。

1987 陈晔等,101 页,图版 12,图 5;图版 13,图 1,1a;蕨叶;四川盐边箐河;晚三叠世红果组。

副裂叶枝脉蕨(比较种) *Cladophlebis* cf. *paralobifolia* Sze

1984 顾道源,144页,图版68,图4,5;蕨叶;新疆克拉玛依深底沟;中—晚三叠世克拉玛依组。

1996 吴舜卿、周汉忠,4页,图版2,图2,2a;蕨叶;新疆库车库车河剖面;中三叠世克拉玛依组下段。

小型枝脉蕨 *Cladophlebis parva* Fontaine,1889

1889 Fontaine,73页,图版4,图7;图版6,图1—3;蕨叶;美国弗吉尼亚州弗雷德里克斯堡;早白垩世(Potomac Group)。

小型枝脉蕨(比较种) *Cladophlebis* cf. *parva* Fontaine

1997 邓胜徽等,35页,图版10,图1,1a;蕨叶;内蒙古扎赉诺尔;早白垩世伊敏组。

小叶枝脉蕨 *Cladophlebis parvifolia* Genkina,1963

1963 Genkina,39页,图版14,图5—7;蕨叶;南乌拉尔;中侏罗世。

1998 张泓等,图版22,图7,8;蕨叶;新疆乌恰康苏;早侏罗世康苏组,中侏罗世杨叶组。

微小枝脉蕨 *Cladophlebis parvula* Ôishi,1940

1940 Ôishi,280页,图版19,图2,2a;蕨叶;日本(Nisinotani,Koti);早白垩世领石群(Ryoseki Group)。

微小枝脉蕨(比较种) *Cladophlebis* cf. *parvula* Ôishi

1983 张志诚、熊宪政,57页,图版1,图6—9;蕨叶;黑龙江东宁盆地;早白垩世东宁组。

△斜脉枝脉蕨 *Cladophlebis plagionervis* Li et Wu,1991

1991 李佩娟、吴一民,285页,图版3,图4,4a;图版4,图1,1a1,1aA;蕨叶;采集号:85W121;登记号:PB15501A,PB15501B;正模:PB15501A(图版3,图4,4a);标本保存在中国科学院南京地质古生物研究所;西藏八宿瓦达煤矿;早白垩世多尼组。

△宽轴枝脉蕨(?似里白) *Cladophlebis* (?*Gleichnites*) *platyrachis* Cao,1999(中文和英文发表)

1999 曹正尧,58,146页,图版7,图1—6;图版8,图2,2a;图版13,图8,9;营养羽片和生殖羽片;采集号:1649-H36,1649-H49,1649-H51—1649-H53,2105-H108,ZH343;登记号:PB14322—PB14327,PB14334,PB14362,PB14363;正模:PB14322(图版7,图1);标本保存在中国科学院南京地质古生物研究所;浙江文成玉壶、洋尾山、花竹岭,永嘉章当;早白垩世磨石山组C段。

△假微尖枝脉蕨 *Cladophlebis pseudoargutula* Cao et Shang,1990

1990 曹正尧、商平,46页,图版1,图1,1a;图版2,图1,2;图版3,图3;蕨叶;登记号:PB14691—PB14693;正模:PB14691(图版1,图1,1a);标本保存在中国科学院南京地质古生物研究所;辽宁北票长皋蛇不歹;中侏罗世蓝旗组。

假纤柔枝脉蕨 *Cladophlebis pseudodelicatula* Ôishi,1932

1932 Ôishi,288页,图版11,图2;蕨叶;日本成羽(Nariwa);晚三叠世(Nariwa Series)。

1993 米家榕等,96页,图版15,图6;蕨叶;吉林双阳大酱缸;晚三叠世大酱缸组。

1995 王鑫,图版1,图15;蕨叶;陕西铜川;中侏罗世延安组。

假纤柔枝脉蕨(亲近种) *Cladophlebis* aff. *pseudodelicatula* Ôishi

1984 陈芬等,46页,图版18,图1,2;插图13;蕨叶;北京西山大台、千军山、大安山;早侏罗世下窑坡组。

△假细齿枝脉蕨 *Cladophlebis psedodenticulata* **Stockmans et Mathieu, 1941**

1941 Stockmans, Mathieu, 41 页, 图版 3, 图 2—3a; 蕨叶; 山西大同; 侏罗纪。[注: 此标本后被改定为 ? *Cladophlebis hsiehiana* Sze(斯行健、李星学等, 1963)]

假拉氏枝脉蕨 ***Cladophlebis pseudoraciborskii*** **Srebrodolskaja, 1968**

1968 Srebrodolskaja, 44 页, 图版 15, 图 1—3; 蕨叶; 滨海区: 晚三叠世。

1984 陈芬等, 46 页, 图版 17, 图 1, 2; 插图 14; 蕨叶; 北京西山大台、大安山; 早侏罗世下窑坡组。

1995 曾勇等, 53 页, 图版 9, 图 3; 蕨叶; 河南义马; 中侏罗世义马组。

△斑点枝脉蕨 ***Cladophlebis punctata*** **(Thomas) Chow et Yeh, 1963**

1911 *Cladophlebis denticulata* (Brongniart) var. *panctata* Thomas, 64 页, 图版 2, 图 13, 13a; 蕨叶; 卡缅卡(Kamenka); 侏罗纪。

1963 周志炎、叶美娜, 见斯行健、李星学等, 106 页, 图版 36, 图 4, 4a; 蕨叶; 辽宁昌图沙河子, 北京房山大安山; 中—晚侏罗世。

1976 张志诚, 188 页, 图版 91, 图 5; 蕨叶; 内蒙古包头石拐沟; 中侏罗世召沟组。

1985 李杰儒, 203 页, 图版 1, 图 10; 蕨叶; 辽宁岫岩黄花甸子张家窝堡; 早白垩世小岭组。

1995 曾勇等, 53 页, 图版 9, 图 7; 蕨叶; 河南义马; 中侏罗世义马组。

斑点枝脉蕨(比较种) ***Cladophlebis*** **cf.** ***punctata*** **(Thomas) Chow et Yeh**

1986 段淑英等, 图版 2, 图 9; 蕨叶; 鄂尔多斯盆地南缘; 中侏罗世延安组。

1995b 邓胜徽, 32 页, 图版 15, 图 6B; 图版 16, 图 1—3; 图版 19, 图 4; 蕨叶; 内蒙古霍林河盆地; 早白垩世霍林河组。

2001 邓胜徽、陈芬, 165 页, 图版 121, 图 4, 5; 图版 123, 图 1; 蕨叶; 辽宁阜新盆地; 早白垩世阜新组; 辽宁铁法盆地; 早白垩世小明安碑组; 内蒙古霍林河盆地; 早白垩世霍林河组。

△昌都枝脉蕨 ***Cladophlebis qamdoensis*** **Li et Wu, 1982**

1982 李佩娟、吴向午, 46 页, 图版 1, 图 2, 2a; 图版 3, 图 2; 图版 5, 图 1, 1a; 图版 6, 图 1, 1a; 图版 7, 图 1, 2; 图版 8, 图 2; 图版 20, 图 1; 图版 22, 图 4; 蕨叶; 采集号: 得青 35f1-1, 得青 35f1-7, 热(7)f1-1, 热(7)f1-3, G2512f2-1; 登记号: PB8520—PB8525; 正模: PB8520(图版 5, 图 1, 1a); 标本保存在中国科学院南京地质古生物研究所; 四川义敦热柯区喇嘛垭、乡城三区上热坞村; 晚三叠世喇嘛垭组。

△前甸子枝脉蕨 ***Cladophlebis qiandianziensis*** **Zhang et Zheng, 1983**

1983 张武等, 74 页, 图版 1, 图 22, 23; 插图 4; 蕨叶; 标本号: LMP20152-1, LMP20152-2; 标本保存在沈阳地质矿产研究所; 辽宁本溪林家崴子; 中三叠世林家组。(注: 原文未指定模式标本)

△七星枝脉蕨 ***Cladophlebis qixinensis*** **Cao, 1992**

1992a 曹正尧, 216, 226 页, 图版 2, 图 8A, 8a; 蕨叶; 登记号: PB16054; 正模: PB16054(图版 2, 图 8); 标本保存在中国科学院南京地质古生物研究所; 黑龙江东部绥滨-双鸭山地区; 早白垩世城子河组 3 段。

拉氏枝脉蕨 *Cladophlebis raciborskii* Zeiller, 1903

1902—1903　Zeiller,49 页,图版 5,图 1;蕨叶;越南鸿基;晚三叠世。

1920　Yabe,Hayasaka,图版 5,图 3;蕨叶;湖北秭归香溪贾泉店;侏罗纪。[注:此标本后被改定为 *Cladophlebis* sp.(?n. sp.)(斯行健、李星学等,1963)]

1950　Ôishi,85 页;蕨叶;中国;早侏罗世。

1952　斯行健、李星学,4,23 页,图版 1,图 7,8;蕨叶;四川巴县一品场;早侏罗世。[注:此标本后被改定为 *Cladophlebis* sp.(?n. sp.)(斯行健、李星学等,1963)]

1954　徐仁,47 页,图版 39,图 7,8;蕨叶;江西萍乡高坑;晚三叠世。[注:图版 39,图 7 标本后被改定为 *Cladophlebis* sp.(斯行健、李星学等,1963)]

1956a　斯行健,20,128 页,图版 21,图 7;图版 22,图 3,3a;图版 26,图 1—7;图版 27,图 1—5;图版 53,图 3;蕨叶;陕西宜君四郎庙炭河沟;晚三叠世延长层上部。

1956　周志炎、张善桢,55,60 页,图版 1,图 6—8a;蕨叶;内蒙古阿拉善旗扎哈道蓝巴格;晚三叠世延长层。

1963　李佩娟,127 页,图版 55,图 1;蕨叶;江西萍乡,陕西宜君,甘肃平凉;晚三叠世—早侏罗世。

1963　斯行健、李星学等,106 页,图版 35,图 3;图版 36,图 3;图版 37,图 3;蕨叶;陕西宜君,内蒙古阿拉善旗扎哈道蓝巴格;晚三叠世延长群;四川彭县、广元(?);晚三叠世—早侏罗世;湖北秭归香溪(?);早侏罗世。

1964　李佩娟,119 页,图版 5,图 4;蕨叶;四川广元须家河;晚三叠世须家河组。

1964　李星学等,130 页,图版 84,图 5;图版 85,图 1;蕨叶;华南;晚三叠世—早侏罗世[中侏罗世(?)]。

1974a　李佩娟等,358 页,图版 187,图 3,4;蕨叶;四川彭县磁峰场;晚三叠世须家河组。

1976　周惠琴等,207 页,图版 109,图 1—3;蕨叶;内蒙古准格尔旗五字湾;中三叠世二马营组上部。

1976　李佩娟等,113 页,图版 27,图 6,6a;图版 28,图 3—5;蕨叶;云南禄丰一平浪;晚三叠世一平浪组干海子段。

1978　杨贤河,492 页,图版 189,图 8;蕨叶;四川大邑太平;晚三叠世须家河组。

1978　周统顺,图版 16,图 7;蕨叶;福建漳平大坑;晚三叠世大坑组上段。

1979　何元良等,142 页,图版 65,图 1,1a;蕨叶;青海都兰三通沟;晚三叠世八宝山群。

1979　徐仁等,33 页,图版 16,图 7,8;图版 17,图 1,1a;蕨叶;四川宝鼎;晚三叠世大荞地组中上部。

1980　黄枝高、周惠琴,78 页,图版 2,图 1,2;图版 29,图 3;图版 30,图 1,2;蕨叶;陕西铜川柳林沟、焦坪;内蒙古准格尔旗五字湾;晚三叠世延长组上部,中三叠世二马营组上部。

1982　段淑英、陈晔,500 页,图版 6,图 2;图版 8,图 1;蕨叶;四川云阳南溪;早侏罗世珍珠冲组。

1982　刘子进,127 页,图版 64,图 3;蕨叶;陕西宜君四郎庙、铜川焦坪;晚三叠世延长群。

1982　王国平等,252 页,图版 114,图 5;蕨叶;浙江常山鲁士;早侏罗世。

1982　杨贤河,471 页,图版 5,图 1;图版 14,图 2;蕨叶;四川威远葫芦口、大邑太平;晚三叠世须家河组。

1984　顾道源,143 页,图版 68,图 6;蕨叶;新疆克拉玛依(库车)克拉苏河;晚三叠世塔里奇克组。

1984　王自强,251 页,图版 115,图 6;蕨叶;山西临县;中—晚三叠世延长群。

1986 陈晔等,图版 6,图 1;蕨叶;四川理塘;晚三叠世拉纳山组。

1986 鞠魁祥、蓝善先,图版 2,图 3;蕨叶;江苏南京仙鹤门;晚三叠世范家塘组。

1987 胡雨帆、顾道源,226 页,图版 3,图 4,4a;蕨叶;新疆克拉玛依(库车)克拉苏河;晚三叠世塔里奇克组。

1987 孟繁松,242 页,图版 24,图 3;蕨叶;湖北南漳东巩;晚三叠世九里岗组。

1989 梅美棠等,89 页,图版 46,图 1,2;蕨叶;中国;晚三叠世。

1992 孙革、赵衍华,532 页,图版 232,图 2,6;蕨叶;吉林桦甸四合屯;早侏罗世(?)。

1993 米家榕等,97 页,图版 15,图 4,5;蕨叶;河北承德上谷;晚三叠世杏石口组。

1993 王士俊,11 页,图版 3,图 3,3a;蕨叶;广东乐昌关春;晚三叠世艮口群。

1999b 吴舜卿,25 页,图版 16,图 1,1a,3;图版 18,图 1,1a;蕨叶;四川万源万新煤矿、旺苍金溪;晚三叠世须家河组。

2000 吴舜卿等,图版 1,图 3,3a;蕨叶;新疆克拉玛依(库车)克拉苏河;晚三叠世"克拉玛依组"上部。

2002 张振来等,图版 14,图 2,3;末次羽片;湖北巴东宝塔河煤矿;晚三叠世沙镇溪组。

拉氏枝脉蕨(比较种) *Cladophlebis* cf. *raciborskii* Zeiller

1955 李星学,35 页,图版 1,图 2—8;蕨叶;山西大同云岗马村北;中侏罗世云岗统上部。[注:此标本后被改定为 *Cladophlebis* sp.(斯行健、李星学等,1963)]

1964 李佩娟,120 页,图版 5,图 3,3a;蕨叶;四川广元须家河;晚三叠世须家河组。

1980 吴舜卿等,76 页,图版 3,图 5;蕨叶;湖北兴山耿家河;晚三叠世沙镇溪组。

1980 张武等,257 页,图版 106,图 3;图版 132,图 2;蕨叶;辽宁北票、本溪;早侏罗世北票组、长梁子组;吉林;晚三叠世北山组。

1982 李佩娟、吴向午,47 页,图版 18,图 2,2a;蕨叶;四川新龙瓦日村;晚三叠世喇嘛垭组。

1984 陈公信,579 页,图版 229,图 5;蕨叶;湖北蒲圻苦竹桥;晚三叠世鸡公山组;湖北兴山耿家河;晚三叠世沙镇溪组。

1990 吴舜卿、周汉忠,451 页,图版 3,图 4;蕨叶;新疆库车;早三叠世俄霍布拉克组。

拉氏枝脉蕨(比较属种) *Cladophlebis* cf. *C. raciborskii* Zeiller

1986 叶美娜等,37 页,图版 11,图 4,4a;蕨叶;四川达县斌郎;晚三叠世须家河组 7 段。

罗氏枝脉蕨 *Cladophlebis roessertii* (Presl) Saporta, 1873

1820—1838 *Alethopteris roessertii* Presl,见 Sternberg,145 页,图版 33,图 14a,14b;西欧;三叠纪。

1867 *Asplenites roessertii* (Presl) Schenk,49 页,图版 7,图 7;图版 10,图 1—4;蕨叶;欧洲中部;三叠纪。

1873 Saporta,301 页,图版 31,图 4;法国;侏罗纪。

1920 Yabe,Hayasaka,图版 5,图 5,5a;蕨叶;江西兴安司路馆;晚三叠世(Rhaetic)。[注:此标本后被改定为 *Todites goeppertianus* (Muenster) Krasser(斯行健、李星学等,1963)]

罗氏枝脉蕨(比较种) *Cladophlebis* cf. *roessertii* (Presl) Saporta

1976 周惠琴等,207 页,图版 109,图 4;蕨叶;内蒙古准格尔旗五字湾;中三叠世二马营组上部。

1980 黄枝高、周惠琴,78 页,图版 2,图 9;图版 13,图 6;蕨叶;陕西铜川何家坊;内蒙古准格尔旗五字湾;中三叠世铜川组上段、二马营组上部。

罗氏枝脉蕨(托第蕨) *Cladophlebis* (*Todea*) *roessertii* Presl ex Zeiller, 1903

1820—1838 *Alethopteris roessertii* Presl,见 Sternberg,145 页,图版 33,图 14a,14b;西欧;三叠纪。

1902—1903 Zeiller,38 页,图版 11,图 1—3;图版 3,图 1—3;蕨叶;越南鸿基;晚三叠世。

1902—1903 Zeiller,291 页,图版 54,图 1,2;蕨叶;云南太平场;晚三叠世。[注:此标本后被改定为 *Todites goeppertianus* (Muenster) Krasser(斯行健、李星学等,1963)]

1993a 吴向午,66 页。

罗氏枝脉蕨(似托第蕨)(比较种) *Cladophlebis* (*Todites*) cf. *roessertii* (Presl) Saporta

1936 潘钟祥,14 页,图版 4,图 11—15;蕨叶;陕西绥德桥上;晚三叠世延长层下部。[注:此标本后被改定为 *Todites shensiensis* (P'an)(斯行健、李星学等,1963)]

吕氏枝脉蕨 *Cladophlebis ruetimeyerii* (Heer) ex Wu, 1982

1877 *Pecopteris ruetimeyerii* Heer,70 页,图版 25,图 10—12;蕨叶;瑞士;三叠纪。

1982b 吴向午,87 页。

吕氏枝脉蕨(比较种) *Cladophlebis* cf. *ruetimeyerii* (Heer)

1982b 吴向午,87 页,图版 7,图 2;蕨叶;西藏昌都希雄煤点;晚三叠世巴贡组上段。

乾膜质枝脉蕨 *Cladophlebis scariosa* Harris, 1931

1931 Harris,52 页,图版 9,图 5;蕨叶;东格陵兰斯科斯比湾;晚三叠世(*Lepidopteris* Zone)。

1941 Stockmans, Mathieu,38 页,图版 2,图 3,3a;蕨叶;山西大同高山;侏罗纪。[注:此标本后被改定为 *Cladophlebis* cf. *scariosa* Harris(斯行健、李星学等,1963)]

1979 何元良等,145 页,图版 66,图 4,4a,5,6;蕨叶;青海都兰八宝山、三通沟;晚三叠世八宝山群。

1979 徐仁等,33 页,图版 16,图 1—6;蕨叶;四川宝鼎;晚三叠世大荞地组中上部。

1982 李佩娟、吴向午,47 页,图版 8,图 2,2a;图版 18,图 1A,1a;蕨叶;四川义敦拉学沟、乡城三区上热坞村;晚三叠世喇嘛垭组。

1983 孙革等,452 页,图版 1,图 8;图版 3,图 3;蕨叶;吉林双阳大酱缸;晚三叠世大酱缸组。

1984 米家榕等,图版 1,图 3;蕨叶;北京西山;晚三叠世杏石口组。

1986 陈晔等,41 页,图版 5,图 3,3a;蕨叶;四川理塘;晚三叠世拉纳山组。

1986 叶美娜等,37 页,图版 24,图 2,2a;蕨叶;四川开县温泉;晚三叠世须家河组 7 段。

1993 米家榕等,97 页,图版 17,图 1,1a;蕨叶;北京西山潭柘寺东山;晚三叠世杏石口组。

1998 张泓等,图版 27,图 2;图版 28,图 2,3;蕨叶;青海大柴旦大煤沟;早侏罗世火烧山组。

乾膜质枝脉蕨(比较种) *Cladophlebis* cf. *scariosa* Harris

1963 斯行健、李星学等,107 页,图版 39,图 4,4a;蕨叶;山西大同高山;早—中侏罗世。

1982b 杨学林、孙礼文,32 页,图版 3,图 9,10;蕨叶;大兴安岭东南部红旗煤矿;早侏罗世红旗组。

1984 陈芬等,47 页,图版 16,图 3,4;图版 37,图 1,2;插图 15;蕨叶;北京西山;早侏罗世下窑坡组、上窑坡组,中侏罗世龙门组。

乾膜质枝脉蕨(亲近种) *Cladophlebis* aff. *scariosa* Harris

1995 曾勇等,54 页,图版 10,图 1,5;蕨叶;河南义马;中侏罗世义马组。

斯科勒斯比枝脉蕨 *Cladophlebis scoresbyensis* Harris,1926

1926 Harris,59 页,图版 2,图 4;插图 44d;蕨叶;东格陵兰斯科斯比湾;晚三叠世(Rhaetic)。

1980 张武等,257 页,图版 134,图 1;插图 188;蕨叶;吉林洮安红旗煤矿;早侏罗世红旗组。

1982 段淑英、陈晔,499 页,图版 7,图 3,4;蕨叶;四川云阳南溪;早侏罗世珍珠冲组。

?斯科勒斯比枝脉蕨 ?*Cladophlebis scoresbyensis* Harris

1993 孙革,72 页,图版 16,图 5;图版 17,图 6;蕨叶;吉林汪清天桥岭;晚三叠世马鹿沟组。

斯科勒斯比枝脉蕨(似托第蕨) *Cladophlebis* (*Todites*) *scoresbyensis* Harris

1964 李佩娟,116 页,图版 6,图 1—3;蕨叶;四川广元荣山;晚三叠世须家河组。

北方枝脉蕨 *Cladophlebis septentrionalis* Hollick,1930

1930 Hollick,39 页,图版 2,图 1—3。

1986 陶君容、熊宪政,121 页,图版 1,图 7;营养羽片;黑龙江嘉荫;晚白垩世乌云组。

微齿枝脉蕨 *Cladophlebis serrulata* Samylina,1963

1963 Samylina,79 页,图版 4,图 5;图版 19,图 6;蕨叶;阿尔丹河下游;晚侏罗世。

1982 陈芬、杨关秀,578 页,图版 2,图 5;蕨叶;河北平泉猴山沟;早白垩世九佛堂组。

△沙河子枝脉蕨 *Cladophlebis shaheziensis* Yang,1982

1982a 杨学林、孙礼文,590 页,图版 2,图 5;插图 2;蕨叶;标本号:S7805;标本保存在吉林省煤田地质研究所;松辽盆地东南部沙河子;晚侏罗世沙河子组。

△杉桥枝脉蕨 *Cladophlebis shanqiaoensis* Zhou,1989

1989 周志炎,138 页,图版 3,图 8—10;图版 4,图 4;图版 5,图 2,3;插图 4—6;蕨叶;登记号:PB13825—PB13828;正模:PB13825(图版 4,图 4);标本保存在中国科学院南京地质古生物研究所;湖南衡阳杉桥;晚三叠世杨柏冲组。

△山西枝脉蕨 *Cladophlebis shansiensis* Sze,1933

[注:此种后被改定为 *Gonatosorus shansiensis* (Sze) Wang(王自强,1984)]

1933d 斯行健,13 页,图版 3,图 1,2;蕨叶;山西大同曹家沟;早侏罗世。

1941 Stockmans,Mathieu,36 页,图版 2,图 1,2;蕨叶;山西大同;侏罗纪。

1950 Ôishi,86 页;山西大同;侏罗纪。

1954 徐仁,47 页,图版 40,图 3;蕨叶;山西大同;中侏罗世或早侏罗世晚期。

1958 汪龙文等,610 页,图 611;蕨叶;山西,河北;早—中侏罗世。

1963 斯行健、李星学等,108 页,图版 36,图 1;图版 37,图 1;蕨叶;山西大同曹家沟;早—中侏罗世。

1978 杨贤河,493 页,图版 188,图 1b,2;蕨叶;四川达县铁山;早—中侏罗世自流井群。

1978 周统顺,104 页,图版 29,图 7,7a;蕨叶;福建漳平西园;早侏罗世梨山组。

1980 张武等,257 页,图版 135,图 1,2;蕨叶;辽宁凌源双庙周杖子;早侏罗世郭家店组。

1982 王国平等,252 页,图版 114,图 4;蕨叶;福建漳平西园;早侏罗世梨山组。

1984 陈公信,580 页,图版 227,图 1;蕨叶;湖北荆门分水岭;早侏罗世桐竹园组。

1988 陈芬等,48 页,图版 16,图 6,6a;蕨叶;辽宁阜新海州矿、新丘矿;早白垩世阜新组。

1988 李佩娟等,69 页,图版 47,图 1—2a;图版 50,图 2—3a;图版 54,图 4c(?);蕨叶;青海大

柴旦大煤沟；早侏罗世火烧山组 *Cladophlebis* 层。

1996 米家榕等，99 页，图版 12，图 3；蕨叶；辽宁北票冠山二井；早侏罗世北票组下段。

1998 张泓等，图版 23，图 5；图版 25，图 3；图版 26，图 1A；图版 28，图 1；图版 34，图 5，6；蕨叶；青海大柴旦大煤沟；早侏罗世火烧山组、小煤沟组。

1999b 孟繁松，图版 1，图 1；羽叶；湖北秭归香溪；中侏罗世陈家湾组。

2002 吴向午等，156 页，图版 4，图 2，2a；图版 6，图 3，3a；蕨叶；甘肃金昌青土井，内蒙古阿拉善右旗梧桐树沟；中侏罗世宁远堡组下段。

2003 袁效奇等，图版 21，图 3；蕨叶；内蒙古达拉特旗罕台川；中侏罗世延安组。

2005 苗雨雁，524 页，图版 2，图 1，1a；蕨叶；新疆准噶尔盆地白杨河；中侏罗世西山窑组。

山西枝脉蕨（比较种） *Cladophlebis* cf. *shansiensis* Sze

1951 李星学，195 页，图版 1，图 4b；蕨叶；山西大同新高山；侏罗纪大同煤系上部。

1988 吉林省地质矿产局，图版 8，图 8；蕨叶；吉林；中侏罗世。

△杉松枝脉蕨 *Cladophlebis shansungensis* Li et Ye，1980（裸名）

［注：此种后被改定为 *Cladophlebis lobulata* Samylina（李星学等，1986）］

1978 *Cladophlebis shansungensis* Lee et Yeh，杨学林等，图版 2，图 5，5a；蕨叶；吉林蛟河盆地杉松剖面；早白垩世磨石砬子组。（裸名）

1980 李星学、叶美娜，3 页；蕨叶；吉林蛟河杉松；早白垩世磨石砬子组。（仅种名）

1980 *Cladophlebis shansungensis* Lee et Yeh，张武等，257 页，图版 164，图 7；图版 165，图 1，2；蕨叶；吉林蛟河杉松；早白垩世磨石砬子组。

1982b *Cladophlebis shansungensis* Lee et Yeh，郑少林、张武，307 页，图版 2，图 10；蕨叶；黑龙江双鸭山岭西；早白垩世城子河组。

1983a *Cladophlebis shansungensis* Lee et Yeh，郑少林、张武，82 页，图版 3，图 6，6a；蕨叶；黑龙江勃利万龙村；早白垩世东山组。

△陕西枝脉蕨 *Cladophlebis shensiensis* P'an，1936

1936 潘钟祥，15 页，图版 4，图 16；图版 5，图 4－6；图版 6，图 4－8；蕨叶；陕西绥德桥上、高家庵、沙滩坪和叶家坪，延长石家沟；晚三叠世延长层下部。［注：此标本后被改定为 *Todites shensiensis*（斯行健、李星学等，1963）］

1950 Ôishi，86 页；陕西延长；晚三叠世延长层。

1954 徐仁，47 页，图版 41，图 3，4；蕨叶；云南广通一平浪；晚三叠世。［注：此标本后被改定为 *Todites shensiensis*（斯行健、李星学等，1963）］

1956b 斯行健，图版 1，图 6，7；图版 2，图 7；蕨叶；新疆准噶尔盆地克拉玛依；晚三叠世晚期延长层上部。［注：此标本后被改定为 *Todites shensiensis*（斯行健、李星学等，1963）］

1958 汪龙文等，585 页，图 586；蕨叶；陕西；晚三叠世延长群；云南；晚三叠世一平浪煤系。［注：此标本后被改定为 *Todites shensiensis*（斯行健、李星学等，1963）］

1962 李星学等，147 页，图版 88，图 2；蕨叶；长江流域；晚三叠世。

1963 李佩娟，126 页，图版 52，图 4；图版 53，图 1，1a；蕨叶；陕西绥德、宜君，甘肃平凉，广东花县；晚三叠世。

1978 张吉惠，472 页，图版 157，图 1，2；蕨叶；贵州威宁铺处；晚三叠世。

1995a 李星学（主编），图版 71，图 1，2；蕨叶；陕西宜君四郎庙；晚三叠世延长组上部。（中文）

1995b 李星学（主编），图版 71，图 1，2；蕨叶；陕西宜君四郎庙；晚三叠世延长组上部。（英文）

陕西枝脉蕨(似托第蕨) *Cladophlebis* (*Todites*) *shensiensis* P'an

1956a 斯行健,15,123 页,图版 10,图 1－3;图版 11,图1－3;图版 12,图 1－5;图版 13,图 1－4;图版 14,图 1－5;图版 15,图 1－17;图版 16,图 5;图版 18,图 1－8;图版 19,图 3,4;图版 21,图 5;图版 27,图 6;营养叶和生殖叶;陕西宜君四郎庙炭河沟、杏树坪,延长七里村、烟雾沟、石家沟,绥德叶家坪、沙滩坪、高家庵、桥上;甘肃华亭剑沟河;晚三叠世延长层。[注:此标本后被改定为 *Todites shensiensis*(斯行健、李星学等,1963)]

△水西沟枝脉蕨 *Cladophlebis shuixigouensis* Tang,1984

1984 唐文松,见顾道源,144 页,图版 68,图 2;蕨叶;采集号:F142;登记号:XPC141;标本保存在新疆石油管理局;新疆吉木萨尔;早侏罗世八道湾组。

△细刺枝脉蕨 *Cladophlebis spinellosus* Zheng,1980

1980 郑少林,见张武等,258 页,图版 135,图 3;插图 189;蕨叶;辽宁喀喇沁左翼小长镐;早白垩世九佛堂组(?)。

狭脊枝脉蕨 *Cladophlebis stenolopha* Brick,1953

1953 Brick,47 页,图版 23;蕨叶;东费尔干纳;早侏罗世。

1988 李佩娟等,69 页,图版 48,图 1－2a;蕨叶;青海大柴旦大煤沟;早侏罗世火烧山组 *Cladophlebis* 层。

1995 曾勇等,53 页,图版 7,图 6;图版 10,图 3;蕨叶;河南义马;中侏罗世义马组。

1998 张泓等,图版 33,图 3;蕨叶;青海大柴旦大煤沟;早侏罗世火烧山组。

2002 吴向午等,157 页,图版 9,图 3;蕨叶;内蒙古阿拉善右旗井坑子洼;早侏罗世芨芨沟组上段。

△狭叶枝脉蕨 *Cladophlebis stenophylla* Sze,1956

1956a 斯行健,24,131 页,图版 21,图 1－4;蕨叶;采集号:PB2358－PB2361;标本保存在中国科学院南京地质古生物研究所;陕西宜君杏树坪黄草湾;晚三叠世延长层上部。

1956c 斯行健,图版 2,图 6;裸羽片;甘肃固原安口窑;晚三叠世延长层。

1963 李佩娟,127 页,图版 54,图 3;蕨叶;陕西宜君,甘肃平凉;晚三叠世。

1963 斯行健、李星学等,109 页,图版 37,图 6;图版 40,图 2;蕨叶;陕西宜君杏树坪黄草湾,甘肃华亭安口窑;晚三叠世延长群。

△狭直枝脉蕨 *Cladophlebis stricta* Yang et Sun,1982 (non Yang et Sun,1985)

1982b 杨学林、孙礼文,33 页,图版 6,图 1;图版 7,图 1;插图 15;蕨叶;标本号:H047,H048;标本保存在吉林省煤田地质研究所;大兴安岭东南部红旗煤矿;早侏罗世红旗组。(注:原文未指定模式标本)

△狭直枝脉蕨 *Cladophlebis stricta* Yang et Sun,1985 (non Yang et Sun,1982)

(注:此种名为 *Cladophlebis stricta* Yang et Sun,1982 的晚出等同名)

1985 杨学林、孙礼文,105 页,图版 2,图 14;插图 3;蕨叶;标本号:H048;标本保存在吉林省煤田地质研究所;大兴安岭南部红旗煤矿;早侏罗世红旗组。

微裂枝脉蕨 *Cladophlebis sublobata* Johasson,1922

1922 Johasson,21 页,图版 2,图 7－8a;图版 3,图 4;图版 7,图 8－10;蕨叶;瑞典;早侏罗世(Lias)。

1984 张武、郑少林,384页,图版2,图1,1a;蕨叶;辽宁西部北票东坤头营子;晚三叠世老虎沟组。

沟槽枝脉蕨 *Cladophlebis sulcata* Brick,1953

1953 Brick,52页,图版26,图1—3;图版19,图4;蕨叶;东费尔干纳;早侏罗世。

1988 李佩娟等,70页,图版25,图4,4a;图版26,图2,2a;图版39,图2—3a;蕨叶;青海大柴旦大煤沟;中侏罗世大煤沟组 *Tyrmia-Sphenobaiera* 层。

1998 张泓等,图版24,图6;蕨叶;青海大柴旦大煤沟;早侏罗世小煤沟组。

苏鲁克特枝脉蕨 *Cladophlebis suluktensis* Brick,1935

1935 Brick,27页,图版3,图2;插图14;蕨叶;南费尔干纳;早—中侏罗世。

1986 徐福祥,420页,图版2,图1;蕨叶;甘肃靖远刀楞山;早侏罗世。

1988 李佩娟等,71页,图版26,图3,3a;图版27,图2,2a;图版28,图2,2a;图版52,图2;蕨叶;青海大柴旦大煤沟;中侏罗世饮马沟组 *Coniopteris murrayana* 层。

1998 张泓等,图版27,图4,5;蕨叶;新疆乌恰康苏;中侏罗世杨叶组。

苏鲁克特枝脉蕨粗变种 *Cladophlebis suluktensis* Brick var. *crassa* Brick,1953

1953 Brick,44页,图版19,图1—3;图版20;蕨叶;东费尔干纳;早侏罗世。

1981 刘茂强、米家榕,24页,图版1,图9;图版2,图3—5;蕨叶;吉林临江闹枝沟;早侏罗世义和组。

1992 孙革、赵衍华,532页,图版220,图12;图版231,图1;蕨叶;吉林临江闹枝街;早侏罗世义和组。

△孙氏枝脉蕨 *Cladophlebis suniana* Sze,1956

1956a 斯行健,25,132页,图版18,图7—9;蕨叶;采集号:PB2363—PB2365;标本保存在中国科学院南京地质古生物研究所;陕西宜君杏树坪黄草湾;晚三叠世延长层上部。

1963 斯行健、李星学等,109页,图版37,图2;图版37,图2;蕨叶;陕西宜君杏树坪黄草湾;晚三叠世延长群。

1998 张泓等,图版34,图2;图版34,图7;蕨叶;新疆乌恰康苏;中侏罗世杨叶组;青海大柴旦大煤沟;早侏罗世火烧山组。

斯维德贝尔枝脉蕨 *Cladophlebis svedbergii* Johansson,1922

1922 Johansson,19页,图版1,图37,38;图版7,图1—6;蕨叶;瑞典;侏罗纪。

1988 李佩娟等,71页,图版44,图1—2a;蕨叶;青海大柴旦大煤沟;早侏罗世火烧山组 *Cladophlebis* 层。

1998 张泓等,图版31,图1;图版35,图3;蕨叶;青海大柴旦大煤沟;早侏罗世火烧山组。

△斯氏枝脉蕨 *Cladophlebis szeiana* P'an,1936

[注:此种后被改定为 *Asterothaca*? *szeiana* (P'an)(斯行健、李星学等,1963)]

1936 潘钟祥,18页,图版6,图1—3;图版8,图3—7;蕨叶;陕西绥德叶家坪、延长怀林坪;晚三叠世延长层。

1956c 斯行健,图版2,图4;实羽片;甘肃固原汭水峡;晚三叠世延长层。

1963 李佩娟,126页,图版54,图2,2a;蕨叶;陕西绥德;晚三叠世。

斯氏枝脉蕨(星囊蕨?) *Cladophlebis* (*Asterothaca*?) *szeiana* P'an

1956a 斯行健,33,140页,图版16,图1—4;图版17,图1—5;图版21,图6;裸羽片和实羽片;陕西宜君四郎庙炭河沟,绥德叶家坪、怀林坪,延长七里村;甘肃华亭剑沟河、砚河口;晚三叠世延长层。[注:此标本后被改定为 *Asterothaca? szeiana*(斯行健、李星学等,1963)]

竹山枝脉蕨(似里白?) *Cladophlebis* (*Gleichenites*?) *takeyamae* Ôishi et Takahasi, 1938

1938 Ôishi, Takahasi, 60 页,图版 5(1),图 6,6a;蕨叶;登记号:No.7885;正模:No.7885[图版 5(1),图 6,6a];黑龙江穆棱梨树;中侏罗世或晚侏罗世穆棱系。

1963 斯行健、李星学等,109 页,图版 38,图 3,3a;蕨叶;黑龙江穆棱梨树;晚侏罗世。

1980 张武等,258 页,图版 154,图 5;插图 190;蕨叶;黑龙江鸡西;早白垩世城子河组。

△柔弱枝脉蕨 *Cladophlebis tenerus* Zhang et Zheng, 1983

1983 张武、郑少林,见张武等,75 页,图版 1,图 16,17;插图 5;蕨叶;标本号:LMP20151-1, LMP20151-2;标本保存在沈阳地质矿产研究所;辽宁本溪林家崴子;中三叠世林家组。(注:原文未指定模式标本)

△细叶枝脉蕨 *Cladophlebis tenuifolia* Huang et Chow, 1980

1980 黄枝高、周惠琴,79 页,图版 30,图 3;蕨叶;登记号:P388;陕西铜川柳林沟;晚三叠世延长组上部。

1993 米家榕等,98 页,图版 16,图 1,1a;蕨叶;河北承德武家厂;晚三叠世杏石口组。

细叶枝脉蕨(比较种) *Cladophlebis* cf. *tenuifolia* Huang et Chow

1984 陈芬等,47 页,图版 15,图 1;插图 16;蕨叶;北京西山大台;早侏罗世上窑坡组。

△整洁枝脉蕨 *Cladophlebis tersus* Chang, 1980

1980 张志诚,见张武等,258 页,图版 135,图 4,5;图版 136,图 1,2;蕨叶;辽宁凌源双庙;早侏罗世郭家店组。(注:原文未指定模式标本)

1996 米家榕等,99 页,图版 10,图 1;图版 11,图 11;蕨叶;河北抚宁石门寨;早侏罗世北票组。

△天桥岭枝脉蕨 *Cladophlebis tianqiaolingensis* Mi, Zhang, Sun et al., 1993

1993 米家榕、张川波、孙春林等,98 页,图版 16,图 2—5;插图 19;蕨叶;登记号:W248—W251;正模:W248(图版 16,图 2);标本保存在长春地质学院地史古生物教研室;吉林汪清天桥岭;晚三叠世马鹿沟组。

△西藏枝脉蕨 *Cladophlebis tibetica* Wu, 1982

1982b 吴向午,87 页,图版 11,图 6,6a,6bA,6bB;插图 4;蕨叶和实羽片;采集号:1ft007;登记号:PB7761,PB7762;正模:PB7762(图版 11,图 6);标本保存在中国科学院南京地质古生物研究所;西藏昌都妥坝河;晚三叠世巴贡组上段。

△铁法枝脉蕨(似鳞毛蕨?) *Cladophlebis* (*Dryopterites*?) *tiefensis* Ren, 1988

1988 任守勤,见陈芬等,48,150 页,图版 62,图 8,9;图版 63,图 3;蕨叶;标本号:Tf40,Tf41,Tf50;标本保存在武汉地质学院北京研究生部;辽宁铁法盆地;早白垩世小明安碑组下含煤段。(注:原文未指定模式标本)

△丁氏枝脉蕨 *Cladophlebis tingii* Sze, 1933

1933c 斯行健,11 页,图版 6,图 1,2;蕨叶;四川广元须家河;晚三叠世晚期—早侏罗世。

1963 斯行健、李星学等,110 页,图版 38,图 2,2a;蕨叶;四川广元须家河;晚三叠世晚期—早侏罗世。

△似托第蕨型枝脉蕨 *Cladophlebis todioides* Yang, 1978

1978 杨贤河,492页,图版189,图8;蕨叶;标本号:Sp0160;正模:Sp0160(图版189,图8);标本保存在成都地质矿产研究所;四川江油厚坝白庙;早侏罗世白田坝组。

三角形枝脉蕨 *Cladophlebis triangularis* Ôishi, 1940

1940 Ôishi,292页,图版22,图1,1a,2,2a;蕨叶;日本石川、高知(Kuwasima and Yosidayasiki);早白垩世(Tetori Series and Ryoseki Series)。

1986 段淑英等,图版1,图3;蕨叶;鄂尔多斯盆地南缘;中侏罗世延安组。

1995 王鑫,图版1,图12;蕨叶;陕西铜川;中侏罗世延安组。

△柴达木枝脉蕨 *Cladophlebis tsaidamensis* Sze, 1959

1959 斯行健,7,23页,图版2,图5,5a;图版3,图3;图版4,图1;蕨叶;登记号:PB2651,PB2655,PB2656;标本保存在中国科学院南京地质古生物研究所;青海柴达木红柳沟;侏罗纪。

1960b 斯行健,28页,图版1,图1;蕨叶;甘肃玉门旱峡煤矿;早侏罗世(Lias)—中侏罗世(Dogger)。

1963 李星学等,130页,图版102,图1;蕨叶;中国西北地区;早侏罗世。

1963 斯行健、李星学等,110页,图版38,图1;图版39,图3;蕨叶;青海柴达木盆地阿尔金山南麓红柳沟;甘肃玉门旱峡;早—中侏罗世。

1977 冯少南等,214页,图版80,图6;蕨叶;河南渑池义马;早—中侏罗世。

1979 何元良等,143页,图版65,图4,4a;图版67,图1;蕨叶;青海大柴旦大煤沟、茫崖红柳沟;早侏罗世小煤沟组。

1982b 杨学林、孙礼文,32页,图版5,图1,2;蕨叶;大兴安岭东南部扎鲁特旗西沙拉;早侏罗世红旗组。

1985 杨学林、孙礼文,105页,图版3,图3;蕨叶;大兴安岭南部扎鲁特旗西沙拉;早侏罗世红旗组。

1988 李佩娟等,72页,图版46,图1—2a;图版47,图3,3a;蕨叶;青海大柴旦大煤沟;早侏罗世火烧山组 *Cladophlebis* 层。

1995 曾勇等,52页,图版8,图2;图版10,图4;蕨叶;河南义马;中侏罗世义马组。

1998 张泓等,图版30,图2,3;蕨叶;青海大柴旦大煤沟;早侏罗世火烧山组。

2002 吴向午等,157页,图版8,图6,7;蕨叶;内蒙古阿拉善右旗井坑子洼;甘肃山丹毛湖洞;早侏罗世芨芨沟组上段。

2003 邓胜徽等,图版69,图3;蕨叶;河南义马盆地;中侏罗世义马组。

2005 苗雨雁,523页,图版2,图2,3;蕨叶;新疆准噶尔盆地白杨河地区;中侏罗世西山窑组。

△柴达木枝脉蕨狭瘦异型 *Cladophlebis tsaidamensis* Sze f. *angustus* Li, 1979

1979 李佩娟,见何元良等,143页,图版66,图3;蕨叶;采集号:H74006;登记号:PB6355;标本保存在中国科学院南京地质古生物研究所;青海大柴旦大煤沟;早侏罗世小煤沟组。

恰丹枝脉蕨 *Cladophlebis tschagdamensis* Vachrameev, 1961

1961 Vachrameev, Dolugenko,72页,图版22,图2,3;图版23,图2;插图19;黑龙江流域布列亚盆地;早白垩世。

恰丹枝脉蕨(比较种) *Cladophlebis* cf. *tschagdamensis* Vachrameev

1984 陈芬等,48 页,图版 16,图 5;插图 17;蕨叶;北京西山门头沟;中侏罗世龙门组。

1994 萧宗正等,图版 14,图 2;蕨叶;北京门头沟斋堂;早侏罗世下窑坡组。

△乌兰枝脉蕨 *Cladophlebis ulanensis* Li et Wu X W,1979

1979 李佩娟、吴向午,见何元良等,144 页,图版 67,图 4,4a;蕨叶;采集号:D-3;登记号:PB6361;正模:PB6361(图版 67,图 4,4a);标本保存在中国科学院南京地质古生物研究所;青海大柴旦大煤沟;早侏罗世小煤沟组。

1988 李佩娟等,73 页,图版 32,图 1;图版 34,图 3;蕨叶;青海大柴旦大煤沟;早侏罗世火烧山组 *Cladophlebis* 层。

1995a 李星学(主编),图版 91,图 2;蕨叶;青海大柴旦大煤沟;早侏罗世火烧山组。(中文)

1995b 李星学(主编),图版 91,图 2;蕨叶;青海大柴旦大煤沟;早侏罗世火烧山组。(英文)

△波状枝脉蕨 *Cladophlebis undata* Huang et Chow,1980

1980 黄枝高、周惠琴,79 页,图版 25,图 5;图版 27,图 3,6;图版 28,图 1;图版 30,图 5;图版 31,图 5;图版 32,图 2;蕨叶;登记号:P784,P796,P877,P2164,P3074;陕西铜川焦坪,神木石河口、二十里墩;晚三叠世延长组上部和中部。(注:原文未指定模式标本)

1982 刘子进,127 页,图版 65,图 6,7;图版 66,图 1;蕨叶;陕西铜川焦坪、神木石河口;晚三叠世延长群上部。

1993 米家榕等,99 页,图版 17,图 2—5;蕨叶;辽宁北票羊草沟;晚三叠世羊草沟组;河北承德上谷;晚三叠世杏石口组。

瓦克枝脉蕨 *Cladophlebis vaccensis* Ward,1905

1905 Ward,66 页,图版 10,图 8—12;蕨叶;中美洲;侏罗纪。

瓦克枝脉蕨(比较种) *Cladophlebis* cf. *vaccensis* Ward

1980 张武等,259 页,图版 137,图 1,1a;蕨叶;辽宁北票;早侏罗世北票组。

△变小羽片枝脉蕨 *Cladophlebis variopinnulata* Meng,1988

1988 孟祥营,见陈芬等,48,150 页,图版 16,图 2B,2a,4,5;插图 16;蕨叶;标本号:Fx085;标本保存在武汉地质学院北京研究生部;辽宁阜新海州矿;早白垩世阜新组中段。

华氏枝脉蕨 *Cladophlebis vasilevskae* Vachrameev,1961

1961 Vachrameev,Doligenko,73 页,图版 24,图 1,2;插图 20;蕨叶;黑龙江流域布列亚盆地;晚侏罗世。

1984 陈芬等,48 页,图版 17,图 3—6;插图 18;蕨叶;北京西山门头沟;中侏罗世龙门组。

2002 吴向午等,158 页,图版 1,图 4A,4a,5;图版 2,图 3B,5,6;图版 3,图 5;蕨叶;内蒙古阿拉善右旗梧桐树沟;中侏罗世宁远堡组下段。

△普通枝脉蕨 *Cladophlebis vulgaris* Chou et Zhang,1982 (non Zhow et Zhang,1984)

1982 周志炎、张采繁,见张采繁,525 页,图版 336,图 2—3a;图版 338,图 7;蕨叶;登记号:HP08,HP347,HP374;合模:HP08,HP347(图版 336,图 2—3a);标本保存在湖南省地质博物馆;湖南醴陵柑子冲、高家店,浏阳文家市、跃龙,零陵黄阳司,兰山圆竹;早侏罗世。[注:依据《国际植物命名法规》(《维也纳法规》)第 37.2 条,1958 年起,模式标本只能是 1 块标本]

1993 王士俊,11 页,图版 3,图 6,6a;蕨叶;广东乐昌安口;晚三叠世艮口群。

1995a 李星学(主编),图版 82,图 2;蕨叶;湖南零陵黄阳司;早侏罗世观音滩组中下(?)部。(中文)

1995b 李星学(主编),图版 82,图 2;蕨叶;湖南零陵黄阳司;早侏罗世观音滩组中下(?)部。(英文)

1996 米家榕等,99 页,图版 7,图 6;蕨叶;辽宁北票台吉、冠山;早侏罗世北票组下段;辽宁北票东升矿;早侏罗世北票组上段。

△普通枝脉蕨 ***Cladophlebis vulgaris* Zhou et Zhang, 1984 (non Chow et Zhang, 1982)**

(注:此种名为 *Cladophlebis vulgaris* Chow et Zhang,1982 的晚出等同名)

1984 周志炎、张采繁,见周志炎,15 页,图版 6,图 2—4,5(?);图版 7,图 1—4a;蕨叶;登记号:PB4780,PB8849—PB8852;正模:(图版 7,图 1);标本保存在湖南省地质博物馆;标本号:B4780,B8849—B8852;标本保存在中国科学院南京地质古生物研究所;湖南祁阳河埠塘、观音滩,零陵黄阳司王家亭子,兰山圆竹;早侏罗世观音滩组中下部;湖南资兴三都;早侏罗世茅仙岭组顶部;湖南衡南洲市;早侏罗世观音滩组排家冲段;湖南浏阳文家市、跃龙,醴陵柑子冲,长沙跳马涧,宁乡道林;早侏罗世门口山组。

普通枝脉蕨(比较种) *Cladophlebis* cf. *vulgaris* Zhou et Zhang

2003 许坤等,图版 7,图 9;蕨叶;辽宁北票台吉二井;早侏罗世北票组下段。

瓦尔顿枝脉蕨(似里白?) *Cladophlebis* (*Gleichenites*?) *waltoni* (Seward) Bell, 1956

1926 *Gleichenites*? *waltoni* Seward,74 页,图版 6,图 28;插图 3;蕨叶;格陵兰西部;白垩纪。

1956 Bell,64 页,图版 28,图 6;图版 29,图 2,3;蕨叶;加拿大西部;早白垩世。

1980 *Cladophlebis* (*Gleichenites*?) *waltoni* Seward,张武等,259 页,图版 165,图 8—10;蕨叶;黑龙江鸡西、鸡东;早白垩世穆棱组;吉林长春石碑岭;早白垩世营城组。

1982b *Cladophlebis* (*Gleichenites*?) *waltoni* Seward,郑少林、张武,307 页,图版 3,图 10;蕨叶;黑龙江虎林永红;晚侏罗世云山组。

怀特枝脉蕨 *Cladophlebis whitbyensis* (Brongniart) Brongniart, 1849

1828—1838 *Pecopteris whitbyensis* Brongniart,321 页,图版 109,图 2,4;蕨叶;西欧;侏罗纪。

1849 Brongniart,105 页。

1941 Stockmans,Mathieu,37 页,图版 2,图 4—6;蕨叶;山西大同;侏罗纪。[注:此标本后被改定为 *Todites williamsonii* (Brongniart) Seward(斯行健、李星学等,1963)]

1954 徐仁,46 页,图版 40,图 1,2;蕨叶;北京斋堂;中侏罗世。[注:此标本后被改定为 *Todites williamsonii* (Brongniart) Seward(斯行健、李星学等,1963)]

1958 汪龙文等,612 页,图 613;蕨叶;河北;早—中侏罗世。

1998 张泓等,图版 25,图 1,2;蕨叶;新疆拜城铁力克;中侏罗世克孜勒努尔组。

怀特枝脉蕨(亲近种) *Cladophlebis* aff. *whitbyensis* (Brongniart) Brongniart

1931 斯行健,63 页;蕨叶;内蒙古萨拉齐羊圪埮;早侏罗世(Lias)。[注:此标本后被改定为 ?*Todites williamsonii* (Brongniart) Seward(斯行健、李星学等,1963)]

怀特枝脉蕨(比较种) *Cladophlebis* cf. *whitbyensis* (Brongniart) Brongniart

1933d 斯行健,15 页,图版 3,图 1(左);蕨叶;山西大同;早侏罗世。[注:此标本后被改定为

Todites williamsonii (Brongniart) Seward(斯行健、李星学等,1963)]

怀特枝脉蕨(似托第蕨) *Cladophlebis* (*Todites*) *whitbyensis* Brongniart

1931 斯行健,47 页,图版 10,图 1,2;蕨叶;北京西山门头沟;早侏罗世(Lias)。[注:此标本后被改定为 ?*Todites williamsonii* (Brongniart) Seward(斯行健、李星学等,1963)]

1931 斯行健,52 页,图版 9,图 1,2;蕨叶;辽宁朝阳北票;早侏罗世(Lias)。[注:此标本后被改定为 ?*Todites williamsonii* (Brongniart) Seward(斯行健、李星学等,1963)]

1933c 斯行健,7 页;羽片;陕西沔县苏草湾;早侏罗世。[注:此标本后被改定为 ?*Todites williamsoni* (Brongniart) Seward(斯行健、李星学等,1963)]

怀特枝脉蕨(似托第蕨)(比较种) *Cladophlebis* (*Todites*) cf. *whitbyensis* Brongniart

1949 斯行健,3 页,图版 14,图 3;蕨叶;湖北秭归香溪;早侏罗世香溪煤系。[注:此标本后被改定为 *Todites williamsonii* (Brongniart) Seward(斯行健、李星学等,1963)]

怀特枝脉蕨点痕变种 *Cladophlebis whitbyensis* (Brongniart) var. *punctata* Brick

1935 Brick,20 页,图版 2,图 1;插图 7;蕨叶;南费尔干纳;早—中侏罗世。

1986 叶美娜等,37 页,图版 20,图 1,1a;蕨叶;四川达县斌郎;早侏罗世珍珠冲组。

威廉枝脉蕨 *Cladophlebis williamsonii* (Brongniart) Brongniart,1849

1828 *Pecopteris williamsonii* Brongniart,324 页,图版 110,图 1,2;蕨叶;西欧;侏罗纪。

1849 Brongniart,105 页;西欧;侏罗纪。

1976 张志诚,189 页,图版 91,图 4;图版 105,图 2;图版 120,图 4,4a;蕨叶;内蒙古武川当东柜、乌拉特前旗佘太;早—中侏罗世石拐群。

威廉枝脉蕨(似托第蕨) *Cladophlebis* (*Todites*) *williamsonii* (Brongniart) Brongniart

1964 李佩娟,115 页,图版 5,图 2,2a;蕨叶;四川广元须家河;晚三叠世须家河组。

1982 段淑英、陈晔,500 页,蕨叶;四川云阳南溪;晚三叠世须家河组。

△乌灶枝脉蕨 *Cladophlebis wuzaoensis* Chen,1986

1986b 陈其奭,5 页,图版 6,图 1,2;插图 2;蕨叶;标本号:63-3-13C;登记号:ZMf-植-0008;标本保存在浙江自然博物馆;浙江义乌乌灶;晚三叠世乌灶组。

△泄滩枝脉蕨 *Cladophlebis xietanensis* Meng,1999(中文和英文发表)

1999b 孟繁松,23,25 页,图版 1,图 3—5;羽片;登记号:SXiJ2CP003—SXiJ2CP005;合模:SXiJ2CP003—SXiJ2CP005(图版 1,图 3—5);标本保存在宜昌地质矿产研究所;湖北秭归香溪;中侏罗世陈家湾组。[注:依据《国际植物命名法规》(《维也纳法规》)第 37.2 条,1958 年起,模式标本只能是 1 块标本]

△锡林枝脉蕨 *Cladophlebis xilinensis* Chang,1976

1976 张志诚,189 页,图版 93,图 3;插图 105;蕨叶;登记号:N44;内蒙古固阳锡林脑包;晚侏罗世—早白垩世固阳组。

1982 谭琳、朱家柟,144 页,图版 33,图 12;蕨叶;内蒙古固阳小三分子村东;早白垩世固阳组。

△新龙枝脉蕨 *Cladophlebis xinlongensis* Feng,2000(裸名)

2000 冯少南,见姚华舟等,图版 3,图 3;蕨叶;标本号:Yzh-5;四川新龙雄龙西乡英珠娘阿;

晚三叠世喇嘛垭组。

△新丘枝脉蕨 ***Cladophlebis xinqiuensis*** **Meng, 1988**

1988 孟祥营,见陈芬等,49,150 页,图版 16,图 7,8;图版 17,图 1,2;蕨叶;标本号:Fx087—Fx089;标本保存在武汉地质学院北京研究生部;辽宁阜新新丘矿;早白垩世阜新组。(注:原文未指定模式标本)

△须家河枝脉蕨 ***Cladophlebis xujiaheensis*** **Yang, 1978**

1978 杨贤河,493 页,图版 157,图 3;蕨叶;标本号:Sp0007;正模:Sp0007(图版 157,图 3);标本保存在成都地质矿产研究所;四川广元须家河;晚三叠世须家河组。

△义乌枝脉蕨 ***Cladophlebis yiwuensis*** **Chen, 1982**

1982 陈其奭,见王国平等,252 页,图版 115,图 1,2;插图 83;蕨叶;标本号:Zmf-植-00012,Zmf-植-00020;合模 1:Zmf-植-00012(图版 115,图 1);合模 2:Zmf-植-00020(图版 115,图 2);浙江义乌乌灶;晚三叠世乌灶组。[注:依据《国际植物命名法规》(《维也纳法规》)第 37.2 条,1958 年起,模式标本只能是 1 块标本]

1986b 陈其奭,4 页,图版 5,图 1—4;插图 1;蕨叶;浙江义乌乌灶;晚三叠世乌灶组。

△永仁枝脉蕨 ***Cladophlebis yungjenensis*** **Chu, 1975**

1975 朱家柟,见徐仁等,71 页,图版 1,图 4—6;蕨叶;编号:No.756;标本保存在中国科学院植物研究所;云南永仁花山;晚三叠世大荞地组中上部。

1979 徐仁等,34 页,图版 18,图 5;图版 20,图 6;蕨叶;四川宝鼎花山;晚三叠世大荞地组中上部。

△云山枝脉蕨(似里白?) ***Cladophlebis*** **(*Gleichenites*?)** ***yunshanensis*** **Cao, 1983**

1983b 曹正尧,36,46 页,图版 4,图 11;图版 6,图 1—6a;蕨叶;采集号:HM13,HM22;登记号:PB10289—PB10295;正模:PB10295(图版 6,图 6);标本保存在中国科学院南京地质古生物研究所;黑龙江虎林八五〇农场煤矿;晚侏罗世云山组上部。

△皂郊枝脉蕨 ***Cladophlebis zaojiaoensis*** **Xu, 1975**

1975 徐福祥,101 页,图版 1,图 3,3a,4;蕨叶;甘肃天水后老庙干柴沟;晚三叠世干柴沟组。(注:原文未指定模式标本)

枝脉蕨(未定多种) ***Cladophlebis*** **spp.**

1906 *Cladophlebis* sp., Yokoyama, 14 页,图版 1,图 8,9;蕨叶;云南宣威倘塘;三叠纪。[注:此标本后被改定为 *Pecopteris* sp.,层位为晚二叠世龙潭组(斯行健、李星学等,1963)]

1906 *Cladophlebis* sp., Yokoyama, 23 页,图版 4,图 7,8;蕨叶;江西丰城廖家山;侏罗纪。

1906 *Cladophlebis* sp., Yokoyama, 37 页,图版 12,图 2;蕨叶;四川合川沙溪庙;侏罗纪。[注:此标本后被改定为 *Todites denticulatus* (Brongniart) Krasser(斯行健、李星学等,1963)]

1911 *Cladophlebis* sp., Seward, 16,44 页,图版 2,图 27;蕨叶;新疆准噶尔盆地佳木河(Diam River)和 Ak-djar;早—中侏罗世。

1927a *Cladophlebis* sp., Halle, 16 页;蕨叶;四川会理鹿厂大石头;晚三叠世(Rhaetic)。

1931 *Cladophlebis* sp.,斯行健,37 页;蕨叶;江苏南京栖霞山;早侏罗世(Lias)。

1931 *Cladophlebis* sp.,斯行健,50 页;蕨叶;北京西山门头沟;早侏罗世(Lias)。

1931 *Cladophlebis* sp. a,斯行健,63 页;蕨叶;内蒙古萨拉齐羊圪埮;早侏罗世(Lias)。

1931 *Cladophlebis* sp. b,斯行健,63 页;图版 9,图 3;蕨叶;内蒙古萨拉齐羊圪埮;早侏罗世(Lias)。

1933a *Cladophlebis* sp. (? n. sp.),斯行健,65 页,图版 8,图 1;蕨叶;甘肃武威千里沟顶;早侏罗世。[注:此标本后被改定为 ? *Cladophlebis asiatica* Chow et Yeh(斯行健、李星学等,1963)]

1933a *Cladophlebis* sp.,斯行健,70 页;蕨叶;甘肃武威小口;早侏罗世。

1933b *Cladophlebis* sp.,斯行健,82 页;羽片;陕西府谷石盘湾;侏罗纪。[注:此标本后被改定为 ? *Cladophlebis asiatica* Chow et Yeh(斯行健、李星学等,1963)]

1933c *Cladophlebis* sp.,斯行健,7 页;蕨叶;陕西沔县苏草湾;早侏罗世。[注:此标本后被改定为 ? *Cladophlebis argutula* (Heer) Fontaine(斯行健、李星学等,1963)]

1933c *Cladophlebis* sp.,斯行健,13 页,图版 6,图 8;蕨叶;四川广元须家河;晚三叠世晚期—早侏罗世。[注:此标本后被改定为 ? *Todites raciborskii* Zeiller(斯行健、李星学等,1963)]

1933d *Cladophlebis* sp.,斯行健,15 页;蕨叶;山西大同、广灵;早侏罗世。

1933d *Cladophlebis* sp.,斯行健,27 页;蕨叶;内蒙古萨拉齐石灰沟、石拐子、宽店子、小斗林沁;侏罗纪。

1933d *Cladophlebis* sp.,斯行健,42 页,图版 11,图 2;蕨叶;江西萍乡;晚三叠世晚期。

1933d *Cladophlebis* sp. a,斯行健,49 页;蕨叶;福建长汀马兰岭;早侏罗世。

1933d *Cladophlebis* sp. b,斯行健,49 页;蕨叶;福建长汀马兰岭;早侏罗世。

1933d *Cladophlebis* sp.,斯行健,55 页;蕨叶;安徽太湖新仓;晚三叠世晚期。

1933 *Cladophlebis* sp.,Yabe,Ôishi,210(16)页,图版 30(1),图 10,11;图版 31(2),图 3;图版 32(3),图 3;蕨叶;吉林火石岭;中—晚侏罗世。

1935 *Cladophlebis* sp.,Ôishi,82 页,图版 6,图 1;蕨叶;吉林东宁煤田;晚侏罗世或早白垩世。

1936 *Cladophlebis* sp. a,潘钟祥,21 页,图版 11,图 6;蕨叶;陕西安定盘龙;早侏罗世瓦窑堡煤系下部。

1936 *Cladophlebis* sp. b,潘钟祥,22 页,图版 10,图 5,5a;图版 13,图 9,9a;蕨叶;陕西富县岩李家坪;早侏罗世瓦窑堡煤系下部。

1938 *Cladophlebis* sp.,Ôishi,Takahasi,61 页,图版 5(1),图 7;蕨叶;黑龙江穆棱梨树;中侏罗世或晚侏罗世穆棱系。

1939 *Cladophlebis* sp.,Matuzawa,13 页,图版 2,图 1;蕨叶;辽宁北票;晚三叠世—早中侏罗世北票煤组。

1941 *Cladophlebis* sp. a,Ôishi,171 页,图版 36(1),图 1,1a,2,2a;蕨叶;吉林汪清罗子沟;早白垩世。[注:此标本后被改定为 *Cladophlebis* cf. *exiliformis* (Geyler) Ôishi(斯行健、李星学等,1963)]

1941 *Cladophlebis* sp. b,Ôishi,172 页,图版 36(1),图 5,5a;蕨叶;吉林汪清罗子沟;早白垩世。

1945 *Cladophlebis* sp. (Cf. *C. dunkeri* Schimper),斯行健,47 页;插图 15;蕨叶;福建永安;早白垩世坂头系。

1949 *Cladophlebis* sp. a,斯行健,4 页,图版 13,图 14;蕨叶;湖北当阳观音寺白石岗、李家店;早侏罗世香溪煤系。

1949 *Cladophlebis* sp. b,斯行健,4 页,图版 9,图 4;图版 13,图 13;蕨叶;湖北秭归香溪;早侏罗世香溪煤系。

1952 *Cladophlebis* sp. a,斯行健、李星学,5,23 页,图版 7,图 3,3a;蕨叶;四川巴县一品场;早侏罗世。

1952 *Cladophlebis* sp. b,斯行健、李星学,5,24 页,图版 6,图 4;图版 7,图 4,7;蕨叶;四川巴县一品场、威远矮山子;早侏罗世。

1952 *Cladophlebis* sp. c,斯行健、李星学,5,24 页,图版 5,图 2,2a;图版 7,图 2,2a;蕨叶;四川巴县一品场;早侏罗世。

1956 *Cladophlebis* sp.,敖振宽,20 页,图版 2,图 3;蕨叶;广东广州小坪;晚三叠世小坪煤系。

1956a *Cladophlebis* sp. a,斯行健,26,133 页,图版 18,图 6;蕨叶;陕西宜君四郎庙炭河沟;晚三叠世延长层上部。

1956a *Cladophlebis* sp. b,斯行健,26,133 页,图版 28,图 4,4a;插图 1;蕨叶;陕西宜君四郎庙炭河沟;晚三叠世延长层上部。

1956b *Cladophlebis* sp. (? sp. nov.),斯行健,图版 1,图 8,8a;蕨叶;新疆准噶尔盆地克拉玛依;晚三叠世晚期延长层上部。

1956b *Cladophlebis* sp.,斯行健,图版 3,图 6;蕨叶;新疆准噶尔盆地克拉玛依;早白垩世(Wealden)。

1956c *Cladophlebis* sp.,斯行健,图版 2,图 7;裸羽片;甘肃固原汭水峡;晚三叠世延长层。

1959 *Cladophlebis* sp.,斯行健,9,25 页,图版 2,图 6;蕨叶;青海柴达木红柳沟;侏罗纪。

1960b *Cladophlebis* sp. (Cf. *Cladophlebis whitbyensis* Brongniart),斯行健,29 页,图版 1,图 2,2a,3;蕨叶;甘肃玉门旱峡煤矿;早(Lias)—中侏罗世(Dogger)。

1961 *Cladophlebis* sp.,沈光隆,172 页,图版 2,图 6;蕨叶;甘肃南部徽县、成县;侏罗纪沔县群。

1963 *Cladophlebis* sp. [Cf. *Klukia exilis* (Phillips) Raciborski, emend Harris],斯行健、李星学等,111 页,图版 41,图 4;蕨叶;内蒙古萨拉齐石拐子;山东潍县坊子(?);早—中侏罗世。

1963 *Cladophlebis* sp. 1,斯行健、李星学等,112 页,图版 37,图 4,5;图版 40,图 3;蕨叶;内蒙古土木路;早—中侏罗世。

1963 *Cladophlebis* sp. 2,斯行健、李星学等,113 页,图版 40,图 1,1a;蕨叶;北京斋堂;早—中侏罗世。

1963 *Cladophlebis* sp. 3,斯行健、李星学等,113 页,图版 39,图 1;蕨叶;湖北秭归香溪;早侏罗世香溪群。

1963 *Cladophlebis* sp. 4 (? sp. nov.),斯行健、李星学等,114 页,图版 41,图 1,2;图版 42,图 11;蕨叶;山西大同云岗马村北;中侏罗世云岗组上部;湖北宜昌香溪贾家店;四川巴县一品场;早侏罗世香溪群。

1963 *Cladophlebis* sp. 5,斯行健、李星学等,114 页,图版 40,图 4;蕨叶;四川会理白果湾真家洞;晚三叠世。

1963 *Cladophlebis* sp. 6,斯行健、李星学等,115 页,图版 41,图 5;图版 42,图 6;蕨叶;江西萍乡;晚三叠世晚期安源组。

1963 *Cladophlebis* sp. 7,斯行健、李星学等,115 页,图版 41,图 3,3a;蕨叶;陕西延安李家坪;晚三叠世延长群瓦窑堡煤系下部。

1963 *Cladophlebis* sp. 8,斯行健、李星学等,115 页,图版 42,图 7;蕨叶;黑龙江穆棱梨树;晚侏罗世。

1963 *Cladophlebis* sp. 9,斯行健、李星学等,115 页,图版 45,图 10;蕨叶;福建永安;晚侏罗世—早白垩世早期坂头组。

1963 *Cladophlebis* sp. 10,斯行健、李星学等,116 页,图版 46,图 1;蕨叶;新疆准噶尔盆地克拉玛依;早—中侏罗世。

1963 *Cladophlebis* sp. 11,斯行健、李星学等,116 页,图版 4,图 7,8;蕨叶;江西丰城廖家山;中生代(?)。

1963 *Cladophlebis* sp. 12,斯行健、李星学等,116 页,图版 42,图 8,9;蕨叶;吉林火石岭;中—晚侏罗世。

1963 *Cladophlebis* sp. 13,斯行健、李星学等,116 页,图版 42,图 2;图版 43,图 4;蕨叶;陕西府谷石盘湾;中侏罗世。

1963 *Cladophlebis* sp. 14,斯行健、李星学等,117 页,图版 42,图 3;蕨叶;陕西安定盘龙;晚三叠世延长群(即瓦窑堡煤系下部)。

1963 *Cladophlebis* sp. 15,斯行健、李星学等,117 页,图版 43,图 10,10a;蕨叶;吉林汪清罗子沟;早白垩世大拉子组上部。

1963 *Cladophlebis* sp. 16,斯行健、李星学等,117 页,图版 43,图 7;蕨叶;四川巴县一品场;早侏罗世。

1963 *Cladophlebis* sp. 17,斯行健、李星学等,117 页,图版 43,图 9;蕨叶;四川巴县一品场、威远矮山子;早侏罗世。

1963 *Cladophlebis* sp. 18,斯行健、李星学等,118 页,图版 43,图 6;蕨叶;四川巴县一品场;早侏罗世。

1963 *Cladophlebis* sp. 19,斯行健、李星学等,118 页,图版 43,图 8;蕨叶;陕西宜君四郎庙炭河沟;晚三叠世延长群上部。

1963 *Cladophlebis* sp. 20,斯行健、李星学等,118 页,图版 43,图 5,5a;蕨叶;陕西宜君四郎庙炭河沟;晚三叠世延长群上部。

1963 *Cladophlebis* sp. 21,斯行健、李星学等,118 页,图版 43,图 11;蕨叶;新疆准噶尔盆地克拉玛依;早白垩世(?)。

1963 *Cladophlebis* sp. 22(? sp. nov.),斯行健、李星学等,119 页,图版 43,图 2,2a;蕨叶;新疆准噶尔盆地克拉玛依;晚三叠世晚期延长群。

1963 *Cladophlebis* sp. 23,斯行健、李星学等,119 页,图版 43,图 1;蕨叶;青海柴达木盆地阿尔金山南麓红柳沟;早—中侏罗世。

1963 *Cladophlebis* sp. indet.,斯行健、李星学等,119 页;蕨叶;新疆准噶尔盆地佳木河(Diam River)和 Ak-djar;早—中侏罗世。

1963 *Cladophlebis* sp. indet.,斯行健、李星学等,119 页;蕨叶;四川会理鹿厂大石头;晚三叠世。

1963 *Cladophlebis* sp. indet.,斯行健、李星学等,119 页;蕨叶;山西大同、广灵;早—中侏罗世。

1963 *Cladophlebis* sp. indet.,斯行健、李星学等,119 页;蕨叶;内蒙古萨拉齐石灰沟、石拐子、宽店子、小斗林沁;侏罗纪。

1963 *Cladophlebis* sp. indet.,斯行健、李星学等,119 页;蕨叶;福建长汀马兰岭;晚三叠世晚期—早侏罗世。

1963 *Cladophlebis* sp. indet.,斯行健、李星学等,119 页;蕨叶;安徽太湖新仓;晚三叠世晚期—早侏罗世。

1963 *Cladophlebis* sp. indet.,斯行健、李星学等,119 页;蕨叶;甘肃武威小口;早—中侏罗世。

1963 *Cladophlebis* sp. indet.,斯行健、李星学等,119 页;蕨叶;湖北当阳观音寺白石岗、李家店;早侏罗世。

1964 *Cladophlebis* sp. 1(sp. nov.),李佩娟,120 页,图版 8,图 2,2a;蕨叶;四川广元荣山;晚三叠世须家河组。

1964 *Cladophlebis* sp. 2,李佩娟,121 页,图版 6,图 4,4a;图版 9,图 2;蕨叶;四川广元杨家崖;晚三叠世须家河组。

1965 *Cladophlebis* spp.,曹正尧,517 页,图版 2,图 3－7;插图 3－5;蕨叶;广东高明松柏坑;晚三叠世小坪组。

1968 *Cladophlebis* sp. 1,《湘赣地区中生代含煤地层化石手册》,48 页,图版 3,图 1;插图 13;裸羽片;江西乐平涌三桥;晚三叠世安源组白衣冲段。

1968 *Cladophlebis* sp. 2,《湘赣地区中生代含煤地层化石手册》,49 页,图版 35,图 1,2;裸羽片;湖南资兴三都;早侏罗世茅仙岭组。

1975 *Cladophlebis* sp.,徐福祥,102 页,图版 1,图 5;蕨叶;甘肃天水后老庙干柴沟;晚三叠世干柴沟组。

1975 *Cladophlebis* sp.,徐福祥,105 页,图版 5,图 4;蕨叶;甘肃天水后老庙干柴沟;早—中侏罗世炭和里组。

1976 *Cladophlebis* sp. 1 [Cf. *Klukia exilis* (Phillips) Raciborski, emend Harris],张志诚,189 页,图版 93,图 2;蕨叶;内蒙古包头石拐沟;中侏罗世召沟组。

1976 *Cladophlebis* sp. 2,张志诚,189 页,图版 92,图 1,2;蕨叶;山西大同高山;中侏罗世大同组。

1976 *Cladophlebis* sp. 3,张志诚,190 页,图版 89,图 4,5;图版 90,图 4;蕨叶;山西大同高山;中侏罗世大同组。

1976 *Cladophlebis* sp. (sp. nov.),李佩娟等,114 页,图版 29,图 1,2;蕨叶;云南禄丰一平浪;晚三叠世一平浪组干海子段。

1977 *Cladophlebis* sp.,长春地质学院勘探系等,图版 4,图 11;蕨叶;吉林浑江石人;晚三叠世小河口组。

1979 *Cladophlebis* sp. 1,何元良等,145 页,图版 66,图 8,8a;蕨叶;青海都兰三通沟;晚三叠世八宝山群。

1979 *Cladophlebis* sp. 2,何元良等,145 页,图版 66,图 7;蕨叶;青海都兰三通沟;晚三叠世八宝山群。

1979 *Cladophlebis* sp. 1,徐仁等,34 页,图版 18,图 3,4a;图版 20,图 1－5;蕨叶;四川宝鼎龙树湾;晚三叠世大荞地组中部。

1979 *Cladophlebis* sp. 2,徐仁等,35 页,图版 15,图 2－3a;蕨叶;四川宝鼎龙树湾;晚三叠世大荞地组中部。

1979 *Cladophlebis* sp.,叶美娜,77 页,图版 1,图 5;羽片;湖北利川瓦窑坡;中三叠世巴东组中段。

1980 *Cladophlebis* sp. 1,黄枝高、周惠琴,80 页,图版 11,图 8;蕨叶;陕西铜川金锁关;中—晚三叠世晚期铜川组上段。

1980 *Cladophlebis* sp. 2(sp. nov.?),黄枝高、周惠琴,80 页,图版 30,图 4;蕨叶;陕西铜川柳林沟;晚三叠世延长组上部。

1980 *Cladophlebis* sp. 3,黄枝高、周惠琴,80 页,图版 2,图 3;蕨叶;内蒙古准格尔旗五字湾;中三叠世二马营组上部。

1980 *Cladophlebis* sp.,陶君容、孙湘君,75 页,图版 1,图 3,4;蕨叶;黑龙江林甸;早白垩世泉头组 2 段。

1980 *Cladophlebis* sp. 1,吴舜卿等,95 页,图版 12,图 7;裸羽片;湖北兴山回龙寺;早—中侏罗世香溪组。

1980 *Cladophlebis* sp. 2,吴舜卿等,95 页,图版 12,图 4;裸羽片;湖北秭归香溪;早—中侏罗世香溪组。

1980 *Cladophlebis* sp. 3,吴舜卿等,95 页,图版 12,图 1—3;图版 13,图 4;裸羽片;湖北秭归香溪;早—中侏罗世香溪组。

1980 *Cladophlebis* sp. 4,吴舜卿等,95 页,图版 13,图 5,6;裸羽片;湖北秭归香溪;早—中侏罗世香溪组。

1980 *Cladophlebis* sp. 5,吴舜卿等,96 页,图版 13,图 2,3;裸羽片;湖北秭归香溪;早—中侏罗世香溪组。

1981 *Cladophlebis* sp. 2,陈芬等,47 页,图版 2,图 1,2,5;蕨叶;辽宁阜新海州露天煤矿;早白垩世阜新组太平层。

1981 *Cladophlebis* sp.,刘茂强、米家榕,24 页,图版 1,图 24;蕨叶;吉林临江闹枝沟;早侏罗世义和组。

1981 *Cladophlebis* sp. 1,孟繁松,98 页,图版 1,图 1—4,8b;蕨叶;湖北大冶灵乡纪家凉亭;早白垩世灵乡群。

1981 *Cladophlebis* sp. 2,孟繁松,98 页,图版 1,图 5—7;蕨叶;湖北大冶灵乡黑山、纪家凉亭;早白垩世灵乡群。

1982 *Cladophlebis* sp.,陈芬、杨关秀,578 页,图版 2,图 6;蕨叶;河北平泉猴山沟;早白垩世九佛堂组。

1982 *Cladophlebis* sp.,段淑英、陈晔,图版 7,图 2;蕨叶;四川云阳南溪;早侏罗世珍珠冲组。

1982 *Cladophlebis* sp. 1(? sp. nov.),李佩娟,89 页,图版 10,图 1,2;蕨叶;西藏洛隆曲河溪洞妥;早白垩世多尼组。

1982 *Cladophlebis* sp. 2(sp. nov.),李佩娟,89 页,图版 11,图 1,1a;蕨叶;西藏拉萨澎波牛马沟;早白垩世林布宗组。

1982 *Cladophlebis* sp.,李佩娟、吴向午,47 页,图版 11,图 5;蕨叶;四川稻城贡岭区木拉乡坎都村;晚三叠世喇嘛垭组。

1982a *Cladophlebis* sp.,吴向午,52 页,图版 6,图 2;蕨叶;西藏巴青索曲畔扎所乡;晚三叠世土门格拉组。

1982b *Cladophlebis* sp. 1,吴向午,88 页,图版 10,图 4—4b;蕨叶;西藏察雅巴贡一带;晚三叠世巴贡组上段。

1982b *Cladophlebis* sp. 2,吴向午,88 页,图版 10,图 5,5a;蕨叶;西藏察雅巴贡一带;晚三叠世巴贡组上段。

1982b *Cladophlebis* sp. 3,吴向午,88 页,图版 10,图 3,3a;蕨叶;西藏昌都希雄煤点;晚三叠世巴贡组上段。

1982b *Cladophlebis* sp. 1,杨学林、孙礼文,34 页,图版 7,图 3;蕨叶;大兴安岭东南部红旗煤矿;早侏罗世红旗组。

1982b *Cladophlebis* sp. 2,杨学林、孙礼文,34 页,图版 7,图 4;蕨叶;大兴安岭东南部红旗煤矿;早侏罗世红旗组。

1982b *Cladophlebis* sp. 3,杨学林、孙礼文,34 页,图版 8,图 3,4;蕨叶;大兴安岭东南部红旗煤矿;早侏罗世红旗组。

1982b *Cladophlebis* sp. 1,杨学林、孙礼文,49 页,图版 17,图 8;蕨叶;大兴安岭东南部黑顶山;中侏罗世万宝组。

1982b *Cladophlebis* sp. 2,杨学林、孙礼文,49 页,图版 17,图 6;蕨叶;大兴安岭东南部大有屯;中侏罗世万宝组。

1982b *Cladophlebis* sp. 3,杨学林、孙礼文,49 页,图版 18,图 5－9,9a;蕨叶;大兴安岭东南部黑顶山、碱土、大有屯;中侏罗世万宝组。

1982 *Cladophlebis* sp. 1,张武,188 页,图版 1,图 14,14a;插图 1;辽宁凌源;晚三叠世老虎沟组。

1982 *Cladophlebis* sp. 2,张武,188 页,图版 1,图 13;插图 2;辽宁凌源;晚三叠世老虎沟组。

1983 *Cladophlebis* sp. 2,陈芬、杨关秀,132 页,图版 17,图 1;蕨叶;西藏狮泉河地区;早白垩世日松群上部。

1983 *Cladophlebis* spp.,张武等,75 页,图版 1,图 21;图版 2,图 6;蕨叶;辽宁本溪林家崴子;中三叠世林家组。

1983 *Cladophlebis* sp. 2,张志诚、熊宪政,57 页,图版 3,图 5;蕨叶;黑龙江东宁盆地;早白垩世东宁组。

1984a *Cladophlebis* sp. 1,曹正尧,8 页,图版 8,图 9;插图 3;蕨叶;黑龙江密山裴德煤矿;中侏罗世七虎林组。

1984a *Cladophlebis* sp. 2,曹正尧,8 页,图版 4,图 5;图版 7,图 5;蕨叶;黑龙江密山新村;中侏罗世云山组下部。

1984a *Cladophlebis* sp. 3,曹正尧,17 页,图版 4,图 11A,11a;蕨叶;黑龙江虎林永红;中侏罗世七虎林组下部。

1984b *Cladophlebis* sp.,曹正尧,39 页,图版 1,图 7,7a;图版 4,图 8B;蕨叶;黑龙江密山大巴山;早白垩世东山组。

1984 *Cladophlebis* sp. 1,厉宝贤、胡斌,139 页,图版 2,图 4;蕨叶;山西大同;早侏罗世永定庄组。

1984 *Cladophlebis* sp. 2,厉宝贤、胡斌,140 页,图版 2,图 6;蕨叶;山西大同;早侏罗世永定庄组。

1984 *Cladophlebis* sp.,张志诚,118 页,图版 1,图 3;蕨叶;黑龙江嘉荫太平林场;晚白垩世太平林场组。

1984 *Cladophlebis* sp. 1,周志炎,16 页,图版 6,图 6,6a;羽片;湖南兰山圆竹;早侏罗世观音滩组排家冲段。

1984 *Cladophlebis* sp. 2,周志炎,16 页,图版 6,图 7,7a;羽片;湖南祁阳河埠塘;早侏罗世观音滩组搭坝口段。

1985 *Cladophlebis* sp. [Cf. *Todites princeps* (Presl) Gothan],曹正尧,278 页,图版 2,图 5;蕨叶;安徽含山彭庄村;晚侏罗世(?)含山组。

1985 *Cladophlebis* sp. 1,李佩娟,图版 17,图 4,5;蕨叶;新疆温宿西琼台兰冰川;早侏罗世。

1985 *Cladophlebis* sp. 2 [Cf. *Todites princeps* (Presl) Gothan],李佩娟,图版 20,图 1A;蕨叶;新疆温宿塔格拉克矿区;早侏罗世。

1985 *Cladophlebis* sp.,商平,图版 3,图 2;蕨叶;辽宁阜新煤田;早白垩世海州组孙家湾段。

1986a *Cladophlebis* sp.,陈其奭,448 页,图版 1,图 16;蕨叶;浙江衢县茶园里;晚三叠世茶园里组。

1986b *Cladophlebis* sp.,陈其奭,6 页,图版 6,图 8;蕨叶;浙江义乌乌灶;晚三叠世乌灶组。

1986 *Cladophlebis* sp. 1,陈晔等,41 页,图版 6,图 4;蕨叶;四川理塘;晚三叠世拉纳山组。

1986 *Cladophlebis* sp. 2,陈晔等,41 页,图版 6,图 5;蕨叶;四川理塘;晚三叠世拉纳山组。

1986 *Cladophlebis* sp.,陶君容、熊宪政,图版 5,图 1;营养羽片;黑龙江嘉荫;晚白垩世乌云组。

1986 *Cladophlebis* sp. [Cf. *Todites goeppertianus* (Muenster) Krasser],叶美娜等,38 页,图版 8,图 3,3a;蕨叶;四川开县水田;晚三叠世须家河组 3 段。

1986 *Cladophlebis* sp. (Cf. *Todites hartzi* Harris),叶美娜等,38 页,图版 9,图 3,3a;蕨叶;四川开县温泉;早侏罗世珍珠冲组。

1986 *Cladophlebis* sp. 1,叶美娜等,39 页,图版 19,图 1,1a;蕨叶;四川大竹柏林;晚三叠世须家河组 5 段。

1986 *Cladophlebis* sp. 2,叶美娜等,39 页,图版 23,图 3;蕨叶;四川开县温泉;晚三叠世须家河组 5 段。

1987 *Cladophlebis* sp. A,段淑英,34 页,图版 10,图 1,1a;图版 11,图 2;蕨叶;北京西山斋堂;中侏罗世。

1987 *Cladophlebis* sp. B,段淑英,35 页,图版 9,图 2,2a;蕨叶;北京西山斋堂;中侏罗世。

1987 *Cladophlebis* sp.,何德长,78 页,图版 3,图 3;蕨叶;浙江遂昌靖居口;中侏罗世毛弄组 3,4,7,12 层。

1987a *Cladophlebis* sp.,钱丽君等,图版 16,图 3;图版 18,图 1;蕨叶;陕西神木西沟;中侏罗世延安组 1 段底部。

1988 *Cladophlebis* sp. 1,陈芬等,50 页,图版 17,图 3－5;蕨叶;辽宁阜新新丘矿;早白垩世阜新组。

1988 *Cladophlebis* sp. 2,陈芬等,50 页,图版 62,图 4;蕨叶;辽宁铁法盆地;早白垩世小明安碑组上含煤段。

1988 *Cladophlebis* sp. 1[Cf. *C. denticulata* (Brongniart) Fontaine],李佩娟等,73 页,图版 48,图 3,3a;图版 52,图 4,4a;蕨叶;青海大柴旦大煤沟;中侏罗世大煤沟组 *Tyrmia-Sphenobaiera* 层。

1988 *Cladophlebis* sp. 2,李佩娟等,73 页,图版 44,图 3,3a;图版 45,图 3B,3a;蕨叶;青海大柴旦大煤沟;早侏罗世甜水沟组 *Hausmannia* 层。

1988 *Cladophlebis* sp. 3,李佩娟等,74 页,图版 40,图 2,2a;蕨叶;青海大柴旦大煤沟;早侏罗世火烧山组 *Cladophlebis* 层。

1988 *Cladophlebis* sp. 4,李佩娟等,74 页,图版 28,图 3,3a;羽片;青海大柴旦大煤沟;中侏罗世石门沟组 *Nilssonia* 层。

1989 *Cladophlebis* sp.,周志炎,139 页,图版 4,图 3;图版 5,图 4;插图 7－9;裸羽片;湖南衡阳杉桥;晚三叠世杨柏冲组。

1990 *Cladophlebis* sp.,宁夏回族自治区地质矿产局,图版 8,图 5;蕨叶;宁夏平罗汝箕沟;晚三叠世延长群。

1990 *Cladophlebis* sp.,宁夏回族自治区地质矿产局,图版 9,图 3;蕨叶;宁夏平罗汝箕沟;中侏罗世延安组。

1990 *Cladophlebis* sp.,刘明渭,201 页,图版 31,图 8;蕨叶;山东莱阳黄崖底;早白垩世莱阳组 3 段。

1990 *Cladophlebis* sp. 1,曹正尧、商平,图版 4,图 7,7a;蕨叶;辽宁北票长皋蛇不歹;中侏罗世蓝旗组。

1990 *Cladophlebis* sp. 2,曹正尧、商平,图版 7,图 3c;蕨叶;辽宁北票长皋蛇不歹;中侏罗世蓝旗组。

1990a *Cladophlebis* sp. a,王自强、王立新,123 页,图版 17,图 12;蕨叶;山西榆社屯村;早三叠世和尚沟组底部

1990b *Cladophlebis* sp.,王自强、王立新,307 页;山西宁武石坝、武乡司庄;中三叠世二马营组底部。

1991 *Cladophlebis* sp.,北京市地质矿产局,图版 14,图 6;蕨叶;北京斋堂;早侏罗世下窑坡组。

1991 *Cladophlebis* sp.,李洁等,54 页,图版 1,图 5;蕨叶;新疆昆仑山野马滩北;晚三叠世卧龙岗组。

1991 *Cladophlebis* sp.,李佩娟、吴一民,285 页,图版 3,图 1b,1b1;蕨叶;西藏改则弄弄巴、亚弄下马;早白垩世川巴组。

1992a *Cladophlebis* sp. 1,曹正尧,216 页,图版 2,图 9;蕨叶;黑龙江东部绥滨-双鸭山地区;早白垩世城子河组 2 段。

1992a *Cladophlebis* sp. 2,曹正尧,216 页,图版 3,图 12;蕨叶;黑龙江东部绥滨-双鸭山地区;早白垩世城子河组 3 段。

1992a *Cladophlebis* sp. 3,曹正尧,216 页,图版 3,图 14;蕨叶;黑龙江东部绥滨-双鸭山地区;早白垩世城子河组 2 段。

1992a *Cladophlebis* sp. 4,曹正尧,216 页,图版 3,图 10－12A;蕨叶;黑龙江东部绥滨-双鸭山地区;早白垩世城子河组 1 段。

1992a *Cladophlebis* sp. 5,曹正尧,216 页,图版 3,图 13;蕨叶;黑龙江东部绥滨-双鸭山地区;早白垩世城子河组 3 段。

1992 *Cladophlebis* sp. (Cf. *C. gigantea* Ôishi),孙革、赵衍华,531 页,图版 232,图 1;蕨叶;吉林桦甸四合屯;早侏罗世(?)。

1992 *Cladophlebis* sp. (Cf. *C. ingens* Harris),孙革、赵衍华,531 页,图版 229,图 1－3;图版 232,图 7;蕨叶;吉林双阳板石顶子;早侏罗世板石顶子组。

1992 *Cladophlebis* sp. (Cf. *C. pseudoraciborskii* Srebrodolskaja),孙革、赵衍华,532 页,图版 230,图 5;蕨叶;吉林汪清鹿圈子村北山;晚三叠世马鹿沟组。

1992 *Cladophlebis* sp.,孙革、赵衍华,533 页,图版 232,图 5;蕨叶;吉林汪清罗子沟;晚侏罗世金沟岭组。

1993 *Cladophlebis* sp. 1,米家榕等,100 页,图版 17,图 6,6a;蕨叶;河北承德上谷;晚三叠世杏石口组。

1993 *Cladophlebis* sp. 2,米家榕等,100 页,图版 17,图 8,9,9a;蕨叶;河北承德上谷;晚三叠世杏石口组。

1993 *Cladophlebis* sp. 3,米家榕等,100 页,图版 18,图 1,1a;蕨叶;河北平泉围场;晚三叠世杏石口组。

1993 *Cladophlebis* spp.,米家榕等,95 页,图版 14,图 1－3;蕨叶;黑龙江东宁罗圈站;晚三叠世罗圈站组;吉林双阳大酱缸;晚三叠世大酱缸组;辽宁凌源老虎沟;晚三叠世老虎沟组;辽宁北票羊草沟;晚三叠世羊草沟组;河北承德上谷;晚三叠世杏石口组。

1993 *Cladophlebis* sp. (Cf. *C. pseudoraciborskii* Srebrodolskaja),孙革,72 页,图版 17,图 1－4;蕨叶;林汪清鹿圈子村北山;晚三叠世马鹿沟组。

1993 *Cladophlebis* sp.,孙革,73 页,图版 17,图 7;蕨叶;吉林汪清天桥岭;晚三叠世马鹿沟组。

1993 *Cladophlebis* sp. 1,王士俊,11 页,图版 2,图 11;蕨叶;广东乐昌关春;晚三叠世艮口群。

1993 *Cladophlebis* sp. 2,王士俊,12 页,图版 3,图 7;图版 4,图 6;图版 5,图 13;蕨叶;广东乐昌安口、关春;晚三叠世艮口群。

1993 *Cladophlebis* sp. 3,王士俊,12 页,图版 2,图 7;图版 4,图 1;蕨叶;广东乐昌关春;晚三叠世艮口群。

1993 *Cladophlebis* sp. 4,王士俊,12 页,图版 4,图 2,2a;蕨叶;广东乐昌安口;晚三叠世艮口群。

1993 *Cladophlebis* sp. 5,王士俊,12 页,图版 4,图 4;插图 1;蕨叶;广东乐昌安口;晚三叠世艮口群。

1993 *Cladophlebis* sp. 6,王士俊,13 页,图版 4,图 8,8a;插图 2;蕨叶;广东乐昌关春;晚三叠世艮口群。

1993 *Cladophlebis* sp. 7,王士俊,13 页,图版 3,图 4;蕨叶;广东乐昌关春;晚三叠世艮口群。

1993 *Cladophlebis* sp. 8,王士俊,13 页,图版 5,图 1;蕨叶;广东乐昌关春、安口;晚三叠世艮口群。

1993 *Cladophlebis* sp.,周志炎、吴一民,121 页,图版 1,图 1;插图 3A;蕨叶;西藏南部定日普那;早白垩世普那组。

1995a *Cladophlebis* sp.,李星学(主编),图版 62,图 11;蕨叶;海南琼海九曲江新华村;早三叠世岭文组。(中文)

1995b *Cladophlebis* sp.,李星学(主编),图版 62,图 11;蕨叶;海南琼海九曲江新华村;早三叠世岭文组。(英文)

1995a *Cladophlebis* sp.,李星学(主编),图版 110,图 3;图版 142,图 3;蕨叶;吉林龙井智新;早白垩世大拉子组。(中文)

1995b *Cladophlebis* sp.,李星学(主编),图版 110,图 3;图版 142,图 3;蕨叶;吉林龙井智新;早白垩世大拉子组。(英文)

1995a *Cladophlebis* sp.,李星学(主编),图版 118,图 9;蕨叶;黑龙江嘉荫太平林场;晚白垩世太平林场组。(中文)

1995b *Cladophlebis* sp.,李星学(主编),图版 118,图 9;蕨叶;黑龙江嘉荫太平林场;晚白垩世太平林场组。(英文)

1995 *Cladophlebis* sp.,孟繁松等,图版 4,图 9,10;蕨叶;四川奉节大窝垱;中三叠世巴东组 2 段。

1995 *Cladophlebis* sp.,王鑫,图版 3,图 19;蕨叶;陕西铜川;中侏罗世延安组。

1995 *Cladophlebis* sp.,吴舜卿,471 页,图版 1,图 4;蕨叶;新疆库车库车河剖面;早侏罗世塔里奇克组上部。

1996 *Cladophlebis* sp. 1,米家榕等,99 页,图版 12,图 3;蕨叶;河北抚宁石门寨;早侏罗世北票组。

1996 *Cladophlebis* sp. 2,米家榕等,100 页,图版 10,图 8;图版 11,图 7,10;蕨叶;辽宁北票冠山二井;早侏罗世北票组下段;辽宁北票三宝;中侏罗世海房沟组。

1996b *Cladophlebis* sp.,孟繁松,图版 2,图 15;图版 4,图 6;羽片;四川奉节大窝垱;中三叠世巴东组 2 段。

1996 *Cladophlebis* sp.,郑少林、张武,图版 1,图 5,6;裸羽片;吉林九台营城煤田;早白垩世沙河子组。

1997 *Cladophlebis* sp. 1,邓胜徽等,35 页,图版 16,图 5;羽片;内蒙古扎赉诺尔、大雁盆地;早白垩世伊敏组

1997 *Cladophlebis* sp. 2，邓胜徽等，35 页，图版 16，图 4；羽片；内蒙古扎赉诺尔；早白垩世伊敏组；内蒙古伊敏、免渡河盆地；早白垩世大磨拐河组。

1997 *Cladophlebis* sp.，孟繁松、陈大友，图版 2，图 9，10；羽片；四川云阳南溪；中侏罗世自流井组东岳庙段。

1998 *Cladophlebis* sp.，王仁农等，图版 26，图 5；羽片；北京西山斋堂；中侏罗世门头沟群。

1999 *Cladophlebis* sp. 1，曹正尧，59 页，图版 8，图 6，7；插图 23；蕨叶；浙江文成花竹岭；早白垩世磨石山组 C 段。

1999 *Cladophlebis* sp. 2，曹正尧，59 页，图版 6，图 3；蕨叶；浙江金华积道山；早白垩世磨石山组。

1999 *Cladophlebis* sp. 3，曹正尧，60 页，图版 6，图 10，10a；图版 40，图 8；插图 24；蕨叶；浙江文成珊溪、路头岗；早白垩世磨石山组 C 段。

1999 *Cladophlebis* sp. 4，曹正尧，60 页，图版 7，图 11；图版 12，图 5；蕨叶；浙江苍南西垟；早白垩世磨石山组 C 段。

1999b *Cladophlebis* sp.（? sp. nov.），吴舜卿，25 页，图版 17，图 1，1a；蕨叶；四川彭县海窝子；晚三叠世须家河组。

2000 *Cladophlebis* sp.，孟繁松等，52 页，图版 15，图 8－11；羽片；重庆奉节大窝埫；湖南桑植芙蓉桥、马合口；中三叠世巴东组 2 段。

2002 *Cladophlebis* sp.，吴向午等，159 页，图版 4，图 5A；蕨叶；内蒙古阿拉善右旗梧桐树沟；中侏罗世宁远堡组。

2002 *Cladophlebis* sp.，张振来等，图版 14，图 5；羽片；湖北巴东东浪口红旗煤矿；晚三叠世沙镇溪组。

2003 *Cladophlebis* sp.，许坤等，图版 8，图 3；蕨叶；辽宁西部；中侏罗世蓝旗组。

2003 *Cladophlebis* sp.，赵应成等，图版 10，图 4；蕨叶；内蒙古阿拉善右旗雅布赖盆地红柳沟剖面；中侏罗世新河组。

2004 *Cladophlebis* sp.，孙革、梅盛吴，图版 6，图 9A；图版 7，图 2，2a；图版 8，图 2，3；图版 10，图 1，1a，4，5，8；图版 11，图 1，4，4a；蕨叶；中国西北地区潮水盆地、雅布赖盆地；早—中侏罗世。

枝脉蕨？（未定多种）***Cladophlebis*? spp.**

1983 *Cladophlebis*? sp. 1，张志诚、熊宪政，57 页，图版 3，图 6；蕨叶；黑龙江东宁盆地；早白垩世东宁组。

1983 *Cladophlebis*? sp. 1，陈芬、杨关秀，132 页，图版 17，图 2；蕨叶；西藏狮泉河；早白垩世日松群上部。

2004 *Cladophlebis*? sp.，孙革、梅盛吴，图版 10，图 6，6a；蕨叶；中国西北地区潮水盆地、雅布赖盆地；早—中侏罗世。

？枝脉蕨（未定种）？***Cladophlebis* sp.**

1996 ?*Cladophlebis* sp.，米家榕等，100 页，图版 11，图 9；蕨叶；河北抚宁石门寨；早侏罗世北票组。

枝脉蕨（似里白？）（未定多种）***Cladophlebis* (*Gleichenites*?) spp.**

1976 *Cladophlebis* (*Gleichenites*?) sp.，李佩娟等，114 页，图版 29，图 3，4；蕨叶；云南禄丰一平浪；晚三叠世一平浪组干海子段。

1981 *Cladophlebis* (*Gleichenites*?) sp. 1,陈芬等,46 页,图版 2,图 1,2,5;蕨叶;辽宁阜新海州露天煤矿;早白垩世阜新组中间层和孙家湾层之间。

枝脉蕨(?拟紫萁)(未定种) *Cladophlebis* (?*Osmunopsis*) sp.

1980 *Cladophlebis* (?*Osmunopsis*) sp.,何德长、沈襄鹏,12 页,图版 3,图 4;蕨叶;湖南攸县炭山坡;晚三叠世安源组。

格子蕨属 Genus *Clathropteris* Brongniart,1828

1828 Brongniart,62 页。

1883 Schenk,250 页。

1963 斯行健、李星学等,85 页。

1993a 吴向午,66 页。

模式种:*Clathropteris meniscioides* Brongniart,1828

分类位置:真蕨纲蕨科(Dipteridaceae,Filicopsida)

新月蕨型格子蕨 *Clathropteris meniscioides* Brongniart,1828

1825 *Filicites meniscioides* Brongniart,200 页,图版 11,12;营养叶;瑞典斯堪尼亚(Scania);早侏罗世(Lias)(?)。

1828 Brongniart,62 页;营养蕨叶;瑞典斯堪尼亚;早侏罗世(Lias)(?)。

1920 Yabe,Hayasaka,图版 4,图 1;图版 5,图 2;蕨叶;江西萍乡炭山,江苏苏州洞庭西山;晚三叠世(Rhaetic)—侏罗纪。

1927a Halle,17 页,图版 5,图 6;蕨叶;四川会理白果湾真家洞;晚三叠世(Rhaetic)。

1931 斯行健,4 页,图版 1,图 3;蕨叶;江西萍乡;早侏罗世(Lias)。

1931 斯行健,33 页,图版 5,图 3;蕨叶;山东潍县坊子;早侏罗世(Lias)。

1943 Mathews,50 页;插图 1;蕨叶;北京西山碧云寺;晚三叠世(Keuper)—早侏罗世(Lias)门头沟群窑坡组。[注:此标本后被改定为 *Clathropteris pekingensis* Lee et Shen(斯行健、李星学等,1963)]

1949 斯行健,6 页,图版 1,图 5;图版 4,图 1;蕨叶;湖北秭归香溪,当阳奋子沟、曾家窑、崔家沟;早侏罗世香溪煤系。

1952 斯行健、李星学,3,22 页,图版 1,图 10;蕨叶;四川巴县一品场;早侏罗世。

1954 徐仁,51 页,图版 44,图 1,2;蕨叶;云南广通一平浪;晚三叠世。

1956 李星学,17 页,图版 5,图 4,5;蕨叶;湖北秭归香溪;早侏罗世香溪煤系。

1956 敖振宽,20 页,图版 2,图 5;图版 3,图 2;蕨叶;广东广州小坪;晚三叠世小坪煤系。

1958 汪龙文等,594 页,图 594;蕨叶;中国西南地区;晚三叠世—早侏罗世。

1962 李星学等,152 页,图版 94,图 1;生殖蕨叶;长江流域;晚三叠世—早侏罗世。

1963 周惠琴,171 页,图版 72,图 3,4;蕨叶;广州花都区华岭、佛山高明;晚三叠世。

1963 李佩娟,125 页,图版 59,图 2;蕨叶;湖北秭归香溪;早侏罗世。

1963 斯行健、李星学等,85 页,图版 26,图 5;图版 27,图 4;蕨叶;江西萍乡;晚三叠世晚期—早侏罗世;山东潍县;早—中侏罗世坊子群;湖北秭归,四川巴县一品场;早侏罗世香溪群;四川会理白果湾,贵州;晚三叠世—早侏罗世。

1964　李星学等，125页，图版79，图4；图版80，图1，2；蕨叶；华南；晚三叠世—早侏罗世。

1964　李佩娟，108页，图版2，图1—4；裸羽片、实羽片和原位孢子；四川广元须家河杨家崖；晚三叠世须家河组。

1965　曹正尧，516页，图版3，图5；蕨叶；广东高明松柏坑；晚三叠世小坪组。

1968　《湘赣地区中生代含煤地层化石手册》，42页，图版4，图2；图版5，图1，1a；插图9；蕨叶；湘赣地区；晚三叠世—早侏罗世。

1974　胡雨帆等，图版1，图4；图版2，图2b；蕨叶；四川雅安观化煤矿；晚三叠世。

1974a 李佩娟等，356页，图版189，图2，3，6，7；裸羽片；四川广元须家河、合川炭坝；晚三叠世须家河组。

1976　李佩娟等，108页，图版19，图4；蕨叶；云南禄丰渔坝村；晚三叠世一平浪组舍资段；云南洱源温盏；晚三叠世白基阻组。

1977　冯少南等，211页，图版79，图4；蕨叶；广东乐昌小水；晚三叠世小坪组。

1978　杨贤河，485页，图版168，图1；蕨叶；四川渡口宝鼎；晚三叠世大荞地组。

1978　张吉惠，478页，图版161，图7；蕨叶；贵州纳雍臭煤冲；晚三叠世。

1978　周统顺，101页，图版18，图7，7a，8；营养羽片和生殖羽片；福建漳平大坑；晚三叠世文宾山组；福建上杭矶头；晚三叠世大坑组。

1979　何元良等，136页，图版61，图3；蕨叶；青海杂多治穷弄巴；晚三叠世结扎群上部。

1979　徐仁等，22页，图版20，图7；图版21—25；图版26，图1—6；图版27，图1；蕨叶；四川宝鼎龙树湾、沐浴湾；晚三叠世大荞地组中上部；四川渡口太平场；晚三叠世大箐组下部。

1980　何德长、沈襄鹏，11页，图版1，图2；图版16，图1；蕨叶；湖南资兴三都同日垅沟；晚三叠世安源组；湖南宜章长策心田门；早侏罗世造上组。

1982　段淑英、陈晔，497页，图版9，图9—11；蕨叶；四川合川炭坝；晚三叠世须家河组。

1982　李佩娟、吴向午，44页，图版10，图1；蕨叶；四川德格玉隆区严仁普；晚三叠世喇嘛垭组。

1982　王国平等，246页，图版110，图4；蕨叶；江西余江老屋里；晚三叠世安源组。

1982a 吴向午，52页，图版5，图6；蕨叶；西藏安多土门；晚三叠世土门格拉组。

1982b 吴向午，84页，图版8，图1—2a，3A；图版9，图2C；图版17，图4B；图版20，图1B；蕨叶；西藏贡觉夺盖拉煤点，察雅巴贡一带、昌都希雄煤点；晚三叠世巴贡组上段。

1982　杨贤河，469页，图版7，图1—4；蕨叶；四川威远葫芦口；晚三叠世须家河组。

1982　张采繁，525页，图版336，图5；蕨叶；湖南浏阳文家市、资兴三都、怀化泸阳；晚三叠世—早侏罗世。

1983　鞠魁祥等，123页，图版2，图8；蕨叶；江苏南京龙潭范家塘；晚三叠世范家塘组。

1984　陈公信，576页，图版233，图5；图版235，图4；蕨叶；湖北蒲圻鸡公山；晚三叠世鸡公山组；湖北远安曾家坡；早侏罗世桐竹园组。

1984　周志炎，9页，图版2，图11，12；蕨叶；湖南祁阳河埠塘、观音滩，零陵黄阳司王家亭子，兰山圆竹；早侏罗世观音滩组中下部；广西西湾；早侏罗世西湾组大岭段。

1986　陈晔等，图版4，图3；蕨叶；四川理塘；晚三叠世拉纳山组。

1986　叶美娜等，27页，图版14，图3；图版15，图2；蕨叶；四川开县温泉；晚三叠世须家河组7段。

1987　孟繁松，242页，图版26，图3；蕨叶；湖北远安茅坪九里岗；晚三叠世九里岗组。

1988　陈楚震等，图版6，图1；蕨叶；江苏南京龙潭范家塘；晚三叠世范家塘组。

1989　梅美棠等，83页，图版38，图4；蕨叶；中国；晚三叠世—早侏罗世。

1989 周志炎,138 页,图版 3,图 7;裸羽片;湖南衡阳杉桥;晚三叠世杨柏冲组。

1990 吴向午、何元良,296 页,图版 3,图 4(?),5,6;蕨叶;青海玉树上拉秀、杂多结扎格玛克;晚三叠世结扎群格玛组。

1991 黄其胜、齐悦,图版 2,图 6;蕨叶;浙江兰溪马涧;早—中侏罗世马涧组下段。

1993 王士俊,9 页,图版 2,图 4,5;蕨叶;广东乐昌关春、曲江红卫坑;晚三叠世艮口群。

1993a 吴向午,66 页。

1995a 李星学(主编),图版 78,图 2;蕨叶;云南洱源温盏;晚三叠世白基阻组。(中文)

1995b 李星学(主编),图版 78,图 2;蕨叶;云南洱源温盏;晚三叠世白基阻组。(英文)

1996 孙跃武等,12 页,图版 1,图 3,8,17;裸羽片和实羽片;河北承德干沟子;早侏罗世南大岭组。

1997 孟繁松、陈大友,图版 1,图 9,10;蕨叶;四川云阳南溪;中侏罗世自流井组东岳庙段。

1999b 吴舜卿,17 页,图版 7,图 2,2a;图版 8,图 3,4;营养叶和生殖叶;四川会理鹿厂;晚三叠世白果湾组;重庆合川沥濞峡;晚三叠世须家河组。

2003 孟繁松等,图版 2,图 9,10;营养羽片;重庆云阳水市口;早侏罗世自流井组东岳庙段。

新月蕨型格子蕨(比较种) *Clathropteris* cf. *meniscioides* Brongniart

1987 张武、郑少林,图版 4,图 2,3,10;蕨叶;辽宁朝阳石门沟;晚三叠世石门沟组。

△新月蕨型格子蕨较小异型 *Clathropteris meniscioides* Brongniart f. *minor* Wu et He,1990

1990 吴向午、何元良,297 页,图版 4,图 4;图版 7,图 1,2;插图 3;蕨叶;青海玉树下拉秀高涌、治多根涌曲-查日曲剖面;晚三叠世结扎群格玛组。

△拱脉格子蕨 *Clathropteris arcuata* Feng,1977

1977 冯少南等,210 页,图版 79,图 2;蕨叶;标本号:P25233;正模:P25233(图版 79,图 2);标本保存在湖北地质科学研究所;湖北远安铁炉湾;晚三叠世香溪群下煤组。

1984 陈公信,576 页,图版 232,图 1;蕨叶;湖北远安铁炉湾;晚三叠世九里岗组。

雅致格子蕨 *Clathropteris elegans* (Ôishi) Ôishi,1940

1932 *Clathropteris meniscides* var. *elegans* Ôishi,289 页,图版 11,图 8;图版 12,图 3,4;图版 13,图 1,2;图版 15,图 1;蕨叶;日本成羽(Nariwa);晚三叠世(Nariwa Series)。

1940 Ôishi,213 页;蕨叶;日本成羽(Nariwa);晚三叠世(Nariwa Series)。

1980 吴水波等,图版 1,图 5;图版 2,图 8;蕨叶;吉林汪清托盘沟;晚三叠世。

1980 张武等,245 页,图版 127,图 2;蕨叶;辽宁凌源双庙;早侏罗世郭家店组。

1981 孙革,463 页,图版 3,图 12—14;插图 3;蕨叶;吉林汪清天桥岭;晚三叠世马鹿沟组。

1984 周志炎,10 页,图版 2,图 13,13a;图版 3,图 1—3;蕨叶;湖南零陵黄阳司王家亭子;早侏罗世观音滩组中下(?)部。

1986 吴舜卿、周汉忠,638 页,图版 1,图 9—10a;图版 2,图 1,3,5—8;蕨叶;新疆吐鲁番盆地西北缘托克逊克尔碱地区;早侏罗世八道湾组。

1992 孙革、赵衍华,528 页,图版 226,图 3,5;图版 227,图 4—6;蕨叶;吉林汪清鹿圈子村北山;晚三叠世马鹿沟组。

1993 孙革,65 页,图版 10,图 2—4;图版 11,图 1—3;蕨叶;吉林汪清鹿圈子村北山、天桥岭;晚三叠世马鹿沟组。

1995a 李星学(主编),图版 82,图 3;蕨叶;湖南零陵黄阳司;早侏罗世观音滩组中下(?)部。(中文)

1995b 李星学(主编),图版 82,图 3;蕨叶;湖南零陵黄阳司;早侏罗世观音滩组中下(?)部。(英文)

1996 米家榕等,93 页,图版 7,图 7,10;蕨叶;河北抚宁石门寨;早侏罗世北票组。

1998 张泓等,图版 21,图 2;图版 22,图 1;营养叶;新疆乌恰康苏;中侏罗世杨叶组。

雅致格子蕨(比较种) *Clathropteris* cf. *elegans* (Ôishi) Ôishi

1987 何德长,75 页,图版 2,图 9;蕨叶;浙江云和梅源砻铺村;早侏罗世晚期砻铺组 7 层。

蒙古盖格子蕨 *Clathropteris mongugaica* Srebrodolskaya, 1961

1961 Srebrodolskaya,146 页,图版 16,图 1—3;蕨叶;南滨海;晚三叠世。

1974a 李佩娟等,356 页,图版 189,图 4,5;蕨叶;四川彭县磁峰场;晚三叠世须家河组;四川会理白果湾;晚三叠世白果湾组;云南祥云蚂蝗阱;晚三叠世祥云组。

1976 李佩娟等,109 页,图版 18,图 7—8a;图版 19,图 6,6a;图版 20,图 4;图版 21,图 2—5;蕨叶;云南祥云蚂蝗阱;晚三叠世祥云组花果山段;云南禄丰一平浪;晚三叠世一平浪组干海子段。

1977 冯少南等,211 页,图版 79,图 5,6;蕨叶;广东乐昌关春;晚三叠世小坪组;湖北兴山耿家河;晚三叠世香溪群下煤组。

1978 杨贤河,485 页,图版 166,图 1;蕨叶;四川彭县磁峰场;晚三叠世须家河组。

1980 吴舜卿等,76 页,图版 3,图 1,2;蕨叶;湖北兴山耿家河;晚三叠世沙镇溪组。

1982 杨贤河,469 页,图版 5,图 8—10;图版 8,图 4;蕨叶;四川冕宁解放桥;晚三叠世白果湾组;四川威远葫芦口;晚三叠世须家河组。

1984 陈公信,576 页,图版 235,图 5;蕨叶;湖北兴山耿家河;晚三叠世沙镇溪组。

1986 陈晔等,40 页,图版 4,图 4,4a;蕨叶;四川理塘;晚三叠世拉纳山组。

1986 叶美娜等,28 页,图版 17,图 2;蕨叶;四川达县斌郎;晚三叠世须家河组 7 段。

1987 陈晔等,96 页,图版 8,图 4;蕨叶;四川盐边箐河;晚三叠世红果组。

1989 梅美棠等,84 页,图版 40,图 2;蕨叶;中国;晚三叠世。

1993 王士俊,10 页,图版 3,图 1;蕨叶;广东乐昌安口;晚三叠世艮口群。

蒙古盖格子蕨(比较种) *Clathropteris* cf. *mongugaica* Srebrodolskaya

1982 李佩娟、吴向午,44 页,图版 13,图 1A;蕨叶;四川乡城三区上热坞村;晚三叠世喇嘛垭组。

1982b 吴向午,85 页,图版 8,图 7;蕨叶;西藏察雅巴贡一带;晚三叠世巴贡组上段。

1999b 吴舜卿,18 页,图版 9,图 1,1a,4;生殖叶;四川彭县磁峰场;晚三叠世须家河组。

倒卵形格子蕨 *Clathropteris obovata* Ôishi, 1932

1932 Ôishi,219 页,图版 12,图 2;图版 14,图 1;蕨叶;日本成羽(Nariwa);晚三叠世(Nariwa Series)。

1976 李佩娟等,109 页,图版 19,图 5;蕨叶;云南禄丰一平浪;晚三叠世一平浪组干海子段。

1977 冯少南等,211 页,图版 79,图 1;蕨叶;湖北秭归;早—中侏罗世香溪群上煤组。

1980 吴舜卿等,94 页,图版 11,图 1,2;裸羽片;湖北秭归香溪、兴山大峡口;早—中侏罗世香溪组。

1980 张武等,246 页,图版 126,图 4,5;图版 127,图 1;蕨叶;辽宁凌源双庙;早侏罗世郭家店组;吉林扎鲁特旗西沙拉;早侏罗世红旗组。

1982　段淑英、陈晔,497 页,图版 4,图 8;蕨叶;四川宣汉七里峡;晚三叠世须家河组。
1982　杨贤河,470 页,图版 5,图 11;蕨叶;四川威远葫芦口;晚三叠世须家河组。
1982b 杨学林、孙礼文,30 页,图版 3,图 3;蕨叶;大兴安岭东南部扎鲁特旗西沙拉;早侏罗世红旗组。
1984　陈公信,576 页,图版 234,图 3;蕨叶;湖北秭归香溪、兴山大峡口;早侏罗世香溪组。
1984　王自强,245 页,图版 126,图 1—6;蕨叶;河北承德;早侏罗世甲山组。
1985　李佩娟,148 页,图版 17,图 2,3;图版 18,图 3;蕨叶碎片;新疆温宿西琼台兰冰川;早侏罗世。
1985　杨学林、孙礼文,102 页,图版 1,图 14;蕨叶;大兴安岭南部扎鲁特旗西沙拉;早侏罗世红旗组。
1986　叶美娜等,28 页,图版 19,图 5;蕨叶;四川达县铁山金窝;早侏罗世珍珠冲组。
1989　辽宁省地质矿产局,图版 9,图 4;蕨叶;辽宁凌源双庙;中侏罗世海房沟组。
1996　米家榕等,94 页,图版 6,图 8;图版 8,图 9;蕨叶;河北抚宁石门寨;早侏罗世北票组。
1998　张泓等,图版 22,图 2;营养叶;新疆乌恰康苏;中侏罗世杨叶组。
1999b 吴舜卿,18 页,图版 6,图 3;图版 7,图 1;蕨叶;四川万源庙沟;晚三叠世须家河组。

倒卵形格子蕨(比较种) *Clathropteris* cf. *obovata* Ôishi

1999　商平等,图版 1,图 3;蕨叶;新疆吐哈盆地;中侏罗世西山窑组。
2003　邓胜徽等,图版 66,图 2;蕨叶;新疆哈密三道岭煤矿;中侏罗世西山窑组。

△北京格子蕨 *Clathropteris pekingensis* Lee et Shen,1963

1963　李星学、沈光隆,见斯行健、李星学等,86 页,图版 27,图 3;图版 28,图 3;图版 29,图 5;蕨叶;北京西山碧云寺、大台矿区;早侏罗世下窑坡组;内蒙古土木路;早—中侏罗世。(注:原文未指定模式标本)
1982　王国平等,246 页,图版 113,图 1;蕨叶;浙江临安化龙;早—中侏罗世。
1984　陈芬等,41 页,图版 11,图 1—4,5(?);蕨叶;北京西山大台;早侏罗世下窑坡组;北京西山千军台;中侏罗世龙门组。
1984　王自强,246 页,图版 136,图 1—3;蕨叶;北京西山;早—中侏罗世下窑坡组。
1987　段淑英,23 页,图版 4,图 5,5a;蕨叶;北京西山斋堂;中侏罗世。
1987a 钱丽君等,79 页,图版 19,图 1,5;图版 22,图 4;蕨叶;陕西神木西沟;中侏罗世延安组 1 段。
1990　郑少林、张武,218 页,图版 2,图 4—6;蕨叶;辽宁本溪田师傅;中侏罗世大堡组。
1991　北京市地质矿产局,图版 14,图 1;蕨叶;北京西山大台;早侏罗世下窑坡组。
1998　张泓等,图版 21,图 1;营养叶;陕西神木;中侏罗世延安组底部。
2003　袁效奇等,图版 16,图 1,2;生殖羽片;内蒙古达拉特旗高头窑柳沟;中侏罗世直罗组。

阔叶格子蕨 *Clathropteris platyphylla* (Goeppert) Schenk,1865—1867

1846　*Camptopteris platyphylla* Goeppert,120 页,图版 18,19;蕨叶;德国;早侏罗世(Lias)。
1865—1867　Schenk,81 页,图版 16,图 2—9;蕨叶;德国格伦察赫(Grenzsch);早侏罗世(Lias)。
1902—1903　Zeiller,299 页,图版 56,图 4;蕨叶;云南太平场;晚三叠世。[注:此标本后被改定为 *Clathropteris meniscioides* Brongniart(斯行健、李星学等,1963)]

1968 《湘赣地区中生代含煤地层化石手册》,43 页,图版 6,图 1;蕨叶;湘赣地区;晚三叠世—早侏罗世。

1974a 李佩娟等,357 页,图版 189,图 1;蕨叶;四川广元须家河、彭县磁峰场;晚三叠世须家河组。

1976 李佩娟等,110 页,图版 19,图 1—3;图版 20,图 1—3;图版 21,图 1;图版 22,图 3;蕨叶;云南祥云蚂蝗阱;晚三叠世祥云组花果山段;云南禄丰一平浪;晚三叠世一平浪组干海子段。

1977 冯少南等,211 页,图版 79,图 1;蕨叶;广东北部;晚三叠世小坪组;湖北秭归;早—中侏罗世香溪群上煤组。

1978 周统顺,102 页,图版 19,图 1;蕨叶;福建武平龙井;晚三叠世大坑组上段。

1982 王国平等,246 页,图版 112,图 1;蕨叶;福建漳平大坑;晚三叠世大坑组。

1982b 吴向午,85 页,图版 9,图 4;蕨叶;西藏贡觉夺盖拉煤点;晚三叠世巴贡组上段。

1982 张采繁,525 页,图版 338,图 3,5;蕨叶;湖南宜章长策下坪;早侏罗世唐垅组。

1983 段淑英等,图版 12,图 6;蕨叶;云南宁蒗背箩山;晚三叠世。

1984 陈公信,577 页,图版 235,图 3;蕨叶;湖北蒲圻苦竹桥;晚三叠世鸡公山组;湖北荆门分水岭;晚三叠世九里岗组;湖北大冶金山店;早侏罗世武昌组;湖北秭归香溪;早侏罗世香溪组。

1984 顾道源,141 页,图版 67,图 10;蕨叶;新疆乌恰康苏;中侏罗世杨叶组。

1986a 陈其奭,448 页,图版 1,图 12,13;蕨叶;浙江衢县茶园里;晚三叠世茶园里组。

1986b 陈其奭,9 页,图版 1,图 6;蕨叶;浙江义乌乌灶;晚三叠世乌灶组。

1986 陈晔等,40 页,图版 5,图 1;蕨叶;四川理塘;晚三叠世拉纳山组。

1986 叶美娜等,29 页,图版 14,图 2;图版 15,图 1,1a,3,3a;图版 17,图 6;蕨叶;四川开县温泉、达县斌郎;晚三叠世须家河组。

1987 陈晔等,97 页,图版 8,图 5,6;图版 9,图 1,2;营养叶和生殖叶;四川盐边箐河;晚三叠世红果组。

1987 何德长,80 页,图版 13,图 6;图版 14,图 7;图版 16,图 6;蕨叶;湖北蒲圻苦竹桥;晚三叠世鸡公山组。

1988b 黄其胜、卢宗盛,图版 9,图 3;蕨叶;湖北大冶金山店;早侏罗世武昌组上部。

1989 梅美棠等,84 页,图版 40,图 3;蕨叶;中国;晚三叠世。

1993 王士俊,9 页,图版 2,图 8,9;蕨叶;广东乐昌安口、关春;晚三叠世艮口群。

1995a 李星学(主编),图版 74,图 2,3;蕨叶;云南禄丰一平浪;晚三叠世一平浪组。(中文)

1995b 李星学(主编),图版 74,图 2,3;蕨叶;云南禄丰一平浪;晚三叠世一平浪组。(英文)

1996 黄其胜等,图版 2,图 10;蕨叶;四川开县温泉;早侏罗世珍珠冲组上部 1 层。

1997 孟繁松、陈大友,图版 1,图 13;蕨叶;重庆云阳南溪;中侏罗世自流井组东岳庙段。

1999b 吴舜卿,17 页,图版 6,图 1,2,2a;图版 7,图 3,4;图版 8,图 1;实羽片和裸羽片;四川旺苍金溪、立溪岩,万源石冠寺,彭县磁峰场;晚三叠世须家河组。

2001 黄其胜,图版 2,图 1;蕨叶;四川宣汉七里峡;早侏罗世珍珠冲组上部。

2003 孟繁松等,图版 2,图 11—13;营养羽片;重庆云阳水市口;早侏罗世自流井组东岳庙段。

阔叶格子蕨(比较种) *Clathropteris* cf. *platyphylla* (Goeppert) Nathorst

1990 吴向午、何元良,298 页,图版 5,图 4;蕨叶;青海玉树下拉秀高涌;晚三叠世结扎群格玛组。

△多角格子蕨 *Clathropteris polygona* Chow et Wu,1968

1968 周志炎、吴舜卿,见《湘赣地区中生代含煤地层化石手册》,43 页,图版 5,图 2;蕨叶;湖南浏阳澄潭江;晚三叠世安源组三坵田下段。

1977 冯少南等,212 页,图版 79,图 8;蕨叶;湖南浏阳澄潭江;晚三叠世安源组。

1978 杨贤河,485 页,图版 168,图 3;蕨叶;四川渡口太平场;晚三叠世大箐组。

1982 张采繁,525 页,图版 357,图 1;蕨叶;湖南浏阳澄潭江;晚三叠世。

1987 陈晔等,97 页,图版 10,图 1;营养叶;四川盐边箐河;晚三叠世红果组。

△极小格子蕨 *Clathropteris pusilla* Mi,Sun C,Sun Y,Cui,Ai et al.,1996(中文发表)

1996 米家榕、孙春林、孙跃武、崔尚森、艾永亮等,94 页,图版 8,图 7;插图 4;蕨叶;登记号:HF2217;标本保存在长春地质学院地史古生物教研室;河北抚宁石门寨;早侏罗世北票组。

△密脉格子蕨 *Clathropteris tenuinervis* Wu,1976

1976 吴舜卿,见李佩娟等,110 页,图版 22,图 4—6,7B;图版 24;图版 7;登记号:PB5286—PB5289,PB5302;正模:PB5289(图版 22,图 7B);裸羽片和实羽片;标本保存在中国科学院南京地质古生物研究所;云南祥云蚂蝗阱;晚三叠世祥云组花果山段。

1978 张吉惠,478 页,图版 161,图 7;蕨叶;贵州纳雍臭煤冲;晚三叠世。

1982a 吴向午,52 页,图版 5,图 1,1a;图版 6,图 3;图版 7,图 3;蕨叶;西藏巴青村穷堂;晚三叠世土门格拉组。

1983 段淑英等,图版 8,图 5;蕨叶;云南宁蒗背箩山;晚三叠世。

1986 叶美娜等,29 页,图版 13,图 1;蕨叶;四川宣汉大路沟煤矿;晚三叠世须家河组 7 段。

密脉格子蕨(比较种) *Clathropteris* cf. *tenuinervis* Wu

1990 吴向午、何元良,298 页,图版 6,图 1,1a;蕨叶;青海玉树下拉秀高涌、治多根涌曲-查日曲剖面;晚三叠世结扎群格玛组。

密脉格子蕨(比较属种) *Clathropteris* cf. *C. tenuinervis* Wu

1993 王士俊,10 页,图版 2,图 3;蕨叶;广东乐昌关春;晚三叠世艮口群。

△镇巴格子蕨 *Clathropteris zhenbaensis* Liu,1982

1982 刘子进,124 页,图版 64,图 2;蕨叶;标本号:P024;陕西镇巴长滩河;晚三叠世须家河组。

格子蕨(未定多种) *Clathropteris* spp.

1883 *Clathropteris* sp.,Schenk,250 页,图版 51,图 1;蕨叶;内蒙古察哈尔右翼后旗土木路;侏罗纪。[注:此标本后被改定为 *Clathropteris pekingensis* Lee et Shen(斯行健、李星学等,1963)]

1884 *Clathropteris* sp.,Schenk,170(8)页,图版 14(2),图 6a;蕨叶;四川广元;晚三叠世晚期—早侏罗世。

1906 *Clathropteris* sp.,Yokoyama,16 页,图版 2,图 3;蕨叶;云南宣威水塘铺;三叠纪。

1953b *Clathropteris* sp.,Takahashi,532 页;插图 1;蕨叶;山东坊子煤田;侏罗纪。

1963 *Clathropteris* sp.,斯行健、李星学等,87 页,图版 52,图 7;蕨叶;四川广元;晚三叠世晚期—早侏罗世。

1976 *Clathropteris* sp.(sp. nov.),李佩娟等,111 页,图版 22,图 1—2a;蕨叶;云南禄丰渔坝村、一平浪;晚三叠世一平浪组干海子段。

1980 *Clathropteris* sp. 1,吴舜卿等,94 页,图版 11,图 4;裸羽片;湖北兴山大峡口;早—中侏罗世香溪组。

1980 *Clathropteris* sp. 2,吴舜卿等,94 页,图版 9,图 7;裸羽片;湖北兴山大峡口;早—中侏罗世香溪组。

1982 *Clathropteris* sp.(sp. nov.?),李佩娟、吴向午,44 页,图版 12,图 1A,1a;蕨叶;四川稻城贡岭区木拉乡坎都村;晚三叠世喇嘛垭组。

1982 *Clathropteris* sp.,李佩娟、吴向午,45 页,图版 17,图 1;蕨叶;四川德格玉隆区严仁普;晚三叠世喇嘛垭组。

1984 *Clathropteris* sp. [Cf. *C. Platyphylla* (Goeppert) Brongniart],周志炎,10 页,图版 3,图 4—6;蕨叶;湖南祁阳河埠塘;早侏罗世观音滩组排家冲段、搭坝口段。

1986 *Clathropteris* sp.,鞠魁祥、蓝善先,图版 2,图 1;蕨叶;江苏南京吕家山;晚三叠世范家塘组。

1987 *Clathropteris* sp.,陈晔等,98 页,图版 9,图 3,3a;营养叶;四川盐边箐河;晚三叠世红果组。

1987 *Clathropteris* sp.,何德长,75 页,图版 4,图 3;蕨叶;浙江云和梅源砻铺村;早侏罗世晚期砻铺组 7 层。

1987 *Clathropteris* sp.,何德长,85 页,图版 18,图 3;蕨叶;福建安溪格口;早侏罗世梨山组。

1987 *Clathropteris* sp.,胡雨帆、顾道源,224 页,图版 4,图 2,2a;蕨叶;新疆库车;晚三叠世塔里奇克组。

1992 *Clathropteris* sp.,孙革、赵衍华,528 页,图版 227,图 2;蕨叶;吉林临江闹枝街;早侏罗世义和组。

1993 *Clathropteris* sp.,米家榕等,89 页,图版 8,图 5,5a;蕨叶;吉林汪清天桥岭;晚三叠世马鹿沟组。

1993a *Clathropteris* sp.,吴向午,66 页。

1996 *Clathropteris* sp.,米家榕等,95 页,图版 8,图 2;蕨叶;辽宁北票冠山二井;早侏罗世北票组下段。

格子蕨?(未定多种) *Clathropteris*? spp.

1979 *Clathropteris*? sp.,顾道源、胡雨帆,图版 2,图 1;蕨叶;新疆克拉玛依(库车)克拉苏河;晚三叠世塔里奇克组。

1984 *Clathropteris*? sp.,王自强,246 页,图版 140,图 4;蕨叶;河北下花园;中侏罗世门头沟组。

锥叶蕨属 Genus *Coniopteris* Brongniart,1849

1849 Brongniart,105 页。

1906 Yokoyama,24,26 页。

1963 斯行健、李星学等,74 页。

1993a 吴向午,67 页。

模式种:*Coniopteris murrayana* Brongniart,1849

分类位置:真蕨纲蚌壳蕨科(Dicksoniaceae,Filicopsida)

默氏锥叶蕨 *Coniopteris murrayana* Brongniart,1849

1835(1828—1838) Brongniart,358 页,图版 126,图 1—4;裸羽片;英国约克郡;中侏罗世。

1849 Brongniart,105 页。

1977 陈公信,见冯少南等,213 页,图版 75,图 4,5;蕨叶;广西扶绥那全;中侏罗世。

1982 段淑英、陈晔,496 页,图版 4,图 3;营养羽片和生殖羽片;四川云阳南溪;早侏罗世珍珠冲组。

1987 孟繁松,241 页,图版 33,图 1;图版 36,图 2,3;蕨叶;湖北秭归泄滩、香溪;早侏罗世香溪组。

1988 李佩娟等,53 页,图版 22,图 2A,2a,3A,4A;图版 23,图 3A,3a;图版 28,图 1,1a;图版 29,图 1,1a;裸羽片和实羽片;青海大柴旦大煤沟;中侏罗世饮马沟组 *Coniopteris murrayana* 层、*Eboracia* 层和大煤沟组 *Tyrmia-Sphenobaiera* 层。

1993 吴向午,67 页。

1995 王鑫,图版 1,图 9;蕨叶;陕西铜川;中侏罗世延安组。

1997 孟繁松、陈大友,图版 1,图 5,6;裸羽片;重庆云阳南溪;中侏罗世自流井组东岳庙段。

1998 张泓等,图版 13,图 3;图版 14,图 1;蕨叶;新疆乌恰康苏;中侏罗世杨叶组。

2002 孟繁松等,图版 3,图 1—3;图版 6,图 4;蕨叶;湖北秭归香溪、郭家坝;早侏罗世香溪组。

2003 孟繁松等,图版 3,图 5,6;图版 4,图 9;营养羽片;重庆云阳水市口;早侏罗世自流井组东岳庙段。

默氏? 锥叶蕨 *Coniopteris*? *murrayana* (Brongniart) Brongniart

1984 王自强,242 页,图版 142,图 8;蕨叶;河北涿鹿;中侏罗世玉带山组。

默氏锥叶蕨(比较种) *Coniopteris* cf. *murrayana* (Brongniart) Brongniart

1980 吴舜卿等,92 页,图版 6,图 8—10;图版 7,图 5—7;图版 10,图 8,9;图版 11,图 5—8;裸羽片;湖北秭归香溪,兴山回龙寺、大峡口;早—中侏罗世香溪组。

1984 陈公信,578 页,图版 236,图 1,2;裸羽片和实羽片;湖北秭归香溪,兴山回龙寺、大峡口;早侏罗世香溪组。

窄裂锥叶蕨 *Coniopteris angustiloba* Brick,1933

1933 Brick,6 页,图版 2,图 9a,9b,10;蕨叶;费尔干纳;早侏罗世。

2001 孙革等,73,183 页,图版 9,图 3—5;图版 40,图 1—4;营养叶和生殖叶;辽宁北票上园;晚侏罗世尖山沟组。

2004 邓胜徽等,209,214 页,图版 1,图 3;营养羽片;内蒙古阿拉善右旗雅布赖盆地红柳沟剖面;中侏罗世新河组。

2004 王五力等,229 页,图版 28,图 5—9;营养叶和生殖叶;辽宁义县头道河子;晚侏罗世义县组砖城子层;辽宁北票上园黄半吉沟;晚侏罗世义县组尖山层。

北极锥叶蕨 *Coniopteris arctica* (Prynada) Samylina,1963

1938 *Sphenopteris arctica* Prynada,24 页,图版 2,图 8;蕨叶;苏联东北部;早白垩世。

1963 Samylina,70 页,图版 2,图 2－7;图版 3,图 5a;蕨叶;阿尔丹河;早白垩世。

1980 张武等,240 页,图版 156,图 1,2;蕨叶;黑龙江鸡东哈达;早白垩世穆棱组;黑龙江勃利青龙山;早白垩世城子河组。

1981 陈芬等,45 页,图版 1,图 4;蕨叶;辽宁阜新海州露天煤矿;早白垩世阜新组太平层或中间层(?)。

1982b 郑少林、张武,297 页,图版 4,图 8－10;蕨叶;黑龙江鸡西滴道暖泉;晚侏罗世滴道组;黑龙江虎林永红;晚侏罗世云山组。

1991 张川波等,图版 1,图 4;蕨叶;吉林九台六台;早白垩世大羊草沟组。

2001 邓胜徽、陈芬,78,200 页,图版 20,图 1－7;蕨叶和生殖羽片;内蒙古霍林河盆地;早白垩世霍林河组;内蒙古海拉尔;早白垩世大磨拐河组、伊敏组;辽宁阜新盆地;早白垩世阜新组;辽宁铁法盆地;早白垩世小明安碑组;黑龙江鸡西盆地;早白垩世城子河组;黑龙江龙爪沟地区;早白垩世云山组;黑龙江三江盆地;早白垩世城子河组。

北极锥叶蕨(比较种) *Coniopteris* cf. *arctica* (Prynada) Samylina

1995b 邓胜徽,22 页,图版 11,图 1－3;蕨叶和生殖羽片;内蒙古霍林河盆地;早白垩世霍林河组。

△北京锥叶蕨 *Coniopteris beijingensis* Chen et Dou,1984

1984 陈芬、窦亚伟,见陈芬等,36,119 页,图版 9,图 1－8;图版 10,图 8－11;裸羽片和实羽片;采集号:DDK1,DDK2,ZCY(L),MY-2,MQ-14;登记号:BM009,BM010,BM064－BM073;合模 1－8:BM064－BM071(图版 9,图 1－8);标本保存在武汉地质学院北京研究生部;北京西山大台、大安山;早侏罗世下窑坡组。[注:依据《国际植物命名法规》(《维也纳法规》)第 37.2 条,1958 年起,模式标本只能是 1 块标本]

北京锥叶蕨(比较种) *Coniopteris* cf. *beijingensis* Chen et Dou

1995 王鑫,图版 2,图 8;蕨叶;陕西铜川;中侏罗世延安组。

△北票锥叶蕨 *Coniopteris beipiaoensis* Cao et Shang,1990

1990 曹正尧、商平,45 页,图版 4,图 1,2;图版 5,图 1;蕨叶;登记号:PB14703,PB14704;正模:PB14703(图版 4,图 1);标本保存在中国科学院南京地质古生物研究所;辽宁北票长皋蛇不歹;中侏罗世蓝旗组。

美丽锥叶蕨 *Coniopteris bella* Harris,1961

1961 Harris,149 页;插图 51A－51D,52;裸羽片和实羽片;英国约克郡;中侏罗世。

1980 张武等,240 页,图版 120,图 3－6;裸羽片和实羽片;辽宁凌源双庙;早侏罗世郭家店组。

1986 段淑英等,图版 2,图 2,3;蕨叶;鄂尔多斯盆地南缘;中侏罗世延安组。

1996 米家榕等,88 页,图版 6,图 6,7,9,10,13,14,16,24;蕨叶;辽宁北票三宝、乍甲、海房沟;中侏罗世海房沟组。

1998 张泓等,图版 16,图 3－6;营养叶和生殖叶;甘肃兰州窑街煤田;中侏罗世窑街组上部。

2002 吴向午等,153 页,图版 4,图 3;图版 5,图 1;图版 8,图 1;营养叶和生殖叶;甘肃张掖白乱山;早一中侏罗世潮水群。

2003 邓胜徽等,图版 65,图 3;蕨叶;新疆准噶尔盆地郝家沟剖面;中侏罗世西山窑组。

2003 许坤等,图版7,图3;蕨叶;辽宁北票海房沟;中侏罗世海房沟组。

2005 孙柏年等,29页,图版17,图1;蕨叶;甘肃窑街;中侏罗世窑街组含煤岩段、泥岩段、砂泥岩段。

美丽锥叶蕨(比较种) *Coniopteris* cf. *bella* Harris

1986 李蔚荣等,图版1,图11;蕨叶;黑龙江密山裴德过关山;中侏罗世裴德组。

1987 张武、郑少林,图版4,图6,7;蕨叶;辽宁朝阳良图沟拉马沟;中侏罗世海房沟组。

美丽锥叶蕨(比较属种) *Coniopteris* cf. *C. bella* Harris

1986 叶美娜等,31页,图版11,图5,5a;裸羽片和实羽片;四川达县斌郎;早侏罗世珍珠冲组。

双齿锥叶蕨 *Coniopteris bicrenata* Samylina,1964

1964 Samylina,57页,图版6,图4a,5,6a;蕨叶;科雷马河流域;早白垩世。

1993 黑龙江省地质矿产局,图版11,图7b;蕨叶;黑龙江省;晚侏罗世滴道组。

1995a 李星学(主编),图版99,图2,3;蕨叶;黑龙江鹤岗;早白垩世石头河子组。(中文)

1995b 李星学(主编),图版99,图2,3;蕨叶;黑龙江鹤岗;早白垩世石头河子组。(英文)

布列亚锥叶蕨 *Coniopteris burejensis* (Zalessky) Seward,1912

1904 *Dicksonia burejensis* Zalessky,181页,图版3,图1,4;图版4,图1,5;蕨叶;黑龙江布列亚盆地;晚侏罗世。

1912 Seward,6页,图版1,图1—5;图版3,图18—21;蕨叶;黑龙江布列亚盆地;晚侏罗世。

1928 Yabe,Ôishi,8页,图版2,图11;蕨叶;山东潍县坊子煤田;侏罗纪。

1931 斯行健,37页;裸羽片和实羽片;北京门头沟;早侏罗世(Lias)。[注:此标本后被改定为 *Coniopteris szeiana* Chow et Yeh(斯行健、李星学等,1963)]

1938 Ôishi,Takahasi,59页,图版5(1),图3—3b,4;裸羽片和实羽片;黑龙江密山滴道河子;中侏罗世或晚侏罗世穆棱系。

1950 Ôishi,49页,蕨叶;中国东北地区;晚侏罗世;湖北;早侏罗世。

1954 徐仁,49页,图版43,图8,9;营养叶和生殖叶;吉林穆陵滴道;晚侏罗世(?)。

1959 斯行健,3,20页,图版1,图1—11;蕨叶;青海大柴旦鱼卡;侏罗纪。

1960b 斯行健,27页,图版2,图1—4;裸羽片;甘肃玉门旱峡煤矿;早(Lias)—中侏罗世(Dogger)。

1963 李星学等,133页,图版107,图1—4;蕨叶和生殖羽片;中国西北地区;早—晚侏罗世(?)。

1963 斯行健、李星学等,74页,图版23,图6,6a;图版24,图1—3;蕨叶和生殖羽片;北京斋堂;中侏罗世门头沟群;山东潍县坊子;中侏罗世坊子群;青海鱼卡,甘肃玉门,黑龙江鸡西滴道;中[早(?)]—晚侏罗世。

1977 冯少南等,213页,图版75,图1,2;蕨叶;河南渑池;早—中侏罗世;湖北南漳吴集;中侏罗世吴集群;湖北当阳三里岗;早—中侏罗世香溪群上煤组。

1978 杨贤河,481页,图版188,图8;蕨叶;四川江油厚坝;早侏罗世白田坝组。

1979 何元良等,137页,图版67,图3—5a;蕨叶;青海大柴旦鱼卡;中侏罗世大煤沟组。

1980 陈芬等,427页,图版2,图4,6;蕨叶;北京西山;早侏罗世上窑坡组,中侏罗世龙门组;河北涿鹿下花园;中侏罗世玉带山组。

1980 张武等,240页,图版120,图7;图版121,图4;图版155,图3;裸羽片和实羽片;辽宁凌源双庙；早侏罗世郭家店组；辽宁北票；中侏罗世海房沟组；辽宁阜新；早白垩世阜新组；辽宁昌图；早白垩世沙河子组；黑龙江鸡西鹤岗；早白垩世城子河组。

1982　陈芬、杨关秀，576 页，图版 1，图 4；蕨叶；北京西山岗上；早白垩世坨里群芦尚坟组。

1982a　杨学林、孙礼文，588 页，图版 1，图 6；蕨叶；松辽盆地东南部营城；晚侏罗世沙河子组。

1982b　郑少林、张武，297 页，图版 4，图 11；图版 5，图 1；蕨叶；黑龙江鸡西滴道暖泉；晚侏罗世滴道组。

1983b　曹正尧，32 页，图版 4，图 4－9；营养羽片和生殖羽片；黑龙江虎林永红；晚侏罗世云山组。

1983　李杰儒，图版 1，图 15，16；蕨叶；辽宁锦西后富隆山；中侏罗世海房沟组 1 段。

1984　陈公信，578 页，图版 235，图 6；图版 236，图 5；蕨叶；湖北当阳三里岗；早侏罗世桐竹园组；湖北蒲圻车埠；早侏罗世武昌组。

1984a　曹正尧，6 页，图版 1，图 4B；图版 3，图 3B；图版 5，图 4，5，9，9a；营养羽片和生殖羽片；黑龙江密山新村、裴德；中侏罗世裴德组；黑龙江密山金沙；早白垩世城子河组。

1984　顾道源，140 页，图版 66，图 8；图版 72，图 4；图版 74，图 6；裸羽片；新疆玛纳斯玛纳斯河；中侏罗世西山窑组；新疆库车苏维依；中侏罗世克孜勒努尔组。

1986　段淑英等，图版 2，图 1；蕨叶；鄂尔多斯盆地南缘；中侏罗世延安组。

1986　李蔚荣等，图版 1，图 6；蕨叶；黑龙江密山裴德过关山；中侏罗世裴德组。

1988　李佩娟等，52 页，图版 24，图 1A，2A；图版 43，图 3A；图版 46，图 1；图版 51，图 1，1a，2B；裸羽片和实羽片；青海大柴旦大煤沟；中侏罗世大煤沟组 *Tyrmia*-*Sphenobaiera* 层；青海德令哈柏树山；中侏罗世石门沟组 *Nilssonia* 层。

1988　孙革、商平，图版 1，图 3，4；图版 2，图 3；蕨叶；内蒙古霍林河煤田；早白垩世霍林河组。

1991　赵立明、陶君容，图版 1，图 9；裸羽片；内蒙古赤峰平庄；早白垩世杏园组。

1992a　曹正尧，图版 1，图 6－9；营养羽片和生殖羽片；黑龙江东部绥滨-双鸭山地区；早白垩世城子河组 1 段、2 段。

1992　黄其胜、卢宗盛，图版 2，图 5，5a；营养叶和生殖叶；陕西横山无定河；中侏罗世延安组。

1992　孙革、赵衍华，526 页，图版 221，图 5，6；图版 222，图 3，5，6；蕨叶；吉林双阳二道梁子；晚侏罗世安民组；吉林九台营城子煤矿；早白垩世营城子组；吉林蛟河煤矿；早白垩世奶子山组。

1993　胡书生、梅美棠，图版 1，图 8；羽片；吉林辽源西安煤矿；早白垩世长安组下含煤段。

1994　曹正尧，图 4d；蕨叶；黑龙江集贤；早白垩世早期城子河组。

1994　高瑞祺等，图版 14，图 8；蕨叶；吉林昌图；早白垩世沙河子组。

1995　王鑫，图版 2，图 5；蕨叶；陕西铜川；中侏罗世延安组。

1995　曾勇等，50 页，图版 6，图 5；蕨叶；河南义马；中侏罗世义马组。

1996　米家榕等，88 页，图版 6，图 21；蕨叶；辽宁北票三宝；中侏罗世海房沟组。

1998　黄其胜等，图版 1，图 11；蕨叶；江西上饶清水缪源村；早侏罗世林山组 5 段。

1998　廖卓庭、吴国干（主编），图版 13，图 1，2，7，8；蕨叶；新疆巴里坤三塘湖煤矿；中侏罗世头屯河组。

1998　张泓等，图版 12，图 9；图版 15，图 4；图版 18，图 1，2；裸羽片；新疆乌恰康苏；中侏罗世杨叶组；宁夏平罗汝箕沟；中侏罗世汝箕沟组。

1999a　吴舜卿，12 页，图版 3，图 2－5；蕨叶；辽宁北票上园黄半吉沟；晚侏罗世义县组下部尖山沟层。

2001　孙革等，73，184 页，图版 11，图 2；图版 15，图 7；图版 22，图 6（?）；图版 43，图 10（?）；图

版 68,图 1,2;营养叶和生殖叶;辽宁北票上园;晚侏罗世尖山沟组。

2002 吴向午等,153 页,图版 4,图 4;图版 5,图 2;图版 6,图 2;图版 7,图 3—5;图版 9,图 1,2;蕨叶;甘肃民勤唐家沟,内蒙古阿拉善右旗芨芨沟;中侏罗世宁远堡组下段;甘肃金昌青土井;中侏罗世宁远堡组上段。

2003 邓胜徽等,图版 67,图 4;蕨叶;新疆哈密三道岭煤矿;中侏罗世西山窑组。

2003 孟繁松等,图版 2,图 1,2;营养羽片;重庆云阳水市口;早侏罗世自流井组东岳庙段。

2003 许坤等,图版 5,图 10,13,14;蕨叶;黑龙江密山裴德煤矿;中侏罗世七虎林组。

2003 许坤等,图版 7,图 10;蕨叶;辽宁北票三宝;中侏罗世海房沟组。

2003 许坤等,图版 8,图 1;蕨叶;辽宁西部;中侏罗世蓝旗组。

2003 杨小菊,564 页,图版 1,图 7—11;营养蕨叶和生殖蕨叶;黑龙江鸡西盆地;早白垩世穆棱组。

2005 苗雨雁,522 页,图版 1,图 7,7a;营养羽片;新疆准噶尔盆地白杨河地区;中侏罗世西山窑组。

布列亚锥叶蕨(比较种) *Coniopteris* cf. *burejensis* (Zalessky) Seward

1990 曹正尧、商平,图版 2,图 5;蕨叶;辽宁北票长皋蛇不歹;中侏罗世蓝旗组。

1997 孟繁松、陈大友,图版 1,图 4;裸羽片;重庆云阳南溪;中侏罗世自流井组东岳庙段。

2004 邓胜徽等,210,214 页,图版 1,图 5;营养羽片;内蒙古阿拉善右旗雅布赖盆地红柳沟剖面;中侏罗世新河组。

布列亚锥叶蕨(比较属种) Cf. *Coniopteris burejensis* (Zalessky) Seward

1999 曹正尧,48 页,图版 8,图 1,1a;蕨叶;浙江永嘉章当;早白垩世磨石山组 C 段。

△常氏锥叶蕨 *Coniopteris changii* Cao et Shang,1990

1990 曹正尧、商平,46 页,图版 4,图 3—6;图版 6,图 6;图版 10,图 1;裸羽片和实羽片;登记号:PB14705—PB14708;正模:PB14706(图版 4,图 4);标本保存在中国科学院南京地质古生物研究所;辽宁北票长皋蛇不歹;中侏罗世蓝旗组。

△陈垸锥叶蕨 *Coniopteris chenyuanensis* Meng,1987

1987 孟繁松,241 页,图版 25,图 3,3a;图版 29,图 2;实羽片;采集号:X-81-P-1;登记号:P82136,P82135(合模);标本保存在宜昌地质矿产研究所;湖北当阳陈垸;早侏罗世香溪组。[注:依据《国际植物命名法规》《维也纳法规》第 37.2 条,1958 年起,模式标本只能是 1 块标本]

△雅致锥叶蕨 *Coniopteris concinna* (Heer) Chen,Li et Ren,1990

1876 *Dicksonia concinna* Heer,87 页,图版 16,图 1—7;裸羽片和实羽片;西伯利亚,黑龙江流域;侏罗纪—早白垩世。

1990 陈芬、李承森、任安勤,132 页,图版 1—6;营养蕨叶、带囊群的生殖羽片、囊群和原位孢子;辽宁,内蒙古;侏罗纪—早白垩世。

1995b 邓胜徽,23 页,图版 7,图 9A;图版 12,图 7;图版 14,图 1A,1B;图版 15,图 6A;蕨叶和生殖羽片;内蒙古霍林河盆地;早白垩世霍林河组。

1995 李承森、崔金钟,49—51 页(包括图);带囊群的生殖羽片、囊群和原位孢子;辽宁,内蒙古;侏罗纪—早白垩世。

1997 邓胜徽等,31 页,图版 13,图 5—11;图版 14,图 2—9;图版 15,图 12B;蕨叶、生殖羽片、囊群及孢子;内蒙古扎赉诺尔、海拉尔大雁盆地;早白垩世伊敏组;内蒙古伊敏、大雁盆地、拉布达林盆地、五九盆地；早白垩世大磨拐河组。

2001 邓胜徽、陈芬，79，200 页，图版 22，图 1－9；图版 23，图 1－6；图版 24，图 1－8；插图 10；蕨叶和生殖羽片；内蒙古五九盆地、海拉尔盆地；早白垩世大磨拐河组；内蒙古霍林河盆地；早白垩世霍林河组；内蒙古平庄-元宝山盆地；早白垩世元宝山组；辽宁铁法盆地；早白垩世小明安碑组。

2002 邓胜徽，图版 2，图 1；蕨叶；中国东北地区；早白垩世。

△密脉锥叶蕨 *Coniopteris densivenata* Deng，1995

1995b 邓胜徽，23，110 页，图版 10，图 1－3；图版 11，图 6，7；图版 12，图 2－6；插图 7；营养叶和生殖叶；标本号：H14-055，H17-021，H17-072，H17-133，H17-156，H17-160－H17-163，H17-444；标本保存在石油勘探开发科学研究院；内蒙古霍林河盆地；早白垩世霍林河组。（注：原文未指定模式标本）

1997 邓胜徽等，32 页，图版 12，图 2－4；羽片；内蒙古海拉尔大雁盆地；早白垩世大磨拐河组。

2001 邓胜徽、陈芬，80，201 页，图版 20，图 8；图版 21，图 1－7；插图 11；蕨叶和生殖羽片；内蒙古霍林河盆地；早白垩世霍林河组；内蒙古海拉尔；早白垩世大磨拐河组、伊敏组；吉林营城；早白垩世沙河子组、营城组；黑龙江龙爪沟地区；早白垩世云山组；黑龙江三江盆地；早白垩世城子河组。

结普锥叶蕨 *Coniopteris depensis* Lebedev E，1965

1965 Lebedev E，64 页，图版 1，图 1，6－10；图版 2，图 1；插图 13，14；蕨叶；黑龙江流域结雅河；晚侏罗世。

1980 张武等，241 页，图版 156，图 4，4a；蕨叶；吉林梨树孟家屯；早白垩世沙河子组；黑龙江鸡西、鹤岗；早白垩世城子河组。

1982b 杨学林、孙礼文，46 页，图版 16，图 1－6，6a；蕨叶；大兴安岭东南部万宝兴安堡；中侏罗世万宝组。

1985 杨学林、孙礼文，105 页，图版 3，图 2，11；蕨叶；大兴安岭东南部万宝兴安堡；中侏罗世万宝组。

△度佳锥叶蕨 *Coniopteris dujiaensis* Yang，1987

1987 杨贤河，7 页，图版 2，图 8，9；蕨叶；登记号：Sp319，Sp320；四川荣县度佳；中侏罗世下沙溪庙组。（注：原文未指定模式标本）

△雅致锥叶蕨 *Coniopteris elegans* Chen，1982

1982 陈其奭，见王国平等，243 页，图版 111，图 4，5；蕨叶；标本号：Zmf-植-0172；正模：Zmf-植-0172（图版 111，图 4）；浙江建德；中侏罗世渔山尖组。

△叶氏锥叶蕨 *Coniopteris ermolaevii*（Vassilevskaja）Meng et Chen，1988

1963 *Scleropteris ermolaevii* Vassilevskaja，图版 22，图 1；蕨叶；勒拿河下游；早白垩世。

1967 *Scleropteris ermolaevii* Vassilevskaja，71 页，图版 7，图 1－3；图版 8，图 3；插图 7；蕨叶；勒拿河下游；早白垩世。

1988 孟祥营、陈芬，见陈芬等，36，145 页，图版 6，图 9；图版 7，图 1－7；图版 8，图 1－5；图版 65，图 2，3；营养蕨叶和生殖蕨叶；辽宁阜新海州矿；早白垩世阜新组中段；辽宁铁法；早白垩世小明安碑组上含煤段、下含煤段。

1992　邓胜徽,图版1,图5—9;营养羽片和生殖羽片;辽宁铁法;早白垩世小明安碑组。

1995　邓胜徽、姚立军,图版1,图6;孢子囊;中国东北地区;早白垩世。

1995a　李星学(主编),图版100,图1—4;营养羽片和生殖羽片;辽宁铁法盆地;早白垩世小明安碑组。(中文)

1995b　李星学(主编),图版100,图1—4;营养羽片和生殖羽片;辽宁铁法盆地;早白垩世小明安碑组。(英文)

2001　邓胜徽、陈芬,82,201页,图版25,图1A,2,3,4A;图版26,图1—8;图版27,图1—9;插图12;蕨叶和生殖羽片;辽宁铁法盆地;早白垩世小明安碑组;辽宁阜新盆地;早白垩世阜新组;吉林辽源盆地;早白垩世辽源组;吉林营城;早白垩世营城组。

△菲顿锥叶蕨 *Coniopteris fittonii* (Seward) Zheng et Zhang,1989

1894　*Sphenopteris fittonii* Seward,107页,图版6,图2;图版7,图1;插图10,11;蕨叶;英国坦布里奇韦尔斯(Tunbridge Wells);早白垩世(Wealden)。

1989　郑少林、张武,29页,图版1,图4—8;插图1;裸羽片和实羽片;辽宁新宾南杂木朝阳屯;早白垩世聂尔库组。

1996　郑少林、张武,图版1,图7;实羽片和裸羽片;吉林九台营城煤田;早白垩世沙河子组。

△阜新锥叶蕨 *Coniopteris fuxinensis* Zhang,1987

1987　张志诚,377页,图版3,图1—3,5;蕨叶;登记号:SG12019—SG12023;标本保存在沈阳地质矿产研究所;辽宁阜新海州矿;早白垩世阜新组。(注:原文未指定模式标本)

△甘肃锥叶蕨 *Coniopteris gansuensis* Cao et Zhang,1996(中文和英文发表)

1996　曹正尧、张亚玲,242,245页,图版1,图1a—1e;图版2,图1a—1c,2—6;图版3,图1—5;营养叶和生殖叶;登记号:PB17056—PB17059;标本保存在中国科学院南京地质古生物研究所;甘肃张掖;中侏罗世青土井组下段。(注:原文未指定模式标本)

△高家田锥叶蕨 *Coniopteris gaojiatianensis* Zhang,1977

1977　张采繁,见冯少南等,213页,图版76,图1—3;插图78;裸羽片和实羽片;标本号:P10009,P10013,P10014;合模:P10009,P10013,P10014(图版76,图1—3);标本保存在湖南省地质局;湖南醴陵高家田;早侏罗世高家田组。[注:依据《国际植物命名法规》(《维也纳法规》)第37.2条,1958年起,模式标本只能是1块标本]

1980　何德长、沈襄鹏,10页,图版15,图2,2a,6,6a,7,8;图版20,图3;营养羽片和生殖羽片;湖南浏阳文家市、资兴三都宝源河;早侏罗世造上组、门口山组;湖南祁阳黄泥塘、衡南洲市;早侏罗世。

1982　张采繁,524页,图版335,图5—7;图版338,图8;图版342,图6,7;蕨叶;湖南醴陵高家店,浏阳文家市、跃龙,资兴三都,祁阳黄泥塘,道县七里岗,东安南镇,长沙岳麓山,宁乡道林,茶陵洪山庙,鄱县寨上,零陵冯家冲;早侏罗世。

1984　周志炎,14页,图版5,图1—4;实羽片和裸羽片;湖南祁阳河埠塘;早侏罗世观音滩组搭坝口段;湖南浏阳文家市;早侏罗世高家田组(石康组)。

1986　张采繁,192页,图版2,图3,6;图版4,图3,3a,8;插图2;裸羽片和实羽片;湖南浏阳跃龙、醴陵高家店;早侏罗世高家田组。

1988　黄其胜,图版2,图8;蕨叶;湖北大冶金山店;早侏罗世武昌组中部。

1988b　黄其胜、卢宗盛,图版10,图8,12;实羽片和裸羽片;湖北大冶金山店;早侏罗世武昌组中部、上部。

1995a 李星学(主编),图版 82,图 9;裸羽片;湖南浏阳文家市;早侏罗世石康组。(中文)
1995b 李星学(主编),图版 82,图 9;裸羽片;湖南浏阳文家市;早侏罗世石康组。(英文)
1998 黄其胜等,图版 1,图 19;蕨叶;江西上饶清水缪源村;早侏罗世林山组 2 段。
2003 邓胜徽等,图版 64,图 8;蕨叶;新疆准噶尔盆地郝家沟剖面;早侏罗世八道湾组。

高家田? 锥叶蕨 *Coniopteris*? *gaojiatianensis* Zhang

1984 王自强,242 页,图版 122,图 12－15;图版 123,图 1－4;蕨叶;山西怀仁;早侏罗世永定庄组;河北承德;早侏罗世甲山组。

海尔锥叶蕨 *Coniopteris heeriana* (Yokoyama) Yabe,1905

1889 *Adiantites heeriana* Yokoyama,28 页,图版 12,图 1－1b,2;日本(Kuwasima,Istkawa);晚侏罗世(Tetori Series)。
1905 Yabe,27 页,图版 2,图 8;图版 3,图 9,14;蕨叶;朝鲜;侏罗纪。
1940 Ôishi,209 页;日本(Kuwasima,Istkawa);晚侏罗世。
1950 Ôishi,49 页;蕨叶;辽宁昌图沙河子,吉林九台火石岭;晚侏罗世。

△和什托洛盖? 锥叶蕨 *Coniopteris*? *hoxtolgayensis* Zhang,1998(中文发表)

1998 张泓等,272 页,图版 15,图 1－3,6,7;蕨叶;采集号:HD-90;登记号:MP-92042－MP-92044;标本保存在煤炭科学研究总院西安分院;新疆和布克赛尔和什托洛盖;早侏罗世三工河组。(注:原文未指定模式标本)

△黄家铺? 锥叶蕨 *Coniopteris*? *hunangjiabaoensis* Wang X F,1984

1984 王喜富,299 页,图版 178,图 1,2;蕨叶;登记号:HB-74,HB-75;河北万全黄家铺;早白垩世青石砬组。(注:原文未指定模式标本)

△霍林河锥叶蕨 *Coniopteris huolinhensis* Deng,1991

1991 邓胜徽,151,154 页,图版 1,图 3－7;营养叶和生殖叶;标本号:H1002－H1004;标本保存在中国地质大学(北京);内蒙古霍林河盆地;早白垩世霍林河组下含煤段。(注:原文未指定模式标本)
1995b 邓胜徽,25 页,图版 8,图 3－11;图版 9,图 1－6;插图 8;营养叶和生殖叶;内蒙古霍林河盆地;早白垩世霍林河组。
2001 邓胜徽、陈芬,83,202 页,图版 28,图 1－6;图版 29,图 1－5;图版 30,图 1－13;插图 13;蕨叶和生殖羽片;内蒙古霍林河盆地;早白垩世霍林河组。

膜蕨型锥叶蕨 *Coniopteris hymenophylloides* (Brongniart) Seward,1900

1829(1828－1838) *Sphenopteris hymenophylloides* Brongniart,189 页,图版 56,图 4;营养羽片;英国约克郡;中侏罗世。
1900 Seward,99 页,图版 16,图 4－6;图版 17,图 3,6－8;图版 20,图 1,2;图版 21,图 1－4;蕨叶;西欧;侏罗纪。
1906 Yokoyama,24,26 页,图版 6,图 3;图版 7,图 1－5;蕨叶;山东潍县坊子;河北宣化老东仓鸡鸣山北;侏罗纪。
1911 Seward,10,38 页,图版 1,图 11－15;图版 6,图 67,68;蕨叶;新疆准噶尔盆地佳木河、库布克河;中侏罗世。
1925 Teilhard de Chardin,Fritel,532 页;蕨叶;辽宁朝阳;侏罗纪。
1925 Teilhard de Chardin,Fritel,537 页,图版 23,图 3a;蕨叶;陕西榆林油坊头;侏罗纪。

1928 Yabe,Ôishi,6 页,图版 1,图 5;图版 2,图 1—10;蕨叶;山东潍县坊子煤田;侏罗纪。[注:图版 2,图 6,8,9 标本后被改定为 *Coniopteris tatungensis* Sze(斯行健、李星学等,1963)]

1929b Yabe,Ôishi,103 页,图版 21,图 1,2,2a;蕨叶;山东潍县坊子煤田;侏罗纪。

1931 Gothan 斯行健,33 页,图版 1,图 1;蕨叶;新疆西部;侏罗纪。

1931 斯行健,34 页,图版 5,图 1;蕨叶;山东潍县坊子;早侏罗世(Lias)。

1933a 斯行健,69 页,图版 8,图 4—6;蕨叶;甘肃武威小石门沟口、下大窪、大口、南达坂,红水三眼井;早侏罗世。

1933b 斯行健,78 页,图版 11,图 1—3;蕨叶;陕西府谷石盘湾;侏罗纪。

1933d 斯行健,11,27 页,图版 1,图 1—11;营养羽片和生殖羽片;山西大同、忻州静乐;内蒙古萨拉齐;早侏罗世。

1933 Yabe,Ôishi,210(16)页,图版 30(1),图 13,13a,16—18;图版 31(2),图 6;图版 33(4),图 1,7;蕨叶;辽宁凤城赛马集平顶山、田师傅平台子,昌图沙河子;吉林火石岭、长春陶家屯;中—晚侏罗世。

1936 潘钟祥,14 页,图版 4,图 8—10;蕨叶;陕西横山冷窑子;侏罗纪瓦窑堡煤系上部。

1938 Ôishi,Takahasi,58 页,图版 5(1),图 1,1a,2;蕨叶;黑龙江穆棱梨树;中侏罗世或晚侏罗世穆棱系。

1941 Stockmans,Mathieu,35 页,图版 1,图 1—7a;蕨叶;山西大同;侏罗纪。[注:图版 1,图 2,3,6 标本后被改定为 *Coniopteris tatungensis* Sze(斯行健、李星学等,1963)]

1949 斯行健,7 页,图版 13,图 3—7;图版 14,图 4,5;蕨叶;湖北秭归香溪贾家店,当阳大峡口、马头洒、奋子沟、曾家窑;早侏罗世香溪煤系。

1950 Ôishi,48 页;蕨叶;辽宁昌图沙河子;吉林火石岭;北京,江苏,山东,陕西,内蒙古;侏罗世。

1952 斯行健,184 页,图版 1,图 2,3;蕨叶;内蒙古呼伦贝尔盟扎赉诺尔煤田、嘎查煤田;侏罗纪。

1954 徐仁,49 页,图版 43,图 1—7;营养叶和生殖叶;北京斋堂,山西大同;中侏罗世或早侏罗世上部。[注:图版 43,图 1 标本后被改定为 *Coniopteris burejensis* (Zalessky) Seward;图版 43,图 2,3,5,6 标本被改定为 *Coniopteris tatungensis* Sze(斯行健、李星学等,1963)]

1955 李星学,35 页,图版 2,图 1—3;营养叶;山西大同云岗马村北;中侏罗世云岗统上部。

1956 李星学,19 页,图版 6,图 1;蕨叶;甘肃华亭;早侏罗世华亭煤系;图版 6,图 2,2a;实羽片;山西大同;早—中侏罗世大同煤系。[注:图版 6,图 2,2a 标本后被改定为 ?*Coniopteris burejensis* (Zalessky) Seward(斯行健、李星学等,1963)]

1956b 斯行健,图版 3,图 3a,4;蕨叶;新疆准噶尔盆地克拉玛依;早侏罗世(Lias)—中侏罗世(Dogger)。

1958 汪龙文等,608 页,图 609;蕨叶;华北地区,东北地区,西北地区,华中湖北;早—中侏罗世。

1959 斯行健,5,22 页,图版 2,图 3,4;蕨叶;青海大柴旦鱼卡、柴达木红柳沟;侏罗纪。

1960b 斯行健,28 页,图版 2,图 5,6;裸羽片;甘肃玉门旱峡煤矿;早侏罗世(Lias)—中侏罗世(Dogger)。

1962 李星学等,150 页,图版 93,图 5;蕨叶和实羽片;长江流域;早—晚侏罗世。

1963 李星学等,135 页,图版 108,图 8,9;图版 110,图 1;蕨叶和生殖羽片;中国西北地区;侏罗纪。

1963　李佩娟，128页，图版57，图1－3；蕨叶；华北地区，东北地区，西北新疆，华中湖北，西南四川；早—中侏罗世或晚侏罗世。

1963　斯行健、李星学等，75页，图版24，图6；图版46，图3，3a；蕨叶和实羽片；湖北秭归；早—中侏罗世香溪群；陕西北部；中侏罗世延安群、直罗群；内蒙古大青山；早侏罗世五当沟群；甘肃华亭；早侏罗世华亭群；甘肃兰州；中侏罗世阿干镇群；山西大同；中侏罗世大同群、云岗组；北京西山；中侏罗世门头沟群；山东潍县坊子；中侏罗世坊子群；青海大柴旦鱼卡、柴达木红柳沟；中侏罗世红柳沟群；新疆准噶尔，辽宁西部，江苏江都；早—中侏罗世；黑龙江穆棱梨树；晚侏罗世。

1968　《湘赣地区中生代含煤地层化石手册》，39页，图版34，图4－11；裸羽片和实羽片；湘赣地区；早—中侏罗世。

1976　张志诚，186页，图版88，图1－3；图版89，图1，2；图版91，图1；图版119，图2，3；插图104；裸羽片和实羽片；内蒙古包头石拐沟、东胜；山西大同贾家沟、店湾，左云马道头；中侏罗世召沟组、大同组。

1976　周惠琴等，207页，图版108，图10－12；蕨叶；内蒙古准格尔旗五字湾；早侏罗世富县组；中侏罗世延安组、直罗组（？）。

1977　冯少南等，213页，图版76，图4，5；蕨叶；湖北当阳三里岗、桐竹园，秭归；早—中侏罗世香溪群上煤组。

1978　杨贤河，482页，图版187，图7；图版188，图1a，5e；蕨叶；四川广元白田坝；早侏罗世白田坝组；四川达县铁山；早—中侏罗世自流井组。

1978　周统顺，100页，图版29，图4；图版30，图1，2；营养羽片和生殖羽片；福建漳平大瑶、西园；早侏罗世梨山组。

1979　何元良等，138页，图版60，图6；图版61，图6，6a；图版63，图1；蕨叶；青海大柴旦绿草山、乌兰怀头他拉欧龙布鲁克；中侏罗世大煤沟组；青海天峻江仓；早—中侏罗世木里群江仓组。

1980　陈芬等，427页，图版2，图4，6；裸羽片和实羽片；北京西山；早侏罗世下窑坡组、上窑坡组；河北涿鹿下花园；中侏罗世玉带山组。

1980　黄枝高、周惠琴，75页，图版49，图8－12；图版56，图2－4；图版57，图2；裸羽片和实羽片；陕西延安杨家崖；内蒙古准格尔旗五字湾；早侏罗世富县组；中侏罗世延安组、直罗组。

1980　张武等，241页，图版121，图1－3；图版124，图6，7；插图180；裸羽片和实羽片；辽宁宽甸；中侏罗世大堡组；辽宁北票；中侏罗世海房沟组。

1982　段淑英、陈晔，496页，图版3，图3，4；图版4，图1，2；营养羽片和生殖羽片；四川达县铁山、宣汉七里峡、云阳南溪；早侏罗世珍珠冲组。

1982　刘子进，122页，图版61，图6－8；裸羽片和实羽片；陕西，甘肃，宁夏；中侏罗世。

1982　王国平等，243页，图版110，图5，6；裸羽片和实羽片；福建漳平大坑；早侏罗世梨山组；江苏江宁周村；早—中侏罗世象山组；浙江马涧；早侏罗世马涧组。

1982b　杨学林、孙礼文，43页，图版14，图1－7；裸羽片和实羽片；大兴安岭东南部万宝煤矿、杜胜、黑顶山、裕民煤矿；中侏罗世万宝组。

1982b　郑少林、张武，297页，图版6，图5，5a；蕨叶；黑龙江虎林云山；中侏罗世裴德组。

1983　李杰儒，图版1，图8a，11－14；蕨叶；辽宁锦西后富隆山；中侏罗世海房沟组1段、3段。

1984　陈芬等，38页，图版8，图1－7；裸羽片和实羽片；北京西山；早侏罗世下窑坡组、上窑坡组,中侏罗世龙门组。

1984 陈公信,578页,图版236,图3,4;裸羽片和实羽片;湖北当阳三里岗、荆门海慧沟、秭归香溪、兴山回龙寺、大冶金山店;早侏罗世桐竹园组、香溪组、武昌组。

1984 顾道源,140页,图版66,图1,2;图版73,图5;蕨叶;新疆和什托洛盖白杨河;中侏罗世西山窑组。

1984 康明等,图版1,图6-8;蕨叶;河南济源杨树庄;中侏罗世杨树庄组。

1984 厉宝贤、胡斌,138页,图版1,图6-8a;图版2,图1,1a;营养羽片和生殖羽片;山西大同;早侏罗世永定庄组。

1984 王自强,242页,图版134,图6;图版135,图5-8;图版142,图7;蕨叶;山西大同;中侏罗世大同组;河北下花园,北京门头沟;中侏罗世门头沟组。

1985 福建省地质矿产局,图版3,图8;蕨叶;福建沙县高桥;早侏罗世梨山组。

1985 杨学林、孙礼文,103页,图版3,图13,14;裸羽片和实羽片;大兴安岭南部万宝、杜胜;中侏罗世万宝组。

1986 段淑英等,图版2,图5,6;蕨叶;鄂尔多斯盆地南缘;中侏罗世延安组。

1987 段淑英,23页,图版6,图2,3;插图10;蕨叶;北京西山斋堂;中侏罗世。

1987 何德长,78页,图版1,图1;图版2,图5;图版3,图4;蕨叶;浙江遂昌靖居口;中侏罗世毛弄组6层、7层。

1987 孟繁松,241页,图版27,图9;蕨叶;湖北秭归泄滩、当阳陈垸;早侏罗世香溪组。

1987a 钱丽君等,80页,图版15,图6a,7;图版16,图2,4;图版18,图2;图版20,图6;图版21,图2;图版27,图6;营养叶和生殖叶;陕西神木考考乌素沟、西沟、永兴沟;中侏罗世延安组1-4段。

1987 杨贤河,5页,图版1,图3-5;图版3,图1-11;裸羽片和实羽片;四川荣县度佳;中侏罗世下沙溪庙组。

1987 张武、郑少林,270页,图版1,图7;图版4,图8;图版6,图8;插图11;生殖叶和根茎;辽宁锦西后富隆山;中侏罗世海房沟组。

1988 李佩娟等,52页,图版23,图4,5;图版24,图1B;图版43,图3B;图版46,图1B,1aB;图版49,图4(?);图版50,图1;图版51,图2A,2a;裸羽片和实羽片;青海大柴旦大煤沟;中侏罗世大煤沟组 *Tyrmia-Sphenobaiera* 层。

1988 张汉荣等,图版1,图3,3a;蕨叶;河北蔚县;早侏罗世郑家窑组。

1989 辽宁省地质矿产局,图版9,图2;蕨叶;辽宁南票大红砬子西山;中侏罗世海房沟组。

1989 段淑英,图版2,图8;蕨叶;北京西山斋堂;中侏罗世门头沟煤系。

1989 梅美棠等,86页,图版41,图4,5;蕨叶;中国;早侏罗世—早白垩世(?)。

1990 郑少林、张武,218页,图版3,图3,6;蕨叶;辽宁本溪田师傅;中侏罗世大堡组。

1991 北京市地质矿产局,图版13,图7;蕨叶;北京大台;早侏罗世下窑坡组。

1991 黄其胜、齐悦,图版2,图4,5;营养叶和生殖叶;浙江兰溪马涧;早—中侏罗世马涧组下段。

1992 黄其胜、卢宗盛,图版2,图3;图版3,图1;蕨叶;陕西横山无定河、神木考考乌素沟;中侏罗世延安组。

1992 孙革、赵衍华,526页,图版221,图1,2,4,8;裸羽片和实羽片;吉林桦甸四合屯;早侏罗世(?);吉林双阳腾家街;早侏罗世板石顶子组。

1992 谢明忠、孙景嵩,图版1,图4,5;蕨叶;河北宣化;中侏罗世下花园组。

1993 黑龙江省地质矿产局,图版11,图3;蕨叶;黑龙江省;中侏罗世七虎林河组。

1993a 吴向午,67 页。
1994 萧宗正等,图版 14,图 7;蕨叶;北京门头沟观涧台;晚侏罗世髫髻山组。
1995 王鑫,图版 1,图 10;蕨叶;陕西铜川;中侏罗世延安组。
1995 曾勇等,50 页,图版 4,图 6;图版 5,图 1;图版 6,图 4;裸羽片和实羽片;河南义马;中侏罗世义马组。
1996 常江林、高强,图版 1,图 5,6;蕨叶;山西宁武滩泥沟;中侏罗世大同组。
1996 米家榕等,88 页,图版 6,图 4,11,12,18－20,22,25(?);营养羽片和生殖羽片;辽宁北票东升矿一井;早侏罗世北票组上段;辽宁北票海房沟;中侏罗世海房沟组;河北抚宁石门寨;早侏罗世北票组。
1997 孟繁松、陈大友,图版 1,图 7,8;裸羽片;重庆云阳南溪;中侏罗世自流井组东岳庙段。
1998 黄其胜等,图版 1,图 2;实羽片;江西上饶清水缪源村;早侏罗世林山组 3 段。
1998 廖卓庭、吴国干(主编),图版 12,图 8－10;蕨叶;新疆三塘湖巴里坤奎苏煤矿;中侏罗世西山窑组。
1998 张泓等,图版 11,图 1－3;图版 13,图 3;图版 17,图 4－6;裸羽片和实羽片;新疆拜城铁力克;中侏罗世克孜勒努尔组;新疆乌恰康苏;中侏罗世杨叶组;陕西延安西杏子河;中侏罗世延安组;甘肃兰州窑街;中侏罗世窑街组。
1999 商平等,图版 1,图 4;蕨叶;新疆吐哈盆地;中侏罗世西山窑组。
2002 王永栋,图版 6,图 4－6;营养羽片;湖北秭归香溪;早侏罗世香溪组。
2002 吴向午等,154 页,图版 6,图 1;图版 7,图 1,2;图版 8,图 2;营养叶和生殖叶;内蒙古阿拉善右旗芨芨沟;中侏罗世宁远堡组下段;甘肃金昌青土井;中侏罗世宁远堡组上段;甘肃张掖白乱山;早—中侏罗世潮水群。
2003 邓胜徽等,图版 68,图 3;蕨叶;新疆哈密三道岭煤矿;中侏罗世西山窑组。
2003 修申成等,图版 1,图 2;蕨叶;河南义马盆地;中侏罗世义马组。
2003 许坤等,图版 7,图 7;蕨叶;辽宁北票东升矿二井;早侏罗世北票组上段。
2003 袁效奇等,图版 15,图 1,2;蕨叶;陕西神木西沟;中侏罗世延安组。
2003 赵应成等,图版 10,图 6;蕨叶;内蒙古阿拉善右旗雅布赖盆地红柳沟剖面;中侏罗世新河组。
2004 邓胜徽等,209,214 页,图版 1,图 1,2;营养羽片;内蒙古阿拉善右旗雅布赖盆地红柳沟剖面;中侏罗世新河组。
2005 苗雨雁,522 页,图版 1,图 3－4a,8－11;图版 3,图 7,8;营养叶和生殖叶;新疆准噶尔盆地白杨河地区;中侏罗世西山窑组。
2005 孙柏年等,30 页,图版 15,图 1;蕨叶;甘肃兰州窑街;中侏罗世窑街组含煤岩段、泥岩段、油页岩段、砂泥岩段。

膜蕨型锥叶蕨(比较种) *Coniopteris* cf. *hymenophylloides* (Brongniart) Seward

1974b 李佩娟等,376 页,图版 200,图 1－3;蕨叶;四川广元白田坝;早侏罗世白田坝组。
1978 杨贤河,483 页,图版 190,图 1;蕨叶;四川广元白田坝;早侏罗世白田坝组。
1980 吴舜卿等,91 页,图版 9,图 6;裸羽片;湖北秭归香溪;早—中侏罗世香溪组。
1986 吴舜卿、周汉忠,640 页,图版 6,图 3－5;蕨叶;新疆吐鲁番盆地西北缘托克逊克尔碱地区;早侏罗世八道湾组。
1992 黄其胜、卢宗盛,图版 1,图 1,2;蕨叶;陕西横山无定河;早侏罗世富县组上部。

卡腊秋锥叶蕨 *Coniopteris karatiubensis* Brick,1935

1935 Brick,26 页,图版 9,图 1,2;蕨叶;费尔干纳;早—中侏罗世。

1980 张武等,241 页,图版 122,图 1,2;蕨叶;辽宁凌源双庙;早侏罗世郭家店组。

△宽甸锥叶蕨 *Coniopteris kuandianensis* Zheng,1980

1980 郑少林,见张武等,241 页,图版 122,图 3,4;裸羽片和实羽片;登记号:D125,D126;辽宁宽甸;中侏罗世大堡组。(注:原文未指定模式标本)

△兰州锥叶蕨 *Coniopteris lanzhouensis* Sun,1998(中文发表)

1998 孙柏年,见张泓等,271 页,图版 12,图 4—6;裸羽片和实羽片;登记号:LP-1432,LP-1433;正模:LP-1432(图版 12,图 4);标本保存在兰州大学地质系;甘肃兰州窑街;中侏罗世窑街组。

△长叶形锥叶蕨 *Coniopteris longipinnate* Deng,1992

1992 邓胜徽,10 页,图版 3,图 8—13;插图 1a—1c;营养羽片和生殖羽片;标本号:TXM132,TXM161;标本保存在中国地质大学(北京);辽宁铁法盆地;早白垩世小明安碑组。(注:原文未指定模式标本)

1997 邓胜徽等,32 页,图版 12,图 2—4;羽片;内蒙古扎赉诺尔;早白垩世伊敏组。

2001 邓胜徽、陈芬,84,203 页,图版 31,图 1—3;图版 32,图 1—7;图版 33,图 1—6;图版 34,图 1—12;插图 14;蕨叶和生殖羽片;辽宁铁法盆地;早白垩世小明安碑组;内蒙古海拉尔;早白垩世伊敏组。

△大囊锥叶蕨 *Coniopteris macrosorata* He,1988

1988 何元良,见李佩娟等,53 页;插图 17;实羽片;标本保存在中国科学院南京地质古生物研究所;青海大柴旦大煤沟;中侏罗世大煤沟组 *Tyrmia-Sphenobaiera* 层。

△壮观锥叶蕨 *Coniopteris magnifica* Meng,1984

1984 孟繁松,100,104 页,图版 1,图 1—4;图版 2,图 4;裸羽片和实羽片;登记号:P82113—P82116;正模:P82116(图版 1,图 4);湖北当阳三里岗、陈垸;早侏罗世香溪组。

1987 孟繁松,241 页,图版 25,图 1,2;图版 29,图 1;蕨叶;湖北当阳三里岗、陈垸;早侏罗世香溪组。

珍珠锥叶蕨 *Coniopteris margaretae* Harris,1961

1961 Harris,164 页;插图 58;生殖叶;英国约克郡;中侏罗世。

1998 张泓等,图版 12,图 7,8;实羽片;甘肃兰州窑街;中侏罗世窑街组。

△鳞盖蕨型锥叶蕨 *Coniopteris microlepioides* Zhou,1984

1984 周志炎,13 页,图版 4,图 8—14a;图版 5,图 5—7;实羽片和裸羽片;登记号:PB8830,PB8838—PB8843;正模:PB8838(图版 4,图 8);标本保存在中国科学院南京地质古生物研究所;湖南零陵黄阳司王家亭子、祁阳河埠塘;早侏罗世观音滩组中下部。

1995a 李星学(主编),图版 82,图 5;实羽片(?);湖南零陵黄阳司;早侏罗世观音滩组中(下?)部。(中文)

1995b 李星学(主编),图版 82,图 5;实羽片(?);湖南零陵黄阳司;早侏罗世观音滩组中(下?)部。(英文)

鳞盖蕨型锥叶蕨(比较种) *Coniopteris* cf. *microlepioides* Zhou

1988b 黄其胜、卢宗盛,图版 10,图 10;蕨叶;湖北大冶金山店;早侏罗世武昌组上部。

敏图尔锥叶蕨 *Coniopteris minturensis* Brick,1953

1953 Brick,31 页,图版 12,图 4—9;蕨叶;东费尔干纳;中侏罗世。

1980 张武等,242 页,图版 122,图 5—7;蕨叶;辽宁凌源刀子沟;早侏罗世郭家店组。

1982b 杨学林、孙礼文,45 页,图版 15,图 6,7;蕨叶;大兴安岭东南部万宝、杜胜;中侏罗世万宝组。

1985 杨学林、孙礼文,104 页,图版 3,图 16;蕨叶;大兴安岭南部万宝、杜胜;中侏罗世万宝组。

寝入锥叶蕨 *Coniopteris neiridaniensis* Kimura,1981

1981 Kimura,188 页,图版 30,图 2—7;插图 2a—2m;蕨叶;日本;早侏罗世。

1987 何德长,74 页,图版 1,图 4;图版 3,图 2;图版 4,图 2;图版 9,图 6;蕨叶;浙江云和梅源砻铺村;早侏罗世晚期砻铺组。

夹竹桃型锥叶蕨 *Coniopteris nerifolia* Genkina,1963

1961 Markvech,图版 16,图 1;南乌拉尔;中侏罗世。(裸名)

1963 Genkina,22 页,图版 6,图 1—8;蕨叶;南乌拉尔;中侏罗世。

1980 张武等,242 页,图版 156,图 5—7;营养叶和实羽片;黑龙江鸡东哈达;早白垩世城子河组。

1992 孙革、赵衍华,527 页,图版 222,图 2;蕨叶;吉林柳河亨通山;早白垩世亨通山组。

1995 郑少林、梁子华,7 页,图版 1,图 1—5;蕨叶;黑龙江密山鹿山;早白垩世城子河组

1996 米家榕等,89 页,图版 6,图 15,17,23;营养羽片;辽宁北票海房沟;中侏罗世海房沟组。

1998 张泓等,图版 15,图 5;图版 22,图 9;裸羽片;陕西延安西杏子河;中侏罗世延安组上部;青海大柴旦鱼卡;中侏罗世石门沟组。

夹竹桃型锥叶蕨(比较属种) *Coniopteris* cf. *C. nerifolia* Genkina

1986 叶美娜等,31 页,图版 10,图 3;裸羽片;四川达县铁山金窝;早侏罗世珍珠冲组。

△尼勒克锥叶蕨 *Coniopteris nilkaensis* Zhang,1998(中文发表)

1998 张泓等,272 页,图版 13,图 1;蕨叶;采集号:JL-C4;登记号:MP-92051;正模:MP-92051(图版 13,图 1);标本保存在煤炭科学研究总院西安分院;新疆尼勒克吉仁台;中侏罗世胡吉尔台组。

△稍亮锥叶蕨 *Coniopteris nitidula* Yokoyama,1906

1906 Yokoyama,35 页,图版 12,图 4,4a;蕨叶;四川昭化石罐子;侏罗纪。[注:此种后被改定为 *Sphenopteris nitidula* (Yokoyama) Ôishi (Ôishi,1940)]

蛹形锥叶蕨 *Coniopteris nympharum* (Heer) Vachrameev,1961

1876 *Adiantites nympharum* Heer,93 页,图版 17,图 5;蕨叶;黑龙江流域;晚侏罗世(?)。

1961 Vachrameev,Doligenko,53 页,图版 4,图 1,2;图版 5,图 1,2;蕨叶;黑龙江布列亚盆地;晚侏罗世。

1980 张武等,242 页,图版 156,图 3,3a;蕨叶;吉林梨树孟家屯;早白垩世沙河子组;黑龙江鸡东哈达;早白垩世城子河组。

1982b 郑少林、张武,298 页,图版 5,图 3,4;蕨叶;黑龙江鸡西滴道暖泉;晚侏罗世滴道组。

1994 高瑞祺等,图版 15,图 3;蕨叶;吉林梨树孟家屯;早白垩世沙河子组。

1995 曾勇等,51 页,图版 5,图 3;蕨叶;河南义马;中侏罗世义马组。

蛹形锥叶蕨(比较属种) Cf. *Coniopteris nympharum* (Heer) Vachrameev

1999 曹正尧,49 页,图版 3,图 7;图版 11,图 3,4,4a;蕨叶;浙江永嘉澄田;早白垩世磨石山组 C 段。

拟金粉蕨型锥叶蕨 *Coniopteris onychioides* Vasilevskaya et Kara-Mursa,1956

1956 Vasilevskaya,Kara-Mursa,38 页,图版 1—3;插图 1—5;蕨叶;勒拿河流域;早白垩世。

1982 刘子进,122 页,图版 62,图 1—7;裸羽片和实羽片;甘肃成县化垭;早白垩世东河群化垭组。

1989 浙江省地质矿产局,图版 5,图 8;蕨叶;浙江新昌官塘山;早白垩世馆头组。

1995b 邓胜徽,26 页,图版 11,图 4,5;图版 12,图 1;营养叶和生殖叶;内蒙古霍林河盆地;早白垩世霍林河组。

2001 邓胜徽、陈芬,85,203 页,图版 42,图 1—4;插图 15;蕨叶和生殖羽片;辽宁铁法盆地;早白垩世小明安碑组;内蒙古霍林河盆地;早白垩世霍林河组;内蒙古平庄-元宝山盆地;早白垩世元宝山组;黑龙江龙爪沟地区;早白垩世云山组。

拟金粉蕨型锥叶蕨(比较属种) Cf. *Coniopteris onychioides* Vasilevskaya et Kara-Mursa

1979 何元良等,138 页,图版 62,图 7;羽片;青海天峻江仓;早—中侏罗世木里群江仓组。

△柔软锥叶蕨 *Coniopteris permollis* Zhang,1998(中文发表)

1998 张泓等,273 页,图版 17,图 1,2A,3A;裸羽片和实羽片;采集号:TK-142;登记号:MP-92071,MP-92072;标本保存在煤炭科学研究总院西安分院;新疆拜城铁力克;中侏罗世克孜勒努尔组。(注:原文未指明模式标本)

多囊锥叶蕨 *Coniopteris perpolita* Aksarin,1955

1955 Aksarin,166 页,图版 21,图 1—6;裸羽片和实羽片;西伯利亚坎斯克盆地;中侏罗世。

1961 沈光隆,166 页,图版 1,图 2—5;图版 2,图 8,9;裸羽片和实羽片;甘肃徽、成县;侏罗纪沔县群。

△青海锥叶蕨 *Coniopteris qinghaiensis* He,1988

1988 何元良,见李佩娟等,54 页,图版 17,图 1,1a;插图 18;实羽片;采集号:80DP$_1$F$_{90}$;登记号:PB13413;正模 PB13413(图版 17,图 1,1a);标本保存在中国科学院南京地质古生物研究所;青海大柴旦大煤沟;中侏罗世大煤沟组 *Tyrmia*-*Sphenobaiera* 层。

五瓣锥叶蕨 *Coniopteris quinqueloba* (Phillips) Seward,1900

1875 *Sphenopteris quinqueloba* Phillips,215 页;英国约克郡;中侏罗世。

1900 Seward,112 页,图版 16,图 8;插图 15;英国约克郡;中侏罗世。

1911 Seward,11,40 页,图版 2,图 17,17A,17B;蕨叶;新疆准噶尔盆地佳木河和 Ak-djar;早—中侏罗世。

1925 Teilhard de Chardin,Fritel,537 页,图版 23,图 3b,4b;蕨叶;陕西榆林油坊头;侏罗纪。[注:此标本后被改定为 *Coniopteris tatungensis* Sze(斯行健、李星学等,1963)]

1963 斯行健、李星学等，77 页，图版 23，图 3－3b；蕨叶；新疆准噶尔盆地；早—中侏罗世。
1984 顾道源，140 页，图版 72，图 8；蕨叶；新疆准噶尔盆地佳木河；早侏罗世八道湾组。

△荣县锥叶蕨 *Coniopteris rongxianensis* Yang，1987

1987 杨贤河，7 页，图版 2，图 1－3；蕨叶；登记号：Sp312－Sp314；四川荣县度佳；中侏罗世下沙溪庙组。（注：原文未指定模式标本）

萨波特锥叶蕨 *Coniopteris saportana*（Heer）Vachrameev，1958

1876 *Dicksonia saportana* Heer，89 页，图版 17，图 1，2；图版 18，图 1－3；蕨叶；黑龙江流域；晚侏罗世（?）。
1958 Vachrameev，79 页，图版 4，图 4；图版 5，图 3；蕨叶；黑龙江流域布列亚盆地；晚侏罗世。
1980 张武等，242 页，图版 157，图 1，2；蕨叶；黑龙江鸡东哈达；早白垩世城子河组。
1982a 杨学林、孙礼文，589 页，图版 3，图 11；蕨叶；松辽盆地东南部营城；晚侏罗世沙河子组。
1982b 郑少林、张武，298 页，图版 4，图 1；蕨叶；黑龙江密山园宝山；晚侏罗世云山组。
1983b 曹正尧，32 页，图版 2，图 6，7；图版 3，图 7；图版 4，图 1－3；图版 9，图 4－6；营养羽片和生殖羽片；黑龙江虎林永红；晚侏罗世云山组下部；黑龙江宝清八五〇农场煤矿；早白垩世珠山组。
1984a 曹正尧，16 页，图版 4，图 8，9；营养羽片和生殖羽片；黑龙江虎林永红；中侏罗世七虎林组下部。
1986 张川波，图版 1，图 6；蕨叶；吉林延吉铜佛寺；早白垩世中—晚期铜佛寺组。
1988 孙革、商平，图版 1，图 5；蕨叶；内蒙古霍林河煤田；早白垩世霍林河组。
1992a 曹正尧，图版 1，图 3－5；营养羽片和生殖羽片；黑龙江东部绥滨-双鸭山地区；早白垩世城子河组 3 段、4 段。
1992 孙革、赵衍华，527 页，图版 222，图 1，4；图版 230，图 4；蕨叶；吉林和龙松下坪；晚侏罗世长财组；吉林蛟河煤矿；早白垩世奶子山组；吉林汪清罗子沟；早白垩世大拉子组。
1993 黑龙江省地质矿产局，图版 11，图 9；蕨叶；黑龙江省；晚侏罗世云山组。
1993 胡书生、梅美棠，326 页，图版 1，图 9，10；蕨叶；吉林辽源太信；早白垩世长安组下含煤段。
1994 曹正尧，图 4b，4c；蕨叶；黑龙江双鸭山；早白垩世早期城子河组。

萨波特锥叶蕨（比较属种）Cf. *Coniopteris saportana*（Heer）Vachrameev

1999 曹正尧，49 页，图版 3，图 10；图版 6，图 11；蕨叶；浙江金华积道山、文成坦歧、东阳新渥；早白垩世磨石山组 C 段。

“萨波特锥叶蕨”“*Coniopteris saportana*”（Heer）Vachrameev

1985 商平，图版 6，图 1；图版 7，图 7；蕨叶；辽宁阜新煤田；早白垩世海州组孙家湾段。

刚毛锥叶蕨 *Coniopteris setacea*（Prynada）Vachrameev，1958

1938 *Sphenopteris setacea* Prynada，28 页，图版 3，图 7；插图 5；蕨叶；苏联东北；早白垩世。
1958 Vachrameev，80 页，图版 6，图 1，2；蕨叶；勒拿河流域；早白垩世。
1980 张武等，242 页，图版 157，图 3，4；蕨叶；吉林九台营城子；早白垩世沙河子组；黑龙江东宁；早白垩世穆棱组。
1981 陈芬等，45 页，图版 1，图 5－7；蕨叶；辽宁阜新海州露天煤矿；早白垩世阜新组太平层。
1988 陈芬等，38 页，图版 8，图 6－8；蕨叶；辽宁阜新海州矿；早白垩世阜新组。
1992 邓胜徽，图版 1，图 11－14；营养羽片和生殖羽片；辽宁铁法盆地；早白垩世小明安碑组。

1997 邓胜徽等,32 页,图版 13,图 1—4;羽片、孢子囊和孢子;内蒙古海拉尔大雁盆地;早白垩世伊敏组;内蒙古五九盆地;早白垩世大磨拐河组。

2001 邓胜徽、陈芬,86,204 页,图版 35,图 1—12;图版 36,图 1—8;图版 37,图 1—11;插图 16;蕨叶和生殖羽片;辽宁阜新盆地;早白垩世阜新组;辽宁铁法盆地;早白垩世小明安碑组;内蒙古海拉尔;早白垩世大磨拐河组、伊敏组;内蒙古平庄-元宝山盆地;早白垩世元宝山组;吉林营城;早白垩世营城组;黑龙江三江盆地;早白垩世城子河组;黑龙江龙爪沟地区;早白垩世云山组。

刚毛锥叶蕨(比较种) *Coniopteris* cf. *setacea* (Prynada) Vachrameev

1983b 曹正尧,33 页,图版 2,图 8,8a;图版 8,图 9,9a;营养羽片和生殖羽片;黑龙江虎林永红;晚侏罗世云山组。

1992a 曹正尧,213 页,图版 1,图 10;蕨叶;黑龙江东部绥滨-双鸭山地区;早白垩世城子河组 2 段。

秀厄德锥叶蕨 *Coniopteris sewadii* Prynada,1965

1965 Prynada,见 Lebedev,68 页,图版 9,图 2—4,8;蕨叶;黑龙江流域结雅河;晚侏罗世。

1980 张武等,243 页,图版 123,图 1—10;蕨叶;辽宁朝阳北票、沈阳法库陈祥卜;中侏罗世海房沟组;吉林临江;早侏罗世腰沟组。

△顺发? 锥叶蕨 *Coniopteris*? *shunfaensis* Cao,1992

1992a 曹正尧,213 页,图版 2,图 1—3;图版 5,图 9;蕨叶;登记号:PB16047—PB16049;正模:PB16048(图版 2,图 2);标本保存在中国科学院南京地质古生物研究所;黑龙江东部绥滨-双鸭山地区;早白垩世城子河组 3 段。

西拉普锥叶蕨 *Coniopteris silapensis* (Prynada) Samylina,1964

1938 *Sphenopteris silapensis* Prynada,27 页,图版 2,图 1;插图 5;蕨叶;苏联东北;早白垩世。

1964 Samylina,62 页,图版 10,图 1,2a;蕨叶;科雷马河流域;早白垩世。

1978 杨学林等,图版 1,图 4;蕨叶;吉林蛟河盆地;早白垩世乌林组。

1980 张武等,240 页,图版 120,图 7;图版 121,图 4;图版 155,图 3;蕨叶;辽宁阜新;早白垩世阜新组;吉林长春陶家屯;早白垩世沙河子组。

1981 陈芬等,45 页,图版 1,图 8,9;蕨叶;辽宁阜新海州露天煤矿;早白垩世阜新组太平层或中间层(?)。

1991 张川波等,图版 2,图 8;蕨叶;吉林九台刘房子;早白垩世大羊草沟组。

1994 高瑞祺等,图版 14,图 3;蕨叶;吉林长春;早白垩世城子河组。

"西拉普锥叶蕨""*Coniopteris silapensis*"(Prynada) Samylina

1985 商平,图版 1,图 5,13;图版 3,图 3;蕨叶;辽宁阜新煤田;早白垩世海州组孙家湾段。

简单锥叶蕨 *Coniopteris simplex* (Lindley et Hutton) Harris,1961

1835 *Tympanphra simplex* Lindley et Hutton,57 页,图版 170;裸羽片;英国约克郡;中侏罗世。

1961 Harris,142 页;插图 49,50A—50G;裸羽片和实羽片;英国约克郡;中侏罗世。

1976 张志诚,186 页,图版 89,图 3;蕨叶;山西大同鹊儿山;中侏罗世大同组。

1976 李佩娟等,105 页,图版 14,图 8—12;裸羽片和实羽片;云南景洪;中侏罗世。

1977 冯少南等,214 页,图版 75,图 6;蕨叶;河南渑池义马;早—中侏罗世。
1979 何元良等,138 页,图版 61,图 7;蕨叶;青海大柴旦鱼卡;中侏罗世大煤沟组。
1980 张武等,243 页,图版 123,图 11—20;裸羽片和实羽片;辽宁凌源刀子沟;早侏罗世郭家店组;辽宁北票海房沟;中侏罗世海房沟组;辽宁本溪田师傅;中侏罗世大堡组。
1982 刘子进,123 页,图版 60,图 7;裸羽片和实羽片;陕西,甘肃,宁夏;早—中侏罗世延安组;甘肃玉门旱峡;早—中侏罗世大山口组。
1982 谭琳、朱家柟,143 页,图版 33,图 4,4a,5;裸羽片和实羽片;内蒙古固阳小三分子村东;早白垩世固阳组。
1983a 曹正尧,12 页,图版 1,图 7—9a;营养羽片和生殖羽片;黑龙江虎林云山;中侏罗世龙爪沟群下部。
1986 李蔚荣等,图版 1,图 1,3;营养叶和生殖叶;黑龙江密山城山;中侏罗世裴德组。
1988 李佩娟等,55 页,图版 19,图 2;图版 21,图 1,2A,2a;图版 22,图 3B,4B;裸羽片和实羽片;青海大柴旦大煤沟;中侏罗世大煤沟组 *Tyrmia-Sphenobaiera* 层。
1988 张汉荣等,图版 2,图 1;蕨叶;河北蔚县白草窑;中侏罗世乔儿涧组。
1989 梅美棠等,87 页,图版 41,图 6;蕨叶;中国;早—中侏罗世。
1992 黄其胜、卢宗盛,图版 1,图 3;蕨叶;陕西横山无定河;早侏罗世富县组上部。
1992 吴向午、厉宝贤,图版 5,图 4B,5A;裸羽片和实羽片;河北蔚县白草窑;中侏罗世乔儿涧组。
1995a 李星学(主编),图版 92,图 5;蕨叶;青海大柴旦大煤沟;中侏罗世大煤沟组。(中文)
1995b 李星学(主编),图版 92,图 5;蕨叶;青海大柴旦大煤沟;中侏罗世大煤沟组。(英文)
1998 张泓等,图版 13,图 4,5;图版 17,图 2B,3B;图版 21,图 5,6;裸羽片和实羽片;新疆拜城铁力克;中侏罗世克孜勒努尔组;陕西延安西杏子河;中侏罗世延安组。
1999b 孟繁松,图版 1,图 10,11;羽片;湖北秭归香溪;中侏罗世陈家湾组。
2002 孟繁松等,图版 1,图 4;羽片;湖北秭归香溪;中侏罗世陈家湾组。
2004 王五力等,229 页,图版 28,图 1—4;生殖叶;辽宁北票黄半吉沟;晚侏罗世义县组下部尖山层;辽宁义县头道河子;晚侏罗世义县组下部砖城子层。

简单锥叶蕨(类群种) *Coniopteris* ex gr. *simplex* (Lindley et Hutton) Harris

1982b 郑少林、张武,298 页,图版 4,图 2—4;蕨叶;黑龙江虎林云山,密山园宝山、过关山;中侏罗世裴德组,晚侏罗世云山组。

醒目锥叶蕨 *Coniopteris spectabilis* Brick,1953

1953 Brick,20 页,图版 5,图 1—6;图版 6,图 1—3;图版 7,图 4;南费尔干纳;早—中侏罗世。
1988 李佩娟等,56 页,图版 27,图 1;插图 19;裸羽片和实羽片;青海大柴旦大煤沟;中侏罗世石门沟组 *Nilssonia* 层。
1998 张泓等,图版 12,图 2,3;图版 15,图 8,9;裸羽片;甘肃兰州窑街;中侏罗世窑街组;甘肃山丹新河;中侏罗世龙凤山组。
1999a 吴舜卿,12 页,图版 5,图 1—3A;蕨叶;辽宁北票上园黄半吉沟;晚侏罗世义县组下部尖山沟层。

醒目锥叶蕨(比较种) *Coniopteris* cf. *spectabilis* Brick

1982b 杨学林、孙礼文,44 页,图版 15,图 5,5a;裸羽片;大兴安岭东南部万宝煤矿;中侏罗世万宝组。

苏氏锥叶蕨 *Coniopteris suessi* (Krasser) Yabe et Ôishi

1906 *Dicksonia suessi* Krasser,5 页,图版 1,图 9;蕨叶;吉林蛟河;中—晚侏罗世。[注:此标本后被改定为 *Coniopteris burejensis* (Zlessky) Seward(斯行健、李星学等,1963)和 *Coniopteris heeriana* (Yokoyama) Yabe (Ôishi,1940)]

1933 *Sphenopteris* (*Coniopteris*?) *suessi* (Krasser) Yabe et Ôishi,212(18)页,图版 30(1),图 19—22;蕨叶;吉林火石岭和蛟河;中—晚侏罗世。[注:此标本后被改定为 *Coniopteris burejensis* (Zlessky) Seward(斯行健、李星学等,1963)和 *Coniopteris heeriana* (Yokoyama) Yabe (Ôishi,1940)]

1978 杨学林等,图版 1,图 3;蕨叶;吉林蛟河盆地;晚侏罗世奶子山组。

1981 陈芬等,45 页,图版 2,图 6,7;蕨叶;辽宁阜新海州露天煤矿;早白垩世阜新组太平层或中间层(?)。

1987 张志诚,377 页,图版 3,图 7,8;图版 4,图 1—4;蕨叶;辽宁阜新海州煤矿;早白垩世阜新组。

1991 张川波等,图版 2,图 11;蕨叶;吉林九台刘房子;早白垩世大羊草沟组。

△斯氏锥叶蕨 *Coniopteris szeiana* Chow et Yeh,1963

1933b *Coniopteris* sp. (? n. sp.),斯行健,78 页,图版 11,图 4—13,18,19;蕨叶;陕西府谷石盘湾;侏罗纪。

1963 周志炎、叶美娜,见斯行健、李星学等,77 页,图版 24,图 7—11;图版 25,图 9,10;裸羽片和实羽片;北京门头沟,陕西府谷;早—中侏罗世。

1980 张武等,243 页,图版 123,图 21—24;裸羽片和实羽片;吉林洮安万宝煤矿;中侏罗世万宝组。

1982 刘子进,123 页,图版 61,图 5;裸羽片;陕西府谷、黄陵店头;早—中侏罗世延安组。

1982b 杨学林、孙礼文,44 页,图版 15,图 1—4;图版 17,图 9;裸羽片和实羽片;大兴安岭东南部黑顶山、双窝铺;中侏罗世万宝组。

1985 杨学林、孙礼文,104 页,图版 3,图 1;蕨叶;大兴安岭南部黑顶山;中侏罗世万宝组。

1986 段淑英等,图版 2,图 7;蕨叶;鄂尔多斯盆地南缘;中侏罗世延安组。

1987a 钱丽君等,图版 16,图 1;蕨叶;陕西神木西沟大砭窑;中侏罗世延安组 1 段底部。

1989 梅美棠等,87 页,图版 39,图 5;蕨叶;中国;早—中侏罗世。

1992 孙革、赵衍华,527 页,图版 221,图 3,7;裸羽片和实羽片;吉林桦甸四合屯;早侏罗世(?)。

1995 曾勇等,50 页,图版 5,图 4;图版 6,图 3;蕨叶;河南义马;中侏罗世义马组。

1996 米家榕等,90 页,图版 6,图 2,2a;蕨叶;辽宁北票三宝;中侏罗世海房沟组。

1998 张泓等,图版 12,图 1;裸羽片;陕西神木;中侏罗世延安组。

△大同锥叶蕨 *Coniopteris tatungensis* Sze,1933

1933d 斯行健,10 页,图版 2,图 1—7;营养羽片和生殖羽片;山西大同、忻州静乐;早侏罗世。

1950 Ôishi,49 页;山东坊子,山西静乐;早侏罗世。

1959 斯行健,6,22 页,图版 5,图 7;生殖叶;青海大柴旦鱼卡;侏罗纪。

1963 斯行健、李星学等,78 页,图版 23,图 4,5;营养羽片和生殖羽片;山西大同、忻州静乐,青海鱼卡,辽宁朝阳;早—中侏罗世;英国;中侏罗世。

1978 张吉惠,466 页,图版 153,图 4;裸羽片;贵州大方响水区箐口;中侏罗世。

1978 周统顺,100页,图版29,图5,6;营养羽片和生殖羽片;福建漳平武陵;早侏罗世梨山组。

1980 陈芬等,427页,图版2,图3,5;裸羽片和实羽片;北京西山;早侏罗世下窑坡组、上窑坡组。

1980 黄枝高、周惠琴,75页,图版56,图8;裸羽片;陕西延安杨家崖;早侏罗世富县组;中侏罗世延安组下部。

1982 王国平等,243页,图版110,图11,12;裸羽片和实羽片;福建漳平武陵;早侏罗世梨山组。

1982b 杨学林、孙礼文,44页,图版14,图8—12;图版24,图12;裸羽片和实羽片;大兴安岭东南部万宝煤矿、裕民煤矿;中侏罗世万宝组。

1983 李杰儒,图版1,图17—21;蕨叶;辽宁锦西后富隆山;中侏罗世海房沟组1段。

1984 陈芬等,38页,图版10,图1—4;裸羽片和实羽片;北京西山;早侏罗世下窑坡组、上窑坡组,中侏罗世龙门组。

1984 顾道源,140页,图版66,图3;裸羽片和实羽片;新疆库车苏维依;中侏罗世克孜勒努尔组。

1984 康明等,图版1,图2,3;蕨叶;河南济源杨树庄;中侏罗世杨树庄组。

1984 王自强,242页,图版134,图1—5;图版135,图1—4;蕨叶;山西大同;中侏罗世大同组;河北下花园,北京门头沟;中侏罗世门头沟组。

1985 杨学林、孙礼文,104页,图版3,图8;蕨叶;大兴安岭南部万宝煤矿;中侏罗世万宝组。

1986 段淑英等,图版2,图4;蕨叶;鄂尔多斯盆地南缘;中侏罗世延安组。

1987 段淑英,26页,图版5,图4,4a;图版6,图1;插图10;裸羽片和实羽片;北京西山斋堂;中侏罗世。

1987a 钱丽君等,图版25,图1;蕨叶;陕西神木黄羊城沟;中侏罗世延安组1段。

1987 杨贤河,6页,图版1,图6,7;蕨叶;四川荣县度佳;中侏罗世下沙溪庙组。

1988 吉林省地质矿产局,图版8,图10;蕨叶;吉林;中侏罗世。

1989 段淑英,图版1,图6;蕨叶;北京西山斋堂;中侏罗世门头沟煤系。

1989 梅美棠等,87页,图版41,图3;蕨叶;中国;早—中侏罗世。

1991 北京市地质矿产局,图版13,图10;图版14,图2,5;蕨叶;北京斋堂、大台;早侏罗世下窑坡组。

1995 王鑫,图版3,图2;蕨叶;陕西铜川;中侏罗世延安组。

1995 曾勇等,50页,图版6,图1,2;裸羽片和实羽片;河南义马;中侏罗世义马组。

1996 常江林、高强,图版1,图7;蕨叶;山西宁武白高阜;中侏罗世大同组。

1996 马清温等,174页,图版1,图1—9;图版2,图1—6;蕨叶、裸羽片、实羽片、囊群和原位孢子;北京西山斋堂;中侏罗世窑坡组下段。

1996 米家榕等,90页,图版6,图5;生殖羽片;辽宁北票海房沟;中侏罗世海房沟组。

1999a 吴舜卿,12页,图版4,图5—7;蕨叶;辽宁北票上园黄半吉沟;晚侏罗世义县组下部尖山沟层。

2003 邓胜徽等,图版70,图2,3;蕨叶;河南义马盆地;中侏罗世义马组。

2003 修申成等,图版1,图3;蕨叶;河南义马盆地;中侏罗世义马组。

2003 袁效奇等,图版14,图3,4;蕨叶;陕西神木西沟;中侏罗世延安组。

大同锥叶蕨(比较种) *Coniopteris* cf. *tatungensis* Sze

1984 陈芬等,40 页,图版 10,图 5—7;裸羽片;北京西山千军台;早侏罗世下窑坡组;北京西山门头沟;中侏罗世龙门组。

△铁山锥叶蕨 *Coniopteris tiehshanensis* Ye et Lih,1986

1986 叶美娜等,32 页,图版 10,图 5—6a;图版 11,图 2—3a;图版 14,图 4;图版 55,图 3;裸羽片和实羽片;标本保存在四川省煤田地质公司一三七地质队;四川达县铁山、雷音铺、斌郎,开县温泉;早侏罗世珍珠冲组。(注:原文未指定模式标本)

1996 黄其胜等,图版 2,图 4;蕨叶;四川开县温泉;早侏罗世珍珠冲组上部 13 层。

2001 黄其胜,图版 2,图 7;蕨叶;四川宣汉七里峡;早侏罗世珍珠冲组上部。

梯尔米锥叶蕨 *Coniopteris tyrmica* Prynada,1965

1965 Prynada,见 Lebedev,69 页,图版 7,图 1—3;图版 8,图 1;蕨叶;黑龙江流域结雅河;晚侏罗世。

1980 张武等,243 页,图版 124,图 1—5;裸羽片和实羽片;吉林洮安万宝煤矿;中侏罗世万宝组。

1987 张武、郑少林,图版 4,图 12—14;营养羽片和生殖羽片;辽宁南票后富隆山;中侏罗世海房沟组。

瓦氏锥叶蕨 *Coniopteris vachrameevii* Vassilevskaja,1963

1963 Vasilevskja,Pavlov,图版 32,图 5—7;蕨叶;勒拿河下游;早白垩世。

1967 Vasilevskja,60 页,图版 1,图 5—7;插图 1;蕨叶;勒拿河下游;早白垩世。

1988 陈芬等,38 页,图版 3,图 2—8;图版 4,图 1,2;图版 61,图 3;图版 63,图 8,9;蕨叶和生殖羽片;辽宁阜新海州矿、新丘矿;早白垩世阜新组;辽宁铁法盆地;早白垩世小明安碑组上含煤段。

1989 任守勤、陈芬,635 页,图版 1,图 8,9;图版 2,图 1—4;插图 2;营养叶和生殖羽片;内蒙古海拉尔五九盆地;早白垩世大磨拐河组。

1992 邓胜徽,图版 3,图 4—7;生殖羽片;辽宁铁法盆地;早白垩世小明安碑组。

1993 胡书生、梅美棠,图版 1,图 4,5;羽片;吉林辽源太信三井、西安煤矿;早白垩世长安组下含煤段。

2000 胡书生、梅美棠,图版 1,图 3;蕨叶;吉林辽源太信三井;早白垩世长安组下含煤段。

2001 邓胜徽、陈芬,87,204 页,图版 38,图 1—6;图版 39,图 1—8;图版 40,图 1—6;图版 41,图 1—7;插图 17;蕨叶和生殖羽片;辽宁阜新盆地;早白垩世阜新组;辽宁铁法盆地;早白垩世小明安碑组;吉林辽源盆地;早白垩世辽源组。

△迷人锥叶蕨 *Coniopteris venusta* Deng et Chen,2001(中文和英文发表)

2001 邓胜徽、陈芬,89,205 页,图版 43,图 1—8;图版 44,图 1—10;图版 45,图 1—12;图版 46,图 1—9;图版 47,图 1—6;插图 18;蕨叶和生殖羽片;采集号:TDMe-96-23,TDMe-96-24,TDMe-96-300,TDMe-96-302,TDMe-96-303,TDMy-96-15 — TDMy-96-20,TDMy-96-29 — TDMy-96-31,TDMy-381,TXM-97-33,TDMy-382;正模:TDMe-96-23(图版 43,图 2);标本保存在石油勘探开发科学研究院;辽宁铁法盆地;早白垩世小明安碑组;黑龙江三江盆地;早白垩世城子河组。

弗氏锥叶蕨 *Coniopteris vsevolodii* Lebedev, 1965

1965 Lebedev, 71 页, 图版 2, 图 2—6; 图版 3, 图 1—5; 图版 4, 图 1—6; 插图 16; 蕨叶; 黑龙江流域结雅河; 晚侏罗世。

1982b 郑少林、张武, 298 页, 图版 4, 图 6, 7; 蕨叶; 黑龙江虎林云山; 晚侏罗世云山组; 黑龙江鸡东哈达; 早白垩世城子河组。

1986 李星学等, 8 页, 图版 7, 图 1—3; 图版 9, 图 6; 蕨叶; 吉林蛟河杉松; 早白垩世蛟河群。

1986 张川波, 图版 2, 图 4; 蕨叶; 吉林延吉大拉子智新; 早白垩世中—晚期大拉子组。

△西坡锥叶蕨 *Coniopteris xipoensis* Yang, 1982

1982 杨景尧, 见刘子进, 123 页, 图版 62, 图 1—3; 裸羽片和实羽片; 标本号: P019, P019-3; 甘肃两当西坡; 中侏罗世龙家沟组。(注: 原文未指定模式标本)

△镇紫锥叶蕨 *Coniopteris zhenziensis* Yang, 1987

1987 杨贤河, 7 页, 图版 2, 图 4—7; 蕨叶; 登记号: Sp315—Sp318; 四川荣县度佳; 中侏罗世下沙溪庙组。(注: 原文未指定模式标本)

津丹锥叶蕨 *Coniopteris zindanensis* Brick, 1953

1953 Brick, 31 页, 图版 11, 图 1—3; 蕨叶; 东费尔干纳; 中侏罗世。

1980 张武等, 244 页, 图版 124, 图 8; 实羽片; 辽宁锦西南票大红石拉子; 早—中侏罗世; 辽宁凌源邢仗子; 中侏罗世蓝旗组。

1998 张泓等, 图版 11, 图 4; 裸羽片; 甘肃山丹新河; 中侏罗世新河组。

津丹锥叶蕨(比较种) *Coniopteris* cf. *zindanensis* Brick

1982b 杨学林、孙礼文, 45 页, 图版 15, 图 8—12; 蕨叶; 大兴安岭东南部黑顶山、裕民煤矿; 中侏罗世万宝组。

1985 杨学林、孙礼文, 104 页, 图版 3, 图 15; 蕨叶; 大兴安岭南部黑顶山; 中侏罗世万宝组。

锥叶蕨(未定多种) *Coniopteris* spp.

1933b *Coniopteris* sp. (? n. sp.), 斯行健, 78 页, 图版 11, 图 4—13, 18, 19; 蕨叶; 陕西府谷石盘湾; 侏罗纪。[注: 此标本后被改定为 *Coniopteris szeiana* Chow et Yeh(斯行健、李星学等, 1963)]

1961 *Coniopteris* sp. (Cf. *C. pulcherrima* Brick), 沈光隆, 168 页, 图版 1, 图 6; 蕨叶; 甘肃徽县、成县; 侏罗纪沔县群。

1963 *Coniopteris* sp., 李星学等, 图版 1, 图 4; 蕨叶; 浙江寿昌李家; 早—中侏罗世乌灶组。

1979 *Coniopteris* sp., 何元良等, 138 页, 图版 62, 图 2; 羽片; 青海天峻江仓; 早—中侏罗世木里群江仓组。

1980 *Coniopteris* sp., 何德长、沈襄鹏, 10 页, 图版 15, 图 1, 1a; 生殖羽片; 湖南祁阳黄泥塘; 早侏罗世。

1980 *Coniopteris* sp., 吴舜卿等, 93 页, 图版 11, 图 9, 9a; 图版 25, 图 10, 11; 裸羽片; 湖北秭归沙镇溪; 早—中侏罗世香溪组。

1981 *Coniopteris* sp. 1, 刘茂强、米家榕, 23 页, 图版 1, 图 3—5; 蕨叶; 吉林临江闹枝沟; 早侏罗世义和组。

1981 *Coniopteris* sp. 2, 刘茂强、米家榕, 23 页, 图版 1, 图 6; 蕨叶; 吉林临江闹枝沟; 早侏罗世义和组。

1982 *Coniopteris* sp.,段淑英、陈晔,图版 4,图 4;蕨叶;四川达县铁山;早侏罗世珍珠冲组。

1982a *Coniopteris* sp.,杨学林、孙礼文,图版 3,图 3,3a,3b;蕨叶;松辽盆地东南部沙河子;晚侏罗世沙河子组。

1982b *Coniopteris* sp.,杨学林、孙礼文,46 页,图版 16,图 1－6,6a;蕨叶;大兴安岭东南部裕民煤矿;中侏罗世万宝组。

1982 *Coniopteris* sp.,张采繁,524 页,图版 354,图 4;图版 356,图 9;蕨叶;湖南攸县三门洪、浏阳文家市;早侏罗世高家田组。

1983 *Coniopteris* sp.,李杰儒,图版 1,图 22,23;蕨叶;辽宁锦西后富隆山;中侏罗世海房沟组 1 段。

1984 *Coniopteris* sp.,康明等,图版 1,图 4,5;蕨叶;河南济源杨树庄;中侏罗世杨树庄组。

1985 *Coniopteris* sp. 1,曹正尧,277 页,图版 1,图 5,6;实羽片;安徽含山彭庄;晚侏罗世(?)含山组。

1985 *Coniopteris* sp. 2,曹正尧,277 页,图版 1,图 7B,8B,9－11;图版 3,图 14;图版 4,图 1,2;插图 3;裸羽片和实羽片;安徽含山彭庄村;晚侏罗世(?)含山组。

1986 *Coniopteris* sp.,叶美娜等,32 页,图版 11,图 6;裸羽片;四川达县斌郎;早侏罗世珍珠冲组。

1988 *Coniopteris* sp.,吉林省地质矿产局,图版 8,图 6;蕨叶;吉林;中侏罗世。

1988b *Coniopteris* sp.,黄其胜、卢宗盛,图版 10,图 10;蕨叶;湖北大冶金山店;早侏罗世武昌组中部。

1989 *Coniopteris* sp.,丁保良等,图版 3,图 5;蕨叶;浙江文成花前;晚侏罗世磨石山组C-2段。

1992 *Coniopteris* sp.,孙革、赵衍华,527 页,图版 228,图 8;蕨叶;吉林辽源渭津;中侏罗世夏家街组。

1993c *Coniopteris* sp.,吴向午,77 页,图版 1,图 6－7a;蕨叶;陕西商县凤家山-山倾村剖面;早白垩世凤家山组下段。

1994 *Coniopteris* sp. 1,萧宗正等,图版 15,图 2;蕨叶;北京房山小院上;早白垩世坨里组。

1994 *Coniopteris* sp. 2,萧宗正等,图版 15,图 3;蕨叶;北京房山小院上;早白垩世坨里组。

1995a *Coniopteris* sp.,李星学(主编),图版 88,图 5;蕨叶;安徽含山;晚侏罗世含山组。(中文)

1995b *Coniopteris* sp.,李星学(主编),图版 88,图 5;蕨叶;安徽含山;晚侏罗世含山组。(英文)

1995 *Coniopteris* sp.,曾勇等,51 页,图版 3,图 3;蕨叶;河南义马;中侏罗世义马组。

2002 *Coniopteris* sp.,吴向午等,155 页;裸羽片;内蒙古阿拉善右旗芨芨沟;中侏罗世宁远堡组下段。

2004 *Coniopteris* sp.,孙革、梅盛吴,图版 6,图 3,6;图版 8,图 4,6;图版 9,图 6;图版 10,图 2,3;图版 11,图 2;蕨叶;中国西北地区潮水盆地、雅布赖盆地;早—中侏罗世。

锥叶蕨?(未定多种) *Coniopteris*? spp.

1985 *Coniopteris*? sp.,曹正尧,278 页,图版 2,图 3,3a;裸羽片;安徽含山彭庄村;晚侏罗世(?)含山组。

1985 *Coniopteris*? sp.,李佩娟,图版 19,图 3A;蕨叶;新疆温宿西琼台兰冰川;早侏罗世。

1999a *Coniopteris*? sp.,吴舜卿,13 页,图版 5,图 4,4a;蕨叶;辽宁北票上园黄半吉沟;晚侏罗世义县组下部尖山沟层。

2000 *Coniopteris*? sp.,吴舜卿,图版 4,图 8,8a;蕨叶;香港新界西贡嶂上;早白垩世浅水湾群。

桫椤属 Genus *Cyathea* Smith,1793

1963　朱家柟,274,278 页。

1993a 吴向午,71 页。

模式种:(现生属)

分类位置:真蕨纲桫椤科(Cyatheaceae,Filicopsida)

△鄂尔多斯桫椤 *Cyathea ordosica* Chu,1963

1963　朱家柟,274,278 页,图版 1－3;插图 1;蕨叶,营养羽片和生殖羽片;模式标本:P0110(图版 1,图 1);标本保存在中国科学院植物研究所;内蒙古伊克昭盟罕台川罕台窑煤矿;侏罗纪。

1976　周惠琴等,204 页,图版 105,图 4－6;裸羽片和实羽片;内蒙古东胜西罕台川;中侏罗世延安组。

1993a 吴向午,71 页。

鄂尔多斯桫椤(比较种) *Cyathea* cf. *ordosica* Chu

2003　袁效奇等,图版 16,图 3－6;生殖羽片;内蒙古达拉特旗罕台川;中侏罗世直罗组。

连蕨属 Genus *Cynepteris* Ash,1969

1969　Ash,D31 页。

1986　叶美娜等,25 页。

1993a 吴向午,73 页。

模式种:*Cynepteris lasiophora* Ash,1969

分类位置:真蕨纲连蕨科(Cynepteridaceae,Filicopsida)

具毛连蕨 *Cynepteris lasiophora* Ash,1969

1969　Ash,D31－D38 页,图版 2,图 1－5;图版 3,图 1－7;插图 15,16;蕨叶;美国新墨西哥州温盖特堡(Fort Wingate);晚三叠世。

1986　叶美娜等,25 页,图版 50,图 7B;图版 56,图 2,2a;裸羽片;四川宣汉七里峡平硐;晚三叠世须家河组 7 段。

1993a 吴向午,73 页。

拟丹尼蕨属 Genus *Danaeopsis* Heer,1864

1864　Heer,见 Schenk,303 页。

1900　Krasser,145 页。

1963　斯行健、李星学等,54 页。

1993a 吴向午,75页。

模式种:*Danaeopsis marantacea* Heer,1864

分类位置:真蕨纲莲座蕨科(Angiopteridaceae,Filicopsida)

枯萎拟丹尼蕨 *Danaeopsis marantacea* Heer,1864

1864 Heer,见Schenk,303页,图版48,图1;晚三叠世。

1977 冯少南等,202页,图版72,图4,5;营养叶;河南渑池义马;晚三叠世延长群

1979 徐仁等,16页,图版6,7,图1—3;图版8;图版9;图版10,图2;蕨叶;四川宝鼎龙树湾;晚三叠世大荞地组中部。

1981 陈晔、段淑英,图版3,图2;蕨叶;四川盐边红泥煤田;晚三叠世大荞地组。

1983 何元良,185页,图版28,图3;蕨叶;青海刚察伊克乌兰;晚三叠世默勒群阿塔寺组上段。

1983 鞠魁祥等,122页,图版1,图4,8;蕨叶;江苏南京龙潭范家塘;晚三叠世范家塘组。

1989 梅美棠等,79页,图版36,图1;蕨叶;中国;中—晚三叠世。

1993a 吴向午,75页。

枯萎拟丹尼蕨(比较种) *Danaeopsis* cf. *marantacea* (Presl) Heer

1978 周统顺,98页,图版16,图3;蕨叶;福建上杭矶头;晚三叠世大坑组上段。

1980 黄枝高、周惠琴,71页,图版14,图4;图版15,图3;图版16,图3;蕨叶;陕西神木枣�、铜川金锁关;中三叠世晚期铜川组下段、上段。

1982a 吴向午,50页,图版2,图5,5a;图版3,图2;实羽片;西藏巴青村穷堂;晚三叠世土门格拉组。

1984 王自强,234页,图版120,图3;蕨叶;山西临县;中—晚三叠世延长群。

多实拟丹尼蕨 *Danaeopsis fecunda* Halle,1921

1921 Heffer,6页,图版1,图1—3;蕨叶;瑞典,晚三叠世。

1951 斯行健、李星学,85,86页,图版1,图1—9;裸羽片和实羽片;甘肃武威南营儿;晚三叠世延长层。

1954 徐仁,45页,图版39,图3—6;营养叶和生殖叶;甘肃;晚三叠世延长层;云南广通一平浪;晚三叠世。

1956 李星学,15页,图版5,图1;营养羽片;甘肃武威;晚三叠世延长层。

1956a 斯行健,28,135页,图版29,图1,2;图版30,图1—4;图版31,图1—1f;图版35,图5;图版43,图1;图版52,图4;裸羽片和实羽片;陕西宜君四郎庙炭河沟,绥德叶家坪、高家庵,葭县大会坪,延川延水关,耀县萧马河、房儿上,麟游北马坊,淳化;甘肃武威南营儿、华亭砚河口,正宁永和乌门;山西临县马家湾、第八堡,兴县李家凹;晚三叠世延长层。

1956b 斯行健,图版1,图1b,4,5;蕨叶;新疆准噶尔盆地克拉玛依;晚三叠世晚期延长层上部。

1956c 斯行健,图版2,图10,11;裸羽片和实羽片;甘肃景泰罗家湾;晚三叠世延长层。

1958 汪龙文等,585页,图585;蕨叶;甘肃,陕西,云南;晚三叠世。

1960a 斯行健,25页,图版1,图1—4,4a;裸羽片和实羽片;甘肃天祝石房沟;晚三叠世延长群。

1962 李星学等,146页,图版88,图1,4;实羽片;长江流域;晚三叠世。

1963　周惠琴，170 页，图版 71，图 1，2；实羽片；广东花县华岭；晚三叠世。

1963　李星学等，128 页，图版 98，图 1，2；营养羽片和生殖羽片；中国西北地区；晚三叠世。

1963　李佩娟，123 页，图版 52，图 1－3；蕨叶；陕西宜君、绥德、延川，山西临县、兴县，甘肃武威、平凉，河南南召，广东花县；晚三叠世。

1963　斯行健、李星学等，54 页，图版 14，图 1－3；图版 15，图 1，2；图版 17，图 1，2；裸羽片和实羽片；陕西延长、淳化、宜君、耀县、葭县、麟游，甘肃华亭、武威、景泰，山西临县、兴县，河南济源、宜阳，新疆准噶尔盆地，广东花县华林、开恩，云南禄丰一平浪；晚三叠世。

1964　李星学等，124 页，图版 81，图 3，4；蕨叶和实羽片；华南地区；晚三叠世晚期。

1965　曹正尧，514 页，图版 2，图 2，2a；实羽片；广东高明松柏坑；晚三叠世小坪组。

1974　胡雨帆等，图版 2，图 9，9a；实羽片；四川雅安观化煤矿；晚三叠世。

1975　徐福祥，101 页，图版 1，图 1，1a，2；裸羽片；甘肃天水后老庙干柴沟；晚三叠世干柴沟组。

1976　李佩娟等，94 页，图版 4，图 1－5；裸羽片和实羽片；云南禄丰一平浪；晚三叠世一平浪组干海子段。

1977　冯少南等，202 页，图版 72，图 1－3；营养叶和生殖羽片；河南渑池义马；晚三叠世延长群；湖北南漳东巩；晚三叠世香溪群下煤组；广东花县、高明、乐昌小水；晚三叠世小坪组。

1978　杨贤河，476 页，图版 159，图 2，3；蕨叶；四川渡口摩沙河；晚三叠世大荞地组；云南祥云；晚三叠世干海子组。

1978　张吉惠，473 页，图版 157，图 3；生殖叶；贵州仁怀龙井；晚三叠世。

1978　周统顺，97 页，图版 15，图 11；图版 16，图 1，2；营养羽片和生殖羽片；福建漳平大坑；晚三叠世大坑组上段，晚三叠世文宾山组。

1979　何元良等，134 页，图版 59，图 3，4；图版 60，图 1；蕨叶；青海祁连油葫芦东沟、油葫芦西沟；晚三叠世南营儿群；青海刚察江撑山；晚三叠世默勒群。

1979　徐仁等，17 页，图版 10，图 1，1a；蕨叶；四川宝鼎太平场；晚三叠世大箐组。

1980　何德长、沈襄鹏，7 页，图版 1，图 7；蕨叶；广东乐昌小水；晚三叠世。

1980　黄枝高、周惠琴，70 页，图版 24，图 5－7；图版 25，图 4；营养叶和生殖叶；陕西铜川柳林沟、焦坪；晚三叠世延长组上部。

1982　刘子进，119 页，图版 58，图 6；图版 59，图 1；蕨叶；陕西，甘肃，宁夏；晚三叠世延长群、南营儿群。

1982　王国平等，239 页，图版 109，图 2－4；生殖叶；福建漳平大坑；晚三叠世大坑组上段、文宾山组。

1982b　吴向午，79 页，图版 1，图 4，4a；图版 2，图 4A，4a；蕨叶；西藏昌都杂多区八一公社扎瓦龙；晚三叠世巴贡组上段。

1982　杨贤河，467 页，图版 3，图 1－7；蕨叶；四川合川炭坝；晚三叠世须家河组。

1982　张采繁，522 页，图版 355，图 2；蕨叶；湖南浏阳澄潭江；晚三叠世。

1984　陈公信，570 页，图版 225，图 4－6；营养叶和生殖叶；湖北南漳东巩、荆门分水岭；晚三叠世九里岗组。

1984　顾道源，137 页，图版 71，图 4－6；裸羽片和实羽片；新疆吉木萨尔大龙口；中—晚三叠世克拉玛依组。

1984　王自强，234 页，图版 114，图 1－8；图版 118，图 6，7；蕨叶；山西临县、兴县、洪洞；中—

晚三叠世延长群。

1985 福建省地质矿产局,图版3,图3;蕨叶;福建永定坎市西;晚三叠世文宾山组。

1986 叶美娜等,22页,图版7,图2—3a;图版8,图5;营养羽片和生殖羽片;四川开县温泉;晚三叠世须家河组3段。

1986 周统顺、周惠琴,66页,图版18,图1—6;图版19,图1—6;裸羽片和实羽片;新疆吉木萨尔大龙口;中三叠世克拉玛依组。

1987 陈晔等,90页,图版4,图8—9a;图版5,图1,2;营养羽片和生殖羽片;四川盐边箐河;晚三叠世红果组。

1987 胡雨帆、顾道源,221页,图版3,图1,2;图版4,图1,1a;裸羽片和实羽片;新疆吐鲁番;晚三叠世郝家沟组;新疆吉木萨尔大龙口;中—晚三叠世克拉玛依组。

1987 孟繁松,239页,图版27,图2;图版33,图2;蕨叶;湖北远安茅坪九里岗、南漳东巩;晚三叠世九里岗组。

1989 梅美棠等,79页,图版35,图5;图版36,图2;蕨叶;中国;晚三叠世中—晚期。

1990 吴向午、何元良,294页,图版8,图2,2a;蕨叶;青海治多根涌曲-查日曲剖面;晚三叠世结扎群格玛组。

1995a 李星学(主编),图版70,图1—4;蕨叶;陕西葭县大会坪;晚三叠世延长组下部;甘肃武威;晚三叠世延长组上部。(中文)

1995b 李星学(主编),图版70,图1—4;蕨叶;陕西葭县大会坪;晚三叠世延长组下部;甘肃武威;晚三叠世延长组上部。(英文)

1999b 吴舜卿,23页,图版13,图2,2a,3,6;裸羽片;重庆合川沥濞峡;晚三叠世须家河组。

2000 吴舜卿等,图版2,图1,3,6,8;裸羽片和实羽片;新疆克拉玛依(库车)克拉苏河;晚三叠世"克拉玛依组"上部。

?多实拟丹尼蕨 ?*Danaeopsis fecunda* Halle

1987 何德长,81页,图版14,图2;蕨叶;湖北蒲圻苦竹桥;晚三叠世鸡公山组。

多实拟丹尼蕨(比较种) *Danaeopsis* cf. *fecunda* Halle

1977 长春地质学院勘探系等,图版1,图7;蕨叶;吉林浑江石人;晚三叠世小河口组。

1983 何元良,185页,图版28,图1,2;蕨叶;青海刚察伊克乌兰;晚三叠世默勒群阿塔寺组上段。

1988 吉林省地质矿产局,图版7,图9;蕨叶;吉林;晚三叠世。

△赫勒拟丹尼蕨(假拟丹尼蕨) *Danaeopsis* (*Pseudodanaeopsis*) *hallei* P'an, 1936

1936 潘钟祥,24页,图版8,图8;图版10,图3;图版11,图1,2;蕨叶;陕西绥德高家庵、叶家坪,延川延水关,永和乌门;晚三叠世延长层。[注:此标本后被改定为 *Danaeopsis fecunda* Halle (Halle,1921;斯行健、李星学等,1963)]

休兹拟丹尼蕨 *Danaeopsis hughesi* Feistmantel, 1882

1882 Feistmantel,25页,图版4,图1;图版5,图1,2;图版6,图1,2;图版7,图1,2;图版8,图1—5;图版9,图4;图版10,图1;图版17,图1;蕨叶;印度中央邦沙多尔地区帕索拉(Parsora,Shahdol District,Madhya Pradesh);晚三叠世(Parsora Stage)。[注:此种后被改定为 *Protoblechnum hughesi* (Feistmantel) Halle (Halle,1927b)或 *Dicroidium hughesi* (Feistmantel) Gothan(Lele,1962)]

1901 Krasser,145页,图版2,图4;蕨叶;陕西三十里铺;晚三叠世。[注:此标本后被改定为

?*Protoblechnum hughesi* (Feistmantel) Halle(斯行健、李星学等,1963)]
1993a 吴向午,75 页。

休兹"拟丹尼蕨" "*Danaeopsis*" *hughesi* Feistmantel

1936 潘钟祥,22 页,图版 8,图 9;图版 9,图 2—5;图版 10,图 1,2;图版 12,图 7;蕨叶;陕西绥德高家庵、叶家坪;晚三叠世延长层;陕西安定盘龙窑坪;早侏罗世瓦窑堡煤系下部。[注:此标本后被改定为 ?*Protoblechnum hughesi* (Feistmantel) Halle(斯行健、李星学等,1963)]

△大叶拟丹尼蕨 *Danaeopsis magnifolia* Huang et Chow,1980

1980 黄枝高、周惠琴,70 页,图版 16,图 1,2;图版 17,图 3;图版 18,图 4;图版 22,图 2;营养叶和生殖叶;登记号:OP108,OP111,OP140,OP143,OP145;陕西铜川金锁关、佳县城关;中三叠世晚期铜川组下段、上段。(注:原文未指定模式标本)

1982 刘子进,119 页,图版 57,图 2;蕨叶;陕西铜川金锁关、佳县城关;晚三叠世延长群下部铜川组。

△极小拟丹尼蕨 *Danaeopsis minuta* Wang,1984

1984 王自强,235 页,图版 120,图 4—6a;蕨叶;登记号:P0084,P0085a,P0085b;正模:P0085b(图版 120,图 6,6a);副模:P0085a(图版 120,图 5,5a);标本保存在中国科学院南京地质古生物研究所;山西吉县;中—晚三叠世延长群。

△扁平拟丹尼蕨 *Danaeopsis plana* (Emmons) Huang et Chow,1980

1857 *Strangerites planus* Emmons,122 页,图 90;蕨叶;美国;侏罗纪。

1900 *Danaeopsis plana* (Emmons) Fontaine,见 Ward,238,284 页,图版 25,图 1,2;蕨叶;美国;侏罗纪。

1980 黄枝高、周惠琴,71 页,图版 19,图 2,3;蕨叶;陕西铜川金锁关;中三叠世晚期铜川组上段下部。

1982 刘子进,119 页,图版 59,图 2;蕨叶;陕西铜川金锁关;晚三叠世延长群下部铜川组。

扁平拟丹尼蕨(比较种) *Danaeopsis* cf. *plana* (Emmons) Huang et Chow

1988a 黄其胜、卢宗盛,182 页,图版 1,图 4,4a;蕨叶;河南卢氏双槐树;晚三叠世延长群下部 6 层。

拟丹尼蕨(未定多种) *Danaeopsis* spp.

1977 *Danaeopsis* sp.,长春地质学院勘探系等,图版 1,图 9;图版 2,图 9;蕨叶;吉林浑江石人;晚三叠世小河口组。

1981 *Danaeopsis* sp.,周惠琴,图版 1,图 8;蕨叶;辽宁北票羊草沟;晚三叠世羊草沟组。

1984 *Danaeopsis* sp.,米家榕等,图版 1,图 1,1a;蕨叶;北京西山;晚三叠世杏石口组。

1993 *Danaeopsis* sp.,米家榕等,83 页,图版 3,图 1,6;营养羽片;吉林浑江石人北山;晚三叠世北山组(小河口组);北京西山潭柘寺东山;晚三叠世杏石口组。

拟丹尼蕨?(未定多种) *Danaeopsis*? spp.

1956a *Danaeopsis*? sp.,斯行健,31,138 页,图版 33,图 4;图版 53,图 7a;蕨叶;陕西宜君四郎庙炭河沟;晚三叠世延长层上部。

1963 *Danaeopsis*? sp.,斯行健、李星学等,55 页,图版 14,图 4;蕨叶;陕西宜君四郎庙炭河沟;

晚三叠世延长群上部。

1980 *Danaeopsis*? sp.,黄枝高、周惠琴,72 页,图版 24,图 4;蕨叶;陕西铜川柳林沟;晚三叠世延长组上部。

1986a *Danaeopsis*? sp.,陈其奭,447 页,图版 1,图 3;蕨叶;浙江衢县茶园里;晚三叠世茶园里组。

1991 *Danaeopsis*? sp.,北京市地质矿产局,图版 12,图 1,2;蕨叶;北京门头沟、潭柘寺;晚三叠世杏石口组。

1994 *Danaeopsis*? sp.,萧宗正等,图版 13,图 1;蕨叶;北京门头沟大峪;晚三叠世杏石口组。

?拟丹尼蕨(未定种)?*Danaeopsis* sp.

1987 ?*Danaeopsis* sp.,陈晔等,91 页,图版 5,图 3;营养羽片;四川盐边箐河;晚三叠世红果组。

骨碎补属 Genus *Davallia* Smith,1793

1940 Tutida,751 页。

1963 斯行健、李星学等,92 页。

1993a 吴向午,75 页。

模式种:(现生属)

分类位置:真蕨纲骨碎补科(Davalliaceae,Filicopsida)

△泥河子骨碎补 *Davallia niehhutzuensis* Tutida,1940

1940 Tutida,751 页;插图 1-4;生殖羽片和囊群;登记号:No.60957;模式标本:No.60957(插图 1);标本保存在日本仙台东北帝国大学理学部地质学古生物学教研室;辽宁凌源泥河子;早白垩世狼鳍鱼层。

1993a 吴向午,75 页。

泥河子?骨碎补 *Davallia*? *niehhutzuensis* Tutida

1963 斯行健、李星学等,93 页,图版 29,图 3-3d(=Tutida,1940,插图 1-4);生殖羽片和囊群;辽宁凌源泥河子;中—晚侏罗世。

蚌壳蕨属 Genus *Dicksonia* L'Heriter,1877

1883 Schenk,254 页。

1993a 吴向午,76 页。

模式种:(现生属)

分类位置:真蕨纲蚌壳蕨科(Dicksoniaceae,Filicopsida)

北极蚌壳蕨 *Dicksonia arctica* (Prynada) Krassilov,1978

1938 *Sphenopteris arctica* Prynada,24 页,图版 2,图 8;苏联东北;早白垩世。

1978 Krassilov,22 页,图版 8,图 82-87;图版 9,图 96;黑龙江流域布列亚盆地;早白垩世。

1992 邓胜徽,图版 1,图 10;营养羽片;辽宁铁法盆地;早白垩世小明安碑组。

1997 邓胜徽等,33 页,图版 12,图 5－14;蕨叶、生殖羽片、囊群和孢子;内蒙古扎赉诺尔、伊敏、大雁盆地;早白垩世伊敏组;内蒙古大雁盆地、拉布达林盆地、五九盆地;早白垩世大磨拐河组。

△常河营子蚌壳蕨 *Dicksonia changheyingziensis* Zheng et Zhang, 1982

1982a 郑少林、张武,162 页,图版 1,图 3－5;插图 1;营养叶和生殖叶;登记号:EH-15531-9－EH-15531-11;标本保存在沈阳地质矿产研究所;辽宁北票常河营子大板沟;中侏罗世蓝旗组。(注:原文未指定模式标本)

△喜悦蚌壳蕨 *Dicksonia charieisa* Zhang et Zheng, 1987

1987 张武、郑少林,269 页,图版 5,图 9－11;插图 10;营养叶和生殖叶;登记号:SG110023, SG110024;标本保存在沈阳地质矿产研究所;辽宁北票长皋台子山南沟;中侏罗世蓝旗组。(注:原文未指定模式标本)

优雅蚌壳蕨 *Dicksonia concinna* Heer, 1876

1876 Heer,87 页,图版 16,图 1－7;蕨叶;黑龙江流域布列亚盆地;晚侏罗世。

1984 王自强,243 页,图版 151,图 7;蕨叶;河北张家口;早白垩世青石砬组。

1987 段淑英,29 页,图版 5,图 2,3;图版 7,图 3,4;图版 11,图 1,1a;插图 12;营养叶和生殖叶;北京西山斋堂;中侏罗世。

1989 段淑英,图版 1,图 5,11;生殖叶;北京西山斋堂;中侏罗世门头沟煤系。

优雅蚌壳蕨(比较种) *Dicksonia* cf. *concinna* Heer

1984 王自强,243 页,图版 135,图 9;图版 140,图 1;图版 142,图 1－3;蕨叶;山西大同;中侏罗世大同组;河北涿鹿;中侏罗世玉带山组。

△革质蚌壳蕨 *Dicksonia coriacea* Schenk, 1883

1883 Schenk,254 页,图版 52,图 4,7;营养羽片和生殖羽片;北京西山;侏罗纪。[注:此标本后改定为 ?*Coniopteris hymenophylloides* (Brongniart) Seward(斯行健、李星学等,1963)]

1993a 吴向午,76 页。

肯达尔蚌壳蕨 *Dicksonia kendallii* Harris, 1961

1961 Harris,180 页;插图 66;营养叶和生殖叶;英国约克郡;中侏罗世。

1990 郑少林、张武,218 页,图版 2,图 3;插图 2;蕨叶和生殖羽片;辽宁本溪田师傅;中侏罗世大堡组。

马利羊齿式蚌壳蕨 *Dicksonia mariopteris* Wilson et Yates, 1953

1953 Wilson, Yates,930 页;插图 1,2;实羽片和裸羽片;英国约克郡;中侏罗世。

1984 王自强,243 页,图版 142,图 6;图版 143,图 1－6;实羽片和裸羽片;河北涿鹿;中侏罗世玉带山组。

△西拉普蚌壳蕨 *Dicksonia silapensis* (Prynata) Meng et Chen, 1988

1938 *Sphenopteris silapensis* Prynada,27 页,图版 2,图 1;插图 5;苏联东北;早白垩世。

1988 孟祥营、陈芬,见陈芬等,34,144 页,图版 4,图 3－7;图版 5,图 1－6;图版 61,图 4,5;

图版63,图1;营养蕨叶和生殖蕨叶;辽宁阜新;早白垩世阜新组;辽宁铁法盆地;早白垩世小明安碑组上含煤段、下含煤段。

1992 邓胜徽,图版3,图1—3;营养羽片和生殖羽片;辽宁铁法盆地;早白垩世小明安碑组。

1995b 邓胜徽,27页,图版12,图8;蕨叶;内蒙古霍林河盆地;早白垩世霍林河组。

1995 邓胜徽、姚立军,图版1,图10;孢子囊群;中国东北地区;早白垩世。

1997 邓胜徽等,33页,图版15,图10—13;蕨叶;内蒙古扎赉诺尔、大雁盆地;早白垩世伊敏组。

1998b 邓胜徽,图版1,图2,3;蕨叶;内蒙古平庄-元宝山盆地;早白垩世杏园组、元宝山组。

2001 邓胜徽、陈芬,91,207页,图版48,图1—5;图版49,图1—5;图版50,图1—10;图版65,图10;图版106,图1B;插图19;蕨叶和生殖羽片;辽宁阜新盆地;早白垩世阜新组;辽宁铁法盆地;早白垩世小明安碑组;内蒙古海拉尔;早白垩世伊敏组;内蒙古霍林河盆地;早白垩世霍林河组;内蒙古平庄-元宝山盆地;早白垩世杏园组、元宝山组;吉林辽源盆地;早白垩世辽源组;黑龙江鸡西盆地、三江盆地;早白垩世城子河组。

△索氏蚌壳蕨 *Dicksonia suessii* Krasser,1906

1906 Krasser,593页,图版1,图9;裸羽片;吉林蛟河;侏罗纪。[注:此标本后改定为*Coniopteris burejensis* (Zalessky) Seward(斯行健、李星学等,1963)]

△孙家湾蚌壳蕨 *Dicksonia sunjiawanensis* Meng et Chen,1988

1988 孟祥营、陈芬,见陈芬等,35,144页,图版6,图1—8;营养蕨叶和生殖蕨叶;标本号:Fx038—Fx044;标本保存在武汉地质学院北京研究生部;辽宁阜新海州矿;早白垩世阜新组"孙家湾段"、水泉段。(注:原文未指定模式标本)

蚌壳蕨(未定种) *Dicksonia* sp.

1883 *Dicksonia* sp.,Schenk,255页;插图2;生殖羽片;山西大同煤田;侏罗纪。[注:此标本后改定为*Coniopteris tatungensis* Sze(斯行健、李星学等,1963)]

蚌壳蕨?(未定种) *Dicksonia*? sp.

1993c *Dicksonia*? sp.,吴向午,77页,图版1,图5;蕨叶;陕西商县凤家山-山倾村剖面;早白垩世凤家山组下段。

网叶蕨属 Genus *Dictyophyllum* Lindley et Hutton,1834

1834(1831—1837) Lindley,Hutton,65页。

1902—1903 Zeiller,109,298页。

1963 斯行健、李星学等,82页。

1993a 吴向午,77页。

模式种:*Dictyophyllum rugosum* Lindley et Hutton,1834

分类位置:真蕨纲双扇蕨科(Dipteridaceae,Filicopsida)

皱纹网叶蕨 *Dictyophyllum rugosum* Lindley et Hutton,1834

1834(1831—1837) Lindley,Hutton,65页,图版104;蕨叶;英国约克郡;中侏罗世晚期。

1993a 吴向午,77 页。

△等形网叶蕨 ***Dictyophyllum aquale* Yang,1978**

1978 杨贤河,486 页,图版 168,图 2;蕨叶;标本号:Sp0064;正模:Sp0064(图版 168,图 2);标本保存在成都地质矿产研究所;四川乡城沙孜;晚三叠世喇嘛垭组。

△承德网叶蕨 ***Dictyophyllum chengdeense* Mi,Zhang,Sun et al.,1993**

1993 米家榕、张川波、孙春林等,86 页,图版 8,图 1－4,6,8;图版 9,图 1;插图 18;蕨叶和生殖羽片;登记号:CH204－CH209;正模:CH205(图版 8,图 2);副模 1:CH206(图版 8,图 3);副模 2:CH208(图版 8,图 6);标本保存在长春地质学院地史古生物教研室;河北承德上谷;晚三叠世杏石口组。

瘦长网叶蕨 ***Dictyophyllum exile* (Brauns) Nathorst,1878**

1862 *Camptopteris exile* Brauns,54 页,图版 13,图 11;蕨叶;德国;晚三叠世。

1878 Nathorst,39 页,图版 5,图 7;蕨叶;瑞士;晚三叠世。

1978 陈其奭等,图版 1,图 8－10;蕨叶;浙江义乌乌灶;晚三叠世乌灶组。

1978 周统顺,102 页,图版 19,图 1;蕨叶;福建漳平大坑;晚三叠世文宾山组。

1979 徐仁等,23 页,图版 27,图 2－6;图版 28;蕨叶;四川宝鼎;晚三叠世大荞地组中上部。

1982 王国平等,245 页,图版 112,图 2;蕨叶;浙江义乌乌灶;晚三叠世乌灶组;福建漳平大坑;晚三叠世大坑组。

1982 杨贤河,470 页,图版 8,图 5－7;蕨叶;四川冕宁解放桥;晚三叠世白果湾组。

1984 陈公信,575 页,图版 233,图 1,2;蕨叶;湖北蒲圻苦竹桥;晚三叠世鸡公山组。

1984 黄其胜,图版 1,图 8,9;蕨叶;安徽怀宁宝龙山;晚三叠世拉犁尖组。

1986a 陈其奭,447 页,图版 3,图 1－3,6－9;裸羽片和实羽片;浙江衢县茶园里;晚三叠世茶园里组。

1986b 陈其奭,8 页,图版 1,图 1－4;图版 2,图 1－3;蕨叶;浙江义乌乌灶;晚三叠世乌灶组。

1987 陈晔等,98 页,图版 10,图 2;营养叶;四川盐边箐河;晚三叠世红果组。

1987 何德长,82 页,图版 19,图 3;图版 20,图 3;蕨叶;福建漳平大坑;晚三叠世文宾山组。

△优美网叶蕨 ***Dictyophyllum exquisitum* Sun,1981**

1980 吴水波等,图版 1,图 1;蕨叶;吉林汪清托盘沟地区;晚三叠世。(裸名)

1981 孙革,461 页,图版 1,图 1,2,4,5;图版 2,图 1－4;插图 1;蕨叶;采集号:T11-16,16f,16,110;登记号:77051,77051a－77051c;正模:77051a(图版 1,图 1,3);标本保存在吉林省地质局区域地质调查大队;吉林汪清天桥岭;晚三叠世马鹿沟组。

1987 张武、郑少林,268 页,图版 4,图 4;插图 8;蕨叶;辽宁北票东坤头营子;晚三叠世石门沟组。

1992 孙革、赵衍华,529 页,图版 223,图 1,3,4;图版 224,图 1－3,5;图版 225,图 3;图版 226,图 4;图版 227,图 7;蕨叶;吉林汪清天桥岭;晚三叠世马鹿沟组。

1993 米家榕等,87 页,图版 9,图 2,4－7a;蕨叶;吉林汪清天桥岭;晚三叠世马鹿沟组。

1993 孙革,64 页,图版 7,图 1－3;图版 8,图 1－4;蕨叶;吉林汪清天桥岭;晚三叠世马鹿沟组。

1995a 李星学(主编),图版 78,图 1;蕨叶;吉林汪清天桥岭;晚三叠世马鹿沟组。(中文)

1995b 李星学(主编),图版 78,图 1;蕨叶;吉林汪清天桥岭;晚三叠世马鹿沟组。(英文)

△小网网叶蕨 *Dictyophyllum gracile* (Turutanova-Ketova) Chu,1979

1962 *Kenderlykia gracilis* Turutanova-Ketova,147 页,图版 8,图 1—4;蕨叶;东哈萨克斯坦;早侏罗世。

1979 朱家楠,见徐仁等,24 页,图版 27,图 7,7a;插图 9;蕨叶;四川宝鼎;晚三叠世大荞地组中上部。

1982 段淑英、陈晔,497 页,图版 4,图 12;蕨叶;四川开县桐树坝;晚三叠世须家河组。

1984 陈公信,575 页,图版 233,图 3,4;蕨叶;湖北荆门分水岭;早侏罗世桐竹园组。

小龙网叶蕨 *Dictyophyllum kotakiensis* Kimura,1981

1981 Kimura,192 页,图版 30,图 9—11;插图 4a—4g;蕨叶;日本;早侏罗世。

1987 何德长,72 页,图版 2,图 7;蕨叶;浙江龙泉花桥;早侏罗世早期花桥组 6 层。

克氏网叶蕨 *Dictyophyllum kryshtofoviochii* Srebrodolskaja,1961

1961 Srebrodolskaja,149 页,图版 17,图 7,8;蕨叶;南滨海;晚三叠世。

1992 孙革、赵衍华,529 页,图版 225,图 1;图版 227,图 1;蕨叶;吉林汪清天桥岭;晚三叠世马鹿沟组。

1993 孙革,65 页,图版 9,图 1,2;图版 10,图 1;蕨叶;吉林汪清天桥岭;晚三叠世马鹿沟组。

△较小网叶蕨 *Dictyophyllum minum* Mi,Sun C,Sun Y,Cui,Ai et al.,1996(中文发表)

1996 米家榕、孙春林、孙跃武、崔尚森、艾永亮等,91 页,图版 7,图 9,11;插图 2;蕨叶;登记号:FH2218,FH2219;正模:FH2218(图版 7,图 9);副模:FH2219(图版 7,图 11);标本保存在长春地质学院地史古生物教研室;河北抚宁石门寨;早侏罗世北票组。

敏斯特网叶蕨 *Dictyophyllum muensteri* (Goeppert) Nathorst,1876

1841 *Thaumatopteris muensteri* Goeppert,31 页,图版 1;图版 2,图 1—6;图版 3,图 1,2;蕨叶;德国;晚三叠世。

1876 Nathorst,29 页,图版 6,图 1(?);图版 16,图 17,18;蕨叶;瑞士;晚三叠世。

1982 李佩娟、吴向午,43 页,图版 11,图 1,2;蕨叶;四川德格玉隆区严仁普;晚三叠世喇嘛垭组。

1983 段淑英等,61 页,图版 8,图 2;图版 12,图 1,2;蕨叶;云南宁蒗背箩山;晚三叠世。

1984 周志炎,9 页,图版 2,图 3—10;蕨叶;湖南祁阳河埠塘、零陵黄阳司王家亭子;早侏罗世观音滩组中下部。

1995a 李星学(主编),图版 82,图 6;蕨叶;湖南零陵黄阳司;早侏罗世观音滩组中(下?)部。(中文)

1995b 李星学(主编),图版 82,图 6;蕨叶;湖南零陵黄阳司;早侏罗世观音滩组中(下?)部。(英文)

敏斯特网叶蕨(比较种) *Dictyophyllum* cf. *muensteri* (Goeppert) Nathorst

1978 周统顺,图版 29,图 8;图版 30,图 3,4;蕨叶;福建将乐高塘;早侏罗世梨山组。

那托斯特网叶蕨 *Dictyophyllum nathorsti* Zeiller,1903

1902—1903 Zeiller,109 页,图版 23,图 1;图版 24,图 1;图版 25,图 1—6;图版 27,图 1;图版 28,图 3;蕨叶;越南鸿基;晚三叠世。

1902—1903 Zeiller,298 页,图版 56,图 3;蕨叶;云南太平场;晚三叠世。

1933c 斯行健,20 页,图版 2,图 9;蕨叶;四川宜宾;晚三叠世晚期—早侏罗世。

1933c 斯行健,25 页,图版 5,图 2;蕨叶;四川宜宾南广;晚三叠世晚期—早侏罗世。

1950 Ôishi,52;蕨叶;四川,江西;早侏罗世。

1952 斯行健、李星学,3,22 页,图版 1,图 9;图版 3,图 8;图版 5,图 4;蕨叶;四川巴县一品场、威远矮山子;早侏罗世。

1954 徐仁,50 页,图版 45,图 1,2;蕨叶;江西萍乡高坑;晚三叠世。

1956 敖振宽,20 页,图版 2,图 4;图版 3,图 1;蕨叶;广东广州小坪;晚三叠世小坪煤系。

1958 汪龙文等,594 页,图 595;蕨叶;云南,江西,湖南,湖北,四川;晚三叠世—早侏罗世。

1962 李星学等,151 页,图版 94,图 6;蕨叶;长江流域;晚三叠世—早侏罗世。

1963 周惠琴,171 页,图版 72,图 2;蕨叶;广东乐昌小水;晚三叠世。

1963 斯行健、李星学等,84 页,图版 25,图 13;图版 26,图 1－2a;蕨叶;四川巴县一品场、威远矮山子,宜宾;早侏罗世香溪群;江西萍乡,云南禄丰一平浪,湖南;晚三叠世—早侏罗世。

1964 李星学等,128 页,图版 76,图 12;图版 84,图 1;蕨叶;华南地区;晚三叠世—早侏罗世。

1964 李佩娟,110,167 页,图版 1,图 4,5;图版 3,图 7－7b;裸羽片和实羽片;四川广元须家河;晚三叠世须家河组。

1968 《湘赣地区中生代含煤地层化石手册》,45 页,图版 2,图 2－3a;蕨叶;湘赣地区;晚三叠世—早侏罗世。

1974 胡雨帆等,图版 2,图 4;蕨叶;四川雅安观化煤矿;晚三叠世。

1974a 李佩娟等,356 页,图版 190,图 6;蕨叶;四川彭县磁峰场;晚三叠世须家河组。

1976 李佩娟等,107 页,图版 23,图 1,2(?),3,4;图版 24,图 6(?);蕨叶;云南祥云蚂蝗阱;晚三叠世祥云组花果山段;云南禄丰渔坝村、一平浪;晚三叠世一平浪组干海子段。

1977 冯少南等,209 页,图版 78,图 2,6;蕨叶;广东乐昌;晚三叠世小坪组;湖北远安、南漳;晚三叠世香溪群下煤组;湖北秭归、远安;早—中侏罗世香溪群上煤组。

1978 杨贤河,485 页,图版 168,图 6;蕨叶;四川新龙雄龙;晚三叠世喇嘛垭组。

1978 张吉惠,479 页,图版 161,图 4;蕨叶;四川古蔺石鹅;晚三叠世。

1978 周统顺,图版 18,图 4;蕨叶;福建漳平大坑文宾山;晚三叠世文宾山组下段。

1979 何元良等,136 页,图版 61,图 1;蕨叶;青海都兰八宝山;晚三叠世八宝山群。

1979 徐仁等,25 页,图版 26,图 7;图版 27,图 8;图版 29－31;图版 32,图 1;营养叶和生殖叶;四川渡口龙树湾;晚三叠世大荞地组中上部;四川渡口太平场;晚三叠大箐组下部。

1980 何德长、沈襄鹏,11 页,图版 1,图 4;图版 3,图 5;蕨叶;湖南攸县炭山坡;晚三叠世安源组;广东曲江红卫坑;晚三叠世。

1980 吴舜卿等,75 页,图版 3,图 3;蕨叶;湖北兴山耿家河;晚三叠世沙镇溪组。

1981 周惠琴,图版 1,图 6;蕨叶;辽宁北票羊草沟;晚三叠世羊草沟组。

1982 段淑英、陈晔,498 页,图版 4,图 5－7;蕨叶;四川合川炭坝;晚三叠世须家河组。

1982 李佩娟、吴向午,43 页,图版 2,图 2;图版 14,图 1,1a;蕨叶;四川德格玉隆区严仁普,云南中甸格咱区翁水乡;晚三叠世喇嘛垭组。

1982 刘子进,124 页,图版 62,图 10;图版 63,图 1;蕨叶;陕西镇巴水磨沟、长滩河;晚三叠世须家河组,早—中侏罗世白田坝组。

1982 王国平等,245 页,图版 112,图 6;蕨叶;江西萍乡安源;晚三叠世安源组;福建漳平;晚三叠世文宾山组。

1982b 吴向午,84 页,图版 7,图 1;图版 8,图 5;蕨叶;西藏贡觉夺盖拉煤点;晚三叠世巴贡组上段。

1982　杨贤河,470 页,图版 6,图 1－6;蕨叶;四川永川、广元、威远;晚三叠世须家河组。
1982　张采繁,524 页,图版 338,图 9,12;蕨叶;湖南浏阳文家市、祁阳观音滩、怀化泸阳;晚三叠世—早侏罗世。
1983　段淑英等,图版 8,图 3;图版 12,图 3;蕨叶;云南宁蒗背箩山;晚三叠世。
1983　鞠魁祥等,图版 3,图 9;蕨叶;江苏南京龙潭范家塘;晚三叠世范家塘组。
1984　陈公信,576 页,图版 233,图 3,4;蕨叶;湖北蒲圻鸡公山、苦竹桥,远安铁炉湾,兴山耿家河;晚三叠世鸡公山组、九里岗组、沙镇溪组。
1986　陈晔等,40 页,图版 5,图 2;蕨叶;四川理塘;晚三叠世拉纳山组。
1986a 陈其奭,448 页,图版 3,图 5;裸羽片;浙江衢县茶园里;晚三叠世茶园里组。
1986b 陈其奭,9 页,图版 2,图 4－7;蕨叶;浙江义乌乌灶;晚三叠世乌灶组。
1986　鞠魁祥、蓝善先,图版 2,图 2;蕨叶;江苏南京吕家山;晚三叠世范家塘组。
1986　叶美娜等,27 页,图版 14,图 1;图版 16;蕨叶;四川达县铁山金窝、金刚;晚三叠世须家河组。
1987　陈晔等,98 页,图版 10,图 4－6;营养叶;四川盐边箐河;晚三叠世红果组。
1988　陈楚震等,图版 5,图 6;蕨叶;江苏南京龙潭范家塘;晚三叠世范家塘组。
1989　梅美棠等,84 页,图版 40,图 1;蕨叶;中国;晚三叠世。
1993　米家榕等,88 页,图版 9,图 3;图版 10,图 1,2;图版 11,图 6;蕨叶;吉林汪清天桥岭;晚三叠世马鹿沟组。
1993　王士俊,9 页,图版 2,图 1;蕨叶;广东乐昌关春;晚三叠世艮口群。
1993a 吴向午,77 页。
1995a 李星学(主编),图版 75,图 1;蕨叶;云南禄丰一平浪;晚三叠世一平浪组。(中文)
1995b 李星学(主编),图版 75,图 1;蕨叶;云南禄丰一平浪;晚三叠世一平浪组。(英文)
1996　米家榕等,91 页,图版 8,图 3,11;蕨叶;辽宁北票冠山二井;早侏罗世北票组下段;河北抚宁石门寨;早侏罗世北票组。
1997　孟繁松、陈大友,图版 1,图 11,12;蕨叶;重庆云阳南溪;中侏罗世自流井组东岳庙段。
1999b 吴舜卿,16 页,图版 4,图 8,9;图版 5,图 1,1a;蕨叶;四川会理鹿厂;晚三叠世白果湾组;四川旺苍立溪岩、万源石冠寺、彭县磁峰场;晚三叠世须家河组。
2003　孟繁松等,图版 2,图 3－5;营养羽片;重庆云阳水市口;早侏罗世自流井组东岳庙段。

那托斯特网叶蕨(比较种) *Dictyophyllum* cf. *nathorsti* Zeiller

1931　斯行健,3 页,图版 1,图 2;蕨叶;江西萍乡;早侏罗世(Lias)。[注:此标本后被改定为 ? *Dictyophyllum nathorsti* Zeiller(斯行健、李星学等,1963)]
1949　斯行健,5 页,图版 1,图 4;图版 14,图 6;蕨叶;湖北秭归香溪,当阳曾家窑、奋子沟;早侏罗世香溪煤系。[注:此标本后被改定为 *Dictyophyllum nathorsti* Zeiller(斯行健、李星学等,1963)]
1956　李星学,17 页,图版 5,图 3;蕨叶;湖北秭归香溪;早侏罗世香溪煤系。
1965　曹正尧,515 页,图版 3,图 7,8;蕨叶;广东高明松柏坑;晚三叠世小坪组。
1986　吴舜卿、周汉忠,638 页,图版 6,图 11;蕨叶;新疆吐鲁番盆地西北缘托克逊克尔碱地区;早侏罗世八道湾组。
1987　何德长,81 页,图版 15,图 1,3,5;蕨叶;湖北蒲圻苦竹桥;晚三叠世鸡公山组。

尼尔桑网叶蕨 *Dictyophyllum nilssoni* (Brongniart) Goeppert,1841－1846

1828－1838　*Phlibopteris nilssoni* Brongniart,376 页,图版 132,图 2;蕨叶;瑞典;早侏罗世。

1841—1846 Goeppert,119 页;瑞典;早侏罗世。

1950 Ôishi,52 页;蕨叶;四川;早侏罗世。

1968 《湘赣地区中生代含煤地层化石手册》,45 页,图版 7,图 1;图版 8,图 1,2;蕨叶;湘赣地区;晚三叠世—早侏罗世。

1974a 李佩娟等,356 页,图版 190,图 7,8;裸羽片;四川天全河;晚三叠世须家河组。

1978 杨贤河,486 页,图版 168,图 7;蕨叶;四川新龙雄龙;晚三叠世喇嘛垭组。

1978 张吉惠,479 页,图版 161,图 1;蕨叶;四川古蔺石鹅;晚三叠世。

1978 周统顺,图版 18,图 5,6;蕨叶;福建漳平大坑文宾山;晚三叠世大坑组上段;福建上杭矶头;晚三叠世文宾山组。

1979 何元良等,136 页,图版 61,图 2;蕨叶;青海格尔木乌丽;晚三叠世结扎群上部。

1980 何德长、沈襄鹏,11 页,图版 15,图 3;蕨叶;湖南宜章长策西岭;早侏罗世造上组。

1982 王国平等,245 页,图版 112,图 5;蕨叶;福建漳平大坑;晚三叠世大坑组。

1982 张采繁,524 页,图版 336,图 1;图版 338,图 6;图版 353,图 9;蕨叶;湖南浏阳文家市、宜章长策下坪;早侏罗世。

1983 鞠魁祥等,图版 2,图 3;蕨叶;江苏南京龙潭范家塘;晚三叠世范家塘组。

1984 周志炎,8 页,图版 2,图 2;裸羽片;湖南祁阳河埠塘;早侏罗世观音滩组排家冲段。

1986b 陈其奭,9 页,图版 4,图 1;蕨叶;浙江义乌乌灶;晚三叠世乌灶组。

1987 陈晔等,99 页,图版 10,图 7,8;营养叶;四川盐边箐河;晚三叠世红果组。

1987 孟繁松,242 页,图版 28,图 2;蕨叶;湖北当阳三里岗;早侏罗世香溪组。

1988b 黄其胜、卢宗盛,图版 10,图 1;蕨叶;湖北大冶金山店;早侏罗世武昌组上部。

1989 梅美棠等,84 页,图版 38,图 3;蕨叶;中国;晚三叠世。

1989 周志炎,138 页,图版 3,图 6;裸羽片;湖南衡阳杉桥;晚三叠世杨柏冲组。

1995a 李星学(主编),图版 82,图 4;蕨叶;湖南零陵黄阳司;早侏罗世观音滩组排家冲段。(中文)

1995b 李星学(主编),图版 82,图 4;蕨叶;湖南零陵黄阳司;早侏罗世观音滩组排家冲段。(英文)

2002 王永栋,图版 5,图 1—4;营养羽片和生殖羽片;湖北秭归香溪;早侏罗世香溪组。

2003 孟繁松等,图版 3,图 1,2;营养羽片;重庆云阳水市口;早侏罗世自流井组东岳庙段。

尼尔桑网叶蕨(比较种) *Dictyophyllum* cf. *nilssoni* (Brongniart) Goeppert

1933d 斯行健,58 页,图版 11,图 4;蕨叶;四川(?);早侏罗世。

1949 斯行健,5 页,图版 4,图 2;蕨叶;湖北秭归香溪;早侏罗世香溪煤系。

1963 斯行健、李星学等,85 页,图版 27,图 1;蕨叶;湖北秭归香溪;早侏罗世香溪群;四川(?);侏罗纪。

1977 冯少南等,210 页,图版 77,图 3;蕨叶;湖北秭归香溪;早—中侏罗世香溪群上煤组。

1979 顾道源、胡雨帆,图版 2,图 5;蕨叶;新疆克拉玛依(库车)克拉苏河;晚三叠世塔里奇克组。

1984 顾道源,141 页,图版 66,图 6;蕨叶;新疆克拉玛依(库车)克拉苏河;晚三叠世塔里奇克组。

1986 鞠魁祥、蓝善先,图版 2,图 8;蕨叶;江苏南京吕家山;晚三叠世范家塘组。

1987 胡雨帆、顾道源,223 页,图版 4,图 2,2a;蕨叶;新疆库车基奇克套;晚三叠世塔里奇克组。

1999b 吴舜卿,17 页,图版 5,图 2,2a;生殖叶;四川彭县海窝子;晚三叠世须家河组。

2002 张振来等,图版 14,图 6;羽片;湖北巴东宝塔河煤矿;晚三叠世沙镇溪组。

锯缘网叶蕨 *Dictyophyllum serratum* (Kurr) Frentzen,1922

1869 *Camptopteris serratum* Kurr, Schimpper, 632 页, 图版 42, 图 4; 西欧; 晚三叠世(Keuper)。

1922 Frentzen,35 页,图版 3,图 1;蕨叶;西欧;晚三叠世(Keuper)。

1979 徐仁等,23 页,图版 32,图 2—7;蕨叶;四川宝鼎花山;晚三叠世大荞地组中上部。

1987 陈晔等,98 页,图版 10,图 3;营养叶;四川盐边箐河;晚三叠世红果组。

1993 米家榕等,88 页,图版 11,图 5;蕨叶;吉林汪清天桥岭;晚三叠世马鹿沟组。

1995a 李星学(主编),图版 74,图 1;蕨叶;四川宝鼎太平场;晚三叠世大箐组。(中文)

1995b 李星学(主编),图版 74,图 1;蕨叶;四川宝鼎太平场;晚三叠世大箐组。(英文)

△谭氏网叶蕨 *Dictyophyllum tanii* Mi, Sun C, Sun Y, Cui, Ai et al., 1996(中文发表)

1996 米家榕、孙春林、孙跃武、崔尚森、艾永亮等,92 页,图版 7,图 3—5;插图 3;蕨叶;登记号:BL-2106,BL-2121,BL-3002;正模:BL-2121(图版 7,图 3);标本保存在长春地质学院地史古生物教研室;辽宁北票冠山一井;早侏罗世北票组下段。

网叶蕨(未定多种) *Dictyophyllum* spp.

1976 *Dictyophyllum* sp. 1,李佩娟等,108 页,图版 24,图 5;蕨叶;云南禄丰一平浪;晚三叠世一平浪组干海子段。

1977 *Dictyophyllum* sp.,冯少南等,210 页,图版 83,图 5;蕨叶;广东乐昌关溪;晚三叠世小坪组。

1981 *Dictyophyllum* sp. 1,孙革,463 页,图版 2,图 5;插图 2;蕨叶;吉林汪清天桥岭;晚三叠世马鹿沟组。

1981 *Dictyophyllum* sp. 2,孙革,463 页,图版 1,图 3;蕨叶;吉林汪清天桥岭;晚三叠世马鹿沟组。

1982b *Dictyophyllum* sp. (sp. nov.),吴向午,84 页,图版 8,图 6,6a;蕨叶;西藏贡觉夺盖拉煤点;晚三叠世巴贡组上段。

1982 *Dictyophyllum* sp.,张采繁,524 页,图版 338,图 10,10a;蕨叶;湖南浏阳文家市;早侏罗世高家田组。

1984 *Dictyophyllum* sp. 1,王自强,246 页,图版 126,图 7,8;蕨叶;河北承德;早侏罗世甲山组。

1984 *Dictyophyllum* sp. 2,王自强,246 页,图版 140,图 2,3;蕨叶;山西大同;中侏罗世大同组;河北下花园;中侏罗世门头沟组。

1984 *Dictyophyllum* sp. 3,王自强,246 页,图版 126,图 9;蕨叶;河北承德;早侏罗世甲山组。

1990 *Dictyophyllum* sp.,吴向午、何元良,296 页,图版 4,图 5,5a;蕨叶;青海囊谦;晚三叠世结扎群格玛组。

1993 *Dictyophyllum* sp.,米家榕等,89 页,图版 5,图 5;蕨叶;吉林双阳八面石煤矿;晚三叠世小蜂蜜顶子组上段。

2003 *Dictyophyllum* sp.,许坤等,图版 6,图 11;蕨叶;辽宁北票冠山一井;早侏罗世北票组下段。

网叶蕨?(未定多种) *Dictyophyllum*? spp.

1976 *Dictyophyllum*? sp. 2,李佩娟等,108 页,图版 24,图 5;蕨叶;四川渡口摩沙河;晚三叠世纳拉箐组大荞地段。

1983 *Dictyophyllum*? sp.,何元良,187 页,图版 28,图 11;插图 4-61;蕨叶;青海祁连尕勒得寺;晚三叠世默勒群尕勒得寺组。

1997 *Dictyophyllum*? sp.,吴舜卿等,164 页,图版 1,图 1,1a,4A;小羽片;香港大澳;早侏罗世晚期—中侏罗世早期大澳组。

2001 *Dictyophyllum*? sp.,孙革等,73,184 页,图版 11,图 5;图版 43,图 4,14;蕨叶;辽宁北票上园;晚侏罗世尖山沟组。

?网叶蕨(未定种) ?*Dictyophyllum* sp.

1933c ?*Dictyophyllum* sp.,斯行健,14 页,图版 4,图 12,13;蕨叶;四川广元须家河;晚三叠世晚期—早侏罗世。

双囊蕨属 Genus *Disorus* Vakhrameev,1962

1962 Vakhrameev,Doludenko,59 页。

1998 张泓等,274 页。

模式种:*Disorus nimakanensis* Vakhrameev,1962

分类位置:真蕨纲蚌壳蕨科(Dicksoniaceae,Filicopsida)

尼马康双囊蕨 *Disorus nimakanensis* Vakhrameev,1962

1962 Vakhrameev,Doludenko,59 页,图版 9,图 3,4;图版 10,图 1—4;裸羽片和实羽片;东西伯利亚布列亚盆地;晚侏罗世—早白垩世。

△最小双囊蕨 *Disorus minimus* Zhang,1998(中文发表)

1998 张泓等,274 页,图版 16,图 1,2;插图 A-1;生殖叶;采集号:YD-1;登记号:MP-94079;正模:MP-94079(图版 16,图 1);标本保存在煤炭科学研究总院西安分院;甘肃永登仁寿山;侏罗纪。

△龙蕨属 Genus *Dracopteris* Deng,1994

1994 邓胜徽,18 页。

模式种:*Dracopteris liaoningensis* Deng,1994

分类位置:真蕨纲(Filicopsida)

△辽宁龙蕨 *Dracopteris liaoningensis* Deng,1994

1994 邓胜徽,18 页,图版 1,图 1—8;图版 2,图 1—15;图版 3,图 1—9;图版 4,图 1—9;插图 2;蕨叶,生殖羽片、囊群和孢子;标本号:Fxt5-086 — Fxt5-090,TDMe622;正模:Fxt5-087(图版 1,图 6);辽宁阜新盆地、铁法盆地;早白垩世阜新组、小明安碑组。

2001 邓胜徽、陈芬,119,214 页,图版 69,图 1—5;图版 70,图 1—11;图版 71,图 1—8;插图 26;蕨

叶和生殖羽片;辽宁阜新盆地;早白垩世阜新组;辽宁铁法盆地;早白垩世小明安碑组。

鳞毛蕨属 Genus *Dryopteris* Adans

1979　王自强、王璞,图版 1,图 14.

1993a 吴向午,79 页。

模式种:(现生属)

分类位置:真蕨纲水龙骨科(Polipodiaceae,Filicopsida)

△中国鳞毛蕨 *Dryopteris sinensis* Lee et Yeh (MS) ex Wang Z et Wang P,1979

(注:此种名可能为 *Dryopterites sinensis* Li et Ye 之误)

1979　王自强、王璞,图版 1,图 14;实羽片;北京西山丰台西中店土洞;早白垩世芦尚坟组。(裸名)

1993a 吴向午,79 页。

似鳞毛蕨属 Genus *Dryopterites* Berry,1911

1911　Berry,216 页。

1980　李星学、叶美娜,6 页(见杨学林等,1978,图版 2,图 3,4;图版 3,图 7)。

1993a 吴向午,79 页。

模式种:*Dryopterites macrocarpa* Berry,1911

分类位置:真蕨纲水龙骨科(Polipodiaceae,Filicopsida)

细囊似鳞毛蕨 *Dryopterites macrocarpa* Berry,1911

1889　*Aspidium macrocarpum* Fontaine,103 页,图版 17,图 2;营养叶;美国弗吉尼亚(Dutch Gap of Virginia);早白垩世帕特森特组(Patuxent Formation)。

1911　Berry,216 页;营养叶;美国弗吉尼亚(Dutch Gap of Virginia);早白垩世帕特森特组(Patuxent Formation)。

1993a 吴向午,79 页。

△直立似鳞毛蕨 *Dryopterites erecta* (Bell) Meng et Chen,1988

1911　*Sphenopteris* (*Gleichenites*?) *electa* Bell,65 页,图版 19,图 6;图版 22,图 1;生殖叶;加拿大西部;早白垩世。

1988　陈祥营,见陈芬等,51,151 页,图版 15,图 6—8;蕨叶和生殖羽片;辽宁阜新海州矿;早白垩世阜新组孙家湾段。

△雅致似鳞毛蕨 *Dryopterites elegans* Lee et Yeh (MS) ex Zhang et al.,1980

[注:此种后被改定为 *Eogymnocarpium sinense* Li,Ye et Zhu(李星学等,1986)]

1980　张武等,247 页,图版 160,图 1—4;插图 182;营养叶和实羽片;吉林蛟河,黑龙江鸡东哈达;早白垩世磨石砬子组、穆棱组。

1982b 郑少林、张武,297 页,图版 5,图 8—10;蕨叶;黑龙江双鸭山岭西、四方台;早白垩世城子河组。

△纤细似鳞毛蕨 *Dryopterites gracilis* Deng,1995

1995a 邓胜徽,484,488页,图版1,图1－3;图版2,图7,8;插图1C;蕨叶和生殖羽片;标本保存在石油勘探开发科学研究院;辽宁铁法盆地;早白垩世小明安碑组。

2001 邓胜徽、陈芬,135,221页,图版89,图1－7;图版90,图1－8;图版91,图1－9;插图33A－33D,33H;蕨叶和生殖羽片;辽宁铁法盆地;早白垩世小明安碑组。

△辽宁似鳞毛蕨 *Dryopterites liaoningensis* Deng,1995

1995a 邓胜徽,484,488页,图版1,图8,9;图版2,图5,6,9,10;插图1B;蕨叶和生殖羽片;标本保存在石油勘探开发科学研究院;辽宁铁法盆地;早白垩世小明安碑组。

2001 邓胜徽、陈芬,137,222页,图版92,图1－8;图版93,图1－6;图版94,图1－9;插图33G,33I;蕨叶和生殖羽片;辽宁铁法盆地;早白垩世小明安碑组。

△中国似鳞毛蕨 *Dryopterites sinensis* Li et Ye,1980

[注:此种后被改定为 *Eogymnocarpium sinense* Li,Ye et Zhu(李星学等,1986)]

1978 *Dryopteris sinensis* Lee et Yeh,杨学林等,图版2,图3,4;图版3,图7;蕨叶;吉林蛟河盆地杉松剖面;早白垩世磨石砬子组。(裸名)

1979 *Dryopteris sinensis* Lee et Yeh,王自强、王璞,图版1,图14;实羽片;北京西山丰台西中店土洞;早白垩世芦尚坟组。(裸名)

1980 李星学、叶美娜,6页,图版1,图1－5;生殖羽片;登记号:PB4600,PB4612,PB8963,PB8964a,PB8964b;正模PB4612(图版1,图2);标本保存在中国科学院南京地质古生物研究所;吉林蛟河杉松;早白垩世中—晚期杉松组。[注:此标本后被改定为 *Eogymnocarpium sinense* (Lee et Yeh) Li,Ye et Zhu(李星学等,1986)]

1981 *Dryopteris sinensis* Lee et Yeh,叶美娜,图版1,图4－7;图版2,图1,2;生殖羽片;吉林蛟河杉松;早白垩世晚期磨石拉子组。

1993a *Dryopteris sinensis* Lee et Yeh,吴向午,79页。

△三角似鳞毛蕨 *Dryopterites triangularis* Deng,1992

1992 邓胜徽,11页,图版4,图11－14;插图1f－1h;营养羽片和生殖羽片;标本号:TDL411,TDL413;标本保存在中国地质大学(北京);辽宁铁法盆地;早白垩世小明安碑组。(注:原文未指定模式标本)

1995 邓胜徽、姚立军,图版1,图5;环带;中国东北地区;早白垩世。

2001 邓胜徽、陈芬,137,222页,图版95,图1－8;图版96,图1－5;图版97,图1－3;图版98,图1－7;图版99,图1－6;插图33E,33F;蕨叶和生殖羽片;辽宁铁法盆地;早白垩世小明安碑组;辽宁阜新盆地;早白垩世阜新组。

弗吉尼亚似鳞毛蕨 *Dryopterites virginica* (Fontaine) Berry,1911

1889 *Aspidium virginica* Fontaine,97页,图版15,图7;图版21,图14;蕨叶;美国弗吉尼亚弗雷德里克斯堡(Fredericksburg);早白垩世(Potomac Group)。

1911 Berry,264页;蕨叶;美国弗吉尼亚弗吉尼亚弗雷德里克斯堡(Fredericksburg);早白垩世(Potomac Group)。

1982b 郑少林、张武,299页,图版4,图16,16a;蕨叶;黑龙江鸡西滴道二龙山;早白垩世城子河组。

1989 梅美棠等,88页,图版42,图5;蕨叶;中国东北地区;早白垩世。

似鳞毛蕨(未定种) ***Dryopterites* sp.**

1984 *Dryopterites* sp.,王自强,248 页,图版 129,图 6;蕨叶;北京西山;早白垩世卢尚坟组。

爱博拉契蕨属 Genus *Eboracia* Thomas,1911

1911 Thomas,387 页。

1911 Seward,13,41 页。

1963 斯行健、李星学等,79 页。

1993a 吴向午,79 页。

模式种:*Eboracia lobifolia* (Phillips) Thomas,1911

分类位置:真蕨纲蚌壳蕨科(Dicksoniaceae,Filicopsida)

裂叶爱博拉契蕨 ***Eboracia lobifolia* (Phillips) Thomas,1911**

1829 *Neuropteris lobifolia* Phillips,148 页,图版 8,图 13;营养叶;英国约克郡;中侏罗世。

1849 *Cladophlebis lobifolia* (Phillips) Brongniart,105 页;英国约克郡;中侏罗世。

1911 Seward,13,41 页,图版 2,图 20,20A－26B;图版 7,图 73;蕨叶;新疆准噶尔盆地佳木河和 Ak-djar;早—中侏罗世。

1911 Thomas,387 页及插图;实羽片;英国约克郡;中侏罗世。

1963 李星学等,135 页,图版 109,图 13,14;蕨叶和生殖羽片;中国西北地区;早—中侏罗世。

1963 斯行健、李星学等,79 页,图版 23,图 7;图版 25,图 1－8a;蕨叶和生殖羽片;黑龙江穆棱梨树(?),辽宁沙河子,甘肃武威小石门沟、下大洼(?),陕西府谷石盘湾,新疆准噶尔盆地佳木河、Kubuk 河;早—中侏罗世,中—晚侏罗世。

1976 周惠琴等,212 页,图版 120,图 1;裸羽片和实羽片;内蒙古东胜;中侏罗世。

1978 杨贤河,483 页,图版 156,图 6;营养蕨叶;四川渡口摩沙河;晚三叠世大荞地组。

1979 何元良等,138 页,图版 63,图 2,2a;图版 64,图 1,1a,2;蕨叶;青海大柴旦鱼卡;中侏罗世大煤沟组。

1980 陈芬等,428 页,图版 2,图 8,9;裸羽片和实羽片;北京西山;早侏罗世下窑坡组,中侏罗世龙门组;河北涿鹿下花园;中侏罗世玉带山组。

1980 黄枝高、周惠琴,75 页,图版 57,图 1,5;图版 58,图 5;裸羽片;陕西铜川坪;中侏罗世延安组中—上部。

1980 张武等,244 页,图版 124,图 9,10;图版 125,图 1－5;裸羽片和实羽片;辽宁凌源;早侏罗世郭家店组;辽宁本溪;早侏罗世长梁子组,中侏罗世大堡组、三个岭组。

1982 刘子进,123 页,图版 61,图 9;蕨叶;陕西,甘肃,宁夏;早—中侏罗世延安组、直罗组;甘肃两当西坡;中侏罗世龙家沟组;甘肃靖远水洞沟;中侏罗世窑街组、新河组。

1982 王国平等,244 页,图版 111,图 2,3;裸羽片和实羽片;浙江兰溪马涧;早侏罗世马涧组。

1982b 杨学林、孙礼文,46 页,图版 16,图 7－13a;蕨叶;大兴安岭万宝煤矿、黑顶山、裕民煤矿、林东双窝铺;中侏罗世万宝组。

1982b 郑少林、张武,298 页,图版 5,图 5,6;蕨叶;黑龙江虎林永红;晚侏罗世云山组。

1984 陈芬等,40 页,图版 6,图 1;图版 7,图 3,4;插图 4;裸羽片和实羽片;北京西山;早侏罗世下窑坡组;北京西山门头沟;中侏罗世龙门组。

1984 顾道源,140 页,图版 66,图 5;图版 72,图 5;蕨叶;新疆鄯善连木沁;中侏罗世西山窑组。

1984 康明等,图版 1,图 1,1a;蕨叶;河南济源杨树庄;中侏罗世杨树庄组。

1984 厉宝贤、胡斌,139 页,图版 2,图 2,7;生殖羽片;山西大同;早侏罗世永定庄组。

1985 杨学林、孙礼文,105 页,图版 3,图 6,7,12;蕨叶;大兴安岭万宝煤矿、裕民煤矿;中侏罗世万宝组。

1986 叶美娜等,32 页,图版 13,图 4,4a;图版 14,图 5,5a;裸羽片和实羽片;四川达县铁山金窝;早侏罗世珍珠冲组。

1987 段淑英,28 页,图版 5,图 1;图版 6,图 4;图版 7,图 1,2;蕨叶;北京西山斋堂;中侏罗世。

1987 何德长,78 页,图版 3,图 1;蕨叶;浙江遂昌靖居口;中侏罗世毛弄组 5 层。

1987a 钱丽君等,图版 20,图 5;蕨叶;陕西神木考考乌素沟;中侏罗世延安组 3 段 68 层。

1987 张武、郑少林,271 页,图版 4,图 9;图版 22,图 1b;插图 12;蕨叶;辽宁朝阳良图沟拉马沟、北票常河营子六家营子;中侏罗世海房沟组。

1988 李佩娟等,57 页,图版 2,图 8;图版 17,图 2,2a;图版 18,图 3－3b;图版 21,图 2B,2b;蕨叶;青海大柴旦大煤沟;中侏罗世饮马沟组 *Eboracia* 层、大煤沟组 *Tyrmia*-*Sphenobaiera* 层。

1988 张汉荣等,图版 1,图 4;蕨叶;河北蔚县;早侏罗世郑家窑组。

1989 辽宁省地质矿产局,图版 9,图 5;蕨叶;辽宁凌源刀子沟;中侏罗世海房沟组。

1989 段淑英,图版 2,图 1;蕨叶;北京西山斋堂;中侏罗世门头沟煤系。

1990 郑少林、张武,218 页,图版 2,图 1;蕨叶和生殖羽片;辽宁本溪田师傅;早侏罗世长梁子组,中侏罗世大堡组。

1992 黄其胜、卢宗盛,图版 2,图 1;蕨叶;陕西神木考考乌素沟;中侏罗世延安组。

1993a 吴向午,79 页。

1995a 李星学(主编),图版 89,图 3;蕨叶;青海大柴旦大煤沟;中侏罗世饮马沟组。(中文)

1995b 李星学(主编),图版 89,图 3;蕨叶;青海大柴旦大煤沟;中侏罗世饮马沟组。(英文)

1995 王鑫,图版 3,图 11;蕨叶;陕西铜川;中侏罗世延安组。

1995 曾勇等,51 页,图版 7,图 7;蕨叶;河南义马;中侏罗世义马组。

1998 张泓等,图版 19,图 1,2;生殖叶和营养叶;陕西神木;中侏罗世延安组;新疆奇台北山;早侏罗世八道湾组。

1999a 吴舜卿,13 页,图版 5,图 5,5a;蕨叶;辽宁北票上园黄半吉沟;晚侏罗世义县组下部尖山沟层。

1999 商平等,图版 1,图 5;蕨叶;新疆吐哈盆地;中侏罗世西山窑组。

2001 孙革等,74,184 页,图版 10,图 1,2;图版 41,图 8,9;蕨叶;辽宁北票上园;晚侏罗世尖山沟组。

2002 孟繁松等,图版 4,图 1;蕨叶;湖北秭归香溪;早侏罗世香溪组。

2003 邓胜徽等,图版 65,图 4;蕨叶;新疆哈密三道岭煤矿;中侏罗世西山窑组。

2003 孟繁松等,图版 3,图 3,4;营养羽片;重庆云阳水市口;早侏罗世自流井组东岳庙段。

2003 吴舜卿,图 231;营养羽片;辽宁北票上园黄半吉沟;晚侏罗世义县组下部尖山沟层。

2003 袁效奇等,图版 17,图 1,2;蕨叶;内蒙古达拉特旗高头窑柳沟;中侏罗世延安组。

2005 苗雨雁,523 页,图版 1,图 12－13a;营养羽片;新疆准噶尔盆地白杨河地区;中侏罗世西山窑组。

裂叶爱博拉契蕨(比较种) *Eboracia* cf. *lobifolia* (Phillips) Thomas

1996 常江林、高强,图版1,图8;蕨叶;山西宁武白高阜;中侏罗世大同组。

裂叶爱博拉契蕨(比较属种) Cf. *Eboracia lobifolia* (Phillips) Thomas

1983b 曹正尧,33页,图版3,图3,3a;插图1;营养羽片;黑龙江虎林永红煤矿;晚侏罗世云山组上部。

1992a 曹正尧,214页,图版2,图7;蕨叶;黑龙江东部绥滨-双鸭山地区;早白垩世城子河组2段。

△康苏爱博拉契蕨 *Eboracia kansuensis* Zhang,1998(中文发表)

1998 张泓等,273页,图版16,图7,8;蕨叶;采集号:KS-1;登记号:MP9053;正模:MP9053(图版16,图7);标本保存在煤炭科学研究总院西安分院;新疆乌恰康苏;中侏罗世杨叶组。

△较大爱博拉契蕨 *Eboracia majjor* Yang,1978

1978 杨贤河,483页,图版156,图7;营养蕨叶;标本号:Sp0006;正模:Sp0006(图版156,图7);标本保存在成都地质矿产研究所;四川渡口摩沙河;晚三叠世大荞地组。

△同形爱博拉契蕨 *Eboracia uniforma* Sun et Zheng,2001(中文和英文发表)

2001 孙革、郑少林,见孙革等,75,185页,图版10,图7;图版41,图1,3－7;蕨叶;标本号:PB19018,PB19018A,PB19019,ZY3013;正模:PB19018(图版10,图7);标本保存在中国科学院南京地质古生物研究所;辽宁北票上园;晚侏罗世尖山沟组。

△永仁爱博拉契蕨 *Eboracia yungjenensis* (Chu) Yang,1978

1975 *Cladophlebis yungjenensis* Chu,见徐仁等,71页,图版1,图4－6;蕨叶;标本号:No.756;标本保存在中国科学院植物研究所;云南永仁花山;晚三叠世大荞地组中上部。

1978 杨贤河,484页,图版161,图1b;营养蕨叶;四川渡口宝鼎;晚三叠世大荞地组。

△拟爱博拉契蕨属 Genus *Eboraciopsis* Yang,1978

1978 杨贤河,495页。

1993a 吴向午,14,219页。

1993b 吴向午,498,512。

模式种:*Eboraciopsis trilobifolia* Yang,1978

分类位置:真蕨纲(Filicopsida)

△三裂叶拟爱博拉契蕨 *Eboraciopsis trilobifolia* Yang,1978

1978 杨贤河,495页,图版163,图6;图版175,图5;蕨叶;标本号:Sp0036;正模:Sp0036(图版163,图6);标本保存在成都地质矿产研究所;四川渡口太平场;晚三叠世大荞地组。

1993a 吴向午,14,219页。

1993b 吴向午,498,512页。

△始团扇蕨属 Genus *Eogonocormus* Deng,1995 (non Deng,1997)

1995b 邓胜徽,14,108 页。

模式种:*Eogonocormus cretaceum* Deng,1995

分类位置:真蕨纲膜蕨科(Hymenophyllaceae,Filicopsida)

△白垩始团扇蕨 *Eogonocormus cretaceum* Deng,1995 (non Deng,1997)

1995b 邓胜徽,14,108 页,图版 3,图 1,2;图版 4,图 1,2,6－8;图版 5,图 1－6;插图 4;营养叶和生殖叶;标本号:H17-431;标本保存在石油勘探开发科学研究院;内蒙古霍林河盆地;早白垩世霍林河组。

2001 邓胜徽、陈芬,54,194 页,图版 6,图 1;图版 7,图 1－7;图版 8,图 1－9;图版 9,图 1－4;图版 10,图 1－6;插图 7;营养蕨叶和生殖蕨叶;内蒙古霍林河盆地;早白垩世霍林河组。

2002 邓胜徽,图版 4,图 1－4;生殖叶、孢子囊和孢子;中国东北地区;早白垩世。

△线形始团扇蕨 *Eogonocormus linearifolium* (Deng) Deng,1995

1993 *Hymenophyllites linearifolius* Deng,邓胜徽,256 页,图版 1,图 5－7;插图 d－f;蕨叶和生殖羽片;内蒙古霍林河盆地;早白垩世霍林河组。

1995b 邓胜徽,17,108 页,图版 3,图 3,4;营养叶和生殖叶;标本号:H14-509,H14-510;标本保存在石油勘探开发科学研究院;内蒙古霍林河盆地;早白垩世霍林河组。

1997 邓胜徽,61 页,图 6;营养叶和生殖叶;内蒙古霍林河盆地;早白垩世霍林河组。

2001 邓胜徽、陈芬,55,195 页,图版 6,图 2－4;图版 9,图 5,6;营养叶和生殖叶;内蒙古霍林河盆地;早白垩世霍林河组。

△始团扇蕨属 Genus *Eogonocormus* Deng,1997 (non Deng,1995)

(注:此属名为 *Eogonocormus* Deng,1995 的晚出等同名)

1997 邓胜徽,60 页。

模式种:*Eogonocormus cretaceum* Deng,1997

分类位置:真蕨纲膜蕨科(Hymenophyllaceae,Filicopsida)

△白垩始团扇蕨 *Eogonocormus cretaceum* Deng,1997 (non Deng,1995)

(注:此种名为 *Eogonocormus cretaceum* Deng,1995 的晚出等同名)

1997 邓胜徽,60 页,图 2－5;营养叶和生殖叶;标本号:H17-431;正模:H17-431(图 3a);标本保存在石油勘探开发科学研究院;内蒙古霍林河盆地;早白垩世霍林河组。

△始羽蕨属 Genus *Eogymnocarpium* Li,Ye et Zhou,1986

1986 李星学、叶美娜、周志炎,14 页。

1993a 吴向午,15,219页。

1993b 吴向午,500,512页。

模式种:*Eogymnocarpium sinense* (Li et Ye) Li,Ye et Zhou,1986

分类位置:真蕨纲蹄盖蕨科(Athyriaceae,Filicopsida)

△中国始羽蕨 *Eogymnocarpium sinense* (Li et Ye) Li,Ye et Zhou,1986

1978 *Dryopterites sinense* Lee et Yeh,杨学林等,图版2,图3,4;图版3,图7;蕨叶;吉林蛟河盆地杉松剖面;早白垩世磨石砬子组。(裸名)

1980 *Dryopterites sinense* Li et Ye,李星学、叶美娜,6页,图版1,图1—5;生殖羽片;吉林蛟河杉松;早白垩世中—晚期杉松组。

1986 李星学、叶美娜、周志炎,14页,图版12;图版13;图版14,图1—6;图版15,图5—7a;图版16,图3;图版40,图4;图版45,图1—3;插图4A,4B;生殖蕨叶;吉林蛟河杉松;早白垩世蛟河群。

1987 *Eogymnocarpium sinense* (Li et Ye) Li,Ye et Zhu=*Dryopterites sinense* Li et Ye,商平,图版1,图6;蕨叶;辽宁阜新煤田;早白垩世。

1992a 曹正尧,215页,图版1,图17,17a;生殖蕨叶;黑龙江东部绥滨-双鸭山地区;早白垩世城子河组4段。

1993a 吴向午,15,219页。

1993b 吴向午,500,512页。

1995a 李星学(主编),图版108,图1—3;生殖蕨叶和营养蕨叶;吉林蛟河杉松顶子;早白垩世乌云组顶部。(中文)

1995b 李星学(主编),图版108,图1—3;生殖蕨叶和营养蕨叶;吉林蛟河杉松顶子;早白垩世乌云组顶部。(英文)

似里白属 Genus *Gleichenites* Seward,1926

1911 Seward,76页。

1941 Ôishi,169页。

1963 斯行健、李星学等,70页。

1993a 吴向午,85页。

模式种:*Gleichenites porsildi* Seward,1926

分类位置:真蕨纲里白科(Gleicheniaceae,Filicopsida)

濮氏似里白 *Gleichenites porsildi* Seward,1926

1926 Seward,76页,图版6,图18,19,24,27,29—31;图版12,图122,124;格陵兰乌佩尼维克岛安吉尔苏(Angiarsuit,Upernivik Island);白垩纪。

1980 张武等,239页,图版154,图1—4;营养叶和实羽片;黑龙江鸡西梨树、七台河;早白垩世城子河组、穆棱组。

1982b 郑少林、张武,296页,图版2,图4;蕨叶;黑龙江宝清宝密桥(保密桥)龙头矿;中—晚侏罗世朝阳屯组。

1983a 郑少林、张武,80页,图版1,图11;生殖羽片;黑龙江密山大巴山;早白垩世东山组。

1993a 吴向午,85 页。

△本溪似里白 *Gleichenites benxiensis* Zhang,1980

1980 张武等,236 页,图版 106,图 1,2;插图 174;营养叶和实羽片;登记号:D87,D88;辽宁本溪林家崴子;中三叠世林家组。(注:原文未指定模式标本)

△短羽?似里白 *Gleichenites*? *brevipennatus* Yang,1982

1982a 杨学林、孙礼文,589 页,图版 2,图 12—15;插图 1;蕨叶;标本号:Y7821—Y7823,L7805;标本保存在吉林省煤田地质研究所;松辽盆地东南部营城;晚侏罗世沙河子组;松辽盆地东南部九台城子街、刘房子;早白垩世营城组。(注:原文未指定模式标本)

1991 张川波等,图版 2,图 3;蕨叶;吉林九台刘房子;早白垩世大羊草沟组。

△朝阳似里白 *Gleichenites chaoyangensis* Zhang et Zheng,1984

1984 张武、郑少林,384 页,图版 1,图 2—5;插图 2;蕨叶和生殖羽片;登记号:ch5-1-4;标本保存在沈阳地质矿产研究所;辽宁西部北票东坤头营子;晚三叠世老虎沟组。(注:原文未指定模式标本)

苏铁状似里白 *Gleichenites cycadina* (Schenk) Thomas,1911

1871 *Alethopteris cycadina* Schenk,218 页,图版 31,图 2;西欧;早白垩世。

1911 Thomas,61 页,图版 2,图 1,2;蕨叶;乌克兰顿巴斯;中侏罗世。

1980 张武等,237 页,图版 152,图 3—7;图版 153,图 1;插图 175;营养叶和实羽片;黑龙江鸡东哈达、勃利茄子河;早白垩世城子河组。

1982b 郑少林、张武,296 页,图版 3,图 5;蕨叶;黑龙江鸡西滴道;早白垩世城子河组。

1983a 郑少林、张武,79 页,图版 1,图 4,5;蕨叶;黑龙江密山大巴山;早白垩世东山组。

1991 张川波等,图版 2,图 12;蕨叶;吉林九台刘房子;早白垩世大羊草沟组。

1994 曹正尧,图 5a;蕨叶;黑龙江鸡西;早白垩世早期城子河组。

△东宁似里白 *Gleichenites dongningensis* Zhang et Xiong,1983

1983 张志诚、熊宪政,56 页,图版 2,图 1—3;营养羽片和生殖羽片;标本号:HD226,HD227,HD229;标本保存在沈阳地质矿产研究所;黑龙江东宁盆地;早白垩世东宁组。(注:原文未指定模式标本)

1995a 李星学(主编),图版 107,图 1;蕨叶;黑龙江东宁;早白垩世东宁组。(中文)

1995b 李星学(主编),图版 107,图 1;蕨叶;黑龙江东宁;早白垩世东宁组。(英文)

直立?状似里白 *Gleichenites*? *erecta* Bell,1956

1956 Bell,65 页,图版 19,图 6;图版 22,图 7;蕨叶;加拿大西部;白垩纪。

直立?似里白(比较种) *Gleichenites*? cf. *erecta* Bell

1987 张志诚,378 页,图版 3,图 4;蕨叶;辽宁阜新海州矿;早白垩世阜新组。

△改则?似里白 *Gleichenites*? *gerzeensis* Li et Wu,1991

1991 李佩娟、吴一民,284 页,图版 5,图 1—3a;图版 7,图 1,1a,3;插图 5a;裸羽片和实羽片;采集号:83N66,83N67,83N148,83N149;登记号:PB15502—PB15504,PB15506;合模 1:PB15502(图版 5,图 1);合模 2:PB15503(图版 5,图 2);标本保存在中国科学院

南京地质古生物研究所；西藏改则弄弄巴；早白垩世川巴组。［注：依据《国际植物命名法规》（《维也纳法规》）第37.2条，1958年起，模式标本只能是1块标本］

吉萨克似里白 *Gleichenites gieseckianus* (Heer) Seward, 1935

1871 *Gleichenia gieseckiana* Heer，78页，图版43，图1—3；图版44，图3；格陵兰；白垩纪。

1935 Seward，见Seward，Conway，5页，图版2，图9；格陵兰；白垩纪。

1980 张武等，237页，图版152，图8—10；插图176；营养叶和实羽片；黑龙江鸡东哈达；早白垩世城子河组、穆棱组。

1983a 郑少林、张武，79页，图版1，图6—10；生殖羽片；黑龙江勃利万龙村；早白垩世东山组。

1993 胡书生、梅美棠，327页，图版1，图6；羽片；吉林辽源西安煤矿；早白垩世长安组下含煤段。

吉萨克似里白（比较属种）Cf. *Gleichenites gieseckianus* (Heer) Seward

1982 李佩娟，83页，图版7，图4—6a；裸羽片和实羽片；西藏洛隆曲河溪洞妥；早白垩世多尼组。

2000 吴舜卿，图版4，图5；蕨叶；香港大屿山；早白垩世浅水湾群。

△剑状似里白 *Gleichenites gladiatus* Li 1982

1982 李佩娟，83页，图版7，图1—3；插图4；裸羽片；登记号：PB7936—PB7939；正模：PB7939（图版7，图3）；标本保存在中国科学院南京地质古生物研究所；西藏洛隆曲河溪洞妥；早白垩世多尼组。

1991 李佩娟、吴一民，283页，图版6，图1—2a；蕨叶；西藏改则弄弄巴；早白垩世川巴组。

2000 吴舜卿，图版1，图4—6；蕨叶；香港新界西贡嶂上；早白垩世浅水湾群。

纤细似里白 *Gleichenite gracilis* (Heer) Seward, 1910

1856 *Pecopteris gracilis* Heer，54页，图版18，图3；蕨叶；瑞士；白垩纪。

1910 Seward，353页，图265。

1986 陶君容、熊宪政，121页，图版1，图11，11a；营养羽片；黑龙江嘉荫；晚白垩世乌云组。

纤细似里白（比较属种）Cf. *Gleichenite gracilis* (Heer) Seward

1982a 杨学林、孙礼文，589页，图版2，图11，11a；蕨叶；松辽盆地东南部九台饮马沟；早白垩世营城组。

△鸡西似里白 *Gleichenites jixiensis* Yang, 2002（中文和英文发表）

2002 杨小菊，259，264页，图版1，图1—10；插图1；生殖羽片和营养羽片；登记号：PB19265—PB19270；正模：PB19265（图版1，图1，10）；副模1：PB19266（图版1，图2）；副模2：PB19268（图版1，图3）；副模3：PB19269（图版1，图4）；标本保存在中国科学院南京地质古生物研究所；黑龙江鸡西盆地；早白垩世穆棱组。

△密山似里白 *Gleichenites mishanensis* Cao, 1984

1984a 曹正尧，4，26页，图版1，图2B，2a，2b，2C，3B，5，6；图版4，图3；营养羽片和生殖羽片；采集号：HM568；登记号：PB10775—PB10779；正模：PB10779（图版1，图6）；标本保存在中国科学院南京地质古生物研究所；黑龙江密山裴德新村；中侏罗世裴德组。

2003 许坤等,图版 5,图 1,4,11;营养羽片和生殖羽片;黑龙江密山裴德新村;中侏罗世裴德组。

△单囊群似里白 *Gleichenites monosoratus* Zhang,1980

1980 张武等,238 页,图版 153,图 8,8a;插图 177;营养叶和实羽片;登记号:D98;黑龙江七台河;早白垩世城子河组。

日本似里白 *Gleichenites nipponensis* Ôishi,1940

1940 Ôishi,202 页,图版 3,图 2,3,3a;蕨叶;日本石川、福井(Kuwasima and Motiana);早白垩世(Tetori Series)。

1941 Ôishi,169 页,图版 37(2),图 1,2,2a;蕨叶;吉林汪清罗子沟;早白垩世。

1954 徐仁,49 页,图版 41,图 5,6;蕨叶;吉林汪清罗子沟;早白垩世。

1963 斯行健、李星学等,71 页,图版 22,图 5,6;图版 23,图 2;蕨叶;吉林汪清罗子沟;早白垩世大拉子组上部。

1977 冯少南等,207 页,图版 75,图 3;蕨叶;广东揭阳;早白垩世。

1980 张武等,238 页,图版 153,图 7;蕨叶;吉林延吉铜佛寺;早白垩世大拉子组。

1982 王国平等,241 页,图版 129,图 9;蕨叶;浙江临海小岭;晚侏罗世寿昌组。

1989 丁保良等,图版 1,图 3;蕨叶;浙江临海小岭;晚侏罗世磨石山组 C-2 段。

1993a 吴向午,85 页。

1994 曹正尧,图 3b;蕨叶;浙江临海;早白垩世早期馆头组。

1995a 李星学(主编),图版 113,图 2;蕨叶;浙江临海;早白垩世馆头组。(中文)

1995b 李星学(主编),图版 113,图 2;蕨叶;浙江临海;早白垩世馆头组。(英文)

1995a 李星学(主编),图版 143,图 2;蕨叶;吉林汪清罗子沟;早白垩世大拉子组。(中文)

1995b 李星学(主编),图版 143,图 2;蕨叶;吉林汪清罗子沟;早白垩世大拉子组。(英文)

1999 曹正尧,44 页,图版 4,图 1－3,3a;图版 5;图版 6,图 4－8;图版 7,图 7(?);图版 8,图 5;插图 18;营养羽片和生殖羽片;浙江临海小岭、岭下陈,黄岩百丈,新昌苏秦,江山黄坛,苍南九甲,泰顺(?);早白垩世馆头组;浙江文成玉壶(?);早白垩世磨石山组 C 段。

2000 吴舜卿,221 页,图版 1,图 1－3a;蕨叶;香港大屿山、新界西贡嶂上;早白垩世浅水湾群。

日本似里白(比较种) *Gleichenites* cf. *nipponensis* Ôishi

1990 刘明渭,200 页,图版 31,图 4,5;蕨叶;山东莱阳黄崖底;早白垩世莱阳组 3 段。

整洁似里白 *Gleichenites nitida* Harris,1931

1931 Harris,67 页,图版 14,图 5;插图 23;营养叶和生殖羽片;东格陵兰斯科斯比湾;早侏罗世(*Thaumatopteris* Zone)。

1977 冯少南等,207 页,图版 74,图 7;蕨叶;湖北南漳东巩;晚三叠世香溪群下煤组。

1984 陈公信,573 页,图版 226,图 5;羽片;湖北南漳东巩;晚三叠世九里岗组。

1984 周志炎,12 页,图版 4,图 1－7;营养蕨叶;湖南零陵黄阳司王家亭子;早侏罗世观音滩组中下(?)部。

1995a 李星学(主编),图版 82,图 7;裸羽片;湖南零陵黄阳司;早侏罗世观音滩组中下(?)部。(中文)

1995b 李星学(主编),图版 82,图 7;裸羽片;湖南零陵黄阳司;早侏罗世观音滩组中下(?)部。(英文)

诺登斯基似里白 *Gleichenites nordenskioldi* (Heer) Seward, 1910

1874 *Gleichenia nordenskioldi* Heer,48 页,图版 8,图 4,5;图版 9,图 6－12;蕨叶;格陵兰;早白垩世。

1910 Seward,355 页,图 262C;蕨叶;格陵兰;早白垩世。

1980 张武等,238 页,图版 153,图 2－6;蕨叶;黑龙江密山宝密桥(保密桥);中一晚侏罗世龙爪沟群上部。

1982b 郑少林、张武,296 页,图版 9,图 2;蕨叶;黑龙江宝清宝密桥(保密桥)龙头矿;中一晚侏罗世朝阳屯组。

1984a 曹正尧,5 页,图版 6,图 1－5;图版 7,图 1－4;营养羽片和生殖羽片;黑龙江宝清宝密桥(保密桥);晚侏罗世云山组上部。

1991 张川波等,图版 1,图 1;蕨叶;吉林九台刘房子;早白垩世大羊草沟组。

1993 黑龙江省地质矿产局,图版 11,图 6;蕨叶;黑龙江省;晚侏罗世朝阳屯组。

1999 曹正尧,46 页,图版 3,图 2－5,5a;图版 6,图 9(?),9a(?);图版 7,图 8(?);图版 11,图 5(?);图版 13,图 13(?);插图 19;营养羽片和生殖羽片;浙江文成花前、珊溪(?);早白垩世磨石山组 C 段;浙江金华积道山(?);早白垩世磨石山组;浙江寿昌东村(?);早白垩世寿昌组。

△竹山似里白 *Gleichenites takeyamae* (Ôishi et Takahasi) Yang et Sun, 1982

1938 *Cladophlebis* (*Gleichenites*?) *takeyamae* Ôishi et Takahasi,60 页,图版 5(1),图 6,6a;蕨叶;黑龙江穆棱梨树;中侏罗世或晚侏罗世穆棱系。

1982a 杨学林、孙礼文,590 页。

竹山似里白(比较种) *Gleichenites* cf. *takeyamae* (Ôishi et Takahasi) Yang et Sun

1982a 杨学林、孙礼文,590 页,图版 1,图 7,7a;蕨叶;松辽盆地东南部刘房子;早白垩世营城组。

△元宝山似里白 *Gleichenites yuanbaoshanensis* Liu, 1986(裸名)

1986 李蔚荣等,图版 1,图 5;蕨叶;黑龙江密山裴德过关山;中侏罗世裴德组。(裸名)

△一平浪似里白 *Gleichenites yipinglangensis* Lee et Tsao, 1976

1976 李佩娟、曹正尧,见李佩娟等,104 页,图版 15,图 3－7;图版 16;图版 17;图版 18,图 1－6a;图版 46,图 6(?),6a;营养羽片和生殖羽片;采集号:AARⅡ5/30M,YHW131;登记号:PB5244－PB5265,PB5486;正模:PB5255(图版 17,图 2);裸羽片和实羽片;标本保存在中国科学院南京地质古生物研究所;云南祥云蚂蝗阱;晚三叠世祥云组花果山段;云南禄丰一平浪;晚三叠世一平浪组干海子段;云南兰坪金顶上甸;晚三叠世白基阻组 3 段;四川渡口摩沙河;晚三叠世纳拉箐组大荞地段。

1977 冯少南等,207 页,图版 74,图 8,9;蕨叶;湖北南漳东巩;晚三叠世香溪群下煤组。

1982 李佩娟、吴向午,42 页,图版 5,图 2,2a,3,3a;图版 9,图 1,1a;蕨叶;四川稻城贡岭区木拉乡坎都村;晚三叠世喇嘛垭组。

1982b 吴向午,82 页,图版 5,图 3,3a;图版 6,图 1－3;蕨叶;西藏察雅巴贡一带、昌都希雄煤点;晚三叠世巴贡组上段。

1984 陈公信,573 页,图版 226,图 4;实羽片;湖北荆门分水岭;晚三叠世九里岗组。

1986 陈晔等,39 页,图版 3,图 5,5a;生殖羽片;四川理塘;晚三叠世拉纳山组。

汤浅似里白 *Gleichenites yuasensis* Kimura et Kansha,1878

1878 Kimura,Kansha,106 页,图版 1;图版 2,图 1;图版 3,图 1;图版 4,图 1;插图 1a—1e;蕨叶;日本;早白垩世领石群。

1982b 郑少林、张武,296 页,图版 3,图 6,7;蕨叶;黑龙江双鸭山宝山;早白垩世城子河组。

似里白(未定多种) *Gleichenites* spp.

1968 *Gleichenites* sp.,《湘赣地区中生代含煤地层化石手册》,41 页,图版 4,图 1a—1c;裸羽片和实羽片;江西丰城攸洛;晚三叠世安源组 3 段。

1981 *Gleichenites* sp.,孟繁松,98 页,图版 1,图 8a,8c;蕨叶;湖北大冶灵乡纪家凉亭;早白垩世灵乡群。

1982 *Gleichenites* sp.,李佩娟,84 页,图版 9,图 2;裸羽片和实羽片;西藏洛隆勒体;早白垩世多尼组。

1982 *Gleichenites* sp.,王国平等,242 页,图版 110,图 7—9;蕨叶;江西丰城攸洛;晚三叠世安源组。

1983a *Gleichenites* sp.,曹正尧,12 页,图版 1,图 10—12;营养羽片和生殖羽片;黑龙江虎林云山;中侏罗世龙爪沟群下部。

1983b *Gleichenites* sp.,曹正尧,29 页,图版 5,图 7,8;生殖羽片;黑龙江虎林永红;晚侏罗世云山组下部。

1989 *Gleichenites* sp.,丁保良等,图版 2,图 17;蕨叶;江西铅山七里亭;早白垩世石溪组。

1992 *Gleichenites* sp. [Cf. *G. cycadina* (Schenk) Prynada],孙革、赵衍华,525 页,图版 220,图 1,3;蕨叶;吉林汪清罗子沟;早白垩世大拉子组。

1993 *Gleichenites* sp.,胡书生、梅美棠,图版 2,图 4,5;营养羽片和生殖羽片;吉林辽源西安煤矿;早白垩世长安组下含煤段。

1999 *Gleichenites* sp. 1,曹正尧,47 页,图版 3,图 1;茎;浙江新昌苏秦;早白垩世馆头组。

1999 *Gleichenites* sp. 2,曹正尧,47 页,图版 3,图 6;图版 13,图 3;生殖羽片;浙江苍南九甲;早白垩世馆头组。

1999 *Gleichenites* sp. 3,曹正尧,47 页,图版 4,图 4,4a;生殖羽片;浙江苍南加隆;早白垩世馆头组。

2004 *Gleichenites* sp.,邓胜徽等,209,213 页,图版 1,图 6B,7,8;营养羽片;内蒙古阿拉善右旗雅布赖盆地红柳沟剖面;中侏罗世新河组。

似里白?(未定多种) *Gleichenites*? spp.

1965 *Gleichenites*? sp.,曹正尧,514 页,图版 3,图 9—12a;插图 1;蕨叶;广东高明松柏坑;晚三叠世小坪组。

1979 *Gleichenites*? sp.,何元良等,139 页,图版 64,图 3;蕨叶;青海都兰八宝山;晚三叠世八宝山群。

1984b *Gleichenites*? sp.,曹正尧,37 页,图版 1,图 8—9a;营养羽片;黑龙江密山大巴山;早白垩世东山组。

1995 *Gleichenites*? sp.,曹正尧等,4 页,图版 1,图 1,1a;蕨叶;福建政和大溪村附近;早白垩世南园组中段。

葛伯特蕨属 Genus *Goeppertella* Ôishi et Yamasita, 1936

1936 Ôishi, Yamasita, 147 页。

1956 敖振宽, 22 页。

1963 斯行健、李星学等, 89 页。

1993a 吴向午, 87 页。

模式种: *Goeppertella microloba* (Schenk) Ôishi et Yamasita, 1936

分类位置: 真蕨纲双扇蕨科葛伯特蕨亚科(Goeppertellideae, Dipteridaceae, Filicopsida)[注: 此属曾被杨贤河(1878)归于太平场蕨科(Taipingchangellceae)]

小裂片葛伯特蕨 *Goeppertella microloba* (Schenk) Ôishi et Yamasita, 1936

1865b-1867 *Woodwardites microloba* Schenk, 67 页, 图版 13, 图 11—13; 蕨叶; 德国弗兰科尼亚(Franconia); 晚三叠世。

1936 Ôishi, Yamasita, 147 页; 蕨叶; 德国弗兰科尼亚; 晚三叠世。

1977 冯少南等, 212 页, 图版 80, 图 1; 蕨叶; 广东广州小坪; 晚三叠世小坪组。

1978 杨贤河, 490 页, 图版 167, 图 3; 营养蕨叶; 四川渡口宝鼎; 晚三叠世大荞地组。

1979 徐仁等, 29 页, 图版 35, 图 4, 5; 蕨叶; 四川宝鼎; 晚三叠世大荞地组中上部。

1982b 吴向午, 85 页, 图版 9, 图 1, 2A, 2B, 2a; 蕨叶; 西藏贡觉夺盖拉煤点、昌都希雄煤点; 晚三叠世巴贡组上段。

1983 段淑英等, 图版 9, 图 1; 蕨叶; 云南宁蒗背箩山; 晚三叠世。

1987 陈晔等, 100 页, 图版 12, 图 1—3; 蕨叶; 四川盐边箐河; 晚三叠世红果组。

1989 梅美棠等, 86 页, 图版 41, 图 1, 2; 图版 45, 图 2; 蕨叶; 中国; 晚三叠世—早侏罗世。

1993a 吴向午, 87 页。

△舌形葛伯特蕨 *Goeppertella kochobei* (Yokoyama) Lee, Wu et Li, 1974

1891 *Dictyophyllum kochobei* Yokoyama, 244 页, 图版 34, 图 1, 1a; 蕨叶; 日本山口(Yamanoi); 晚三叠世。

1974a 李佩娟、吴舜卿、厉宝贤, 357 页, 图版 187, 图 1, 2; 蕨叶; 四川彭县磁峰场; 晚三叠世须家河组。

1978 杨贤河, 490 页, 图版 167, 图 4; 图版 176, 图 3; 蕨叶; 四川冕宁解放桥; 晚三叠世白果湾组。

△广元葛伯特蕨 *Goeppertella kwanyuanensis* Lee, 1964

1963 李佩娟, 见斯行健、李星学等, 90 页, 图版 109, 图 1; 蕨叶; 四川广元须家河; 晚三叠世须家河组。(裸名)

1964 李佩娟, 112, 168 页, 图版 2, 图 5, 5a; 图版 4, 图 1a; 图版 5, 图 1; 裸羽片; 采集号: BA326(3); 登记号: PB2811; 标本保存在中国科学院南京地质古生物研究所; 四川广元须家河; 晚三叠世须家河组。

1976 李佩娟等, 107 页, 图版 24, 图 4, 4a; 蕨叶; 云南禄丰渔坝村、一平浪; 晚三叠世一平浪组干海子段。

1978 杨贤河, 490 页, 图版 166, 图 6; 蕨叶; 四川广元须家河; 晚三叠世须家河组。

1995a 李星学(主编),图版73,图2;蕨叶;四川广元须家河;晚三叠世须家河组。(中文)
1995b 李星学(主编),图版73,图2;蕨叶;四川广元须家河;晚三叠世须家河组。(英文)

广元葛伯特蕨(比较种) *Goeppertella* cf. *kwanyuanensis* Lee

1982b 吴向午,85页,图版9,图3,3a;蕨叶;西藏贡觉夺盖拉煤点;晚三叠世巴贡组上段。

多间羽葛伯特蕨 *Goeppertella memoria-watanabei* Ôishi et Huzioka,1941

1941 Ôishi,Huzioka,164页,图版35,图1,1a。
1976 李佩娟等,106页,图版24,图1—3;蕨叶;云南禄丰渔坝村、一平浪;晚三叠世一平浪组干海子段。

△冕宁葛伯特蕨 *Goeppertella mianningensis* Yang,1978

1978 杨贤河,491页,图版168,图5;蕨叶;标本号:Sp0067;正模:Sp0067(图版168,图5);标本保存在成都地质矿产研究所;四川冕宁解放桥;晚三叠世白果湾组。

△纳拉箐葛伯特蕨 *Goeppertella nalajingensis* Yang,1978

1978 杨贤河,491页,图版169;图版170,图1a;蕨叶;标本号:Sp0070,Sp0071;合模:Sp0070(图版169),Sp0071(图版170,图1a);标本保存在成都地质矿产研究所;四川渡口太平场;晚三叠世大荞地组。[注:依据《国际植物命名法规》(《维也纳法规》)第37.2条,1958年起,模式标本只能是1块标本]

△异叶蕨型葛伯特蕨 *Goeppertella thaumatopteroides* Yang,1978

1978 杨贤河,491页,图版167,图1—2a;蕨叶;标本号:Sp0059;正模:Sp0059(图版167,图1);标本保存在成都地质矿产研究所;四川渡口太平场;晚三叠世大荞地组。

△乡城葛伯特蕨 *Goeppertella xiangchengensis* Li et Wu,1982

1982 李佩娟、吴向午,45页,图版15,图1,2;图版16,图1;蕨叶;采集号:得丹1f1-1;登记号:PB8518,PB8519;正模:PB8518(图版15,图1,2);标本保存在中国科学院南京地质古生物研究所;四川乡城三区丹娘沃岗村;晚三叠世喇嘛垭组。

葛伯特蕨(未定多种) *Goeppertella* spp.

1956 *Goeppertella* sp.(? nov., sp.),敖振宽,22页,图版1,图1;图版3,图6;图版4,图1;插图2;蕨叶;广东广州小坪;晚三叠世小坪煤系。
1963 *Goeppertella* sp.,斯行健、李星学等,91页,图版29,图4;蕨叶;广东广州小坪;晚三叠世小坪煤系。
1978 *Goeppertella* sp.,周统顺,103页,图版18,图10;蕨叶;福建崇安下梅;晚三叠世焦坑组。
1980 *Goeppertella* sp.,吴舜卿等,73页,图版1,图5—8,9(?);蕨叶;湖北秭归沙镇溪;晚三叠世沙镇溪组。
1982 *Goeppertella* sp.,王国平等,247页,图版114,图4;蕨叶;福建崇安下梅;晚三叠世焦坑组。
1982b *Goeppertella* sp.,吴向午,86页,图版6,图5;蕨叶;西藏昌都希雄煤点;晚三叠世巴贡组上段。
1993 *Goeppertella* sp.,米家榕等,90页,图版8,图7,7a;蕨叶;辽宁凌源老虎沟;晚三叠世老虎沟组。
1993a *Goeppertella* sp.,吴向午,87页。

葛伯特蕨?(未定种) *Goeppertella*? sp.

1984 *Goeppertella*? sp.,陈公信,577 页,图版 233,图 6;图版 234,图 1,2;蕨叶;湖北荆门分水岭;晚三叠世九里岗组。

屈囊蕨属 Genus *Gonatosorus* Raciborski,1894

1894 Raciborski,174 页。

1980 张武等,244 页。

1993a 吴向午,87 页。

模式种:*Gonatosorus nathorsti* Raciborski,1894

分类位置:真蕨纲蚌壳蕨科(Dicksoniaceae,Filicopsida)

那氏屈囊蕨 *Gonatosorus nathorsti* Raciborski,1894

1894 Raciborski,174 页,图版 9,图 5—15;图版 10,图 1;营养叶和生殖叶;西欧;侏罗纪。

1993a 吴向午,87 页。

△大煤沟屈囊蕨 *Gonatosorus dameigouensis* He,1988

1988 何元良,见李佩娟等,57 页,图版 26,图 1,1a;插图 20;实羽片;采集号:80$DJ_{2d}F_u$;登记号:PB13424;正模:PB13424(图版 26,图 1,1a);标本保存在中国科学院南京地质古生物研究所;青海大柴旦大煤沟;中侏罗世大煤沟组 *Tyrmia-Sphenobaiera* 层。

凯托娃屈囊蕨 *Gonatosorus ketova* Vachrameev,1958

1958 Vachrameev,98 页,图版 15,图 1,2;图版 19,图 2—5;营养叶和生殖叶;勒拿河流域;早白垩世。

1984 王自强,244 页,图版 151,图 8,9;图版 152,图 10;蕨叶;河北张家口、丰宁;早白垩世青石砬组。

1995a 李星学(主编),图版 106,图 1;蕨叶;黑龙江鸡西青龙山;早白垩世穆棱组。(中文)

1995b 李星学(主编),图版 106,图 1;蕨叶;黑龙江鸡西青龙山;早白垩世穆棱组。(英文)

凯托娃屈囊蕨(比较属种) Cf. *Gonatosorus ketova* Vachrameev

1980 张武等,244 页,图版 155,图 1,2;图版 157,图 5,6;插图 181;蕨叶;黑龙江鸡东哈达;早白垩世穆棱组。

1982a 杨学林、孙礼文,589 页,图版 2,图 1,2,2a,4;蕨叶;松辽盆地东南部营城、沙河子、陶家屯;晚侏罗世沙河子组。

1982b 郑少林、张武,299 页,图版 4,图 5;蕨叶;黑龙江密山裴德;晚侏罗世云山组。

1983b 曹正尧,34 页,图版 3,图 4—6;营养羽片;黑龙江虎林永红煤矿;晚侏罗世云山组上部。

1992a 曹正尧,214 页,图版 2,图 6,6a;蕨叶;黑龙江东部绥滨-双鸭山地区;早白垩世城子河组 3 段。

1992 孙革、赵衍华,528 页,图版 230,图 2,3;蕨叶;吉林九台营城子煤矿;早白垩世城子河组。

1993a 吴向午,87 页。

2001　邓胜徽、陈芬，95 页，图版 123，图 4；蕨叶；辽宁铁法盆地；早白垩世小明安碑组；黑龙江龙爪沟地区；早白垩世云山组；黑龙江三江盆地；早白垩世城子河组；黑龙江鸡东；早白垩世穆棱组。

2003　杨小菊，565 页，图版 1，图 12，13；营养蕨叶；黑龙江鸡西盆地；早白垩世穆棱组。

裂瓣屈囊蕨 *Gonatosorus lobifolius* Burakova，1961

1961　Burakova，141 页，图版 12，图 7，8；插图 2B，4－6；蕨叶；芬兰图尔库（Turku）；中侏罗世。

1988　李佩娟等，57 页，图版 26，图 1，1a；插图 20；实羽片；青海大柴旦大煤沟；中侏罗世大煤沟组 *Tyrmia-Sphenobaiera* 层。

△山西屈囊蕨 *Gonatosorus shansiensis* (Sze) Wang，1984

1933d　*Cladophlebis shansiensis* Sze，斯行健，13 页，图版 3，图 1，2；蕨叶；山西大同曹家沟；早侏罗世。

1984　王自强，245 页，图版 132，图 6，11－13；营养叶和生殖叶；山西大同；中侏罗世大同组；河北下花园；中侏罗世门头沟组。

屈囊蕨？（未定种） *Gonatosorus*? sp.

1983　*Gonatosorus*? sp.，李杰儒，21 页，图版 1，图 24；蕨叶；辽宁锦西后富隆山；中侏罗世海房沟组 1 段。

△似雨蕨属 Genus *Gymnogrammitites* Sun et Zheng，2001（中文和英文发表）

2001　孙革、郑少林，见孙革等，75，185 页。

模式种：*Gymnogrammitites ruffordioides* Sun et Zheng，2001

分类位置：真蕨纲（Filicopsida）

△鲁福德似雨蕨 *Gymnogrammitites ruffordioides* Sun et Zheng，2001（中文和英文发表）

2001　孙革、郑少林，见孙革等，75，185 页，图版 7，图 6；图版 9，图 1，2；图版 40，图 5－8；蕨叶；标本号：PB19020，PB19020A（正、反模）；正模：PB19020（图版 7，图 6）；标本保存在中国科学院南京地质古生物研究所；辽宁北票上园黄半吉沟；晚侏罗世尖山沟组。

荷叶蕨属 Genus *Hausmannia* Dunker，1846

1846　Dunker，12 页。

1933a　斯行健，67 页。

1963　斯行健、李星学等，87 页。

1993a　吴向午，89 页。

模式种：*Hausmannia dichotoma* Dunker，1846

分类位置：真蕨纲双扇蕨科（Dipteridaceae，Filicopsida）

二歧荷叶蕨 *Hausmannia dichotoma* Dunker,1846

1846 Dunker,12 页,图版 5,图 1;图版 6,图 12;蕨叶;德国比肯堡(Buckenburg)附近;早白垩世(Wealden)。

1993a 吴向午,89 页。

△似掌叶型荷叶蕨 *Hausmannia chiropterioides* Huang,1992

1992 黄其胜,174 页,图版 19,图 8;蕨叶;采集号:SD5;登记号:SD87010;标本保存在中国地质大学(武汉)古生物教研室;四川达县铁山;晚三叠世须家河组 3 段。

圆齿荷叶蕨 *Hausmannia crenata* (Nathorst) Moeller,1902

1878 *Protorhipis crenata* Nathorst,57 页,图版 11,图 4;蕨叶;瑞士;晚三叠世。

1902 *Hausmannia crenata* (Nathorst) Moeller,50 页,图版 5,图 5,6;蕨叶;丹麦博恩霍尔姆岛(Bornhilm Island);侏罗纪。

1986 叶美娜等,29 页,图版 13,图 5,5a;蕨叶;四川达县铁山金窝;早侏罗世珍珠冲组。

△峨眉荷叶蕨 *Hausmannia emeiensis* Wu ex Yang,1978

1974a *Hausmannia* (*Protorhipis*) *emeiensis* Wu,吴舜卿,见李佩娟等,357 页,图版 190,图 2—5;营养叶和生殖叶;四川峨眉荷叶湾;晚三叠世须家河组。

1978 杨贤河,486 页,图版 166,图 2;生殖蕨叶;四川峨眉荷叶湾;晚三叠世须家河组。

△李氏荷叶蕨 *Hausmannia leeiana* Sze,1933

1933d 斯行健,7 页,图版 2,图 8,9;蕨叶;山西大同;早侏罗世。[注:此标本后被改定为 *Hausmannia* (*Protorhipis*) *leeiana* Sze(斯行健、李星学等,1963)]

1941 Stockmans,Mathieu,42 页,图版 4,图 8;蕨叶;山西大同;侏罗纪。[注:此标本后被改定为 *Hausmannia* (*Protorhipis*) *leeiana* Sze(斯行健、李星学等,1963)]

1951 李星学,196 页,图版 1,图 4a;蕨叶;山西大同新高山;侏罗纪大同煤系上部。[注:此标本后被改定为 *Hausmannia* (*Protorhipis*) *leeiana* Sze(斯行健、李星学等,1963)]

1954 徐仁,52 页,图版 46,图 1;蕨叶;山西大同;中侏罗世或早侏罗世晚期。[注:此标本后被改定为 *Hausmannia* (*Protorhipis*) *leeiana* Sze(斯行健、李星学等,1963)]

1958 汪龙文等,610 页,图 610;蕨叶;山西,河北,辽宁;早—中侏罗世。

1963 李星学等,135 页,图版 109,图 1,2;蕨叶;中国西北地区;早—中侏罗世。

1982 王国平等,247 页,图版 114,图 7;蕨叶;福建宁化甘水潭;晚三叠世文宾山组。

△蛇不歹荷叶蕨 *Hausmannia shebudaiensis* Zhang et Zheng,1987

1987 张武、郑少林,268 页,图版 3,图 1—5;插图 9;生殖蕨叶;登记号:SG110018—SG110022;标本保存在沈阳地质矿产研究所;辽宁北票长皋蛇不歹;中侏罗世蓝旗组。(注:原文未指定模式标本)

1990 曹正尧、商平,图版 2,图 3,4;蕨叶;辽宁北票长皋蛇不歹;中侏罗世蓝旗组。

2003 邓胜徽等,图版 64,图 3,4;蕨叶;辽宁北票长皋蛇不歹;中侏罗世蓝旗组。

2003 许坤等,图版 8,图 5;蕨叶;辽宁西部;中侏罗世蓝旗组。

乌苏里荷叶蕨 *Hausmannia ussuriensis* Kryshtofovich,1923

1923 Kryshtofovich,295 页,图 4b;蕨叶;南滨海;晚三叠世。

1963 李星学等,134 页,图版 108,图 2,3;蕨叶;中国西北地区;早一中侏罗世。

1976 沈光隆等,76 页,图版 1－3;插图 1,2;蕨叶;甘肃靖远大水头煤田;早一中侏罗世。

1979 顾道源、胡雨帆,图版 2,图 2,3;蕨叶;新疆克拉玛依(库车)克拉苏河;晚三叠世塔里奇克组。

1984 顾道源,142 页,图版 66,图 7;图版 77,图 6;蕨叶;新疆克拉玛依(库车)克拉苏河;晚三叠世塔里奇克组。

1986 叶美娜等,30 页,图版 13,图 3A;图版 14,图 6;蕨叶;四川达县铁山金窝、雷音铺;晚三叠世须家河组 7 段。

1987 胡雨帆、顾道源,224 页,图版 5,图 6,7;蕨叶;新疆库车;晚三叠世塔里奇克组。

1987 张武、郑少林,图版 4,图 11;蕨叶;辽宁南票大红石砬子;中三叠世后富隆山组。

1988 李佩娟等,60 页,图版 14,图 4;图版 15,图 4;图版 18,图 2;图版 19,图 3,4A,4a;图版 21,图 3;图版 36,图 1;图版 45,图 3A;图版 51,图 3;营养叶和生殖叶;青海大柴旦大煤沟;早侏罗世甜水沟组 *Hausmannia* 层。

1995a 李星学(主编),图版 90,图 4;生殖蕨叶;青海大柴旦大煤沟;早侏罗世甜水沟组。(中文)

1995b 李星学(主编),图版 90,图 4;生殖蕨叶;青海大柴旦大煤沟;早侏罗世甜水沟组。(英文)

1998 张泓等,图版 20,图 1－6;图版 21,图 3;营养叶和生殖叶;新疆乌恰康苏;中侏罗世杨叶组;青海大柴旦大煤沟;早侏罗世甜水沟组;甘肃兰州窑街;中侏罗世窑街组;内蒙古阿拉善右旗长山子;中侏罗世青土井组。

2002 王永栋,图版 6,图 1－3;蕨叶;湖北秭归香溪;早侏罗世香溪组。

乌苏里荷叶蕨(比较种) *Hausmannia* cf. *ussuriensis* Kryshtofovich

1933a 斯行健,67 页,图版 9,图 1－6;蕨叶;甘肃武威千里沟顶;早侏罗世。[注:此标本后被改定为 *Hausmannia* (*Protorhipis*) *ussuriensis* Kryshtofovich(斯行健、李星学等,1963)]

1993a 吴向午,89 页。

荷叶蕨(未定多种) *Hausmannia* spp.

1956 *Hausmannia* sp.,敖振宽,21 页,图版 3,图 3;蕨叶;广东广州小坪;晚三叠世小坪煤系。

1968 *Hausmannia* sp.,《湘赣地区中生代含煤地层化石手册》,47 页,图版 5,图 3,3a;生殖叶;江西乐平涌山桥;晚三叠世安源组蚂蜡山段。

1980 *Hausmannia* sp.,何德长、沈襄鹏,12 页,图版 5,图 1;蕨叶;湖南醴陵石门口;晚三叠世安源组。

1982 *Hausmannia* sp.,段淑英、陈晔,498 页,图版 5,图 4;蕨叶;四川合川炭坝;晚三叠世须家河组。

1982b *Hausmannia* sp.,杨学林、孙礼文,43 页,图版 18,图 10;蕨叶;大兴安岭东南部扎鲁特旗西沙拉;中侏罗世万宝组。

2003 *Hausmannia* sp.,袁效奇等,图版 16,图 7;蕨叶;内蒙古达拉特旗罕台川;中侏罗世直罗组。

荷叶蕨(原始扇状蕨亚属) Subgenus *Hausmannia* (*Protorhipis*) Ôishi et Yamasita,1936

1936 Ôishi,Yamasita,161 页。

1963　斯行健、李星学等,87 页。

1993a　吴向午,89 页。

模式种:*Hausmannia* (*Protorhipis*) *buchii* Andrae ex Ôishi eT Yamasita,1936

分类位置:真蕨纲双扇蕨科(Dipteridaceae,Filicopsida)

布氏荷叶蕨(原始扇状蕨) *Hausmannia* (*Protorhipis*) *buchii* Andrae ex Ôishi et Yamasita, 1936

1855　*Protorhipis buchii* Andrae,36 页,图版 8,图 1;蕨叶;奥地利;早侏罗世(Lias)。

1936　Ôishi,Yamasita,161 页。

1993a　吴向午,89 页。

圆齿荷叶蕨(原始扇状蕨) *Hausmannia* (*Protorhipis*) *crenata* (Nathorst) Moeller ex Ôishi et Yamasita,1936

1878　*Protorhipis crenata* Nathorst,57 页,图版 11,图 4;蕨叶;瑞士;晚三叠世。

1902　*Hausmannia crenata* (Nathorst) Moeller,50 页,图版 5,图 5,6;蕨叶;丹麦博恩霍尔姆岛;侏罗纪。

1936　Ôishi,Yamasita,161 页。

1980　张武等,246 页,图版 127,图 4－7;蕨叶;辽宁巴林左旗兴隆山;中侏罗世。

齿状荷叶蕨(原始扇状蕨) *Hausmannia* (*Protorhipis*) *dentata* Ôishi ex Ôishi et Yamasita,1936

1932　*Hausmannia dentata* Ôishi,306 页,图版 21,图 1－4,5A;图版 35,图 2,3;插图 2;蕨叶;日本成羽;晚三叠世(Nariwa Series)。

1936　Ôishi,Yamasita,161 页。

齿状荷叶蕨(原始扇状蕨)(比较种) *Hausmannia* (*Protorhipis*) cf. *dentata* Ôishi ex Ôishi et Yamasita,1936

1980　张武等,246 页,图版 127,图 3;蕨叶;辽宁本溪;早侏罗世长梁子组。

△峨眉荷叶蕨(原始扇状蕨) *Hausmannia* (*Protorhipis*) *emeiensis* Wu ex Lee et al.,1974

1974a　吴舜卿,见李佩娟等,357 页,图版 190,图 2－5;营养叶和生殖叶;登记号:PB4820－PB4822;标本保存在中国科学院南京地质古生物研究所;四川峨眉荷叶湾;晚三叠世须家河组。[注:此种名最早由李佩娟等(1974)引用,但未指明为新种]

1989　梅美棠等,83 页,图版 39,图 3;蕨叶;华南地区;晚三叠世。

1999b　吴舜卿,19 页,图版 8,图 2;图版 9,图 5;图版 10,图 1－3a;营养叶和生殖叶;四川峨眉荷叶湾、达县铁山;晚三叠世须家河组。

峨眉荷叶蕨(原始扇状蕨)(比较种) *Hausmannia* (*Protorhipis*) cf. *emeiensis* Wu

1980　吴水波等,图版 1,图 6;蕨叶;吉林汪清托盘沟地区;晚三叠世。

1981　孙革,465 页,图版 3,图 8,10;插图 5;裸羽片和实羽片;吉林汪清天桥岭;晚三叠世马鹿沟组。

△李氏荷叶蕨(原始扇状蕨) *Hausmannia* (*Protorhipis*) *leeiana* Sze ex Ôishi et Yamasita,1936

1933d　*Hausmannia leeiana* Sze,斯行健,7 页,图版 2,图 8,9;蕨叶;山西大同;早侏罗世。

1936　Ôishi,Yamasita,163 页。

1963 斯行健、李星学等，88 页，图版 27，图 2，2a；图版 28，图 2；蕨叶；山西大同；中侏罗世大同群；北京西山门头沟；中侏罗世门头沟群；辽宁；早—中侏罗世。

1978 周统顺，图版 19，图 2；蕨叶；福建宁化甘水潭；晚三叠世文宾山组。

1979 何元良等，137 页，图版 61，图 4；蕨叶；青海大通左司土沟；早—中侏罗世木里群。

1980 陈芬等，428 页，图版 3，图 1；蕨叶；北京西山大台；早侏罗世下窑坡组。

1980 张武等，246 页，图版 127，图 8，9；图版 123，图 1—3；蕨叶；辽宁凌源刀子沟；早侏罗世郭家店组；辽宁北票；中侏罗世蓝旗组。

1982 刘子进，125 页，图版 62，图 8；蕨叶；陕西黄陵店头；早—中侏罗世延安组。

1984 陈芬等，42 页，图版 11，图 6，7；蕨叶；北京西山大台、房山；早侏罗世下窑坡组。

1984 王自强，247 页，图版 145，图 5—7；蕨叶；山西大同；中侏罗世大同组；河北下花园；中侏罗玉带山组。

1989 梅美棠等，83 页，图版 39，图 1，2；蕨叶；山西，北京，辽宁；早—中侏罗世。

1991 北京市地质矿产局，图版 14，图 3；蕨叶；北京西山大台；早侏罗世下窑坡组。

1993a 吴向午，89 页。

1994 萧宗正等，图版 14，图 1；蕨叶；北京门头沟双石头；早侏罗世下窑坡组。

成羽荷叶蕨（原始扇状蕨）*Hausmannia*（*Protorhipis*）*nariwaensis* Ôishi，1930

1930 *Hausmannia* Ôishi，52 页，图版 7，图 2，2a；蕨叶；日本成羽；晚三叠世（Nariwa）。

1936 Ôishi，Yamasita，163 页。

1986 吴舜卿、周汉忠，639 页，图版 1，图 6—8a；图版 2，图 2，4；图版 5，图 9；营养羽片和生殖羽片；新疆吐鲁番盆地西北缘托克逊克尔碱地区；早侏罗世八道湾组。

△蝶形荷叶蕨（原始扇状蕨）*Hausmannia*（*Protorhipis*）*papilionacea* Chow et Huang，1976（non Liu，1980）

1976 周惠琴、黄枝高，见周惠琴等，207 页，图版 108，图 8—9a；蕨叶；内蒙古准格尔旗五字湾；早侏罗世富县组。（注：原文未指定模式标本）

△蝶形荷叶蕨（原始扇状蕨）*Hausmannia*（*Protorhipis*）*papilionacea* Liu，1980（non Chow et Huang，1976）

（此种名为 *Hausmannia*（*Protorhipis*）*papilionacea* Chow et Huang，1976 的晚出等同名）

1980 刘子进，见黄枝高、周惠琴，75 页，图版 49，图 13；图版 54，图 3，4；插图 4；裸羽片；登记号：OP60005—OP60007；内蒙古准格尔旗五字湾；早侏罗世富县组。（注：原文未指定模式标本）

珍贵荷叶蕨（原始扇状蕨）*Hausmannia*（*Protorhipis*）*rara* Vachrameev，1961

1961 Vachrameev，Krassilov，107 页，图版 8，图 3，4；蕨叶；北高加索；早侏罗世。

1980 张武等，247 页，图版 128，图 4—7；图版 129，图 1；蕨叶；辽宁北票；中侏罗世蓝旗组。

1989 梅美棠等，82 页，图版 40，图 4；蕨叶；华北地区；中—晚侏罗世。

乌苏里荷叶蕨（原始扇状蕨）*Hausmannia*（*Protorhipis*）*ussuriensis* Kryshtofovich ex Sze，Lee et al.，1963

1923 *Hausmannia ussuriensis* Kryshtofovich，295 页，图 4b；蕨叶；南滨海；晚三叠世。

1963 斯行健、李星学等，89 页，图版 26，图 3，4；图版 28，图 1；蕨叶；甘肃武威千里沟顶；早—中侏罗世。

1976 张志诚，187 页，图版 87，图 5，6；图版 119，图 1；蕨叶；内蒙古包头石拐沟；早侏罗世五当沟组。

1979 何元良等，137 页，图版 61，图 5，5a；蕨叶；青海天峻江仓；早—中侏罗世木里群江仓组。

1980 吴水波等，图版 1，图 3，4；蕨叶；吉林汪清托盘沟地区；晚三叠世。

1981 孙革，464 页，图版 3，图 1－7；插图 4；蕨叶；吉林汪清天桥岭；晚三叠世马鹿沟组。

1982 刘子进，125 页，图版 62，图 9；蕨叶；甘肃武威、靖远、肃南、两当；中侏罗世新河组、窑街组、龙家沟组。

1984 陈公信，577 页，图版 235，图 1，2；蕨叶；湖北荆门锅底坑；早侏罗世桐竹园组。

1984 王自强，247 页，图版 125，图 9－13；蕨叶；山西怀仁；早侏罗世永定庄组。

1992 孙革、赵衍华，530 页，图版 223，图 2，5；图版 224，图 4；图版 225，图 2；图版 226，图 1，2；图版 227，图 3；蕨叶；吉林汪清鹿圈子村北山；晚三叠世马鹿沟组。

1993 米家榕等，89 页，图版 9，图 8；图版 11，图 1－4，7－9；蕨叶；吉林汪清天桥岭；晚三叠世马鹿沟组。

1993 孙革，66 页，图版 7，图 4－6；图版 9，图 3－5；图版 10，图 5－7；图版 11，图 4－6；图版 12，图 1－6；插图 17；营养蕨叶和生殖蕨叶；吉林汪清鹿圈子村北山、天桥岭；晚三叠世马鹿沟组。

1995a 李星学（主编），图版 78，图 3；蕨叶；吉林汪清天桥岭；晚三叠世马鹿沟组。（中文）

1995b 李星学（主编），图版 78，图 3；蕨叶；吉林汪清天桥岭；晚三叠世马鹿沟组。（英文）

1996 米家榕等，95 页，图版 7，图 1，2，8；蕨叶；辽宁北票冠山一井；早侏罗世北票组下段。

2004 孙革、梅盛吴，图版 6，图 4，4a，5，7，7a，8，9B；蕨叶；中国西北地区潮水盆地、雅布赖盆地；早—中侏罗世。

△万龙荷叶蕨（原始扇状蕨）*Hausmannia*（*Protorhipis*）*wanlongensis* Zheng et Zhang，1983

1983a 郑少林、张武，80 页，图版 2，图 4－9；插图 8；营养叶和生殖叶；标本号：HGW006－HGW011；标本保存在沈阳地质矿产研究所；黑龙江勃利万龙村；早白垩世东山组。（注：原文未指定模式标本）

荷叶蕨（原始扇状蕨）（未定多种）*Hausmannia*（*Protorhipis*）spp.

1978 *Hausmannia*（*Protorhipis*）sp.，周统顺，图版 30，图 5；蕨叶；福建将乐高塘；早侏罗世梨山组。

1981 *Hausmannia*（*Protorhipis*）sp.，孙革，465 页，图版 3，图 9，11；插图 6；蕨叶；吉林汪清天桥岭；晚三叠世马鹿沟组。

1983 *Hausmannia*（*Protorhipis*）sp.，李杰儒，21 页，图版 1，图 24；蕨叶；辽宁锦西后富隆山；中侏罗世海房沟组 1 段。

哈定蕨属 Genus *Haydenia* Seward，1912

1912 Seward，14 页。

1931 斯行健，64 页。

1993a 吴向午,89 页。
模式种:*Haydenia thyrsopteroides* Seward,1912
分类位置:真蕨纲桫椤科?(Cyatheaceae?,Filicopsida)

伞序蕨型哈定蕨 *Haydenia thyrsopteroides* Seward,1912
1912 Seward,14 页,图版 2,图 26,29;实羽片;阿富汗(Ishpushta);侏罗纪。
1993a 吴向午,89 页。

?伞序蕨型哈定蕨 ?*Haydenia thyrsopteroides* Seward
1931 斯行健,64 页;实羽片;内蒙古萨拉齐羊圪埮;早侏罗世(Lias)。
1993a 吴向午,89 页。

里白属 Genus *Hicropteris* Presl
1979a 段淑英、陈晔,见陈晔等,60 页。
1993a 吴向午,90 页。
模式种:(现生属)
分类位置:真蕨纲里白科(Gleicheniaceae,Filicopsida)

△三叠里白 *Hicropteris triassica* Duan et Chen,1979
1979a 段淑英、陈晔,见陈晔等,60 页,图版 1,图 1,2a,1b,2;插图 2;营养叶和生殖叶;标本号:No.6920,No.6937,No.6938,No.6845,No.6849,No.7017,No.7021,No.7026;合模 1:No.6937(图版 1,图 1);合模 2:No.7017(图版 1,图 2);标本保存在中国科学院植物研究所古植物研究室;四川盐边红泥煤田;晚三叠世大荞地组。[注:依据《国际植物命名法规》(《维也纳法规》)第 37.2 条,1958 年起,模式标本只能是 1 块标本]
1981 陈晔、段淑英,图版 2,图 4-4b;实羽片;四川盐边红泥煤田;晚三叠世大荞地组。
1987 陈晔等,96 页,图版 7;图版 8,图 7,7a;营养叶和生殖叶;四川盐边箐河;晚三叠世红果组。
1993a 吴向午,90 页。

似膜蕨属 Genus *Hymenophyllites* Goeppert,1836
1836 Goeppert,252 页。
1867(1865) Newberry,122 页。
1993a 吴向午,91 页。
模式种:*Hymenophyllites quercifolius* Goeppert,1836
分类位置:真蕨纲膜蕨科(Hymenophyllacae,Filicopsida)

槲叶似膜蕨 *Hymenophyllites quercifolius* Goeppert,1836
1836 Goeppert,252 页,图版 14,图 1,2;蕨类营养叶;西里西亚;石炭纪。
1993a 吴向午,91 页。

△宽大似膜蕨 *Hymenophyllites amplus* Zheng et Zhang,1982

1982b 郑少林、张武,306 页,图版 8,图 12,13;生殖蕨叶;登记号:HDN041,HDN042;标本保存在沈阳地质矿产研究所;黑龙江鸡西滴道暖泉;晚侏罗世滴道组。(注:原文未指定模式标本)

△海拉尔似膜蕨 *Hymenophyllites hailarense* Ren et Deng,1997(中文和英文发表)

1997 任守勤、邓胜徽,见邓胜徽等,22,101 页,图版 3,图 8—13;插图 5;蕨叶;内蒙古扎赉诺尔;早白垩世伊敏组。(注:原文未指明模式标本)

2001 邓胜徽、陈芬,53,194 页,图版 5,图 1—11;插图 6;蕨叶;内蒙古海拉尔;早白垩世伊敏组。

2003 杨小菊,563 页,图版 1,图 4;蕨叶;黑龙江鸡西盆地;早白垩世穆棱组。

△线形似膜蕨 *Hymenophyllites linearifolius* Deng,1993

1993 邓胜徽,256 页,图版 1,图 5—7;插图 d—f;蕨叶和生殖羽片;标本号:H14A509,H14A510;标本保存在中国地质大学(北京);内蒙古霍林河盆地;早白垩世霍林河组。(注:原文未指定模式标本)

△娇嫩似膜蕨 *Hymenophyllites tenellus* Newberry,1867

1867(1865) Newberry,122 页,图版 9,图 5;蕨叶;北京西山斋堂;侏罗纪。[注:此标本后被改定为 *Coniopteris hymenophylloides* Brongniart(斯行健、李星学等,1963)]

1993a 吴向午,91 页。

雅库蒂蕨属 Genus *Jacutopteris* Vasilevskja,1960

1960 Vasilevskja,64 页。

1975 徐福祥,105 页。

1993a 吴向午,92 页。

模式种:*Jacutopteris lenaensis* Vasilevskja,1960

分类位置:真蕨纲(Filicopsida)

勒拿雅库蒂蕨 *Jacutopteris lenaensis* Vasilevskja,1960

1960 Vasilevskja,64 页,图版 1,图 1—10;图版 2,图 8;插图 1;蕨叶;苏联勒拿河下游;早白垩世。

1993a 吴向午,92 页。

△后老庙雅库蒂蕨 *Jacutopteris houlaomiaoensis* Xu,1975

1975 徐福祥,105 页,图版 5,图 1,1a,2,3,3a;蕨叶和生殖羽片;甘肃天水后老庙炭和里;早—中侏罗世炭和里组。(注:原文未指定模式标本)

1993a 吴向午,92 页。

1982 刘子进,128 页,图版 64,图 6,7;图版 65,图 1;蕨叶;甘肃天水后老庙;早侏罗世炭和里组。

1993a 吴向午,92 页。

△天水雅库蒂蕨 *Jacutopteris tianshuiensis* Xu, 1975

1975 徐福祥,104 页,图版 4,图 2,3,3a,4,4a;蕨叶和生殖羽片;甘肃天水后老庙干柴沟、田家山;早一中侏罗世炭和里组。(注:原文未指定模式标本)

1993a 吴向午,92 页。

△耶氏蕨属 Genus *Jaenschea* Mathews, 1947—1948

1947—1948 Mathews,239 页。

1993a 吴向午,19,222 页。

1993b 吴向午,498,513 页。

模式种:*Jaenschea sinensis* Mathews,1947—1948

分类位置:真蕨纲紫萁科?(Osmundaceae?,Filicopsida)

△中国耶氏蕨 *Jaenschea sinensis* Mathews, 1947—1948

1947—1948 Mathews,239 页,图 2;实羽片印痕;北京西山;二叠纪(?)或三叠纪(?)双泉群。

1993a 吴向午,19,222 页。

1993b 吴向午,498,513 页。

△江西叶属 Genus *Jiangxifolium* Zhou, 1988

1988 周贤定,126 页。

1993a 吴向午,19,223 页。

1993b 吴向午,498,513 页。

模式种:*Jiangxifolium mucronatum* Zhou,1988

分类位置:真蕨纲(Filicopsida)

△短尖头江西叶 *Jiangxifolium mucronatum* Zhou, 1988

1988 周贤定,126 页,图版 1,图 1,2,5,6;插图 1;蕨叶;登记号:No.1348,No.1862,No.2228,No.2867;正模:No.2228(图版 1,图 1);标本保存在江西省一九五地质队;江西丰城攸洛;晚三叠世安源组。

1993a 吴向午,19,223 页。

1993b 吴向午,498,513 页。

△细齿江西叶 *Jiangxifolium denticulatum* Zhou, 1988

1988 周贤定,127 页,图版 1,图 3,4;蕨叶;登记号:No.2135,No.2867;正模:No.2135(图版 1,图 3);标本保存在江西省一九五地质队;江西丰城攸洛;晚三叠世安源组。

1993a 吴向午,19,223 页。

1993b 吴向午,498,573 页。

克鲁克蕨属 Genus *Klukia* Raciborski,1890

1890 Raciborski,6 页。

1963 斯行健、李星学等,67 页。

1993a 吴向午,93 页。

模式种:*Klukia exilis* (Phillips) Raciborski,1890

分类位置:真蕨纲海金沙科(Schizaeaceae,Filicopsida)

瘦直克鲁克蕨 *Klukia exilis* (Phillips) Raciborski,1890

1829 *Pecopteris exilis* Phillips,148 页,图版 8,图 16;蕨叶;英国约克郡;中侏罗世。

1890 Raciborski,6 页,图版 1,图 16－19;蕨叶;英国约克郡;中侏罗世。

1982b 郑少林、张武,296 页,图版 2,图 5,5a;蕨叶;黑龙江宝清宝密桥(保密桥)龙头矿;中一晚侏罗世朝阳屯组。

1984 王自强,239 页,图版 124,图 2－4;蕨叶;内蒙古察哈尔右翼中旗;早侏罗世南苏勒图组。

1993a 吴向午,93 页。

2003 孟繁松等,529 页,图版 1,图 4,5;营养羽片;重庆云阳水市口;早侏罗世自流井组东岳庙段。

瘦直克鲁克蕨(比较属种) Cf. *Klukia exilis* (Phillips) Raciborski

1979 何元良等,140 页,图版 64,图 4;羽片;青海天峻江仓;早一中侏罗世木里群江仓组。

布朗克鲁克蕨 *Klukia browniana* (Dunker) Zeiller,1914

1846 *Pecopteris browniana* Dunker,5 页,图版 8,图 7;蕨叶;西欧;早白垩世。

1894 *Cladophlebis browniana* (Dunker) Seward,99 页,图版 7,图 4;西欧;早白垩世。

1914 *Klukia* cf. *browniana* (Dunker) Zeiller,7 页,图版 21,图 1;插图 A－C。

1956 Maegdefrau,267 页。

布朗克鲁克蕨(比较属种) Cf. *Klukia browniana* (Dunker) Zeiller

1963 斯行健、李星学等,68 页,图版 21,图 5－6a;蕨叶;浙江寿昌东村白水岭;晚侏罗世一早白垩世建德群。

1982 李佩娟,82 页,图版 6,图 6－7a;裸羽片和实羽片;西藏洛隆业牙乡益塔村、八宿白马区哈曲河;早白垩世多尼组。

1985 李杰儒,202 页,图版 1,图 1,1a;蕨叶;辽宁岫岩黄花甸子张家窝堡;早白垩世小岭组。

1991 张川波等,图版 2,图 4;蕨叶;吉林九台刘房子;早白垩世大羊草沟组。

1993a 吴向午,93 页。

布朗克鲁克蕨(枝脉蕨)(比较属种) Cf. *Klukia* (*Cladophlebis*) *browniana* (Dunker) Zeiller

2000 吴舜卿,图版 4,图 1,1a,3,4;蕨叶;香港新界西贡嶂上;早白垩世浅水湾群。

△小克鲁克蕨 *Klukia mina* (Li) Li et Wu,1991

1982 *Cladophlebis mina* Li,李佩娟,88 页,图版 6,图 3－5,8;图版 7,图 7;插图 6;蕨叶;采集号:向-3(2),D20-1,D26-6;登记号:PB7930－PB7932,PB7942;正模:PB7930(图版 6,

图 3)；标本保存在中国科学院南京地质古生物研究所；西藏堆龙德庆向阳煤矿；早白垩世含煤段；西藏洛隆硕般多；早白垩世多尼组；西藏拉萨澎波牛马沟；早白垩世林布宗组。

1991　李佩娟、吴一民，282 页，图版 1，图 1—5；图版 2，图 1—5a；图版 3，图 2，3；图版 4，图 1b，1b1，1c；图版 5，图 4；营养叶和生殖叶；西藏改则弄弄巴；早白垩世川巴组。

△文成克鲁克蕨 *Klukia wenchengensis* Cao，1999(中文和英文发表)

1999　曹正尧，43，145 页，图版 9，图 1—9a；图版 10，图 1—7a；图版 39，图 11；插图 17；营养叶和生殖叶；采集号：1934-H10，1939-H1，1939-H8，1939-H11，1939-H13，1939-H14，1939-H42，Zh342；登记号：PB14338a—PB14343b，PB14345—PB14351；正模：PB14346(图版 10，图 5)；标本保存在中国科学院南京地质古生物研究所；浙江文成坦歧、花竹岭；早白垩世磨石山组 C 段。

△西藏克鲁克蕨 *Klukia xizangensis* Li，1982

1982　李佩娟，81 页，图版 3，图 1—5b；图版 5，图 2；裸羽片和实羽片；采集号：FT2204；登记号：PB7917—PB7921；正模：PB7918(图版 3，图 2)；标本保存在中国科学院南京地质古生物研究所；西藏洛隆孜托北山；早白垩世多尼组。

1991　李佩娟、吴一民，283 页，图版 3，图 1a，1a1；插图 5b；裸羽片；西藏改则弄弄巴；早白垩世川巴组。

克鲁克蕨(未定种) *Klukia* sp.

1982　*Klukia* sp. 1，李佩娟，82 页，图版 2，图 6—8；实羽片；西藏八宿上林卡区旺珠乡；早白垩世多尼组。

克鲁克蕨？(未定种) *Klukia*？sp.

1982　*Klukia*？sp. 2，李佩娟，83 页，图版 4，图 5，5a；实羽片；西藏洛隆孜托区业牙乡；早白垩世多尼组。

△似克鲁克蕨属 Genus *Klukiopsis* Deng et Wang，2000(中文 1999、英文 2000 发表)

1999　邓胜徽、王士俊，552 页。(中文)

2000　邓胜徽、王士俊，356 页。(英文)

模式种：*Klukiopsis jurassica* Deng et Wang，2000

分类位置：真蕨纲海金沙科(Schzaeaceae，Filicopsida)

△侏罗似克鲁克蕨 *Klukiopsis jurassica* Deng et Wang，2000(中文 1999、英文 2000 发表)

1999　邓胜徽、王士俊，552 页，图 1(a)—1(f)；蕨叶、生殖羽片、孢子囊和孢子；标本号：YM98-303；正模：YM98-303[图 1(a)]；河南义马；中侏罗世。(注：原文未指出标本的保存单位及地点)(中文)

2000　邓胜徽、王士俊，356 页，图 1(a)—1(f)；蕨叶、生殖羽片、孢子囊和孢子；标本号：YM98-303；正模：YM98-303[图 1(a)]；河南义马；中侏罗世。(注：原文未指出标本的保存单位及地点)(英文)

2003　邓胜徽等，图版 67，图 2；蕨叶；河南义马盆地；中侏罗世义马组。

2003　修申成等，图版 1，图 1；蕨叶；河南义马盆地；中侏罗世义马组。

杯囊蕨属 Genus *Kylikipteris* Harris, 1961

1961 Harris,166 页。

1979a 段淑英、陈晔,见陈晔等,60 页。

1993a 吴向午,94 页。

模式种:*Kylikipteris argula* (Lindley et Hutton) Harris,1961

分类位置:真蕨纲蚌壳蕨科(Dicksoniaceae,Filicopsida)

微尖杯囊蕨 *Kylikipteris argula* (Lindley et Hutton) Harris, 1961

1834 *Neuropteris argula* Lindley et Hutton,67 页,图 105;裸羽片;英国约克郡;中侏罗纪。

1961 Harris,166 页;插图 59 — 61;营养叶和生殖叶;英国约克郡;中侏罗世。

1993a 吴向午,94 页。

△简单杯囊蕨 *Kylikipteris simplex* Duan et Chen, 1979

1979a 段淑英、陈晔,见陈晔等,60 页,图版 1,图 3,4,4a;营养叶和生殖叶;标本号:No.7015,No.7028 — No.7032;合模 1:No.7028(图版 1,图 3);合模 2:No.7029(图版 1,图 4);标本保存在中国科学院植物研究所古植物研究室;四川盐边红泥煤田;晚三叠世大荞地组。[注:依据《国际植物命名法规》(《维也纳法规》)第 37.2 条,1958 年起,模式标本只能是 1 块标本]

1981 陈晔、段淑英,图版 2,图 5,5a;实羽片;四川盐边红泥煤田;晚三叠世大荞地组。

1993a 吴向午,94 页。

拉谷蕨属 Genus *Laccopteris* Presl, 1838

1838(1820 — 1838) Presl,见 Sternberg,115 页。

1906 Krasser,593 页。

1993a 吴向午,94 页。

模式种:*Laccopteris elegans* Presl,1838

分类位置:真蕨纲马通蕨科(Matoniaceae,Filicopsida)

雅致拉谷蕨 *Laccopteris elegans* Presl, 1838

1838(1820 — 1838) Presl,见 Sternberg,115 页,图版 32,图 8,8a;实羽片;德国巴伐利亚附近的班贝格斯坦多夫(Bamberg Steindorf);晚三叠世(Keuper)。

1993a 吴向午,94 页。

水龙骨型拉谷蕨 *Laccopteris polypodioides* (Brongniart) Seward, 1899

1828 *Phlebopteris polypodioides* Brongniart,57 页;英国约克郡;中侏罗世。(裸名)

1836 *Phlebopteris polypodioides* Brongniart,372 页,图版 83,图 1,1A;生殖羽片;英国约克郡;中侏罗世。

1899 Seward,197 页;插图 9B;生殖羽片;英国约克郡;中侏罗世。

1906 Krasser,593 页,图版 1,图 12;营养叶;吉林火石岭;侏罗纪。[注:此标本后被改定为 ? *Phlebopteris* cf. *polypodioides* Brongniart(斯行健、李星学等,1963)]

1920 Yabe,Hayasaka,图版 1,图 1;图版 2,图 1;图版 5,图 12;蕨叶;湖北宜昌香溪贾泉店;侏罗纪。[注:此标本后被改定为 ? *Phlebopteris* cf. *brauni* (Goeppert) Hirmen et Hoerhammer(斯行健、李星学等,1963)]

1933 Yabe,Ôishi,204(10)页;蕨叶;吉林火石岭;早—中侏罗世。[注:此标本后被改定为 ? *Phlebopteris* cf. *polypodioides* Brongniart(斯行健、李星学等,1963)]

1993a 吴向午,94 页。

水龙骨型拉谷蕨(比较种) *Laccopteris* cf. *polypodioides* (Brongniart) Seward

1949 *Laccopteris* cf. *polypodioides* Brongniart,斯行健,5 页,图版 13,图 1,2;蕨叶;湖北当阳贾家店;早侏罗世香溪煤系。[注:此标本后被改定为 *Phlebopteris* cf. *polypdides* Brongniart(徐仁,1954)]

勒桑茎属 Genus *Lesangeana* (Mougeot) Fliche,1906

1906 Fliche,164 页。

1990b 王自强、王立新,307 页。

1993a 吴向午,95 页。

模式种:*Lesangeana voltzii* (Schimper) Fliche,1906(注:最早引证的模式种为 *Lesangeana hasseltii* Mougeot,1851,346 页)(裸名)

分类位置:真蕨纲?(Filicopsida?)

伏氏勒桑茎 *Lesangeana voltzii* (Schimper) Fliche,1906

1906 Fliche,164 页,图版 13,图 3;根状茎;法国孚日默尔特-摩泽尔(Meurthe-Moselle);三叠纪。

1993a 吴向午,95 页。

△沁县勒桑茎 *Lesangeana qinxianensis* Wang Z et Wang L,1990

1990b 王自强、王立新,307 页,图版 5,图 4,5;根状茎;标本号:No.8409-30,No.8409-31;正模:No.8409-30(图版 5,图 4);标本保存在中国科学院南京地质古生物研究所;山西武乡司庄;中三叠世二马营组底部。

1993a 吴向午,95 页。

孚日勒桑茎 *Lesangeana vogesiaca* (Schimper) Fliche,1906

1869 *Chelepteris vogesiaca* Schimper,702 页,图版 51,图 1,3;根状茎;法国孚日格朗德维莱尔(Grandvillers);三叠纪。

1906 Fliche,163 页。

1984 *Caulopteris vogesiaca* Schimper et Mougeot,王自强,252 页,图版 115,图 1,2;根状茎;

山西永和;中—晚三叠世延长群。

1990b *Lesangeana vogesiaca* (Schimper et Mougeot) Mougeot,王自强、王立新,308 页,图版 5,图 3,6,7;根状茎;山西武乡司庄;中三叠世二马营组底部。

1993a 吴向午,95 页。

裂叶蕨属 Genus *Lobifolia* Rasskazova et Lebedev,1968

1968 Rasskazova,Lebedev,63 页。

1988 陈芬等,52 页。

1993a 吴向午,97 页。

模式种:*Lobifolia novopokovskii* (Prynada) Rasskazova et Lebedev,1968

分类位置:真蕨纲(Filicopsida)

新包氏裂叶蕨 *Lobifolia novopokovskii* (Prynada) Rasskazova et Lebedev,1968

1961 *Cladophlebis novopokovskii* Prynada,见 Vachrameev,Doludenko,68 页,图版 19,图 1—4;蕨叶;黑龙江布列亚河流域;早白垩世。

1968 Rasskazova,Lebedev,63 页,图版 1,图 1—3;蕨叶;黑龙江布列亚河流域;早白垩世。

1988 陈芬等,52 页,图版 18,图 1,2;蕨叶;辽宁阜新海州矿、艾友矿;早白垩世阜新组孙家湾段。

1993a 吴向午,97 页。

1995b 邓胜徽,32 页,图版 15,图 5;图版 19,图 3;蕨叶;内蒙古霍林河盆地;早白垩世霍林河组。

2001 邓胜徽、陈芬,165 页,图版 122,图 1,1a;图版 123,图 5;蕨叶;辽宁阜新盆地;早白垩世阜新组;辽宁铁法盆地;早白垩世小明安碑组;内蒙古霍林河盆地;早白垩世霍林河组。

△吕蕨属 Genus *Luereticopteris* Hsu et Chu C N,1974

1974 徐仁、朱家柟,见徐仁等,270 页。

1993a 吴向午,22,224 页。

1993b 吴向午,499,515 页。

模式种:*Luereticopteris megaphylla* Hsu et Chu C N,1974

分类位置:真蕨纲(Filicopsida)

△大叶吕蕨 *Luereticopteris megaphylla* Hsu et Chu C N,1974,1974

1974 徐仁、朱家柟,见徐仁等,270 页,图版 2,图 5—11;图版 3,图 2,3;插图 2;蕨叶;标本号:No.742a—No.742c,No.2515;合模:No.742a—No.742c,2515(图版 2,图 5—11;图版 3,图 2,3);标本保存在中国科学院植物研究所;云南永仁花山;晚三叠世大荞地组中部。[注:依据《国际植物命名法规》(《维也纳法规》)第 37.2 条,1958 年起,模式标本只能是 1 块标本]

1978 杨贤河,494 页,图版 159,图 4;蕨叶;四川渡口宝鼎;晚三叠世大荞地组。

1979　徐仁等，37 页，图版 11，图 1－4；插图 14；蕨叶；四川宝鼎花山；晚三叠世大荞地组中上部。
1981　陈晔、段淑英，图版 2，图 1，2；营养叶和生殖叶；四川盐边红泥煤田；晚三叠世大荞地组。
1986　陈晔等，图版 6，图 6；蕨叶；四川理塘；晚三叠世拉纳山组。
1993a 吴向午，22，224 页。
1993b 吴向午，499，515。

合囊蕨属 Genus *Marattia* Swartz，1788

1961　Harris，75 页。
1976　李佩娟等，95 页，见张志诚(1976)，184 页。
1993a 吴向午，99 页。
模式种：(现生属)
分类位置：真蕨纲合囊蕨科(Marattiaceae，Filicopsida)

△古合囊蕨 *Marattia antiqua* Chen et Duan，1979

1979a 陈晔等，58 页，图版 3，图 4，4a；蕨叶；标本号：No.6851；标本保存在中国科学院植物研究所古植物研究室；四川盐边红泥煤田；晚三叠世大荞地组。
1981　陈晔、段淑英，图版 1，图 3，3a；蕨叶；四川盐边红泥煤田；晚三叠世大荞地组。

亚洲合囊蕨 *Marattia asiatica* (Kawasaki) Harris，1961

1939　*Marattiopsis asiatica* Kawasaki，50 页；越南东京，日本，朝鲜；晚三叠世。
1961　Harris，75 页。
1976　李佩娟等，95 页，图版 4，图 8－11，13；裸羽片和实羽片；云南禄丰一平浪；晚三叠世一平浪组干海子段。
1979　徐仁等，20 页，图版 5，图 4－5a；蕨叶；四川宝鼎花山；晚三叠世大荞地组中上部。
1982　段淑英、陈晔，494 页，图版 2，图 5，6；营养羽片和生殖羽片；四川云阳南溪；早侏罗世珍珠冲组。
1982　李佩娟、吴向午，38 页，图版 9，图 2；蕨叶；四川乡城三区上热坞村；晚三叠世喇嘛垭组。
1982　王国平等，240 页，图版 109，图 5；生殖叶；福建崇安洋庄；晚三叠世焦坑组。
1982b 吴向午，79 页，图版 3，图 3，3a；蕨叶；西藏察雅巴贡一带；晚三叠世巴贡组上段。
1983　黄其胜，图版 3，图 6；蕨叶；安徽怀宁拉犁尖；早侏罗世象山群下部。
1984　陈公信，571 页，图版 226，图 6，7；生殖叶；湖北秭归沙镇溪、香溪，兴山大峡口；早侏罗世香溪组。
1986　陈晔等，39 页，图版 3，图 1，1a；生殖叶；四川理塘；晚三叠世拉纳山组。
1987　陈晔等，92 页，图版 5，图 5，5a；生殖羽片；四川盐边箐河；晚三叠世红果组。
1988　李佩娟等，48 页，图版 13，图 2，3；图版 14，图 3；图版 23，图 1；实羽片；青海大柴旦大煤沟；中侏罗世饮马沟组 *Eboracia* 层。
1989　梅美棠等，78 页，图版 36，图 4；生殖叶；中国；晚三叠世—中侏罗世。
1998　张泓等，图版 17，图 7，8；营养叶；甘肃玉门旱峡；中侏罗世大山口组。

1999　王永栋,128页,图版1—3;图版4,图1—8;插图3—5;生殖羽片和原位孢子;湖北秭归香溪;早侏罗世香溪组上部。

2001　王永栋等,928页,图1A—1H,2A—2G,3A—3G;原位孢子和超微结构;湖北秭归香溪;早侏罗世香溪组。

2002　王永栋,图版1,图1,4,5;生殖羽片;湖北秭归香溪;早侏罗世香溪组。

亚洲合囊蕨(比较种) *Marattia* cf. *asiatica* (Kawasaki) Harris

1987　何德长,71页,图版4,图1;营养叶和生殖叶;浙江龙泉花桥;早侏罗世早期花桥组6层。

霍尔合囊蕨 *Marattia hoerensis* (Schimper) Harris,1961

1869　*Angiopteridium hoerensis* Schimper,604页,图版38,图7;瑞士;早侏罗世。

1874　*Marattiopsis hoerensis* Schimper,514页。

1961　Harris,75页。

1976　张志诚,184页,图版86,图8—10;图版87,图1,1a;裸羽片和实羽片;内蒙古乌拉特前旗十一分子西;早—中侏罗世石拐群。

1977　冯少南等,203页,图版71,图1,2;营养叶;湖北秭归;早—中侏罗世香溪群上煤组。

1980　张武等,233页,图版117,图6;实羽片;辽宁本溪;中侏罗世大堡组。

1982　段淑英、陈晔,494页,图版2,图4;营养羽片;四川云阳南溪;早侏罗世珍珠冲组。

1982　李佩娟、吴向午,39页,图版8,图1,2B;实羽片;四川义敦热柯区喇嘛垭;晚三叠世喇嘛垭组。

1982　张采繁,523页,图版336,图4;图版337,图1;蕨叶;湖南浏阳跃龙;早侏罗世跃龙组。

1984　陈公信,571页,图版225,图7;生殖叶;湖北秭归曹家窑;早侏罗世香溪组。

1987　陈晔等,92页,图版6,图1—3;营养叶和生殖叶;四川盐边箐河;晚三叠世红果组。

1987　张武、郑少林,图版5,图1,4;生殖羽片;辽宁西部喀喇沁左翼杨树沟;早侏罗世北票组。

1989　梅美棠等,78页,图版37,图1;生殖叶;中国;晚三叠世—早侏罗世。

敏斯特合囊蕨 *Marattia muensteri* (Goeppert) Raciborski,1891

1841—1846　*Taeniopteris muensteri* Goeppert,51页,图版4,图1—3;蕨叶;早侏罗世。

1891　Raciborski,6页,图版2,图1—5;蕨叶;波兰;晚三叠世。

1974　胡雨帆等,图版2,图2a;蕨叶;四川雅安观化煤矿;晚三叠世。

1979　徐仁等,20页,图版5,图3,3a;蕨叶;四川宝鼎;晚三叠世大荞地组上部。

1980　张武等,233页,图版118,图5,6;实羽片;辽宁本溪;中侏罗世大堡组。

1982b　吴向午,79页,图版3,图4,4a;蕨叶;西藏察雅巴贡一带;晚三叠世巴贡组上段。

1984　陈公信,571页,图版225,图8,9;生殖叶;湖北荆门分水岭;晚三叠世九里岗组。

1986　陈晔等,39页,图版3,图2;生殖叶;四川理塘;晚三叠世拉纳山组。

1987　陈晔等,91页;图版5,图4,4a;生殖羽片;四川盐边箐河;晚三叠世红果组。

1987　孟繁松,240页,图版27,图4;蕨叶;湖北南漳东巩陈家湾、荆门姚河;晚三叠世九里岗组。

1987　张武、郑少林,图版5,图2,3;生殖羽片;辽宁西部喀喇沁左翼杨树沟;早侏罗世北票组。

1989　梅美棠等,78页,图版36,图3;生殖叶;中国;晚三叠世—中侏罗世。

1993a 吴向午,99 页。

△卵形合囊蕨 *Marattia ovalis* Feng,2000(裸名)

2000 姚华舟等,图版 3,图 4;实羽片;标本:Hb-1;四川白玉热家乡杨坝;晚三叠世勉戈组。

△少脉合囊蕨 *Marattia paucicostata* Lee et Tsao,1976

1976 李佩娟、曹正尧,见李佩娟等,95 页,图版 4,图 12;图版 5,图 1－5;图版 6,图 1－3;裸羽片和实羽片;登记号:PB5168－PB5177;正模:PB5177(图版 6,图 3);标本保存在中国科学院南京地质古生物研究所;云南禄丰一平浪;晚三叠世一平浪组干海子段。

1993a 吴向午,99 页。

△四川合囊蕨 *Marattia sichuanensis* Chen et Duan,1985

1985 陈晔、段淑英,见陈晔等,318 页,图版 1,图 3,3a;生殖叶;标本号:No.7322;标本保存在中国科学院植物研究所古植物研究室;四川盐边箐河;晚三叠世。

1987 陈晔等,93 页,图版 5,图 6,6a;生殖叶;四川盐边箐河;晚三叠世红果组。

合囊蕨(未定种) *Marattia* sp.

1982 *Marattia* sp.,李佩娟、吴向午,39 页,图版 2,图 5,5a;裸羽片;四川义敦热柯区喇嘛垭;晚三叠世喇嘛垭组。

合囊蕨?(未定种) *Marattia*? sp.

1988 *Marattia*? sp.,吉林省地质矿产局,图版 8,图 7,9;蕨叶;吉林;中侏罗世。

拟合囊蕨属 Genus *Marattiopsis* Schimper,1874

1874(1869－1874) Schimper,514 页。

1949 斯行健,7 页。

1963 斯行健、李星学等,55 页。

1993a 吴向午,100 页。

模式种:*Marattiopsis muensteri* (Goeppert) Schimper,1874

分类位置:真蕨纲合囊蕨科(Marattiaceae,Filicopsida)

敏斯特拟合囊蕨 *Marattiopsis muensteri* (Goeppert) Schimper,1874

1841－1846 *Taeniopteris muensteri* Goeppert,51 页,图版 4,图 4。

1869 *Angiopteridium muesteri* (Goeppert) Schimper,603 页,图版 38,图 1－6;蕨叶;德国巴伐利亚拜罗伊特(Bayreuth);晚三叠世(Rhaetic)。

1874(1869－1874) Schimper,514 页。

1949 斯行健,7 页,图版 3,图 3－5;图版 4,图 4;图版 12,图 3;生殖叶;湖北秭归香溪、曹家窑;早侏罗世香溪煤系。[注:此标本后被改定为 *Marattiopsis hoerensis* (Schimper) Schimper(斯行健、李星学等,1963)]

1952 斯行健、李星学,2,21 页,图版 2,图 1－4;图版 4,图 4,5;蕨叶;四川巴县一品场;早侏罗世。

1962 李星学等,154 页,图版 94,图 2;生殖蕨叶;长江流域;晚三叠世—早侏罗世。

1963 周惠琴,169 页,图版 71,图 3;蕨叶;广东广州石马;晚三叠世。

1963 李佩娟,124 页,图版 56,图 2;蕨叶;湖北,广东,河北;晚三叠世—早侏罗世。

1963 斯行健、李星学等,57 页,图版 14,图 7—9;裸羽片和实羽片;湖北秭归香溪、曹家店;早—中侏罗世香溪群;四川广元须家河;晚三叠世—早侏罗世。

1964 李星学等,129 页,图版 84,图 2;蕨叶;华南;晚三叠世晚期—中侏罗世。

1968 《湘赣地区中生代含煤地层化石手册》,38 页,图版 34,图 12;实羽片;湘赣地区;晚三叠世—早侏罗世。

1978 杨贤河,475 页,图版 159,图 5;蕨叶;四川新龙雄龙;晚三叠世喇嘛垭组。

1978 周统顺,图版 15,图 10;生殖羽片;福建上杭矶头;晚三叠世大坑组上段。

1980 何德长、沈襄鹏,8 页,图版 16,图 10;生殖羽片;湖南宜章长策心田门;早侏罗世造上组。

1980 黄枝高、周惠琴,72 页,图版 56,图 7—10;蕨叶;陕西铜川焦坪;中侏罗世延安组中—上部。

1982 刘子进,120 页,图版 59,图 3,4;实羽片;陕西铜川焦坪;早—中侏罗世延安组。

1992 孙革、赵衍华,524 页,图版 220,图 4—6,8;实羽片;吉林双阳腾家街;早侏罗世板石顶子组。

1993a 吴向午,100 页。

敏斯特拟合囊蕨(比较种) *Marattiopsis* cf. *muensteri* (Goeppert) Schimper

1954 徐仁,44 页,图版 39,图 1,2;实羽片;湖北秭归贾家店;早侏罗世香溪煤系。[注:图版 39,图 1 标本后被改定为 *Marattiopsis orientalis* Chow et Yeh;图版 39,图 2 标本后被改定为 *Marattiopsis hoerensis* (Schimper) Schimper(斯行健、李星学等,1963)]

亚洲拟合囊蕨 *Marattiopsis asiatica* Kawasaki,1939

1939 Kawasaki,50 页;越南东京,日本,朝鲜;晚三叠世。

1980 何德长、沈襄鹏,7 页,图版 16,图 4,7;图版 20,图 5;营养羽片和生殖羽片;湖南桂东沙田、资兴宝源河;早侏罗世造上组、门口山组。

1980 吴舜卿等,87 页,图版 7,图 1—4a;实羽片;湖北秭归沙镇溪、兴山大峡口;早—中侏罗世香溪组。

1984 王自强,235 页,图版 122,图 6,7;蕨叶;内蒙古察哈尔右翼中旗;早侏罗世南苏勒图组。

1984 周志炎,6 页,图版 1,图 10—13a;实羽片;湖南祁阳河埠塘;早侏罗世观音滩组排家冲段、搭坝口段。

1986 叶美娜等,21 页,图版 6,图 4,4a;实羽片;四川达县雷音铺;早侏罗世珍珠冲组(?)。

1995a 李星学(主编),图版 82,图 8;蕨叶;湖南零陵黄阳司;早侏罗世观音滩组搭坝口段。(中文)

1995b 李星学(主编),图版 82,图 8;蕨叶;湖南零陵黄阳司;早侏罗世观音滩组搭坝口段。(英文)

1995a 李星学(主编),图版 86,图 8;蕨叶;湖北秭归香溪;早—中侏罗世香溪组。(中文)

1995b 李星学(主编),图版 86,图 8;蕨叶;湖北秭归香溪;早—中侏罗世香溪组。(英文)

1996 米家榕等,85 页,图版 4,图 3,8,10—14;图版 5,图 2,6,7;生殖羽片;河北抚宁石门寨;早侏罗世北票组。

2003 邓胜徽等,图版 64,图 5,6;蕨叶;新疆准噶尔盆地郝家沟剖面;早侏罗世三工河组。

霍尔拟合囊蕨 *Marattiopsis hoerensis* (Schimper) Thomas, 1913

1869—1874 *Angiopteridium hoerensis* Schimper, 604 页, 图版 38, 图 7; 蕨叶; 瑞典; 早侏罗世。

1913 Thomas, 229 页; 蕨叶; 瑞典; 早侏罗世。

1963 斯行健、李星学等, 56 页, 图版 14, 图 5, 6; 裸羽片和实羽片; 湖北秭归香溪曹家窑; 早—中侏罗世香溪群。

1981 刘茂强、米家榕, 23 页, 图版 1, 图 16, 20—22; 营养羽片和生殖羽片; 吉林临江闹枝沟; 早侏罗世义和组。

1990 郑少林、张武, 217 页, 图版 2, 图 2; 蕨叶; 辽宁本溪田师傅; 中侏罗世大堡组。

1992 孙革、赵衍华, 524 页, 图版 220, 图 7; 实羽片; 吉林临江闹枝街; 早侏罗世义和组。

1996 米家榕等, 86 页, 图版 5, 图 1, 3—5, 8—10; 图版 6, 图 1; 营养羽片和生殖羽片; 河北抚宁石门寨; 早侏罗世北票组。

△理塘拟合囊蕨 *Marattiopsis litangensis* Yang, 1978

1978 杨贤河, 475 页, 图版 159, 图 6, 7; 蕨叶; 标本号: Sp0015, Sp0016; 合模: Sp0015, Sp0016 (图版 159, 图 6, 7); 标本保存在成都地质矿产研究所; 四川理塘喇嘛垭; 晚三叠世喇嘛垭组。[注: 依据《国际植物命名法规》(《维也纳法规》)第 37.2 条, 1958 年起, 模式标本只能是 1 块标本]

△东方拟合囊蕨 *Marattiopsis orientalis* Chow et Yeh, 1963

1963 周志炎、叶美娜, 见斯行健、李星学等, 57 页, 图版 14, 图 10; 生殖羽片; 云南广通一平浪; 晚三叠世一平浪组。

准马通蕨属 Genus *Matonidium* Schenk, 1871

1871 Schenk, 220 页。

1983a 郑少林、张武, 78 页。

1993a 吴向午, 101 页。

模式种: *Matonidium goeppertii* (Ettingshausen) Schenk, 1871

分类位置: 真蕨纲马通蕨科(Matoniaceae, Filicopsida)

葛伯特准马通蕨 *Matonidium goeppertii* (Ettingshausen) Schenk, 1871

1852 *Alethopteris goeppertii* Ettingshausen, 16 页, 图版 5, 图版 1—7; 蕨叶; 德国; 早白垩世(Wealden)。

1871 Schenk, 220 页, 图版 27, 图 5; 图版 28, 图 1a—1d, 2; 图版 30, 图 3; 蕨叶; 德国; 早白垩世(Wealden)。

1983a 郑少林、张武, 78 页, 图版 1, 图 12—20; 插图 6; 营养羽片和生殖羽片; 黑龙江密山大巴山; 早白垩世东山组。

1993a 吴向午, 101 页。

米勒尔茎属 Genus *Millerocaulis* Erasmus et Tidwell, 1986

1986 Erasmus,Tidwell,见 Tidwell,402 页。

1991 张武、郑少林,717,726 页。

模式种:*Millerocaulis dunlopii* (Kidston et Gwynne-Vaughn) Erasmus et Tidwell,1986

分类位置:真蕨纲紫萁科(Osmundaceae,Filicopsida)

顿氏米勒尔茎 *Millerocaulis dunlopii* (Kidston et Gwynne-Vaughn) Erasmus et Tidwell, 1986

1907 *Osmundites dunlopii* Kidston et Gwynne-Vaughn,759,766 页,图版 1—3,图 1—16;图版 6,图 3。

1967 *Osmundacaulis dunlopii* (Kidston et Gwynne-Vaughn) Miller,146 页。

1986 Erasmus,Tidwell W D,见 Tidwell W D,402 页。

△辽宁米勒尔茎 *Millerocaulis liaoningensis* Zhang et Zheng, 1991

1991 张武、郑少林,717,726 页,图版 1,图 1,2;图版 2,图 1—5;图版 3,图 1—5;图版 4,图 1—7;图版 5,图 1—6;插图 3,4;矿化根茎化石;采集号:H1;登记号:SG11084;正模:SG11084(图版 5,图 6);标本保存在地质矿产部地质博物馆;辽宁阜新;中侏罗世蓝旗组。

△间羽蕨属 Genus *Mixopteris* Hsu et Chu C N, 1974

1974 徐仁、朱家柟,见徐仁等,271 页。

1993a 吴向午,25,227 页。

1993b 吴向午,507,516 页。

模式种:*Mixopteris intercalaris* Hsu et Chu C N,1974

分类位置:真蕨纲?(Filicopsida?)

△插入间羽蕨 *Mixopteris intercalaris* Hsu et Chu C N, 1974

1974 徐仁、朱家柟,见徐仁等,271 页,图版 3,图 4—7;插图 4;蕨叶;标本号:No.2610;标本保存在中国科学院植物研究所;云南永仁纳拉箐;晚三叠世大荞地组底部。

1978 杨贤河,495 页,图版 180,图 2;蕨叶;四川渡口纳拉箐;晚三叠世大荞地组。

1979 徐仁等,35 页,图版 37,图 1—1e;蕨叶;四川宝鼎;晚三叠世大荞地组下部。

1993a 吴向午,25,227 页。

1993b 吴向午,507,516 页。

那氏蕨属 Genus *Nathorstia* Heer, 1880

1880 Heer,7 页。

1983　张志诚、熊宪政，55 页。

1993a 吴向午，103 页。

模式种：*Nathorstia angustifolia* Heer，1880

分类位置：真蕨纲（Filicopsida）

狭叶那氏蕨 *Nathorstia angustifolia* Heer，1880

1880　Heer，7 页，图版 1，图 1—6；实小羽片；格陵兰 Pattofik；早白垩世。

1993a 吴向午，103 页。

栉形那氏蕨 *Nathorstia pectinnata* (Goeppert) Krassilov，1967

1845　*Reussia pectinnata* Goeppert，Goeppert，Verneuil，Keyserling，502 页，图版 9，图 6；俄国莫斯科省；白垩纪。

1967　Krassilov，110 页，图版 10，图 1；图版 11，图 1—5；图版 12，图 1—3；插图 14；蕨叶；南滨海；早白垩世。

1983　张志诚、熊宪政，55 页，图版 2，图 4，8；裸羽片和实羽片；黑龙江东宁盆地；早白垩世东宁组。

1993a 吴向午，103 页。

△似齿囊蕨属 Genus *Odotonsorites* Kobayashi et Yosida，1944

1944　Kobayashi，Yosida，267，269 页。

1970　Andrews，144 页。

1993a 吴向午，27，229 页。

1993b 吴向午，498，516 页。

模式种：*Odotonsorites heerianus* (Yokoyama) Kobayashi et Yosida，1944

分类位置：真蕨纲（Filicopsida）

△海尔似齿囊蕨 *Odotonsorites heerianus* (Yokoyama) Kobayashi et Yosida，1944

1899　*Adiatites heerianus* Yokoyama，28 页，图版 12，图 1—1b，2；日本；早白垩世（Tetori Series）。

1944　Kobayashi，Yosida，267，269 页，图版 28，图 6，7；插图 a—c；实羽片和裸羽片；黑龙江黑河附近（Ryokusin）；侏罗纪。[注：此标本后被改定为 ?*Coniopteris burejensis* (Zalessky) Seward（斯行健、李星学等，1963）]

1970　Andrews，144 页。

1993a 吴向午，27，229 页。

1993b 吴向午，498，516 页。

拟金粉蕨属 Genus *Onychiopsis* Yokoyama，1889

1889　Yokoyama，27 页。

1933　潘钟祥，534 页。

1963　斯行健、李星学等，93 页。

1993a 吴向午,107 页。

模式种:*Onychiopsis elongata* (Geyler) Yokoyama,1889

分类位置:真蕨纲水龙骨科(Polypodiaceae,Filicopsida)

伸长拟金粉蕨 *Onychiopsis elongata* (Geyler) Yokoyama,1889

1877 *Thyrsopteris elongata* Geyler,224 页,图版 30,图 5;图版 31,图 4,5;蕨叶;日本(Tetorigawa);侏罗纪。

1889 Yokoyama,27 页,图版 2,图 1—3;图版 3,图 6d;图版 12,图 9,10;蕨叶;日本(Tetorigawa);侏罗纪。

1950 Ôishi,52;蕨叶;中国东北地区;晚侏罗世;北京;早白垩世。

1954 徐仁,52 页,图版 45,图 3—6;营养叶;黑龙江东宁;河北房山;早白垩世。[注:图版 45,图 6 标本后被改定为 *Onychiopsis psilotoides* (Stokes et Webb) Ward(斯行健、李星学等,1963)]

1963 斯行健、李星学等,94 页,图版 28,图 4;营养羽片;辽宁阜新,黑龙江鸡西、鹤岗、东宁,福建永安,西藏昌都,甘肃玉门,江西;晚侏罗世—早白垩世。

1976 张志诚,187 页,图版 89,图 6—9;裸羽片和实羽片;内蒙古四子王旗河南村;早白垩世后白银不浪组。

1977 冯少南等,214 页,图版 79,图 7;蕨叶;广东海丰汤湖;早白垩世。

1980 张武等,248 页,图版 160,图 5—8;图版 161,图 4;蕨叶;吉林延吉铜佛寺;早白垩世铜佛寺组;黑龙江牡丹江林家房子;早白垩世敖头组。

1982 陈芬、杨关秀,576 页,图版 1,图 1,2;蕨叶;北京西山小院上;早白垩世坨里群辛庄组。

1982 李佩娟,84 页,图版 8,图 3,4;蕨叶;西藏八宿、洛隆下达街;早白垩世多尼组。

1982 刘子进,125 页,图版 63,图 4—6;蕨叶;甘肃康县田家坝;早白垩世东河群田家坝组。

1982 王国平等,247 页,图版 129,图 6;蕨叶;浙江武义柳城祝村;早白垩世馆头组。

1982b 郑少林、张武,299 页,图版 4,图 12—14;图版 5,图 2;蕨叶;黑龙江鸡西滴道暖泉;晚侏罗世滴道组。

1983b 曹正尧,35 页,图版 9,图 7;营养羽片;黑龙江宝清八五一农场煤矿;早白垩世珠山组。

1983a 郑少林、张武,81 页,图版 2,图 10—12;蕨叶;黑龙江勃利万龙村;早白垩世东山组。

1984b 曹正尧,37 页,图版 4,图 7—8A;图版 5,图 1;营养羽片;黑龙江密山大巴山;早白垩世东山组。

1984 王自强,248 页,图版 136,图 4;蕨叶;北京西山;早白垩世坨里组。

1985 李杰儒,图版 1,图 2—7;蕨叶;辽宁岫岩黄花甸子张家窝堡;早白垩世小岭组。

1986 李星学等,10 页,图版 9,图 7;图版 11,图 1;蕨叶;吉林蛟河杉松;早白垩世蛟河群。

1986 张川波,图版 1,图 2;图版 2,图 1;蕨叶;吉林延吉铜佛寺、智新大拉子;早白垩世中—晚期铜佛寺组、大拉子组。

1988 孙革、商平,图版 1,图 6,7a;蕨叶;内蒙古霍林河煤田;早白垩世霍林河组。

1989 丁保良等,图版 1,图 4;蕨叶;浙江武义柳城祝村;早白垩世馆头组。

1989 梅美棠等,88 页,图版 42,图 3,4;蕨叶;中国;晚侏罗世—早白垩世。

1992a 曹正尧,图版 1,图 11;蕨叶;黑龙江东部绥滨-双鸭山地区;早白垩世城子河组 1 段。

1992 孙革、赵衍华,530 页,图版 226,图 6;图版 228,图 1—6;图版 231,图 4;蕨叶;吉林汪清罗子沟;早白垩世大拉子组;吉林珲春杜荒子;晚侏罗世金沟岭组;吉林柳河柳条沟;早白垩世亨通山组。

1993 黑龙江省地质矿产局,图版 12,图 9;蕨叶;黑龙江省;早白垩世东山组。

1993 胡书生、梅美棠,327 页,图版 1,图 7;羽片;吉林辽源太信;早白垩世长安组下含煤段。

1993 李杰儒等,图版 1,图 14,16,18;蕨叶;辽宁丹东集贤;早白垩世小岭组。

1993a 吴向午,107 页。

1994 曹正尧,图 3f;蕨叶;浙江临海;早白垩世早期馆头组。

1995a 李星学(主编),图版 110,图 1;蕨叶;吉林龙井智新;早白垩世大拉子组。(中文)

1995b 李星学(主编),图版 110,图 1;蕨叶;吉林龙井智新;早白垩世大拉子组。(英文)

1995a 李星学(主编),图版 113,图 3;蕨叶;浙江武义;早白垩世馆头组。(中文)

1995b 李星学(主编),图版 113,图 3;蕨叶;浙江武义;早白垩世馆头组。(英文)

1999 曹正尧,50 页,图版 2,图 1－5a;蕨叶;浙江永嘉章当;早白垩世磨石山组 C 段;浙江丽水老竹、寿昌清潭村;早白垩世寿昌组;浙江诸暨小潭溪寺;早白垩世寿昌组(?);浙江临海小岭、武义祝村、文成赤砂、苍南九甲;早白垩世馆头组。

2001 孙革等,76,186 页,图版 11,图 4;图版 22,图 5;图版 43,图 7,9,11,12;图版 68,图 9;营养蕨叶;辽宁北票上园;晚侏罗世尖山沟组。

2003 杨小菊,565 页,图版 2,图 1－3;营养羽片;黑龙江鸡西盆地;早白垩世穆棱组。

△卵形拟金粉蕨 *Onychiopsis ovata* Tan et Zhou,1982

1982 谭琳、朱家楠,143 页,图版 33,图 6,6a;裸羽片;登记号:GC40;正模:GC40(图版 33,图 6);内蒙古固阳锡林脑包;早白垩世固阳组。

松叶兰型拟金粉蕨 *Onychiopsis psilotoides* (Stokes et Webb) Ward,1905

1824 *Hymenpteris psilotoides* Stokes et Webb,424 页,图版 46,图 7;图版 47,图 2;蕨叶;英国;早白垩世。

1905 Ward,155 页,图版 39,图 3－6;图版 3,图 4;图版 113,图 1;北美;早白垩世。

1933 潘钟祥,534 页,图版 1,图 1－5;蕨叶;北京西山小院、坨里;早白垩世。

1956 李星学,20 页,图版 6,图 3;蕨叶;甘肃两当;晚侏罗世东河砾岩层。

1963 李星学等,143 页,图版 115,图 3;蕨叶;中国西北地区;晚侏罗世—早白垩世。

1963 斯行健、李星学等,95 页,图版 28,图 5,6;营养羽片;甘肃两当;早白垩世东河群;河北张家口,北京西山坨里;晚侏罗世—早白垩世。

1964 李星学等,136 页,图版 88,图 12;蕨叶;华南;晚侏罗世—早白垩世;甘肃徽县;早白垩世东河组。

1976 张志诚,187 页,图版 90,图 1－3;蕨叶;内蒙古固阳锡林脑包;晚侏罗世—早白垩世固阳组。

1980 张武等,248 页,图版 161,图 1－3;蕨叶;黑龙江密山黑台;早白垩世穆棱组;辽宁阜新;早白垩世阜新组;辽宁喀喇沁左翼兴隆沟;早白垩世九佛堂组(?)。

1982 刘子进,126 页,图版 63,图 7,8;图版 64,图 1;蕨叶;甘肃两当、康县田家坝、成县大川坝;早白垩世东河群。

1982 谭琳、朱家楠,144 页,图版 33,图 7－11;裸羽片;内蒙古固阳锡林脑包;早白垩世固阳组。

1982b 郑少林、张武,300 页,图版 6,图 1－3;蕨叶;黑龙江鸡西滴道暖泉;晚侏罗世滴道组;黑龙江虎林云山;晚侏罗世云山组。

1985 李杰儒,图版 1,图 8,9;蕨叶;辽宁岫岩黄花甸子张家窝堡;早白垩世小岭组。

1992a 曹正尧,215 页,图版 1,图 12,13;蕨叶;黑龙江东部绥滨-双鸭山地区;早白垩世城子河组 3 段。

1993a 吴向午,107 页。

1994 曹正尧,图 3e;蕨叶;浙江文成;早白垩世早期馆头组。

1994 郑少林、张莹,758 页,图版 3,图 2;蕨叶;黑龙江安达南来乡新会村;早白垩世泉头组 3 段。

1995a 李星学(主编),图版 113,图 4;蕨叶;浙江文成;早白垩世馆头组。(中文)

1995b 李星学(主编),图版 113,图 4;蕨叶;浙江文成;早白垩世馆头组。(英文)

1998b 邓胜徽,图版 1,图 1;蕨叶;内蒙古平庄-元宝山盆地;早白垩世杏园组。

1999 曹正尧,52 页,图版 3,图 8,8a,9;蕨叶;浙江文成孔龙、新昌苏秦、黄岩宁溪;早白垩世馆头组。

△楔形拟金粉蕨 *Onychiopsis sphenoforma* Cao,1999(中文和英文发表)

1999 曹正尧,53,145 页,图版 2,图 6,6a,7,7a;图版 23,图 1;图版 39,图 10;插图 20;营养羽片和生殖羽片;采集号:1649-H34,1649-H50,1649-H74;登记号:PB14283,PB14284,PB14369;正模:PB14383(图版 2,图 6);标本保存在中国科学院南京地质古生物研究所;浙江文成玉壶;早白垩世磨石山组 C 段。

拟金粉蕨(未定多种) *Onychiopsis* spp.

1977 *Onychiopsis* sp.,段淑英等,115 页,图版 1,图 2—3a;蕨叶;西藏拉萨牛马沟;早白垩世。

1980 *Onychiopsis* sp.,陶君容、孙湘君,75 页,图版 1,图 1,2;蕨叶;黑龙江林甸;早白垩世泉头组 2 段。

1983 *Onychiopsis* sp.,张志诚、熊宪政,58 页,图版 3,图 3;蕨叶;黑龙江东宁盆地;早白垩世东宁组。

1984b *Onychiopsis* sp.,曹正尧,38 页,图版 4,图 9,9a;营养羽片;黑龙江密山大巴山;早白垩东山组。

1985 *Onychiopsis* sp.,曹正尧,278 页,图版 2,图 4,4a;裸羽片;安徽含山彭庄村;晚侏罗世(?)含山组。

1989 *Onychiopsis* sp.,浙江省地质矿产局,图版 5,图 7;蕨叶;浙江仙居潘山;早白垩世馆头组。

1989 *Onychiopsis* sp.,曹宝森等,图版 2,图 19,20;蕨叶;福建永安吉山、福鼎城关;早白垩世坂头组。

1990 *Onychiopsis* spp.,刘明渭,201 页,图版 31,图 6,7;蕨叶;山东莱阳黄崖底;早白垩世莱阳组 3 段。

1995a *Onychiopsis* sp.,李星学(主编),图版 88,图 6;蕨叶;安徽含山;晚侏罗世含山组。(中文)

1995b *Onychiopsis* sp.,李星学(主编),图版 88,图 6;蕨叶;安徽含山;晚侏罗世含山组。(英文)

拟金粉蕨?(未定种) *Onychiopsis*? sp.

1945 *Onychiopsis*? sp.,斯行健,46 页;插图 11,12;蕨叶;福建永安;早白垩世坂头系。[注:此标本后被改定为 *Onychiopsis elongata* (Geyler) Yokoyama(斯行健、李星学等,1963)]

紫萁属 Genus *Osmunda* Linné,1753

1984 王自强,237 页。

1993a 吴向午,108 页。
模式种:(现生属)
分类位置:真蕨纲紫萁科(Osmundaceae,Filicopsida)

白垩紫萁 *Osmunda cretacea* Samylina,1964

1964 Samylina,48 页,图版 1,图 12;图版 2,图 2—5;图版 3,图 4;插图 2á-2в;蕨叶;科雷马河流域;早白垩世。

1988 陈芬等,32 页,图版 1,图 9,10;图版 2,图 1,2;图版 60,图 3;蕨叶;辽宁阜新;早白垩世阜新组;辽宁铁法;早白垩世小明安碑组下含煤段。

1995b 邓胜徽,17 页,图版 4,图 4,5;营养羽片;内蒙古霍林河盆地;早白垩世霍林河组。

1997 邓胜徽等,20 页,图版 2;图 9—12;图版 3,图 1—3;图版 29,图 2B;羽片;内蒙古扎赉诺尔;早白垩世伊敏组;内蒙古大雁盆地;早白垩世大磨拐河组、伊敏组。

2001 邓胜徽、陈芬,46,192 页,图版 1,图 1—6;图版 2,图 1—6;图版 3,图 1—6;图版 4,图 1,2;插图 4;蕨叶;辽宁阜新盆地;早白垩世阜新组;辽宁铁法盆地;早白垩世小明安碑组;内蒙古霍林河盆地;早白垩世霍林河组;内蒙古海拉尔;早白垩世伊敏组;吉林蛟河盆地;早白垩世杉松组。

白垩紫萁(比较种) *Osmunda* cf. *cretacea* Samylina

1985 商平,109 页,图版 1,图 9;蕨叶;辽宁阜新煤田;早白垩世海州组孙家湾段。

△佳木紫萁 *Osmunda diamensis* (Seward) Krassilov,1978

1911 *Rphaelia diamensis* Seward,15,44 页,图版 2,图 28,28a,29,29a;蕨叶;新疆准噶尔盆地佳木河;中侏罗世。

1978 Krassilov,19 页,图版 5,图 44—52;图版 6,图 53—59;裸羽片和实羽片;苏联布列亚盆地;晚侏罗世。

1984 王自强,237 页,图版 133,图 7—9;蕨叶;山西大同;中侏罗世大同组;河北下花园;中侏罗世门头沟组。

1993a 吴向午,108 页。

佳木紫萁(比较种) *Osmunda* cf. *diamensis* (Seward) Krassilov

1997 邓胜徽等,21 页,图版 3,图 4—7;蕨叶;内蒙古扎赉诺尔;早白垩世伊敏组;内蒙古大雁盆地;早白垩世大磨拐河组。

格陵兰紫萁 *Osmunda greenlandica* (Heer) Brown,1962

1962 Brown,45 页,图版 5,图 8;图版 6,图 14,15。

1986 陶君容、熊宪政,121 页,图版 1,图 2—5,10;营养羽片;黑龙江嘉荫;晚白垩世乌云组。

紫萁座莲属 Genus *Osmundacaulis* Miller,1967

1967 Miller,146 页。
1983b 王自强,93 页
1984 王自强,237 页。
1993a 吴向午,108 页。

模式种:*Osmundacaulis skidegatensis* (Penhallow) Miller,1967
分类位置:真蕨纲紫萁科(Osmundaceae,Filicopsida)

斯开特紫萁座莲 *Osmundacaulis skidegatensis* (Penhallow) Miller,1967

1902 *Osmundites skidegatensis* Penhallow;根状茎;加拿大;早白垩世。
1967 Miller,146页。
1993a 吴向午,108页。

△河北紫萁座莲 *Osmundacaulis hebeiensis* Wang,1983

1983b 王自强,93页,图版1—4;插图3—6;根状茎基座;正模:Z30-1,包括001,002和007;标本保存在中国科学院南京地质古生物研究所;河北下花园煤田;中侏罗世玉带山组。

紫萁座莲(未定种) *Osmundacaulis* sp.

1984 *Osmundacaulis* sp.,王自强,237页,图版137,图1,2;根状茎基座;河北涿鹿;中侏罗世玉带山组。
1993a *Osmundacaulis* sp.,吴向午,108页。

拟紫萁属 Genus *Osmundopsis* Harris,1931

1931 Harris,136页。
1977 冯少南等,205页。
1993a 吴向午,108页。
模式种:*Osmundopsis sturii* (Raciborski) Harris 1931
分类位置:真蕨纲紫萁科(Osmundaceae,Filicopsida)

司都尔拟紫萁 *Osmundopsis sturii* (Raciborski) Harris,1931

1890 *Osmuda sturii* Raciborski,2页,图版1,图1—5;实羽片;波兰克拉科夫(Cracow);侏罗纪。
1931 Harris,136页;实羽片;波兰克拉科夫;侏罗纪。
1987 段淑英,22页,图版4,图1,1a;实羽片;北京西山斋堂;中侏罗世。
1989 段淑英,图版2,图2,3;实羽片;北京西山斋堂;中侏罗世门头沟煤系。
1993a 吴向午,108页。

司都尔拟紫萁(比较属种) Cf. *Osmundopsis sturii* (Raciborski) Harris

1991 吴向午,575页,图版4,图6;图版5,图6—6b,7;实羽片;湖北秭归沙镇溪;中侏罗世香溪组。

距羽拟紫萁 *Osmundopsis plectrophora* Harris,1931

1931 Harris,49页,图版12,图2,4—10;插图15,16;营养叶和生殖叶;东格陵兰斯科斯比湾;早侏罗世(*Thaumatopteris* Zone)。
1977 冯少南等,205页,图版75,图8;营养叶;广东乐昌狗牙洞;晚三叠世小坪组。
1982 张采繁,523页,图版337,图8;蕨叶;湖南宜章狗牙洞;晚三叠世。
1986 叶美娜等,24页,图版9,图4;图版10,图2,2a;图版55,图1—1b;营养羽片和生殖羽片;四川达县铁山金窝、开县温泉;晚三叠世须家河组。
1992 黄其胜,图版19,图4;蕨叶;四川达县铁山;晚三叠世须家河组3段。
1993a 吴向午,108页。

距羽拟紫萁(比较种) *Osmundopsis* cf. *plectrophora* Harris

1999b 吴舜卿,23 页,图版 14,图 1－1b;实羽片和裸羽片;四川达县铁山;晚三叠世须家河组。

△距羽拟紫萁点痕变种 *Osmundopsis plectrophora* Harris var. *punctata* He et Shen,1980

1980 何德长、沈襄鹏,9 页,图版 3,图 3;图版 7,图 3;蕨叶;广东乐昌狗牙洞;晚三叠世。

拟紫萁(未定种) *Osmundopsis* sp.

2003 *Osmundopsis* sp.,袁效奇等,图版 20,图 9;蕨叶;内蒙古达拉特旗罕台川;中侏罗世直罗组。

?拟紫萁(未定种) ?*Osmundopsis* sp.

1983 ?*Osmundopsis* sp. (sp. nov.),黄其胜,30 页,图版 2,图 9;蕨叶;安徽怀宁拉犁尖;早侏罗世象山群下部。

帕利宾蕨属 Genus *Palibiniopteris* Prynada,1956

1956 Prynada,222 页。

1980 张武等,249 页。

1993a 吴向午,110 页。

模式种:*Palibiniopteris inaequipinnata* Prynada,1956

分类位置:真蕨纲凤尾蕨科(Pteridaceae,Filicopsida)

不等叶帕利宾蕨 *Palibiniopteris inaequipinnata* Prynada,1956

1956 Prynada,222 页,图版 39,图 1－4;裸羽片;南滨海;早白垩世。

1980 张武等,249 页,图版 162,图 2;图版 163,图 3;营养叶;吉林蛟河杉松;早白垩世磨石砬子组。

1993a 吴向午,110 页。

△变叶帕利宾蕨 *Palibiniopteris variafolius* Ren,1997(中文和英文发表)

1997 任守勤,见邓胜徽等,31,104 页,图版 10,图 2－5;图版 11,图 8;蕨叶、生殖羽片、囊群及孢子;内蒙古扎赉诺尔;早白垩世伊敏组。(注:原文未指定模式标本)

奇异蕨属 Genus *Paradoxopteris* Hirmer,1927 (non Mi et Liu,1977)

[注:另有晚出同名 *Paradoxopteris* Mi et Liu,1977(本丛书第Ⅲ分册;吴向午,1993a,1993b)]

1927 Hirmer,609 页。

1993a 吴向午,112 页。

分类位置:真蕨纲(Filicopsida)

司氏奇异蕨 *Paradoxopteris stromeri* Hirmer,1927.

1927 Hirmer,60 页,插图 733－736;埃及;晚白垩世(Cenomanian)。

1993a 吴向午,112 页。

△雅蕨属 Genus *Pavoniopteris* Li et He,1986

1986 李佩娟、何元良,279 页。

1993a 吴向午,29,230 页。

1993b 吴向午,498,517 页。

模式种:*Pavoniopteris matonioides* Li et He,1986

分类位置:真蕨纲(Filicopsida)

△马通蕨型雅蕨 *Pavoniopteris matonioides* Li et He,1986

1986 李佩娟、何元良,279 页,图版 2,图 1;图版 3,图 3,4;图版 4,图 1—1d;插图 1,2;营养蕨叶和生殖蕨叶;采集号:79PIVF22-3;登记号:PB10866,PB10869—PB10871;正模:PB10871(图版 4,图 1—1d);标本保存在中国科学院南京地质古生物研究所;青海都兰八宝山;晚三叠世八宝山群下岩组。

1993a 吴向午,29,230 页。

1993b 吴向午,498,517 页。

栉羊齿属 Genus *Pecopteris* Sternberg,1825

1825(1820—1838) Sternberg,17 页。

1867(1865) Newberry,122 页。

1993a 吴向午,112 页。

模式种:*Pecopteris pennaeformis* (Brongniart) Sternberg,1825

分类位置:真蕨纲(Filicopsida)

羽状栉羊齿 *Pecopteris pennaeformis* (Brongniart) Sternberg,1825

1822 *Filicites pennaeformis* Brongniart,233 页,图版 2,图 3;蕨叶;石炭纪。

1825(1820—1838) Sternberg,17 页。

1993a 吴向午,112 页。

△美羊齿型栉羊齿 *Pecopteris callipteroides* Hsu et Chu C N,1974

1974 徐仁、朱家楠,见徐仁等,268,图版 1,图 5,6;蕨叶;标本号:No.2881;标本保存在中国科学院植物研究所;云南永仁,四川宝鼎;晚三叠世大荞地组中部。

1978 杨贤河,495 页,图版 163,图 9;图版 185,图 3;蕨叶;四川渡口太平场;晚三叠世大荞地组。

1979 徐仁等,30 页,图版 10,图 3,3a;图版 13,图 1;蕨叶;四川宝鼎沐浴湾;晚三叠世大荞地组中上部。

优雅栉羊齿 *Pecopteris concinna* Presl

1978 周统顺,图版 16,图 6;蕨叶;福建漳平大坑;晚三叠世大坑组。

1982 王国平等,249 页,图版 109,图 1;蕨叶;福建漳平大坑;晚三叠世文宾山组。

柯顿栉羊齿(星囊蕨) *Pecopteris* (*Asterotheca*) *cottoni* Zeiller, 1903

1902—1903　Zeiller，26 页，图版 1，图 4—6；蕨叶；越南鸿基；晚三叠世。

1978　周统顺，98 页，图版 17，图 3，3a；蕨叶；福建上杭矶头；晚三叠世文宾山组。

柯顿栉羊齿(星囊蕨)(比较种) *Pecopteris* (*Asterotheca*) cf. *cottoni* Zeiller

1982　王国平等，249 页，图版 109，图 9；蕨叶；福建漳平大坑；晚三叠世文宾山组。

△粗脉栉羊齿 *Pecopteris crassinervis* Yang, 1982

1982　杨贤河，472 页，图版 4，图 4—6；蕨叶；采集号：H30；登记号：Sp195—Sp197；合模 1—3：Sp195—Sp197(图版 4，图 4—6)；标本保存在成都地质矿产研究所；四川威远葫芦口；晚三叠世须家河组。[注：依据《国际植物命名法规》(《维也纳法规》)第 37.2 条，1958 年起，模式标本只能是 1 块标本]

△厚脉栉羊齿 *Pecopteris lativenosa* Halle, 1927

1927b　Halle，86 页，图版 25，图 1—7，8(?)，9；蕨叶；山西太原；晚二叠世早期上石盒子系。

厚脉栉羊齿(亲近种) *Pecopteris* aff. *lativenosa* Halle

1991　北京市地质矿产局，图版 11，图 7；蕨叶；北京八大处大悲寺；晚二叠世—中三叠世双泉组大悲寺段。

怀特栉羊齿 *Pecopteris whitbiensis* Brongniart, 1828

[注：此种后被改定为 *Todites williamsoni* (Brongniart) Seward (Seward, 1900)]

1828a　Brongniart，57 页。

1828b　Brongniart，324 页，图版 110，图 1，2；蕨叶；英国；侏罗纪。

1874　Pecopteris *whitbyensis* Brongniart，408 页；蕨叶；陕西西南部丁家沟；侏罗纪。[注：此标本后被改定为 ?*Todites williamsoni* (Brongniart) Seward(斯行健、李星学等，1963)]

怀特栉羊齿？ *Pecopteris whitbiensis*? Brongniart

1867(1865)　Newberry，122 页，图版 9，图 6；蕨叶；北京西山；侏罗纪。[注：此标本后被改定为 ?*Todites williamsoni* (Brongniart) Seward(斯行健、李星学等，1963)]

1993a　吴向午，112 页。

△杨树沟栉羊齿 *Pecopteris yangshugouensis* Zheng et Zhang, 1986

1986b　郑少林、张武，178 页，图版 3，图 18，19；图版 4，图 5，6；插图 3；蕨叶；标本号：SG1100272—SG1100274；标本保存在沈阳地质矿产研究所；辽宁西部喀喇沁左翼杨树沟；早三叠世红砬组。(注：原文未指定模式标本)

栉羊齿(未定多种) *Pecopteris* spp.

1920　*Pecopteris* sp.，Yabe，Hayasaka，图版 5，图 9；蕨叶；福建安溪；早三叠世。

1976　*Pecopteris* sp.，李佩娟等，114 页，图版 27，图 5，5a；蕨叶；四川渡口摩沙河；晚三叠世纳拉箐组大荞地段。

1986　*Pecopteris* sp.，周统顺、周惠琴，68 页，图版 16，图 17；蕨叶；新疆吉木萨尔大龙口；早三叠世韭菜园组下段下部。

1987　*Pecopteris* sp.，陈晔等，102 页，图版 13，图 5，5a；蕨叶；四川盐边箐河；晚三叠世红果组。

1989　*Pecopteris* sp. a，王自强、王立新，34 页，图版 5，图 14；蕨叶；山西交城窑儿头；早三叠世刘家沟组中部。

1990a　*Pecopteris* sp. b，王自强、王立新，123 页，图版 17，图 11；蕨叶；山西榆社屯村；早三叠世和尚沟组底部

异脉蕨属 Genus *Phlebopteris* Brongniart,1836,emend Hirmer et Hoerhammer,1936

1836(1828a—1838) Brongniart,372 页。

1936 Hirmer,Hoerhammer,34 页。

1948 Ôishi,48 页。

1963 斯行健、李星学等,72 页。

1993a 吴向午,113 页。

模式种:*Phlebopteris polypodioides* Brongniart,1836

分类位置:真蕨纲马通蕨科(Matoniaceae,Filicopsida)

水龙骨异脉蕨 *Phlebopteris polypodioides* Brongniart,1836

1836(1828a—1838) Brongniart,372 页,图版 83,图 1;蕨叶;英国士嘉堡(Scarborough);侏罗纪。

1950 Ôishi,48 页;吉林九台火石岭;晚侏罗世(密山统)。

1978 杨贤河,481 页,图版 188,图 8;蕨叶;四川江油厚坝;早侏罗世白田坝组。

1980 吴舜卿等,90 页,图版 8,图 5—6a;裸羽片和实羽片;湖北秭归香溪;早—中侏罗世香溪组。

1984 陈公信,574 页,图版 231,图 1—4;裸羽片和实羽片;湖北荆门海慧沟、烟墩,秭归香溪;早侏罗世香溪组、桐竹园组。

1984 王自强,240 页,图版 124,图 5;图版 125,图 1;蕨叶;内蒙古察哈尔右翼中旗;早侏罗世南苏勒图组。

1985 黄其胜,图版 1,图 8;蕨叶;湖北大冶金山店;早侏罗世武昌组下部。

1986 叶美娜等,26 页,图版 11,图 1;图版 12,图 1—1b,2,2a;图版 55,图 2;营养叶和生殖叶;四川达县雷音铺、铁山金窝,开县正坝、温泉;早侏罗世珍珠冲组。

1988 黄其胜,图版 2,图 6;蕨叶;湖北大冶金山店;早侏罗世武昌组中部。

1988b 黄其胜、卢宗盛,图版 10,图 6;蕨叶;湖北大冶金山店;早侏罗世武昌组中部。

1993a 吴向午,113 页。

1999a 王永栋、梅盛吴,412 页,图 1—3;蕨叶、生殖羽片和原位孢子;湖北秭归香溪;早侏罗世香溪组上部。(中文)

1999b 王永栋、梅盛吴,1333 页,图 1—3;蕨叶、生殖羽片和原位孢子;湖北秭归香溪;早侏罗世香溪组上部。(英文)

2002 孟繁松等,图版 2,图 1,2;蕨叶;湖北秭归香溪;早侏罗世香溪组。

2002 王永栋,图版 3,图 5;蕨叶;湖北秭归香溪;早侏罗世香溪组。

2003 孟繁松等,图版 1,图 9—11;营养羽片;重庆云阳水市口;早侏罗世自流井组东岳庙段。

水龙骨异脉蕨(比较种) *Phlebopteris* cf. *polypodioides* Brongniart

1949 *Laccopteris* cf. *polypodioides* Brongniart,斯行健,5 页,图版 13,图 1,2;蕨叶;湖北秭归贾家店;早侏罗世香溪系。

1954 徐仁,50 页,图版 41,图 7;实羽片;湖北秭归贾家店;早侏罗世香溪煤系。

1963 斯行健、李星学等,72 页,图版 22,图 1,1a;实羽片;湖北秭归香溪贾家店;早侏罗世香溪群;吉林火石岭(?);早—中侏罗世。

1977 冯少南等,208 页,图版 77,图 5;蕨叶;湖北当阳;晚三叠世香溪群下煤组。

1978 周统顺,图版 15,图 12;蕨叶;福建漳平大坑;晚三叠世文宾山组。

1984　陈公信，574页，图版230，图4；羽片；湖北秭归贾家店；早侏罗世香溪组。
1984　顾道源，139页，图版66，图4；图版71，图2；图版75，图8；图版76，图10，11；蕨叶；新疆吐鲁番兄弟泉煤矿；早侏罗世三工河组。
1985　李佩娟，148页，图版17，图1，1a；图版18，图1，2，6；裸羽片和殖羽片；新疆温宿西琼台兰冰川；早侏罗世。
1993a　吴向午，113页。
1997　孟繁松、陈大友，图版2，图7，8；蕨叶；重庆云阳南溪；中侏罗世自流井组东岳庙段。
1999b　孟繁松，图版1，图6；羽片；湖北秭归香溪；中侏罗世陈家湾组。

狭叶异脉蕨 *Phlebopteris angustloba* (Presl) Hirmer et Hoerhammer, 1936

1820—1838　*Gutbiera angustloba* Presl，见Sternberg，116页，图版33，图13；蕨叶；德国；早侏罗世。
1936　Hirmer，Hoerhammer，26页，图版6，图5(3)；蕨叶；德国；早侏罗世。
1963　周惠琴，172页，图版73，图1；蕨叶；广东高明；晚三叠世。
1965　曹正尧，514页，图版1，图7，8；图版3，图13—16b；裸羽片和实羽片；广东高明松柏坑；晚三叠世小坪组。
1977　冯少南等，207页，图版78，图1；营养叶；广东高明；晚三叠世小坪组。
1982　王国平等，242页，图版110，图1，2；蕨叶；江西吉安茶园、敖城、天河；晚三叠世安源组；浙江江山道塘山；晚三叠世—早侏罗世。
1986　张采繁，图版2，图4；裸羽片；湖南浏阳文家市；早侏罗世高家店组。
1988b　黄其胜、卢宗盛，549页，图版10，图3；插图3；生殖羽片；湖北大冶金山店；早侏罗世武昌组上部。

布劳异脉蕨 *Phlebopteris brauni* (Goeppert) Hirmer et Hoerhammer, 1936

1841—1846　*Laccopteris brauni* Goeppert，7页，图版5，图1—4；蕨叶；德国；早侏罗世。
1936　Hirmer，Hoerhammer，7页，图版1，2；图版4，图7；插图1a—1d，35；蕨叶；德国；早侏罗世。
1978　周统顺，图版15，图13；蕨叶；福建漳平大坑；晚三叠世文宾山组。
1980　张武等，239页，图版125，图6，7；插图179；营养羽片和实羽片；吉林洮安；早侏罗世红旗组。
1982　王国平等，242页，图版110，图3；蕨叶；福建漳平大坑；晚三叠世文宾山组。
1984　王自强，240页，图版125，图2—6；蕨叶；内蒙古察哈尔右翼中旗；早侏罗世南苏勒图组；山西怀仁；早侏罗世永定庄组；河北承德；早侏罗世甲山组。

?布劳异脉蕨 ?*Phlebopteris brauni* (Goeppert) Hirmer et Hoerhammer

1968　《湘赣地区中生代含煤地层化石手册》，41页，图版6，图4；裸羽片；江西丰城攸洛；晚三叠世安源组5段。

布劳异脉蕨(比较种) *Phlebopteris* cf. *brauni* (Goeppert) Hirmer et Hoerhammer

1963　斯行健、李星学等，73页，图版23，图1，1a；蕨叶；湖北秭归香溪贾家店；早侏罗世。
1977　冯少南等，208页，图版77，图2；蕨叶；湖北当阳；早—中侏罗世香溪群上煤组。
1980　何德长、沈襄鹏，9页，图版16，图9，9a；蕨叶；湖南祁阳黄泥塘、衡南洲市；早侏罗世。
1982b　杨学林、孙礼文，31页，图版3，图1，2；插图13；蕨叶；大兴安岭东南部红旗煤矿；早侏罗世红旗组。
1984　陈公信，574页，图版230，图5；羽片；湖北秭归贾家店；早侏罗世香溪组。
1998　黄其胜等，图版1，图18；蕨叶；江西上饶清水乡缪源村；早侏罗世林山组3段。

△指状异脉蕨 *Phlebopteris digitata* Chow et Huang,1976 (non Liu,1980)

1976 周惠琴、黄枝高,见周惠琴等,206 页,图版 107,图 4,5;图版 108,图 2—7;裸羽片和实羽片;内蒙古准格尔旗五字湾;早侏罗世富县组。(注:原文未指定模式标本)

△指状异脉蕨 *Phlebopteris digitata* Liu,1980 (non Chow et Huang,1976)

(注:此种名为 *Phlebopteris digitata* Chow et Huang,1976 的晚出等同名)

1980 刘子进,见黄枝高、周惠琴,74 页,图版 49,图 4,5,7;插图 3;裸羽片和实羽片;OP60012,OP60013,OP60016;内蒙古准格尔旗五字湾;早侏罗世富县组。(注:原文未指定模式标本)

△贡觉异脉蕨 *Phlebopteris gonjoensis* Wu,1982

1982b 吴向午,81 页,图版 5,图 4,4a,5;蕨叶;采集号:F5005,1fx15;登记号:PB7725,PB7726;正模:PB7725(图版 5,图 4,4a);标本保存在中国科学院南京地质古生物研究所;西藏贡觉夺盖拉煤点、昌都希雄煤点;晚三叠世巴贡组上段。

△湖北异脉蕨 *Phlebopteris hubeiensis* Chen,1977

1977 陈公信,见冯少南等,208 页,图版 76,图 6—8;蕨叶;标本号:P5072—P5074,P5076;合模:P5072—P5074,P5076(图版 76,图 6—8);标本保存在湖北省地质局;湖北当阳桐竹园;早—中侏罗世香溪群上煤组。[注:依据《国际植物命名法规》(《维也纳法规》)第 37.2 条,1958 年起,模式标本只能是 1 块标本]

1984 陈公信,573 页,图版 230,图 1—3;蕨叶;湖北当阳桐竹园;早侏罗世桐竹园组。

△线叶?异脉蕨 *Phlebopteris*? *linearifolis* Sze,1956

1956a 斯行健,18,126 页,图版 7,图 7,7a;蕨叶;采集号:PB2325;标本保存在中国科学院南京地质古生物研究所;陕西宜君四郎庙炭河沟;晚三叠世延长层上部。

1963 斯行健、李星学等,73 页,图版 22,图 2,2a;蕨叶;陕西宜君四郎庙炭河沟;晚三叠世延长群上部。

△小叶异脉蕨 *Phlebopteris microphylla* Wu et Zhou,1986

1986 吴舜卿、周汉忠,640,646 页,图版 3,图 1,2,6—8a;蕨叶和生殖羽片;采集号:ADP-K-2,ADP-K212,ADP-K279,ADP-K281,ADP-K284;登记号:PB11791,PB11763—PB11766;正模:PB11763(图版 3,图 7);标本保存在中国科学院南京地质古生物研究所;新疆吐鲁番盆地西北缘托克逊克尔碱地区;早侏罗世八道湾组。

敏斯特异脉蕨 *Phlebopteris muensteri* (Schenk) Hirmer et Hoerhammer,1936

1876 *Laccopteris muensteri* Schenk,97 页,图版 24,图 6—11;图版 25,图 1,2;蕨叶;德国;晚三叠世。

1936 Hirmer,Hoerhammer,17 页,图版 3;图版 4,图 1—6;图版 5;蕨叶;德国;晚三叠世。

2002 王永栋,图版 3,图 3;蕨叶;湖北秭归香溪;早侏罗世香溪组。

△石拐沟异脉蕨 *Phlebopteris shiguaigouensis* Chang,1976

1976 张志诚,185 页,图版 87,图 2—4;插图 103;裸羽片和实羽片;登记号:N49-51;内蒙古包头石拐沟;早侏罗世石拐群五当沟组。(注:原文未指定模式标本)

△四川异脉蕨 *Phlebopteris sichuanensis* Yang,1978

1978 杨贤河,482 页,图版 188,图 3—5a;蕨叶及实羽片;标本号:Sp0148—Sp0150;合模 1:Sp0148(图版 188,图 3,3a);合模 1:Sp0149(图版 188,图 4);标本保存在成都地质矿产

研究所;四川达县铁山;早—中侏罗世自流井组。[注:依据《国际植物命名法规》(《维也纳法规》)第37.2条,1958年起,模式标本只能是1块标本]

1989 梅美棠等,78页,图版35,图4;生殖叶;四川;晚三叠世。

△华丽异脉蕨 *Phlebopteris splendidus* Li,1982

1982 李佩娟,81页,图版2,图3—5b;插图3;裸羽片和实羽片;采集号:FT23-6,FT23-8;登记号:PB7912,PB7913;合模1:PB7913(图版2,图3);合模2:PB7913(图版2,图4);标本保存在中国科学院南京地质古生物研究所;西藏八宿白马区哈曲河;早白垩世多尼组。[注:依据《国际植物命名法规》(《维也纳法规》)第37.2条,1958年起,模式标本只能是1块标本]

念珠状异脉蕨 *Phlebopteris torosa* Sixtel,1960

1960 Sixtel,54页,图版11,图9,10;蕨叶;中亚吉萨尔山;晚三叠世。

1988 李佩娟等,51页,图版16,图4;图版18,图1;图版20,图2;插图16;蕨叶;青海大柴旦大煤沟;中侏罗世饮马沟组 *Eboracia* 层。

1995a 李星学(主编),图版90,图1;图版92,图3;蕨叶;青海大柴旦大煤沟;中侏罗世饮马沟组。(中文)

1995b 李星学(主编),图版90,图1;图版92,图3;蕨叶;青海大柴旦大煤沟;中侏罗世饮马沟组。(英文)

念珠状异脉蕨(比较种) *Phlebopteris* cf. *torosa* Sixtel

1998 张泓等,图版22,图3;蕨叶;青海大柴旦大煤沟;早侏罗世火烧山组。

△祥云异脉蕨 *Phlebopteris xiangyuensis* Lee et Tsao,1976

1974a 李佩娟、曹正尧,见李佩娟等,356页,图版188,图1—7;营养蕨叶和生殖蕨叶;四川峨眉荷叶湾;晚三叠世须家河组;云南祥云沐滂铺;晚三叠世祥云组。(裸名)

1976 李佩娟、曹正尧,见李佩娟等,103页,图版13,图1,2,5,7—9;图版14,图1—7;图版15,图1,2;采集号:AARⅡ1/30M,AARⅣ1/50M;登记号:PB5225—PB5237,PB5243;正模:PB5243(图版15,图2);裸羽片和实羽片;标本保存在中国科学院南京地质古生物研究所;云南祥云沐滂铺;晚三叠世祥云组白土田段;云南禄丰渔坝村;晚三叠世一平浪组舍资段;云南洱源温蒸;晚三叠世白基阻组。

1978 杨贤河,482页,图版166,图4,5;蕨叶和实羽片;四川峨眉荷叶湾;晚三叠世须家河组。

1979 何元良等,136页,图版60,图4,5;蕨叶;青海杂多治穷弄巴;晚三叠世结扎群上部。

1982 段淑英、陈晔,495页,图版3,图5,6;营养蕨叶和生殖蕨叶;四川合川炭坝;晚三叠世须家河组。

1986a 陈其奭,447页,图版1,图4—6;裸羽片和实羽片;浙江衢县茶园里;晚三叠世茶园里组。

1989 梅美棠等,82页,图版55,图5;蕨叶;华南地区;晚三叠世。

1990 吴向午、何元良,295页,图版3,图2,2a;图版4,图2,2a,3;蕨叶;青海玉树下拉秀高涌;晚三叠世结扎群格玛组。

1999b 吴舜卿,20页,图版9,图2,2a;图版11,图1,1a;图版12,图2;蕨叶;四川峨眉荷叶湾;晚三叠世须家河组。

△秭归异脉蕨 ***Phlebopteris ziguiensis* Meng,1987**

1987　孟繁松,240 页,图版 25,图 4—5a;裸羽片和实羽片;采集号:X-81-P-2;登记号:P82142,P82143;合模 1:P82143(图版 25,图 4);合模 2:P82142(图版 25,图 5);标本保存在宜昌地质矿产研究所;湖北秭归香溪;早侏罗世香溪组。[注:依据《国际植物命名法规》(《维也纳法规》)第 37.2 条,1958 年起,模式标本只能是 1 块标本]

2002　王永栋,图版 2,图 2,4(右),6;图版 3,图 1;蕨叶;湖北秭归香溪;早侏罗世香溪组。

异脉蕨(未定多种) *Phlebopteris* spp.

1968　*Phlebopteris* sp.,《湘赣地区中生代含煤地层化石手册》,41 页,图版 34,图 3;实羽片;江西横峰铺前;早侏罗世西山坞组。

1982b *Phlebopteris* sp.,郑少林、张武,297 页,图版 3,图 8;蕨叶;黑龙江虎林云山;中侏罗世裴德组。

1984　*Phlebopteris* sp.,周志炎,15 页,图版 6,图 1;羽片;广西钟山西湾;早侏罗世西湾组大岭段。

1986b *Phlebopteris* sp. 1(*P.* cf. *xiangyunensis* Li et Tsao),陈其奭,7 页,图版 5,图 5;蕨叶;浙江义乌乌灶;晚三叠世乌灶组。

1986b *Phlebopteris* sp. 2,陈其奭,7 页,图版 6,图 3;蕨叶;浙江义乌乌灶;晚三叠世乌灶组。

1986　*Phlebopteris* sp.,吴舜卿、周汉忠,640 页,图版 3,图 4—5a;蕨叶;新疆吐鲁番盆地西北缘托克逊克尔碱地区;早侏罗世八道湾组。

1986　*Phlebopteris* sp.,周统顺、周惠琴,67 页,图版 20,图 6,6a;实羽片;新疆吉木萨尔大龙口;中三叠世克拉玛依组。

1993　*Phlebopteris* sp.,黑龙江省地质矿产局,图版 11,图 4;蕨叶;黑龙江省;中侏罗世七虎林河组。

2002　*Phlebopteris* sp.,王永栋,图版 3,图 2,4;蕨叶和根;湖北秭归香溪;早侏罗世香溪组。

2002　*Phlebopteris* sp.,吴向午等,152 页,图版 4,图 1—1b;蕨叶;内蒙古阿拉善右旗梧桐树沟;中侏罗世宁远堡组下段。

异脉蕨?(未定种) *Phlebopteris*? sp.

1989　*Phlebopteris*? sp.,周志炎,138 页,图版 3,图 11,12;裸羽片;湖南衡阳杉桥;晚三叠世杨柏冲组。

异脉蕨(比较属,未定种) Cf. *Phlebopteris* sp.

1983a Cf. *Phlebopteris* sp.,郑少林、张武,79 页,图版 2,图 1—3;插图 7;生殖羽片;黑龙江勃利万龙村;早白垩世东山组。

似水龙骨属 Genus *Polypodites* Goeppert,1836

1836　Goeppert,341 页。

1980　张武等,248 页。

1993a 吴向午,120 页。

模式种:*Polypodites mantelli* (Brongniart) Goeppert,1836

分类位置:真蕨纲水龙骨科(Polypodiaceae,Filicopsida)

曼脱尔似水龙骨 *Polypodites mantelli* (Brongniart) Goeppert,1836

1835(1831—1837) *Lonchopteris mantelli* Brongniart,见 Lindley,Hutton,59 页,图版 171;蕨叶(?);英格兰北部旺兹福德(Wansford);早白垩世。

1836 Goeppert,341 页。

1993a 吴向午,120 页。

多囊群似水龙骨 *Polypodites polysorus* Prynada,1967

1967 Prynada,见 Krassilov,129 页,图版 24,图 1—8;图版 25,图 1—3;蕨叶;南滨海;早白垩世。

1980 张武等,248 页,图版 161,图 6,7;图版 162,图 1,1a;营养叶和实羽片;吉林蛟河;早白垩世磨石砬子组;黑龙江鸡西;早白垩世城子河组。

1992a 曹正尧,215 页,图版 1,图 15—16a;生殖羽片;黑龙江东部绥滨-双鸭山地区;早白垩世城子河组 4 段。

1992 邓胜徽,图版 4,图 10;生殖羽片;辽宁铁法盆地;早白垩世小明安碑组。

1993a 吴向午,120 页。

多囊群"似水龙骨" "*Polypodites*" *polysorus* Prynada

1995a 李星学(主编),图版 99,图 4,5;实羽片和原位孢子;黑龙江鹤岗;早白垩世石头河子组。(中文)

1995b 李星学(主编),图版 99,图 4,5;实羽片和原位孢子;黑龙江鹤岗;早白垩世石头河子组。(英文)

△假耳蕨属 Genus *Pseudopolystichum*, Deng et Chen, 2001(中文和英文发表)

2001 邓胜徽、陈芬,153,229 页。

模式种:*Pseudopolystichum cretaceum* Deng et Chen,2001

分类位置:真蕨纲(Filicopsida)

△白垩假耳蕨 *Pseudopolystichum cretaceum* Deng et Chen,2001(中文和英文发表)

2001 邓胜徽、陈芬,153,229 页,图版 115,图 1—4;图版 116,图 1—6;图版 117,图 1—9;图版 118,图 1—7;生殖羽片;标本号:TXQ-2520;标本保存在石油勘探开发科学研究院;辽宁铁法盆地;早白垩世小明安碑组。

△拟蕨属 Genus *Pteridiopsis* Zheng et Zhang,1983

1983b 郑少林、张武,381 页。

1993a 吴向午,30,231 页。

1993b 吴向午,500,517 页。

模式种:*Pteridiopsis didaoensis* Zheng et Zhang,1983

分类位置:真蕨纲蕨科(Pteridiaceae,Filicopsida)

△滴道拟蕨 *Pteridiopsis didaoensis* Zheng et Zhang, 1983

1983b 郑少林、张武,381 页,图版 1,图 1—3;插图 1a—1c;营养羽片和生殖羽片;标本号:HDN021—HDN023;正模:HDN021(图版 1,图 1—1d);黑龙江鸡西滴道;晚侏罗世滴道组。

1993a 吴向午,30,231 页。

1993b 吴向午,500,517 页。

△沙金沟拟蕨 *Pteridiopsis shajingouensis* Zheng et Zhang, 1987

1987 张武、郑少林,273 页,图版 5,图 5—8;插图 13;生殖蕨叶;登记号:SG110029—SG110032;标本保存在沈阳地质矿产研究所;辽宁南票沙金沟;中侏罗世海房沟组。(注:原文未指定模式标本)

△柔弱拟蕨 *Pteridiopsis tenera* Zheng et Zhang, 1983

1983b 郑少林、张武,382 页,图版 2,图 1—3;插图 2c—2f;营养羽片和生殖羽片;标本号:HDN036—HDN038;正模:HDN036(图版 2,图 3—3c);黑龙江鸡西滴道;晚侏罗世滴道组。

1993a 吴向午,30,231 页。

1993b 吴向午,500,517 页。

蕨属 Genus *Pteridium* Scopol, 1760

1983a 王自强,46 页。

1993a 吴向午,125 页。

模式种:(现生属)

分类位置:真蕨纲蕨科(Pteridiaceae, Filicopsida)

△大青山蕨 *Pteridium dachingshanense* Wang, 1983

1983a 王自强,46 页,图版 1,图 1—9;图版 2,图 13—22;插图 2,3;蕨叶;合模 1:D6-4663(图版 1,图 2);合模 2:D6-4829(图版 1,图 1);合模 3:D6-4895(图版 1,图 9);合模 4:D6-4888b(图版 2,图 13);合模 5:D6-4898(图版 2,图 14);合模 6:D6-4891(图版 2,图 22);标本保存在中国科学院南京地质古生物研究所;内蒙古大青山;早白垩世。[注:依据《国际植物命名法规》(《维也纳法规》)第 37.2 条,1958 年起,模式标本只能是 1 块标本]

1993a 吴向午,125 页。

皱囊蕨属 Genus *Ptychocarpus* Weiss C E, 1869

1869(1869—1872) Weiss C E,95 页。

1991 北京市地质矿产局,图版 11,图 4。

模式种:*Ptychocarpus hexastichus* Weiss C E, 1869

分类位置：真蕨纲（Filicopsida）

哈克萨斯蒂库皱囊蕨 *Ptychocarpus hexastichus* Weiss C E, 1869

1869（1869 — 1872） Weiss C E，95 页，图版 11，图 2；生殖蕨叶；莱因普鲁士布莱滕巴赫（Breitenbach）；晚石炭世。

皱囊蕨（未定种） *Ptychocarpus* sp.

1991 *Ptychocarpus* sp.，北京市地质矿产局，图版 11，图 4；蕨叶；北京八大处大悲寺；晚二叠世—中三叠世双泉组大悲寺段。

拉发尔蕨属 Genus *Raphaelia* Debey et Ettingshausen, 1859

1859 Debey，Ettingshausen，220 页。

1911 Seward，15，44 页。

1963 斯行健、李星学等，124 页。

1993a 吴向午，128 页。

模式种：*Raphaelia nueropteroides* Debey et Ettingshausen，1859

分类位置：真蕨纲（Filicopsida）

脉羊齿型拉发尔蕨 *Raphaelia nueropteroides* Debey et Ettingshausen, 1859

1859 Debey，Ettingshausen，220 页，图版 4，图 23 — 28；图版 5，图 18 — 20；蕨叶碎片；莱因普鲁士亚琛（Aachen）；晚白垩世。

1993a 吴向午，128 页。

脉羊齿型拉发尔蕨（比较种） *Raphaelia* cf. *nueropteroides* Debey et Ettingshausen

1984 陈芬等，49 页，图版 18，图 4，5；蕨叶；北京西山大安山；早侏罗世上窑坡组。

△白垩拉发尔蕨 *Raphaelia cretacea* (Samylina) Li, Ye et Zhou, 1986

1964 *Osmunda cretacea* Samylina，48 页，图版 1，图 12；图版 2，图 2 — 5；图版 3，图 4；插图 2a — 2c；蕨叶；科雷马河流域；早白垩世。

1986 李星学、叶美娜、周志炎，18 页，图版 18，图 4，4a；插图 5；蕨叶；吉林蛟河杉松；早白垩世蛟河群。

△齿状拉发尔蕨 *Raphaelia denticulata* (Samylina) Li, Ye et Zhou, 1986

1964 *Osmunda denticulata* Samylina，49 页，图版 2，图 6 — 8；蕨叶；科雷马河流域；早白垩世。

1986 李星学，叶美娜，周志炎，18 页，图版 16，图 4；插图 6；蕨叶；吉林蛟河杉松；早白垩世蛟河群。

△狄阿姆拉发尔蕨 *Raphaelia diamensis* Seward, 1911

1911 Seward，15，44 页，图版 2，图 28，28a，29，29a；蕨叶；新疆准噶尔盆地佳木河；早—中侏罗世。

1963 李星学等，136 页，图版 108，图 4 — 7；蕨叶；中国西北；中—晚侏罗世。

1963 李佩娟，129 页，图版 57，图 4 — 6；蕨叶；新疆准噶尔盆地；内蒙古东胜；甘肃徽县、成县两当、平凉安口窑；早侏罗世。

1963 斯行健、李星学等,124 页,图版 44,图 5—7;蕨叶;新疆准噶尔盆地佳木河;早—中侏罗世。
1975 徐福祥,105 页,图版 5,图 5,6,6a;蕨叶;甘肃天水后老庙干柴沟;早—中侏罗世炭和里组。
1976 周惠琴等,213 页,图版 119,图 4,4a;蕨叶;内蒙古东胜;中侏罗世。
1978 杨贤河,496 页,图版 159,图 10;蕨叶;四川乡城沙孜;晚三叠世喇嘛垭组。
1980 陈芬等,428 页,图版 2,图 11,12;蕨叶;河北涿鹿下花园;中侏罗世玉带山组。
1980 张武等,261 页,图版 138,图 1—5;插图 191;蕨叶;辽宁北票海房沟;中侏罗世海房沟组;内蒙古昭乌达盟阿鲁科尔沁旗温都花;中侏罗世新民组。
1982b 杨学林、孙礼文,50 页,图版 20,图 1—7;插图 19;蕨叶;大兴安岭东南部万宝煤矿、大有屯、兴安堡、黑顶山、裕民煤矿,扎鲁特旗西沙拉,林东双窝铺;中侏罗世万宝组。
1983a 郑少林、张武,84 页,图版 3,图 8,9;图版 5,图 1,2;蕨叶;黑龙江勃利万龙村;早白垩世东山组。
1984a 曹正尧,10 页,图版 9,图 1—2a;蕨叶;黑龙江密山裴德煤矿;中侏罗世七虎林组下部。
1984 顾道源,145 页,图版 70,图 3;图版 72,图 7;蕨叶;新疆和丰佳木河;中侏罗世西山窑组。
1985 杨学林、孙礼文,106 页,图版 2,图 1,15;蕨叶;大兴安岭南部万宝煤矿、牤牛海;中侏罗世万宝组。
1987 张武、郑少林,图版 4,图 1;蕨叶;辽宁北票海房沟;中侏罗世海房沟组。
1988 李佩娟等,75 页,图版 27,图 3;图版 39,图 4,4a;蕨叶;青海大柴旦大煤沟;中侏罗世饮马沟组 *Eboracia* 层;青海大柴旦大头羊;中侏罗世大煤沟组 *Tyrmia-Sphenobaiera* 层。
1989 梅美棠等,92 页,图版 43,图 4;图版 44,图 1;蕨叶;中国;晚三叠世—中侏罗世。
1992 孙革、赵衍华,533 页,图版 231,图 5,6;蕨叶;吉林九台营城子煤矿;早白垩世沙河子组。
1993a 吴向午,128 页。
1996 米家榕等,100 页,图版 8,图 6;蕨叶;辽宁北票海房沟;中侏罗世海房沟组。
2003 袁效奇等,图版 18,图 3,4;蕨叶;内蒙古达拉特旗罕台川;中侏罗世延安组。
2003 袁效奇等,图版 21,图 1,2;蕨叶;内蒙古达拉特旗高头窑柳沟;中侏罗世直罗组。
2005 苗雨雁,522 页,图版 1,图 14,15;蕨叶;新疆准噶尔盆地白杨河地区;中侏罗世西山窑组。

?狄阿姆拉发尔蕨 ?*Raphaelia diamensis* Seward

1982a 杨学林、孙礼文,592 页,图版 2,图 16;插图 3;蕨叶;松辽盆地东南部营城;晚侏罗世沙河子组。

狄阿姆拉发尔蕨(紫萁?) *Raphaelia* (*Osmunda*?) *diamensis* Seward

1982b 郑少林、张武,308 页,图版 6,图 11,11a;蕨叶;黑龙江密山过关山;晚侏罗世云山组。

狄阿姆拉发尔蕨(比较种) *Raphaelia* cf. *diamensis* Seward

1986 李蔚荣等,图版 1,图 10;蕨叶;黑龙江虎林永红;晚侏罗世曙光组。

△舌形拉发尔蕨 *Raphaelia glossoides* Gu,1984

1984 顾道源,146 页,图版 70,图 1;蕨叶;采集号:OPK021;登记号:XPC111;标本保存在新疆石油管理局;新疆克拉玛依(库车)克拉苏河;中侏罗世克孜勒努尔组。

普里纳达拉发尔蕨 *Raphaelia prinadai* Vachrameev, 1958

1958 Vachrameev, 102 页, 图版 24, 图 2, 3; 勒拿河流域; 早白垩世。

1980 陈芬等, 428 页, 图版 2, 图 7; 蕨叶; 河北涿鹿下花园; 中侏罗世玉带山组。

狭窄拉发尔蕨 *Raphaelia stricta* Vachrameev, 1961

1961 Vachrameev, Dolydenko, 77 页, 图版 24, 图 3; 图版 29, 图 1; 蕨叶; 叶; 黑龙江布列亚盆地; 晚侏罗世。

1980 张武等, 261 页, 图版 137, 图 2－5; 蕨叶; 辽宁北票海房沟; 中侏罗世海房沟组。

1982b 杨学林、孙礼文, 50 页, 图版 20, 图 8, 9; 蕨叶; 大兴安岭东南部万宝煤矿; 中侏罗世万宝组。

1983 李杰儒, 22 页, 图版 2, 图 1; 蕨叶; 辽宁锦西后富隆山; 中侏罗世海房沟组 3 段。

1985 杨学林、孙礼文, 106 页, 图版 3, 图 10; 蕨叶; 大兴安岭东南部万宝煤矿; 中侏罗世万宝组。

1987 张武、郑少林, 图版 4, 图 5; 蕨叶; 辽宁北票长皋台子山南沟; 中侏罗世蓝旗组。

1989 辽宁省地质矿产局, 图版 9, 图 9; 蕨叶; 辽宁北票海房沟; 中侏罗世海房沟组。

1989 梅美棠等, 92 页, 图版 46, 图 4; 蕨叶; 辽宁北票; 中侏罗世。

拉发尔蕨(未定多种) *Raphaelia* spp.

1980 *Raphaelia* sp., 陈芬等, 428 页, 图版 3, 图 3, 6, 7; 蕨叶; 北京西山大安山; 早侏罗世下窑坡组。

1987 *Raphaelia* sp., 张志诚, 378 页, 图版 6, 图 5, 6; 蕨叶; 辽宁阜新海州矿; 早白垩世阜新组。

2000 *Raphaelia* sp., 吴舜卿, 222 页, 图版 4, 图 7, 7a; 蕨叶; 香港大屿山; 早白垩世浅水湾群。

拉发尔蕨? (未定多种) *Raphaelia*? spp.

1980 *Raphaelia*? sp., 黄枝高、周惠琴, 82 页, 图版 57, 图 3; 蕨叶; 陕西延安杨家崖; 晚三叠世延长组下部。

1988 *Raphaelia*? sp., 李佩娟等, 75 页, 图版 27, 图 4, 4a; 蕨叶; 青海大柴旦大煤沟; 中侏罗世大煤沟组 *Tyrmia-Sphenobaiera* 层。

△网格蕨属 Genus *Reteophlebis* Lee et Tsao, 1976

1976 李佩娟、曹正尧, 见李佩娟等, 102 页。

1993a 吴向午, 31, 232 页。

1993b 吴向午, 499, 577 页。

模式种: *Reteophlebis simplex* Lee et Tsao, 1976

分类位置: 真蕨纲紫萁科(Osmundaceae, Filicopsida)

△单式网格蕨 *Reteophlebis simplex* Lee et Tsao, 1976

1976 李佩娟、曹正尧, 见李佩娟等, 102 页, 图版 10, 图 3－8; 图版 11; 图版 12, 图 4, 5; 插图 3-2; 裸羽片和实羽片; 登记号: PB5203－PB5214, PB5218, PB5219; 正模: PB5214(图版 11, 图 8); 标本保存在中国科学院南京地质古生物研究所; 云南禄丰一平浪; 晚三叠世—平浪组干海子段。
1982b 吴向午,81 页,图版 5,图 2—2b;蕨叶;西藏察雅巴贡一带;晚三叠世巴贡组上段。
1993a 吴向午,31,232 页。
1993b 吴向午,499,517 页。

纵裂蕨属 Genus *Rhinipteris* Harris,1931

1931 Harris,58 页。
1966 吴舜卿,234 页。
1993a 吴向午,130 页。
模式种:*Rhinipteris concinna* Harris,1931
分类位置:真蕨纲合囊蕨科(Marattiaceae,Filicopsida)

美丽纵裂蕨 *Rhinipteris concinna* Harris,1931

1931 Harris,58 页,图版 12,13;生殖叶;东格陵兰斯科斯比湾;晚三叠世(*Lepidopteris* Zone)。
1993a 吴向午,130 页。

美丽纵裂蕨(比较种) *Rhinipteris* cf. *concinna* Harris

1966 吴舜卿,234 页,图版 1,图 4—4b;实羽片;贵州安龙龙头山;晚三叠世。
1993a 吴向午,130 页。

根茎蕨属 Genus *Rhizomopteris* Schimper,1869

1869 Schimper,699 页。
1911 Seward,12,40 页。
1993a 吴向午,130 页。
模式种:*Rhizomopteris lycopodioides* Schimper,1869
分类位置:真蕨纲(Filicopsida)

石松型根茎蕨 *Rhizomopteris lycopodioides* Schimper,1869

1869 Schimper,699 页,图版 2;蕨类植物根茎(?);德国德累斯顿(Dresden)附近;石炭纪。
1993a 吴向午,130 页。

△中华根茎蕨 *Rhizomopteris sinensis* Gu,1978 (non Gu,1984)

1978 顾道源,98,99 页,图版 1,图 1—6;根茎;登记号:ZH5001,ZH5002,ZH5004,ZH5005,ZH5007,ZH5009;正模:ZH5001(图版 1,图 1);副模:ZH5002,ZH5004,ZH5005,ZH5007,ZH5009(图版 1,图 2—6);标本保存在新疆石油管理局地调处;新疆鄯善连木沁;中侏罗世西山窑组。

△中华根茎蕨 *Rhizomopteris sinensis* Gu,1984 (non Gu,1978)

(注:此种名为 *Rhizomopteris sinensis* Gu,1978 的晚出等同名)

1984　顾道源,142 页,图版 67,图 1－9;根茎;采集号:L281;登记号:XPC001－XPC009;正模:XPC001(图版 67,图 1);标本保存在新疆石油管理局;新疆鄯善连木沁;中侏罗世西山窑组。

△带状根茎蕨 ***Rhizomopteris taeniana*** **Deng,1995**

1995b 邓胜徽,33,111 页,图版 20,图 5;图版 22,图 8;插图 11;根状茎;标本号:H11-370,H14-459;标本保存在石油勘探开发科学研究院;内蒙古霍林河盆地;早白垩世霍林河组。(注:原文未指定模式标本)

△窑街根茎蕨 ***Rhizomopteris yaojiensis*** **Sun et Shen,1986 (non Sun et Shen,1998)**

1986　孙柏年、沈光隆,127,130 页,图 1,2;插图 1,1a;根状茎;甘肃兰州窑街煤田;中侏罗世窑街组上部。

△窑街根茎蕨 ***Rhizomopteris yaojiensis*** **Sun et Shen,1998 (non Sun et Shen,1986)**(中文发表)

(注:此种名为 *Rhizomopteris yaojiensis* Sun et Shen,1980 的晚出等同名)

1998　孙柏年、沈光隆,见张泓等,275 页,图版 17,图 9(正模);根茎;甘肃兰州窑街煤田;中侏罗世窑街组。(注:原文未指明模式标本的保存地点)

根茎蕨(未定多种) ***Rhizomopteris*** **spp.**

1911　*Rhizomopteris* sp.,Seward,12,40 页,图版 1,图 14(右);图版 2,图 16;根茎;新疆准噶尔盆地科伯瓦河;早—中侏罗世。

1949　*Rhizomopteris* sp.,斯行健,6 页;湖北当阳奤子沟;早侏罗世香溪煤系。

1963　*Rhizomopteris* sp.,斯行健、李星学等,91 页;湖北当阳奤子沟;早侏罗世香溪群。

1986　*Rhizomopteris* sp.,叶美娜等,40 页,图版 25,图 5,5a;根茎;四川达县斌郎;晚三叠世须家河组 7 段。

1988　*Rhizomopteris* sp.,李佩娟等,76 页,图版 54,图 4B,4b;根茎;青海大柴旦大煤沟;早侏罗世火烧山组 *Cladophlebis* 层。

1991　*Rhizomopteris* sp.,吴向午,图版 2,图 2B;根茎;湖北秭归沙镇溪;中侏罗世香溪组。

1993　*Rhizomopteris* sp.,孙革,68 页,图版 8,图 7,8;根茎;吉林汪清天桥岭;晚三叠世马鹿沟组。

1993a *Rhizomopteris* sp.,吴向午,130 页。

1995b *Rhizomopteris* sp.,邓胜徽,335 页,图版 20,图 4;根状茎;内蒙古霍林河盆地;早白垩世霍林河组。

△日蕨属 **Genus** ***Rireticopteris*** **Hsu et Chu C N,1974**

1974　徐仁、朱家柟,见徐仁等,269 页。

1993a 吴向午,32,233 页。

1993b 吴向午,498,517 页。

模式种:*Rireticopteris microphylla* Hsu et Chu C N,1974

分类位置:真蕨纲?(Filicopsida?)

△小叶日蕨 *Rireticopteris microphylla* Hsu et Chu C N, 1974

1974 徐仁、朱家柟，见徐仁等，269页，图版1，图7－9；图版2，图1－4；图版3，图1；插图1；蕨叶；标本号：No.825，No.830，No.2785，No.2839；合模1：No.2785(图版1，图7)；合模2：No.2839(图版1，图8)；标本保存在中国科学院植物研究所；云南永仁纳拉箐；晚三叠世大荞地组；四川渡口太平场；晚三叠世大箐组底部。[注：依据《国际植物命名法规》(《维也纳法规》)第37.2条，1958年起，模式标本只能是1块标本]

1978 杨贤河，479页，图版164，图6；图版171，图2；蕨叶和生殖羽片；四川渡口灰家所；晚三叠世大荞地组。

1979 徐仁等，36页，图版11，图5－5b；图版12，图1－4；图版13，图2，2a；插图12a，12b；蕨叶；四川宝鼎；晚三叠世大荞地组下部；四川渡口太平场；晚三叠世大箐组下部。

1993a 吴向午，32，233页。

1993b 吴向午，498，517页。

鲁福德蕨属 Genus *Ruffordia* Seward, 1849

1849 Seward，76页。

1963 斯行健、李星学等，69页。

1993a 吴向午，131页。

模式种：*Ruffordia goepperti* (Dunker) Seward, 1849

分类位置：真蕨纲海金沙科(Schizaceae, Filicopsida)

葛伯特鲁福德蕨 *Ruffordia goepperti* (Dunker) Seward, 1849

1846 *Sphenopteris goepperti* Dunker，4页，图版1，图6；图版9，图1－3；蕨叶；西欧；早白垩世。

1849 Seward，76页，图版3，图5，6；图版4；图版5；图版6，图1；营养叶和生殖叶；英国；早白垩世(Wealden)。

1978 杨学林等，图版1，图5；蕨叶；吉林蛟河盆地；早白垩世乌林组。

1980 张武等，236页，图版151，图8，9；图版152，图1，2；蕨叶；黑龙江鸡西、勃利；早白垩世城子河组、穆棱组；黑龙江伊敏；早白垩世伊敏组；吉林延吉铜佛寺；早白垩世铜佛寺组。

1982 刘子进，122页，图版61，图1－4；蕨叶；甘肃成县化垭、康县李山；早白垩世东河群化垭组、周家湾组。

1982 王国平等，241页，图版129，图1，2；营养叶和实羽片；浙江新昌、文成九龙；早白垩世馆头组；山东莱阳朱家庄；早白垩世。

1982a 杨学林、孙礼文，图版1，图8；蕨叶；松辽盆地东南部营城；晚侏罗世沙河子组。

1982b 郑少林、张武，296页，图版3，图9，9a；蕨叶；黑龙江双鸭山四方台；早白垩世城子河组。

1983a 郑少林、张武，77页，图版1，图2，3；插图5；营养叶；黑龙江勃利万龙村；早白垩世东山组。

1984 王自强，240页，图版150，图1－5；蕨叶；河北张家口；早白垩世青石砬组。

1985 商平，图版1，图4，6；蕨叶；辽宁阜新煤田；早白垩世海州组中段。

1987　张志诚,378 页,图版 3,图 6;蕨叶;登辽宁阜新海州矿;早白垩世阜新组。

1988　陈芬等,33 页,图版 2,图 3－9;图版 60,图 4－7;图版 61,图 1,2,6;图版 62,图 1;营养叶和生殖叶;辽宁阜新;早白垩世阜新组;辽宁铁法盆地;早白垩世小明安碑组上含煤段、下含煤段。

1989　丁保良等,图版 1,图 1,2;营养叶和生殖叶;浙江新昌镜岭、文成孔龙;早白垩世馆头组。

1989　梅美棠等,81 页,图版 38,图 5;蕨叶;辽宁,福建,河北,陕西;晚侏罗世—早白垩世。

1989　郑少林、张武,图版 1,图 9;蕨叶;辽宁新宾南杂木聂尔库村;早白垩世聂尔库组。

1991　张川波等,图版 2,图 6;蕨叶;吉林九台刘房子;早白垩世大羊草沟组。

1992　邓胜徽,图版 1,图 1－4;营养羽片和生殖羽片;辽宁铁法盆地;早白垩世小明安碑组。

1992a　曹正尧,图版 1,图 14;图版 2,图 4;蕨叶;黑龙江东部绥滨-双鸭山地区;早白垩世城子河组 1 段、穆棱组。

1992　孙革、赵衍华,525 页,图版 220,图 9－11;蕨叶;吉林汪清罗子沟;早白垩世大拉子组;吉林安图明月;中侏罗世屯田营组。

1993　黑龙江省地质矿产局,图版 12,图 4;蕨叶;黑龙江省;早白垩世穆棱组。

1993　胡书生、梅美棠,326 页,图版 1,图 1,2;蕨叶;吉林辽源太信;早白垩世长安组下含煤段。

1993　李杰儒等,图版 1,图 15;蕨叶;辽宁丹东集贤;早白垩世小岭组。

1993a　吴向午,131 页。

1994　曹正尧,图 3d;蕨叶;浙江文成;早白垩世早期馆头组。

1995　邓胜徽、姚立军,图版 1,图 2,4,8;孢子囊和孢子;中国东北地区;早白垩世。

1995a　李星学(主编),图版 98,图 1,2;营养羽片和孢子;黑龙江鹤岗;早白垩世石头河子组;辽宁铁法;早白垩世小明安碑组。(中文)

1995b　李星学(主编),图版 98,图 1,2;营养羽片和孢子;黑龙江鹤岗;早白垩世石头河子组;辽宁铁法;早白垩世小明安碑组。(英文)

1995a　李星学(主编),图版 113,图 1;蕨叶;浙江文成;早白垩世馆头组。(中文)

1995b　李星学(主编),图版 113,图 1;蕨叶;浙江文成;早白垩世馆头组。(英文)

1996　郑少林、张武,图版 1,图 4;裸羽片;吉林九台营城煤田;早白垩世沙河子组。

1997　邓胜徽等,21 页,图版 3,图 14,15;图版 4,图 1－5;营养叶、实羽片、孢子囊和孢子;内蒙古扎赉诺尔、伊敏;早白垩世伊敏组。

1998a　邓胜徽,图版 1,图 14－26;实羽片和原位孢子;内蒙古海拉尔盆地伊敏;早白垩世伊敏组;辽宁铁法盆地;早白垩世小明安碑组。

1999　曹正尧,41 页,图版 1,图 4－10(?),11(?);图版 2,图 8;插图 16;营养叶和生殖叶;浙江文成孔龙,泰顺横坑,临海小岭,新昌镜岭、苏秦,武义小妃;早白垩世馆头组;浙江绍兴光相寺、文成花前、苍南埔坪;早白垩世磨石山组或磨石山组 C 段;浙江寿昌东村;早白垩世寿昌组。

2000　胡书生、梅美棠,图版 1,图 1;蕨叶;吉林辽源太信三井;早白垩世长安组下含煤段。

2001　邓胜徽、陈芬,61,196 页,图版 11,图 1－7;图版 12,图 1－7;图版 13,图 1－7;图版 14,图 1－5;图版 15,图 1－6;图版 16,图 1－7;图版 17,图 1－7;图版 18,图 1－16;图版 19,图 1－3;图版 42,图 5;插图 8;营养叶和生殖叶;辽宁铁法盆地;早白垩世小明安碑组;辽宁阜新盆地;早白垩世阜新组;内蒙古海拉尔;早白垩世伊敏组;内蒙古固阳盆地;早白垩世固阳组;吉林辽源盆地;早白垩世辽源组;吉林九台-营城地区;早白垩世营城组;吉林延吉盆地;早白垩世长财组;黑龙江鸡西盆地;早白垩世城子河组、穆棱组;黑龙江三江盆地;早白垩世城子河组;黑龙江勃利盆地;早白垩世东山组。

2001 曹正尧,214页,图版1,图1－3a;蕨叶;辽宁北票上园黄半吉沟、义县尖山沟;早白垩世义县组。

2002 邓胜徽,图版3,图1－5;生殖叶、孢子囊和孢子;中国东北地区;早白垩世。

2003 杨小菊,563页,图版1,图5,6;营养羽片;黑龙江鸡西盆地;早白垩世穆棱组。

葛伯特鲁福德蕨(比较属种) Cf. *Ruffordia goepperti* (Dunker) Seward

1963 斯行健、李星学等,69页,图版22,图3－4a;蕨叶;辽宁沙河子;中—晚侏罗世;福建永安;早白垩世坂头组;河北张家口,陕西凤县;晚侏罗世—早白垩世早期。

1986 张川波,图版1,图4;图版2,图2;蕨叶;吉林延吉铜佛寺、智新大拉子;早白垩世中—晚期铜佛寺组、大拉子组。

葛伯特鲁福德蕨(楔羊齿) *Ruffordia* (*Sphenopteris*) *goepperti* (Dunker) Seward

1950 Ôishi,42页;蕨叶;辽宁阜新,黑龙江密山;晚侏罗世—早白垩世。

葛伯特鲁福德蕨(楔羊齿)(比较属种) Cf. *Ruffordia* (*Sphenopteris*) *goepperti* (Dunker) Seward

1954 徐仁,48页,图版42,图5;蕨叶;福建永安;早白垩世坂头系。[注:此标本后被改定为Cf. *Ruffordia goepperti* (Dunker) Seward(斯行健、李星学等,1963)]

鲁福德蕨(未定种) *Ruffordia* sp.

1991 *Ruffordia* sp.,北京市地质矿产局,图版17,图15;蕨叶;北京房山崇青水库北;早白垩世芦尚坟组。

鲁福德蕨?(未定种) *Ruffordia*? sp.

1988 *Ruffordia*? sp.,李杰儒,图版1,图9;蕨叶;辽宁苏子河盆地;早白垩世。

槐叶萍属 Genus *Salvinia* Adanson,1763

1927 Yabe,Endo,115页。

1963 斯行健、李星学等,96页。

1993a 吴向午,133页。

模式种:(现生属)

分类位置:真蕨纲槐叶萍目槐叶萍科(Salviniaceae,Salviniales,Filicopsida)

△吉林槐叶萍 *Salvinia jilinensis* Guo,2000(英文发表)

2000 郭双兴,229页,图版1,图4,5,7,8;漂浮蕨叶;登记号:PB18601,PB18602;正模:PB18601(图版1,图4);标本保存在中国科学院南京地质古生物研究所;吉林珲春;晚白垩世珲春组下部。

槐叶萍(未定种) *Salvinia* sp.

1927 *Salvinia* sp.,Yabe,Endo,115页;插图3a－3d;蕨叶;辽宁本溪本溪湖煤田;晚白垩世本溪群。

1954 *Salvinia* sp.,徐仁,52 页,图版 45,图 7－9;蕨叶;辽宁本溪;晚白垩世。

1963 *Salvinia* sp.,斯行健、李星学等,96 页,图版 30,图 4;蕨叶;辽宁本溪大峪堡子;晚白垩世大峪群。

1993a *Salvinia* sp.,吴向午,133 页。

硬蕨属 Genus *Scleropteris* Saporta,1872 (non Andrews,1942)

1872(1872a－1873) Saporta,370 页。

1977 段淑英等,116 页。

1993a 吴向午,135 页。

模式种:*Scleropteris pomelii* Saporta,1872

分类位置:真蕨纲(Filicopsida)

帕氏硬蕨 *Scleropteris pomelii* Saporta,1872

1872(1872a－1873) Saporta,370 页,图版 46,图 1;图版 47,图 1,2;营养蕨叶;法国凡尔登附近;侏罗纪。

1993a 吴向午,135 页。

△基连硬蕨 *Scleropteris juncta* Hsu,1979

1979 徐仁等,74 页,图版 74,图 1,2;蕨叶;标本号:No.4727,No.4728;标本保存在中国科学院植物研究所;四川宝鼎、渡口太平场;晚三叠世大荞地组上部。(注:原文未指定模式标本)

△萨氏硬蕨 *Scleropteris saportana* (Heer) Wang,1979(裸名)

1876 *Dicksonia saportana* Heer,89 页,图版 17,图 1,2;图版 18,图 1－3;营养叶和生殖叶;黑龙江布列亚盆地;晚侏罗世。

1979 王自强、王璞,图版 1,图 18,19;蕨叶;北京西山坨里土洞;早白垩世坨里组。

△萨氏"硬蕨" "*Scleropteris*" *saportana* (Heer) Wang,1984

1876 *Dicksonia saportana* Heer,89 页,图版 17,图 1,2;图版 18,图 1－3;营养叶和生殖叶;黑龙江布列亚盆地;晚侏罗世。

1979 *Scleropteris saportana* (Heer) Wang,王自强、王璞,图版 1,图 18,19;蕨叶;北京西山坨里土洞;早白垩世坨里组。

1984 王自强,249 页,图版 149,图 2,3;图版 153,图 4,5;蕨叶;河北张家口;早白垩世青石砬组;北京西山;早白垩世坨里组。

△西藏硬蕨 *Scleropteris tibetica* Tuan et Chen,1977

1977 段淑英、陈晔,见段淑英等,116 页,图版 2,图 1－4a;蕨叶;标本号:6590,6593,6760－6775;合模 1:6591(图版 2,图 4):合模 2:6771(图版 2,图 2);合模 3:6766(图版 2,图 1);标本保存在中国科学院植物研究所;西藏拉萨牛马沟;早白垩世。[注:依据《国际植物命名法规》(《维也纳法规》)第 37.2 条,1958 年起,模式标本只能是 1 块标本]

1982 李佩娟,91 页,图版 9,图 1－1c;蕨叶;西藏洛隆林卡雅达;早白垩世多尼组。

1986 周志炎、刘秀英,369 页,图 1;蕨叶、裸羽片和实羽片(海金沙科);西藏八宿瓦达煤矿;早白垩世多尼组。(中文)

1986 周志炎、刘秀英,399 页,图 1;蕨叶、裸羽片和实羽片(海金沙科);西藏八宿瓦达煤矿;

早白垩世多尼组。(英文)

1989 梅美棠等,94页,图版48,图2;蕨叶;西藏;早白垩世。

1993a 吴向午,135页。

维尔霍扬硬蕨 *Scleropteris verchojaensis* Kiritchkova

1982 谭琳、朱家柟,144页,图版33,图13,13a,14;蕨叶;内蒙古乌拉特前旗大佘西圪堵村;早白垩世李三沟组。

硬蕨属 Genus *Scleropteris* Andrews,1942 (non Saporta,1872)

(注:此属名 *Scferopteris* Andrews,1942 为 *Scleropteris* Saporta,1872 的晚出同名)

1942 Andrews,3页。

模式种:*Scleropteris illinoienses* Andrews,1942

分类位置:真蕨纲(Filicopsida)

伊利诺斯硬蕨 *Scleropteris illinoienses* Andrews,1942

1942 Andrews,3页,图版1－3;根状茎;美国伊利诺伊州;石碳纪。

△山西枝属 Genus *Shanxicladus* Wang Z et Wang L,1990

1990b 王自强、王立新,308页。

1993a 吴向午,33,233页。

1993b 吴向午,507,518页。

模式种:*Shanxicladus pastulosus* Wang Z et Wang L,1990

分类位置:真蕨纲?或种子蕨纲(Filicopsida? or Pteridspermae)

△疹形山西枝 *Shanxicladus pastulosus* Wang Z et Wang L,1990

1990b 王自强、王立新,308页,图版5,图1,2;枝干;标本号:No.8407-4;正模:No.8407-4(图版5,图1,2);标本保存在中国科学院南京地质古生物研究所;山西武乡司庄;中三叠世二马营组底部。

1993a 吴向午,33,233页。

1993b 吴向午,507,518页。

△沈氏蕨属 Genus *Shenea* Mathews,1947－1948

1947－1948 Mathews,240页。

1993a 吴向午,33,234页。

1993b 吴向午,498,518页。

模式种:*Shenea hirschmeierii* Mathews,1947－1948

分类位置：不明（真蕨纲或种子蕨纲）

△希氏沈氏蕨 *Shenea hirschmeierii* Mathews,1947 — 1948

1947 — 1948　Mathews,240 页,图 3;生殖叶印痕;北京西山;二叠纪(?)或三叠纪(?)双泉群。
1993a 吴向午,33,234 页。
1993b 吴向午,498,518 页。

△似卷囊蕨属 Genus *Speirocarpites* Yang,1978

1978　杨贤河,479 页。
1993a 吴向午,35,235 页。
1993b 吴向午,499,518 页。
模式种：*Speirocarpites virginiensis* (Fontaine) Yang,1978
分类位置：真蕨纲紫萁科(Osmundaceae,Filicopsida)

△弗吉尼亚似卷囊蕨 *Speirocarpites virginiensis* (Fontaine) Yang,1978

[注：此种后被叶美娜等(1986)改定为 *Cynepteris lasiophora* Ash (Ye Meina and others, 1986)]

1883　*Lonchopteris virginiensis* Fontaine,53 页,图版 28,图 1,2;图版 29,图 1 — 4;蕨叶;美国弗吉尼亚州;晚三叠世。
1978　杨贤河,479 页;插图 101;美国弗吉尼亚州;晚三叠世。
1993a 吴向午,35,235 页。
1993b 吴向午,499,518 页。

△渡口似卷囊蕨 *Speirocarpites dukouensis* Yang,1978

[注：此种后被叶美娜等(1986)改定为 *Cynepteris lasiophora* Ash (Ye Meina and others, 1986)]

1978　杨贤河,480 页,图版 164,图 1,2;蕨叶和生殖羽片;标本号：Sp0044,Sp0045;正模：Sp0044(图版 164,图 1);标本保存在成都地质矿产研究所;四川渡口摩沙河;晚三叠世大荞地组;云南祥云;晚三叠世干海子组。
1993a 吴向午,35,235 页。

△日蕨型似卷囊蕨 *Speirocarpites rireticopteroides* Yang,1978

[注：此种后被叶美娜等(1986)改定为 *Cynepteris lasiophora* Ash (Ye Meina and others, 1986)]

1978　杨贤河,480 页,图版 164,图 3;蕨叶;标本号：Sp0046;正模：Sp0046(图版 164,图 3);标本保存在成都地质矿产研究所;四川渡口灰家所;晚三叠世大荞地组。
1993a 吴向午,35,235 页。

△中国似卷囊蕨 *Speirocarpites zhonguoensis* Yang,1978

[注：此种后被叶美娜等(1986)改定为 *Cynepteris lasiophora* Ash (Ye Meina and others, 1986)]

1978　杨贤河,481 页,图版 164,图 4,5;蕨叶及生殖羽片;标本号：Sp0047,Sp0048;正模：

Sp0048(图版164,图5);标本保存在成都地质矿产研究所;四川渡口摩沙河;晚三叠世大荞地组。

1993a 吴向午,35,235页。

楔羊齿属 Genus *Sphenopteris* (Brongniart) Sternberg,1825

[注:此属原为亚属(Brongniart,1822),Sternberg(1825)把它提升为属,并拼为 *Sphaenopteris*,但以后的作者仍取 Brongniart 亚属的拼法,即 *Sphenopteris*]

1825(1820—1838) Sternberg,15页。

1867(1865) Newberry,122页。

1963 斯行健、李星学等,120页。

1993a 吴向午,140页。

模式种:*Sphenopteris elegans* (Brongniart) Sternberg,1825

分类位置:真蕨纲或种子蕨纲(Filicopsida or Pteridspermae)

雅致楔羊齿 *Sphenopteris elegans* (Brongniart) Sternberg,1825

1822 *Filicites* (*Sphenopteris*) *elegans* Brongniart,图版2,图2;蕨叶;西里西亚;石炭纪。

1825(1820—1838) Sternberg,15页。

1993a 吴向午,140页。

雅致楔羊齿(拟金粉蕨) *Sphenopteris* (*Onychiopsis*) *elegans* (Brongniart) Sternberg

1935 *Sphenopteris* (*Onychiopsis*) *elegans* (Geyler) Yokoyama,Ôishi,83页,图版6,图2;蕨叶;吉林东宁煤田;晚侏罗世或早白垩世。[注:此标本后被改定为 *Onychiopsis elegans* (Geyler) Yokoyama(斯行健、李星学等,1963)]

尖齿楔羊齿 *Sphenopteris acrodentata* Fontaine,1889

1889 Fontaine,90页,图版34,图4;蕨类营养叶;美国弗吉尼亚州弗雷德里克斯堡(Fredericksburg);早白垩世(Potomac Group)。

1999 曹正尧,60页,图版12,图6,6a;插图25;蕨叶;浙江永嘉澄田;早白垩世磨石山组C段。

△阿氏楔羊齿 *Sphenopteris ahnerti* (Krasser) Yabe et Ôishi,1933

1905b *Thyrsopteris ahnerti* Krasser,8页,图版1,图8;蕨叶;吉林火石岭;中—晚侏罗世。

1933 Yabe,Ôishi,211(17)页;蕨叶;吉林火石岭;中—晚侏罗世。

△两叉楔羊齿 *Sphenopteris bifurcata* (Hsu et Chen) Yang,1978

1974 *Sphenbaira bifurcata* Hsu et Chen,徐仁等,275页,图版7,图2—5;插图5;蕨叶;四川渡口摩沙河;晚三叠世大荞地组。

1978 杨贤河,496页,图版186,图4;蕨叶;四川渡口摩沙河;晚三叠世大荞地组。

△勃利楔羊齿 *Sphenopteris boliensis* Zheng et Zhang,1983

1983a 郑少林、张武,82页,图版3,图1;图版4,图1—6;蕨叶;标本号:HDW014—HDW019;标本保存在沈阳地质矿产研究所;黑龙江勃利万龙村;早白垩世东山组。(注:原文未指定模式标本)

布鲁尔楔羊齿 *Sphenopteris brulensis* Bell, 1956

1956 Bell, 71 页, 图版 3, 4; 蕨叶; 加拿大西部; 早白垩世。

1983a 郑少林、张武, 82 页, 图版 4, 图 7, 7a; 蕨叶; 黑龙江勃利万龙村; 早白垩世东山组。

周家湾楔羊齿 *Sphenopteris chowkiawanensis* Sze

1956a *Sphenopteris? chowkiawanensis* Sze, 斯行健, 27, 134 页, 图版 28, 图 3, 3a; 蕨叶; 陕西延长周家湾; 晚三叠世延长层。

1963 斯行健、李星学等, 121 页, 图版 45, 图 1, 1a; 蕨叶; 陕西延长周家湾; 晚三叠世延长群。

1977 长春地质学院勘探系等, 图版 1, 图 11; 蕨叶; 吉林浑江石人; 晚三叠世小河口组。

1979 何元良等, 142 页, 图版 64, 图 5, 5a; 蕨叶; 青海祁连油葫芦东沟; 晚三叠世南营儿群。

1980 黄枝高、周惠琴, 81 页, 图版 27, 图 2; 图版 31, 图 4; 蕨叶; 陕西铜川柳林沟、焦平; 晚三叠世延长组中部、上部。

1982 段淑英、陈晔, 500 页, 图版 8, 图 2; 蕨叶; 四川合川炭坝; 晚三叠世须家河组。

1982 刘子进, 127 页, 图版 66, 图 2; 蕨叶; 陕西铜川焦坪、柳林沟, 神木石窑上, 延长周家湾, 佳县禿尾河刘家畔; 晚三叠世延长群中部、上部。

1988 吉林省地质矿产局, 图版 7, 图 8; 蕨叶; 吉林; 晚三叠世。

1993 米家榕等, 101 页, 图版 18, 图 4, 4a, 10; 蕨叶; 吉林浑江石人北山; 晚三叠世北山组(小河口组); 河北承德上谷; 晚三叠世杏石口组。

1995 王鑫, 图版 1, 图 13; 蕨叶; 陕西铜川; 中侏罗世延安组。

△周家湾? 楔羊齿 *Sphenopteris? chowkiawanensis* Sze, 1956

1956a 斯行健, 27, 134 页, 图版 28, 图 3, 3a; 蕨叶; 采集号: PB2369; 标本保存在中国科学院南京地质古生物研究所; 陕西延长周家湾; 晚三叠世延长层。[注: 此标本后被改定为 *Sphenopteris chowkiawanensis* Sze(斯行健、李星学等, 1963)]

△白垩楔羊齿 *Sphenopteris cretacea* Li, 1982

1982 李佩娟, 89 页, 图版 11, 图 2－5; 蕨叶; 采集号: 7789f3-2; 登记号: PB7958, PB7959a, PB7959b, PB7960; 正模: PB7960(图版 11, 图 5); 标本保存在中国科学院南京地质古生物研究所; 西藏八宿上林卡区阿宗乡、洛隆勒体; 早白垩世多尼组。

△凋落楔羊齿 *Sphenopteris delabens* Wang Z et Wang L, 1990

1990a 王自强、王立新, 124 页, 图版 17, 图 13－15; 蕨叶; 标本号: Z20-27－Z20-29; 合模 1: Z20-28(图版 17, 图 13); 合模 2: Z20-27(图版 17, 图 14); 合模 3: Z20-29(图版 17, 图 15); 标本保存在中国科学院南京地质古生物研究所; 山西榆社屯村; 早三叠世和尚沟组底部。[注: 依据《国际植物命名法规》(《维也纳法规》)第 37.2 条, 1958 年起, 模式标本只能是 1 块标本]

△佳木楔羊齿 *Sphenopteris diamensis* (Seward) Sze, 1933

1911 *Raphaellia diamensis* Seward, 15, 44 页, 图 28, 28a, 29, 29a; 蕨叶; 新疆准噶尔盆地佳木河; 中侏罗世。

1933b 斯行健, 77 页, 图版 11, 图 14, 15; 蕨叶; 陕西府谷石盘湾; 侏罗纪。[注: 此标本后被改定为 *Raphaellia diamensis* Seward(斯行健、李星学等, 1963)]

1950 Ôishi, 80 页; 陕西府谷; 侏罗纪。

△指状楔羊齿 *Sphenopteris digitata* Zhang et Zheng,1983

1983　张武、郑少林,见张武等,76 页,图版 2,图 3—5;插图 6;蕨叶;标本号:LMP20107-1—LMP20107-3;标本保存在沈阳地质矿产研究所;辽宁本溪林家崴子;中三叠世林家组。(注:原文未指定模式标本)

直立楔羊齿(似里白?) *Sphenopteris* (*Gleichenites*?) *erecta* Bell,1911

1911　Bell,65 页,图版 19,图 6;图版 22,图 1;生殖叶;加拿大西部;早白垩世。

1980　张武等,260 页,图版 165,图 6,7;蕨叶;黑龙江勃利茄子河;早白垩世城子河组。

直立楔羊齿(似里白?)(比较种) *Sphenopteris* (*Gleichenites*?) cf. *erecta* Bell

1984a　曹正尧,9 页,图版 3,图 1—3A,3a,4b—5a;生殖羽片;黑龙江密山新村;晚侏罗世云山组下部。

直立楔羊齿(比较种) *Sphenopteris* cf. *erecta* Bell

1991　张川波等,图版 1,图 10;蕨叶;吉林九台六台;早白垩世大羊草沟组。

葛伯特楔羊齿 *Sphenopteris goepperti* Dunker,1846

1846　Dunker,4 页,图版 1,图 6;图版 9,图 1—3;蕨叶;西欧;早白垩世。[注:此种后被改定为 *Ruffordia goepperti* (Dunker) Seward (Seward,1849)]

1933　Yabe,Ôishi,211(17)页,图版 30(1),图 14,15;图版 31(2),图 7—7b;蕨叶;辽宁沙河子;中—晚侏罗世。[注:此标本后被改定为 Cf. *Ruffordia goepperti* (Dunker) Seward(斯行健、李星学等,1963)]

△膜质楔羊齿 *Sphenopteris hymenophylla* Sun et Zheng,2001(中文和英文发表)

2001　孙革、郑少林,见孙革等,78,187 页,图版 11,图 6;图版 43,图 1,3;蕨叶;标本号:PB19028—PB19033A;正模:PB19033(图版 11,图 6);标本保存在中国科学院南京地质古生物研究所;辽宁北票上园黄半吉沟;晚侏罗世尖山沟组。

间羽片楔羊齿 *Sphenopteris interstifolia* Prynada,1961

1961　Prynada,见 Vachrameev,Dolydenko,78 页,图版 30,图 2,3;蕨叶;黑龙江布列亚盆地;晚侏罗世。

1980　张武等,260 页,图版 166,图 2—5;蕨叶;黑龙江七台;早白垩世城子河组。

约氏楔羊齿 *Sphenopteris johnstrupii* Heer,1874

1868　*Sphenopteris* (*Asploenium*?) *johnstrupii* Heer,78 页,图版 63,图 7;蕨叶;格陵兰;早白垩世。

1874　Heer,32 页,图版 1,图 6,7;图版 10,图 6b,6d;图版 35,图1—5;蕨叶;格陵兰;早白垩世。

1982b　郑少林、张武,307 页,图版 6,图 9;蕨叶;黑龙江鸡西滴道二龙山;早白垩世城子河组。

1983a　郑少林、张武,83 页,图版 3,图 7,7a;蕨叶;黑龙江勃利万龙村;早白垩世东山组。

1994　曹正尧,图 5b;蕨叶;黑龙江鸡西;早白垩世早期城子河组。

约氏楔羊齿(铁角蕨?) *Sphenopteris* (*Asploenium*?) *johnstrupii* Heer,1868

1868　Heer,78 页,图版 63,图 7;蕨叶;格陵兰;早白垩世。

1982a　杨学林、孙礼文,591 页,图版 1,图 5;蕨叶;松辽盆地东南部营城;早白垩世营城组。

△辽宁楔羊齿 *Sphenopteris liaoningensis* **Deng, 1993**

1993 邓胜徽,258 页,图版 1,图 8,9;插图 g;蕨叶;标本号:TDX748;标本保存在中国地质大学(北京);辽宁铁法盆地;早白垩世小明安碑组。

2001 邓胜徽、陈芬,165 页,图版 122,图 3,3a;蕨叶;辽宁铁法盆地;早白垩世小明安碑组。

2003 杨小菊,566 页,图版 2,图 5—8;蕨叶;黑龙江鸡西盆地;早白垩世穆棱组。

△裂叶楔羊齿 *Sphenopteris lobifolia* **Chen, 1982**

1982 陈其奭,见王国平等,253 页,图版 117,图 4,5;蕨叶;正模:图版 117,图 5;浙江临安化龙;早—中侏罗世。

△叶裂楔羊齿 *Sphenopteris lobophylla* **Zhang et Zheng, 1983**

1983 张武、郑少林,见张武等,76 页,图版 2,图 1,2;插图 7;蕨叶;标本号:LMP20109-1,LMP20109-2;标本保存在沈阳地质矿产研究所;辽宁本溪林家崴子;中三叠世林家组。(注:原文未指定模式标本)

麦氏楔羊齿 *Sphenopteris mclearni* **Bell, 1956**

1956 Bell,73 页,图版 23;图版 24,图 2;图版 27,图 3;加拿大西部;早白垩世。

1997 邓胜徽等,36 页,图版 5,图 1c;图版 12,图 1;图版 16,图 6,7;蕨叶;内蒙古扎赉诺尔;早白垩世伊敏组。

2001 邓胜徽、陈芬,166 页,图版 124,图 4;蕨叶;内蒙古海拉尔;早白垩世伊敏组。

△密山楔羊齿 *Sphenopteris mishanensis* **Cao, 1984**

1984a 曹正尧,10,27 页,图版 2,图 1—4;蕨叶;采集号:HM567;登记号:PB10782—PB10785;正模:PB10784(图版 2,图 3);标本保存在中国科学院南京地质古生物研究所;黑龙江密山裴德新村;中侏罗世裴德组。

适中楔羊齿 *Sphenopteris modesta* **Leckenby, 1864**

1864 Leckenby,79 页,图版 10,图 3a,3b;蕨叶;英格兰;晚侏罗世。

1911 Seward,14,42 页,图版 2,图 18,18A,19;图版 5,图 63;图版 6,图 70;蕨叶;新疆准噶尔盆地佳木河、阿雅;早—中侏罗世。

1949 斯行健,8 页,图版 1,图 1—3;图版 8,图 7;图版 13,图 8;蕨叶;湖北秭归香溪、当阳贾家店;早侏罗世香溪煤系。

1963 斯行健、李星学等,120 页,图版 44,图 1,2;蕨叶;新疆准噶尔盆地佳木河、阿雅;早—中侏罗世;湖北秭归香溪、当阳贾家店;早侏罗世。

1982 王国平等,253 页,图版 109,图 7;蕨叶;江西万俑多江;晚三叠世安源组(?);江苏江宁周村;早—中侏罗世象山组。

1982b 郑少林、张武,308 页,图版 6,图 10;蕨叶;黑龙江虎林云山;中侏罗世裴德组。

△稍亮楔羊齿 *Sphenopteris nitidula* **(Yokoyama) Ôishi, 1940**

1906 *Coniopteris nitidula* Yokoyama,35 页,图版 12,图 4,4a;蕨叶;四川昭化宝轮院石罐子;侏罗纪。

1940 Ôishi,242 页,图版 8,图 6,6a;蕨叶;日本石川(Kuwasima of Isikawa);晚侏罗世(Tetori Series)。

1963 斯行健、李星学等,121 页,图版 44,图 4,4a;蕨叶;四川昭化宝轮院石罐子;中—晚侏罗世;新疆准噶尔盆地克拉玛依;早白垩世(?)。

1982 王国平等,253 页,图版 130,图 12;蕨叶;浙江泰顺洄汗;早白垩世馆头组。

1984 顾道源,146 页,图版 69,图 3;图版 70,图 6,7;蕨叶;新疆吐鲁番兄弟泉煤矿;早侏罗世三工河组。

1989 丁保良等,图版 1,图 11;蕨叶;浙江泰顺洄汗;早白垩世馆头组。

稍亮楔羊齿(比较属种) Cf. *Sphenopteris nitidula* (Yokoyama) Ôishi

1956b 斯行健,图版 3,图 7,7a;蕨叶;新疆准噶尔盆地克拉玛依;早白垩世早期(Wealden)。[注:此标本后被改定为 *Sphenopteris nitidula* (Yokoyama) Ôishi(斯行健、李星学等,1963)]

△斜形楔羊齿 *Sphenopteris obliqua* Li,1982

1982 李佩娟,90 页,图版 5,图 3;图版 8,图 1,2;蕨叶;采集号:F^{21}_{23}CP022;登记号:PB7926a,PB7926b,PB7944;正模:PB7944(图版 8,图 1);标本保存在中国科学院南京地质古生物研究所;西藏洛隆下达街;早白垩世多尼组。

△东方楔羊齿 *Sphenopteris orientalis* Newberry,1867

1867(1865) Newberry,122 页,图版 9,图 1,1a;蕨叶;北京西山斋堂;侏罗纪。[注:此标本后被改定为 *Coniopteris hymenophylloides* Brongniart(斯行健、李星学等,1963)]

1993a 吴向午,140 页。

△彭庄楔羊齿(锥叶蕨?) *Sphenopteris* (*Coniopteris*?) *pengzhouangensis* Cao,1985

1985 曹正尧,279 页,图版 2,图 10,10a;插图 4;蕨叶;采集号:H26;登记号:PB11115;标本保存在中国科学院南京地质古生物研究所;安徽含山彭庄村;晚侏罗世(?)含山组。

浅羽楔羊齿 *Sphenopteris pinnatifida* (Fontaine) Ôishi,1940

1889 *Thyrsopteris pinnatifida* Fontaine,136 页,图版 51,图 2;图版 54,图 4,5,7;图版 58,图 7;蕨叶;美国弗吉尼亚州弗雷德理克斯堡;早白垩世(Potomac Group)。

1940 Ôishi,243 页,图版 9,图 1;蕨叶;日本福岛(Zusahara);早白垩世(Ryoseki Series)。

1982b 郑少林、张武,308 页,图版 6,图 12;蕨叶;黑龙江双鸭山岭西;早白垩世城子河组。

△细小楔羊齿 *Sphenopteris pusilla* Wu,1999(中文发表)

1999b 吴舜卿,26 页,图版 16,图 4(?);图版 20,图 1—1c;蕨叶;采集号:鹿 f115-7,ACC250;登记号:PB10608,PB10620;正模:PB10620(图版 20,图 1—1c);标本保存在中国科学院南京地质古生物研究所;四川会理鹿厂;晚三叠世白果湾组;四川万源石冠寺;晚三叠世须家河组。

△孙氏楔羊齿(锥叶蕨?) *Sphenopteris* (*Coniopteris*?) *suessi* (Krasser) Yabe et Ôishi,1933

1906 *Dicksonia suessi* Krasser,5 页,图版 1,图 9;蕨叶;吉林蛟河;中—晚侏罗世。[注:此标本后被改定为 *Coniopteris burejensis* (Zlessky) Seward(斯行健、李星学等,1963)和 *Coniopteris heeriana* (Yokoyama) Yabe(Ôishi,1940)]

1933 Yabe,Ôishi,212(18)页,图版 30(1),图 19—22;蕨叶;吉林火石岭、蛟河;中—晚侏罗世。[注:此标本后被改定为 *Coniopteris burejensis* (Zlessky) Seward(斯行健、李星学等,1963)和 *Coniopteris heeriana* (Yokoyama) Yabe (Ôishi,1940)]

△铁法楔羊齿 *Sphenopteris tiefensis* Deng et Chen, 2001(中文发表)

2001 邓胜徽、陈芬,166 页,图版 122,图 2,2a;蕨叶;标本号:TDL-638;标本保存在石油勘探开发科学研究院;辽宁铁法盆地;早白垩世小明安碑组。

威廉姆逊楔羊齿 *Sphenopteris williamsonii* Brongniart, 1828 — 1838

1828 — 1838 Brongniart,177 页,图 68;蕨叶;西欧;侏罗纪。

1998 张泓等,图版 11,图 5,6;蕨叶;甘肃山丹新河;中侏罗世新河组。

△榆社楔羊齿 *Sphenopteris yusheensis* Wang Z et Wang L, 1990

1990a 王自强、王立新,123 页,图版 17,图 1 — 6;蕨叶和实羽片;标本号:Z16-533,Z16-603,Z20-531,Z20-532,Z22-525,Z22-526;正模:Z16-603(图版 17,图 1);副模:Z20-531(图版 17,图 6);标本保存在中国科学院南京地质古生物研究所;山西榆社屯村;早三叠世和尚沟组底部。

楔羊齿(未定多种) *Sphenopteris* spp.

1874 *Sphenopteris* sp.,Brongniart,408 页;蕨叶;陕西西南部丁家沟;侏罗纪。[注:此标本后被改定为 *Sphenopteris*? sp.(斯行健、李星学等,1963)]

1906 *Sphenopteris* sp.,Krasser,594 页,图版 1,图 10;蕨叶;吉林火石岭;侏罗纪。

1908 *Sphenopteris* sp.,Yabe,10 页,图版 2,图 4;蕨叶;吉林陶家屯;侏罗纪。

1920 *Sphenopteris* sp., Yabe, Hayasaka, 图版 5, 图 1; 蕨叶; 江西崇仁沧源; 晚三叠世(Rhaetic)—侏罗纪。

1941 *Sphenopteris* sp.,Ôishi,172 页,图版 36(1),图 3;蕨叶;吉林汪清罗子沟;早白垩世。[注:此标本后被改定为 ?*Cladophlebis* sp.(斯行健、李星学等,1963)]

1945 *Sphenopteris* sp.(Cf. *Ruffordia goepperti* Dunker),斯行健,45 页;插图 16;蕨叶;福建永安;早白垩世坂头系。[注:此标本后被改定为 Cf. *Ruffordia goepperti* (Dunker) Seward(斯行健、李星学等,1963)]

1949 *Sphenopteris* sp.,斯行健,8 页,图版 1,图 1 — 3;图版 8,图 7;图版 13,图 8;蕨叶;湖北当阳李家店;早侏罗世香溪煤系。[注:此标本后被改定为 *Todites*? sp.(斯行健、李星学等,1963)]

1951a *Sphenopteris* sp.,斯行健,81 页,图版 1,图 8;蕨叶;辽宁本溪工源;早白垩世。

1956a *Sphenopteris* sp.(Cf. *Sphenopteris arizonia* Daugherty),斯行健,26,134 页,图版 27,图 8,8a;蕨叶;陕西延长七里村;晚三叠世延长层上部。

1960b *Sphenopteris* sp. [?*Sphenopteris* (*Raphaelia*) *diamensis* (Seward) Sze],斯行健,30 页,图版 1,图 4,5,5a;蕨叶;甘肃玉门旱峡煤矿;早—中侏罗世(Lias — Dogger)。

1963 *Sphenopteris* sp. 1,斯行健、李星学等,122 页,图版 44,图 8;图版 47,图 6;蕨叶;陕西延长周家湾;晚三叠世延长群。

1963 *Sphenopteris* sp. 4,斯行健、李星学等,122 页,图版 52,图 9;蕨叶;四川广元;晚三叠世晚期—早侏罗世。

1977 *Sphenopteris* sp.,段淑英等,116 页,图版 1,图 8;蕨叶;西藏拉萨林布宗;早白垩世。

1980 *Sphenopteris* sp. 1,黄枝高、周惠琴,81 页,图版 32,图 1;蕨叶;陕西铜川柳林沟;晚三叠世延长组顶部。

1980 *Sphenopteris* sp. 2,黄枝高、周惠琴,82 页,图版 27,图 5;蕨叶;陕西铜川柳林沟;晚三叠世延长组上部。

1980 *Sphenopteris* sp. 3,黄枝高、周惠琴,82 页,图版 41,图 4;蕨叶;陕西铜川柳林沟;晚三叠世延长组顶部。

1980 *Sphenopteris* sp.,张武等,260 页,图版 136,图 3－5;蕨叶;辽宁北票;早侏罗世北票组。

1982 *Sphenopteris* sp.,段淑英、陈晔,图版 8,图 3;蕨叶;四川合川炭坝;晚三叠世须家河组。

1982 *Sphenopteris* sp.,李佩娟,90 页,图版 11,图 6,6a;蕨叶;西藏洛隆(?)曲河溪洞妥;早白垩世多尼组。

1982 *Sphenopteris* sp. 1,张采繁,525 页,图版 338,图 11;蕨叶;湖南宜章长策下坪;早侏罗世唐垅组。

1982 *Sphenopteris* sp. 2,张采繁,526 页,图版 337,图 6,6a;蕨叶;湖南醴陵柑子冲;早侏罗世高家田组。

1983b *Sphenopteris* sp.,曹正尧,38 页,图版 9,图 11－12a;蕨叶;黑龙江宝清八五一农场煤矿;早白垩世珠山组。

1983 *Sphenopteris* sp. 1,陈芬、杨关秀,132 页,图版 17,图 3;蕨叶;西藏狮泉河地区;早白垩世日松群上部。

1983 *Sphenopteris* sp. 2,陈芬、杨关秀,132 页,图版 17,图 4;蕨叶;西藏狮泉河地区;早白垩世日松群上部。

1984 *Sphenopteris* sp.,顾道源,146 页,图版 69,图 5;图版 72,图 6;图版 76,图 8,9;蕨叶;新疆吐鲁番兄弟泉煤矿;早侏罗世三工河组。

1985 *Sphenopteris* sp. 1 [Cf. *Coniopteris hymenophylloides* (Brongniart) Seward],曹正尧,279 页,图版 1,图 1－4;蕨叶;安徽含山彭庄村;晚侏罗世(?)含山组。

1985 *Sphenopteris* sp. 2,曹正尧,280 页,图版 2,图 6－8;蕨叶;安徽含山彭庄村;晚侏罗世(?)含山组。

1985 *Sphenopteris* sp. 3,曹正尧,280 页,图版 2,图 9,9a;蕨叶;安徽含山彭庄村;晚侏罗世(?)含山组。

1986 *Sphenopteris* sp.,李星学等,20 页,图版 17,图 5,5a;蕨叶;吉林蛟河杉松;早白垩世蛟河群。

1986 *Sphenopteris* sp.,吴舜卿、周汉忠,642 页,图版 3,图 3,3a;蕨叶;新疆吐鲁番盆地西北缘托克逊克尔碱地区;早侏罗世八道湾组。

1989 *Sphenopteris* sp. a,王自强、王立新,34 页,图版 3,图 17;蕨叶;山西隰县午城;早三叠世刘家沟组上部。

1990a *Sphenopteris* sp.,王自强、王立新,124 页,图版 18,图 14;蕨叶;山西和顺井上;早三叠世和尚沟组中段。

1995a *Sphenopteris* sp.,李星学(主编),图版 88,图 4;蕨叶;安徽含山;晚侏罗世含山组。(中文)

1995b *Sphenopteris* sp.,李星学(主编),图版 88,图 4;蕨叶;安徽含山;晚侏罗世含山组。(英文)

2001 *Sphenopteris* sp. 1,邓胜徽、陈芬,166 页,图版 106,图 6;蕨叶;辽宁铁法盆地;早白垩世小明安碑组。

2001 *Sphenopteris* sp. 2,邓胜徽、陈芬,166 页,图版 123,图 2,3;图版 124,图 1－3;蕨叶;辽宁铁法盆地;早白垩世小明安碑组。

2003 *Sphenopteris* sp.,赵应成等,图版 10,图 3;蕨叶;青海柴达木盆地大煤沟剖面;中侏罗世大煤沟组。

楔羊齿?(未定多种) *Sphenopteris*? spp.

1963 *Sphenopteris* ? sp. 2,斯行健、李星学等,122 页,图版 44,图 9;蕨叶;江西崇仁沧源;晚三叠世(Rhaetic)—早侏罗世(Lias)。

1963 *Sphenopteris*? sp. 3,斯行健、李星学等,122 页;蕨叶;陕西西南部丁家沟;侏罗纪。

1982a *Sphenopteris*? sp.,吴向午,53 页,图版 5,图 3,4;蕨叶;西藏安多土门;晚三叠世土门格拉组。

楔羊齿(锥叶蕨?)(未定种) *Sphenopteris* (*Coniopteris*?) sp.

1982 *Sphenopteris* (*Coniopteris*?) sp.,李佩娟,91 页,图版 10,图 5,5a;蕨叶;西藏东部洛隆;早白垩世多尼组。

螺旋蕨属 Genus *Spiropteris* Schimper,1869

1869(1869 — 1874) Schimper,688 页。

1933d *Spiropteris* sp.,斯行健,16 页。

1993a 吴向午,140 页。

模式种:*Spiropteris miltoni* (Brongniart) Schimper,1869

分类位置:真蕨纲(Filicopsida)

米氏螺旋蕨 *Spiropteris miltoni* (Brongniart) Schimper,1869

1834 *Pecopteris miltoni* Brongniart,333 页,图版 114,图 1。

1869(1869 — 1874) Schimper,688 页,图版 49,图 4;蕨类植物的幼叶。

1993a 吴向午,140 页。

螺旋蕨(未定多种) *Spiropteris* spp.

1933d *Spiropteris* sp.,斯行健,16 页,图版 2,图 1(右下);蕨类幼叶;山西大同;早侏罗世。

1976 *Spiropteris* sp.,李佩娟等,114 页,图版 29,图 5;蕨类幼叶;云南祥云蚂蝗阱;晚三叠世祥云组白土田段。

1978 *Spiropteris* sp.,周统顺,104 页,图版 17,图 5;图版 18,图 11;图版 30,图 9;图版 25,图 5;蕨叶;福建大坑;晚三叠世文宾山组;福建将乐高塘;早侏罗世梨山组。

1982 *Spiropteris* sp.,张采繁,526 页,图版 337,图 5;图版 339,图 3;蕨类幼叶;湖南浏阳文家市;早侏罗世高家田组。

1983 *Spiropteris* sp.,张武等,74 页,图版 5,图 25;蕨类幼叶;辽宁本溪林家崴子;中三叠世林家组。

1984 *Spiropteris* sp. 1,陈芬等,50 页,图版 35,图 5;蕨类幼叶;北京西山大安山;早侏罗世下窑坡组。

1986 *Spiropteris* sp.,叶美娜等,40 页,图版 23,图 2;蕨类幼叶;四川达县铁山金窝;早侏罗世珍珠冲组。

1987 *Spiropteris* sp.,陈晔等,102 页,图版 4,图 3;蕨类幼叶;四川盐边箐河;晚三叠世红果组。

1993 *Spiropteris* sp.,米家榕等,91 页,图版 11,图 10;蕨类幼叶;吉林汪清天桥岭;晚三叠世马鹿沟组。

1993 *Spiropteris* sp.,孙革,69 页,图版 8,图 5,6;蕨类幼叶;吉林汪清天桥岭;晚三叠世马鹿沟组。

1993a *Spiropteris* sp.,吴向午,140 页。

1999 *Spiropteris* sp. 1,曹正尧,61 页,图版 13,图 11;图版 40,图 9,9a;蕨类幼叶;浙江文成花竹;早白垩世磨石山组 C 段。

1999 *Spiropteris* sp. 2,曹正尧,61 页,图版 13,图 4;蕨类幼叶;浙江金华积道山;早白垩世磨石山组。

1999 *Spiropteris* sp. 3,曹正尧,62 页,图版 7,图 9,10(?);图版 13,图 5－7;蕨类幼叶;浙江寿昌东村、清潭村;早白垩世寿昌组;浙江文成半岙;早白垩世磨石山组 C 段。

1999 *Spiropteris* sp. 4,曹正尧,62 页,图版 12,图 7,8;蕨类幼叶和叶;浙江文成半岙;早白垩世磨石山组 C 段。

1999 *Spiropteris* sp. 5,曹正尧,62 页,图版 13,图 12;蕨类幼叶;浙江丽水下桥;早白垩世寿昌组。

2002 *Spiropteris*,王永栋,图版 2,图 4(左),5;蕨类幼叶;湖北秭归香溪;早侏罗世香溪组。

穗蕨属 Genus *Stachypteris* Pomel,1849

1849 Pomel,336 页。

1984 周志炎,11 页。

1993a 吴向午,141 页。

模式种:*Stachypteris spicans* Pomel,1849

分类位置:真蕨纲海金沙科(Schizaeaceae,Filicopsida)

穗状穗蕨 *Stachypteris spicans* Pomel,1849

1849 Pomel,336 页;蕨叶;法国圣米耶勒(St-Mihiel);侏罗纪。

1993a 吴向午,141 页。

1995a 李星学(主编),图版 83,图 3;实羽片和孢子囊穗;广东揭西灰寨;晚三叠世—早侏罗世兰塘组 2 段。(中文)

1995b 李星学(主编),图版 83,图 3;实羽片和孢子囊穗;广东揭西灰寨;晚三叠世—早侏罗世兰塘组 2 段。(英文)

△膜翼穗蕨 *Stachypteris alata* Zhou,1984

1984 周志炎,11 页,图版 3,图 7－12;实羽片和孢子囊穗;登记号:PB8823－PB8829;正模:PB8823(图版 3,图 9,9a);标本保存在中国科学院南京地质古生物研究所;湖南祁阳河埠塘;早侏罗世观音滩组排家冲段、搭坝口段。

1993a 吴向午,141 页。

1995a 李星学(主编),图版 83,图 6;实羽片和孢子囊穗;湖南祁阳河埠塘;早侏罗世观音滩组排家冲段。(中文)

1995b 李星学(主编),图版 83,图 6;实羽片和孢子囊穗;湖南祁阳河埠塘;早侏罗世观音滩组排家冲段。(英文)

△畸形? 穗蕨 *Stachypteris*? *anomala* Meng et Xu,1997 (non Meng,2003)(中文和英文发表)

1997 孟繁松、陈大友,53,57 页,图版 1,图 1,3;实羽片;登记号:P9601－P9603;正模:P9601(图版 1,图 1);副模:P9602,P9603(图版 1,图 2,3);标本保存在宜昌地质矿产研究所;

重庆云阳南溪；中侏罗世自流井组东岳庙段。

△**畸形？穗蕨 *Stachypteris*? *anomala* Meng,2003 (non Meng et Xu,1997)**(中文和英文发表)
(注：此种名为 *Stachypteris*? *anomala* Meng et Xu,1997 的晚出等同名)

2003 孟繁松等,529,531 页,图版 1,图 6－8;生殖羽片;登记号:SJP9601－SJP9603;正模:SJP9601(图版 1,图 6);副模 1:SJP9602(图版 1,图 7);副模 2:SJP9603(图版 1,图 8);标本保存在宜昌地质矿产研究所;重庆云阳水市口;早侏罗世自流井组东岳庙段。

△**束脉蕨属 Genus *Symopteris* Hsu,1979**

1979 徐仁等,18 页。

1993a 吴向午,39,238 页。

1993b 吴向午,499,519 页。

模式种:*Symopteris helvetica* (Heer) Hsu,1979

分类位置:真蕨纲合囊蕨科(Marattiaceae,Filicopsida)

△**瑞士束脉蕨 *Symopteris helvetica* (Heer) Hsu,1979**

1876 *Bernoullia helvetica* Heer,88 页,图版 38,图 1－6;蕨叶;瑞士;晚三叠世。

1979 徐仁等,18 页。

1993a 吴向午,39,238 页。

1993b 吴向午,499,519 页。

瑞士束脉蕨(比较属种) Cf. *Symopteris helvetica* (Heer) Hsu

1983 张武等,73 页,图版 1,图 10,11;蕨叶;辽宁本溪林家崴子;中三叠世林家组。

△**密脉束脉蕨 *Symopteris densinervis* Hsu et Tuan,1979**

1979 徐仁、段淑英,见徐仁等,18 页,图版 6,7,图 4;图版 10,图 4－6;图版 58;图版 59,图 6;蕨叶;标本号:No.814,No.829,No.831,No.839,No.846,No.2885;标本保存在中国科学院植物研究所;四川宝鼎太平场;晚三叠世大箐组。(注:原文未指定模式标本)

1989 梅美棠等,80 页,图版 35,图 3;蕨叶;中国;晚三叠世中晚期。

1993a 吴向午,39,238 页。

密脉束脉蕨(比较种) *Symopteris* cf. *densinervis* Hsu et Tuan

1983 张武等,72 页,图版 1,图 13;蕨叶;辽宁本溪林家崴子;中三叠世林家组。

△**蔡耶束脉蕨 *Symopteris zeilleri* (Pan) Hsu,1979**

1936 *Bernoullia zeilleri* P'an,潘钟祥,26 页,图版 9,图 6,7;图版 11,图 3,3a,4,4a;图版 14,图 5,6,6a;裸羽片和实羽片;陕西延川清涧;晚三叠世延长层中部。

1979 徐仁等,17 页。

1982 杨贤河,467 页,图版 5,图 6,6a;蕨叶;四川广元须家河;晚三叠世须家河组。

1982 张采繁,523 页,图版 355,图 7;蕨叶;湖南桑植鹰咀山;晚三叠世。

1983 张武等,73 页,图版 1,图 10,11;蕨叶;辽宁本溪林家崴子;中三叠世林家组。

1984 陈公信,571页,图版225,图1—3;蕨叶;湖北远安九里岗、当阳银子岗、南漳东巩、荆门分水岭;晚三叠世九里岗组。

1987 孟繁松,240页,图版24,图4;蕨叶;湖北南漳东巩、荆门姚河;晚三叠世九里岗组。

1993a 吴向午,39,238页。

束脉蕨(未定种) *Symopteris* sp.

1983 *Symopteris* sp.,张武等,73页,图版1,图14;插图13;蕨叶;辽宁本溪林家崴子;中三叠世林家组。

△太平场蕨属 Genus *Taipingchangella* Yang,1978

1978 杨贤河,489页。

1993a 吴向午,40,239页。

1993b 吴向午,500,520页。

模式种:*Taipingchangella zhongguoensis* Yang,1978

分类位置:真蕨纲太平场蕨科(Taipingchangellaceae,Filicopsida)[注:此科由杨贤河(1978)创立,包括 *Taipingchangella* 和 *Goeppertella* 两属]

△中国太平场蕨 *Taipingchangella zhongguoensis* Yang,1978

1978 杨贤河,489页,图版172,图4—6;图版170,图1b—2;图版171,图1;蕨叶;标本号:Sp0071—Sp0073,Sp0078(均为合模标本);标本保存在成都地质矿产研究所;四川渡口太平场;晚三叠世大荞地组。[注:依据《国际植物命名法规》(《维也纳法规》)第37.2条,1958年起,模式标本只能是1块标本]

1993a 吴向午,40,239页。

1993b 吴向午,500,520页。

异叶蕨属 Genus *Thaumatopteris* Goeppert,1841,emend Nathorst,1876

1841(1841c—1846) Goeppert,33页。

1876 Nathorst,29页。

1954 徐仁,51页。

1963 斯行健、李星学等,81页。

1997a 吴向午,147页。

模式种:*Thaumatopteris brauniana* Popp,1863[注:原模式种 *Thaumatopteris muensteri* Goeppert 被 Nathorst(1876,1878)改置于 *Dictyophyllum* 内并提出 *Thaumatopteris brauniana* Popp 为模式种,保留当前属名(斯行健、李星学等,1963)]

分类位置:真蕨纲双扇蕨科(Dipteridaceae,Filicopsida)

布劳异叶蕨 *Thaumatopteris brauniana* Popp,1863

1863 Popp,409页;德国;晚三叠世。

1954 徐仁,51页,图版44,图5,6;营养叶和生殖叶;云南广通一平浪;晚三叠世。

1963 斯行健、李星学等,82 页,图版 25,图 11,12;营养叶和生殖叶;云南广通一平浪;晚三叠世。

1964 李佩娟,111 页,图版 1,图 6,6a;裸羽片;四川广元须家河;晚三叠世须家河组。

1968 《湘赣地区中生代含煤地层化石手册》,48 页,图版 7,图 2,2a;蕨叶;湘赣地区;晚三叠世—早侏罗世。

1977 冯少南等,208 页,图版 77,图 4;蕨叶;湖南宜章;晚三叠世小坪组。

1978 杨贤河,487 页,图版 168,图 4;蕨叶;四川新龙雄龙;晚三叠世喇嘛垭组。

1978 张吉惠,478 页,图版 161,图 10;蕨叶;贵州威宁铺处;晚三叠世。

1980 何德长、沈襄鹏,11 页,图版 3,图 1,1a;图版 23,图 4;蕨叶;湖南资兴三都同日垅沟;晚三叠世安源组;湖南宜章长策西岭;早侏罗世造上组。

1982 张采繁,524 页,图版 335,图 1,1a;蕨叶;湖南宜章狗牙洞;晚三叠世。

1989 梅美棠等,85 页,图版 39,图 4;蕨叶;中国;晚三叠世—早侏罗世。

1993a 吴向午,147 页。

布劳异叶蕨(比较种) *Thaumatopteris* cf. *brauniana* Popp

1965 曹正尧,515 页,图版 3,图 6;插图 2;蕨叶;广东高明松柏坑;晚三叠世小坪组。

1982 王国平等,244 页,图版 113,图 5;蕨叶;浙江龙泉花桥;早侏罗世(?)或晚三叠世(?)。

1998 黄其胜等,图版 1,图 17;蕨叶;江西上饶清水乡缪源村;早侏罗世林山组 3 段。

△收缩异叶蕨 *Thaumatopteris contracta* Lee et Tsao,1976

1976 李佩娟、曹正尧,见李佩娟等,105 页,图版 25;图版 26,图 1,2;图版 27,图 1—2a;采集号:AARV9/99Y,YHW131;登记号:PB5303—PB5310,PB5315,PB5316;正模:PB5315(图版 27,图 1);裸羽片和实羽片;标本保存在中国科学院南京地质古生物研究所;云南祥云蚂蝗阱;晚三叠世祥云组花果山段;云南禄丰一平浪;晚三叠世一平浪组干海子段。

1982b 吴向午,82 页,图版 6,图 4,4a;蕨叶;西藏察雅香堆区仁达乡完弄;晚三叠世巴贡组上段。

1987 何德长,71 页,图版 2,图 2;蕨叶;浙江龙泉花桥;早侏罗世早期花桥组 6 层。

1990 吴向午、何元良,296 页,图版 3,图 3;图版 4,图 1,1a;蕨叶;青海治多根涌曲-查日曲剖面;晚三叠世结扎群格玛组。

1993 王士俊,8 页,图版 2,图 2,2a;营养叶;广东乐昌安口、关春;晚三叠世艮口群。

1995a 李星学(主编),图版 73,图 1;蕨叶;云南禄丰一平浪;晚三叠世一平浪组。(中文)

1995b 李星学(主编),图版 73,图 1;蕨叶;云南禄丰一平浪;晚三叠世一平浪组。(英文)

董克异叶蕨 *Thaumatopteris dunkeri* (Nathorst) Ôishi et Yamasita,1936

1878 *Dictyophyllum dunkeri* Nathorst,45 页,图版 5,图 17;蕨叶;瑞典 Hegana;晚三叠世。

1936 Ôishi,Yamasita,149,169 页。

1977 冯少南等,209 页,图版 77,图 6;蕨叶;广东乐昌;晚三叠世小坪组。

1980 何德长、沈襄鹏,12 页,图版 4,图 2,2a;图版 15,图 9;蕨叶;湖南资兴三都同日垅沟;晚三叠世安源组,早侏罗世造上组。

董克异叶蕨(比较种) *Thaumatopteris* cf. *dunkeri* (Nathorst) Ôishi et Yamasita

1982b 吴向午,83 页,图版 5,图 3D;图版 7,图 3,3a;蕨叶;西藏贡觉夺盖拉煤点、昌都希雄煤点;晚三叠世巴贡组上段。

伸长异叶蕨 *Thaumatopteris elongata* Ôishi,1932

1932 Ôishi,295页,图版16,图2;图版17,图1,2;蕨叶;日本成羽(Nariwa);晚三叠世(Nariwa Series)。

伸长异叶蕨(比较种) *Thaumatopteris* cf. *elongata* Ôishi

1978 周统顺,图版18,图9;蕨叶;福建漳平大坑;晚三叠世文宾山组。

△脊柱异叶蕨 *Thaumatopteris expansa* (Kryshtofovich et Prynada) Chu,1979

1933 *Dictyophyllum remauryi* Zeiller var. *expansa* Kryshtofovich et Prynada,6页,图版2,图1;图版3,图2;蕨叶;亚美尼亚;晚三叠世。

1979 朱家楠,见徐仁等,26页,图版34,图1,2;图版35,图3;插图10;蕨叶;四川宝鼎;晚三叠世大荞地组中上部。

1987 孟繁松,242页,图版26,图1,1a;蕨叶;湖北南漳刘家台;晚三叠世九里岗组。

异缘异叶蕨 *Thaumatopteris fuchsi* (Zeiller) Ôishi et Yamasita,1936

1903 *Dictyophyllum fuchsi* Zeiller,98页,图版18,图1,2;蕨叶;越南鸿基;晚三叠世。

1936 Ôishi,Yamasita,149,169页。

1977 冯少南等,209页,图版78,图3,4;蕨叶;湖北南漳东巩;晚三叠世香溪群下煤组。

1979 徐仁等,27页,图版33,图1—3a;蕨叶;四川宝鼎;晚三叠世大荞地组中上部。

1982a 吴向午,51页,图版5,图5;图版8,图5B;蕨叶;西藏安多土门;晚三叠世土门格拉组。

1984 陈公信,575页,图版232,图2—4;蕨叶;湖北荆门分水岭;早侏罗世桐竹园组;南漳东巩;晚三叠世九里岗组。

1984 黄其胜,图版1,图12;蕨叶;安徽怀宁宝龙山;晚三叠世拉犁尖组。

△福建异叶蕨 *Thaumatopteris fujianensis* Zhou,1978

1978 周统顺,103页,图版19,图3,3a;插图1a,1b;蕨叶;采集号:SF-37;登记号:FKP044;标本保存在中国地质科学院地质研究所;福建漳平西园;早侏罗世梨山组。

1982 王国平等,244页,图版112,图3;蕨叶;福建漳平西园;早侏罗世梨山组。

吉萨尔异叶蕨 *Thaumatopteris hissarica* Brick et Sixtel,1960

1960 Sixtel,58页,图版6,图3—5;吉萨尔山脉;晚三叠世。

1986 徐福祥,419页,图版1,图1—3;蕨叶;甘肃靖远刀楞山;早侏罗世。

1987 何德长,71页,图版1,图1;蕨叶;浙江遂昌枫坪;早侏罗世早期花桥组2层。

1998 张泓等,图版22,图4,5;蕨叶;甘肃玉门旱峡;中侏罗世大山口组。

△会理异叶蕨 *Thaumatopteris huiliensis* Wu,1999(中文发表)

1999b 吴舜卿,19页,图版9,图3;图版10,图4;图版11,图3,4;蕨叶;采集号:鹿f115-2,鹿f115-5,广23-07-f-1-14;登记号:PB10580,PB10585,PB10589,PB10590;正模:PB10590(图版11,图4);四川会理鹿厂;标本保存在中国科学院南京地质古生物研究所;晚三叠世白果湾组;四川广元须家河;晚三叠世须家河组。

△连平异叶蕨 *Thaumatopteris lianpingensis* Liu (MS) ex Feng et al.,1977

1977 冯少南等,209页,图版77,图1;蕨叶;广东连平;晚三叠世小坪组。

日本异叶蕨 *Thaumatopteris nipponica* Ôishi,1932

1932 Ôishi,239页,图版12,图5,6;图版15,图2,3;图版21,图5B;蕨叶;日本成羽;晚三叠世(Nariwa)。

1980 吴舜卿等,73 页,图版 2,图 2,3;蕨叶;湖北兴山耿家河;晚三叠世沙镇溪组。

1984 陈公信,575 页,图版 235,图 7;蕨叶;湖北兴山耿家河;晚三叠世沙镇溪组。

1986 叶美娜等,27 页,图版 13,图 2;蕨叶;四川开江温泉;晚三叠世须家河组 7 段。

日本异叶蕨(比较种) *Thaumatopteris* cf. *nipponica* Ôishi

1982 王国平等,244 页,图版 111,图 1;蕨叶;浙江义乌乌灶;晚三叠世乌灶组。

1986b 陈其奭,7 页,图版 4,图 2;蕨叶;浙江义乌乌灶;晚三叠世乌灶组。

△结节异叶蕨 *Thaumatopteris nodosa* Chu,1975

1975 朱家柟,见徐仁等,70,图版 1,图 1－3;蕨叶;标本号:No.2502;标本保存在中国科学院植物研究所;云南永仁纳拉箐;晚三叠世大荞地组中上部。

1979 徐仁等,27 页,图版 33,图 4－5a;蕨叶;四川宝鼎;晚三叠世大荞地组中上部。

细小异叶蕨 *Thaumatopteris pusilla* (Nathorst) Ôishi et Yamasita,1936

1878 *Dictyophyllum muensteri* var. *pusillum* Nathorst,45 页,图版 5,图 14－16;图版 8,图 8－10;蕨叶;瑞典;晚三叠世。

1936 Ôishi,Yamasita,151 页。

1980 张武等,245 页,图版 126,图 1－3;蕨叶;辽宁北票台吉;早侏罗世北票组。

1989 辽宁省地质矿产局,图版 9,图 1;蕨叶;辽宁北票台吉;早侏罗世北票组。

细小异叶蕨(比较种) *Thaumatopteris* cf. *pusilla* (Nathorst) Ôishi et Yamasita

1985 杨学林、孙礼文,103 页,图版 2,图 17;插图 2;蕨叶;大兴安岭南部红旗煤矿;早侏罗世红旗组。

雷氏异叶蕨 *Thaumatopteris remauryi* (Zeiller) Ôishi et Yamasita,1936

1902－1903 *Dictyophyllum remauryi* Zeiller,101 页,图版 19,图 1,2;图版 20,图 1,2(?),3,4;图版 21,图 1,2;蕨叶;越南鸿基;晚三叠世。

1936 Ôishi,Yamasita,151 页;越南鸿基;晚三叠世。

1976 李佩娟等,106 页,图版 26,图 3－6;图版 27,图 3,4;裸羽片和实羽片;云南祥云蚂蝗阱;晚三叠世祥云组花果山段;云南禄丰渔坝村、一平浪;晚三叠世一平浪组干海子段。

1978 杨贤河,487 页,图版 173,图 3;蕨叶;四川渡口宝鼎;晚三叠世大荞地组。

1979 徐仁等,27 页,图版 33,图 6,6a;插图 11;蕨叶;四川宝鼎;晚三叠世大荞地组中上部。

1980 吴舜卿等,75 页,图版 1,图 10;图版 2,图 1;蕨叶;湖北兴山耿家河;晚三叠世沙镇溪组。

1983 段淑英等,图版 9,图 3;蕨叶;云南宁蒗背箩山;晚三叠世。

1984 陈公信,575 页,图版 234,图 4;蕨叶;湖北兴山耿家河;晚三叠世沙镇溪组。

1984 黄其胜,图版 1,图 13;蕨叶;安徽怀宁宝龙山;晚三叠世拉犁尖组。

1987 陈晔等,99 页,图版 11,图 4;蕨叶;四川盐边箐河;晚三叠世红果组。

1989 梅美棠等,85 页,图版 45,图 1;蕨叶;中国;晚三叠世。

1993 王士俊,8 页,图版 2,图 6,10;蕨叶;广东乐昌关春;晚三叠世艮口群。

雷氏异叶蕨(比较种) *Thaumatopteris* cf. *remauryi* (Zeiller) Ôishi et Yamasita

1982b 吴向午,83 页,图版 5,图 3B,3b,3C;图版 8,图 4;插图 3;蕨叶;西藏昌都希雄煤点;晚三叠世巴贡组上段。

欣克异叶蕨 *Thaumatopteris schenkii* Nathorst, 1876

1876 Nathorast, 46 页, 图版 6, 图 1; 图版 8, 图 4; 蕨叶; 瑞士; 晚三叠世。

1956 敖振宽, 21 页, 图版 3, 图 4, 5; 蕨叶; 广东广州小坪; 晚三叠世小坪煤系。

1978 张吉惠, 478 页, 图版 161, 图 2; 蕨叶; 贵州威宁铺处; 晚三叠世。

1982b 杨学林、孙礼文, 30 页, 图版 3, 图 4—7; 蕨叶; 大兴安岭东南部红旗煤矿; 早侏罗世红旗组。

1985 杨学林、孙礼文, 102 页, 图版 2, 图 5, 6, 7, 7a; 蕨叶; 大兴安岭东南部红旗煤矿; 早侏罗世红旗组。

2002 孟繁松等, 图版 5, 图 2; 蕨叶; 湖北秭归香溪; 早侏罗世香溪组。

欣克异叶蕨(比较种) *Thaumatopteris* cf. *schenkii* Nathorst

1986b 陈其奭, 8 页, 图版 4, 图 3, 4; 蕨叶; 浙江义乌乌灶; 晚三叠世乌灶组。

△细脉? 异叶蕨 *Thaumatopteris? tenuinervis* Yang, 1978

1978 杨贤河, 488 页, 图版 160, 图 1; 蕨叶; 标本号: Sp0020; 正模: Sp0020(图版 160, 图 1); 标本保存在成都地质矿产研究所; 四川大邑天宫庙; 晚三叠世须家河组。

维氏异叶蕨 *Thaumatopteris vieillardii* (Pelourde) Ôishi et Yamasita, 1936

1913 *Dictiophyllum vieillardii* Pelourde, 6 页, 图版 2; 蕨叶; 越南鸿基; 晚三叠世。

1936 Ôishi, Yamasita, 148 页; 蕨叶; 越南鸿基; 晚三叠世。

1979 徐仁等, 29 页, 图版 34, 图 3, 3a; 图版 35, 图 1, 2; 蕨叶; 四川宝鼎花山; 晚三叠世大荞地组中上部。

1987 陈晔等, 99 页, 图版 11, 图 1; 蕨叶; 四川盐边箐河; 晚三叠世红果组。

△乡城异叶蕨 *Thaumatopteris xiangchengensis* Yang, 1978

1978 杨贤河, 487 页, 图版 173, 图 2; 蕨叶; 标本号: Sp0081; 正模: Sp0081(图版 173, 图 2); 标本保存在成都地质矿产研究所; 四川乡城沙孜; 晚三叠世喇嘛垭组。

△新龙异叶蕨 *Thaumatopteris xinlongensis* Yang, 1978

1978 杨贤河, 487 页, 图版 177, 图 6; 蕨叶; 标本号: Sp0097; 正模: Sp0097(图版 177, 图 6); 标本保存在成都地质矿产研究所; 四川新龙雄龙; 晚三叠世喇嘛垭组。

△义乌异叶蕨 *Thaumatopteris yiwuensis* Chen, 1986

1986b 陈其奭, 8 页, 图版 3, 图 1—3; 蕨叶; 采集号: 63-3-5C, 63-3-1C; 登记号: ZMf-植-00011, M1044; 标本保存在浙江省自然博物馆; 浙江义乌乌灶; 晚三叠世乌灶组。(注: 原文未指定模式标本)

异叶蕨(未定多种) *Thaumatopteris* spp.

1968 *Thaumatopteris* sp., 《湘赣地区中生代含煤地层化石手册》, 48 页, 图版 8, 图 4; 羽片; 湖南浏阳澄潭江; 晚三叠世安源组紫家冲段。

1979 *Thaumatopteris* sp., 徐仁等, 29 页, 图版 35, 图 4, 5; 蕨叶; 四川宝鼎; 晚三叠世大荞地组中上部。

1980 *Thaumatopteris* sp., 吴舜卿等, 93 页, 图版 11, 图 3, 3a; 裸羽片; 湖北秭归沙镇溪; 早—

中侏罗世香溪组。

1982 *Thaumatopteris* sp.,李佩娟、吴向午,43 页,图版 13,图 1B;蕨叶;四川乡城三区上热坞村;晚三叠世喇嘛垭组。

1982a *Thaumatopteris* sp.,吴向午,51 页,图版 9,图 4C;蕨叶;西藏安多土门;晚三叠世土门格拉组。

1982b *Thaumatopteris* sp.,吴向午,84 页,图版 7,图 4A,5,6A,6a;蕨叶;西藏贡觉夺盖拉煤点;晚三叠世巴贡组上段。

1982 *Thaumatopteris* sp.,张采繁,524 页,图版 338,图 1;蕨叶;湖南零陵冯家冲;早侏罗世。

1986b *Thaumatopteris* sp.(sp. nov.?),陈其奭,8 页,图版 1,图 5;蕨叶;浙江义乌乌灶;晚三叠世乌灶组。

1986 *Thaumatopteris* sp.,叶美娜等,27 页,图版 13,图 6,6a;蕨叶;四川达县铁山金窝;早侏罗世珍珠冲组。

1987 *Thaumatopteris* sp.,陈晔等,100 页,图版 11,图 2,3;蕨叶;四川盐边箐河;晚三叠世红果组。

1999b *Thaumatopteris* sp.,吴舜卿,20 页,图版 10,图 5;蕨叶;四川会理鹿厂;晚三叠世白果湾组。

1999b *Thaumatopteris* sp.,孟繁松,图版 1,图 12;小羽片;湖北秭归香溪;中侏罗世陈家湾组。

异叶蕨?(未定种) *Thaumatopteris*? sp.

1983 *Thaumatopteris*? sp.,孙革等,451 页,图版 1,图 7;插图 3;蕨叶;吉林双阳大酱缸;晚三叠世大酱缸组。

△似金星蕨属 Genus *Thelypterites* Tao et Xiong,1986 ex Wu,1993

[注:此属名为陶君容、熊宪政最早(1986)使用,但未指明为新属;吴向午(1993a)确认 *Thelypterites* 为新属名,指定 *Thelypterites* sp. A Tao et Xiong,1986 为模式种]

1986 陶君容、熊宪政,122 页。

1993a 吴向午,41,240 页。

模式种:*Thelypterites* sp. A Tao et Xiong,1986

分类位置:真蕨纲金星蕨科(Thelypteridaceae,Filicopsida)

似金星蕨(未定种 A) *Thelypterites* sp. A Tao et Xiong,1986

1986 *Thelypterites* sp. A Tao et Xiong,陶君容、熊宪政,122 页,图版 5,图 2b;生殖羽片;标本号:52701;标本保存在中国科学院植物研究所;黑龙江嘉荫;晚白垩世乌云组。

1993a Thelypterites sp. A Tao Xing,吴向午,41,240 页。

似金星蕨(未定多种) *Thelypterites* spp.

1986 *Thelypterites* sp. B Tao et Xiong,陶君容、熊宪政,122 页,图版 6,图 1;生殖羽片;标本号:52706;标本保存在中国科学院植物研究所;黑龙江嘉荫;晚白垩世乌云组。

1993a *Thelypterites* sp.,吴向午,41,240 页。

密锥蕨属 Genus *Thyrsopteris* Kunze,1834

1883 Schenk,254 页。

1993a 吴向午,148 页。

模式种:(现生属)

分类位置:真蕨纲(Filicopsida)

△阿氏密锥蕨 *Thyrsopteris ahnertii* Krasser,1906

1906 Krasser,596 页,图版 1,图 8;裸羽片;吉林火石岭;侏罗纪。[注:此标本后被改定为 ?*Coniopteris burejensis* (Zalessky) Seward(斯行健、李星学等,1963)]

△东方密锥蕨 *Thyrsopteris orientalis* Schenk,1883

1883 Schenk,254 页,图版 52,图 4,7;蕨叶;北京西山;侏罗纪。[注:此标本后被改定为 *Coniopteris hymenophylloides* (Brongniart) Seward(斯行健、李星学等,1963)]

1993a 吴向午,148 页。

原始密锥蕨 *Thyrsopteris prisca* (Eichwald) Heer,1876

1865 *Sphenopteris prisca* Eichwald,14 页,图版 4,图 2a;蕨叶;乌克兰顿巴斯(Donbass);中侏罗世。

1876 Heer,86 页,图版 18,图 8;蕨叶;黑龙江上游;晚侏罗世(?)。

1906 Krasser,597 页,图版 1,图 1—3;蕨叶;吉林火石岭;侏罗纪。[注:此标本后被改定为 *Coniopteris hymenophylloides* (Brongniart) Seward(斯行健、李星学等,1963)]

似托第蕨属 Genus *Todites* Seward,1900

1900 Seweard,87 页。

1906 Yokoyama,25 页。

1963 斯行健、李星学等,62 页。

1993a 吴向午,149 页。

模式种:*Todites williamsoni* (Brongniart) Seward,1900

分类位置:真蕨纲紫萁科(Osmundaceae,Filicopsida)

威廉姆逊似托第蕨 *Todites williamsoni* (Brongniart) Seward,1900

1828 *Pecopteris williamsoni* Brongniart,57 页。(裸名)

1900 Seweard,87 页,图版 14,图 2,5,7;图版 15,图 1—3;图版 21,图 6;插图 12;营养叶和实羽片;英国约克郡;中侏罗世。

1906 Yokoyama,18,20 页,图版 3;蕨叶;四川彭县青岗林;四川巴县大石鼓;侏罗纪。[注:此标本后被改定为 ?*Cladophlebis raciborskii* Zeiller(斯行健、李星学等,1963)]

1906 Yokoyama,25 页,图版 6,图 4;蕨叶;山东潍县坊子;侏罗纪。[注:此标本后被改定为 *Todites denticulatus* (Brongniart) Krasser(斯行健、李星学等,1963)]

1906 Yokoyama,25 页,图版 8,图 1;蕨叶;辽宁凤城赛马集碾子沟;侏罗纪。

1950 Ôishi,41 页;蕨叶;黑龙江密山;晚侏罗世;中国;早侏罗世。

1963 斯行健、李星学等,63 页,图版 19,图 2,2a;蕨叶;山西大同;河北桑峪何家地(?);北京斋堂碧云寺,陕西汚县,内蒙古乌兰察布盟萨拉齐羊圪塄,辽宁朝阳(?);早—中侏罗世。

1980 陈芬等,427 页,图版 1,图 7;蕨叶;北京西山;早侏罗世下窑坡组、上窑坡组;中侏罗世龙门组;河北涿鹿下花园;中侏罗世玉带山组。

1980 黄枝高、周惠琴,74 页,图版 57;图 4;蕨叶;陕西铜川焦坪;中侏罗世延安组中上部。

1980 张武等,235 页,图版 119,图 1—3;蕨叶;辽宁北票;早侏罗世北票组,中侏罗世海房沟组;辽宁本溪;中侏罗世大堡组。

1982 刘子进,121 页,图版 63,图 2,3;蕨叶;陕西黄陵店头、铜川焦坪、神木乌兰木伦河、府谷孤山;早—中侏罗世延安组;甘肃武都龙家沟;中侏罗世龙家沟组;甘肃兰州阿干;早侏罗世大西沟组。

1982b 杨学林、孙礼文,43 页,图版 17,图 1—3;图版 18,图 1;插图 17;蕨叶;大兴安岭东南部万宝煤矿、杜胜、黑顶山、裕民煤矿;中侏罗世万宝组。

1982 张采繁,523 页,图版 335,图 9—12;图版 357,图 10;蕨叶;湖南浏阳文家市、宜章狗牙洞;晚三叠世;湖南宜章长策心田门,浏阳文家市、跃龙;早侏罗世。

1982b 郑少林、张武,296 页,图版 9,图 1;蕨叶;黑龙江密山兴凯北;中侏罗世裴德组。

1983 李杰儒,图版 1,图 8;蕨叶;辽宁锦西后富隆山;中侏罗世海房沟组 1 段。

1983 孙革等,451 页,图版 3,图 1,2;蕨叶;吉林双阳大酱缸;晚三叠世大酱缸组。

1984 陈芬等,36 页,图版 6,图 4;图版 7,图 12-2;插图 2;裸羽片;北京西山大安山、大台、千军台、斋堂、房山;早侏罗世下窑坡组、上窑坡组,中侏罗世龙门组。

1984 陈公信,573 页,图版 229,图 1;蕨叶;湖北当阳桐竹园;早侏罗世桐竹园组。

1984 顾道源,139 页,图版 74,图 1,2;图版 71,图 1;蕨叶;新疆克拉玛依吐阿克内沟;早侏罗世三工河组。

1987 陈晔等,95 页,图版 8,图 2,3;蕨叶;四川盐边箐河;晚三叠世红果组。

1988 李佩娟等,49 页,图版 30,图 1—2a;图版 39,图 1—1b;图版 98,图 4;蕨叶;青海大柴旦大煤沟;早侏罗世小煤沟组 *Zamites* 层。

1990 郑少林、张武,217 页,图版 3,图 5;蕨叶;辽宁本溪田师傅;中侏罗世大堡组。

1991 吴向午,574 页,图版 1,图 1,2;图版 3,图 1—3c;图版 5,图 4—4b,5;营养叶和生殖叶;湖北秭归沙镇溪;中侏罗世香溪组。

1992 谢明忠、孙景嵩,图版 1,图 6;蕨叶;河北宣化;中侏罗世下花园组。

1993 米家榕等,85 页,图版 7,图 1,4,6;蕨叶;吉林汪清天桥岭;晚三叠世马鹿沟组;吉林双阳大酱缸;晚三叠世大酱缸组;辽宁北票羊草沟;晚三叠世羊草沟组。

1993a 吴向午,149 页。

1995 曾勇等,52 页,图版 4,图 5;图版 9,图 4;蕨叶;河南义马;中侏罗世义马组。

1996 米家榕等,87 页,图版 11,图 1,4,6;蕨叶;辽宁北票冠山二井;早侏罗世北票组下段;辽宁北票东升矿一井;早侏罗世北票组上段;辽宁北票海房沟;中侏罗世海房沟组;河北抚宁石门寨;早侏罗世北票组。

2002 吴向午等,151 页,图版 5,图 3,3a,4;图版 6,图 9,9a;裸羽片;甘肃山丹毛湖洞;早侏罗世芨芨沟组上段;甘肃金昌青土井;中侏罗世宁远堡组下段。

2003 袁效奇等,图版 15,图 3,4;蕨叶;内蒙古达拉特旗罕台川;中侏罗世直罗组。

威廉姆逊似托第蕨(比较种) *Todites* cf. *williamsoni* (Brongniart) Seward

1982b 杨学林、孙礼文,29 页,图版 3,图 8;图版 6,图 3;蕨叶;大兴安岭东南部红旗煤矿;早侏罗世红旗组。

1986b 陈其奭,4 页,图版 4,图 6;蕨叶;浙江义乌乌灶;晚三叠世乌灶组。

1987 段淑英,21 页,图版 4,图 2—4;蕨叶;北京西山斋堂;中侏罗世。

1988 吉林省地质矿产局,图版 8,图 11;蕨叶;吉林;早侏罗世。

1989 段淑英,图版 1,图 2;蕨叶;北京西山斋堂;中侏罗世门头沟煤系。

△亚洲似托第蕨 *Todites asianus* Wu,1999(中文发表)

1999b 吴舜卿,21 页,图版 12,图 1,1a;图版 13,图 5,5a;裸羽片和实羽片;采集号:鹿 f114-10,f114-13;登记号:PB10591,PB10595;合模 1:PB10591(图版 12,图 1,1a);合模 2:PB10595(图版 13,图 5,5a);标本保存在中国科学院南京地质古生物研究所;四川会理鹿厂;晚三叠世白果湾组。[注:依据《国际植物命名法规》(《维也纳法规》)第 37.2 条,1958 年起,模式标本只能是 1 块标本]

钝齿似托第蕨 *Todites crenatus* Bernard,1965

[注:原文种名为 *crenatum*,后改为 *crenata*(Zhang Caifan,1982),周志炎(1989)更正为 *crenatus*]

1965 *Todites crenatum* Barnard,1129 页,图版 95,图 14;图版 96,图 1,2;插图 1A—1D;裸羽片和实羽片;伊朗北部 Upper Djadjerund 和 Lar Valleys;早侏罗世(Lias)。

1982 *Todites crenata* Barnard,张采繁,523 页,图版 348,图 7;蕨叶;湖南株洲华石;晚三叠世。

1989 *Todites crenatus* Barnard,周志炎,136 页,图版 3,图 1—3;图版 5,图 1;插图 2,3;裸羽片和实羽片;湖南衡阳杉桥;晚三叠世杨柏冲组。

1999b *Todites crenatus* Barnard,吴舜卿,22 页,图版 17,图 2—4;图版 18,图 2—4;图版 19,图 1,2;蕨叶;四川威远新场黄石板;晚三叠世须家河组。

钝齿似托第蕨(比较属种) Cf. *Todites crenatus* Bernard

1982a Cf. *Todites crenatus* Bernard,吴向午,51 页,图版 2,图 4;图版 3,图 4,4a;蕨叶;西藏安多土门;晚三叠世土门格拉组。

△大青山似托第蕨 *Todites daqingshanensis* Wang,1984

1984 王自强,238 页,图版 123,图 5—7a;蕨叶;登记号:P0206—P0208;合模 1:P0207(图版 123,图 6);合模 2:P0208(图版 123,图 7,7a);标本保存在中国科学院南京地质古生物研究所;内蒙古察哈尔右翼中旗;早侏罗世南苏勒图组。[注:依据《国际植物命名法规》(《维也纳法规》)第 37.2 条,1958 年起,模式标本只能是 1 块标本]

细齿似托第蕨 *Todites denticulatus* (Brongniart) Krasser,1922

1828a *Pecopteris denticulata* Brongniart,57 页。

1828b *Pecopteris denticulata* Brongniart,301 页,图版 98,图 1,2。

1900 *Cladophlebis denticulata* (Brongniart) Seward,134 页,图版 14,图 1,3,4 等。

1922 Krasser,355 页。

1963 斯行健、李星学等,64 页,图版 20,图 3,4;蕨叶;江西萍乡、吉安、崇仁,湖北秭归、当阳,四川巴县一品场、合川沙溪庙、广元须家河(?),山东潍县坊子,辽宁本溪大堡(?),青海柴达木盆地(?);晚三叠世晚期—中侏罗世。

1974a 李佩娟等,355 页,图版 187,图 1,2;蕨叶;四川彭县磁峰场;晚三叠世须家河组。

1977 冯少南等,205 页,图版 74,图 6;营养叶;广东曲江红卫、乐昌关春狗牙洞;晚三叠世小坪组;湖北秭归、当阳;早—中侏罗世香溪群上煤组。

1978 杨贤河,477 页,图版 165,图 9;蕨叶;四川新龙雄龙;晚三叠世喇嘛垭组。

1978 张吉惠,473 页,图版 157,图 8;蕨叶;贵州织金;晚三叠世。

1978 周统顺,图版 29,图 3;蕨叶;福建漳平西园;早侏罗世梨山组上段。

1979 徐仁等,21 页,图版 13,图 3 — 3b;蕨叶;四川渡口太平场;晚三叠世大箐组下部。

1980 陈芬等,427 页,图版 1,图 7;蕨叶;北京西山;早侏罗世下窑坡组、上窑坡组,中侏罗世龙门组。

1980 张武等,234 页,图版 120,图 1,2;插图 172;蕨叶;吉林汪清;晚三叠世托盘沟组。

1982 段淑英、陈晔,495 页,图版 2,图 7,8;营养羽片;四川合川炭坝;晚三叠世须家河组。

1982 李佩娟、吴向午,40 页,图版 4,图 2;图版 8,图 4;图版 18,图 3;蕨叶;四川德格玉隆区严仁普;晚三叠世喇嘛垭组。

1982 刘子进,121 页,图版 60,图 5,6;蕨叶;陕西镇巴;晚三叠世须家河组,早—中侏罗世白田坝组;甘肃武都龙家沟;中侏罗世龙家沟组。

1982 王国平等,240 页,图版 111,图 6;蕨叶;江西萍乡安源;晚三叠世安源组。

1982 杨贤河,468 页,图版 14,图 3;蕨叶;四川威远葫芦口;晚三叠世须家河组。

1982b 杨学林、孙礼文,29 页,图版 4,图 1 — 5;图版 5,图 4,4a;蕨叶;大兴安岭东南部红旗煤矿;早侏罗世红旗组。

1982 张采繁,523 页,图版 335,图 8;蕨叶;湖南浏阳文家市;早侏罗世。

1982b 郑少林、张武,295 页,图版 2,图 2,3;蕨叶;黑龙江宝清宝密桥(保密桥)龙头矿、密山裴德;中侏罗世东胜村组,中—晚侏罗世朝阳屯组。

1983 李杰儒,图版 1,图 7;蕨叶;辽宁南票后富隆山盘道沟;中侏罗世海房沟组 3 段。

1983 段淑英等,图版 7,图 5,6;蕨叶;云南宁蒗背箩山;晚三叠世。

1984 陈芬等,35 页,图版 6,图 2,3;插图 1;裸羽片;北京西山大安山、大台、千军台、斋堂、房山;早侏罗世下窑坡组、上窑坡组,中侏罗世龙门组。

1984 陈公信,572 页,图版 227,图 2;蕨叶;湖北蒲圻苦竹桥;晚三叠世鸡公山组;湖北秭归、当阳;早侏罗世香溪组、桐竹园组。

1984 顾道源,138 页,图版 71,图 9;蕨叶;新疆乌恰康苏;早侏罗世康苏组。

1985 杨学林、孙礼文,102 页,图版 1,图 16;蕨叶;大兴安岭东南部红旗煤矿;早侏罗世红旗组。

1986b 陈其奭,4 页,图版 6,图 5 — 7;蕨叶;浙江义乌乌灶;晚三叠世乌灶组。

1986 李蔚荣等,图版 1,图 4;蕨叶;黑龙江密山裴德过关山;中侏罗世裴德组。

1987 陈晔等,94 页,图版 6,图 4,5;蕨叶;四川盐边箐河;晚三叠世红果组。

1987 何德长,80 页,图版 16,图 2;蕨叶;湖北蒲圻苦竹桥;晚三叠世鸡公山组。

1988b 黄其胜、卢宗盛,图版 10,图 9;蕨叶;湖北大冶金山店;早侏罗世武昌组中部。

1989 梅美棠等,80 页,图版 37,图 3;插图 3-68;蕨叶;中国;晚三叠世中晚期—中侏罗世。

1991 黄其胜、齐悦,604 页,图版 1,图 1,2;插图 2;实羽片和裸羽片;浙江兰溪马涧;早—中侏罗世马涧组下段。

1993 黑龙江省地质矿产局,图版 11,图 2;蕨叶;黑龙江省;中侏罗世裴德组。

1993 米家榕等,84 页,图版 7,图 2,3;蕨叶;吉林汪清天桥岭;晚三叠世马鹿沟组;河北承德上谷;晚三叠世杏石口组。

1996 米家榕等,87 页,图版 10,图 2,2a;蕨叶;辽宁北票海房沟;中侏罗世海房沟组。

1998 黄其胜等,图版 1,图 4;蕨叶;江西上饶清水缪源村;早侏罗世林山组 5 段。
2002 吴向午等,150 页,图版 6,图 5,6;图版 7,图 8,9;图版 8,图 4;蕨叶;甘肃山丹毛湖洞;早侏罗世芨芨沟组上段;甘肃张掖白乱山;早—中侏罗世潮水群。
2003 许坤等,图版 7,图 6;蕨叶;辽宁北票海丰沟;中侏罗世海房沟组。
2005 王永栋等,826 页,图 3(1－7),4(A－F),5(1);蕨叶;安徽太湖、宿松、桐城、含山;早侏罗世磨山组;江苏南京;早侏罗世南象山组。

细齿似托第蕨(比较种) *Todites* cf. *denticulatus* (Brongniart) Krasser

1986 陈晔等,39 页,图版 4,图 2;蕨叶;四川理塘;晚三叠世拉纳山组。

细齿似托第蕨(枝脉蕨) *Todites* (*Cladophlebis*) *denticulatus* (Brongniart) Krasser,1922

1968 《湘赣地区中生代含煤地层化石手册》,40 页,图版 2,图 4－6;裸羽片和实羽片;湘赣地区;晚三叠世—早侏罗世。
1986a 陈其奭,447 页,图版 1,图 15;裸羽片;浙江衢县胡家;晚三叠世茶园里组。

葛伯特似托第蕨 *Todites goeppertianus* (Muenster) Krasser,1922

1841－1846 *Neuropteris goeppertianus* Muenster,见 Goeppert,104 页,图版 8,9,图 9,10;蕨叶;西欧;早侏罗世。
1922 Krasser,355 页;蕨叶;西欧;早侏罗世。
1963 斯行健、李星学等,66 页,图版 19,图 1,1a;图版 46,图 9,9a;蕨叶;云南太平场;浙江寿昌李家;江西兴安司路铺;晚三叠世—早侏罗世。
1974a 李佩娟等,355 页,图版 187,图 5,6;图版 188,图 10,11;裸羽片;四川峨眉荷叶湾;晚三叠世须家河组;四川会理白果湾、益门;晚三叠世白果湾组。
1976 李佩娟等,98 页,图版 10,图 1－2a;蕨叶;云南禄丰一平浪、渔坝村;晚三叠世一平浪组干海子段、舍资段。
1977 冯少南等,205 页,图版 73,图 6;营养叶;广东高明、曲江红卫、乐昌关春狗牙洞;晚三叠世小坪组。
1978 杨贤河,477 页,图版 187,图 1;蕨叶;四川广元白田坝;早侏罗世白田坝组。
1978 周统顺,99 页,图版 17,图 1,1a;蕨叶;福建漳平大坑;晚三叠世文宾山组。
1979 何元良等,136 页,图版 60,图 3;蕨叶;青海都兰阿兰湖地区;晚三叠世八宝山群。
1980 何德长、沈襄鹏,8 页,图版 2,图 2,2a;图版 3,图 2;图版 16,图 2,3,6;蕨叶;广东曲江红卫坑;晚三叠世;湖南衡南洲市矿;早侏罗世造上组。
1981 周惠琴,图版 3,图 1;蕨叶;辽宁北票羊草沟;晚三叠世羊草沟组。
1982 李佩娟、吴向午,40 页,图版 2,图 1A;蕨叶;四川稻城贡岭区木拉乡坎都村;晚三叠世喇嘛垭组。
1982 王国平等,240 页,图版 109,图 8;蕨叶;福建漳平大坑;晚三叠世文宾山组。
1983 段淑英等,61 页,图版 9,图 2;蕨叶;云南宁蒗背箩山;晚三叠世。
1984 黄其胜,图版 1,图 7;蕨叶;安徽怀宁宝龙山;晚三叠世拉犁尖组。
1984 周志炎,7 页,图版 2,图 1;裸羽片;湖南祁阳河埠塘;早侏罗世观音滩组排家冲段。
1987 孟繁松,240 页,图版 24,图 2;蕨叶;湖北南漳东巩;晚三叠世九里岗组。
1989 周志炎,138 页,图版 3,图 4,5;裸羽片;湖南衡阳杉桥;晚三叠世杨柏冲组。
1993 王士俊,7 页,图版 1,图 6,6a,9,9a;营养叶和生殖叶;广东乐昌关春、安口;晚三叠世艮口群。

葛伯特似托第蕨(比较种) *Todites* cf. *goeppertianus* (Muenster) Krasser

1984 顾道源,138 页,图版 72,图 2;蕨叶;新疆奇台北塔山;早侏罗世三工河组。

2005 王永栋等,830 页,图 5(2,3);蕨叶;江苏南京;早侏罗世南象山组。

葛伯特似托第蕨(枝脉蕨) *Todites* (*Cladophlebis*) *goeppertianus* (Muenster) Krasser

1968 《湘赣地区中生代含煤地层化石手册》,40 页,图版 2,图 4—6;裸羽片和实羽片;湘赣地区;晚三叠世—早侏罗世。

△谢氏似托第蕨 *Todites hsiehiana* (Sze) Wang,1984

1931 *Chadophlebis hsiehiana* Sze,斯行健,62 页,图版 10,图 3;蕨叶;内蒙古萨拉齐羊圪埮;早侏罗世(Lias)。

1984 王自强,238 页,图版 127,图 5;图版 133,图 5;蕨叶;河北下花园;中侏罗世门头沟组;河北承德;早侏罗世甲山组。

△广元似托第蕨 *Todites kwangyuanensis* (Lee) Ye et Chen,1986

1964 *Cladophlebis kwangyuanensis* Lee,李佩娟,118,168 页,图版 8,图 1—1b;蕨叶;四川广元荣山;晚三叠世须家河组。

1986 叶美娜、陈立贤,见叶美娜等,22 页,图版 7,图 2—3a;图版 8,图 5;营养羽片和生殖羽片;四川开江七里峡,达县铁山金窝、雷音铺,宣汉大路沟煤矿;晚三叠世须家河组。

△李氏似托第蕨 *Todites leei* Wu,1991

1991 吴向午,572,578 页,图版 1,图 3—7;图版 2,图 1,2A,3—4C;图版 4,图 1—3a;营养叶和实羽片;采集号:MH58102,MH58103,MH58108—MH58110,MH58198,MH58199;登记号:PB14825—PB14833;正模:PB14830(图版 2,图 4);副模:PB14832(图版 4,图 2);标本保存在中国科学院南京地质古生物研究所;湖北秭归沙镇溪;中侏罗世香溪组。

2002 王永栋,图版 2,图 3;蕨叶;湖北秭归香溪;早侏罗世香溪组。

△较大似托第蕨 *Todites major* Sun et Zheng,2001(中文和英文发表)

2001 孙革、郑少林,见孙革等,77,186 页,图版 11,图 3;图版 43,图 5,6;蕨叶;标本号:PB19024;正模:PB19024(图版 11,图 3);标本保存在中国科学院南京地质古生物研究所;辽宁北票上园;晚侏罗世尖山沟组。

△小叶似托第蕨 *Todites microphylla* (Fontaine) Lee,1976

1883 *Acrstichites microphylla* Fontaine,33 页,图版 7,图 5;图版 10,图 2;图版 11,图 4;图版 12,图 3;蕨叶;美国弗吉尼亚州;晚三叠世。

1976 李佩娟等,100 页,图版 9,图 1,2;蕨叶;云南禄丰渔坝村;晚三叠世—平浪组舍资段。

△南京似托第蕨 *Todites nanjingensis* Wang,Cao et Thévenard,2005(英文发表)

2005 王永栋、曹正尧,Thévenard Frédéric,王永栋等,830 页,图 5(4—7),6(1—3),7(A—C);蕨叶;登记号:PB19805—PB19807;正模:PB19807[图 5(6)];标本保存在中国科学院南京地质古生物研究所;江苏南京;早侏罗世南象山组。

△副裂叶似托第蕨 *Todites paralobifolius* (Sze) Wang,1984

1956 *Cladophlebis paralobifolius* Sze,斯行健,24,132 页,图版 22,图 2,2a;图版 23,图 1;蕨

叶;陕西延安;晚三叠世延长层。

1984 王自强,238页,图版119,图3;图版120,图1;蕨叶;山西兴县;中—晚三叠世延长群。

首要似托第蕨 *Todites princeps* (Presl) Gothan,1914

1838 *Sphenopteris princeps* Presl,见Sternberg,126页,图版59,图12,13;德国;早侏罗世。

1914 Gothan,95页,图版17,图3,4;德国;早侏罗世。

1954 徐仁,46页,图版38,图8,9;营养叶;湖北秭归香溪;晚三叠世—中侏罗世香溪煤系。[注:此标本后被改定为*Sphenopteris modesta* Leckenby(斯行健、李星学等,1963)]

1958 汪龙文等,596页,图597;蕨叶;新疆,湖北;晚三叠世—中侏罗世。

1964 李佩娟,113页,图版7,图4,4a;蕨叶;四川广元杨家崖;晚三叠世须家河组。

1974a 李佩娟等,355页,图版188,图8,9;裸羽片;四川彭县海窝子、威远连界场;晚三叠世须家河组;四川广元白田坝;早侏罗世白田坝组。

1977 冯少南等,206页,图版74,图1—5;营养叶;湖北南漳、远安;晚三叠世香溪群下煤组;湖北当阳;早—中侏罗世香溪群上煤组。

1978 杨贤河,478页,图版165,图8;蕨叶;四川峨眉荷叶湾;晚三叠世须家河组。

1978 张吉惠,473页,图版157,图3;蕨叶;贵州遵义山盆;晚三叠世。

1978 周统顺,图版18,图1;蕨叶;福建武平龙井;晚三叠世大坑组上段。

1980 何德长、沈襄鹏,8页,图版2,图1—1b;蕨叶;湖南浏阳澄潭江;晚三叠世三丘田组。

1980 吴舜卿等,89页,图版8,图1—4a;图版9,图1—5;营养叶和实羽片;湖北秭归香溪、泄滩、沙镇溪;早—中侏罗世香溪组。

1980 张武等,234页,图版119,图4,4a;插图173;营养叶;吉林洮安;早侏罗世红旗组。

1982 段淑英、陈晔,495页,图版3,图1,2;营养羽片;四川宣汉七里峡;早侏罗世珍珠冲组。

1982 杨贤河,468页,图版4,图7—9;蕨叶;四川威远葫芦口、大足兴隆;晚三叠世须家河组。

1983 段淑英等,图版7,图4,4a;蕨叶;云南宁蒗背箩山;晚三叠世。

1984 陈公信,572页,图版227,图3,4;图版228,图1;蕨叶;湖北当阳、荆门、远安、秭归、鄂城、蒲圻;晚三叠世九里岗组、沙镇溪组、鸡公山组,早侏罗世香溪组、武昌组、桐竹园组。

1984 王自强,238页,图版124,图1;图版125,图7;图版133,图1—4;蕨叶;山西怀仁;早侏罗世永定庄组;河北下花园;中侏罗世门头沟组;河北承德;早侏罗世甲山组。

1985 黄其胜,图版1,图9;蕨叶;湖北大冶金山店;早侏罗世武昌组下部。

1986b 陈其奭,3页,图版4,图5,6—7;蕨叶;浙江义乌乌灶;晚三叠世乌灶组。

1986 叶美娜等,23页,图版9,图2,2a;图版10,图1,1a;营养羽片和生殖羽片;四川达县雷音铺、斌郎、铁山,开江七里峡,开县正坝;早侏罗世珍珠冲组;四川达县铁山;早—中侏罗世自流井组。

1987 陈晔等,94页,图版6,图6—7a;蕨叶;四川盐边箐河;晚三叠世红果组。

1987 何德长,71页,图版1,图5;图版3,图3,5;图版6,图2;蕨叶;浙江龙泉花桥;早侏罗世早期花桥组6层。

1987 孟繁松,240页,图版27,图7;蕨叶;湖北远安;晚三叠世王龙滩组;湖北当阳;早侏罗世香溪组。

1989 梅美棠等,80页,图版37,图2;蕨叶;中国;晚三叠世—中侏罗世。

1991 黄其胜、齐悦,图版 2,图 2,3;实羽片和裸羽片;浙江兰溪马涧;早—中侏罗世马涧组下段。

1991 吴向午,573 页,图版 4,图 4—5b;图版 5,图 1A—3;营养叶和生殖叶;湖北秭归沙镇溪;中侏罗世香溪组。

1992 黄其胜、卢宗盛,图版 2,图 6;蕨叶;陕西神木考考乌素沟;中侏罗世延安组。

1995a 李星学(主编),图版 86,图 9;蕨叶;湖北秭归香溪;早—中侏罗世香溪组。(中文)

1995b 李星学(主编),图版 86,图 9;蕨叶;湖北秭归香溪;早—中侏罗世香溪组。(英文)

1996 黄其胜等,图版 2,图 5;蕨叶;四川开县温泉;早侏罗世珍珠冲组上部 16 层。

1996 孙跃武等,12 页,图版 1,图 1—2a;蕨叶;河北承德干沟子;早侏罗世南大岭组。

2001 黄其胜,图版 2,图 6;蕨叶;四川开县温泉;早侏罗世珍珠冲组Ⅵ段 19 层。

2002 孟繁松等,图版 1,图 3;蕨叶;湖北秭归卜庄河;早侏罗世香溪组。

2002 王永栋,图版 1,图 2,6;图版 2,图 1;图版 3,图 3(右);蕨叶;湖北秭归香溪;早侏罗世香溪组。

2002 吴向午等,151 页,图版 3,图 2,3;图版 4,图 6;图版 6,图 7;蕨叶;内蒙古阿拉善右旗芨芨沟;中侏罗世宁远堡组下段。

2002 张振来等,图版 15,图 3,4;羽片;湖北兴山耿家河煤矿;晚三叠世沙镇溪组。

2003 邓胜徽等,图版 64,图 7;蕨叶;新疆准噶尔盆地郝家沟剖面;早侏罗世八道湾组。

2005 王永栋等,834 页,图 8(3);蕨叶;安徽桐城;早侏罗世磨山组。

首要似托第蕨(比较种) *Todites* cf. *princeps* (Presl) Gothan

1987 何德长,80 页,图版 14,图 5;蕨叶;湖北蒲圻苦竹桥;晚三叠世鸡公山组。

下弯似托第蕨 *Todites recurvatus* Harris, 1932

1931 Harris,39 页,图版 9,图 1—4,6—8,11;图版 10,图 7—11;插图 10,11;营养叶和生殖叶;东格陵兰斯科斯比湾;早侏罗世 *Thaumatopteris* 带。

1982 李佩娟、吴向午,41 页,图版 4,图 1,1a,3(?);图版 10,图 2B;裸羽片;四川义敦热柯区喇嘛垭;晚三叠世喇嘛垭组。

洛氏似托第蕨 *Todites roessertii* (Zeiller) Ôishi, 1932

1902—1903 *Cladophlebis* (*Todea*) *resserstii* Zeiller,38 页,图版 11,图 1—3;图版 3,图 1—3;蕨叶;越南鸿基;晚三叠世。

1902—1903 *Cladophlebis* (*Todea*) *resserstii* Zeiller,291 页,图版 54;图 1,2;蕨叶;云南太平场;晚三叠世。[注:此标本后被改定为 *Todites goeppertianus* (Muenster) Krasser(斯行健、李星学等,1963)]

1932 Ôishi,174 页,图版 22,图 7—9;图版 23,图 1—3;日本成羽冈山(Okayama);晚三叠世(Nariwa)。

洛氏似托第蕨(比较属种) Cf. *Todites roessertii* (Zeiller) Ôishi

1954 徐仁,46 页,图版 37,图 12;蕨叶;陕西绥德桥上;晚三叠世。

斯科勒斯比似托第蕨 *Todites scoresbyensis* (Harris) Harris, 1932

1926 *Cladophlebis scoresbyensis* Harris,59 页,图版 2,图 4;插图 4A—4D;营养叶和生殖叶;东格陵兰斯科斯比湾;晚三叠世 *Lepidopteris* 带。

1932 Harris,42 页,图版 8;插图 12;营养叶和生殖叶;东格陵兰斯科斯比湾;晚三叠世

(*Lepidopteris* Zone)。

1976 李佩娟等,97 页,图版 7;图版 8,图 5－7;图版 9,图 5;图版 13,图 3;插图 2;裸羽片和实羽片;云南禄丰一平浪;晚三叠世一平浪组干海子段。

1977 冯少南等,206 页,图版 75,图 7;营养叶;湖北蒲圻城关;晚三叠世武昌群下煤组。

1980 何德长、沈襄鹏,8 页,图版 2,图 3;蕨叶;湖南浏阳澄潭江;晚三叠世三丘田组。

1984 陈公信,572 页,图版 229,图 2;蕨叶;湖北蒲圻鸡公山;晚三叠世鸡公山组。

1987 陈晔等,95 页,图版 8,图 4;蕨叶;四川盐边箐河;晚三叠世红果组。

1993 王士俊,7 页,图版 3,图 5;图版 4,图 3,3a,5;营养叶;广东乐昌安口、关春;晚三叠世艮口群。

斯科勒斯比似托第蕨(比较属种) *Todites* cf. *T. scoresbyensis* (Harris) Harris

1993 米家榕等,85 页,图版 7,图 5;营养羽片;北京西山潭柘寺东山;晚三叠世杏石口组。

△陕西似托第蕨 *Todites shensiensis* (P'an) Sze ex Sze, Lee et al., 1963

1936 *Cladophlebis shensiensis* P'an,潘钟祥,15 页,图版 4,图 16;图版 5,图 4－6;图版 6,图 4－8;蕨叶;陕西绥德桥上、高家庵、沙滩坪和叶家坪,延长石家沟;晚三叠世延长层下部。

1956a *Cladophlebis* (*Todites*) *shensiensis* P'an,斯行健,15,123 页,图版 10,图 1－3;图版 11,图 1－3;图版 12,图 1－5;图版 13,图 1－4;图版 14,图 1－5;图版 15,图 1－17;图版 16,图 5;图版 18,图 1－8;图版 19,图 3,4;图版 21,图 5;图版 27,图 6;营养叶和生殖叶;陕西宜君四郎庙炭河沟、杏树坪,延长七里村、烟雾沟、石家沟,绥德叶家坪、沙滩坪、高家庵、桥上;甘肃华亭剑沟河;晚三叠世延长层。

1963 斯行健、李星学等,65 页,图版 19,图 4;图版 20,图 1,2;图版 21,图 1－4;营养叶和生殖叶;陕西宜君、延长、绥德,甘肃华亭,新疆准噶尔克拉玛依;晚三叠世延长群;云南广通;晚三叠世一平浪群。

1976 周惠琴等,206 页,图版 106,图 10,11;图版 107,图 1,2;图版 108,图 1;营养叶和生殖叶;内蒙古准格尔旗五字湾;中三叠世二马营组。

1976 李佩娟等,99 页,图版 8,图 1－4a;裸羽片和实羽片;云南禄丰一平浪;晚三叠世一平浪组干海子段。

1977 冯少南等,206 页,图版 73,图 8;营养叶;广东高明;晚三叠世小坪组。

1978 杨贤河,478 页,图版 163,图 1,2;蕨叶;四川渡口摩沙河;晚三叠世大荞地组。

1978 周统顺,99 页,图版 16,图 4;蕨叶;福建崇安洋庄;晚三叠世焦坑组上段。

1979 何元良等,136 页,图版 60,图 2,2a;蕨叶;青海祁连占顿山;晚三叠世默勒群。

1979 徐仁等,21 页,图版 14;图版 15,图 1;蕨叶;四川宝鼎干巴塘、花山;晚三叠世大荞地组中上部;四川渡口太平场;晚三叠世大箐组下部。

1980 黄枝高、周惠琴,73 页,图版 1,图 5－7;图版 2,图 8;图版 19,图 1;图版 25,图 6;图版 26,图 1;蕨叶;陕西铜川焦坪、柳林沟、金锁关,神木杨家坪;内蒙古准格尔旗五字湾;晚三叠世延长组,中三叠世铜川组、二马营组上部。

1980 张武等,234 页,图版 105,图 2,3;蕨叶;吉林浑江石人;晚三叠世北山组。

1982 刘子进,121 页,图版 60,图 3,4;蕨叶;陕西,甘肃,宁夏;晚三叠世延长群和相当地层。

1982 王国平等,240 页,图版 109,图 6;蕨叶;福建崇安洋庄;晚三叠世焦坑组;江西余江老屋里;晚三叠世安源组;江苏龙潭范家塘;晚三叠世范家塘组。

1982b 吴向午，80 页，图版 4，图 3，3a，4A，5－6a；图版 5，图 1，1a；蕨叶；西藏贡觉夺盖拉煤点、察雅巴贡一带；晚三叠世巴贡组上段。

1982 杨贤河，469 页，图版 5，图 2－5；蕨叶；四川冕宁解放桥；晚三叠世白果湾组。

1983 鞠魁祥等，123 页，图版 2，图 1，2；蕨叶；江苏南京龙潭范家塘；晚三叠世范家塘组。

1984 顾道源，139 页，图版 74，图 7，8；蕨叶；新疆克拉玛依吐阿克内沟；晚三叠世黄山街组。

1984 王自强，239 页，图版 131，图 11，12；蕨叶；山西临县；中—晚三叠世延长群；山西宁武；中三叠世二马营组。

1986 陈晔等，图版 3，图 4，4a；蕨叶；四川理塘；晚三叠世拉纳山组。

1986 叶美娜等，24 页，图版 8，图 4；图版 9，图 1，1a，5，5a；图版 10，图 4；图版 14，图 7；营养羽片和生殖羽片；四川大竹柏林；晚三叠世须家河组 5 段。

1987 陈晔等，95 页，图版 8，图 1，1a；蕨叶；四川盐边箐河；晚三叠世红果组。

1987 孟繁松，240 页，图版 27，图 3；图版 29，图 5；蕨叶；湖北南漳东巩陈家湾；晚三叠世九里岗组。

1988 陈楚震等，图版 5，图 1，4，5；蕨叶；江苏南京龙潭范家塘、常熟梅李；晚三叠世范家塘组。

1988a 黄其胜、卢宗盛，182 页，图版 2，图 7；蕨叶；河南卢氏双槐树；晚三叠世延长群下部 5 层、6 层。

1988 吴舜卿等，105 页，图版 1，图 1，1a；蕨叶；江苏常熟梅李；晚三叠世范家塘组。

1989 梅美棠等，81 页，图版 38，图 1，2；蕨叶和生殖羽片；中国；晚三叠世。

1990 孟繁松，图版 1，图 5，6；蕨叶；海南琼海九曲江新华；早三叠世岭文组。

1990 宁夏回族自治区地质矿产局，图版 8，图 3，3a，4；蕨叶；宁夏平罗汝箕沟；晚三叠世延长群。

1992b 孟繁松，177 页，图版 3，图 9；图版 5，图 9，10；蕨叶；海南琼海九曲江新华；早三叠世岭文组。

1993 王士俊，6 页，图版 1，图 8，8a，11，11a；营养叶和生殖叶；广东乐昌安口；晚三叠世艮口群。

1996 吴舜卿、周汉忠，4 页，图版 1，图 9－11a；蕨叶；新疆库车库车河剖面；中三叠世克拉玛依组下段。

2000 吴舜卿等，图版 1，图 2，2a；实羽片；新疆克拉玛依（库车）克拉苏河；晚三叠世“克拉玛依组”上部。

2002 张振来等，图版 15，图 1，2；小羽片；湖北秭归沙镇溪；晚三叠世沙镇溪组。

陕西似托第蕨（比较属种）Cf. *Todites shensiensis* (P'an) Sze

1982 李佩娟、吴向午，41 页，图版 15，图 3；蕨叶；四川乡城三区丹娘沃岗村；晚三叠世喇嘛垭组。

陕西似托第蕨（比较种）*Todites* cf. *shensiensis* (P'an) Sze

1976 李佩娟等，100 页，图版 9，图 3－4a；裸羽片和实羽片；四川渡口摩沙河；晚三叠世纳拉箐组大荞地段。

1983 张武等，74 页，图版 1，图 18－20；蕨叶；辽宁本溪林家崴子；中三叠世林家组。

陕西似托第蕨（枝脉蕨）*Todites* (*Cladophlebis*) *shensiensis* (P'an) Sze

1963 李星学等，125 页，图版 91，图 15，图版 95，图 2；图版 96，图 3；营养叶和生殖叶；中国西北；晚三叠世。

1986a 陈其奭，447 页，图版 1，图 7－9；裸羽片；浙江衢县茶园里；晚三叠世茶园里组。

△细瘦似托第蕨 *Todites subtilis* Duan et Chen,1979

1979a 段淑英、陈晔,见陈晔等,59 页,图版 2,图 2,2a,3,3a;插图 1;营养叶和生殖叶;标本号:No.6877,No.6921,No.6996,No.7018,No.7037,No.7043,No.7044,No.7060;合模 1:No.7044(图版 2,图 2);合模 2:No.7060(图版 2,图 3);标本保存在中国科学院植物研究所古植物研究室;四川盐边红泥煤田;晚三叠世大荞地组。[注:依据《国际植物命名法规》(《维也纳法规》)第 37.2 条,1958 年起,模式标本只能是 1 块标本]

汤姆似托第蕨 *Todites thomasi* Harris,1961

1961 Harris,76 页;插图 2;裸羽片和实羽片;英国约克郡;中侏罗世。

汤姆似托第蕨(比较种) *Todites* cf. *thomasi* Harris

1991 黄其胜、齐悦,604 页,图版 2,图 8,9;蕨叶;浙江兰溪马涧;早—中侏罗世马涧组下段。

1992 黄其胜、卢宗盛,图版 2,图 4;蕨叶;陕西神木考考乌素沟;中侏罗世延安组。

怀特似托第蕨(枝脉蕨) *Todites* (*Cladophlebis*) *whitbyensis* Brongniart ex Sze,1933

1828—1838 *Pecopteris whitbyensis* Brongniart,321 页,图版 109,图 2,4;蕨叶;西欧;侏罗纪。

1849 *Cladophlebis whitbyensis* Brongniart,105 页。

1933c 斯行健,9 页。

怀特似托第蕨(枝脉蕨)(比较种) *Todites* (*Cladophlebis*) cf. *whitbyensis* Brongniart

1933c 斯行健,9 页,图版 6,图 3,4;实羽片;四川广元须家河;晚三叠世晚期—早侏罗世。[注:此标本后被改定为 *Todites* sp.(斯行健、李星学等,1963)]

△香溪似托第蕨 *Todites xiangxiensis* Yang,1978

1978 杨贤河,477 页,图版 163,图 3;蕨叶;标本号:Sp0033;正模:Sp0033(图版 163,图 3);标本保存在成都地质矿产研究所;四川渡口摩沙河;晚三叠世大荞地组。

△盐边似托第蕨 *Todites yanbianensis* Duan et Chen,1979

1979a 段淑英、陈晔,见陈晔等,58 页,图版 2,图 1—1d;营养叶和生殖叶;标本号:No.7069;标本保存在中国科学院植物研究所古植物研究室;四川盐边红泥煤田;晚三叠世大荞地组。

1981 陈晔、段淑英,图版 1,图 1—1c;营养叶和生殖叶;四川盐边红泥煤田;晚三叠世大荞地组。

似托第蕨(未定多种) *Todites* spp.

1963 *Todites* sp.,斯行健、李星学等,66 页,图版 19,图 3,3a;实羽片;四川广元须家河;晚三叠世晚期—早侏罗世。

1980 *Todites* sp.,吴舜卿等,90 页,图版 8,图 5—6a;裸羽片和实羽片;湖北秭归沙镇溪;早—中侏罗世香溪组。

1983 *Todites* sp.,李杰儒,21 页,图版 1,图 9,9a,10;蕨叶;辽宁锦西后富隆山;中侏罗世海房沟组。

1984a *Todites* sp.,曹正尧,4 页,图版 8,图 1,2;生殖羽片;黑龙江密山裴德煤矿;中侏罗世七虎林组。

1999b *Todites* sp.,吴舜卿,23 页,图版 11,图 2;图版 13,图 1;实羽片;贵州六枝郎岱;晚三叠世火把冲组。

2002 *Todites* sp.,吴向午等,152 页,图版 5,图 5,5a;蕨叶;内蒙古阿拉善右旗梧桐树沟;中侏罗世宁远堡组下段。

2003 *Todites* sp.,许坤等,图版 5,图 2,9;生殖羽片;黑龙江密山裴德煤矿;中侏罗世七虎林组。

2005 *Todites* sp.,王永栋等,835 页,图 8(1,2);蕨叶;江苏江都;早侏罗世南象山组。

似托第蕨?(未定多种) *Todites*? spp.

1963 *Todites*? sp.,斯行健、李星学等,67 页,图版 18,图 4,4a;蕨叶;湖北当阳李家店;早侏罗世香溪群。

1993 *Todites*? sp.,孙革,69 页,图版 13,图 1,2;插图 18;实羽片;吉林汪清天桥岭;晚三叠世马鹿沟组。

△托克逊蕨属 Genus *Toksunopteris* Wu S Q et Zhou,ap Wu X W,1993

1986 *Xinjiangopteris* Wu et Zhou (non Wu S Z,1983),吴舜卿、周汉忠,642,645 页。

1993b 吴舜卿、周汉忠,见吴向午,507,521 页。

模式种:*Toksunopteris ppsita* (Wu et Zhou) Wu S Q et Zhou,ap Wu X W,1993

分类位置:真蕨纲?或种子蕨纲?(Filicopsida? or Pteridospermae?)

△对生托克逊蕨 *Toksunopteris opposita* (Wu et Zhou) Wu S Q et Zhou,ap Wu X W,1993

1986 *Xinjiangopteris opposita* Wu et Zhou,吴舜卿、周汉忠,642,645 页,图版 5,图 1-8,10,10a;蕨叶;采集号:K215-K217,K219-K223,K228,K229;登记号:PB11780-PB11786,PB11793,PB11794;正模:PB11785(图版 5,图 10);标本保存在中国科学院南京地质古生物研究所;新疆吐鲁番盆地西北缘托克逊克尔碱地区;早侏罗世八道湾组。

1993b 吴舜卿、周汉忠,见吴向午,507,521 页;新疆吐鲁番盆地西北缘托克逊克尔碱地区;早侏罗世八道湾组。

图阿尔蕨属 Genus *Tuarella* Burakova,1961

1961 Burakova,139 页。

1988 李佩娟等,50 页。

1993a 吴向午,151 页。

模式种:*Tuarella lobifolia* Burakova,1961

分类位置:真蕨纲紫萁科(Osmundaceae,Filicopsida)

裂瓣图阿尔蕨 *Tuarella lobifolia* Burakova,1961

1961 Burakova,139 页,图版 12,图 1-6;插图 29;营养叶和生殖叶;中亚图阿尔凯尔;中侏罗世。

1988 李佩娟等,50 页,图版 19,图 1;图版 22,图 1;图版 23,图 2;插图 15;裸羽片和实羽片;青海大柴旦大头羊;中侏罗世大煤沟组 *Tyrmia*-*Sphenobaiera* 层。

1993a 吴向午,151 页。

蝶蕨属 Genus *Weichselia* Stiehler, 1857

1857　Stiehler,73 页。

1977　段淑英等,115 页。

1993a　吴向午,155 页。

模式种:*Weichselia ludovicae* Stiehler,1857

分类位置:真蕨纲(Filicopsida)

连生蝶蕨 *Weichselia ludovicae* Stiehler, 1857

1857　Stiehler,73 页,图版 12,13;蕨叶;德国萨克森奎德林堡(Quedlinburgh);晚白垩世。

1993a　吴向午,155 页。

具网蝶蕨 *Weichselia reticulata* (Stockes et Webb) Fontaine, 1899

1824　*Pecteris reticulata* Stockes et Webb,423 页,图版 46,图 5;图版 47,图 3;蕨叶;英国;早白垩世。

1899　Fontaine,见 Ward,651 页,图版 100,图 2－4;蕨叶;美国;早白垩世。

1977　段淑英等,115 页,图版 1,图 4,5;图版 2,图 5－8;蕨叶;西藏拉萨牛马沟、林布宗、堆龙德庆;早白垩世。

1982　李佩娟,80 页,图版 1,图 5,6;图版 2,图 1,2;图版 5,图 4;蕨叶;西藏洛隆;早白垩世多尼组;西藏拉萨澎波牛马沟;早白垩世林布宗组。

1982　曹正尧,345 页,图版 1,图 3－5;蕨叶;浙江东部;早白垩世磨石山组 C 段。

1989　梅美棠等,82 页,图版 44,图 2,3;蕨叶;中国;早白垩世。

1993a　吴向午,155 页。

1994　曹正尧,图 2b;蕨叶;浙江黄岩;早白垩世早期磨石山组。

1995a　李星学(主编),图版 112,图 2;蕨叶;浙江黄岩;早白垩世磨石山组。(中文)

1995b　李星学(主编),图版 112,图 2;蕨叶;浙江黄岩;早白垩世磨石山组。(英文)

1999　曹正尧,53 页;蕨叶;浙江黄岩冷水坑;早白垩世磨石山组 C 段。

△夏家街蕨属 Genus *Xiajiajienia* Sun et Zheng, 2001(中文和英文发表)

2001　孙革、郑少林,见孙革等,77,187 页。

模式种:*Xiajiajienia mirabila* Sun et Zheng,2001

分类位置:真蕨纲(Filicopsida)

△奇异夏家街蕨 *Xiajiajienia mirabila* Sun et Zheng, 2001(中文和英文发表)

2001　孙革、郑少林,见孙革等,77,187 页,图版 10,图 3－6;图版 39,图 1－10;图版 56,图 7;蕨叶;标本号:PB19025,PB19026,PB19028－PB19032,ZY3015;正模:PB19025(图版 10,图 3);标本保存在中国科学院南京地质古生物研究所;吉林辽源夏家街;中侏罗世夏家街组;辽宁北票上园黄半吉沟;晚侏罗世尖山沟组。

△新疆蕨属 Genus *Xinjiangopteris* Wu S Z,1983 (non Wu S Q et Zhou,1986)

1983 吴绍祖,见窦亚伟等,607 页。

1993a 吴向午,45,242 页。

1993b 吴向午,507,521 页。

模式种:*Xinjiangopteris toksunensis* Wu S Z,1983

分类位置:种子蕨纲(Pteridospermae)

△托克逊新疆蕨 *Xinjiangopteris toksunensis* Wu S Z,1983

1983 吴绍祖,见窦亚伟等,607 页,图版 223,图 1—6;蕨叶;采集号:73KH1—73KH6a;登记号:XPB-032—XPB-037;合模:XPB-032—XPB-037(图版 223,图 1—6);新疆和静艾乌尔沟;晚二叠世。[注:依据《国际植物命名法规》(《维也纳法规》)第 37.2 条,1958 年起,模式标本只能是 1 块标本]

1993a 吴向午,45,242 页。

1993b 吴向午,507,521 页。

△新疆蕨属 Genus *Xinjiangopteris* Wu S Q et Zhou,1986 (non Wu S Z,1983)

[注:此属名为 *Xinjiangopteris* Wu S Z,1983 的晚出等同名(吴向午,1993a),后改定为 *Toksunopteris* Wu S Q et Zhou,ap Wu X W,1993(吴向午,1993b)]

1986 吴舜卿、周汉忠,642,645 页。

1993a 吴向午,45,242 页。

1993b 吴向午,507,521 页。

模式种:*Xinjiangopteris opposita* Wu et Zhou,1986

分类位置:真蕨类或分类位置不明的种子蕨类(Filicopsida or Pteridospermae)

△对生新疆蕨 *Xinjiangopteris opposita* Wu et Zhou,1986 (non Wu S Z,1993)

[注:此种后改定为 *Toksunopteris opposita* Wu S Q et Zhu(吴向午,1993b)]

1986 吴舜卿、周汉忠,642,645 页,图版 5,图 1—8,10,10a;蕨叶;采集号:K215—K217,K219—K223,K228,K229;登记号:PB11780—PB11786,PB11793,PB11794;正模:PB11785(图版 5,图 10);标本保存在中国科学院南京地质古生物研究所;新疆吐鲁番盆地西北缘托克逊克尔碱地区;早侏罗世八道湾组。

1993a 吴向午,45,242 页。

1993b 吴向午,507,521 页。

拟查米蕨属 Genus *Zamiopsis* Fontaine,1889

1889 Fontaine,161 页。

1980　张武等,262 页。

1993a 吴向午,159 页。

模式种:*Zamiopsis pinnafida* Fontaine,1889

分类位置:真蕨纲?(Filicopsida?)

羽状拟查米蕨 *Zamiopsis pinnafida* Fontaine,1889

1889　Fontaine,161 页,图版 61,图 7;图版 62,图 5,图版 64,图 2;蕨类营养蕨叶;美国弗吉尼亚州弗雷德里克斯堡(Fredericksburg);早白垩世(Potomac Group)。

1993a 吴向午,159 页。

△阜新拟查米蕨 *Zamiopsis fuxinensis* Zhang,1980

1980　张武等,262 页,图版 155,图 4－6;蕨叶;登记号:D235,D236;标本保存在沈阳地质矿产研究所;辽宁阜新;早白垩世阜新组。(注:原文未定模式标本)

1993a 吴向午,159 页。

不能鉴定的羽片 Indeterminable Pinna

1956a 未曾鉴定的裸羽片(Undetermined Sterile Pinna),斯行健,28,135 页,图版 28,图 5,6;裸羽片;陕西葭县大会坪;晚三叠世延长层下部。

1963　不能鉴定的羽片(Indeterminable Pinna),斯行健、李星学等,126 页,图版 45,图 5;裸羽片;陕西葭县大会坪;晚三叠世延长层下部(?)。

附　　录

附录 1　属 名 索 引

[按中文名称的汉语拼音升序排列，属名后为页码(中文记录页码/英文记录页码)，"△"号示依据中国标本建立的属名]

J

K

L

M

N

W

X

Y

Z

附录2 种名索引

[按中文名称的汉语拼音升序排列,属名或种名后为页码(中文记录页码/英文记录页码),"△"号示依据中国标本建立的属名或种名]

A

B

D

G

H

J

M

P

Q

R

S

T

W

X

Y

Z

附录3 存放模式标本的单位名称

中文名称	English Name
长春地质学院 （吉林大学地球科学学院）	Changchun College of Geology (College of Earth Sciences,Jilin University)
成都地质矿产研究所 （中国地质调查局成都地质调查中心）	Chengdu Institute of Geology and Mineral Resources (Chengdu Institute of Geology and Mineral Resources,China Geological Survey)
地质矿产部地质博物馆 （中国地质博物馆）	Geological Museum of Ministry of Geology and Mineral Resources (The Geological Museum of China)
甘肃省煤田地质公司中心实验室	Central Laboratory of Coal Geology Corporation of Gansu Province
湖北地质科学研究所 （湖北省地质科学研究院）	Hubei Institute of Geological Sciences (Hubei Institute of Geosciences)
湖北省地质局	Geological Bureau of Hubei Province
湖南省地质博物馆	Geological Museum of Hunan Province
湖南省地质局	Geological Bureau of Hunan Province
吉林省地质局区域地质调查大队 （吉林省区域地质调查大队）	Regional Geological Surveying Team,Jilin Geological Bureau (Regional Geological Surveying Team of Jilin Province)
吉林省煤田地质研究所 （吉林省煤田地质勘察设计研究院）	Jilin Institute of Coal Field Geology (Coal-geological Exploration Institute of Jilin Coal Field Geological Bureau)
江西省一九五地质队 （江西省煤田地质局一九五地质队）	195 Geological Team of Jiangxi Province (Jiangxi Coal Geology Bureau 195 Geological Team)
兰州大学地质系	Department of Geology,Lanzhou University
煤炭科学研究总院西安分院	Xi'an Branch,China Coal Research Institute
煤炭科学研究总院地质勘探分院 （煤炭科学研究总院西安分院）	Branch of Geology Exploration, China Coal Research Institute (Xi'an Branch,China Coal Research Institute)

续表

中文名称	English Name
沈阳地质矿产研究所 (中国地质调查局沈阳地质调查中心)	Shenyang Institute of Geology and Mineral Resources (Shenyang Institute of Geology and Mineral Resources, China Geological Survey)
石油勘探开发科学研究院 (中国石油化工股份有限公司石油勘探开发研究院)	Research Institute of Petroleum Exploration and Development (Research Institute of Petroleum Exploration and Development, PetroChina)
四川省煤田地质公司一三七地质队 (四川省煤田地质局一三七地质队)	137 Geological Team of Sichuan Coal Field Geological Company (Sichuan Coal Field Geology Bureau 137 Geological Team)
武汉地质学院北京研究生部 [中国地质大学(北京)]	Beijing Graduate School, Wuhan College of Geology [China University of Geosciences (Beijing)]
新疆石油管理局 (中国石油天然气集团公司新疆石油管理局)	Petroleum Administration of Xinjiang Uighur Autonomous Region (Petroleum Administration of Xinjiang Uighur Autonomous Region, PetroChina)
宜昌地质矿产研究所 (中国地质调查局武汉地质调查中心)	Yichang Institute of Geology and Mineral Resources (Wuhan Institute of Geology and Mineral Resources, China Geological Survey)
浙江省自然博物馆	Zhejiang Museum of Natural History
中国地质大学(北京)	China University of Geosciences (Beijing)
中国地质大学(武汉)古生物教研室	Department of Palaeontology, China University of Geosciences (Wuhan)
中国地质科学院地质研究所	Institute of Geology, Chinese Academy of Geological Sciences
中国科学院南京地质古生物研究所	Nanjing Institute of Geology and Palaeontology, Chinese Academy of Sciences
中国科学院植物研究所古植物研究室	Department of Palaeobotany, Institute of Botany, Chinese Academy of Sciences

续表

中文名称	English Name
中国科学院植物研究所	Institute of Botany, Chinese Academy of Sciences
中国矿业大学地质系	Department of Geology, China University of Mining and Technology

附录4 丛书属名索引(Ⅰ—Ⅵ分册)

(按中文名称的汉语拼音升序排列,属名后为分册号/中文记录页码/英文记录页码,"△"号示依据中国标本建立的属名)

A

B

C

D

E

F

G

J

K

P

X

Y

Z

Supported by Special Research Program of
Basic Science and Technology of the Ministry
of Science and Technology (2013FY113000)

Record of Megafossil Plants from China (1865–2005)

II Record of Mesozoic Megafossil Filicophytes from China

Compiled by
WU Xiangwu, LI Chunxiang,
WANG Yongdong and WANG Guan

University of Science and Technology of China Press

Brief Introduction

This book is the second volume of *Record of Megafossil Plants from China* (*1865 — 2005*). There are two parts of both Chinese and English versions, mainly documents complete data on the Mesozoic megafossil filicophytes from China that have been officially published from 1865 to 2005. All of the records are compiled according to generic and specific taxa. Each record of the generic taxon include: author(s) who established the genus, establishing year, synonym, type species and taxonomic status. The species records are included under each genus, including detailed descriptions of original data, such as author(s) who established the species, publishing year, author(s) or identified person(s), page(s), plate(s), text-figure(s), locality(ies), ages and horizon(s). For those generic names or specific names established based on Chinese specimens, the type specimens and their depository institutions have also been recorded. In this book, totally 109 generic names (among them, 35 generic names are established based on Chinese specimens) have been documented, and totally 903 specific names (among them, 402 specific names are established based on Chinese specimens). Each part attaches four appendixes, including: Index of Generic Names, Index of Specific Names, Table of Institutions that House the Type Specimens and Index of Generic Names to Volumes Ⅰ—Ⅵ. At the end of the book, there are references.

This book is a complete collection and an easy reference document that compiled based on extensive survey of both Chinese and abroad literatures and a systematic data collections of palaeobotany. It is suitable for reading for those who are working on research, education and data base related to palaeobotany, life sciences and earth sciences.

GENERAL FOREWORD

As a branch of sciences studying organisms of the geological history, palaeontology relies utterly on the fossil record, so does the palaeobotany as a branch of palaeontology. The compilation and editing of fossil plant data started early in the 19 century. F. Unger published *Synopsis Plantarum Fossilium* and *Genera et Species Plantarium Fossilium* in 1845 and 1850 respectively, not long after the introduction of C. von Linné's binomial nomenclature to the study of fossil plants by K. M. von Sternberg in 1820. Since then, indices or catalogues of fossil plants have been successively compiled by many professional institutions and specialists. Amongst them, the most influential are catalogues of fossil plants in the Geological Department of British Museum written by A. C. Seward and others, *Fossilium Catalogus II* : *Palantae* compiled by W. J. Jongmans and his successor S. J. Dijkstra, *The Fossil Record* (*Volume 1*) and *The Fossil Revord* (*Volume 2*) chief-edited by W. B. Harland and others and afterwards by M. J. Benton, and *Index of Generic Names of Fossil Plants* compiled by H. N. Andrews Jr. and his successors A. D. Watt, A. M. Blazer and others. Based partly on Andrews' index, the digital database "Index Nominum Genericorum (ING)" was set up by the joint efforts of the International Association of Plant Taxonomy and the Smithsonian Institution. There are also numerous catalogues or indices of fossil plants of specific regions, periods or institutions, such as catalogues of Cretaceous and Tertiary plants of North America compiled by F. H. Knowlton, L. F. Ward and R. S. La Motte, and those of Upper Triassic plants of the western United States by S. Ash, Carboniferous, Permian and Jurassic Plants by M. Boersma and L. M. Broekmeyer, Indian fossil plants by R. N. Lakhanpal, and fossil records of plants by S. V. Meyen and index of sporophytes and gymnosperm referred to USSR by V. A. Vachrameev. All these have no doubt benefited to the academic exchanges between palaeobotanists from different countries, and contributed considerably to the development of palaeobotany.

Although China is amongst the countries with widely distributed terrestrial deposits and rich fossil resources, scientific researches on fossil plants began much later in our country than in many other countries. For a quite long time, in our country, there were only few researchers, who are engaged in palaeobotanical studies. Since the 1950s, especially the beginning of Reform and Opening to the outside world in the late 1980s, palaeobotany became blooming in our country as other disciplines of science and technology. During the development and construction of the country, both palaeobotanists and publications have been markedly increased. The editing and compilation of the fossil plant record has also been put on the agenda to meet the needs of increasing academic activities, along with participation in the "Plant Fossil Record (PFR)" project sponsored by the International Organization of Palaeobotany. Professor Wu is one of the few pioneers who have paid special attention to data accumulation and compilation of the fossil plant records in China. Back in 1993, He published *Record of generic names of Mesozoic Megafossil Plants from China (1865 — 1990)* and *Index of New Generic Names Founded on Mesozoic and Cenozoic Specimens from China (1865 — 1990)*. In 2006, he published the generic names after 1990. *Catalogue of the Cenozoic Megafossil Plants of China* was also Published by Liu and others (1996).

It is a time consuming task to compile a comprehensive catalogue containing the fossil records of all plant groups in the geological history. After years of hard work, all efforts finally bore fruits, and are able to publish separately according to classification and geological distribution, as well as the progress of data accumulating and editing. All data will eventually be incorporated into the databases of all China fossil records: "Palaeontological and Stratigraphical Database of China" and "Geobiodiversity Database (GBDB)".

The pubilication of *Record of Megafossil Plants from China (1865 — 2005)* is one of the milestones in the development of palaeobotany, undoubtedly it will provide a good foundation and platform for the further development of this discipline. As an aged researcher in palaeobotany, I look eagerly forward to seeing the publication of the serial fossil catalogues of China.

Zhou Zhiyi

INTRODUCTION

In China, there is a long history of plant fossil discovery, as it is well documented in ancient literatures. Among them the voluminous work *Mengxi Bitan* (*Dream Pool Essays*) by Shen Kuo (1031 — 1095) in the Beisong (Northern Song) Dynasty is probably the earliest. In its 21st volume, fossil stems [later identified as stems of *Equisctites* or pith-casts of *Neocalamites* by Deng (1976)] from Yongningguan, Yanzhou, Shaanxi (now Yanshuiguan of Yanchuan County, Yan'an City, Shaanxi Province) were named "bamboo shoots" and described in details, which based on an interesting interpretation on palaeogeography and palaeoclimate was offered.

Like the living plants, the binary nomenclature is the essential way for recognizing, naming and studying fossil plants. The binary nomenclature (nomenclatura binominalis) was originally created for naming living plants by Swedish explorer and botanist Carl von Linné in his *Species Plantarum* firstly published in 1753. The nomenclature was firstly adopted for fossil plants by the Czech mineralogist and botanist K. M. von Sternberg in his *Versuch einer Geognostisch*: *Botamischen Darstellung der Flora der Vorwelt* issued since 1820. The *International Code of Botanical Nomenclature* thus set up the beginning year of modern botanical and palaeobotanical nomenclature as 1753 and 1820 respectively. Our series volumes of Chinese megafossil plants also follows this rule, compile generic and specific names of living plants set up in and after 1753 and of fossil plants set up in and after 1820. As binary nomenclature was firstly used for naming fossil plants found in China by J. S. Newberry [1865(1867)] at the Smithsonian Institute, USA, his paper *Description of Fossil Plants from the Chinese Coal-bearing Rocks* naturally becomes the starting point of the compiling of Chinese megafossil plant records of the current series.

China has a vast territory covers well developed terrestrial strata, which yield abundant fossil plants. During the past one and over a half centuries, particularly after the two milestones of the founding of PRC in 1949 and the beginning of Reform and Opening to the outside world in late 1970s, to meet the growing demands of the development and construction of the country, various scientific disciplines related to geological prospecting and meaning have been remarkably developed, among which palaeobotanical studies have been also well-developed with lots of fossil materials being accumulated. Preliminary statistics has shown that during 1865 (1867) — 2000, more than 2000 references related to Chinese megafossil plants had been published [Zhou and Wu (chief compilers), 2002]; 525 genera of Mesozoic megafossil plants discovered in China had been reported during 1865 (1867) — 1990 (Wu, 1993a), while 281 genera of Cenozoic megafossil plants found in China had been documented by 1993 (Liu et al., 1996); by the year of 2000, totally about 154 generic names have been established based on Chinese fossil plant material for the Mesozoic and Cenozoic deposits (Wu, 1993b, 2006). The above-mentioned megafossil plant records were published scatteredly in various periodicals or scientific magazines in different languages, such as Chinese, English, German, French, Japanese, Russian, etc., causing much inconvenience for the use and exchange of colleagues of palaeobotany and related fields both at home and abroad.

To resolve this problem, besides bibliographies of palaeobotany [Zhou and Wu (chief compilers), 2002], the compilation of all fossil plant records is an efficient way, which has already obtained enough attention in China since the 1980s (Wu, 1993a, 1993b, 2006). Based on the previous compilation as well as extensive searching for the bibliographies and literatures, now we are planning to publish series volumes of *Record of Megafossil Plants from China (1865 — 2005)* which is tentatively scheduled to comprise volumes of bryophytes, lycophytes, sphenophytes, filicophytes, cycadophytes, ginkgophytes, coniferophytes, angiosperms and others. These volumes are mainly focused on the Mesozoic megafossil plant data that were published from 1865 to 2005.

In each volume, only records of the generic and specific ranks are compiled, with higher ranks in the taxonomical hierarchy, e. g., families, orders, only mentioned in the item of "taxonomy" under each record. For a complete compilation and a well understanding for geological records of the megafossil plants, those genera and species with their type species and type specimens not originally described from China are also included in the volume.

Records of genera are organized alphabetically, followed by the items of author(s) of genus, publishing year of genus, type species (not necessary for genera originally set up for living plants), and taxonomy and others.

Under each genus, the type species (not necessary for genera originally set up for living plants) is firstly listed, and other species are then organized alphabetically. Every taxon with symbols of "aff." "Cf." "cf." "ex gr." or "?" and others in its name is also listed as an individual record but arranged after the species without any symbol. Undetermined species (sp.) are listed at the end of each genus entry. If there are more than one undetermined species (spp.), they will be arranged chronologically. In every record of species (including undetermined species) items of author of species, establishing year of species, and so on, will be included.

Under each record of species, all related reports (on species or specimens) officially published are covered with the exception of those shown solely as names with neither description nor illustration. For every report of the species or specimen, the following items are included: publishing year, author(s) or the person(s) who identify the specimen (species), page(s) of the literature, plate(s), figure(s), preserved organ(s), locality(ies), horizon(s) or stratum(a) and age(s). Different reports of the same specimen (species) is (are) arranged chronologically, and then alphabetically by authors' names, which may further classified into a, b, etc., if the same author(s) published more than one report within one year on the same species.

Records of generic and specific names founded on Chinese specimen(s) is (are) marked by the symbol "△". Information of these records are documented as detailed as possible based on their original publication.

To completely document *Record of Megafossil Plants from China (1865—2005)*, we compile all records faithfully according to their original publication without doing any delection or modification, nor offering annotations. However, all related modification and comments published later are included under each record, particularly on those with obvious problems, e. g., invalidly published naked names (nom. nud.).

According to *International Code of Botanical Nomenclature* (*Vienna Code*) article 36. 3, in order to be validly published, a name of a new taxon of fossil plants published on or after January 1st, 1996 must be accompanied by a Latin or English description or diagnosis or by a reference to a previously and effectively published Latin or English description or diagnosis (McNeill and others, 2006; Zhou, 2007; Zhou Zhiyan, Mei Shengwu, 1996; *Brief News of Palaeobotany in China*, No. 38). The current series follows article 36. 3 and the original language(s) of description and/or diagnosis is (are) shown in the records for those published on or after January 1st, 1996.

For the convenience of both Chinese speaking and non-Chinese speaking colleagues, every record in this series is compiled as two parts that are of essentially the same contents, in Chinese and English respectively. All cited references are listed only in western language (mainly English) strictly following the format of the English part of Zhou and Wu (chief compilers) (2002). Each part attaches four appendixes: Index of Generic Names, Index of Specific Names, Table of Institutions that House the Type Specimens and Index of Generic Names to Volumes Ⅰ—Ⅵ.

The publication of series volumes of *Record of Megafossil Plants from China (1865—2005)* is the necessity for the discipline accumulation and development. It provides further references for understanding the plant fossil biodiversity evolution and radiation of major plant groups through the geological ages. We hope that the publication of these volumes will be helpful for promoting the professional exchange at home and abroad of palaeobotany.

This book is the second volume of *Record of Megafossil Plants from China (1865 —2005)*. This volume is an attempt to compile complete data on the Mesozoic megafossil filicophytes from China that have been officially published from 1865 to 2005. In this book, totally 109 generic names (among them, 35 generic names are established based on Chinese specimens) have been documented, and totally 903 specific names (among them, 402 specific names are established based on Chinese specimens). The disspersed spore grains are not included in this book. We are grateful to receive further comments and suggestions from readers and colleagues.

This work is jointly supported by the Basic Work of Science and Technology (2013 FY113000) and the State Key Program of Basic Research (2012 C B 822003) of the Ministry of Science and Technology, the National Natural Sciences Foundation of China (No. 40972001, No. 40972008, No. 41272010), the State Key Laboratory of Palaeobiology and Stratigraphy (No. 103115, Y026150112), State Key Program of Basic Research of Ministry of Science and Technology, China (2012CB822003, 2006CB701401), the Important Directional Project (ZKZCX2-YW-154) and the Information Construction Project (INF105-SDB-1-42) of Knowledge Innovation Program of the Chinese Academy of Sciences.

We thank Prof. Wang Jun and others many colleagues and experts from the Department of Palaeobotany and Palynology of Nanjing Institute of Geology and Palaeontology (NIGPS), CAS for helpful suggestions and support. Special thanks are due to Acad. Zhou Zhiyan for his kind help and support for this work, and writing "General Foreword" of this book. We also acknowledge our sincere thanks to Prof. Yang Qun (the director of NIGPAS), Acad. Rong Jiayu, Acad. Shen Shuzhong and Prof. Yuan Xunlai (the head of State Key Laboratory of Palaeobiology and Stratigraphy), for their support for successful compilation and publication of this book. Ms. Zhang Xiaoping and Ms. Feng Man from the Liboratory of NIGPAS are appreciated for assistances of books and literatures collections.

Editor

SYSTEMATIC RECORDS

△Genus *Abropteris* Lee et Tsao, 1976

1976 Lee P C, Tsao Chengyao, in Lee P C and others, p. 100.

1993a Wu Xiangwu, pp. 5, 212.

1993b Wu Xiangwu, pp. 499, 509.

Type species: *Abropteris virginiensis* (Fontaine) Lee et Tsao, 1976

Taxonomic status: Osmundaceae, Filicopsida

△*Abropteris virginiensis* (Fontaine) Lee et Tsao, 1976

1883 *Lonchopteris virginiensis* Fontaine, p. 53, pl. 28, figs. 1, 2; pl. 29, figs. 1 — 4; fronds; Virginia, USA; Late Triassic.

1976 Lee P C, Tsao Chengyao, in Lee P C and others, p. 100; frond; Virginia, USA; Late Triassic.

1993a Wu Xiangwu, pp. 5, 212.

1993b Wu Xiangwu, pp. 499, 509.

△*Abropteris yongrenensis* Lee et Tsao, 1976

1976 Lee P C, Tsao Chengyao, in Lee P C and others, p. 102, pl. 12, figs. 1 — 3; pl. 13, figs. 6, 10, 11; text-fig. 3-1; sterile pinnae; Reg. No. : PB5215 — PB5217, PB5220 — PB5222; Holotype: PB5215 (pl. 12, fig. 1); Repository: Nanjing Institute of Geology and Palaeontology, Chinese Academy of Sciences; Moshahe of Dukou, Sichuan; Late Triassic Daqiaodi Member of Nalaqing Formation.

1993a Wu Xiangwu, pp. 5, 212.

1993b Wu Xiangwu, pp. 499, 509.

1995a Li Xingxue (editor-in-chief), pl. 76, figs. 1, 2; fronds; Moshahe of Dukou, Sichuan; Late Triassic Nalaqing Formation. (in Chinese)

1995b Li Xingxue (editor-in-chief), pl. 76, figs. 1, 2; fronds; Moshahe of Dukou, Sichuan; Late Triassic Nalaqing Formation. (in English)

△Genus *Acanthopteris* Sze, 1931

1931 Sze H C, p. 53.

1963 Sze H C, Lee H H and others, p. 125.

1970 Andrews, p. 11.

1984 Wang Ziqiang, p. 241.

1993a Wu Xiangwu, pp. 5, 212.

1993b Wu Xiangwu, pp. 499, 509.

Type species: *Acanthopteris gothani* Sze, 1931

Taxonomic status: Dicksoniaceae, Filicopsida

△*Acanthopteris gothani* Sze, 1931

1931 Sze H C, p. 53, pl. 7, figs. 2—4; fronds; Sunjiagou of Fuxin, Liaoning; Early Jurassic (Lias).

1963 Sze H C, Lee H H and others, p. 125, pl. 46, figs. 1, 2; fronds; Sunjiagou of Fuxin, Liaoning; Late Jurassic.

1970 Andrews, p. 11.

1979 Wang Ziqiang, Wang Pu, pl. 1, figs. 15—17; fronds; Tuoli of West Hill, Beijing; Early Cretaceous Tuoli Formation.

1980 Zhang Wu and others, p. 251, pl. 158, figs. 1, 2; fronds; Fuxin, Liaoning; Early Cretaceous Fuxin Formation.

1981 Chen Fen and others, p. 46, pl. 1, figs. 1—3; fronds; Haizhou Opencut Coal Mine of Fuxin, Liaoning; Early Cretaceous Fuxin Formation.

1982 Chen Fen, Yang Guanxiu, p. 577, pl. 1, fig. 3; frond; Houshangou of Pingquan, Hebei; Early Cretaceous Jiufotang Formation.

1982a Yang Xuelin, Sun Liwen, p. 589, pl. 1, figs. 1, 2; fronds; Shahezi of southeastern Songhuajiang-Liaohe Basin; Late Jurassic Shahezi Formation; Liufangzi of southeastern Songhuajiang-Liaohe Basin; Early Cretaceous Yingcheng Formation.

1983b Cao Zhengyao, p. 30, pl. 2, figs. 3, 3a; sterile pinna; Yonghong Coal Mine of Hulin, Heilongjiang; Late Jurassic upper part of Yunshan Formation.

1984 Wang Ziqiang, p. 241, pl. 148, figs. 1—3; pl. 149, fig. 1; fronds; West Hill, Beijing; Early Cretaceous Tuoli Formation; Zhangjiakou, Hebei; Early Cretaceous Qingshila Formation.

1985 Li Jieru, p. 203, pl. 2, figs. 1, 2; fronds; Huanghuadianzi of Xiuyan, Liaoning; Early Cretaceous Xiaoling Formation.

1985 Shang Ping, pl. 1, figs. 1—3, 8; fronds; Fuxin Coal Basin, Liaoning; Early Cretaceous Sunjiawan Member of Haizhou Formation.

1986 Zhang Chuanbo, pl. 1, fig. 7; frond; Tongfosi of Yanji, Jilin; middle — late Early Cretaceous Tongfosi Formation.

1987 Zhang Zhicheng, p. 377, pl. 1, figs. 5, 6; pl. 2, figs. 1, 2; sterile pinnae and fertile pinnae; Haizhou Opencut Coal Mine of Fuxin, Liaoning; Early Cretaceous Fuxin Formation.

1988 Chen Fen and others, p. 39, pl. 9, figs. 1—5; pl. 10, figs. 1, 2; pl. 12, fig. 1; pl. 62, figs. 5—7; fronds and fertile pinnae; Haizhou Mine and Xinqiu Mine of Fuxin, Liaoning; Early Cretaceous Fuxin Formation; Qinghemen of Fuxin, Liaoning; Early Cretaceous Shahai Formation; Tiefa Basin, Liaoning; Early Cretaceous Lower Coal-bearing Member and Upper Coal-bearing Member of Xiaoming'anbei Formation.

1988 Sun Ge, Shang Ping, pl. 1, fig. 8; pl. 2, fig. 5; fronds; Huolinhe Coal Field, Inner Mongolia; Early Cretaceous Huolinhe Formation.

1991 Bureau of Geology and Mineral Resources of Beijing Municipality, pl. 17, fig. 13; Fangshan, Beijing; Early Cretaceous Lushangfen Formation.

1991 Deng Shenghui, pl. 1, figs. 8, 9; sterile pinnae and fertile pinnae; Huolinhe Basin, Inner Mongolia; Early Cretaceous Lower Coal-bearing Member of Huolinhe Formation.

1991 Zhang Chuanbo and others, pl. 2, fig. 10; frond; Shibeiling of Jiutai, Jilin; Early Cretaceous Dayangcaogou Formation.

1992a Cao Zhengyao, pl. 3, figs. 5, 10, 11; fronds; Suibin-Shuangyashan area, eastern Heilongjiang; Early Cretaceous member 1, member 2 and member 4 of Chengzihe Formation.

1992 Deng Shenghui, pl. 1, figs. 15 — 20; fertile pinnae; Tiefa Basin, Liaoning; Early Cretaceous Xiaoming'anbei Formation.

1993 Bureau of Geology and Mineral Resources of Heilongjiang Province, pl. 12, fig. 2; frond; Heilongjiang Province; Early Cretaceous Chengzihe Formation.

1993 Hu Shusheng, Mei Meitang, p. 326, pl. 1, fig. 3; frond; Taixin of Liaoyuan, Jilin; Early Cretaceous Lower Coal-bearing Member of Chang'an Formation.

1993 Li Jieru and others, pl. 1, fig. 17; frond; Jixian of Dandong, Liaoning; Early Cretaceous Xiaoling Formation.

1993a Wu Xiangwu, pp. 5, 212.

1993b Wu Xiangwu, pp. 499, 509.

1994 Cao Zhengyao, fig. 4e; frond; Heilongjiang Province; early Early Cretaceous Chengzihe Formation.

1994 Xiao Zongzheng and others, pl. 15, fig. 4; frond; Fangshan, Beijing; Early Cretaceous Tuoli Formation.

1995b Deng Shenghui, p. 28, pl. 13, figs. 1 — 4; pl. 14, figs. 2 — 6; pl. 15, figs. 1 — 4; pl. 17, fig. 5; fronds and fertile pinnae; Huolinhe Basin, Inner Mongolia; Early Cretaceous Huolinhe Formation.

1995 Deng Shenghui, Yao Lijun, pl. 1, fig. 1; sporangium; Northeast China; Early Cretaceous.

1995a Li Xingxue (editor-in-chief), pl. 97, fig. 4; pl. 98, figs. 3 — 5; fronds and fertile pinnae; Hegang, Heilongjiang; Early Cretaceous Shitouhezi Formation; Songxiaping of Helong, Jilin; Early Cretaceous Changcai Formation; Tiefa, Liaoning; Early Cretaceous Xiaoming'anbei Formation. (in Chinese)

1995b Li Xingxue (editor-in-chief), pl. 97, fig. 4; pl. 98, figs. 3 — 5; fronds and fertile pinnae; Hegang, Heilongjiang; Early Cretaceous Shitouhezi Formation; Songxiaping of Helong, Jilin; Early Cretaceous Changcai Formation; Tiefa, Liaoning; Early Cretaceous Xiaoming'anbei Formation. (in English)

1997 Deng Shenghui and others, p. 34, pl. 15, figs. 1 — 9; fronds; Jalai Nur and Dayan Basin, Inner Mongolia; Early Cretaceous Yimin Formation and Damoguaihe Formation.

1998b Deng Shenghui, pl. 1, fig. 9; frond; Pingzhuang-Yuanbaoshan Basin, Inner Mongolia; Early Cretaceous Yuanbaoshan Formation.

2000 Hu Shusheng, Mei Meitang, pl. 1, fig. 2; frond; Taixin 3th Pit of Liaoyuan, Jilin; Early

Cretaceous Lower Coal-bearing Member of Chang'an Formation.

2001 Deng Shenghui, Chen Fen, pp. 92, 208, pl. 51, fig. 1; pl. 52, figs. 1, 2; pl. 53, figs. 1 — 8; pl. 54, figs. 1 — 4; pl. 55, figs. 1 — 5; pl. 56, figs. 1 — 6; pl. 57, figs. 1 — 9; pl. 58, figs. 1 — 8; pl. 59, figs. 1 — 9; pl. 60, figs. 1 — 7; pl. 61, figs. 1 — 6; pl. 62, figs. 1 — 6; pl. 63, figs. 1 — 6; pl. 64, figs. 1 — 6; text-fig. 20; fronds and fertile pinnae; Fuxin Basin, Liaoning; Early Cretaceous Fuxin Formation; Tiefa Basin, Liaoning; Early Cretaceous Xiaoming'anbei Formation; Hailar, Inner Mongolia; Early Cretaceous Damoguaihe Formation and Yimin Formation; Huolinhe Basin, Inner Mongolia; Early Cretaceous Huolinhe Formation; Pingzhuang-Yuanbaoshan Basin, Inner Mongolia; Early Cretaceous Xingyuan Formation and Yuanbaoshan Formation; Liaoyuan Basin, Jilin; Early Cretaceous Liaoyuan Formation; Jiaohe Basin, Jilin; Early Cretaceous Wulin Formation and Shansong Formation; Yingcheng of Jiutai, Jilin; Early Cretaceous Shahezi Formation and Yingcheng Formation; Jixi Basin, Heilongjiang; Early Cretaceous Didao Formation and Chengzihe Formation; Sanjiang Basin, Heilongjiang; Early Cretaceous Chengzihe Formation; Longzhaogou, Heilongjiang; Early Cretaceous Yunshan Formation; Dongning Basin, Heilongjiang; Early Cretaceous Dongning Formation.

2002 Deng Shenghui, pl. 1, figs. 1 — 4; pl. 2, figs. 2, 3; fertile pinnae and sterile pinnae; Northeast China; Early Cretaceous.

2003 Yang Xiaoju, p. 565, pl. 2, figs. 4, 10; sterile fronds; Jixi Basin Heilongjiang; Early Cretaceous Muling Formation.

△*Acanthopteris acutata* (Samylina) Zhang, 1980

1972 *Birisia acutat* Samylina, p. 96, pl. 1, figs. 1 — 4; pl. 2, fig. 3; fronds; Kolyma River Basin; Early Cretaceous.

1980 Zhang Wu and others, p. 250, pl. 158, figs. 3 — 5; fronds; Chengzihe of Jixi, Heilongjiang; Early Cretaceous Chengzihe Formation; Hada of Jidong and Heitai of Mishan, Heilongjiang; Early Cretaceous Muling Formation.

1982b Zheng Shaolin, Zhang Wu, p. 296, pl. 5, fig. 7; frond; Baoshan of Shuangyashan, Heilongjiang; Early Cretaceous Chengzihe Formation.

1986 Li Xingxue and others, p. 6, pl. 1, fig. 3; pl. 2, figs. 1, 1a, 2; pl. 3, figs. 3 — 3b; pl. 44, fig. 1; text-fig. 2; fronds; Shansong of Jiaohe, Jilin; Early Cretaceous Jiaohe Group.

1992a Cao Zhengyao, p. 213, pl. 2, fig. 5; pl. 3, figs. 1 — 4; fronds; Suibin-Shuangyashan area, eastern Heilongjiang; Early Cretaceous member 3 of Chengzihe Formation.

1993a Wu Xiangwu, pp. 5, 212.

△*Acanthopteris alata* (Fontaine) Zhang, 1980

1905 *Cladophlebis alata* Fontaine, in Ward L F, p. 158, pl. 39, figs. 9 — 11; pl. 40, figs. 1 — 9; fronds; North America; Early Cretaceous.

1938 *Cladophlebidium alatum* Prynada, p. 34, pl. 1; pl. 2, figs. 1a, 2a; fronds; Kolyma River Basin; Early Cretaceous.

1980 Zhang Wu and others, p. 251, pl. 158, figs. 6, 7; pl. 159, figs. 1 — 3; sterile pinnae and fertile pinnae; Hegang, Heilongjiang; Early Cretaceous Shitoumiaozi Formation; Jixi and Heitai of Mishan, Heilongjiang; Early Cretaceous Muling Formation; Hada of Jidong,

Heilongjiang; Early Cretaceous Chengzihe Formation.

1983 Zhang Zhicheng, Xiong Xianzheng, p. 55, pl. 1, figs. 5, 8; pl. 3, fig. 4; fronds; Dongning Basin, Heilongjiang; Early Cretaceous Dongning Formation.

1986 Li Xingxue and others, p. 7, pl. 5, figs. 1 — 3; pl. 6, figs. 1 — 3; pl. 7, figs. 6 — 8; pl. 8, fig. 5; fronds; Shansong of Jiaohe, Jilin; Early Cretaceous Jiaohe Group.

1989 Mei Meitang and others, p. 91, pl. 43, fig. 1; frond; China; Jurassic — Early Cretaceous.

1991 Zhang Chuanbo and others, pl. 2, figs. 5, 7; fronds; Liufangzi of Jiutai, Jilin; Early Cretaceous Dayangcaogou Formation.

1993a Wu Xiangwu, pp. 5, 212.

1993c Wu Xiangwu, p. 77, pl. 1, figs. 3, 3a, 4; fronds; Fengjiashan-Shanqingcun Section of Shangxian, Shaanxi; Early Cretaceous lower member of Fengjiashan Formation.

△***Acanthopteris onychioides* (Vassilvskajia et Kursa-Mursa) Zhang, 1980**

1956 *Coniopteris onychioides* Vassilvskajia et Kara-Mursa, p. 38, pls. 1 — 3; text-figs. 1 — 5; fronds; Lena River Basin; Early Cretaceous.

1980 Zhang Wu and others, p. 251, pl. 159, figs. 4 — 6; fronds; Jixi, Heilongjiang; Early Cretaceous Chengzihe Formation; Heitai of Mishan, Heilongjiang; Early Cretaceous Muling Formation.

1982b Zheng Shaolin, Zhang Wu, p. 299, pl. 6, figs. 6 — 8; pl. 9, fig. 3; fronds; Yunshan of Hulin, Heilongjiang; Late Jurassic Yunshan Formation.

1983b Cao Zhengyao, p. 30, pl. 1, figs. 3, 4; pl. 2, figs. 2, 2a; pl. 3, figs. 8 — 11; pl. 8, figs. 5, 6; sterile pinnae and fertile pinnae; Yonghong Coal Mine of Hulin, Heilongjiang; Late Jurassic upper part of Yunshan Formation.

1983a Zheng Shaolin, Zhang Wu, p. 80, pl. 3, fig. 2; pl. 4, figs. 8, 9; sterile fronds and fertile fronds; Wanlongcun of Boli, Heilongjiang; Early Cretaceous Dongshan Formation.

1984 Wang Ziqiang, p. 241, pl. 148, figs. 6 — 9; fronds; West Hill, Beijing; Early Cretaceous Tuoli Formation.

1989 Mei Meitang and others, p. 91, pl. 43, fig. 2; frond; China; Late Jurassic — Early Cretaceous.

1992a Cao Zhengyao, pl. 3, figs. 7 — 9; sterile pinnae and fertile pinnae; Suibin-Shuangyashan area, eastern Heilongjiang; Early Cretaceous member 2 and member 3 of Chengzihe Formation.

1992 Sun Ge, Zhao Yanhua, p. 526, pl. 228, fig. 7; frond; Songxiaping of Helong, Jilin; Late Jurassic Changcai Formation.

1993 Bureau of Geology and Mineral Resources of Heilongjiang Province, pl. 11, fig. 11; frond; Heilongjiang Province; Late Jurassic Shuguang Formation.

1993a Wu Xiangwu, p. 5.

1994 Cao Zhengyao, fig. 4f; frond; eastern Heilongjiang; early Early Cretaceous Chengzihe Formation.

△***Acanthopteris szei* Cao, 1984**

1984a Cao Zhengyao, pp. 31, 45, pl. 1, figs. 5 — 6b; pl. 2, fig. 4(?); pl. 8, figs. 7, 8; fronds; Col. No. : HM62; Reg. No. : PB10262 — PB10267; Holotype: PB10265 (pl. 8, fig. 8);

Repository: Nanjing Institute of Geology and Palaeontology, Chinese Academy of Sciences; Yonghong of Hulin, Heilongjiang; Late Jurassic lower part of Yunshan Formation.

***Acanthopteris* spp.**

1984a *Acanthopteris* sp., Cao Zhengyao, p. 6, pl. 8, figs. 3 — 4a; sterile pinnae; Peide Coal Mine of Mishan, Heilongjiang; Middle Jurassic Qihulin Formation.

1985 *Acanthopteris* sp., Li Jieru, pl. 1, figs. 11 — 13; fertile pinnae; Huanghuadianzi of Xiuyan, Liaoning; Early Cretaceous Xiaoling Formation.

1992a *Acanthopteris* sp., Cao Zhengyao, p. 214, pl. 3, fig. 6; frond; Suibin-Shuangyashan area, eastern Heilongjiang; Early Cretaceous member 3 of Chengzihe Formation.

2003 *Acanthopteris* sp., Xu Kun and others, pl. 5, figs. 6 — 8; fronds; Peide Coal Mine of Mishan, Heilongjiang; Middle Jurassic Qihulin Formation.

***Acanthopteris*? sp.**

1984a *Acanthopteris*? sp., Cao Zhengyao, p. 7, pl. 2, fig. 9; pl. 3, fig. 4A; sterile pinnae; Xincun of Mishan, Heilongjiang; Late Jurassic lower part of Yunshan Formation.

Genus *Acitheca* Schimper, 1879

1879 (1879 — 1890) Schimper, in Schimper and Schenk, p. 91.

1983 He Yuanliang, in Yang Zunyi and others, p. 186.

1993a Wu Xiangwu, p. 49.

Type species: *Acitheca polymorpha* (Brongniart) Schimper, 1879

Taxonomic status: Marattiaceae, Filicopsida

***Acitheca polymorpha* (Brongniart) Schimper, 1879**

1879 Schimper, in Schimper and Schenk, p. 91, fig. 66 (9 — 12); fertile pinna; England; Late Carboniferous.

1993a Wu Xiangwu, p. 49.

△*Acitheca qinghaiensis* He, 1983

1983 He Yuanliang, in Yang Zunyi and others, p. 186, pl. 28, figs. 4 — 10; fronds (fertile fronds); Col. No.: $75YP_{vi}$ F9-2; Reg. No.: Y1605 — Y1620; Yikewulan of Gangcha, Qinghai; Late Triassic upper member in Atasi Formation of Mole Group. (Notes: The type specimen was not designated in the original paper)

1993a Wu Xiangwu, p. 49.

Genus *Acrostichopteris* Fontaine, 1889

1889 Fontaine, p. 107.

1980 Chang Chichen, in Zhang Wu and others, p. 252.

1993a Wu Xiangwu, p. 49.

Type species: *Acrostichopteris longipennis* Fontaine, 1889

Taxonomic status: Filicopsida

Acrostichopteris longipennis **Fontaine, 1889**

1889 Fontaine, p. 107, pl. 170, fig, 10; pl. 171, figs, 5, 7; foliage fronds; Baltimore of Maryland, USA; Early Cretaceous Potomac Group.

1993a Wu Xiangwu, p. 49.

△***Acrostichopteris? baierioides*** **Chang, 1980**

1980 Chang Chichen, in Zhang Wu and others, p. 252, pl. 162, fig. 6; frond; Reg. No.: D187; Tongfosi of Yanji, Jilin; Early Cretaceous Tongfosi Formation.

1993a Wu Xiangwu, p. 49.

△***Acrostichopteris interpinnula*** **Meng et Chen, 1988**

1988 Meng Xiangying, Chen Fen, in Chen Fen and others, pp. 45, 147, pl. 11, figs. 1 — 14; fronds and fertile pinnae; No.: Fx062 — Fx065; Repository: Beijing Graduate School, Wuhan College of Geology; Xinqiu Opencut Coal Mine of Fuxin, Liaoning; Early Cretaceous middle member of Fuxin Formation. (Notes: The type specimen was not designated in the original paper)

2001 Deng Shenghui, Chen Fen, pp. 116, 213, pl. 66, figs. 1 — 7; pl. 67, figs. 1 — 8; pl. 68, figs. 1 — 6; fronds and fertile pinnae; Fuxin Basin, Liaoning; Early Cretaceous Fuxin Formation.

△***Acrostichopteris liaoningensis*** **Zhang, 1987**

1987 Zhang Zhicheng, p. 377, pl. 2, figs. 3 — 6; fronds; Reg. No.: SG12014 — SG12017; Repository: Shenyang Institute of Geology and Mineral Resources; Haizhou Opencut Coal Mine of Fuxin, Liaoning; Early Cretaceous Fuxin Formation. (Notes: The type specimen was not designated in the original paper)

△***Acrostichopteris? linhaiensis*** **Cao, 1999** (in Chinese and English)

1999 Cao Zhengyao, pp. 54, 146, pl. 13, fig. 10; sterile pinna; Col. No.: C3 — A6; Reg. No.: PB14364; Holotype: PB14364 (pl. 13, fig. 10); Repository: Nanjing Institute of Geology and Palaeontology, Chinese Academy of Sciences; Xiaoling of Linhai, Zhejiang; Early Cretaceous Guantou Formation.

△***Acrostichopteris pingquanensis*** **Chen et Yang, 1982**

1982 Chen Fen, Yang Guanxiu, pp. 577, 580, pl. 1, figs. 5 — 8; fronds; No.: HP003 — HP006; Houshangou of Pingquan, Hebei; Early Cretaceous Jiufotang Formation. (Notes: The type specimen was not designated in the original paper)

△***Acrostichopteris xishanensis*** **Xiao, 1991** (nom. nud.)

1991 Xiao Zongzheng, in Bureau of Geology and Mineral Resources of Beijing Municipality, pl. 17, fig. 12; Fangshan, Beijing; Early Cretaceous Lushangfen Formation. (nom. nud.)

1994 Xiao Zongzheng and others, pl. 15, fig. 4; frond; Reg. No.: PL006; Fangshan, Beijing;

Early Cretaceous Tuoli Formation. (nom. nud.)

△***Acrostichopteris*? *zhangjiakouensis* Wang X F, 1984**

1984 Wang Xifu, p. 299, pl. 177, figs. 3, 4; fronds; Reg. No. : HB-73; Huangjiapu of Wanquan, Hebei; Early Cretaceous Qingshila Formation.

***Acrostichopteris* spp.**

1982 *Acrostichopteris* sp., Chen Fen, Yang Guanxiu, p. 578, pl. 2, figs. 1 — 4; fronds; Fangshan, Bejing; Early Cretaceous Xinzhuang Formation of Tuoli Group; Houshangou of Pingquan, Hebei; Early Cretaceous Jiufotang Formation.

1989 *Acrostichopteris* sp., Ding Baoliang and others, pl. 1, fig. 10; frond; Chishagang of Wencheng, Zhejiang; Early Cretaceous Guantou Formation.

1991 *Acrostichopteris* sp., Li Peijuan, Wu Yimin, p. 285, pl. 7, figs. 2, 2a; frond; Mami of Gerze, Tibet; Early Cretaceous Chuanba Formation.

1995b *Acrostichopteris* sp., Deng Shenghui, p. 33, pl. 1, fig. 12; text-fig. 10; frond; Huolinhe Basin, Inner Mongolia; Early Cretaceous Huolinhe Formation.

2001 *Acrostichopteris* sp., Deng Shenghui, Chen Fen, p. 117, pl. 106, fig. 7; frond; Tiefa Basin, Liaoning; Early Cretaceous Xiaoming'anbei Formation.

Genus *Adiantopteris* Vassilevskajia, 1963

1963 Vassilevskajia, p. 586.

1982b Zheng Shaolin, Zhang Wu, p. 304.

1993a Wu Xiangwu, p. 50.

Type species: *Adiantopteris sewardii* (Yabe) Vassilevskajia, 1963

Taxonomic status: Filicopsida Adiantaceae

***Adiantopteris sewardii* (Yabe) Vassilevskajia, 1963**

1905 *Adiantites sewardii* Yabe, p. 39, pl. 1, figs. 1 — 8; fronds; Korea; Late Jurassic — Early Cretaceous.

1963 Vassilevskajia, p. 586.

1982b Zheng Shaolin, Zhang Wu, p. 304, pl. 8, figs. 5 — 9; fronds; Nuanquan in Didao of Jixi, Heilongjiang; Late Jurassic Didao Formation.

1993 Bureau of Geology and Mineral Resources of Heilongjiang Province, pl. 11, fig. 8; frond; Heilongjiang Province; Late Jurassic Didao Formation.

1993a Wu Xiangwu, p. 50.

***Adiantopteris* cf. *sewardii* (Yabe) Vassilevskajia**

1983a Zheng Shaolin, Zhang Wu, p. 81, pl. 2, figs. 13 — 15; fronds; Wanlongcun of Boli, Heilongjiang; Early Cretaceous Dongshan Formation.

△***Adiantopteris eleganta* Deng, 1993**

1993 Deng Shenghui, p. 257, pl. 1, figs. 3, 4; text-figs. b, c; fronds and fertile pinnae; No. :

H14A330; Repository: China University of Geosciences (Beijing); Huolinhe Basin, Inner Mongolia; Early Cretaceous Huolinhe Formation.

1995b Deng Shenghui, p. 21, pl. 8, figs. 2, 2a; text-fig. 6; fertile pinna; Huolinhe Basin, Inner Mongolia; Early Cretaceous Huolinhe Formation.

2001 Deng Shenghui, Chen Fen, pp. 112, 212, pl. 65, figs. 1 — 8; text-fig. 24; sterile pinnae and fertile pinnae; Huolinhe Basin, Inner Mongolia; Early Cretaceous Huolinhe Formation.

△*Adiantopteris schmidtianus* (Heer) Zheng et Zhang, 1982

1876 *Adiantite schmidtianus* Heer, p. 36, pl. 2, figs. 12, 13; fronds; Irkutsk Basin; Jurassic.

1876 *Adiantite schmidtianus* Heer, p. 93, pl. 21, fig. 7; frond; upper reaches of Heilongjiang River; Late Jurassic.

1982b Zheng Shaolin, Zhang Wu, p. 304, pl. 7, figs. 11 — 13; fronds; Yuanbaoshan of Mishan, Heilongjiang; Late Jurassic Yunshan Formation.

1993a Wu Xiangwu, p. 50.

***Adiantopteris* sp.**

1982b *Adiantopteris* sp., Zheng Shaolin, Zhang Wu, p. 305, pl. 8, figs. 10, 11; fronds; Baoshan of Shuangyashan, Heilongjiang; Early Cretaceous Chengzihe Formation.

1993a *Adiantopteris* sp., Wu Xiangwu, p. 50.

Genus *Adiantum* Linné, 1875

1884 Schenk, p. 168 (6).

1993a Wu Xiangwu, p. 50.

Type species: (living genus)

Taxonomic status: Adiantaceae, Filicopsida

△*Adiantum szechenyi* Schenk, 1884

1884 Schenk, p. 168 (6), pl. 13 (1), fig. 6; frond; Guangyuan, Sichuan; late Late Triassic — Early Jurassic. [Notes: This specimen lately was referred as *Sphenopteris* sp. (Sze H C, Lee H H and others, 1963)]

1993a Wu Xiangwu, p. 50.

△Genus *Allophyton* Wu, 1982

1982a Wu Xiangwu, p. 53.

1993a Wu Xiangwu, pp. 5, 212.

1993b Wu Xiangwu, pp. 498, 509.

Type species: *Allophyton dengqenensis* Wu, 1982

Taxonomic status: Filicopsida?

△*Allophyton dengqenensis* Wu, 1982

1982a Wu Xiangwu, p. 53, pl. 6, fig. 1; pl. 7, figs. 1, 2; stems; Col. No. : RN0038, RN0040, RN0045; Reg. No. : PB7263 — PB7265; Holotype: PB7263 (pl. 6, fig. 1); Repository: Nanjing Institute of Geology and Palaeontology, Chinese Academy of Sciences; Dingqing, Tibet; Mesozoic (Late Triassic?) coal-bearing strata.

1993a Wu Xiangwu, pp. 5, 212.

1993b Wu Xiangwu, pp. 498, 509.

Genus *Angiopteridium* Schimper, 1869

1869 (1869 — 1874) Schimper, p. 603.

1906 Yokoyama, pp. 13, 16.

1993a Wu Xiangwu, p. 53.

Type species: *Angiopteridium muensteri* (Goeppert) Schimper, 1869

Taxonomic status: Marattiaceae, Filicopsida

Angiopteridium muensteri (Goeppert) Schimper, 1869

1869 (1869 — 1874) Schimper, p. 603, pl. 35, figs. 1 — 6; fronds; Bayreuth and Bamberg of Bavaria; Late Triassic (Rhaetic).

1993a Wu Xiangwu, p. 53.

Angiopteridium infarctum Feistmantel, 1881

1881 Feistmantel, p. 93, pl. 34, figs. 4, 5; fronds; near Kumardhubi of Barakar, West Bengal; Permian Barakar Stage.

Angiopteridium cf. *infarctum* Feistmantel

1906 Yokoyama, pp. 13, 16, pl. 1, figs. 1 — 7; pl. 2, fig. 2; fronds; Tangtang and Shuitangpu of Xuanwei, Yunnan; Triassic. [Notes: This specimen lately was referred as *Protoblechnum contractum* Chow (MS) and the horizon was referred as Late Permian Longtan Formation (Sze H C, Lee H H and others, 1963)]

1993a Wu Xiangwu, p. 53.

Genus *Angiopteris* Hoffmann, 1796

1883 Schenk, p. 260.

1993a Wu Xiangwu, p. 54.

Type species: (living genus)

Taxonomic status: Angiopteridaceae Filicopsida

△*Angiopteris antiqua* Hsu et Chen, 1974

1974 Hsu J, Chen Yeh, in Hsu J and others, p. 267, pl. 1, figs. 1, 2; fronds; No. : No. 2676;

Repository: Institute of Botany, the Chinese Academy of Sciences; Nalajing of Yongren, Yunnan; Late Triassic middle-upper part of Daqiaodi Formation.

1978 Yang Xianhe, p. 473, pl. 166, fig. 3; pl. 185, fig. 4; fronds; Dukou, Sichuan; Late Triassic Daqiaodi Formation.

1979 Hsu J and others, p. 19, pl. 5, figs. 1, 1a; frond; Baoding, Sichuan; Late Triassic Daqing Formation.

△?*Angiopteris hongniensis* Chen et Duan, 1979

1979a Chen Ye, Duan Shuying, in Chen Ye and others, p. 57, pl. 1, figs. 5, 5a; frond; No. : No. 6908; Repository: Institute of Botany, the Chinese Academy of Sciences; Hongni of Yanbian, Sichuan; Late Triassic Daqiaodi Formation.

△*Angiopteris richthofeni* Schenk, 1883

1883 Schenk, p. 260, pl. 53, figs. 3, 4; fronds; Zigui, Hubei; Jurassic. [Notes: This specimen lately was referred as *Taeniopteris richthofeni* (Schenk) Sze (Sze H C, Lee H H and others, 1963)]

1993a Wu Xiangwu, p. 54.

△*Angiopteris*? *taeniopteroides* Yang, 1978

1978 Yang Xianhe, p. 473, pl. 156, fig. 4; frond; Reg. No. : Sp0010; Holotype: Sp0010 (pl. 156, fig. 4); Repository: Chengdu Institute of Geology and Mineral Resources; Baoding of Dukou, Sichuan; Late Triassic Daqiaodi Formation.

△*Angiopteris yungjenensis* Hsu et Chen, 1974

1974 Hsu J, Chen Yeh, in Hsu J and others, p. 267, pl. 1, figs. 3, 4; fronds; No. : No. 836; Repository: Institute of Botany, the Chinese Academy of Sciences; Taipingchang of Dukou, Sichuan; Late Triassic Daqing Formation.

1978 Yang Xianhe, p. 474, pl. 165, fig. 2; pinnate compound leaf; Taipingchang of Dukou, Sichuan; Late Triassic Daqiaodi Formation.

1979 Hsu J and others, p. 19, pl. 5, figs. 2, 2a; frond; Taipingchang of Dukou, Sichuan; Late Triassic lower part of Daqing Formation.

Genus *Anomopteris* Brongniart, 1828

1828 Brongniart, pp. 69, 190.

1990a Wang Ziqiang, Wang Lixin, p. 121.

1993a Wu Xiangwu, p. 55.

Type species: *Anomopteris mougeotii* Brongniart, 1828

Taxonomic status: Filicopsida?

Anomopteris mougeotii Brongniart, 1828

1828 Brongniart, pp. 69, 190; foliage fronds; Vosges, France; Triassic.

1831 (1928 — 1938) Brongniart, p. 258, pls. 79 — 81; foliage fronds; Vosges, France; Triassic.

1993a Wu Xiangwu, p. 55.

***Anomopteris* cf. *mougeotii* Brongniart**

1990a Wang Ziqiang, Wang Lixin, p. 121, pl. 24, fig. 5; frond; Xigou of Yiyang, Henan; Early Triassic upper member of Heshanggou Formation.

Cf. *Anomopteris mougeotii* Brongniart

1978 Wang Lixin and others, pl. 4, figs. 1, 2; fronds; Shangzhuang of Pingyao, Shanxi; Early Triassic.

1993a Wu Xiangwu, p. 55.

△*Anomopteris*? *ermayingensis* Wang Z et Wang L, 1990

1990b Wang Ziqiang, Wang Lixin, p. 306, pl. 4, figs. 3 — 5; text-fig. 3; fronds; No. : No. 2801, No. 8409-8, No. 8409-14; Holotype: No. 8409-8 (pl. 4, fig. 3); Repository: Nanjing Institute of Geology and Palaeontology, Chinese Academy of Sciences; Manshui of Qinxian, Shanxi; Middle Triassic base part of Ermaying Formation.

△*Anomopteris minima* Wang Z et Wang L, 1990

1990a Wang Ziqiang, Wang Lixin, p. 119, pl. 15, figs. 1 — 5; pl. 16, figs. 1 — 9; text-figs. 5a — 5e; fronds; No. : No. 8307-1, No. 8307-3 — No. 8307-6, No. 8307-19 — No. 8307-21, No. 8307-25, No. 8307c, No. 8307d; Holotype: No. 8307-1 (text-fig. 5c); Paratype 1: No. 8307d (pl. 16, fig. 9); Paratype 2: No. 8307-21 (pl. 16, fig. 1); Repository: Nanjing Institute of Geology and Palaeontology, Chinese Academy of Sciences; Hongzui of Shouyang, Shanxi; Early Triassic lower member of Heshanggou Formation.

***Anomopteris*? sp.**

1986b *Anomopteris*? sp., Zheng Shaolin, Zhang Wu, p. 178, pl. 4, figs. 1 — 4; fronds; Yangshugou of Harqin Left Wing, western Liaoning; Early Triassic Hongla Formation.

Genus *Arctopteris* Samylina, 1964

1964 Samylina, p. 51.

1978 Yang Xuelin and others, pl. 2, fig. 6.

1993a Wu Xiangwu, p. 57.

Type species: *Arctopteris kolymensis* Samylina, 1964

Taxonomic status: Pteridaceae, Filicopsida

***Arctopteris kolymensis* Samylina, 1964**

1964 Samylina, p. 51, pl. 3, figs. 5 — 8; pl. 4, figs. 1, 2; text-fig. 4; fronds; Northeast USSR; Early Cretaceous.

1984 Wang Ziqiang, p. 249, pl. 149, figs. 14, 15; fronds; Zhangjiakou, Hebei; Early Cretaceous Qingshila Formation.

1993a Wu Xiangwu, p. 57.

Arctopteris heteropinnula **Kiritchkova, 1966**

1966 Kiritchkova and others., p. 157, pl. 5, figs. 5 — 10; text-fig. 2; fronds; Lena River Basin; Early Cretaceous.

1988 Chen Fen and others, p. 40, pl. 12, figs. 2A, 3, 4, 4a; pl. 13, figs. 1 — 4; fronds and fertile pinnae; Fuxin, Liaoning; Early Cretaceous Fuxin Formation.

2001 Deng Shenghui, Chen Fen, pp. 147, 226, pl. 106, figs. 1A, 1a — 1c, 2 — 5; pl. 107, figs. 1 — 5; sterile fronds and fertile fronds; Fuxin Basin, Liaoning; Early Cretaceous Fuxin Formation; Tiefa Basin, Liaoning; Early Cretaceous Xiaoming'anbei Formation.

△***Arctopteris hulinensis*** **Zheng et Zhang, 1982**

1982b Zheng Shaolin, Zhang Wu, p. 300, pl. 2, figs. 6 — 9; pl. 7, figs. 3 — 7; text-fig. 3; fronds; Reg. No.: HPY001 — HPY006, HPY008 — HPY010; Repository: Shenyang Institute of Geology and Mineral Resources; Yunshan of Hulin, Heilongjiang; Middle Jurassic Peide Formation. (Notes: The type specimen was not designated in the original paper)

1989 Mei Meitang and others, p. 90, pl. 42, figs. 1, 2; fronds; Northeast China; Middle Jurassic.

△***Arctopteris latifolius*** **Chen et Ren, 1997** (in Chinese and English)

1997 Chen Fen, Ren Shouqin, in Deng Shenghui and others, pp. 29, 102, pl. 9, figs. 2 — 7; pl. 11, figs. 1 — 4; text-fig. 10; fronds and fertile pinnae; Jalai Nur, Inner Mongolia; Early Cretaceous Yimin Formation. (Notes: The type specimen was not designated in the original paper)

2001 Deng Shenghui, Chen Fen, pp. 148, 227, pl. 108, figs. 4 — 7; pl. 109, figs. 3 — 8; pl. 110, figs. 1 — 13; pl. 111, figs. 1 — 8; text-fig. 38; sterile fronds and fertile fronds; Hailar Basin, Inner Mongolia; Early Cretaceous Yimin Formation.

△***Arctopteris maculatus*** **Zheng et Zhang, 1982**

1982b Zheng Shaolin, Zhang Wu, p. 301, pl. 7, figs. 1, 2; text-fig. 4; fronds; Reg. No.: HCC001, HCC002; Repository: Shenyang Institute of Geology and Mineral Resources; Chengzihe of Jixi and Qiezihe of Boli, Heilongjiang; Early Cretaceous Chengzihe Formation. (Notes: The type specimen was not designated in the original paper)

Arctopteris obtuspinnata **Samylina, 1976**

1976 Samylina, p. 33, pl. 10, figs. 1, 2; pl. 12, fig. 5; fronds; Omsukchan of Siberia; Early Cretaceous.

1979 Wang Ziqing, Wang Pu, pl. 1, figs. 10 — 13; fronds; Tuoli of West Hill, Beijing; Early Cretaceous Tuoli Formation.

1984 Wang Ziqiang, p. 249, pl. 151, figs. 1 — 6; fronds; West Hill, Beijing; Early Cretaceous Tuoli Formation.

△***Arctopteris orientalis*** **Chen et Ren, 1997** (in Chinese and English)

1997 Chen Fen, Ren Shouqin, in Deng Shenghui and others, pp. 30, 103, pl. 10, figs. 6 — 8; pl. 11, figs. 5 — 7; pl. 16, fig. 1; text-fig. 11; fronds and fertile pinnae; Jalai Nur, Inner Mongolia; Early Cretaceous Yimin Formation. (Notes: The type specimen was not designated in the original paper)

2001 Deng Shenghui, Chen Fen, pp. 149, 228, pl. 108, figs. 1 — 3; pl. 109, figs. 1, 2; pl. 112, figs. 1 — 5; pl. 113, figs. 1 — 8; pl. 114, figs. 1 — 7; text-fig. 39; sterile fronds and fertile fronds; Hailar Basin, Inner Mongolia; Early Cretaceous Yimin Formation.

***Arctopteris rarinervis* Samylina, 1964**

1964 Samylina, p. 53, pl. 4, figs. 3 — 5; pl. 13, fig. 5b; fronds; Kolyma River Basin; Early Cretaceous.

1978 Yang Xuelin and others, pl. 2, fig. 6; frond; Shansong of Jiaohe Basin, Jilin; Early Cretaceous Moshilazi Formation.

1980 Zhang Wu and others, p. 249, pl. 161, fig. 5; pl. 162, figs. 3 — 5; text-fig. 183; sterile pinnae and fertile pinnae; Jiaohe, Jilin; Early Cretaceous Moshilazi Formation; Chengzihe of Jixi, Heilongjiang; Early Cretaceous Chengzihe Formation.

1982a Yang Xuelin, Sun Liwen, p. 590, pl. 2, fig. 9; frond; Liutai of Jiutai, southeastern Songhuajiang-Liaohe Basin; Early Cretaceous Yingcheng Formation.

1989 Mei Meitang and others, p. 90, pl. 43, fig. 3; frond; Northeast China; Early Cretaceous.

1993a Wu Xiangwu, p. 57.

1995a Li Xingxue (editor-in-chief), pl. 99, fig. 6; frond; Hegang, Heilongjiang; Early Cretaceous Shitouhezi Formation. (in Chinese)

1995b Li Xingxue (editor-in-chief), pl. 99, fig. 6; frond; Hegang, Heilongjiang; Early Cretaceous Shitouhezi Formation. (in English)

***Arctopteris tschumikanensis* Lebedev E, 1974**

1974 Lebedev E, p. 37, pl. 5, figs. 4, 5, 7; text-fig. 11; fronds; Oxotck Sea, USSR; Early Cretaceous.

1986 Li Xingxue and others, p. 9, pl. 5, fig. 4; pl. 6, figs. 4 — 6; pl. 7, figs. 4, 5; pl. 8, figs. 1 — 4; pl. 10, figs. 4, 5; pl. 11, fig. 2; pl. 14, fig. 7; pl. 15, fig. 4; fronds; Shansong of Jiaohe, Jilin; Early Cretaceous Jiaohe Group.

1993c Wu Xiangwu, p. 78, pl. 1, figs. 1, 1a; pl. 2, fig. 2; fronds; Huangtuling in Mashiping of Nanzhao, Henan; Early Cretaceous Mashiping Formation.

△*Arctopteris zhengyangensis* Zheng et Zhang, 1982

1982b Zheng Shaolin, Zhang Wu, p. 302, pl. 7, figs. 8 — 10; pl. 8, figs. 1 — 4; text-fig. 5; Reg. No.: ZHC001 — ZHC006; fronds; Repository: Shenyang Institute of Geology and Mineral Resources; Zhengyang of Jixi, Heilongjiang; Early Cretaceous Chengzihe Formation. (Notes: The type specimen was not designated in the original paper)

***Arctopteris* spp.**

1984 *Arctopteris* sp., Zhang Zhicheng, p. 117, pl. 1, fig. 2; text-fig. 1; frond; Taipinglinchang of Jiayin, Heilongjiang; Late Cretaceous Taipinglinchang Formation.

1993c *Arctopteris* sp., Wu Xiangwu, p. 78, pl. 1, fig. 2; frond; Huangtuling in Mashiping of Nanzhao, Henan; Early Cretaceous Mashiping Formation.

1995 Deng Shenghui, Yao Lijun, pl. 1, fig. 3; spore; Northeast China; Early Cretaceous.

1995a *Arctopteris* sp., Li Xingxue (editor-in-chief), pl. 118, fig. 8; frond; Taipinglinchang of Jiayin, Heilongjiang; Late Cretaceous Taipinglinchang Formation. (in Chinese)

1995b *Arctopteris* sp., Li Xingxue (editor-in-chief), pl. 118, fig. 8; frond; Taipinglinchang of

Jiayin, Heilongjiang; Late Cretaceous Taipinglinchang Formation. (in English)

△Genus *Areolatophyllum* Li et He, 1979

1979 Li Peijuan, He Yuanliang, in He Yuanliang and others, p. 137.

1993a Wu Xiangwu, pp. 8, 214.

1993b Wu Xiangwu, pp. 499, 510.

Type species: *Areolatophyllum qinghaiense* Li et He, 1979

Taxonomic status: Dipteridaceae, Filicopsida

△*Areolatophyllum qinghaiense* Li et He, 1979

1979 Li Peijuan, He Yuanliang, in He Yuanliang and others, p. 137, pl. 62, figs. 1, 1a, 2, 2a; fronds; Col. No.: 58-7a-12; Reg. No.: PB6327, PB6328; Holotype: PB6328 (pl. 62, figs. 1, 1a); Paratype: PB6327 (pl. 62, figs. 2, 2a); Repository: Nanjing Institute of Geology and Palaeontology, Chinese Academy of Sciences; Babaoshan of Dulan, Qinghai; Late Triassic Babaoshan Group.

1993a Wu Xiangwu, pp. 8, 214.

1993b Wu Xiangwu, pp. 499, 510.

Genus *Asplenium* Linné, 1753

1883 Schenk, pp. 246, 259.

1993a Wu Xiangwu, p. 57.

Type species: (living genus)

Taxonomic status: Aspleniaceae, Filicopsida

Asplenium argutula Heer, 1876

1876 Heer, pp. 41, 96, pl. 3, fig. 7; pl. 19, figs. 1 — 4; fronds; Irkutsk Basin; Jurassic; upper reaches of Heilongjiang River; Late Jurassic(?).

1883 Schenk, p. 246, pl. 46, figs. 2 — 4; pl. 47, figs. 1, 2; fronds; Tumulu, Inner Mongolia; Jurassic. [Notes: This specimen lately was referred as *Cladophlebis argutula* (Heer) Fontaine (Sze H C, Lee H H and others, 1963)]

1906 Krasser, p. 598, pl. 1, figs. 6, 7; fronds; Sandaogang (Sandogau), Heilongjiang; Jurassic. [Notes: This specimen lately was referred as ?*Cladophlebis argutula* (Heer) Fontaine (Sze H C, Lee H H and others, 1963)]

Asplenium dicksonianum Heer, 1868

1868 Heer, p. 31, pl. 1, figs. 1 — 5; fronds; Greenland; Early Cretaceous.

1997 Deng Shenghui and others, p. 27, pl. 8, figs. 1 — 13; fronds; Jalai Nur, Inner Mongolia; Early Cretaceous Yimin Formation; Labudalin Basin and Dayan Basin, Inner Mongolia; Early Cretaceous Damoguaihe Formation.

"*Asplenium*" *dicksonianum* Heer

1984 Zhang Zhicheng, p. 117, pl. 1, figs. 4, 5; fronds; Yongantun of Jiayin, Heilongjiang; Late Cretaceous Yongantun Formation.

△*Asplenium parvum* Ren, 1997 (in Chinese and English)

1997 Ren Shouqin, in Deng Shenghui and others, pp. 28, 102, pl. 9, figs. 1, 8; text-fig. 9; fronds and fertile pinnae; Jalai Nur, Inner Mongolia; Early Cretaceous Yimin Formation. (Notes: The type specimen was not designated in the original paper)

2001 Deng Shenghui, Chen Fen, pp. 141, 224, pl. 119, figs. 5, 5a; text-fig. 34; frond and fertile pinna; Hailar, Inner Mongolia; Early Cretaceous Yimin Formation.

***Asplenium petruschinense* Heer, 1878**

1878 Heer, p. 3, pl. 1, fig. 1; frond; Irkutsk Basin; Jurassic.

1883 Schenk, p. 259, pl. 53, fig. 2; frond; Zigui, Hubei; Jurassic. [Notes: This specimen lately was referred as *Cladophlebis* sp. (Sze H C, Lee H H and others, 1963)]

1993a Wu Xiangwu, p. 57.

△*Asplenium phillipsi* (Brongniart) Schimper, 1925

1928 *Pecopteris phillipsi* Brongniart, p. 304, pl. 109, fig. 1; frond; Yorkshire, England; Middle Jurassic.

1925 Schimper, in Teilhard de Chardin, Fritel, pp. 530, 533, pl. 23, fig. 2; text-fig. 2a; frond; Chaoyang and Fengzhen, Liaoning; Jurassic. [Notes: This specimen lately was referred as *Cladophlebis delicatula* Yabe et Ôishi (Sze H C, Lee H H and others, 1963)]

***Asplenium popovii* Samylina, 1964**

1964 Samylina, p. 64, pl. 2, figs. 2 — 5; text-fig. 2; fronds; Kolyma River Basin; Early Cretaceous.

1982b Zheng Shaolin, Zhang Wu, p. 300, pl. 6, figs. 4, 4a; fertile pinna; Jidong, Heilongjiang; Early Cretaceous Muling Formation.

1993 Bureau of Geology and Mineral Resources of Heilongjiang Province, pl. 12, fig. 6; frond; Heilongjiang Province; Early Cretaceous Muling Formation.

1995a Deng Shenghui, p. 487, pl. 2, figs. 1 — 4; text-fig. 1D; fronds and fertile pinnae; Tiefa Basin, Liaoning; Early Cretaceous Xiaoming'anbei Formation.

2001 Deng Shenghui, Chen Fen, pp. 142, 224, pl. 104, figs. 1 — 3; pl. 105, figs. 1 — 10; text-fig. 35; fronds and fertile pinnae; Hailar, Inner Mongolia; Early Cretaceous Yimin Formation.

△*Asplenium tiefanum* Deng, 1992

1992 Deng Shenghui, p. 11, pl. 4, figs. 6 — 9; text-figs. 1d, 1e; fertile pinnae; No.: TDL413, TDL414; Repository: China University of Geosciences (Beijing); Tiefa Basin, Liaoning;

Early Cretaceous Xiaoming'anbei Formation. (Notes: The type specimen was not designated in the original paper)

2001 Deng Shenghui, Chen Fen, pp. 143, 225, pl. 100, figs. 1 — 8; pl. 101, figs. 1 — 7; pl. 102, figs. 1 — 13; pl. 103, figs. 1 — 6; text-fig. 36; fronds and fertile pinnae; Tiefa Basin, Liaoning; Early Cretaceous Xiaoming'anbei Formation.

2002 Deng Shenghui, pl. 7, figs. 1 — 3; fronds, sporangia and spores; Northeast China; Early Cretaceous.

Asplenium whitbiense (Brongniart) Heer, 1876

1828 — 1838 *Pecopteris whitbiensis* Brongniart, p. 321, pl. 109, figs. 2, 4; fronds; West Europe; Jurassic.

1876 Heer, p. 38, pl. 1, fig. 1c; pl. 3, figs. 1 — 5; fronds; Irkutsk Basin; Jurassic; p. 94, pl. 16, fig. 8; pl. 20, figs. 1, 6; pl. 21, figs. 3, 4; pl. 22, figs. 4a, 9c; fronds; Bureya River in upper reaches of Heilongjiang River; Late Jurassic.

1883 Schenk, p. 246, pl. 46, figs. 4, 6, 7; pl. 47, figs. 3 — 5; pl. 48, figs. 1 — 4; pl. 49, figs. 4a, 6b; fronds; Tumulu, Inner Mongolia; Jurassic. [Notes: This specimen lately was referred as *Cladophlebis* sp. (Sze H C, Lee H H and others, 1963)]

1883 Schenk, p. 253, pl. 52, figs. 1 — 3; fronds; West Hill, Beijing; Jurassic. [Notes: This specimen lately was referred as *Cladophlebis* sp. (Sze H C, Lee H H and others, 1963)]

1884 Schenk, p. 168 (6), pl. 13 (1), fig. 6; frond; Guangyuan, Sichuan; late Late Triassic — Early Jurassic. [Notes: This specimen lately was referred as *Sphenopteris* sp. (Sze H C, Lee H H and others, 1963)]

1925 Teilhard de Chardin, Fritel, p. 533, pl. 23, fig. 1; frond; Fengzhen, Liaoning; Jurassic.

Asplenium sp.

1995b *Asplenium* sp., Deng Shenghui, p. 20, pl. 4, fig. 3; frond; Huolinhe Basin, Inner Mongolia; Early Cretaceous Huolinhe Formation.

Asplenium? sp.

1995a *Asplenium*? sp., Li Xingxue (editor-in-chief), pl. 110, fig. 2; frond; Zhixin of Longjing, Jilin; Early Cretaceous Dalazi Formation. (in Chinese)

1995b *Asplenium*? sp., Li Xingxue (editor-in-chief), pl. 110, fig. 2; frond; Zhixin of Longjing, Jilin; Early Cretaceous Dalazi Formation. (in English)

Genus _Asterotheca_ Presl, 1845

1845 Presl, in Corda, p. 89.

1963 Sze H C, Lee H H and others, p. 59.

1993a Wu Xiangwu, p. 57.

Type species: *Asterotheca sternbergii* (Goeppert) Presl, 1845

Taxonomic status: Asterothecaceae, Filicopsida

Asterotheca sternbergii **(Goeppert) Presl, 1845**

1836 *Asterotheca sternbergii* Goeppert, p. 188, pl. 6, figs. 1—4; fertile fronds; Carboniferous.

1845 Presl, in Corda, p. 89.

1993a Wu Xiangwu, p. 57.

△*Asterotheca acuminata* **Wang, 1984**

1984 Wang Ziqiang, p. 236, pl. 123, figs. 8, 9; fronds; Reg. No.: P0209, P0210; Syntype 1: P0209 (pl. 123, fig. 8); Syntype 2: P0210 (pl. 123, fig. 9); Repository: Nanjing Institute of Geology and Palaeontology, Chinese Academy of Sciences; Chahar Right Wing Middle Banner, Inner Mongolia; Early Jurassic Nansuletu Formation. [Notes: According to *International Code of Botanical Nomenclature* (*Vienna Code*) article 37. 2, from the year 1958, the holotype type specimen should be unique]

Asterotheca cottoni **Zeiller, 1902**

1902—1903 Zeiller, p. 26, pl. 1, figs. 4—9; fronds; Hong Gai, Vietnam; Late Triassic.

1978 Yang Xianhe, p. 476, pl. 161, figs. 4, 5; fertile fronds; Baoding of Dukou, Sichuan; Late Triassic Daqiaodi Formation.

1979 Hsu J and others, p. 15, pl. 2, figs. 8—10a; pl. 3; pl. 4, figs. 1, 2; sterile pinnae and fertile pinnae; Huashan of Baoding, Sichuan; Late Triassic middle-upper part of Daqiaodi Formation; Taipingchang, Sichuan; Late Triassic lower part of Daqing Formation.

1981 Chen Ye, Duan Shuying, pl. 3, fig. 2; fertile frond; Hongni of Yanbian, Sichuan; Late Triassic Daqiaodi Formation.

1983 Ju Kuixiang and others, pl. 1, fig. 3; frond; Fanjiatang in Longtan of Nanjing, Jiangsu; Late Triassic Fanjiatang Formation.

1984 Chen Gongxin, p. 572, pl. 226, figs. 1—3; fertile fronds; Fenshuiling of Jingmen and Donggong of Nanzhang, Hubei; Late Triassic Jiuligang Formation.

1987 Chen Ye and others, p. 90, pl. 4, figs. 7, 7a; fertile frond; Qinghe of Yanbian, Sichuan; Late Triassic Hongguo Formation.

1989 Mei Meitang and others, p. 77, pl. 35, fig. 2; fertile frond; China; Late Triassic—Early Jurassic.

Cf. *Asterotheca cottoni* **Zeiller**

1979 He Yuanliang and others, p. 135, pl. 59, figs. 5, 5a; frond; Babaoshan of Dulan, Qinghai; Late Triassic Babaoshan Group.

Asterotheca **cf. *cottoni*** **Zeiller**

1986 Chen Ye and others, p. 39, pl. 3, fig. 3; sterile pinna; Litang, Sichuan; Late Triassic Lanashan Formation.

△*Asterotheca latepinnata* **(Leuthardt) Hsu, 1979**

1904 *Pecopteris latepinnata* Leuthardt, p. 35, pl. 17, figs. 1—3; fronds; Neuewelt, Europe; Late Triassic.

1979 Hsu J and others, p. 15, pl. 4, figs. 3—9; pl. 5, figs. 6—9; sterile pinnae and fertile pinnae; Huashan of Baoding, Sichuan; Late Triassic middle-upper part of Daqiaodi

Formation; Taipingchang, Sichuan; Late Triassic lower part of Daqing Formation.

1983 Duan Shuying and others, pl. 7, figs. 3, 3a; frond; Beiluoshan of Ninglang, Yunnan (Tunnan); Late Triassic.

1983 Ju Kuixiang and others, pl. 3, fig. 4; frond; Fanjiatang in Longtan of Nanjing, Jiangsu; Late Triassic Fanjiatang Formation.

1987 Chen Ye and others, p. 90, pl. 4, figs. 4 — 5a; fertile fronds; Qinghe of Yanbian, Sichuan; Late Triassic Hongguo Formation.

***Asterotheca okafujii* Kimura et Ohana, 1980**

1980 Kimura, Ohana, p. 73, pl. 1, fig. 1; pl. 2, figs. 1, 2; pl. 3, fig. 1; pl. 5, fig. 1a; text-figs. 2a — 2f; sterile pinnae and fertile pinnae; Japan; early Late Triassic.

1986 Li Peijuan, He Yuanliang, p. 277, pl. 1, figs. 1 — 5a; pl. 2, figs. 2 — 6; sterile pinnae and fertile pinnae; Babaoshan of Dulan, Qinghai; Late Triassic Lower Rock Formation of Babaoshan Group.

***Asterotheca penticarpa* (Fontaine)**

1883 *Asterocarpus penticarpus* Fontaine, p. 48, pl. 26, fig. 2; fertile frond; Clover Hill of Virginia, USA; Late Triassic.

1977 Feng Shaonan and others, p. 203, pl. 73, fig. 7; fertile pinna; Donggong of Nanzhang, Hubei; Late Triassic Lower Coal Formation of Hsiangchi Group.

2002 Zhang Zhenlai and others, pl. 14, fig. 4; fertile pinna; Baotahe Coal Mine of Badong, Hubei; Late Triassic Shazhenxi Formation.

△*Asterotheca phaenonerva* Lee et Tsao, 1976

1976 Lee P C, Tsao Zhengyao, in Lee P C and others, p. 96, pl. 6, figs. 4 — 7a; text-fig. 1; sterile pinnae and fertile pinnae; Reg. No. : PB5178 — PB5181; Syntypes: PB5178 — PB5181 (pl. 6, figs. 4 — 7a); Repository: Nanjing Institute of Geology and Palaeontology, Chinese Academy of Sciences; Moshahe of Dukou, Sichuan; Late Triassic Daqiaodi Member of Nalaqing Formation. [Notes: According to *International Code of Botanical Nomenclature* (*Vienna Code*) article 37. 2, from the year 1958, the holotype type specimen should be unique]

***Asterotheca szeiana* (P'an) ex Sze, Lee et al.**

1936 *Cladophlebis szeiana* P'an, P'an C H, p. 18, pl. 6, figs. 1 — 3; pl. 8, figs. 3 — 7; fronds; Yejiaping of Suide and Huailinping of Yanchang, Shaanxi; Huating, Gansu; Late Triassic Yenchang Formation.

1956a *Cladophlebis* (*Asterothaca*?) *szeiana* P'an, Sze H C, pp. 33, 140, pl. 16, figs. 1 — 4; pl. 17, figs. 1 — 5; pl. 21, fig. 6; sterile pinnae and fertile pinnae; Yijun, Suide and Yanchang, Shaanxi; Huating, Gansu; Late Triassic Yenchang Formation.

1979 He Yuanliang and others, p. 135, pl. 57, fig. 6; pl. 59, figs. 6, 6a, 7; fertile pinnae; Mole of Qilian, Qinghai; Late Triassic Upper Rock Formation of Mole Group; Babaoshan of Dulan, Qinghai; Late Triassic Babaoshan Group.

1982b Wu Xiangwu, p. 80, pl. 3, figs. 1, 2; pl. 4, figs. 1, 2; pl. 16, fig. 7; fronds; Qamdo area, Tibet; Late Triassic upper member of Bagong Formation.

1984 Gu Daoyuan, p. 137, pl. 71, figs. 7, 8; fronds; Kuqa, Xinjiang; Late Triassic Tariqike Formation.

1993a Wu Xiangwu, p. 57.

△*Asterotheca*? *szeiana* (P'an) ex Sze, Lee et al., 1963

1936 *Cladophlebis szeiana* P'an, P'an C H, p. 18, pl. 6, figs. 1 — 3; pl. 8, figs. 3 — 7; fronds; Yejiaping of Suide and Huailinping of Yanchang, Shaanxi; Late Triassic Yenchang Formation.

1956a *Cladophlebis* (*Asterothaca*?) *szeiana* P'an, Sze H C, pp. 33, 140, pl. 16, figs. 1 — 4; pl. 17, figs. 1 — 5; pl. 21, fig. 6; sterile pinnae and fertile pinnae; Yijun, Suide and Yanchang, Shaanxi; Huating, Gansu; Late Triassic Yenchang Formation.

1963 Sze H C, Lee H H and others, p. 59, pl. 15, fig. 3; pl. 17, figs. 3 — 5; fertile pinnae and sterile pinnae; Yijun, Suide and Yanchang, Shaanxi; Huating, Gansu; Late Triassic Yenchang Group.

1980 Huang Zhigao, Zhou Huiqin, p. 72, pl. 26, figs. 4, 5; pl. 28, fig. 3; pl. 31, fig. 3; sterile fronds and fertile fronds; Liulingou of Tongchuan and Yangjiaping of Shenmu, Shaanxi; Late Triassic lower part and upper part of Yenchang Formation.

1982 Liu Zijin, p. 120, pl. 59, figs. 5, 6; fertile pinnae; Liulingou of Tongchuan, Yangjiaping of Shenmu, Yijun, Yanchang and Suide, Shaanxi; Huating, Gansu; Late Triassic Yenchang Group.

1987 Hu Yufan, Gu Daoyuan, p. 223, pl. 2, figs. 5, 5a; sterile pinna; Kuqa, Xinjiang; Late Triassic Tariqike Formation.

1988a Huang Qisheng, Lu Zongsheng, p. 182, pl. 2, fig. 4; frond; Shuanghuaishu of Lushi, Henan; Late Triassic bed 5 in lower part of Yenchang Formation.

1993 Mi Jiarong and others, p. 84, pl. 6, figs. 6, 6a, 7, 7a; fertile pinnae; Shanggu of Chengde and Weichanggou of Pingquan, Hebei; Late Triassic Xingshikou Formation.

1993a Wu Xiangwu, p. 57.

2000 Wu Shunqing and others, p. 10, pl. 2, figs. 5, 5a, 9, 9a; sterile pinnae and fertile pinnae; Kuqa, Xinjiang; Late Triassic upper part of "Karamay Formation".

Cf. *Asterotheca szeiana* (P'an) ex Sze, Lee et al.

1979 Zhou Zhiyan, Li Baoxian, p. 445, pl. 1, figs. 4a, 5; sterile pinnae; Taling and Xinhua in Jiuqujiang of Qionghai, Hainan; Early Triassic Jiuqujiang Formation of Lingwen Group.

1999b Wu Shunqing, p. 24, pl. 13, fig. 3; fertile pinna; Langdai of Liuzhi, Guizhou; Late Triassic Huobachong Formation.

***Asterotheca*? (*Cladophlebis*) *szeiana* (P'an) ex Sze, Lee et al.**

1963 Lee H H and others, p. 128, pl. 100, figs. 1, 2; sterile pinnae and fertile pinnae; Northwest China; Late Triassic.

***Asterotheca* spp.**

1983 *Asterotheca* spp., Zhang Wu and others, p. 72, pl. 1, fig. 15; fertile pinna; Linjiawaizi in Benxi, Liaoning; Middle Triassic Linjia Formation.

***Asterotheca*? sp.**

1966 *Asterotheca*? sp. [Cf. *Pecopteris* (*Asterotheca*) *cottonii* Zeiller], Wu Shunching, p. 235, pl. 1, figs. 5 — 5b; sterile pinna; Longtoushan of Anlong, Guizhou; Late Triassic.

Genus *Athyrium* Roth, 1799

1988 Chen Fen, Meng Xiangying, in Chen Fen and others, pp. 42, 146.

1993a Wu Xiangwu, p. 58.

Type species: (living genus)

Taxonomic status: Athyriaceae, Filicopsida

△*Athyrium asymmetricum* (Meng) Deng, 1995

1988 *Cladophlebis* (*Athyrium*?) *asymmetricum* Meng, in Chen Fen and others, pp. 45, 148, pl. 16, figs. 1, 1a, 3; fronds; Haizhou Opencut Coal Mine and Xinqiu Mine of Fuxin, Liaoning; Early Cretaceous Fuxin Formation.

1995a Deng Shenghui, pp. 484, 485, pl. 1, figs. 4 — 7; text-fig. 1A; fronds, sterile pinnae, fertile pinnae, sporangia and spores; Tiefa Basin, Liaoning; Early Cretaceous Xiaoming'anbei Formation.

1996 Chen Fen, Deng Shenghui, p. 310; text-figs. 1D, 2E; sterile pinnae, fertile pinnae and sporangia; Fuxin Basin, Liaoning; Early Cretaceous Fuxin Formation; Tiefa Basin, Liaoning; Early Cretaceous Xiaoming'anbei Formation; Jixi Basin, Heilongjiang; Early Cretaceous Muling Formation.

1997 Deng Shenghui and others, p. 23, pl. 7, figs. 9 — 12; fronds; Jalai Nur, Inner Mongolia; Early Cretaceous Yimin Formation.

2001 Deng Shenghui, Chen Fen, pp. 122, 215, pl. 72, figs. 1 — 5; pl. 73, fig. 1; pl. 74, figs. 1 — 6; pl. 75, figs. 1 — 8; pl. 76, figs. 1 — 6; pl. 77, figs. 1 — 6; pl. 78, figs. 1 — 6; pl. 82, fig. 3; text-fig. 27; fronds and fertile pinnae; Fuxin Basin, Liaoning; Early Cretaceous Fuxin Formation; Tiefa Basin, Liaoning; Early Cretaceous Xiaoming'anbei Formation; Yingcheng, Jilin; Early Cretaceous Yingcheng Formation; Hailar Basin, Inner Mongolia; Early Cretaceous Yimin Formation; Jixi Basin, Heilongjiang; Early Cretaceous Chengzihe Formation.

2002 Deng Shenghui, pl. 5, figs. 1 — 3; pl. 6, figs. 1, 2; fertile fronds, sporangia and rhizomes; Northeast China; Early Cretaceous.

2003 Yang Xiaoju, p. 564, pl. 1, fig. 3; frond; Jixi Basin, Heilongjiang; Early Cretaceous Muling Formation.

△*Athyrium cretaceum* Chen et Meng, 1988

1988 Chen Fen, Meng Xiangying, in Chen Fen and others, pp. 42, 146, pl. 13, figs. 5 — 9; pl. 14, figs. 1 — 11; text-fig. 14b; fronds and sporangia; No. : Fx071 — Fx075; Repository: Beijing Graduate School, Wuhan College of Geology; Xinqiu Opencut Coal Mine of Fuxin, Liaoning; Early Cretaceous Fuxin Formation. (Notes: The type specimen was not designated in the original paper)

1991 Deng Shenghui, pl. 1, figs. 1, 2; fertile pinnae; Huolinhe Basin, Inner Mongolia; Early Cretaceous Lower Coal-bearing Member of Huolinhe Formation.

1992 Deng Shenghui, pl. 4, figs. 1 — 5; fronds, sporangia and spores; Tiefa Basin, Liaoning; Early Cretaceous Xiaoming'anbei Formation.

1993a Wu Xiangwu, p. 58.

1995b Deng Shenghui, p. 18, pl. 6, figs. 1, 1a; pl. 7, fig. 8; fertile pinnae, sporangia and spores; Huolinhe Basin, Inner Mongolia; Early Cretaceous Huolinhe Formation.

1995a Li Xingxue (editor-in-chief), pl. 100, figs. 5 — 8; fronds, sterile pinnae, fertile pinnae, sporangia and spores; Tiefa Basin, Liaoning; Early Cretaceous Xiaoming'anbei Formation. (in Chinese)

1995b Li Xingxue (editor-in-chief), pl. 100, figs. 5 — 8; fronds, sterile pinnae, fertile pinnae, sporangia and spores; Tiefa Basin, Liaoning; Early Cretaceous Xiaoming'anbei Formation. (in English)

1996 Chen Fen, Deng Shenghui, p. 309; text-figs. 1E, 2A; sterile pinnae, fertile pinnae and sporangia; Fuxin Basin, Liaoning; Early Cretaceous Fuxin Formation; Tiefa Basin, Liaoning; Early cretaceous Xiaoming'an bei Formation; Huolinhe Basin; Early Cretaceous Huolinhe Formation.

1996 Zheng Shaolin, Zhang Wu, pl. 1; figs. 12, 13; fertile fronds; Yingcheng Coal Field of Jiutai, Jilin; Early Cretaceous Shahezi Formation.

1997 Chen Fen and others, p. 122, pl. 1, figs. 1 — 8; pl. 2, figs. 1 — 11; text-fig. 2; fronds, sterile pinnae, fertile pinnae, sporangia and spores; Fuxin Basin, Liaoning; Early Cretaceous Fuxin Formation; Tiefa Basin, Liaoning; Early Cretaceous Xiaoming'anbei Formation; Huolinhe Basin, Inner Mongolia; Early Cretaceous Huolinhe Formation.

2001 Deng Shenghui, Chen Fen, pp. 123, 216, pl. 79, figs. 1 — 4; pl. 80, figs. 1 — 8; pl. 81, figs. 1 — 10; text-fig. 28; fronds, sterile pinnae, fertile pinnae, sporangia and spores; Fuxin Basin, Liaoning; Early Cretaceous Fuxin Formation; Tiefa Basin, Liaoning; Early Cretaceous Xiaoming'anbei Formation; Huolinhe Basin, Inner Mongolia; Early Cretaceous Huolinhe Formation.

2002 Deng Shenghui, pl. 5, fig. 4; pl. 6, fig. 3; sporangia and spores; Northeast China; Early Cretaceous.

△***Athyrium dentosum*** **Zheng et Zhang, 1996** (in English)

1996 Zheng Shaolin, Zhang Wu, p. 382, pl. 1, figs. 9 — 11; fertile fronds; Reg. No. : SG110304; Repository: Shenyang Institute of Geology and Mineral Resources, Chinese Academy of Geological Sciences; Yingcheng Coal Field of Jiutai, Jilin; Early Cretaceous Shahezi Formation.

△***Athyrium fuxinense*** **Chen et Meng, 1988**

1988 Chen Fen, Meng Xiangying, in Chen Fen and others, pp. 43, 147, pl. 14, figs. 12, 13; pl. 15, figs. 1 — 5; text-fig. 14a; fronds, sterile pinnae, fertile pinnae, sporangia and spores; No. : Fx076 — Fx078; Repository: Beijing Graduate School, Wuhan College of Geology; Haizhou Opencut Coal Mine of Fuxin, Liaoning; Early Cretaceous middle member of

Fuxin Formation. (Notes: The type specimen was not designated in the original paper)

1993a Wu Xiangwu, p. 58.

1996 Chen Fen, Deng Shenghui, p. 309; text-figs. 1B, 2D; sterile pinnae, fertile pinnae, sporangia and spores; Fuxin Basin, Liaoning; Early Cretaceous Fuxin Formation.

1996 Zheng Shaolin, Zhang Wu, pl. 1, figs. 14, 15; fronds, sterile pinnae, fertile pinnae and sporangia; Yingcheng Coal Field of Jiutai, Jilin; Early Cretaceous Shahezi Formation.

1997 Chen Fen and others, p. 122, pl. 3, figs. 1 — 10; text-fig. 3; fronds, pinnae, fertile pinnae, sporangia and spores; Fuxin Basin, Liaoning; Early Cretaceous Fuxin Formation.

2001 Deng Shenghui, Chen Fen, pp. 124, 217, pl. 82, figs. 1, 2, 4 — 8; text-fig. 29; fronds, sterile pinnae, fertile pinnae, sporangia and spores; Fuxin Basin, Liaoning; Early Cretaceous Fuxin Formation.

△*Athyrium hailaerianum* Deng et Chen, 1993

1993 Deng Shenghui, Chen Fen, in Chen Fen and others, pp. 562, 563, pl. 1, figs. 5 — 8, 12, 13; fronds, sterile pinnae, fertile pinnae, sporangia and spores; Jalai Nur, Inner Mongolia; Early Cretaceous Yimin Formation.

1996 Chen Fen, Deng Shenghui, p. 310; text-figs. 1C, 2B; sterile pinnae, fertile pinnae and sporangia; Jalai Nur, Inner Mongolia; Early Cretaceous Yimin Formation.

1997 Chen Fen and others, p. 126, pl. 5, figs. 8, 9; pl. 6, figs. 1 — 6; pl. 7, figs. 1 — 11; text-fig. 5; fronds, sterile pinnae, fertile pinnae, sporangia and spores; Jalai Nur, Inner Mongolia; Early Cretaceous Yimin Formation.

1997 Deng Shenghui and others, p. 24, pl. 4, fig. 9 — 11; pl. 5, figs. 1 — 7; pl. 6, figs. 1 — 11; pl. 7, figs. 1, 2; text-fig. 6; fronds, sterile pinnae, fertile pinnae, sporangia and spores; Jalai Nur, Inner Mongolia; Early Cretaceous Yimin Formation.

2001 Deng Shenghui, Chen Fen, pp. 125, 217, pl. 83, figs. 1 — 10; pl. 84, figs. 1 — 5; pl. 85, figs. 1 — 8; pl. 86, figs. 1 — 11; text-fig. 30; fronds, sterile pinnae, fertile pinnae, sporangia and spores; Hailar Basin, Inner Mongolia; Early Cretaceous Yimin Formation.

2002 Deng Shenghui, pl. 6, figs. 4, 5; sporangia and spores; Northeast China; Early Cretaceous.

△*Athyrium hulunianum* Chen, Ren et Deng, 1993

1993 Chen Fen, Ren Shouqin, Deng Shenghui, in Chen Fen and others, pp. 561, 562, pl. 1, figs. 1 — 4, 9 — 11; fronds and sporangia; Jalai Nur, Inner Mongolia; Early Cretaceous Yimin Formation.

1995 Deng Shenghui, Yao Lijun, pl. 1, figs. 7, 9; sporangia and sorus; Northeast China; Early Gretaceous.

1996 Chen Fen, Deng Shenghui, p. 309; text-figs. 1A, 2C; sterile pinnae, fertile pinnae and sporangia; Jalai Nur, Inner Mongolia; Early Cretaceous Yimin Formation.

1997 Chen Fen and others, p. 124, pl. 4, figs. 1 — 7; pl. 5, figs. 1 — 5; text-fig. 4; fronds, pinnae, fertile pinnae and sporangia; Jalai Nur, Inner Mongolia; Early Cretaceous Yimin Formation.

1997 Deng Shenghui and others, p. 25, pl. 6, fig. 12; pl. 7, figs. 3 — 8; text-fig. 7; fronds, sterile pinnae, fertile pinnae and sporangia; Jalai Nur, Inner Mongolia; Early Cretaceous Yimin Formation.

2001 Deng Shenghui, Chen Fen, pp. 126, 218, pl. 87, figs. 1 — 7; text-fig. 31; fronds, sterile pinnae, fertile pinnae, sporangia and spores; Hailar Basin, Inner Mongolia; Early Cretaceous Yimin Formation.

△*Athyrium neimongianum* Deng, 1995

1995b Deng Shenghui, pp. 18, 109, pl. 6, figs. 2 — 5; pl. 7, figs. 1 — 7; text-fig. 5; sterile fronds and fertile fronds; No. : H14-094, H14-418, H14-425, H14-428; Repository: Research Institute of Petroleum Exploration and Development; Huolinhe Basin, Inner Mongolia; Early Cretaceous Huolinhe Formation. (Notes: The type specimen was not designated in the original paper)

2001 Deng Shenghui, Chen Fen, pp. 127, 219, pl. 88, figs. 1 — 7; fronds and fertile pinnae; Huolinhe Basin, Inner Mongolia; Early Cretaceous Huolinhe Formation.

Genus *Bernouillia* Heer, 1876 ex Seward, 1910

[This generic name *Bernouillia* is applied by Seward (1910), Hirmer (1927), Jongmans (1958), Boureau (1975), Gu Daoyuan (1984), Wang Ziqiang (1984)]

1876 *Bernoullia* Heer, p. 88.

1910 Seward, p. 410.

1927 Hirmer, p. 591.

1984 Wang Ziqiang, p. 235.

1984 Gu Daoyuan, p. 138.

1993a Wu Xiangwu, p. 60.

△*Bernouillia danaeopsioides* Hu et Gu, 1987

1987 Hu Yufan, Gu Daoyuan, p. 222, pl. 3, figs. 5, 5a; sterile pinna; Col. No. : F209; Reg. No. : XPC-121; Repository: Institute of Botany, the Chinese Academy of Sciences; Dalongkou of Jimsar, Xinjiang; Late Triassic Haojiagou Formation.

△*Bernouillia zeilleri* P'an ex Wang, 1984

1936 *Bernouillia zeilleri* P'an, P'an C H, p. 26, pl. 9, figs. 6, 7; pl. 11, figs. 3, 3a, 4, 4a; pl. 14, figs. 5, 6, 6a; sterile pinnae and fertile pinnae; Qingjian of Yanchuan, Shaanxi; Late Triassic middle part of Yenchang Formation.

1984 Gu Daoyuan, p. 138, pl. 71, fig. 3; sterile pinna and fertile pinna; Dalongkou of Jimsar, Xinjiang; Middle — Late Triassic Karamay Formation.

1984 Wang Ziqiang, p. 236, pl. 121, figs. 1, 2; fronds; Jixian, Shanxi; Middle — Late Triassic Yenchang Group.

1995a Li Xingxue (editor-in-chief), pl. 70, fig. 5; frond; Xingshuping of Yijun, Shaanxi; Late Triassic upper part of Yenchang Formation. (in Chinese)

1995b Li Xingxue (editor-in-chief), pl. 70, fig. 5; frond; Xingshuping of Yijun, Shaanxi; Late Triassic upper part of Yenchang Formation. (in English)

Genus *Bernoullia* Heer, 1876

[Notes: This generic name lately was rewritten as *Bernouillia* Heer (Seward, 1910) and *Symopteris* Hsu (Hsu J and others, 1979)]

1876 Heer, p. 88.

1936 P'an C H, p. 26.

1963 Sze H C, Lee H H and others, p. 60.

1993a Wu Xiangwu, p. 60.

Type species: *Bernoullia helvetica* Heer, 1876

Taxonomic status: Marattiaceae, Filicopsida

***Bernoullia helvetica* Heer, 1876**

1876 Heer, p. 88, pl. 38, figs. 1 — 6; fronds; Switzerland; Triassic.

1993a Wu Xiangwu, p. 60.

***Bernoullia* cf. *helvetica* Heer**

1977 Feng Shaonan and others, p. 203, pl. 73, fig. 9; frond; Xiadonggou of Mianchi, Henan; Late Triassic Yenchang Group.

△*Bernoullia pecopteroides* Feng, 1977

1977 Feng Shaonan and others, p. 204, pl. 73, figs. 3 — 5; fronds; Reg. No.: P25219 — P25221; Syntypes: P25219 — P25221 (pl. 73, figs. 3 — 5); Repository: Hubei Institute of Geological Sciences; Donggong of Nanzhang, Hubei; Late Triassic Lower Coal Formation of Hsiangchi Group. [Notes: According to *International Code of Botanical Nomenclature* (*Vienna Code*) article 37. 2, from the year 1958, the holotype type specimen should be unique]

△*Bernoullia pseudolobifolia* Yang, 1978

1978 Yang Xianhe, p. 476, pl. 160, fig. 5; frond; Reg. No.: Sp0024; Holotype: Sp0024 (pl. 160, fig. 5); Repository: Chengdu Institute of Geology and Mineral Resources; Moshahe of Dukou, Sichuan; Late Triassic Daqiaodi Formation.

△*Bernoullia thinnfeldioides* Wang (MS) ex Li et He, 1986

1975 Wang Xifu, p. 17, pl. 7, figs. 1B, 2B, 2a, 3, 3a; fronds; Yijun, Shaanxi; Late Triassic upper part of Yenchang Formation. (MS)

1986 Li Peijuan, He Yuanliang, p. 278, pl. 3, figs. 1, 2; fronds; Wulasitaigou of Dulan, Qinghai; Late Triassic Caomuce Formation.

***Bernoullia zeilleri* P'an, 1936**

1936 P'an C H, p. 26, pl. 9, figs. 6, 7; pl. 11, figs. 3, 3a, 4, 4a; pl. 14, figs. 5, 6, 6a; sterile pinnae and fertile pinnae; Qingjian of Yanchuan, Shaanxi; Late Triassic middle part of Yenchang Formation.

1954 Hsu J, p. 45, pl. 42, figs. 1 — 4; sterile fronds and fertile fronds; Xingshuping of Yijun, and Qingjian, Shaanxi; Late Triassic Yenchang Formation.

1956a Sze H C, pp. 31, 138, pl. 29, figs. 3, 3a; pl. 32, figs. 1 — 3; pl. 33, figs. 1 — 3; pl. 34, figs. 1 — 4; pl. 37, fig. 9; pl. 43, fig. 2; pl. 44, figs. 5, 6; pl. 52, fig. 3; pl. 53, fig. 2; sterile pinnae and fertile pinnae; Yijun and Qingjian of Yanchuan, Shaanxi; Huating, Gansu; Late Triassic Yenchang Formation.

1956c Sze H C, pl. 2, figs. 1 — 3; sterile pinnae and fertile pinnae; Ruishuixia (Juishuihsia) of Guyuan, Gansu; Late Triassic Yenchang Formation.

1963 Lee H H and others, p. 127, pl. 97, figs. 1, 2; sterile pinnae and fertile pinnae; Northwest China; Late Triassic.

1963 Lee P C, p. 124, pl. 58, figs. 2, 3; fronds; Yijun of Shaanxi and Pingliang of Gansu; Late Triassic.

1963 Sze H C, Lee H H and others, p. 61, pl. 16, figs. 1 — 4; pl. 18, figs. 1 — 3; sterile pinnae and fertile pinnae; Yijun and Qingjian in Yanchuan of Shaanxi, Huating of Gansu, Guyuan of Ningxia, Junggar of Xinjiang, Jiyuan of Henan; Late Triassic Yenchang Group.

1976 Chow Huiqin and others, p. 206, pl. 106, figs. 9, 13; fronds; Wuziwan of Jungar Banner, Inner Mongolia; Middle Triassic Ermaying Formation.

1976 Lee P C and others, p. 97, pl. 4, figs. 6, 7; sterile pinnae; Yipinglang of Lufeng, Yunnan; Late Triassic Ganhaizi Member of Yipinglang Formation.

1977 Feng Shaonan and others, p. 204, pl. 73, figs. 1, 2; fronds; Mianchi, Henan; Late Triassic Yenchang Group; Donggong of Nanzhang and Jiuligang of Yuanan, Hubei; Late Triassic Lower Coal Formation of Hsiangchi Group; Shangsi, Guangxi; Late Triassic.

1978 Yang Xianhe, p. 476, pl. 159, fig. 8; frond; Moshahe of Dukou, Sichuan; Late Triassic Daqiaodi Formation.

1979 He Yuanliang and others, p. 135, pl. 59, figs. 8, 9; fronds; Gangcha, Qinghai; Late Triassic Lower Rock Formation of Mole Group.

1980 Huang Zhigao, Zhou Huiqin, p. 73, pl. 10, figs. 8 — 10; pl. 25, figs. 1 — 3; fronds; Tongchuan and Shenmu, Shaanxi; Wuziwan of Jungar Banner, Inner Mongolia; Late Triassic Yenchang Formation, Middle Triassic Tongchuan Formation and Ermaying Formation.

1982 Liu Zijin, p. 120, pl. 60, figs. 1, 2; fronds; Tongchuan, Shenmu and Yijun of Shaanxi, Huating of Gansu, Guyuan of Ningxia; Late Triassic Yenchang Group.

1986 Zhou Tongshun, Zhou Huiqin, p. 67, pl. 20, fig. 10; sterile pinna; Dalongkou of Jimsar, Xinjiang; Middle Triassic Karamay Formation.

1988a Huang Qisheng, Lu Zongsheng, p. 182, pl. 1, figs. 1, 1a; frond; Shuanghuaishu of Lushi, Henan; Late Triassic bed 5 in lower part of Yenchang Group.

1990 Bureau of Geology and Mineral Resources of Ningxia Hui Autonomous Region, pl. 8, figs. 2, 2a; frond; Ruqigou of Pingluo, Ningxia; Late Triassic Yenchang Group.

1993a Wu Xiangwu, p. 60.

2000 Wu Shunqing and others, pl. 2, figs. 2, 4, 7; fronds; Kuqa, Xinjiang; Late Triassic upper part of "Karamay Formation".

?*Bernoullia* sp.

1976 Chow Huiqin and others, p. 206, pl. 106, fig. 12; frond; Wuziwan of Jungar Banner, Inner Mongolia; Middle Triassic Ermaying Formation.

***Bernoullia*? sp.**

1980 Huang Zhigao, Zhou Huiqin, p. 73, pl. 1, fig. 8; frond; Wuziwan of Jungar Banner, Inner Mongolia; Middle Triassic upper part of Ermaying Formation.

△Genus *Botrychites* Wu S, 1999 (in Chinese)

1999 Wu Shunqing, p. 13.

2001 Sun Ge and others, pp. 72, 183.

Type species: *Botrychites reheensis* Wu S, 1999

Taxonomic status: Botrychiaceae?, Filicopsida

△*Botrychites reheensis* Wu S, 1999 (in Chinese)

1999a Wu Shunqing, p. 13, pl. 4, figs. 8 — 10A, 10a; pl. 6, figs. 1 — 3a; sterile fronds and fertile fronds; Col. No. : AEO-65, AEO-66, AEO-117, AEO-119, AEO-233, AEO-233a; Reg. No. : PB18248 — PB18253; Holotype: PB18252 (pl. 6, fig. 2); Repository: Nanjing Institute of Geology and Palaeontology, Chinese Academy of Sciences; Huangbanjigou in Shangyuan of Beipiao, Liaoning; Late Jurassic Jianshangou Bed in lower part of Yixian Formation.

2001 Sun Ge and others, pp. 72, 183, pl. 11, fig. 1; pl. 41, figs. 10, 11(?); pl. 42, figs. 1 — 8; sterile fronds and fertile fronds; Shangyuan of Beipiao, Liaoning; Late Jurassic Jianshangou Formation.

2001 Wu Shunqing, p. 120, figs. 154, 155; sterile fronds and fertile fronds; Huangbanjigou in Shangyuan of Beipiao, Liaoning; Late Jurassic Jianshangou Bed in lower part of Yixian Formation.

2003 Wu Shunqing, p. 170, figs. 229, 230; sterile fronds and fertile fronds; Huangbanjigou in Shangyuan of Beipiao, Liaoning; Late Jurassic Jianshangou Bed in lower part of Yixian Formation.

Genus *Caulopteris* Lindley et Hutton, 1832

1832 (1831 — 1837) Lindley, Hutton, p. 121.

1978 Yang Xianhe, p. 496.

1993a Wu Xiangwu, p. 63.

Type species: *Caulopteris primaeva* Lindley et Hutton, 1832

Taxonomic status: Filicopsida

Caulopteris primaeva Lindley et Hutton, 1832

1832 (1831 — 1837) Lindley, Hutton, p. 121, pl. 42; tree fern trunk impression; Radstock of Bath, England; Late Carboniferous.

1993a Wu Xiangwu, p. 63.

△_Caulopteris nalajingensis_ Yang, 1978

1978 Yang Xianhe, p. 496, pl. 172, figs. 7, 8; text-fig. 109; tree fern trunk impression; No. : Sp0071; Holotype: Sp0071 (pl. 172, fig. 7); Repository: Chengdu Institute of Geology and Mineral Resources; Moshahe of Dukou, Sichuan; Late Triassic Daqiaodi Formation.

1993a Wu Xiangwu, p. 63.

Caulopteris vogesiaca Schimper et Mougeot, 1844

1844 Schimper, Mougeot, p. 65, pl. 30; pl. 31, figs. 1, 2; rhizomes; Vosges, France; Triassic.

1984 Wang Ziqiang, p. 252, pl. 115, figs. 1, 2; rhizomes; Yonghe, Shanxi; Middle — Late Triassic Yenchang Group. [Notes: This specimen lately was referred as *Lesangeana vogesiaca* (Schimper et Mougeot) Mougeot (Wang Ziqiang and Wang Lixin, 1990b)]

Caulopteris? spp.

1979 *Caulopteris*? sp., Zhou Zhiyan, Li Baoxian, p. 446, pl. 1, fig. 4b; rhizome; Xinhua in Jiuqujiang of Qionghai, Hainan; Early Triassic Lingwen Group (Jiuqujiang Formation).

1990 *Caulopteris*? sp., Wu Shunqing, Zhou Hanzhong, p. 451, pl. 4, figs. 8, 8a; frond; Kuqa, Xinjiang; Early Triassic Ehuobulake Formation.

△Genus _Chiaohoella_ Li et Ye, 1980

1978 *Chiaohoella* Lee et Yeh, Yang Xuelin and others, pl. 3, figs. 2 — 4. (nom. nud.)

1980 Li Xingxue, Ye Meina, p. 7.

1986 *Chiaohoella* Lee et Yeh, Li Xingxue and others, p. 12.

1993a *Chiaohoella* Lee et Yeh, Wu Xiangwu, pp. 9, 215.

1993b *Chiaohoella* Lee et Yeh, Wu Xiangwu, pp. 500, 510.

Type species: *Chiaohoella mirabilis* Li et Ye, 1980

Taxonomic status: Adiantaceae, Filicopsida

△_Chiaohoella mirabilis_ Li et Ye, 1980

1978 *Chiaohoella mirabilis* Lee et Yeh, Yang Xuelin and others, pl. 3, figs. 2 — 4; fronds; Shansong of Jiaohe Basin, Jilin; Early Cretaceous Moshilazi Formation. (nom. nud.)

1980 Li Xingxue, Ye Meina, p. 7, pl. 2, fig. 7; pl. 4, figs. 1 — 3; fronds; Reg. No. : PB4606, PB4608, PB8970; Holotype: PB4606 (pl. 4, fig. 1); Repository: Nanjing Institute of Geology and Palaeontology, Chinese Academy of Sciences; Shansong of Jiaohe, Jilin; middle — late Early Cretaceous Shansong Formation.

1986 *Chiaohoella mirabilis* Lee et Yeh, Li Xingxue and others, p. 12, pl. 8, figs. 1 — 5; text-figs. 3C, 3E; fronds; Shansong of Jiaohe, Jilin; Early Cretaceous Jiaohe Group.

1987 *Chiaohoella mirabilis* Lee et Yeh, Shang Ping, pl. 3, fig. 4; frond; Fuxin Coal Field, Liaoning; Early Cretaceous.

1993a *Chiaohoella mirabilis* Lee et Yeh, Wu Xiangwu, pp. 9, 215.

1993b *Chiaohoella mirabilis* Lee et Yeh, Wu Xiangwu, pp. 500, 510.

1995a *Chiaohoella mirabilis* Lee et Yeh, Li Xingxue (editor-in-chief), pl. 108, fig. 5; frond; Shansongdingzi of Jiaohe, Jilin; Early Cretaceous top part of Wuyun Formation. (in Chinese)

1995b *Chiaohoella mirabilis* Lee et Yeh, Li Xingxue (editor-in-chief), pl. 108, fig. 5; frond; Shansongdingzi of Jiaohe, Jilin; Early Cretaceous top part of Wuyun Formation. (in English)

△*Chiaohoella neozamioides* Li et Ye, 1980

1980 Li Xingxue, Ye Meina, p. 8, pl. 3, fig. 1; frond; Reg. No. : PB8971; Holotype: PB8971 (pl. 3, fig. 1); Repository: Nanjing Institute of Geology and Palaeontology, Chinese Academy of Sciences; Shansong of Jiaohe, Jilin; middle — late Early Cretaceous Shansong Formation.

1985 *Chiaohoella neozamioides* Lee et Yeh, Li Jieru, p. 204, pl. 2, fig. 6; frond; Huanghuadianzi of Xiuyan, Liaoning; Early Cretaceous Xiaoling Formation.

1986 *Chiaohoella neozamioides* Lee et Yeh, Li Xingxue and others, p. 12, pl. 8, figs. 1 — 5; text-figs. 3C, 3E; fronds; Shansong of Jiaohe, Jilin; Early Cretaceous Jiaohe Group.

1993a *Chiaohoella neozamioides* Lee et Yeh, Wu Xiangwu, pp. 9, 215.

1995a *Chiaohoella neozamioides* Lee et Yeh, Li Xingxue (editor-in-chief), pl. 108, fig. 4; frond; Shansongdingzi of Jiaohe, Jilin; Early Cretaceous uppermost part of Wuyun Formation. (in Chinese)

1995b *Chiaohoella neozamioides* Lee et Yeh, Li Xingxue (editor-in-chief), pl. 108, fig. 4; frond; Shansongdingzi of Jiaohe, Jilin; Early Cretaceous uppermost part of Wuyun Formation. (in English)

△*Chiaohoella papilioformia* Li, Ye et Zhou, 1986

1986 Li Xingxue, Ye Meina, Zhou Zhiyan, p. 13, pl. 10, fig. 3; pl. 11, figs. 5, 5a; pl. 15, fig. 3; text-fig. 3F; fronds; Reg. No. : PB8970, PB11579, PB11598; Repository: Nanjing Institute of Geology and Palaeontology, Chinese Academy of Sciences; Shansong of Jiaohe, Jilin; Early Cretaceous Jiaohe Group. (Notes: The type specimen was not designated in the original paper)

1995a Li Xingxue (editor-in-chief), pl. 109, fig. 2; frond; Shansongdingzi of Jiaohe, Jilin; Early Cretaceous uppermost part of Wuyun Formation. (in Chinese)

1995b Li Xingxue (editor-in-chief), pl. 109, fig. 2; frond; Shansongdingzi of Jiaohe, Jilin; Early Cretaceous uppermost part of Wuyun Formation. (in English)

Chiaohoella? spp.

1993c *Chiaohoella*? sp. 1 (Cf. *C. neozamioides* Lee et Yeh), Wu Xiangwu, p. 79, pl. 3, figs. 1, 1a; frond; Huangtuling in Mashiping of Nanzhao, Henan; Early Cretaceous Mashiping Formation.

1993c *Chiaohoella*? sp. 2 (Cf. *C. papilioformis* Lee et Yeh), Wu Xiangwu, p. 79, pl. 2, figs. 7, 7a; frond; Huangtuling in Mashiping of Nanzhao, Henan; Early Cretaceous Mashiping Formation.

Genus *Chiropteris* Kurr, 1858

1858 Kurr, in Bronn, p. 143.

1935 Toyama, Ôishi, p. 64.

1956b Sze H C, pp. 467, 475.

1963 Sze H C, Lee H H and others, p. 123.

1993a Wu Xiangwu, p. 65.

Type species: *Chiropteris digitata* Kurr, 1858

Taxonomic status: Filicopsida

***Chiropteris digitata* Kurr, 1858**

1858 Kurr, in Bronn, p. 143, pl. 12; leaf (incertae sedis); Europe; Late Triassic.

1993a Wu Xiangwu, p. 65.

△*Chiropteris ginkgoformis* Liu (MS) ex Feng et al., 1977

1977 Feng Shaonan and others, p. 215, pl. 78, fig. 5; frond; Xiaoshui of Lechang, Guangdong; Late Triassic Siaoping Formation.

△*Chiropteris manasiensis* Gu et Hu, 1979 (non Gu et Hu, 1984, nec Gu et Hu, 1987)

1979 Gu Daoyuan, Hu Yufan, p. 11, pl. 2, figs. 6, 6a; frond; Reg. No.: XPC047; Repository: Petroleum Administration of Xinjiang Uighur Autonomous Region; Shuigou of Shihezi, Xinjiang; Middle — Late Triassic Karamay Formation.

△*Chiropteris manasiensis* Gu et Hu, 1984 (non Gu et Hu, 1979, nec Gu et Hu, 1987)

(Notes: This specific name *Chiropteris manasiensis* Gu et Hu, 1984 is a later isonym of *Chiropteris manasiensis* Gu et Hu, 1979)

1984 Gu Daoyuan, Hu Yufan, in Gu Daoyuan, p. 144, pl. 69, fig. 6; frond; Col. No.: Sh001; Reg. No.: XPC047; Repository: Petroleum Administration of Xinjiang Uighur Autonomous Region; Shuigou of Shihezi, Xinjiang; Middle — Late Triassic Karamay Formation.

△*Chiropteris manasiensis* Gu et Hu, 1987 (non Gu et Hu, 1979, nec Gu et Hu, 1984)

(Notes: This specific name *Chiropteris manasiensis* Gu et Hu, 1987 is a later isonym of *Chiropteris manasiensis* Gu et Hu, 1979)

1987 Hu Yufan, Gu Daoyuan, p. 226, pl. 2, figs. 1, 1a; frond; Col. No.: Sh001; Reg. No.: XPC047; Repository: Petroleum Administration of Xinjiang Uighur Autonomous Region; Shuigou of Shihezi, Xinjiang; Middle — Late Triassic Karamay Formation.

△*Chiropteris taizihoensis* Zhang, 1980

1980 Zhang Wu and others, p. 260, pl. 109, figs. 8 — 10; text-fig. 190; fronds; Reg. No.: D306 — D308; Linjiawaizi of Benxi, Liaoning; Middle Triassic Linjia Formation. (Notes: The type specimen was not designated in the original paper)

***Chiropteris yuanii* Sze**

1984 Gu Daoyuan, p. 145, pl. 73, fig. 2; frond; Karamay of Junggar, Xinjiang; Middle — Late Triassic Karamay Formation.

△*Chiropteris*? *yuanii* Sze, 1956

1956b Sze H C, pp. 467, 475, pl. 1, figs. 2, 2a, 3, 3a; fronds; Reg. No. : PB2579; Repository: Nanjing Institute of Geology and Palaeontology, Chinese Academy of Sciences; Karamay of Junggar (Dzungaria) Basin, Xinjiang; late Late Triassic upper part of Yenchang Formation.

1963 Sze H C, Lee H H and others, p. 123, pl. 45, figs. 2, 3; fronds; Karamay of Junggar, Xinjiang; Late Triassic Xiaoquangou Group.

1986 Ye Meina and others, p. 40, pl. 24, figs. 4, 4a; frond; Leiyinpu of Daxian, Sichuan; Late Triassic member 7 of Hsuchiaho Formation.

***Chiropteris* spp.**

1983 *Chiropteris* spp., Zhang Wu and others, p. 77, pl. 2, figs. 7, 8, 10, 12, 13; fronds; Linjiawaizi of Benxi, Liaoning; Middle Triassic Linjia Formation.

1983 *Chiropteris* sp., Meng Fansong, p. 224, pl. 1, fig. 6; fern-like leaf; Donggong of Nanzhang, Hubei; Late Triassic Jiuligang Formation.

1987 *Chiropteris* sp., He Dechang, p. 74, pl. 7, fig. 1; pl. 9, fig. 3; fronds; Fengping of Suichang, Zhejiang; early Early Jurassic bed 2 of Huaqiao Formation.

***Chiropteris*? sp.**

1986 *Chiropteris*? sp., Ye Meina and others, p. 40, pl. 24, figs. 3, 3a; frond; Binlang of Daxian, Sichuan; Late Triassic member 7 of Hsuchiaho Formation.

?*Chiropteris* sp.

1935 ?*Chiropteris* sp., Toyama, Ôishi, p. 64, pl. 31, fig. 3A; frond; Jalai Nur, Inner Mongolia; Middle Jurassic. [Notes: This specimen lately was referred as ? *Ctenis uwatokoi* Toyama et Ôishi (Sze H C, Lee H H and others, 1963)]

1993a ?*Chiropteris* sp., Wu Xiangwu, p. 65.

△Genus *Ciliatopteris* Wu X W, 1979

1979 Wu Xiangwu, in He Yuanliang and others, p. 139.

1993a Wu Xiangwu, pp. 11, 216.

1993b Wu Xiangwu, pp. 499, 511.

Type species: *Ciliatopteris pecotinata* Wu X W, 1979

Taxonomic status: Dicksoniaceae?, Filicopsida

△*Ciliatopteris pecotinata* Wu X W, 1979

1979 Wu Xiangwu, in He Yuanliang and others, p. 139, pl. 63, figs. 3 — 6; text-fig. 9; sterile pinnae and fertile pinnae; Col. No. : 002, 003; Reg. No. : PB6339 — PB6342; Holotype: PB6340 (pl. 63, fig. 4); Paratype: PB6342 (pl. 63, fig. 6); Repository: Nanjing Institute of Geology and Palaeontology, Chinese Academy of Sciences; Haideer of Gangcha, Qinghai; Early — Middle Jurassic Jiangcang Formation of Muli Group.

1993a Wu Xiangwu, pp. 11, 216.

1993b Wu Xiangwu, pp. 499, 511.

△Genus *Cladophlebidium* Sze, 1931

1931 Sze H C, p. 4.

1963 Sze H C, Lee H H and others, p. 125.

1970 Andrews, p. 54.

1993a Wu Xiangwu, pp. 11, 217.

1993b Wu Xiangwu, pp. 498, 511.

Type species: *Cladophlebidium wongi* Sze, 1931

Taxonomic status: Filicopsida

△*Cladophlebidium wongi* Sze, 1931

1931 Sze H C, p. 4, pl. 2, fig. 4; frond; Pingxiang, Jiangxi; Early Jurassic (Lias).

1963 Sze H C, Lee H H and others, p. 125, pl. 45, fig. 4; frond; Pingxiang, Jiangxi; late Late Triassic — Early Jurassic (Lias).

1970 Andrews, p. 54.

1982 Wang Guoping and others, p. 254, pl. 113, fig. 2; frond; Pingxiang, Jiangxi; Late Triassic — Early Jurassic.

1993a Wu Xiangwu, pp. 11, 217.

1993b Wu Xiangwu, pp. 498, 511.

?*Cladophlebidium wongi* Sze

1984 Gu Daoyuan, p. 144, pl. 75, fig. 6; pl. 77, fig. 5; frond; Karamay of Junggar (Dzungaria) Basin, Xinjiang; Middle — Late Triassic Karamay Formation.

Genus *Cladophlebis* Brongniart, 1849

1849 Brongniart, p. 107.

1902 — 1903 Zeiller, p. 291.

1963 Sze H C, Lee H H and others, p. 97.

1993a Wu Xiangwu, p. 66.

Type species: *Cladophlebis albertsii* (Dunker) Brongniart, 1849

Taxonomic status: Filicopsida

***Cladophlebis albertsii* (Dunker) Brongniart, 1849**

1846 *Neuropteris albertsii* Dunker, p. 8, pl. 7, fig. 6; ferlike foliage; Germany; Early Cretaceous (Wealden) (?).

1849 Brongniart, p. 107.

1993a Wu Xiangwu, p. 66.

***Cladophlebis acutiloba* (Heer) Fontaine, 1905**

1876 *Dicksonia acutiloba* Heer, p. 92, pl. 18, figs. 4, 4c; frond; East Sibiria; Jurassic.

1905 Fontaine, in Ward, p. 72, pl. 11, figs. 11, 12; fronds; America; Jurassic.

1980 Zhang Wu and others, p. 259, pl. 165, figs. 3—5; fronds; Peide of Mishan, Heilongjiang; Middle—Late Jurassic Longzhaogou Group.

1986 Li Weirong and others, pl. 1, fig. 5; frond; Guoguanshan in Peide of Mishan, Heilongjiang; Middle Jurassic Peide Formation.

***Cladophlebis acuta* Fontaine, 1889**

1889 Fontaine, p. 74, pl. 5, fig. 7; pl. 7, fig. 6; pl. 10, figs. 6, 7; pl. 11, figs. 7, 8; fronds; Fredericksburg of Virginia, USA; Early Cretaceous Potomac Group.

1980 Zhang Wu and others, p. 252, pl. 163, figs. 1, 2; text-fig. 184; fronds; Songxiaping of Helong, Jilin; Early Cretaceous Changcai Formation.

1992 Sun Ge, Zhao Yanhua, p. 531, pl. 231, figs. 3, 7; pl. 253, fig. 4; fronds; Songxiaping of Helong, Jilin; Late Jurassic Changcai Formation.

1995b Deng Shenghui, p. 29, pl. 20, fig. 6; frond; Huolinhe Basin, Inner Mongolia; Early Cretaceous Huolinhe Formation.

2003 Yang Xiaoju, p. 566, pl. 2, figs. 9, 11; fronds; Jixi Basin, Heilongjiang; Early Cretaceous Muling Formation.

***Cladophlebis aktashensis* Turutanova-Ketova, 1931**

1931 Turutanova-Ketova, p. 322, pl. 3, fig. 7; pl. 4, fig. 7; pl. 5, fig. 8; text-fig. 1; fronds; Issyk Kul Lake; Early Jurassic.

1982 Zhang Caifan, p. 525, pl. 355, fig. 11; frond; Huangnitang of Qiyang, Hunan; Early Jurassic.

1998 Zhang Hong and others, pl. 22, fig. 3; pl. 29, figs. 2, 3; pl. 35, fig. 4; fronds; Kangsu of Wuqia, Xinjiang; Middle Jurassic Yangye (Yangxia) Formation.

△*Cladophlebis angusta* (Li) Wu, 1988

1979 *Cladophlebis tsaidamensis* Sze f. *angustus* Li, Lee P C, in He Yuanliang and others, p. 143, pl. 66, fig. 3; frond; Dameigou of Da Qaidam, Qinghai; Early Jurassic Xiaomeigou Formation.

1988 Wu Xiangwu, in Li Peijuan and others, p. 61, pl. 29, figs. 3, 3a; pl. 30, fig. 4; pl. 31, figs. 1, 1a; pl. 36, figs. 2, 3; fronds; Dameigou of Da Qaidam, Qinghai; Early Jurassic *Cladophlebis* Bed of Huoshaoshan Formation.

1995a Li Xingxue (editor-in-chief), pl. 92, fig. 4; frond; Dameigou of Da Qaidam, Qinghai; Early Jurassic Huoshaoshan Formation. (in Chinese)

1995b Li Xingxue (editor-in-chief), pl. 92, fig. 4; frond; Dameigou of Da Qaidam, Qinghai; Early Jurassic Huoshaoshan Formation. (in English)

1995 Zeng Yong and others, p. 54, pl. 10, fig. 2; frond; Yima, Henan; Middle Jurassic Yima Formation.

2003 Deng Shenghui and others, pl. 66, fig. 1; frond; Yima Basin, Henan; Middle Jurassic Yima Formation.

2005 Miao Yuyan, p. 524, pl. 2, figs. 7, 8; fronds; Baiyang River area of Junggar Basin, Xinjiang; Middle Jurassic Xishanyao Formation.

***Cladophlebis arguta* (Lindley et Hutton) Halle, 1913**

1834 *Neuropteris arguta* Lindley et Hutton, p. 67, pl. 105; sterile pinna; Yorkshire, England; Middle Jurassic.

1913 *Cladophlebis* (*Coniopteris*?) *arguta* (Lindley et Hutton) Halle, p. 15, pl. 2, figs. 1—3, 5; sterile pinnae; Graham Land; Jurassic.

1922 *Cladophlebis arguta* (Lindley et Hutton), Johansson, p. 25, pl. 7, fig. 11; sterile pinna; Sweden; Early Jurassic (Lias).

1933d Sze H C, p. 24, pl. 4, figs. 1—4; fronds; Shiguaizi of Saratsi, Inner Mongolia; Early Jurassic. {Notes: This specimen lately was referred as *Cladophlebis* sp. [Cf. *Klukia exilis* (Phillips) Raciborski, emend Harris](Sze H C, Lee H H and others, 1963) or as *Kylikipteris arguta* (Lindley et Hutton) Harris (Harris, 1961)}

***Cladophlebis* cf. *arguta* (Lindley et Hutton) Halle**

1933b Sze H C, p. 81, pl. 12, figs. 1 (?n. sp.), 2; fronds; Shipanwan of Fugu, Shaanxi; Jurassic. [Notes: This specimen lately was referred as *Cladophlebis* sp. (Sze H C, Lee H H and others, 1963) or as *Kylikipteris arguta* (Lindley et Hutton) Harris (Harris, 1961)]

1933d Sze H C, p. 15, pl. 10, figs. 10, 11; fronds; Guangling, Shanxi; Early Jurassic.

***Cladophlebis argutula* (Heer) Fontaine, 1900**

1876 *Asploenium argutulum* Heer, pp. 41, 96, pl. 3, fig. 7; pl. 19, figs. 1—4; fronds; Irkutsk Basin; Jurassic; upper reaches of Heilongjiang River; Late Jurassic(?).

1900 Fontaine, in Ward, p. 345, pl. 50, figs. 1—6; fronds; America; Jurassic.

1933 Yabe, Ôishi, p. 204 (10); frond; Sandaogang (Sandogan), Heilongjiang; Early Cretaceous.

1950 Ôishi, p. 86; frond; Northeast China; Middle Jurassic.

1961 Shen Kuanglung, p. 168, pl. 2, figs. 3, 4; fronds; Huixian and Chengxian, southwestern Gansu; Jurassic Mienhsien Group.

1963 Sze H C, Lee H H and others, p. 98, pl. 29, figs. 1, 2; fronds; Tumulu in Chahar Right Wing Back Banner of Inner Mongolia, Sucaowan in Mianxian of Shaanxi; Jurassic.

1976 Chang Chichen, p. 188, pl. 88, fig. 4; pl. 90, fig. 5; fronds; Chahar Right Wing Back Banner, Inner Mongolia; Early—Middle Jurassic.

1980 Zhang Wu and others, p. 253, pl. 129, figs. 2—5; pl. 164, figs. 1, 2; fronds; Beipiao, Liaoning; Early Jurassic Beipiao Formation and Middle Jurassic Haifanggou Formation; Mishan, Heilongjiang; Middle—Late Jurassic Longzhaogou Group.

1982 Liu Zijin, p. 126, pl. 64, figs. 4, 5; fronds; Xipo in Liangdang and Longjiagou in Wudu of Gansu, Hujiayao in Fengxian of Shaanxi; Middle Jurassic Longjiagou Formation.

1982b Yang Xuelin, Sun Liwen, p. 33, pl. 5, fig. 5; pl. 6, fig. 2; fronds; Hongqi Coal Mine of southeastern Da Hinggan Ling; Early Jurassic Hongqi Formation.

1982b Yang Xuelin, Sun Liwen, p. 47, pl. 18, figs. 2, 3; fronds; Wanbao Coal Mine and Heidingshan Coal Mine of southeastern Da Hinggan Ling; Middle Jurassic Wanbao Formation.

1983a Cao Zhengyao, p. 13, pl. 1, figs. 4 — 6A; fronds; Yunshan of Hulin, Heilongjiang; Middle Jurassic lower part of Longzhaogou Group.

1983 Li Jieru, pl. 2, fig. 2; frond; Houfulongshan of Jinxi, Liaoning; Middle Jurassic member 1 of Haifanggou Formation.

1984 Chen Fen and others, p. 42, pl. 12, figs. 1, 2; text-fig. 5; fronds; Daanshan of West Hill, Beijing; Early Jurassic Lower Yaopo Formation.

1984 Wang Ziqiang, p. 250, pl. 137, figs. 3 — 5; fronds; Guangling, Shanxi; Middle Jurassic Datong Formation; Xiahuayuan and Zhuolu, Hebei; Middle Jurassic Mentougou Formation and Yudaishan Formation.

1988 Sun Ge, Shang Ping, pl. 1, fig. 9; frond; Huolinhe Coal Field, Inner Mongolia; Early Cretaceous Huolinhe Formation.

1988 Zhang Hanrong and others, pl. 1, fig. 5; frond; Yuxian, Hebei; Early Jurassic Zhengjiayao Formation.

1995 Zeng Yong and others, p. 53, pl. 8, fig. 1; pl. 10, fig. 6; fronds; Yima, Henan; Middle Jurassic Yima Formation.

1996 Mi Jiarong and others, p. 95, pl. 11, fig. 3; frond; Sanbao and Gajia of Beipiao, Liaoning; Middle Jurassic Haifanggou Formation.

1998 Zhang Hong and others, pl. 26, fig. 1B; frond; Dameigou of Da Qaidam, Qinghai; Early Jurassic Huoshaoshan Formation.

2005 Miao Yuyan, p. 524, pl. 2, fig. 5; frond; Baiyang River area of Junggar Basin, Xinjiang; Middle Jurassic Xishanyao Formation.

***Cladophlebis* cf. *argutula* (Heer) Fontaine**

1981 Chen Fen and others, pl. 2, fig. 3; frond; Haizhou Opencut Coal Mine of Fuxin, Liaoning; Early Cretaceous Fuxin Formation.

1985 Shang Ping, pl. 2, fig. 1; frond; Fuxin Coal Field, Liaoning; Early Cretaceous Sunjiawan Member of Haizhou Formation.

△*Cladophlebis asiatica* Chow et Yeh, 1963

1963 Chow T Y, Yeh Meina, in Sze H C, Lee H H and others, p. 99, pl. 30, fig. 3; pl. 31, fig. 3; fronds; Beipiao, Fengcheng and Benxi of Liaoning, Fangshan of Beijing, Wuwei of Gansu, Fugu of Shaanxi; Early — Middle Jurassic.

1980 Huang Zhigao, Zhou Huiqin, p. 76, pl. 57, fig. 6; frond; Jiaoping of Tongchuan, Shaanxi; Middle Jurassic Yan'an Formation.

1980 Zhang Wu and others, p. 253, pl. 129, figs. 6, 7; pl. 132, fig. 11; fronds; Beipiao, Liaoning; Early Jurassic Beipiao Formation.

1982 Duan Shuying, Chen Ye, p. 498, pl. 6, fig. 1; frond; Nanxi of Yunyang, Sichuan; Early Jurassic Zhenzhuchong Formation.

1982b Yang Xuelin, Sun Liwen, p. 47, pl. 18, fig. 4; pl. 19, figs. 1—3; fronds; southeastern Da Hinggan Ling; Middle Jurassic Wanbao Formation.

1984 Chen Fen and others, p. 42, pl. 12, fig. 3; pl. 13, figs. 1, 2; text-fig. 6; fronds; West Hill, Beijing; Early Jurassic Lower Yaopo Formation and Upper Yaopo Formation, Middle Jurassic Longmen Formation.

1984 Chen Gongxin, p. 579, pl. 228, fig. 3; frond; Chengchao of Echeng, Hubei; Early Jurassic Wuchang Formation.

1984 Gu Daoyuan, p. 143, pl. 72, fig. 3; frond; Lianmuqin of Shanshan, Xinjiang; Middle Jurassic Xishanyao Formation.

1986 Duan Shuying and others, pl. 1, fig. 8; frond; southern margin of Erdos Basin; Middle Jurassic Yan'an Formation.

1987 Duan Shuying, p. 32, pl. 7, fig. 5; pl. 8, figs. 1, 1a; fronds; Zhaitang of West Hill, Beijing; Middle Jurassic.

1987 Zhang Wu, Zheng Shaolin, pl. 1, fig. 4; frond; Taizishan in Changgao of Beipiao, Liaoning; Middle Jurassic Lanqi Formation.

1989 Bureau of Geology and Mineral Resources of Liaoning Province, pl. 9, fig. 3; frond; Guanshan of Beipiao, Liaoning; Early Jurassic Beipiao Formation.

1989 Mei Meitang and others, p. 89, pl. 45, fig. 3; frond; China; Jurassic—Late Cretaceous.

1990 Zheng Shaolin, Zhang Wu, p. 218, pl. 3, fig. 4; frond; Tianshifu of Benxi, Liaoning; Middle Jurassic Dabu Formation.

1993 Mi Jiarong and others, p. 91, pl. 12, figs. 3—6; fronds; Dajianggang of Shuangyang, Jilin; Late Triassic Dajianggang Formation; Shiren of Hunjiang, Jilin; Late Triassic Beishan Formation (Xiaohekou Formation); Yangcaogou of Beipiao, Liaoning; Late Triassic Yangcaogou Formation; Mentougou of West Hill, Beijing; Late Triassic Xingshikou Formation.

1995 Zeng Yong and others, p. 52, pl. 5, fig. 2; pl. 11, fig. 2; fronds; Yima, Henan; Middle Jurassic Yima Formation.

1996 Huang Qisheng and others, pl. 2, figs. 1, 2; fronds; Tieshan of Daxian, Sichuan; Early Jurassic bed 20 in upper part of Zhenzhuchong Formation.

1996 Mi Jiarong and others, p. 96, pl. 9, figs. 1, 8; pl. 10, figs. 3, 10; fronds; Guanshan of Beipiao, Liaoning; Early Jurassic lower member of Beipiao Formation; Shimenzhai of Funing, Hebei; Early Jurassic Beipiao Formation.

2001 Huang Qisheng, pl. 2, fig. 5; frond; Tieshan of Daxian, Sichuan; Early Jurassic upper part of Zhenzhuchong Formation.

2003 Xu Kun and others, pl. 8, fig. 6; frond; western Liaoning; Middle Jurassic Lanqi Formation.

2004 Sun Ge, Mei Shengwu, pl. 7, figs. 1, 3, 4; fronds; Chaoshui Basin and Aram Basin, Northwest China; Early—Middle Jurassic.

***Cladophlebis* aff. *asiatica* Chow et Yeh**

1996 Mi Jiarong and others, p. 96, pl. 9, fig. 5; frond; Guanshan of Beipiao, Liaoning; Early

Jurassic lower member of Beipiao Formation.

***Cladophlebis* cf. *asiatica* Chow et Yeh**

1977 Department of Geological Exploration of Changchun College of Geology and others, pl. 2, fig. 4; pl. 3, fig. 8; frond; Shiren of Hunjiang, Jilin; Late Triassic Xiaohekou Formation.

1990 Cao Zhengyao, Shang Ping, pl. 3, figs. 1, 1a; frond; Shebudai in Changgao of Beipiao, Liaoning; Middle Jurassic Lanqi Formation.

1992 Huang Qisheng, Lu Zongsheng, pl. 3, fig. 3; frond; Kaokaowusugou of Shenmu, Shaanxi; Middle Jurassic Yan'an Formation.

△*Cladophlebis* (*Athyrium*?) *asymmetrica* Meng, 1988

1988 Meng Xiangying, in Chen Fen and others, pp. 45, 148, pl. 16, figs. 1, 1a, 3; fronds; No.: Fx083, Fx084; Repository: Beijing Graduate School, Wuhan College of Geology; Haizhou Opencut Coal Mine and Xinqiu Mine of Fuxin, Liaoning; Early Cretaceous Fuxin Formation. (Notes: The type specimen was not designated in the original paper)

△*Cladophlebis beijingensis* Chen et Dou, 1984

1984 Chen Fen, Dou Yawei, in Chen Fen and others, pp. 43, 120, pl. 12, figs. 4 — 6; text-fig. 7; fronds; Col. No.: MP11 — MP17; Reg. No.: BM090 — BM092; Repository: Beijing Graduate School, Wuhan College of Geology; Datai of West Hill, Beijing; Early Jurassic Lower Yaopo Formation. (Notes: The type specimen was not designated in the original paper)

***Cladophlebis* cf. *beijingensis* Chen et Dou**

2002 Wu Xiangwu and others, p. 155, pl. 3, figs. 4 — 5a; pl. 5, fig. 8; fronds; Wutongshugou of Alxa Right Banner, Inner Mongolia; Middle Jurassic lower member of Ningyuanpu Formation.

△*Cladophlebis bella* Li, 1982

1982 Li Peijuan, p. 88, pl. 10, figs. 3, 4(?); fronds; Col. No.: FT2000 — FT2006; Reg. No.: PB7954, PB7956; Holotype: PB7954 (pl. 10, fig. 3); Repository: Nanjing Institute of Geology and Palaeontology, Chinese Academy of Sciences; Baxoi, Tibet; Early Cretaceous Duoni Formation.

***Cladophlebis bitchuensis* Ôishi, 1932**

1932 Ôishi, p. 284, pl. 7, fig. 1; frond; Nariwa of Okayama, Japan; Late Triassic (Nariwa).

***Cladophlebis* cf. *bitchuensis* Ôishi**

1980 Zhang Wu and others, p. 253, pl. 130, figs. 1, 1a; frond; Banshidingzi of Shuangyang, Jilin; Early Jurassic Banshidingzi Formation.

***Cladophlebis* cf. *C. bitchuensis* Ôishi**

1993 Mi Jiarong and others, p. 92, pl. 13, fig. 4; frond; Mentougou of West Hill, Beijing; Late Triassic Xingshikou Formation.

***Cladophlebis browniana* (Dunker) Seward, 1894**

1846 *Pecopteris browniana* Dunker, p. 5, pl. 8, fig. 7; frond; Early Cretaceous.

1894 Seward, p. 99, pl. 12, fig. 4; frond; Early Cretaceous.

1977 Duan Shuying and others, p. 115, pl. 1, figs. 9, 10; pl. 3, fig. 1; fronds; Lhasa, Tibet; Early Cretaceous.

1982 Wang Guoping and others, p. 245, pl. 112, fig. 6; frond; Lingxia of Shangping, Jiangxi; Late Jurassic — Early Cretaceous.

1983a Zheng Shaolin, Zhang Wu, p. 82, pl. 3, figs. 3 — 5; fronds; Wanlongcun of Boli, Heilongjiang; Early Cretaceous Dongshan Formation.

1989 Ding Baoliang and others, pl. 2, fig. 8; frond; Lingxia of Shangping, Jiangxi; Late Jurassic — Early Cretaceous.

1989 Mei Meitang and others, p. 89, pl. 46, fig. 3; frond; China; Late Jurassic — Early Cretaceous.

***Cladophlebis browniana*? (Dunker) Seward**

1931 Sze H C, p. 31, pl. 4, fig. 5; frond; Fangzi of Weixian, Shandong; Early Jurassic (Lias). {Notes: This specimen lately was referred as *Cladophlebis* sp. [Cf. *Klukia exilis* (Phillips) Raciborski emend Harris](Sze H C, Lee H H and others, 1963)}

***Cladophlebis* cf. *browniana* (Dunker) Seward**

1954 Hsu J, p. 48, pl. 39, figs. 9 — 11; fronds; Dongcun of Shouchang, Zhejiang; late Early Cretaceous. [Notes: This specimen lately was referred as Cf. *Klukia browniana* (*Dunker*)(Sze H C, Lee H H and others, 1963)]

1958 Wang Longwen and others, p. 623, fig. 623; frond; Zhejiang, Fujian, Jilin and Tibet; early Early Cretaceous.

1963 Gu Zhiwei and others, pl. 1, fig. 3; frond; Shouchang, Zhejiang; Early Cretaceous Jiande Subgroup. [Notes: This specimen lately was referred as Cf. *Klukia browniana* (Dunker)(Sze H C, Lee H H and others, 1963, pl. 21, fig. 5)]

1964 Lee H H and others, p. 136, pl. 88, figs. 10, 11; pl. 89, fig. 1; fronds; South China; Late Jurassic — Early Cretaceous.

1982a Yang Xuelin, Sun Liwen, pl. 1, fig. 4; frond; Yingcheng, southeastern Songhuajiang-Liaohe Basin; Early Cretaceous Yingcheng Formation.

1994 Cao Zhengyao, fig. 2a; frond; Jiande, Zhejiang; early Early Cretaceous Shouchang Formation.

1995 Cao Zhengyao and others, p. 4, pl. 4, fig. 2A; frond; Daxicun of Zhenghe, Fujian; Early Cretaceous middle member of Nanyuan Formation.

1995a Li Xingxue (editor-in-chief), pl. 111, fig. 3; frond; Jiande, Zhejiang; Early Cretaceous Shouchang Formation. (in Chinese)

1995b Li Xingxue (editor-in-chief), pl. 111, fig. 3; frond; Jiande, Zhejiang; Early Cretaceous Shouchang Formation. (in English)

1999 Cao Zhengyao, p. 54, pl. 4, figs. 8, 9; pl. 8, figs. 3, 4; pl. 12, fig. 1; text-fig. 21; fronds; Dongcun and Daqiao of Shouchang, Laozhu of Lishui, Zhejiang; Early Cretaceous Shouchang Formation.

△*Cladophlebis calcariformis* Chu, 1975

1975 Chu Chiana, in Hsu J and others, p. 71, pl. 2, figs. 1 — 3; fronds; No.: No. 2500a;

Repository: Institute of Botany, the Chinese Academy of Sciences; Nalajing of Yongren, Yunnan; Late Triassic middle-upper part of Daqiaodi Formation.

1979 Hsu J and others, p. 31, pl. 18, fig. 2; pl. 19, fig. 2a; fronds; Baoding, Sichuan; Late Triassic middle-upper part of Daqiaodi Formation.

1984 Gu Daoyuan, p. 143, pl. 68, fig. 1; frond; Lianmuqin of Shanshan, Xinjiang; Middle Jurassic Xishanyao Formation.

1986 Ye Meina and others, p. 33, pl. 20, figs. 4, 4a; frond; Wenquan of Kaixian, Sichuan; Late Triassic member 5 of Hsuchiaho Formation.

△*Cladophlebis cladophleoides* (Yao) Yang, 1982

1968 *Amdrupia? cladophleoides* Yao, Yao Zhaoqi, in *Fossil Atlas of Mesozoic Coal-bearing Strata in Kiangsi and Hunan Provinces*, p. 79, pl. 3, figs. 4 — 6; fronds; Chengtanjiang of Liuyang, Hunan; Late Triassic Zijiachong Member of Anyuan Formation; Yongshanqiao of Leping, Jiangxi; Late Triassic Anyuan Formation.

1982 Yang Xianhe, p. 471, pl. 15, figs. 1 — 5; fronds; Huangshiban of Weiyuan, Sichuan; Late Triassic Hsuchiaho Formation.

△*Cladophlebis complicata* Meng, 1987

1987 Meng Fansong, p. 242, pl. 26, fig. 5; frond; Col. No.: S-81-6P-61; Reg. No.: P82155; Holotype: P82155 (pl. 26, fig. 5); Repository: Yichang Institute of Geology and Mineral Resources; Sanligang of Dangyang, Hubei; Early Jurassic Hsiangchi (Xiangxi) Formation.

△*Cladophlebis coniopteroides* Chang, 1980

1980 Chang Chichen, in Zhang Wu and others, p. 253, pl. 130, figs. 4, 5; pl. 131, fig. 1; pl. 136, fig. 1b; fronds; Reg. No.: D249 — D252; Shuangmiao of Lingyuan, Liaoning; Early Jurassic Guojiadian Formation. (Notes: The type specimen was not designated in the original paper)

△*Cladophlebis contracta* Cao, 1983

1983a Cao Zhengyao, pp. 35, 45, pl. 4, fig. 10; pl. 5, figs. 4 — 6; pl. 9, figs. 8, 9; fronds; Col. No.: HM13, HM325; Reg. No.: PB10285 — PB10288, PB10317, PB10318; Holotype: PB10285 (pl. 4, fig. 10); Repository: Nanjing Institute of Geology and Palaeontology, Chinese Academy of Sciences; Yonghong of Hulin, Heilongjiang; Late Jurassic lower part of Yunshan Formation; Suolun of Baoqing, Heilongjiang; Early Cretaceous Zhushan Formation.

△*Cladophlebis crassicaulis* Zheng, 1980

1980 Zheng Shaolin, in Zhang Wu and others, p. 254, pl. 131, fig. 2; text-fig. 185; frond; Reg. No.: D253; Beipiao, Liaoning; Early Jurassic Beipiao Formation.

△*Cladophlebis* (*Gleichenites*?) *dabashanensis* Cao, 1984

1984b Cao Zhengyao, pp. 38, 45, pl. 1, figs. 1 — 6; pl. 2, figs. 1 — 8a; pl. 3, figs. 1 — 4a; pl. 4, figs. 1 — 6a; fronds; Col. No.: HM205; Reg. No.: PB10925 — PB10948; Holotype: PB10939 (pl. 3, fig. 1); Repository: Nanjing Institute of Geology and Palaeontology, Chinese

Academy of Sciences; Dabashan of Mishan, Heilongjiang; Early Cretaceous Dongshan Formation.

△***Cladophlebis dameigouensis*** **He, 1988**

1988 He Yuanliang, in Li Peijuan and others, p. 62, pl. 25, figs. 1 — 3b; pl. 52, fig. 3; fronds; Col. No.: 80DP$_1$F$_{87}$; Reg. No.: PB13441 — PB13444, PB13497; Holotype: PB13497 (pl. 25, fig. 3); Repository: Nanjing Institute of Geology and Palaeontology, Chinese Academy of Sciences; Dameigou of Da Qaidam, Qinghai; Middle Jurassic *Tyrmia-Sphenobaiera* Bed of Dameigou Formation.

1995a Li Xingxue (editor-in-chief), pl. 91, fig. 1; frond; Dameigou of Da Qaidam, Qinghai; Middle Jurassic Dameigou Formation. (in Chinese)

1995b Li Xingxue (editor-in-chief), pl. 91, fig. 1; frond; Dameigou of Da Qaidam, Qinghai; Middle Jurassic Dameigou Formation. (in English)

1998 Zhang Hong and others, pl. 22, fig. 6; frond; Dameigou of Da Qaidam, Qinghai; Early Jurassic Huoshaoshan Formation.

△***Cladophlebis dangyangensis*** **Chen, 1977**

1977 Chen Gongxin, in Feng Shaonan and others, p. 214, pl. 80, fig. 5; frond; Reg. No.: P5044; Holotype: P5044 (pl. 80, fig. 5); Repository: Geological Bureau of Hubei Province; Sanligang of Dangyang, Hubei; Early — Middle Jurassic Upper Coal Formation of Hsiangchi Group.

1984 Chen Gongxin, p. 579, pl. 229, figs. 3, 4; fronds; Sanligang of Dangyang, Hubei; Early Jurassic Tongzhuyuan Formation.

△***Cladophlebis daxiensis*** **Cao, Liang et Ma, 1995**

1995 Cao Zhengyao, Liang Shijing and Ma Aishuang, in Cao Zhengyao and others, pp. 4, 13, pl. 1, figs. 2 — 7; fronds; Reg. No.: PB16827 — PB16830; Repository: Nanjing Institute of Geology and Palaeontology, Chinese Academy of Sciences; Daxicun of Zhenghe, Fujian; Early Cretaceous middle member of Nanyuan Formation. (Notes: The type specimen was not designated in the original paper)

Cladophlebis delicatula **Yabe et Ôishi, 1933**

1920 Yabe, Hayasaka, pl. 3, fig. 1; pl. 4, figs. 5, 5a; fronds; Tanshan of Pingxiang and Zhangjialing of Chongjiang, Jiangxi; Late Triassic (Rhaetic) — Jurassic. [Notes: This specimen lately was referred as *Todites denticulatus* (Brongniart) Krasser (Sze H C, Lee H H and others, 1963)]

1933 Yabe, Ôishi, p. 205 (11), pl. 30 (1), figs. 7, 7a; frond; Shahezi (Shahotzu) of Changtu, Liaoning; Middle — Late Jurassic.

1950 Ôishi, p. 86; Shahezi of Changtu, Liaoning; Late Jurassic.

1963 Sze H C, Lee H H and others, p. 100, pl. 30, figs. 1 — 2a; fronds; Chaoyang and Shahezi (Shahotzu) of Changtu, Liaoning; Middle — Late Jurassic.

1980 Chen Fen and others, p. 428, pl. 2, figs. 10, 10a; frond; Xiahuayuan of Zhuolu, Hebei; Middle Jurassic Yudaishan Formation.

1984 Wang Ziqiang, p. 250, pl. 144, figs. 1 — 3; fronds; Zhuolu, Hebei; Middle Jurassic

Yudaishan Formation.

1986 Li Xingxue and others, p. 18, pl. 18; figs. 1, 1a; frond; Shansong of Jiaohe, Jilin; Early Cretaceous Jiaohe Group.

1992 Sun Ge, Zhao Yanhua, p. 531, pl. 231, fig. 8; frond; Songxiaping of Helong, Jilin; Late Jurassic Changcai Formation.

1994 Xiao Zongzheng and others, pl. 15, fig. 1; frond; Fangshan of West Hill, Beijing; Early Cretaceous Tuoli Formation.

Cladophlebis denticulata **(Brongniart) Fontaine, 1889**

1828 *Pecopteris denticulata* Brongniart, p. 301, pl. 98, figs. 1, 2; fronds; West Europe; Jurassic.

1889 Fontaine, p. 71, pl. 7, fig. 7; frond; North America; Jurassic.

1922 Yabe, p. 9, pl. 1, figs. 3, 4; fronds; Daanshan in West Hill of Beijing (Ta-an-shan, Fang-shan-hsien, Chi-li), Ershilipu in Weixian of Shandong (Erl-shih-li-pu, Wei-hsien); Late Trissaisc — Early Jurassic. [Notes: This specimen lately was referred as ? *Todites denticulatus* (Brongniart) Seward (Sze H C, Lee H H and others, 1963)]

1928 Yabe, Ôishi, p. 5, pl. 1, figs. 3, 4; fronds; Fangzi of Weixian, Shandong; Jurassic. [Notes: This specimen lately was referred as *Todites denticulatus* (Brongniart) Seward (Sze H C, Lee H H and others, 1963)]

1931 Sze H C, p. 2, pl. 1, fig. 1; frond; Pingxiang, Jiangxi; Early Jurassic (Lias). [Notes: This specimen lately was referred as *Todites denticulatus* (Brongniart) Seward (Sze H C, Lee H H and others, 1963)]

1931 Sze H C, p. 30, pl. 4, fig. 4; frond; Fangzi of Weixian, Shandong; Early Jurassic (Lias). [Notes: This specimen lately was referred as *Todites denticulatus* (Brongniart) Seward (Sze H C, Lee H H and others, 1963)]

1933 Yabe, Ôishi, p. 206 (12), pl. 30 (1), fig. 8; frond; Dabu (Tapu) of Benxi, Liaoning; Early — Middle Jurassic. [Notes: This specimen lately was referred as *Todites denticulatus* (Brongniart) Seward (Sze H C, Lee H H and others, 1963)]

1939 Matuzawa, p. 9, pl. 2, fig. 5; pl. 3, fig. 3; pl. 4, fig. 5; fronds; Beipiao (Peipiao) Coal Field, Liaoning; Late Triassic — early Middle Jurassic Beipiao Coal Formation. [Notes: This specimen lately was referred as ? *Todites denticulatus* (Brongniart) Seward (Sze H C, Lee H H and others, 1963)]

1949 Sze H C, p. 4, pl. 13, figs. 11, 12; pl. 14, figs. 1, 2; fronds; Jiajiadian in Xiangxi of Zigui, Taizigou, Matousa and Cuijiagou of Dangyang, Hubei; Early Jurassic Hsiangchi Coal Series. [Notes: This specimen lately was referred as *Todites denticulatus* (Brongniart) Seward (Sze H C, Lee H H and others, 1963)]

1950 Ôishi, p. 81, pl. 24, fig. 4; frond; West Hill, Beijing (Ta-an-shan, Fang-shan-hsien, Chi-li); Early Jurassic; Fuxin, Liaoning; Late Jurassic.

1952 Sze H C, Lee H H, pp. 4, 23, pl. 6, fig. 2; pl. 7, figs. 5, 6; fronds; Yipinchang of Baxian, Sichuan (Szechuan); Early Jurassic. [Notes: This specimen lately was referred as *Todites denticulatus* (Brongniart) Seward (Sze H C, Lee H H and others, 1963)]

1962 Lee H H, p. 151, pl. 91, fig. 2; frond; Changjiang River Basin; Early Jurassic — Early

Cretaceous.

1963 Lee P C, p. 128, pl. 56, fig. 2; frond; North China, Sichuan, Huixian of Gansu; Early Jurassic — Early Cretaceous.

1964 Lee H H and others, p. 130, pl. 85, figs. 2, 3; fronds; South China; Early Jurassic — Early Cretaceous.

1975 Xu Fuxiang, p. 102, pl. 2, fig. 1; frond; Houlaomiao of Tianshui, Gansu; Late Triassic Ganchaigou Formation.

1984a Cao Zhengyao, p. 7, pl. 2, fig. 11; pl. 8, figs. 7, 8; text-fig. 2; fronds; Xincun of Mishan, Heilongjiang; Middle Jurassic Peide Formation; Peide Coal Mine of Mishan, Heilongjiang; Middle Jurassic Qihulin Formation; p. 16, pl. 4, figs. 10, 11B; fronds; Yonghong of Hulin, Heilongjiang; Middle Jurassic lower part of Qihulin Formation.

1984 Wang Ziqiang, p. 250, pl. 127, figs. 1 — 4; fronds; Chengde, Hebei; Early Jurassic Jiashan Formation.

1986 Ye Meina and others, p. 33, pl. 22, fig. 3; pl. 23, figs. 4, 4a; fronds; Binlang of Daxian, Sichuan; Late Triassic member 5 of Hsuchiaho Formation; Wenquan of Kaixian, Sichuan; Early Jurassic Zhenzhuchong Formation.

1992 Xie Mingzhong, Sun Jingsong, pl. 1, fig. 7; frond; Xuanhua, Hebei; Middle Jurassic Xiahuayuan Formation.

1993 Wang Shijun, p. 10, pl. 3, fig. 2; pl. 4, fig. 7; fronds; Guanchun of Lechang, Guangdong; Late Triassic Genkou Group.

1998 Zhang Hong and others, pl. 30, fig. 1; frond; Sandaoling of Hami, Xinjiang; Middle Jurassic Xishanyao Formation.

2002 Wang Yongdong, pl. 1, fig. 3; frond; Xiangxi of Zigui, Hubei; Early Jurassic Hsiangchi Formation.

2003 Meng Fansong and others, pl. 3, fig. 7; sterile pinna; Shuishikou of Yunyang, Chongqing; Early Jurassic Dongyuemiao Member of Ziliujing Formation.

2003 Xu Kun and others, pl. 5, fig. 12; frond; Peide Coal Mine of Mishan, Heilongjiang; Middle Jurassic Qihulin Formation.

2005 Miao Yuyan, p. 525, pl. 2, fig. 9; frond; Baiyang River area of Junggar Basin, Xinjiang; Middle Jurassic Xishanyao Formation.

***Cladophlebis* cf. *denticulata* (Brongniart) Fontaine**

1933c Sze H C, p. 10, pl. 6, figs. 5 — 7; fronds; Xujiahe of Guangyuan, Sichuan; late Late Triassic — Early Jurassic. [Notes: This specimen lately was referred as ?*Todites denticulatus* (Brongniart) Seward (Sze H C, Lee H H and others, 1963)]

1954 Hsu J, p. 47, pl. 40, fig. 4; frond; Fangzi of Weixian, Shandong; Jurassic. [Notes: This specimen lately was referred as ?*Todites denticulatus* (Brongniart) Seward (Sze H C, Lee H H and others, 1963)]

1958 Wang Longwen and others, p. 604, fig. 604; frond; South China and North China; Jurassic.

1959 Sze H C, pp. 8, 25, pl. 4, figs. 2, 2a; frond; Hongliugou (Hungliukou) of Qaidam Basin, Qinghai; Jurassic. [Notes: This specimen lately was referred as ?*Todites denticulatus*

(Brongniart) Seward (Sze H C, Lee H H and others, 1963)]

1961 Shen Kuanglung, p. 171, pl. 2, fig. 5; frond; Yatoucun of Huixian, Gansu; Jurassic Mienhsien Group.

1980 Wu Shunqing and others, p. 76, pl. 3, fig. 4; frond; Zhengjiahe of Xingshan, Hubei; Late Triassic Shazhenxi Formation.

1980 Wu Shunqing and others, p. 95, pl. 12, fig. 8; pl. 13, fig. 1; sterile pinnae; Xiangxi of Zigui, Hubei; Early — Middle Jurassic Xiangxi Formation (Hsiangchi Formation).

1983 Zhang Zhicheng, Xiong Xianzheng, p. 56, pl. 1, fig. 7; pl. 2, fig. 6; fronds; Dongning Basin, Heilongjiang; Early Cretaceous Dongning Formation.

1988 Li Peijuan and others, p. 62, pl. 52, figs. 1, 1a; frond; Dameigou of Da Qaidam, Qinghai; Early Jurassic *Cladophlebis* Bed of Huoshaoshan Formation.

2004 Deng Shenghui and others, pp. 210, 214, pl. 1, fig. 4; pl. 2, fig. 9; sterile pinnae; Hongliugou Section of Aram Basin, Inner Mongolia; late Middle Jurassic Xinhe Formation.

***Cladophlebis denticulata* (Brongniart) var. *punctata* Thomas, 1911**

1911 Thomas, p. 64, pl. 2, figs. 13, 13a; frond; Kamenka in the area of Izium; Jurassic.

1933 Yabe, Ôishi, p. 207 (13), pl. 31 (2), figs. 1, 1a, 2; fronds; Shahezi (Shahotzu) of Changtu, Liaoning; Middle — Late Jurassic. [Notes: This specimen lately was referred as *Cladophlebis punctata* (Thomas) Chow et Yeh (Sze H C, Lee H H and others, 1963)]

***Cladophlebis* (*Todites*) *denticulata* (Brongniart) Fontaine**

1964 Lee P C, p. 117, pl. 7, figs. 1 — 3; pl. 9, fig. 1a; fronds; Xujiahe and Yangjiaya of Guangyuan, Sichuan; Late Triassic Hsuchiaho Formation.

***Cladophlebis distanis* (Heer) Yabe, 1922**

1876 *Asplenium distanis* Heer, p. 97, pl. 19, figs. 5, 6, 7 (?); fronds; upper reaches of Heilongjiang River; Late Jurassic.

1922 Yabe, p. 13, pl. 1, fig. 6; pl. 2, fig. 3; text-fig. 9; fronds; Japan; Early Cretaceous.

1950 Ôishi, p. 82; frond; Northeast China; Late Jurassic.

1982b Zheng Shaolin, Zhang Wu, p. 307, pl. 3, figs. 1 — 4; text-fig. 8; fronds; Yonghong of Hulin, Heilongjiang; Late Jurassic Yunshan Formation.

***Cladophlebis divaricata* Jahansson, 1922**

1922 Jahansson, p. 23, pl. 1, figs. 1, 1a; frond; Sweden; Jurassic.

***Cladophlebis* cf. *divaricata* Jahansson**

1988 Li Peijuan and others, p. 63, pl. 33, fig. 1A; pl. 34, figs. 1A, 2A; pl. 36, fig. 4A; pl. 37, figs. 1, 2; pl. 38, fig. 2A; fronds; Dameigou of Da Qaidam, Qinghai; Early Jurassic *Cladophlebis* Bed of Huoshaoshan Formation.

1995a Li Xingxue (editor-in-chief), pl. 92, fig. 6; frond; Dameigou of Da Qaidam, Qinghai; Early Jurassic Huoshaoshan Formation. (in Chinese)

1995b Li Xingxue (editor-in-chief), pl. 92, fig. 6; frond; Dameigou of Da Qaidam, Qinghai; Early Jurassic Huoshaoshan Formation. (in English)

1998 Zhang Hong and others, pl. 32, fig. 6; pl. 33, fig. 2; pl. 34, figs. 3, 4; fronds; Dameigou of Da Qaidam, Qinghai; Early Jurassic Huoshaoshan Formation.

Cladophlebis dunkeri **(Schimper) Seward, 1894**

1869 — 1874 *Pecopteris dunkeri* Schimper, p. 539; Central Europe; Early Cretaceous.

1894 Seward, p. 100, pl. 7, fig. 3; frond; England; Early Cretaceous.

1980 Zhang Wu and others, p. 254, pl. 164, figs. 3 — 5; fronds; Tongfosi of Yanji, Jilin; Early Cretaceous Tongfosi Formation.

1986 Zhang Chuanbo, pl. 2, fig. 3; frond; Tongfosi of Yanji, Jilin; middle — late Early Cretaceous Dalazi Formation.

1989 Zheng Shaolin, Zhang Wu, pl. 1, figs. 10, 11; fronds; Nieerkucun in Nanzamu of Xinbin, Liaoning; Early Cretaceous Nieerku Formation.

1999 Cao Zhengyao, p. 55, pl. 4, figs. 5 — 7; fronds; Lishui, Jiangsu; Early Cretaceous Longwangshan Formation.

△***Cladophlebis emarginata*** **Wu et He, 1988**

1988 Wu Xiangwu, He Yuanliang, in Li Peijuan and others, p. 63, pl. 31, figs. 2, 2a; frond; Col. No.: $80DP_1F_{25}$; Reg. No.: PB13446; Holotype: PB13446 (pl. 31, figs. 2, 2a); Repository: Nanjing Institute of Geology and Palaeontology, Chinese Academy of Sciences; Dameigou of Da Qaidam, Qinghai; Early Jurassic *Cladophlebis* Bed of Huoshaoshan Formation.

Cladophlebis exiliformis **(Geyler) Ôishi, 1940**

1877 *Pecopteris exiliformis* Geyler, p. 226, pl. 30, fig. 1a.

1940 Ôishi, p. 261, pls. 22 — 24; pl. 25, figs. 2, 2a, 3; sterile leaves; Japan; Early Cretaceous Ryoseki Group.

1941 Ôishi, p. 170, pl. 36 (1), fig. 4; frond; Luozigou of Wangqing, Jilin; Early Cretaceous. [Notes: This specimen lately was referred as *Cladophlebis* cf. *exiliformis* (Geyler) Ôishi (Sze H C, Lee H H and others, 1963)]

1980 Zhang Wu and others, p. 254, pl. 164, fig. 8; frond; Dongning, Heilongjiang; Early Cretaceous Muling Formation; Wangqing, Jilin; Early Cretaceous Dalazi Formation.

1982 Li Peijuan, p. 85, pl. 8, figs. 5 — 7a; fronds; Lhorong, Tibet; Early Cretaceous Duoni Formation.

1984 Wang Ziqiang, p. 251, pl. 150, fig. 13; frond; Weichang, Hebei; Early Cretaceous Jiufotang Formation.

1994 Cao Zhengyao, fig. 3c; frond; Linhai, Zhejiang; early Early Cretaceous Guantou Formation.

2000 Wu Shunqing, p. 222, pl. 2, figs. 1 — 7a; pl. 3, figs. 1 — 6a; sterile pinnae and fertile pinnae (?); Xinjie, Hongkong; Early Cretaceous Repulse Bay Group.

Cladophlebis **cf.** ***exiliformis*** **(Geyler) Ôishi**

1963 Sze H C, Lee H H and others, p. 101, pl. 39, fig. 2; frond; Luozigou of Wangqing, Jilin; Early Cretaceous upper part and middle part(?) of Dalazi Formation.

1988 Chen Fen and others, p. 46, pl. 63, fig. 2; frond; Tiefa Basin, Liaoning; Early Cretaceous Lower Coal-bearing Member of Xiaoming'anbei Formation.

1988 Li Peijuan and others, p. 64, pl. 24, figs. 3, 4; fronds; Dameigou of Da Qaidam, Qinghai; Middle Jurassic *Tyrmia-Sphenobaiera* Bed of Dameigou Formation.

1989 Ding Baoliang and others, pl. 2, fig. 13; frond; Huaqian of Wencheng, Zhejiang; Late Jurassic member C-2 of Moshishan Formation.

1992c Meng Fansong, p. 212, pl. 3, figs. 1 — 4; fronds; Heshui of Qionghai, Hainan; Early Cretaceous Lumuwan Group.

Cladophlebis falcata Ôishi, 1940

1940 Ôishi, p. 264, pl. 15, figs. 1, 2; fronds; Haginotani of Koti, Japan; Early Cretaceous Ryoseki Group.

***Cladophlebis* cf. *falcata* Ôishi**

1982 Wang Guoping and others, p. 250, pl. 130, figs. 8, 9; fronds; Pujiang, Zhejiang; Late Jurassic Shouchang Formation.

1989 Ding Baoliang and others, pl. 1, fig. 13; frond; Shanyaqiao of Pujiang, Zhejiang; Late Jurassic — Early Cretaceous Shouchang Formation.

1999 Cao Zhengyao, p. 56, pl. 6, figs. 1, 1a, 2, 2a; pl. 11, figs. 6, 7; pl. 12, fig. 4; pl. 13, fig. 2; fronds; Jiujia and Jialong in Cangnan of Zhejiang, Yangbian in Fuding of Fujian; Early Cretaceous Guantou Formation; Pujiang, Zhejiang; Early Cretaceous Shouchang Formation.

△*Cladophlebis fangtzuensis* Sze, 1933

1933d Sze H C, p. 35, pl. 3, figs. 3, 4; fronds; Fangzi of Weixian, Shandong; Early Jurassic.

1941 Stockmans, Mathieu, p. 39, pl. 3, figs. 4 — 6; fronds; Liujiang, Hebei; Jurassic.

1954 Hsu J, p. 48, pl. 41, figs. 1, 2; Fangzi of Weixian, Shandong; Early Jurassic.

1958 Wang Longwen and others, p. 607, fig. 608; frond; Fangzi of Weixian, Shandong; Jurassic.

1963 Sze H C, Lee H H and others, p. 101, pl. 32, fig. 1; pl. 33, fig. 3; fronds; Fangzi in Weixian of Shandong, Liujiang of Hebei; Early — Middle Jurassic.

1982 Wang Guoping and others, p. 250, pl. 115, fig. 3; frond; Fangzi of Weixian, Shandong; Early — Middle Jurassic Fangzi Formation.

1984 Gu Daoyuan, p. 143, pl. 69, figs. 1, 2, 7; pl. 73, fig. 1; fronds; Crassus River of Karamay (Kuqa), Xinjiang; Middle Jurassic Kezilenur Formation; Lianmuqin of Shanshan, Xinjiang; Middle Jurassic Xishanyao Formation.

1988 Li Peijuan and others, p. 64, pl. 40, figs. 1 — 1c; frond; Dameigou of Da Qaidam, Qinghai; Early Jurassic *Cladophlebis* Bed of Huoshaoshan Formation.

△*Cladophlebis foliolata* Lee, 1976

1976 Lee P C and others, p. 111, pl. 28, figs. 1, 2; fronds; Reg. No.: PB5321, PB5322; Syntypes: PB5321, PB5322 (pl. 28, figs. 1, 2); Repository: Nanjing Institute of Geology and Palaeontology, Chinese Academy of Sciences; Moshahe of Dukou, Sichuan; Late Triassic Daqiaodi Member of Nalaqing Formation. [Notes: According to *International Code of Botanical Nomenclature* (*Vienna Code*) article 37. 2, from the year 1958, the holotype type specimen should be unique]

1987 Chen Ye and others, p. 100, pl. 12, figs. 4, 4a; frond; Qinghe of Yanbian, Sichuan; Late Triassic Hongguo Formation.

Cladophlebis frigida **(Heer) Seward, 1926**

1882 *Pteris frigida* Heer, p. 25, pl. 6, fig. 5e; pl. 11, figs. 2 — 8; pl. 12; fronds; Angiarsuit of Upernivik Island, Greenland; Cretaceous.

1926 Seward, p. 87; frond; Angiarsuit of Upernivik Island, Greenland; Cretaceous.

1982b Zheng Shaolin, Zhang Wu, p. 307, pl. 6, figs. 13, 14; fronds; Hada of Jidong, Heilongjiang; Early Cretaceous Chengzihe Formation.

△***Cladophlebis fukiensis*** **Sze, 1933**

1933d Sze H C, p. 48, pl. 8, figs. 1 — 3; fronds; Malanling of Changting, Fujian; Early Jurassic.

1950 Ôishi, p. 86; frond; Changting, Fujian; Early Jurassic.

1963 Sze H C, Lee H H and others, p. 102, pl. 31, figs. 1, 1a; frond; Malanling of Changting, Fujian; late Late Triassic — Early Jurassic.

1982 Wang Guoping and others, p. 250, pl. 114, figs. 3, 4; fronds; Malanling of Changting, Fujian; late Late Triassic — Early Jurassic.

1987 Duan Shuying, p. 34, pl. 9, figs. 1, 1a; frond; Zhaitang of West Hill, Beijing; Middle Jurassic.

1987 He Dechang, p. 72, pl. 5, fig. 2; pl. 6, fig. 3; fronds; Huaqiao of Longquan, Zhejiang; early Early Jurassic bed 6 of Huaqiao Formation.

1989 Duan Shuying, pl. 1, fig. 7; frond; Zhaitang of West Hill, Beijing; Middle Jurassic Mentougou Coal Series.

△***Cladophlebis fuxiaensis*** **Huang et Chow, 1980**

1980 Huang Zhigao, Zhou Huiqin, p. 76, pl. 27, fig. 4; pl. 28, fig. 2; pl. 32, fig. 6; fronds; Reg. No. : OP901, OP902; Luoershan of Fuxian, Shaanxi; Late Triassic upper part of Yenchang Formation. (Notes: The type specimen was not designated in the original paper)

1982 Liu Zijin, p. 126, pl. 64, figs. 4, 5; fronds; Xipo in Liangdang and Longjiagou in Wudu of Gansu, Hujiayao in Fengxian of Shaanxi; Middle Jurassic Longjiagou Formation.

△***Cladophlebis fuxinensis*** **Meng, 1988**

1988 Meng Xiangying, in Chen Fen and others, pp. 46, 148, pl. 18, fig. 5; pl. 19, figs. 1, 2; text-fig. 15; fronds; No. : Fx097, Fx099; Repository: Beijing Graduate School, Wuhan College of Geology; Haizhou Opencut Coal Mine and Xinqiu Mine of Fuxin, Liaoning; Early Cretaceous Fuxin Formation. (Notes: The type specimen was not designated in the original paper)

Cladophlebis geyleriana **(Nathorst) Yabe, 1922**

1889 *Pecopteris geyleriana* Nathorst, p. 48, pl. 4, fig. 1; pl. 6, fig. 2; Japan; Mesozoic.

1922 Yabe, p. 7.

Cladophlebis **cf.** ***geyleriana*** **(Nathorst) Yabe**

1999 Cao Zhengyao, p. 56, pl. 11, figs. 1, 1a, 2; fronds; Xiaoling of Linhai, Zhejiang; Early

Cretaceous Guantou Formation.

***Cladophlebis gigantea* Ôishi, 1932**

1932 Ôishi, p. 283, pl. 7, fig. 2; sterile frond; Nariwa of Okayama, Japan; Late Triassic (Nariwa).

1936 P'an C H, p. 17, pl. 4, fig. 9; pl. 7, figs. 1 — 8; pl. 8, figs. 1, 2; fronds; Shatanping of Suide, Shaanxi; Late Triassic Yenchang Formation. [Notes: This specimen lately was referred as *Cladophlebis* cf. *gigantea* Ôishi (Sze H C, Lee H H and others, 1963)]

1950 Ôishi, p. 85; Shaanxi; Late Trisssic Yenchang Formation.

1954 Hsu J, p. 47, pl. 37, figs. 10, 11; fronds; Shatanping of Suide, Shaanxi; Late Triassic. [Notes: This specimen lately was referred as *Cladophlebis* cf. *gigantea* Ôishi (Sze H C, Lee H H and others, 1963)]

1979 He Yuanliang and others, p. 142, pl. 64, fig. 6; frond; Youhuluxigou of Qilian, Qinghai; Late Triassic Nanying'er Group.

1980 Zhang Wu and others, p. 254, pl. 130, figs. 2, 3; fronds; Banshidingzi of Shuangyang, Jilin; Early Jurassic Banshidingzi Formation.

1984 Wang Ziqiang, p. 251, pl. 127, fig. 6; frond; Chengde, Hebei; Early Jurassic Jiashan Formation.

1987 Chen Ye and others, p. 101, pl. 13, fig. 2; frond; Qinghe of Yanbian, Sichuan; Late Triassic Hongguo Formation.

1988a Huang Qisheng, Lu Zongsheng, p. 183, pl. 2, figs. 3, 3a; frond; Shuanghuaishu of Lushi, Henan; Late Triassic bed 6 in lower part of Yenchang Formation.

***Cladophlebis* aff. *gigantea* Ôishi**

1978 Chen Qishi and others, pl. 1, fig. 1; frond; Wuzao of Yiwu, Zhejiang; Late Triassic Wuzao Formation.

***Cladophlebis* cf. *gigantea* Ôishi**

1956 Ngo C K, p. 20, pl. 2, fig. 2; frond; Xiaoping of Guangzhou, Guangdong; Late Triassic Siaoping Coal Series.

1956a Sze H C, pp. 19, 126, pl. 9, figs. 3, 4; pl. 23, figs. 3, 3a; fronds; Tanhegou in Silangmiao (T'anhokou near Shilangmiao) of Yijun, Shaanxi; Late Triassic upper part of Yenchang Formation; Shatanping of Suide, Shaanxi; Late Triassic middle part of Yenchang Formation.

1963 Sze H C, Lee H H and others, p. 102, pl. 31, figs. 2, 2a; frond; Tanhegou in Silangmiao (T'anhokou in Shilangmiao) of Yijun and Shatanping of Suide, Shaanxi; Late Triassic Yenchang Group.

1980 Huang Zhigao, Zhou Huiqin, p. 77, pl. 26, fig. 3; pl. 27, fig. 1; frond; Liulingou and Jiaoping of Tongchuan, Shaanxi; Late Triassic upper part of Yenchang Formation.

1984 Chen Fen and others, p. 43, pl. 15, fig. 2; text-fig. 8; frond; Datai of West Hill, Beijing; Early Jurassic Lower Yaopo Formation; Mentougou of West Hill, Beijing; Middle Jurassic Longmen Formation.

1986 Zhou Tongshun, Zhou Huiqin, p. 68, pl. 20, fig. 9; frond; Dalongkou of Jimsar, Xinjiang;

Late Triassic Haojiagou Formation.

1990 Bureau of Geology and Mineral Resources of Ningxia Hui Autonomous Region, pl. 8, figs. 6, 6a; frond; Ruqigou of Pingluo, Ningxia; Late Triassic Yenchang Group.

***Cladophlebis goeppertianus* (Muenster) ex Lee et al., 1964**

1841 — 1846 *Neuropteris goeppertiana* Muenster, in Goeppert, p. 104, pls. 8, 9, figs. 9, 10; fronds; West Europe; Early Jurassic.

1922 *Todites goeppertianus* (Muenster) Krasser, p. 355, West Europe; Early Jurassic.

1964 *Cladophlebis goeppertianus* (Muenster) Krasser, Lee H H and others, p. 130, pl. 85, fig. 4; pl. 86, fig. 1; fronds; South China; Late Triassic — Early Jurassic [Middle Jurassic(?)].

1965 *Cladophlebis goeppertianus* (Muenster) Krasser, Tsao Chengyao, p. 516, pl. 1, figs. 6, 6a; frond; Songbaikeng of Gaoming, Guangdong; Late Triassic Siaoping Formation (Siaoping Series).

***Cladophlebis* cf. *goeppertianus* (Muenster)**

1963 Lee H H and others, pl. 1, figs. 1, 9; fronds; Lijia of Shouchang, Zhejiang; Early — Middle Jurassic Wuzao Formation.

***Cladophlebis* (*Todites*) *goeppertianus* (Schenk) Du Toit, 1927**

1867 *Acrostichites goeppertianus* Schenk, p. 44, pl. 5, figs. 5, 5a; pl. 7, figs. 2, 2a.

1927 Du Toit, p. 319; text-fig. 1.

△*Cladophlebis grabauiana* P'an, 1936

1936 P'an C H, p. 20, pl. 9, figs. 1, 1a; pl. 10, figs. 4 — 4b; frond; Yejiaping of Suide, Shaanxi; Late Triassic upper part of Yenchang Formation.

1963 Sze H C, Lee H H and others, p. 102, pl. 31, figs. 2, 2a; frond; Yejiaping in Suide of Shaanxi, Yanhekou in Huating of Gansu; Late Triassic upper part of Yenchang Group.

1976 Lee P C and others, p. 113, pl. 45, figs. 7, 7a; frond; Moshahe of Dukou, Sichuan; Late Triassic Nalaqing Formation.

1977 Department of Geological Exploration of Changchun College of Geology and others, pl. 2, figs. 2, 2a; frond; Shiren of Hunjiang, Jilin; Late Triassic Xiaohekou Formation.

1980 Huang Zhigao, Zhou Huiqin, p. 77, pl. 29, fig. 2; frond; Liulingou of Tongchuan, Shaanxi; Late Triassic upper part of Yenchang Formation.

1988 Bureau of Geology and Mineral Resources of Liaoning Province, pl. 7, fig. 7; frond; Jilin; Late Triassic.

1989 Mei Meitang and others, p. 89, pl. 45, fig. 4; frond; China; Late Triassic.

1992 Sun Ge, Zhao Yanhua, p. 531, pl. 231, figs. 2, 6; fronds; Shiren of Hunjiang, Jilin; Late Triassic Xiaohekou Formation.

1993 Mi Jiarong and others, p. 92, pl. 13, figs. 1, 1a, 2, 3, 5; fronds; Tianqiaoling of Wangqing, Jilin; Late Triassic Malugou Formation; Shiren of Hunjiang, Jilin; Late Triassic Beishan Formation (Xiaohekou Formation); Chengde, Hebei; Late Triassic Xingshikou Formation.

***Cladophlebis* cf. *grabauiana* P'an**

1982b Wu Xiangwu, p. 86, pl. 10, figs. 1, 1a, 2; fronds; Qamdo and Bagong of Chagyab, Tibet;

Late Triassic upper member of Bagong Formation.

△***Cladophlebis gracilis* Sze, 1956**

1956a Sze H C, pp. 23, 130, pl. 24, figs. 1 — 2a; pl. 25, figs. 1 — 4; fronds; Col. No. : PB2347 — PB2352; Repository: Nanjing Institute of Geology and Palaeontology, Chinese Academy of Sciences; Huangcaowan in Xingshuping of Yijun, Shaanxi; Late Triassic upper part of Yenchang Formation.

1963 Lee P C, p. 127, pl. 56, fig. 1; frond; Yijun of Shaanxi and Pingliang of Gansu; Late Triassic.

1963 Sze H C, Lee H H and others, p. 103, pl. 32, figs. 2, 2a; pl. 33, fig. 2; fronds; Huangcaowan in Xingshuping of Yijun, Shaanxi; Late Triassic upper part of Yenchang Group.

1977 Department of Geological Exploration of Changchun College of Geology and others, pl. 1, fig. 4; pl. 2, fig. 7; fronds; Shiren of Hunjiang, Jilin; Late Triassic Xiaohekou Formation.

1979 He Yuanliang and others, p. 142, pl. 64, fig. 7; frond; Galedesi of Qilian, Qinghai; Late Triassic Middle Rock Formation of Mole Group.

1979 Hsu J and others, p. 32, pl. 17, figs. 2 — 4a; pl. 18, figs. 1 — 2a; fronds; Baoding, Sichuan; Late Triassic middle-upper part of Daqiaodi Formation.

1980 Huang Zhigao, Zhou Huiqin, p. 77, pl. 26, figs. 2, 2a; pl. 29, fig. 4; fronds; Liulingou of Tongchuan and Shiyaoshang of Shenmu, Shaanxi; Late Triassic upper part of Yenchang Formation.

1981 Zhou Huiqin, pl. 1, fig. 7; frond; Yangcaogou of Beipiao, Liaoning; Late Triassic Yangcaogou Formation.

1984 Huang Qisheng, pl. 1, figs. 5, 6; fronds; Baolongshan of Huaining, Anhui; Late Triassic Lalijian Formation.

1984 Wang Ziqiang, p. 251, pl. 116, fig. 3; frond; Jixian, Shanxi; Middle — Late Triassic Yenchang Group.

1986 Chen Ye and others, pl. 5, fig. 4; pl. 6, figs. 2, 3; fronds; Litang, Sichuan; Late Triassic Lanashan Formation.

1993 Mi Jiarong and others, p. 92, pl. 12, figs. 1, 2; fronds; Shiren of Hunjiang, Jilin; Late Triassic Beishan Formation (Xiaohekou Formation).

1996 Wu Shunqing, Zhou Hanzhong, p. 4, pl. 2, figs. 1, 1a; frond; Kuqa River Section of Kuqa, Xinjiang; Middle Triassic lower member of Karamay Formation.

△***Cladophlebis hadaensis* Zhang, 1980**

1980 Zhang Wu and others, p. 255, pl. 164, figs. 6, 6a; text-fig. 186; frond; Reg. No. : D260; Hada of Jidong, Heilongjiang; Early Cretaceous Muling Formation.

1993 Bureau of Geology and Mineral Resources of Heilongjiang Province, pl. 12, fig. 5; frond; Heilongjiang Province; Early Cretaceous Muling Formation.

***Cladophlebis haiburensis* (Lindley et Hutton) Brongniart, 1849**

1836 *Pecopteris haiburensis* Lindley et Hutton, p. 97, pl. 187; frond; Yorkshire, England; Jurassic.

1849 Brongniart, p. 105.

1922 Yabe, p. 18; text-fig. 12; frond; West Hill, Beijing (Ta-an-shan, Fang-shan-hsien, Chi-li); Jurassic. [Notes: This specimen lately was referred as *Cladophlebis asiatica* Chow et Yeh (Sze H C, Lee H H and others, 1963)]

1928 Yabe, Ôishi, p. 5, pl. 1, fig. 2; pl. 3, fig. 1; fronds; Fangzi of Weixian, Shandong; Jurassic. [Notes: This specimen lately was referred as ?*Cladophlebis fangtzuensis* Sze (Sze H C, Lee H H and others, 1963)]

1933 Yabe, Ôishi, p. 208 (14), pl. 30 (1), fig. 12; pl. 31 (2), figs. 4, 4a, 5; pl. 32 (3), figs. 1, 2; fronds; Weijiapuzi (Weichiaputzu) and Dabu (Tabu) of Benxi, Nianzigou (Nientzukou) and Pingdingshan (Pingtingshan) of Fengcheng, Liaoning; Middle — Late Jurassic. [Notes: This specimen lately was referred as ?*Cladophlebis asiatica* Chow et Yeh (Sze H C, Lee H H and others, 1963)]

1939 Matuzawa, p. 11, pl. 1, fig. 5; pl. 2, figs. 3a, 3b, 4; pl. 3, figs. 1, 2a, 2b; pl. 4, fig. 4; fronds; Beipiao (Peipiao) Coal Field, Liaoning; Late Triassic — early Middle Jurassic Peipiao Coal Formation. [Notes: This specimen lately was referred as *Cladophlebis asiatica* Chow et Yeh (Sze H C, Lee H H and others, 1963)]

1950 Ôishi, p. 83, pl. 25, fig. 2; frond; Daanshan of Fangshan, Beijing; Middle Jurassic; Beipiao, Liaoning; Late Triassic; Tonghua of Jilin and Shenyang of Liaoning; Late Triassic — Early Jurassic.

1979 He Yuanliang and others, p. 143, pl. 64, fig. 8; pl. 66, figs. 1 — 2a; fronds; Santonggou of Dulan, Qinghai; Late Triassic Babaoshan Group.

1982 Duan Shuying, Chen Ye, p. 498, pl. 5, fig. 3; frond; Tongshuba of Kaixian, Sichuan; Late Triassic Hsuchiaho Formation.

1982 Liu Zijin, p. 126, pl. 65, fig. 4; frond; Cuijiagou and Xiaojieqianhe of Tongchuan, Shaanxi; Middle Jurassic Zhiluo Formation, Early — Middle Jurassic Yan'an Formation; Dalinggou of Wudu, Gansu; Midlle Jurassic Longjiagou Formation.

1986b Chen Qishi, p. 5, pl. 6, figs. 1, 2; text-fig. 2; fronds; Wuzao of Yiwu, Zhejiang; Late Triassic Wuzao Formation.

1986 Wu Shunqing, Zhou Hanzhong, p. 641, pl. 4, figs. 1 — 3a; fronds; Toksun district of northwestern Turpan Depression, Xinjiang; Early Jurassic Badaowan Formation.

1988 Li Peijuan and others, p. 65, pl. 38, fig. 1; pl. 41, figs. 1 — 3; pl. 42, figs. 1 — 2a; pl. 43, figs. 1, 2; fronds; Dameigou of Da Qaidam, Qinghai; Early Jurassic *Cladophlebis* Bed of Huoshaoshan Formation.

1991 Huang Qisheng, Qi Yue, p. 604, pl. 2, figs. 1, 11; fronds; Majian of Lanxi, Zhejiang; Early — Middle Jurassic lower member of Majian Formation.

1993 Mi Jiarong and others, p. 93, pl. 13, figs. 9 — 11; fronds; Dajianggang of Shuangyang, Jilin; Late Triassic Dajianggang Formation; Shiren of Hunjiang, Jilin; Late Triassic Beishan Formation (Xiaohekou Formation); Mentougou of West Hill, Beijing; Late Triassic Xingshikou Formation.

1995a Li Xingxue (editor-in-chief), pl. 90, fig. 6; frond; Dameigou of Da Qaidam, Qinghai; Early Jurassic Huoshaoshan Formation. (in Chinese)

1995b Li Xingxue (editor-in-chief), pl. 90, fig. 6; frond; Dameigou of Da Qaidam, Qinghai; Early

Jurassic Huoshaoshan Formation. (in English)

1998 Zhang Hong and others, pl. 32, fig. 4; pl. 33, fig. 1; pl. 34, fig. 1; pl. 35, fig. 2; fronds; Kangsu of Wuqia, Xinjiang; Middle Jurassic Yangye (Yangxia) Formation.

2003 Xiu Shencheng and others, pl. 1, fig. 4; frond; Yima Basin, Henan; Middle Jurassic Yima Formation.

2003 Yuan Xiaoqi and others, pl. 14, figs. 1, 2; fronds; Gaotouyao of Dalad Banner, Inner Mongolia; Middle Jurassic Yan'an Formation.

2003 Zhao Yingcheng and others, pl. 10, fig. 7; frond; Dameigou Section of Qiadam Basin, Qinghai; Middle Jurassic Dameigou Formation.

***Cladophlebis* cf. *haiburensis* (Lindley et Hutton) Brongniart**

1963 Chow Huiqin, p. 170, pl. 72, fig. 1; frond; Hualing of Huaxian, Guangdong; Late Triassic.

1976 Chang Chichen, p. 188, pl. 92, fig. 3; frond; Urad Front Banner, Inner Mongolia; Early — Middle Jurassic Shiguai Group.

1996 Mi Jiarong and others, p. 97, pl. 9, fig. 6; frond; Shimenzhai of Funing, Hebei; Early Jurassic Beipiao Formation.

2002 Wu Xiangwu and others, p. 155, pl. 5, figs. 6 — 7a; fronds; Maohudong of Shandan, Gansu; Early Jurassic upper member of Jijigou Formation.

△*Cladophlebis halleiana* Sze, 1931

1931 Sze H C, p. 32, pl. 8, figs. 1, 2; fronds; Dakouqiao (Ta-Kou-Brucke) of Puji, Shandong; Early Jurassic (Lias).

1963 Sze H C, Lee H H and others, p. 103, pl. 34, figs. 1, 1a; frond; Dakouqiao (Ta-Kou-Brucke) of Puji, Shandong; Jurassic[Early — Middle Jurassic(?)].

1982 WangGuoping and others, p. 250, pl. 114, figs. 1, 2; fronds; Dakouqiao (Ta-Kou-Brucke) of Puji, Shandong; Jurassic[Early — Middle Jurassic(?)].

△*Cladophlebis harpophylla* Li et Wu W X, 1979

1979 Li Peijuan, Wu Xiangwu, in He Yuanliang and others, p. 144, pl. 67, figs. 2 — 3a; fronds; Col. No.: 017, 94-37; Reg. No.: PB6356, PB6357; Syntype 1: PB6356 (pl. 67, fig. 2); Syntype 2: PB6357 (pl. 67, fig. 3); Repository: Nanjing Institute of Geology and Palaeontology, Chinese Academy of Sciences; Jiangcang of Tianjun and Haideer of Gangcha, Qinghai; Early — Middle Jurassic Jiangcang Formation of Muli Group. [Notes: According to *International Code of Botanical Nomenclature* (*Vienna Code*) article 37. 2, from the year 1958, the holotype type specimen should be unique]

1998 Zhang Hong and others, pl. 28, fig. 4; frond; Dameigou of Da Qaidam, Qinghai; Early Jurassic Huoshaoshan Formation.

△*Cladophlebis hebeiensis* Wang, 1984

1984 Wang Ziqiang, p. 251, pl. 144, figs. 4, 5; fronds; Reg. No.: P0476; Holotype: P0476 (pl. 144, fig. 5); Repository: Nanjing Institute of Geology and Palaeontology, Chinese Academy of Sciences; Zhuolu, Hebei; Middle Jurassic Yudaishan Formation.

△*Cladophlebis heitingshanensis* **Yang et Sun, 1982 (non Yang et Sun, 1985)**

1982b Yang Xuelin, Sun Liwen, p. 48, pl. 19, figs. 4, 4a; text-fig. 18; frond; No. : Wh001; Repository: Jilin Institute of Coal Field Geology; Heidingshan of southeastern Da Hinggan Ling; Middle Jurassic Wanbao Formation.

△*Cladophlebis heitingshanensis* **Yang et Sun, 1985 (non Yang et Sun, 1982)**

(Notes: This specific name *Cladophlebis heitingshanensis* Yang et Sun, 1985 is a later isonym of *Cladophlebis heitingshanensis* Yang et Sun, 1982)

1985 Yang Xuelin, Sun Liwen, p. 105, pl. 3, fig. 4; text-fig. 4; frond; No. : WH001; Repository: Jilin Institute of Coal Field Geology; Heidingshan of southern Da Hinggan Ling; Middle Jurassic Wanbao Formation.

△*Cladophlebis heteromarginata* **Chen et Dou, 1984**

1984 Chen Fen, Dou Yawei, in Chen Fen and others, pp. 44, 120, pl. 14, figs. 1 — 3; pl. 18, fig. 3; text-fig. 9; fronds; Col. No. : MP11 — MP17; Reg. No. : BM096 — BM098, BM117; Syntypes 1 — 4: BM096 — BM098, BM117 (pl. 14, figs. 1 — 3; pl. 18, fig. 3); Repository: Beijing Graduate School, Wuhan College of Geology; Datai in West Hill, Beijing; Early Jurassic Lower Yaopo Formation. [Notes: According to *International Code of Botanical Nomenclature* (*Vienna Code*) article 37. 2, from the year 1958, the holotype type specimen should be unique]

1996 Mi Jiarong and others, p. 97, pl. 11, fig. 5; frond; Shimenzhai of Funing, Hebei; Early Jurassic Beipiao Formation.

△*Cladophlebis heterophylla* **Zhou, 1978**

1978 Zhou Tongshun, p. 105, pl. 17, fig. 2; text-figs. 2a, 2b; frond; Col. No. : LF-04; Reg. No. : FKP054; Repository: Institute of Geology, Chinese Academy of Geological Sciences; Longjing of Wuping, Fujian; Late Triassic Wenbinshan Formation.

1982 Wang Guoping and others, p. 250, pl. 115, fig. 5; frond; Longjing of Wuping, Fujian; Late Triassic Wenbinshan Formation.

Cladophlebis hirta **Moeller, 1902**

1902 Moeller, p. 30, pl. 2, figs. 23, 24; pl. 3, fig. 2; fronds; Bornholm, Denmark; Jurassic.

1979 He Yuanliang and others, p. 142, pl. 65, figs. 2, 3; fronds; Jiangcang of Tianjun, Qinghai; Early — Middle Jurassic Jiangcang Formation of Muli Group; Yuqia of Da Qaidam, Qinghai; Middle Jurassic Dameigou Formation.

1987a Qian Lijun and others, p. 80, pl. 17; pl. 21, fig. 5; frond; Kaokaowusugou of Shenmu, Shaanxi; Middle Jurassic bed 68 in member 3 of Yan'an Formation.

1988 Li Peijuan and others, p. 66, pl. 49, figs. 1 — 2a; pl. 50, fig. 4; pl. 51, figs. 4 — 4b; fronds; Dameigou of Da Qaidam, Qinghai; Early Jurassic *Cladophlebis* Bed of Huoshaoshan Formation, Middle Jurassic *Eboracia* Bed of Yinmagou Formation.

1998 Zhang Hong and others, pl. 23, figs. 1, 2; fronds; Shenmu, Shaanxi; Middle Jurassic Yan'an Formation.

1999 Shang Ping and others, pl. 2, fig. 5; frond; Turpan-Hami Basin, Xinjiang; Middle Jurassic

Xishanyao Formation.

2003 Deng Shenghui and others, pl. 66, fig. 3; frond; Sandaoling Coal Mine of Hami, Xinjiang; Middle Jurassic Xishanyao Formation.

△*Cladophlebis hsiehiana* Sze, 1931

[Notes: This species lately was referred as *Todites hsiehiana* (Sze) Wang (Wang Ziqiang, 1984)]

1931 Sze H C, p. 62, pl. 10, fig. 3; frond; Yanggetan of Saratsi, Inner Mongolia; Early Jurassic (Lias).

1933d Sze H C, p. 26, pl. 4, fig. 5; frond; Shiguaizi of Saratsi, Inner Mongolia; Early Jurassic.

1950 Ôishi, p. 86; Saratsi, Inner Mongolia; Jurassic.

1963 Sze H C, Lee H H and others, p. 104, pl. 33, figs. 4, 5; fronds; Yanggetan in Tumd Right Banner and Shiguaizi in Baotou of Inner Mongolia, Datong of Shanxi, Mentougou and Zhaitang in West Hill of Beijing; Early — Middle Jurassic.

1976 Chang Chichen, p. 188, pl. 90, fig. 6; pl. 91, fig. 3; fronds; Yanggetan of Tumd Right Banner and Shiguaigou of Baotou, Inner Mongolia; Early — Middle Jurassic Shiguai Group.

1982b Yang Xuelin, Sun Liwen, p. 47, pl. 17, figs. 4, 5; fronds; Wanbao Coal Mine and Heidingshan Coal Mine of southeastern Da Hinggan Ling; Middle Jurassic Wanbao Formation.

1984 Li Baoxian, Hu Bin, p. 139, pl. 2, figs. 3, 3a, 5; fronds; Datong, Shanxi; Early Jurassic Yongdingzhuang Formation.

1986 Duan Shuying and others, pl. 2, fig. 10; frond; southern Margin of Ordos Basin; Middle Jurassic Yan'an Formation.

1996 Mi Jiarong and others, p. 97, pl. 8, fig. 8; pl. 11, fig. 2; fronds; Shimenzhai of Funing, Hebei; Early Jurassic Beipiao Formation.

2002 Wu Xiangwu and others, p. 156, pl. 6, fig. 4; pl. 7, figs. 6, 6a; pl. 8, fig. 3; fronds; Maohudong of Shandan, Gansu; Early Jurassic upper member of Jijigou Formation.

Cladophlebis cf. *hsiehiana* Sze

1941 Stockmans, Mathieu, p. 41, pl. 3, figs. 1, 1a; frond; Mentougou, Beijing; Jurassic. [Notes: This specimen lately was referred as *Cladophlebis hsiehiana* Sze (Sze H C, Lee H H and others, 1963)]

1984 Gu Daoyuan, p. 142, pl. 68, fig. 3; frond; Sangonghe of Urumchi, Xinjiang; Early Jurassic Badaowan Formation.

△*Cladophlebis ichunensis* Sze, 1956

1956a Sze H C, pp. 24, 131, pl. 18, figs. 10, 11; pl. 28, figs. 1, 2; pl. 53, fig. 4; fronds; Col. No.: PB2353 — PB2357; Repository: Nanjing Institute of Geology and Palaeontology, Chinese Academy of Sciences; Huangcaowan in Xingshuping of Yijun, Shaanxi; Late Triassic upper part of Yenchang Formation.

1956c Sze H C, pl. 2, fig. 5; sterile pinna; Ruishuixia (Juishuihsia) of Guyuan, Gansu; Late Triassic Yenchang Formation. [Notes: This specimen lately was referred as *Asterothaca? szeiana* (Sze H C, Lee H H and others, 1963)]

1963 Lee P C, p. 126, pl. 54, fig. 1; frond; Yijun, Shaanxi; Late Triassic.

1963 Sze H C, Lee H H and others, p. 104, pl. 32, fig. 3; pl. 33, figs. 1, 1a; fronds; Huangcaowan in Xingshuping of Yijun, Shaanxi; Late Triassic upper part of Yenchang Group.

1978 Zhou Tongshun, pl. 16, fig. 5; frond; Longjing of Wuping, Fujian; Late Triassic Dakeng Formation.

1979 Hsu J and others, p. 32, pl. 15, figs. 4, 4a; frond; Baoding, Sichuan; Late Triassic middle-upper part of Daqiaodi Formation.

1980 Huang Zhigao, Zhou Huiqin, p. 78, pl. 32, fig. 3; frond; Liulingou of Tongchuan, Shaanxi; Late Triassic upper part and middle part of Yenchang Formation.

1982 Liu Zijin, p. 126, pl. 65, fig. 5; frond; Xingshuping of Yijun, Quyehe of Shenmu, Luoershan of Fuxian and Liulingou of Tongchuan, Shaanxi; Late Triassic Yenchang Group.

1982 Wang Guoping and others, p. 251, pl. 114, fig. 6; frond; Longjing of Wuping, Fujian; Late Triassic Wenbinshan Formation.

1983 Zhang Wu and others, p. 74, pl. 1, fig. 24; frond; Linjiawaizi of Benxi, Liaoning; Middle Triassic Linjia Formation.

1984 Gu Daoyuan, p. 143, pl. 72, fig. 1; frond; Kangsu of Wuqia, Xinjiang; Early Jurassic Kangsu Formation.

1984 Wang Ziqiang, p. 251, pl. 119, figs. 1, 2; fronds; Xingxian, Shanxi; Middle — Late Triassic Yenchang Group.

Cladophlebis cf. *C. ichunensis* Sze

1993 Mi Jiarong and others, p. 93, pl. 13, fig. 7; frond; Chengde, Hebei; Late Triassic Xingshikou Formation.

△*Cladophlebis imbricata* Chu, 1975

1975 Chu Chiana, in Hsu J and others, p. 72, pl. 2, figs. 4, 5; fronds; No.: No. 2624; Repository: Institute of Botany, the Chinese Academy of Sciences; Nalajing of Yongren, Yunnan; Late Triassic Daqiaodi Formation.

1979 Hsu J and others, p. 33, pl. 15, figs. 5, 5a; frond; Baoding, Sichuan; Late Triassic middle-upper part of Daqiaodi Formation.

Cladophlebis inclinata Fontaine, 1889

1889 Fontaine, p. 76, pl. 10, figs. 3, 4; pl. 20, fig. 8; fronds; Fredericksburg of Virginia, USA; Early Cretaceous Potomac Group.

Cladophlebis cf. *inclinata* Fontaine

1976 Chang Chichen, p. 188, pl. 91, fig. 2; frond; Henancun of Siziwang (Dorbod) Banner, Inner Mongolia; Early Cretaceous Houbaiyinbulang Formation.

Cladophlebis ingens Harris, 1931

1931 Harris, p. 55; text-figs. 17A — 17D; fronds; Scoresby Sound, East Greenland; Early Jurassic *Thaumatopteris* Zone.

1980 Zhang Wu and others, p. 255, pl. 131, figs. 3 — 5; pl. 132, figs. 3, 3a; fronds; Beipiao,

Liaoning; Early Jurassic Beipiao Formation.

1982 Duan Shuying, Chen Ye, p. 499, pl. 5, fig. 2; frond; Tongshuba of Kaixian, Sichuan; Late Triassic Hsuchiaho Formation.

1982b Yang Xuelin, Sun Liwen, p. 31, pl. 5, figs. 3, 3a; pl. 7, fig. 2; pl. 8, figs. 1, 2, 2a; text-fig. 14; fronds; Hongqi Coal Mine and Xishala in Jarud Banner of southeastern Da Hinggan Ling; Early Jurassic Hongqi Formation.

1984 Chen Fen and others, p. 45, pl. 14, figs. 4, 5; text-fig. 10; fronds; Qianjuntai of West Hill, Beijing; Early Jurassic Lower Yaopo Formation.

1987 Chen Ye and others, p. 101, pl. 13, fig. 3; frond; Qinghe of Yanbian, Sichuan; Late Triassic Hongguo Formation.

1988 Li Peijuan and others, p. 67, pl. 29, figs. 2, 2a; pl. 30, figs. 3, 3a; fronds; Dameigou of Da Qaidam, Qinghai; Early Jurassic *Zamites* Bed of Xiaomeigou Formation.

1993 Mi Jiarong and others, p. 93, pl. 13, figs. 6, 8; fronds; Chengde, Hebei; Late Triassic Xingshikou Formation.

1995 Zeng Yong and others, p. 54, pl. 11, fig. 5; frond; Yima, Henan; Middle Jurassic Yima Formation.

1996 Mi Jiarong and others, p. 98, pl. 9, fig. 3; frond; Guanshan of Beipiao, Liaoning; Early Jurassic lower member of Beipiao Formation; Shajingou of Beipiao, Liaoning; Early Jurassic upper member of Beipiao Formation.

1998 Zhang Hong and other, pl. 32, fig. 1; pl. 35, fig. 1; frond; Dachashilang of Huangyuan, Qinghai; Early — Middle Jurassic Riyueshan Formation.

2003 Xu Kun and others, pl. 7, fig. 2; frond; Guanshan of Beipiao, Liaoning; Early Jurassic lower member of Beipiao Formation.

***Cladophlebis integra* (Ôishi et Takahashi) Frenguelli, 1947**

1936 *Cladophlebis raciborskii* forma *integra* Ôishi et Takahasi, p. 113; frond; Nariwa of Okayama, Japan; Late Triassic (Nariwa Series).

1947 Frenguelli, pp. 35, 57.

1986 Ye Meina and others, p. 34, pl. 19, fig. 2; pl. 22, figs. 1, 2, 4, 4a; pl. 23, figs. 1, 5, 5a; fronds; Binlang of Daxian, Wenquan and Shuitian of Kaixian, Sichuan; Late Triassic member 7 of Hsuchiaho Formation.

1993 Mi Jiarong and others, p. 93, pl. 13, figs. 9 — 11; fronds; Yangcaogou of Beipiao, Liaoning; Late Triassic Yangcaogou Formation; Mentougou of West Hill, Beijing; Late Triassic Xingshikou Formation.

1993 Sun Ge, p. 71, pl. 17, fig. 5; text-fig. 19; fronds; Malugou of Wangqing, Jilin; Late Triassic Malugou Formation.

1995 Wang Xin, p. 1, fig. 14; frond; Tongchuan, Shaanxi; Middle Jurassic Yan'an Formation.

1996 Mi Jiarong and others, p. 98, pl. 9, figs. 4, 7; pl. 10, figs. 6, 7, 9; pl. 11, fig. 8; fronds; Shimenzhai of Funing, Hebei; Early Jurassic Beipiao Formation; Guanshan of Beipiao, Liaoning; Early Jurassic lower member of Beipiao Formation; Dongsheng Mine of Beipiao, Liaoning; Early Jurassic upper member of Beipiao Formation.

2003 Deng Shenghui and others, pl. 65, fig. 1; frond; Yanqi Basin, Xinjiang; Early Jurassic

Badaowan Formation.

△***Cladophlebis jiangshanensis*** **Cao, 1999** (in Chinese and English)

1999 Cao Zhengyao, pp. 57, 146, pl. 12, figs. 2, 2a, 3; text-fig. 22; fronds; Col. No.: 江-205; Reg. No.: PB14356, PB14357; Holotype: PB14357 (pl. 12, fig. 3); Repository: Nanjing Institute of Geology and Palaeontology, Chinese Academy of Sciences; Huangtan of Jiangshan, Zhejiang; Early Cretaceous Guantou Formation.

△***Cladophlebis jingyuanensis*** **Xu, 1986**

1986 Xu Fuxiang, pp. 421, 425, pl. 1, fig. 4; frond; Reg. No.: GP-1019; Holotype: GP-1019 (pl. 1, fig. 4); Repository: Central Laboratory of Coal Geology Corporation of Gansu Province; Daolengshan of Jingyuan, Gansu; Early Jurassic.

Cladophlebis kamenkensis **Thomas, 1911**

1911 Thomas, p. 18, pl. 3, figs. 1 — 3; fronds; Donbas, Ukraine; Late Jurassic.

1982 Wang Guoping and others, p. 251, pl. 114, fig. 3; frond; Gongtou of Longquan, Zhejiang; early Early Jurassic Huaqiao Formation.

△***Cladophlebis kansuensis*** **Shen, 1975**

1975 Shen K L, p. 93, pl. 1, figs. 1 — 1b; frond; Longjiagou Coal Field of Wudu, Gansu; Midlle Jurassic.

△***Cladophlebis kaoiana*** **Sze, 1956**

1956a Sze H C, pp. 22, 129, pl. 19, figs. 1, 1a, 2; pl. 20, figs. 1 — 3; pl. 22, figs. 1, 1a; fronds; Col. No.: PB2341 — PB2346; Repository: Nanjing Institute of Geology and Palaeontology, Chinese Academy of Sciences; Tanhegou in Silangmiao (T'anhokou in Shilangmiao) of Yijun, Shaanxi; Late Triassic upper part of Yenchang Formation.

1963 Lee P C, p. 125, pl. 53, fig. 2; frond; Yijun, Shaanxi; Late Triassic Yenchang Formation.

1963 Sze H C, Lee H H and others, p. 105, pl. 34, figs. 2, 2a; pl. 35, fig. 1; fronds; Tanhegou in Silangmiao (T'anhokou in Shilangmiao) of Yijun, Shaanxi; Late Triassic Yenchang Group.

1977 Department of Geological Exploration of Changchun College of Geology and others, pl. 2, fig. 10; pl. 4, figs. 3, 12; fronds; Shiren of Hunjiang, Jilin; Late Triassic Xiaohekou Formation.

1980 Huang Zhigao, Zhou Huiqin, p. 78, pl. 28, fig. 4; frond; Gaojiata of Shenmu, Shaanxi; Late Triassic middle part of Yenchang Formation.

1980 Zhang Wu and others, p. 255, pl. 107, figs. 1, 2; fronds; Shiren of Hunjiang, Jilin; Late Triassic Beishan Formation.

1981 Zhou Huiqin, pl. 3, fig. 1; frond; Yangcaogou of Beipiao, Liaoning; Late Triassic Yangcaogou Formation.

1983 Duan Shuying and others, pl. 8, fig. 1; frond; Beiluoshan of Ninglang, Yunnan; Late Triassic.

1984 Chen Fen and others, p. 45, pl. 16, figs. 1, 2; text-fig. 11; fronds; Datai of West Hill, Beijing; Early Jurassic Lower Yaopo Formation.

1984 Chen Gongxin, p. 579, pl. 233, fig. 7; frond; Kuzhuqiao of Puqi, Hubei; Late Triassic Jigongshan Formation, Early Jurassic Tongzhuyuan Formation; Bishidu of Echeng, Hubei; Early Jurassic Wuchang Formation.

1984 Mi Jiarong and others, pl. 1, fig. 2; frond; West Hill, Beijing; Late Triassic Xingshikou Formation.

1986 Zhou Tongshun, Zhou Huiqin, p. 68, pl. 20, figs. 7, 8; fronds; Dalongkou of Jimsar, Xinjiang; Late Triassic Haojiagou Formation.

1991 Bureau of Geology and Mineral Resources of Beijing Municipality, pl. 12, fig. 5; frond; Mentougou of West Hill, Beijing; Late Triassic Xingshikou Formation.

1993 Mi Jiarong and others, p. 95, pl. 14, figs. 1 — 3; fronds; Shiren of Hunjiang, Jilin; Late Triassic Beishan Formation (Xiaohekou Formation); Yangcaogou of Beipiao, Liaoning; Late Triassic Yangcaogou Formation; Mentougou of West Hill, Beijing; Late Triassic Xingshikou Formation.

1994 Xiao Zongzheng and others, pl. 13, fig. 2; frond; Mentougou of West Hill, Beijing; Late Triassic Xingshikou Formation.

2000 Wu Shunqing and others, pl. 1, figs. 4 — 5a; fronds; Kuqa, Xinjiang; Late Triassic upper part of "Karamay Formation".

***Cladophlebis* cf. *C. kaoiana* Sze**

1986 Ye Meina and others, p. 35, pl. 17, figs. 3 — 4a; pl. 20, fig. 2; pl. 24, fig. 1; fronds; Daxian, Xuanhan and Kaijiang, Sichuan; Late Triassic Hsuchiaho Formation.

△*Cladophlebis kaxgensis* Zhang, 1998 (in Chinese)

1998 Zhang Hong and others, p. 274, pl. 24, figs. 1 — 5; fronds; Col. No. : KS-8; Reg. No. : MP-92106, MP-92109, MP-92113; Repository: Xi'an Branch, China Coal Research Institute; Kangsu of Wuqia, Xinjiang; Middle Jurassic Yangye (Yangxia) Formation. (Notes: The type specimen was not designated in the original paper)

***Cladophlebis koraiensis* Yabe, 1905**

1905 Yabe, p. 32, pl. 2, fig. 1; pl. 3, figs. 12, 13; fronds; Korea; Early Cretaceous Rakudo Bed.

***Cladophlebis* (*Klukia*?) *koraiensis* Yabe**

1940 Ôishi, p. 270, pl. 17, figs. 3, 3a; pl. 19, fig. 3; Korea; Early Cretaceous Rakudo Bed.

1982 Li Peijuan, p. 86, pl. 6, figs. 1 — 2a; pl. 7, fig. 8; fronds; Lhorong, Tibet; Early Cretaceous Duoni Formation.

△*Cladophlebis kwangyuanensis* Lee, 1964

1964 Lee P C, pp. 118, 168, pl. 8, figs. 1 — 1b; frond; Rongshan of Guangyuan, Sichuan; Col. No. : L13; Reg. No. : PB2815; Repository: Nanjing Institute of Geology and Palaeontology, Chinese Academy of Sciences; Late Triassic Hsuchiaho Formation.

1982 Duan Shuying, Chen Ye, p. 499, pl. 5, fig. 1; pl. 7, fig. 1; fronds; Tanba of Hechuan, Sichuan; Late Triassic Hsuchiaho Formation; Nanxi of Yunyang, Sichuan; Early Jurassic Zhenzhuchong Formation.

1984 Chen Gongxin, p. 579, pl. 228, fig. 2; frond; Kuzhuqiao of Puqi, Hubei; Late Triassic

Jigongshan Formation.

1999b Wu Shunqing, p. 24, pl. 14, figs. 2 — 4; pl. 15, figs. 1, 2, 3(?), 4 — 5a; pl. 16, fig. 2; pl. 17, fig. 5; fronds; Wanxin Coal Mine of Wanyuan, Jinxi of Wangcang, Teishan of Daxian and Libixia of Hechuan, Sichuan; Late Triassic Hsuchiaho Formation.

△*Cladophlebis latibasis* Deng, 1993

1993 Deng Shenghui, p. 258, pl. 1, figs. 1, 2; text-fig. a; fronds; No.: H14A439, H14A440; Repository: China University of Geosciences (Beijing); Huolinhe Basin, Inner Mongolia; Early Cretaceous Huolinhe Formation. (Notes: The type specimen was not designated in the original paper)

1995b Deng Shenghui, p. 30, pl. 17, figs. 1, 2; text-fig. 9-A; fronds; Huolinhe Basin, Inner Mongolia; Early Cretaceous Huolinhe Formation.

2001 Deng Shenghui, Chen Fen, p. 164, pl. 121, figs. 1 — 3; fronds; Huolinhe Basin, Inner Mongolia; Early Cretaceous Huolinhe Formation.

△*Cladophlebis lhorongensis* Li, 1982

1982 Li Peijuan, p. 86, pl. 4, figs. 1 — 4a; pl. 5, fig. 1; text-fig. 5; sterile pinnae and fertile pinnae; Col. No.: F-1; Reg. No.: PB7922 — PB7924b; Syntype 1: PB7923 (pl. 4, fig. 2); Syntype 2: PB7924a, PB7924b (pl. 4, figs. 3, 4); Repository: Nanjing Institute of Geology and Palaeontology, Chinese Academy of Sciences; Lhorong, Tibet; Early Cretaceous Duoni Formation. [Notes: According to *International Code of Botanical Nomenclature* (*Vienna Code*) article 37. 2, from the year 1958, the holotype type specimen should be unique]

Cf. *Cladophlebis lhorongensis* Li

2000 Wu Shunqing, pl. 4, figs. 2, 2a, 6, 6a; fronds; Zhangshang in Xigong of Xinjie, Hongkong; Early Cretaceous Repulse Bay Group.

***Cladophlebis lobifolia* (Phillips) Brongniart, 1849**

1829 *Neuropteris lobifolia* Phillips, p. 148, pl. 8, fig. 13; sterile frond; Yorkshire, England; Middle Jurassic.

1849 Brongniart, p. 105; Yorkshire, England; Middle Jurassic.

1938 Ôishi, Takahasi, p. 60, pl. 5 (1), figs. 5, 5a; frond; Lishu of Muling, Heilongjiang; Middle Jurassic or Late Jurassic Muling Series. [Notes: This specimen lately was referred as ? *Eboracia lobifolia* (Phillips) Thomas (Sze H C, Lee H H and others, 1963)]

1950 Ôishi, p. 84, frond; Muling, Heilongjiang; Late Jurassic Muling Series; Shaanxi and Jiangsu; Early Jurassic.

***Cladophlebis* cf. *lobifolia* (Phillips) Brongniart**

1956b Sze H C, pl. 3, fig. 5; frond; Karamay of Junggar (Dzungaria) Basin, Xinjiang; Early — Middle Jurassic (Lias — Dogger). [Notes: This specimen lately was referred as *Cladophlebis* sp. (Sze H C, Lee H H and others, 1963)]

***Cladophlebis* (*Eboracia*) *lobifolia* (Phillips) Brongniart**

1933a Sze H C, p. 68, pl. 8, figs. 2, 3; pl. 10, fig. 13; fronds; Xiaoshimengoukou of Wuwei, Gansu; Early Jurassic. [Notes: This specimen lately was referred as ?*Eboracia lobifolia*

(Phillips) Thomas (Sze H C, Lee H H and others, 1963)]

1933b Sze H C, p. 80, pl. 11, figs. 16, 17, 20 — 22; pl. 12, figs. 3 — 6; fronds; Shipanwan of Fugu, Shaanxi; Jurassic. [Notes: This specimen lately was referred as *Eboracia lobifolia* (Phillips) Thomas (Sze H C, Lee H H and others, 1963)]

Cladophlebis (?_Eboracia_) _lobifolia_ (Phillips) Brongniart

1933a Sze H C, p. 69; frond; Xiadawa of Wuwei, Gansu; Early Jurassic. [Notes: This specimen lately was referred as ?*Eboracia lobifolia* (Phillips) Thomas (Sze H C, Lee H H and others, 1963)]

Cladophlebis (_Eboracia_?) _lobifolia_ (Phillips) Brongniart

1933 Yabe, Ôishi, p. 208 (14), pl. 30 (1), figs. 9, 9a; frond; Shahezi (Shahotzu) of Changtu, Liaoning; Early — Middle Jurassic. [Notes: This specimen lately was referred as *Eboracia lobifolia* (Phillips) Thomas (Sze H C, Lee H H and others, 1963)]

1961 Shen Kuanglung, p. 171, pl. 2, fig. 5; frond; Yatoucun of Huixian, Gansu; Jurassic Mienhsien Group.

Cladophlebis lobulata Samylina, 1976

1976 Samylina, p. 41, pl. 14, fig. 7; pl. 16, figs. 4, 5; text-fig. 2; fronds; Magadan district: Early Cretaceous.

1986 Li Xingxue and others, p. 17, pl. 15, figs. 1, 2; pl. 16, figs. 1 — 2a; pl. 17, figs. 1 — 4a; fronds; Shansong of Jiaohe, Jilin; Early Cretaceous Jiaohe Group.

1995a Li Xingxue (editor-in-chief), pl. 97, fig. 5; frond; Hegang, Heilongjiang; Early Cretaceous Shitouhezi Formation. (in Chinese)

1995b Li Xingxue (editor-in-chief), pl. 97, fig. 5; frond; Hegang, Heilongjiang; Early Cretaceous Shitouhezi Formation. (in English)

1996 Zheng Shaolin, Zhang Wu, pl. 1, fig. 8; frond; Yingcheng Coal Field of Jiutai, Jilin; Early Cretaceous Shahezi Formation.

2001 Deng Shenghui, Chen Fen, p. 164, pl. 120, figs. 3, 3a; pl. 124, figs. 5, 6; fronds; Fuxin Basin, Liaoning; Early Cretaceous Fuxin Formation; Tiefa Basin, Liaoning; Early Cretaceous Xiaoming'anbei Formation; Hailar Basin, Inner Mongolia; Early Cretaceous Yimin Formation; Jiaohe Basin, Jilin; Early Cretaceous Shansong Formation; Jixi Basin and Sanjiang Basin, Heilongjiang; Early Cretaceous Chengzihe Formation.

Cladophlebis cf. _lobulata_ Samylina

1997 Deng Shenghui and others, p. 34, pl. 16, figs. 8 — 13; fronds; Jalai Nur, Inner Mongolia; Early Cretaceous Yimin Formation.

Cladophlebis longipennis (Heer) Seward, 1925

1882 *Pteris longipennis* Heer, p. 28, pl. 10, figs. 5 — 13; pl. 13, fig. 1; fronds; Greenland; Cretaceous.

1925 Seward, p. 238, pl. B, figs. 12, 12A; fronds; Greenland; Cretaceous.

1995 *Cladophlebis longipennis* Seward, Wang Xin, p. 2, fig. 1; frond; Tongchuan, Shaanxi; Middle Jurassic Yan'an Formation.

△*Cladophlebis longquanensis* He, 1987

1987 He Dechang, p. 72, pl. 4, fig. 4; pl. 5, figs. 1, 3, 4; pl. 6, fig. 1; fronds; Repository: Branch of Geology Exploration, China Coal Research Institute; Huaqiao of Longquan, Zhejiang; early Early Jurassic bed 6 of Huaqiao Formation; p. 85, pl. 18, fig. 4; pl. 21, figs. 3, 4; fronds; Repository: Branch of Geology Exploration, China Coal Research Institute; Gekou of Anxi, Fujian; Early Jurassic Lishan Formation. (Notes: The type specimen was not designated in the original paper)

***Cladophlebis magnifica* Brick, 1953**

1953 Brick, p. 48, pl. 24, figs. 1 — 3; fronds; East Fergana; Early Jurassic.

1982b Yang Xuelin, Sun Liwen, p. 48, pl. 17, fig. 7; frond; Heidingshan of southeastern Da Hinggan Ling; Middle Jurassic Wanbao Formation.

1988 Li Peijuan and others, p. 67, pl. 32, fig. 2; pl. 35, figs. 1 — 4a; fronds; Dameigou of Da Qaidam, Qinghai; Early Jurassic *Hausmannia* Bed of Tianshuigou Formation and Middle Jurassic *Eboracia* Bed of Yinmagou Formation.

1998 Zhang Hong and others, pl. 32, fig. 5; frond; Dameigou of Da Qaidam, Qinghai; Early Jurassic Tianshuigou Formation.

***Cladophlebis mesozoica* Kurtz, 1902**

1902 Kurtz, in Bodenbender, pp. 240, 261; Cordoba, Spain; Triassic.

1911 Bodenbender, pp. 80, 101.

1921 Kurtz, pl. 9, figs. 115 — 118.

***Cladophlebis* cf. *mesozoica* Kurtz**

1977 Department of Geological Exploration of Changchun College of Geology and others, pl. 2, fig. 10; pl. 4, figs. 3, 12; fronds; Shiren of Hunjiang, Jilin; Late Triassic Xiaohekou Formation.

***Cladophlebis microphylla* Fontaine, 1883**

1883 Fontain, p. 51, pl. 27, fig. 2; frond; Clover Hill of Virginia, USA; Late Triassic.

***Cladophlebis* cf. *C. microphylla* Fontaine**

1986 Ye Meina and others, p. 35, pl. 8, fig. 6; pl. 51, fig. 3B; fronds; Bailin of Dazu, Sichuan; Late Triassic member 7 of Hsuchiaho Formation.

△*Cladophlebis mina* Li, 1982

1982 Li Peijuan, p. 88, pl. 6, figs. 3 — 5, 8; pl. 7, fig. 7; text-fig. 6; fronds; Col. No.: 向-3 (2), D20-1, D26-6; Reg. No.: PB7930 — PB7932, PB7942; Holotype: PB7930 (pl. 6, fig. 3); Repository: Nanjing Institute of Geology and Palaeontology, Chinese Academy of Sciences; Doilungdeqen, Tibet; Early Cretaceous Coal-bearing Member; Lhorong, Tibet; Early Cretaceous Duoni Formation; Painbo of Lhasa, Tibet; Early Cretaceous Linbuzong Formation.

△*Cladophlebis minutusa* Chen, 1982

1982 Chen Qishi, in Wang Guoping and others, p. 251, pl. 130, figs. 1, 2; fronds and fertile pinnae; No. : A-浦山-18; Holotype: A-浦山-18 (pl. 130, fig. 1); Shanyaqiao of Pujiang, Zhejiang; Late Jurassic Shouchang Formation.

1995a Li Xingxue (editor-in-chief), pl. 112, fig. 1; frond; Pujiang, Zhejiang; Early Cretaceous Shouchang Formation. (in Chinese)

1995b Li Xingxue (editor-in-chief), pl. 112, fig. 1; frond; Pujiang, Zhejiang; Early Cretaceous Shouchang Formation. (in English)

△*Cladophlebis mutatus* Zeng, Shen et Fan, 1995

1995 Zeng Yong, Shen Shuzhong and Fan Bingheng, pp. 55, 77, pl. 8, fig. 3; frond; Col. No. : No. 80092; Reg. No. : YM94039; Holotype: YM94039 (pl. 8, fig. 3); Repository: Department of Geology, China University of Mining and Technology; Yima, Henan; Middle Jurassic Yima Formation.

***Cladophlebis nalivkini* Thomas, 1911**

1911 Thomas, p. 20, pl. 3, figs. 7, 8; fronds; Donbas, Ukraine; Middle Jurassic.

1980 Zhang Wu and others, p. 255, pl. 133, figs. 2, 2a; frond; Haifanggou of Beipiao, Liaoning; Middle Jurassic Haifanggou Formation.

***Cladophlebis* cf. *C. nalivkini* Thomas**

1986 Ye Meina and others, p. 36, pl. 5, fig. 4; pl. 19, fig. 4; fronds; Baile of Kaixian, Sichuan; Late Triassic member 5 of Hsuchiaho Formation.

1998 Huang Qisheng and others, pl. 1, fig. 7; frond; Miaoyuancun of Shangrao, Jiangxi; Early Jurassic member 2 of Linshan Formation.

***Cladophlebis nebbensis* (Brongniart) Nathorst, 1878**

1828 — 1838 *Pecopteris nebbensis* Brongniart, p. 299, pl. 98, fig. 3; frond; West Europe; Jurassic.

1878 Nathorst, p. 10, pl. 2, figs. 1 — 6; pl. 3, figs. 1 — 3; fronds; West Europe; Jurassic.

1980 Zhang Wu and others, p. 253, pl. 129, figs. 6, 7; pl. 132, fig. 11; fronds; Beipiao, Liaoning; Early Jurassic Beipiao Formation.

1984 Chen Fen and others, p. 46, pl. 12, fig. 7; pl. 15, fig. 3; text-fig. 11; fronds; Daanshan of West Hill, Beijing; Early Jurassic Lower Yaopo Formation.

1988 Li Peijuan and others, p. 68, pl. 45, figs. 1 — 2a; pl. 98, fig. 5(?); fronds; Dameigou of Da Qaidam, Qinghai; Early Jurassic *Cladophlebis* Bed of Huoshaoshan Formation.

1992 Sun Ge, Zhao Yanhua, p. 532, pl. 229, figs. 4 — 6; pl. 230, fig. 1; pl. 232, fig. 4; fronds; Tianqiaoling of Wangqing, Jilin; Late Triassic Malugou Formation; Naozhijie (?) of Linjiang, Jilin; Early Jurassic Yihuo Formation.

1993 Mi Jiarong and others, p. 95, pl. 15, figs. 1 — 3, 7; pl. 16, fig. 6; fronds; Tianqiaoling of Wangqing, Jilin; Late Triassic Malugou Formation; Dajianggang of Shuangyang, Jilin; Late Triassic Dajianggang Formation; Yangcaogou of Beipiao, Liaoning; Late Triassic Yangcaogou Formation; Chengde, Hebei; Late Triassic Xingshikou Formation; Tanzhesi of West Hill, Beijing; Late Triassic Xingshikou Formation.

1993 Sun Ge, p. 70, pl. 13, figs. 3 — 7; pl. 14, figs. 1 — 7; pl. 15, figs. 1 — 6; pl. 16, figs. 1 — 4; fronds; Tianqiaoling and North Hill in Lujuanzicun of Wangqing, Jilin; Late Triassic

Malugou Formation.

1998 Zhang Hong and others, pl. 23, fig. 4; pl. 25, fig. 4; pl. 32, figs. 2, 3; fronds; Dameigou of Da Qaidam, Qinghai; Early Jurassic Huoshaoshan Formation; Kangsu of Wuqia, Xinjiang; Middle Jurassic Yangye (Yangxia) Formation.

2003 Zhao Yingcheng and others, pl. 10, fig. 2; frond; Dameigou Section of Qiadam Basin, Qinghai; Middle Jurassic Dameigou Formation.

***Cladophlebis* cf. *nebbensis* (Brongniart) Nathorst**

1927a Halle, p. 18, pl. 5, fig. 7; frond; Baiguowan of Huili, Sichuan; Late Triassic (Rhaetic). [Notes: This specimen lately was referred as *Cladophlebis* sp. (Sze H C, Lee H H and others, 1963)]

1981 Liu Maoqiang, Mi Jiarong, p. 24, pl. 1, figs. 17, 23; pl. 2, fig. 1; fronds; Naozhigou of Linjiang, Jilin; Early Jurassic Yihuo Formation.

△*Cladophlebis neimongensis* Deng, 1991

1991 Deng Shenghui, pp. 151, 154, pl. 1, fig. 14; frond; No.: H1009; Repository: China University of Geosciences (Beijing); Huolinhe Basin, Inner Mongolia; Early Cretaceous Lower Coal-bearing Member of Huolinhe Formation.

1995b Deng Shenghui, p. 30, pl. 17, figs. 3, 4; pl. 18, figs. 6, 7; text-figs. 9-B, 9-C; fronds; Huolinhe Basin, Inner Mongolia; Early Cretaceous Huolinhe Formation.

2001 Deng Shenghui, Chen Fen, p. 165, pl. 119, figs. 1 — 3; pl. 120, figs. 1, 2; fronds; Huolinhe Basin, Inner Mongolia; Early Cretaceous Huolinhe Formation.

△*Cladophlebis nobilis* Zhang et Zheng, 1984

1984 Zhang Wu, Zheng Shaolin, p. 384, pl. 1, figs. 2 — 5; text-fig. 2; fronds and fertile pinnae; Reg. No.: ch5-1-4; Repository: Shenyang Institute of Geology and Mineral Resources; Beipiao, western Liaoning; Late Triassic Laohugou Formation.

△*Cladophlebis obesus* Chang, 1980

1980 Chang Chichen, in Zhang Wu and others, p. 256, pl. 166, fig. 1; frond; Reg. No.: D271; Jiaohe, Jilin; Early Cretaceous Moshilazi Formation.

1991 Zhang Chuanbo and others, pl. 2, fig. 9; frond; Liufangzi of Jiutai, Jilin; Early Cretaceous Dayangcaogou Formation.

△*Cladophlebis oligodonta* Zhang, 1980

1980 Zhang Wu and others, p. 256, pl. 134, figs. 2 — 4; fronds; Reg. No.: D273 — D275; Daozigou of Lingyuan, Liaoning; Early Jurassic Guojiadian Formation. (Notes: The type specimen was not designated in the original paper)

△*Cladophlebis otophorus* Zhang, 1980

1980 Zhang Wu and others, p. 256, pl. 133, figs. 1, 1a; text-fig. 187; frond; Reg. No.: D272; Beipiao, Liaoning; Early Jurassic Beipiao Formation.

△*Cladophlebis paradelicatula* Shen, 1975

1975 Shen K L, p. 93, pl. 1, fig. 2; pl. 2, figs. 2 — 4; fronds; Longjiagou Coal Field of Wudu,

Gansu; Middle Jurassic. (Notes: The type specimen was not designated in the original paper)

△*Cladophlebis paralobifolia* Sze, 1956

1956a Sze H C, pp. 24, 132, pl. 22, figs. 2, 2a; pl. 23, fig. 1; fronds; Col. No.: PB2362; Repository: Nanjing Institute of Geology and Palaeontology, Chinese Academy of Sciences; Yan'an, Shaanxi; Late Triassic Yenchang Formation.

1963 SzeH C, Lee H H and others, p. 105, pl. 32, figs. 2, 2a; frond; Yan'an, Shaanxi; Late Triassic Yenchang Group.

1987 Chen Ye and others, p. 101, pl. 12, fig. 5; pl. 13, figs. 1, 1a; fronds; Qinghe of Yanbian, Sichuan; Late Triassic Hongguo Formation.

***Cladophlebis* cf. *paralobifolia* Sze**

1984 Gu Daoyuan, p. 144, pl. 68, figs. 4, 5; fronds; Junggar (Dzungaria) Basin, Xinjiang; Middle — Late Triassic Karamay Formation.

1996 Wu Shunqing, Zhou Hanzhong, p. 4, pl. 2, figs. 2, 2a; frond; Kuqa River Section of Kuqa, Xinjiang; Middle Triassic lower member of Karamay Formation.

***Cladophlebis parva* Fontaine, 1889**

1889 Fontaine, p. 73, pl. 4, fig. 7; pl. 6, figs. 1 — 3; fronds; Fredericksburg of Virginia, USA; Early Cretaceous Potomac Group.

***Cladophlebis* cf. *parva* Fontaine**

1997 Deng Shenghui and others, p. 35, pl. 10, figs. 1, 1a; frond; Jalai Nur, Inner Mongolia; Early Cretaceous Yimin Formation.

***Cladophlebis parvifolia* Genkina, 1963**

1963 Genkina, p. 39, pl. 14, figs. 5 — 7; fronds; South Ural; Middle Jurassic.

1998 Zhang Hong and others, pl. 22, figs. 7, 8; fronds; Kangsu of Wuqia, Xinjiang; Early Jurassic Kangsu Formation and Middle Jurassic Yangye Formation.

***Cladophlebis parvula* Ôishi, 1940**

1940 Ôishi, p. 280, pl. 19, figs. 2, 2a; frond; Nisinotani of Koti, Japan; Early Cretaceous Ryoseki Group.

***Cladophlebis* cf. *parvula* Ôishi**

1983 Zhang Zhicheng, Xiong Xianzheng, p. 57, pl. 1, figs. 6 — 9; fronds; Dongning Basin, Heilongjiang; Early Cretaceous Dongning Formation.

△*Cladophlebis plagionervis* Li et Wu, 1991

1991 Li Peijuan, Wu Yimin, p. 285, pl. 3, figs. 4, 4a; pl. 4, figs. 1, 1a1, 1aA; fronds; Col. No.: 85W121; Reg. No.: PB15501A, PB15501B; Holotype: PB15501A (pl. 3, figs. 4, 4a); Repository: Nanjing Institute of Geology and Palaeontology, Chinese Academy of Sciences; Baxoi, Tibet; Early Cretaceous Duoni Formation.

△*Cladophlebis* (?*Gleichnites*) *platyrachis* Cao, 1999 (in Chinese and English)

1999 Cao Zhengyao, pp. 58, 146, pl. 7, figs. 1 — 6; pl. 8, figs. 2, 2a; pl. 13, figs. 8, 9; sterile pinnae and fertile pinnae; Col. No. : 1649-H36, 1649-H49, 1649-H51 — 1649-H53, 2105-H108, ZH343; Reg. No. : PB14322 — PB14327, PB14334, PB14362, PB14363; Holotype: PB14322 (pl. 7, fig. 1); Repository: Nanjing Institute of Geology and Palaeontology, Chinese Academy of Sciences; Yuhu, Yangweishan and Huazhuling of Wencheng, Zhangdang of Yongjia, Zhejiang; Early Cretaceous member C of Moshishan Formation.

△*Cladophlebis pseudoargutula* Cao et Shang, 1990

1990 Cao Zhengyao, Shang Ping, p. 46, pl. 1, figs. 1, 1a; pl. 2, figs. 1, 2; pl. 3, fig. 3; fronds; Reg. No. : PB14691 — PB14693; Holotype: PB14691 (pl. 1, figs. 1, 1a); Repository: Nanjing Institute of Geology and Palaeontology, Chinese Academy of Sciences; Shebudai in Changgao of Beipiao, Liaoning; Middle Jurassic Lanqi Formation.

***Cladophlebis pseudodelicatula* Ôishi, 1932**

1932 Ôishi, p. 288, pl. 11, fig. 2; frond; Nariwa of Okayama, Japan; Late Triassic (Nariwa).

1993 Mi Jiarong and others, p. 96, pl. 15, fig. 6; frond; Dajianggang of Shuangyang, Jilin; Late Triassic Dajianggang Formation.

1995 Wang Xin, p. 1, fig. 15; frond; Tongchuan, Shaanxi; Middle Jurassic Yan'an Formation.

***Cladophlebis* aff. *pseudodelicatul*a Ôishi**

1984 Chen Fen and others, p. 46, pl. 18, figs. 1, 2; text-fig. 13; fronds; Datai, Qianjunshan and Daanshan of West Hill, Beijing; Early Jurassic Lower Yaopo Formation.

△*Cladophlebis psedodenticulata* Stockmans et Mathieu, 1941

1941 Stockmans, Mathieu, p. 41, pl. 3, figs. 2 — 3a; fronds; Datong, Shanxi; Jurassic. [Notes: This specimen lately was referred as ?*Cladophlebis hsiehiana* Sze (Sze H C, Lee H H and others, 1963)]

***Cladophlebis pseudoraciborskii* Srebrodolskaja, 1968**

1968 Srebrodolskaja, p. 44, pl. 15, figs. 1 — 3; fronds; Primorski; Late Triassic.

1984 Chen Fen and others, p. 46, pl. 17, figs. 1, 2; text-fig. 14; fronds; Datai and Daanshan of West Hill, Beijing; Early Jurassic Lower Yaopo Formation.

1995 Zeng Yong and others, p. 53, pl. 9, fig. 3; frond; Yima, Henan; Middle Jurassic Yima Formation.

△*Cladophlebis punctata* (Thomas) Chow et Yeh, 1963

1911 *Cladophlebis denticulata* (Brongniart) var. *punctata* Thomas, p. 64, pl. 2, figs. 13, 13a; frond; Kamenka in the area of Izium; Jurassic.

1963 Chow T Y, Yeh Meina, in Sze H C, Lee H H and others, p. 106, pl. 36, figs. 4, 4a; frond; Shahezi (Shahotzu) in Changtu of Liaoning, Daanshan in Fangshan of Beijing; Middle — Late Jurassic.

1976 Chang Chichen, p. 188, pl. 91, fig. 5; frond; Shiguaigou of Baotou, Inner Mongolia; Middle Jurassic Zhaogou Formation.

1985 Li Jieru, p. 203, pl. 1, fig. 10; frond; Huanghuadianzi of Xiuyan, Liaoning; Early Cretaceous Xiaoling Formation.

1995 Zeng Yong and others, p. 53, pl. 9, fig. 7; frond; Yima, Henan; Middle Jurassic Yima Formation.

***Cladophlebis* cf. *punctata* (Thomas) Chow et Yeh**

1986 Duan Shuying and others, pl. 2, fig. 9; frond; southern Margin of Erdos Basin; Middle Jurassic Yan'an Formation.

1995b Deng Shenghui, p. 32, pl. 15, fig. 6B; pl. 16, figs. 1 — 3; pl. 19, fig. 4; fronds; Huolinhe Basin, Inner Mongolia; Early Cretaceous Huolinhe Formation.

2001 Deng Shenghui, Chen Fen, p. 165, pl. 121, figs. 4, 5; pl. 123, fig. 1; fronds; Fuxin Basin, Liaoning; Early Cretaceous Fuxin Formation; Tiefa Basin, Liaoning; Early Cretaceous Xiaoming'anbei Formation; Huolinhe Basin, Inner Mongolia; Early Cretaceous Huolinhe Formation.

△*Cladophlebis qamdoensis* Li et Wu, 1982

1982 Li Peijuan, Wu Xiangwu, p. 46, pl. 1, figs. 2, 2a; pl. 3, fig. 2; pl. 5, figs. 1, 1a; pl. 6, figs. 1, 1a; pl. 7, figs. 1, 2; pl. 8, fig. 2; pl. 20, fig. 1; pl. 22, fig. 4; fronds; Col. No. : 得青 35f1-1, 得青 35f1-7, 热 (7) f1-1, 热 (7) f1-3, G2512f2-1; Reg. No. : PB8520 — PB8525; Holotype: PB8520 (pl. 5, figs. 1, 1a); Repository: Nanjing Institute of Geology and Palaeontology, Chinese Academy of Sciences; Lamaya of Yidun and Xiangcheng area, Sichuan; Late Triassic Lamaya Formation.

△*Cladophlebis qiandianziensis* Zhang et Zheng, 1983

1983 Zhang Wu and others, p. 74, pl. 1, figs. 22, 23; text-fig. 4; fronds; No. : LMP20152-1, LMP2052-2; Repository: Shenyang Institute of Geology and Mineral Resources; Linjiawaizi of Benxi, Liaoning; Middle Triassic Linjia Formation. (Notes: The type specimen was not designated in the original paper)

△*Cladophlebis qixinensis* Cao, 1992

1992a Cao Zhengyao, pp. 216, 226, pl. 2, figs. 8A, 8a; frond; Reg. No. : PB16054; Holotype: PB16054 (pl. 2, fig. 8); Repository: Nanjing Institute of Geology and Palaeontology, Chinese Academy of Sciences; Suibin-Shuangyashan area of eastern Heilongjiang; Early Cretaceous member 3 of Chengzihe Formation.

***Cladophlebis raciborskii* Zeiller, 1903**

1902 — 1903 Zeiller, p. 49, pl. 5, fig. 1; frond; Hong Gai, Vietnam; Late Triassic.

1920 Yabe, Hayasaka, pl. 5, fig. 3; frond; Jiaquandian in Xiangxi of Zigui, Hubei; Jurassic. [Notes: This specimen lately was referred as *Cladophlebis* sp. (?n. sp.) (Sze H C, Lee H H and others, 1963)]

1950 Ôishi, p. 85; frond; China; Early Jurassic.

1952 Sze H C, Lee H H, pp. 4, 23, pl. 1, figs. 7, 8; fronds; Yipinchang of Baxian, Sichuan (Szechuan); Early Jurassic. [Notes: This specimen lately was referred as *Cladophlebis* sp. (?n. sp.) (Sze H C, Lee H H and others, 1963)]

1954 Hsu J, p. 47, pl. 39, figs. 7, 8; fronds; Gaokeng of Pingxiang, Jiangxi; Late Triassic. [Notes: This specimen (pl. 39, fig. 7) lately was referred as *Cladophlebis* sp. (Sze H C,

Lee H H and others, 1963)]

1956a Sze H C, pp. 20, 128, pl. 21, fig. 7; pl. 22, figs. 3, 3a; pl. 26, figs. 1—7; pl. 27, figs. 1—5; pl. 53, fig. 3; fronds; Tanhegou in Silangmiao (T'anhokou in Shilangmiao) of Yijun, Shaanxi; Late Triassic upper part of Yenchang Formation.

1956 Chow T Y, Chang S J, pp. 55, 60, pl. 1, figs. 6—8a; fronds; Alxa Banner, Inner Mongolia; Late Triassic Yenchang Formation.

1963 Lee P C, p. 127, pl. 55, fig. 1; frond; Pingxiang of Jiangxi, Yijun of Shaanxi and Pingliang of Gansu; Late Triassic—Early Jurassic.

1963 Sze H C, Lee H H and others, p. 106, pl. 35, fig. 3; pl. 36, fig. 3; pl. 37, fig. 3; fronds; Yijun of Shaanxi and Alxa of Inner Mongolia; Late Triassic Yenchang Group; Pengxian and Guangyuan(?), Sichuan; Late Triassic—Early Jurassic; Xiangxi(?) of Zigui, Hubei; Early Jurassic.

1964 Lee H H and others, p. 130, pl. 84, fig. 5; pl. 85, fig. 1; fronds; South China; Late Triassic—Early Jurassic[Middle Jurassic(?)].

1964 Lee P C, p. 119, pl. 5, fig. 4; frond; Xujiahe of Guangyuan, Sichuan; Late Triassic Hsuchiaho Formation.

1974a Lee P C and others, p. 358, pl. 187, figs. 3, 4; fronds; Cifengchang of Pengxian, Sichuan; Late Triassic Hsuchiaho Formation.

1976 Chow Huiqin and others, p. 207, pl. 109, figs. 1—3; fronds; Wuziwan of Jungar Banner, Inner Mongolia; Middle Triassic upper part of Ermaying Formation.

1976 Lee P C and others, p. 113, pl. 27, figs. 6, 6a; pl. 28, figs. 3—5; fronds; Yipinglang of Lufeng, Yunnan; Late Triassic Ganhaizi Member of Yipinglang Formation.

1978 Yang Xianhe, p. 492, pl. 189, fig. 8; frond; Taiping of Dayi, Sichuan; Late Triassic Hsuchiaho Formation.

1978 Zhou Tongshun, pl. 16, fig. 7; frond; Dakeng of Zhangping, Fujian; Late Triassic upper member of Dakeng Formation.

1979 He Yuanliang and others, p. 142, pl. 65, figs. 1, 1a; frond; Santonggou of Dulan, Qinghai; Late Triassic Babaoshan Group.

1979 Hsu J and others, p. 33, pl. 16, figs. 7, 8; pl. 17, figs. 1, 1a; fronds; Baoding, Sichuan; Late Triassic middle-upper part of Daqiaodi Formation.

1980 Huang Zhigao, Zhou Huiqin, p. 78, pl. 2, figs. 1, 2; pl. 29, fig. 3; pl. 30, figs. 1, 2; fronds; Liulingou and Jiaoping of Tongchuan, Shaanxi; Wuziwan of Jungar Banner, Inner Mongolia; Late Triassic upper part of Yenchang Formation and Middle Triassic upper part of Ermaying Formation.

1982 Duan Shuying, Chen Ye, p. 500, pl. 6, fig. 2; pl. 8, fig. 1; fronds; Nanxi of Yunyang, Sichuan; Early Jurassic Zhenzhuchong Formation.

1982 Liu Zijin, p. 127, pl. 64, fig. 3; frond; Silangmiao of Yijun and Jiaoping of Tongchuan, Shaanxi; Late Triassic Yenchang Group.

1982 Wang Guoping and others, p. 252, pl. 114, fig. 5; frond; Lushi of Changshan, Zhejiang; Early Jurassic.

1982 Yang Xianhe, p. 471, pl. 5, fig. 1; pl. 14, fig. 2; fronds; Hulukou of Weiyuan and Taiping of Dayi, Sichuan; Late Juriassic Hsuchiaho Formation.

1984 Gu Daoyuan, p. 143, pl. 68, fig. 6; frond; Kuqa, Xinjiang; Late Triassic Tariqike Formation.

1984 Wang Ziqiang, p. 251, pl. 115, fig. 6; frond; Linxian, Shanxi; Middle — Late Triassic Yenchang Formation.

1986 Chen Ye and others, pl. 6, fig. 1; frond; Litang, Sichuan; Late Triassic Lanashan Formation.

1986 Ju Kuixiang, Lan Shanxian, pl. 2, fig. 3; frond; Xianhemen of Nanjing, Jiangsu; Late Triassic Fanjiatang Formation.

1987 Hu Yufan, Gu Daoyuan, p. 226, pl. 3, figs. 4, 4a; frond; Kuqa, Xinjiang; Late Triassic Tariqike Formation.

1987 Meng Fansong, p. 242, pl. 24, fig. 3; frond; Donggong of Nanzhang, Hubei; Late Triassic Jiuligang Formation.

1989 Mei Meitang and others, p. 89, pl. 46, figs. 1, 2; fronds; China; Late Triassic.

1992 Sun Ge, Zhao Yanhua, p. 532, pl. 232, figs. 2, 6; fronds; Sihetun of Huadian, Jilin; Early Jurassic(?).

1993 Mi Jiarong and others, p. 97, pl. 15, figs. 4, 5; fronds; Chengde, Hebei; Late Triassic Xingshikou Formation.

1993 Wang Shijun, p. 11, pl. 3, figs. 3, 3a; frond; Guanchun of Lechang, Guangdong; Late Triassic Genkou Group.

1999b Wu Shunqing, p. 25, pl. 16, figs. 1, 1a, 3; pl. 18, figs. 1, 1a; fronds; Wanxin Coal Mine of Wanyuan and Jinxi of Wangcang, Sichuan; Late Triassic Hsuchiaho Formation.

2000 Wu Shunqing and others, pl. 1, figs. 3, 3a; frond; Kuqa, Xinjiang; Late Triassic upper part of "Karamay Formation".

2002 Zhang Zhenlai and others, pl. 14, figs. 2, 3; ultimate pinnae; Baotahe Coal Mine of Badong, Hubei; Late Triassic Shazhenxi Formation.

***Cladophlebis* cf. *raciborskii* Zeiller**

1955 Lee H H, p. 35, pl. 1, figs. 2 — 8; fronds; Macun in Yungang of Datong, Shanxi; Middle Jurassic upper part of Yungang Series. [Notes: This specimen lately was referred as *Cladophlebis* sp. (Sze H C, Lee H H and others, 1963)]

1964 Lee P C, p. 120, pl. 5, figs. 3, 3a; frond; Xujiahe of Guangyuan, Sichuan; Late Triassic Hsuchiaho Formation.

1980 Wu Shunqing and others, p. 76, pl. 3, fig. 5; frond; Gengjiahe of Xingshan, Hubei; Late Triassic Shazhenxi Formation.

1980 Zhang Wu and others, p. 257, pl. 106, fig. 3; pl. 132, fig. 2; fronds; Beipiao and Benxi, Liaoning; Early Jurassic Beipiao Formation and Changliangzi Formation; Jilin; Late Triassic Beishan Formation.

1982 Li Peijuan, Wu Xiangwu, p. 47, pl. 18, figs. 2, 2a; frond; Waricun of Xinlong, Sichuan; Late Triassic Lamaya Formation.

1984 Chen Gongxin, p. 579, pl. 229, fig. 5; frond; Kuzhuqiao of Puqi, Hubei; Late Triassic Jigongshan Formation; Gengjiahe of Xingshan, Hubei; Late Triassic Shazhenxi Formation.

1990 Wu Shunqing, Zhou Hanzhong, p. 451, pl. 3, fig. 4; frond; Kuqa, Xinjiang; Early Triassic Ehuobulake Formation.

***Cladophlebis* cf. *C. raciborskii* Zeiller**

1986 Ye Meina and others, p. 37, pl. 11, figs. 4, 4a; frond; Binlang of Daxian, Sichuan; Late Triassic member 7 of Hsuchiaho Formation.

***Cladophlebis roessertii* (Presl) Saporta, 1873**

1820 — 1838 *Alethopteris roessertii* Presl, in Sternberg, p. 145, pl. 33, figs. 14a, 14b; West Europe; Triassic.

1867 *Asplenites roessertii* (Presl) schenk, p. 49, pl. 7, fig. 7; pl. 10, figs. 1 — 4; fronds; Central Europe; Triassic.

1873 Saporta, p. 301, pl. 31, fig. 4; France; Jurassic.

1920 Yabe, Hayasaka, pl. 5, figs. 5, 5a; frond; Siluguan of Xing'an, Jiangxi; Late Triassic (Rhaetic). [Notes: This specimen lately was referred as *Todites goeppertianus* (Muenster) Krasser (Sze H C, Lee H H and others, 1963)]

***Cladophlebis* cf. *roessertii* (Presl) Saporta**

1976 Chow Huiqin and others, p. 207, pl. 109, fig. 4; frond; Wuziwan of Jungar Banner, Inner Mongolia; Middle Triassic upper part of Ermaying Formation.

1980 Huang Zhigao, Zhou Huiqin, p. 78, pl. 2, fig. 9; pl. 13, fig. 6; fronds; Hejiafang of Tongchuan, Shaanxi; Wuziwan of Jungar Banner, Inner Mongolia; Middle Triassic upper member of Tongchuan Formation and upper member of Ermaying Formation.

***Cladophlebis* (*Todea*) *roessertii* Presl ex Zeiller, 1903**

1820 — 1838 *Alethopteris roessertii* Presl, in Sternberg, p. 145, pl. 33, figs. 14a, 14b; West Europe; Triassic.

1902 — 1903 Zeiller, p. 38, pl. 11, figs. 1 — 3; pl. 3, figs. 1 — 3; fronds; Hong Gai, Vietnam; Late Triassic.

1902 — 1903 Zeiller, p. 291, pl. 54, figs. 1, 2; fronds; Taipingchang (Tai-Pin-Tchang), Yunnan; Late Triassic. [Notes: This specimen lately was referred as *Todites goeppertianus* (Muenster) Krasser (Sze H C, Lee H H and others, 1963)]

1993a Wu Xiangwu, p. 66.

***Cladophlebis* (*Todites*) cf. *roessertii* (Presl) Saporta**

1936 P'an C H, p. 14, pl. 4, figs. 11 — 15; fronds; Qiaoshang of Suide, Shaanxi; Late Triassic lower part of Yenchang Formation. [Notes: This specimen lately was referred as *Todites shensiensis* (P'an) (Sze H C, Lee H H and others, 1963)]

***Cladophlebis ruetimeyerii* (Heer) ex Wu, 1982**

1877 *Pecopteris ruetimeyerii* Heer, p. 70, pl. 25, figs. 10 — 12; fronds; Switzerland; Triassic.

1982b Wu Xiangwu, p. 87.

***Cladophlebis* cf. *ruetimeyerii* (Heer)**

1982b Wu Xiangwu, p. 87, pl. 7, fig. 2; frond; Qamdo, Tibet; Late Triassic upper member of Bagong Formation.

***Cladophlebis scariosa* Harris, 1931**

1931 Harris, p. 52, pl. 9, fig. 5; frond; Scoresby Sound, East Greenland; Late Triassic *Lepidopteris* Zone.

1941 Stockmans, Mathieu, p. 38, pl. 2, figs. 3, 3a; frond; Gaoshan of Datong, Shanxi; Jurassic. [Notes: This specimen lately was referred as *Cladophlebis* cf. *scariosa* Harris (Sze H C, Lee H H and others, 1963)]

1979 He Yuanliang and others, p. 145, pl. 66, figs. 4, 4a, 5, 6; fronds; Babaoshan and Santonggou of Dulan, Qinghai; Late Triassic Babaosnan Group.

1979 Hsu J and others, p. 33, pl. 16, figs. 1 — 6; fronds; Baoding, Sichuan; Late Triassic middle-upper part of Daqiaodi Formation.

1982 Li Peijuan, Wu Xiangwu, p. 47, pl. 8, figs. 2, 2a; pl. 18, figs. 1A, 1a; fronds; Yidun and Xiangcheng area, Sichuan; Late Triassic Lamaya Formation.

1983 Sun Ge and others, p. 452, pl. 1, fig. 8; pl. 3, fig. 3; fronds; Dajianggang of Shuangyang, Jilin; Late Triassic Dajianggang Formation.

1984 Mi Jiarong and others, pl. 1, fig. 3; frond; West Hill, Beijing; Late Triassic Xingshikou Formation.

1986 Chen Ye and others, p. 41, pl. 5, figs. 3, 3a; frond; Litang, Sichuan; Late Triassic Lanashan Formation.

1986 Ye Meina and others, p. 37, pl. 24, figs. 2, 2a; frond; Wenquan of Kaixian, Sichuan; Late Triassic member 7 of Hsuchiaho Formation.

1993 Mi Jiarong and others, p. 97, pl. 17, figs. 1, 1a; frond; Tanzhesi of West Hill, Beijing; Late Triassic Xingshikou Formation.

1998 Zhang Hong and others, pl. 27, fig. 2; pl. 28, figs. 2, 3; fronds; Dameigou of Da Qaidam, Qinghai; Early Jurassic Huoshaoshan Formation.

***Cladophlebis* cf. *scariosa* Harris**

1963 Sze H C, Lee H H and others, p. 107, pl. 39, figs. 4, 4a; frond; Gaoshan of Datong, Shanxi; Early — Middle Jurassic.

1982b Yang Xuelin, Sun Liwen, p. 32, pl. 3, figs. 9, 10; fronds; Hongqi Coal Mine of southeastern Da Hinggan Ling; Early Jurassic Hongqi Formation.

1984 Chen Fen and others, p. 47, pl. 16, figs. 3, 4; pl. 37, figs. 1, 2; text-fig. 15; fronds; West Hill, Beijing; Early Jurassic Lower Yaopo Formation and Upper Yaopo Formation, Middle Jurassic Longmen Formation.

***Cladophlebis* aff. *scariosa* Harris**

1995 Zeng Yong and others, p. 54, pl. 10, figs. 1, 5; fronds; Yima Henan; Middle Jurassic Yima Formation.

Cladophlebis scoresbyensis **Harris, 1926**

1926 Harris, p. 59, pl. 2, fig. 4; text-fig. 44d; frond; Scoresby Sound, East Greenland; Late Triassic (Rhaetic).

1980 Zhang Wu and others, p. 257, pl. 134, fig. 1; text-fig. 188; frond; Hongqi Coal Mine of Tao'an, Jilin; Early Jurassic Hongqi Formation.

1982 Duan Shuying, Chen Ye, p. 499, pl. 7, figs. 3, 4; fronds; Nanxi of Yunyang, Sichuan; Early Jurassic Zhenzhuchong Formation.

?*Cladophlebis scoresbyensis* **Harris**

1993 Sun Ge, p. 72, pl. 16, fig. 5; pl. 17, fig. 6; fronds; Tianqiaoling of Wangqing, Jilin; Late Triassic Malugou Formation.

Cladophlebis* (*Todites*) *scoresbyensis **Harris**

1964 Lee P C, p. 116, pl. 6, figs. 1 — 3; fronds; Rongshan of Guangyuan, Sichuan; Late Triassic Hsuchiaho Formation.

Cladophlebis septentrionalis **Hollick, 1930**

1930 Hollick, p. 39, pl. 2, figs. 1 — 3.

1986 Tao Junrong, Xiong Xianzheng, p. 121, pl. 1, fig. 7; sterile pinna; Jiayin, Heilongjiang; Late Cretaceous Wuyun Formation.

Cladophlebis serrulata **Samylina, 1963**

1963 Samylina, p. 79, pl. 4, fig. 5; pl. 19, fig. 6; fronds; lower reaches of Aldan River; Late Jurassic.

1982 Chen Fen, Yang Guanxiu, p. 578, pl. 2, fig. 5; frond; Houshangou of Pingquan, Hebei; Early Cretaceous Jiufotang Formation.

△*Cladophlebis shaheziensis* **Yang, 1982**

1982a Yang Xuelin, Sun Liwen, p. 590, pl. 2, fig. 5; text-fig. 2; fronds; No.: S7805; Repository: Jilin Institute of Coal Field Geology; Shahezi of southeastern Songhuajiang-Liaohe Basin; Late Jurassic Shahezi Formation.

△*Cladophlebis shanqiaoensis* **Zhou, 1989**

1989 Zhou Zhiyan, p. 138, pl. 3, figs. 8 — 10; pl. 4, fig. 4; pl. 5, figs. 2, 3; text-figs. 4 — 6; fronds; Reg. No.: PB13825 — PB13828; Holotype: PB13825 (pl. 4, fig. 4); Repository: Nanjing Institute of Geology and Palaeontology, Chinese Academy of Sciences; Shanqiao of Hengyang, Hunan; Late Triassic Yangbaichong Formation.

△*Cladophlebis shansiensis* **Sze, 1933**

[Notes: This species lately was referred as *Gonatosorus shansiensis* (Sze) Wang (Wang, 1984)]

1933d Sze H C, p. 13, pl. 3, figs. 1, 2; fronds; Caojiagou of Datong, Shanxi; Early Jurassic.

1941 Stockmans, Mathieu, p. 36, pl. 2, figs. 1, 2; fronds; Datong, Shanxi; Jurassic.

1950 Ôishi, p. 86; Datong, Shanxi; Jurassic.

1954 Hsu J, p. 47, pl. 40, fig. 3; frond; Datong, Shanxi; Middle Jurassic or late Early Jurassic.

1958 Wang Longwen and others, p. 610, fig. 611; frond; Shanxi and Hebei; Early — Middle Jurassic.

1963 Sze H C, Lee H H and others, p. 108, pl. 36, fig. 1; pl. 37, fig. 1; fronds; Caojiagou of Datong, Shanxi; Early — Middle Jurassic.

1978 Yang Xianhe, p. 493, pl. 188, figs. 1b, 2; fronds; Tieshan of Daxian, Sichuan; Early — Middle Jurassic Ziliujing Group.

1978 Zhou Tongshun, p. 104, pl. 29, figs. 7, 7a; frond; Xiyuan of Zhangping, Fujian; Early Jurassic Lishan Formation.

1980 Zhang Wu and others, p. 257, pl. 135, figs. 1, 2; fronds; Shuangmiao of Lingyuan, Liaoning; Early Jurassic Guojiadian Formation.

1982 Wang Guoping and others, p. 252, pl. 114, fig. 4; frond; Xiyuan of Zhangping, Fujian; Early Jurassic Lishan Formation.

1984 Chen Gongxin, p. 580, pl. 227, fig. 1; frond; Fenshuiling of Jingmen, Hubei; Early Jurassic Tongzhuyuan Formation.

1988 Chen Fen and others, p. 48, pl. 16, figs. 6, 6a; frond; Haizhou Opencut Coal Mine and Xinqiu Mine of Fuxin, Liaoning; Early Cretaceous Fuxin Formation.

1988 Li Peijuan and others, p. 69, pl. 47, figs. 1 — 2a; pl. 50, figs. 2 — 3a; pl. 54, fig. 4c(?); fronds; Dameigou of Da Qaidam, Qinghai; Early Jurassic *Cladophlebis* Bed of Huoshaoshan Formation.

1996 Mi Jiarong and others, p. 99, pl. 12, fig. 3; frond; Guanshan of Beipiao, Liaoning; Early Jurassic lower member of Beipiao Formation.

1998 Zhang Hong and others, pl. 23, fig. 5; pl. 25, fig. 3; pl. 26, fig. 1A; pl. 28, fig. 1; pl. 34, figs. 5, 6; fronds; Dameigou of Da Qaidam, Qinghai; Early Jurassic Huoshaoshan Formation and Xiaomeigou Formation.

1999b Meng Fansong, pl. 1, fig. 1; pinna; Xiangxi of Zigui, Hubei; Middle Jurassic Chenjiawan Formation.

2002 Wu Xiangwu and others, p. 156, pl. 4, figs. 2, 2a; pl. 6, figs. 3, 3a; fronds; Qingtujing in Jinchang of Gansu, Wutongshugou in Alxa Right Banner of Inner Mongolia; Middle Jurassic lower member of Ninyuanpu Formation.

2003 Yuan Xiaoqi and others, pl. 21, fig. 3; frond; Hantaichuan of Dalad Banner, Inner Mongolia; Middle Jurassic Yan'an Formation.

2005 Miao Yuyan, p. 524, pl. 2, figs. 1, 1a; frond; Baiyang River area of Junggar Basin, Xinjiang; Middle Jurassic Xishanyao Formation.

***Cladophlebis* cf. *shansiensis* Sze**

1951 Lee H H, p. 195, pl. 1, fig. 4b; frond; Xin'gaoshan of Datong, Shanxi; Jurassic upper part of Datong Coal Series.

1988 Bureau of Geology and Mineral Resources of Liaoning Province, pl. 8, fig. 8; frond; Jilin; Middle Jurassic.

△*Cladophlebis shansungensis* Li et Ye, 1980 (nom. nud.)

[Notes: This species lately was referred as *Cladophlebis lobulata* Samylina (Li Xingxue and others, 1986)]

1978 *Cladophlebis shansungensis* Lee et Yeh, Yang Xuelin and others, pl. 2, figs. 5, 5a; frond; Shansong of Jiaohe Basin, Jilin; Early Cretaceous Moshilazi Formation. (nom. nud.)

1980 Li Xingxue, Ye Meina, p. 3; frond; Shansong of Jiaohe, Jilin; Early Cretaceous Moshilazi Formation. (name only)

1980 *Cladophlebis shansungensis* Lee et Yeh, Zhang Wu and others, p. 257, pl. 164, fig. 7; pl. 165, figs. 1, 2; fronds; Shansong of Jiaohe, Jilin; Early Cretaceous Moshilazi Formation.

1982b *Cladophlebis shansungensis* Lee et Yeh, Zheng Shaolin, Zhang Wu, p. 307, pl. 2, fig. 10; frond; Lingxi of Shuangyashan, Heilongjiang; Early Cretaceous Chengzihe Formation.

1983a *Cladophlebis shansungensis* Lee et Yeh, Zheng Shaolin, Zhang Wu, p. 82, pl. 3, figs. 6, 6a; frond; Wanlongcun of Boli, Heilongjiang; Early Cretaceous Dongshan Formation.

△*Cladophlebis shensiensis* P'an, 1936

1936 P'an C H, p. 15, pl. 4, fig. 16; pl. 5, figs. 4 — 6; pl. 6, figs. 4 — 8; fronds; Qiaoshang, Gaojiaan, Shatanping and Yejiaping of Suide, Shijiagou of Yanchang, Shaanxi; Late Triassic lower part of Yenchang Formation. [Notes: This specimen lately was referred as *Todites shensiensis* (Sze H C, Lee H H and others, 1963)]

1950 Ôishi, p. 86; Yanchang, Shaanxi; Late Triassic Yenchang Formation.

1954 Hsu J, p. 47, pl. 41, figs. 3, 4; fronds; Yipinglang of Guangtong, Yunnan; Late Triassic. [Notes: This specimen lately was referred as *Todites shensiensis* (Sze H C, Lee H H and others, 1963)]

1956b Sze H C, pl. 1, figs. 6, 7; pl. 2, fig. 7; fronds; Karamay of Junggar (Dzungaria) Basin, Xinjiang; late Late Triassic upper part of Yenchang Formation. [Notes: This specimen lately was referred as *Todites shensiensis* (Sze H C, Lee H H and others, 1963)]

1958 Wang Longwen and others, p. 585, fig. 586; frond; Shaanxi; Late Triassic Yenchang Group; Yunnan; Late Triassic Yipinglang Coal Series. [Notes: This specimen lately was referred as *Todites shensiensis* (Sze H C, Lee H H and others, 1963)]

1962 Lee H H, p. 147, pl. 88, fig. 2; frond; Changjiang River Basin; Late Triassic.

1963 Lee P C, p. 126, pl. 52, fig. 4; pl. 53, figs. 1, 1a; fronds; Suide and Yijun of Shaanxi, Pingliang of Gansu, Huaxian of Guangdong; Late Triassic.

1978 Zhang Jihui, p. 472, pl. 157, figs. 1, 2; fronds; Puchu of Weining, Guizhou; Late Triassic.

1995a Li Xingxue (editor-in-chief), pl. 71, figs. 1, 2; fronds; Silangmiao of Yijun, Shaanxi; Late Triassic upper part of Yenchang Formation. (in Chinese)

1995b Li Xingxue (editor-in-chief), pl. 71, figs. 1, 2; fronds; Silangmiao of Yijun, Shaanxi; Late Triassic upper part of Yenchang Formation. (in English)

Cladophlebis (*Todites*) *shensiensis* P'an

1956a Sze H C, pp. 15, 123, pl. 10, figs. 1 — 3; pl. 11, figs. 1 — 3; pl. 12, figs. 1 — 5; pl. 13, figs. 1 — 4; pl. 14, figs. 1 — 5; pl. 15, figs. 1 — 17; pl. 16, fig. 5; pl. 18, figs. 1 — 8; pl. 19, figs. 3, 4; pl. 21, fig. 5; pl. 27, fig. 6; sterile fronds and fertile fronds; Yijun, Yanchang and Suide, Shaanxi; Huating, Gansu; Late Triassic Yenchang Formation. [Notes: This specimen lately was referred as *Todites shensiensis* (Sze H C, Lee H H and others, 1963)]

△*Cladophlebis shuixigouensis* Tang, 1984

1984 Tang Wensong, in Gu Daoyuan, p. 144, pl. 68, fig. 2; frond; Col. No. : F142; Reg. No. :

XPC141; Repository: Petroleum Administration of Xinjiang Uighur Autonomous Region; Jimsar, Xinjiang; Early Jurassic Badaowan Formation.

△*Cladophlebis spinellosus* Zheng, 1980

1980 Zheng Shaolin, in Zhang Wu and others, p. 258, pl. 135, fig. 3; text-fig. 189; frond; Xiaochanggao of Harqin Left Banner, Liaoning; Early Cretaceous Jiufotang Formation(?).

***Cladophlebis stenolopha* Brick, 1953**

1953 Brick, p. 47, pl. 23; frond; East Fergana; Early Jurassic.

1988 Li Peijuan and others, p. 69, pl. 48, figs. 1 — 2a; fronds; Dameigou of Da Qaidam, Qinghai; Early Jurassic *Cladophlebis* Bed of Huoshaoshan Formation.

1995 Zeng Yong and others, p. 53, pl. 7, fig. 6; pl. 10, fig. 3; fronds; Yima, Henan; Middle Jurassic Yima Formation.

1998 Zhang Hong and others, pl. 33, fig. 3; frond; Dameigou of Da Qaidam, Qinghai; Early Jurassic Huoshaoshan Formation.

2002 Wu Xiangwu and others, p. 157, pl. 9, fig. 3; frond; Jingkengziwa of Alxa Rigth Banner, Inner Mongolia; Early Jurassic upper member of Jijigou Formation.

△*Cladophlebis stenophylla* Sze, 1956

1956a Sze H C, pp. 24, 131, pl. 21, figs. 1 — 4; fronds; Col. No.: PB2358 — PB2361; Repository: Nanjing Institute of Geology and Palaeontology, Chinese Academy of Sciences; Huangcaowan in Xingshuping of Yijun, Shaanxi; Late Triassic upper part of Yenchang Formation.

1956c Sze H C, pl. 2, fig. 6; sterile pinna; Ankouyao of Guyuan, Gansu; Late Triassic Yenchang Formation.

1963 Lee P C, p. 127, pl. 54, fig. 3; frond; Yijun of Shaanxi and Pingliang of Gansu; Late Triassic.

1963 Sze H C, Lee H H and others, p. 109, pl. 37, fig. 6; pl. 40, fig. 2; fronds; Huangcaowan in Xingshuping in Yijun of Shaanxi, Ankouyao in Huating of Gansu; Late Triassic Yenchang Group.

△*Cladophlebis stricta* Yang et Sun, 1982 (non Yang et Sun, 1985)

1982b Yang Xuelin, Sun Liwen, p. 33, pl. 6, fig. 1; pl. 7, fig. 1; text-fig. 15; frond; No.: H047, H048; Repository: Jilin Institute of Coal Field Geology; Hongqi Coal Mine of southeastern Da Hinggan Ling; Early Jurassic Hongqi Formation. (Notes: The type specimen was not designated in the original paper)

△*Cladophlebis stricta* Yang et Sun, 1985 (non Yang et Sun, 1982)

(Notes: This specific name *Cladophlebis stricta* Yang et Sun, 1985 is a later isonym of *Cladophlebis stricta* Yang et Sun, 1982)

1985 Yang Xuelin, Sun Liwen, p. 105, pl. 2, fig. 14; text-fig. 3; frond; No.: H048; Repository: Jilin Institute of Coal Field Geology; Hongqi Coal Mine of southern Da Hinggan Ling; Early Jurassic Hongqi Formation.

Cladophlebis sublobata **Johasson, 1922**

1922 Johasson, p. 21, pl. 2, figs. 7 — 8a; pl. 3, fig. 4; pl. 7, figs. 8 — 10; fronds; Sweden; Early Jurassic (Lias).

1984 Zhang Wu, Zheng Shaolin, p. 384, pl. 2, figs. 1, 1a; frond; Beipiao, western Liaoning; Late Triassic Laohugou Formation.

Cladophlebis sulcata **Brick, 1953**

1953 Brick, p. 52, pl. 26, figs. 1 — 3; pl. 19, fig. 4; fronds; East Fergana; Early Jurassic.

1988 Li Peijuan and others, p. 70, pl. 25, figs. 4, 4a; pl. 26, figs. 2, 2a; pl. 39, figs. 2 — 3a; fronds; Dameigou of Da Qaidam, Qinghai; Middle Jurassic *Tyrmia-Sphenobaiera* Bed of Dameigou Formation.

1998 Zhang Hong and others, pl. 24, fig. 6; frond; Dameigou of Da Qaidam, Qinghai; Early Jurassic Xiaomeigou Formation.

Cladophlebis suluktensis **Brick, 1935**

1935 Brick, p. 27, pl. 3, fig. 2; text-fig. 14; frond; South Fergana; Early — Middle Jurassic.

1986 Xu Fuxiang, p. 420, pl. 2, fig. 1; frond; Daolengshan of Jingyuan, Gansu; Early Jurassic.

1988 Li Peijuan and others, p. 71, pl. 26, figs. 3, 3a; pl. 27, figs. 2, 2a; pl. 28, figs. 2, 2a; pl. 52, fig. 2; fronds; Dameigou of Da Qaidam, Qinghai; Middle Jurassic *Coniopteris murrayana* Bed of Yinmagou Formation.

1998 Zhang Hong and others, pl. 27, figs. 4, 5; fronds; Kangsu of Wuqia, Xinjiang; Middle Jurassic Yangye (Yangxia) Formation.

Cladophlebis suluktensis **Brick var. *crassa* Brick, 1953**

1953 Brick, p. 44, pl. 19, figs. 1 — 3; pl. 20; fronds; East Fergana; Early Jurassic.

1981 Liu Maoqiang, Mi Jiarong, p. 24, pl. 1, fig. 9; pl. 2, figs. 3 — 5; fronds; Naozhigou of Linjiang, Jilin; Early Jurassic Yihuo Formation.

1992 Sun Ge, Zhao Yanhua, p. 532, pl. 220, fig. 12; pl. 231, fig. 1; fronds; Naozhijie of Linjiang, Jilin; Early Jurassic Yihuo Formation.

△*Cladophlebis suniana* **Sze, 1956**

1956a Sze H C, pp. 25, 132, pl. 18, figs. 7 — 9; fronds; Col. No.: PB2363 — PB2365; Repository: Nanjing Institute of Geology and Palaeontology, Chinese Academy of Sciences; Huangcaowan in Xingshuping of Yijun, Shaanxi; Late Triassic upper part of Yenchang Formation.

1963 Sze H C, Lee H H and others, p. 109, pl. 37, fig. 2; pl. 37, fig. 2; fronds; Huangcaowan in Xingshuping of Yijun, Shaanxi; Late Triassic Yenchang Group.

1998 Zhang Hong and others, pl. 34, fig. 2; pl. 34, fig. 7; fronds; Kangsu of Wuqia, Xinjiang; Middle Jurassic Yangye (Yangxia) Formation; Dameigou of Da Qaidam, Qinghai; Early Jurassic Huoshaoshan Formation.

Cladophlebis svedbergii **Johansson, 1922**

1922 Johansson, p. 19, pl. 1, figs. 37, 38; pl. 7, figs. 1 — 6; fronds; Sweden; Jurassic.

1988 Li Peijuan and others, p. 71, pl. 44, figs. 1 — 2a; fronds; Dameigou of Da Qaidam,

Qinghai; Early Jurassic *Cladophlebis* Bed of Huoshaoshan Formation.

1998 Zhang Hong and others, pl. 31, fig. 1; pl. 35, fig. 3; frond; Dameigou of Da Qaidam, Qinghai; Early Jurassic Huoshaoshan Formation.

△*Cladophlebis szeiana* P'an, 1936

[Notes: This species lately was referred as *Asterothaca*? *szeiana* (P'an) (Sze H C, Lee H H and others, 1963)]

1936 P'an C H, p. 18, pl. 6, figs. 1 — 3; pl. 8, figs. 3 — 7; fronds; Yejiaping of Suide and Huailinping of Yanchang, Shaanxi; Late Triassic Yenchang Formation.

1956c Sze H C, pl. 2, fig. 4; fertile pinna; Ruishuixia (Juishuihsia) of Guyuan, Gansu; Late Triassic Yenchang Formation.

1963 Lee P C, p. 126, pl. 54, figs. 2, 2a; frond; Suide, Shaanxi; Late Triassic.

***Cladophlebis* (*Asterothaca*?) *szeiana* P'an**

1956a Sze H C, pp. 33, 140, pl. 16, figs. 1 — 4; pl. 17, figs. 1 — 5; pl. 21, fig. 6; sterile pinnae and fertile pinnae; Yijun, Suide and Yanchang, Shaanxi; Huating, Gansu; Late Triassic Yenchang Formation. [Notes: This specimen lately was referred as *Asterothaca*? *szeiana* (Sze H C, Lee H H and others, 1963)]

***Cladophlebis* (*Gleichenites*?) *takeyamae* Ôishi et Takahasi, 1938**

1938 Ôishi, Takahasi, p. 60, pl. 5 (1), figs. 6, 6a; frond; Reg. No.: No. 7885; Holotype: No. 7885[pl. 5 (1), figs. 6, 6a]; Lishu of Muling, Heilongjiang; Middle Jurassic or Late Jurassic Mouling Series.

1963 Sze H C, Lee H H and others, p. 109, pl. 38, figs. 3, 3a; frond; Lishu of Muling, Heilongjiang; Late Jurassic.

1980 Zhang Wu and others, p. 258, pl. 154, fig. 5; text-fig. 190; frond; Jixi, Heilongjiang; Early Cretaceous Chengzihe Formation.

△*Cladophlebis tenerus* Zhang et Zheng, 1983

1983 Zhang Wu, Zheng Shaolin, in Zhang Wu and others, p. 75, pl. 1, figs. 16, 17; text-fig. 5; fronds; No.: LMP20151-1, LMP20151-2; Repository: Shenyang Institute of Geology and Mineral Resources; Linjiawaizi of Benxi, Liaoning; Middle Triassic Linjia Formation. (Notes: The type specimen was not designated in the original paper)

△*Cladophlebis tenuifolia* Huang et Chow, 1980

1980 Huang Zhigao, Zhou Huiqin, p. 79, pl. 30, fig. 3; frond; Reg. No.: P388; Liulingou of Tongchuan, Shaanxi; Late Triassic upper part of Yenchang Formation.

1993 Mi Jiarong and others, p. 98, pl. 16, figs. 1, 1a; frond; Chengde, Hebei; Late Triassic Xingshikou Formation.

***Cladophlebis* cf. *tenuifolia* Huang et Chow**

1984 Chen Fen and others, p. 47, pl. 15, fig. 1; text-fig. 16; frond; Datai of West Hill, Beijing; Early Jurassic Upper Yaopo Formation.

△*Cladophlebis tersus* Chang, 1980

1980 Chang Chichen, in Zhang Wu and others, p. 258, pl. 135, figs. 4, 5; pl. 136, figs. 1, 2;

fronds; Shuangmiao of Lingyuan, Liaoning; Early Jurassic Guojiadian Formation. (Notes: The type specimen was not designated in the original paper)

1996 Mi Jiarong and others, p. 99, pl. 10, fig. 1; pl. 11, fig. 11; fronds; Shimenzhai of Funing, Hebei; Early Jurassic Beipiao Formation.

△*Cladophlebis tianqiaolingensis* Mi, Zhang, Sun et al., 1993

1993 Mi Jiarong Zhang Chuanbo, Sun Chunlin and others, p. 98, pl. 16, figs. 2—5; text-fig. 19; fronds; Reg. No.: W248 — W251; Holotype: W248 (pl. 16, fig. 2); Repository: Department of Geological History and Palaeontology, Changchun College of Geology; Tianqiaoling of Wangqing, Jilin; Late Triassic Malugou Formation.

△*Cladophlebis tibetica* Wu, 1982

1982b Wu Xiangwu, p. 87, pl. 11, figs. 6, 6a, 6bA, 6bB; text-fig. 4; fronds and fertile pinnae; Col. No.: 1ft007; Reg. No.: PB7761, PB7762; Holotype: PB7762 (pl. 11, fig. 6); Repository: Nanjing Institute of Geology and Palaeontology, Chinese Academy of Sciences; Qamdo, Tibet; Late Triassic upper member of Bagong Formation.

△*Cladophlebis* (*Dryopterites*?) *tiefensis* Ren, 1988

1988 Ren Shouqin, in Chen Fen and others, pp. 48, 150, pl. 62, figs. 8, 9; pl. 63, fig. 3; fronds; No.: Tf40, Tf41, Tf50; Repository: Beijing Graduate School, Wuhan College of Geology; Tiefa Basin, Liaoning; Early Cretaceous Lower Coal Member of Xiaoming'anbei Formation. (Notes: The type specimen was not designated in the original paper)

△*Cladophlebis tingii* Sze, 1933

1933c Sze H C, p. 11, pl. 6, figs. 1, 2; fronds; Xujiahe of Guangyuan, Sichuan; late Late Triassic — Early Jurassic.

1963 Sze H C, Lee H H and others, p. 110, pl. 38, figs. 2, 2a; frond; Xujiahe of Guangyuan, Sichuan; late Late Triassic — Early Jurassic.

△*Cladophlebis todioides* Yang, 1978

1978 Yang Xianhe, p. 492, pl. 189, fig. 8; frond; Reg. No.: Sp0160; Holotype: Sp0160 (pl. 189, fig. 8); Repository: Chengdu Institute of Geology and Mineral Resources; Baimiao in Houba of Jiangyou, Sichuan; Early Jurassic Baitianba Formation.

***Cladophlebis triangularis* Ôishi, 1940**

1940 Ôishi, p. 292, pl. 22, figs. 1, 1a, 2, 2a; fronds; Kuwasima and Yosidayasiki, Japan; Early Cretaceous Tetori Series and Ryoseki Series.

1986 Duan Shuying and others, pl. 1, fig. 3; frond; southern margin of Erdos Basin; Middle Jurassic Yan'an Formation.

1995 Wang Xin, p. 1, fig. 12; frond; Tongchuan, Shaanxi; Middle Jurassic Yan'an Formation.

△*Cladophlebis tsaidamensis* Sze, 1959

1959 Sze H C, pp. 7, 23, pl. 2, figs. 5, 5a; pl. 3, fig. 3; pl. 4, fig. 1; fronds; Reg. No.: PB2651, PB2655, PB2656; Repository: Nanjing Institute of Geology and Palaeontology, Chinese Academy of Sciences; Hongliugou (Hungliukou) of Qaidam Basin, Qinghai; Jurassic.

1960b Sze H C, p. 28, pl. 1, fig. 1; frond; Hanxia Coal Mine of Yumen, Gansu; Early — Middle Jurassic (Lias — Dogger).

1963 Lee H H and others, p. 130, pl. 102, fig. 1; frond; Northwest China; Early Jurassic.

1963 Sze H C, Lee H H and others, p. 110, pl. 38, fig. 1; pl. 39, fig. 3; fronds; Hongliugou (Hungliukou) of Qaidam Basin, Qinghai; Hanxia Coal Mine of Yumen, Gansu; Early — Middle Jurassic.

1977 Feng Shaonan and others, p. 214, pl. 80, fig. 6; frond; Yima of Mianchi, Henan; Early — Middle Jurassic.

1979 He Yuanliang and others, p. 143, pl. 65, figs. 4, 4a; pl. 67, fig. 1; fronds; Dameigou and Hongliugou (Hungliukou) of Qaidam Basin, Qinghai; Early Jurassic Xiaomeigou Formation.

1982b Yang Xuelin, Sun Liwen, p. 32, pl. 5, figs. 1, 2; fronds; Xishala of Jarud Banner, southeastern Da Hinggan Ling; Early Jurassic Hongqi Formation.

1985 Yang Xuelin, Sun Liwen, p. 105, pl. 3, fig. 3; frond; Xishala of Jarud Banner, southeastern Da Hinggan Ling; Early Jurassic Hongqi Formation.

1988 Li Peijuan and others, p. 72, pl. 46, figs. 1 — 2a; pl. 47, figs. 3, 3a; fronds; Dameigou of Da Qaidam, Qinghai; Early Jurassic *Cladophlebis* Bed of Huoshaoshan Formation.

1995 Zeng Yong and others, p. 52, pl. 8, fig. 2; pl. 10, fig. 4; fronds; Yima, Henan; Middle Jurassic Yima Formation.

1998 Zhang Hong and others, pl. 30, figs. 2, 3; fronds; Dameigou of Da Qaidam, Qinghai; Early Jurassic Huoshaoshan Formation.

2002 Wu Xiangwu and others, p. 157, pl. 8, figs. 6, 7; fronds; Jingkengziwa of Alxa Right Banner, Inner Mongolia; Maohudong of Shandan, Gansu; Early Jurassic upper member of Jijigou Formation.

2003 Deng Shenghui and others, pl. 69, fig. 3; frond; Yima Basin, Henan; Middle Jurassic Yima Formation.

2005 Miao Yuyan, p. 523, pl. 2, figs. 2, 3; fronds; Baiyang River area of Junggar Basin, Xinjiang; Middle Jurassic Xishanyao Formation.

△*Cladophlebis tsaidamensis* Sze f. *angustus* Li, 1979

1979 Li Peijuan, in He Yuanliang and others, p. 143, pl. 66, fig. 3; frond; Col. No.: H74006; Reg. No.: PB6355; Repository: Nanjing Institute of Geology and Palaeontology, Chinese Academy of Sciences; Dameigou of Da Qaidam, Qinghai; Early Jurassic Xiaomeigou Formation.

***Cladophlebis tschagdamensis* Vachrameev, 1961**

1961 Vachrameev, Dolugenko, p. 72, pl. 22, figs. 2, 3; pl. 23, fig. 2; text-fig. 19; Bureya Basin, Heilongjiang River Basin; Early Cretaceous.

***Cladophlebis* cf. *tschagdamensis* Vachrameev**

1984 Chen Fen and others, p. 48, pl. 16, fig. 5; text-fig. 17; frond; Mentougou of West Hill, Beijing; Middle Jurassic Longmen Formation.

1994 Xiao Zongzheng and others, pl. 14, fig. 2; frond; Zhaitang in Mentougou of West Hill,

Beijing; Early Jurassic Lower Yaopo Formation.

△***Cladophlebis ulanensis*** **Li et Wu X W, 1979**

1979 Li Peijuan, Wu Xiangwu, in He Yuanliang and others, p. 144, pl. 67, figs. 4, 4a; frond; Col. No. : D-3; Reg. No. : PB6361; Holotype: PB6361 (pl. 67, figs. 4, 4a); Repository: Nanjing Institute of Geology and Palaeontology, Chinese Academy of Sciences; Dameigou of Da Qaidam, Qinghai; Early Jurassic Xiaomeigou Formation.

1988 Li Peijuan and others, p. 73, pl. 32, fig. 1; pl. 34, fig. 3; fronds; Dameigou of Da Qaidam, Qinghai; Early Jurassic *Cladophlebis* Bed of Huoshaoshan Formation.

1995a Li Xingxue (editor-in-chief), pl. 91, fig. 2; frond; Dameigou of Da Qaidam, Qinghai; Early Jurassic Huoshaoshan Formation. (in Chinese)

1995b Li Xingxue (editor-in-chief), pl. 91, fig. 2; frond; Dameigou of Da Qaidam, Qinghai; Early Jurassic Huoshaoshan Formation. (in English)

△***Cladophlebis undata*** **Huang et Chow, 1980**

1980 Huang Zhigao, Zhou Huiqin, p. 79, pl. 25, fig. 5; pl. 27, figs. 3, 6; pl. 28, fig. 1; pl. 30, fig. 5; pl. 31, fig. 5; pl. 32, fig. 2; fronds; Reg. No. : P784, P796, P877, P2164, P3074; Jiaoping of Tongchuan, Shihekou and Ershilidun of Shenmu, Shaanxi; Late Triassic upper part and middle part of Yenchang Formation. (Notes: The type specimen was not designated in the original paper)

1982 Liu Zijin, p. 127, pl. 65, figs. 6, 7; pl. 66, fig. 1; fronds; Jiaoping of Tongchuan and Shihekou of Shenmu, Shaanxi; Late Triassic upper part of Yenchang Group.

1993 Mi Jiarong and others, p. 99, pl. 17, figs. 2 — 5; fronds; Yangcaogou of Beipiao, Liaoning; Late Triassic Yangcaogou Formation; Chengde, Hebei; Late Triassic Xingshikou Formation.

Cladophlebis vaccensis **Ward, 1905**

1905 Ward, p. 66, pl. 10, figs. 8 — 12; fronds; Central America; Jurassic.

Cladophlebis **cf.** ***vaccensis*** **Ward**

1980 Zhang Wu and others, p. 259, pl. 137, figs. 1, 1a; frond; Beipiao, Liaoning; Early Jurassic Beipiao Formation.

△***Cladophlebis variopinnulata*** **Meng, 1988**

1988 Meng Xiangying, in Chen Fen and others, pp. 48, 150, pl. 16, figs. 2B, 2a, 4, 5; text-fig. 16; fronds; No. : FX085; Repository: Beijing Graduate School, Wuhan College of Geology; Haizhou Opencut Coal Mine of Fuxin, Liaoning; Early Cretaceous middle member of Fuxin Formation.

Cladophlebis vasilevskae **Vachrameev, 1961**

1961 Vachrameev, Doligenko, p. 73, pl. 24, figs. 1, 2; text-fig. 20; fern leaves; Bureya Basin, Heilongjiang River Basin; Late Jurassic.

1984 Chen Fen and others, p. 48, pl. 17, figs. 3 — 6; text-fig. 18; fronds; Mentougou of West Hill, Beijing; Middle Jurassic Longmen Formation.

2002 Wu Xiangwu and others, p. 158, pl. 1, figs. 4A, 4a, 5; pl. 2, figs. 3B, 5, 6; pl. 3, fig. 5;

fronds; Wutongshugou of Alxa Right Banner, Inner Mongolia; Middle Jurassic lower member of Ningyuanpu Formation.

△*Cladophlebis vulgaris* Chow et Zhang, 1982 (non Zhou et Zhang, 1984)

1982 Zhou Zhiyan, Zhang Caifan, in Zhang Caifan, p. 525, pl. 336, figs. 2 — 3a; pl. 338, fig. 7; fronds; Reg. No. : HP08, HP347, HP374; Syntypes: HP08, HP347 (pl. 336, figs. 2 — 3a); Repository: Geological Museum of Hunan Province; Ganzichong and Gaojiadian of Liling, Wenjiashi and Yuelong of Liuyang, Huangyangsi of Lingling and Yuanzhu of Lanshan, Hunan; Early Jurassic. [Notes: According to *International Code of Botanical Nomenclature* (*Vienna Code*) article 37. 2, from the year 1958, the holotype type specimen should be unique]

1993 Wang Shijun, p. 11, pl. 3, figs. 6, 6a; frond; Ankou of Lechang, Guangdong; Late Triassic Genkou Group.

1995a Li Xingxue (editor-in-chief), pl. 82, fig. 2; frond; Huangyangsi of Lingling, Hunan; Early Jurassic middle and lower(?) part of Guanyintan Formation. (in Chinese)

1995b Li Xingxue (editor-in-chief), pl. 82, fig. 2; frond; Huangyangsi of Lingling, Hunan; Early Jurassic middle and lower(?) part of Guanyintan Formation. (in English)

1996 Mi Jiarong and others, p. 99, pl. 7, fig. 6; frond; Taiji and Guanshan of Beipiao, Liaoning; Early Jurassic lower member of Beipiao Formation; Dongsheng Coal Mine of Beipiao, Liaoning; Early Jurassic upper member of Beipiao Formation.

△*Cladophlebis vulgaris* Zhou et Zhang, 1984 (non Chow et Zhang, 1982)

(Notes: This specific name *Cladophlebis vulgaris* Zhou et Zhang, 1984 is a later isonym of *Cladophlebis vulgaris* Chou et Zhang, 1982)

1984 Zhou Zhiyan, Zhang Caifan, in Zhou Zhiyan, p. 15, pl. 6, figs. 2 — 4, 5(?); pl. 7, figs. 1 — 4a; fronds; Reg. No. : PB4780, PB8849 — PB8852; Holotype: (pl. 7, fig. 1); Repository: Geology Museum of Hunan Province; No. : B4780, B8849 — B8852; Repository: Nanjing Institute of Geology and Palaeontology, Chinese Academy of Sciences; Hebutang and Guanyintan of Qiyang, Wangjiatingzi in Huangyangsi of Lingling and Yuanzhu of Lanshan, Hunan; Early Jurassic middle-lower part of Guanyintan Formation; Sandu of Zixing, Hunan; Early Jurassic top part of Maoxianling Formation; Zhoushi of Hengnan, Hunan; Early Jurassic Paijiachong Member of Guanyintan Formation; Wenjiashi and Yuelong of Liuyang, Ganzichong of Liling, Tiaomajian of Changsha and Daolin of Ningxiang, Hunan; Early Jurassic Menkoushan Formation.

***Cladophlebis* cf. *vulgaris* Zhou et Zhang**

2003 Xu Kun and others, pl. 7, fig. 9; frond; Taiji of Beipiao, Liaoning; Early Jurassic lower member of Beipiao Formation.

***Cladophlebis* (*Gleichenites*?) *waltoni* (Seward) Bell, 1956**

1926 *Gleichenites*? *waltoni* Seward, p. 74, pl. 6, fig. 28; text-fig. 3; frond; West Greenland; Cretaceous.

1956 Bell, p. 64, pl. 28, fig. 6; pl. 29, figs. 2, 3; fronds; West Canada; Early Cretaceous.

1980 *Cladophlebis* (*Gleichenites*?) *waltoni* Seward, Zhang Wu and others, p. 259, pl. 165, figs. 8 — 10; fronds; Jixi and Jidong, Heilongjiang; Early Cretaceous Muling Formation; Shibeiling of Changchun, Jilin; Early Cretaceous Yingcheng Formation.

1982b *Cladophlebis* (*Gleichenites*?) *waltoni* Seward, Zheng Shaolin, Zhang Wu, p. 307, pl. 3, fig. 10; frond; Yonghong of Hulin, Heilongjiang; Late Jurassic Yunshan Formation.

***Cladophlebis whitbyensis* (Brongniart) Brongniart, 1849**

1828 — 1838 *Pecopteris whitbyensis* Brongniart, p. 321, pl. 109, figs. 2, 4; fronds; West Europe; Jurassic.

1849 Brongniart, p. 105.

1941 Stockmans, Mathieu, p. 37, pl. 2, figs. 4 — 6; fronds; Datong, Shanxi; Jurassic. [Notes: This specimen lately was referred as *Todites williamsoni* (Brongniart) Seward (Sze H C, Lee H H and others, 1963)]

1954 Hsu J, p. 46, pl. 40, figs. 1, 2; fronds; Zhaitang of West Hill, Beijing; Middle Jurassic. [Notes: This specimen lately was referred as *Todites williamsonii* (Brongniart) Seward (Sze H C, Lee H H and others, 1963)]

1958 Wang Longwen and others, p. 612, fig. 613; frond; Hebei; Early — Middle Jurassic.

1998 Zhang Hong and others, pl. 25, figs. 1, 2; fronds; Tielike of Baicheng, Xinjiang; Middle Jurassic Kezilenur Formation.

***Cladophlebis* aff. *whitbyensis* (Brongniart) Brongniart**

1931 Sze H C, p. 63; frond; Yanggetan of Saratsi, Inner Mongolia; Early Jurassic (Lias). [Notes: This specimen lately was referred as ?*Todites williamsoni* (Brongniart) Seward (Sze H C, Lee H H and others, 1963)]

***Cladophlebis* cf. *whitbyensis* (Brongniart) Brongniart**

1933d Sze H C, p. 15, pl. 3, fig. 1 (left); frond; Datong, Shanxi; Early Jurassic. [Notes: This specimen lately was referred as *Todites williamsoni* (Brongniart) Seward (Sze H C, Lee H H and others, 1963)]

***Cladophlebis* (*Todites*) *whitbyensis* Brongniart**

1931 Sze H C, p. 47, pl. 10, figs. 1, 2; fronds; Mentougou of West Hill, Beijing; Early Jurassic (Lias). [Notes: This specimen lately was referred as ?*Todites williamsonii* (Brongniart) Seward (Sze H C, Lee H H and others, 1963)]

1931 Sze H C, p. 52, pl. 9, figs. 1, 2; fronds; Beipiao, Liaoning; Early Jurassic (Lias). [Notes: This specimen lately was referred as ?*Todites williamsonii* (Brongniart) Seward (Sze H C, Lee H H and others, 1963)]

1933c Sze H C, p. 7; pinna; Sucaowan of Mianxian, Shaanxi; Early Jurassic. [Notes: This specimen lately was referred as ?*Todites williamsonii* (Brongniart) Seward (Sze H C, Lee H H and others, 1963)]

***Cladophlebis* (*Todites*) cf. *whitbyensis* Brongniart**

1949 Sze H C, p. 3, pl. 14, fig. 3; frond; Xiangxi of Zigui, Hubei; Early Jurassic Hsiangchi Coal Series. [Notes: This specimen lately was referred as *Todites williamsoni* (Brongniart) Seward (Sze H C, Lee H H and others, 1963)]

***Cladophlebis whitbyensis* (Brongniart) var. *punctata* Brick, 1935**

1935 Brick, p. 20, pl. 2, fig. 1; text-fig. 7; frond; South Fergana; Early — Middle Jurassic.

1986 Ye Meina and others, p. 37, pl. 20, figs. 1, 1a; frond; Binlang of Daxian, Sichuan; Early Jurassic Zhenzhuchong Formation.

***Cladophlebis williamsonii* (Brongniart) Brongniart, 1849**

1828 *Pecopteris williamsoni* Brongniart, p. 324, pl. 110, figs. 1, 2; fronds; West Europe; Jurassic.

1849 Brongniart, p. 105; West Europe; Jurassic.

1976 Chang Chichen, p. 189, pl. 91, fig. 4; pl. 105, fig. 2; pl. 120, figs. 4, 4a; fronds; Dangdonggui of Wuchuan and Shetai of Urad Front Banner, Inner Mongolia; Early — Middle Jurassic Shiguai Group.

***Cladophlebis* (*Todites*) *williamsonii* (Brongniart) Brongniart**

1964 Lee P C, p. 115, pl. 5, figs. 2, 2a; frond; Xujiahe of Guangyuan, Sichuan; Late Triassic Hsuchiaho Formation.

1982 Duan Shuying, Chen Ye, p. 500; frond; Nanxi of Yunyang, Sichuan; Late Triassic Hsuchiaho Formation.

△*Cladophlebis wuzaoensis* Chen, 1986

1986b Chen Qishi, p. 5, pl. 6, figs. 1, 2; text-fig. 2; fronds; No. : 63-3-13C; Reg. No. : ZMf-植-0008; Repository: Zhejiang Museum of Natural History; Wuzao of Yiwu, Zhejiang; Late Triassic Wuzao Formation.

△*Cladophlebis xietanensis* Meng, 1999 (in Chinese and English)

1999b Meng Fansong, pp. 23, 25, pl. 1, figs. 3 — 5; pinnae; Reg. No. : SXiJ2CP003 — SXiJ2CP005; Syntypes: SXiJ2CP003 — SXiJ2CP005 (pl. 1, fig. 3 — 5); Repository: Yichang Institute of Geology and Mineral Resources; Xiangxi of Zigui, Hubei; Middle Jurassic Chenjiawan Formation. [Notes: According to *International Code of Botanical Nomenclature* (*Vienna Code*) article 37. 2, from the year 1958, the holotype type specimen should be unique]

△*Cladophlebis xilinensis* Chang, 1976

1976 Chang Chichen, p. 189, pl. 93, fig. 3; text-fig. 105; frond; Reg. No. : N44; Xilin Obo of Guyang, Inner Mongolia; Late Jurassic — Early Cretaceous Guyang Formation.

1982 Tan Lin, Zhu Jianan, p. 144, pl. 33, fig. 12; frond; Xiaosanfenzi of Guyang, Inner Mongolia; Early Cretaceous Guyang Formation.

△*Cladophlebis xinlongensis* Feng, 2000 (nom. nud.)

2000 Feng Shaonan, in Yao Huazhou and others, pl. 3, fig. 3; frond; No. : Yzh-5; Xionglong of Xinlong, Sichuan; Late Triassic Lamaya Formation.

△*Cladophlebis xinqiuensis* Meng, 1988

1988 Meng Xiangying, in Chen Fen and others, pp. 49, 150, pl. 16, figs. 7, 8; pl. 17, figs. 1, 2; fronds; No. : Fx087 — Fx089; Repository: Beijing Graduate School, Wuhan College of

Geology; Xinqiu Opencut Coal Mine of Fuxin, Liaoning; Early Cretaceous Fuxin Formation. (Notes: The type specimen was not designated in the original paper)

△*Cladophlebis xujiaheensis* Yang, 1978

1978 Yang Xianhe, p. 493, pl. 157, fig. 3; frond; Reg. No.: Sp0007; Holotype: Sp0007 (pl. 157, fig. 3); Repository: Chengdu Institute of Geology and Mineral Resources; Xujiahe of Guangyuan, Sichuan; Late Triassic Hsuchiaho Formation.

△*Cladophlebis yiwuensis* Chen, 1982

1982 Chen Qishi, in Wang Guoping and others, p. 252, pl. 115, figs. 1, 2; text-fig. 83; fronds; Reg. No.: Zmf-植-00012, Zmf-植-00020; Syntype 1: Zmf-植-00012 (pl. 115, fig. 1); Syntype 2: Zmf-植-00020 (pl. 115, fig. 2); Wuzao of Yiwu, Zhejiang; Late Triassic Wuzao Formation. [Notes: According to *International Code of Botanical Nomenclature* (*Vienna Code*) article 37.2, from the year 1958, the holotype type specimen should be unique]

1986b Chen Qishi, p. 4, pl. 5, figs. 1 — 4; text-fig. 1; fronds; Wuzao of Yiwu, Zhejiang; Late Triassic Wuzao Formation.

△*Cladophlebis yungjenensis* Chu, 1975

1975 Chu Chiana, in Hsu J and others, p. 71, pl. 1, figs. 4 — 6; fronds; No.: No. 756; Repository: Institute of Botany, the Chinese Academy of Sciences; Huashan of Yongren, Yunnan; Late Triassic middle-upper part of Daqiaodi Formation.

1979 Hsu J and others, p. 34, pl. 18, fig. 5; pl. 20, fig. 6; fronds; Huashan of Baoding, Sichuan; Late Triassic middle-upper part of Daqiaodi Formation.

△*Cladophlebis* (*Gleichenites*?) *yunshanensis* Cao, 1983

1983b Cao Zhengyao, pp. 36, 46, pl. 4, fig. 11; pl. 6, figs. 1 — 6a; fronds; Col. No.: HM13, HM22; Reg. No.: PB10289 — PB10295; Holotype: PB10295 (pl. 6, fig. 6); Repository: Nanjing Institute of Geology and Palaeontology, Chinese Academy of Sciences; Hulin, Heilongjiang; Late Jurassic upper part of Yunshan Formation.

△*Cladophlebis zaojiaoensis* Xu, 1975

1975 Xu Fuxiang, p. 101, pl. 1, figs. 3, 3a, 4; fronds; Houlaomiao of Tianshui, Gansu; Late Triassic Ganchaigou Formation. (Notes: The type specimen was not designated in the original paper)

Cladophlebis spp.

1906 *Cladophlebis* sp., Yokoyama, p. 14, pl. 1, figs. 8, 9; fronds; Tangtang of Xuanwei, Yunnan; Triassic. [Notes: This specimen lately was referred as *Pecopteris* sp.; The Horizon was referred as Late Permian Lungtan Formation (Sze H C, Lee H H and others, 1963)]

1906 *Cladophlebis* sp., Yokoyama, p. 23, pl. 4, figs. 7, 8; fronds; Liaojiashan of Fengcheng, Jiangxi; Jurassic.

1906 *Cladophlebis* sp., Yokoyama, p. 37, pl. 12, fig. 2; frond; Shaximiao of Hechuan, Sichuan; Jurassic. [Notes: This specimen lately was referred as *Todites denticulatus* (Brongniart)

Krasser (Sze H C, Lee H H and others, 1963)]

1911 *Cladophlebis* sp., Seward, pp. 16, 44, pl. 2, fig. 27; frond; Diam River and Ak-djar of Junggar (Dzungaria) Basin, Xinjiang; Early — Middle Jurassic.

1927a *Cladophlebis* sp., Halle, p. 16; frond; Luchang of Huili, Sichuan; Late Triassic (Rhaetic).

1931 *Cladophlebis* sp., Sze H C, p. 37; frond; Qixiashan of Nanjing, Jiangsu; Early Jurassic (Lias).

1931 *Cladophlebis* sp., Sze H C, p. 50; frond; Mentougou of West Hill, Beijing; Early Jurassic (Lias).

1931 *Cladophlebis* sp. a, Sze H C, p. 63; frond; Yanggetan of Saratsi, Inner Mongolia; Early Jurassic (Lias).

1931 *Cladophlebis* sp. b, Sze H C, p. 63, pl. 9, fig. 3; frond; Yanggetan of Saratsi, Inner Mongolia; Early Jurassic (Lias).

1933a *Cladophlebis* sp. (?n. sp.), Sze H C, p. 65, pl. 8, fig. 1; frond; Qianligouding of Wuwei, Gansu; Early Jurassic. [Notes: This specimen lately was referred as ?*Cladophlebis asiatica* Chow et Yah (Sze H C, Lee H H and others, 1963)]

1933a *Cladophlebis* sp., Sze H C, p. 70; frond; Xiaokou of Wuwei, Gansu; Early Jurassic.

1933b *Cladophlebis* sp., Sze H C, p. 82; pinna; Shipanwan of Fugu, Shaanxi; Jurassic. [Notes: This specimen lately was referred as ?*Cladophlebis asiatica* Chow et Yeh (Sze H C, Lee H H and others, 1963)]

1933c *Cladophlebis* sp., Sze H C, p. 7; frond; Sucaowan of Mianxian, Shaanxi; Early Jurassic. [Notes: This specimen lately was referred as ?*Cladophlebis argutula* (Heer) Fontaine (Sze H C, Lee H H and others, 1963)]

1933c *Cladophlebis* sp., Sze H C, p. 13, pl. 6, fig. 8; frond; Xujiahe of Guangyuan, Sichuan; late Late Triassic — Early Jurassic. [Notes: This specimen lately was referred as ?*Todites raciborskii* Zeiller (Sze H C, Lee H H and others, 1963)]

1933d *Cladophlebis* sp., Sze H C, p. 15; frond; Datong and Guangling, Shanxi; Early Jurassic.

1933d *Cladophlebis* sp., Sze H C, p. 27; frond; Saratsi, Inner Mongolia; Jurassic.

1933d *Cladophlebis* sp., Sze H C, p. 42, pl. 11, fig. 2; frond; Pingxiang, Jiangxi; late Late Triassic.

1933d *Cladophlebis* sp. a, Sze H C, p. 49; frond; Malanling of Changting, Fujian; Early Jurassic.

1933d *Cladophlebis* sp. b, Sze H C, p. 49; frond; Malanling of Changting, Fujian; Early Jurassic.

1933d *Cladophlebis* sp., Sze H C, p. 55; frond; Xincang of Taihu, Anhui; late Late Triassic.

1933 *Cladophlebis* sp., Yabe, Ôishi, p. 210 (16), pl. 30 (1), figs. 10, 11; pl. 31 (2), fig. 3; pl. 32 (3), fig. 3; fronds; Huoshiling (Huoshaling), Jilin; Middle — Late Jurassic.

1935 *Cladophlebis* sp., Ôishi, p. 82, pl. 6, fig. 1; frond; Dongning Coal Field, Jilin; Late Jurassic or Early Cretaceous.

1936 *Cladophlebis* sp. a, P'an C H, p. 21, pl. 11, fig. 6; frond; Panlong of Anding, Shaanxi; Early Jurassic lower part of Wayaopu Coal Series.

1936 *Cladophlebis* sp. b, P'an C H, p. 22, pl. 10, figs. 5, 5a; pl. 13, figs. 9, 9a; fronds;

Yanlijiaping of Fuxian, Shaanxi; Early Jurassic lower part of Wayaopu Coal Series.

1938 *Cladophlebis* sp., Ôishi, Takahasi, p. 61, pl. 5 (1), fig. 7; frond; Lishu of Muling, Heilongjiang; Middle Jurassic or Late Jurassic Muling Series.

1939 *Cladophlebis* sp., Matuzawa, p. 13, pl. 2, fig. 1; frond; Beipiao (Peipiao) Coal Field, Liaoning; Late Triassic — early Middle Jurassic Peipiao Coal Formation.

1941 *Cladophlebis* sp. a, Ôishi, p. 171, pl. 36 (1), figs. 1, 1a, 2, 2a; fronds; Luozigou of Wangqing, Jilin; Early Cretaceous. [Notes: This specimen lately was referred as *Cladophlebis* cf. *exiliformis* (Geyler) Ôishi (Sze H C, Lee H H and others, 1963)]

1941 *Cladophlebis* sp. b, Ôishi, p. 172, pl. 36 (1), figs. 5, 5a; fronds; Luozigou of Wangqing, Jilin; Early Cretaceous.

1945 *Cladophlebis* sp. (Cf. *C. dunkeri* Schimper), Sze H C, p. 47; text-fig. 15; fronds; Yongan, Fujian; Early Cretaceous Pantou Series.

1949 *Cladophlebis* sp. a, Sze H C, p. 4, pl. 13, fig. 14; frond; Baishigang and Lijiadian of Dangyang, Hubei; Early Jurassic Hsiangchi Coal Series.

1949 *Cladophlebis* sp. b, Sze H C, p. 4, pl. 9, fig. 4; pl. 13, fig. 13; fronds; Xiangxi of Zigui, Hubei; Early Jurassic Hsiangchi Coal Series.

1952 *Cladophlebis* sp. a, Sze H C, Lee H H, pp. 5, 23, pl. 7, figs. 3, 3a; frond; Yipinchang of Baxian, Sichuan (Szechuan); Early Jurassic.

1952 *Cladophlebis* sp. b, Sze H C, Lee H H, pp. 5, 24, pl. 6, fig. 4; pl. 7, figs. 4, 7; fronds; Yipinchang of Baxian and Aishanzi of Weiyuan, Sichuan; Early Jurassic.

1952 *Cladophlebis* sp. c, Sze H C, Lee H H, pp. 5, 24, pl. 5, figs. 2, 2a; pl. 7, figs. 2, 2a; fronds; Yipinchang of Baxian, Sichuan (Szechuan); Early Jurassic.

1956 *Cladophlebis* sp., Ngo C K, p. 20, pl. 2, fig. 3; frond; Xiaoping of Guangzhou, Guangdong; Late Triassic Siaoping Coal Series.

1956a *Cladophlebis* sp. a, Sze H C, pp. 26, 133, pl. 18, fig. 6; frond; Tanhegou in Silangmiao (T'anhokou in Shilangmiao) of Yijun, Shaanxi; Late Triassic upper part of Yenchang Formation.

1956a *Cladophlebis* sp. b, Sze H C, pp. 26, 133, pl. 28, figs. 4, 4a; text-fig. 1; frond; Tanhegou in Silangmiao (T'anhokou in Shilangmiao) of Yijun, Shaanxi; Late Triassic upper part of Yenchang Formation.

1956b *Cladophlebis* sp. (?sp. nov.), Sze H C, pl. 1, figs. 8, 8a; frond; Karamay of Junggar (Dzungaria) Basin, Xinjiang; late Late Triassic upper part of Yenchang Formation.

1956b *Cladophlebis* sp., Sze H C, pl. 3, fig. 6; frond; Karamay of Junggar (Dzungaria) Basin, Xinjiang; Early Cretaceous (Wealden).

1956c *Cladophlebis* sp., Sze H C, pl. 2, fig. 7; sterile pinna; Ruishuixia (Juishuihsia) of Guyuan, Gansu; Late Triassic Yenchang Formation.

1959 *Cladophlebis* sp., Sze H C, pp. 9, 25, pl. 2, fig. 6; frond; Hongliugou (Hungliukou) of Qaidam Basin, Qinghai; Jurassic.

1960b *Cladophlebis* sp. (Cf. *Cladophlebis whitbyensis* Brongniart), Sze H C, p. 29, pl. 1, figs. 2, 2a, 3; fronds; Hanxia Coal Mine of Yumen, Gansu; Early — Middle Jurassic (Lias — Dogger).

1961 *Cladophlebis* sp., Shen Kuanglung, p. 172, pl. 2, fig. 6; sterile pinna; Huixian and

Chengxian, southern Gansu; Jurassic Mienhsien Group.

1963 *Cladophlebis* sp. [Cf. *Klukia exilis* (Phillips) Raciborski, emend Harris], Sze H C, Lee H H and others, p. 111, pl. 41, fig. 4; frond; Shiguaizi of Saratsi, Inner Mongolia; Fangzi(?) of Weixian, Shandong; Early — Middle Jurassic.

1963 *Cladophlebis* sp. 1, Sze H C, Lee H H and others, p. 112, pl. 37, figs. 4, 5; pl. 40, fig. 3; fronds; Tumulu, Inner Mongolia; Early — Middle Jurassic.

1963 *Cladophlebis* sp. 2, Sze H C, Lee H H and others, p. 113, pl. 40, figs. 1, 1a; frond; Zhaitang of West Hill, Beijing; Early — Middle Jurassic.

1963 *Cladophlebis* sp. 3, Sze H C, Lee H H and others, p. 113, pl. 39, fig. 1; frond; Xiangxi of Zigui, Hubei; Early Jurassic Hsiangchi Group.

1963 *Cladophlebis* sp. 4 (?n. sp.), Sze H C, Lee H H and others, p. 114, pl. 41, figs. 1, 2; pl. 42, fig. 11; fronds; Macun in Yungang of Datong, Shanxi; Middle Jurassic upper part of Yunkang Formation; Lijiadian of Yichang, Hubei; Yipinchang of Baxian, Sichuan (Szechuan); Early Jurassic Hsiangchi Group.

1963 *Cladophlebis* sp. 5, Sze H C, Lee H H and others, p. 114, pl. 40, fig. 4; frond; Baiguowan of Huili, Sichuan; Late Triassic.

1963 *Cladophlebis* sp. 6, Sze H C, Lee H H and others, p. 115, pl. 41, fig. 5; pl. 42, fig. 6; fronds; Pingxiang, Jiangxi; late Late Triassic Anyuan Formation.

1963 *Cladophlebis* sp. 7, Sze H C, Lee H H and others, p. 115, pl. 41, figs. 3, 3a; frond; Lijiaping of Yan'an, Shaanxi; Late Triassic lower part in Wayaopu Coal Series of Yenchang Group.

1963 *Cladophlebis* sp. 8, Sze H C, Lee H H and others, p. 115, pl. 42, fig. 7; frond; Lishu of Muling, Heilongjiang; Late Jurassic.

1963 *Cladophlebis* sp. 9, Sze H C, Lee H H and others, p. 115, pl. 45, fig. 10; frond; Yongan, Fujian; Late Jurassic — early Early Cretaceous Pantou Formation.

1963 *Cladophlebis* sp. 10, Sze H C, Lee H H and others, p. 116, pl. 46, fig. 1; frond; Karamay of Junggar Basin, Xinjiang; Early — Middle Jurassic.

1963 *Cladophlebis* sp. 11, Sze H C, Lee H H and others, p. 116, pl. 4, figs. 7, 8; fronds; Liaojiashan of Fengcheng, Jiangxi; Mesozoic(?).

1963 *Cladophlebis* sp. 12, Sze H C, Lee H H and others, p. 116, pl. 42, figs. 8, 9; fronds; Huoshiling (Huoshaling), Jilin; Middle — Late Jurassic.

1963 *Cladophlebis* sp. 13, Sze H C, Lee H H and others, p. 116, pl. 42, fig. 2; pl. 43, fig. 4; fronds; Shipanwan of Fugu, Shaanxi; Middle Jurassic.

1963 *Cladophlebis* sp. 14, Sze H C, Lee H H and others, p. 117, pl. 42, fig. 3; frond; Panlong of Anding, Shaanxi; Late Triassic lower part in Wayaopu Coal Series of Yenchang Group.

1963 *Cladophlebis* sp. 15, Sze H C, Lee H H and others, p. 117, pl. 43, figs. 10, 10a; fronds; Luozigou of Wangqing, Jilin; Early Cretaceous upper part of Dalazi Formation.

1963 *Cladophlebis* sp. 16, Sze H C, Lee H H and others, p. 117, pl. 43, fig. 7; frond; Yipinchang of Baxian, Sichuan (Szechuan); Early Jurassic.

1963 *Cladophlebis* sp. 17, Sze H C, Lee H H and others, p. 117, pl. 43, fig. 9; frond; Yipinchang of Baxian and Aishanzi of Weiyuan, Sichuan; Early Jurassic.

1963 *Cladophlebis* sp. 18, Sze H C, Lee H H and others, p. 118, pl. 43, fig. 6; frond; Yipinchang of Baxian, Sichuan (Szechuan); Early Jurassic.

1963 *Cladophlebis* sp. 19, Sze H C, Lee H H and others, p. 118, pl. 43, fig. 8; frond; Tanhegou in Silangmiao (T'anhokou in Shilangmiao) of Yijun, Shaanxi; Late Triassic upper part of Yenchang Group.

1963 *Cladophlebis* sp. 20, Sze H C, Lee H H and others, p. 118, pl. 43, figs. 5, 5a; frond; Tanhegou in Silangmiao (T'anhokou in Shilangmiao) of Yijun, Shaanxi; Late Triassic upper part of Yenchang Group.

1963 *Cladophlebis* sp. 21, Sze H C, Lee H H and others, p. 118, pl. 43, fig. 11; frond; Karamay of Junggar Basin, Xinjiang; Early Cretaceous(?)

1963 *Cladophlebis* sp. 22 (?sp. nov.), Sze H C, Lee H H and others, p. 119, pl. 43, figs. 2, 2a; frond; Karamay of Junggar Basin, Xinjiang; late Late Triassic Yenchang Group.

1963 *Cladophlebis* sp. 23, Sze H C, Lee H H and others, p. 119, pl. 43, fig. 1; frond; Hongliugou (Hungliukou) of Qaidam Basin, Qinghai; Early — Middle Jurassic.

1963 *Cladophlebis* sp. indet., Sze H C, Lee H H and others, p. 119; frond; Diam River and Akdjar of Junggar (Dzungaria) Basin, Xinjiang; Early — Middle Jurassic.

1963 *Cladophlebis* sp. indet., Sze H C, Lee H H and others, p. 119; frond; Luchang of Huili, Sichuan; Late Triassic.

1963 *Cladophlebis* sp. indet., Sze H C, Lee H H and others, p. 119; frond; Datong and Guangling, Shanxi; Early — Middle Jurassic.

1963 *Cladophlebis* sp. indet., Sze H C, Lee H H and others, p. 119; frond; Saratsi, Inner Mongolia; Jurassic.

1963 *Cladophlebis* sp. indet., Sze H C, Lee H H and others, p. 119; frond; Malanling of Changting, Fujian; late Late Triassic — Early Jurassic.

1963 *Cladophlebis* sp. indet., Sze H C, Lee H H and others, p. 119; frond; Xincang of Taihu, Anhui; late Late Triassic — Early Jurassic.

1963 *Cladophlebis* sp. indet., Sze H C, Lee H H and others, p. 119; frond; Xiaokou of Wuwei, Gansu; Early — Middle Jurassic.

1963 *Cladophlebis* sp. indet., Sze H C, Lee H H and others, p. 119; frond; Baishigang and Lijiadian of Dangyang, Hubei; Early Jurassic.

1964 *Cladophlebis* sp. 1 (sp. nov.), Lee P C, p. 120, pl. 8, figs. 2, 2a; frond; Rongshan of Guangyuan, Sichuan; Late Triassic Hsuchiaho Formation.

1964 *Cladophlebis* sp. 2, Lee P C, p. 121, pl. 6, figs. 4, 4a; pl. 9, fig. 2; fronds; Yangjiaya of Guangyuan, Sichuan; Late Triassic Hsuchiaho Formation.

1965 *Cladophlebis* spp., Tsao Chengyao, p. 517, pl. 2, figs. 3 — 7; text-figs. 3 — 5; fronds; Songbaikeng of Gaoming, Guangdong; Late Triassic Siaoping Formation (Siaoping Series).

1968 *Cladophlebis* sp. 1, *Fossil Atlas of Mesozoic Coal-bearing Strata in Kiangsi and Hunan Provinces*, p. 48, pl. 3, fig. 1; text-fig. 13; sterile pinna; Yongsanqiao of Leping, Jiangxi; Late Triassic Baiyichong Member of Anyuan Formation.

1968 *Cladophlebis* sp. 2, *Fossil Atlas of Mesozoic Coal-bearing Strata in Kiangsi and Hunan Provinces*, p. 49, pl. 35, figs. 1, 2; sterile pinnae; Sandu of Zixing, Hunan; Early Jurassic Maoxianling Formation.

1975 *Cladophlebis* sp., Xu Fuxiang, p. 102, pl. 1, fig. 5; frond; Houlaomiao of Tianshui, Gansu; Late Triassic Ganchaigou Formation.

1975 *Cladophlebis* sp., Xu Fuxiang, p. 105, pl. 5, fig. 4; frond; Houlaomiao in Tianshui, Gansu; Early — Middle Jurassic Tanheli Formation.

1976 *Cladophlebis* sp. 1 [Cf. *Klukia exilis* (Phillips) Raciborski, emend Harris], Chang Chichen, p. 189, pl. 93, fig. 2; frond; Shiguaigou of Baotou, Inner Mongolia; Middle Jurassic Zhaogou Formation.

1976 *Cladophlebis* sp. 2, Chang Chichen, p. 189, pl. 92, figs. 1, 2; fronds; Gaoshan of Datong, Shanxi; Middle Jurassic Datong Formation.

1976 *Cladophlebis* sp. 3, Chang Chichen, p. 190, pl. 89, figs. 4, 5; pl. 90, fig. 4; fronds; Gaoshan of Datong, Shanxi; Middle Jurassic Datong Formation.

1976 *Cladophlebis* sp. (sp. nov.), Lee P C and others, p. 114, pl. 29, figs. 1, 2; fronds; Yipinglang of Lufeng, Yunnan; Late Triassic Ganhaizi Member of Yipinglang Formation.

1977 *Cladophlebis* sp., Department of Geological Exploration, Changchun College of Geology and others, pl. 4, fig. 11; frond; Shiren of Hunjiang, Jilin; Late Triassic Xiaohekou Formation.

1979 *Cladophlebis* sp. 1, He Yuanliang and others, p. 145, pl. 66, figs. 8, 8a; frond; Santonggou of Dulan, Qinghai; Late Triassic Babaoshan Group.

1979 *Cladophlebis* sp. 2, He Yuanliang and others, p. 145, pl. 66, fig. 7; frond; Santonggou of Dulan, Qinghai; Late Triassic Babaoshan Group.

1979 *Cladophlebis* sp. 1, Hsu J and others, p. 34, pl. 18, figs. 3, 4a; pl. 20, figs. 1 — 5; fronds; Longshuwan of Baoding, Sichuan; Late Triassic middle part of Daqiaodi Formation.

1979 *Cladophlebis* sp. 2, Hsu J and others, p. 35, pl. 15, figs. 2 — 3a; fronds; Longshuwan of Baoding, Sichuan; Late Triassic middle part of Daqiaodi Formation.

1979 *Cladophlebis* sp., Ye Meina, p. 77, pl. 1, fig. 5; pinna; Wayaopo of Lichuan, Hubei; Middle Triassic middle member of Badong Formation.

1980 *Cladophlebis* sp. 1, Huang Zhigao, Zhou Huiqin, p. 80, pl. 11, fig. 8; frond; Jinsuoguan of Tongchuan, Shaanxi; Middle — Late Triassic upper part of Tongchuan Formation.

1980 *Cladophlebis* sp. 2 (sp. nov. ?), Huang Zhigao, Zhou Huiqin, p. 80, pl. 30, fig. 4; frond; Liulingou of Tongchuan, Shaanxi; Late Triassic upper part of Yenchang Formation.

1980 *Cladophlebis* sp. 3, Huang Zhigao, Zhou Huiqin, p. 80, pl. 2, fig. 3; frond; Wuziwan of Jungar Banner, Inner Mongolia; Middle Triassic upper part of Ermaying Formation.

1980 *Cladophlebis* sp., Tao Junrong, Sun Xiangjun, p. 75, pl. 1, figs. 3, 4; fronds; Lindian, Heilongjiang; Early Cretaceous member 2 of Quantou Formation.

1980 *Cladophlebis* sp. 1, Wu Shunqing and others, p. 95, pl. 12, fig. 7; sterile pinna; Huilongsi of Xingshan, Hubei; Early — Middle Jurassic Hsiangchi (Xiangxi) Formation.

1980 *Cladophlebis* sp. 2, Wu Shunqing and others, p. 95, pl. 12, fig. 4; sterile pinna; Xiangxi of Zigui, Hubei; Early — Middle Jurassic Hsiangchi (Xiangxi) Formation.

1980 *Cladophlebis* sp. 3, Wu Shunqing and others, p. 95, pl. 12, figs. 1 — 3; pl. 13, fig. 4; sterile pinnae; Xiangxi of Zigui, Hubei; Early — Middle Jurassic Hsiangchi (Xiangxi) Formation.

1980 *Cladophlebis* sp. 4, Wu Shunqing and others, p. 95, pl. 13, figs. 5, 6; sterile pinnae; Xiangxi of Zigui, Hubei; Early — Middle Jurassic Hsiangchi (Xiangxi) Formation.

1980 *Cladophlebis* sp. 5, Wu Shunqing and others, p. 96, pl. 13, figs. 2, 3; sterile pinnae; Xiangxi of Zigui, Hubei; Early — Middle Jurassic Hsiangchi (Xiangxi) Formation.

1981 *Cladophlebis* sp. 2, Chen Fen and others, p. 47, pl. 2, figs. 1, 2, 5; fronds; Haizhou Opencut Coal Mine of Fuxin, Liaoning; Early Cretaceous Taiping Bed of Fuxin Formation.

1981 *Cladophlebis* sp., Liu Maoqiang, Mi Jiarong, p. 24, pl. 1, fig. 24; frond; Naozhigou of Linjiang, Jilin; Early Jurassic Yihuo Formation.

1981 *Cladophlebis* sp. 1, Meng Fansong, p. 98, pl. 1, figs. 1 — 4, 8b; fronds; Lingxiang of Daye, Hubei; Early Cretaceous Lingxiang Group.

1981 *Cladophlebis* sp. 2, Meng Fansong, p. 98, pl. 1, figs. 5 — 7; fronds; Lingxiang of Daye, Hubei; Early Cretaceous Lingxiang Group.

1982 *Cladophlebis* sp., Chen Fen, Yang Guanxiu, p. 578, pl. 2, fig. 6; frond; Houshangou of Pingquan, Hebei; Early Cretaceous Jiufotang Formation.

1982 *Cladophlebis* sp., Duan Shuying, Chen Ye, pl. 7, fig. 2; frond; Nanxi of Yunyang, Sichuan; Early Jurassic Zhenzhuchong Formation.

1982 *Cladophlebis* sp. 1 (? sp. nov.), Li Peijuan, p. 89, pl. 10, figs. 1, 2; fronds; Lhorong Tibet; Early Cretaceous Duoni Formation.

1982 *Cladophlebis* sp. 2 (sp. nov.), Li Peijuan, p. 89, pl. 11, figs. 1, 1a; frond; Painbo of Lhasa, Tibet; Early Cretaceous Linbuzong Formation.

1982 *Cladophlebis* sp., Li Peijuan, Wu Xiangwu, p. 47, pl. 11, fig. 5; frond; Daocheng, Sichuan; Late Triassic Lamaya Formation.

1982a *Cladophlebis* sp., Wu Xiangwu, p. 52, pl. 6, fig. 2; frond; Suoqu of Baqing, Tibet; Late Triassic Tumaingela Formation.

1982b *Cladophlebis* sp. 1, Wu Xiangwu, p. 88, pl. 10, figs. 4 — 4b; frond; Bagong of Chagyab, Tibet; Late Triassic upper member of Bagong Formation.

1982b *Cladophlebis* sp. 2, Wu Xiangwu, p. 88, pl. 10, figs. 5, 5a; frond; Bagong of Chagyab, Tibet; Late Triassic upper member of Bagong Formation.

1982b *Cladophlebis* sp. 3, Wu Xiangwu, p. 88, pl. 10, figs. 3, 3a; frond; Qamdo, Tibet; Late Triassic upper member of Bagong Formation.

1982b *Cladophlebis* sp. 1, Yang Xuelin, Sun Liwen, p. 34, pl. 7, fig. 3; frond; Hongqi Coal Mine of southeastern Da Hinggan Ling; Early Jurassic Hongqi Formation.

1982b *Cladophlebis* sp. 2, Yang Xuelin, Sun Liwen, p. 34, pl. 7, fig. 4; frond; Hongqi Coal Mine of southeastern Da Hinggan Ling; Early Jurassic Hongqi Formation.

1982b *Cladophlebis* sp. 3, Yang Xuelin, Sun Liwen, p. 34, pl. 8, figs. 3, 4; fronds; Hongqi Coal Mine of southeastern Da Hinggan Ling; Early Jurassic Hongqi Formation.

1982b *Cladophlebis* sp. 1, Yang Xuelin, Sun Liwen, p. 49, pl. 17, fig. 8; frond; Heidingshan of southeastern Da Hinggan Ling; Middle Jurassic Wanbao Formation.

1982b *Cladophlebis* sp. 2, Yang Xuelin, Sun Liwen, p. 49, pl. 17, fig. 6; frond; Dayoutun of southeastern Da Hinggan Ling; Middle Jurassic Wanbao Formation.

1982b *Cladophlebis* sp. 3, Yang Xuelin, Sun Liwen, p. 49, pl. 18, figs. 5 — 9, 9a; fronds;

Heidingshan, Jiantu and Dayoutun of southeastern Da Hinggan Ling; Middle Jurassic Wanbao Formation.

1982 *Cladophlebis* sp. 1, Zhang Wu, p. 188, pl. 1, figs. 14, 14a; text-fig. 1; Lingyuan, Liaoning; Late Triassic Laohugou Formation.

1982 *Cladophlebis* sp. 2, Zhang Wu, p. 188, pl. 1, fig. 13; text-fig. 2; Lingyuan, Liaoning; Late Triassic Laohugou Formation.

1983 *Cladophlebis* sp. 2, Chen Fen, Yang Guanxiu, p. 132, pl. 17, fig. 1; frond; Shiquanhe area, Tibet; Early Cretaceous upper part of Risong Group.

1983 *Cladophlebis* spp., Zhang Wu and others, p. 75, pl. 1, fig. 21; pl. 2, fig. 6; fronds; Linjiawaizi of Benxi, Liaoning; Middle Triassic Linjia Formation.

1983 *Cladophlebis* sp. 2, Zhang Zhicheng, Xiong Xianzheng, p. 57, pl. 3, fig. 5; frond; Dongning Basin, Heilongjiang; Early Cretaceous Dongning Formation.

1984a *Cladophlebis* sp. 1, Cao Zhengyao, p. 8, pl. 8, fig. 9; text-fig. 3; frond; Peide Coal Mine of Mishan, Heilongjiang; Middle Jurassic Qihulin Formation.

1984a *Cladophlebis* sp. 2, Cao Zhengyao, p. 8, pl. 4, fig. 5; pl. 7, fig. 5; fronds; Xincun of Mishan, Heilongjiang; Middle Jurassic lower part of Yunshan Formation.

1984a *Cladophlebis* sp. 3, Cao Zhengyao, p. 17, pl. 4, figs. 11A, 11a; frond; Yonghong of Hulin, Heilongjiang; Middle Jurassic lower part of Qihulin Formation.

1984b *Cladophlebis* sp., Cao Zhengyao, p. 39, pl. 1, figs. 7, 7a; pl. 4, fig. 8B; fronds; Dabashan of Mishan, Heilongjiang; Early Cretaceous Dongshan Formation.

1984 *Cladophlebis* sp. 1, Li Baoxian, Hu Bin, p. 139, pl. 2, fig. 4; frond; Datong, Shanxi; Early Jurassic Yongdingzhuang Formation.

1984 *Cladophlebis* sp. 2, Li Baoxian, Hu Bin, p. 140, pl. 2, fig. 6; frond; Datong, Shanxi; Early Jurassic Yongdingzhuang Formation.

1984 *Cladophlebis* sp., Zhang Zhicheng, p. 118, pl. 1, fig. 3; frond; Taipinglinchang of Jiayin, Heilongjiang; Late Cretaceous Taipinglinchang Formation.

1984 *Cladophlebis* sp. 1, Zhou Zhiyan, p. 16, pl. 6, figs. 6, 6a; pinna; Yuanzhu of Lanshan, Hunan; Early Jurassic Paijiachong Member of Guanyintan Formation.

1984 *Cladophlebis* sp. 2, Zhou Zhiyan, p. 16, pl. 6, fig. 7, 7a; pinna; Hebutang of Qiyang, Hunan; Early Jurassic Dabakou Member of Guanyintan Formation.

1985 *Cladophlebis* sp. [Cf. *Todites princeps* (Presl) Gothan], Cao Zhengyao, p. 278, pl. 2, fig. 5; frond; Pengzhuangcun of Hanshan, Anhui; Late Jurassic (?) Hanshan Formation.

1985 *Cladophlebis* sp. 1, Li Peijuan, pl. 17, figs. 4, 5; fronds; Wensu, Xinjiang; Early Jurassic.

1985 *Cladophlebis* sp. 2 [Cf. *Todites princeps* (Presl) Gothan], Li Peijuan, pl. 20, fig. 1A; frond; Wensu, Xinjiang; Early Jurassic.

1985 *Cladophlebis* sp., Shang Ping, pl. 3, fig. 2; frond; Fuxin Coal Field, Liaoning; Early Cretaceous Sunjiawan Member of Haizhou Formation.

1986a *Cladophlebis* sp., Chen Qishi, p. 448, pl. 1, fig. 16; frond; Chayuanli of Quxian, Zhejiang; Late Triassic Chayuanli Formation.

1986b *Cladophlebis* sp., Chen Qishi, p. 6, pl. 6, fig. 8; frond; Wuzao of Yiwu, Zhejiang; Late Triassic Wuzao Formation.

1986 *Cladophlebis* sp. 1, Chen Ye and others, p. 41, pl. 6, fig. 4; frond; Litang, Sichuan; Late Triassic Lanashan Formation.

1986 *Cladophlebis* sp. 2, Chen Ye and others, p. 41, pl. 6, fig. 5; frond; Litang, Sichuan; Late Triassic Lanashan Formation.

1986 *Cladophlebis* sp., Tao Junrong, Xiong Xianzheng, pl. 5, fig. 1; sterile pinna; Jiayin, Heilongjiang; Late Cretaceous Wuyun Formation.

1986 *Cladophlebis* sp. [Cf. *Todites goeppertianus* (Muenster) Krasser], Ye Meina and others, p. 38, pl. 8, figs. 3, 3a; frond; Shuitian of Kaixian, Sichuan; Late Triassic member 3 of Hsuchiaho Formation.

1986 *Cladophlebis* sp. (Cf. *Todites hartzi* Harris), Ye Meina and others, p. 38, pl. 9, figs. 3, 3a; frond; Wenquan of Kaixian, Sichuan; Early Jurassic Zhenzhuchong Formation.

1986 *Cladophlebis* sp. 1, Ye Meina and others, p. 39, pl. 19, figs. 1, 1a; frond; Bailin of Dazhu, Sichuan; Late Triassic member 5 of Hsuchiaho Formation.

1986 *Cladophlebis* sp. 2, Ye Meina and others, p. 39, pl. 23, fig. 3; frond; Wenquan of Kaixian, Sichuan; Late Triassic member 5 of Hsuchiaho Formation.

1987 *Cladophlebis* sp. A, Duan Shuying, p. 34, pl. 10, figs. 1, 1a; pl. 11, fig. 2; fronds; Zhaitang of West Hill, Beijing; Middle Jurassic.

1987 *Cladophlebis* sp. B, Duan Shuying, p. 35, pl. 9, figs. 2, 2a; frond; Zhaitang of West Hill, Beijing; Middle Jurassic.

1987 *Cladophlebis* sp., He Dechang, p. 78, pl. 3, fig. 3; frond; Jingjukou of Suichang, Zhejiang; Middle Jurassic in bed 3, bed 4, bed 7 and bed 12 of Maolong Formation.

1987a *Cladophlebis* sp., Qian Lijun and others, pl. 16, fig. 3; pl. 18, fig. 1; fronds; Xigou of Shenmu, Shaanxi; Middle Jurassic base part member 1 of Yan'an Formation.

1988 *Cladophlebis* sp. 1, Chen Fen and others, p. 50, pl. 17, figs. 3—5; fronds; Xinqiu Opencut Coal Mine of Fuxin, Liaoning; Early Cretaceous Fuxin Formation.

1988 *Cladophlebis* sp. 2, Chen Fen and others, p. 50, pl. 62, fig. 4; frond; Tiefa Basin, Liaoning; Early Cretaceous Upper Coal-bearing Member of Xiaoming'anbei Formation.

1988 *Cladophlebis* sp. 1 [Cf. *C. denticulata* (Brongniart) Fontaine], Li Peijuan and others, p. 73, pl. 48, figs. 3, 3a; pl. 52, figs. 4, 4a; fronds; Dameigou of Da Qaidam, Qinghai; Middle Jurassic *Tyrmia*-*Sphenobaiera* Bed of Dameigou Formation.

1988 *Cladophlebis* sp. 2, Li Peijuan and others, p. 73, pl. 44, figs. 3, 3a; pl. 45, figs. 3B, 3a; fronds; Dameigou of Da Qaidam, Qinghai; Early Jurassic *Hausmannia* Bed of Tianshuigou Formation.

1988 *Cladophlebis* sp. 3, Li Peijuan and others, p. 74, pl. 40, figs. 2, 2a; frond; Dameigou of Da Qaidam, Qinghai; Early Jurassic *Cladophlebis* Bed of Huoshaoshan Formation.

1988 *Cladophlebis* sp. 4, Li Peijuan and others, p. 74, pl. 28, figs. 3, 3a; pinna; Dameigou of Da Qaidam, Qinghai; Middle Jurassic *Nilssonia* Bed of Shimengou Formation.

1989 *Cladophlebis* sp., Zhou Zhiyan, p. 139, pl. 4, fig. 3; pl. 5, fig. 4; text-figs. 7—9; sterile pinnae; Shanqiao of Hengyang, Hunan; Late Triassic Yangbaichong Formation.

1990 *Cladophlebis* sp., Bureau of Geology and Mineral Resources of Ningxia Hui Autonomous Region, pl. 8, fig. 5; frond; Rujigou of Pingluo, Ningxia; Late Triassic Yenchang Group.

1990 *Cladophlebis* sp., Bureau of Geology and Mineral Resources of Ningxia Hui Autonomous Region, pl. 9, fig. 3; frond; Rujigou of Pingluo, Ningxia; Middle Jurassic Yan'an Formation.

1990 *Cladophlebis* sp., Liu Mingwei, p. 201, pl. 31, fig. 8; frond; Huangyadi of Laiyang, Shandong; Early Cretaceous member 3 of Laiyang Formation.

1990 *Cladophlebis* sp. 1, Cao Zhengyao, Shang Ping, pl. 4, figs. 7, 7a; frond; Shebudai in Changgao of Beipiao, Liaoning; Middle Jurassic Lanqi Formation.

1990 *Cladophlebis* sp. 2, Cao Zhengyao, Shang Ping, pl. 7, fig. 3c; frond; Shebudai in Changgao of Beipiao, Liaoning; Middle Jurassic Lanqi Formation.

1990a *Cladophlebis* sp. a, Wang Ziqiang, Wang Lixin, p. 123, pl. 17, fig. 12; frond; Tuncun of Yushe, Shanxi; Early Triassic base part of Heshanggou Formation.

1990b *Cladophlebis* sp. Wang Ziqiang, Wang Lixin, p. 307; Shiba of Ningwu and Sizhuang of Wuxiang, Shanxi; Middle Triassic base part of Ermaying Formation.

1991 *Cladophlebis* sp., Bureau of Geology and Mineral Resources of Beijing Municipality, pl. 14, fig. 6; frond; Zhaitang of West Hill, Beijing; Early Jurassic Lower Yaopo Formation.

1991 *Cladophlebis* sp., Li Jie and orthers, p. 54, pl. 1, fig. 5; frond; North Yematan of Kunlun Mountain, Xinjiang; Late Triassic Wolonggang Formation.

1991 *Cladophlebis* sp., Li Peijuan, Wu Yimin, p. 285, pl. 3, figs. 1b, 1b1; frond; Gerze, Tibet; Early Cretaceous Chuanba Formation.

1992a *Cladophlebis* sp. 1, Cao Zhengyao, p. 216, pl. 2, fig. 9; frond; Suibin-Shuangyashan area, eastern Heilongjiang; Early Cretaceous member 2 of Chengzihe Formation.

1992a *Cladophlebis* sp. 2, Cao Zhengyao, p. 216, pl. 3, fig. 12; frond; Suibin-Shuangyashan area, eastern Heilongjiang; Early Cretaceous member 3 of Chengzihe Formation.

1992a *Cladophlebis* sp. 3, Cao Zhengyao, p. 216, pl. 3, fig. 14; frond; Suibin-Shuangyashan area, eastern Heilongjiang; Early Cretaceous member 2 of Chengzihe Formation.

1992a *Cladophlebis* sp. 4, Cao Zhengyao, p, 216, pl. 3, figs. 10 — 12A; fronds; Suibin-Shuangyashan area, eastern Heilongjiang; Early Cretaceous member 1 of Chengzihe Formation.

1992a *Cladophlebis* sp. 5, Cao Zhengyao, pl. 3, fig. 13; frond; Suibin-Shuangyashan area, eastern Heilongjiang; Early Cretaceous member 3 of Chengzihe Formation.

1992 *Cladophlebis* sp. (Cf. *C. gigantea* Ôishi), Sun Ge, Zhao Yanhua, p. 531, pl. 232, fig. 1; frond; Sihetun of Huadian, Jilin; Early Jurassic(?).

1992 *Cladophlebis* sp. (Cf. *C. ingens* Harris), Sun Ge, Zhao Yanhua, p. 531, pl. 229, figs. 1 — 3; pl. 232, fig. 7; fronds; Banshidingzi of Shuangyang, Jilin; Early Jurassic Banshidingzi Formation.

1992 *Cladophlebis* sp. (Cf. *C. pseudoraciborskii* Srebrodolskaja), Sun Ge, Zhao Yanhua, p. 532, pl. 230, fig. 5; frond; North Hill in Lujuanzicun of Wangqing, Jilin; Late Triassic Malugou Formation.

1992 *Cladophlebis* sp., Sun Ge, Zhao Yanhua, p. 533, pl. 232, fig. 5; frond; Luozigou of Wangqing, Jilin; Late Jurassic Jingouling Formation.

1993 *Cladophlebis* sp. 1, Mi Jiarong and others, p. 100, pl. 17, figs. 6, 6a; frond; Chengde, Hebei; Late Triassic Xingshikou Formation.

1993 *Cladophlebis* sp. 2, Mi Jiarong and others, p. 100, pl. 17, figs. 8, 9, 9a; fronds; Chengde, Hebei; Late Triassic Xingshikou Formation.

1993 *Cladophlebis* sp. 3, Mi Jiarong and others, p. 100, pl. 18, figs. 1, 1a; frond; Weichang of Pingquan, Hebei; Late Triassic Xingshikou Formation.

1993 *Cladophlebis* spp., Mi Jiarong and others, p. 95, pl. 14, figs. 1 — 3; fronds; Luoquanzhan of Dongning, Heilongjiang; Late Triassic Luoquanzhan Formation; Dajianggang of Shuangyang, Jilin; Late Triassic Dajianggang Formation; Laohugou of Lingyuan, Liaoning; Late Triassic Laohugou Formation; Yangcaogou of Beipiao, Liaoning; Late Triassic Yangcaogou Formation; Chengde, Hebei; Late Triassic Xingshikou Formation.

1993 *Cladophlebis* sp. (Cf. *C. pseudoraciborskii* Srebrodolskaja), Sun Ge, p. 72, pl. 17, figs. 1 — 4; frond; North Hill in Lujuanzigou of Wangqing, Jilin; Late Triassic Malugou Formation.

1993 *Cladophlebis* sp., Sun Ge, p. 73, pl. 17, fig. 7; fronds; Tianqiaoling of Wangqing, Jilin; Late Triassic Malugou Formation.

1993 *Cladophlebis* sp. 1, Wang Shijun, p. 11, pl. 2, fig. 11; frond; Guanchun of Lechang, Guangdong; Late Triassic Genkou Group.

1993 *Cladophlebis* sp. 2, Wang Shijun, p. 12, pl. 3, fig. 7; pl. 4, fig. 6; pl. 5, fig. 13; fronds; Ankou and Guanchun of Lechang, Guangdong; Late Triassic Genkou Group.

1993 *Cladophlebis* sp. 3, Wang Shijun, p. 12, pl. 2, fig. 7; pl. 4, fig. 1; fronds; Guanchun of Lechang, Guangdong; Late Triassic Genkou Group.

1993 *Cladophlebis* sp. 4, Wang Shijun, p. 12, pl. 4, figs. 2, 2a; frond; Ankou of Lechang, Guangdong; Late Triassic Genkou Group.

1993 *Cladophlebis* sp. 5, Wang Shijun, p. 12, pl. 4, fig. 4; text-fig. 1; frond; Ankou of Lechang, Guangdong; Late Triassic Genkou Group.

1993 *Cladophlebis* sp. 6, Wang Shijun, p. 13, pl. 4, figs. 8, 8a; text-fig. 2; frond; Guanchun of Lechang, Guangdong; Late Triassic Genkou Group.

1993 *Cladophlebis* sp. 7, Wang Shijun, p. 13, pl. 3, fig. 4; frond; Guanchun of Lechang, Guangdong; Late Triassic Genkou Group.

1993 *Cladophlebis* sp. 8, Wang Shijun, p. 13, pl. 5, fig. 1; frond; Guanchun and Ankou of Lechang, Guangdong; Late Triassic Genkou Group.

1993 *Cladophlebis* sp., Zhou Zhiyan, Wu Yimin, p. 121, pl. 1, fig. 1; text-fig. 3A; frond; Puna of Tingri (Xegar), southern Tibet; Early Cretaceous Puna Formation.

1995a *Cladophlebis* sp., Li Xingxue (editor-in-chief), pl. 62, fig. 11; frond; Xinhuacun in Jiuqujiang of Qionghai, Hainan; Early Triassic Lingwen Formation. (in Chinese)

1995b *Cladophlebis* sp., Li Xingxue (editor-in-chief), pl. 62, fig. 11; frond; Xinhuacun in Jiuqujiang of Qionghai, Hainan; Early Triassic Lingwen Formation. (in English)

1995a *Cladophlebis* sp., Li Xingxue (editor-in-chief), pl. 110, fig. 3; pl. 142, fig. 3; fronds; Zhixin of Longjing, Jilin; Early Cretaceous Dalazi Formation. (in Chinese)

1995b *Cladophlebis* sp., Li Xingxue (editor-in-chief), pl. 110, fig. 3; pl. 142, fig. 3; fronds; Zhixin of Longjing, Jilin; Early Cretaceous Dalazi Formation. (in English)

1995a *Cladophlebis* sp., Li Xingxue (editor-in-chief), pl. 118, fig. 9; frond; Taipinglinchang of Jiayin, Heilongjiang; Late Cretaceous Taipinglinchang Formation. (in Chinese)

1995b *Cladophlebis* sp., Li Xingxue (editor-in-chief), pl. 118, fig. 9; frond; Taipinglinchang of

Jiayin, Heilongjiang; Late Cretaceous Taipinglinchang Formation. (in English)

1995 *Cladophlebis* sp., Meng Fansong and others, pl. 4, figs. 9, 110; fronds; Dawotang of Fengjie, Sichuan; Middle Triassic member 2 of Badong Formation.

1995 *Cladophlebis* sp., Wang Xin, pl. 3, fig. 19; frond; Tongchuan, Shaanxi; Middle Jurassic Yan'an Formation.

1995 *Cladophlebis* sp., Wu Shunqing, p. 471, pl. 1, fig. 4; frond; Kuqa River Section of Kuqa, Xinjiang; Early Jurassic upper part of Tariqike Formation.

1996 *Cladophlebis* sp. 1, Mi Jiarong and others, p. 99, pl. 12, fig. 3; frond; Shimenzhai of Funing, Hebei; Early Jurassic Beipiao Formation.

1996 *Cladophlebis* sp. 2, Mi Jiarong and others, p. 100, pl. 10, fig. 8; pl. 11, figs. 7, 10; fronds; Guanshan of Beipiao, Liaoning; Early Jurassic lower member of Beipiao Formation; Sanbao of Beipiao, Liaoning; Middle Jurassic Haifanggou Formation.

1996b *Cladophlebis* sp., Meng Fansong, pl. 2, fig. 15; pl. 4, fig. 6; pinnae; Dawotang of Fengjie, Sichuan; Middle Triassic member 2 of Badong Formation.

1996 *Cladophlebis* sp., Zheng Shaolin, Zhang Wu, pl. 1, figs. 5, 6; sterile pinnae; Yingcheng Coal Field of Jiutai, Jilin; Early Cretaceous Shahezi Formation.

1997 *Cladophlebis* sp. 1, Deng Shenghui and others, p. 35, pl. 16, figs. 5; pinna; Jalai Nur and , Dayan Basin, Inner Mongolia; Early Cretaceous Yimin Formation

1997 *Cladophlebis* sp. 2, Deng Shenghui and others, p. 35, pl. 16, fig. 4; pinna; Jalai Nur, Inner Mongolia; Early Cretaceous Yimin Formation; Yimin and Mianduhe Basin, Inner Mongolia; Early Cretaceous Damoguaihe Formation.

1997 *Cladophlebis* sp., Meng Fansong, Chen Dayou, pl. 2, figs. 9, 10; pinnae; Nanxi of Yunyang, Sichuan; Middle Jurassic Dongyuemiao Member of Ziliujing Formation.

1998 *Cladophlebis* sp., Wang Rennong and others, pl. 26, fig. 5; pinna; Zhaitang of West Hill, Beijing; Middle Jurassic Mentougou Group.

1999 *Cladophlebis* sp. 1, Cao Zhengyao, p. 59, pl. 8, figs. 6, 7; text-fig. 23; fronds; Huazhuling of Wencheng, Zhejiang; Early Cretaceous member C of Moshishan Formation.

1999 *Cladophlebis* sp. 2, Cao Zhengyao, p. 59, pl. 6, fig. 3; frond; Jidaoshan of Jinhua, Zhejiang; Early Cretaceous Moshishan Formation.

1999 *Cladophlebis* sp. 3, Cao Zhengyao, p. 60, pl. 6, figs. 10, 10a; pl. 40, fig. 8; text-fig. 24; fronds; Shanxi and Lutougang of Wencheng, Zhejiang; Early Cretaceous member C of Moshishan Formation.

1999 *Cladophlebis* sp. 4, Cao Zhengyao, p. 60, pl. 7, fig. 11; pl. 12, fig. 5; fronds; Xiyang of Cangnan, Zhejiang; Early Cretaceous member C of Moshishan Formation.

1999b *Cladophlebis* sp. (?sp. nov.), Wu Shunqing, p. 25, pl. 17, figs. 1, 1a; frond; Haiwozi of Pengxian, Sichuan; Late Triassic Hsuchiaho Formation.

2000 *Cladophlebis* sp., Meng Fansong and others, p. 52, pl. 15, figs. 8 — 11; pinnae; Dawotang of Fengjie, Chongqing; Furongqiao and Mahekou of Sangzhi, Hunan; Middle Triassic member 2 of Badong Formation.

2002 *Cladophlebis* sp., Wu Xiangwu and others, p. 159, pl. 4, fig. 5A; frond; Wutongshugou of Alxa Right Banner, Inner Mongolia; Middle Jurassic Ningyuanpu Formation.

2002 *Cladophlebis* sp., ZhangZhenlai and others, pl. 14, fig. 5; pinna; Hongqi Coal Mine in

Donglangkou of Badong, Hubei; Late Triassic Shazhenxi Formation.

2003 *Cladophlebis* sp., Xu Kun and other, pl. 8, fig. 3; frond; western Liaoning; Middle Jurassic Lanqi Formation.

2003 *Cladophlebis* sp., Zhao Yingcheng and others, pl. 10, fig. 4; frond; Hongliugou Section of Aram Basin, Inner Mongolia; Middle Jurassic Xinhe Formation.

2004 *Cladophlebis* sp., Sun Ge, Mei Shengwu, pl. 6, fig. 9A; pl. 7, figs. 2, 2a; pl. 8, figs. 2, 3; pl. 10, figs. 1, 1a, 4, 5, 8; pl. 11, figs. 1, 4, 4a; fronds; Chaoshui Basin and Aram Basin, Northwest China; Early — Middle Jurassic.

Cladophlebis? spp.

1983 *Claclophlebis*? sp. 1, Zhang Zhicheng, Xiong Xianzheng, p. 57, pl. 3, fig. 6; frond; Dongning Basin, Heilongjiang; Early Cretaceous Dongning Formation.

1983 *Cladophlebis*? sp. 1, Chen Fen, Yang Guanxiu, p. 132, pl. 17, fig. 2; frond; Shiquanhe, Tibet; Early Cretaceous upper part of Risong Formation.

2004 *Cladophlebis*? sp., Sun Ge, Mei Shengwu, pl. 10, figs. 6, 6a; frond; Chaoshui Basin and Aram Basin, Northwest China; Early — Middle Jurassic.

?Cladophlebis sp.

1996 ?*Cladophlebis* sp., Mi Jiarong and others, p. 100, pl. 11, fig. 9; frond; Shimenzhai of Funing, Hebei; Early Jurassic Beipiao Formation.

Cladophlebis (Gleichenites?) spp.

1976 *Cladophlebis* (*Gleichenites*?) sp., Lee P C and others, p. 114, pl. 29, figs. 3, 4; fronds; Yipinglang of Lufeng, Yunnan; Late Triassic Ganhaizi Member of Yipinglang Formation.

1981 *Cladophlebis* (*Gleichenites*?) sp. 1, Chen Fen and others, p. 46, pl. 2, figs. 1, 2, 5; fronds; Haizhou Opencut Coal Mine of Fuxin, Liaoning; Early Cretaceous Fuxin Formation.

Cladophlebis (?Osmunopsis) sp.

1980 *Cladophlebis* (?*Osmunopsis*) sp., He Dechang, Shen Xiangpeng, p. 12, pl. 3, fig. 4; frond; Tanshanpo of Youxian, Hunan; Late Triassic Anyuan Formation.

Genus *Clathropteris* Brongniart, 1828

1828 Brongniart, p. 62.

1883 Schenk, p. 250.

1963 Sze H C, Lee H H and others, p. 85.

1993a Wu Xiangwu, p. 66.

Type species: *Clathropteris meniscioides* Brongniart, 1828

Taxonomic status: Dipteridaceae, Filicopsida

Clathropteris meniscioides **Brongniart, 1828**

1825 *Filicites meniscioides* Brongniart, p. 200, pls. 11, 12; foliage fronds; Scania, Sweden; Early Jurassic (Lias)(?).

1828 Brongniart, p. 62; foliage frond; Scania, Sweden; Early Jurassic (Lias)(?).

1920 Yabe, Hayasaka, pl. 4, fig. 1; pl. 5, fig. 2; fronds; Tanshan in Pingxiang of Jiangxi, Dongtingxishan in Suzhou of Jiangsu; Late Triassic (Rhaetic)— Jurassic.

1927a Halle, p. 17, pl. 5, fig. 6; frond; Baiguowan of Huili, Sichuan; Late Triassic (Rhaetic).

1931 Sze H C, p. 4, pl. 1, fig. 3; frond; Pingxiang, Jiangxi; Early Jurassic (Lias).

1931 Sze H C, p. 33, pl. 5, fig. 3; frond; Fangzi of Weixian, Shandong; Early Jurassic (Lias).

1943 Mathews, p. 50; text-fig. 1; frond; Biyunsi of West Hill, Beijing; Late Triassic(Keuper)— Early Jurassic (Lias) Yaopo Formation of Mentougou Group. [Notes: This specimen lately was referred as *Clathropteris pekingensis* Lee et Shen (Sze H C, Lee H H and others, 1963)]

1949 Sze H C, p. 6, pl. 1, fig. 5; pl. 4, fig. 1; fronds; Xiangxi of Zigui, Taizigou, Zengjiayao and Cuijiagou of Dangyang, Hubei; Early Jurassic Hsiangchi Coal Series.

1952 Sze H C, Lee H H, pp. 3, 22, pl. 1, fig. 10; frond; Yipinchang of Baxian, Sichuan (Szechuan); Early Jurassic.

1954 Hsu J, p. 51, pl. 44, figs. 1, 2; frond; Yipinglang of Guangtong, Yunnan; Late Triassic.

1956 Lee H H, p. 17, pl. 5, figs. 4, 5; fronds; Xiangxi of Zigui, Hubei; Early Jurassic Hsiangchi Coal Series.

1956 Ngo C K, p. 20, pl. 2, fig. 5; pl. 3, fig. 2; frond; Xiaoping of Guangzhou, Guangdong; Late Triassic Siaoping Coal Series.

1958 Wang Longwen and others, p. 594, fig. 594; frond; Southwest China; Late Triassic — Early Jurassic.

1962 Lee H H, p. 152, pl. 94, fig. 1; fertile frond; Changjiang River Basin; Late Triassic — Early Jurassic.

1963 Chow Huiqin, p. 171, pl. 72, figs. 3, 4; fronds; Hualing of Huaduqu and Gaoming of Foshan, Guangdong; Late Triassic.

1963 Lee P C, p. 125, pl. 59, fig. 2; frond; Xiangxi of Zigui, Hubei; Early Jurassic.

1963 Sze H C, Lee H H and others, p. 85, pl. 26, fig. 5; pl. 27, fig. 4; fronds; Pingxiang, Jiangxi; late Late Triassic — Early Jurassic; Weixian, Shandong; Early — Middle Jurassic Fangzi Group; Zigui of Hubei and Yipinchang in Baxian of Sichuan; Early Jurassic Hsiangchi Group; Baiguowan in Huili of Sichuan and Guizhou; Late Triassic — Early Jurassic.

1964 Lee H H and others, p. 125, pl. 79, fig. 4; pl. 80, figs. 1, 2; fronds; South China; Late Triassic — Early Jurassic.

1964 Lee P C, p. 108, pl. 2, figs. 1 — 4; sterile pinnae and fertile pinnae; Yangjiaya in Xujiahe of Guangyuan, Sichuan; Late Triassic Hsuchiaho Formation.

1965 Tsao Chengyao, p. 516, pl. 3, fig. 5; frond; Songbaikeng of Gaoming, Guangdong; Late Triassic Siaoping Formation (Siaoping Series).

1968 *Fossil Atlas of Mesozoic Coal-bearing Strata in Kiangsi and Hunan Provinces*, p. 42, pl. 4, fig. 2;pl. 5,figs. 1,1a;text-fig. 9;frond;Jiangxi (Kiangsi) and Hunan;Late Triassic — Early Jurassic.

1974 Hu Yufan and others, pl. 1, fig. 4; pl. 2, fig. 2b; fronds; Guanhua Coal Mine of Yaan, Sichuan; Late Triassic.

1974a Lee P C and others, p. 356, pl. 189, figs. 2, 3, 6, 7; sterile pinnae; Xujiahe of Guangyuan and Tanba of Hechuan, Sichuan; Late Triassic Hsuchiaho Formation.

1976 Lee P C and others, p. 108, pl. 19, fig. 4; frond; Yubacun of Lufeng, Yunnan; Late Triassic Shezi Member of Yipinglang Formation; Wenzhan of Eryuan, Yunnan; Late Triassic Baijizu Formation.

1977 Feng Shaonan and others, p. 211, pl. 79, fig. 4; frond; Xiaoshui of Lechang, Guangdong; Late Triassic Siaoping Formation.

1978 Yang Xianhe, p. 485, pl. 168, fig. 1; frond; Baoding of Dukou, Sichuan; Late Triassic Daqiaodi Formation.

1978 Zhang Jihui, p. 478, pl. 161, fig. 7; frond; Choumeichong of Nayong, Guizhou; Late Triassic.

1978 Zhou Tongshun, p. 101, pl. 18, figs. 7, 7a, 8; sterile pinnae and fertile pinnae; Dakeng of Zhangping, Fujian; Late Triassic Wenbinshan Formation; Jitou of Shanghang, Fujian; Late Triassic Dakeng Formation.

1979 He Yuanliang and others, p. 136, pl. 61, fig. 3; frond; Zaduo, Qinghai; Late Triassic upper part of Jieza Group.

1979 Hsu J and others, p. 22, pl. 20, fig. 7; pls. 21 — 25; pl. 26, figs. 1 — 6; pl. 27, fig. 1; fronds; Longshuwan and Muyuwan of Baoding, Sichuan; Late Triassic middle-upper part of Daqiaodi Formation; Taipingchang of Dukou, Sichuan; Late Triassic lower part of Daqing Formation.

1980 He Dechang, Shen Xiangpeng, p. 11, pl. 1, fig. 2; pl. 16, fig. 1; fronds; Tongrilonggou in Sandu of Zixing, Hunan; Late Triassic Anyuan Formation; Xintianmen in Changce of Yizhang, Hunan; Early Jurassic Zaoshang Formation.

1982 Duan Shuying, Chen Ye, p. 497, pl. 9, figs. 9 — 11; fronds; Tanba of Hechuan, Sichuan; Late Triassic Hsuchiaho Formation.

1982 Li Peijuan, Wu Xiangwu, p. 44, pl. 10, fig. 1; frond; Dege, Sichuan; Late Triassic Lamaya Formation.

1982 Wang Guoping and others, p. 246, pl. 110, fig. 4; frond; Laowuli of Yujiang, Jiangxi; Late Triassic Anyuan Formation.

1982a Wu Xiangwu, p. 52, pl. 5, fig. 6; frond; Tumain of Amdo, Tibet; Late Triassic Tumaingela Formation.

1982b Wu Xiangwu, p. 84, pl. 8, figs. 1 — 2a, 3A; pl. 9, fig. 2C; pl. 17, fig. 4B; pl. 20, fig. 1B; fronds; Gonjo, Bagong in Chagyab and Qamdo, Tibet; Late Triassic upper member of Bagong Formation.

1982 Yang Xianhe, p. 469, pl. 7, figs. 1 — 4; fronds; Hulukou of Weiyuan, Sichuan; Late Triassic Hsuchiaho Formation.

1982 Zhang Caifan, p. 525, pl. 336, fig. 5; frond; Wenjiashi of Liuyang, Sandu of Zixing and Luyang of Huaihua, Hunan; Late Triassic — Early Jurassic.

1983 Ju Kuixiang and others, p. 123, pl. 2, fig. 8; frond; Fanjiatang in Longtan of Nanjing, Jiangsu; Late Triassic Fanjiatang Formation.

1984 Chen Gongxin, p. 576, pl. 233, fig. 5; pl. 235, fig. 4; fronds; Jigongshan of Puqi, Hubei; Late Triassic Jigongshan Formation; Zengjiapo of Yuanan, Hubei; Early Jurassic Tongzhuyuan Formation.

1984 Zhou Zhiyan, p. 9, pl. 2, figs. 11, 12; fronds; Hebutang and Guanyintan of Qiyang, Wangjiatingzi in Huangyangsi of Lingling and Yuanzhu of Lanshan, Hunan; Early Jurassic middle-lower part of Guanyintan Formation; Xiwan of Zhongshan, Guangxi; Early Jurassic Daling Member of Xiwan Formation.

1986 Chen Ye and others, pl. 4, fig. 3; frond; Litang, Sichuan; Late Triassic Lanashan Formation.

1986 Ye Meina and others, p. 27, pl. 14, fig. 3; pl. 15, fig. 2; fronds; Wenquan of Kaixian, Sichuan; Late Triassic member 7 of Hsuchiaho Formation.

1987 Meng Fansong, p. 242, pl. 26, fig. 3; frond; Jiuligang in Maoping of Yuanan, Hubei; Late Triassic Jiuligang Formation.

1988 Chen Chuzhen and others, pl. 6, fig. 1; frond; Fanjiatang in Longtan of Nanjing, Jiangsu; Late Triassic Fanjiatang Formation.

1989 Mei Meitang and others, p. 83, pl. 38, fig. 4; frond; China; Late Triassic — Early Jurassic.

1989 Zhou Zhiyan, p. 138, pl. 3, fig. 7; sterile pinna; Shanqiao of Hengyang, Hunan; Late Triassic Yangbaichong Formation.

1990 Wu Xiangwu, He Yuanliang, p. 296, pl. 3, figs. 4(?), 5, 6; fronds; Yushu and Zaduo, Qinghai; Late Triassic Gema Formation of Jieza Group.

1991 Huang Qisheng, Qi Yue, pl. 2, fig. 6; frond; Majian of Lanxi, Zhejiang; Early — Middle Jurassic lower member of Majian Formation.

1993 Wang Shijun, p. 9, pl. 2, figs. 4, 5; fronds; Guanchun of Lechang and Hongweikeng of Qujiang, Guangdong; Late Triassic Genkou Group.

1993a Wu Xiangwu, p. 66.

1995a Li Xingxue (editor-in-chief), pl. 78, fig. 2; frond; Wenzhan of Eryuan, Yunnan; Late Triassic Baijizu Formation. (in Chinese)

1995b Li Xingxue (editor-in-chief), pl. 78, fig. 2; frond; Wenzhan of Eryuan, Yunnan; Late Triassic Baijizu Formation. (in English)

1996 Sun Yuewu and others, p. 12, pl. 1, figs. 3, 8, 17; sterile pinnae and fertile pinnae; Gangouzi of Chengde, Hebei; Early Jurassic Nandaling Formation.

1997 Meng Fansong, Chen Dayou, pl. 1, figs. 9, 10; fronds; Nanxi of Yunyang, Sichuan; Middle Jurassic Dongyuemiao Member of Ziliujing Formation.

1999b Wu Shunqing, p. 17, pl. 7, figs. 2, 2a; pl. 8, figs. 3, 4; sterile fronds and fertile fronds; Luchang of Huili, Chongqing; Late Triassic Baiguowan Formaion; Libixia of Hechuan, Sichuan; Late Triassic Hsuchiaho Formation.

2003 Meng Fansong and others, pl. 2, figs. 9, 10; sterile pinnae; Shuishikou of Yunyang, Chongqing; Early Jurassic Dongyuemiao Member of Ziliujing Formation.

***Clathropteris* cf. *meniscioides* Brongniart**

1987 Zhang Wu, Zheng Shaolin, pl. 4, figs. 2, 3, 10; fronds; Shimengou of Chaoyang, Liaoning; Late Triassic Shimengou Formation.

△*Clathropteris meniscioides* Brongniart f. *minor* Wu et He, 1990

1990 Wu Xiangwu, He Yuanliang, p. 297, pl. 4, fig. 4; pl. 7, figs. 1, 2; text-fig. 3; fronds; Yushu and Zhiduo, Qinghai; Late Triassic Gema Formation of Jieza Group.

△*Clathropteris arcuata* Feng, 1977

1977 Feng Shaonan and others, p. 210, pl. 79, fig. 2; frond; No. : P25233; Holotype: P25233 (pl. 79, fig. 2); Repository: Hubei Institute of Geological Sciences; Tieluwan of Yuanan, Hubei; Late Triassic Lower Coal Formation of Hsiangchi Group.

1984 Chen Gongxin, p. 576, pl. 232, fig. 1; frond; Tieluwan of Yuanan, Hubei; Late Triassic Jiuligang Formation.

***Clathropteris elegans* (Ôishi) Ôishi, 1940**

1932 *Clathropteris meniscoides* var. *elegans* Ôishi, p. 289, pl. 11, fig. 8; pl. 12, figs. 3, 4; pl. 13, figs. 1, 2; pl. 15, fig. 1; fronds; Nariwa of Okayama, Japan; Late Triassic (Nariwa Series).

1940 Ôishi, p. 213; fern leaf; Nariwa of Okayama, Japan; Late Triassic (Nariwa Series).

1980 Wu Shuibo and others, pl. 1, fig. 5; pl. 2, fig. 8; fronds; Tuopangou of Wangqing, Jilin; Late Triassic.

1980 Zhang Wu and others, p. 245, pl. 127, fig. 2; frond; Shuangmiao of Lingyuan, Liaoning; Early Jurassic Guojiadian Formation.

1981 Sun Ge, p. 463, pl. 3, figs. 12 — 14; text-fig. 3; fronds; Tianqiaoling of Wangqing, Jilin; Late Triassic Malugou Formation.

1984 Zhou Zhiyan, p. 10, pl. 2, figs. 13, 13a; pl. 3, figs. 1 — 3; fronds; Wangjiatingzi in Huangyangsi of Lingling, Hunan; Early Jurassic middle-lower (?) part of Guanyintan Formation.

1986 Wu Shunqing, Zhou Hanzhong, p. 638, pl. 1, figs. 9 — 10a; pl. 2, figs. 1, 3, 5 — 8; fronds; Toksun district of northwestern Turpan Depression, Xinjiang; Early Jurassic Badaowan Formation.

1992 Sun Ge, Zhao Yanhua, p. 528, pl. 226, figs. 3, 5; pl. 227, figs. 4 — 6; fronds; North Hill in Lujuanzicun of Wangqing, Jilin; Late Triassic Malugou Formation.

1993 Sun Ge, p. 65, pl. 10, figs. 2 — 4; pl. 11, figs. 1 — 3; fronds; North Hill in Lujuanzicun and Tianqiaoling of Wangqing, Jilin; Late Triassic Malugou Formation.

1995a Li Xingxue (editor-in-chief), pl. 82, fig. 3; frond; Huangyangsi of Lingling, Hunan; Early Jurassic middle-lower(?) part of Guanyintan Formation. (in Chinese)

1995b Li Xingxue (editor-in-chief), pl. 82, fig. 3; frond; Huangyangsi of Lingling, Hunan; Early Jurassic middle-lower(?) part of Guanyintan Formation. (in English)

1996 Mi Jiarong and others, p. 93, pl. 7, figs. 7, 10; fronds; Shimenzhai of Funing, Hebei; Early Jurassic Beipiao Formation.

1998 Zhang Hong and others, pl. 21, fig. 2; pl. 22, fig. 1; sterile fronds; Kangsu of Wuqia, Xinjiang; Middle Jurassic Yangye (Yangxia) Formation.

***Clathropteris* cf. *elegans* (Ôishi) Ôishi**

1987 He Dechang, p. 75, pl. 2, fig. 9; frond; Longpucun in Meiyuan of Yunhe, Zhejiang; late Early Jurassic bed 7 of Longpu Formation.

***Clathropteris mongugaica* Srebrodolskaya, 1961**

1961 Srebrodolskaya, p. 146, pl. 16, figs. 1 — 3; fronds; South Primorye; Late Triassic.

1974a Lee P C and others, p. 356, pl. 189, figs. 4, 5; fronds; Cifengchang of Pengxian, Sichuan; Late Triassic Hsuchiaho Formation; Baiguowan of Huili, Sichuan; Late Triassic Baiguowan Formation; Mahuangjing of Xiangyun, Yunnan; Late Triassic Xiangyun Formation.

1976 Lee P C and others, p. 109, pl. 18, figs. 7 — 8a; pl. 19, figs. 6, 6a; pl. 20, fig. 4; pl. 21, figs. 2 — 5; fronds; Mahuangjing of Xiangyun, Yunnan; Late Triassic Huaguoshan Member of Xiangyun Formation; Yipinglang of Lufeng, Yunnan; Late Triassic Ganhaizi Member of Yipinglang Formation.

1977 Feng Shaonan and others, p. 211, pl. 79, figs. 5, 6; fronds; Guanchun of Lechang, Guangdong; Late Triassic Siaoping Formation; Gengjiahe of Xingshan, Hubei; Late Triassic Lower Coal Formation of Hsiangchi Group.

1978 Yang Xianhe, p. 485, pl. 166, fig. 1; frond; Cifengchang of Pengxian, Sichuan (Szechuan); Late Triassic Hsuchiaho Formation.

1980 Wu Shunqing and others, p. 76, pl. 3, figs. 1, 2; fronds; Gengjiahe of Xingshan, Hubei; Late Triassic Shazhenxi Formation.

1982 Yang Xianhe, p. 469, pl. 5, figs. 8 — 10; pl. 8, fig. 4; fronds; Jiefangqiao of Mianning, Sichuan; Late Triassic Baiguowan Formation; Hulukou of Weiyuan, Sichuan; Late Triassic Hsuchiaho Formation.

1984 Chen Gongxin, p. 576, pl. 235, fig. 5; frond; Gengjiahe of Xingshan, Hubei; Late Triassic Shazhenxi Formation.

1986 Chen Ye and others, p. 40, pl. 4, figs. 4, 4a; frond; Litang, Sichuan; Late Triassic Lanashan Formation.

1986 Ye Meina and others, p. 28, pl. 17, fig. 2; frond; Binlang of Daxian, Sichuan; Late Triassic member 7 of Hsuchiaho Formation.

1987 Chen Ye and others, p. 96, pl. 8, fig. 4; frond; Qinghe of Yanbian, Sichuan; Late Triassic Hongguo Formation.

1989 Mei Meitang and others, p. 84, pl. 40, fig. 2; frond; China; Late Triassic.

1993 Wang Shijun, p. 10, pl. 3, fig. 1; frond; Ankou of Lechang, Guangdong; Late Triassic Genkou Group.

***Clathropteris* cf. *mongugaica* Srebrodolskaya**

1982 Li Peijuan, Wu Xiangwu, p. 44, pl. 13, fig. 1A; frond; Xiangcheng, Sichuan; Late Triassic Lamaya Formation.

1982b Wu Xiangwu, p. 85, pl. 8, fig. 7; frond; Bagong of Chagyab, Tibet; Late Triassic upper member of Bagong Formation.

1999b Wu Shunqing, p. 18, pl. 9, figs. 1, 1a, 4; fertile fronds; Cifengchang of Pengxian, Sichuan;

Late Triassic Hsuchiaho Formation.

Clathropteris obovata **Ôishi, 1932**

1932 Ôishi, p. 219, pl. 12, fig. 2; pl. 14, fig. 1; fronds; Nariwa of Okayama, Japan; Late Triassic (Nariwa).

1976 Lee P C and others, p. 109, pl. 19, fig. 5; frond; Yipinglang of Lufeng, Yunnan; Late Triassic Ganhaizi Member of Yipinglang Formation.

1977 Feng Shaonan and others, p. 211, pl. 79, fig. 1; frond; Zigui, Hubei; Early — Middle Jurassic Upper Coal Formation of Hsiangchi Group.

1980 Wu Shunqing and others, p. 94, pl. 11, figs. 1, 2; sterile pinnae; Xiangxi of Zigui and Daxiakou of Xingshan, Hubei; Early — Middle Jurassic Xiangxi Formation (Hsiangchi Formation).

1980 Zhang Wu and others, p. 246, pl. 126, figs. 4, 5; pl. 127, fig. 1; fronds; Shuangmiao of Lingyuan, Liaoning; Early Jurassic Guojiadian Formation; Xishala of Jarud Banner, Jilin; Early Jurassic Hongqi Formation.

1982 Duan Shuying, Chen Ye, p. 497, pl. 4, fig. 8; frond; Qilixia of Xuanhan, Sichuan; Late Triassic Hsuchiaho Formation.

1982 Yang Xianhe, p. 470, pl. 5, fig. 11; frond; Hulukou of Weiyuan, Sichuan; Late Triassic Hsuchiaho Formation.

1982b Yang Xuelin, Sun Liwen, p. 30, pl. 3, fig. 3; frond; Jarud Banner of southeastern Da Hinggan Ling; Early Jurassic Hongqi Formation.

1984 Chen Gongxin, p. 576, pl. 234, fig. 3; frond; Xiangxi of Zigui and Daxiakou of Xingshan, Hubei; Early Jurassic Hsiangchi (Xiangxi) Formation.

1984 Wang Ziqiang, p. 245, pl. 126, figs. 1 — 6; frond; Chengde, Hebei; Early Jurassic Jiashan Formation.

1985 Li Peijuan, p. 148, pl. 17, figs. 2, 3; pl. 18, fig. 3; fragment of fronds; Wensu, Xinjiang; Early Jurassic.

1985 Yang Xuelin, Sun Liwen, p. 102, pl. 1, fig. 14; frond; Jarud Banner of southeastern Da Hinggan Ling; Early Jurassic Hongqi Formation.

1986 Ye Meina and others, p. 28, pl. 19, fig. 5; frond; Jinwo in Tieshan of Daxian, Sichuan; Early Jurassic Zhenzhuchong Formation.

1989 Bureau of Geology and Mineral Resources of Liaoning Province, pl. 9, fig. 4; frond; Shuangmiao of Lingyuan, Liaoning; Middle Jurassic Haifanggou Formation.

1996 Mi Jiarong and others, p. 94, pl. 6, fig. 8; pl. 8, fig. 9; fronds; Shimenzhai of Funing, Hebei; Early Jurassic Beipiao Formation.

1998 Zhang Hong and others, pl. 22, fig. 2; sterile frond; Kangsu of Wuqia, Xinjiang; Middle Jurassic Yangye (Yangxia) Formation.

1999b Wu Shunqing, p. 18, pl. 6, fig. 3; pl. 7, fig. 1; fronds; Miaogou of Wanyuan, Sichuan; Late Triassic Hsuchiaho Formation.

Clathropteris **cf. *obovata*** **Ôishi**

1999 Shang Ping and others, pl. 1, fig. 3; frond; Turpan-Hami Basin, Xijiang; Middle Jurassic Xishanyao Formation.

2003 Deng Shenghui and others, pl. 66, fig. 2; frond; Sandaoling Coal Mine of Hami, Xinjiang; Middle Jurassic Xishanyao Formation.

△*Clathropteris pekingensis* Lee et Shen, 1963

1963 Lee H H, Shen K L, in Sze H C, Lee H H and others, p. 86, pl. 27, fig. 3; pl. 28, fig. 3; pl. 29, fig. 5; fronds; Biyunsi and Datai of West Hill, Beijing; Early Jurassic Lower Yaopo Formation; Tumulu, Inner Mongolia; Early — Middle Jurassic. (Notes: The type specimen was not designated in the original paper)

1982 Wang Guoping and others, p. 246, pl. 113, fig. 1; frond; Hualong of Lin'an, Zhejiang; Early — Middle Jurassic.

1984 Chen Fen and others, p. 41, pl. 11, figs. 1 — 4, 5(?); fronds; Datai of West Hill, Beijing; Early Jurassic Lower Yaopo Formation; Qianjuntai of West Hill, Beijing; Middle Jurassic Longmen Formation.

1984 Wang Ziqiang, p. 246, pl. 136, figs. 1 — 3; fronds; West Hill, Beijing; Early — Middle Jurassic Lower Yaopo Formation.

1987 Duan Shuying, p. 23, pl. 4, figs. 5, 5a; frond; Zhaitang of West Hill, Beijing; Middle Jurassic.

1987a Qian Lijun and others, p. 79, pl. 19, figs. 1, 5; pl. 22, fig. 4; fronds; Xigou of Shenmu, Shaanxi; Middle Jurassic member 1 of Yan'an Formation.

1990 Zheng Shaolin, Zhang Wu, p. 218, pl. 2, figs. 4 — 6; fronds; Tianshifu of Benxi, Liaoning; Middle Jurassic Dabu Formation.

1991 Bureau of Geology and Mineral Resources of Beijing Municipality, pl. 14, fig. 1; frond; Datai of West Hill, Beijing; Early Jurassic Lower Yaopo Formation.

1998 Zhang Hong and others, pl. 21, fig. 1; sterile frond; Shenmu, Shaanxi; Middle Jurassic base part of Yan'an Formation.

2003 Yuan Xiaoqi and others, pl. 16, figs. 1, 2; fertile pinnae; Gaotouyao of Dalad Banner, Inner Mongolia; Middle Jurassic Zhiluo Formation.

***Clathropteris platyphylla* (Goeppert) Schenk, 1865 — 1867**

1846 *Camptopteris platyphylla* Goeppert, p. 120, pls. 18, 19; fronds; Germany; Early Jurassic (Lias).

1865 — 1867 Schenk, p. 81, pl. 16, figs. 2 — 9; fronds; Grenzsch, Germany; Early Jurassic (Lias).

1902 — 1903 Zeiller, p. 299, pl. 56, fig. 3; frond; Taipingchang (Tai-Pin-Tchang), Yunnan; Late Triassic. [Notes: This specimen lately was referred as *Clathropteris meniscioides* Brongniart (Sze H C, Lee H H and others, 1963)]

1968 *Fossil Atlas of Mesozoic Coal-bearing Strata in Kiangsi and Hunan Provinces*, p. 43, pl. 6, fig. 1; frond; Jiangxi (Kiangsi) and Hunan; Late Triassic — Early Jurassic.

1974a Lee P C and others, p. 357, pl. 189, fig. 1; frond; Xujiahe of Guangyuan and Cifengchang of Pengxian, Sichuan; Late Triassic Hsuchiaho Formation.

1976 Lee P C and others, p. 110, pl. 19, figs. 1 — 3; pl. 20, figs. 1 — 3; pl. 21, fig. 1; pl. 22, fig. 3; fronds; Mahuangjing of Xiangyun, Yunnan; Late Triassic Huaguoshan Member of Xiangyun Formation; Yipinglang of Lufeng, Yunnan; Late Triassic Ganhaizi Member of Yipinglang Formation.

1977 Feng Shaonan and others, p. 211, pl. 79, fig. 1; frond; northern Guangdong; Late Triassic Siaoping Formation; Zigui, Hubei; Early — Middle Jurassic Upper Coal Formation of Hsiangchi Group.

1978 Zhou Tongshun, p. 102, pl. 19, fig. 1; frond; Longjing of Wuping, Fujian; Late Triassic upper member of Dakeng Formation.

1982 Wang Guoping and others, p. 246, pl. 112, fig. 1; frond; Dakeng of Zhangping, Fujian; Late Triassic Dakeng Formation.

1982b Wu Xiangwu, p. 85, pl. 9, fig. 4; frond; Gonjo area, Tibet; Late Triassic upper member of Bagong Formation.

1982 Zhang Caifan, p. 525, pl. 338, figs. 3, 5; fronds; Xiaping in Changce of Yizhang, Hunan; Early Jurassic Tanglong Formation.

1983 Duan Shuying and others, pl. 12, fig. 6; frond; Beiluoshan of Ninglang, Yunnan (Tunnan); Late Triassic.

1984 Chen Gongxin, p. 577, pl. 235, fig. 3; frond; Kuzhuqiao of Puqi, Hubei; Late Triassic Jigongshan Formation; Fenshuiling of Jingmen, Hubei; Late Triassic Jiuligang Formation; Jinshandian of Daye, Hubei; Early Jurassic Wuchang Formation; Xiangxi of Zigui, Hubei; Early Jurassic Hsiangchi (Xiangxi) Formation.

1984 Gu Daoyuan, p. 141, pl. 67, fig. 10; frond; Kangsu of Wuqia, Xinjiang; Middle Jurassic Yangye (Yangxia) Formation.

1986a Chen Qishi, p. 448, pl. 1, figs. 12, 13; fronds; Chayuanli of Quxian, Zhejiang; Late Triassic Chayuanli Formation.

1986b Chen Qishi, p. 9, pl. 1, fig. 6; frond; Wuzao of Yiwu, Zhejiang; Late Triassic Wuzao Formation.

1986 Chen Ye and others, p. 40, pl. 5, fig. 1; frond; Litang, Sichuan; Late Triassic Lanashan Formation.

1986 Ye Meina and others, p. 29, pl. 14, fig. 2; pl. 15, figs. 1, 1a, 3, 3a; pl. 17, fig. 6; fronds; Wenquan of Kaixian and Binlang of Daxian, Sichuan; Late Triassic Hsuchiaho Formation.

1987 Chen Ye and others, p. 97, pl. 8, figs. 5, 6; pl. 9, figs. 1, 2; sterile fronds and fertile fronds; Qinghe of Yanbian, Sichuan; Late Triassic Hongguo Formation.

1987 He Dechang, p. 80, pl. 13, fig. 6; pl. 14, fig. 7; pl. 16, fig. 6; fronds; Kuzhuqiao of Puqi, Hubei; Late Triassic Jigongshan Formation.

1988b Huang Qisheng, Lu Zongsheng, pl. 9, fig. 3; frond; Jinshandian of Daye, Hubei; Early Jurassic upper part of Wuchang Formation.

1989 Mei Meitang and others, p. 84, pl. 40, fig. 3; frond; China; Late Triassic.

1993 Wang Shijun, p. 9, pl. 2, figs. 8, 9; fronds; Ankou and Guanchun of Lechang, Guangdong; Late Triassic Genkou Group.

1995a Li Xingxue (editor-in-chief), pl. 74, figs. 2, 3; fronds; Yipinglang of Lufeng, Yunnan; Late Triassic Yipinglang Formation. (in Chinese)

1995b Li Xingxue (editor-in-chief), pl. 74, figs. 2, 3; fronds; Yipinglang of Lufeng, Yunnan; Late Triassic Yipinglang Formation. (in English)

1996 Huang Qisheng and others, pl. 2, fig. 10; frond; Wenquan of Kaixian, Sichuan; Early

Jurassic bed 1 in upper part of Zhenzhuchong Formation.

1997 Meng Fansong, Chen Dayou, pl. 1, fig. 13; frond; Nanxi of Yunyang, Chongqing; Middle Jurassic Dongyuemiao Member of Ziliujing Formation.

1999b Wu Shunqing, p. 17, pl. 6, figs. 1, 2, 2a; pl. 7, figs. 3, 4; pl. 8, fig. 1; fertile pinnae and sterile pinnae; Jinxi and Lixiyan of Wangcang, Shiguansi of Wanyuan and Cifengchang of Pengxian, Sichuan; Late Triassic Hsuchiaho Formation.

2001 Huang Qisheng, pl. 2, fig. 1; frond; Qilixia of Xuanhan, Sichuan; Early Jurassic upper part of Zhenzhuchong Formation.

2003 Meng Fansong and others, pl. 2, figs. 11 — 13; sterile pinnae; Shuishikou of Yunyang, Chongqing; Early Jurassic Dongyuemiao Member of Ziliujing Formation.

***Clathropteris* cf. *platyphylla* (Goeppert) Nathorst**

1990 Wu Xiangwu, He Yuanliang, p. 298, pl. 5, fig. 4; frond; Yushu, Qinghai; Late Triassic Gema Formation of Jieza Group.

△*Clathropteris polygona* Chow et Wu, 1968

1968 Chow Tseyen, Wu Shunching, in *Fossil Atlas of Mesozoic Coal-bearing Strata in Kiangsi and Hunan Provinces*, p. 43, pl. 5, fig. 2; frond; Chengtanjiang of Liuyang, Hunan; Late Triassic Sanqiutian Lower Member of Anyuan Formation.

1977 Feng Shaonan and others, p. 212, pl. 79, fig. 8; frond; Chengtanjiang of Liuyang, Hunan; Late Triassic Anyuan Formation.

1978 Yang Xianhe, p. 485, pl. 168, fig. 3; frond; Taipingchang of Dukou, Sichuan; Late Triassic Dajing Formation.

1982 Zhang Caifan, p. 525, pl. 357, fig. 1; frond; Chengtanjiang of Liuyang, Hunan; Late Triassic.

1987 Chen Ye and others, p. 97, pl. 10, fig. 1; sterile frond; Qinghe of Yanbian, Sichuan; Late Triassic Hongguo Formation.

△*Clathropteris pusilla* Mi, Sun C, Sun Y, Cui, Ai et al., 1996 (in Chinese)

1996 Mi Jiarong, Sun Chunlin, Sun Yuewu, Cui Shangsen, Ai Yongliang and others, p. 94, pl. 8, fig. 7; text-fig. 4; frond; Reg. No.: HF2217; Repository: Department of Geological History and Palaeontology, Changchun College of Geology; Shimenzhai of Funing, Hebei; Early Jurassic Beipiao Formation.

△*Clathropteris tenuinervis* Wu, 1976

1976 Wu Shunching, in Lee P C and others, p. 110, pl. 22, figs. 4 — 6, 7B; pl. 24, fig. 7; Reg. No.: PB5286 — PB5289, PB5302; Holotype: PB5289 (pl. 22, fig. 7B); sterile pinnae and fertile pinnae; Repository: Nanjing Institute of Geology and Palaeontology, Chinese Academy of Sciences; Mahuangjing of Xiangyun, Yunnan; Late Triassic Huaguoshan Member of Xiangyun Formation.

1978 Zhang Jihui, p. 478, pl. 161, fig. 7; frond; Choumeichong of Nayong, Guizhou; Late Triassic.

1982a Wu Xiangwu, p. 52, pl. 5, figs. 1, 1a; pl. 6, fig. 3; pl. 7, fig. 3; fronds; Baqing, Tibet; Late Triassic Tumaingela Formation.

1983 Duan Shuying and others, pl. 8, fig. 5; frond; Beiluoshan of Ninglang, Yunnan (Tunnan);

Late Triassic.

1986 Ye Meina and others, p. 29, pl. 13, fig. 1; frond; Dalugou Coal Mine of Xuanhan, Sichuan; Late Triassic member 7 of Hsuchiaho Formation.

***Clathropteris* cf. *tenuinervis* Wu**

1990 Wu Xiangwu, He Yuanliang, p. 298, pl. 6, figs. 1, 1a; frond; Yushu and Zhiduo, Qinghai; Late Triassic Gema Formation of Jieza Group.

***Clathropteris* cf. *C. tenuinervis* Wu**

1993 Wang Shijun, p. 10, pl. 2, fig. 3; frond; Guanchun of Lechang, Guangdong; Late Triassic Genkou Group.

△*Clathropteris zhenbaensis* Liu, 1982

1982 Liu Zijin, p. 124, pl. 64, fig. 2; frond; No.: P024; Changtanhe of Zhenba, Shaanxi; Late Triassic Hsuchiaho Formation.

***Clathropteris* spp.**

1883 *Clathropteris* sp., Schenk, p. 250, pl. 51, fig. 1; frond; Tumulu, Inner Mongolia; Jurassic. [Notes: This specimen lately was referred as *Clathropteris pekingensis* Lee et Shen (Sze H C, Lee H H and others, 1963)]

1884 *Clathropteris* sp., Schenk, p. 170 (8), pl. 14 (2), fig. 6a; frond; Guangyuan, Sichuan; late Late Triassic — Early Jurassic.

1906 *Clathropteris* sp., Yokoyama, p. 16, pl. 2, fig. 3; frond; Shuitangpu of Xuanwei, Yunnan; Triassic.

1953b *Clathropteris* sp., Takahashi, p. 532; text-fig. 1; frond; Fangzi Coal Field; Jurassic.

1963 *Clathropteris* sp., Sze H C, Lee H H and others, p. 87, pl. 52, fig. 7; frond; Guangyuan, Sichuan; late Late Triassic — Early Jurassic.

1976 *Clathropteris* sp. (sp. nov.), Lee P C and others, p. 111, pl. 22, figs. 1 — 2a; fronds; Yubacun and Yipinglang of Lufeng, Yunnan; Late Triassic Ganhaizi Member of Yipinglang Formation.

1980 *Clathropteris* sp. 1, Wu Shunqing and others, p. 94, pl. 11, fig. 4; sterile pinna; Daxiakou of Xingshan, Hubei; Early — Middle Jurassic Hsiangchi (Xiangxi) Formation.

1980 *Clathropteris* sp. 2, Wu Shunqing and others, p. 94, pl. 9, fig. 7; sterile pinna; Daxiakou of Xingshan, Hubei; Early — Middle Jurassic Hsiangchi (Xiangxi) Formation.

1982 *Clathropteris* sp. (sp. nov. ?), Li Peijuan, Wu Xiangwu, p. 44, pl. 12, figs. 1A, 1a; frond; Daocheng, Sichuan; Late Triassic Lamaya Formation.

1982 *Clathropteris* sp., Li Peijuan, Wu Xiangwu, p. 45, pl. 17, fig. 1; frond; Dege, Sichuan; Late Triassic Lamaya Formation.

1984 *Clathropteris* sp. [Cf. *C. Platyphylla* (Goeppert) Brongniart], Zhou Zhiyan, p. 10, pl. 3, figs. 4 — 6; frond; Hebutang of Qiyang, Hunan; Early Jurassic Paijiachong Member and Dabakou Member of Guanyintan Formation.

1986 *Clathropteris* sp., Ju Kuixiang, Lan Shanxian, p. 2, fig. 1; frond; Lvjiashan of Nanjing, Jiangsu; Late Triassic Fanjiatang Formation.

1987 *Clathropteris* sp., Chen Ye and others, p. 98, pl. 9, figs. 3, 3a; sterile frond; Qinghe of

Yanbian, Sichuan; Late Triassic Hongguo Formation.

1987 *Clathropteris* sp., He Dechang, p. 75, pl. 4, fig. 3; frond; Longpucun in Meiyuan of Yunhe, Zhejiang; late Early Jurassic bed 7 of Longpu Formation.

1987 *Clathropteris* sp., He Dechang, p. 85, pl. 18, fig. 3; frond; Gekou of Anxi, Fujian; Early Jurassic Lishan Formation.

1987 *Clathropteris* sp., Hu Yufan, Gu Daoyuan, p. 224, pl. 4, figs. 2, 2a; frond; Kuqa, Xinjiang; Late Triassic Tariqike Formation.

1992 *Clathropteris* sp., Sun Ge, Zhao Yanhua, p. 528, pl. 227, fig. 2; frond; Naozhijie of Linjiang, Jilin; Early Jurassic Yihuo Formation.

1993 *Clathropteris* sp., Mi Jiarong and others, p. 89, pl. 8, figs. 5, 5a; frond; Tianqiaoling of Wangqing, Jilin; Late Triassic Malugou Formation.

1993a *Clathropteris* sp., Wu Xiangwu, p. 66.

1996 *Clathropteris* sp., Mi Jiarong and others, p. 95, pl. 8, fig. 2; frond; Guanshan of Beipiao, Liaoning; Early Jurassic lower member of Beipiao Formation.

Clathropteris? spp.

1979 *Clathropteris*? sp., Gu Daoyuan, Hu Yufan, pl. 2, fig. 1; frond; Crassus River of Karamay (Kuqa), Xinjiang; Late Triassic Tariqike Formation.

1984 *Clathropteris*? sp., Wang Ziqiang, p. 246, pl. 140, fig. 4; frond; Xiahuayuan, Hebei; Middle Jurassic Mentougou Formation.

Genus *Coniopteris* Brongniart, 1849

1849 Brongniart, p. 105.

1906 Yokoyama, pp. 24, 26.

1963 Sze H C, Lee H H and others, p. 74.

1993a Wu Xiangwu, p. 67.

Type species: *Coniopteris murrayana* Brongniart, 1849

Taxonomic status: Dicksoniaceae, Filicopsida

Coniopteris murrayana Brongniart, 1849

1835 (1828—1838) Brongniart, p. 358, pl. 126, figs. 1—4; sterile pinnae; Yorkshire, England; Middle Jurassic.

1849 Brongniart, p. 105.

1977 Chen Gongxin, in Feng Shaonan and others, p. 213, pl. 75, figs. 4, 5; fronds; Naquan of Fusui, Guangxi; Middle Jurassic.

1982 Duan Shuying, Chen Ye, p. 496, pl. 4, fig. 3; sterile pinna and fertile pinna; Nanxi of Yunyang, Sichuan; Early Jurassic Zhenzhuchong Formation.

1987 Meng Fansong, p. 241, pl. 33, fig. 1; pl. 36, figs. 2, 3; fronds; Xietan and Xiangxi of Zigui, Hubei; Early Jurassic Hsiangchi (Xiangxi) Formation.

1988 Li Peijuan and others, p. 53, pl. 22, figs. 2A, 2a, 3A, 4A; pl. 23, figs. 3A, 3a; pl. 28, figs.

1,1a; pl. 29, figs. 1, 1a; sterile pinnae and fertile pinnae; Dameigou of Da Qaidam, Qinghai; Middle Jurassic *Coniopteris murrayana* Bed, *Eboracia* Bed of Yinmagou Formation and *Tyrmia-Sphenobaiera* Bed of Dameigou Formation.

1993a Wu Xiangwu, p. 67.

1995 Wang Xin, p. 1, fig. 9; frond; Tongchuan, Shaanxi; Middle Jurassic Yan'an Formation.

1997 Meng Fansong, Chen Dayou, pl. 1, figs. 5, 6; sterile pinnae; Nanxi of Yunyang, Chonqing; Middle Jurassic Dongyuemiao Member of Ziliujing Formation.

1998 Zhang Hong and others, pl. 13, fig. 3; pl. 14, fig. 1; frond; Kangsu of Wuqia, Xinjiang; Middle Jurassic Yangye (Yangxia) Formation.

2002 Meng Fansong and others, pl. 3, figs. 1 — 3; pl. 6, fig. 4; fronds; Xiangxi and Guojiaba of Zigui, Hubei; Early Jurassic Hsiangchi (Xiangxi) Formation.

2003 Meng Fansong and others, pl. 3, figs. 5, 6; pl. 4, fig. 9; sterile pinnae; Shuishikou of Yunyang, Chongqing; Early Jurassic Dongyuemiao Member of Ziliujing Formation.

***Coniopteris*? *murrayana* (Brongniart) Brongniart**

1984 Wang Ziqiang, p. 242, pl. 142, fig. 8; frond; Zhuolu, Hebei; Middle Jurassic Yudaishan Formation.

***Coniopteris* cf. *murrayana* (Brongniart) Brongniart**

1980 Wu Shunqing and others, p. 92, pl. 6, figs. 8 — 10; pl. 7, figs. 5 — 7; pl. 10, fig. 8, 9; pl. 11, figs. 5 — 8; sterile pinnae; Xiangxi of Zigui, Huilongsi and Daxiakou of Xingshan, Hubei; Early — Middle Jurassic Hsiangchi (Xiangxi) Formation.

1984 Chen Gongxin, p. 578, pl. 236, figs. 1, 2; sterile pinnae and fertile pinnae; Xiangxi of Zigui, Huilongsi and Daxiakou of Xingshan, Hubei; Early Jurassic Hsiangchi (Xiangxi) Formation.

***Coniopteris angustiloba* Brick, 1933**

1933 Brick, p. 6, pl. 2, figs. 9a, 9b, 10; fronds; Fergana; Early Jurassic.

2001 Sun Ge and others, pp. 73, 183, pl. 9, figs. 3 — 5; pl. 40, figs. 1 — 4; sterile fronds and fertile fronds; Shangyuan of Beipiao, Liaoning; Late Jurassic Jianshangou Formation.

2004 Deng Shenghui and others, pp. 209, 214, pl. 1, fig. 3; sterile pinna; Hongliugou Section of Aram Basin, Inner Mongolia; late Middle Jurassic Xinhe Formation.

2004 Wang Wuli and others, p. 229, pl. 28, figs. 5 — 9; sterile fronds and fertile fronds; Yixian, Liaoning; Late Jurassic Zhuanchengzi Bed of Yixian Formation; Huangbanjigou in Shangyuan of Beipiao, Liaoning; Late Jurassic Jianshangou Bed of Yixian Formation.

***Coniopteris arctica* (Prynada) Samylina, 1963**

1938 *Sphenopteris arctica* Prynada, p. 24, pl. 2, fig. 8; frond; Northeast USSR; Early Cretaceous.

1963 Samylina, p. 70, pl. 2, figs. 2 — 7; pl. 3, fig. 5a; fronds; Aldan River; Early Cretaceous.

1980 Zhang Wu and others, p. 240, pl. 156, figs. 1, 2; fronds; Hada of Jidong, Heilongjiang; Early Cretaceous Muling Formation; Qinglongshan of Boli, Heilongjiang; Early Cretaceous Chengzihe Formation.

1981 Chen Fen and others, p. 45, pl. 1, fig. 4; frond; Haizhou Opencut Coal Mine of Fuxin,

Liaoning; Early Cretaceous Taiping Bed or Middle Bed of Fuxin Formation.

1982b Zheng Shaolin, Zhang Wu, p. 297, pl. 4, figs. 8 — 10; fronds; Nuanquan in Didao of Jixi, Heilongjiang; Late Jurassic Didao Formation; Yonghong of Hulin, Heilongjiang; Late Jurassic Yunshan Formation.

1991 Zhang Chuanbo and others, pl. 1, fig. 4; frond; Liutai of Jiutai, Jilin; Early Cretaceous Dayangcaogou Formation.

2001 Deng Shenghui, Chen Fen, pp. 78, 200, pl. 20, figs. 1 — 7; fronds and fertile pinnae; Huolinhe Basin, Inner Mongolia; Early Cretaceous Huolinhe Formation; Hailar, Inner Mongolia; Early Cretaceous Damoguaihe Formation and Yimin Formation; Fuxin Basin, Liaoning; Early Cretaceous Fuxin Formation; Tiefa Basin, Liaoning; Early Cretaceous Xiaoming'anbei Formation; Jixi Basin, Heilongjiang; Early Cretaceous Chengzihe Formation; Longzhaogou area, Heilongjiang; Early Cretaceous Yunshan Formation; Sanjiang Basin, Heilongjiang; Early Cretaceous Chengzihe Formation.

***Coniopteris* cf. *arctica* (Prynada) Samylina**

1995b Deng Shenghui, p. 22, pl. 11, figs. 1 — 3; fronds and fertile pinnae; Huolinhe Basin, Inner Mongolia; Early Cretaceous Huolinhe Formation.

△*Coniopteris beijingensis* Chen et Dou, 1984

1984 Chen Fen, Dou Yawei, in Chen Fen and others, pp. 36, 119, pl. 9, figs. 1 — 8; pl. 10, figs. 8 — 11; sterile pinnae and fertile pinnae; Col. No.: DDK1, DDK2, ZCY (L), MY-2, MQ-14; Reg. No.: BM009, BM010, BM064 — BM073; Syntypes 1 — 8: BM064 — BM071 (pl. 9, figs. 1 — 8); Repository: Beijing Graduate School, Wuhan College of Geology; Datai and Daanshan of West Hill, Beijing; Early Jurassic Lower Yaopo Formation. [Notes: According to *International Code of Botanical Nomenclature* (*Vienna Code*) article 37. 2, from the year 1958, the holotype type specimen should be unique]

***Coniopteris* cf. *beijingensis* Chen et Dou**

1995 Wang Xin, p. 2, fig. 8; frond; Tongchuan, Shaanxi; Middle Jurassic Yan'an Formation.

△*Coniopteris beipiaoensis* Cao et Shang, 1990

1990 Cao Zhengyao, Shang Ping, p. 45, pl. 4, figs. 1, 2; pl. 5, fig. 1; fronds; Reg. No.: PB14703, PB14704; Holotype: PB14703 (pl. 4, fig. 1); Repository: Nanjing Institute of Geology and Palaeontology, Chinese Academy of Sciences; Shebudai in Changgao of Beipiao, Liaoning; Middle Jurassic Lanqi Formation.

***Coniopteris bella* Harris, 1961**

1961 Harris, p. 149; text-figs. 51A — 51D, 52; sterile pinnae and fertile pinnae; Yorkshire, England; Middle Jurassic.

1980 Zhang Wu and others, p. 240, pl. 120, figs. 3 — 6; sterile pinnae and fertile pinnae; Shuangmiao of Lingyuan, Liaoning; Early Jurassic Guojiadian Formation.

1986 Duan Shuying and others, pl. 2, figs. 2, 3; fronds; southern margin of Erdos Basin; Middle Jurassic Yan'an Formation.

1996 Mi Jiarong and others, p. 88, pl. 6, figs. 6, 7, 9, 10, 13, 14, 16, 24; fronds; Sanbao, Gajia and Haifanggou of Beipiao, Liaoning; Middle Jurassic Haifanggou Formation.

1998 Zhang Hong and others, pl. 16, figs. 3 — 6; sterile fronds and fertile fronds; Yaojie Coal Field of Lanzhou, Gansu; Middle Jurassic upper part of Yaojie Formation.

2002 Wu Xiangwu and others, p. 153, pl. 4, fig. 3; pl. 5, fig. 1; pl. 8, fig. 1; sterile fronds and fertile fronds; Bailuanshan of Zhangye, Gansu; Early — Middle Jurassic Chaoshui Group.

2003 Deng Shenghui and others, pl. 65, fig. 3; frond; Haojiagou Section of Junggar Basin, Xinjiang; Middle Jurassic Xishanyao Formation.

2003 Xu Kun and others, pl. 7, fig. 3; frond; Haifanggou of Beipiao, Liaoning; Middle Jurassic Haifanggou Formation.

2005 Sun Bainian and others, p. 29, pl. 17, fig. 1; frond; Yaojie, Gansu; Middle Jurassic Yaojie Formation.

***Coniopteris* cf. *bella* Harris**

1986 Li Weirong and others, pl. 1, fig. 11; frond; Guoguanshan in Peide of Mishan, Heilongjiang; Middle Jurassic Peide Formation.

1987 Zhang Wu, Zheng Shaolin, pl. 4, figs. 6, 7; fronds; Lamagou in Liangtugou of Chaoyang, Liaoning; Middle Jurassic Haifanggou Formation.

***Coniopteris* cf. *C. bella* Harris**

1986 Ye Meina and others, p. 31, pl. 11, figs. 5, 5a; sterile pinna and fertile pinna; Binlang of Daxian, Sichuan; Early Jurassic Zhenzhuchong Formation.

***Coniopteris bicrenata* Samylina, 1964**

1964 Samylina, p. 57, pl. 6, figs. 4a, 5, 6a; fronds; Kolyma River Basin; Early Cretaceous.

1993 Bureau of Geology and Mineral Resources of Heilongjiang Province, pl. 11, fig. 7b; frond; Heilongjiang Province; Late Jurassic Didao Formation.

1995a Li Xingxue (editor-in-chief), pl. 99, figs. 2, 3; fronds; Hegang, Heilongjiang; Early Cretaceous Shitouhezi Formation. (in Chinese)

1995b Li Xingxue (editor-in-chief), pl. 99, figs. 2, 3; fronds; Hegang, Heilongjiang; Early Cretaceous Shitouhezi Formation. (in English)

***Coniopteris burejensis* (Zalessky) Seward, 1912**

1904 *Dicksonia burejensis* Zalessky, p. 181, pl. 3, figs. 1, 4; pl. 4, figs. 1, 5; fronds; Bureya Basin of Heilongjiang River; Late Jurassic.

1912 Seward, p. 6, pl. 1, figs. 1 — 5; pl. 3, figs. 18 — 21; fronds; Bureya Basin of Heilongjiang River; Late Jurassic.

1928 Yabe, Ôishi, p. 8, pl. 2, fig. 11; frond; Fangzi of Weixian, Shandong; Jurassic.

1931 Sze H C, p. 37; sterile pinna and fertile pinna; Mentougou, Beijing; Early Jurassic (Lias). [Notes: This specimen lately was referred as *Coniopteris szeiana* Chow et Yeh (Sze H C, Lee H H and others, 1963)]

1938 Ôishi, Takahasi, p. 59, pl. 5 (1), figs. 3 — 3b, 4; sterile pinnae and fertile pinnae; Mishan, Heilongjiang; Middle Jurassic or Late Jurassic Muling Series.

1950 Ôishi, p. 49, frond; Northeast China; Late Jurassic; Hubei; Early Jurassic.

1954 Hsu J, p. 49, pl. 43, figs. 8, 9; sterile fronds and fertile fronds; Didao of Muling, Jilin; Late

Jurassic(?).

1959 Sze H C, pp. 3, 20, pl. 1, figs. 1 — 11; fronds; Yuqia (Yuechia) of Da Qaidam, Qinghai; Jurassic.

1960b Sze H C, p. 27, pl. 2, figs. 1 — 4; sterile pinnae; Hanxia Coal Mine of Yumen, Gansu; Early — Middle Jurassic (Lias — Dogger).

1963 Lee H H and others, p. 133, pl. 107, figs. 1 — 4; fronds and fertile pinnae; Northwest China; Early — Late Jurassic(?).

1963 Sze H C, Lee H H and others, p. 74, pl. 23, figs. 6, 6a; pl. 24, figs. 1 — 3; fronds and fertile pinnae; Zhaitang of West Hill, Beijing; Middle Jurassic Mentougou Group; Fangzi of Weixian, Shandong; Middle Jurassic Fangzi Group; Yuqia (Yuechia) of Qinghai, Yumen of Gansu, Didao in Jixi of Heilongjiang; Middle[Early(?)]— Late Jurassic.

1977 Feng Shaonan and others, p. 213, pl. 75, figs. 1, 2; fronds; Mianchi, Henan; Early — Middle Jurassic; Wuji of Nanzhang, Hubei; Middle Jurassic Wuji Group; Sanligang of Dangyang, Hubei; Early — Middle Jurassic Upper Coal Formation of Hsiangchi Group.

1978 Yang Xianhe, p. 481, pl. 188, fig. 8; frond; Houba of Jiangyou, Sichuan; Early Jurassic Baitianba Formation.

1979 He Yuanliang and others, p. 137, pl. 67, figs. 3 — 5a; fronds; Yuqia of Da Qaidam, Qinghai; Middle Jurassic Dameigou Formation.

1980 Chen Fen and others, p. 427, pl. 2, figs. 4, 6; fronds; West Hill, Beijing; Early Jurassic Upper Yaopo Formation and Middle Jurassic Longmen Formation; Xiahuayuan of Zhuolu, Hebei; Middle Jurassic Yudaishan Formation.

1980 Zhang Wu and others, p. 240, pl. 120, fig. 7; pl. 121, fig. 4; pl. 155, fig. 3; sterile pinnae and fertile pinnae; Shuangmiao of Lingyuan, Liaoning; Early Jurassic Guojiadian Formation; Beipiao, Liaoning; Middle Jurassic Haifanggou Formation; Fuxin, Liaoning; Early Cretaceous Fuxin Formation; Changtu, Liaoning; Early Cretaceous Shahezi Formation; Hegang of Jixi, Heilongjiang; Early Cretaceous Chengzihe Formation.

1982 Chen Fen, Yang Guanxiu, p. 576, pl. 1, fig. 4; frond; West Hill, Bejing; Early Cretaceous Lushangfen Formation of Tuoli Group.

1982a Yang Xuelin, Sun Liwen, p. 588, pl. 1, fig. 6; Yingcheng of southeastern Songhuajiang-Liaohe Basin; Late Jurassic Shahezi Formation.

1982b Zheng Shaolin, Zhang Wu, p. 297, pl. 4, fig. 11; pl. 5, fig. 1; fronds; Nuanquan in Didao of Jixi, Heilongjiang; Late Jurassic Didao Formation.

1983b Cao Zhengyao, p. 32, pl. 4, figs. 4 — 9; sterile pinnae and fertile pinnae; Yonghong of Hulin, Heilongjiang; Late Jurassic Yunshan Formation.

1983 Li Jieru, pl. 1, figs. 15, 16; fronds; Houfulongshan of Jinxi, Liaoning; Middle Jurassic member 1 of Haifanggou Formation.

1984 Chen Gongxin, p. 578, pl. 235, fig. 6; pl. 236, fig. 5; fronds; Sanligang of Dangyang, Hubei; Early Jurassic Tongzhuyuan Formation; Chebu of Puqi, Hubei; Early Jurassic Wuchang Formation.

1984a Cao Zhengyao, p. 6, pl. 1, fig. 4B; pl. 3, fig. 3B; pl. 5, figs. 4, 5, 9, 9a; sterile pinnae and fertile pinnae; Xingcun and Peide of Mishan, Heilongjiang; Middle Jurassic Peide Formation; Jinsha of Mishan, Heilongjiang; Early Cretaceous Chengzihe Formation.

1984 Gu Daoyuan, p. 140, pl. 66, fig. 8; pl. 72, fig. 4; pl. 74, fig. 6; sterile pinnae; Manas River of Manas, Xinjiang; Middle Jurassic Xishanyao Formation; Kuqa, Xinjiang; Middle Jurassic Kezilenur Formation.

1986 Duan Shuying and others, pl. 2, fig. 1; frond; southern margin of Erdos Basin; Middle Jurassic Yan'an Formation.

1986 Li Weirong and others, pl. 1, fig. 6; frond; Guoguanshan in Peide of Mishan, Heilongjiang; Middle Jurassic Peide Formation.

1988 Li Peijuan and others, p. 52, pl. 24, figs. 1A, 2A; pl. 431, fig. 3A; pl. 46, fig. 1; pl. 51, figs. 1, 1a, 2B; sterile pinnae and fertile pinnae; Dameigou of Da Qaidam, Qinghai; Middle Jurassic *Tyrmia-Sphenobaiera* Bed of Dameigou Formation; Baishushan of Delingha, Qinghai; Middle Jurassic *Nilssonia* Bed of Shimengou Formation.

1988 Sun Ge, Shang Ping. pl. 1, figs. 3, 4; pl. 2, fig. 3; fronds; Huolinhe Coal Field, Inner Mongolia; Early Cretaceous Huolinhe Formation.

1991 Zhao Liming, Tao Junrong, pl. 1, fig. 9; sterile pinna; Pingzhuang of Chifeng, Inner Mongolia; Early Cretaceous Xingyuan Formation.

1992a Cao Zhengyao, pl. 1, figs. 6 — 9; sterile pinnae and fertile pinnae; Suibin-Shuangyashan area, eastern Heilongjiang; Early Cretaceous member 1 and member 2 of Chengzihe Formation.

1992 Huang Qisheng, Lu Zongsheng, pl. 2, figs. 5, 5a; sterile frond and fertile frond; Wudinghe of Hengshan, Shaanxi; Middle Jurassic Yan'an Formation.

1992 Sun Ge, Zhao Yanhua, p. 526, pl. 221, figs. 5, 6; pl. 222, figs. 3, 5, 6; fronds; Erdaoliangzi of Shuangyang, Jilin; Late Jurassic Anmin Formation; Yingchengzi Coal Mine of Jiutai, Jilin; Early Cretaceous Yingchengzi Formation; Jiaohe Coal Mine, Jilin; Early Cretaceous Naizishan Formation.

1993 Hu Shusheng, Mei Meitang, pl. 1, fig. 8; pinna; Xi'an Coal Mine of Liaoyuan, Jilin; Early Cretaceous Lower Coal-bearing Member of Chang'an Formation.

1994 Cao Zhengyao, fig. 4d; frond; Jixian, Heilongjiang; early Early Cretaceous Chengzihe Formation.

1994 Gao Ruiqi and others, pl. 14, fig. 8; frond; Changtu, Jilin; Early Cretaceous Shahezi Formation.

1995 Wang Xin, p. 2, fig. 5; frond; Tongchuan, Shaanxi; Middle Jurassic Yan'an Formation.

1995 Zeng Yong and others, p. 50, pl. 6, fig. 5; frond; Yima, Henan; Middle Jurassic Yima Formation.

1996 Mi Jiarong and others, p. 88, pl. 6, fig. 21; frond; Sanbao of Beipiao, Liaoning; Middle Jurassic Haifanggou Formation.

1998 Huang Qisheng and others, pl. 1, fig. 11; frond; Miaoyuancun of Shangrao, Jiangxi; Early Jurassic member 5 of Linshan Formation.

1998 Liao Zhuoting, Wu Guogan (editors-in-chief), pl. 13, figs. 1, 2, 7, 8; fronds; Santanghu Coal Mine of Barkol, Xinjiang; Middle Jurassic Toutunhe Formation.

1998 Zhang Hong and others, pl. 12, fig. 9; pl. 15, fig. 4; pl. 18, figs. 1, 2; sterile pinnae; Kangsu of Wuqia, Xinjiang; Middle Jurassic Yangye (Yangxia) Formation; Rujigou of Pingluo, Ningxia; Middle Jurassic Rujigou Formation.

1999a Wu Shunqing, p. 12, pl. 3, figs. 2 — 5; fronds; Huangbanjigou in Shangyuan of Beipiao, Liaoning; Late Jurassic Jianshangou Bed in lower part of Yixian Formation.

2001 Sun Ge and others, pp. 73, 184, pl. 11, fig. 2; pl. 15, fig. 7; pl. 22, fig. 6(?); pl. 43, fig. 10 (?); pl. 68, figs. 1, 2; sterile fronds and fertile fronds; Shangyuan of Beipiao, Liaoning; Late Jurassic Jianshangou Formation.

2002 Wu Xiangwu and others, p. 153, pl. 4, fig. 4; pl. 5, fig. 2; pl. 6, fig. 2; pl. 7, figs. 3 — 5; pl. 9, figs. 1, 2; fronds; Tangjiagou in Minqin of Gansu, Jijigou in Alxa Right Banner of Inner Mongolia; Middle Jurassic lower member of Ningyuanpu Formation; Qingtujing of Jinchang, Gansu; Middle Jurassic upper member of Ningyuanpu Formation.

2003 Deng Shenghui and others, pl. 67, fig. 4; frond; Sandaoling Coal Mine of Hami, Xinjiang; Middle Jurassic Xishanyao Formation.

2003 Meng Fansong and others, pl. 2, figs. 1, 2; sterile pinnae; Shuishikou of Yunyang, Chongqing; Early Jurassic Dongyuemiao Member of Ziliujing Formation.

2003 Xu Kun and others, pl. 5, figs. 10, 13, 14; fronds; Peide Coal Mine of Mishan, Heilongjiang; Middle Jurassic Qihulin Formation.

2003 Xu Kun and others, pl. 7, fig. 10; frond; Sanbao of Beipiao, Liaoning; Middle Jurassic Haifanggou Formation.

2003 Xu Kun and others, pl. 8, fig. 1; frond; western Liaoning; Middle Jurassic Lanqi Formation.

2003 Yang Xiaoju, p. 564, pl. 1, figs. 7 — 11; sterile fronds and fertile fronds; Jixi Basin, Heilongjiang; Early Cretaceous Muling Formation.

2005 Miao Yuyan, p. 522, pl. 1, figs. 7, 7a; sterile pinna; Baiyang River area of Junggar Basin, Xinjiang; Middle Jurassic Xishanyao Formation.

***Coniopteris* cf. *burejensis* (Zalessky) Seward**

1990 Cao Zhengyao, Shang Ping, pl. 2, fig. 5; frond; Shebudai in Changgao of Beipiao, Liaoning; Middle Jurassic Lanqi Formation.

1997 Meng Fansong, Chen Dayou, pl. 1, fig. 4; sterile pinna; Nanxi of Yunyang, Chongqing; Middle Jurassic Dongyuemiao Member of Ziliujing Formation.

2004 Deng Shenghui and others, pp. 210, 214, pl. 1, fig. 5; sterile pinna; Hongliugou Section of Aram Basin, Inner Mongolia; Middle Jurassic Xinhe Formation.

Cf. *Coniopteris burejensis* (Zalessky) Seward

1999 Cao Zhengyao, p. 48, pl. 8, figs. 1, 1a; frond; Zhangdang of Yongjia, Zhejiang; Early Cretaceous member C of Moshishan Formation.

△*Coniopteris changii* Cao et Shang, 1990

1990 Cao Zhengyao, Shang Ping, p. 46, pl. 4, figs. 3 — 6; pl. 6, fig. 6; pl. 10, fig. 1; sterile pinnae and fertile pinnae; Reg. No. : PB14705 — PB14708; Holotype: PB14706 (pl. 4, fig. 4); Repository: Nanjing Institute of Geology and Palaeontology, Chinese Academy of Sciences; Shebudai in Changgao of Beipiao, Liaoning; Middle Jurassic Lanqi Formation.

△*Coniopteris chenyuanensis* Meng, 1987

1987 Meng Fansong, p. 241, pl. 25, figs. 3, 3a; pl. 29, fig. 2; fertile pinnae; Col. No. : X-81-P-1;

Reg. No. : P82135, P82136 (Syntypes); Repository: Yichang Institute of Geology and Mineral Resources; Chenyuan of Dangyang, Hubei; Early Jurassic Hsiangchi Formation. [Notes: According to *International Code of Botanical Nomenclature* (*Vienna Code*) article 37. 2, from the year 1958, the holotype type specimen should be unique]

△***Coniopteris concinna*** **(Heer) Chen, Li et Ren, 1990**

1876 *Dicksonia concinna* Heer, p. 87, pl. 16, figs. 1 — 7; sterile pinnae and fertile pinnae; Siberia; Heilongjiang River Basin; Jurassic — Early Cretaceous.

1990 Chen Fen, Li Chengsen, Ren Shouqin, p. 132, pls. 1 — 6; fronds, fertile pinnules bearing sori and sporangia; Liaoning and Inner Mongolia; Jurassic — Early Cretaceous.

1995b Deng Shenghui, p. 23, pl. 7, fig. 9A; pl. 12, fig. 7; pl. 14, figs. 1A, 1B; pl. 15, fig. 6A; fronds and fertile pinnae; Huolinhe Basin, Inner Mongolia; Early Cretaceous Huolinhe Formation.

1995 Li Chengsen, Cui Jinzhong, pp. 49 — 51 (with figures); fertile pinnules bearing sori and sporangia; Liaoning and Inner Mongolia; Jurassic — Early Cretaceous.

1997 Deng Shenghui and others, p. 31, pl. 13, figs. 5 — 11; pl. 14, figs. 2 — 9; pl. 15, fig. 12B; fronds, fertile pinnae, sporangia and spores; Jalai Nur and Dayan Basin, Inner Mongolia; Early Cretaceous Yimin Formation; Yimin, Dayan Basin, Labudalin Basin and Wujiu Basin of Hailar, Inner Mongolia; Early Cretaceous Damoguaihe Formation.

2001 Deng Shenghui, Chen Fen, pp. 79, 200, pl. 22, figs. 1 — 9; pl. 23, figs. 1 — 6; pl. 24, figs. 1 — 8; text-fig. 10; fronds and fertile pinnae; Wujiu Basin and Hailar Basin, Inner Mongolia; Early Cretaceous Damoguaihe Formation; Huolinhe Basin, Inner Mongolia; Early Cretaceous Huolinhe Formation; Pingzhuang-Yuanbaoshan Basin, Inner Mongolia; Early Cretaceous Yuanbaoshan Formation; Tiefa Basin, Liaoning; Early Cretaceous Xiaoming'anbei Formation.

2002 Deng Shenghui, pl. 2, fig. 1; frond; Northeast China; Early Cretaceous.

△***Coniopteris densivenata*** **Deng, 1995**

1995b Deng Shenghui, pp. 23, 110, pl. 10, figs. 1 — 3; pl. 11, figs. 6, 7; pl. 12, figs. 2 — 6; text-fig. 7; sterile fronds and fertile fronds; No. : H14-055, H17-021, H17-072, H17-133, H17-156, H17-160 — H17-163, H17-444; Repository: Research Institute of Petroleum Exploration and Development; Huolinhe Basin, Inner Mongolia; Early Cretaceous Huolinhe Formation. (Notes: The type specimen was not designated in the original paper)

1997 Deng Shenghui and others, p. 32, pl. 12, figs. 2 — 4; pinnae; Dayan Basin of Hailar, Inner Mongolia; Early Cretaceous Damoguaihe Formation.

2001 Deng Shenghui, Chen Fen, pp. 80, 201, pl. 20, fig. 8; pl. 21, figs. 1 — 7; text-fig. 11; fronds and fertile pinnae; Huolinhe Basin, Inner Mongolia; Early Cretaceous Huolinhe Formation; Hailar, Inner Mongolia; Early Cretaceous Damoguaihe Formation and Yimin Formation; Yingcheng, Jilin; Early Cretaceous Shahezi Formation and Yingcheng Formation; Longzhaogou area, Heilongjiang; Early Cretaceous Yunshan Formation; Sanjiang Basin, Heilongjiang; Early Cretaceous Chengzihe Formation.

Coniopteris depensis **Lebedev E, 1965**

1965 Lebedev E, p. 64, pl. 1, figs. 1, 6 — 10; pl. 2, fig. 1; text-figs. 13, 14; fronds; Zeya River of

Heilongjiang River Basin; Late Jurassic.

1980 Zhang Wu and others, p. 241, pl. 156, figs. 4, 4a; frond; Mengjiatun of Lishu, Jilin; Early Cretaceous Shahezi Formation; Hegang and Jixi, Heilongjiang; Early Cretaceous Chengzihe Formation.

1982b Yang Xuelin, Sun Liwen, p. 46, pl. 16, figs. 1 — 6, 6a; fronds; Xing'anbao of southeastern Da Hinggan Ling; Middle Jurassic Wanbao Formation.

1985 Yang Xuelin, Sun Liwen, p. 105, pl. 3, figs. 2, 11; fronds; Xing'anbao of southeastern Da Hinggan Ling; Middle Jurassic Wanbao Formation.

△*Coniopteris dujiaensis* Yang, 1987

1987 Yang Xianhe, p. 7, pl. 2, figs. 8, 9; fronds; Reg. No. : Sp319, Sp320; Rongxian, Sichuan; Middle Jurassic Lower Shaximiao Formation. (Notes: The type specimen was not designated in the original paper)

△*Coniopteris elegans* Chen, 1982

1982 Chen Qishi, in Wang Guoping and others, p. 243, pl. 111, figs. 4, 5; fronds; Reg. No. : Zmf-植-0172; Holotype: Zmf-植-0172 (pl. 111, fig. 4); Jiande, Zhejiang; Middle Jurassic Yushanjian Formation.

△*Coniopteris ermolaevii* (Vassilevskaja) Meng et Chen, 1988

1963 *Scleropteris ermolaevii* Vassilevskaja, pl. 22, fig. 1; frond; Lena Basin; Early Cretaceous.

1967 *Scleropteris ermolaevii* Vassilevskaja, p. 71, pl. 7, figs. 1 — 3; pl. 8, fig. 3; text-fig. 7; fronds; lower reaches of Lena Basin; Early Cretaceous.

1988 Meng Xiangying, Chen Fen, in Chen Fen and others, pp. 36, 145, pl. 6, fig. 9; pl. 7, figs. 1 — 7; pl. 8, figs. 1 — 5; pl. 65, figs. 2, 3; sterile fronds and fertile fronds; Haizhou Opencut Coal Mine of Fuxin, Liaoning; Early Cretaceous middle member of Fuxin Formation; Tiefa Basin, Liaoning; Early Cretaceous Upper Coal Member and Lower Coal Member of Xiaoming'anbei Formation.

1992 Deng Shenghui, pl. 1, figs. 5 — 9; sterile pinnae and fertile pinnae; Northeast China; Early Cretaceous Xiaoming'anbei Formation.

1995 Deng Shenghui, Yao Lijun, pl. 1, fig. 6; sporangium; Northeast China; Early Cretaceous.

1995a Li Xingxue (editor-in-chief), pl. 100, figs. 1 — 4; sterile pinnae and fertile pinnae; Tiefa Basin, Liaoning; Early Cretaceous Xiaoming'anbei Formation. (in Chinese)

1995b Li Xingxue (editor-in-chief), pl. 100, figs. 1 — 4; sterile pinnae and fertile pinnae; Tiefa Basin, Liaoning; Early Cretaceous Xiaoming'anbei Formation. (in English)

2001 Deng Shenghui, Chen Fen, pp. 82, 201, pl. 25, figs. 1A, 2, 3, 4A; pl. 26, figs. 1 — 8; pl. 27, figs. 1 — 9; text-fig. 12; fronds and fertile pinnae; Tiefa Basin, Liaoning; Early Cretaceous Xiaoming'anbei Formation; Fuxin Basin, Liaoning; Early Cretaceous Fuxin Formation; Liaoyuan Basin, Jilin; Early Cretaceous Liaoyuan Formation; Yingcheng, Jilin; Early Cretaceous Yingcheng Formation.

△*Coniopteris fittonii* (Seward) Zheng et Zhang, 1989

1894 *Sphenopteris fittonii* Seward, p. 107, pl. 6, fig. 2; pl. 7, fig. 1; text-figs. 10, 11; fronds; Tunbridge Wells, England; Early Cretaceous (Wealden).

1989 Zheng Shaolin, Zhang Wu, p. 29, pl. 1, figs. 4 — 8; text-fig. 1; sterile pinnae and fertile pinnae; Chaoyang in Nanzamu of Xinbin, Liaoning; Early Cretaceous Nieerku Formation.

1996 Zheng Shaolin, Zhang Wu, pl. 1, fig. 7; fertile pinna and sterile pinna; Yingcheng Coal Field of Jiutai, Jilin; Early Cretaceous Shahezi Formation.

△***Coniopteris fuxinensis*** **Zhang, 1987**

1987 Zhang Zhicheng, p. 377, pl. 3, figs. 1 — 3, 5; fronds; Reg. No. : SG12019 — SG12023; Repository: Shenyang Institute of Geology and Mineral Resources; Haizhou Opencut Coal Mine of Fuxin, Liaoning; Early Cretaceous Fuxin Formation. (Notes: The type specimen was not designated in the original paper)

△***Coniopteris gansuensis*** **Cao et Zhang, 1996** (in Chinese and English)

1996 Cao Zhengyao, Zhang Yaling, pp. 242, 245, pl. 1, figs. 1a — 1e; pl. 2, figs. 1a — 1c, 2 — 6; pl. 3, figs. 1 — 5; sterile fronds and fertile fronds; Reg. No. : PB17056 — PB17059; Repository: Nanjing Institute of Geology and Palaeontology, Chinese Academy of Sciences; Pingshanhu of Zhangye, Gansu; Middle Jurassic lower member of Qingtujing Formation. (Notes: The type specimen was not designated in the original paper)

△***Coniopteris gaojiatianensis*** **Zhang, 1977**

1977 Zhang Caifan, in Feng Shaonan and others, p. 213, pl. 76, figs. 1 — 3; text-fig. 78; sterile pinnae and fertile pinnae; Reg. No. : P10009, P10013, P10014; Syntypes: P10009, P10013, P10014 (pl. 76, figs. 1 — 3); Repository: Geological Bureau of Hunan Province; Gaojiatian of Liling, Hunan; Early Jurassic Gaojiatian Formation. [Notes: According to *International Code of Botanical Nomenclature* (*Vienna Code*) article 37. 2, from the year 1958, the holotype type specimen should be unique]

1980 He Dechang, Shen Xiangpeng, p. 10, pl. 15, figs. 2, 2a, 6, 6a, 7, 8; pl. 20, fig. 3; sterile pinnae and fertile pinnae; Wenjiashi of Liuyang and Sandu of Zixing, Hunan; Early Jurassic Zaoshang Formation and Menkoushan Formation; Huangnitang of Qiyang and Zhoushi of Hengnan, Hunan; Early Jurassic.

1982 Zhang Caifan, p. 524, pl. 335, figs. 5 — 7; pl. 338, fig. 8; pl. 342, figs. 6, 7; fronds; Gaojiadian of Liling, Wenjiashi and Yuelong of Liuyang, Sandu of Zixing, Huangnitang of Qiyang, Qiligang of Daoxian, Nanzhen of Dongan, Yuelushan of Changsha, Daolin of Ningxiang, Hongshanmiao of Chaling, Zhaishang of Lingxian and Fengjiachong of Lingling, Hunan; Early Jurassic.

1984 Zhou Zhiyan, p. 14, pl. 5, figs. 1 — 4; fertile pinnae and sterile pinnae; Hebutang of Qiyang, Hunan; Early Jurassic Dabakou Member of Guanyintan Formation; Wenjiashi of Liuyang, Hunan; Early Jurassic Gaojiatian Formation (Shikang Formation).

1986 Zhang Caifan, p. 192, pl. 2, figs. 3, 6; pl. 4, figs. 3, 3a, 8; text-fig. 2; sterile pinnae and fertile pinnae; Yuelong of Liuyang and Gaojiadian of Liling, Hunan; Early Jurassic Gaojiatian Formation.

1988 Huang Qisheng, pl. 2, fig. 8; frond; Jinshandian of Daye, Hubei; Early Jurassic middle part of Wuchang Formation.

1988b Huang Qisheng, Lu Zongsheng, pl. 10, figs. 8, 12; fertile pinnae and sterile pinnae;

Jinshandian of Daye, Hubei; Early Jurassic middle part and upper part of Wuchang Formation.

1995a Li Xingxue (editor-in-chief), pl. 82, fig. 9; sterile pinna; Wenjiashi of Liuyang, Hunan; Early Jurassic Shikang Formation. (in Chinese)

1995b Li Xingxue (editor-in-chief), pl. 82, fig. 9; sterile pinna; Wenjiashi of Liuyang, Hunan; Early Jurassic Shikang Formation. (in English)

1998 Huang Qisheng and others, pl. 1, fig. 19; frond; Miaoyuancun of Shangrao, Jiangxi; Early Jurassic member 2 of Linshan Formation.

2003 Deng Shenghui and others, pl. 64, fig. 8; frond; Haojiagou Section of Junggar Basin, Xinjiang; Early Jurassic Badaowan Formation.

***Coniopteris? gaojiatianensis* Zhang**

1984 Wang Ziqiang, p. 242, pl. 122, figs. 12 — 15; pl. 123, figs. 1 — 4; fronds; Huairen, Shanxi; Early Jurassic Yongdingzhuang Formation; Chengde, Hebei; Early Jurassic Jiashan Formation.

***Coniopteris heeriana* (Yokoyama) Yabe, 1905**

1889 *Adiantites heeriana* Yokoyama, p. 28, pl. 12, figs. 1 — 1b, 2; Kuwasima of Istkawa, Japan; Late Jurassic (Tetori Series).

1905 Yabe, p. 27, pl. 2, fig. 8; pl. 3, figs. 9, 14; fronds; Korea; Jurassic.

1940 Ôishi, p. 209; Kuwasima of Istkawa, Japan; Late Jurassic.

1950 Ôishi, p. 49; frond; Shahezi in Changtu of Liaoning, Huoshiling (Hoschilingtza) in Jiutai of Jilin; Late Jurassic.

△*Coniopteris? hoxtolgayensis* Zhang, 1998 (in Chinese)

1998 Zhang Hong and others, p. 272, pl. 15, figs. 1 — 3, 6, 7; fronds; Col. No.: HD-90; Reg. No.: MP-92042 — MP-92044; Repository: Xi'an Branch, China Coal Research Institute; Hoxtolgay of Hoboksar, Xinjiang; Early Jurassic Sangonghe Formation. (Notes: The type specimen was not designated in the original paper)

△*Coniopteris? hunangjiabaoensis* Wang X F, 1984

1984 Wang Xifu, p. 299, pl. 178, figs. 1, 2; fronds; Reg. No.: HB-74, HB-75; Huangjiapu of Wanquan, Hebei; Early Cretaceous Qingshila Formation. (Notes: The type specimen was not designated in the original paper)

△*Coniopteris huolinhensis* Deng, 1991

1991 Deng Shenghui, pp. 151, 154, pl. 1, figs. 3 — 7; sterile fronds and fertile fronds; No.: H1002 — H1004; Repository: China University of Geosciences (Beijing); Huolinhe Basin, Inner Mongolia; Early Cretaceous Lower Coal-bearing Member of Huolinhe Formation. (Notes: The type specimen was not designated in the original paper)

1995b Deng Shenghui, p. 25, pl. 8, figs. 3 — 11; pl. 9, figs. 1 — 6; text-fig. 8; sterile fronds and fertile fronds; Huolinhe Basin, Inner Mongolia; Early Cretaceous Huolinhe Formation.

2001 Deng Shenghui, Chen Fen, pp. 83, 202, pl. 28, figs. 1 — 6; pl. 29, figs. 1 — 5; pl. 30, figs. 1 — 13; text-fig. 13; fronds and fertile pinnae; Huolinhe Basin, Inner Mongolia; Early Cretaceous

Huolinhe Formation.

***Coniopteris hymenophylloides* (Brongniart) Seward, 1900**

1829 (1828 — 1838) *sphenopteris hymenophylloides* Brongniart, p. 189, pl. 56, fig. 4; sterile leaf; Yorkshire, England; Middle Jurassic.

1900 Seward, p. 99, pl. 16, figs. 4 — 6; pl. 17, figs. 3, 6 — 8; pl. 20, figs. 1, 2; pl. 21, figs. 1 — 4; fronds; West Europe; Jurassic.

1906 Yokoyama, pp. 24, 26, pl. 6, fig. 3; pl. 7, figs. 1 — 5; fronds; Fangzi of Weixian, Shandong; Jimingshan in Laodongcang of Xuanhua, Hebei; Jurassic.

1911 Seward, pp. 10, 38, pl. 1, figs. 11 — 15; pl. 6, figs. 67, 68; fronds; Diam River and Kubuk River of Junggar (Dzungaria) Basin, Xinjiang; Middle Jurassic.

1925 Teilhard de Chardin, Fritel, p. 532; frond; Chaoyang, Liaoning; Jurassic.

1925 Teilhard de Chardin, Fritel, p. 537, pl. 231, fig. 3a; frond; Youfangtou (You-fang-teou) of Yulin, Shaanxi; Jurassic.

1928 Yabe, Ôishi, p. 6, pl. 1, fig. 5; pl. 2, figs. 1 — 10; fronds; Fangzi of Weixian, Shandong; Jurassic. [Notes: The specimen of pl. 2, figs. 6, 8, 9 lately was referred as *Coniopteris tatungensis* Sze (Sze H C, Lee H H and others, 1963)]

1929b Yabe, Ôishi, p. 103, pl. 21, figs. 1, 2, 2a; fronds; Fangzi of Weixian, Shandong; Jurassic.

1931 Gothan, Sze H C, p. 33, pl. 1, fig. 1; frond; western Xinjiang; Jurassic.

1931 Sze H C, p. 34, pl. 5, fig. 1; frond; Fangzi of Weixian, Shandong; Early Jurassic (Lias).

1933a Sze H C, p. 69, pl. 8, figs. 4 — 6; fronds; Xiaoshimengoukou, Xiadawa, Dakou, Nadaban of Wuwei and Sanyanjing of Hongshui, Gansu; Early Jurassic.

1933b Sze H C, p. 78, pl. 11, figs. 1 — 3; fronds; Shipanwan of Fugu, Shaanxi; Jurassic.

1933d Sze H C, pp. 11, 27, pl. 1, figs. 1 — 11; sterile pinnae and fertile pinnae; Datong and Jingle, Shanxi; Shiguaizi of Saratsi, Inner Mongolia; Early Jurassic.

1933 Yabe, Ôishi, p. 210 (16), pl. 30 (1), figs. 13, 13a, 16 — 18; pl. 31 (2), fig. 6; pl. 33 (4), figs. 1, 7; fronds; Pingdingshan (Pingtingshan) and Pingtaizi (Pingtaitzu) of Fengcheng, Shahezi (Shahotzu) of Changtu, Liaoning; Huoshiling (Huoshaling) and Taojiatun (Taochiatun) of Changchun, Jilin; Middle — Late Jurassic.

1936 P'an C H, p. 14, pl. 4, figs. 8 — 10; fronds; Lengyaozi of Hengshan, Shaanxi; Jurassic upper part of Wayaopu Coal Series.

1938 Ôishi, Takahasi, p. 58, pl. 5 (1), figs. 1, 1a, 2; fronds; Lishu of Muling, Heilongjiang; Middle Jurassic or Late Jurassic Muling Series.

1941 Stockmans, Mathieu, p. 35, pl. 1, figs. 1 — 7a; fronds; Datong, Shanxi; Jurassic. [Notes: This specimens (pl. 1, figs. 2, 3, 6) lately was referred as *Coniopteris tatungensis* Sze (Sze H C, Lee H H and others, 1963)]

1949 Sze H C, p. 7, pl. 13, figs. 3 — 7; pl. 14, figs. 4, 5; fronds; Jiajiadian in Xiangxi of Zigui, Daxiakou, Matousa, Taizigou and Zengjiayao of Dangyang, Hubei; Early Jurassic Hsiangchi Coal Series.

1950 Ôishi, p. 48; frond; Shahezi (Shahotzu) of Changtu, Liaoning; Huoshiling (Hoschilingtza), Jilin; Beijing, Jiangsu, Shandong (Shantung), Shaanxi, Inner Mongolia; Jurassic.

1952 Sze H C, p. 184, pl. 1, figs. 2, 3; fronds; Jalai Nur Coal Field and Gacha Coal Field of Hulun Buir League, Inner Mongolia; Jurassic.

1954 Hsu J, p. 49, pl. 43, figs. 1 — 7; sterile fronds and fertile fronds; Zhaitang of Beijing and Datong of Shanxi; Middle Jurassic or late Early Jurassic. [Notes: The specimen (pl. 43, fig. 1) lately was referred as *Coniopteris burejensis* (Zalessky) Seward and specimens (pl. 43, figs. 2, 3, 5, 6) as *Coniopteris tatungensis* Sze (Sze H C, Lee H H and others, 1963)]

1955 Lee H H, p. 35, pl. 2, figs. 1 — 3; sterile fronds; Macun in Yungang of Datong, Shanxi; Middle Jurassic upper part of Yunkang Series.

1956 Lee H H, p. 19, pl. 6, fig. 1; frond; Huating, Gansu; Early Jurassic Huating Coal Series; pl. 6, figs. 2, 2a; fertile pinna; Datong, Shanxi; Early — Middle Jurassic Datong Coal Series. [Notes: The specimen (pl. 6, figs. 2, 2a) lately was referred as ?*Coniopteris burejensis* (Zalessky) Seward (Sze H C, Lee H H and others, 1963)]

1956b Sze H C, pl. 3, figs. 3a, 4; fronds; Karamay of Junggar (Dzungaria) Basin, Xinjiang; Early — Middle Jurassic (Lias — Dogger).

1958 Wang Longwen and others, p. 608, fig. 609; frond; North China, Northeast China, Northwest China and Hubei of Central China; Early — Middle Jurassic.

1959 Sze H C, pp. 5, 22, pl. 2, figs. 3, 4; frond; Yuqia (Yuechia) of Da Qaidam and Hongliugou (Hungliukou) of Qaidam Basin, Qinghai; Jurassic.

1960b Sze H C, p. 28, pl. 2, figs. 5, 6; sterile pinnae; Hanxia Coal Mine of Yumen, Gansu; Early — Middle Jurassic (Lias — Dogger).

1962 Lee H H, p. 150, pl. 93, fig. 5; frond and fertile pinna; Changjiang River Basin; Early — Late Jurassic.

1963 Lee H H and others, p. 135, pl. 108, figs. 8, 9; pl. 110, fig. 1; fronds and fertile pinnae; Northwest China; Jurassic.

1963 Lee P C, p. 128, pl. 57, figs. 1 — 3; fronds; North China, East China, Xinjiang, Hubei, Sichuan and others; Early — Middle Jurassic or Late Jurassic.

1963 Sze H C, Lee H H and others, p. 75, pl. 24, fig. 6; pl. 46, figs. 3, 3a; fronds and fertile pinnae; Zigui, Hubei; Early — Middle Jurassic Hsiangchi Group; northern Shaanxi; Middle Jurassic Yan'an Group and Zhiluo Group; Daqingshan, Inner Mongolia; Early Jurassic Wudanggou Group; Huating, Gansu; Early Jurassic Huating Group; Lanzhou, Gansu; Middle Jurassic Aganzhen Group; Datong, Shanxi; Middle Jurassic Datong Group and Yungang Formation; West Hill, Beijing; Middle Jurassic Mentougou Group; Fangzi of Weixian, Shandong; Middle Jurassic Fangzi Group; Yuqia (Yuechia) of Da Qaidam and Hongliugou (Hungliukou) of Qaidam Basin, Qinghai; Middle Jurassic Hongliugou Group; Junggar of Xinjiang, western Liaoning, Jiangdu of Jiangsu; Early — Middle Jurassic; Lishu of Muling, Heilongjiang; Late Jurassic.

1968 *Fossil Atlas of Mesozoic Coal-bearing Strata in Kiangsi and Hunan Provinces*, p. 39, pl. 34, figs. 4 — 11; sterile pinnae and fertile pinnae; Jiangxi (Kiangsi) and Hunan; Early — Middle Jurassic.

1976 Chang Chichen, p. 186, pl. 88, figs. 1 — 3; pl. 89, figs. 1, 2; pl. 91, fig. 1; pl. 119, figs. 2, 3; text-fig. 104; sterile pinnae and fertile pinnae; Shiguaigou and Dongsheng of Baotou,

Inner Mongolia;Jiajiagou and Dianwan of Datong,Madaotou of Zuoyun,Shanxi;Middle Jurassic Zhaogou Formation and Datong Formation.

1976 Chow Huiqin and others, p. 207, pl. 108, figs. 10 — 12; fronds; Wuziwan of Jungar Banner, Inner Mongolia; Early Jurassic Fuxian Formation; Middle Jurassic Yan'an Formation and Zhiluo Formation(?).

1977 Feng Shaonan and others,p. 213,pl. 76,figs. 4,5;fronds;Sanligang and Tongzhuyuan of Dangyang,Zigui, Hubei; Early — Middle Jurassic Upper Coal Formation of Hsiangchi Group.

1978 Yang Xianhe,p. 482,pl. 187,fig. 7;pl. 188,figs. 1a,5e;fronds;Baitianba of Guangyuan, Sichuan;Early Jurassic Baitianba Formation; Tieshan of Daxian, Sichuan (Szechuan); Early — Middle Jurassic Ziliujing Formation.

1978 Zhou Tongshun, p. 100, pl. 29, fig. 4; pl. 30, figs. 1,2; sterile pinnae and fertile pinnae; Dayao and Xiyuan of Zhangping,Fujian;Early Jurassic Lishan Formation.

1979 He Yuanliang and others, p. 138, pl. 60, fig. 6; pl. 61, figs. 6, 6a; pl. 63, fig. 1; fronds; Lvcaoshan of Da Qaidam and Wulan, Qinghai; Middle Jurassic Dameigou Formation; Jiangcang of Tianjun, Qinghai; Early — Middle Jurassic Jiangcang Formation of Muli Group.

1980 Chen Fen and others,p. 427,pl. 2,figs. 4,6;sterile pinnae and fertile pinnae;West Hill, Beijing; Early Jurassic Lower Yaopo Formation and Upper Yaopo Formation; Xiahuayuan of Zhuolu,Hebei;Middle Jurassic Yudaishan Formation.

1980 Huang Zhigao,Zhou Huiqin, p. 75, pl. 49, figs. 8 — 12; pl. 56, figs. 2 — 4; pl. 57, fig. 2; sterile pinnae and fertile pinnae; Yangjiaya of Yan'an, Shaanxi; Wuziwan of Jungar Banner, Inner Mongolia; Early Jurassic Fuxian Formation; Middle Jurassic Yan'an Formation and Zhiluo Formation.

1980 Zhang Wu and others, p. 241, pl. 121, figs. 1 — 3; pl. 124, figs. 6, 7; text-fig. 180; sterile pinnae and fertile pinnae;Kuandian,Liaoning;Middle Jurassic Dabu Formation;Beipiao, Liaoning;Middle Jurassic Haifanggou Formation.

1982 Duan Shuying,Chen Ye,p. 496,pl. 3,figs. 3,4;pl. 4,figs. 1,2;sterile pinnae and fertile pinnae;Teishan of Daxian, Qilixia of Xuanhan and Nanxi of Yunyang, Sichuan; Early Jurassic Zhenzhuchong Formation.

1982 Liu Zijin,p. 122,pl. 61,figs. 6 — 8;sterile pinnae and fertile pinnae;Shaanxi,Gansu and Ningxia;Middle Jurassic.

1982 Wang Guoping and others, p. 243, pl. 110, figs. 5, 6; sterile pinnae and fertile pinnae; Dakeng of Zhangping, Fujian; Early Jurassic Lishan Formation; Zhoucun of Jiangning, Jiangsu;Early — Middle Jurassic Xiangshan Formation;Majian of Lanxi,Zhejiang;Early Jurassic Majian Formation.

1982b Yang Xuelin, Sun Liwen, p. 43, pl. 14, figs. 1 — 7; sterile pinnae and fertile pinnae; Wanbao Coal Mine, Dusheng, Heidingshan and Yumin Coal Mine of southeastern Da Hinggan Ling;Middle Jurassic Wanbao Formation.

1982b Zheng Shaolin, Zhang Wu, p. 297, pl. 6, figs. 5, 5a; frond; Yunshan of Hulin, Heilongjiang;Middle Jurassic Peide Formation.

1983 Li Jieru, pl. 1, figs. 8a, 11 — 14; fronds; Houfulongshan of Jinxi, Liaoning; Middle

Jurassic member 1 and member 3 of Haifanggou Formation.

1984 Chen Fen and others, p. 38, pl. 8, figs. 1 — 7; sterile pinnae and fertile pinnae; West Hill, Beijing; Early Jurassic Lower Yaopo Formation and Upper Yaopo Formation, Middle Jurassic Longmen Formation.

1984 Chen Gongxin, p. 578, pl. 236, figs. 3, 4; sterile pinnae and fertile pinnae; Sanligang of Dangyang, Haihuigou of Jingmen, Xiangxi of Zigui, Huilongsi of Xingshan, Jinshandian of Daye, Hubei; Early Jurassic Tongzhuyuan Formation, Hsiangchi Formation and Wuchang Formation.

1984 Gu Daoyuan, p. 140, pl. 66, figs. 1, 2; pl. 73, fig. 5; fronds; Baiyanghe of Hoxtolgay, Xinjiang; Middle Jurassic Xishanyao Formation.

1984 Kang Ming and others, pl. 1, figs. 6 — 8; fronds; Yangshuzhuang of Jiyuan, Henan; Middle Jurassic Yangshuzhuang Formation.

1984 Li Baoxian, Hu Bin, p. 138, pl. 1, figs. 6 — 8a; pl. 2, figs. 1, 1a; sterile pinnae and fertile pinnae; Datong, Shanxi; Early Jurassic Yongdingzhuang Formation.

1984 Wang Ziqiang, p. 242, pl. 134, fig. 6; pl. 135, figs. 5 — 8; pl. 142, fig. 7; fronds; Datong, Shanxi; Middle Jurassic Datong Formation; Xiahuayuan of Hebei and Mentougou of Beijing; Middle Jurassic Mentougou Formation.

1985 Bureau of Geology and Mineral Resources of Fujian Province, pl. 3, fig. 8; frond; Gaoqiao of Shaxian, Fujian; Early Jurassic Lishan Formation.

1985 Yang Xuelin, Sun Liwen, p. 103, pl. 3, figs. 13, 14; sterile pinnae and fertile pinnae; Wanbao and Dusheng of southeastern Da Hinggan Ling; Middle Jurassic Wanbao Formation.

1986 Duan Shuying and others, pl. 2, figs. 5, 6; fronds; southern Margin of Erdos Basin; Middle Jurassic Yan'an Formation.

1987 Duan Shuying, p. 23, pl. 6, figs. 2, 3; text-fig. 10; fronds; Zhaitang of West Hill, Beijing; Middle Jurassic.

1987 He Dechang, p. 78, pl. 1, fig. 1; pl. 2, fig. 5; pl. 3, fig. 4; fronds; Jingjukou of Suichang, Zhejiang; Middle Jurassic bed 6 and bed 7 of Maolong Formation.

1987 Meng Fansong, p. 241, pl. 27, fig. 9; frond; Xietan of Zigui and Chenyuan of Dangyang, Hubei; Early Jurassic Hsiangchi (Xiangxi) Formation.

1987a Qian Lijun and others, p. 80, pl. 15, figs. 6a, 7; pl. 16, figs. 2, 4; pl. 18, fig. 2; pl. 20, fig. 6; pl. 21, fig. 2; pl. 27, fig. 6; sterile fronds and fertile fronds; Kaokaowusugou, Xigou and Yongxinggou of Shenmu, Shaanxi; Middle Jurassic members 1 — 4 of Yan'an Formation.

1987 Yang Xianhe, p. 5, pl. 1, figs. 3 — 5; pl. 3, figs. 1 — 11; sterile pinnae and fertile pinnae; Rongxian, Sichuan; Middle Jurassic Lower Shaximiao Formation.

1987 Zhang Wu, Zheng Shaolin, p. 270, pl. 1, fig. 7; pl. 4, fig. 8; pl. 6, fig. 8; text-fig. 11; fertile fronds and rhezomes; Houfulongshan of Jinxi, Liaoning; Middle Jurassic Haifanggou Formation.

1988 Li Peijuan and others, p. 52, pl. 23, figs. 4, 5; pl. 24, fig. 1B; pl. 43, fig. 3B; pl. 46, figs. 1B, 1aB; pl. 49, fig. 4(?); pl. 50, fig. 1; pl. 51, figs. 2A, 2a; sterile pinnae and fertile pinnae; Dameigou of Da Qaidam, Qinghai; Middle Jurassic *Tyrmia* - *Sphenobaiera* Bed of Dameigou Formation.

1988 Zhang Hanrong and others, pl. 1, figs. 3, 3a; frond; Yuxian, Hebei; Early Jurassic Zhengjiayao Formation.

1989 Bureau of Geology and Mineral Resources of Liaoning Province, pl. 9, fig. 2; frond; Dahonglazi of Nanpiao, Liaoning; Middle Jurassic Haifanggou Formation.

1989 Duan Shuying, pl. 2, fig. 8; frond; Zhaitang of West Hill, Beijing; Middle Jurassic Mentougou Coal Series.

1989 Mei Meitang and others, p. 86, pl. 41, figs. 4, 5; fronds; China; Early Jurassic — Early Cretaceous(?).

1990 Zheng Shaolin, Zhang Wu, p. 218, pl. 3, figs. 3, 6; fronds; Tianshifu of Benxi, Liaoning; Middle Jurassic Dabu Formation.

1991 Bureau of Geology and Mineral Resources of Beijing Municipality, pl. 13, fig. 7; frond; Datai of West Hill, Beijing; Early Jurassic Lower Yaopo Formation.

1991 Huang Qisheng, Qi Yue, pl. 2, figs. 4, 5; sterile fronds and fertile fronds; Majian of Lanxi, Zhejiang; Early — Middle Jurassic lower member of Majian Formation.

1992 Huang Qisheng, Lu Zongsheng, pl. 2, fig. 3; pl. 3, fig. 1; fronds; Wudinghe of Hengshan and Kaokaowusugou of Shenmu, Shaanxi; Middle Jurassic Yan'an Formation.

1992 Sun Ge, Zhao Yanhua, p. 526, pl. 221, figs. 1, 2, 4, 8; sterile pinnae and fertile pinnae; Sihetun of Huadian, Jilin; Early Jurassic (?); Tengjiajie of Shuangyang, Jilin; Early Jurassic Banshidingzi Formation.

1992 Xie Mingzhong, Sun Jingsong, pl. 1, figs. 4, 5; fronds; Xuanhua, Hebei; Middle Jurassic Xiahuayuan Formation.

1993 Bureau of Geology and Mineral Resources of Heilongjiang Province, pl. 11, fig. 3; frond; Heilongjiang Province; Middle Jurassic Qihulinhe Formation.

1993a Wu Xiangwu, p. 67.

1994 Xiao Zongzheng and others, pl. 14, fig. 7; frond; Mentougou of West Hill, Beijing; Late Jurassic Tiaojishan Formation.

1995 Wang Xin, p. 1, fig. 10; frond; Tongchuan, Shaanxi; Middle Jurassic Yan'an Formation.

1995 Zeng Yong and others, p. 50, pl. 4, fig. 6; pl. 5, fig. 1; pl. 6, fig. 4; sterile pinnae and fertile pinnae; Yima, Henan; Middle Jurassic Yima Formation.

1996 Chang Jianglin, Gao Qiang, pl. 1, figs. 5, 6; fronds; Tannigou of Ningwu, Shanxi; Middle Jurassic Datong Formation.

1996 Mi Jiarong and others, p. 88, pl. 6, figs. 4, 11, 12, 18 — 20, 22, 25(?); sterile pinnae and fertile pinnae; Dongsheng Mine of Beipiao, Liaoning; Early Jurassic upper member of Beipiao Formation; Haifanggou of Beipiao, Liaoning; Middle Jurassic Haifanggou Formation; Shimenzhai of Funing, Hebei; Early Jurassic Beipiao Formation.

1997 Meng Fansong, Chen Dayou, pl. 1, figs. 7, 8; sterile pinnae; Nanxi of Yunyang, Chongqing; Middle Jurassic Dongyuemiao Member of Ziliujing Formation.

1998 Huang Qisheng and others, pl. 1, fig. 2; fertile pinna; Miaoyuancun of Shangrao, Jiangxi; Early Jurassic member 3 of Linshan Formation.

1998 Liao Zhuoting, Wu Guogan (editors-in-chief), pl. 12, figs. 8 — 10; fronds; Barkol, Xinjiang; Middle Jurassic Xishanyao Formation.

1998 Zhang Hong and others, pl. 11, figs. 1 — 3; pl. 13, fig. 3; pl. 17, figs. 4 — 6; sterile pinnae and fertile pinnae; Tielike of Baicheng, Xinjiang; Middle Jurassic Kezilenur Formation; Kangsu of Wuqia, Xinjiang; Middle Jurassic Yangye (Yangxia) Formation; Xixingzihe of Yan'an, Shaanxi; Middle Jurassic Yan'an Formation; Yaojie Coal Field of Lanzhou, Gansu; Middle Jurassic Yaojie Formation.

1999 Shang Ping and others, pl. 1, fig. 4; frond; Turpan-Hami Basin, Xinjiang; Middle Jurassic Xishanyao Formation.

2002 Wang Yongdong, pl. 6, figs. 4 — 6; sterile pinnae; Xiangxi of Zigui, Hubei; Early Jurassic Hsiangchi Formation.

2002 Wu Xiangwu and others, p. 154, pl. 6, fig. 1; pl. 7, figs. 1, 2; pl. 8, fig. 2; sterile fronds and fertile fronds; Jijigou of Alxa Right Banner, Inner Mongolia; Middle Jurassic lower member of Ningyuanpu Formation; Qingtujing of Jinchang, Gansu; Middle Jurassic upper member of Ningyuanpu Formation; Bailuanshan of Zhangye, Gansu; Early — Middle Jurassic Chaoshui Group.

2003 Deng Shenghui and others, pl. 68, fig. 3; frond; Sandaoling Coal Mine of Hami, Xinjiang; Middle Jurassic Xishanyao Formation.

2003 Xiu Shencheng and others, pl. 1, fig. 2; frond; Yima Basin, Henan; Middle Jurassic Yima Formation.

2003 Xu Kun and others, pl. 7, fig. 7; frond; Dongsheng Mine of Beipiao, Liaoning; Early Jurassic upper member of Beipiao Formation.

2003 Yuan Xiaoqi and others, pl. 15, figs. 1, 2; fronds; Xigou of Shenmu, Shaanxi; Middle Jurassic Yan'an Formation.

2003 Zhao Yingcheng and others, pl. 10, fig. 6; frond; Hongliugou Section of Aram Basin, Inner Mongolia; Middle Jurassic Xinhe Formation.

2004 Deng Shenghui and others, pp. 209, 214, pl. 1, figs. 1, 2; sterile pinnae; Hongliugou Section of Aram Basin, Inner Mongolia; Middle Jurassic Xinhe Formation.

2005 Miao Yuyan, p. 522, pl. 1, figs. 3 — 4a, 8 — 11; pl. 3, figs. 7, 8; sterile fronds and fertile fronds; Baiyang River of northwestern Junggar Basin, Xinjiang; Middle Jurassic Xishanyao Formation.

2005 Sun Bainian and others, p. 30, pl. 15, fig. 1; frond; Yaojie, Gansu; Middle Jurassic Yaojie Formation.

***Coniopteris* cf. *hymenophylloides* (Brongniart) Seward**

1974b Lee P C and others, p. 376, pl. 200, figs. 1 — 3; fronds; Baitianba of Guangyuan, Sichuan; Early Jurassic Baitianba Formation.

1978 Yang Xianhe, p. 483, pl. 190, fig. 1; frond; Baitianba of Guangyuan, Sichuan; Early Jurassic Baitianba Formation.

1980 Wu Shunqing and others, p. 91, pl. 9, fig. 6; sterile pinna; Xiangxi of Zigui, Hubei; Early — Middle Jurassic Hsiangchi (Xiangxi) Formation.

1986 Wu Shunqing, Zhou Hanzhong, p. 640, pl. 6, figs. 3 — 5; fronds; Toksun district of northwestern Turpan Depression, Xinjiang; Early Jurassic Badaowan Formation.

1992 Huang Qisheng, Lu Zongsheng, pl. 1, figs. 1, 2; fronds; Wudinghe of Hengshan, Shaanxi; Early Jurassic upper part of Fuxian Formation.

Coniopteris karatiubensis **Brick, 1935**

1935 Brick, p. 26, pl. 9, figs. 1, 2; fronds; Fergana; Early — Middle Jurassic.

1980 Zhang Wu and others, p. 241, pl. 122, figs. 1, 2; fronds; Shuangmiao of Lingyuan, Liaoning; Early Jurassic Guojiadian Formation.

△***Coniopteris kuandianensis*** **Zheng, 1980**

1980 Zheng Shaolin, in Zhang Wu and others, p. 241, pl. 122, figs. 3, 4; sterile pinnae and fertile pinnae; Reg. No. : D125, D126; Kuandian, Liaoning; Middle Jurassic Dabu Formation. (Notes: The type specimen was not designated in the original paper)

△***Coniopteris lanzhouensis*** **Sun, 1998** (in Chinese)

1998 Sun Bainian, in Zhang Hong and others, p. 271, pl. 12, figs. 4 — 6; sterile pinnae and fertile pinnae; Reg. No. : LP-1432, LP-1433; Holotype: LP1432 (pl. 12, fig. 4); Repository: Department of Geology, Lanzhou University; Yaojie Coal Field of Lanzhou, Gansu; Middle Jurassic Yaojie Formation.

△***Coniopteris longipinnate*** **Deng, 1992**

1992 Deng Shenghui, p. 10, pl. 3, figs. 8 — 13; text-figs. 1a — 1c; sterile pinnae and fertile pinnae; No. : TXM132, TXM161; Repository: China University of Geosciences (Beijing); Tiefa Basin, Liaoning; Early Cretaceous Xiaoming'anbei Formation. (Notes: The type specimen was not designated in the original paper)

1997 Deng Shenghui and others, p. 32, pl. 12, figs. 2 — 4; pinnae; Jalai Nur, Inner Mongolia; Early Cretaceous Yimin Formation.

2001 Deng Shenghui, Chen Fen, pp. 84, 203, pl. 31, figs. 1 — 3; pl. 32, figs. 1 — 7; pl. 33, figs. 1 — 6; pl. 34, figs. 1 — 12; text-fig. 14; fronds and fertile pinnae; Tiefa Basin, Liaoning; Early Cretaceous Xiaoming'anbei Formation; Hailar Basin, Inner Mongolia; Early Cretaceous Yimin Formation.

△***Coniopteris macrosorata*** **He, 1988**

1988 He Yuanliang, in Li Peijuan and others, p. 53; text-fig. 17; fertile pinna; Repository: Nanjing Institute of Geology and Palaeontology, Chinese Academy of Sciences; Dameigou of Da Qaidam, Qinghai; Middle Jurassic *Tyrmia* - *Sphenobaiera* Bed of Dameigou Formation.

△***Coniopteris magnifica*** **Meng, 1984**

1984 Meng Fansong, pp. 100, 104, pl. 1, figs. 1 — 4; pl. 2, fig. 4; sterile pinnae and fertile pinnae; Reg. No. : P82113 — P82116; Holotype: P82116 (pl. 1, fig. 4); Repository: Yichang Institute of Geology and Mineral Resources; Sanligang and Chenyuan of Dangyang, Hubei; Early Jurassic Hsiangchi Formation.

1987 Meng Fansong, p. 241, pl. 25, figs. 1, 2; pl. 29, fig. 1; fronds; Sanligang and Chenyuan of Dangyang, Hubei; Early Jurassic Hsiangchi Formation.

Coniopteris margaretae **Harris, 1961**

1961 Harris, p. 164; text-fig. 58; fertile leaf; Yorkshire, England; Middle Jurassic.

1998 Zhang Hong and others, pl. 12, figs. 7, 8; fertile pinnae; Yaojie Coal Field of Lanzhou, Gansu; Middle Jurassic Yaojie Formation.

△***Coniopteris microlepioides*** **Zhou, 1984**

1984 Zhou Zhiyan, p. 13, pl. 4, figs. 8 — 14a; pl. 5, figs. 5 — 7; fertile pinnae and sterile pinnae; Reg. No.: PB8830, PB8838 — PB8843; Holotype: PB8838 (pl. 4, fig. 8); Repository: Nanjing Institute of Geology and Palaeontology, Chinese Academy of Sciences; Wangjiatingzi in Huangyangsi of Lingling and Hebutang of Qiyang, Hunan; Early Jurassic middle-lower part of Guanyintan Formation.

1995a Li Xingxue (editor-in-chief), pl. 82, fig. 5; fertile pinna (?); Huangyangsi of Lingling, Hunan; Early Jurassic middle-lower (?) part of Guanyintan Formation. (in Chinese)

1995b Li Xingxue (editor-in-chief), pl. 82, fig. 5; fertile pinna (?); Huangyangsi of Lingling, Hunan; Early Jurassic middle-lower (?) part of Guanyintan Formation. (in English)

Coniopteris **cf.** ***microlepioides*** **Zhou**

1988b Huang Qisheng, Lu Zongsheng, pl. 10, fig. 10; frond; Jinshandian of Daye, Hubei; Early Jurassic upper part of Wuchang Formation.

Coniopteris minturensis **Brick, 1953**

1953 Brick, p. 31, pl. 12, figs. 4 — 9; fronds; East Fergana; Middle Jurassic.

1980 Zhang Wu and others, p. 242, pl. 122, figs. 5 — 7; fronds; Daozigou of Lingyuan, Liaoning; Early Jurassic Guojiadian Formation.

1982b Yang Xuelin, Sun Liwen, p. 45, pl. 15, figs. 6, 7; fronds; Wanbao and Dusheng of southeastern Da Hinggan Ling; Middle Jurassic Wanbao Formation.

1985 Yang Xuelin, Sun Liwen, p. 104, pl. 3, fig. 16; frond; Dusheng and Wanbao of southeastern Da Hinggan Ling; Middle Jurassic Wanbao Formation.

Coniopteris neiridaniensis **Kimura, 1981**

1981 Kimura, p. 188, pl. 30, figs. 2 — 7; text-figs. 2a — 2m; fronds; Japan; Early Jurassic.

1987 He Dechang, p. 74, pl. 1, fig. 4; pl. 3, fig. 2; pl. 4, fig. 2; pl. 9, fig. 6; fronds; Longpucun in Meiyuan of Yunhe, Zhejiang; late Early Jurassic Longpu Formation.

Coniopteris nerifolia **Genkina, 1963**

1961 Markovech, pl. 16, fig. 1; frond; South Ural; Middle Jurassic. (nom. nud.)

1963 Genkina, p. 22, pl. 6, figs. 1 — 8; fronds; South Ural; Middle Jurassic.

1980 Zhang Wu and others, p. 242, pl. 156, figs. 5 — 7; sterile pinnae and fertile pinnae; Hada of Jidong, Heilongjiang; Early Cretaceous Chengzihe Formation.

1992 Sun Ge, Zhao Yanhua, p. 527, pl. 222, fig. 2; frond; Hengtongshan of Liuhe, Jilin; Early Cretaceous Hengtongshan Formation.

1995 Zheng Shaolin, Liang Zihua, p. 7, pl. 1, figs. 1 — 5; fronds; Lushan of Mishan, Heilongjiang; Early Cretaceous Chengzihe Formation.

1996 Mi Jiarong and others, p. 89, pl. 6, figs. 15, 17, 23; sterile pinnae; Haifanggou of Beipiao,

Liaoning; Middle Jurassic Haifanggou Formation.

1998 Zhang Hong and others, pl. 15, fig. 5; pl. 22, fig. 9; sterile pinnae; Xixingzihe of Yan'an, Shaanxi; Middle Jurassic upper part of Yan'an Formation; Yuqia of Da Qaidam, Qinghai; Middle Jurassic Shimengou Formation.

***Coniopteris* cf. *C. nerifolia* Genkina**

1986 Ye Meina and others, p. 31, pl. 10, fig. 3; sterile pinna; Jinwo in Tieshan of Daxian, Sichuan; Early Jurassic Zhenzhuchong Formation.

△*Coniopteris nilkaensis* Zhang, 1998 (in Chinese)

1998 Zhang Hong and others, p. 272, pl. 13, fig. 1; frond; Col. No.: JL-C4; Reg. No.: MP-92051; Holotype: Mp-92051 (pl. 13, fig. 1); Repository: Xi'an Branch, China Coal Research Institute; Nilka, Xinjiang; Middle Jurassic Huji'ertai Formation.

△*Coniopteris nitidula* Yokoyama, 1906

1906 Yokoyama, p. 35, pl. 12, figs. 4, 4a; frond; Shiguanzi of Zhaohua, Sichuan; Jurassic. [Notes: This species lately was referred as *Sphenopteris nitidula* (Yokoyama) Ôishi (Ôishi, 1940)]

***Coniopteris nympharum* (Heer) Vachrameev, 1961**

1876 *Adiantites nympharum* Heer, p. 93, pl. 17, fig. 5; frond; Bureya Basin, Heilongjiang River Basin; Late Jurassic(?).

1961 Vachrameev, Doligenko, p. 53, pl. 4, figs. 1, 2; pl. 5, figs. 1, 2; fronds; Bureya Basin, Heilongjiang River; Late Jurassic.

1980 Zhang Wu and others, p. 242, pl. 156, figs. 3, 3a; frond; Mengjiatun of Lishu, Jilin; Early Cretaceous Shahezi Formation; Hada of Jidong, Heilongjiang; Early Cretaceous Chengzihe Formation.

1982b Zheng Shaolin, Zhang Wu, p. 298, pl. 5, figs. 3, 4; fronds; Nuanquan in Didao of Jixi, Heilongjiang; Late Jurassic Didao Formation.

1994 Gao Ruiqi and others, pl. 15, fig. 3; frond; Mengjiatun of Lishu, Jilin; Early Cretaceous Shahezi Formation.

1995 Zeng Yong and others, p. 51, pl. 5, fig. 3; frond; Yima, Henan; Middle Jurassic Yima Formation.

Cf. *Coniopteris nympharum* (Heer) Vachrameev

1999 Cao Zhengyao, p. 49, pl. 3, fig. 7; pl. 11, figs. 3, 4, 4a; fronds; Chengtian of Yongjia, Zhejiang; Early Cretaceous member C of Moshishan Formation.

***Coniopteris onychioides* Vasilevskaya et Kara-Mursa, 1956**

1956 Vasilevskaya, Kara-Mursa, p. 38, pls. 1 — 3; text-figs. 1 — 5; fronds; Lena River Basin; Early Cretaceous.

1982 Liu Zijin, p. 122, pl. 62, figs. 1 — 7; sterile pinnae and fertile pinnae; Huaya of Chengxian, Gansu; Early Cretaceous Huaya Formation of Donghe Group.

1989 Bureau of Geology and Mineral Resources of Zhejiang Province, pl. 5, fig. 8; frond; Guantangshan of Xinchang, Zhejiang; Early Cretaceous Guantou Formation.

1995b Deng Shenghui, p. 26, pl. 11, figs. 4, 5; pl. 12, fig. 1; sterile fronds and fertile fronds; Huolinhe Basin, Inner Mongolia; Early Cretaceous Huolinhe Formation.

2001 Deng Shenghui, Chen Fen, pp. 85, 203, pl. 42, figs. 1 — 4; text-fig. 15; fronds and fertile pinnae; Tiefa Basin, Liaoning; Early Cretaceous Xiaoming'anbei Formation; Huolinhe Basin, Inner Mongolia; Early Cretaceous Huolinhe Formation; Pingzhuang-Yuanbaoshan Basin, Inner Mongolia; Early Cretaceous Yuanbaoshan Formation; Longzhaogou area, Heilongjiang; Early Cretaceous Yunshan Formation.

Cf. *Coniopteris onychioides* Vasilevskaya et Kara-Mursa

1979 He Yuanliang and others, p. 138, pl. 62, fig. 7; pinna; Jiangcang of Tianjun, Qinghai; Early — Middle Jurassic Jiangcang Formation of Muli Group.

△***Coniopteris permollis* Zhang, 1998** (in Chinese)

1998 Zhang Hong and others, p. 273, pl. 17, figs. 1, 2A, 3A; sterile pinnae and fertile pinnae; Col. No. : TK-142; Reg. No. : MP-92071, MP-92072; Repository: Xi'an Branch, China Coal Research Institute; Tielike of Baicheng, Xinjiang; Middle Jurassic Kezilenur Formation. (Notes: The type specimen was not designated in the original paper)

***Coniopteris perpolita* Aksarin, 1955**

1955 Aksarin, p. 166, pl. 21, figs. 1 — 6; sterile pinnae and fertile pinnae; Kansk Basin, Sibiria; Middle Jurassic.

1961 Shen Kuanglung, p. 166, pl. 1, figs. 2 — 5; pl. 2, figs. 8, 9; sterile pinnae and fertile pinnae; Huixian and Chengxian, Gansu; Jurassic Mienhsien Group.

△***Coniopteris qinghaiensis* He, 1988**

1988 He Yuanliang, in Li Peijuan and others, p. 54, pl. 17, figs. 1, 1a; text-fig. 18; fertile pinna; Col. No. : $80DP_1F_{90}$; Reg. No. : PB13413; Holotype: PB13413 (pl. 17, figs. 1, 1a); Repository: Nanjing Institute of Geology and Palaeontology, Chinese Academy of Sciences; Dameigou of Da Qaidam, Qinghai; Middle Jurassic *Tyrmia-Sphenobaiera* Bed of Dameigou Formation.

***Coniopteris quinqueloba* (Phillips) Seward, 1900**

1875 *Sphenopteris quinqueloba* Phillips, p. 215; Yorkshire, England; Middle Jurassic.

1900 Seward, p 112, pl. 16, fig. 8; text-fig. 15; Yorkshire, England; Middle Jurassic.

1911 Seward, pp. 1, 40, pl. 2, figs. 17, 17A, 17B; fronds; Diam River and Ak-djar of Junggar (Dzungaria) Basin, Xinjiang; Early — Middle Jurassic.

1925 Teilhard de Chardin, Fritel, p. 537, pl. 23, figs. 3b, 4b; fronds; Youfangtou (You-fang-teou) of Yulin, Shaanxi; Jurassic. [Notes: This specimen lately was referred as *Coniopteris tatungensis* Sze (Sze H C, Lee H H and others, 1963)]

1963 Sze H C, Lee H H and others, p. 77, pl. 23, figs. 3 — 3b; frond; Junggar (Dzungaria) Basin, Xinjiang; Early — Middle Jurassic.

1984 Gu Daoyuan, p. 140, pl. 72, fig. 8; frond; Diam River of Junggar (Dzungaria) Basin, Xinjiang; Early Jurassic Badaowan Formation.

△*Coniopteris rongxianensis* **Yang, 1987**

1987 Yang Xianhe, p. 7, pl. 2, figs. 1 — 3; fronds; Reg. No.: Sp312 — Sp314; Dujia of Rongxian, Sichuan; Middle Jurassic Lower Shaximiao Formation. (Notes: The type specimen was not designated in the original paper)

Coniopteris saportana **(Heer) Vachrameev, 1958**

1876 *Dicksonia saportana* Heer, p. 89, pl. 17, figs. 1, 2; pl. 18, figs. 1 — 3; fronds; Heilongjiang River Basin; Late Jurassic.

1958 Vachrameev, p. 79, pl. 4, fig. 4; pl. 5, fig. 3; fronds; Bureya Basin, Heilongjiang River Basin; Late Jurassic.

1980 Zhang Wu and others, p. 242, pl. 157, figs. 1, 2; fronds; Hada of Jidong, Heilongjiang; Early Cretaceous Chengzihe Formation.

1982a Yang Xuelin, Sun Liwen, p. 589, pl. 3, fig. 11; frond; Yingcheng of southern Songhuajiang-Liaohe Basin; Late Jurassic Shahezi Formation.

1982b Zheng Shaolin, Zhang Wu, p. 298, pl. 4, fig. 1; frond; Yuanbaoshan of Mishan, Heilongjiang; Late Jurassic Yunshan Formation.

1983b Cao Zhengyao, p. 32, pl. 2, figs. 6, 7; pl. 3, fig. 7; pl. 4, figs. 1 — 3; pl. 9, figs. 4 — 6; sterile pinnae and fertile pinnae; Yonghong of Hulin, Heilongjiang; Late Jurassic lower part of Yunshan Formation; 850 Farm Coal Mine of Baoqing, Heilongjiang; Early Cretaceous Zhushan Formation.

1984a Cao Zhengyao, p. 16, pl. 4, figs. 8, 9; sterile pinnae and fertile pinnae; Yonghong of Hulin, Heilongjiang; Middle Jurassic lower part of Qihulin Formation.

1986 Zhang Chuanbo, pl. 1, fig. 6; frond; Tongfosi of Yanji, Jilin; middle — late Early Cretaceous Tongfosi Formation.

1988 Sun Ge, Shang Ping, pl. 1, fig. 5; frond; Huolinhe Coal Field, Inner Mongolia; Early Cretaceous Huolinhe Formation.

1992a Cao Zhengyao, pl. 1, figs. 3 — 5; sterile pinnae and fertile pinnae; Suibin-Shuangyashan area, eastern Heilongjiang; Early Cretaceous member 3 and member 4 of Chengzihe Formation.

1992 Sun Ge, Zhao Yanhua, p. 527, pl. 222, figs. 1, 4; pl. 230, fig. 4; fronds; Songxiaping of Helong, Jilin; Late Jurassic Changcai Formation; Jiaohe Coal Mine, Jilin; Early Cretaseous Naizishan Formation; Luozigou of Wangqing, Jilin; Early Cretaceous Dalazi Formation.

1993 Bureau of Geology and Mineral Resources of Heilongjiang Province, pl. 11, fig. 9; frond; Heilongjiang Province; Late Jurassic Yunshan Formation.

1993 Hu Shusheng, Mei Meitang, p. 326, pl. 1, figs. 9, 10; fronds; Taixin of Liaoyuan, Jilin; Early Cretaceous Lower Coal-bearing Member of Chang'an Formation.

1994 Cao Zhengyao, figs. 4b, 4c; frond; Shuangyashan, Heilongjiang; early Early Cretaceous Chengzihe Formation.

Cf. *Coniopteris saportana* (Heer) Vachrameev

1999 Cao Zhengyao, p. 49, pl. 3, fig. 10; pl. 6, fig. 11; fronds; Jidaoshan of Jinhua, Tanqi of Wencheng and Xingwo of Dongyang, Zhejiang; Early Cretaceous member C of Moshishan Formation.

"*Coniopteris saportana*" (Heer) Vachrameev

1985 Shang Ping, pl. 6, fig. 1; pl. 7, fig. 7; fronds; Fuxin Coal Field, Liaoning; Early Cretaceous Sunjiawan Member of Haizhou Formation.

***Coniopteris setacea* (Prynada) Vachrameev, 1958**

1938 *Sphenopteris setacea* Prynada, p. 28, pl. 3, fig. 7; text-fig. 5; frond; Northeast USSR; Early Cretaceous.

1958 Vachrameev, p. 80, pl. 6, figs. 1, 2; fronds; Lena River Basin; Early Cretaceous.

1980 Zhang Wu and others, p. 242, pl. 157, figs. 3, 4; fronds; Yingchengzi of Jiutai, Jilin; Early Cretaceous Shahezi Formation; Dongning, Heilongjiang; Early Cretaceous Muling Formation.

1981 Chen Fen and others, p. 45, pl. 1, figs. 5 — 7; fronds; Haizhou Opencut Coal Mine of Fuxin, Liaoning; Early Cretaceous Taiping Bed of Fuxin Formation.

1988 Chen Fen and others, p. 38, pl. 8, figs. 6 — 8; fronds; Haizhou Opencut Coal Mine of Fuxin, Liaoning; Early Cretaceous Fuxin Formation.

1992 Deng Shenghui, pl. 1, figs. 11 — 14; sterile pinnae and fertile pinnae; Tiefa Basin, Liaoning; Early Cretaceous Xiaoming'anbei Formation.

1997 Deng Shenghui and others, p. 32, pl. 13, figs. 1 — 4; pinnae, sporangia and spores; Dayan Basin of Hailar, Inner Mongolia; Early Cretaceous Yimin Formation; Wujiu Basin, Inner Mongolia; Early Cretaceous Damoguaihe Formation.

2001 Deng Shenghui, Chen Fen, pp. 86, 204, pl. 35, figs. 1 — 12; pl. 36, figs. 1 — 8; pl. 37, figs. 1 — 11; text-fig. 16; fronds and fertile pinnae; Fuxin Basin, Liaoning; Early Cretaceous Fuxin Formation; Tiefa Basin, Liaoning; Early Cretaceous Xiaoming'anbei Formation; Hailar, Inner Mongolia; Early Cretaceous Damoguaihe Formation and Yimin Formation; Pingzhuang-Yuanbaoshan Basin, Inner Mongolia; Early Cretaceous Yuanbaoshan Formation; Yingcheng, Jilin; Early Cretaceous Yingcheng Formation; Sanjiang Basin, Heilongjiang; Early Cretaceous Chengzihe Formation; Longzhaogou area, Heilongjiang; Early Cretaceous Yunshan Formation.

***Coniopteris* cf. *setacea* (Prynada) Vachrameev**

1983b Cao Zhengyao, p. 33, pl. 2, figs. 8, 8a; pl. 8, figs. 9, 9a; sterile pinnae and fertile pinnae; Yonghong of Hulin, Heilongjiang; Late Jurassic Yunshan Formation.

1992a Cao Zhengyao, p. 213, pl. 1, fig. 10; frond; Suibin-Shuangyashan area, eastern Heilongjiang; Early Cretaceous member 2 of Chengzihe Formation.

***Coniopteris sewadii* Prynada, 1965**

1965 Prynada, in Lebedev, p. 68, pl. 9, figs. 2 — 4, 8; fronds; Zeya River, Heilongjiang River Basin; Late Jurassic.

1980 Zhang Wu and others, p. 243, pl. 123, figs. 1 — 10; fronds; Faku and Beipiao, Liaoning; Middle Jurassic Haifanggou Formation; Linjiang, Jilin; Early Jurassic Yaogou Formation.

△***Coniopteris? shunfaensis*** **Cao, 1992**

1992a Cao Zhengyao, p. 213, pl. 2, figs. 1 — 3; pl. 5, fig. 9; fronds; Reg. No. : PB16047 — PB16049; Holotype: PB16048 (pl. 2, fig. 2); Repository: Nanjing Institute of Geology and Palaeontology, Chinese Academy of Sciences; Suibin-Shuangyashan area, eastern Heilongjiang; Early Cretaceous member 3 of Chengzihe Formation.

Coniopteris silapensis **(Prynada) samylina, 1964**

1938 *Sphenopteris silapensis* Prynada, p. 27, pl. 2, fig. 1; text-fig. 5; frond; Northeast USSR; Early Cretaceous.

1964 Samylina, p. 62, pl. 10, figs. 1, 2a; fronds; Kolyma River Basin; Early Cretaceous.

1978 Yang Xuelin and others, pl. 1, fig. 4; frond; Jiaohe Basin, Jilin; Early Cretaceous Wulin Formation.

1980 Zhang Wu and others, p. 240, pl. 120, fig. 7; pl. 121, fig. 4; pl. 155, fig. 3; fronds; Fuxin, Liaoning; Early Cretaceous Fuxin Formation; Taojiatun of Changchun, Jilin; Early Cretaceous Shahezi Formation.

1981 Chen Fen and others, p. 45, pl. 1, figs. 8, 9; fronds; Haizhou Opencut Coal Mine of Fuxin, Liaoning; Early Cretaceous Fuxin Formation.

1991 Zhang Chuanbo and others, pl. 2, fig. 8; frond; Liufangzi of Jiutai, Jilin; Early Cretaceous Dayangcaogou Formation.

1994 Gao Ruiqi and others, pl. 14, fig. 3; frond; Changchun, Jilin; Early Cretaceous Chengzihe Formation.

"*Coniopteris silapensis*" (Prynada) Samylina

1985 Shang Ping, pl. 1, figs. 5, 13; pl. 3, fig. 3; fronds; Fuxin Coal Field, Liaoning; Early Cretaceous Sunjiawan Member of Haizhou Formation.

Coniopteris simplex **(Lindley et Hutton) Harris, 1961**

1835 *Tympanophora simplex* Lindley et Hutton, p. 57, pl. 170; sterile pinna; Yorkshire, England; Middle Jurassic.

1961 Harris, p. 142; text-figs. 49, 50A — 50G; sterile pinnae and fertile pinnae; Yorkshire, England; Middle Jurassic.

1976 Chang Chichen, p. 186, pl. 89, fig. 3; frond; Queershan of Datong, Shanxi; Middle Jurassic Datong Formation.

1976 Lee P C and others, p. 105, pl. 14, figs. 8 — 12; sterile pinnae and fertile pinnae; Jinghong, Yunnan; Middle Jurassic.

1977 Feng Shaonan and others, p. 214, pl. 75, fig. 6; frond; Yima of Mianchi, Henan; Early — Middle Jurassic.

1979 He Yuanliang and others, p. 138, pl. 61, fig. 7; frond; Yuqia of Da Qaidam, Qinghai; Middle Jurassic Dameigou Formation.

1980 Zhang Wu and others, p. 243, pl. 123, figs. 11 — 20; sterile pinnae and fertile pinnae;

Daozigou of Lingyuan, Liaoning; Early Jurassic Guojiadian Formation; Haifanggou of Beipiao, Liaoning; Middle Jurassic Haifanggou Formation; Tianshifu of Benxi, Liaoning; Middle Jurassic Dabu Formation.

1982 Liu Zijin, p. 123, pl. 60, fig. 7; sterile pinna and fertile pinna; Shaanxi, Gansu and Ningxia; Early — Middle Jurassic Yan'an Formation; Hanxia of Yumen, Gansu; Early — Middle Jurassic Dashankou Formation.

1982 Tan Lin, Zhu Jianan, p. 143, pl. 33, figs. 4, 4a, 5; sterile pinnae and fertile pinnae; Xiaosanfenzicun of Guyang, Inner Mongolia; Early Cretaceous Guyang Formation.

1983a Cao Zhengyao, p. 12, pl. 1, figs. 7 — 9a; sterile pinnae and fertile pinnae; Yunshan of Hulin, Heilongjiang; Middle Jurassic lower part of Longzhaogou Group.

1986 Li Weirong and others, pl. 1, figs. 1, 3; sterile fronds and fertile fronds; Mishan, Heilongjiang; Middle Jurassic Peide Formation.

1988 Li Peijuan and others, p. 55, pl. 19, fig. 2; pl. 21, figs. 1, 2A, 2a; pl. 22, figs. 3B, 4B; sterile pinnae and fertile pinnae; Dameigou of Da Qaidam, Qinghai; Middle Jurassic *Tyrmia-Sphenobaiera* Bed of Dameigou Formation.

1988 Zhang Hanrong and others, pl. 2, fig. 1; frond; Baicaoyao of Yuxian, Hebei; Middle Jurassic Qiaoerjian Formation.

1989 Mei Meitang and others, p. 87, pl. 41, fig. 6; frond; China; Early — Middle Jurassic.

1992 Huang Qisheng, Lu Zongsheng, pl. 1, fig. 3; frond; Wudinghe of Hengshan, Shaanxi; Early Jurassic upper part of Fuxian Formation.

1992 Wu Xiangwu, Li Baoxian, pl. 5, figs. 4B, 5A; sterile pinnae and fertile pinnae; Baicaoyao of Yuxian, Hebei; Middle Jurassic Qiaoerjian Formation.

1995a Li Xingxue (editor-in-chief), pl. 92, fig. 5; frond; Dameigou of Da Qaidam, Qinghai; Middle Jurassic Dameigou Formation. (in Chinese)

1995b Li Xingxue (editor-in-chief), pl. 92, fig. 5; frond; Dameigou of Da Qaidam, Qinghai; Middle Jurassic Dameigou Formation. (in English)

1998 Zhang Hong and others, pl. 13, figs. 4, 5; pl. 17, figs. 2B, 3B; pl. 21, figs. 5, 6; sterile pinnae and fertile pinnae; Tielike of Baicheng, Xinjiang; Middle Jurassic Kezilenur Formation; Xixingzihe of Yan'an, Shaanxi; Middle Jurassic Yan'an Formation.

1999b Meng Fansong, pl. 1, figs. 10, 11; pinnae; Xiangxi of Zigui, Hubei; Middle Jurassic Chenjiawan Formation.

2002 Meng Fansong and others, pl. 1, fig. 4; pinna; Xiangxi of Zigui, Hubei; Middle Jurassic Chenjiawan Formation.

2004 Wang Wuli and others, p. 229, pl. 28, figs. 1 — 4; fertile fronds; Huangbanjigou of Beipiao, Liaoning; Late Jurassic Jianshangou Bed in lower part of Yixian Formation; Yixian, Liaoning; Late Jurassic Zhuanchengzi Bed in lower part of Yixian Formation.

***Coniopteris* ex gr. *simplex* (Lindley et Hutton) Harris**

1982b Zheng Shaolin, Zhang Wu, p. 298, pl. 4, figs. 2 — 4; fronds; Yunshan of Hulin, Yuanbaoshan and Guoguanshan of Mishan, Heilongjiang; Middle Jurassic Peide Formation and Late Jurassic Yunshan Formation.

Coniopteris spectabilis **Brick, 1953**

1953 Brick, p. 20, pl. 5, figs. 1—6; pl. 6, figs. 1—3; pl. 7, fig. 4; fronds; South Fergana; Early—Middle Jurassic.

1988 Li Peijuan and others, p. 56, pl. 27, fig. 1; text-fig. 19; sterile pinna and fertile pinna; Dameigou of Da Qaidam, Qinghai; Middle Jurassic *Nilssonia* Bed of Shimengou Formation.

1998 Zhang Hong and others, pl. 12, figs. 2, 3; pl. 15, figs. 8, 9; sterile pinnae; Yaojie Coal Field of Lanzhou, Gansu; Middle Jurassic Yaojie (Yaochieh) Formation; Xinhe of Shandan, Gansu; Middle Jurassic Longfengshan Formation.

1999a Wu Shunqing, p. 12, pl. 5, figs. 1—3A; fronds; Huangbanjigou in Shangyuan of Beipiao, Liaoning; Late Jurassic Jianshangou Bed in lower part of Yixian Formation.

Coniopteris **cf.** ***spectabilis*** **Brick**

1982b Yang Xuelin, Sun Liwen, p. 44, pl. 15, figs. 5, 5a; sterile pinna; Wanbao Coal Mine of southeastern Da Hinggan Ling; Middle Jurassic Wanbao Formation.

Coniopteris suessi **(Krasser) Yabe et Ôishi**

1906 *Dicksonia suessi* Krasser, p. 5, pl. 1, fig. 9; frond; Jiaohe (Thiao-ho), Jilin; Middle—Late Jurassic. [Notes: This specimen lately was referred as *Coniopteris burejensis* (Zlessky) Seward (Sze H C, Lee H H and others, 1963) and as *Coniopteris heeriana* (Yokoyama) Yabe (Ôishi, 1940)]

1933 *Sphenopteris* (*Coniopteris*?) *suessi* (Krasser) Yabe et Ôishi, p. 212 (18), pl. 30 (1), figs. 19—22; fronds; Huoshiling (Huoshaling) and Jiaohe (Chiaoho), Jilin; Middle—Late Jurassic. [Notes: This specimen lately was referred as *Coniopteris burejensis* (Zlessky) Seward (Sze H C, Lee H H and others, 1963) and as *Coniopteris heeriana* (Yokoyama) Yabe (Ôishi, 1940)]

1978 Yang Xuelin and others, pl. 1, fig. 3; frond; Jiaohe Basin, Jilin; Late Jurassic Naizishan Formation.

1981 Chen Fen and others, p. 45, pl. 2, figs. 6, 7; fronds; Haizhou Opencut Coal Mine of Fuxin, Liaoning; Early Cretaceous Taiping Bed and Middle Bed(?) of Fuxin Formation.

1987 Zhang Zhicheng, p. 377, pl. 3, figs. 7, 8; pl. 4, figs. 1—4; fronds; Haizhou Opencut Coal Mine of Fuxin, Liaoning; Early Cretaceous Fuxin Formation.

1991 Zhang Chuanbo and others, pl. 2, fig. 11; frond; Liufangzi of Jiutai, Jilin; Early Cretaceous Dayangcaogou Formation.

△***Coniopteris szeiana*** **Chow et Yeh, 1963**

1933b *Coniopteris* sp. (? n. sp.), Sze H C, p. 78, pl. 11, figs. 4—13, 18, 19; fronds; Shipanwan of Fugu, Shaanxi; Jurassic.

1963 Chow T Y, Yeh Meina, in Sze H C, Lee H H and others, p. 77, pl. 24, figs. 7—11; pl. 25, figs. 9, 10; sterile pinnae and fertile pinnae; Mentougou in West Hill of Beijing, Fugu of Shaanxi; Early—Middle Jurassic.

1980 Zhang Wu and others, p. 243, pl. 123, figs. 21—24; sterile pinnae and fertile pinnae; Taoan, Jilin; Middle Jurassic Wanbao Formation.

1982 Liu Zijin, p. 123, pl. 61, fig. 5; sterile pinna; Fugu and Huangling, Shaanxi; Early — Middle Jurassic Yan'an Formation.

1982b Yang Xuelin, Sun Liwen, p. 44, pl. 15, figs. 1 — 4; pl. 17, fig. 9; sterile pinnae and fertile pinnae; Heidingshan and Shuangwopu of southeastern Da Hinggan Ling; Middle Jurassic Wanbao Formation.

1985 Yang Xuelin, Sun Liwen, p. 104, pl. 3, fig. 1; frond; Heidingshan of southern Da Hinggan Ling; Middle Jurassic Wanbao Formation.

1986 Duan Shuying and others, pl. 2, fig. 7; frond; southern margin of Erdos Basin; Middle Jurassic Yan'an Formation.

1987a Qian Lijun and others, pl. 16, fig. 1; frond; Dabianyao in Xigou of Shenmu, Shaanxi; Middle Jurassic base part in member 1 of Yan'an Formation.

1989 Mei Meitang and others, p. 87, pl. 39, fig. 5; frond; China; Early — Middle Jurassic.

1992 Sun Ge, Zhao Yanhua, p. 527, pl. 221, figs. 3, 7; sterile pinnae and fertile pinnae; Sihetun of Huadian, Jilin; Early Jurassic(?).

1995 Zeng Yong and others, p. 50, pl. 5, fig. 4; pl. 6, fig. 3; fronds; Yima, Henan; Middle Jurassic Yima Formation.

1996 Mi Jiarong and others, p. 90, pl. 6, figs. 2, 2a; frond; Sanbao of Beipiao, Liaoning; Middle Jurassic Haifanggou Formation.

1998 Zhang Hong and others, pl. 12, fig. 1; sterile pinna; Shenmu, Shaanxi; Middle Jurassic Yan'an Formation.

△***Coniopteris tatungensis*** **Sze, 1933**

1933d Sze H C, p. 10, pl. 2, figs. 1 — 7; sterile pinnae and fertile pinnae; Datong and Jingle of Xinzhou, Shanxi; Early Jurassic.

1950 Ôishi, p. 49; Fangzi of Shandong and Jingle of Shanxi; Early Jurassic.

1959 Sze H C, pp. 6, 22, pl. 5, fig. 7; fertile frond; Yuqia (Yuechia) of Da Qaidam, Qinghai; Jurassic.

1963 Sze H C, Lee H H and others, p. 78, pl. 23, figs. 4, 5; sterile pinnae and fertile pinnae; Datong and Jingle in Xinzhou of Shanxi, Yuqia (Yuechia) in Da Qaidam of Qinghai, Chaoyang of Liaoning; Early — Middle Jurassic; England; Middle Jurassic.

1978 Zhang Jihui, p. 466, pl. 153, fig. 4; sterile pinna; Qingkou of Xiangshui, Guizhou; Middle Jurassic.

1978 Zhou Tongshun, p. 100, pl. 29, figs. 5, 6; sterile pinnae and fertile pinnae; Wuling of Zhangping, Fujian; Early Jurassic Lishan Formation.

1980 Chen Fen and others, p. 427, pl. 2, figs. 3, 5; sterile pinnae and fertile pinnae; West Hill, Beijing; Early Jurassic Lower Yaopo Formation and Upper Yaopo Formation.

1980 Huang Zhigao, Zhou Huiqin, p. 75, pl. 56, fig. 8; sterile pinna; Yangjiaya of Yan'an, Shaanxi; Early Jurassic Fuxian Formation; Middle Jurassic lower part of Yan'an Formation.

1982 Wang Guoping and others, p. 243, pl. 110, figs. 11, 12; foliage pinnae and fertile pinnae; Wuling of Zhangping, Fujian; Early Jurassic Lishan Formation.

1982b Yang Xuelin, Sun Liwen, p. 44, pl. 14, figs. 8 — 12; pl. 24, fig. 12; sterile pinnae and fertile pinnae; Wanbao Coal Mine and Yumin Coal Mine of southeastern Da Hinggan Ling; Middle Jurassic Wanbao Formation.

1983 Li Jieru, pl. 1, figs. 17 — 21; fronds; Houfulongshan of Jinxi, Liaoning; Middle Jurassic member 1 of Haifanggou Formation.

1984 Chen Fen and others, p. 38, pl. 10, figs. 1 — 4; sterile pinnae and fertile pinnae; West Hill, Beijing; Early Jurassic Lower Yaopo Formation and Upper Yaopo Formation, Middle Jurassic Longmen Formation.

1984 Gu Daoyuan, p. 140, pl. 66, fig. 3; sterile pinna and fertile pinna; Kuqa, Xinjiang; Middle Jurassic Kezilenur Formation.

1984 Kang Ming and others, pl. 1, figs. 2, 3; fronds; Yangshuzhuang of Jiyuan, Henan; Middle Jurassic Yangshuzhuang Formation.

1984 Wang Ziqiang, p. 242, pl. 134, figs. 1 — 5; pl. 135 figs. 1 — 4; fronds; Datong, Shanxi; Middle Jurassic Datong Formation; Xiahuayuan of Hebei and Mentougou of Beijing; Middle Jurassic Mentougou Formation.

1985 Yang Xuelin, Sun Liwen, p. 104, pl. 3, fig. 8; frond; Wanbao Coal Mine of southern Da Hinggan Ling; Middle Jurassic Wanbao Formation.

1986 Duan Shuying and others, pl. 2, fig. 4; frond; southern margin of Erdos Basin; Middle Jurassic Yan'an Formation.

1987 Duan Shuying, p. 26, pl. 5, figs. 4, 4a; pl. 6, fig. 1; text-fig. 10; sterile pinnae and fertile pinnae; Zhaitang of West Hill, Beijing; Middle Jurassic.

1987a Qian Lijun and others, pl. 25, fig. 1; frond; Huangyangchenggou of Shenmu, Shaanxi; Middle Jurassic member 1 of Yan'an Formation.

1987 Yang Xianhe, p. 6, pl. 1, figs. 6, 7; fronds; Dujia of Rongxian, Sichuan; Middle Jurassic Lower Shaximiao Formation.

1988 Bureau of Geology and Mineral Resources of Liaoning Province, pl. 8, fig. 10; frond; Jilin; Middle Jurassic.

1989 Duan Shuying, pl. 1, fig. 6; frond; Zhaitang of West Hill, Beijing; Middle Jurassic Mentougou Coal Series.

1989 Mei Meitang and others, p. 87, pl. 41, fig. 6; frond; China; Early — Middle Jurassic.

1991 Bureau of Geology and Mineral Resources of Beijing Municipality, pl. 13, fig. 10; pl. 14, figs. 2, 5; fronds; Zhaitang and Datai of West Hill, Beijing; Early Jurassic Lower Yaopo Formation.

1995 Wang Xin, pl. 3, fig. 2; frond; Tongchuan, Shaanxi; Middle Jurassic Yan'an Formation.

1995 Zeng Yong and others, p. 50, pl. 6, figs. 1, 2; sterile pinnae and fertile pinnae; Yima, Henan; Middle Jurassic Yima Formation.

1996 Chang Jianglin, Gao Qiang, pl. 1, fig. 7; frond; Baigaofu of Ningwu; Shanxi; Middle Jurassic Datong (Datung) Formation.

1996 Ma Qingwen and others, p. 174, pl. 1, figs. 1 — 9; pl. 2, figs. 1 — 6; fronds, sterile pinnae, fertile pinnae, sporangia and spores; Zhaitang of West Hill, Beijing; Middle Jurassic lower member of Yaopo Formation.

1996 Mi Jiarong and others, p. 90, pl. 6, fig. 5; fertile pinna; Haifanggou of Beipiao, Liaoning; Middle Jurassic Haifanggou Formation.

1999a Wu Shunqing, p. 12, pl. 4, figs. 5 — 7; fronds; Huangbanjigou in Shangyuan of Beipiao, Liaoning; Late Jurassic Jianshangou Bed in lower part of Yixian Formation.

2003 Deng Shenghui and others, pl. 70, figs. 2, 3; fronds; Yima Basin, Henan; Middle Jurassic Yima Formation.

2003 Xiu Shengcheng and others, pl. 1, fig. 3; frond; Yima Basin, Henan; Middle Jurassic Yima Formation.

2003 Yuan Xiaoqi and others, pl. 14, figs. 3, 4; fronds; Xigou of Shenmu, Shaanxi; Middle Jurassic Yan'an Formation.

***Coniopteris* cf. *tatungensis* Sze**

1984 Chen Fen and others, p. 40, pl. 10, figs. 5 — 7; sterile pinnae; Qianjuntai of West Hill, Beijing; Early Jurassic Lower Yaopo Formation; Mentougou of West Hill, Beijing; Middle Jurassic Longmen Formation.

△*Coniopteris tiehshanensis* Ye et Lih, 1986

1986 Ye Meina and others, p. 32, pl. 10, figs. 5 — 6a; pl. 11, figs. 2 — 3a; pl. 14, fig. 4; pl. 55, fig. 3; sterile pinnae and fertile pinnae; Repository: 137 Geological Team of Sichuan Coal Field Geological Company in Daxian; Tieshan, Leiyinpu and Binlong of Daxian, Wenquan of Kaixian, Sichuan; Early Jurassic Zhenzhuchong Formation. (Notes: The type specimen was not designated in the original paper)

1996 Huang Qisheng and others, pl. 2, fig. 4; frond; Wenquan of Kaixian, Sichuan; Early Jurassic bed 13 in upper part of Zhenzhuchong Formation.

2001 Huang Qisheng, pl. 2, fig. 7; frond; Qilixia of Xuanhan, Sichuan; Early Jurassic upper part of Zhenzhuchong Formation.

***Coniopteris tyrmica* Prynada, 1965**

1965 Prynada, in Lebedev, p. 69, pl. 7, figs. 1 — 3; pl. 8, fig. 1; fronds; Zeya River of Heilongjiang River Basin; Late Jurassic.

1980 Zhang Wu and others, p. 243, pl. 124, figs. 1 — 5; sterile pinnae and fertile pinnae; Taoan, Jilin; Middle Jurassic Wanbao Formation.

1987 Zhang Wu, Zheng Shaolin, pl. 4, figs. 12 — 14; sterile pinnae and fertile pinnae; Houfulongshan of Jinxi, Liaoning; Middle Jurassic Haifanggou Formation.

***Coniopteris vachrameevii* Vassilevskaja, 1963**

1963 Vasilevskja, Pavlov, pl. 32, figs. 5 — 7; fronds; lower reaches of Lena River; Early Cretaceous.

1967 Vasilevskja, p. 60, pl. 1, figs. 5 — 7; text-fig. 1; fronds; lower reaches of Lena River; Early Cretaceous.

1988 Chen Fen and others, p. 38, pl. 3, figs. 2 — 8; pl. 4, figs. 1, 2; pl. 61, fig. 3; pl. 63, figs. 8, 9; fronds and fertile pinnae; Haizhou Opencut Coal Mine and Xinqiu Mine of Fuxin, Liaoning; Early Cretaceous Fuxin Formation; Tiefa Basin, Liaoning; Early Cretaceous Upper Coal Member of Xiaoming'anbei Formation.

1989 Ren Shouqin and Chen Fen, p. 635, pl. 1, figs. 8, 9; pl. 2, figs. 1 — 4; text-fig. 2; fronds and fertile pinnae; Wujiu Coal Basin of Hailar, Inner Mongolia; Early Cretaceous Damoguaihe Formation.

1992 Deng Shenghui, pl. 3, figs. 4 — 7; fertile pinnae; Tiefa Basin, Liaoning; Early Cretaceous Xiaoming'anbei Formation.

1993 Hu Shusheng, Mei Meitang, pl. 1, figs. 4, 5; pinnae; Taixin 3th Pit and Xi'an Coal Mine of Liaoyuan, Jilin; Early Cretaceous Lower Coal-bearing Member of Chang'an Formation.

2000 Hu Shusheng, Mei Meitang, pl. 1, fig. 3; frond; Taixin 3th Pit of Liaoyuan, Jilin; Early Cretaceous Lower Coal-bearing Member of Chang'an Formation.

2001 Deng Shenghui, Chen Fen, pp. 87, 204, pl. 38, figs. 1 — 6; pl. 39, figs. 1 — 8; pl. 40, figs. 1 — 6; pl. 41, figs. 1 — 7; text-fig. 17; fronds and fertile pinnae; Fuxin Basin, Liaoning; Early Cretaceous Fuxin Formation; Tiefa Basin, Liaoning; Early Cretaceous Xiaoming'anbei Formation; Liaoyuan Basin, Jilin; Early Cretaceous Liaoyuan Formation.

△***Coniopteris venusta*** **Deng et Chen, 2001** (in Chinese and English)

2001 Deng Shenghui, Chen Fen, pp. 89, 205, pl. 43, figs. 1 — 8; pl. 44, figs. 1 — 10; pl. 45, figs. 1 — 12; pl. 46, figs. 1 — 9; pl. 47, figs. 1 — 6; text-fig. 18; fronds and fertile pinnae; Col. No.: TDMe-96-23, TDMe-96-24, TDMe-96-302, TDMe-96-303, TDMe-96-300, TDMy-96-15 — TDMy-96-20, TDMy-96-29, TDMy-96-30, TDMy-96-31, TXM-97-33, TDMy-381, TDMy-382; Holotype: TDMe-96-23 (pl. 43, fig. 2); Repository: Research Institute of Petroleum Exploration and Development, Beijing; Tiefa Basin, Liaoning; Early Cretaceous Xiaoming'anbei Formation; Sanjiang Basin, Heilongjiang; Early Cretaceous Chengzihe Formation.

Coniopteris vsevolodii **Lebedev, 1965**

1965 Lebedev, p. 71, pl. 2, figs. 2 — 6; pl. 3, figs. 1 — 5; pl. 4, figs. 1 — 6; text-fig. 16; fronds; Zeya Basin, Heilongjiang River Basin; Late Jurassic.

1982b Zheng Shaolin, Zhang Wu, p. 298, pl. 4, figs. 6, 7; fronds; Yunshan of Hulin, Heilongjiang; Late Jurassic Yunshan Formation; Hada of Jidong, Heilongjiang; Early Cretaceous Chengzihe Formation.

1986 Li Xingxue and others, p. 8, pl. 7, figs. 1 — 3; pl. 9, fig. 6; fronds; Shansong of Jiaohe, Jilin; Early Cretaceous Jiaohe Group.

1986 Zhang Chuanbo, pl. 2, fig. 4; frond; Dalazi (Zhixin) of Yanji, Jilin; middle — late Early Cretaceous Dalazi Formation.

△***Coniopteris xipoensis*** **Yang, 1982**

1982 Yang Jingyao, in Liu Zijin, p. 123, pl. 62, figs. 1 — 3; sterile pinnae and fertile pinnae; No.: P019, P019-3; Xipo of Liangdang, Gansu; Middle Jurassic Longjiagou Formation. (Notes: The type specimen was not designated in the original paper)

△***Coniopteris zhenziensis*** **Yang, 1987**

1987 Yang Xianhe, p. 7, pl. 2, figs. 4 — 7; fronds; Reg. No.: Sp315 — Sp318; Dujia of Rongxian, Sichuan; Middle Jurassic Lower Shaximiao Formation. (Notes: The type specimen was not designated in the original paper)

***Coniopteri zindanensis* Brick, 1953**

1953 Brick, p. 31, pl. 11, figs. 1 — 3; fronds; East Fergana; Middle Jurassic.

1980 Zhang Wu and others, p. 244, pl. 124, fig. 8; fertile pinna; Nanpiao of Jinxi, Liaoning; Early — Middle Jurassic; Xingzhangzi of Lingyuan, Liaoning; Middle Jurassic Lanqi Formation.

1998 Zhang Hong and others, pl. 11, fig. 4; sterile pinna; Xinhe of Shandan, Gansu; Middle Jurassic Xinhe Formation.

***Coniopteri* cf. *zindanensis* Brick**

1982b Yang Xuelin, Sun Liwen, p. 45, pl. 15, figs. 8 — 12; fronds; Heidingshan and Yumin Coal Mine of southeastern Da Hinggan Ling; Middle Jurassic Wanbao Formation.

1985 Yang Xuelin, Sun Liwen, p. 104, pl. 3, fig. 15; frond; Heidingshan of southern Da Hinggan Ling; Middle Jurassic Wanbao Formation.

***Coniopteris* spp.**

1933b *Coniopteris* sp. (?n. sp.), Sze H C, p. 78, pl. 11, figs. 4 — 13, 18, 19; fronds; Shipanwan of Fugu, Shaanxi; Jurassic. [Notes: This specimen lately was referred as *Coniopteris szeiana* Chow et Yeh (Sze H C, Lee H H and others, 1963)]

1961 *Coniopteris* sp. (Cf. *C. pulcherrima* Brick), Shen Kuanglung, p. 168, pl. 1, fig. 6; frond; Huixian and Chengxian, Gansu; Jurassic Mienhsien Group.

1963 *Coniopteris* sp., Lee H H and others, pl. 1, fig. 4; frond; Lijia of Shouchang, Zhejiang; Early — Middle Jurassic Wuzao Formation.

1979 *Coniopteris* sp., He Yuanliang and others, p. 138, pl. 62, fig. 2; pinna; Jiangcang of Tianjun, Qinghai; Early — Middle Jurassic Jiangcang Formation of Muli Group.

1980 *Coniopteris* sp., He Dechang, Shen Xiangpeng, p. 10, pl. 15, figs. 1, 1a; fertile pinna; Huangnitang of Qiyang, Hunan; Early Jurassic.

1980 *Coniopteris* sp., Wu Shunqing and others, p. 93, pl. 11, figs. 9, 9a; pl. 25, figs. 10, 11; sterile pinnae; Shazhenxi of Zigui, Hubei; Early — Middle Jurassic Hsiangchi Formation.

1981 *Coniopteris* sp. 1, Liu Maoqiang, Mi Jiarong, p. 23, pl. 1, figs. 3 — 5; fronds; Naozhigou of Linjiang, Jilin; Early Jurassic Yihuo Formation.

1981 *Coniopteris* sp. 2, Liu Maoqiang, Mi Jiarong, p. 23, pl. 1, fig. 6; frond; Naozhigou of Linjiang, Jilin; Early Jurassic Yihuo Formation.

1982 *Coniopteris* sp., Duan Shuying, Chen Ye, pl. 4, fig. 4; frond; Tieshan of Daxian, Sichuan; Early Jurassic Zhenzhuchong Formation.

1982a *Coniopteris* sp., Yang Xuelin, Sun Liwen, pl. 3, figs. 3, 3a, 3b; frond; Shahezi of southeastern Songhuajiang-Liaohe Basin; Late Jurassic Shahezi Formation.

1982b *Coniopteris* sp., Yang Xuelin, Sun Liwen, p. 46, pl. 16, figs. 1 — 6, 6a; fronds; Yumin Coal Mine of southeastern Da Hinggan Ling; Middle Jurassic Wanbao Formation.

1982 *Coniopteris* sp., Zhang Caifan, p. 524, pl. 354, fig. 4; pl. 356, fig. 9; fronds; Sanmenhong of Youxian and Wenjiashi of Liuyang, Hunan; Early Jurassic Gaojiatian Formation.

1983 *Coniopteris* sp., Li Jieru, pl. 1, figs. 22, 23; fronds; Houfulongshan of Jinxi, Liaoning;

Middle Jurassic member 1 of Haifanggou Formation.

1984 *Coniopteris* sp., Kang Ming and others, pl. 1, figs. 4, 5; fronds; Yangshuzhuangcun of Jiyuan, Henan; Middle Jurassic Yangshuzhuang Formation.

1985 *Coniopteris* sp. 1, Cao Zhengyao, p. 277, pl. 1, figs. 5, 6; fertile pinnae; Pengzhuang of Hanshan, Anhui; Late Jurassic(?) Hanshan Formation.

1985 *Coniopteris* sp. 2, Cao Zhengyao, p. 277, pl. 1, figs. 7B, 8B, 9 — 11; pl. 3, fig. 14; pl. 4, figs. 1, 2; text-fig. 3; sterile pinnae and fertile pinnae; Pengzhuangcun of Hanshan, Anhui; Late Jurassic(?) Hanshan Formation.

1986 *Coniopteris* sp., Ye Meina and others, p. 32, pl. 11, fig. 6; sterile pinna; Binlang of Daxian, Sichuan; Early Jurassic Zhenzhuchong Formation.

1988 *Coniopteris* sp., Bureau of Geology and Mineral Resources of Jilin Province, pl. 8, fig. 6; frond; Jilin; Middle Jurassic.

1988b *Coniopteris* sp., Huang Qisheng, Lu Zongsheng, pl. 10, fig. 10; frond; Jinshandian of Daye, Hubei; Early Jurassic middle part of Wuchang Formation.

1989 *Coniopteris* sp., Ding Baoliang and others, pl. 3, fig. 5; frond; Huaqian of Wencheng, Zhejiang; Late Jurassic member C-2 of Moshishan Formation.

1992 *Coniopteris* sp., Sun Ge, Zhao Yanhua, p. 527, pl. 228, fig. 8; frond; Weijin of Liaoyuan, Jilin; Middle Jurassic Xiajiajie Formation.

1993c *Coniopteris* sp., Wu Xiangwu, p. 77, pl. 1, figs. 6 — 7a; fronds; Fengjiashan-Shanqingcun Section of Shangxian, Shaanxi; Early Cretaceous lower member of Fengjiashan Formation.

1994 *Coniopteris* sp. 1, Xiao Zongzheng and others, pl. 15, fig. 2; frond; Fangshan of West Hill, Beijing; Early Cretaceous Tuoli Formation.

1994 *Coniopteris* sp. 2, Xiao Zongzheng and others, pl. 15, fig. 3; frond; Fangshan of West Hill, Beijing; Early Cretaceous Tuoli Formation.

1995a *Coniopteris* sp., Li Xingxue (editor-in-chief), pl. 88, fig. 5; frond; Hanshan, Anhui; Late Jurassic Hanshan Formation. (in Chinese)

1995b *Coniopteris* sp., Li Xingxue (editor-in-chief), pl. 88, fig. 5; frond; Hanshan, Anhui; Late Jurassic Hanshan Formation. (in English)

1995 *Coniopteris* sp., Zeng Yong and others, p. 51, pl. 3, fig. 3; frond; Yima, Henan; Middle Jurassic Yima Formation.

2002 *Coniopteris* sp., Wu Xiangwu and others, p. 155; sterile pinna; Jijigou of Alxa Right Banner, Inner Mongolia; Middle Jurassic lower member of Ninyuanpu Formation.

2004 *Coniopteris* sp., Sun Ge, Mei Shengwu, pl. 6, figs. 3, 6; pl. 8, figs. 4, 6; pl. 9, fig. 6; pl. 10, figs. 2, 3; pl. 11, fig. 2; fronds; Chaoshui Basin and Aram Basin, Northwest China; Early — Middle Jurassic.

***Coniopteris*? spp.**

1985 *Coniopteris*? sp., Cao Zhengyao, p. 278, pl. 2, figs. 3, 3a; sterile pinna; Pengzhuangcun of Hanshan, Anhui; Late Jurassic(?) Hanshan Formation.

1985 *Coniopteris*? sp., Li Peijuan, pl. 19, fig. 3A; frond; Wensu, Xinjiang; Early Jurassic.

1999a *Coniopteris*? sp., Wu Shunqing, p. 13, pl. 5, figs. 4, 4a; frond; Huangbanjigou in

Shangyuan of Beipiao, Liaoning; Late Jurassic Jianshangou Bed in lower part of Yixian Formation.

2000 *Coniopteris*? sp., Wu Shunqing, pl. 4, figs. 8, 8a; frond; Zhangshang in Xigong of Xinjie, Hongkong; Early Cretaceous Repulse Bay Group.

Genus *Cyathea* Smith, 1793

1963 Chu Chianan, pp. 274, 278.

1993a Wu Xiangwu, p. 71.

Type species: (living genus)

Taxonomic status: Cyatheaceae, Filicopsida

△*Cyathea ordosica* Chu, 1963

1963 Chu Chianan, pp. 274, 278, pl. 1 — 3; text-fig. 1; fronds, sterile pinnae and fertile pinnae; Holotype: P0110 (pl. 1, fig. 1); Repository: Institute of Botany, the Chinese Academy of Sciences; Dongsheng, Inner Mongolia; Jurassic.

1976 Chow Huiqin and others, p. 204, pl. 105, figs. 4 — 6; sterile pinnae and fertile pinnae; Dongsheng, Inner Mongolia; Middle Jurassic Yan'an Formation.

1993a Wu Xiangwu, p. 71.

***Cyathea* cf. *ordosica* Chu**

2003 Yuan Xiaoqi and others, pl. 16, figs. 3 — 6; fertile pinnae; Hantaichuan of Dalad Banner, Inner Mongolia; Middle Jurassic Zhiluo Formation.

Genus *Cynepteris* Ash, 1969

1969 Ash, p. D31.

1986 Ye Meina and others, p. 25.

1993a Wu Xiangwu, p. 73.

Type species: *Cynepteris lasiophora* Ash, 1969

Taxonomic status: Cynepteridaceae, Filicopsida

***Cynepteris lasiophora* Ash, 1969**

1969 Ash, pp. D31 — D38, pl. 2, figs. 1 — 5; pl. 3, figs. 1 — 7; text-figs. 15, 16; fronds; Fort Wingate of New Mexico, USA; Late Triassic.

1986 Ye Meina and others, p. 25, pl. 50, fig. 7B; pl. 56, figs. 2, 2a; sterile pinnae; Qilixia of Xuhan, Sichuan; Late Triassic member 7 of Hsuchiaho Formation.

1993a Wu Xiangwu, p. 73.

Genus *Danaeopsis* Heer, 1864

1864 Heer, in Schenk, p. 303.

1900 Krasser, p. 145.

1963 Sze H C, Lee H H and others, p. 54.

1993a Wu Xiangwu, p. 75.

Type species: *Danaeopsis marantacea* Heer, 1864

Taxonomic status: Angiopteridaceae, Filicopsida

***Danaeopsis marantacea* Heer, 1864**

1864 Heer, in Schenk, p. 303, pl. 48, fig. 1; Late Triassic.

1977 Feng Shaonan and others, p. 202, pl. 72, figs. 4, 5; sterile fronds; Yima of Mianchi, Henan; Late Triassic Yenchang Group.

1979 Hsu J and others, p. 16, pls. 6, 7, figs. 1 — 3; pl. 8; pl. 9; pl. 10, fig. 2; fronds; Longshuwan of Baoding, Sichuan; Late Triassic middle part of Daqiaodi Formation.

1981 Chen Ye, Duan Shuying, pl. 3, fig. 2; frond; Hongni Coal Mine of Yanbian, Sichuan; Late Triassic Daqiaodi Formation.

1983 He Yuanliang, p. 185, pl. 28, fig. 3; frond; Yikewulan of Gangcha, Qinghai; Late Triassic upper member in Atasi Formation of Mole Group.

1983 Ju Kuixiang and others, p. 122, pl. 1, figs. 4, 8; fronds; Fanjiatang in Longtan of Nanjing, Jiangsu; Late Triassic Fanjiatang Formation.

1989 Mei Meitang and others, p. 79, pl. 36, fig. 1; frond; China; Middle — Late Triassic.

1993a Wu Xiangwu, p. 75.

***Danaeopsis* cf. *marantacea* (Presl) Heer**

1978 Zhou Tongshun, p. 98, pl. 16, fig. 3; frond; Jitou of Shanghang, Fujian; Late Triassic upper member of Dakeng Formation.

1980 Huang Zhigao, Zhou Huiqin, p. 71, pl. 14, fig. 4; pl. 15, fig. 3; pl. 16, fig. 3; fronds; Shengmu and Jinsuogguan of Tongchuan, Shaanxi; late Middle Triassic lower member and upper member of Tongchuan Formation.

1982a Wu Xiangwu, p. 50, pl. 2, figs. 5, 5a; pl. 3, fig. 2; fertile pinnae; Baqing, Tibet; Late Triassic Tumaingela Formation.

1984 Wang Ziqiang, p. 234, pl. 120, fig. 3; frond; Linxian, Shanxi; Middle — Late Triassic Yenchang Group.

***Danaeopsis fecunda* Halle, 1921**

1921 Halle, p. 6, pl. 1, figs. 1 — 3; fronds; Sweden; Late Triassic.

1951 Sze H C, Lee H H, pp. 85, 86, pl. 1, figs. 1 — 9; sterile pinnae and fertile pinnae; Nanying'er of Wuwei, Gansu; Late Triassic Yenchang Formation.

1954 Hsu J, p. 45, pl. 39, figs. 3 — 6; sterile fronds and fertile fronds; Gansu; Late Triassic Yenchang Formation; Yipinglang of Guangtong, Yunnan; Late Triassic.

1956 Lee H H, p. 15, pl. 5, fig. 1; sterile pinna; Wuwei, Gansu; Late Triassic Yenchang Formation.

1956a Sze H C, pp. 28, 135, pl. 29, figs. 1, 2; pl. 30, figs. 1—4; pl. 31, figs. 1—1f; pl. 35, fig. 5; pl. 43, fig. 1; pl. 52, fig. 4; sterile pinnae and fertile pinnae; Yijun, Suide, Jiaxian, Yanchuan, Yaoxian, Chunhua and Linyou, Shaanxi; Wuwei and Zhengning, Gansu; Linxian and Xingxian, Shanxi; Late Triassic Yenchang Formation.

1956b Sze H C, pl. 1, figs. 1b, 4, 5; fronds; Karamay of Junggar (Dzungaria) Basin, Xinjiang; late Late Triassic upper part of Yenchang Formation.

1956c Sze H C, pl. 2, figs. 10, 11; sterile pinnae and fertile pinnae; Luojiawan of Jingtai, Gansu; Late Triassic Yenchang Formation.

1958 Wang Longwen and others, p. 585, fig. 585; frond; Gansu, Shaanxi and Yunnan; Late Triassic.

1960a Sze H C, p. 25, pl. 1, figs. 1—4, 4a; sterile pinnae and fertile pinnae; Shifanggou of Tianzhu, Gansu; Late Triassic Yenchang Group.

1962 Lee H H, p. 146, pl. 88, figs. 1, 4; fertile pinnae; Changjiang River Basin; Late Triassic.

1963 Chow Huiqin, p. 170, pl. 71, figs. 1, 2; fertile pinnae; Hualing of Huaxian, Guangdong; Late Triassic.

1963 Lee H H and others, p. 128, pl. 98, figs. 1, 2; sterile pinnae and fertile pinnae; Northwest China; Late Triassic.

1963 Lee P C, p. 123, pl. 52, figs. 1—3; fronds; Yijun, Suide and Yanchuan of Shaanxi, Linxian and Xingxian of Shanxi, Wuwei and Pingliang of Gansu, Nanzhao of Henan and Huaxian of Guangdong; Late Triassic.

1963 Sze H C, Lee H H and others, p. 54, pl. 14, figs. 1—3; pl. 15, figs. 1, 2; pl. 17, figs. 1, 2; sterile pinnae and fertile pinnae; Yanchang, Chunhua, Yijun, Yaoxian, Suide, Jiaxian and Linyou of Shaanxi, Huating, Wuwei and Jingtai of Gansu, Linxian and Xingxian of Shanxi, Jiyuan and Yiyang of Henan, Junggar of Xinjiang, Huaxian of Guangdong, Yipinglang in Lufeng of Yunnan; Late Triassic.

1964 Lee H H and others, p. 124, pl. 81, figs. 3, 4; fronds and fertile pinnae; South China; late Late Triassic.

1965 Tsao Chengyao, p. 514, pl. 2, figs. 2, 2a; fertile pinna; Songbaikeng of Gaoming, Guangdong; Late Triassic Siaoping Formation (Siaoping Series).

1974 Hu Yufan and others, pl. 2, figs. 9, 9a; fertile pinna; Guanhua Coal Mine of Yaan, Sichuan; Late Triassic.

1975 Xu Fuxiang, p. 101, pl. 1, figs. 1, 1a, 2; sterile pinnae; Houlaomiao of Tianshui, Gansu; Late Triassic Ganchaigou Formation.

1976 Lee P C and others, p. 94, pl. 4, figs. 1—5; sterile pinnae and fertile pinnae; Yipinglang of Lufeng, Yunnan; Late Triassic Ganhaizi Member of Yipinglang Formation.

1977 Feng Shaonan and others, p. 202, pl. 72, figs. 1—3; fronds and fertile pinnae; Yima of Mianchi, Henan; Late Triassic Yenchang Group; Donggong of Nanzhang, Hubei; Late Triassic Lower Coal Formation of Hsiangchi Group; Huaxian, Gaoming and Xiaoshui of Lechang, Guangdong; Late Triassic Siaoping Formation.

1978 Yang Xianhe, p. 474, pl. 159, figs. 2, 3; fronds; Moshahe of Dukou, Sichuan; Late Triassic

Daqiaodi Formation; Xiangyun, Yunnan; Late Triassic Ganhaizi Formation.

1978 Zhang Jihui, p. 473, pl. 157, fig. 3; fertile frond; Longjing of Renhuai, Guizhou; Late Triassic.

1978 Zhou Tongshun, p. 97, pl. 15, fig. 11; pl. 16, figs. 1, 2; sterile pinnae and fertile pinnae; Dakeng of Zhangping, Fujian; Late Triassic upper member of Dakeng Formation and Late Triassic Wenbinshan Formation.

1979 He Yuanliang and others, p. 134, pl. 59, figs. 3, 4; pl. 60, fig. 1; fronds; Qilian, Qinghai; Late Triassic Nanying'er Group; Gangcha, Qinghai; Late Triassic Mole Group.

1979 Hsu J and others, p. 17, pl. 10, figs. 1, 1a; frond; Taipingchang of Baoding, Sichuan; Late Triassic Daqing Formation.

1980 He Dechang, Shen Xiangpeng, p. 7, pl. 1, fig. 7; frond; Xiaoshui of Lechang, Guangdong; Late Triassic.

1980 Huang Zhigao, Zhou Huiqin, p. 70, pl. 24, figs. 5 — 7; pl. 25, fig. 4; sterile fronds and fertile fronds; Liulingou and Jiaoping of Tongchuan, Shaanxi; Late Triassic upper part of Yenchang Formation.

1982 Liu Zijin, p. 119, pl. 58, fig. 6; pl. 59, fig. 1; fronds; Shaanxi, Gansu and Ningxia; Late Triassic Yenchang Group and Nanying'er Group.

1982 Wang Guoping and others, p. 239, pl. 109, figs. 2 — 4; fertile fronds; Dakeng of Zhangping, Fujian; Late Triassic upper member of Dakeng Formation and Wenbinshan Formation.

1982b Wu Xiangwu, p. 79, pl. 1, figs. 4, 4a; pl. 2, figs. 4A, 4a; fronds; Qamdo, Tibet; Late Triassic upper member of Bagong Formation.

1982 Yang Xianhe, p. 467, pl. 3, figs. 1 — 7; fronds; Tanba of Hechuan, Sichuan; Late Triassic Hsuchiaho Formation.

1982 Zhang Caifan, p. 522, pl. 355, fig. 2; frond; Chengtanjiang of Liuyang, Hunan; Late Triassic.

1984 Chen Gongxin, p. 570, pl. 225, figs. 4 — 6; sterile fronds and fertile fronds; Donggong of Nanzhang and Fenshuiling of Jingmen, Hubei; Late Triassic Jiuligang Formation.

1984 Gu Daoyuan, p. 137, pl. 71, figs. 4 — 6; sterile pinnae and fertile pinnae; Dalongkou of Jimsar, Xinjiang; Middle — Late Triassic Karamay Formation.

1984 Wang Ziqiang, p. 234, pl. 114, figs. 1 — 8; pl. 118, figs. 6, 7; fronds; Linxian, Xingxian and Hongdong, Shanxi; Middle — Late Triassic Yenchang Formation .

1985 Bureau of Geology and Mineral Resources of Fujian Province, pl. 3, fig. 3; frond; Yongding, Fujian; Late Triassic Wenbinshan Formation.

1986 Ye Meina and others, p. 22, pl. 7, figs. 2 — 3a; pl. 8, fig. 5; sterile pinnae and fertile pinnae; Wenquan of Kaixian, Sichuan; Late Triassic member 3 of Hsuchiaho Formation.

1986 Zhou Tongshun, Zhou Huiqin, p. 66, pl. 18, figs. 1 — 6; pl. 19, figs. 1 — 6; sterile pinnae and fertile pinnae; Dalongkou of Jimsar, Xinjiang; Middle Triassic Karamay Formation.

1987 Chen Ye and others, p. 90, pl. 4, figs. 8 — 9a; pl. 5, figs. 1, 2; sterile pinnae and fertile pinnae; Qinghe of Yanbian, Sichuan; Late Triassic Hongguo Formation.

1987 Hu Yufan, Gu Daoyuan, p. 221, pl. 3, figs. 1, 2; pl. 4, figs. 1, 1a; sterile pinnae and fertile pinnae; Turpan, Xinjiang; Late Triassic Haojiagou Formation; Dalongkou of Jimsar, Xinjiang; Middle — Late Triassic Karamay Formation.

1987 Meng Fansong, p. 239, pl. 27, fig. 2; pl. 33, fig. 2; fronds; Jiuligang in Maoping of Yuanan and Donggong of Nanzhang, Hubei; Late Triassic Jiuligang Formation.

1989 Mei Meitang and others, p. 79, pl. 35, fig. 5; pl. 36, fig. 2; fronds; China; middle — late Late Triassic.

1990 Wu Xiangwu, He Yuanliang, p. 294, pl. 8, figs. 2, 2a; frond; Zhiduo, Qinghai; Late Triassic Gema Formation of Jieza Group.

1995a Li Xingxue (editor-in-chief), pl. 70, figs. 1 — 4; fronds; Dahuiping of Jiaxian, Shaanxi; Late Triassic lower part of Yenchang Formation; Nanying'er of Wuwei, Gansu; Late Triassic lower part of Yenchang Formation. (in Chinese)

1995b Li Xingxue (editor-in-chief), pl. 70, figs. 1 — 4; fronds; Dahuiping of Jiaxian, Shaanxi; Late Triassic lower part of Yenchang Formation; Nanying'er of Wuwei, Gansu; Late Triassic lower part of Yenchang Formation. (in English)

1999b Wu Shunqing, p. 23, pl. 13, figs. 2, 2a, 3, 6; sterile pinnae; Libixia of Hechuan, Chongqing; Late Triassic Hsuchiaho Formation.

2000 Wu Shunqing and others, pl. 2, figs. 1, 3, 6, 8; sterile pinnae and fertile pinnae; Kuqa, Xinjiang; Late Triassic upper part of "Karamay Formation".

?*Danaeopsis fecunda* Halle

1987 He Dechang, p. 81, pl. 14, fig. 2; frond; Kuzhuqiao of Puqi, Hubei; Late Triassic Jigongshan Formation.

***Danaeopsis* cf. *fecunda* Halle**

1977 Department of Geological Exploration, Changchun College of Geology and others, pl. 1, fig. 7; frond; Shiren of Hunjiang, Jilin; Late Triassic Xiaohekou Formation.

1983 He Yuanliang, p. 185, pl. 28, figs. 1, 2; fronds; Yikewulan of Gangcha, Qinghai; Late Triassic upper member in Atasi Formation of Mole Group.

1988 Bureau of Geology and Mineral Resources of Jilin Province, pl. 7, fig. 9; frond; Jilin; Late Triassic.

△*Danaeopsis* (*Pseudodanaecopsis*) *hallei* P'an, 1936

1936 P'an C H, p. 24, pl. 8, fig. 8; pl. 10, fig. 3; pl. 11, figs. 1, 2; fronds; Gaojiaan and Yejiaping of Suide, Yanshuiguan of Yanchuan and Wumen of Yonghe, Shaanxi; Late Triassic Yenchang Formation. [Notes: This specimen lately was referred as *Danaeopsis fecunda* Halle (Halle, 1921; Sze H C, Lee H H and others, 1963)]

***Danaeopsis hughesi* Feistmantel, 1882**

1882 Feistmantel, p. 25, pl. 4, fig. 1; pl. 5, figs. 1, 2; pl. 6, figs. 1, 2; pl. 7, figs. 1, 2; pl. 8, figs. 1 — 5; pl. 9, fig. 4; pl. 10, fig. 1; pl. 17, fig. 1; fronds; Parsora of Shahdol, Madhya Pradesh; Late Triassic Parsora Stage. [Notes: This species lately was referred as *Protoblechnum hughesi* (Feistmantel) Halle (Halle, 1927b) or *Dicroidium hughesi* (Feistmantel) Gothan (Lele, 1962)]

1901 Krasser, p. 145, pl. 2, fig. 4; frond; Sanshilipu, Shaanxi; Late Triassic. [Notes: This specimen lately was referred as ?*Protoblechnum hughesi* (Feistmantel) Halle (Sze H C, Lee H H and others, 1963)]

1993a Wu Xiangwu, p. 75.

"*Danaeopsis*" *hughesi* Feistmantel

1936 P'an C H, p. 22, pl. 8, fig. 9; pl. 9, figs. 2 — 5; pl. 10, figs. 1, 2; pl. 12, fig. 7; fronds; Gaojiaan and Yejiaping of Suide, Shaanxi; Late Triassic Yenchang Formation; Yaoping in Panlong of Anting, Shaanxi; Early Jurassic lower part of Wayaopu Coal Series. [Notes: This specimen lately was referred as ?*Protoblechnum hughesi* (Feistmantel) Halle (Sze H C, Lee H H and others, 1963)]

△*Danaeopsis magnifolia* Huang et Chow, 1980

1980 Huang Zhigao, Zhou Huiqin, p. 70, pl. 16, figs. 1, 2; pl. 17, fig. 3; pl. 18, fig. 4; pl. 22, fig. 2; sterile fronds and fertile fronds; Reg. No. : OP108, OP111, OP140, OP143, OP145; Jinsuoguan of Tongchuan and Chengguan of Jiaxian, Shaanxi; late Middle Triassic lower member and upper member of Tongchuan Formation. (Notes: The type specimen was not designated in the original paper)

1982 Liu Zijin, p. 119, pl. 57, fig. 2; frond; Jinsuoguan of Tongchuan and Chengguan of Jiaxian, Shaanxi; Late Triassic Tongchuan Formation in lower part of Yenchang Group.

△*Danaeopsis minuta* Wang, 1984

1984 Wang Ziqiang, p. 235, pl. 120, figs. 4 — 6a; fronds; Reg. No. : P0084, P0085a, P0085b; Holotype: P0085b (pl. 120, figs. 6, 6a); Paratype: P0085a (pl. 120, figs. 5, 5a); Repository: Nanjing Institute of Geology and Palaeontology, Chinese Academy of Sciences; Jixian, Shanxi; Middle Triassic Yenchang Group.

△*Danaeopsis plana* (Emmons) Huang et Chow, 1980

1857 *Strangerites planus* Emmons, p. 122, fig. 90; frond; America; Jurassic.

1900 *Pseudodanaeopsis plana* (Emmons) Fontaine, in Ward, pp. 238, 284, pl. 25, figs. 1, 2; fronds; America; Jurassic.

1980 Huang Zhigao, Zhou Huiqin, p. 71, pl. 19, figs. 2, 3; fronds; Jinsuoguan of Tongchuan, Shaanxi; late Middle Triassic upper member of Tongchuan Formation.

1982 Liu Zijin, p. 119, pl. 59, fig. 2; frond; Jinsuoguan of Tongchuan, Shaanxi; Late Triassic Tongchuan Formation in lower part of Yenchang Group.

***Danaeopsis* cf. *plana* (Emmons) Huang et Chow**

1988a Huang Qisheng, Lu Zongsheng, p. 182, pl. 1, figs. 4, 4a; frond; Shuanghuaishu of Lushi, Henan; Late Triassic bed 6 in lower part of Yenchang Group.

***Danaeopsis* spp.**

1977 *Danaeopsis* sp., Department of Geological Exploration, Changchun College of Geology and others, pl. 1, fig. 9; pl. 2, fig. 9; fronds; Shiren of Hunjiang, Jilin; Late Triassic Xiaohekou Formation.

1981 *Danaeopsis* sp., Chow Huiqin, pl. 1, fig. 8; frond; Yangcaogou of Beipiao, Liaoning; Late Triassic Yangcaogou Formation.

1984 *Danaeopsis* sp., Mi Jiarong and others, pl. 1, figs. 1, 1a; frond; West Hill, Beijing; Late Triassic Xingshikou Formation.

1993 *Danaeopsis* sp., Mi Jiarong and others, p. 83, pl. 3, figs. 1, 6; sterile pinnae; Shiren of Hunjiang, Jilin; Late Triassic Beishan Formation (Xiaohekou Formation); Tanzhesi of West Hill, Beijing; Late Triassic Xingshikou Formation.

***Danaeopsis*? spp.**

1956a *Danaeopsis*? sp., Sze H C, pp. 31, 138, pl. 33, fig. 4; pl. 53, fig. 7a; fronds; Tanhegou in Silangmiao (T'anhokou in Shilangmiao) of Yijun, Shaanxi; Late Triassic upper part of Yenchang Formation.

1963 *Danaeopsis*? sp., Sze H C, Lee H H and others, p. 55, pl. 14, fig. 4; frond; Tanhegou in Silangmiao (T'anhokou in Shilangmiao) of Yijun, Shaanxi; Late Triassic upper part of Yenchang Group.

1980 *Danaeopsis*? sp., Huang Zhigao, Zhou Huiqin, p. 72, pl. 24, fig. 4; frond; Liulingou of Tongchuan, Shaanxi; Late Triassic upper part of Yenchang Formation.

1986a *Danaeopsis*? sp., Chen Qishi, p. 447, pl. 1, fig. 3; frond; Chayuanli of Quxian, Zhejiang; Late Triassic Chayuanli Formation.

1991 *Danaeopsis*? sp., Bureau of Geology and Mineral Resources of Beijing Municipality, pl. 12, figs. 1, 2; fronds; Mentougou and Tanzhesi of West Hill, Beijing; Late Triassic Xingshikou Formation.

1994 *Danaeopsis*? sp., Xiao Zongzheng and others, pl. 13, fig. 1; frond; Mentougou of West Hill, Beijing; Late Triassic Xingshikou Formation.

?*Danaeopsis* sp.

1987 ?*Danaeopsis* sp., Chen Ye and others, p. 91; pl. 5, fig. 3; sterile pinna; Qinghe of Yanbian, Sichuan; Late Triassic Hongguo Formation.

Genus *Davallia* Smith, 1793

1940 Tutida, p. 751.

1963 Sze H C, Lee H H and others, p. 92.

1993a Wu Xiangwu, p. 75.

Type species: (living genus)

Taxonomic status: Davalliaceae, Filicopsida

△*Davallia niehhutzuensis* Tutida, 1940

1940 Tutida, p. 751; text-figs. 1 — 4; fertile pinnae and sori; Reg. No.: No. 60957; type specimen: No. 60957 (text-fig. 1); Repository: Institute of Geology and Palaeontology, Tohoku Imperial University, Japan; Nihezi (Nieh-hutzu) of Lingyuan, Liaoning; Early Cretaceous *Lycoptera* Bed. [Notes: This specimen lately was referred *Davallia*? *niehhutzuensis* Tutida (Sza H C, Lee H H and others, 1963)]

1993a Wu Xiangwu, p. 75.

***Davallia*? *niehhutzuensis* Tutida**

1963 Sze H C, Lee H H and others, p. 93, pl. 29, figs. 3 — 3d (= Tutida, 1940, text-figs. 1 — 4);

fertile pinna and sours; Nihezi (Nieh-hutzu) of Lingyuan, Liaoning; Middle — Late Jurassic.

Genus *Dicksonia* L'Heriter, 1877

1883 Schenk, p. 254.

1993a Wu Xiangwu, p. 76.

Type species: (living genus)

Taxonomic status: Dicksoniaceae, Filicopsida

***Dicksonia arctica* (Prynada) Krassilov, 1978**

1938 *Sphenopteris arctica* Prynada, p. 24, pl. 2, fig. 8; frond; Northeast USSR; Early Cretaceous.

1978 Krassilov, p. 22, pl. 8, figs. 82 — 87; pl. 9, fig. 96; fronds; Bureya Basin of Heilongjiang River Basin; Early Cretaceous.

1992 Deng Shenghui, pl. 1, fig. 10; sterile pinna; Tiefa Basin, Liaoning; Early Cretaceous Xiaoming'anbei Formation.

1997 Deng Shenghui and others, p. 33, pl. 12, figs. 5 — 14; fronds, fertile pinnae, sporangia and spores; Jalai Nur, Yimin and Dayan Basin of Hailar, Inner Mongolia; Early Cretaceous Yimin Formation; Dayan Basin, Labudalin Basin and Wujiu Basin, Inner Mongolia; Early Cretaceous Damoguaihe Formation.

△*Dicksonia changheyingziensis* Zheng et Zhang, 1982

1982a Zheng Shaolin, Zhang Wu, p. 162, pl. 1, figs. 3 — 5; text-fig. 1; sterile fronds and fertile fronds; Reg. No. : EH-15531-9 — EH-15531-11; Repository: Shenyang Institute of Geology and Mineral Resources; Dabangou in Changheyingzi of Beipiao, Liaoning; Middle Jurassic Lanqi Formation. (Notes: The type specimen was not designated in the original paper)

△*Dicksonia charieisa* Zhang et Zheng, 1987

1987 Zhang Wu, Zheng Shaolin, p. 269, pl. 5, figs. 9 — 11; text-fig. 10; sterile fronds and fertile fronds; Reg. No. : SG110023, SG110024; Repository: Shenyang Institute of Geology and Mineral Resources; Taizishan in Changgao of Beipiao, Liaoning; Middle Jurassic Lanqi Formation. (Notes: The type specimen was not designated in the original paper)

***Dicksonia concinna* Heer, 1876**

1876 Heer, p. 87, pl. 16, figs. 1 — 7; fronds; Bureya Basin of Heilongjiang River Basin; Late Jurassic.

1984 Wang Ziqiang, p. 243, pl. 151, fig. 7; frond; Zhangjiakou, Hebei; Early Cretaceous Qingshila Formation.

1987 Duan Shuying, p. 29, pl. 5, figs. 2, 3; pl. 7, figs. 3, 4; pl. 11, figs. 1, 1a; text-fig. 12; sterile fronds and fertile fronds; Zhaitang of West Hill, Beijing; Middle Jurassic.

1989 Duan Shuying, pl. 1, figs. 5, 11; fertile fronds; Zhaitang of West Hill, Beijing; Middle Jurassic Mentougou Coal Series.

***Dicksonia* cf. *concinna* Heer**

1984 Wang Ziqiang, p. 243, pl. 135, fig. 9; pl. 140, fig. 1; pl. 142, figs. 1 — 3; fronds; Datong, Shanxi; Middle Jurassic Datong Formation; Zhuolu, Hebei; Middle Jurassic Yudaishan Formation.

△*Dicksonia coriacea* Schenk, 1883

1883 Schenk, p. 254, pl. 52, figs. 4, 7; sterile pinnae and fertile pinnae; West Hill, Beijing; Jurassic. [Notes: This specimen lately was referred as ?*Coniopteris hymenophylloides* (Brongniart) Seward (Sze H C, Lee H H and others, 1963)]

1993a Wu Xiangwu, p. 76.

***Dicksonia kendallii* Harris, 1961**

1961 Harris, p. 180; text-fig. 66; sterile frond and fertile frond; Yorkshire, England; Middle Jurassic.

1990 Zheng Shaolin, Zhang Wu, p. 218, pl. 2, fig. 3; text-fig. 2; frond and fertile pinna; Tianshifu of Benxi, Liaoning; Middle Jurassic Dabu Formation.

***Dicksonia mariopteris* Wilson et Yates, 1953**

1953 Wilson, Yates, p. 930; text-figs. 1, 2; sterile fronds and fertile fronds; Yorkshire, England; Middle Jurassic.

1984 Wang Ziqiang, p. 243, pl. 142, fig. 6; pl. 143, figs. 1 — 6; sterile pinnae and fertile pinnae; Zhuolu, Hebei; Middle Jurassic Yudaishan Formation.

△*Dicksonia silapensis* (Prynata) Meng et Chen, 1988

1938 *Sphenopteris silapensis* Prynada, p. 27, pl. 2, fig. 1; text-fig. 5; Northeast USSR; Early Cretaceous.

1988 Meng Xiangying, Chen Fen, in Chen Fen and others, pp. 34, 144, pl. 4, figs. 3 — 7; pl. 5, figs. 1 — 6; pl. 61, figs. 4, 5; pl. 63, fig. 1; sterile fronds and fertile fronds; Fuxin, Liaoning; Early Cretaceous Fuxin Formation; Tiefa Basin, Liaoning; Early Cretaceous Upper Coal Member and Lower Coal Member of Xiaoming'anbei Formation.

1992 Deng Shenghui, pl. 3, figs. 1 — 3; sterile pinnae and fertile pinnae; Tiefa Basin, Liaoning; Early Cretaceous Xiaoming'anbei Formation.

1995b Deng Shenghui, p. 27, pl. 12, fig. 8; frond; Huolinhe Basin, Inner Mongolia; Early Cretaceous Huolinhe Formation.

1995 Deng Shenghui, Yao Lijun, pl. 1, fig. 10; sours; Northeast China, Early Creyaceous.

1997 Deng Shenghui and others, p. 33, pl. 15, figs. 10 — 13; fronds; Jalai Nur and Dayan Basin, Inner Mongolia, Dayan Basin; Early Cretaceous Yimin Formation.

1998b Deng Shenghui, pl. 1, figs. 2, 3; fronds; Pingzhuang-Yuanbaoshan Basin, Inner Mongolia; Early Cretaceous Xingyuan Formation and Yuanbaoshan Formation.

2001 Deng Shenghui, Chen Fen, pp. 91, 207, pl. 48, figs. 1 — 5; pl. 49, figs. 1 — 5; pl. 50, figs. 1 — 10; pl. 65, fig. 10; pl. 106, fig. 1B; text-fig. 19; fronds and fertile pinnae; Fuxin Basin, Liaoning; Early Cretaceous Fuxin Formation; Tiefa Basin, Liaoning; Early Cretaceous Xiaoming'anbei Formation; Hailar Basin, Inner Mongolia; Early Cretaceous Yimin

Formation; Huolinhe Basin, Inner Mongolia; Early Cretaceous Huolinhe Formation; Pingzhuang-Yuanbaoshan Basin, Inner Mongolia; Early Cretaceous Xingyuan Formation and Yuanbaoshan Formation; Liaoyuan Basin, Jilin; Early Cretaceous Liaoyuan Formation; Jixi Basin and Sanjiang Basin, Heilongjiang; Early Cretaceous Chengzihe Formation.

△*Dicksonia suessii* Krasser, 1906

1906 Krasser, p. 593, pl. 1, fig. 9; sterile pinna; Jiaohe, Jilin; Jurassic. [Notes: This specimen lately was referred as *Coniopteris burejensis* (Zalessky) Seward (Sze H C, Lee H H and others, 1963)]

△*Dicksonia sunjiawanensis* Meng et Chen, 1988

1988 Meng Xiangying, Chen Fen, in Chen Fen and others, pp. 35, 144, pl. 6, figs. 1 — 8; sterile fronds and fertile fronds; No.: Fx038 — Fx044; Repository: Beijing Graduate School, Wuhan College of Geology; Haizhou Opencut Coal Mine of Fuxin, Liaoning; Early Cretaceous "Sunjiawan Member" and Shuiquan Member of Fuxin Formation. (Notes: The type specimen was not designated in the original paper)

***Dicksonia* sp.**

1883 *Dicksonia* sp., Schenk, p. 255; text-fig. 2; fertile pinna; Datong Coal Field, Shanxi; Jurassic. [Notes: This specimen lately was referred as *Coniopteris tatungensis* Sze (Sze H C, Lee H H and others, 1963)]

***Dicksonia*? sp.**

1993c *Dicksonia*? sp., Wu Xiangwu, p. 77, pl. 1, fig. 5; frond; Fengjiashan-Shanqingcun Section of Shangxian, Shaanxi; Early Cretaceous lower member of Fengjiashan Formation.

Genus *Dictyophyllum* Lindley et Hutton, 1834

1834 (1831 — 1837) Lindley, Hutton, p. 65.

1902 — 1903 Zeiller, pp. 109, 298.

1963 Sze H C, Lee H H and others, p. 82.

1993a Wu Xiangwu, p. 77.

Type species: *Dictyophyllum rugosum* Lindley et Hutton, 1834

Taxonomic status: Dipteridaceae, Filicopsida

***Dictyophyllum rugosum* Lindley et Hutton, 1834**

1834 (1831 — 1837) Lindley, Hutton, p. 65, pl. 104; frond; Yorkshire, England; Middle Jurassic.

1993a Wu Xiangwu, p. 77.

△*Dictyophyllum aquale* Yang, 1978

1978 Yang Xianhe, p. 486, pl. 168, fig. 2; frond; Reg. No.: Sp0064; Holotype: Sp0064 (pl. 168, fig. 2); Repository: Chengdu Institute of Geology and Mineral Resources; Shazi of Xiangcheng, Sichuan; Late Triassic Lamaya Formation.

△***Dictyophyllum chengdeense*** **Mi, Zhang, Sun et al., 1993**

1993 Mi Jiarong, Zhang Chuanbo, Sun Chunlin and others, p. 86, pl. 8, figs. 1 — 4, 6, 8; pl. 9, fig. 1; text-fig. 18; fronds and fertile pinnae; Reg. No.: CH204 — CH209; Holotype: CH205 (pl. 8, fig. 2); Paratype 1: CH206 (pl. 8, fig. 3); Paratype 2: CH208 (pl. 8, fig. 6); Repository: Department of Geological History and Palaeontology, Changchun College of Geology; Chengde, Hebei; Late Triassic Xingshikou Formation.

Dictyophyllum exile **(Brauns) Nathorst, 1878**

1862 *Camptopteris exile* Brauns, p. 54, pl. 13, fig. 11; frond; Germany; Late Triassic.

1878 Nathorst, p. 39, pl. 5, fig. 7; frond; Switerland; Late Triassic.

1978 Chen Qishi and others, pl. 1, figs. 8 — 10; fronds; Wuzao of Yiwu, Zhejiang; Late Triassic Wuzao Formation.

1978 Zhou Tongshun, p. 102, pl. 19, fig. 1; frond; Dakeng of Zhangping, Fujian; Late Triassic Wenbinshan Formation.

1979 Hsu J and others, p. 23, pl. 27, figs. 2 — 6; pl. 28; fronds; Baoding, Sichuan; Late Triassic middle-upper part of Daqiaodi Formation.

1982 Wang Guoping and others, p. 245, pl. 112, fig. 2; frond; Wuzao of Yiwu, Zhejiang; Late Triassic Wuzao Formation; Dakeng of Zhangping, Fujian; Late Triassic Dakeng Formation.

1982 Yang Xianhe, p. 470, pl. 8, figs. 5 — 7; fronds; Jiefangqiao of Mianning, Sichuan; Late Triassic Baiguowan Formation.

1984 Chen Gongxin, p. 575, pl. 233, figs. 1, 2; fronds; Kuzhuqiao of Puqi, Hubei; Late Triassic Jigongshan Formation.

1984 Huang Qisheng, pl. 1, figs. 8, 9; fronds; Baolongshan of Huaining, Anhui; Late Triassic Lalijian Formation.

1986a Chen Qishi, p. 447, pl. 3, figs. 1 — 3, 6 — 9; sterile pinnae and fertile pinnae; Chayuanli of Quxian, Zhejiang; Late Triassic Chayuanli Formation.

1986b Chen Qishi, p. 8, pl. 1, figs. 1 — 4; pl. 2, figs. 1 — 3; fronds; Wuzao of Yiwu, Zhejiang; Late Triassic Wuzao Formation.

1987 Chen Ye and others, p. 98, pl. 10, fig. 2; sterile frond; Qinghe of Yanbian, Sichuan; Late Triassic Hongguo Formation.

1987 He Dechang, p. 82, pl. 19, fig. 3; pl. 20, fig. 3; fronds; Dakeng of Zhangping, Fujian; Late Triassic Wenbinshan Formation.

△***Dictyophyllum exquisitum*** **Sun, 1981**

1980 Wu Shuibo and others, pl. 1, fig. 1; frond; Tuopangou area of Wangqing, Jilin; Late Triassic. (nom. nud.)

1981 Sun Ge, p. 461, pl. 1, figs. 1, 2, 4, 5; pl. 2, figs. 1 — 4; text-fig. 1; fronds; Col. No.: T11-16, 16f, 16, 110; Reg. No.: 77051, 77051a — 77051c; Holotype: 77051a (pl. 1, figs. 1, 3); Repository: Regional Geological Surveying Team, Jilin Geological Bureau; Tianqiaoling of Wangqing, Jilin; Late Triassic Malugou Formation.

1987 Zhang Wu, Zheng Shaolin, p. 268, pl. 4, fig. 4; text-fig. 8; frond; Dongkuntouyingzi of Beipiao, Liaoning; Late Triassic Shimengou Formation.

1992 Sun Ge, Zhao Yanhua, p. 529, pl. 223, figs. 1, 3, 4; pl. 224, figs. 1 — 3, 5; pl. 225, fig. 3; pl. 226, fig. 4; pl. 227, fig. 7; fronds; Tianqiaoling of Wangqing, Jilin; Late Triassic Malugou Formation.

1993 Mi Jiarong and others, p. 87, pl. 9, figs. 2, 4 — 7a; fronds; Tianqiaoling of Wangqing, Jilin; Late Triassic Malugou Formation.

1993 Sun Ge, p. 64, pl. 7, figs. 1 — 3; pl. 8, figs. 1 — 4; fronds; Tianqiaoling of Wangqing, Jilin; Late Triassic Malugou Formation.

1995a Li Xingxue (editor-in-chief), pl. 78, fig. 1; frond; Tianqiaoling of Wangqing, Jilin; Late Triassic Malugou Formation. (in Chinese)

1995b Li Xingxue (editor-in-chief), pl. 78, fig. 1; frond; Tianqiaoling of Wangqing, Jilin; Late Triassic Malugou Formation. (in English)

△*Dictyophyllum gracile* (Turutanova-Ketova) Chu, 1979

1962 *Kenderlykia gracilis* Turutanova-Ketova, p. 147, pl. 8, figs. 1 — 4; fronds; East Kazakhstan; Early Jurassic.

1979 Chu Jianan, in Hsu J and others, p. 24, pl. 27, figs. 7, 7a; text-fig. 9; frond; Baoding, Sichuan; Late Triassic middle-upper part of Daqiaodi Formation.

1982 Duan Shuying, Chen Ye, p. 497, pl. 4, fig. 12; frond; Tongshuba of Kaixian, Sichuan; Late Triassic Hsuchiaho Formation.

1984 Chen Gongxin, p. 575, pl. 233, figs. 3, 4; fronds; Fenshuiling of Jingmen, Hubei; Early Jurassic Tongzhuyuan Formation.

***Dictyophyllum kotakiensis* Kimura, 1981**

1981 Kimura, p. 192, pl. 30, figs. 9 — 11; text-figs. 4a — 4g; fronds; Japan; Early Jurassic.

1987 He Dechang, p. 72, pl. 2, fig. 7; frond; Huaqiao of Longquan, Zhejiang; early Early Jurassic bed 6 of Huaqiao Formation.

***Dictyophyllum kryshtofoviochii* Srebrodolskaja, 1961**

1961 Srebrodolskaja, p. 149, pl. 17, figs. 7, 8; fronds; South Primorye; Late Triassic.

1992 Sun Ge, Zhao Yanhua, p. 529, pl. 225, fig. 1; pl. 227, fig. 1; fronds; Tianqiaoling of Wangqing, Jilin; Late Triassic Malugou Formation.

1993 Sun Ge, p. 65, pl. 9, figs. 1, 2; pl. 10, fig. 1; fronds; Tianqiaoling of Wangqing, Jilin; Late Triassic Malugou Formation.

△*Dictyophyllum minum* Mi, Sun C, Sun Y, Cui, Ai et al., 1996 (in Chinese)

1996 Mi Jiarong, Sun Chunlin, Sun Yuewu, Cui Shangsen, Ai Yongliang and others, p. 91, pl. 7, figs. 9, 11; text-fig. 2; fronds; Reg. No. : FH2218, FH2219; Holotype: FH2218 (pl. 7, fig. 9); Paratype: FH2219 (pl. 7, fig. 11); Repository: Department of Geological History and Palaeontology, Changchun College of Geology; Shimenzhai of Funing, Hebei; Early Jurassic Beipiao Formation.

***Dictyophyllum muensteri* (Goeppert) Nathorst, 1876**

1841 *Thaumatopteris muensteri* Goeppert, p. 31, pl. 1; pl. 2, figs. 1 — 6; pl. 3, figs. 1, 2; fronds;

Germany; Late Triassic.

1876 Nathorst, p. 29, pl. 6, fig. 1(?); pl. 16, figs. 17, 18; fronds; Switzerland; Late Triassic.

1982 Li Peijuan, Wu Xiangwu, p. 43, pl. 11, figs. 1, 2; fronds; Dege, Sichuan; Late Triassic Lamaya Formation.

1983 Duan Shuying and others, p. 61, pl. 8, fig. 2; pl. 12, figs. 1, 2; fronds; Beiluoshan of Ninglang, Yunnan (Tunnan); Late Triassic.

1984 Zhou Zhiyan, p. 9, pl. 2, figs. 3 — 10; fronds; and Hebutang of Qiyang Wangjiatingzi in Huangyangsi of Lingling, Hunan; Early Jurassic middle-lower part of Guanyintan Formation.

1995a Li Xingxue (editor-in-chief), pl. 82, fig. 6; frond; Huangyangsi of Lingling, Hunan; Early Jurassic middle-lower(?) part of Guanyintan Formation. (in Chinese)

1995b Li Xingxue (editor-in-chief), pl. 82, fig. 6; frond; Huangyangsi of Lingling, Hunan; Early Jurassic middle-lower(?) part of Guanyintan Formation. (in English)

***Dictyophyllum* cf. *muensteri* (Goeppert) Nathorst**

1978 Zhou Tongshun, pl. 29, fig. 8; pl. 30, figs. 3, 4; fronds; Gaotang of Jiangle, Fujian; Early Jurassic Lishan Formation.

***Dictyophyllum nathorsti* Zeiller, 1903**

1902 — 1903 Zeiller, p. 109, pl. 23, fig. 1; pl. 24, fig. 1; pl. 25, figs. 1 — 6; pl. 27, fig. 1; pl. 28, fig. 3; fronds; Hong Gai, Vietnam; Late Triassic.

1902 — 1903 Zeiller, p. 298, pl. 56, fig. 3; frond; Taipingchang (Tai-Pin-Tchang), Yunnan; Late Triassic.

1933c Sze H C, p. 20, pl. 2, fig. 9; frond; Yibin, Sichuan; late Late Triassic — Early Jurassic.

1933c Sze H C, p. 25, pl. 5, fig. 2; frond; Nanguang of Yibin, Sichuan; late Late Triassic — Early Jurassic.

1950 Ôishi, p. 52; frond; Sichuan and Jiangxi; Early Jurassic.

1952 Sze H C, Lee H H, pp. 3, 22, pl. 1, fig. 9; pl. 3, fig. 8; pl. 5, fig. 4; fronds; Yipinchang of Baxian and Aishanzi of Weiyuan, Sichuan; Early Jurassic.

1954 Hsu J, p. 50, pl. 45, figs. 1, 2; fronds; Gaokeng of Pingxiang, Jiangxi; Late Triassic.

1956 Ngo C K, p. 20, pl. 2, fig. 4; pl. 3, fig. 1; fronds; Xiaoping of Guangzhou, Guangdong; Late Triassic Siaoping Coal Series.

1958 Wang Longwen and others, p. 594, fig. 595; frond; Yunnan, Jiangxi, Hunan, Hubei and Sichuan; Late Triassic — Early Jurassic.

1962 Lee H H, p. 151, pl. 94, fig. 6; frond; Changjiang River Basin; Late Triassic — Early Jurassic.

1963 Chow Huiqin, p. 171, pl. 72, fig. 2; frond; Xiaoshui of Lechang, Guangdong; Late Triassic.

1963 Sze H C, Lee H H and others, p. 84, pl. 25, fig. 13; pl. 26, figs. 1 — 2a; fronds; Yipinchang of Baxian, Aishanzi of Weiyuan and Yibin, Sichuan; Early Jurassic Hsiangchi Group; Pingxiang of Jiangxi, Yipinglang in Lufeng of Yunnan, Hunan; Late Triassic — Early Jurassic.

1964 Lee H H and others, p. 128, pl. 76, fig. 12; pl. 84, fig. 1; fronds; South China; Late Triassic — Early Jurassic.

1964 Lee P C, pp. 110, 167, pl. 1, figs. 4, 5; pl. 3, figs. 7 — 7b; sterile pinnae and fertile pinnae; Xujiahe of Guangyuan, Sichuan; Late Triassic Hsuchiaho Formation.

1968 *Fossil Atlas of Mesozoic Coal-bearing Strata in Kiangsi and Hunan Provinces*, p. 45, pl. 2, figs. 2 — 3a; fronds; Jiangxi (Kiangsi) and Hunan; Late Triassic — Early Jurassic.

1974 Hu Yufan and others, pl. 2, fig. 4; frond; Guanhua Coal Mine of Yaan, Sichuan; Late Triassic.

1974a Lee P C and others, p. 356, pl. 187, figs. 1, 2; fronds; Cifengchang of Pengxian, Sichuan; Late Triassic Hsuchiaho Formation.

1976 Lee P C and others, p. 107, pl. 23, figs. 1, 2 (?), 3, 4; pl. 24, fig. 6 (?); fronds; Mahuangjing of Xiangyun, Yunnan; Late Triassic Huaguoshan Member of Xiangyun Formation; Yubacun and Yipinglang of Lufeng, Yunnan; Late Triassic Ganhaizi Member of Yipinglang Formation.

1977 Feng Shaonan and others, p. 209, pl. 78, figs. 2, 6; fronds; Lechang, Guangdong; Late Triassic Siaoping Formation; Yuanan and Nanzhang, Hubei; Early — Middle Jurassic Upper Coal Formation of Hsiangchi Group.

1978 Yang Xianhe, p. 485, pl. 168, fig. 6; frond; Xionglong of Xinlong, Sichuan; Late Triassic Lamaya Formation.

1978 Zhang Jihui, p. 479, pl. 161, fig. 4; frond; Shie of Gulin, Sichuan; Late Triassic.

1978 Zhou Tongshun, pl. 18, fig. 4; frond; Wenbinshan in Dakeng of Zhangping, Fujian; Late Triassic lower member of Wenbinshan Formation.

1979 He Yuanliang and others, p. 136, pl. 61, fig. 1; frond; Babaoshan of Dulan, Qinghai; Late Triassic Babaoshan Group.

1979 Hsu J and others, p. 25, pl. 26, fig. 7; pl. 27, fig. 8; pls. 29 — 31; pl. 32, fig. 1; sterile fronds and fertile fronds; Longshuwan of Dukou, Sichuan; Late Triassic middle-upper part of Daqiaodi Formation; Taipingchang of Baoding, Sichuan; Late Triassic lower part of Daqing Formation.

1980 He Dechang, Shen Xiangpeng, p. 11, pl. 1, fig. 4; pl. 3, fig. 5; fronds; Tanshanpo of Youxian, Hunan; Late Triassic Anyuan Formation; Hongweikeng of Qujiang, Guangdong; Late Triassic.

1980 Wu Shunqing and others, p. 75, pl. 3, fig. 3; frond; Gengjiahe of Xingshan, Hubei; Late Triassic Shazhenxi Formation.

1981 Zhou Huiqin, pl. 1, fig. 6; frond; Yangcaogou of Beipiao, Liaoning; Late Triassic Yangcaogou Formation.

1982 Duan Shuying, Chen Ye, p. 498, pl. 4, figs. 5 — 7; fronds; Tanba of Hechuan, Sichuan; Late Triassic Hsuchiaho Formation.

1982 Li Peijuan, Wu Xiangwu, p. 43, pl. 2, fig. 2; pl. 14, figs. 1, 1a; fronds; Dege of Sichuan, Wengshui in Zhongdian of Yunnan; Late Triassic Lamaya Formation.

1982 Liu Zijin, p. 124, pl. 62, fig. 10; pl. 63, fig. 1; fronds; Shuimogou and Changtanhe of Zhenba, Shaanxi; Late Triassic Hsuchiaho Formation, Early — Middle Jurassic Baitianba Formation.

1982 Wang Guoping and others, p. 245, pl. 112, fig. 6; frond; Anyuan of Pingxiang, Jiangxi; Late

Triassic Anyuan Formation; Zhangping, Fujian; Late Triassic Wenbinshan Formation.

1982b Wu Xiangwu, p. 84, pl. 7, fig. 1; pl. 8, fig. 5; fronds; Gonjo, Tibet; Late Triassic upper member of Bagong Formation.

1982 Yang Xianhe, p. 470, pl. 6, figs. 1 — 6; fronds; Yongchuan, Guangyuan and Weiyuan, Sichuan; Late Triassic Hsuchiaho Formation.

1982 Zhang Caifan, p. 524, pl. 338, figs. 9, 12; fronds; Wenjiashi of Liuyang, Guanyintan of Qiyang and Luyang of Huaihua, Hunan; Late Triassic — Early Jurassic.

1983 Duan Shuying and others, pl. 8, fig. 3; pl. 12, fig. 3; fronds; Beiluoshan of Ninglang, Yunnan (Tunnan); Late Triassic.

1983 Ju Kuixiang and others, pl. 3, fig. 9; frond; Fanjiatang in Longtan of Nanjing, Jiangsu; Late Triassic Fanjiatang Formation.

1984 Chen Gongxin, p. 576, pl. 233, figs. 3, 4; fronds; Jigongshan and Kuzhuqiao of Puqi, Tieluwan of Yuanan and Gengjiahe of Xingshan, Hubei; Late Triassic Jigongshan Formation, Jiuligang Formation and Shazhenxi Formation.

1986 Chen Ye and others, p. 40, pl. 5, fig. 2; frond; Litang, Sichuan; Late Triassic Lanashan Formation.

1986a Chen Qishi, p. 448, pl. 3, fig. 5; sterile pinna; Chayuanli of Quxian, Zhejiang; Late Triassic Chayuanli Formation.

1986b Chen Qishi, p. 9, pl. 2, figs. 4 — 7; fronds; Wuzao of Yiwu, Zhejiang; Late Triassic Wuzao Formation.

1986 Ju Kuixiang, Lan Shanxian, pl. 2, fig. 2; frond; Lvjiashan of Nanjing, Jiangsu; Late Triassic Fanjiatang Formation.

1986 Ye Meina and others, p. 27, pl. 14, fig. 1; pl. 16; frond; Jinwo, Tieshan and Jingang of Daxian, Sichuan; Late Triassic Hsuchiaho Formation.

1987 Chen Ye and others, p. 98, pl. 10, figs. 4 — 6; sterile fronds; Qinghe of Yanbian, Sichuan; Late Triassic Hongguo Formation.

1988 Chen Chuzhen and others, pl. 5, fig. 6; frond; Fanjiatang in Longtan of Nanjing, Jiangsu; Late Triassic Fanjiatang Formation.

1989 Mei Meitang and others, p. 84, pl. 40, fig. 1; frond; China; Late Triassic.

1993 Mi Jiarong and others, p. 88, pl. 9, fig. 3; pl. 10, figs. 1, 2; pl. 11, fig. 6; fronds; Tianqiaoling of Wangqing, Jilin; Late Triassic Malugou Formation.

1993 Wang Shijun, p. 9, pl. 2, fig. 1; frond; Guanchun of Lechang, Guangdong; Late Triassic Genkou Group.

1993a Wu Xiangwu, p. 77.

1995a Li Xingxue (editor-in-chief), pl. 75, fig. 1; frond; Yipinglang of Lufeng, Yunnan; Late Triassic Yipinglang Formation. (in Chinese)

1995b Li Xingxue (editor-in-chief), pl. 75, fig. 1; frond; Yipinglang of Lufeng, Yunnan; Late Triassic Yipinglang Formation. (in English)

1996 Mi Jiarong and others, p. 91, pl. 8, figs. 3, 11; fronds; Guanshan of Beipiao, Liaoning; Early Jurassic lower member of Beipiao Formation; Shimenzhai of Funing, Hebei; Early Jurassic Beipiao Formation.

1997 Meng Fansong, Chen Dayou, pl. 1, figs. 11, 12; fronds; Nanxi of Yunyang, Chongqing;

Middle Jurassic Dongyuemiao Member of Ziliujing Formation.

1999b Wu Shunqing, p. 16, pl. 4, figs. 8, 9; pl. 5, figs. 1, 1a; fronds; Luchang of Huili, Sichuan; Late Triassic Baiguowan Formaion; Lixiyan of Wangcang, Shiguansi of Wanyuan and Cifengchang of Pengxian, Sichuan; Late Triassic Hsuchiaho Formation.

2003 Meng Fansong and others, pl. 2, figs. 3 — 5; sterile pinnae; Shuishikou of Yunyang, Chongqing; Early Jurassic Dongyuemiao Member of Ziliujing Formation.

***Dictyophyllum* cf. *nathorsti* Zeiller**

1931 Sze H C, p. 3, pl. 1, fig. 2; frond; Pingxiang, Jiangxi; Early Jurassic (Lias). [Notes: This specimen lately was referred as ?*Dictyophyllum nathorsti* Zeiller (Sze H C, Lee H H and others, 1963)]

1949 Sze H C, p. 5, pl. 1, fig. 4; pl. 14, fig. 6; fronds; Xiangxi of Zigui, Taizigou and Zengjiayao of Dangyang, Hubei; Early Jurassic Hsiangchi Coal Series. [Notes: This specimen lately was referred as *Dictyophyllum nathorsti* Zeiller (Sze H C, Lee H H and others, 1963)]

1956 Lee H H, p. 17, pl. 5, fig. 3; frond; Xiangxi of Zigui, Hubei; Early Jurassic Hsiangchi Coal Series.

1965 Tsao Chengyao, p. 515, pl. 3, figs. 7, 8; fronds; Songbaikeng of Gaoming, Guangdong; Late Triassic Siaoping Formation (Siaoping Series).

1986 Wu Shunqing, Zhou Hanzhong, p. 638, pl. 6, fig. 11; frond; Toksun of Turpan Depression, Xinjiang; Early Jurassic Badaowan Formation.

1987 He Dechang, p. 81, pl. 15, figs. 1, 3, 5; fronds; Kuzhuqiao of Puqi, Hubei; Late Triassic Jigongshan Formation.

***Dictyophyllum nilssoni* (Brongniart) Goeppert, 1841 — 1846**

1828 — 1838 *Phlibopteris nilssoni* Brongniart, p. 376, pl. 132, fig. 2; frond; Sweden; Early Jurassic.

1841 — 1846 Goeppert, p. 119; Sweden; Early Jurassic.

1950 Ôishi, p. 52; frond; Sichuan and Jiangxi; Early Jurassic.

1968 *Fossil Atlas of Mesozoic Coal-bearing Strata in Kiangsi and Hunan Provinces*, p. 45, pl. 7, fig. 1; pl. 8, figs. 1, 2; fronds; Jiangxi (Kiangsi) and Hunan; Late Triassic — Early Jurassic.

1974a Lee P C and others, p. 356, pl. 190, figs. 7, 8; sterile pinnae; Tianquanhe, Sichuan; Late Triassic Hsuchiaho Formation.

1978 Yang Xianhe, p. 486, pl. 168, fig. 7; frond; Xionglong of Xinlong, Sichuan; Late Triassic Lamaya Formation.

1978 Zhang Jihui, p. 479, pl. 161, fig. 1; frond; Shi'e of Gulin, Sichuan; Late Triassic.

1978 Zhou Tongshun, pl. 18, figs. 5, 6; fronds; Wenbinshan in Dakeng of Zhangping, Fujian; Late Triassic upper member of Dakeng Formation; Jitou of Shanghang, Fujian; Late Triassic Wenbinshan Formation.

1979 He Yuanliang and others, p. 136, pl. 61, fig. 2; frond; Wuli of Golmud, Qinghai; Late Triassic upper part of Jieza Group.

1980 He Dechang, Shen Xiangpeng, p. 11, pl. 15, fig. 3; frond; Xiling in Changce of Yizhang, Hunan; Early Jurassic Zaoshang Formation.

1982 Wang Guoping and others, p. 245, pl. 112, fig. 5; frond; Dakeng of Zhangping, Fujian; Late Triassic Dakeng Formation.

1982 Zhang Caifan, p. 524, pl. 336, fig. 1; pl. 338, fig. 6; pl. 353, fig. 9; fronds; Wenjiashi of Liuyang and Xiaping in Changce of Yizhang, Hunan; Early Jurassic.

1983 Ju Kuixiang and others, pl. 2, fig. 3; frond; Fanjiatang in Longtan of Nanjing, Jiangsu; Late Triassic Fanjiatang Formation.

1984 Zhou Zhiyan, p. 8, pl. 2, fig. 2; sterile pinna; Hebutang of Qiyang, Hunan; Early Jurassic Paijiachong Member of Guanyintan Formation.

1986b Chen Qishi, p. 9, pl. 4, fig. 1; frond; Wuzao of Yiwu, Zhejiang; Late Triassic Wuzao Formation.

1987 Chen Ye and others, p. 99, pl. 10, figs. 7, 8; sterile fronds; Qinghe of Yanbian, Sichuan; Late Triassic Hongguo Formation.

1987 Meng Fansong, p. 242, pl. 28, fig. 2; frond; Sanligang of Dangyang, Hubei; Early Jurassic Hsiangchi (Xiangxi) Formation.

1988b Huang Qisheng, Lu Zongsheng, pl. 10, fig. 1; frond; Jinshandian of Daye, Hubei; Early Jurassic upper part of Wuchang Formation.

1989 Mei Meitang and others, p. 84, pl. 38, fig. 3; frond; China; Late Triassic.

1989 Zhou Zhiyan, p. 138, pl. 3, fig. 6; sterile pinna; Shanqiao of Hengyang, Hunan; Late Triassic Yangbaichong Formation.

1995a Li Xingxue (editor-in-chief), pl. 82, fig. 4; frond; Huangyangsi of Lingling, Hunan; Early Jurassic Paijiachong Member of Guanyintan Formation. (in Chinese)

1995b Li Xingxue (editor-in-chief), pl. 82, fig. 4; frond; Huangyangsi of Lingling, Hunan; Early Jurassic Paijiachong Member of Guanyintan Formation. (in English)

2002 Wang Yongdong, pl. 5, figs. 1 — 4; sterile pinnae and fertile pinnae; Xiangxi of Zigui, Hubei; Early Jurassic Hsiangchi Formation.

2003 Meng Fansong and others, pl. 3, figs. 1, 2; sterile pinnae; Shuishikou of Yunyang, Chongqing; Early Jurassic Dongyuemiao Member of Ziliujing Formation.

***Dictyophyllum* cf. *nilssoni* (Brongniart) Goeppert**

1933d Sze H C, p. 58, pl. 11, fig. 4; frond; Sichuan(?); Early Jurassic.

1949 Sze H C, p. 5, pl. 4, fig. 2; frond; Xiangxi of Zigui, Hubei; Early Jurassic Hsiangchi Coal Series.

1963 Sze H C, Lee H H and others, p. 85, pl. 27, fig. 1; frond; Xiangxi of Zigui, Hubei; Early Jurassic Hsiangchi Group; Sichuan(?); Jurassic.

1977 Feng Shaonan and others, p. 210, pl. 77, fig. 3; frond; Xiangxi of Zigui, Hubei; Early — Middle Jurassic Upper Coal Formation of Hsiangchi Group.

1979 Gu Daoyuan, Hu Yufan, pl. 2, fig. 5; frond; Crassus River of Karamay (Kuqa), Xinjiang; Late Triassic Tariqike Formation.

1984 Gu Daoyuan, p. 141, pl. 66, fig. 6; frond; Kuqa, Xinjiang; Late Triassic Tariqike Formation.

1986 Ju Kuixiang, Lan Shanxian, pl. 2, fig. 8; frond; Lvjiashan of Nanjing, Jiangsu; Late Triassic Fanjiatang Formation.

1987 Hu Yufan, Gu Daoyuan, p. 223, pl. 4, figs. 2, 2a; frond; Kuqa, Xinjiang; Late Triassic

Tariqike Formation.

1999b Wu Shunqing, p. 17, pl. 5, figs. 2, 2a; fertile frond; Haiwozi of Pengxian, Sichuan; Late Triassic Hsuchiaho Formation.

2002 Zhang Zhenlai and others, pl. 14, fig. 6; pinna; Baotahe Coal Mine of Badong, Hubei; Late Triassic Shazhenxi Formation.

***Dictyophyllum serratum* (Kurr) Frentzen, 1922**

1869 *Camptopteris serratum* Kurr, Schimpper, p. 632, pl. 42, fig. 4; West Europe; Late Triassic (Keuper).

1922 Frentzen, p35, pl. 3, fig. 1; frond; West Europe; Late Triassic (Keuper).

1979 Hsu J and others, p. 23, pl. 32, figs. 2 — 7; fronds; Huashan of Baoding, Sichuan; Late Triassic middle-upper part of Daqiaodi Formation.

1987 Chen Ye and others, p. 98, pl. 10, fig. 3; sterile frond; Qinghe of Yanbian, Sichuan; Late Triassic Hongguo Formation.

1993 Mi Jiarong and others, p. 88, pl. 11, fig. 5; frond; Tianqiaoling of Wangqing, Jilin; Late Triassic Malugou Formation.

1995a Li Xingxue (editor-in-chief), pl. 74, fig. 1; frond; Taipingchang of Baoding, Sichuan; Late Triassic Daqing Formation. (in Chinese)

1995b Li Xingxue (editor-in-chief), pl. 74, fig. 1; frond; Taipingchang of Baoding, Sichuan; Late Triassic Daqing Formation. (in English)

△***Dictyophyllum tanii* Mi, Sun C, Sun Y, Cui, Ai et al., 1996** (in Chinese)

1996 Mi Jiarong, Sun Chunlin, Sun Yuewu, Cui Shangsen, Ai Yongliang and others, p. 92, pl. 7, figs. 3 — 5; text-fig. 3; fronds; Reg. No.: BL-2106, BL-2121, BL-3002; Holotype: BL-2121 (pl. 7, fig. 3); Repository: Department of Geological History and Palaeontology, Changchun College of Geology; Guanshan of Beipiao, Liaoning; Early Jurassic lower member of Beipiao Formation.

***Dictyophyllum* spp.**

1976 *Dictyophyllum* sp. 1, Lee P C and others, p. 108, pl. 24, fig. 5; frond; Yipinglang of Lufeng, Yunnan; Late Triassic Ganhaizi Member of Yipinglang Formation.

1977 *Dictyophyllum* sp., Feng Shaonan and others, p. 210, pl. 83, fig. 5; frond; Guanxi of Lechang, Guangdong; Late Triassic Siaoping Formation.

1981 *Dictyophyllum* sp. 1, Sun Ge, p. 463, pl. 2, fig. 5; text-fig. 2; frond; Tianqiaoling of Wangqing, Jilin; Late Triassic Malugou Formation.

1981 *Dictyophyllum* sp. 2, Sun Ge, p. 463, pl. 1, fig. 3; frond; Tianqiaoling of Wangqing, Jilin; Late Triassic Malugou Formation.

1982b *Dictyophyllum* sp. (sp. nov.), Wu Xiangwu, p. 84, pl. 8, figs. 6, 6a; frond; Gonjo, Tibet; Late Triassic upper member of Bagong Formation.

1982 *Dictyophyllum* sp., Zhang Caifan, p. 524, pl. 338, figs. 10, 10a; frond; Wenjiashi of Liuyang, Hunan; Early Jurassic Gaojiatian Formation.

1984 *Dictyophyllum* sp. 1, Wang Ziqiang, p. 246, pl. 126, figs. 7, 8; fronds; Chengde, Hebei; Early Jurassic Jiashan Formation.

1984 *Dictyophyllum* sp. 2, Wang Ziqiang, p. 246, pl. 140, figs. 2, 3; fronds; Datong, Shanxi; Middle

Jurassic Datong Formation; Xiahuayuan, Hebei; Middle Jurassic Mentougou Formation.

1984 *Dictyophyllum* sp. 3, Wang Ziqiang, p. 246, pl. 126, fig. 9; frond; Chengde, Hebei; Early Jurassic Jiashan Formation.

1990 *Dictyophyllum* sp., Wu Xiangwu, He Yuanliang, p. 296, pl. 4, figs. 5, 5a; frond; Nangqian, Qinghai; Late Triassic Gema Formation of Jieza Group.

1993 *Dictyophyllum* sp., Mi Jiarong and others, p. 89, pl. 5, fig. 5; frond; Bamianshi Coal Mine of Shuangyang, Jilin; Late Triassic upper member of Xiaofengmidingzi Formation.

2003 *Dictyophyllum* sp., Xu Kun and others, pl. 6, fig. 11; frond; Guanshan Mine of Beipiao, Liaoning; Early Jurassic lower member of Beipiao Formation.

Dictyophyllum? spp.

1976 *Dictyophyllum*? sp. 2, Lee P C and others, p. 108, pl. 24, fig. 5; frond; Moshahe of Dukou, Sichuan; Late Triassic Daqiaodi Member of Nalaqing Formation.

1983 *Dictyophyllum*? sp., He Yuanliang, p. 187, pl. 28, fig. 11; text-fig. 4-61; frond; Galedesi of Qilian, Qinghai; Late Triassic Galedesi Formation of Mole Group.

1997 *Dictyophyllum*? sp., Wu Shunqing and others, p. 164, pl. 1, figs. 1, 1a, 4A; pinnules; Tai O, Hongkong; late Early — early Middle Jurassic Taio Formation.

2001 *Dictyophyllum*? sp., Sun Ge and others, pp. 73, 184, pl. 11, fig. 5; pl. 43, figs. 4, 14; fronds; Shangyuan of Beipiao, Liaoning; Late Jurassic Jianshangou Formation.

?_Dictyophyllum_ sp.

1933c ?*Dictyophyllum* sp., Sze H C, p. 14, pl. 4, figs. 12, 13; fronds; Xujiahe of Guangyuan, Sichuan; late Late Triassic — Early Jurassic.

Genus *Disorus* Vakhrameev, 1962

1962 Vakhrameev, Doludenko, p. 59.

1998 Zhang Hong and others, p. 274.

Type species: *Disorus nimakanensis* Vakhrameev, 1962

Taxonomic status: Dicksoniaceae, Filicopsida

Disorus nimakanensis Vakhrameev, 1962

1962 Vakhrameev, Doludenko, p. 59, pl. 9, figs. 3, 4; pl. 10, figs. 1 — 4; sterile pinnae and fertile pinnae; Bureya Basin, East Sibiria; Late Jurassic — Early Cretaceous.

△_Disorus minimus_ Zhang, 1998 (in Chinese)

1998 Zhang Hong and others, p. 274, pl. 16, figs. 1, 2; text-fig. A-1; fertile fronds; Col. No.: YD-1; Reg. No.: MP-94079; Holotype: MP94079 (pl. 16, fig. 1); Repository: Xi'an Branch, China Coal Research Institute; Renshoushan of Yongdeng, Gansu; Jurassic.

△Genus *Dracopteris* Deng, 1994

1994 Deng Shenghui, p. 18.

Type species: *Dracopteris liaoningensis* Deng, 1994

Taxonomic status: Filicopsida

△*Dracopteris liaoningensis* Deng, 1994

1994 Deng Shenghui, p. 18, pl. 1, figs. 1—8; pl. 2, figs. 1—15; pl. 3, figs. 1—9; pl. 4, figs. 1—9; text-fig. 2; fronds, fertile pinnae, sori and sporangia; No.: Fxt5-086 — Fxt5-090, TDMe622; Holotype: Fxt5-087 (pl. 1, fig. 7); Fuxin Basin and Tiefa Basin, Liaoning; Early Cretaceous Fuxin Formation and Xiaoming'anbei Formation.

2001 Deng Shenghui, Chen Fen, pp. 119, 214, pl. 69, figs. 1—5; pl. 70, figs. 1—11; pl. 71, figs. 1—8; text-fig. 26; fronds and fertile pinnae; Fuxin Basin, Liaoning; Early Cretaceous Fuxin Formation; Tiefa Basin, Liaoning; Early Cretaceous Xiaoming'anbei Formation.

Genus *Dryopteris* Adans

1979 Wang Ziqing, Wang Pu, pl. 1, fig. 14.

1993a Wu Xiangwu, p. 79.

Type species: (living genus)

Taxonomic status: Polipodiaceae, Filicopsida

△*Dryopteris sinensis* Lee et Yeh (MS) ex Wang Z et Wang P, 1979

(Notes: This specific name *Dryopteris sinensis* Lee et Yeh is probably error in spelling for *Dryopterites sinensis* Li et Ye)

1979 Wang Ziqing, Wang Pu, pl. 1, fig. 14; fertile pinna; Fengtai of West Hill, Beijing; Early Cretaceous Lushangfen Formation. (nom. nud.)

1993a Wu Xiangwu, p. 78.

Genus *Dryopterites* Berry, 1911

1911 Berry, p. 216.

1980 Li Xingxue, Ye Meina, p. 6(in Yang Xuelin and others, 1978, pl. 2, figs. 3, 4; pl. 3, fig. 7.

1993a Wu Xiangwu, p. 79.

Type species: *Dryopterites macrocarpa* Berry, 1911

Taxonomic status: Polipodiaceae, Filicopsida

Dryopterites macrocarpa Berry, 1911

1889 *Aspidium macrocarpum* Fontaine, p. 103, pl. 17; fig. 2; sterile frond; Dutch Gap of Virginia,

USA; Early Cretaceous Patuxent Formation.

1911 Berry, p. 216; sterile frond; Dutch Gap of Virginia, USA; Early Cretaceous Patuxent Formation.

1993a Wu Xiangwu, p. 79.

△*Dryopterites erecta* (Bell) Meng et Chen, 1988

1911 *Sphenopteris (Gleichenites?) electa* Bell, p. 65, pl. 19, fig. 6; pl. 22, fig. 1; fertile fronds; West Canada; Early Cretaceous.

1988 Meng Xiangying, in Chen Fen and others, pp. 51, 151, pl. 15, figs. 6 — 8; fronds and fertile pinnae; Haizhou Opencut Coal Mine of Fuxin, Liaoning; Early Cretaceous Sunjiawan Member of Fuxin Formation.

△*Dryopterites elegans* Lee et Yeh (MS) ex Zhang et al., 1980

[Notes: This species lately was referred as *Eogymnocarpium sinense* Li, Ye et Zhou (Li Xingxue and others, 1986)]

1980 Zhang Wu and others, p. 247, pl. 160, figs. 1 — 4; text-fig. 182; sterile fronds and fertile pinnae; Jiaohe of Jilin, Hada in Jidong of Heilongjiang; Early Cretaceous Moshilazi Formation and Muling Formation.

1982b Zheng Shaolin, Zhang Wu, p. 297, pl. 5, figs. 8 — 10; fronds; Lingxi and Sifangtai of Shuangyashan, Heilongjiang; Early Cretaceous Chengzihe Formation.

△*Dryopterites gracilis* Deng, 1995

1995a Deng Shenghui, pp. 484, 488, pl. 1, figs. 1 — 3; pl. 2, figs. 7, 8; text-fig. 1C; fronds and fertile pinnae; Repository: Research Institute of Petroleum Exploration and Development; Tiefa Basin, Liaoning; Early Cretaceous Xiaoming'anbei Formation.

2001 Deng Shenghui, Chen Fen, pp. 135, 221, pl. 89, figs. 1 — 7; pl. 90, figs. 1 — 8; pl. 91, figs. 1 — 9; text-figs. 33A — 33D, 33H; fronds and fertile pinnae; Tiefa Basin, Liaoning; Early Cretaceous Xiaoming'anbei Formation.

△*Dryopterites liaoningensis* Deng, 1995

1995a Deng Shenghui, pp. 484, 488, pl. 1, figs. 8, 9; pl. 2, figs. 5, 6, 9, 10; text-fig. 1B; fronds and fertile pinnae; Repository: Research Institute of Petroleum Exploration and Development; Tiefa Basin, Liaoning; Early Cretaceous Xiaoming'anbei Formation.

2001 Deng Shenghui, Chen Fen, pp. 137, 222, pl. 92, figs. 1 — 8; pl. 93, figs. 1 — 6; pl. 94, figs. 1 — 9; text-figs. 33G, 33I; fronds and fertile pinnae; Tiefa Basin, Liaoning; Early Cretaceous Xiaoming'anbei Formation.

△*Dryopterites sinensis* Li et Ye, 1980

[Notes: This species lately was referred as *Eogymnocarpium sinense* Li, Ye et Zhou (Li Xingxue and others, 1986)]

1978 *Dryopterites sinensis* Lee et Yeh, Yang Xuelin and others, pl. 2, figs. 3, 4; pl. 3, fig. 7; fronds; Shansong of Jiaohe Basin, Jilin; Early Cretaceous Moshilazi Formation. (nom. nud.)

1979 *Dryopteris sinensis* Lee et Yeh, Wang Ziqing, Wang Pu, pl. 1, fig. 14; fertile pinna; Fengtai of West Hill, Beijing; Early Cretaceous Lushangfen Formation. (nom. nud.)

1980 Li Xingxue, Ye Meina, p. 6, pl. 1, figs. 1 — 5; fertile pinnae; Reg. No. : PB4600, PB4612, PB8963, PB8964a, PB8964b; Holotype: PB4612 (pl. 1, fig. 2); Repository: Nanjing Institute of Geology and Palaeontology, Chinese Academy of Sciences; Shansong of Jiaohe, Jilin; middle — late Early Cretaceous Shansong Formation. [Notes: This specimen lately was referred as *Eogymnocarpium sinense* (Lee et Yeh) Li, Ye et Zhou (Li Xingxue and others, 1986)]

1981 *Dryopterites sinensis* Lee et Yeh, Ye Meina, pl. 1, figs. 4 — 7; pl. 2, figs. 1, 2; fertile pinnae; Shansong of Jiaohe, Jilin; late Early Cretaceous Moshilazi Formation.

1993a *Dryopterites sinensis* Lee et Yeh, Wu Xiangwu, p. 79.

△***Dryopterites triangularis*** **Deng, 1992**

1992 Deng Shenghui, p. 11, pl. 4, figs. 11 — 14; text-figs. 1f — 1h; sterile pinnae and fertile pinnae; No. : TDL411, TDL413; Repository: China University of Geosciences (Beijing); Tiefa Basin, Liaoning; Early Cretaceous Xiaoming'anbei Formation. (Notes: The type specimen was not designated in the original paper)

1995 Deng Shenghui, Yao Lijun, pl. 1, fig. 5; annulus; Northeast China; Early Cretaceous.

2001 Deng Shenghui, Chen Fen, pp. 137, 222, pl. 95, figs. 1 — 8; pl. 96, figs. 1 — 5; pl. 97, figs. 1 — 3; pl. 98, figs. 1 — 7; pl. 99, figs. 1 — 6; text-figs. 33E, 33F; fronds and fertile pinnae; Tiefa Basin, Liaoning; Early Cretaceous Xiaoming'anbei Formation; Fuxin Basin, Liaoning; Early Cretaceous Fuxin Formation.

Dryopterites virginica **(Fontaine) Berry, 1911**

1889 *Aspidium virginica* Fontaine, p. 97, pl. 15, fig. 7; pl. 21, fig. 14; fronds; Fredericksburg of Virginia, USA; Early Cretaceous Potomac Group.

1911 Berry, p. 264; frond; Fredericksburg of Virginia, USA; Early Cretaceous Potomac Group.

1982b Zheng Shaolin, Zhang Wu, p. 299, pl. 4, figs. 16, 16a; frond; Erlongshan in Didao of Jixi, Heilongjiang; Early Cretaceous Chengzihe Formation.

1989 Mei Meitang and others, p. 88, pl. 42, fig. 5; frond; Northeast China; Early Cretaceous.

Dryopterites **sp.**

1984 *Dryopterites* sp., Wang Ziqiang, p. 248, pl. 129, fig. 6; frond; West Hill, Beijing; Early Cretaceous Lushangfen Formation.

Genus *Eboracia* Thomas, 1911

1911 Thomas, p. 387.

1911 Seward, pp. 13, 41.

1963 Sze H C, Lee H H and others, p. 79.

1993a Wu Xiangwu, p. 79.

Type species: *Eboracia lobifolia* (Phillips) Thomas, 1911

Taxonomic status: Dicksoniaceae, Filicopsida

***Eboracia lobifolia* (Phillips) Thomas, 1911**

1829 *Neuropteris lobifolia* Phillips, p. 148, pl. 8, fig. 13; sterile frond; Yorkshire, England; Middle Jurassic.

1849 *Cladophlebis lobifolia* (Phillips) Brongniart, p. 105; Yorkshire, England; Middle Jurassic.

1911 Seward, pp. 13, 41, pl. 2, figs. 20, 20A — 26B; pl. 7, fig. 73; fronds; Diam River and Akdjar of Junggar (Dzungaria) Basin, Xinjiang; Early — Middle Jurassic.

1911 Thomas, p. 387, text-fig. (spores figured); Yorkshire, England; Middle Jurassic.

1963 Lee H H and others, p. 135, pl. 109, figs. 13, 14; fronds and fertile pinnae; Northwest China; Early — Middle Jurassic.

1963 Sze H C, Lee H H and others, p. 79, pl. 23, fig. 7; pl. 25, figs. 1 — 8a; fronds and fertile pinnae; Lishu (?) in Muling of Heilongjiang, Shahezi of Liaoning, Xiaoshimengou and Xiadawa (?) in Wuwei of Gansu, Shipanwan in Fugu of Shaanxi, Diam River and Kubuk River in Junggar (Dzungaria) Basin in Xinjiang; Early — Middle Jurassic and Middle — Late Jurassic.

1976 Chow Huiqin and others, p. 212, pl. 120, fig. 1; sterile pinna and fertile pinna; Dongsheng, Inner Mongolia; Middle Jurassic.

1978 Yang Xianhe, p. 483, pl. 156, fig. 6; sterile frond; Moshahe of Dukou, Sichuan; Late Triassic Daqiaodi Formation.

1979 He Yuanliang and others, p. 138, pl. 63, figs. 2, 2a; pl. 64, figs. 1, 1a, 2; fronds; Yuqia of Da Qaidam, Qinghai; Middle Jurassic Dameigou Formation.

1980 Chen Fen and others, p. 428, pl. 2, figs. 8, 9; sterile pinnae and fertile pinnae; West Hill, Beijing; Early Jurassic Lower Yaopo Formatin and Middle Jurassic Longmen Formation; Xiahuayuan of Zhuolu, Hebei; Middle Jurassic Yudaishan Formation.

1980 Huang Zhigao, Zhou Huiqin, p. 75, pl. 57, figs. 1, 5; pl. 58, fig. 5; sterile pinnae; Tongchuan, Shaanxi; Middle Jurassic middle-upper part of Yan'an Formation.

1980 Zhang Wu and others, p. 244, pl. 124, figs. 9, 10; pl. 125, figs. 1 — 5; sterile pinnae and fertile pinnae; Lingyuan, Liaoning; Early Jurassic Guojiadian Formation; Benxi, Liaoning; Early Jurassic Changliangzi Formation, Middle Jurassic Dabu Formation and Sangeling Formation.

1982 Liu Zijin, p. 123, pl. 61, fig. 9; frond; Shaanxi, Gansu and Ningxia; Early — Middle Jurassic Yan'an Formation and Zhiluo Formation; Xipo of Liangdang, Gansu; Middle Jurassic Longjiagou Formation; Shuidonggou of Jingyuan, Gansu; Middle Jurassic Yaojie Formation and Xinhe Formation.

1982 Wang Guoping and others, p. 244, pl. 111, figs. 2, 3; sterile pinnae and fertile pinnae; Majian of Lanxi, Zhejiang; Early Jurassic Majian Formation.

1982b Yang Xuelin, Sun Liwen, p. 46, pl. 16, figs. 7 — 13a; fronds; Wanbao Coal Mine, Heidingshan, Yumin Coal Mine and Shuangwopu in Lindong of Da Hinggan Ling;); Middle Jurassic Wanbao Formation.

1982b Zheng Shaolin, Zhang Wu, p. 298, pl. 5, figs. 5, 6; fronds; Yonghong of Hulin,

Heilongjiang; Late Jurassic Yunshan Formation.

1984 Chen Fen and others, p. 40, pl. 6, fig. 1; pl. 7, figs. 3, 4; text-fig. 4; sterile pinnae and fertile pinnae; West Hill, Beijing; Early Jurassic Lower Yaopo Formation; Mentougou of West Hill, Beijing; Middle Jurassic Longmen Formation.

1984 Gu Daoyuan, p. 140, pl. 66, fig. 5; pl. 72, fig. 5; fronds; Lianmuqin of Shanshan, Xinjiang; Middle Jurassic Xishanyao Formation.

1984 Kang Ming and others, pl. 1, figs. 1, 1a; frond; Yangshuzhuang of Jiyuan, Henan; Middle Jurassic Yangshuzhuang Formation.

1984 Li Baoxian, Hu Bin, p. 139, pl. 2, figs. 2, 7; fertile pinnae; Datong, Shanxi; Early Jurassic Yongdingzhuang Formation.

1985 Yang Xuelin, Sun Liwen, p. 105, pl. 3, figs. 6, 7, 12; fronds; Wanbao Coal Mine and Yumin Coal Mine of Da Hinggan Ling; Middle Jurassic Wanbao Formation.

1986 Ye Meina and others, p. 32, pl. 13, figs. 4, 4a; pl. 14, figs. 5, 5a; sterile pinnae and fertile pinnae; Jinwo in Tieshan of Daxian Sichuan; Early Jurassic Zhenzhuchong Formation.

1987 Duan Shuying, p. 28, pl. 5, fig. 1; pl. 6, fig. 4; pl. 7, figs. 1, 2; fronds; Zhaitang of West Hill, Beijing; Middle Jurassic.

1987 He Dechang, p. 78, pl. 3, fig. 1; frond; Jingjukou of Suichang, Zhejiang; Middle Jurassic bed 5 of Maolong Formation.

1987a Qian Lijun and others, pl. 20, fig. 5; frond; Kaokaowusugou of Shenmu, Shaanxi; Middle Jurassic bed 68 in member 3 of Yan'an Formation.

1987 Zhang Wu, Zheng Shaolin, p. 271, pl. 4, fig. 9; pl. 22, fig. 1b; text-fig. 12; fronds; Lamagou in Liangtugou of Chaoyang and Liujiayingzi in Changheyingzi of Beipiao, Liaoning; Middle Jurassic Haifanggou Formation.

1988 Li Peijuan and others, p. 57, pl. 2, fig. 8; pl. 17, figs. 2, 2a; pl. 18, figs. 3 — 3b; pl. 21, figs. 2B, 2b; fronds; Dameigou of Da Qaidam, Qinghai; Middle Jurassic *Eboracia* Bed of Yinmagou Formation and *Tyrmia-Sphenobaiera* Bed of Dameigou Formation.

1988 Zhang Hanrong and others, pl. 1, fig. 4; frond; Yuxian, Hebei; Early Jurassic Zhengjiayao Formation.

1989 Bureau of Geology and Mineral Resources of Liaoning Province, pl. 9, fig. 5; frond; Daozigou of Lingyuan, Liaoning; Middle Jurassic Haifanggou Formation.

1989 Duan Shuying, pl. 2, fig. 1; fertile frond; Zhaitang of West Hill, Beijing; Middle Jurassic Mentougou Coal Series.

1990 Zheng Shaolin, Zhang Wu, p. 218, pl. 2, fig. 1; frond and fertile pinna; Tianshifu of Benxi, Liaoning; Early Jurassic Changliangzi Formation and Middle Jurassic Dabu Formation.

1992 Huang Qisheng, Lu Zongsheng, pl. 2, fig. 1; frond; Kaokaowusugou of Shenmu, Shaanxi; Middle Jurassic Yan'an Formation.

1993a Wu Xiangwu, p. 79.

1995a Li Xingxue (editor-in-chief), pl. 89, fig. 3; frond; Dameigou of Da Qaidam, Qinghai; Middle Jurassic Yinmagou Formation. (in Chinese)

1995b Li Xingxue (editor-in-chief), pl. 89, fig. 3; frond; Dameigou of Da Qaidam, Qinghai; Middle Jurassic Yinmagou Formation. (in English)

1995 Wang Xin, p. 3, fig. 11; frond; Tongchuan, Shaanxi; Middle Jurassic Yan'an Formation.

1995 Zeng Yong and others, p. 51, pl. 7, fig. 7; frond; Yima, Henan; Middle Jurassic Yima Formation.

1998 Zhang Hong and others, pl. 19, figs. 1, 2; fertile fronds and sterile fronds; Shenmu, Shaanxi; Middle Jurassic Yan'an Formation; Beishan of Qitai, Xinjiang; Early Jurassic Badaowan Formation.

1999a Wu Shunqing, p. 13, pl. 5, figs. 5, 5a; frond; Huangbanjigou in Shangyuan of Beipiao, Liaoning; Late Jurassic Jianshangou Bed in lower part of Yixian Formation.

1999 Shang Ping and others, pl. 1, fig. 5; frond; Turpan-Hami Basin, Xinjiang; Middle Jurassic Xishanyao Formation.

2001 Sun Ge and others, pp. 74, 184, pl. 10, figs. 1, 2; pl. 41, figs. 8, 9; fronds; Shangyuan of Beipiao, Liaoning; Late Jurassic Jianshangou Formation.

2002 Meng Fansong and others, pl. 4, fig. 1; frond; Xiangxi of Zigui, Hubei; Early Jurassic Hsiangchi (Xiangxi) Formation.

2003 Deng Shenghui and others, pl. 65, fig. 4; frond; Sandaoling Coal Mine of Hami, Xinjiang; Middle Jurassic Xishanyao Formation.

2003 Meng Fansong and others, pl. 3, figs. 3, 4; sterile pinnae; Shuishikou of Yunyang, Chongqing; Early Jurassic Dongyuemiao Member of Ziliujing Formation.

2003 Wu Shunqing, fig. 231; sterile pinna; Huangbanjigou in Shangyuan of Beipiao, Liaoning; Late Jurassic Jianshangou Bed in lower part of Yixian Formation.

2003 Yuan Xiaoqi and others, pl. 17, figs. 1, 2; fronds; Gaotouyao of Dalad Banner, Inner Mongolia; Middle Jurassic Yan'an Formation.

2005 Miao Yuyan, p. 523, pl. 1, figs. 12 — 13a; sterile pinnae; Baiyang River area of Junggar Basin, Xinjiang; Middle Jurassic Xishanyao Formation.

***Eboracia* cf. *lobifolia* (Phillips) Thomas**

1996 Chang Jianglin, Gao Qiang, pl. 1, fig. 8; frond; Baigaofu of Ningwu; Shanxi; Middle Jurassic Datong (Datung) Formation.

Cf. *Eboracia lobifolia* (Phillips) Thomas

1983b Cao Zhengyao, p. 33, pl. 3, figs. 3, 3a; text-fig. 1; sterile pinna; Yonghong Coal Mine of Hulin, Heilongjiang; Late Jurassic upper part of Yunshan Formation.

1992a Cao Zhengyao, p. 214, pl. 2, fig. 7; frond; Suibin-Shuangyashan area, eastern Heilongjiang; Early Cretaceous member 2 of Chengzihe Formation.

△*Eboracia kansuensis* Zhang, 1998 (in Chinese)

1998 Zhang Hong and others, p. 273, pl. 16, figs. 7, 8; fronds; Col. No. : KS-1; Reg. No. : MP9053; Holotype: MP9053 (pl. 16, fig. 7); Repository: Xi'an Branch, China Coal Research Institute; Kangsu of Wuqia, Xinjiang; Middle Jurassic Yangye (Yangxia) Formation.

△*Eboracia majjor* Yang, 1978

1978 Yang Xianhe, p. 483, pl. 156, fig. 7; frond; No. : Sp0006; Holotype: Sp0006 (pl. 156, fig. 7); Repository: Chengdu Institute of Geology and Mineral Resources; Moshahe of Dukou, Sichuan; Late Triassic Daqiaodi Formation.

△***Eboracia uniforma*** **Sun et Zheng, 2001** (in Chinese and English)

2001 Sun Ge, Zheng Shaolin, in Sun Ge and others, pp. 75, 185, pl. 10, fig. 7; pl. 41, figs. 1, 3 — 7; fronds; No. : PB19018, PB19018A, PB19019, ZY3013; Holotype: PB19018 (pl. 10, fig. 7); Repository: Nanjing Institute of Geology and Palaeontology, Chinese Academy of Sciences; Shangyuan of Beipiao, Liaoning; Late Jurassic Jianshangou Formation.

△ ***Eboracia yungjenensis*** **(Chu) Yang, 1978**

1975 *Cladophlebis yungjenensis* Chu, in Hsu J and others, p. 71, pl. 1, figs. 4 — 6; fronds; No. : No. 756; Repository: Institute of Botany, the Chinese Academy of Sciences; Huashan of Yongren, Yunnan; Late Triassic middle-upper part of Daqiaodi Formation.

1978 Yang Xianhe, p. 484, pl. 161, fig. 1b; sterile frond; Baoding of Dukou, Sichuan; Late Triassic Daqiaodi Formation.

△**Genus *Eboraciopsis* Yang, 1978**

1978 Yang Xianhe, p. 495.

1993a Wu Xiangwu, pp. 14, 219.

1993b Wu Xiangwu, pp. 498, 512.

Type species: *Eboraciopsis trilobifolia* Yang, 1978

Taxonomic status: Filicopsida

△***Eboraciopsis trilobifolia*** **Yang, 1978**

1978 Yang Xianhe, p. 495, pl. 163, fig. 6; pl. 175, fig. 5; fronds; No. : Sp0036; Holotype: Sp0036 (pl. 163, fig. 6); Repository: Chengdu Institute of Geology and Mineral Resources; Taipingchang of Dukou, Sichuan; Late Triassic Daqiaodi Formation.

1993a Wu Xiangwu, pp. 14, 219.

1993b Wu Xiangwu, pp. 498, 512.

△**Genus *Eogonocormus* Deng, 1995 (non Deng, 1997)**

1995b Deng Shenghui, pp. 14, 108.

Type species: *Eogonocormus cretaceum* Deng, 1995

Taxonomic status: Hymenophyllaceae, Filicopsida

△***Eogonocormus cretaceum*** **Deng, 1995 (non Deng, 1997)**

1995b Deng Shenghui, pp. 14, 108, pl. 3, figs. 1, 2; pl. 4, figs. 1, 2, 6 — 8; pl. 5, figs. 1 — 6; text-fig. 4; sterile fronds and fertile fronds; No. : H17-431; Repository: Research Institute of Petroleum Exploration and Development; Huolinhe Basin, Inner Mongolia; Early Cretaceous Huolinhe Formation.

2001 Deng Shenghui, Chen Fen, pp. 54, 194, pl. 6, fig. 1; pl. 7, figs. 1 — 7; pl. 8, figs. 1 — 9; pl.

9, figs. 1 — 4; pl. 10, figs. 1 — 6; text-fig. 7; sterile fronds and fertile fronds; Huolinhe Basin, Inner Mongolia; Early Cretaceous Huolinhe Formation.

2002 Deng Shenghui, pl. 4, figs. 1 — 4; fertile fronds, sporangia and spores; Northeast China; Early Cretaceous.

△*Eogonocormus linearifolium* (Deng) Deng, 1995

1993 *Hymenophyllites linearifolius* Deng, Deng Shenghui, p. 256, pl. 1, figs. 5 — 7; text-figs. d — f; fronds and fertile pinnae; Huolinhe Basin, Inner Mongolia; Early Cretaceous Huolinhe Formation.

1995b Deng Shenghui, pp. 17, 108, pl. 3, figs. 3, 4; sterile fronds and fertile fronds; No. : H14-509, H14-510; Repository: Research Institute of Petroleum Exploration and Development; Huolinhe Basin, Inner Mongolia; Early Cretaceous Huolinhe Formation.

1997 Deng Shenghui, p. 61, fig. 6; sterile frond and fertile frond; Huolinhe Basin, Inner Mongolia; Early Cretaceous Huolinhe Formation.

2001 Deng Shenghui, Chen Fen, pp. 55, 195, pl. 6, figs. 2 — 4; pl. 9, figs. 5, 6; sterile fronds and fertile fronds; Huolinhe Basin, Inner Mongolia; Early Cretaceous Huolinhe Formation.

△Genus *Eogonocormus* Deng, 1997 (non Deng, 1995)

(Notes: This generic name *Eogonocormus* Deng, 1997 is a later isonym of *Eogonocormus* Deng, 1995)

1997 Deng Shenghui, p. 60.

Type species: *Eogonocormus cretaceum* Deng, 1997 (non Deng, 1995)

Taxonomic status: Hymenophyllaceae, Filicopsida

△*Eogonocormus cretaceum* Deng, 1997 (non Deng, 1995)

(Notes: This specific name *Eogonocormus cretaceum* Deng, 1997 is a later isonym of *Eogonocormus cretaceum* Deng, 1995)

1997 Deng Shenghui, p. 60, figs. 2 — 5; sterile fronds and fertile fronds; No. : H17-431; Holotype: H17-431 (fig. 3a); Repository: Research Institute of Petroleum Exploration and Development; Huolinhe Basin, Inner Mongolia; Early Cretaceous Huolinhe Formation.

△Genus *Eogymnocarpium* Li, Ye et Zhou, 1986

1986 Li Xingxue, Ye Meina, Zhou Zhiyan, p. 14.

1993a Wu Xiangwu, pp. 15, 219.

1993b Wu Xiangwu, pp. 500, 512.

Type species: *Eogymnocarpium sinense* (Li et Ye) Li, Ye et Zhou, 1986

Taxonomic status: Athyriaceae, Filicopsida

△*Eogymnocarpium sinense* (Li et Ye) Li, Ye et Zhou, 1986

1978 *Dryopterites sinense* Lee et Yeh, Yang Xuelin and others, pl. 2, figs. 3, 4; pl. 3, fig. 7; fronds; Shansong Section of Jiaohe Basin, Jilin; Early Cretaceous Moshilazi Formation. (nom. nud.)

1980 *Dryopterites sinense* Li et Ye, Li Xingxue, Ye Meina, p. 6, pl. 1, figs. 1 — 5; fertile pinnae; Shansong of Jiaohe, Jilin; middle — late Early Cretaceous Shansong Formation.

1986 Li Xingxue, Ye Meina, Zhou Zhiyan, p. 14, pl. 12; pl. 13; pl. 14, figs. 1 — 6; pl. 15, figs. 5 — 7a; pl. 16, fig. 3; pl. 40, fig. 4; pl. 45, figs. 1 — 3; text-figs. 4A, 4B; fertile fronds; Shansong of Jiaohe, Jilin; Early Cretaceous Jiaohe Group.

1987 *Eogymnocarpium sinense* (Li et Ye) Li, Ye et Zhou = *Dryopterites sinense* Li et Ye, Shang Ping, pl. 1, fig. 6; frond; Fuxin Coal Field, Liaoning; Early Cretaceous.

1992a Cao Zhengyao, p. 215, pl. 1, figs. 17, 17a; fertile frond; Suibin-Shuangyashan area, eastern Heilongjiang; Early Cretaceous member 4 of Chengzihe Formation.

1993a Wu Xiangwu, pp. 15, 219.

1993b Wu Xiangwu, pp. 500, 512.

1995a Li Xingxue (editor-in-chief), pl. 108, figs. 1 — 3; fertile fronds and sterile fronds; Shansongdingzi of Jiaohe, Jilin; Early Cretaceous top part of Wuyun Formation. (in Chinese)

1995b Li Xingxue (editor-in-chief), pl. 108, figs. 1 — 3; fertile fronds and sterile fronds; Shansongdingzi of Jiaohe, Jilin; Early Cretaceous top part of Wuyun Formation. (in English)

Genus *Gleichenites* Seward, 1926

1911 Seward, p. 76.

1941 Ôishi, p. 169.

1963 Sze H C, Lee H H and others, p. 70.

1993a Wu Xiangwu, p. 85.

Type species: *Gleichenites porsildi* Seward, 1926

Taxonomic status: Gleicheniaceae, Filicopsida

***Gleichenites porsildi* Seward, 1926**

1926 Seward, p. 76, pl. 6, figs. 18, 19, 24, 27, 29 — 31; pl. 12, figs. 122, 124; fronds; Angiarsuit of Upernivik Island, Greenland; Cretaceous.

1980 Zhang Wu and others, p. 239, pl. 154, figs. 1 — 4; sterile pinnae and fertile pinnae; Lishu and Qitaihe of Jixi, Heilongjiang; Early Cretaceous Chengzihe Formation and Muling Formation.

1982b Zheng Shaolin, Zhang Wu, p. 296, pl. 2, fig. 4; frond; Baomiqiao of Baoqing, Heilongjiang; Middle — Late Jurassic Chaoyangtun Formation.

1983a Zheng Shaolin, Zhang Wu, p. 80, pl. 1, fig. 11; fertile pinna; Dabashan in Mishan of Boli, Heilongjiang; Early Cretaceous Dongshan Formation.

1993a Wu Xiangwu, p. 85.

△*Gleichenites benxiensis* Zhang, 1980

1980 Zhang Wu and others, p. 236, pl. 106, figs. 1, 2; text-fig. 174; sterile pinnae and fertile pinnae; Reg. No.: D87, D88; Linjiawaizi of Benxi, Liaoning; Middle Triassic Linjia Formation. (Notes: The type specimen was not designated in the original paper)

△*Gleichenites*? *brevipennatus* Yang, 1982

1982a Yang Xuelin, Sun Liwen, p. 589, pl. 2, figs. 12 — 15; text-fig. 1; fronds; No.: Y7821 — Y7823, L7805; Repository: Jilin Institute of Coal Field Geology; Yingcheng of southeastern Songhuajiang-Liaohe Basin; Late Jurassic Shahezi Formation; Chengzijie and Liufangzi in Jiutai of southeastern Songhuajiang-Liaohe Basin; Early Cretaceous Yingcheng Formation. (Notes: The type specimen was not designated in the original paper)

1991 Zhang Chuanbo and others, pl. 2, fig. 3; frond; Liufangzi of Jiutai, Jilin; Early Cretaceous Dayangcaogou Formation.

△*Gleichenites chaoyangensis* Zhang et Zheng, 1984

1984 Zhang Wu, Zheng Shaolin, p. 384, pl. 1, figs. 2 — 5; text-fig. 2; fronds and fertile pinnae; Reg. No.: ch5-1-4; Repository: Shenyang Institute of Geology and Mineral Resources; Beipiao, western Liaoning; Late Triassic Laohugou Formation. (Notes: The type specimen was not designated in the original paper)

Gleichenites cycadina (Schenk) Thomas, 1911

1871 *Alethopteris cycadina* Schenk, p. 218, pl. 31, fig. 2; frond; West Europe; Early Cretaceous.

1911 Thomas, p. 61, pl. 2, figs. 1, 2; fronds; Donbas, Ukraine; Middle Jurassic.

1980 Zhang Wu and others, p. 237, pl. 152, figs. 3 — 7; pl. 153, fig. 1; text-fig. 175; sterile pinnae and fertile pinnae; Hada of Jidong and Qiezihe of Boli, Heilongjiang; Early Cretaceous Chengzihe Formation.

1982b Zheng Shaolin, Zhang Wu, p. 296, pl. 3, fig. 5; frond; Didao of Jixi, Heilongjiang; Early Cretaceous Chengzihe Formation.

1983a Zheng Shaolin, Zhang Wu, p. 79, pl. 1, figs. 4, 5; fronds; Dabashan in Mishan of Boli, Heilongjiang; Early Cretaceous Dongshan Formation.

1991 Zhang Chuanbo and others, pl. 2, fig. 12; frond; Liufangzi of Jiutai, Jilin; Early Cretaceous Dayangcaogou Formation.

1994 Cao Zhengyao, fig. 5a; frond; Jixi, Heilongjiang; early Early Cretaceous Chengzihe Formation.

△*Gleichenites dongningensis* Zhang et Xiong, 1983

1983 Zhang Zhicheng, Xiong Xianzheng, p. 56, pl. 2, figs. 1 — 3; sterile pinnae and fertile pinnae; No.: HD226, HD227, HD229; Repository: Shenyang Institute of Geology and Mineral Resources; Dongning Basin, Heilongjiang; Early Cretaceous Dongning Formation. (Notes: The type specimen was not designated in the original paper)

1995a Li Xingxue (editor-in-chief), pl. 107, fig. 1; frond; Dongning, Heilongjiang; Early Cretaceous Dongning Formation. (in Chinese)

1995b Li Xingxue (editor-in-chief), pl. 107, fig. 1; frond; Dongning, Heilongjiang; Early Cretaceous Dongning Formation. (in English)

***Gleichenites*? *erecta* Bell, 1956**

1956 Bell, p. 65, pl. 19, fig. 6; pl. 22, fig. 7; West Canada; Cretaceous.

***Gleichenites*? cf. *erecta* Bell**

1987 Zhang Zhicheng, p. 378, pl. 3, fig. 4; frond; Haizhou Opencut Coal Mine of Fuxin, Liaoning; Early Cretaceous Fuxin Formation.

△*Gleichenites*? *gerzeensis* Li et Wu, 1991

1991 Li Peijuan, Wu Yimin, p. 284, pl. 5, figs. 1 — 3a; pl. 7, figs. 1, 1a, 3; text-fig. 5a; sterile pinnae and fertile pinnae; Col. No.: 83N66, 83N67, 83N148, 83N149; Reg. No.: PB15502 — PB15504, PB15506; Syntype 1: PB15502 (pl. 5, fig. 1); Syntype 2: PB15503 (pl. 5, fig. 2); Repository: Nanjing Institute of Geology and Palaeontology, Chinese Academy of Sciences; Gerze, Tibet; Early Cretaceous Chuanba Formation. [Notes: According to *International Code of Botanical Nomenclature* (*Vienna Code*) article 37. 2, from the year 1958, the holotype type specimen should be unique]

***Gleichenites gieseckianus* (Heer) Seward, 1935**

1871 *Gleichenia gieseckiana* Heer, p. 78, pl. 43, figs. 1 — 3; pl. 44, fig. 3; Greenland; Cretaceous.

1935 Seward, in Seward, Conway, p. 5, pl. 2, fig. 9; Greenland; Cretaceous.

1980 Zhang Wu and others, p. 237, pl. 152, figs. 8 — 10; text-fig. 176; sterile pinnae and fertile pinnae; Hada of Jidong, Heilongjiang; Early Cretaceous Chengzihe Formation and Muling Formation.

1983a Zheng Shaolin, Zhang Wu, p. 79, pl. 1, figs. 6 — 10; fertile pinnae; Wanlongcun of Boli, Heilongjiang; Early Cretaceous Dongshan Formation.

2000 Hu Shusheng, Mei Meitang, p. 327, pl. 1, fig. 6; pinna; Xi'an Coal Mine of Liaoyuan, Jilin; Early Cretaceous Lower Coal-bearing Member of Chang'an Formation.

Cf. *Gleichenites gieseckianus* (Heer) Seward, 1935

1982 Li Peijuan, p. 83, pl. 7, figs. 4 — 6a; sterile pinnae and fertile pinnae; Lhorong, Tibet; Early Cretaceous Duoni Formation.

2000 Wu Shunqing, pl. 4, fig. 5; frond; Dayushan, Hongkong; Early Cretaceous Repulse Bay Group.

△*Gleichenites gladiatus* Li, 1982

1982 Li Peijuan, p. 83, pl. 7, figs. 1 — 3; text-fig. 4; sterile pinnae; Reg. No.: PB7936 — PB7939; Holotype: PB7939 (pl. 7, fig. 3); Repository: Nanjing Institute of Geology and Palaeontology, Chinese Academy of Sciences; Lhorong, Tibet; Early Cretaceous Duoni Formation.

1991 Li Peijuan, Wu Yimin, p. 283, pl. 6, figs. 1 — 2a; fronds; Gerze, western Tibet; Early Cretaceous Chuanba Formation.

2000 Wu Shunqing, pl. 1, figs. 4 — 6; fronds; Zhangshang in Xigong of Xinjie, Hongkong; Early

Cretaceous Repulse Bay Group.

***Gleichenite gracilis* (Heer) Seward, 1910**

1856 *Pecopteris gracilis* Heer, p. 54, pl. 18, fig. 3; frond; Switzerland; Cretaceous.

1910 Seward, p. 353, fig. 265.

1986 Tao Junrong, Xiong Xianzheng, p. 121, pl. 1, figs. 11, 11a; sterile pinna; Jiayin, Heilongjiang; Late Cretaceous Wuyun Formation.

Cf. *Gleichenite gracilis* (Heer) Seward

1982a Yang Xuelin, Sun Liwen, p. 589, pl. 2, figs. 11, 11a; frond; Yinmagou of Jiutai, southeastern Songhuajiang-Liaohe Basin; Early Cretaceous Yingcheng Formation.

△*Gleichenites jixiensis* Yang, 2002 (in Chinese and English)

2002 Yang Xiaoju, pp. 259, 264, pl. 1, figs. 1 — 10; text-fig. 1; fertile pinnae and sterile pinnae Reg. No.: PB19265 — PB19270; Holotype: PB19265 (pl. 1, figs. 1, 10); Paratype 1: PB19266 (pl. 1, fig. 2); Paratype 2: PB19268 (pl. 1, fig. 3); Paratype 3: PB19269 (pl. 1, fig. 4); Repository: Nanjing Institute of Geology and Palaeontology, Chinese Academy of Sciences; Jixi Basin, Heilongjiang; Early Cretaceous Muling Formation.

△*Gleichenites mishanensis* Cao, 1984

1984a Cao Zhengyao, pp. 4, 26, pl. 1, figs. 2B, 2a, 2b, 2C, 3B, 5, 6; pl. 4, fig. 3; sterile pinnae and fertile pinnae; Col. No.: HM568; Reg. No.: PB10775 — PB10779; Holotype: PB10779 (pl. 1, fig. 6); Repository: Nanjing Institute of Geology and Palaeontology, Chinese Academy of Sciences; Xincun in Peide of Mishan, Heilongjiang; Middle Jurassic Peide Formation.

2003 Xu Kun and others, pl. 5, figs. 1, 4, 11; sterile pinnae and fertile pinnae; Xincun in Peide of Mishan, Heilongjiang; Middle Jurassic Peide Formation.

△*Gleichenites monosoratus* Zhang, 1980

1980 Zhang Wu and others, p. 238, pl. 153, figs. 8, 8a; text-fig. 177; sterile pinna and fertile pinna; Reg. No.: D98; Qitaihe, Heilongjiang; Early Cretaceous Chengzihe Formation.

***Gleichenites nipponensis* Ôishi, 1940**

1940 Ôishi, p. 202, pl. 3, figs. 2, 3, 3a; fronds; Kuwasima and Motiana, Japan; Early Cretaceous Tetori Series.

1941 Ôishi, p. 169, pl. 37 (2), figs. 1, 2, 2a; fronds; Luozigou of Wangqing, Jilin; Early Cretaceous.

1954 Hsu J, p. 49, pl. 41, figs. 5, 6; fronds; Luozigou of Wangqing, Jilin; Early Cretaceous.

1963 Sze H C, Lee H H and others, p. 71, pl. 22, figs. 5, 6; pl. 23, fig. 2; fronds; Luozigou of Wangqing, Jilin; Early Cretaceous upper part of Dalazi Formation.

1977 Feng Shaonan and others, p. 207, pl. 75, fig. 3; frond; Jieyang, Guangdong; Early Cretaceous.

1980 Zhang Wu and others, p. 238, pl. 153, fig. 7; frond; Tongfosi of Yanji, Jilin; Early Cretaceous Dalazi Formation.

1982 Wang Guoping and others, p. 241, pl. 129, fig. 9; frond; Xiaoling of Linhai, Zhejiang; Late Jurassic Shouchang Formation.

1989 Ding Baoliang and others, pl. 1, fig. 3; frond; Xiaoling of Linhai, Zhejiang; Early

Cretaceous member C-2 of Moshishan Formation.

1993a Wu Xiangwu, p. 85.

1994 Cao Zhengyao, fig. 3b; frond; Linhai, Zhejiang; early Early Cretaceous Guantou Formation.

1995a Li Xingxue (editor-in-chief), pl. 113, fig. 2; frond; Linhai, Zhejiang; Early Cretaceous Guantou Formation. (in Chinese)

1995b Li Xingxue (editor-in-chief), pl. 113, fig. 2; frond; Linhai, Zhejiang; Early Cretaceous Guantou Formation. (in English)

1995a Li Xingxue (editor-in-chief), pl. 143, fig. 2; frond; Luozigou of Wangqing, Jilin; Early Cretaceous Dalazi Formation. (in Chinese)

1995b Li Xingxue (editor-in-chief), pl. 143, fig. 2; frond; Luozigou of Wangqing, Jilin; Early Cretaceous Dalazi Formation. (in English)

1999 Cao Zhengyao, p. 44, pl. 4, figs. 1—3, 3a; pl. 5; pl. 6, figs. 4—8; pl. 7, fig. 7(?); pl. 8, fig. 5; text-fig. 18; sterile pinnae and fertile pinnae; Xiaoling and Lingxiachen of Linhai, Baizhang of Huangyan, Suqin of Xinchang, Huangtan of Jiangshan, Jiujia of Cangnan and Taishun(?), Zhejiang; Early Cretaceous Guantou Formation; Yuhu(?) of Wencheng, Zhejiang; Early Cretaceous member C of Moshishan Formation.

2000 Wu Shunqing, p. 221, pl. 1, figs. 1—3a; fronds; Dayushan and Zhangshang in Xigong of Xinjie, Hongkong; Early Cretaceous Repulse Bay Group.

***Gleichenites* cf. *nipponensis* Ôishi**

1990 Liu Mingwei, p. 200, pl. 31, figs. 4, 5; fronds; Huangyadi of Laiyang, Shandong; Early Cretaceous member 3 of Laiyang Formation.

***Gleichenites nitida* Harris, 1931**

1931 Harris, p. 67, pl. 14, fig. 5; text-fig. 23; sterile frond and fertile pinna; Scoresby Sound, East Greenland; Early Jurassic *Thaumatopteris* Zone.

1977 Feng Shaonan and others, p. 207, pl. 74, fig. 7; frond; Donggong of Nanzhang, Hubei; Late Triassic Lower Coal Formation of Hsiangchi Group.

1984 Chen Gongxin, p. 573, pl. 226, fig. 5; pinna; Donggong of Nanzhang, Hubei; Late Triassic Jiuligang Formation.

1984 Zhou Zhiyan, p. 12, pl. 4, figs. 1—7; fronds; Wangjiatingzi in Huangyangsi of Lingling, Hunan; Early Jurassic middle-lower(?) part of Guanyintan Formation.

1995a Li Xingxue (editor-in-chief), pl. 82, fig. 7; sterile pinna; Huangyangsi of Lingling, Hunan; Early Jurassic middle-lower(?) part of Guanyintan Formation. (in Chinese)

1995b Li Xingxue (editor-in-chief), pl. 82, fig. 7; sterile pinna; Huangyangsi of Lingling, Hunan; Early Jurassic middle-lower(?) part of Guanyintan Formation. (in English)

***Gleichenites nordenskioldi* (Heer) Seward, 1910**

1874 *Gleichenia nordenskioldi* Heer, p. 48, pl. 8, figs. 4, 5; pl. 9, figs. 6—12; fronds; Greenland; Early Cretaceous.

1910 Seward, p. 355, fig. 262C; frond; Greenland; Early Cretaceous.

1980 Zhang Wu and others, p. 238, pl. 153, figs. 2—6; fronds; Mishan, Heilongjiang; Middle—

Late Jurassic upper part of Longzhaogou Group.

1982b Zheng Shaolin, Zhang Wu, p. 296, pl. 9, fig. 2; frond; Baomiqiao of Baoqing, Heilongjiang; Middle — Late Jurassic Chaoyangtun Formation.

1984a Cao Zhengyao, p. 5, pl. 6, figs. 1 — 5; pl. 7, figs. 1 — 4; sterile pinnae and fertile pinnae; Baomiqiao of Baoqing, Heilongjiang; Late Jurassic upper part of Yunshan Formation.

1991 Zhang Chuanbo and others, pl. 1, fig. 1; frond; Liufangzi of Jiutai, Jilin; Early Cretaceous Dayangcaogou Formation.

1993 Bureau of Geology and Mineral Resources of Heilongjiang Province, pl. 11, fig. 6; frond; Heilongjiang Province; Late Jurassic Chaoyangtun Formation.

1999 Cao Zhengyao, p. 46, pl. 3, figs. 2 — 5, 5a; pl. 6, figs. 9(?), 9a(?); pl. 7, fig. 8(?); pl. 11, fig. 5(?); pl. 13, fig. 13(?); text-fig. 19; sterile pinnae and fertile pinnae; Huaqian and Shanxi (?) of Wencheng, Zhejiang; Early Cretaceous member C of Moshishan Formation; Jidaoshan(?) of Jinhua, Zhejiang; Early Cretaceous Moshishan Formation; Dongcun(?) of Shouchang, Zhejiang; Early Cretaceous Shouchang Formation.

△*Gleichenites takeyamae* (Ôishi et Takahasi) Yang et Sun, 1982

1938 *Cladophlebis* (*Gleichenites*?) *takeyamae* Ôishi et Takahasi, p. 60, pl. 5 (1), figs. 6, 6a; frond; Lishu of Muling, Heilongjiang; Middle Jurassic or Late Jurassic Muling Series.

1982a Yang Xuelin, Sun Liwen, p. 590.

***Gleichenites* cf. *takeyamae* (Ôishi et Takahasi) Yang et Sun**

1982a Yang Xuelin, Sun Liwen, p. 590, pl. 1, figs. 7, 7a; frond; Liufangzi of southeastern Songhuajiang-Liaohe Basin; Early Cretaceous Yingcheng Formation.

△*Gleichenites yuanbaoshanensis* Liu, 1986 (nom. nud.)

1986 Li Weirong and others, pl. 1, fig. 5; frond; Guoguanshan in Peide of Mishan, Heilongjiang; Middle Jurassic Peide Formation. (nom. nud.)

△*Gleichenites yipinglangensis* Lee et Tsao, 1976

1976 Lee P C, Tsao Chengyao, in Lee P C and others, p. 104, pl. 15, figs. 3 — 7; pl. 16; pl. 17; pl. 18, figs. 1 — 6a; pl. 46, figs. 6(?), 6a; sterile pinnae and fertile pinnae; Col. No.: AAR Ⅱ 5/30M, YHW131; Reg. No.: PB5244 — PB5265, PB5486; Holotype: PB5255 (pl. 17, fig. 2); Repository: Nanjing Institute of Geology and Palaeontology, Chinese Academy of Sciences; Mahuangjing of Xiangyun, Yunnan; Late Triassic Huaguoshan Member of Xiangyun Formation; Yipinglang of Lufeng, Yunnan; Late Triassic Ganhaizi Member of Yipinglang Formation; Jindingshangdian of Lanping, Yunnan; Late Triassic member 3 of Baijizu Formation; Moshahe of Dukou, Sichuan; Late Triassic Daqiaodi Member of Nalaqing Formation.

1977 Feng Shaonan and others, p. 207, pl. 74, figs. 8, 9; fronds; Donggong of Nanzhang, Hubei; Late Triassic Lower Coal Formation of Hsiangchi Group.

1982 Li Peijuan, Wu Xiangwu, p. 42, pl. 5, figs. 2, 2a, 3, 3a; pl. 9, figs. 1, 1a; fronds; Daocheng Sichuan; Late Triassic Lamaya Formation.

1982b Wu Xiangwu, p. 82, pl. 5, figs. 3, 3a; pl. 6, figs. 1 — 3; fronds; Bagong of Chagyab and Qamdo, Tibet; Late Triassic upper member of Bagong Formation.

1984 Chen Gongxin, p. 573, pl. 226, fig. 4; fertile pinna; Fenshuiling of Jingmen, Hubei; Late Triassic Jiuligang Formation.

1986 Chen Ye and others, p. 39, pl. 3, figs. 5, 5a; fertile pinna; Litang, Sichuan; Late Triassic Lanashan Formation.

Gleichenites yuasensis **Kimura et Kansha, 1878**

1878 Kimura, Kansha, p. 106, pl. 1, fig. 2; pl. 2, fig. 1; pl. 3, fig. 1; pl. 4, fig. 1; text-figs. 1a — 1e; fronds; Japan; Early Cretaceous Ryoseki Series.

1982b Zheng Shaolin, Zhang Wu, p. 296, pl. 3, figs. 6, 7; fronds; Baoshan of Shuangyashan, Heilongjiang; Early Cretaceous Chengzihe Formation.

Gleichenites **spp.**

1968 *Gleichenites* sp., *Fossil Atlas of Mesozoic Coal-bearing Strata in Kiangsi and Hunan Provinces*, p. 41, pl. 4, figs. 1a — 1c; sterile pinnae and fertile pinnae; Youluo of Fengcheng, Jiangxi; Late Triassic member 3 of Anyuan Formation.

1981 *Gleichenites* sp., Meng Fansong, p. 98, pl. 1, figs. 8a, 8c; frond; Lingxiang of Daye, Hubei; Early Cretaceous Lingxiang Group.

1982 *Gleichenites* sp., Li Peijuan, p. 84, pl. 9, fig. 2; sterile pinna and fertile pinna; Lhorong, Tibet; Early Cretaceous Duoni Formation.

1982 *Gleichenites* sp., Wang Guoping and others, p. 242, pl. 110, figs. 7 — 9; fronds; Youluo of Fengcheng, Jiangxi; Late Triassic Anyuan Formation.

1983a Cao Zhengyao, p. 12, pl. 1, figs. 10 — 12; sterile pinnae and fertile pinnae; Yunshan of Hulin, Heilongjiang; Middle Jurassic lower part of Longzhaogou Group.

1983b *Gleichenites* sp., Cao Zhengyao, p. 29, pl. 5, figs. 7, 8; fertile pinnae; Yonghong of Hulin, Heilongjiang; Late Jurassic lower part of Yunshan Formation.

1989 *Gleichenites* sp., Ding Baoliang and others, pl. 2, fig. 17; frond; Qiliting of Qianshan, Jiangxi; Early Cretaceous Shixi Formation.

1992 *Gleichenites* sp. [Cf. *G. cycadina* (Schenk) Prynada], Sun Ge, Zhao Yanhua, p. 525, pl. 220, figs. 1, 3; fronds; Luozigou of Wangqing, Jilin; Early Cretaceous Dalazi Formation.

1993 *Gleichenites* sp., Hu Shusheng, Mei Meitang, pl. 2, figs. 4, 5; sterile pinnae and fertile pinnae; Xi'an Coal Mine of Liaoyuan, Jilin; Early Cretaceous Lower Coal-bearing Member of Chang'an Formation.

1999 *Gleichenites* sp. 1, Cao Zhengyao, p. 47, pl. 3, fig. 1; fern stem; Suqin of Xinchang, Zhejiang; Early Cretaceous Guantou Formation.

1999 *Gleichenites* sp. 2, Cao Zhengyao, p. 47, pl. 3, fig. 6; pl. 13, fig. 3; fertile pinnae; Jiujia of Cangnan, Zhejiang; Early Cretaceous Guantou Formation.

1999 *Gleichenites* sp. 3, Cao Zhengyao, p. 47, pl. 4, figs. 4, 4a; fertile pinna; Jialong of Cangnan, Zhejiang; Early Cretaceous Guantou Formation.

2004 *Gleichenites* sp., Deng Shenghui and others, pp. 209, 213, pl. 1, figs. 6B, 7, 8; sterile pinnae; Hongliugou Section of Aram Basin, Inner Mongolia; Middle Jurassic Xinhe Formation.

Gleichenites? spp.

1965 *Gleichenites*? sp., Tsao Chengyao, p. 514, pl. 3, figs. 9 — 12a; text-fig. 1; fronds; Songbaikeng of Gaoming, Guangdong; Late Triassic Siaoping Formation (Siaoping Series).

1979 *Gleichenites*? sp., He Yuanliang and others, p. 139, pl. 64, fig. 3; frond; Babaoshan of Dulan, Qinghai; Late Triassic Babaoshan Group.

1984b *Gleichenites*? sp., Cao Zhengyao, p. 37, pl. 1, figs. 8 — 9a; sterile pinnae; Dabashan of Mishan, Heilongjiang; Early Cretaceous Dongshan Formation.

1995 *Gleichenites*? sp., Cao Zhengyao and others, p. 4, pl. 1, figs. 1, 1a; frond; Daxicun of Zhenghe, Fujian; Early Cretaceous middle member of Nanyuan Formation.

Genus *Goeppertella* Ôishi et Yamasita, 1936

1936 Ôishi, Yamasita, p. 147.

1956 Ngo C K, p. 22.

1963 Sze H C, Lee H H and others, p. 89.

1993a Wu Xiangwu, p. 87.

Type species: *Goeppertella microloba* (Schenk) Ôishi et Yamasita, 1936

Taxonomic status: Goeppertelloideae, Dipteridaceae, Filicopsida [Notes: This Genus was referred as Taipingchangellceae (Yang Xianhe, 1978)]

Goeppertella microloba (Schenk) Ôishi et Yamasita, 1936

1865b — 1867 *Woodwardites microloba* Schenk, p. 67, pl. 13, figs. 11 — 13; fronds; Franconia, Germany; Late Triassic.

1936 Ôishi, Yamasita, p. 147; frond; Franconia, Germany; Late Triassic.

1977 Feng Shaonan and others, p. 212, pl. 81, fig. 1; frond; Xiaoping, Guangdong; Late Triassic Siaoping Formation.

1978 Yang Xianhe, p. 490, pl. 167, fig. 3; frond; Baoding of Dukou, Sichuan; Late Triassic Daqiaodi Formation.

1979 Hsu J and others, p. 29, pl. 35, figs. 4, 5; fronds; Baoding, Sichuan; Late Triassic middle-upper part of Daqiaodi Formation.

1982b Wu Xiangwu, p. 85, pl. 9, figs. 1, 2A, 2B, 2a; fronds; Gonjo and Qamdo, Tibet; Late Triassic upper member of Bagong Formation.

1983 Duan Shuying and others, pl. 9, fig. 1; frond; Beiluoshan of Ninglang, Yunnan (Tunnan); Late Triassic.

1987 Chen Ye and others, p. 100, pl. 12, figs. 1 — 3; fronds; Qinghe of Yanbian, Sichuan; Late Triassic Hongguo Formation.

1989 Mei Meitang and others, p. 86, pl. 41, figs. 1, 2; pl. 45, fig. 2; fronds; China; Late Triassic — Early Jurassic.

1993a Wu Xiangwu, p. 87.

△*Goeppertella kochobei* (Yokoyama) Lee, Wu et Li, 1974

1891 *Dictyophyllum kochobei* Yokoyama, p. 244, pl. 34, figs. 1, 1a; frond; Yamanoi, Japan; Late Triassic.

1974a Lee P C, Wu Shunching, Li Baoxian, p. 357, pl. 187, figs. 1, 2; fronds; Cifengchang of Pengxian, Sichuan; Late Triassic Hsuchiaho Formation.

1978 Yang Xianhe, p. 490, pl. 167, fig. 4; pl. 176, fig. 3; fronds; Jiefangqiao of Mianning, Sichuan; Late Triassic Baiguowan Formation.

△*Goeppertella kwanyuanensis* Lee, 1964

1963 Lee P C, in Sze H C, Lee H H and others, p. 90, pl. 109, fig. 1; frond; Xujiahe of Guangyuan, Sichuan; Late Triassic Hsuchiaho Formation. (nom. nud.)

1964 Lee P C, pp. 112, 168, pl. 2, figs. 5, 5a; pl. 4, fig. 1a; pl. 5, fig. 1; sterile pinnae; Col. No.: BA326 (3); Reg. No.: PB2811; Repository: Nanjing Institute of Geology and Palaeontology, Chinese Academy of Sciences; Xujiahe of Guangyuan, Sichuan; Late Triassic Hsuchiaho Formation.

1976 Lee P C and others, p. 107, pl. 24, figs. 4, 4a; frond; Yubacun and Yipinglang of Lufeng, Yunnan; Late Triassic Ganhaizi Member of Yipinglang Formation.

1978 Yang Xianhe, p. 490, pl. 166, fig. 6; frond; Xujiahe (Hsuchiaho) of Guangyuan, Sichuan; Late Triassic Hsuchiaho Formation.

1995a Li Xingxue (editor-in-chief), pl. 73, fig. 2; frond; Xujiahe of Guangyuan, Sichuan; Late Triassic Hsuchiaho Formation. (in Chinese)

1995b Li Xingxue (editor-in-chief), pl. 73, fig. 2; frond; Xujiahe of Guangyuan, Sichuan; Late Triassic Hsuchiaho Formation. (in English)

***Goeppertella* cf. *kwanyuanensis* Lee**

1982b Wu Xiangwu, p. 85, pl. 9, figs. 3, 3a; frond; Gonjo, Tibet; Late Triassic upper member of Bagong Formation.

***Goeppertella memoria-watanabei* Ôishi et Huzioka, 1941**

1941 Ôishi, Huzioka, p. 164, pl. 35, figs. 1, 1a.

1976 Lee P C and others, p. 106, pl. 24, figs. 1 — 3; fronds; Yubacun and Yipinglang of Lufeng, Yunnan; Late Triassic Ganhaizi Member of Yipinglang Formation.

△*Goeppertella mianningensis* Yang, 1978

1978 Yang Xianhe, p. 491, pl. 168, fig. 5; frond; No.: Sp0067; Holotype: Sp0067 (pl. 168, fig. 5); Repository: Chengdu Institute of Geology and Mineral Resources; Jiefangqiao of Mianning, Sichuan; Late Triassic Baiguowan Formation.

△*Goeppertella nalajingensis* Yang, 1978

1978 Yang Xianhe, p. 491, pl. 169; pl. 170, fig. 1a; fronds; No.: Sp0070, Sp0071; Syntype 1: Sp0070 (pl. 169); Syntype 2: Sp0071 (pl. 170, fig. 1a); Repository: Chengdu Institute of Geology and Mineral Resources; Taipingchang of Dukou, Sichuan; Late Triassic Daqiaodi Formation. [Notes: According to *International Code of Botanical Nomenclature* (*Vienna Code*) article 37.2, from the year 1958, the holotype type specimen should be unique]

△***Goeppertella thaumatopteroides*** **Yang, 1978**

1978 Yang Xianhe, p. 491, pl. 167, figs. 1 — 2a; fronds; No.: Sp0059; Holotype: Sp0059 (pl. 167, fig. 1); Repository: Chengdu Institute of Geology and Mineral Resources; Taipingchang of Dukou, Sichuan; Late Triassic Daqiaodi Formation.

△***Goeppertella xiangchengensis*** **Li et Wu, 1982**

1982 Li Peijuan, Wu Xiangwu, p. 45, pl. 15, figs. 1, 2; pl. 16, fig. 1; fronds; Col. No.: 得丹 1f1-1; Reg. No.: PB8518, PB8519; Holotype: PB8518 (pl. 15, figs. 1, 2); Repository: Nanjing Institute of Geology and Palaeontology, Chinese Academy of Sciences; Xiangcheng, Sichuan; Late Triassic Lamaya Formation.

Goeppertella **spp.**

1956 *Goeppertella* sp. (?nov., sp.), Ngo C K, p. 22, pl. 1, fig. 1; pl. 3, fig. 6; pl. 4, fig. 1; text-fig. 2; fronds; Xiaoping of Guangzhou, Guangdong; Late Triassic Siaoping Coal Series.

1963 *Goeppertella* sp., Sze H C, Lee H H and others, p. 91, pl. 29, fig. 4; frond; Xiaoping of Guangzhou, Guangdong; Late Triassic Siaoping Coal Series.

1978 *Goeppertella* sp., Zhou Tongshun, p. 103, pl. 18, fig. 10; frond; Xiamei of Chongan, Fujian; Late Triassic Jiaokeng Formation.

1980 *Goeppertella* sp., Wu Shunqing and others, p. 73, pl. 1, figs. 5 — 8, 9 (?); fronds; Shazhenxi of Zigui, Hubei; Late Triassic Shazhenxi Formation.

1982 *Goeppertella* sp., Wang Guoping and others, p. 247, pl. 114, fig. 4; frond; Xiamei of Chongan, Fujian; Late Triassic Jiaokeng Formation.

1982b *Goeppertella* sp., Wu Xiangwu, p. 86, pl. 6, fig. 5; frond; Qamdo, Tibet; Late Triassic upper member of Bagong Formation.

1993 *Goeppertella* sp., Mi Jiarong and others, p. 90, pl. 8, figs. 7, 7a; frond; Laohugou of Lingyuan, Liaoning; Late Triassic Laohugou Formation.

1993a *Goeppertella* sp., Wu Xiangwu, p. 87.

***Goeppertella*? sp.**

1984 *Goeppertella*? sp., Chen Gongxin, p. 577, pl. 233, fig. 6; pl. 234, figs. 8, 9; fronds; Fenshuiling of Jingmen, Hubei; Late Triassic Jiuligang Formation.

Genus *Gonatosorus* Raciborski, 1894

1894 Raciborski, p. 174.

1980 Zhang Wu and others, p. 244.

1993a Wu Xiangwu, p. 87.

Type species: *Gonatosorus nathorsti* Raciborski, 1894

Taxonomic status: Dicksoniaceae, Filicopsida

Gonatosorus nathorsti **Raciborski, 1894**

1894 Raciborski, p. 174, pl. 9, figs. 5 — 15; pl. 10, fig. 1; fertile fronds and sterile fronds; West

Europe; Jurassic.

1993a Wu Xiangwu, p. 87.

△*Gonatosorus dameigouensis* He, 1988

1988 He Yuanliang, in Li Peijuan and others, p. 57, pl. 26, figs. 1, 1a; text-fig. 20; fertile pinna; Col. No.: $80DJ_{2d}F_u$; Reg. No.: PB13424; Holotype: PB13424 (pl. 26, figs. 1, 1a); Repository: Nanjing Institute of Geology and Palaeontology, Chinese Academy of Sciences; Dameigou of Da Qaidam, Qinghai; Middle Jurassic *Tyrmia-Sphenobaiera* Bed of Dameigou Formation.

***Gonatosorus ketova* Vachrameev, 1958**

1958 Vachrameev, p. 98, pl. 15, figs. 1, 2; pl. 19, figs. 2 — 5; sterile fronds and fertile fronds; Lena River Basin; Early Cretaceous.

1984 Wang Ziqiang, p. 244, pl. 151, figs. 8, 9; pl. 152, fig. 10; fronds; Zhangjiakou and Fengning, Hebei; Early Cretaceous Qingshila Formation.

1995a Li Xingxue (editor-in-chief), pl. 106, fig. 1; frond; Qinglongshan of Jixi, Heilongjiang; Early Cretaceous Muling Formation. (in Chinese)

1995b Li Xingxue (editor-in-chief), pl. 106, fig. 1; frond; Qinglongshan of Jixi, Heilongjiang; Early Cretaceous Muling Formation. (in English)

Cf. *Gonatosorus ketova* Vachrameev

1980 Zhang Wu and others, p. 244, pl. 155, figs. 1, 2; pl. 157, figs. 5, 6; text-fig. 181; fronds; Hada of Jidong, Heilongjiang; Early Cretaceous Muling Formation.

1982a Yang Xuelin, Sun Liwen, p. 589, pl. 2, figs. 1, 2, 2a, 4; fronds; Yingcheng, Shahezi and Taojiatun, southeastern Songhuajiang-Liaohe Basin; Late Jurassic Shahezi Formation.

1982b Zheng Shaolin, Zhang Wu, p. 299, pl. 4, fig. 5; frond; Peide of Mishan, Heilongjiang; Late Jurassic Yunshan Formation.

1983b Cao Zhengyao, p. 34, pl. 3, figs. 4 — 6; sterile pinnae; Yonghong Coal Mine of Hulin, Heilongjiang; Late Jurassic upper part of Yunshan Formation.

1992a Cao Zhengyao, p. 214, pl. 2, figs. 6, 6a; frond; Suibin-Shuangyashan area, eastern Heilongjiang; Early Cretaceous member 3 of Chengzihe Formation.

1992 Sun Ge, Zhao Yanhua, p. 528, pl. 230, figs. 2, 3; fronds; Yingchengzi of Jiutai, Jilin; Early Cretaceous Chengzihe Formation.

1993a Wu Xiangwu, p. 87.

2001 Deng Shenghui, Chen Fen, p. 95, pl. 123, fig. 4; frond; Tiefa Basin, Liaoning; Early Cretaceous Xiaoming'anbei Formation; Longzhaogou area, Heilongjiang; Early Cretaceous Yunshan Formation; Sanjiang Basin, Heilongjiang; Early Cretaceous Chengzihe Formation; Jidong, Heilongjiang; Early Cretaceous Muling Formation.

2003 Yang Xiaoju, p. 565, pl. 1, figs. 12, 13; sterile fronds; Jixi Basin, Heilongjiang; Early Cretaceous Muling Formation.

***Gonatosorus lobifolius* Burakova, 1961**

1961 Burakova, p. 141, pl. 12, figs. 7, 8; text-figs. 2B, 4 — 6; fronds; Turku, Finland; Middle Jurassic.

1988 Li Peijuan and others, p. 57, pl. 26, figs. 1, 1a; text-fig. 20; fertile pinna; Dameigou of Da Qaidam, Qinghai; Middle Jurassic *Tyrmia-Sphenobaiera* Bed of Dameigou Formation.

△*Gonatosorus shansiensis* (Sze) Wang, 1984

1933d *Cladophlebis shansiensis* Sze, Sze H C, p. 13, pl. 3, figs. 1, 2; fronds; Caojiagou of Datong, Shanxi; Early Jurassic.

1984 Wang Ziqiang, p. 245, pl. 132, figs. 6, 11 — 13; sterile fronds and fertile fronds; Datong, Shanxi; Middle Jurassic Datong Formation; Xiahuayuan, Hebei; Middle Jurassic Mentougou Formation.

Gonatosorus? sp.

1983 *Gonatosorus*? sp., Li Jieru, p. 21, pl. 1, fig. 24; frond; Houfulongshan of Jinxi, Liaoning; Middle Jurassic member 1 of Haifanggou Formation.

△Genus *Gymnogrammitites* Sun et Zheng, 2001 (in Chinese and English)

2001 Sun Ge, Zheng Shaolin, in Sun Ge and others, pp. 75, 185.

Type species: *Gymnogrammitites ruffordioides* Sun et Zheng, 2001

Taxonomic status: Filicopsida

△*Gymnogrammitites ruffordioides* Sun et Zheng, 2001 (in Chinese and English)

2001 Sun Ge, Zheng Shaolin, in Sun Ge and others, pp. 75, 185, pl. 7, fig. 6; pl. 9, figs. 1, 2; pl. 40, figs. 5 — 8; fronds; No.: PB19020, PB19020A (counter part); Holotype: PB19020 (pl. 7, fig. 6); Repository: Nanjing Institute of Geology and Palaeontology, Chinese Academy of Sciences; Huangbanjigou in Shangyuan of Beipiao, Liaoning; Late Jurassic Jianshangou Formation.

Genus *Hausmannia* Dunker, 1846

1846 Dunker, p. 12.

1933a Sze H C, p. 67.

1963 Sze H C, Lee H H and others, p. 87.

1993a Wu Xiangwu, p. 89.

Type species: *Hausmannia dichotoma* Dunker, 1846

Taxonomic status: Dipteridaceae, Filicopsida

Hausmannia dichotoma Dunker, 1846

1846 Dunker, p. 12, pl. 5, fig. 1; pl. 6, fig. 12; fronds; near Buckenburg, Germany; Early Cretaceous (Wealden).

△*Hausmannia chiropterioides* Huang, 1992

1992 Huang Qisheng, p. 174, pl. 19, fig. 8; frond; Col. No.: SD5; Reg. No.: SD87010; Repository:

Department of Geology, China University of Geosciences (Wuhan); Tieshan of Daxian, Sichuan; Late Triassic member 3 of Hsuchiaho Formation.

1993a Wu Xiangwu, p. 89.

***Hausmannia crenata* (Nathorst) Moeller, 1902**

1878 *Protorhipis crenata* Nathorst, p. 57, pl. 11, fig. 4; frond; Switzerland; Late Triassic.

1902 *Hausmannia crenata* (Nathorst) Moeller, p. 50, pl. 5, figs. 5, 6; fronds; Bornholm Island, Denmark; Jurassic.

1986 Ye Meina and others, p. 29, pl. 13, figs. 5, 5a; frond; Jinwo in Tieshan of Daxian, Sichuan; Early Jurassic Zhenzhuchong Formation.

△*Hausmannia emeiensis* Wu ex Yang, 1978

1974a *Hausmannia* (*Protorhipis*) *emeiensis* Wu, Wu Shunqing, in Lee P C and others, p. 357, pl. 190, figs. 2 — 5; fronds; Heyewan of Emei, Sichuan; Late Triassic Hsuchiaho Formation.

1978 Yang Xianhe, p. 486, pl. 166, fig. 2; fertile frond; Heyewan of Emei, Sichuan; Late Triassic Hsuchiaho Formation.

△*Hausmannia leeiana* Sze, 1933

1933d Sze H C, p. 7, pl. 2, figs. 8, 9; fronds; Datong, Shanxi; Early Jurassic. [Notes: This specimen lately was referred as *Hausmannia* (*Protorhipis*) *leeiana* Sze (Sze H C, Lee H H and others, 1963)]

1941 Stockmans, Mathieu, p. 42, pl. 4, fig. 8; frond; Datong, Shanxi; Jurassic. [Notes: This specimen lately was referred as *Hausmannia* (*Protorhipis*) *leeiana* Sze (Sze H C, Lee H H and others, 1963)]

1951 Lee H H, p. 196, pl. 1, fig. 4a; frond; Xingaoshan of Datong, Shanxi; Jurassic upper part of Datung Coal Series. [Notes: This specimen lately was referred as *Hausmannia* (*Protorhipis*) *leeiana* Sze (Sze H C, Lee H H and others, 1963)]

1954 Hsu J, p. 52, pl. 46, fig. 1; frond; Datong, Shanxi; Middle Jurassic or late Early Jurassic. [Notes: This specimen lately was referred as *Hausmannia* (*Protorhipis*) *leeiana* Sze (Sze H C, Lee H H and others, 1963)]

1958 Wang Longwen and others, p. 610, fig. 610; frond; Shanxi, Hebei and Liaoning; Early — Middle Jurassic.

1963 Lee H H and others, p. 135, pl. 109, figs. 1, 2; fronds; Northwest China; Early — Middle Jurassic.

1982 Wang Guoping and others, p. 247, pl. 114, fig. 7; frond; Ganshuitan of Ninghua, Fujian; Late Triassic Wenbinshan Formation.

△*Hausmannia shebudaiensis* Zhang et Zheng, 1987

1987 Zhang Wu, Zheng Shaolin, p. 268, pl. 3, figs. 1 — 5; text-fig. 9; fertile fronds; Reg. No.: SG110018 — SG110022; Repository: Shenyang Institute of Geology and Mineral Resources; Shebudai in Changgao of Beipiao, Liaoning; Middle Jurassic Lanqi Formation. (Notes: The type specimen was not designated in the original paper)

1990 Cao Zhengyao, Shang Ping, pl. 2, figs. 3, 4; fronds; Shebudai in Changgao of Beipiao,

Liaoning; Middle Jurassic Lanqi Formation.

2003 Deng Shenghui and others, pl. 64, figs. 3, 4; fronds; Shebudai in Changgao of Beipiao, Liaoning; Middle Jurassic Lanqi Formation.

2003 Xu Kun and others, pl. 8, fig. 5; frond; western Liaoning; Middle Jurassic Lanqi Formation.

***Hausmannia ussuriensis* Kryshtofovich, 1923**

1923 Kryshtofovich, p. 295, fig. 4b; frond; South Primorye; Late Triassic.

1963 Lee H H and others, p. 134, pl. 108, figs. 2, 3; fronds; Northwest China; Early — Middle Jurassic.

1976 Shen Guanglong and others, p. 76, pls. 1 — 3; text-figs. 1, 2; fronds; Dashuitou Coal Field of Jingyuan, Gansu; Early — Middle Jurassic.

1979 Gu Daoyuan, Hu Yufan, pl. 2, figs. 2, 3; fronds; Crassus River of Karamay (Kuqa), Xinjiang; Late Triassic Tariqike Formation.

1984 Gu Daoyuan, p. 142, pl. 66, fig. 7; pl. 77, fig. 6; fronds; Kuqa, Xinjiang; Late Triassic Tariqike Formation.

1986 Ye Meina and others, p. 30, pl. 13, fig. 3A; pl. 14, fig. 6; fronds; Jinwo in Tieshan and Leiyinpu of Daxian, Sichuan; Late Triassic member 7 of Hsuchiaho Formation.

1987 Hu Yufan, Gu Daoyuan, p. 224, pl. 5, figs. 6, 7; fronds; Kuqa, Xinjiang; Late Triassic Tariqike Formation.

1987 Zhang Wu, Zheng Shaolin, pl. 4, fig. 11; frond; Dahongshilazi of Nanpiao, Liaoning; Middlle Triassic Houfulongshan Formation.

1988 Li Peijuan and others, p. 60, pl. 14, fig. 4; pl. 15, fig. 4; pl. 18, fig. 2; pl. 19, figs. 3, 4A, 4a; pl. 21, fig. 3; pl. 36, fig. 1; pl. 45, fig. 3A; pl. 51, fig. 3; sterile fronds and fertile fronds; Dameigou of Da Qaidam, Qinghai; Early Jurassic *Hausmannia* Bed of Tianshuigou Formation.

1995a Li Xingxue (editor-in-chief), pl. 90, fig. 4; fertile frond; Dameigou of Da Qaidam, Qinghai; Early Jurassic Tianshuigou Formation. (in Chinese)

1995b Li Xingxue (editor-in-chief), pl. 90, fig. 4; fertile frond; Dameigou of Da Qaidam, Qinghai; Early Jurassic Tianshuigou Formation. (in English)

1998 Zhang Hong and others, pl. 20, figs. 1 — 6; pl. 21, fig. 3; sterile fronds and fertile fronds; Kangsu of Wuqia, Xinjiang; Middle Jurassic Yangye (Yangxia) Formation; Dameigou of Da Qaidam, Qinghai; Early Jurassic Tianshuigou Formation; Yaojie Coal Field of Lanzhou, Gansu; Middle Jurassic Yaojie (Yaochieh) Formation; Changshanzi of Alxa Right Banner, Inner Mongolia; Middle Jurassic Qingtujing Formation.

2002 Wang Yongdong, pl. 6, figs. 1 — 3; fronds; Xiangxi of Zigui, Hubei; Early Jurassic Hsiangchi Formation.

***Hausmannia* cf. *ussuriensis* Kryshtofovich**

1933a Sze H C, p. 67, pl. 9, figs. 1 — 6; fronds; Qianligouding of Wuwei, Gansu; Early Jurassic. [Notes: This specimen lately was referred as *Hausmannia* (*Protorhipis*) *ussuriensis* Kryshtofovich (Sze H C, Lee H H and others, 1963)]

1993a Wu Xiangwu, p. 89.

***Hausmannia* spp.**

1956 *Hausmannia* sp., Ngo C K, p. 21, pl. 3, fig. 3; frond; Xiaoping of Guangzhou, Guangdong; Late Triassic Siaoping Coal Series.

1968 *Hausmannia* sp., *Fossil Atlas of Mesozoic Coal-bearing Strata in Kiangsi and Hunan Provinces*, p. 47, pl. 5, figs. 3, 3a; fertile fern leaf; Yongshanqiao of Leping, Jiangxi; Late Triassic Malashan Member of Anyuan Formation.

1980 *Hausmannia* sp., He Dechang, Shen Xiangpeng, p. 12, pl. 5, fig. 1; frond; Shimenkou of Liling, Hunan; Late Triassic Anyuan Formation.

1982 *Hausmannia* sp., Duan Shuying, Chen Ye, p. 498, pl. 5, fig. 4; frond; Tanba of Hechuan, Sichuan; Late Triassic Hsuchiaho Formation.

1982b *Hausmannia* sp., Yang Xuelin, Sun Liwen, p. 43, pl. 18, fig. 10; frond; Xishala of Jarud Banner, southeastern Da Hinggan Ling; Middle Jurassic Wanbao Formation.

2003 *Hausmannia* sp., Yuan Xiaoqi and others, pl. 16, fig. 7; frond; Hantaichuan of Dalad Banner, Inner Mongolia; Middle Jurassic Zhiluo Formation.

Subgenus *Hausmannia* (*Protorhipis*) Ôishi et Yamasita, 1936

1936 Ôishi, Yamasita, p. 161.

1963 Sze H C, Lee H H and others, p. 87.

1993a Wu Xiangwu, p. 89.

Type species: *Hausmannia* (*Protorhipis*) *buchii* Andrae ex Ôishi et Yamasita, 1936

Taxonomic status: Dipteridaceae, Filicopsida

***Hausmannia* (*Protorhipis*) *buchii* Andrae ex Ôishi et Yamasita, 1936**

1855 *Photorhipis buchit* Andrae, p. 36, pl. 8, fig. 1; frond; Steierdorf, Austria; Early Jurassic (Lias).

1936 Ôishi, Yamasita, p. 161.

1993a Wu Xiangwu, p. 89.

***Hausmannia* (*Protorhipis*) *crenata* (Nathorst) Moeller ex Ôishi et Yamasita, 1936**

1878 *Protorhipis crenata* Nathorst, p. 57, pl. 11, fig. 4; frond; Switzerland; Late Triassic.

1902 *Hausmannia crenata* (Nathorst) Moeller, p. 50, pl. 5, figs. 5, 6; fronds; Bornholm Island, Denmark; Jurassic.

1936 Ôishi, Yamasita, p. 161.

1980 Zhang Wu and others, p. 246, pl. 127, figs. 4 — 7; fronds; Xinglongshan of Balin Left Banner, Liaoning; Middle Jurassic.

***Hausmannia* (*Protorhipis*) *dentata* Ôishi ex Ôishi et Yamasita, 1936**

1932 *Hausmannia dentata* Ôishi, p. 306, pl. 21, figs. 1 — 4, 5A; pl. 35, figs. 2, 3; text-fig. 2; fronds; Nariwa of Okayama, Japan; Late Triassic (Nariwa).

1936 Ôishi, Yamasita, p. 161.

***Hausmannia* (*Protorhipis*) cf. *dentata* Ôishi**

1980 Zhang Wu and others, p. 246, pl. 127, fig. 3; frond; Benxi, Liaoning; Early Jurassic

Changliangzi Formation.

△*Hausmannia* (*Protorhipis*) *emeiensis* Wu ex Lee et al., 1974

1974a Wu Shunqing, in Lee P C and others, p. 357, pl. 190, figs. 2 — 5; sterile fronds and fertile fronds; Reg. No.: PB4820 — PB4822; Repository: Nanjing Institute of Geology and Palaeontology, Chinese Academy of Sciences; Heyewan of Emei, Sichuan; Late Triassic Hsuchiaho Formation. [Notes: The name is applied by Lee P C and others (1974) but not mentioned clearly as a new species]

1989 Mei Meitang and others, p. 83, pl. 39, fig. 3; frond; South China; Late Triassic.

1999b Wu Shunqing, p. 19, pl. 8, fig. 2; pl. 9, fig. 5; pl. 10, figs. 1 — 3a; sterile fronds and fertile fronds; Heyewan of Emei and Tieshan of Daxian, Sichuan; Late Triassic Hsuchiaho Formation.

***Hausmannia* (*Protorhipis*) cf. *emeiensis* Wu**

1980 Wu Shuibo and others, pl. 1, fig. 6; frond; Tuopangou area of Wangqing, Jilin; Late Triassic.

1981 Sun Ge, p. 465, pl. 3, figs. 8, 10; text-fig. 5; sterile pinnae and fertile pinnae; Tianqiaoling of Wangqing, Jilin; Late Triassic Malugou Formation.

△*Hausmannia* (*Protorhipis*) *leeiana* Sze ex Ôishi et Yamasita, 1936

1933d *Hausmannia leeiana* Sze, Sze H C, p. 7, pl. 2, figs. 8, 9; fronds; Datong, Shanxi; Early Jurassic.

1936 Ôishi, Yamasita, p. 163.

1963 Sze H C, Lee H H and others, p. 88, pl. 27, figs. 2, 2a; pl. 28, fig. 2; fronds; Datong, Shanxi; Middle Jurassic Datong Group; Mentougou of West Hill, Beijing; Middle Jurassic Mentougou Group; Liaoning; Early — Middle Jurassic.

1978 Zhou Tongshun, pl. 19, fig. 2; frond; Ganshuitan of Ninghua, Fujian; Late Triassic Wenbinshan Formation.

1979 He Yuanliang and others, p. 137, pl. 61, fig. 4; frond; Zuositugou of Datong, Qinghai; Early — Middle Jurassic Muli Group.

1980 Chen Fen and others, p. 428, pl. 3, fig. 1; frond; Datai of West Hill, Beijing; Early Jurassic Lower Yaopo Formation.

1980 Zhang Wu and others, p. 246, pl. 127, figs. 8, 9; pl. 123, figs. 1 — 3; fronds; Daozigou of Lingyuan, Liaoning; Early Jurassic Guojiadian Formation; Beipiao, Liaoning; Middle Jurassic Lanqi Formation.

1982 Liu Zijin, p. 125, pl. 62, fig. 8; frond; Diantou of Huangling, Shaanxi; Early — Middle Jurassic Yan'an Formation.

1984 Chen Fen and others, p. 42, pl. 11, figs. 6, 7; fronds; Datai and Fangshan of West Hill, Beijing; Early Jurassic Lower Yaopo Formation.

1984 Wang Ziqiang, p. 247, pl. 145, figs. 5 — 7; fronds; Datong, Shanxi; Middle Jurassic Datong Formation; Xiahuayuan, Hebei; Middle Jurassic Yudaishan Formation.

1989 Mei Meitang and others, p. 83, pl. 39, figs. 1, 2; fronds; Shanxi, Beijing and Liaoning; Early — Middle Jurassic.

1991 Bureau of Geology and Mineral Resources of Beijing Municipality, pl. 14, fig. 3; frond; Datai of West Hill, Beijing; Early Jurassic Lower Yaopo Formation.

1993a Wu Xiangwu, p. 89.

1994 Xiao Zongzheng and others, pl. 14, fig. 1; frond; Mentougou of West Hill, Beijing; Early Jurassic Xiayaopo Formation.

***Hausmannia* (*Protorhipis*) *nariwaensis* Ôishi, 1930**

1930 *Hausmannia nariwaensis* Ôishi, p. 52, pl. 7, figs. 2, 2a; frond; Nariwa, Japan; Late Triassic (Nariwa Series).

1936 Ôishi, Yamasita, p. 163.

1986 Wu Shunqing, Zhou Hanzhong, p. 639, pl. 1, figs. 6 — 8a; pl. 2, figs. 2, 4; pl. 5, fig. 9; sterile pinnae and fertile pinnae; Toksun of northwestern Turpan Depression, Xinjiang; Early Jurassic Badaowan Formation.

△*Hausmannia* (*Protorhipis*) *papilionacea* Chow et Huang, 1976 (non Liu, 1980)

1976 Chow Huiqin, Huang Zhigao, in Chow Huiqin and others, p. 207, pl. 108, figs. 8 — 9a; fronds; Wuziwan of Jungar Banner, Inner Mongolia; Early Jurassic Fuxian Formation. (Notes: The type specimen was not designated in the original paper)

△*Hausmannia* (*Protorhipis*) *papilionacea* Liu, 1980 (non Chow et Huang, 1976)

[Notes: This specific name *Hausmannia* (*Protorhipis*) *papilionacea* Liu, 1980 is a later isonym of *Hausmannia* (*Protorhipis*) *papilionacea* Chow et Huang, 1976]

1980 Liu Zijin, in Huang Zhigao, Zhou Huiqin, p. 75, pl. 49, fig. 13; pl. 54, figs. 3, 4; text-fig. 4; sterile pinnae; Reg. No.: OP60005 — OP60007; Wuziwan of Jungar Banner, Inner Mongolia; Early Jurassic Fuxian Formation. (Notes: The type specimen was not designated in the original paper)

***Hausmannia* (*Protorhipis*) *rara* Vachrameev, 1961**

1961 Vachrameev, Krassilor, p. 107, pl. 8, figs. 3, 4; fronds; North Cancasus; Early Jurassic.

1980 Zhang Wu and others, p. 247, pl. 128, figs. 4 — 7; pl. 129, fig. 1; fronds; Beipiao, Liaoning; Middle Jurassic Lanqi Formation.

1989 Mei Meitang and others, p. 82, pl. 40, fig. 4; frond; North China; Middle — Late Jurassic.

***Hausmannia* (*Protorhipis*) *ussuriensis* Kryshtofovich ex Sze, Lee et al., 1963**

1923 *Hausmannia ussuriensis* Kryshtofovich, p. 295, fig. 4b; frond; South Primorye; Late Triassic.

1963 Sze H C, Lee H H and others, p. 89, pl. 26, figs. 3, 4; pl. 28, fig. 1; fronds; Qianligouding of Wuwei, Gansu; Early — Middle Jurassic.

1976 Chang Chichen, p. 187, pl. 87, figs. 5, 6; pl. 119, fig. 1; fronds; Shiguaigou of Baotou, Inner Mongolia; Early Jurassic Wudanggou Formation.

1979 He Yuanliang and others, p. 137, pl. 61, figs. 5, 5a; frond; Jiangcang of Tianjun, Qinghai; Early — Middle Jurassic Jiangcang Formation of Muli Group.

1980 Wu Shuibo and others, pl. 1, figs. 3, 4; fronds; Tuopangou area of Wangqing, Jilin; Late Triassic.

1981 Sun Ge, p. 464, pl. 3, figs. 1 — 7; text-fig. 4; fronds; Tianqiaoling of Wangqing, Jilin; Late Triassic Malugou Formation.

1982 Liu Zijin, p. 125, pl. 62, fig. 9; frond; Wuwei, Jingyuan, Sunan and Liangdang of Gansu; Middle Jurassic Xinhe Formation, Yaojie Formation and Longjiagou Formation.

1984 Chen Gongxin, p. 577, pl. 235, figs. 1, 2; fronds; Guodikeng of Jingmen, Hubei; Early Jurassic Tongzhuyuan Formation.

1984 Wang Ziqiang, p. 247, pl. 125, figs. 9 — 13; fronds; Huairen, Shanxi; Early Jurassic Yongdingzhuang Formation.

1992 Sun Ge, Zhao Yanhua, p. 530, pl. 223, figs. 2, 5; pl. 224, fig. 4; pl. 225, fig. 2; pl. 226, figs. 1, 2; pl. 227, fig. 3; fronds; North Hill in Lujuanzicun of Wangqing, Jilin; Late Triassic Malugou Formation.

1993 Mi Jiarong and others, p. 89, pl. 9, fig. 8; pl. 11, figs. 1 — 4, 7 — 9; fronds; Tianqiaoling of Wangqing, Jilin; Late Triassic Malugou Formation.

1993 Sun Ge, p. 66, pl. 7, figs. 4 — 6; pl. 9, figs. 3 — 5; pl. 10, figs. 5 — 7; pl. 11, figs. 4 — 6; pl. 12, figs. 1 — 6; text-fig. 17; sterile fronds and fertile fronds; North Hill in Lujuanzicun and Tianqiaoling of Wangqing, Jilin; Late Triassic Malugou Formation.

1995a Li Xingxue (editor-in-chief), pl. 78, fig. 3; frond; Tianqiaoling of Wangqing, Jilin; Late Triassic Malugou Formation. (in Chinese)

1995b Li Xingxue (editor-in-chief), pl. 78, fig. 3; frond; Tianqiaoling of Wangqing, Jilin; Late Triassic Malugou Formation. (in English)

1996 Mi Jiarong and others, p. 95, pl. 7, figs. 1, 2, 8; fronds; Guanshan of Beipiao, Liaoning; Early Jurassic lower member of Beipiao Formation.

2004 Sun Ge, Mei Shengwu, pl. 6, figs. 4, 4a, 5, 7, 7a, 8, 9B; fronds; Chaoshui Basin and Aram Basin, Northwest China; Early — Middle Jurassic.

△*Hausmannia* (*Protorhipis*) *wanlongensis* Zheng et Zhang, 1983

1983a Zheng Shaolin, Zhang Wu, p. 80, pl. 2, figs. 4 — 9; text-fig. 8; sterile fronds and fertile fronds; No.: HGW006 — HGW011; Repository: Shenyang Institute of Geology and Mineral Resources; Wanlongcun of Boli, Heilongjiang; Early Cretaceous Dongshan Formation. (Notes: The type specimen was not designated in the original paper)

***Hausmannia* (*Protorhipis*) spp.**

1978 *Hausmannia* (*Protorhipis*) sp., Zhou Tongshun, pl. 30, fig. 5; frond; Gaotang of Jiangle, Fujian; Early Jurassic Lishan Formation.

1981 *Hausmannia* (*Protorhipis*) sp., Sun Ge, p. 465, pl. 3, figs. 9, 11; text-fig. 6; fronds; Tianqiaoling of Wangqing, Jilin; Late Triassic Malugou Formation.

1983 *Hausmannia* (*Protorhipis*) sp., Li Jieru, p. 21, pl. 1, fig. 24; frond; Houfulongshan of Jinxi, Liaoning; Middle Jurassic member 1 of Haifanggou Formation.

Genus *Haydenia* Seward, 1912

1912 Seward, p. 14.

1931 Sze H C, p. 64.

1993a Wu Xiangwu, p. 89.

Type species: *Haydenia thyrsopteroides* Seward, 1912

Taxonomic status: Cyatheaceae?, Filicopsida

Haydenia thyrsopteroides Seward, 1912

1912 Seward, p. 14, pl. 2, figs. 26, 29; fertile pinnae; Ishpushta, Afghanistan; Jurassic.

1993a Wu Xiangwu, p. 89.

?Haydenia thyrsopteroides Seward

1931 Sze H C, p. 64; fertile pinna; Yanggetan (Yan-Kan-Tan) of Saratsi, Inner Mongolia; Early Jurassic (Lias).

1993a Wu Xiangwu, p. 89.

Genus *Hicropteris* Presl

1979a Duan Shuying, Chen Ye, in Chen Ye and others, p. 60.

1993a Wu Xiangwu, p. 90.

Type species: (living genus)

Taxonomic status: Gleicheniaceae, Filicopsida

△Hicropteris triassica Duan et Chen, 1979

1979a Duan Shuying, Chen Ye, in Chen Ye and others, p. 60, pl. 1, figs. 1, 2a, 1b, 2; text-fig. 2; sterile fronds and fertile fronds; No. : No. 6845, No. 6849, No. 6920, No. 6937, No. 6938, No. 7017, No. 7021, No. 7026; Syntype 1: No. 6937 (pl. 1, fig. 1); Syntype 2: No. 7017 (pl. 1, fig. 2); Repository: Institute of Botany, the Chinese Academy of Sciences; Hongni of Yanbian, Sichuan; Late Triassic Daqiaodi Formation. [Notes: According to *International Code of Botanical Nomenclature* (*Vienna Code*) article 37. 2, from the year 1958, the holotype type specimen should be unique]

1981 Chen Ye, Duan Shuying, pl. 2, figs. 4 — 4b; fertile pinna; Hongni of Yanbian, Sichuan; Late Triassic Daqiaodi Formation.

1987 Chen Ye and others, p. 96, pl. 7; pl. 8, figs. 7, 7a; sterile fronds and fertile fronds; Qinghe of Yanbian, Sichuan; Late Triassic Hongguo Formation.

1993a Wu Xiangwu, p. 90.

Genus *Hymenophyllites* Goeppert, 1836

1836 Goeppert, p. 252.

1867 (1865) Newberry, p. 122.

1993a Wu Xiangwu, p. 91.

Type species: *Hymenophyllites quercifolius* Goeppert, 1836

Taxonomic status: Hymenophyllacae, Filicopsida

Hymenophyllites quercifolius **Goeppert, 1836**

1836 Goeppert, p. 252, pl. 14, figs. 1, 2; fern-like foliage; Silesia; Carboniferous.

1993a Wu Xiangwu, p. 91.

△***Hymenophyllites amplus*** **Zheng et Zhang, 1982**

1982b Zheng Shaolin, Zhang Wu, p. 306, pl. 8, figs. 12, 13; fertile fronds; Reg. No. : HDN041, HDN042; Repository: Shenyang Institute of Geology and Mineral Resources; Nuanquan in Didao of Jixi, Heilongjiang; Late Jurassic Didao Formation. (Notes: The type specimen was not designated in the original paper)

△***Hymenophyllites hailarense*** **Ren et Deng, 1997** (in Chinese and English)

1997 Ren Shouqin, Deng Shenghui, in Deng Shenghui and others, pp. 22, 101, pl. 3, figs. 8 — 13; text-fig. 5; fronds; Jalai Nur, Inner Mongolia; Early Cretaceous Yimin Formation. (Notes: The type specimen was not designated in the original paper)

2001 Deng Shenghui, Chen Fen, pp. 53, 194, pl. 5, figs. 1 — 11; text-fig. 6; fronds; Hailar Basin, Inner Mongolia; Early Cretaceous Yimin Formation.

2003 Yang Xiaoju, p. 563, pl. 1, fig. 4; frond; Jixi Basin, Heilongjiang; Early Cretaceous Muling Formation.

△***Hymenophyllites linearifolius*** **Deng, 1993**

1993 Deng Shenghui, p. 256, pl. 1, figs. 5 — 7; text-figs. d — f; fronds and fertile pinnae; No. : H14A509, H14A510; Repository: China University of Geosciences (Beijing); Huolinhe Basin, Inner Mongolia; Early Cretaceous Huolinhe Formation. (Notes: The type specimen was not designated in the original paper)

△***Hymenophyllites tenellus*** **Newberry, 1867**

1867 (1865) Newberry, p. 122, pl. 9, fig. 5; frond; Zhaitang of West Hill, Beijing; Jurassic. [Notes: This specimen lately was referred as *Coniopteris hymenophylloides* Brongniart (Sze H C, Lee H H and others, 1963)]

1993a Wu Xiangwu, p. 91.

Genus *Jacutopteris* Vasilevskja, 1960

1960 Vasilevskja, p. 64.

1975 Xu Fuxiang, p. 105.

1993a Wu Xiangwu, p. 92.

Type species: *Jacutopteris lenaensis* Vasilevskja, 1960

Taxonomic status: Filicopsida

Jacutopteris lenaensis **Vasilevskja, 1960**

1960 Vasilevskja, p. 64, pl. 1, figs. 1 — 10; pl. 2, fig. 8; text-fig. 1; fronds; lower reaches of Lena River, USSR; Early Cretaceous.

1993a Wu Xiangwu, p. 92.

△*Jacutopteris houlaomiaoensis* Xu, 1975

1975 Xu Fuxiang, p. 105, pl. 5, figs. 1, 1a, 2, 3, 3a; fronds and fertile pinnae; Houlaomiao of Tianshui, Gansu; Early — Middle Jurassic Tanheli Formation. (Notes: The type specimen was not designated in the original paper)

1982 Liu Zijin, p. 128, pl. 64, figs. 6, 7; pl. 65, fig. 1; fronds; Houlaomiao of Tianshui, Gansu; Early Jurassic Tanheli Formation.

1993a Wu Xiangwu, p. 92.

△*Jacutopteris tianshuiensis* Xu, 1975

1975 Xu Fuxiang, p. 104, pl. 4, figs. 2, 3, 3a, 4, 4a; fronds and fertile pinnae; Houlaomiao of Tianshui, Gansu; Early — Middle Jurassic Tanheli Formation. (Notes: The type specimen was not designated in the original paper)

1993a Wu Xiangwu, p. 92.

△Genus *Jaenschea* Mathews, 1947 — 1948

1947 — 1948 Mathews, p. 239.

1993a Wu Xiangwu, pp. 19, 222.

1993b Wu Xiangwu, pp. 498, 513.

Type species: *Jaenschea sinensis* Mathews, 1947 — 1948

Taxonomic status: Osmundaceae?, Filicopsida

△*Jaenschea sinensis* Mathews, 1947 — 1948

1947 — 1948 Mathews, p. 239, fig. 2; fertile pinna; West Hill, Beijing; Permian(?) or Triassic (?) Shuangquan Series.

1993a Wu Xiangwu, pp. 19, 222.

1993b Wu Xiangwu, pp. 498, 513.

△Genus *Jiangxifolium* Zhou, 1988

1988 Zhou Xianding, p. 126.

1993a Wu Xiangwu, pp. 19, 223.

1993b Wu Xiangwu, pp. 498, 513.

Type species: *Jiangxifolium mucronatum* Zhou, 1988

Taxonomic status: Filicopsida

△*Jiangxifolium mucronatum* Zhou, 1988

1988 Zhou Xianding, p. 126, pl. 1, figs. 1, 2, 5, 6; text-fig. 1; fronds; Reg. No. : No. 1348, No. 1862, No. 2228, No. 2867; Holotype: No. 2228 (pl. 1, fig. 1); Repository: 195 Geological

Team of Jiangxi Province; Youluo of Fengcheng, Jiangxi; Late Triassic Anyuan Formation.

1993a Wu Xiangwu, pp. 19, 222.

1993b Wu Xiangwu, pp. 498, 513.

△*Jiangxifolium denticulatum* Zhou, 1988

1988 Zhou Xianding, p. 127, pl. 1, figs. 3, 4; fronds; Reg. No.: No. 2135, No. 2867; Holotype: No. 2135 (pl. 1, fig. 3); Repository: 195 Geological Team of Jiangxi Province; Youluo of Fengcheng, Jiangxi; Late Triassic Anyuan Formation.

1993a Wu Xiangwu, pp. 19, 222.

1993b Wu Xiangwu, pp. 498, 513.

Genus *Klukia* Raciborski, 1890

1890 Raciborski, p. 6.

1963 Sze H C, Lee H H and others, p. 67.

1993a Wu Xiangwu, p. 93.

Type species: *Klukia exilis* (Phillips) Raciborski, 1890

Taxonomic status: Schizaeaceae, Filicopsida

Klukia exilis (Phillips) Raciborski, 1890

1829 *Pecopteris exilis* Phillips, p. 148, pl. 8, fig. 16; fertile fragment; Yorkshire, England; Middle Jurassic.

1890 Raciborski, p. 6, pl. 1, figs. 16 — 19; fertile fragments; Yorkshire, England; Middle Jurassic.

1982b Zheng Shaolin, Zhang Wu, p. 296, pl. 2, figs. 5, 5a; frond; Bao miqiao of Baoqing, Heilongjiang; Middle — Late Jurassic Chaoyangtun Formation.

1984 Wang Ziqiang, p. 239, pl. 124, figs. 2 — 4; fronds; Chahar Right Wing Middle Banner, Inner Mongolia; Early Jurassic Nansuletu Formation.

1993a Wu Xiangwu, p. 93.

2003 Meng Fansong and others, p. 529, pl. 1, figs. 4, 5; sterile pinnae; Shuishikou of Yunyang, Chongqing; Early Jurassic Dongyuemiao Member of Ziliujing Formation.

Cf. *Klukia exilis* (Phillips) Raciborski

1979 He Yuanliang and others, p. 140, pl. 64, fig. 4; pinna; Jiangcang of Tianjun, Qinghai; Early — Middle Jurassic Jiangcang Formation of Muli Group.

Klukia browniana (Dunker) Zeiller, 1914

1846 *Pecopteris browniana* Dunker, p. 5, pl. 8, fig. 7; frond; West Europe; Early Cretaceous.

1894 *Cladophlebis browniana* (Dunker) Seward, p. 99, pl. 7, fig. 4; frond; West Europe; Early Cretaceous.

1914 *Klukia* cf. *browniana* (Dunker) Zeiller, p. 7, pl. 21, fig. 1; text-figs. A — C.

1956 Maegdefrau, p. 267.

Cf. *Klukia browniana* (Dunker) Zeiller

1963 Sze H C, Lee H H and others, p. 68, pl. 21, figs. 5 — 6a; fronds; Shouchang, Zhejiang; Late Jurassic — Early Cretaceous Jiande Group.

1982 Li Peijuan, p. 82, pl. 6, figs. 6 — 7a; sterile pinnae and fertile pinnae; Lhorong and Baxoi, Tibet; Early Cretaceous Duoni Formation.

1985 Li Jieru, p. 202, pl. 1, figs. 1, 1a; frond; Huanghuadianzi of Xiuyan, Liaoning; Early Cretaceous Xiaoling Formation.

1991 Zhang Chuanbo and others, pl. 2, fig. 4; frond; Liufangzi of Jiutai, Jilin; Early Cretaceous Dayangcaogou Formation.

1993a Wu Xiangwu, p. 93.

Cf. *Klukia* (*Cladophlebis*) *browniana* (Dunker) Zeiller

2000 Wu Shunqing, pl. 4, figs. 1, 1a, 3, 4; fronds; Zhangshang in Xigong of Xinjie, Hongkong; Early Cretaceous Repulse Bay Group.

△*Klukia mina* (Li) Li et Wu, 1991

1982 *Cladophlebis mina* Li, Li Peijuan, p. 88, pl. 6, figs. 3 — 5, 8; pl. 7, fig. 7; text-fig. 6; fronds; Col. No.: 向-3 (2), D20-1, D26-6; Reg. No.: PB7930 — PB7932, PB7942; Holotype: PB7930 (pl. 6, fig. 3); Repository: Nanjing Institute of Geology and Palaeontology, Chinese Academy of Sciences; Shuobanduo, Tibet; Early Cretaceous Coal-bearing Member; Lhorong, Tibet; Early Cretaceous Duoni Formation; Painbo of Lhasa, Tibet; Early Cretaceous Linbuzong Formation.

1991 Li Peijuan, Wu Yimin, p. 282, pl. 1, figs. 1 — 5; pl. 2, figs. 1 — 5a; pl. 3, figs. 2, 3; pl. 4, figs. 1b, 1b1, 1c; pl. 5, fig. 4; sterile fronds and fertile fronds; Gerze, Tibet; Early Cretaceous Chuanba Formation.

△*Klukia wenchengensis* Cao, 1999 (in Chinese and English)

1999 Cao Zhengyao, pp. 43, 145, pl. 9, figs. 1 — 9a; pl. 10, figs. 1 — 7a; pl. 39, fig. 11; text-fig. 17; sterile fronds and fertile fronds; Col. No.: 1934-H10, 1939-H1, 1939-H8, 1939-H11, 1939-H13, 1939-H14, 1939-H42, Zh342; Reg. No.: PB14338a — PB14343a, PB14345 — PB14351; Holotype: PB14346 (pl. 10, fig. 5); Repository: Nanjing Institute of Geology and Palaeontology, Chinese Academy of Sciences; Tanqi and Huazhuling of Wencheng, Zhejiang; Early Cretaceous member C of Moshishan Formation.

△*Klukia xizangensis* Li, 1982

1982 Li Peijuan, p. 81, pl. 3, figs. 1 — 5b; pl. 5, fig. 2; sterile pinnae and fertile pinnae; Col. No.: FT2204; Reg. No.: PB7917 — PB7921; Holotype: PB7918 (pl. 3, fig. 2); Repository: Nanjing Institute of Geology and Palaeontology, Chinese Academy of Sciences; Lhorong, Tibet; Early Cretaceous Duoni Formation.

1991 Li Peijuan, Wu Yimin, p. 283, pl. 3, figs. 1a, 1a1; text-fig. 5b; sterile pinna; Gerze, Tibet; Early Cretaceous Chuanba Formation.

***Klukia* sp.**

1982 *Klukia* sp. 1, Li Peijuan, p. 82, pl. 2, figs. 6 — 8; fertile pinnae; Baxoi, Tibet; Early Cretaceous Duoni Formation.

***Klukia*? sp.**

1982 *Klukia*? sp. 2, Li Peijuan, p. 83, pl. 4, figs. 5, 5a; fertile pinna; Lhorong, Tibet; Early Cretaceous Duoni Formation.

△Genus *Klukiopsis* Deng et Wang, 2000 (in Chinese 1999, in English 2000)

1999 Deng Shenghui, Wang Shijun, p. 552. (in Chinese)

2000 Deng Shenghui, Wang Shijun, p. 356. (in English)

Type species: *Klukiopsis jurassica* Deng et Wang, 2000

Taxonomic status: Schzaeaceae, Filicopsida

△*Klukiopsis jurassica* Deng et Wang, 2000 (in Chinese 1999, in English 2000)

1999 Deng Shenghui, Wang Shijun, p. 552, figs. 1 (a)— 1 (f); frond, fertile pinna, sporangium and spora; No. : YM98-303; Holotype: YM98-303 [fig. 1 (a)]; Yima, Henan; Middle Juassic. (Notes: The repository of the type specimen was not mentioned in the original paper) (in Chinese)

2000 Deng Shenghui, Wang Shijun, p. 356, figs. 1 (a)— 1 (f); frond, fertile pinna, sporangium and spora; No. : YM98-303; Holotype: YM98-303 [fig. 1 (a)]; Yima, Henan; Middle Juassic. (Notes: The repository of the type specimen was not mentioned in the original paper) (in English)

2003 Deng Shenghui and others, pl. 67, fig. 2; frond; Yima Basin, Henan; Middle Jurassic Yima Formation.

2003 Xiu Shengcheng and others, pl. 1, fig. 1; frond; Yima Basin, Henan; Middle Jurassic Yima Formation.

Genus *Kylikipteris* Harris, 1961

1961 Harris, p. 166.

1979a Duan Shuying, Chen Ye, in Chen Ye and others, p. 60.

1993a Wu Xiangwu, p. 94.

Type species: *Kylikipteris argula* (Lindley et Hutton) Harris, 1961

Taxonomic status: Dicksoniaceae, Filicopsida

***Kylikipteris argula* (Lindley et Hutton) Harris, 1961**

1834 *Neuropteris argula* Lindley et Hutton, p. 67, fig. 105; sterile pinna; Yorkshire, England; Middle Jurassic.

1961 Harris, p. 166; text-figs. 59 — 61; sterile fronds and fertile fronds; Yorkshire, England; Middle Jurassic.

1993a Wu Xiangwu, p. 94.

△*Kylikipteris simplex* Duan et Chen, 1979

1979a Duan Shuying, Chen Ye, in Chen Ye and others, p. 60, pl. 1, figs. 3, 4, 4a; sterile fronds and fertile fronds; No. : No. 7015, No. 7028 — No. 7032; Syntype 1: No. 7028 (pl. 1, fig. 3); Syntype 2: No. 7029 (pl. 1, fig. 4); Repository: Institute of Botany, the Chinese Academy of Sciences; Hongni of Yanbian, Sichuan; Late Triassic Daqiaodi Formation. [Notes: According to *International Code of Botanical Nomenclature* (*Vienna Code*) article 37. 2, from the year 1958, the holotype type specimen should be unique]

1981 Chen Ye, Duan Shuying, pl. 2, figs. 5, 5a; fertile pinna; Hongni of Yanbian, Sichuan; Late Triassic Daqiaodi Formation.

1993a Wu Xiangwu, p. 94.

Genus *Laccopteris* Presl, 1838

1838 (1820 — 1838) Presl, in Sternberg, p. 115.

1906 Krasser, p. 593.

1993a Wu Xiangwu, p. 94.

Type species: *Laccopteris elegans* Presl, 1838

Taxonomic status: Matoniaceae, Filicopsida

Laccopteris elegans Presl, 1838

1838 (1820 — 1838) Presl, in Sternberg, p. 115, pl. 32, figs. 8a, 8b; fertile pinna; Steindorf nearin Bamberg of Bavaria, Germany; Late Triassic (Keuper).

1993a Wu Xiangwu, p. 94.

Laccopteris polypodioides (Brongniart) Seward, 1899

1828 *Phlebopteris polypodioides* Brongniart, p. 57; Yorkshire, England; Middle Jurassic. (nom. nud.)

1836 *Phlebopteris polypodioides* Brongniart, p. 372, pl. 83, figs. 1, 1A; fertile pinna; Yorkshire, England; Middle Jurassic.

1899 Seward, p. 197; text-fig. 9B; fertile pinna; Yorkshire, England; Middle Jurassic.

1906 Krasser, p. 593, pl. 1, fig. 12; sterile frond; Huoshiling (Ho-shi-ling-tza), Jilin; Jurassic. [Notes: This specimen lately was referred as ?*Phlebopteris* cf. *polypodioides* Brongniart (Sze H C, Lee H H and others, 1963)]

1920 Yabe, Hayasaka, pl. 1, fig. 1; pl. 2, fig. 1; pl. 5, fig. 12; fronds; Jiaquandian in Xiangxi of Zigui, Hubei; Jurassic. [Notes: This specimen lately was referred as ?*Phlebopteris* cf. *brauni* (Goeppert) Hirmen et Hoerhammer (Sze H C, Lee H H and others, 1963)]

1933 Yabe, Ôishi, p. 204 (10); frond; Huoshiling (Huoshaling), Jilin; Early — Middle Jurassic. [Notes: This specimen lately was referred as ?*Phlebopteris* cf. *polypodioides*

Brongniart (Sze H C, Lee H H and others, 1963)]
1993a Wu Xiangwu, p. 94.

***Laccopteris* cf. *polypodioides* (Brongniart) Seward**

1949 *Laccopteris* cf. *polypodioides* Brongniart, Sze H C, p. 5, pl. 13, figs. 1, 2; fronds; Jiajiadian of Dangyang, Hubei; Early Jurassic Hsiangchi Coal Series. [Notes: This specimen lately was referred as *Phlebopteris* cf. *polypodiodes* Brongniart (Hsu J, 1954)]

Genus *Lesangeana* (Mougeot) Fliche, 1906

1906 Fliche, p. 164.
1990b Wang Ziqiang, Wang Lixin, p. 307.
1993a Wu Xiangwu, p. 95.
Type species: *Lesangeana voltzii* (Schimper) Fliche, 1906 (Notes: The earliest citation was *Lesangeana hasselotii* Mougeot, 185, p. 346)(nom. nud.)
Taxonomic status: Filicopsida?

***Lesangeana voltzii* (Schimper) Fliche, 1906**

1906 Fliche, p. 164, pl. 13, fig. 3; rhizome; Meurthe-Moselle of Vosges, France; Triassic.
1993a Wu Xiangwu, p. 95.

△*Lesangeana qinxianensis* Wang Z et Wang L, 1990

1990b Wang Ziqiang, Wang Lixin, p. 307, pl. 5, figs. 4, 5; rhizomes; No. : No. 8409-30, No. 8409-31; Holotype: No. 8409-30 (pl. 5, fig. 4); Repository: Nanjing Institute of Geology and Palaeontology, Chinese Academy of Sciences; Sizhuang of Wuxiang, Shanxi; Middle Triassic base part of Ermaying Formation.
1993a Wu Xiangwu, p. 95.

***Lesangeana vogesiaca* (Schimper) Fliche, 1906**

1869 *Chelepteris vogesiaca* Schimper, p. 702, pl. 51, figs. 1, 3; rhizomes; Grandvillers of Vosges, France; Triassic.
1906 Fliche, p. 163.
1984 *Caulopteris vogesiaca* Schimper et Mougeot, Wang Ziqiang, p. 252, pl. 115, figs. 1, 2; rhizomes; Yonghe, Shanxi; Middle — Late Triassic Yenchang Group.
1990b *Lesangeana vogesiaca* (Schimper et Mougeot) Mougeot, Wang Ziqiang, Wang Lixin, p. 308, pl. 5, figs. 3, 6, 7; rhizomes; Sizhuang of Wuxiang, Shanxi; Middle Triassic base part of Ermaying Formation.
1993a Wu Xiangwu, p. 95.

Genus *Lobifolia* Rasskazova et Lebedev, 1968

1968 Rasskazova, Lebedev, p. 63.

1988 Chen Fen and others, p. 52.

1993a Wu Xiangwu, p. 97.

Type species: *Lobifolia novopokovskii* (Prynada) Rasskazova et Lebedev, 1968

Taxonomic status: Filicopsida

Lobifolia novopokovskii (Prynada) Rasskazova et Lebedev, 1968

1961 *Cladophlebis novopokovskii* Prynada, in Vachrameev, Doludenko, p. 68, pl. 19, figs. 1 — 4; fronds; Bureya River Basin, Heilongjiang River; Early Cretaceous.

1968 Rasskazova, Lebedev, p. 63, pl. 1, figs. 1 — 3; fronds; Bureya River Basin, Heilongjiang River; Early Cretaceous.

1988 Chen Fen and others, p. 52, pl. 18, figs. 1, 2; fronds; Haizhou Opencut Mine and Aiyou Opencut Mine of Fuxin, Liaoning; Early Cretaceous Sunjiawan Member of Fuxin Formation.

1993a Wu Xiangwu, p. 97.

1995b Deng Shenghui, p. 32, pl. 15, fig. 5; pl. 19, fig. 3; fronds; Huolinhe Basin, Inner Mongolia; Early Cretaceous Huolinhe Formation.

2001 Deng Shenghui, Chen Fen, p. 165, pl. 122, figs. 1, 1a; pl. 123, fig. 5; fronds; Fuxin Basin, Liaoning; Early Cretaceous Fuxin Formation; Tiefa Basin, Liaoning; Early Cretaceous Xiaoming'anbei Formation; Huolinhe Basin, Inner Mongolia; Early Cretaceous Huolinhe Formation.

△Genus *Luereticopteris* Hsu et Chu, 1974

1974 Hsu J, Chu Chinan, in Hsu J and others, p. 270.

1993a Wu Xiangwu, pp. 22, 224.

1993b Wu Xiangwu, pp. 499, 515

Type species: *Luereticopteris megaphylla* Hsu et Chu, 1974

Taxonomic status: Filicopsida

△*Luereticopteris megaphylla* Hsu et Chu C N, 1974

1974 Hsu J, Chu Chinan, in Hsu J and others, p. 270, pl. 2, figs. 5 — 11; pl. 3, figs. 2, 3; text-fig. 2; fronds; No. : No. 742a — No. 742c, No. 2515; Syntypes: No. 742a — No. 742c, No. 2515 (pl. 2, figs. 5 — 11; pl. 3, figs. 2, 3); Repository: Institute of Botany, the Chinese Academy of Sciences; Huashan of Yongren, Yunnan; Late Triassic middle part of Daqiaodi Formation. [Notes: According to *International Code of Botanical Nomenclature* (*Vienna Code*) article 37. 2, from the year 1958, the holotype type specimen should be unique]

1978 Yang Xianhe, p. 494, pl. 159, fig. 4; frond; Baoding of Dukou, Sichuan; Late Triassic Daqiaodi Formation.

1979 Hsu J and others, p. 37, pl. 11, figs. 1 — 4; text-fig. 14; fronds; Huashan of Baoding, Sichuan; Late Triassic middle-upper part of Daqiaodi Formation.

1981 Chen Ye, Duan Shuying, pl. 2, figs. 1, 2; sterile fronds and fertile fronds; Hongni of Yanbian, Sichuan; Late Triassic Daqiaodi Formation.

1986 Chen Ye and others, pl. 6, fig. 6; frond; Litang, Sichuan; Late Triassic Lanashan Formation.

1993a Wu Xiangwu, pp. 22, 224.

1993b Wu Xiangwu, pp. 499, 515.

Genus *Marattia* Swartz, 1788

1961 Harris, p. 75.

1976 Lee P C and others, p. 95, in Chang Chichen (1976), p. 184.

1993a Wu Xiangwu, p. 99.

Type species: (living genus)

Taxonomic status: Marattiaceae, Filicopsida

△*Marattia antiqua* Chen et Duan, 1979

1979a Chen Ye and others, p. 58, pl. 3, figs. 4, 4a; frond; No. : No. 6851; Repository: Institute of Botany, the Chinese Academy of Sciences; Hongni of Yanbian, Sichuan; Late Triassic Daqiaodi Formation.

1981 Chen Ye, Duan Shuying, pl. 1, figs. 3, 3a; frond; Hongni of Yanbian, Sichuan; Late Triassic Daqiaodi Formation.

***Marattia asiatica* (Kawasaki) Harris, 1961**

1939 *Marattiopsis asiatica* Kawasaki, p. 50; Tonkin of Vietnam, Japan and Korea; Late Triassic.

1961 Harris, p. 75.

1976 Lee P C and others, p. 95, pl. 4, figs. 8 — 11, 13; sterile pinnae and fertile pinnae; Yipinglang of Lufeng, Yunnan; Late Triassic Ganhaizi Member of Yipinglang Formation.

1979 Hsu J and others, p. 20, pl. 5, figs. 4 — 5a; fronds; Huashan of Baoding, Sichuan; Late Triassic middle-upper part of Daqiaodi Formation.

1982 Duan Shuying, Chen Ye, p. 494, pl. 2, figs. 5, 6; sterile pinnae and fertile pinnae; Nanxi of Yunyang, Sichuan; Early Jurassic Zhenzhuchong Formation.

1982 Li Peijuan, Wu Xiangwu, p. 38, pl. 9, fig. 2; frond; Xiangcheng, western Sichuan; Late Triassic Lamaya Formation.

1982 Wang Guoping and others, p. 240, pl. 109, fig. 5; fertile frond; Yangzhuang of Chong'an, Fujian; Late Triassic Jiaokeng Formation.

1982b Wu Xiangwu, p. 79, pl. 3, figs. 3, 3a; fronds; Bagong of Chagyab, Tibet; Late Triassic upper member of Bagong Formation.

1983 Huang Qisheng, pl. 3, fig. 6; frond; Lalijian of Huaining, Anhui; Early Jurassic lower part of Xiangshan Group.

1984 Chen Gongxin, p. 571, pl. 226, figs. 6, 7; fertile fronds; Shazhenxi and Xiangxi of Zigui, Daxiekou of Xingshan, Hubei; Early Jurassic Hsiangchi Formation.

1986 Chen Ye and others, p. 39, pl. 3, figs. 1, 1a; fertile fronds; Litang, Sichuan; Late Triassic Lanashan Formation.

1987 Chen Ye and others, p. 92; pl. 5, figs. 5, 5a; fertile pinnae; Qinghe of Yanbian, Sichuan; Late Triassic Hongguo Formation.

1988 Li Peijuan and others, p. 48, pl. 13, figs. 2, 3; pl. 14, fig. 3; pl. 23, fig. 1; fertile pinnae; Dameigou of Da Qaidam, Qinghai; Middle Jurassic *Eboracia* Bed of Yinmagou Formation.

1989 Mei Meitang and others, p. 78, pl. 36, fig. 4; fertile frond; China; Late Triassic — Middle Jurassic.

1998 Zhang Hong and others, pl. 17, figs. 7, 8; sterile fronds; Hanxia Coal Mine of Yumen, Gansu; Middle Jurassic Dashankou Formation.

1999 Wang Yongdong, p. 128, pls. 1 — 3; pl. 4, figs. 1 — 8; text-figs. 3 — 5; fertile pinnae and in situ spores; Xiangxi of Zigui, Hubei; Early Jurassic upper part of Hsiangchi Formation.

2001 Wang Yongdong and others, p. 928, figs. 1A — 1H; figs. 2A — 2G, 3A — 3G; ultrastructures of in situ spores; Xiangxi of Zigui, Hubei; Early Jurassic Hsiangchi Formation.

2002 Wang Yongdong, pl. 1, figs. 1, 4, 5; fertile pinnae; Xiangxi of Zigui, Hubei; Early Jurassic Hsiangchi Formation.

***Marattia* cf. *asiatica* (Kawasaki) Harris**

1987 He Dechang, p. 71, pl. 4, fig. 1; sterile frond and fertile frond; Huaqiao of Longquan, Zhejiang; Early Jurassic bed 6 of Huaqiao Formation.

***Marattia hoerensis* (Schimper) Harris, 1961**

1869 *Angiopteridium hoerensis* Schimper, p. 604, pl. 38, fig. 7; frond; Switzerland; Early Jurassic.

1874 *Marattiopsis hoerensis* Schimper, p. 514.

1961 Harris, p. 75.

1976 Chang Chichen, p. 184, pl. 86, figs. 8 — 10; pl. 87, figs. 1, 1a; sterile pinnae and fertile pinnae; Shiyifenzi of Urad Front Banner (Uradin Omnot), Inner Mongolia; Early — Middle Jurassic Shiguai Group.

1977 Feng Shaonan and others, p. 203, pl. 71, figs. 1, 2; sterile fronds; Zigui, Hubei; Early — Middle Jurassic Upper Coal Formation of Hsiangchi Group.

1980 Zhang Wu and others, p. 233, pl. 117, fig. 6; fertile pinna; Benxi, Liaoning; Middle Jurassic Dabu Formation.

1982 Duan Shuying, Chen Ye, p. 494, pl. 2, fig. 4; sterile pinna; Nanxi of Yunyang, Sichuan; Early Jurassic Zhenzhuchong Formation.

1982 Li Peijuan, Wu Xiangwu, p. 39, pl. 8, figs. 1, 2B; fertile pinnae; Lamaya of Yidun, western Sichuan; Late Triassic Lamaya Formation.

1982 Zhang Caifan, p. 523, pl. 336, fig. 4; pl. 337, fig. 1; fronds; Yuelong of Liuyang, Hunan; Early Jurassic Yuelong Formation.

1984 Chen Gongxin, p. 571, pl. 225, fig. 7; fertile frond; Caojiayao of Zigui, Hubei; Early Jurassic Hsiangchi Formation.

1987 Chen Ye and others, p. 92, pl. 6, figs. 1 — 3; sterile fronds and fertile fronds; Qinghe of Yanbian, Sichuan; Late Triassic Hongguo Formation.

1987 Zhang Wu, Zheng Shaolin, pl. 5, figs. 1, 4; fertile pinnae; Yangshugou of Harqin Left Wing, western Liaoning; Early Jurassic Beipiao Formation.

1989 Mei Meitang and others, p. 78, pl. 37, fig. 1; fertile frond; China; Late Triassic — Middle Jurassic.

Marattia muensteri **(Goeppert) Raciborski, 1891**

1841 — 1846 *Taeniopteris muensteri* Goeppert, p. 51, pl. 4, figs. 1 — 3; fronds; Early Jurassic.

1891 Raciborski, p. 6, pl. 2, figs. 1 — 5; fronds; Poland; Late Triassic.

1974 Hu Yufan and others, pl. 2, fig. 2a; frond; Guanhua Coal Mine of Yaan, Sichuan; Late Triassic.

1979 Hsu J and others, p. 20, pl. 5, figs. 3, 3a; fronds; Baoding, Sichuan; Late Triassic upper part of Daqiaodi Formation.

1980 Zhang Wu and others, p. 233, pl. 118, figs. 5, 6; fertile pinnae; Benxi, Liaoning; Middle Jurassic Dabu Formation.

1982b Wu Xiangwu, p. 79, pl. 3, figs. 4, 4a; fronds; Bagong of Chagyab, Tibet; Late Triassic upper member of Bagong Formation.

1984 Chen Gongxin, p. 571, pl. 225, figs. 8, 9; fertile fronds; Fenshuiling of Jingmen, Hubei; Late Triassic Jiuligang Formation.

1986 Chen Ye and others, p. 39, pl. 3, fig. 2; fertile frond; Litang, Sichuan; Late Triassic Lanashan Formation.

1987 Chen Ye and others, p. 91; pl. 5, figs. 4, 4a; fertile pinnae; Qinghe of Yanbian, Sichuan; Late Triassic Hongguo Formation.

1987 Meng Fansong, p. 240, pl. 27, fig. 4; frond; Chenjiawan in Donggong of Nanzhang, Hubei; Yaohe of Jingmen, Hubei; Late Triassic Jiuligang Formation.

1987 Zhang Wu, Zheng Shaolin, pl. 5, figs. 2, 3; fertile pinnae; Yangshugou of Harqin Left Wing, western Liaoning; Early Jurassic Beipiao Formation.

1989 Mei Meitang and others, p. 78, pl. 36, fig. 3; fertile frond; China; Late Triassic — Middle Jurassic.

1993a Wu Xiangwu, p. 99.

△*Marattia ovalis* **Feng, 2000** (nom. nud.)

2000 Yao Huazhou and others, pl. 3, fig. 4; fertile pinna; No. : Hb-1; Yangba of Baiyu, Sichuan; Late Triassic Miange Formation.

△*Marattia paucicostata* **Li et Tsao, 1976**

1976 Lee P C, Tsao Chengyao, in Lee P C and others, p. 95, pl. 4, fig. 12; pl. 5, figs. 1 — 5; pl.

6, figs. 1 — 3; sterile pinnae and fertile pinnae; Reg. No.: PB5168 — PB5177; Holotype: PB5177 (pl. 6, fig. 3); Repository: Nanjing Institute of Geology and Palaeontology, Chinese Academy of Sciences; Yipinglang of Lufeng, Yunnan; Late Triassic Ganhaizi Member of Yipinglang Formation.

1993a Wu Xiangwu, p. 99.

△*Marattia sichuanensis* Chen et Duan, 1985

1985 Chen Ye, Duan Shuying, in Chen Ye and others, p. 318, pl. 1, figs. 3, 3a; fertile fronds; No.: No. 7322; Repository: Institute of Botany, the Chinese Academy of Sciences; Qinghe of Yanbian, Sichuan; Late Triassic.

1987 Chen Ye and others, p. 93, pl. 5, figs. 6, 6a; fertile fronds; Qinghe of Yanbian, Sichuan; Late Triassic Hongguo Formation.

***Marattia* sp.**

1982 *Marattia* sp., Li Peijuan, Wu Xiangwu, p. 39, pl. 2, figs. 5, 5a; sterile pinnae; Lamaya of Yidun, western Sichuan; Late Triassic Lamaya Formation.

***Marattia*? sp.**

1988 *Marattia*? sp., Bureau of Geology and Mineral Resources of Liaoning Province, pl. 8, figs. 7, 9; fronds; Jilin; Middle Jurassic.

Genus *Marattiopsis* Schimper, 1874

1874 (1869 — 1874) Schimper, p. 514.

1949 Sze H C, p. 7.

1963 Sze H C, Lee H H and others, p. 55.

1993a Wu Xiangwu, p. 100.

Type species: *Marattiopsis muensteri* (Goeppert) Schimper, 1874

Taxonomic status: Marattiaceae, Filicopsida

***Marattiopsis muensteri* (Goeppert) Schimper, 1874**

1841 — 1846 *Taeniopteris muensteri* Goeppert, p. 51, pl. 4, fig. 4.

1869 *Angiopteridium muesteri* (Goeppert) Schimper, pl. 603, pl. 38, figs. 1 — 6; fronds; Bayreuth of Bavaria, Germany; Late Triassic (Rhaetic).

1874 (1869 — 1874) Schimper, p. 514.

1949 Sze H C, p. 7, pl. 3, figs. 3 — 5; pl. 4, fig. 4; pl. 12, fig. 3; fertile fronds; Xiangxi and Caojiayao of Zigui, Hubei; Early Jurassic Hsiangchi Coal Series. [Notes: This specimen lately was referred as *Marattiopsis hoerensis* (Schimper) Schimper (Sze H C, Lee H H and others, 1963)]

1952 Sze H C, Lee H H, pp. 2, 21, pl. 2, figs. 1 — 4; pl. 4, figs. 4, 5; fronds; Yipinchang of Baxian, Sichuan (Szechuan); Early Jurassic.

1962 Lee H H, p. 154, pl. 94, fig. 2; fertile frond; Changjiang River Basin; Late Triassic —

Early Jurassic.

1963 Chow Huiqin, p. 169, pl. 71, fig. 3; frond; Shima of Guangzhou, Guangdong; Late Triassic.

1963 Lee P C, p. 124, pl. 56, fig. 2; frond; Hubei, Guangdong and Hebei; Late Triassic — Early Jurassic.

1963 Sze H C, Lee H H and others, p. 57, pl. 14, figs. 7 — 9; sterile pinnae and fertile pinnae; Xiangxi and Caojiadian of Zigui, Hubei; Early — Middle Jurassic Hsiangchi Group; Xujiahe of Guangyuan, Sichuan; Late Triassic — Early Jurassic.

1964 Lee H H and others, p. 129, pl. 84, fig. 2; frond; South China; late Late Triassic — Middle Jurassic.

1968 *Fossil Atlas of Mesozoic Coal-bearing Strata in Kiangsi and Hunan Provinces*, p. 38, pl. 34, fig. 12; fertile pinna; Jiangxi (Kiangsi) and Hunan; Late Triassic — Early Jurassic.

1978 Yang Xianhe, p. 475, pl. 159, fig. 5; frond; Xionglong of Xinlong, Sichuan; Late Triassic Lamaya Formation.

1978 Zhou Tongshun, pl. 15, fig. 10; fertile pinna; Jitou of Shanghang, Fujian; Late Triassic upper member of Dakeng Formation.

1980 He Dechang, Shen Xiangpeng, p. 8, pl. 16, fig. 10; fertile pinna; Xintianmen in Changce of Yizhang, Hunan; Early Jurassic Zaoshang Formation.

1980 Huang Zhigao, Zhou Huiqin, p. 72, pl. 56, figs. 7 — 10; fronds; Jiaoping of Tongchuan, Shaanxi; Middle Jurassic middle-upper part of Yan'an Formation.

1982 Liu Zijin, p. 120, pl. 59, figs. 3, 4; fertile pinnae; Jiaoping of Tongchuan, Shaanxi; Early — Middle Jurassic Yan'an Formation.

1992 Sun Ge, Zhao Yanhua, p. 524, pl. 220, figs. 4 — 6, 8; fertile pinnae; Tengjiajie of Shuanyang, Jilin; Early Jurassic Banshidingzi Formation.

1993a Wu Xiangwu, p. 100.

Marattiopsis cf. *muensteri* (Goeppert) Schimper

1954 Hsu J, p. 44, pl. 39, figs. 1, 2; fertile pinnae; Jiajiadian of Zigui, Hubei; Early Jurassic Hsiangchi Coal Series. [Notes: The spesimen fig. 1 of pl. 39 lately was referred as *Marattiopsis orientalis* Chow et Yeh, fig. 2 of pl. 39 was referred as *Marattiopsis hoerensis* (Schimper) Schimper (Sze H C, Lee H H and others, 1963)]

Marattiopsis asiatica Kawasaki, 1939

1939 Kawasaki, p. 50; Tonkin of Vietnam, Japan and Korea; Late Triassic.

1980 He Dechang, Shen Xiangpeng, p. 7, pl. 16, figs. 4, 7; pl. 20, fig. 5; sterile pinnae and fertile pinnae; Shatian of Guidong, Baoyuanhe of Zixing, Hunan; Early Jurassic Zaoshang Formation and Menkoushan Formation.

1980 Wu Shunqing and others, p. 87, pl. 7, figs. 1 — 4a; fertile pinnae; Shazhenxi of Zigui, Daxiekou of Xingshan, Hubei; Early — Middle Jurassic Hsiangchi Formation.

1984 Wang Ziqiang, p. 235, pl. 122, figs. 6, 7; fronds; Chahar Wing Right Middle Banner, Inner Mongolia; Nansuletu Formation.

1984 Zhou Zhiyan, p. 6, pl. 1, figs. 10 — 13a; fertile pinnae; Hebutang of Qiyang, Hunan; Early

Jurassic Paijiachong and Dabakou Member of Guanyintan Formation.

1986 Ye Meina and others, p. 21, pl. 6, figs. 4, 4a; fertile pinnae; Leiyinpu of Daxian, Sichuan; Early Jurassic Zhenzhuchong Formation(?).

1995a Li Xingxue (editor-in-chief), pl. 82, fig. 8; frond; Huangyangsi of Lingling, Hunan; Early Jurassic Dabakou Member of Guanyintan Formation. (in Chinese)

1995b Li Xingxue (editor-in-chief), pl. 82, fig. 8; frond; Huangyangsi of Lingling, Hunan; Early Jurassic Dabakou Member of Guanyintan Formation. (in English)

1995a Li Xingxue (editor-in-chief), pl. 86, fig. 8; frond; Xiangxi of Zigui, Hubei; Early — Middle Jurassic Hsiangchi Formation. (in Chinese)

1995b Li Xingxue (editor-in-chief), pl. 86, fig. 8; frond; Xiangxi of Zigui, Hubei; Early — Middle Jurassic Hsiangchi (Xiangxi) Formation. (in English)

1996 Mi Jiarong and others, p. 85, pl. 4, figs. 3, 8, 10 — 14; pl. 5, figs. 2, 6, 7; fertile pinnae; Shimenzhai of Funing, Hebei; Early Jurassic Beipiao Formation.

2003 Deng Shenghui and others, pl. 64, figs. 5, 6; fronds; Haojiagou Section of Junggar Basin, Xinjiang; Early Jurassic Sangonghe Formation.

***Marattiopsis hoerensis* (Schimper) Thomas, 1913**

1869 — 1874 *Angiopteridium hoerensis* Schimper, p. 604, pl. 38, fig. 7; frond; Sweden; Early Jurassic.

1913 Thomas, p. 229: frond; Sweden; Early Jurassic.

1963 Sze H C, Lee H H and others, p. 56, pl. 14, figs. 5, 6; sterile pinnae and fertile pinnae; Xiangxi and Caojiayao of Zigui, Hubei; Early — Middle Jurassic Hsiangchi Group.

1981 Liu Maoqiang, Mi Jiarong, p. 23, pl. 1, figs. 16, 20 — 22; sterile pinnae and fertile pinnae; Naozhigou of Linjiang, Jilin; Early Jurassic Yihuo Formation.

1990 Zheng Shaolin, Zhang Wu, p. 217, pl. 2, fig. 2; frond; Tianshifu of Benxi, Liaoning; Middle Jurassic Dabu Formation.

1992 Sun Ge, Zhao Yanhua, p. 524, pl. 220, fig. 7; fertile pinna; Naozhijie of Linjiang, Jilin; Early Jurassic Yihuo Formation.

1996 Mi Jiarong and others, p. 86, pl. 5, figs. 1, 3 — 5, 8 — 10; pl. 6, fig. 1; sterile pinnae and fertile pinnae; Shimenzhai of Funing, Hebei; Early Jurassic Beipiao Formation.

△*Marattiopsis litangensis* Yang, 1978

1978 Yang Xianhe, p. 475, pl. 159, figs. 6, 7; fronds; Reg. No.: Sp0015, Sp0016; Syntype 1: Sp0015 (pl. 159, fig. 6); Syntype 2: Sp0016 (pl. 159, fig. 7); Repository: Chengdu Institute of Geology and Mineral Resources; Lamaya of Litang, Sichuan; Late Triassic Lamaya Formation. [Notes: According to *International Code of Botanical Nomenclature* (*Vienna Code*) article 37. 2, from the year 1958, the holotype type specimen should be unique]

△*Marattiopsis orientalis* Chow et Yeh, 1963

1963 Chow T Y, Yeh Meina, in Sze H C, Lee H H and others, p. 57, pl. 14, fig. 10; fertile pinna; Yipinglang of Guangtong, Yunnan; Late Triassic Yipinglang Formation.

Genus *Matonidium* Schenk, 1871

1871 Schenk, p. 220.

1983a Zheng Shaolin, Zhang Wu, p. 78.

1993a Wu Xiangwu, p. 101.

Type species: *Matonidium goeppertii* (Ettingshausen) Schenk, 1871

Taxonomic status: Matoniaceae, Filicopsida

***Matonidium goeppertii* (Ettingshausen) Schenk, 1871**

1852 *Alethopteris goeppertii* Ettingshausen, p. 16, pl. 5, figs. 1 — 7; fronds; Fergana; Early Cretaceous.

1871 Schenk, p. 220, pl. 27, fig. 5; pl. 28, figs. 1a — 1d, 2; pl. 30, fig. 3; fronds; Germany; Early Cretaceous (Wealden).

1983a Zheng Shaolin, Zhang Wu, p. 78, pl. 1, figs. 12 — 20; text-fig. 6; sterile pinnae and fertile pinnae; Dabashan of Mishan, Heilongjiang; Early Cretaceous Dongshan Formation.

1993a Wu Xiangwu, p. 101.

Genus *Millerocaulis* Erasmus et Tidwell, 1986

1986 Erasmus, Tidwell W D, in Tidwell W D, p. 402.

1991 Zhang Wu, Zheng Shaolin, pp. 717, 726.

Type species: *Millerocaulis dunlopii* (Kidston et Gwynne-Vaughn) Erasmus et Tidwell, 1986

Taxonomic status: Osmundaceae, Filicopsida

***Millerocaulis dunlopii* (Kidston et Gwynne-Vaughn) Erasmus et Tidwell, 1986**

1907 *Osmundites dunlopii* Kidston et Gwynne-Vaughn, pp. 759, 766, pls. 1 — 3, figs. 1 — 16; pl. 6, fig. 3.

1967 *Osmundacaulis dunlopii* (Kidston et Gwynne-Vaughn) Miller, p. 146.

1986 Eramus, Tidwell W D, in Tidwell W D, p. 402.

△*Millerocaulis liaoningensis* Zhang et Zheng, 1991

1991 Zhang Wu, Zheng Shaolin, pp. 717, 726, pl. 1, figs. 1, 2; pl. 2, figs. 1 — 5; pl. 3, figs. 1 — 5; pl. 4. figs. 1 — 7; pl. 5, figs. 1 — 6; text-figs. 3, 4; petrified rhizomes; Col. No.: H1; Reg. No.: SG11084; Holotype: SG11084 (pl. 5, fig. 6); Repository: Geological Museum of Ministry of Geology and Mineral Resources; Wangfu of Fuxin, Liaoning; Middle Jurassic Lanqi Formation.

△Genus *Mixopteris* Hsu et Chu C N, 1974

1974 Hsu J, Chu Chinan, in Hsu J and others, p. 271.

1993a Wu Xiangwu, pp. 25, 227.

1993b Wu Xiangwu, pp. 507, 516.

Type species: *Mixopteris intercalaris* Hsu et Chu, 1974

Taxonomic status: Filicopsida?

△*Mixopteris intercalaris* Hsu et Chu C N, 1974

1974 Hsu J, Chu Chinan, in Hsu J and others, p. 271, pl. 3, figs. 4 — 7; text-fig. 4; fronds; No. : No. 2610; Repository: Institute of Botany, the Chinese Academy of Sciences; Nalajing of Yongren, Yunnan; Late Triassic base part of Daqiaodi Formation.

1978 Yang Xianhe, p. 495, pl. 180, fig. 2; frond; Nalajing of Dukou, Sichuan; Late Triassic Daqiaodi Formation.

1979 Hsu J and others, p. 35, pl. 37, figs. 1 — 1e; fronds; Baoding, Sichuan; Late Triassic lower part of Daqiaodi Formation.

1993a Wu Xiangwu, pp. 25, 227.

1993b Wu Xiangwu, pp. 507, 516.

Genus *Nathorstia* Heer, 1880

1880 Heer, p. 7.

1983 Zhang Zhicheng, Xiong Xianzheng, p. 55.

1993a Wu Xiangwu, p. 103.

Type species: *Nathorstia angustifolia* Heer, 1880

Taxonomic status: Filicopsida

Nathorstia angustifolia Heer, 1880

1880 Heer, p. 7, pl. 1, figs. 1 — 6; fertile fern pinnae; Pattofik, Greenland; Early Cretaceous.

1993a Wu Xiangwu, p. 103.

Nathorstia pectinnata (Goeppert) Krassilov, 1967

1845 *Reussia pectinnata* Goeppert, in Murchison, Verneuil, Keyserling, p. 502, pl. 9. fig. 6; Moscow, Russia; Cretaceous.

1967 Krassilov, p. 110, pl. 10, fig. 1; pl. 11, figs. 1 — 5; pl. 12, figs. 1 — 3; text-fig. 14; fronds; South Primorye; Early Cretaceous.

1983 Zhang Zhicheng, Xiong Xianzheng, p. 55, pl. 2, figs. 4, 8; sterile pinnae and fertile pinnae; Dongning Basin, Heilongjiang; Early Cretaceous Dongning Formation.

1993a Wu Xiangwu, p. 103.

△Genus *Odontosorites* Kobayashi et Yosida, 1944

1944 Kobayashi, Yosida, pp. 267, 269.

1970 Andrews, p. 144.

1993a Wu Xiangwu, pp. 27, 229.

1993b Wu Xiangwu, pp. 498, 516.

Type species: *Odontosorites heerianus* (Yokoyama) Kobayashi et Yosida, 1944

Taxonomic status: Filicopsida

△*Odontosorites heerianus* (Yokoyama) Kobayashi et Yosida, 1944

1899 *Adiatites heerianus* Yokoyama, p. 28, pl. 12, figs. 1 — 1b, 2; Japan; Early Cretaceous Tetori Series.

1944 Kobayashi, Yosida, pp. 267, 269, pl. 28, figs. 6, 7; text-figs. a — c; sterile pinnae and fertile pinnae; Ryokusin or Lushen of Heihe (Heiho), Heilongjiang; Jurassic. [Notes: This specimen lately was referred as ?*Coniopteris burejensis* (Zalessky) Seward (Sze H C, Lee H H and others, 1963)]

1970 Andrews, p. 144.

1993a Wu Xiangwu, pp. 27, 229.

1993b Wu Xiangwu, pp. 498, 516.

Genus *Onychiopsis* Yokoyama, 1889

1889 Yokoyama, p. 27.

1933 P'an C H, p. 534.

1963 Sze H C, Lee H H and others, p. 93.

1993a Wu Xiangwu, p. 107.

Type species: *Onychiopsis elongata* (Geyler) Yokoyama, 1889

Taxonomic status: Polypodiaceae, Filicopsida

Onychiopsis elongata (Geyler) Yokoyama, 1889

1877 *Thyrsopteris elongata* Geyler, p. 224, pl. 30, fig. 5; pl. 31, figs. 4, 5; fronds; Tetorigawa, Japan; Jurassic.

1889 Yokoyama, p. 27, pl. 2, figs. 1 — 3; pl. 3, fig. 6d; pl. 12, figs. 9, 10; fronds; Tetorigawa, Japan; Jurassic.

1950 Ôishi, p. 52, pl. 15, fig. 3; frond; Northeast China; Late Jurassic; Beijing; Early Cretaceous.

1954 Hsu J, p. 52, pl. 45, figs. 3 — 6; sterile fronds; Dongning, Heilongjiang; Fangshan, Hebei; Early Cretaceous. [Notes: This specimen (pl. 45, fig. 6) lately was referred as *Onychiopsis psilotoides* (Stokes et Webb) Ward (Sze H C, Lee H H and others, 1963)]

1963 Sze H C, Lee H H and others, p. 94, pl. 28, fig. 4; sterile pinnae; Fuxin of Liaoning, Jixi, Hegang and Dongning of Heilongjiang, Yongan of Fujian, Qamdo of Tibet, Yumen in Gansu of Jiangxi; Late Jurassic — Early Cretaceous.

1976 Chang Chichen, p. 187, pl. 89, figs. 6 — 9; sterile pinnae and fertile pinnae; Henancun in Siziwang (Dorbod) Banner, Inner Mongolia; Early Cretaceous Houbaiyinbulang Formation.

1977 Feng Shaonan and others, p. 214, pl. 79, fig. 7; frond; Tanghu of Haifeng, Guangdong; Early Cretaceous.

1980 Zhang Wu and others, p. 248, pl. 160, figs. 5 — 8; pl. 161, fig. 4; fronds; Tongfosi of Yanji, Jilin; Early Cretaceous Tongfosi Formation; Linjiafangzi of Mudanjiang, Heilongjiang; Early Cretaceous Aotou Formation.

1982 Chen Fen, Yang Guanxiu, p. 576, pl. 1, figs. 1, 2; fronds; West Hill, Bejing; Early Cretaceous Xinzhuang Formation of Tuoli Group.

1982 Li Peijuan, p. 84, pl. 8, figs. 3, 4; fronds; Lhorong and Baxoi, Tibet; Early Cretaceous Duoni Formation.

1982 Liu Zijin, p. 125, pl. 63, figs. 4 — 6; fronds; Tianjiaba of Kangxian, Gansu; Early Cretaceous Tianjiaba Formation of Donghe Group.

1982 Wang Guoping and others, p. 247, pl. 129, fig. 6; frond; Zhucun of Wuyi, Zhejiang; Early Cretaceous Guantou Formation.

1982b Zheng Shaolin, Zhang Wu, p. 299, pl. 4, figs. 12 — 14; pl. 5, fig. 2; fronds; Nuanquan in Didao of Jixi, Heilongjiang; Late Jurassic Didao Formation.

1983b Cao Zhengyao, p. 35, pl. 9, fig. 7; sterile pinna; Baoqing, Heilongjiang; Early Cretaceous Zhushan Formation.

1983a Zheng Shaolin, Zhang Wu, p. 81, pl. 2, figs. 10 — 12; fronds; Wanlongcun of Boli, eastern Heilongjiang; Early Cretaceous Dongshan Formation.

1984b Cao Zhengyao, p. 37, pl. 4, figs. 7 — 8A; pl. 5, fig. 1; sterile pinnae; Dabashan of Mishan, Heilongjiang; Early Cretaceous Dongshan Formation.

1984 Wang Ziqiang, p. 248, pl. 136, fig. 4; frond; West Hill, Beijing; Early Cretaceous Tuoli Formation.

1985 Li Jieru, pl. 1, figs. 2 — 7; fronds; Huanghuadianzi of Xiuyan, Liaoning; Early Cretaceous Xiaoling Formation.

1986 Li Xingxue and others, p. 10, pl. 9, fig. 7; pl. 11, fig. 1; fronds; Shansong of Jiaohe, Jilin; Early Cretaceous Jiaohe Group.

1986 Zhang Chuanbo, pl. 1, fig. 2; pl. 2, fig. 1; fronds; Tongfosi and Zhixin (Dalazi) of Yanji, Jilin; middle — late Early Cretaceous Tongfosi Formation and Dalazi Formation.

1988 Sun Ge, Shang Ping, pl. 1, figs. 6, 7a; fronds; Huolinhe Coal Mine, Inner Mongolia; Early Cretaceous Huolinhe Formation.

1989 Ding Baoliang and others, pl. 1, fig. 4; frond; Zhucun in Liucheng of Wuyi, Zhejiang; Early Cretaceous Guantou Formation.

1989 Mei Meitang and others, p. 88, pl. 42, figs. 3, 4; fronds; China; Late Jurassic — Early Cretaceous.

1992a Cao Zhengyao, pl. 1, fig. 11; frond; Suibin-Shuangyashan area of eastern Heilongjiang;

Early Cretaceous member 1 of Chengzihe Formation.

1992 Sun Ge, Zhao Yanhua, p. 530, pl. 226, fig. 6; pl. 228, figs. 1 — 6; pl. 231, fig. 4; fronds; Luozigou of Wangqing, Jilin; Early Cretaceous Dalazi Formation; Duhuangzi of Hunchun, Jilin; Late Jurassic Jingouling Formation; Liutiaogou of Liuhe, Jilin; Early Cretaceous Hengtongshan Formation.

1993 Bureau of Geology and Mineral Resources of Heilongjiang Province, pl. 12, fig. 9; frond; Heilongjiang Province; Early Cretaceous Dongshan Formation.

1993 Hu Shusheng, Mei Meitang, p. 327, pl. 1, fig. 7; pinna; Taixin of Liaoyuan, Jilin; Early Cretaceous Lower Coal-bearing Member of Chang'an Formation.

1993 Li Jieru and others, pl. 1, figs. 14, 16, 18; fronds; Jixian of Dandong, Liaoning; Early Cretaceous Xiaoling Formation.

1993a Wu Xiangwu, p. 107.

1994 Cao Zhengyao, fig. 3f; frond; Linhai, Zhejiang; early Early Cretaceous Guantou Formation.

1995a Li Xingxue (editor-in-chief), pl. 110, fig. 1; frond; Zhixin of Longjing, Jilin; Early Cretaceous Dalazi Formation. (in Chinese)

1995b Li Xingxue (editor-in-chief), pl. 110, fig. 1; frond; Zhixin of Longjing, Jilin; Early Cretaceous Dalazi Formation. (in English)

1995a Li Xingxue (editor-in-chief), pl. 113, fig. 3; frond; Wuyi, Zhejiang; Early Cretaceous Guantou Formation. (in Chinese)

1995b Li Xingxue (editor-in-chief), pl. 113, fig. 3; frond; Wuyi, Zhejiang; Early Cretaceous Guantou Formation. (in English)

1999 Cao Zhengyao, p. 50, pl. 2, figs. 1 — 5a; fronds; Zhangdang of Yongjia, Zhejiang; Early Cretaceous member C of Moshishan Formation; Laozhu of Lishui and Qingtancun of Shouchang, Zhejiang; Early Cretaceous Shouchang Formation; Xiaotanxisi of Zhuji, Zhejiang; Early Cretaceous Shouchang Formation (?); Xiaoling of Linhai, Zhucun of Wuyi, Chisha of Wencheng and Jiujia of Cangnan, Zhejiang; Early Cretaceous Guantou Formation.

2001 Sun Ge and others, pp. 76, 186, pl. 11, fig. 4; pl. 22, fig. 5; pl. 43, figs. 7, 9, 11, 12; pl. 68, fig. 9; sterile fronds; Shangyuan of Beipiao, Liaoning; Late Jurassic Jianshangou Formation.

2003 Yang Xiaoju, p. 565, pl. 2, figs. 1 — 3; sterile pinnae; Jixi Basin, Heilongjiang; Early Cretaceous Muling Formation.

△*Onychiopsis ovata* Tan et Zhu, 1982

1982 Tan Lin, Zhu Jianan, p. 143, pl. 33, figs. 6, 6a; sterile pinnae; Reg. No.: GC40; Holotype: GC40 (pl. 33, fig. 6); Xilin Obo of Guyang, Inner Mongolia; Early Cretaceous Guyang Formation.

Onychiopsis psilotoides (Stokes et Webb) Ward, 1905

1824 *Hymenopteris psilotoides* Stokes et Webb, p. 424, pl. 46, fig. 7; pl. 47, fig. 2; fronds; England; Early Cretaceous.

1905 Ward, p. 155, pl. 39, figs. 3 — 6; pl. 3, fig. 4; pl. 113, fig. 1; fronds; North America; Early

Cretaceous.

1933 P'an C H, p. 534, pl. 1, figs. 1—5; fronds; Xiaoyuan and Tuoli of Fangshan, Hebei; Early Cretaceous.

1956 Lee H H, p. 20, pl. 6, fig. 3; frond; Liangdang, Gansu; Late Jurassic Donghe Bed.

1963 Lee H H and others, p. 143, pl. 115, fig. 3; frond; Northwest China; Late Jurassic—Early Cretaceous.

1963 Sze H C, Lee H H and others, p. 95, pl. 28, figs. 5, 6; sterile pinnae; Liangdang, Gansu: Early Cretaceous Donghe Group; Zhangjiakou in Fangshan of Hebei, Tuoli in West Hill of Beijing; Late Jurassic—Early Cretaceous.

1964 Lee H H and others, p. 136, pl. 88, fig. 12; frond; South China; Late Jurassic—Early Cretaceous; Huixian, Gansu; Early Cretaceous Donghe Formation.

1976 Chang Chichen, p. 187, pl. 90, figs. 1—3; fronds; Xilin Obo of Guyang, Inner Mongolia; Late Jurassic—Early Cretaceous Guyang Formation.

1980 Zhang Wu and others, p. 248, pl. 161, figs. 1—3; fronds; Heitai of Mishan, Heilongjiang; Early Cretaceous Muling Formation; Fuxin, Liaoning; Early Cretaceous Fuxin Formation; Xinglonggou of Harqin Left Wing, Liaoning; Early Cretaceous Jiufotang Formation(?).

1982 Liu Zijin, p. 126, pl. 63, figs. 7, 8; pl. 64, fig. 1; fronds; Liangdang, Tianjiaba of Kangxian and Dachuan of Chengxian, Gansu; Early Cretaceous Donghe Group.

1982 Tan Lin, Zhu Jianan, p. 144, pl. 33, figs. 7—11; sterile pinnae; Xilin Obo of Guyang, Inner Mongolia; Early Cretaceous Guyang Formation.

1982b Zheng Shaolin, Zhang Wu, p. 300, pl. 6, figs. 1—3; fronds; Nuanqan in Didao of Jixi, Heilongjiang; Late Jurassic Didao Formation; Yunshan of Hulin, Heilongjiang; Late Jurassic Yunshan Formation.

1985 Li Jieru, pl. 1, figs. 8, 9; fronds; Huanghuadianzi of Xiuyan, Liaoning; Early Cretaceous Xiaoling Formation.

1992a Cao Zhengyao, p. 215, pl. 1, figs. 12, 13; fronds; Suibin-Shuangyashan area of Heilongjiang; Early Cretaceous member 3 of Chengzihe Formation.

1993a Wu Xiangwu, p. 107.

1994 Cao Zhengyao, fig. 3e; frond; Wencheng, Zhejiang; early Early Cretaceous Guantou Formation.

1994 Zheng Shaolin, Zhang Ying, p. 758, pl. 3, fig. 2; frond; Anda, Heilongjiang; Early Cretaceous member 3 of Quantou Formation.

1995a Li Xingxue (editor-in-chief), pl. 113, fig. 4; frond; Wencheng, Zhejiang; Early Cretaceous Guantou Formation. (in Chinese)

1995b Li Xingxue (editor-in-chief), pl. 113, fig. 4; frond; Wencheng, Zhejiang; Early Cretaceous Guantou Formation. (in English)

1998b Deng Shenghui, pl. 1, fig. 1; frond; Pingzhuang-Yuanbaoshan Basin, Inner Mongolia; Early Cretaceous Xingyuan Formation.

1999 Cao Zhengyao, p. 52, pl. 3, figs. 8, 8a, 9; fronds; Konglong of Wencheng, Suqin of Xinchang and Ningxi of Huangyan, Zhejiang; Early Cretaceous Guantou Formation.

△***Onychiopsis sphenoforma*** **Cao, 1999** (in Chinese and English)

1999 Cao Zhengyao, pp. 53, 145, pl. 2, figs. 6, 6a, 7, 7a; pl. 23, fig. 1; pl. 39, fig. 10; text-fig. 20; sterile pinnae and fertile pinnae; Col. No.: 1649-H34, 1649-H50, 1649-H74; Reg. No.: PB14283, PB14284, PB14369; Holotype: PB14383 (pl. 2, fig. 6); Repository: Nanjing Institute of Geology and Palaeontology, Chinese Academy of Sciences; Yuhu of Wencheng, Zhejiang; Early Cretaceous member C of Moshishan Formation.

Onychiopsis **spp.**

1977 *Onychiopsis* sp., Duan Shuying and others, p. 115, pl. 1, figs. 2 — 3a; fronds; Lhasa, Tibet; Early Cretaceous.

1980 *Onychiopsis* sp., Tao Junrong, Sun Xiangjun, p. 75, pl. 1, figs. 1, 2; fronds; Lindian, Heilongjiang; Early Cretaceous member 2 of Quantou Formation.

1983 *Onychiopsis* sp., Zhang Zhicheng, Xiong Xianzheng, p. 58, pl. 3, fig. 3; frond; Dongning Basin, Heilongjiang; Early Cretaceous Dongning Formation.

1984b *Onychiopsis* sp., Cao Zhengyao, p. 38, pl. 4, figs. 9, 9a; sterile pinnae; Dabashan of Mishan, Heilongjiang; Early Cretaceous Tongshan Formation.

1985 *Onychiopsis* sp., Cao Zhengyao, p. 278, pl. 2, figs. 4, 4a; sterile pinnae; Pengzhuang of Hanshan, Anhui; Late Jurassic(?) Hanshan Formation.

1989 *Onychiopsis* sp., Bureau of Geology and Mineral Resources of Zhejiang Province, pl. 5, fig. 7; frond; Panshan of Xianju, Zhejiang; Early Cretaceous Guantou Formation.

1989 *Onychiopsis* sp., Cao Baosen and others, pl. 2, figs. 19, 20; fronds; Jishan of Yongan and Chengguan of Fuding, Fujian; Early Cretaceous Pantou Formation.

1990 *Onychiopsis* spp., Liu Mingwei, p. 201, pl. 31, figs. 6, 7; fronds; Huangyadi of Laiyang, Shandong; Early Cretaceous member 3 of Laiyang Formation.

1995a *Onychiopsis* sp., Li Xingxue (editor-in-chief), pl. 88, fig. 6; frond; Hanshan, Anhui; Late Jurassic Hanshan Formation. (in Chinese)

1995b *Onychiopsis* sp., Li Xingxue (editor-in-chief), pl. 88, fig. 6; frond; Hanshan, Anhui; Late Jurassic Hanshan Formation. (in English)

***Onychiopsis*?** **sp.**

1945 *Onychiopsis*? sp., Sze H C, p. 46; text-figs. 11, 12; fronds; Yongan, Fujian; Early Cretaceous Pantou Series. [Notes: This specimen lately was referred as *Onychiopsis elongata* (Geyler) Yokoyama (Sze H C, Lee H H and others, 1963)]

Genus *Osmunda* Linné, 1753

1984 Wang Ziqiang, p. 237.

1993a Wu Xiangwu, p. 108.

Type species: (living genus)

Taxonomic status: Osmundaceae, Filicopsida

Osmunda cretacea Samylina, 1964

1964 Samylina, p. 48, pl. 1, fig. 12; pl. 2, figs. 2 — 5; pl. 3, fig. 4; text-figs. 2á — 2в; fronds; Kolyma River Basin; Early Cretaceous.

1988 Chen Fen and others, p. 32, pl. 1, figs. 9, 10; pl. 2, figs. 1, 2; pl. 60, fig. 3; fronds; Fuxin, Liaoning; Early Cretaceous Fuxin Formation; Tiefa Basin, Liaoning; Early Cretaceous Lower Coal-bearing Member of Xiaoming'anbei Formation.

1995b Deng Shenghui, p. 17, pl. 4, figs. 4, 5; sterile pinnae; Huolinhe Basin, Inner Mongolia; Early Cretaceous Huolinhe Formation.

1997 Deng Shenghui and others, p. 20, pl. 2, figs. 9 — 12; pl. 3, figs. 1 — 3; pl. 29, fig. 2B; pinnae; Jalai Nur, Inner Mongolia; Early Cretaceous Yimin Formation; Dayan Basin, Inner Mongolia; Early Cretaceous Damoguaihe Formation and Yimin Formation.

2001 Deng Shenghui, Chen Fen, pp. 46, 192, pl. 1, figs. 1 — 6; pl. 2, figs. 1 — 6; pl. 3, figs. 1 — 6; pl. 4, figs. 1, 2; text-fig. 4; fronds; Fuxin Basin, Liaoning; Early Cretaceous Fuxin Formation; Tiefa Basin, Liaoning; Early Cretaceous Xiaoming'anbei Formation; Huolinhe Basin, Inner Mongolia; Early Cretaceous Huolinhe Formation; Hailar, Inner Mongolia; Early Cretaceous Yimin Formation; Jiaohe Basin, Jilin; Early Cretaceous Shansong Formation.

Osmunda cf. _cretacea_ Samylina

1985 Shang Ping, p. 109, pl. 1, fig. 9; frond; Fuxin Coal Basin, Liaoning; Early Cretaceous Sunjiawan Member of Haizhou Formation.

△_Osmunda diamensis_ (Seward) Krassilov, 1978

1911 _Rphaelia diamensis_ Seward, pp. 15, 44, pl. 2, figs. 28, 28a, 29, 29a; fronds; Diam River in Junggar (Dzungaria) Basin, Xinjiang; Middle Jurassic.

1978 Krassilov, p. 19, pl. 5, figs. 44 — 52; pl. 6, figs. 53 — 59; sterile pinnae and fertile pinnae; Bureya Basin, USSR; Late Jurassic.

1984 Wang Ziqiang, p. 237, pl. 133, figs. 7 — 9; fronds; Datong, Shanxi; Middle Jurassic Datong Formation; Xiahuayuan, Hebei; Middle Jurassic Mentougou Formation.

1993a Wu Xiangwu, p. 108.

Osmunda cf. _diamensis_ (Seward) Krassilov

1997 Deng Shenghui and others, p. 21, pl. 3, figs. 4 — 7; fronds; Jalai Nur, Inner Mongolia; Early Cretaceous Yimin Formation; Dayan Basin; Early Cretaceous Damoguaihe Formation.

Osmunda greenlandica (Heer) Brown, 1962

1962 Brown, p. 45, pl. 5, fig. 8; pl. 6, figs. 14, 15.

1986 Tao Junrong, Xiong Xianzheng, p. 121, pl. 1, figs. 2 — 5, 10; sterile pinnae; Jiayin, Heilongjiang; Late Cretaceous Wuyun Formation.

Genus *Osmundacaulis* Miller, 1967

1967 Miller, p. 146.

1983b Wang Ziqiang, p. 93.

1984 Wang Ziqiang, p. 237.

1993a Wu Xiangwu, p. 108.

Type species: *Osmundacaulis skidegatensis* (Penhallow) Miller, 1967

Taxonomic status: Osmundaceae, Filicopsida

***Osmundacaulis skidegatensis* (Penhallow) Miller, 1967**

1902 *Osmundites skidegatensis* Penhallow; rhizome; West Canada; Early Cretaceous.

1967 Miller, p. 146.

1993a Wu Xiangwu, p. 108.

△*Osmundacaulis hebeiensis* Wang, 1983

1983b Wang Ziqiang, p. 93, pls. 1 — 4; text-figs. 3 — 6; rhizomes; Holotype: Z30-1, including 001, 002 and 007; Repository: Nanjing Institute of Geology and Palaeontology, Chinese Academy of Sciences; Xiahuayuan Coal Mine, Hebei; Middle Jurassic Yudaishan Formation.

***Osmundacaulis* sp.**

1984 *Osmundacaulis* sp., Wang Ziqiang, p. 237, pl. 137, figs. 1, 2; rhizomes; Zhuolu, Hebei; Middle Jurassic Yudaishan Formation.

1993a *Osmundacaulis* sp., Wu Xiangwu, p. 108.

Genus *Osmundopsis* Harris, 1931

1931 Harris, p. 136.

1977 Feng Shaonan and others, p. 205.

1993a Wu Xiangwu, p. 108.

Type species: *Osmundopsis sturii* (Raciborski) Harris, 1931

Taxonomic status: Osmundaceae, Filicopsida

***Osmundopsis sturii* (Raciborski) Harris, 1931**

1890 *Osmuda sturii* Raciborski, p. 2, pl. 1, figs. 1 — 5; fertile pinnae (compared with *Osmunda*); Cracow, Poland; Jurassic.

1931 Harris, p. 136; fertile pinna; Cracow, Poland; Jurassic.

1987 Duan Shuying, p. 22, pl. 4, figs. 1, 1a; fertile pinnae; Zhaitang of West Hill, Beijing; Middle Jurassic.

1989 Duan Shuying, pl. 2, figs. 2, 3; fertile pinnae; Zhaitang of West Hill, Beijing; Middle

Jurassic Mentougou Coal Series.

1993a Wu Xiangwu, p. 108.

Cf. *Osmundopsis sturii* (Raciborski) Harris

1991 Wu Xiangwu, p. 575, pl. 4, fig. 6; pl. 5, figs. 6 — 6b, 7; fertile pinnae; Shazhenxi of Zigui, Hubei; Middle Jurassic Hsiangchi Formation.

***Osmundopsis plectrophora* Harris, 1931**

1931 Harris, p. 49, pl. 12, figs. 2, 4 — 10; text-figs. 15, 16; text-fig. 16; sterile fronds and fertile fronds; Scoresby Sound, East Greenland; Early Jurassic *Thaumatopteris* Zone.

1977 Feng Shaonan and others, p. 205, pl. 75, fig. 8; sterile frond and fertile frond; Gouyadong of Lechang, Guangdong; Late Triassic Siaoping Formation.

1982 Zhang Caifan, p. 523, pl. 337, fig. 8; frond; Gouyadong of Yizhang, Hunan; Late Triassic.

1986 Ye Meina and others, p. 24, pl. 9, fig. 4; pl. 10, figs. 2, 2a; pl. 55, figs. 1 — 1b; sterile pinnae and fertile pinna; Jinwo in Tieshan of Daxian, Wenquan in Kaixian of Sichuan; Late Triassic Hsuchiaho Formation.

1992 Huang Qisheng, pl. 19, fig. 4; frond; Tieshan of Daxian, Sichuan; Late Triassic member 3 of Hsuchiaho Formation.

***Osmundopsis* cf. *plectrophora* Harris**

1999b Wu Shunqing, p. 23, pl. 14, figs. 1 — 1b; fertile pinnae and sterile pinnae; Tieshan of Daxian, Sichuan; Late Triassic Hsuchiaho Formation.

△*Osmundopsis plectrophora* Harris var. *punctata* He et Shen, 1980

1980 He Dechang, Shen Xiangpeng, p. 9, pl. 3, fig. 3; pl. 7, fig. 3; fronds; Gouyadong of Lechang, Guangdong; Late Triassic.

1993a Wu Xiangwu, p. 108.

***Osmundopsis* sp.**

2003 *Osmundopsis* sp., Yuan Xiaoqi and others, pl. 20, fig. 9; frond; Hantaichuan of Dalad Banner, Inner Mongolia, China; Middle Jurassic Zhiluo Formation.

?*Osmundopsis* sp.

1983 ?*Osmundopsis* sp. (sp. nov.), Huang Qisheng, p. 30, pl. 2, fig. 9; frond; Lalijian of Huaining, Anhui; Early Jurassic lower part of Xiangshan Group.

Genus *Palibiniopteris* Prynada, 1956

1956 Prynada, p. 222.

1980 Zhang Wu and others, p. 249.

1993a Wu Xiangwu, p. 110.

Type species: *Palibiniopteris inaequipinnata* Prynada, 1956

Taxonomic status: Pteridaceae, Filicopsida

Palibiniopteris inaequipinnata **Prynada, 1956**

1956 Prynada, p. 222, pl. 39, figs. 1 — 4; sterile pinnae; South Primorye; Early Cretaceous.

1980 Zhang Wu and others, p. 249, pl. 162, fig. 2; pl. 163, fig. 3; sterile fronds; Shansong of Jiaohe, Jilin; Early Cretaceous Moshilazi Formation.

1993a Wu Xiangwu, p. 110.

△***Palibiniopteris variafolius*** **Ren, 1997** (in Chinese and English)

1997 Ren Shouqin, in Deng Shenghui and others, p. 31, pl. 10, figs. 2 — 5; pl. 11, fig. 8; fronds, fertile pinnae, sporangia and spores; Jalai Nur, Inner Mongolia; Early Cretaceous Yimin Formation. (Notes: The type specimen was not designated in the original paper)

Genus *Paradoxopteris* Hirmer, 1927 (non Mi et Liu, 1977)

[Notes: The *Paradoxopteris* Mi et Liu, 1977 is a homonym junius of *Paradoxopteris* Hirmer, 1927 (the volume Ⅲ; Wu Xiangwu, 1993a, 1993b)]

1927 Hirmer, p. 609.

1993a Wu Xiangwu, p. 112.

Type species: *Paradoxopteris stromeri* Hirmer, 1927

Taxonomic status: Filicopsida

△***Paradoxopteris stromeri*** **Hirmer, 1927**

1927 Hirmer, p. 609, figs. 733-736; Baharije Oasis, Egypt; Cretaceous (Cenomanian).

1993a Wu Xiangwu, p. 112.

△Genus *Pavoniopteris* Li et He, 1986

1986 Li Peijuan, He Yuanliang, p. 279.

1993a Wu Xiangwu, pp. 29, 230.

1993b Wu Xiangwu, pp. 498, 517.

Type species: *Pavoniopteris matonioides* Li et He, 1986

Taxonomic status: Filicopsida

△***Pavoniopteris matonioides*** **Li et He, 1986**

1986 Li Peijuan, He Yuanliang, p. 279, pl. 2, fig. 1; pl. 3, figs. 3, 4; pl. 4, figs. 1 — 1d; text-figs. 1, 2; sterile fronds and fertile fronds; Col. No.: 79PIVF22-3; Reg. No.: PB10866, PB10869 — PB10871; Holotype: PB10871 (pl. 4, figs. 1 — 1d); Repository: Nanjing Institute of Geology and Palaeontology, Chinese Academy of Sciences; Babaoshan of Dulan, Qinghai; Late Triassic Lower Rock Formation of Babaoshan Group.

1993a Wu Xiangwu, pp. 29, 230.

1993b Wu Xiangwu, pp. 498, 517.

Genus *Pecopteris* Sternberg, 1825

1825 (1820—1838) Sternberg, p. 17.

1867 (1865) Newberry, p. 122.

1993a Wu Xiangwu, p. 112.

Type species: *Pecopteris pennaeformis* (Brongniart) Sternberg, 1825

Taxonomic status: Filicopsida

***Pecopteris pennaeformis* (Brongniart) Sternberg, 1825**

1822 *Filicites pennaeformis* Brongniart, p. 233, pl. 2, fig. 3; Carboniferous.

1825 (1820—1838) Sternberg, p17.

1993a Wu Xiangwu, p. 112.

△*Pecopteris callipteroides* Hsu et Chu C N, 1974

1974 Hsu J, Chu Chinan, in Hsu J and others, p. 268, pl. 1, figs. 5, 6; fronds; No. : No. 2881; Repository: Institute of Botany, the Chinese Academy of Sciences; Baoding of Sichuan Yongren of Yunnan; Late Triassic middle part of Daqiaodi Formation.

1978 Yang Xianhe, p. 495, pl. 163, fig. 9; pl. 185, fig. 3; fronds; Taipingchang of Dukou, Sichuan; Late Triassic Daqiaodi Formation.

1979 Hsu J and others, p. 30, pl. 10, figs. 3, 3a; pl. 13, fig. 1; fronds; Muyuwan of Baoding, Sichuan; Late Triassic middle-upper part of Daqiaodi Formation.

***Pecopteris concinna* Presl**

1978 Zhou Tongshun, pl. 16, fig. 6; frond; Dakeng of Zhangping, Fujian; Late Triassic Dakeng Formation.

1982 Wang Guoping and others, p. 249, pl. 109, fig. 1; frond; Dakeng of Zhangping, Fujian; Late Triassic Wenbinshan Formation.

***Pecopteris* (*Asterotheca*) *cottoni* Zeiller, 1903**

1902—1903 Zeiller, p. 26, pl. 1, figs. 4—6; fronds; Hong Gai, Vietnam; Late Triassic.

1978 Zhou Tongshun, p. 98, pl. 17, figs. 3, 3a; fronds; Jitou of Shanghang, Fujian; Late Triassic Wenbinshan Formation.

***Pecopteri* (*Asterotheca*) cf. *cottoni* Zeiller**

1982 Wang Guoping and others, p. 249, pl. 109, fig. 9; frond; Dakeng of Zhangping, Fujian; Late Triassic Wenbinshan Formation.

△*Pecopteris crassinervis* Yang, 1982

1982 Yang Xianhe, p. 472, pl. 4, figs. 4—6; fronds; Col. No. : H30; Reg. No. : Sp195-197; Syntypes 1—3: Sp195-197 (pl. 4, figs. 4—6); Repository: Chengdu Institute of Geology and Mineral Resources; Hulukou of Weiyuan, Sichuan; Late Triassic Hsuchiaho Formation. [Notes: According to *International Code of Botanical Nomenclature* (*Vienna Code*) article 37. 2, from the year 1958, the holotype type specimen should be unique]

△*Pecopteris lativenosa* Halle, 1927

1927b Halle, p. 86, pl. 25, figs. 1—7, 8(?), 9; fronds; Taiyuan, Shanxi; late Early Permian

Upper Shihhotse Series.

***Pecopteris* aff. *lativenosa* Halle**

1991 Bureau of Geology and Mineral Resources of Beijing Municipality, pl. 11, fig. 7; frond; Dabeisi of West Hill, Beijing; Late Permian — Middle Triassic Dabeisi Member of Shuangquan Formartion.

***Pecopteris whitbiensis* Brongniart, 1828**

[Notes: This species lately was referred as *Todites williamsoni* (Brongniart) Seward (Seward, 1900)]

1828a Brongniart, p. 57.

1828b Brongniart, p. 324, pl. 110, figs. 1, 2; fronds; England; Jurassic.

1874 *Pecopteris whitbyensis* Brongniart, p. 408; frond; Dingjiagou (Tinkiako), Shaanxi; Jurassic. [Notes: This specimen lately was referred as ? *Todites williamsoni* (Brongniart) Seward (Sze H C, Lee H H and others, 1963)]

***Pecopteris whitbiensis*? Brongniart**

1867 (1865) Newberry, p. 122, pl. 9, fig. 6; frond; West Hill, Beijing; Jurassic. [Notes: This specimen lately was referred as ? *Todites williamsoni* (Brongniart) Seward (Sze H C, Lee H H and others, 1963)]

1993a Wu Xiangwu, p. 112.

△*Pecopteris yangshugouensis* Zheng et Zhang, 1986

1986b Zheng Shaolin, Zhang Wu, p. 178, pl. 3, figs. 18, 19; pl. 4, figs. 5, 6; text-fig. 3; fronds; No. : SG1100272 — SG1100274; Repository: Shenyang Institute of Geology and Mineral Resources; Yangshugou of Harqin Left Wing, western Liaoning; Early Triassic Hongla Formation. (Notes: The type specimen was not designated in the original paper)

***Pecopteris* spp.**

1920 *Pecopteris* sp., Yabe, Hayasaka, pl. 5, fig. 9; frond; An'xi, Fujian; Early Triassic.

1976 *Pecopteris* sp., Lee P C and others, p. 114, pl. 27, figs. 5, 5a; fronds; Moshahe of Dukou, Sichuan; Late Triassic Daqiaodi Member of Nalaqing Formation.

1986 *Pecopteris* sp., Zhou Tongshun, Zhou Huiqin, p. 68, pl. 16, fig. 17; frond; Dalongkou of Jimsar, Xinjiang; Early Triassic lower member of Jiucaiyuan Formation.

1987 *Pecopteris* sp., Chen Ye and others, p. 102, pl. 13, figs. 5, 5a; fronds; Qinghe of Yanbian, Sichuan; Late Triassic Hongguo Formation.

1989 *Pecopteris* sp. a, Wang Ziqiang, Wang Lixin, p. 34, pl. 5, fig. 14; frond; Yaoertou of Jiaocheng, Shanxi; Early Triassic middle part of Liujiagou Formation.

1990a *Pecopteris* sp. b, Wang Ziqiang, Wang Lixin, p. 123, pl. 17, fig. 11; frond; Tuncun of Yushe, Shanxi; Early Triassic base part of Heshanggou Formation.

Genus *Phlebopteris* Brongniart, 1836, emend Hirmer et Hoerhammer, 1936

1836 (1828a — 1838) Brongniart, p. 372.

1936 Hirmer, Hoerhammer, p. 34.

1948 Ôishi, p. 48.
1963 Sze H C, Lee H H and others, p. 72.
1993a Wu Xiangwu, p. 113.
Type species: *Phlebopteris polypodioides* Brongniart, 1836
Taxonomic status: Matoniaceae, Filicopsida

***Phlebopteris polypodioides* Brongniart, 1836**

1836 (1828a — 1838) Brongniart, p. 372, pl. 83, fig. 1; frond leaf; Scarborough, England; Jurassic.
1950 Ôishi, p. 48, Huoshiling (Huoshaling), Jilin; Late Jurassic Mishan Series.
1978 Yang Xianhe, p. 481, pl. 188, fig. 8; frond; Houba of Jiangyou, Sichuan; Early Jurassic Baitianba Formation.
1980 Wu Shunqing and others, p. 90, pl. 8, figs. 5 — 6a; sterile pinnae and fertile pinnae; Xiangxi of Zigui, Hubei; Early — Middle Jurassic Hsiangchi (Xiangxi) Formation.
1984 Chen Gongxin, p. 574, pl. 231, figs. 1 — 4; sterile pinnae and fertile pinnae; Haihuigou and Yandun of Jingmen, Xiangxi of Zigui, Hubei; Early Jurassic Hsiangchi (Xiangxi) Formation and Tongzhuyuan Formation.
1984 Wang Ziqiang, p. 240, pl. 124, fig. 5; pl. 125, fig. 1; fronds; Chahar Right Wing Middle Banner, Inner Mongolia; Nansuletu Formation.
1985 Huang Qisheng, pl. 1, fig. 8; frond; Jinshandian of Daye, Hubei; Early Jurassic lower part of Wuchang Formation.
1986 Ye Meina and others, p. 26, pl. 11, fig. 1; pl. 12, figs. 1 — 1b, 2, 2a; pl. 55, fig. 2; sterile fronds and fertile fronds; Leiyinpu and Jinwo in Tieshan of Daxian, Zhengba and Wenquan of Kaixian, Sichuan; Early Jurassic Zhenzhuchong Formation.
1988 Huang Qisheng, pl. 2, fig. 6; frond; Jinshandian of Daye, Hubei; Early Jurassic middle part of Wuchang Formation.
1988b Huang Qisheng, Lu Zongsheng, pl. 10, fig. 6; frond; Jinshandian of Daye, Hubei; Early Jurassic middle part of Wuchang Formation.
1993a Wu Xiangwu, p. 113.
1999a Wang Yongdong, Mei Shengwu, p. 412, figs. 1 — 3; fronds, fertile pinnae sori and in situ spores; Xiangxi of Zigui, Hubei; Early Jurassic upper part of Hsiangchi Formation. (in Chinese)
1999b Wang Yongdong, Mei Shengwu, p. 1333, figs. 1 — 3; fronds, fertile pinnae sori and in situ spores; Xiangxi of Zigui, Hubei; Early Jurassic upper part of Hsiangchi Formation. (in English)
2002 Meng Fansong and others, pl. 2, figs. 1, 2; fronds; Xiangxi of Zigui, Hubei; Early Jurassic Hsiangchi (Xiangxi) Formation.
2002 Wang Yongdong, pl. 3, fig. 5; frond; Xiangxi of Zigui, Hubei; Early Jurassic Hsiangchi Formation.
2003 Meng Fansong and others, pl. 1, figs. 9 — 11; sterile pinnae; Shuishikou of Yunyang, Chongqing; Early Jurassic Dongyuemiao Member of Ziliujing Formation.

***Phlebopteris* cf. *polypodioides* Brongniart**

1949 *Laccopteris* cf. *polypodioides* Brongniart, Sze H C, p. 5, pl. 13, figs. 1, 2; fertile pinnae; Jiajiadian of Zigui, Hubei; Early Jurassic Hsiangchi Coal Series.
1954 Hsu J, p. 50, pl. 41, fig. 7; fertile pinna; Jiajiadian of Zigui, Hubei; Early Jurassic Hsiangchi Coal Series.

1963 Sze H C, Lee H H and others, p. 72, pl. 22, figs. 1, 1a; fertile pinnae; Xiangxi of Zigui and Jiajiadian of Dangyang, Hubei; Early Jurassic Hsiangchi Group; Huoshiling (Huoshaling) (?), Jilin; Middle — Late Jurassic.

1977 Feng Shaonan and others, p. 208, pl. 77, fig. 5; frond; Dangyang, Hubei; Late Triassic Lower Coal Formation of Hsiangchi Group.

1978 Zhou Tongshun, pl. 15, fig. 12; frond; Dakeng of Zhangping, Fujian; Late Triassic Wenbinshan Formation.

1984 Chen Gongxin, p. 574, pl. 230, fig. 4; pinna; Jiajiadian of Zigui, Hubei; Early Jurassic Hsiangchi (Xiangxi) Formation.

1984 Gu Daoyuan, p. 139, pl. 66, fig. 4; pl. 71, fig. 2; pl. 75, fig. 8; pl. 76, figs. 10, 11; fronds; Turpan Depression, Xinjiang; Early Jurassic Sangonghe Formation.

1985 Li Peijuan, p. 148, pl. 17, figs. 1, 1a; pl. 18, figs. 1, 2, 6; sterile pinnae and fertile pinnae; Wensu, Xinjiang; Early Jurassic.

1993a Wu Xiangwu, p. 113.

1997 Meng Fansong, Chen Dayou, pl. 2, figs. 7, 8; fronds; Nanxi of Yunyang, Chongqing; Middle Jurassic Dongyuemiao Member of Ziliujing Formation.

1999b Meng Fansong, pl. 1, fig. 6; pinna; Xiangxi of Zigui, Hubei; Middle Jurassic Chenjiawan Formation.

***Phlebopteris angustloba* (Presl) Hirmer et Hoerhammer, 1936**

1820 — 1838 *Gutbiera angustloba* Presl, in Sternberg, p. 116, pl. 33, fig. 13; frond; Germany; Early Jurassic.

1936 Hirmer, Hoerhammer, p. 26, pl. 6, fig. 5 (3); frond; Germany; Early Jurassic.

1963 Chow Huiqin, p. 172, pl. 73, fig. 1; frond; Gaoming, Guangdong; Late Triassic.

1965 Tsao Chengyao, p. 514, pl. 1, figs. 7, 8; pl. 3, figs. 13 — 16b; Sterile pinnae and fertile pinnae; Songbaikeng of Gaoming, Guangdong; Late Triassic Siaoping Formation.

1977 Feng Shaonan and others, p. 207, pl. 78, fig. 1; frond; Gaoming, Guangdong; Late Triassic Siaoping Formation.

1982 Wang Guoping and others, p. 242, pl. 110, figs. 1, 2; fronds; Ji'an, Jiangxi; Late Triassic Anyuan Formation; Daotangshan of Jiangshan, Zhejiang; Late Triassic — Early Jurassic.

1986 Zhang Caifan, pl. 2, fig. 4; sterile pinna; Wenjiashi of Liuyang, Hunan; Early Jurassic Gaojiadian Formation.

1988b Huang Qisheng, Lu Zongsheng, p. 549, pl. 10, fig. 3; text-fig. 3; fertile pinnae; Jinshandian of Daye, Hubei; Early Jurassic upper part of Wuchang Formation.

***Phlebopteris brauni* (Goeppert) Hirmer et Hoerhammer, 1936**

1841 — 1846 *Laccopteris brauni* Goeppert, p. 7, pl. 5, figs. 1 — 4; fronds; Germany; Early Jurassic.

1936 Hirmer, Hoerhammer, p. 7, pls. 1, 2; pl. 4, fig. 7; text-figs. 1a — 1d, 3 — 5; fronds; Germany; Early Jurassic.

1978 Zhou Tongshun, pl. 15, fig. 13; frond; Dakeng of Zhangping, Fujian; Late Triassic Wenbinshan Formation.

1980 Zhang Wu and others, p. 239, pl. 125, figs. 6, 7; text-fig. 179; sterile pinnae and fertile pinnae; Tao'an, Jilin; Early Jurassic Hongqi Formation.

1982 Wang Guoping and others, p. 242, pl. 110, fig. 3; frond; Dakeng of Zhangping, Fujian;

Late Triassic Wenbinshan Formation.

1984 Wang Ziqiang, p. 240, pl. 125, figs. 2 — 6; fronds; Chahar Right Wing Middle Banner, Inner Mongolia; Nansuletu Formation; Huairen, Shanxi; Early Jurassic Yongdingzhuang Formation; Chengde, Hebei; Early Jurassic Jiashan Formation.

?*Phlebopteris brauni* **(Goeppert) Hirmer et Hoerhammer**

1968 *Fossil Atlas of Mesozoic Coal-bearing Strata in Kiangsi and Hunan Provinces*, p. 41, pl. 6, fig. 4; sterile pinna and fertile pinna; Youluo of Fengcheng, Jiangxi; Late Triassic member 5 of Anyuan Formation.

Phlebopteris **cf.** ***brauni*** **(Goeppert) Hirmer et Hoerhammer**

1963 Sze H C, Lee H H and others, p. 73, pl. 23, figs. 1, 1a; fronds; Jiajiadian of Zigui, Hubei; Early Jurassic.

1977 Feng Shaonan and others, p. 208, pl. 77, fig. 2; frond; Dangyang, Hubei; Early — Middle Jurassic Upper Coal Formation of Hsiangchi Group.

1980 He Dechang, Shen Xiangpeng, p. 9, pl. 16, figs. 9, 9a; fronds; Huangnitang of Qiyang and Zhoushi of Hengnan, Hunan; Early Jurassic.

1982b Yang Xuelin, Sun Liwen, p. 31, pl. 3, figs. 1, 2; text-fig. 13; fronds; Hongqi Coal Mine of southeastern Da Hinggan Ling; Early Jurassic Hongqi Formation.

1984 Chen Gongxin, p. 574, pl. 230, fig. 5; pinna; Jiajiadian of Zigui, Hubei; Early Jurassic Hsiangchi (Xiangxi) Formation.

1998 Huang Qisheng and others, pl. 1, fig. 18; frond; Miaoyuancun of Shangrao, Jiangxi; Early Jurassic member 3 of Linshan Formation.

△*Phlebopteris digitata* **Chow et Huang, 1976 (non Liu, 1980)**

1976 Chow Huiqin, Huang Zhigao, in Chow Huiqin and others, p. 206, pl. 107, figs. 4, 5; pl. 108, figs. 2 — 7; sterile pinnae and fertile pinnae; Wuziwan of Jungar Banner, Inner Mongolia; Early Jurassic Fuxian Formation. (Notes: The type specimen was not designated in the original paper)

△*Phlebopteris digitata* **Liu, 1980 (non Chow et Huang, 1976)**

(Notes: This specific name *Phlebopteris digitata* Liu, 1980 is a later isonym of *Phlebopteris digitata* Chow et Huang, 1976)

1980 Liu Zijin, in Huang Zhigao, Zhou Huiqin, p. 74, pl. 49, figs. 4, 5, 7; text-fig. 3; sterile pinnae and fertile pinnae; OP60012, OP60013, OP60016; Wuziwan of Jungar Banner, Inner Mongolia; Early Jurassic Fuxian Formation. (Notes: The type specimen was not designated in the original paper)

△*Phlebopteris gonjoensis* **Wu, 1982**

1982b Wu Xiangwu, p. 81, pl. 5, figs. 4, 4a, 5; fronds; Col. No.: F5005, 1fx15; Reg. No.: PB7725, PB7726; Holotype: PB7725 (pl. 5, figs. 4, 4a); Repository: Nanjing Institute of Geology and Palaeontology, Chinese Academy of Sciences; Gonjo and Qamdo, Tibet; Late Triassic upper member of Bagong Formation.

△*Phlebopteris hubeiensis* **Chen, 1977**

1977 Chen Gongxin, in Feng Shaonan and others, p. 208, pl. 76, figs. 6 — 8; fronds; Reg. No.:

P5072 — P5074, P5076; Sytyptes: P5072 — P5074, P5076 (pl. 76, figs. 6 — 8); Repository: Geological Bureau of Hubei Province; Tongzhuyuan of Dangyang, Hubei; Early — Middle Jurassic Upper Coal Formation of Hsiangchi Group. [Notes: Acorrding to *International Code of Botanical Nomenclature* (*Vienna Code*) article 37. 2, the holotypetye specimen should be unique]

1984 Chen Gongxin, p. 573, pl. 230, figs. 1 — 3; fronds; Tongzhuyuan of Dangyang, Hubei; Early Jurassic Tongzhuyuan Formation.

△*Phlebopteris? linearifolis* Sze, 1956

1956a Sze H C, pp. 18, 126, pl. 7, figs. 7, 7a; fronds; Col. No.: PB2325; Repository: Nanjing Institute of Geology and Palaeontology, Chinese Academy of Sciences; Tanhegou in Silangmiao (T'anhokou in Shilangmiao) of Yijun, Shaanxi; Late Triassic upper part of Yenchang Formation.

1963 Sze H C, Lee H H and others, p. 73, pl. 22, figs. 2, 2a; fronds; Tanhegou in Silangmiao (T'anhokou in Shilangmiao) of Yijun, Shaanxi; Late Triassic upper part of Yenchang Group.

△*Phlebopteris microphylla* Wu et Zhou, 1986

1986 Wu Shunqing, Zhou Hanzhong, pp. 640, 646, pl. 3, figs. 1, 2, 6 — 8a; fronds and fertile pinnae; Col. No.: ADPK-2, ADP-K212, ADP-K279, ADP-K281, ADP-K284; Reg. No.: PB11763 — PB11766, PB11791; Holotype: PB11763 (pl. 3, fig. 7); Repository: Nanjing Institute of Geology and Palaeontology, Chinese Academy of Sciences; Toksun of northwestern Turpan Depression, Xinjiang; Early Jurassic Badaowan Formation.

***Phlebopteris muensteri* (Schenk) Hirmer et Hoerhammer, 1936**

1876 *Laccopteris muensteri* Schenk, p. 97, pl. 24, figs. 6 — 11; pl. 25, figs. 1, 2; fronds; Germany; Late Triassic.

1936 Hirmer, Hoerhammer, p. 17, pl. 3; pl. 4, figs. 1 — 6; pl. 5; fronds; Germany; Late Triassic.

2002 Wang Yongdong, pl. 3, fig. 3; frond; Xiangxi of Zigui, Hubei; Early Jurassic Hsiangchi Formation.

△*Phlebopteris shiguaigouensis* Chang, 1976

1976 Chang Chichen, p. 185, pl. 87, figs. 2 — 4; text-fig. 103; sterile pinnae and fertile pinnae; Reg. No.: N49-51; Shiguaigou of Baotou, Inner Mongolia; Early Jurassic Shiguai Group (Wudanggou Formation). (Notes: The type specimen was not designated in the original paper)

△*Phlebopteris sichuanensis* Yang, 1978

1978 Yang Xianhe, p. 482, pl. 188, figs. 3 — 5a; fronds and fertile pinnae; Reg. No.: Sp0148 — Sp0150; Syntype 1: Sp0148 (pl. 188, figs. 3, 3a); Syntype 2: Sp0149 (pl. 188, fig. 4); Repository: Chengdu Institute of Geology and Mineral Resources; Tieshan of Daxian, Sichuan (Szechuan); Early — Middle Jurassic Ziliujing Formation. [Notes: According to *International Code of Botanical Nomenclature* (*Vienna Code*) article 37. 2, from the year 1958, the holotype type specimen should be unique]

1989 Mei Meitang and others, p. 78, pl. 35, fig. 4; fertile frond; Sichuan; Late Triassic.

△***Phlebopteris splendidus*** **Li, 1982**

1982 Li Peijuan, p. 81, pl. 2, figs. 3 — 5b; text-fig. 3; sterile pinnae and fertile pinnae; Col. No. : FT23-6, FT23-8; Reg. No. : PB7912, PB7913; Syntype 1: PB7913 (pl. 2, fig. 3); Syntype 2: PB7913 (pl. 2, fig. 4); Repository: Nanjing Institute of Geology and Palaeontology, Chinese Academy of Sciences; Baxoi, Tibet; Early Cretaceous Duoni Formation. [Notes: According to *International Code of Botanical Nomenclature* (*Vienna Code*) article 37. 2, from the year 1958, the holotype type specimen should be unique]

Phlebopteris torosa **Sixtel, 1960**

1960 Sixtel, p. 54, pl. 11, figs. 9, 10; fronds; Gissar Mountain; Late Triassic.

1988 Li Peijuan and others, p. 51, pl. 16, fig. 4; pl. 18, fig. 1; pl. 20, fig. 2; text-fig. 16; fronds; Dameigou of Da Qaidam, Qinghai; Middle Jurassic *Eboracia* Bed of Yinmagou Formation.

1995a Li Xingxue (editor-in-chief), pl. 90, fig. 1; pl. 92, fig. 3; fronds; Dameigou of Da Qaidam, Qinghai; Middle Jurassic Yinmagou Formation. (in Chinese)

1995b Li Xingxue (editor-in-chief), pl. 90, fig. 1; pl. 92, fig. 3; fronds; Dameigou of Da Qaidam, Qinghai; Middle Jurassic Yinmagou Formation. (in English)

***Phlebopteris* cf. *torosa* Sixtel**

1998 Zhang Hong and others, pl. 22, fig. 3; frond; Dameigou of Da Qaidam, Qinghai; Early Jurassic Huoshaoshan Formation.

△***Phlebopteris xiangyuensis*** **Lee et Tsao, 1976**

1974a Lee P C, Tsao Chengyao, in Lee P C and others, p. 356, pl. 188, figs. 1 — 7; sterile fronds and fertile fronds; Heyewan of Emei, Sichuan; Late Triassic Hsuchiaho Formation; Mupangpu of Xiangyun, Yunnan; Late Triassic Xiangyun Formation. (nom. nud.)

1976 Lee P C, Tsao Chengyao, in Lee P C and others, p. 103, pl. 13, figs. 1, 2, 5, 7 — 9; pl. 14, figs. 1 — 7; pl. 15, figs. 1, 2; Col. No. : AARⅡ1/30M, AARⅣ1/50M; Reg. No. : PB5225 — PB5237, PB5243; Holotype: PB5243 (pl. 15, fig. 2); sterile pinnae and fertile pinnae; Repository: Nanjing Institute of Geology and Palaeontology, Chinese Academy of Sciences; Mupangpu of Xiangyun, Yunnan; Late Triassic Baitutian Member of Xiangyun Formation; Yubacun of Lufeng, Yunnan; Late Triassic Shezi Member of Yipinglang Formation; Wenzhan of Eryuan, Yunnan; Late Triassic Baijizu Formation.

1978 Yang Xianhe, p. 482, pl. 166, figs. 4, 5; sterile pinnae and fertile pinnae; Heyewan of Emei, Sichuan; Late Triassic Hsuchiaho Formation.

1979 He Yuanliang and others, p. 136, pl. 60, figs. 4, 5; fronds; Zaduo, Qinghai; Late Triassic upper part of Jieza Group.

1982 Duan Shuying, Chen Ye, p. 495, pl. 3, figs. 5, 6; sterile fronds and fertile fronds; Tanba of Hechuan, Sichuan; Late Triassic Hsuchiaho Formation.

1986a Chen Qishi, p. 447, pl. 1, figs. 4 — 6; sterile pinnae and fertile pinnae; Chayuanli of Quxian, Zhejiang; Late Triassic Chayuanli Formation.

1989 Mei Meitang and others, p. 82, pl. 55, fig. 5; frond; South China; Late Triassic.

1990 Wu Xiangwu, He Yuanliang, p. 295, pl. 3, figs. 2, 2a; pl. 4, figs. 2, 2a, 3; fronds; Yushu,

Qinghai; Late Triassic Gema Formation of Jieza Group.

1999b Wu Shunqing, p. 20, pl. 9, figs. 2, 2a; pl. 11, figs. 1, 1a; pl. 12, fig. 2; fronds; Heyewan of Emei, Sichuan; Late Triassic Hsuchiaho Formation.

△*Phlebopteris ziguiensis* Meng, 1987

1987 Meng Fansong, p. 240, pl. 25, figs. 4 — 5a; sterile pinnae and fertile pinnae; Col. No.: X-81-P-2; Reg. No.: P82142, P82143; Syntype 1: P82143 (pl. 25, fig. 4); Syntype 2: P82142 (pl. 25, fig. 5); Repository: Yichang Institute of Geology and Mineral Resources; Xiangxi of Zigui, Hubei; Early Jurassic Hsiangchi (Xiangxi) Formation. [Notes: According to *International Code of Botanical Nomenclature* (*Vienna Code*) article 37. 2, from the year 1958, the holotype type specimen should be unique]

2002 Wang Yongdong, pl. 2, figs. 2, 4 (right), 6; pl. 3, fig. 1; fronds; Xiangxi of Zigui, Hubei; Early Jurassic Hsiangchi Formation.

***Phlebopteris* spp.**

1968 *Phlebopteris* sp., *Fossil Atlas of Mesozoic Coal-bearing Strata in Kiangsi and Hunan Provinces*, p. 41, pl. 34, fig. 3; fertile pinna; Puqian of Hengfeng, Jiangxi; Early Jurassic Xishanwu Formation.

1982b *Phlebopteris* sp., Zheng Shaolin, Zhang Wu, p. 297, pl. 3, fig. 8; frond; Yunshan of Hulin, Heilongjiang; Middle Jurassic Peide Formation.

1984 *Phlebopteris* sp., Zhou Zhiyan, p. 15, pl. 6, fig. 1; pinna; Xiwan of Zhongshan, Guangxi; Early Jurassic Daling Member of Xiwan Formation.

1986b *Phlebopteris* sp. 1 (*P.* cf. *xiangyunensis* Li et Tsao), Chen Qishi, p. 7, pl. 5, fig. 5; frond; Wuzao of Yiwu, Zhejiang; Late Triassic Wuzao Formation.

1986b *Phlebopteris* sp. 2, Chen Qishi, p. 7, pl. 6, fig. 3; frond; Wuzao of Yiwu, Zhejiang; Late Triassic Wuzao Formation.

1986 *Phlebopteris* sp., Wu Shunqing, Zhou Hanzhong, p. 640, pl. 3, figs. 4 — 5a; fronds; Toksun of northwestern Turpan Depression, Xinjiang; Early Jurassic Badaowan Formation.

1986 *Phlebopteris* sp., Zhou Tongshun, Zhou Huiqin, p. 67, pl. 20, figs. 6, 6a; fertile pinnae; Dalongkou area of Jimsar, Xinjiang; Middle Triassic Karamay Formation.

1993 *Phlebopteris* sp., Bureau of Geology and Mineral Resources of Heilongjiang Province, pl. 11, fig. 4; frond; Heilongjiang Province; Middle Jurassic Qihulinhe Formation.

2002 *Phlebopteris*, Wang Yongdong, pl. 3, figs. 2, 4; fronds and roots; Xiangxi of Zigui, Hubei; Early Jurassic Hsiangchi Formation.

2002 *Phlebopteris* sp., Wu Xiangwu and others, p. 152, pl. 4, figs. 1 — 1b; fronds; Wutongshugou of Alxa Right Banner, Inner Mongolia; Middle Jurassic Ningyuanpu Formation.

***Phlebopteris*? sp.**

1989 *Phlebopteris*? sp., Zhou Zhiyan, p. 138, pl. 3, figs. 11, 12; sterile pinnae; Shanqiao of Hengyang, Hunan; Late Triassic Yangbaichong Formation.

Cf. *Phlebopteris* sp.

1983a Cf. *Phlebopteris* sp., Zheng Shaolin, Zhang Wu, p. 79, pl. 2, figs. 1 — 3; text-fig. 7; fertile pinnae; Wanlongcun of Boli, Heilongjiang; Early Cretaceous Dongshan Formation.

Genus *Polypodites* Goeppert, 1836

1836 Goeppert, p. 341.

1980 Zhang Wu and others, p. 248.

1993a Wu Xiangwu, p. 120.

Type species: *Polypodites mantelli* (Brongniart) Goeppert, 1836

Taxonomic status: Polypodiaceae, Filicopsida

Polypodites mantelli (Brongniart) Goeppert, 1836

1835 (1831 — 1837) *Lonchopteris mantelli* Brongniart, in Lindley, Hutton, p. 59, pl. 171; frond; near Wansford, North England; Early Cretaceous.

1836 Goeppert, p. 341.

1993a Wu Xiangwu, p. 120.

Polypodites polysorus Prynada, 1967

1967 Prynada, in Krassilov, p. 129, pl. 24, figs. 1 — 8; pl. 25, figs. 1 — 3; fronds; South Primorski; Early Cretaceous.

1980 Zhang Wu and others, p. 248, pl. 161, figs. 6, 7; pl. 162, figs. 1, 1a; sterile pinnae and fertile pinnae; Jiaohe, Jilin; Early Cretaceous Moshilazi Formation; Jixi, Heilongjiang; Early Cretaceous Chengzihe Formation.

1992a Cao Zhengyao, p. 215, pl. 1, figs. 15 — 16a; fertile pinnae; Suibin-Shuangyashan area of eastern Heilongjiang; Early Cretaceous member 4 of Chengzihe Formation.

1992 Deng Shenghui, pl. 4, fig. 10; fertile pinna; Tiefa Basin, Liaoning; Early Cretaceous Xiaoming'anbei Formation.

1993a Wu Xiangwu, p. 120.

"*Polypodites*" *polysorus* Prynada

1995a Li Xingxue (editor-in-chief), pl. 99, figs. 4, 5; fertile pinnae and spores in situ; Hegang, Heilongjiang; Early Cretaceous Shitouhezi Formation. (in Chinese)

1995b Li Xingxue (editor-in-chief), pl. 99, figs. 4, 5; fertile pinnae and spores in situ; Hegang, Heilongjiang; Early Cretaceous Shitouhezi Formation. (in English)

△Genus *Pseudopolystichum*, Deng et Chen, 2001

2001 Deng Shenghui, Chen Fen, pp. 153, 229.

Type species: *Pseudopolystichum cretaceum* Deng et Chen, 2001

Taxonomic status: Filicopsida

△*Pseudopolystichum cretaceum* Deng et Chen, 2001 (in Chinese and in English)

2001 Deng Shenghui, Chen Fen, pp. 153, 229, pl. 115, figs. 1 — 4; pl. 116, figs. 1 — 6; pl. 117, figs. 1 — 9; pl. 118, figs. 1 — 7; fertile pinnae; No. : TXQ-2520; Repository: Research Institute of Petroleum Exploration and Development, Beijing; Tiefa Basin, Liaoning; Early Cretaceous Xiaoming'anbei Formation.

△Genus *Pteridiopsis* Zheng et Zhang, 1983

1983b Zheng Shaolin, Zhang Wu, p. 381.

1993a Wu Xiangwu, pp. 30, 231.

1993b Wu Xiangwu, pp. 500, 517.

Type species: *Pteridiopsis didaoensis* Zheng et Zhang, 1983

Taxonomic status: Pteridiaceae, Filicopsida

△*Pteridiopsis didaoensis* Zheng et Zhang, 1983

1983b Zheng Shaolin, Zhang Wu, p. 381, pl. 1, figs. 1 — 3; text-figs. 1a — 1c; sterile pinnae and fertile pinnae; No. : HDN021 — HDN023; Holotype: HDN021 (pl. 1, figs. 1 — 1d); Didao of Jixi Basin, Heilongjiang; Late Jurassic Didao Formation.

1993a Wu Xiangwu, pp. 30, 231.

1993b Wu Xiangwu, pp. 500, 517.

△*Pteridiopsis shajinggouensis* Zheng et Zhang, 1987

1987 Zhang Wu, Zheng Shaolin, p. 273, pl. 5, figs. 5 — 8; text-fig. 13; fertile fronds; Reg. No. : SG110029 — SG110032; Repository: Shenyang Institute of Geology and Mineral Resources; Shajingou of Nanpiao, Liaoning; Middle Jurassic Haifanggou Formation. (Notes: The type specimen was not designated in the original paper)

△*Pteridiopsis tenera* Zheng et Zhang, 1983

1983b Zheng Shaolin, Zhang Wu, p. 382, pl. 2, figs. 1 — 3; text-figs. 2c — 2f; sterile pinnae and fertile pinnae; No. : HDN036 — HDN038; Holotype: HDN036 (pl. 2, figs. 3 — 3c); Didao of Jixi Basin, Heilongjiang; Late Jurassic Didao Formation.

1993a Wu Xiangwu, pp. 30, 231.

1993b Wu Xiangwu, pp. 500, 517.

Genus *Pteridium* Scopol, 1760

1983a Wang Ziqing, p. 46.

1993a Wu Xiangwu, p. 125.

Type species: (living genus)

Taxonomic status: Pteridiaceae, Filicopsida

△*Pteridium dachingshanense* Wang, 1983

1983a Wang Ziqing, p. 46, pl. 1, figs. 1 — 9; pl. 2, figs. 13 — 22; text-figs. 2, 3; fronds; Syntype 1:

D6-4663 (pl. 1, fig. 2); Syntype 2: D6-4829 (pl. 1, fig. 1); Syntype 3: D6-4895 (pl. 1, fig. 9); Syntype 4: D6-4888b (pl. 2, fig. 13); Syntype 5: D6-4898 (pl. 2, fig. 14); Syntype 6: D6-4891 (pl. 2, fig. 22); Repository: Nanjing Institute of Geology and Palaeontology, Chinese Academy of Sciences; Daqingshan, Inner Mongolia; Early Cretaceous. [Notes: According to *International Code of Botanical Nomenclature* (*Vienna Code*) article 37. 2, from the year 1958, the holotype type specimen should be unique]

1993a Wu Xiangwu, p. 125.

Genus *Ptychocarpus* Weiss C E, 1869

1869 (1869 — 1872) Weiss C E, p. 95.

1991 Bureau of Geology and Mineral Resources of Beijing Municipality, pl. 11, fig. 4.

Type species: *Ptychocarpus hexastichus* Weiss C E, 1869

Taxonomic status: Filicopsida

***Ptychocarpus hexastichus* Weiss C E, 1869**

1869 (1869 — 1872) Weiss C E, p. 95, pl. 11, fig. 2; fertile frond; Breitenbach, Rhine Prussia; Late Carboniferous.

***Ptychocarpus* sp.**

1991 *Ptychocarpus* sp., Bureau of Geology and Mineral Resources of Beijing Municipality, pl. 11, fig. 4; frond; Dabeisi of West Hill, Beijing; late Permian — Middle Triassic Dabeisi Member of Shuangquan Formation.

Genus *Raphaelia* Debey et Ettingshausen, 1859

1859 Debey, Ettingshausen, p. 220.

1911 Seward, pp. 15, 44.

1963 Sze H C, Lee H H and others, p. 124.

1993a Wu Xiangwu, p. 128.

Type species: *Raphaelia nueropteroides* Debey et Ettingshausen, 1859

Taxonomic status: Filicopsida

***Raphaelia nueropteroides* Debey et Ettingshausen, 1859**

1859 Debey, Ettingshausen, p. 220, pl. 4, figs. 23 — 28; pl. 5, figs. 18 — 20; fronds fragments; Aachen, Rhine Prussia; Late Cretaceous.

1993a Wu Xiangwu, p. 128.

***Raphaelia* cf. *nueropteroides* Debey et Ettingshausen**

1984 Chen Fen and others, p. 49, pl. 18, figs. 4, 5; fronds; Daanshan of West Hill, Beijing; Early Jurassic Upper Yaopo Formation.

△***Raphaelia cretacea* (Samylina) Li, Ye et Zhou, 1986**

1964 *Osmunda cretacea* Samylina, p. 48, pl. 1, fig. 12; pl. 2, figs. 2 — 5; pl. 3, fig. 4; text-figs. 2a — 2c; frond; Kolyma River Basin; Early Cretaceous.

1986 Li Xingxue, Ye Meina, Zhou Zhiyan, p. 18, pl. 18, figs. 4, 4a; text-fig. 5; fronds; Shansong of Jiaohe, Jilin; Early Cretaceous Jiaohe Group.

△***Raphaelia denticulata* (Samylina) Li, Ye et Zhou, 1986**

1964 *Osmunda denticulata* Samylina, p. 49, pl. 2, figs. 6 — 8; fern leaves; Kolyma River Basin; Early Cretaceous.

1986 Li Xingxue and others, p. 18, pl. 16, fig. 4; text-fig. 6; fronds; Shansong of Jiaohe, Jilin; Early Cretaceous Jiaohe Group.

△***Raphaelia diamensis* Seward, 1911**

1911 Seward, pp. 15, 44, pl. 2, figs. 28, 28a, 29, 29a; fronds; Diam River of Juggar Basin, Xinjiang; Early — Middle Jurassic.

1963 Lee H H and others, p. 136, pl. 108, figs. 4 — 7; fronds; Northwest China; Middle — Late Jurassic.

1963 Lee P C, p. 129, pl. 57, figs. 4 — 6; fronds; Junggar, Xinjiang; Dongsheng of Inner Mongolia, Huixian, Chengxian and Pingliang of Gansu; Early Jurassic.

1963 Sze H C, Lee H H and others, p. 124, pl. 44, figs. 5 — 7; fronds; Diam River of Juggar Basin, Xinjiang; Early — Middle Jurassic.

1975 Xu Fuxiang, p. 105, pl. 5, figs. 5, 6, 6a; fronds; Houlaomiao of Tianshui, Gansu; Early — Middle Jurassic Tanheli Formation.

1976 Chow Huiqin and others, p. 213, pl. 119, figs. 4, 4a; fronds; Dongsheng, Inner Mongolia; Middle Jurassic.

1978 Yang Xianhe, p. 496, pl. 159, fig. 10; frond; Shazi of Xiangcheng, Sichuan; Late Triassic Lamaya Formation.

1980 Chen Fen and others, p. 428, pl. 2, figs. 11, 12; fronds; Xiahuayuan of Zhuolu, Hebei; Middle Jurassic Yudaishan Formation.

1980 Zhang Wu and others, p. 261, pl. 138, figs. 1 — 5; text-fig. 191; fronds; Haifanggou of Beipiao, Liaoning; Middle Jurassic Haifanggou Formation; Wenduhua in Horqin Banner of Zhaowuda League, Inner Mongolia; Middle Jurassic Xinmin Formation.

1982b Yang Xuelin, Sun Liwen, p. 50, pl. 20, figs. 1 — 7; text-fig. 19; fronds; Wanbao Coal Mine, Dayoutun, Xing'anbao, Heidingshan, Yumin Coal Mine of southeastern Da Hinggan Ling, Xishala in Jarud Banner and Shuangwopu in Lindong of Inner Mongolia; Middle Jurassic Wanbao Formation.

1983a Zheng Shaolin, Zhang Wu, p. 84, pl. 3, figs. 8, 9; pl. 5, figs. 1, 2; fronds; Wanlongcun of Boli, Heilongjiang; Early Cretaceous Dongshan Formation.

1984a Cao Zhengyao, p. 10, pl. 9, figs. 1 — 2a; fronds; Peide Coal Mine of Mishan, Heilongjiang; Middle Jurassic Qihulin Formation.

1984 Gu Daoyuan, p. 145, pl. 70, fig. 3; pl. 72, fig. 7; fronds; Diam River of Hefeng, Xinjiang; Middle Jurassic Xishanyao Formation.

1985 Yang Xuelin, Sun Liwen, p. 106, pl. 2, figs. 1, 15; fronds; Wanbao Coal Mine and Mangniuhai of southern Da Hinggan Ling; Middle Jurassic Wanbao Formation.

1987 Zhang Wu, Zheng Shaolin, pl. 4, fig. 1; frond; Haifanggou of Beipiao, Liaoning; Middle Jurassic Haifanggou Formation.

1988 LiPeijuan and others, p. 75, pl. 27, fig. 3; pl. 39, figs. 4, 4a; fronds; Dameigou of Da Qaidam, Qinghai; Middle Jurassic *Eboracia* Bed of Yinmagou Formation; Datouyang of Da Qaidam, Qinghai; Middle Jurassic *Tyrmia-Sphenobaiera* Bed of Dameigou Formation.

1989 Mei Meitang and others, p. 92, pl. 43, fig. 4; pl. 44, fig. 1; fronds; China; Late Triassic — Middle Jurassic.

1992 Sun Ge, Zhao Yanhua, p. 533, pl. 231, figs. 5, 6; fronds; Yingchengzi of Jiutai, Jilin; Early Cretaceous Shahezi Formation.

1993a Wu Xiangwu, p. 128.

1996 Mi Jiarong and others, p. 100, pl. 8, fig. 6; frond; Haifanggou of Beipiao, Liaoning; Middle Jurassic Haifanggou Formation.

2003 Yuan Xiaoqi and others, pl. 18, figs. 3, 4; frond; Hantaichuan of Dalad Banner, Inner Mongolia; Middle Jurassic Yan'an Formation.

2003 Yuan Xiaoqi and others, pl. 21, figs. 1, 2; fronds; Gaotouyao of Dalad Banner, Inner Mongolia, China; Middle Jurassic Zhiluo Formation.

2005 Miao Yuyan, p. 522, pl. 1, figs. 14, 15; fronds; Baiyang River area of northwestern Junggar Basin, Xinjiang; Middle Jurassic Xishanyao Formation.

?*Raphaelia diamensis* Seward

1982a Yang Xuelin, Sun Liwen, p. 592, pl. 2, fig. 16; text-fig. 3; fronds; Yingcheng of southern Songhuajiang-Liaohe Basin; Late Jurassic Shahezi Formation.

Raphaelia (*Osmunda*?) *diamensis* Seward

1982b Zheng Shaolin, Zhang Wu, p. 308, pl. 6, figs. 11, 11a; fronds; Guoguanshan of Mishan, Heilongjiang; Late Jurassic Yunshan Formation.

Raphaelia cf. *diamensis* Seward

1986 Li Weirong and others, pl. 1, fig. 10; frond; Yonghong of Hulin, Heilongjiang; Late Jurassic Shuguang Formation.

△*Raphaelia glossoides* Gu, 1984

1984 Gu Daoyuan, p. 146, pl. 70, fig. 1; frond; Col. No.: OPK021; Reg. No.: XPC111; Repository: Petroleum Administration of Xinjiang Uighur Autonomous Region; Crassus River of Karamay (Kuqa), Xinjiang; Middle Jurassic Kezilenur Formation.

Raphaelia prinadai Vachrameev, 1958

1958 Vachrameev, p. 102, pl. 24, figs. 2, 3; Lena Basin; Early Cretaceous.

1980 Chen Fen and others, p. 428, pl. 2, fig. 7; frond; Xiahuayuan of Zhuolu, Hebei; Middle Jurassic Yudaishan Formation.

Raphaelia stricta Vachrameev, 1961

1961 Vachrameev, Dolydenko, p. 77, pl. 24, fig. 3; pl. 29, fig. 1; fronds; Bureya Basin,

Heilongjiang River; Late Jurassic.

1980 Zhang Wu and others, p. 261, pl. 137, figs. 2 — 5; fronds; Haifanggou of Beipiao, Liaoning; Middle Jurassic Haifanggou Formation.

1982b Yang Xuelin, Sun Liwen, p. 50, pl. 20, figs. 8, 9; fronds; Wanbao Coal Mine of southeastern Da Hinggan Ling; Middle Jurassic Wanbao Formation.

1983 Li Jieru, p. 22, pl. 2, fig. 1; frond; Houfulongshan of Jinxi, Liaoning; Middle Jurassic member 3 of Haifanggou Formation.

1985 Yang Xuelin, Sun Liwen, p. 106, pl. 3, fig. 10; frond; Wanbao Coal Mine of southeastern Da Hinggan Ling; Middle Jurassic Wanbao Formation.

1987 Zhang Wu, Zheng Shaolin, pl. 4, fig. 5; frond; Taizishan in Changgao of Beipiao, Liaoning; Middle Jurassic Lanqi Formation.

1989 Bureau of Geology and Mineral Resources of Liaoning Province, pl. 9, fig. 9; frond; Haifanggou of Beipiao, Liaoning; Middle Jurassic Haifanggou Formation.

1989 Mei Meitang and others, p. 92, pl. 46, fig. 4; frond; Beipiao, Liaoning; Middle Jurassic.

Raphaelia spp.

1980 *Raphaelia* sp., Chen Fen and others, p. 428, pl. 3, figs. 3, 6, 7; fronds; Daanshan of West Hill, Beijing; Early Jurassic Lower Yaopo Formation.

1987 *Raphaelia* sp., Zhang Zhicheng, p. 378, pl. 6, figs. 5, 6; fronds; Haizhou Opencut Coal Mine of Fuxin, Liaoning; Early Cretaceous Fuxin Formation.

2000 *Raphaelia* sp., Wu Shunqing, p. 222, pl. 4, figs. 7, 7a; fronds; Dayushan, Hongkong; Early Cretaceous Repulse Bay Group.

Raphaelia? spp.

1980 *Raphaelia*? sp., Huang Zhigao, Zhou Huiqin, p. 82, pl. 57, fig. 3; frond; Yangjiaya of Yan'an, Shaanxi; Late Triassic lower part of Yenchang Formation.

1988 *Raphaelia*? sp., Li Peijuan and others, p. 75, pl. 27, figs. 4, 4a; fronds; Dameigou of Da Qaidam, Qinghai; Middle Jurassic *Tyrmia-Sphenobaiera* Bed of Dameigou Formation.

△Genus *Reteophlebis* Lee et Tsao, 1976

1976 Lee P C, Tsao Zhengyao, in Lee P C and others, p. 102.

1993a Wu Xiangwu, pp. 31, 232.

1993b Wu Xiangwu, pp. 499, 517.

Type species: *Reteophlebis simplex* Lee et Tsao, 1976

Taxonomic status: Osmundaceae, Filicopsida

△*Reteophlebis simplex* Lee et Tsao, 1976

1976 Lee P C, Tsao Zhengyao, in Lee P C and others, p. 102, pl. 10, figs. 3 — 8; pl. 11; pl. 12, figs. 4, 5; text-fig. 3-2; sterile pinnae and fertile pinnae; Reg. No. : PB5203 — PB5214, PB5218, PB5219; Holotype: PB5214 (pl. 11, fig. 8); Repository: Nanjing Institute of Geology and Palaeontology, Chinese Academy of Sciences; Yipinglang of Lufeng,

Yunnan; Late Triassic Ganhaizi Member of Yipinglang Formation.

1982b Wu Xiangwu, p. 81, pl. 5, figs. 2 — 2b; fronds; Bagong of Chagyab, Tibet; Late Triassic upper member of Bagong Formation.

1993a Wu Xiangwu, pp. 31, 232.

1993b Wu Xiangwu, pp. 499, 517.

Genus *Rhinipteris* Harris, 1931

1931 Harris, p. 58.

1966 Wu Shunching, p. 234.

1993a Wu Xiangwu, p. 130.

Type species: *Rhinipteris concinna* Harris, 1931

Taxonomic status: Marattiaceae, Filicopsida

Rhinipteris concinna Harris, 1931

1931 Harris, p. 58, pls. 12, 13; fertile fronds; Scoresby Sound, East Greenland; Late Triassic *Lepidopteris* Zone.

1993a Wu Xiangwu, p. 130.

Rhinipteris cf. *concinna* Harris

1966 Wu Shunching, p. 234, pl. 1, figs. 4 — 4b; fertile pinnae; Longtoushan of Anlong, Guizhou; Late Triassic.

1993a Wu Xiangwu, p. 130.

Genus *Rhizomopteris* Schimper, 1869

1869 Schimper, p. 699.

1911 Seward, pp. 12, 40.

1993a Wu Xiangwu, p. 130.

Type species: *Rhizomopteris lycopodioides* Schimper, 1869

Taxonomic status: Filicopsida

Rhizomopteris lycopodioides Schimper, 1869

1869 Schimper, p. 699, pl. 2; fern rhizome(?); near Dresden, Germany; Carboniferous.

1993a Wu Xiangwu, p. 130.

△*Rhizomopteris sinensis* Gu, 1978 (non Gu, 1984)

1978 Gu Daoyuan, pp. 98, 99, pl. 1, figs. 1 — 6; rhizomes; Reg. No.: ZH5001, ZH5002, ZH5004, ZH5005, ZH5007, ZH5009; Holotype: ZH5001 (pl. 1, fig. 1); Paratype: ZH5002, ZH5004, ZH5005, ZH5007, ZH5009 (pl. 1, figs. 2 — 6); Repository: Petroleum Administration of Xinjiang Uighur Autonomous Region; Lianmuqin of Shanshan,

Xinjiang; Middle Jurassic Xishanyao Formation.

△***Rhizomopteris sinensis*** **Gu, 1984 (non Gu, 1978)**

(Notes: This specific name *Rhizomopteris sinensis* Gu, 1984 is a later isonym of *Rhizomopteris sinensis* Gu, 1978)

1984 Gu Daoyuan, p. 142, pl. 67, figs. 1 — 9; fern rhizomes; Col. No.: L281; Reg. No.: XPC001 — XPC009; Holotype: XPC001 (pl. 67, fig. 1); Repository: Petroleum Administration of Xinjiang Uighur Autonomous Region; Lianmuqin of Shanshan, Xinjiang; Middle Jurassic Xishanyao Formation.

△***Rhizomopteris taeniana*** **Deng, 1995**

1995b Deng Shenghui, pp. 33, 111, pl. 20, fig. 5; pl. 22, fig. 8; text-fig. 11; rhizomes; No.: H11-370, H14-459; Repository: Research Institute of Petroleum Exploration and Development; Huolinhe Basin, Inner Mongolia; Early Cretaceous Huolinhe Formation. (Notes: The type specimen was not designated in the original paper)

△***Rhizomopteris yaojiensis*** **Sun et Shen, 1986 (non Sun et Shen, 1998)**

1986 Sun Bainian, Shen Guanglong, pp. 127, 130, figs. 1, 2; rhizomes; Yaojie Coal Field of Lanzhou, Gansu; Middle Jurassic upper part of Yaojie Formation.

△***Rhizomopteris yaojiensis*** **Sun et Shen, 1998 (non Sun et Shen, 1996)** (in Chinese)

(Notes: This specific name *Rhizomopteris yaojiensis* Sun et Shen, 1998 is a later isonym of *Rhizomopteris yaojiensis* Sun et Shen, 1986)

1998 Sun Bainian, Shen Guanglong, in Zhang Hong, p. 275, pl. 17, fig. 9 (Holotype); rhizome; Yaojie Coal Field of Lanzhou, Gansu; Middle Jurassic Yaojie Formation. (Notes: The repository of the type specimen was not designated in the original paper)

Rhizomopteris **spp.**

1911 *Rhizomopteris* sp., Seward, pp. 12, 40, pl. 1, fig. 14 (right); pl. 2, fig. 16; rhizomes; Kubuk River of Junggar (Dzungaria) Basin, Xinjiang; Early — Middle Jurassic.

1949 *Rhizomopteris* sp., Sze H C, p. 6; Taizigou of Dangyang, Hubei; Early Jurassic Hsiangchi Coal Series.

1963 *Rhizomopteris* sp., Sze H C, Lee H H and others, p. 91; Taizigou of Dangyang, Hubei; Early Jurassic Hsiangchi Group.

1986 *Rhizomopteris* sp., Ye Meina and others, p. 40, pl. 25, figs. 5, 5a; rhizomes; Binlang of Daxian, Sichuan; Late Triassic member 7 of Hsuchiaho Formation.

1988 *Rhizomopteris* sp., Li Peijuan and others, p. 76, pl. 54, figs. 4B, 4b; rhizomes; Dameigou of Da Qaidam, Qinghai; Early Jurassic *Cladophlebis* Bed of Huoshaoshan Formation.

1991 *Rhizomopteris* sp., Wu Xiangwu, pl. 2, fig. 2B; rhizome; Shazhenxi of Zigui, Hubei; Middle Jurassic Hsiangchi Formation.

1993 *Rhizomopteris* sp., Sun Ge, p. 68, pl. 8, figs. 7, 8; rhizomes; Tianqiaoling of Wangqing, Jilin; Late Triassic Malugou Formation.

1993a *Rhizomopteris* sp., Wu Xiangwu, p. 130.

1995b *Rhizomopteris* sp., Deng Shenghui, p. 335, pl. 20, fig. 4; rhizome; Huolinhe Basin, Inner Mongolia; Early Cretaceous Huolinhe Formation.

△Genus *Rireticopteris* Hsu et Chu Chu C N, 1974

1974 Hsu J, Chu Chinan, in Hsu J and others, p. 269.

1993a Wu Xiangwu, pp. 32, 233.

1993b Wu Xiangwu, pp. 498, 517.

Type species: *Rireticopteris microphylla* Hsu et Chu C N, 1974

Taxonomic status: Filicopsida?

△*Rireticopteris microphylla* Hsu et Chu C N, 1974

1974 Hsu J, Chu Chinan, in Hsu J and others, p. 269, pl. 1, figs. 7—9; pl. 2, figs. 1—4; pl. 3, fig. 1; text-fig. 1; fronds; No. : No. 825, No. 830, No. 2785, No. 2839; Syntype 1: No. 2785 (pl. 1, fig. 7); Syntype 2: No. 2839 (pl. 1, fig. 8); Repository: Institute of Botany, the Chinese Academy of Sciences; Nalajing of Yongren, Yunnan; Late Triassic Daqiaodi Formation; Taipingchang of Dukou, Sichuan; Late Triassic base part of Daqiaodi Formation. [Notes: According to *International Code of Botanical Nomenclature* (*Vienna Code*) article 37. 2, from the year 1958, the holotype type specimen should be unique]

1978 Yang Xianhe, p. 479, pl. 164, fig. 6; pl. 171, fig. 2; sterile fronds and fertile pinnae; Huijiasuo of Dukou, Sichuan; Late Triassic Daqiaodi Formation.

1979 Hsu J and others, p. 36, pl. 11, figs. 5—5b; pl. 12, figs. 1—4; pl. 13, figs. 2, 2a; text-figs. 12a, 12b; fronds; Baoding, Sichuan; Late Triassic lower part of Daqiaodi Formation; Taipingchang of Dukou, Sichuan; Late Triassic lower part of Daqing Formation.

1993a Wu Xiangwu, pp. 32, 233.

1993b Wu Xiangwu, pp. 498, 517.

Genus *Ruffordia* Seward, 1849

1849 Seward, p. 76.

1963 Sze H C, Lee H H and others, p. 69.

1993a Wu Xiangwu, p. 131.

Type species: *Ruffordia goepperti* (Dunker) Seward, 1849

Taxonomic status: Schizaceae, Filicopsida

Ruffordia goepperti (Dunker) Seward, 1849

1846 *Sphenopteris goepperti* Dunker, p. 4, pl. 1, fig. 6; pl. 9, figs. 1—3; fronds; West Europe;

Early Cretaceous.

1849 Seward, p. 76, pl. 3, figs. 5, 6; pl. 4; pl. 5; pl. 6, fig. 1; sterile fronds and fertile fronds; England; Early Cretaceous (Wealden).

1978 Yang Xuelin and others, pl. 1, fig. 5; frond; Jiaohe Basin, Jilin; Early Cretaceous Wulin Formation.

1980 Zhang Wu and others, p. 236, pl. 151, figs. 8, 9; pl. 152, figs. 1, 2; fronds; Jixi and Boli, Heilongjiang; Early Cretaceous Chengzihe Formation and Muling Formation; Yimin, Heilongjiang; Early Cretaceous Yimin Formation; Tongfosi of Yanji, Jilin; Early Cretaceous Tongfosi Formation.

1982 Liu Zijin, p. 122, pl. 61, figs. 1 — 4; fronds; Huaya of Chengxian and Lishan of Kangxian, Gansu; Early Cretaceous Huaya Formation and Zhoujiawan Formation of Donghe Group.

1982 Wang Guoping and others, p. 241, pl. 129, figs. 1, 2; sterile fronds and fertile fronds; Xinchang and Jiulong of Wencheng, Zhejiang; Early Cretaceous Guantou Formation; Zhujiazhuang of Laiyang, Shandong; Early Cretaceous.

1982a Yang Xuelin, Sun Liwen, pl. 1, fig. 8; frond; Yingcheng of southern Songhuajiang-Liaohe Basin; Late Jurassic Shahezi Formation.

1982b Zheng Shaolin, Zhang Wu, p. 296, pl. 3, figs. 9, 9a; fronds; Sifangtai of Shuangyashan, Heilongjiang; Early Cretaceous Chengzihe Formation.

1983a Zheng Shaolin, Zhang Wu, p. 77, pl. 1, figs. 2, 3; text-fig. 5; sterile fronds; Wanlongcun of Boli, Heilongjiang; Early Cretaceous Dongshan Formation.

1984 Wang Ziqiang, p. 240, pl. 150, figs. 1 — 5; fronds; Zhangjiakou, Heibei; Early Cretaceous Qingshila Formation.

1985 Shang Ping, pl. 1, figs. 4, 6; fronds; Fuxin Coal Basin, Liaoning; Early Cretaceous middle member of Haizhou Formation.

1987 Zhang Zhicheng, p. 378, pl. 3, fig. 6; frond; Haizhou Opencut Coal Mine of Fuxin, Liaoning; Early Cretaceous Fuxin Formation.

1988 Chen Fen and others, p. 33, pl. 2, figs. 3 — 9; pl. 60, figs. 4 — 7; pl. 61, figs. 1, 2, 6; pl. 62, fig. 1; sterile fronds and fertile fronds; Fuxin, Liaoning; Early Cretaceous Fuxin Formation; Tiefa Basin, Liaoning; Early Cretaceous Lower and Upper Coal-bearing Member of Xiaoming'anbei Formation.

1989 Ding Baoliang and others, pl. 1, figs. 1, 2; sterile fronds and fertile fronds; Jingling of Xinchang and Konglong of Wencheng, Zhejiang; Early Cretaceous Guantou Formation.

1989 Mei Meitang and others, p. 81, pl. 38, fig. 5; frond; Liaoning, Fujian, Hebei and Shaanxi; Late Jurassic — Early Cretaceous.

1989 Zheng Shaolin, Zhang Wu, pl. 1, fig. 9; frond; Nieerkucun in Nanzamu of Xinbin, Liaoning; Early Cretaceous Nieerku Formation.

1991 Zhang Chuanbo and others, pl. 2, fig. 6; frond; Liufangzi of Jiutai, Jilin; Early Cretaceous Dayangcaogou Formation.

1992 Deng Shenghui, pl. 1, figs. 1 — 4; sterile pinnae and fertile pinnae; Tiefa Basin, Liaoning; Early Cretaceous Xiaoming'anbei Formation.

1992a Cao Zhengyao, pl. 1, fig. 14; pl. 2, fig. 4; frond; Suibin-Shuangyashan area of

Heilongjiang; Early Cretaceous member 1 of Chengzihe Formation and Muling Formation.

1992 Sun Ge, Zhao Yanhua, p. 525, pl. 220, figs. 9 — 11; fronds; Luozigou of Wangqing, Jilin; Early Cretaceous Dalazi Formation; Mingyue of Antu, Jilin; Middle Jurassic Tuntianying Formation.

1993 Bureau of Geology and Mineral Resources of Heilongjiang Province, pl. 12, fig. 4; frond; Heilongjiang Province; Early Cretaceous Muling Formation.

1993 Hu Shusheng, Mei Meitang, p. 326, pl. 1, figs. 1, 2; fronds; Taixin of Liaoyuan, Jilin; Early Cretaceous Lower Coal-bearing Member of Chang'an Formation.

1993 Li Jieru and others, pl. 1, fig. 15; frond; Jixian of Dandong, Liaoning; Early Cretaceous Xiaoling Formation.

1993a Wu Xiangwu, p. 131.

1994 Cao Zhengyao, fig. 3d; frond; Wencheng, Zhejiang; early Early Cretaceous Guantou Formation.

1995 Deng Shenghui, Yao Lijun, pl. 1, figs. 2, 4, 8; sporagia and spores; Northeast China; Early Cretaceous.

1995a Li Xingxue (editor-in-chief), pl. 98, figs. 1, 2; sterile pinnae and spores; Hegang, Heilongjiang; Early Cretaceous Shitouhezi Formation; Tiefa, Liaoning; Early Cretaceous Xiaoming'anbei Formation. (in Chinese)

1995b Li Xingxue (editor-in-chief), pl. 98, figs. 1, 2; sterile pinnae and spores; Hegang, Heilongjiang; Early Cretaceous Shitouhezi Formation; Tiefa, Liaoning; Early Cretaceous Xiaoming'anbei Formation. (in English)

1995a Li Xingxue (editor-in-chief), pl. 113, fig. 1; frond; Wencheng, Zhejiang; Early Cretaceous Guantou Formation. (in Chinese)

1995b Li Xingxue (editor-in-chief), pl. 113, fig. 1; frond; Wencheng, Zhejiang; Early Cretaceous Guantou Formation. (in English)

1996 Zheng Shaolin, Zhang Wu, pl. 1, fig. 4; sterile pinna; Yingcheng of Jiutai, Jilin; Early Cretaceous Shahezi Formation.

1997 Deng Shenghui and others, p. 21, pl. 3, fig. 14, 15; pl. 4, figs. 1 — 5; sterile leaves, fertile pinna, sporangia and spores; Jalai Nur and Yimin, Inner Mongolia; Early Cretaceous Yimin Formation.

1998a Deng Shenghui, pl. 1, figs. 14 — 26; fertile pinnae, sporangia and spores; Yimin of Hailar, Inner Mongolia; Early Cretaceous Yimin Formation; Tiefa Basin, Liaoning; Early Cretaceous Xiaoming'anbei Formation.

1999 Cao Zhengyao, p. 41, pl. 1, figs. 4 — 10(?), 11(?); pl. 2, fig. 8; text-fig. 16; sterile fronds and fertile fronds; Konglong of Wencheng, Hengkeng of Taishun, Xiaoling of Linhai, Jingling and Suqin of Xinchang, Xiaofei of Wuyi, Zhejiang; Early Cretaceous Guantou Formation; Guangxiangsi of Shaoxing, Huaqian of Wencheng, Puping of Cangnan, Zhejiang; Early Cretaceous Moshishan Formation or member C of Moshishan Formation; Dongcun of Shouchang, Zhejiang; Early Cretaceous Shouchang Formation.

2000 Hu Shusheng, Mei Meitang, pl. 1, fig. 1; frond; Taixin 3th Pit of Liaoyuan, Jilin; Early Cretaceous Lower Coal-bearing Member of Chang'an Formation.

2001 Deng Shenghui, Chen Fen, pp. 61, 196, pl. 11, figs. 1 — 7; pl. 12, figs. 1 — 7; pl. 13, figs. 1 — 7; pl. 14, figs. 1 — 5; pl. 15, figs. 1 — 6; pl. 16, figs. 1 — 7; pl. 17, figs. 1 — 7; pl. 18, figs. 1 — 16; pl. 19, figs. 1 — 3; pl. 42, fig. 5; text-fig. 8; sterile fronds and fertile fronds; Tiefa Basin, Liaoning; Early Cretaceous Xiaoming'anbei Formation; Fuxin Basin, Liaoning; Early Cretaceous Fuxin Formation; Hailar Basin, Inner Mongolia; Early Cretaceous Yimin Formation; Guyang Basin, Inner Mongolia; Early Cretaceous Guyang Formation; Liaoyuan Basin, Jilin; Early Cretaceous Liaoyuan Formation; Jiutai-Yingcheng area, Jilin; Early Cretaceous Yingcheng Formation; Yanji Basin, Jilin; Early Cretaceous Changcai Formation; Jixi Basin, Heilongjiang; Early Cretaceous Chengzihe Formation and Muling Formation; Sanjiang Basin, Heilongjiang; Early Cretaceous Chengzihe Formation; Boli Basin, Heilongjiang; Early Cretaceous Dongshan Formation.

2001 Cao Zhengyao, p. 214, pl. 1, figs. 1 — 3a; fronds; Huangbanjigou in Shangyuanarea of Beipiaoland, Jianshangou of Yixian, western Liaoning; Early Cretaceous lower part of Yixian Formation.

2002 Deng Shenghui, pl. 3, figs. 1 — 5; fertile fronds, sporangia and spores; Northeast China; Early Cretaceous.

2003 Yang Xiaoju, p. 563, pl. 1, figs. 5, 6; sterile pinnae; Jixi Basin, eastern Heilongjiang; Early Cretaceous Muling Formation.

Cf. *Ruffordia goepperti* (Dunker) Seward

1963 Sze H C, Lee H H and others, p. 69, pl. 22, figs. 3 — 4a; fronds; Shahezi (Shahotzu) of Changtu, Liaoning; Middle — Late Jurassic; Yongan, Fujian; Early Cretaceous Pantou Formation; Zhangjiakou, Hebei; Fengxian, Shaanxi; Late Jurassic — early Early Cretaceous.

1986 Zhang Chuanbo, pl. 1, fig. 4; pl. 2, fig. 2; frond; Tongfosi and Dalazi in Zhixin of Yanji, Jilin; middle — late Early Cretaceous Tongfosi Formation and Dalazi Formation.

***Rufffordia* (*Sphenopteris*) *goepperti* (Dunker) Seward**

1950 Ôishi, p. 42; frond; Fuxin of Liaoning and Mishan of Heilongjiang; Late Jurassic — Early Cretaceous.

Cf. *Ruffordia* (*Sphenopteris*) *goepperti* (Dunker) Seward

1954 Hsu J, p. 48, pl. 42, fig. 5; frond; Yongan, Fujian; Early Cretaceous Pantou Series. [Notes: This specimen lately was referred as Cf. *Ruffordia goepperti* (Dunker) Seward (Sze H C, Lee H H and others, 1963)]

***Ruffordia* sp.**

1991 *Ruffordia*? sp., Bureau of Geology and Mineral Resources of Beijing Municipality, pl. 17, fig. 15; frond; Fangshan, Beijing; Early Cretaceous Lushangfen Formation.

***Ruffordia*? sp.**

1988 *Ruffordia*? sp., Li Jieru, pl. 1, fig. 9; frond; Suzihe Basin, Liaoning; Early Cretaceous.

Genus *Salvinia* Adanson, 1763

1927 Yabe, Endo, p. 115.

1963 Sze H C, Lee H H and others, p. 96.

1993a Wu Xiangwu, p. 133.

Type species: (living genus)

Taxonomic status: Salviniaceae, Salviniales, Filicopsida

△*Salvinia jilinensis* Guo, 2000 (in English)

2000 Guo Shuangxing, p. 229, pl. 1, figs. 4, 5, 7, 8; floating fronds; Reg. No. : PB18601, PB18602; Holotype: PB18601 (pl. 1, fig. 4); Repository: Nanjing Institute of Geology and Palaeontology, Chinese Academy of Sciences; Hunchun, Jilin; Late Cretaceous lower part of Hunchun Formation.

***Salvinia* sp.**

1927 *Salvinia* sp., Yabe, Endo, p. 115, text-figs. 3a — 3d; fronds; Honkeiko Coal Field of Liaoning; Late Cretaceous Honkeiko Group.

1954 *Salvinia* sp., Hsu J, p. 52, pl. 45, figs. 7 — 9; fronds; Benxi, Liaoning; Late Cretaceous.

1963 *Salvinia* sp., Sze H C, Lee H H and others, p. 96, pl. 30, fig. 4; frond; Benxi, Liaoning; Late Cretaceous.

1993a *Salvinia* sp., Wu Xiangwu, p. 133.

Genus *Scleropteris* Saporta, 1872 (non Andrews, 1942)

1872 (1872a — 1873) Saporta, p. 370.

1977 Tuan Shuying and others, p. 116.

1993a Wu Xiangwu, p. 135.

Type species: *Scleropteris pomelii* Saporta, 1872

Taxonomic status: Filicopsida

***Scleropteris pomelii* Saporta, 1872**

1872 (1872a — 1873) Saporta, p. 370, pl. 46, fig. 1; pl. 47, figs. 1, 2; sterile fronds; near Verdun, France; Jurassic.

1993a Wu Xiangwu, p. 135.

△*Scleropteris juncta* Hsu, 1979

1979 Hsu J and others, p. 74, pl. 74, figs. 1, 2; fronds; No. : No. 4727, No. 4728; Repository: Institute of Botany, the Chinese Academy of Sciences; Baoding, and Taipingchang of Dukou, Sichuan; Late Triassic upper part of Daqiaodi Formation. (Notes: The type specimen was not designated in the original paper)

△***Scleropteris saportana* (Heer) Wang, 1979** (nom. nud.)

1876 *Dicksonia saportana* Heer, p. 89, pl. 17, figs. 1, 2; pl. 18, figs. 1 — 3; sterile fronds and fertile fronds; Bureya Basin, Heilongjiang River; Late Jurassic.

1979 Wang Ziqing, Wang Pu, pl. 1, figs. 18, 19; fronds; Tuoli of West Hill, Beijing; Early Cretaceous Tuoli Formation.

△**"*Scleropteris*" *saportana* (Heer) Wang, 1984**

1876 *Dicksonia saportana* Heer, p. 89, pl. 17, figs. 1, 2; pl. 18, figs. 1 — 3; sterile fronds and fertile fronds; Bureya Basin, Heilongjiang River; Late Jurassic.

1979 *Scleropteris saportana* (Heer) Wang, Wang Ziqiang, Wang Pu, pl. 1, figs. 18, 19; fronds; Tuoli of West Hill, Beijing; Early Cretaceous Tuoli Formation.

1984 Wang Ziqiang, p. 249, pl. 149, figs. 2, 3; pl. 153, figs. 4, 5; fronds; Zhangjiakou, Hebei; Early Cretaceous Qingshila Formation; West Hill, Beijing; Early Cretaceous Tuoli Formation.

△***Scleropteris tibetica* Tuan et Chen, 1977**

1977 Tuan Shuying, ChenYe, in Tuan Shuying and others, p. 116, pl. 2, figs. 1 — 4a; fronds; No. :6590, 6593, 6760 — 6775; Syntype 1:6591 (pl. 2, fig. 4); Syntype 2:6771 (pl. 2, fig. 2); Syntype 3:6766 (pl. 2, fig. 1); Repository: Institute of Botany, the Chinese Academy of Sciences; Lhasa, Tibet; Early Cretaceous. [Notes: According to *International Code of Botanical Nomenclature* (*Vienna Code*) article 37. 2, from the year 1958, the holotype type specimen should be unique]

1982 Li Peijuan, p. 91, pl. 9, figs. 1 — 1c; fronds; Lhorong, eastern Tibet; Early Cretaceous Duoni Formation.

1986 Zhou Zhiyan, Liu Xiuying, p. 369, fig. 1; frond, sterile pinnae and fertile pinnae; Wada Coal Mine of Baxoi, Tibet; Early Cretaceous Duoni Formation. (in Chinese)

1986 Zhou Zhiyan, Liu Xiuying, p. 399, fig. 1; frond, sterile pinnae and fertile pinnae; Wada Coal Mine of Baxoi, Tibet; Early Cretaceous Duoni Formation. (in English)

1989 Mei Meitang and others, p. 94, pl. 48, fig. 2; frond; Tibet; Early Cretaceous.

1993a Wu Xiangwu, p. 135.

***Scleropteris verchojaensis* Kiritchkova**

1982 Tan Lin, Zhu Jianan, p. 144, pl. 33, figs. 13, 13a, 14; fronds; Urad Front Banner, Inner Mongolia; Early Cretaceous Lisangou Formation.

Genus *Scleropteris* Andrews, 1942 (non Saporta, 1872)

[Notes: This generic name *Scleropteris* Andrews, 1942 is a late synonym (synonymun junius) of *Scleropteris* Saporta, 1872]

1942 Andrews, p. 3.

Type species: *Scleropteris illinoienses* Andrews, 1942

Taxonomic status: Filicopsida

Scleropteris illinoienses **Andrews, 1942**

1942 Andrews, p. 3, pls. 1 — 3; rhizomes; Pyramid Coal Mine, Pinckneyville, Illinois, USA; Carboniberous.

△Genus *Shanxicladus* Wang Z et Wang L, 1990

1990b Wang Ziqiang, Wang Lixin, p. 308.

1993a Wu Xiangwu, pp. 33, 233.

1993a Wu Xiangwu, pp. 507, 517.

Type species: *Shanxicladus pastulosus* Wang Z et Wang L, 1990

Taxonomic status: Filicopsida or Pteridospermae

△*Shanxicladus pastulosus* Wang Z et Wang L, 1990

1990b Wang Ziqiang, Wang Lixin, p. 308, pl. 5, figs. 1, 2; rachises; No. : No. 8407-4; Holotype: No. 8407-4 (pl. 5, figs. 1, 2); Repository: Nanjing Institute of Geology and Palaeontology, Chinese Academy of Sciences; Sizhuang of Wuxiang, Shanxi; Middle Triassic base part of Ermaying Formation.

1993a Wu Xiangwu, pp. 33, 233.

1993a Wu Xiangwu, pp. 507, 517.

△Genus *Shenea* Mathews, 1947 — 1948

1947 — 1948 Mathews, p. 240.

1993a Wu Xiangwu, pp. 33, 234.

1993b Wu Xiangwu, pp. 498, 518.

Type species: *Shenea hirschmeierii* Mathews, 1947 — 1948

Taxonomic status: plantae incertae sedis (Filicopsida? or Pteridospermae?)

△*Shenea hirschmeierii* Mathews, 1947 — 1948

1947 — 1948 Mathews, p. 240, fig. 3; fertile frond; West Hill, Beijing; Permian(?) or Triassic (?) Shuangquan Series.

1993a Wu Xiangwu, pp. 33, 234.

1993b Wu Xiangwu, pp. 498, 518

△Genus *Speirocarpites* Yang, 1978

1978 Yang Xianhe, p. 479.

1993a Wu Xiangwu, pp. 35, 235.

1993b Wu Xiangwu, pp. 499, 518.

Type species: *Speirocarpites virginiensis* (Fontaine) Yang, 1978

Taxonomic status: Osmundaceae, Filicopsida

△*Speirocarpites virginiensis* (Fontaine) Yang, 1978

[Notes: This species lately was referred as *Cynepteris lasiophora* Ash (Ye Meina and others, 1986)]

1883 *Lonchopteris virginiensis* Fontaine, p. 53, pl. 28, figs. 1, 2; pl. 29, figs. 1 — 4; Virginia, USA; Late Triassic.

1978 Yang Xianhe, p. 479; text-fig. 101; Virginia, USA; Late Triassic.

1993a Wu Xiangwu, pp. 35, 235.

1993b Wu Xiangwu, pp. 499, 518.

△*Speirocarpites dukouensis* Yang, 1978

[Notes: This species lately was referred as *Cynepteris lasiophora* Ash (Ye Meina and others, 1986)]

1978 Yang Xianhe, p. 480, pl. 164, figs. 1, 2; sterile fronds and fertile pinnae; No. : Sp0044, Sp0045; Holotype: Sp0044 (pl. 164, fig. 1); Repository: Chengdu Institute of Geology and Mineral Resources; Moshahe of Dukou, Sichuan; Late Triassic Daqiaodi Formation; Xiangyun, Yunnan; Late Triassic Ganhaizi Formation.

1993a Wu Xiangwu, pp. 35, 235.

△*Speirocarpites rireticopteroides* Yang, 1978

[Notes: This species lately was referred as *Cynepteris lasiophora* Ash (Ye Meina and others, 1986)]

1978 Yang Xianhe, p. 480, pl. 164, fig. 3; sterile frond; No. : Sp0046; Holotype: Sp0046 (pl. 164, fig. 3); Repository: Chengdu Institute of Geology and Mineral Resources; Huijiasuo of Dukou, Sichuan; Late Triassic Daqiaodi Formation.

1993a Wu Xiangwu, pp. 35, 235.

△*Speirocarpites zhonguoensis* Yang, 1978

[Notes: This species lately was referred as *Cynepteris lasiophora* Ash (Ye Meina and others, 1986)]

1978 Yang Xianhe, p. 481, pl. 164, figs. 4, 5; sterile fronds and fertile pinnae; No. : Sp0047, Sp0048; Holotype: Sp0048 (pl. 164, fig. 5); Repository: Chengdu Institute of Geology and Mineral Resources; Moshahe of Dukou, Sichuan; Late Triassic Daqiaodi Formation.

1993a Wu Xiangwu, pp. 35, 235.

Genus *Sphenopteris* (Brongniart) Sternberg, 1825

(Notes: When raised to rank by Sternberg, the name was spelled as *Sphaenopteris* although Brongniart's usage as a subgenus was *Sphenopteris* and this has been used by later writers)

1825 (1820 — 1838) Sternberg, p. 15.

1867 (1865) Newberry, p. 122.

1963 Sze H C, Lee H H and others, p. 120.

1993a Wu Xiangwu, p. 140.

Type species: *Sphenopteris elegans* (Brongniart) Sternberg, 1825

Taxonomic status: Filicopsida or Pteridospermae

Sphenopteris elegans **(Brongniart) Sternberg, 1825**

1822 *Filicites* (*Sphenopteris*) *elegans* Brongniart, pl. 2, fig. 2; frond; Silesia; Carboniferous.

1825 (1820 — 1838) Sternberg, p. 15.

1993a Wu Xiangwu, p. 140.

Sphenopteris **(*Onychiopsis*)** ***elegans*** **(Brongniart) Sternberg**

1935 *Sphenopteris* (*Onychiopsis*) *elegans* (Geyler) Yokoyama, Ôishi, p. 83, pl. 6, fig. 2; frond; Dongning Coal Field, Jilin; Late Jurassic or Early Cretaceous. [Notes: This specimen lately was referred as *Onychiopsis elegans* (Geyler) Yokoyama (Sze H C, Lee H H and others, 1963)]

Sphenopteris acrodentata **Fontaine, 1889**

1889 Fontaine, p. 90, pl. 34, fig. 4; fern sterile pinna; Fredericksburg of Virginia, USA; Early Cretaceous Potomac Group.

1999 Cao Zhengyao, p. 60, pl. 12, figs. 6, 6a; text-fig. 25; fronds; Chengtian of Yongjia, Zhejiang; Early Cretaceous member C of Moshishan Formation.

△*Sphenopteris ahnerti* **(Krasser) Yabe et Ôishi, 1933**

1906 *Thyrsopteris ahnerti* Krasser, p. 8, pl. 1, fig. 8; frond; Huoshiling (Huoshaling), Jilin; Middle — Late Jurassic.

1933 Yabe, Ôishi, p. 211 (17); frond; Huoshiling (Huoshaling), Jilin; Middle — Late Jurassic.

△*Sphenopteris bifurcata* **(Hsu et Chen) Yang, 1978**

1974 *Sphenobaira bifurcata* Hsu et Chen, Hsu J and others, p. 275, pl. 7, figs. 2 — 5; text-fig. 5; leaves; Moshahe of Dukou, Sichuan; Late Triassic Daqiaodi Formation.

1978 Yang Xianhe, p. 496, pl. 186, fig. 4; frond; Moshahe of Dukou, Sichuan; Late Triassic Daqiaodi Formation.

△*Sphenopteris boliensis* **Zheng et Zhang, 1983**

1983a Zheng Shaolin, Zhang Wu, p. 82, pl. 3, fig. 1; pl. 4, figs. 1 — 6; fronds; No.: HDW014 — HDW019; Repository: Shenyang Institute of Geology and Mineral Resources; Wanlongcun of Boli, Heilongjiang; Early Cretaceous Dongshan Formation. (Notes: The type specimen was not designated in the original paper)

Sphenopteris brulensis **Bell, 1956**

1956 Bell, p. 71, pls. 3, 4; fronds; West Canada; Early Cretaceous.

1983a Zheng Shaolin, Zhang Wu, p. 82, pl. 4, figs. 7, 7a; fronds; Wanlongcun of Boli, Heilongjiang; Early Cretaceous Dongshan Formation.

***Sphenopteris chowkiawanensis* Sze**

1956a *Sphenopteris? chowkiawanensis* Sze, Sze H C, pp. 27, 134, pl. 28, figs. 3, 3a; fronds; Zhoujiawan of Yanchang, Shaanxi; Late Triassic Yenchang Formation.

1963 Sze H C, Lee H H and others, p. 121, pl. 45, figs. 1, 1a; fronds; Zhoujiawan of Yanchang, Shaanxi; Late Triassic Yenchang Group.

1977 Department of Geological Exploration of Changchun College of Geology and others, pl. 1, fig. 11; frond; Shiren of Hunjiang, Jilin; Late Triassic Xiaohekou Formation.

1979 He Yuanliang and others, p. 142, pl. 64, figs. 5, 5a; fronds; Qilian, Qinghai; Late Triassic Nanying'er Group.

1980 Huang Zhigao, Zhou Huiqin, p. 81, pl. 27, fig. 2; pl. 31, fig. 4; fronds; Liulingou and Jiaoping of Tongchuan, Shaanxi; Late Triassic middle part and upper part of Yenchang Formation.

1982 Duan Shuying, Chen Ye, p. 500, pl. 8, fig. 2; frond; Tanba of Hechuan, Sichuan; Late Triassic Hsuchiaho Formation.

1982 Liu Zijin, p. 127, pl. 66, fig. 2; frond; Liulingou and Jiaoping of Tongchuan, Shiyaoshang of Shenmu, Zhoujiawan of Yanchang and Liujiapan of Jiaxian, Shaanxi; Late Triassic middle part and upper part of Yenchang Group.

1988 Bureau of Geology and Mineral Resources of Liaoning Province, pl. 7, fig. 8; frond; Jilin; Late Triassic.

1993 Mi Jiarong and others, p. 101, pl. 18, figs. 4, 4a, 10; fronds; Shiren of Hunjiang, Jilin; Late Triassic Beishan Formation (Xiaohekou Formation); Chengde, Hebei; Late Triassic Xingshikou Formation.

1995 Wang Xin, p. 1, fig. 13; frond; Tongchuan, Shaanxi; Middle Jurassic Yan'an Formation.

△*Sphenopteris? chowkiawanensis* Sze, 1956

1956a Sze H C, pp. 27, 134, pl. 28, figs. 3, 3a; fronds; Col. No. : PB2369; Repository: Nanjing Institute of Geology and Palaeontology, Chinese Academy of Sciences; Zhoujiawan of Yanchang, Shaanxi; Late Triassic Yenchang Formation. [Notes: This specimen lately was referred as *Sphenopteris chowkiawanensis* Sze (Sze H C, Lee H H and others, 1963)]

△*Sphenopteris cretacea* Li, 1982

1982 Li Peijuan, p. 89, pl. 11, figs. 2 — 5; fronds; Col. No. : 7789f3-2; Reg. No. : PB7958, PB7959a, PB7959b, PB7960; Holotype: PB7960 (pl. 11, fig. 5); Repository: Nanjing Institute of Geology and Palaeontology, Chinese Academy of Sciences; Lhorong and Baxoi, Tibet; Early Cretaceous Duoni Formation.

△*Sphenopteris delabens* Wang Z et Wang L, 1990

1990a Wang Ziqiang, Wang Lixin, p. 124, pl. 17, figs. 13 — 15; fronds; No. : Z20-27 — Z20-29; Syntype 1: Z20-28 (pl. 17, fig. 13); Syntype 2: Z20-27 (pl. 17, fig. 14); Syntype 3: Z20-29 (pl. 17, fig. 15); Repository: Nanjing Institute of Geology and Palaeontology, Chinese Academy of Sciences; Tuncun of Yushe, Shanxi; Early Triassic base part of Heshanggou Formation. [Notes: According to *International Code of Botanical Nomenclature*

(*Vienna Code*) article 37. 2, from the year 1958, the holotype type specimen should be unique]

△*Sphenopteris diamensis* (Seward) Sze, 1933

1911 *Raphaelia diamensis* Seward, pp. 15, 44, pl. 2, figs. 28, 28a, 29, 29a; fronds; Diam River of Juggar Basin, Xinjiang; Early — Middle Jurassic.

1933b Sze H C, p. 77, pl. 11, figs. 14, 15; fronds; Shipanwan of Fugu, Shaanxi; Jurassic. [Notes: This specimen lately was referred as *Raphaellia diamensis* Seward (Sze H C, Lee H H and others, 1963)]

1950 Ôishi, p. 80; Fugu, Shaanxi; Jurassic.

△*Sphenopteris digitata* Zhang et Zheng, 1983

1983 Zhang Wu, Zheng Shaolin, in Zhang Wu and others, p. 76, pl. 2, figs. 3 — 5; text-fig. 6; fronds; No. : LMP20107-1 — LMP20107-3; Repository: Shenyang Institute of Geology and Mineral Resources; Linjiawaizi of Benxi, Liaoning; Middle Triassic Linjia Formation. (Notes: The type specimen was not designated in the original paper)

***Sphenopteris* (*Gleichenites*?) *erecta* Bell, 1911**

1911 Bell, p. 65, pl. 19, fig. 6; pl. 22, fig. 1; fertile fronds; West Canada; Early Cretaceous.

1980 Zhang Wu and others, p. 260, pl. 165, figs. 6, 7; fronds; Jiazihe of Boli, Heilongjiang; Early Cretaceous Chengzihe Formation.

***Sphenopteris* (*Gleichenites*?) cf. *erecta* Bell**

1984a Cao Zhengyao, p. 9, pl. 3, figs. 1 — 3A, 3a, 4b — 5a; fertile pinnae; Xincun of Mishan, Heilongjiang; Late Jurassic lower part of Yunshan Formation.

***Sphenopteris* cf. *erecta* Bell**

1991 Zhang Chuanbo and others, pl. 1, fig. 10; frond; Liutai of Jiutai, Jilin; Early Cretaceous Dayangcaogou Formation.

***Sphenopteris goepperti* Dunker, 1846**

1846 Dunker, p. 4, pl. 1, fig. 6; pl. 9, figs. 1 — 3; fronds; West Europe; Early Cretaceous. [Notes: This species lately was referred as *Ruffordia goepperti* (Dunker) Seward (Seward, p. 1849)]

1933 Yabe, Ôishi, p. 211 (17), pl. 30 (1), figs. 14, 15; pl. 31 (2), figs. 7 — 7b; fronds; Shahezi (Shahotzu) of Changtu, Liaoning; Middle — Late Jurassic. [Notes: This specimen lately was referred as Cf. *Ruffordia goepperti* (Dunker) Seward (Sze H C, Lee H H and others, 1963)]

△*Sphenopteris hymenophylla* Sun et Zheng, 2001 (in Chinese and English)

2001 Sun Ge, Zheng Shaolin, in Sun Ge and others, pp. 78, 187, pl. 11, fig. 6; pl. 43, figs. 1, 3; fronds; No. : PB19028 — PB19033A; Holotype: PB19033 (pl. 11, fig. 6); Repository: Nanjing Institute of Geology and Palaeontology, Chinese Academy of Sciences; Huangbanjigou in Shangyuan of Beipiao, Liaoning; Late Jurassic Jianshangou Formation.

Sphenopteris interstifolia **Prynada, 1961**

1961 Prynada, in Vachrameev, Dolydenko, p. 78, pl. 30, figs. 2, 3; fronds; Bureya Basin, Heilongjiang River; Late Jurassic.

1980 Zhang Wu and others, p. 260, pl. 166, figs. 2 — 5; fronds; Qitai, Heilongjiang; Early Cretaceous Chengzihe Formation.

Sphenopteris johnstrupii **Heer, 1874**

1868 *Sphenopteris* (*Asplenium*?) *johnstrupii* Heer, p. 78, pl. 63, fig. 7; frond; Greeland; Early Cretaceous.

1874 Heer, p. 32, pl. 1, figs. 6, 7; pl. 10, figs. 6b, 6d; pl. 35, figs. 1 — 5; fronds; Greeland; Early Cretaceous.

1982b Zheng Shaolin, Zhang Wu, p. 307, pl. 6, fig. 9; frond; Erlongshan in Didao of Jixi, Heilongjiang; Early Cretaceous Chengzihe Formation.

1983a Zheng Shaolin, Zhang Wu, p. 83, pl. 3, figs. 7, 7a; fronds; Wanlongcun of Boli, Heilongjiang; Early Cretaceous Dongshan Formation.

1994 Cao Zhengyao, fig. 5b; frond; Jixi, Heilongjiang; early Early Cretaceous Chengzihe Formation.

Sphenopteris **(*Asplenium*?)** ***johnstrupii*** **Heer, 1868**

1868 Heer, p. 78, pl. 63, fig. 7; frond; Greeland; Early Cretaceous.

1982a Yang Xuelin, Sun Liwen, p. 591, pl. 1, fig. 5; frond; Yingcheng of southern Songhuajiang-Liaohe Basin; Early Cretaceous Yingcheng Formation.

△***Sphenopteris liaoningensis*** **Deng, 1993**

1993 Deng Shenghui, p. 258, pl. 1, figs. 8, 9; text-fig. g; fronds; No. : TDX748; Repository: China University of Geosciences (Beijing); Tiefa Basin, Liaoning; Early Cretaceous Xiaoming'anbei Formation.

2001 Deng Shenghui, Chen Fen, p. 165, pl. 122, figs. 3, 3a; fronds; Tiefa Basin, Liaoning; Early Cretaceous Xiaoming'anbei Formation.

2003 Yang Xiaoju, p. 566, pl. 2, figs. 5 — 8; fronds; Jixi Basin, Heilongjiang; Early Cretaceous Muling Formation.

△***Sphenopteris lobifolia*** **Chen, 1982**

1982 Chen Qishi, in Wang Guoping and others, p. 253, pl. 117, figs. 4, 5; fronds; Holotype: pl. 117, fig. 5; Hualong of Lin'an, Zhejiang; Early — Middle Jurassic.

△***Sphenopteris lobophylla*** **Zhang et Zheng, 1983**

1983 Zhang Wu, Zheng Shaolin, in Zhang Wu and others, p. 76, pl. 2, figs. 1, 2; text-fig. 7; fronds; No. : LMP20109-1 — LMP 20109-2; Repository: Shenyang Institute of Geology and Mineral Resources; Linjiawaizi of Benxi, Liaoning; Middle Triassic Linjia Formation. (Notes: The type specimen was not designated in the original paper)

Sphenopteris mclearni **Bell, 1956**

1956 Bell, p. 73, pl. 23; pl. 24, fig. 2; pl. 27, fig. 3; West Canada; Early Cretaceous.

1997 Deng Shenghui and others, p. 36, pl. 5, fig. 1c; pl. 12, fig. 1; pl. 16, figs. 6, 7; fronds; Jalai

Nur, Inner Mongolia; Early Cretaceous Yimin Formation.

2001 Deng Shenghui, Chen Fen, p. 166, pl. 124, fig. 4; frond; Hailar Basin, Inner Mongolia; Early Cretaceous Yimin Formation.

△***Sphenopteris mishanensis*** **Cao, 1984**

1984a Cao Zhengyao, pp. 10, 27, pl. 2, figs. 1 — 4; fronds; Col. No. : HM567; Reg. No. : PB10782 — PB10785; Holotype: PB10784 (pl. 2, fig. 3); Repository: Nanjing Institute of Geology and Palaeontology, Chinese Academy of Sciences; Xingcun in Peide of Mishan, Heilongjiang; Middle Jurassic Peide Formation.

Sphenopteris modesta **Leckenby, 1864**

1864 Leckenby, p. 79, pl. 10, figs. 3a, 3b; fronds; England; Late Jurassic.

1911 Seward, pp. 14, 42, pl. 2, figs. 18, 18A, 19; pl. 5, fig. 63; pl. 6, fig. 70; fronds; Diam River and Ak-djar of Junggar (Dzungaria) Basin, Xinjiang; Early — Middle Jurassic.

1949 Sze H C, p. 8, pl. 1, figs. 1 — 3; pl. 8, fig. 7; pl. 13, fig. 8; fronds; Xiangxi of Zigui and Jiajiadian of Dangyang, Hubei; Early Jurassic Hsiangchi Coal Series.

1963 Sze H C, Lee H H and others, p. 120, pl. 44, figs. 1, 2; fronds; Diam River and Ak-djar of Junggar (Dzungaria) Basin, Xinjiang; Early — Middle Jurassic; Xiangxi of Zigui and Jiajiadian of Dangyang, Hubei; Early Jurassic.

1982 Wang Guoping and others, p. 253, pl. 109, fig. 7; frond; Duojiang of Wanyong, Jiangxi; Late Triassic Anyuan Formation(?); Zhoucun of Jiangning, Jiangsu; Early — Middle Jurassic Xiangshan Formation.

1982b Zheng Shaolin, Zhang Wu, p. 308, pl. 6, fig. 10; frond; Yunshan of Hulin, Heilongjiang; Middle Jurassic Peide Formation.

△***Sphenopteris nitidula*** **(Yokoyama) Ôishi, 1940**

1906 *Coniopteris nitidula* Yokoyama, p. 35, pl. 12, figs. 4, 4a; fronds; Shiguanzi of Zhaohua, Sichuan; Jurassic.

1940 Ôishi, p. 242, pl. 8, figs. 6, 6a; fronds; Kuwasima of Isikawa, Japan; late Jurassic Tetori Series.

1963 Sze H C, Lee H H and others, p. 121, pl. 44, figs. 4, 4a; fronds; Shiguanzi of Zhaohua, Sichuan; Middle — Late Jurassic; Karamay of Junggar (Dzungaria) Basin, Xinjiang; Early Cretaceous(?).

1982 Wang Guoping and others, p. 253, pl. 130, fig. 12; frond; Huihan of Taishun, Zhejiang; Early Cretaceous Guantou Formation.

1984 Gu Daoyuan, p. 146, pl. 69, fig. 3; pl. 70, figs. 6, 7; fronds; Turpan Depression, Xinjiang; Early Jurassic Sangonghe Formation.

1989 Ding Baoliang and others, pl. 1, fig. 11; frond; Huihan of Taishun, Zhejiang; Early Cretaceous Guantou Formation.

Cf. *Sphenopteris nitidula* **(Yokoyama) Ôishi**

1956b Sze H C, pl. 3, figs. 7, 7a; fronds; Karamay of Junggar (Dzungaria) Basin, Xinjiang; Early Cretaceous (Wealden). [Notes: This specimen lately was referred as *Sphenopteris nitidula* (Yokoyama) Ôishi (Sze H C, Lee H H and others, 1963)]

△*Sphenopteris obliqua* Li, 1982

1982 Li Peijuan, p. 90, pl. 5, fig. 3; pl. 8, figs. 1, 2; fronds; Col. No.: F^{21}_{23} CP022; Reg. No.: PB7926a, PB7926b, PB7944; Holotype: PB7944 (pl. 8, fig. 1); Repository: Nanjing Institute of Geology and Palaeontology, Chinese Academy of Sciences; Lhorong Tibet; Early Cretaceous Duoni Formation.

△*Sphenopteris orientalis* Newberry, 1867

1867 (1865) Newberry, p. 122, pl. 9, figs. 1, 1a; fronds; Zhaitang of West Hill, Beijing; Jurassic. [Notes: This specimen lately was referred as *Coniopteris hymenophylloides* Brongniart (Sze H C, Lee H H and others, 1963)]

1993a Wu Xiangwu, p. 140.

△*Sphenopteris* (*Coniopteris*?) *pengzhuangensis* Cao, 1985

1985 Cao Zhengyao, p. 279, pl. 2, figs. 10, 10a; text-fig. 4; fronds; Col. No.: H26; Reg. No.: PB11115; Repository: Nanjing Institute of Geology and Palaeontology, Chinese Academy of Sciences; Pengzhuangcun of Hanshan, Anhui; Late Jurassic(?) Hanshan Formation.

Sphenopteris pinnatifida (Fontaine) Ôishi, 1940

1889 *Thyrsopteris pinnatifida* Fontaine, p. 136, pl. 51, fig. 2; pl. 54, figs. 4, 5, 7; pl. 58, fig. 7; fronds; Fredericksburg of Virginia, USA; Early Cretaceous Potomac Group.

1940 Ôishi, p243, pl. 9, fig. 1; frond; Zusahara of Hukusima, Japan; Early Cretaceous Ryoseki Series.

1982b Zheng Shaolin, Zhang Wu, p. 308, pl. 6, fig. 12; frond; Lingxi of Shuangyashan, Heilongjiang; Early Cretaceous Chengzihe Formation.

△*Sphenopteris pusilla* Wu, 1999 (in Chinese)

1999b Wu Shunqing, p. 26, pl. 16, fig. 4(?); pl. 20, figs. 1 — 1c; fronds; Col. No.: 鹿 f115-7, ACC250; Reg. No.: PB10608, PB10620; Holotype: PB10620 (pl. 20, figs. 1 — 1c); Repository: Nanjing Institute of Geology and Palaeontology, Chinese Academy of Sciences; Luchang of Huili, Sichuan; Late Triassic Baiguowan Formaion; Shiguansi of Wanyuan, Sichuan; Late Triassic Hsuchiaho Formation.

△*Sphenopteris* (*Coniopteris*?) *suessi* (Krasser) Yabe et Ôishi, 1933

1906 *Dicksonia suessi* Krasser, p. 5, pl. 1, fig. 9; frond; Jiaohe (Thiao-ho), Jilin; Middle — Late Jurassic. [Notes: This specimen lately was referred as *Coniopteris burejensis* (Zlessky) Seward (Sze H C, Lee H H and others, 1963) and as *Coniopteris heeriana* (Yokoyama) Yabe (Ôishi, 1940)]

1933 Yabe, Ôishi, p. 212 (18), pl. 30 (1), figs. 19 — 22; fronds; Huoshiling (Huoshaling) and Jiaohe (Chiaoho), Jilin; Middle — Late Jurassic. [Notes: This specimen lately was referred as *Coniopteris burejensis* (Zlessky) Seward (Sze H C, Lee H H and others, 1963) and as *Coniopteris heeriana* (Yokoyama) Yabe (Ôishi, 1940)]

△*Sphenopteris tiefensis* Deng et Chen, 2001 (in Chinese)

2001 Deng Shenghui, Chen Fen, p. 166, pl. 122, figs. 2, 2a; fronds; No.: TDL-638; Repository:

Research Institute of Petroleum Exploration and Development; Tiefa Basin, Liaoning; Early Cretaceous Xiaoming'anbei Formation.

***Sphenopteris williamsonii* Brongniart, 1828 — 1838**

1828 — 1838 Brongniart, p. 177, fig. 68; frond; West Europe; Jurassic.

1998 Zhang Hong and others, pl. 11, figs. 5, 6; fronds; Xinhe of Shandan, Gansu; Middle Jurassic Xinhe Formation.

△*Sphenopteris yusheensis* Wang Z et Wang L, 1990

1990a Wang Ziqiang, Wang Lixin, p. 123, pl. 17, figs. 1 — 6; fronds and fertile pinnae; No.: Z16-533, Z16-603, Z20-531, Z20-532, Z22-525, Z22-526; Holotype: Z16-603 (pl. 17, fig. 1); Paratype: Z20-531 (pl. 17, fig. 6); Repository: Nanjing Institute of Geology and Palaeontology, Chinese Academy of Sciences; Tuncun of Yushe, Shanxi; Early Triassic base part of Heshanggou Formation.

***Sphenopteris* spp.**

1874 *Sphenopteris* sp., Brongniart, p. 408; frond; Dingjiagou (Tinkiako), Shaanxi; Jurassic. [Notes: This specimen lately was referred as *Sphenopteris*? sp. (Sze H C, Lee H H and others, 1963)]

1906 *Sphenopteris* sp., Krasser, p. 594, pl. 1, fig. 10; frond; Huoshiling (Ho-shi-ling-tza), Jilin; Jurassic.

1908 *Sphenopteris* sp., Yabe, p. 10, pl. 2, fig. 4; frond; Taojiatun (Taochiatun), Jilin; Jurassic.

1920 *Sphenopteris* sp., Yabe, Hayasaka, pl. 5, fig. 1; frond; Cangyuan of Chongren, Jiangxi; Late Triassic (Rhaetic)— Jurassic.

1941 *Sphenopteris* sp., Ôishi, p. 172, pl. 36 (1), fig. 3; frond; Luozigou of Wangqing, Jilin; Early Cretaceous. [Notes: This specimen lately was referred as ?*Cladophlebis* sp. (Sze H C, Lee H H and others, 1963)]

1945 *Sphenopteris* sp. (Cf. *Ruffordia goepperti* Dunker), Sze H C, p. 45; text-fig. 16; frond; Yongan, Fujian; Early Cretaceous Pantou Series. [Notes: This specimen lately was referred as Cf. *Ruffordia goepperti* (Dunker) Seward (Sze H C, Lee H H and others, 1963)]

1949 *Sphenopteris* sp., Sze H C, p. 8, pl. 1, figs. 1 — 3; pl. 8, fig. 7; pl. 13, fig. 8; fronds; Lijiadian of Dangyang, Hubei; Early Jurassic Hsiangchi Coal Series. [Notes: This specimen lately was referred as *Todites*? sp. (Sze H C, Lee H H and others, 1963)]

1951a *Sphenopteris* sp., Sze H C, p. 81, pl. 1, fig. 8; frond; Benxi, Liaoning; Early Cretaceous.

1956a *Sphenopteris* sp. (Cf. *Sphenopteris arizonia* Daugherty), Sze H C, pp. 26, 134, pl. 27, figs. 8, 8a; fronds; Qilicun (Chilitsun) of Yanchang, Shaanxi; Late Triassic upper part of Yenchang Formation.

1960b *Sphenopteris* sp. [?*Sphenopteris* (*Raphaelia*) *Diamensis* (Seward) Sze], Sze H C, p. 30, pl. 1, figs. 4, 5, 5a; fronds; Hanxia Coal Mine of Yumen, Gansu; Early — Middle Jurassic (Lias — Dogger).

1963 *Sphenopteris* sp. 1, Sze H C, Lee H H and others, p. 122, pl. 44, fig. 8; pl. 47, fig. 6; fronds; Zhoujiawan of Yanchang, Shaanxi; Late Triassic Yenchang Group.

1963 *Sphenopteris* sp. 4, Sze H C, Lee H H and others, p. 122, pl. 52, fig. 9; frond; Guangyuan, Sichuan; Late Triassic — Early Jurassic.

1977 *Sphenopteris* sp., Duan Shuying and others, p. 116, pl. 1, fig. 8; frond; Lhasa, Tibet; Early Cretaceous.

1980 *Sphenopteris* sp. 1, Huang Zhigao, Zhou Huiqin, p. 81, pl. 32, fig. 1; frond; Liulingou of Tongchuan, Shaanxi; Late Triassic top part of Yenchang Formation.

1980 *Sphenopteris* sp. 2, Huang Zhigao, Zhou Huiqin, p. 82, pl. 27, fig. 5; frond; Liulingou of Tongchuan, Shaanxi; Late Triassic upper part of Yenchang Formation.

1980 *Sphenopteris* sp. 3, Huang Zhigao, Zhou Huiqin, p. 82, pl. 41, fig. 4; frond; Liulingou of Tongchuan, Shaanxi; Late Triassic top part of Yenchang Formation.

1980 *Sphenopteris* sp., Zhang Wu and others, p. 260, pl. 136, figs. 3 — 5; fronds; Beipiao, Liaoning; Early Jurassic Beipiao Formation.

1982 *Sphenopteris* sp., Duan Shuying, Chen Ye, pl. 8, fig. 3; frond; Tanba of Hechuan, Sichuan; Late Triassic Hsuchiaho Formation.

1982 *Sphenopteris* sp., Li Peijuan, p. 90, pl. 11, figs. 6, 6a; fronds; Lhorong, Tibet; Early Cretaceous Duoni Formation.

1982 *Sphenopteris* sp. 1, Zhang Caifan, p. 525, pl. 338, fig. 11; frond; Xiaping in Changce of Yichang, Hunan; Early Jurassic Tanglong Formation.

1982 *Sphenopteris* sp. 2, Zhang Caifan, p. 526, pl. 337, figs. 6, 6a; fronds; Ganzichong of Liling, Hunan; Early Jurassic Gaojiatian Formation.

1983b *Sphenopteris* sp., Cao Zhengyao, p. 38, pl. 9, figs. 11 — 12a; fronds; Baoqing, Heilongjiang; Early Cretaceous Zhushan Formation.

1983 *Sphenopteris* sp. 1, Chen Fen, Yang Guanxiu, p. 132, pl. 17, fig. 3; frond; Shiquanhe area, Tibet; Early Cretaceous upper part of Risong Group.

1983 *Sphenopteris* sp. 2, Chen Fen, Yang Guanxiu, p. 132, pl. 17, fig. 4; frond; Shiquanhe area, Tibet; Early Cretaceous upper part of Risong Group.

1984 *Sphenopteris* sp., Gu Daoyuan, p. 146, pl. 69, fig. 5; pl. 72, fig. 6; pl. 76, figs. 8, 9; fronds; Turpan Depression, Xinjiang; Early Jurassic Sangonghe Formation.

1985 *Sphenopteris* sp. 1 [Cf. *Coniopteris hymenophylloides* (Brongniart) Seward], Cao Zhengyao, p. 279, pl. 1, figs. 1 — 4; fronds; Pengzhuangcun of Hanshan, Anhui; Late Jurassic(?) Hanshan Formation.

1985 *Sphenopteris* sp. 2, Cao Zhengyao, p. 280, pl. 2, figs. 6 — 8; fronds; Pengzhuangcun of Hanshan, Anhui; Late Jurassic(?) Hanshan Formation.

1985 *Sphenopteris* sp. 3, Cao Zhengyao, p. 280, pl. 2, figs. 9, 9a; fronds; Pengzhuangcun of Hanshan, Anhui; Late Jurassic(?) Hanshan Formation.

1986 *Sphenopteris* sp., Li Xingxue and others, p. 20, pl. 17, figs. 5, 5a; fronds; Shansong of Jiaohe, Jilin; Early Cretaceous Jiaohe Group.

1986 *Sphenopteris* sp., Wu Shunqing, Zhou Hanzhong, p. 642, pl. 3, figs. 3, 3a; fronds; Toksun of northwestern Turpan Depression, Xinjiang; Early Jurassic Badaowan Formation.

1989 *Sphenopteris* sp. a, Wang Ziqiang, Wang Lixin, p. 34, pl. 3, fig. 17; frond; Wucheng of Xixian, Shanxi; Early Triassic upper part of Liujiagou Formation.

1990a *Sphenopteris* sp. Wang Ziqiang, Wang Lixin, p. 124, pl. 18, fig. 14; frond; Jingshang of

Heshun, Shanxi; Early Triassic middle member of Heshanggou Formation.

1995a *Sphenopteris* sp., Li Xingxue (editor-in-chief), pl. 88, fig. 4; frond; Hanshan, Anhui; Late Jurassic Hanshan Formation. (in Chinese)

1995b *Sphenopteris* sp., Li Xingxue (editor-in-chief), pl. 88, fig. 4; frond; Hanshan, Anhui; Late Jurassic Hanshan Formation. (in English)

2001 *Sphenopteris* sp. 1, Deng Shenghui, Chen Fen, p. 166, pl. 106, fig. 6; frond; Tiefa Basin, Liaoning; Early Cretaceous Xiaoming'anbei Formation.

2001 *Sphenopteris* sp. 2, Deng Shenghui, Chen Fen, p. 166, pl. 123, figs. 2, 3; pl. 124, figs. 1 — 3; fronds; Tiefa Basin, Liaoning; Early Cretaceous Xiaoming'anbei Formation.

2003 *Sphenopteris* sp., Zhao Yingcheng and others. pl. 10, fig. 3; frond; Dameigou Section of Qiadam Basin, Qinghai; Middle Jurassic Dameigou Formation.

Sphenopteris? spp.

1963 *Sphenopteris*? sp. 2, Sze H C, Lee H H and others, p. 122; pl. 44, fig. 9; frond; Cangyuan of Chongren, Jiangxi; Late Triassic (Rhaetic)— Early Jurassic (Lias).

1963 *Sphenopteris*? sp. 3, Sze H C, Lee H H and others, p. 122, frond; Dingjiagou (Tinkiako), Shaanxi; Jurassic.

1982a *Sphenopteris*? sp., Wu Xiangwu, p. 53, pl. 5, figs. 3, 4; fronds; Tumain of Amdo, Tibet; Late Triassic Tumaingela Formation.

Sphenopteris (*Coniopteris*?) sp.

1982 *Sphenopteris* (*Coniopteris*?) sp., Li Peijuan, p. 91, pl. 10, figs. 5, 5a; fronds; Lhorong, Tibet; Early Cretaceous Duoni Formation.

Genus *Spiropteris* Schimper, 1869

1869 (1869 — 1874) Schimper, p. 688.

1933d *Spiropteris* sp., Sze H C, p. 16.

1993a Wu Xiangwu, p. 140.

Type species: *Spiropteris miltoni* (Brongniart) Schimper, 1869

Taxonomic status: Filicopsida

Spiropteris miltoni (Brongniart) Schimper, 1869

1834 *Pecopteris miltoni* Brongniart, p. 333, pl. 114, fig. 1.

1869 (1869 — 1874) Schimper, p. 688, pl. 49, fig. 4; young frond.

1993a Wu Xiangwu, p. 140.

Spiropteris spp.

1933d *Spiropteris* sp., Sze H C, p. 16, pl. 2, fig. 1 (right); young frond; Datong, Shanxi; Early Jurassic.

1976 *Spiropteris* sp., Lee P C and others, p. 114, pl. 29, fig. 5; young frond; Mahuangjing of Xiangyun, Yunnan; Late Triassic Baitutian Member of Xiangyun Formation.

1978 *Spiropteris* sp., Zhou Tongshun, p. 104, pl. 17, fig. 5; pl. 18, fig. 11; pl. 30, fig. 9; pl. 25, fig. 5; young fronds; Dakeng, Fujian; Late Triassic Wenbinshan Formation; Gaotang of Jiangle, Fujian; Early Jurassic Lishan Formation.

1982 *Spiropteris* sp., Zhang Caifan, p. 526, pl. 337, fig. 5; pl. 339, fig. 3; young fronds; Wenjia of Liuyang, Hunan; Early Jurassic Gaojiatian Formation.

1983 *Spiropteris* sp., Zhang Wu and others, p. 74, pl. 5, fig. 25; young frond; Linjiawaizi of Benxi, Liaoning; Middle Triassic Linjia Formation.

1984 *Spiropteris* sp. 1, Chen Fen and others, p. 50, pl. 35, fig. 5; young frond; Daanshan of West Hill, Beijing; Early Jurassic Lower Yaopo Formation.

1986 *Spiropteris* sp., Ye Meina and others, p. 40, pl. 23, fig. 2; young frond; Jinwo in Tieshan of Daxian; Early Jurassic Zhenzhuchong Formation.

1987 *Spiropteris* sp., Chen Ye and others, p. 102, pl. 4, fig. 3; young frond; Qinghe of Yanbian, Sichuan; Late Triassic Hongguo Formation.

1993 *Spiropteris* sp., Mi Jiarong and others, p. 91, pl. 11, fig. 10; young frond; Tianqiaoling of Wangqing, Jilin; Late Triassic Malugou Formation.

1993 *Spiropteris* sp., Sun Ge, p. 69, pl. 8, figs. 5, 6; young fronds; Tianqiaoling of Wangqing, Jilin; Late Triassic Malugou Formation.

1993a *Spiropteris* sp., Wu Xiangwu, p. 140.

1999 *Spiropteris* sp. 1, Cao Zhengyao, p. 61, pl. 13, fig. 11; pl. 40, figs. 9, 9a; young fronds; Huazhu of Wencheng, Zhejiang; Early Cretaceous member C of Moshishan Formation.

1999 *Spiropteris* sp. 2, Cao Zhengyao, p. 61, pl. 13, fig. 4; young frond; Jidaoshan of Jinhua, Zhejiang; Early Cretaceous Moshishan Formation.

1999 *Spiropteris* sp. 3, Cao Zhengyao, p. 62, pl. 7, figs. 9, 10(?); pl. 13, figs. 5 — 7; young fronds; Dongcun and Qingtancun of Shouchang, Zhejiang; Early Cretaceous Shouchang Formation; Ban'ao of Wencheng, Zhejiang; Early Cretaceous member C of Moshishan Formation.

1999 *Spiropteris* sp. 4, Cao Zhengyao, p. 62, pl. 12, figs. 7, 8; young fronds; Ban'ao of Wencheng, Zhejiang; Early Cretaceous member C of Moshishan Formation.

1999 *Spiropteris* sp. 5, Cao Zhengyao, p. 62, pl. 13, fig. 12; young frond; Xiaqiao of Lishui, Zhejiang; Early Cretaceous Shouchang Formation.

2002 *Spiropteris*, Wang Yongdong, pl. 2, figs. 4 (left), 5; young fronds; Xiangxi of Zigui, Hubei; Early Jurassic Hsiangchi Formation.

Genus *Stachypteris* Pomel, 1849

1849 Pomel, p. 336.

1984 Zhou Zhiyan, p. 11.

1993a Wu Xiangwu, p. 141.

Type species: *Stachypteris spicans* Pomel, 1849

Taxonomic status: Schizaeaceae, Filicopsida

Stachypteris spicans Pomel, 1849

1849 Pomel, p. 336; frond; St-Mihiel, France; Jurassic.

1993a Wu Xiangwu, p. 141.

1995a Li Xingxue (editor-in-chief), pl. 83, fig. 3; sporangiate spikes at the end of pinnae; Huizhai of Jiexi, Guangdong; Late Triassic — Early Jurassic member 2 of Lantang Formation. (in Chinese)

1995b Li Xingxue (editor-in-chief), pl. 83, fig. 3; sporangiate spikes at the end of pinnae; Huizhai of Jiexi, Guangdong; Late Triassic — Early Jurassic member 2 of Lantang Formation. (in English)

△*Stachypteris alata* Zhou, 1984

1984 Zhou Zhiyan, p. 11, pl. 3, figs. 7 — 12; fertile pinnae and sporangiate spikes; Reg. No.: PB8823 — PB8829; Holotype: PB8823 (pl. 3, figs. 9, 9a); Repository: Nanjing Institute of Geology and Palaeontology, Chinese Academy of Sciences; Hebutang of Qiyang, Hunan; Early Jurassic Paijiachong Member and Dabakou Member of Guanyintan Formation.

1993a Wu Xiangwu, p. 141.

1995a Li Xingxue (editor-in-chief), pl. 83, fig. 6; fertile pinna and sporangiate spike; Hebutang of Qiyang, Hunan; Early Jurassic Paijiachong Member of Guanyintan Formation. (in Chinese)

1995b Li Xingxue (editor-in-chief), pl. 83, fig. 6; fertile pinna and sporangiate spike; Hebutang of Qiyang, Hunan; Early Jurassic Paijiachong Member of Guanyintan Formation. (in English)

△*Stachypteris? anomala* Meng et Xu, 1997 (non Meng, 2003) (in Chinese and English)

1997 Meng Fansong, Chen Dayou, pp. 53, 57, pl. 1, figs. 1, 3; fertile pinna; Reg. No.: P9601 — P9603; Holotype: P9601 (pl. 1, fig. 1); Paratype: P9602, P9603 (pl. 1, figs. 2, 3); Repository: Yichang Institute of Geology and Mineral Resources; Nanxi of Yunyang, Chongqing; Middle Jurassic Dongyuemiao Member of Ziliujing Formation.

△*Stachypteris? anomala* Meng, 2003 (non Meng et Xu, 1997) (in Chinese and English)

(Notes: This specific name *Stachypteris? anomala* Meng, 2003 is a later isonym of *Stachypteris? anomala* Meng et Xu, 1997)

2003 Meng Fansong and others, pp. 529, 531, pl. 1, figs. 6 — 8; fertile pinnae; Reg. No.: SJP9601 — SJP9603; Holotype: SJP9601 (pl. 1, fig. 6); Paratype 1: SJP9602 (pl. 1, fig. 7); Paratype 2: SJP9603 (pl. 1, fig. 8); Repository: Yichang Institute of Geology and Mineral Resources; Shuishikou of Yunyang, Sichuan; Early Jurassic Dongyuemiao Member of Ziliujing Formation.

△Genus *Symopteris* Hsu, 1979

1876 *Bernoullia helvetica* Heer, p. 88

1979 Hsu J and others, p. 18.

1993a Wu Xiangwu, pp. 39, 238.

1993b Wu Xiangwu, pp. 499, 519.

Type species: *Symopteris helvetica* (Heer) Hsu, 1979

Taxonomic status: Marattiaceae, Filicopsida

△*Symopteris helvetica* (Heer) Hsu, 1979

1876 *Bernoullia helvetica* Heer, p. 88, pl. 38, figs. 1 — 6; fronds; Switzerland; Triassic.

1979 Hsu J and others, p. 18.

1993a Wu Xiangwu, pp. 39, 238.

1993b Wu Xiangwu, pp. 499, 519.

Cf. *Symopteris helvetica* (Heer) Hsu

1983 Zhang Wu and others, p. 73, pl. 1, figs. 10, 11; fronds; Linjiawaizi of Benxi, Liaoning; Middle Triassic Linjia Formation.

△*Symopteris densinervis* Hsu et Tuan, 1979

1979 Hsu J, Duan Shuying, in Hsu J and others, p. 18, pl. 6, 7, fig. 4; pl. 10, figs. 4 — 6; pl. 58; pl. 59, fig. 6; fronds; No. : No. 814, No. 829, No. 831, No. 839, No. 846, No. 2885; Repository: Institute of Botany, the Chinese Academy of Sciences; Taipingchang of Baoding, Sichuan; Late Triassic Daqing Formation. (Notes: The type specimen was not designated in the original paper)

1989 Mei Meitang and others, p. 80, pl. 35, fig. 3; frond; China; middle-late Late Triassic.

1993a Wu Xiangwu, pp. 39, 238.

***Symopteris* cf. *densinervis* Hsu et Tuan**

1983 Zhang Wu and others, p. 72, pl. 1, fig. 13; frond; Linjiawaizi of Benxi, Liaoning; Middle Triassic Linjia Formation.

△*Symopteris zeilleri* (Pan) Hsu, 1979

1936 *Bernoullia zeilleri* P'an, P'an C H, p. 26, pl. 9, figs. 6, 7; pl. 11, figs. 3, 3a, 4, 4a; pl. 14, figs. 5, 6, 6a; sterile pinnae and fertile pinnae; Qingjian of Yanchuan, Shaanxi; Late Triassic middle part of Yenchang Formation.

1979 Hsu J and others, p. 17.

1982 Yang Xianhe, p. 467, pl. 5, figs. 6, 6a; fronds; Xujiahe of Guangyuan, Sichuan; Late Triassic Hsuchiaho Formation.

1982 Zhang Caifan, p. 523, pl. 355, fig. 7; frond; Yingzushan of Sangzhi, Hunan; Late Triassic.

1983 Zhang Wu and others, p. 73, pl. 1, figs. 10, 11; fronds; Linjiawaizi of Benxi, Liaoning; Middle Triassic Linjia Formation.

1984 Chen Gongxin, p. 571, pl. 225, figs. 1 — 3; fronds; Jiuligang of Yuanan, Yinzigang of Dangyang, Donggong of Nanzhang, Hubei and Fenshuiling of Jingmen, Hubei; Late Triassic Jiuligang Formation.

1987 Meng Fansong, p. 240, pl. 24, fig. 4; frond; Donggong of Nanzhang, Yaohe of Jingmen, Hubei; Late Triassic Jiuligang Formation.

1993a Wu Xiangwu, pp. 39, 238.

***Symopteris* sp.**

1983 *Symopteris* sp., Zhang Wu and others, p. 73, pl. 1, fig. 14; text-fig. 13; fronds; Linjiawaizi of Benxi, Liaoning; Middle Triassic Linjia Formation.

△Genus *Taipingchangella* Yang, 1978

1978 Yang Xianhe, pp. 48, 49.

1993a Wu Xiangwu, pp. 40, 239.

1993b Wu Xiangwu, pp. 500, 520.

Type species: *Taipingchangella zhongguoensis* Yang, 1978

Taxonomic status: Taipingchangellaceae, Filicopsida[Notes: The Taipingchangellaceae, Filicopsida was applied by Yang Xianhe (1978)]

△*Taipingchangella zhongguoensis* Yang, 1978

1978 Yang Xianhe, p. 489, pl. 172, figs. 4—6; pl. 170, figs. 1b—2; pl. 171, fig. 1; fronds; No.: Sp0071—Sp0073, Sp0078; Syntypes: Sp0071—Sp0073, Sp0078; Repository: Chengdu Institute of Geology and Mineral Resources; Taipingchang of Dukou, Sichuan; Late Triassic Daqiaodi Formation. [Notes: According to *International Code of Botanical Nomenclature* (*Vienna Code*) article 37.2, from the year 1958, the holotype type specimen should be unique]

1993a Wu Xiangwu, pp. 40, 239.

1993b Wu Xiangwu, pp. 500, 520.

Genus *Thaumatopteris* Goeppert, 1841, emend Nathorst, 1876

1841 (1841c—1846) Goeppert, p. 33.

1876 Nathorst, p. 29.

1954 Hsu J, p. 51.

1963 Sze H C, Lee H H and others, p. 81.

1993a Wu Xiangwu, p. 147.

Type species: *Thaumatopteris brauniana* Popp, 1863[Notes: Original type species *Thaumatopteris muensteri* Goeppert was referred by Nathorst (1876, 1878) to *Dictyophyllum*, and the *Thaumatopteris brauniana* Popp was appointed as type species (Sze H C, Lee H H and others, 1963)]

Taxonomic status: Dipteridaceae, Filicopsida

***Thaumatopteris brauniana* Popp, 1863**

1863 Popp, p. 409; Germany; Late Triassic.

1954 Hsu J, p. 51, pl. 44, figs. 5, 6; sterile fronds and fertile fronds; Yipinglang of Guantong, Yunnan; Late Triassic.

1963 Sze H C, Lee H H and others, p. 82, pl. 25, figs. 11, 12; sterile fronds and fertile fronds; Yipinglang of Guangtong, Yunnan; Late Triassic.

1964 Lee P C, p. 111, pl. 1, figs. 6, 6a; sterile pinnae; Xujiahe of Guangyuan, Sichuan; Late Triassic Hsuchiaho Formation.

1968 *Fossil Atlas of Mesozoic Coal-bearing Strata in Kiangsi and Hunan Provinces*, p. 48, pl. 7, figs. 2, 2a; fronds; Jiangxi (Kiangsi) and Hunan; Late Triassic — Early Jurassic.

1977 Feng Shaonan and others, p. 208, pl. 77, fig. 4; frond; Yizhang, Hunan; Late Triassic Siaoping Formation.

1978 Yang Xianhe, p. 487, pl. 168, fig. 4; frond; Xionglong of Xinlong, Sichuan; Late Triassic Lamaya Formation.

1978 Zhang Jihui, p. 478, pl. 161, fig. 10; frond; Puchu of Weining, Guizhou; Late Triassic.

1980 He Dechang, Shen Xiangpeng, p. 11, pl. 3, figs. 1, 1a; pl. 23, fig. 4; fronds; Tongrilonggou in Sandu of Zixing, Hunan; Late Triassic Anyuan Formation; Xiling in Changce of Yizhang, Hunan; Early Jurassic Zaoshang Formation.

1982 Zhang Caifan, p. 524, pl. 335, figs. 1, 1a; fronds; Gouyadong of Yizhang, Hunan; Late Triassic.

1989 Mei Meitang and others, p. 85, pl. 39, fig. 4; frond; China; Late Triassic — Early Jurassic.

1993a Wu Xiangwu, p. 147.

***Thaumatopteris* cf. *brauniana* Popp**

1965 Tsao Chengyao, p. 515, pl. 3, fig. 6; text-fig. 2; fronds; Songbaikeng of Gaoming, Guangdong; Late Triassic Siaoping Formation (Siaoping Series).

1982 Wang Guoping and others, p. 244, pl. 113, fig. 5; frond; Huaqiao of Longquan, Zhejiang; Early Jurassic(?) or Late Triassic(?).

1998 Huang Qisheng and others, pl. 1, fig. 17; frond; Miaoyuancun of Shangrao, Jiangxi; Early Jurassic member 3 of Linshan Formation.

△*Thaumatopteris contracta* Lee et Tsao, 1976

1976 Lee P C, Tsao Chengyao, in Lee P C and others, p. 105, pl. 25; pl. 26, figs. 1, 2; pl. 27, figs. 1 — 2a; Col. No. : AARV9/99Y, YHW131; Reg. No. : PB5303 — PB5310, PB5315, PB5316; Holotype: PB5315 (pl. 27, fig. 1); sterile pinnae and fertile pinnae; Repository: Nanjing Institute of Geology and Palaeontology, Chinese Academy of Sciences; Mahuangjing of Xiangyun, Yunnan; Late Triassic Huaguoshan Member of Xiangyun Formation; Yipinglang of Lufeng, Yunnan; Late Triassic Ganhaizi Member of Yipinglang Formation.

1982b Wu Xiangwu, p. 82, pl. 6, figs. 4, 4a; fronds; Chagyab, Tibet; Late Triassic upper member of Bagong Formation.

1987 He Dechang, p. 71, pl. 2, fig. 2; frond; Huaqiao of Longquan, Zhejiang; Early Jurassic bed 6 of Huaqiao Formation.

1990 Wu Xiangwu, He Yuanliang, p. 296, pl. 3, fig. 3; pl. 4, figs. 1, 1a; fronds; Zhiduo-Chari Section, Qinghai; Late Triassic Gema Formation of Jieza Group.

1993 Wang Shijun, p. 8, pl. 2, figs. 2, 2a; sterile fronds; Ankou and Guanchun of Lechang, Guangdong; Late Triassic Genkou Group.

1995a Li Xingxue (editor-in-chief), pl. 73, fig. 1; frond; Yipinglang of Lufeng, Yunnan; Late Triassic Yipinglang Formation. (in Chinese)

1995b Li Xingxue (editor-in-chief), pl. 73, fig. 1; frond; Yipinglang of Lufeng, Yunnan; Late Triassic Yipinglang Formation. (in English)

***Thaumatopteris dunkeri* (Nathorst) Ôishi et Yamasita, 1936**

1878 *Dictyophyllum dunkeri* Nathorst, p. 45, pl. 5, fig. 17; frond; Hegana, Sweden; Late Triassic.

1936 Ôishi, Yamasita, pp. 149, 169.

1977 Feng Shaonan and others, p. 209, pl. 77, fig. 6; frond; Lechang, Guangdong; Late Triassic Siaoping Formation.

1980 He Dechang, Shen Xiangpeng, p. 12, pl. 4, figs. 2, 2a; pl. 15, fig. 9; fronds; Tongrilonggou in Sandu of Zixing, Hunan; Late Triassic Anyuan Formation and Early Jurassic Zaoshang Formation.

***Thaumatopteris* cf. *dunkeri* (Nathorst)**

1982b Wu Xiangwu, p. 83, pl. 5, fig. 3d; pl. 7, figs. 3, 3a; fronds; Gonjo and Qamdo, Tibet; Late Triassic upper member of Bagong Formation.

***Thaumatopteris elongata* Ôishi, 1932**

1932 Ôishi, p. 295, pl. 16, fig. 2; pl. 17, figs. 1, 2; fronds; Nariwa, Japan; Late Triassic (Nariwa Series).

***Thaumatopteris* cf. *elongata* Ôishi**

1978 Zhou Tongshun, pl. 18, fig. 9; frond; Dakeng of Zhangping, Fujian; Late Triassic Wenbinshan Formation.

△*Thaumatopteris expansa* (Kryshtofovich et Prynada) Chu, 1979

1933 *Dictyophyllum remauryi* Zeiller var. *expansa* Kryshtofovich et Prynada, p. 6, pl. 2, fig. 1; pl. 3, fig. 2; fronds; Armenia; Late Triassic.

1979 Chu Jiana, in Hsu J and others, p. 26, pl. 34, figs. 1, 2; pl. 35, fig. 3; text-fig. 10; fronds; Baoding, Sichuan; Late Triassic middle-upper part of Daqiaodi Formation.

1987 Meng Fansong, p. 242, pl. 26, figs. 1, 1a; fronds; Liujiatai of Nanzhang, Hubei; Late Triassic Jiuligang Formation.

***Thaumatopteris fuchsi* (Zeiller) Ôishi et Yamasita, 1936**

1903 *Dictyophyllum fuchsi* Zeiller, p. 98, pl. 18, figs. 1, 2; fronds; Hong Gai, Vietnam; Late Triassic.

1936 Ôishi, Yamasita, pp. 149, 169.

1977 Feng Shaonan and others, p. 209, pl. 78, figs. 3, 4; fronds; Donggong of Nanzhang, Hubei; Late Triassic Lower Coal Formation of Hsiangchi Group.

1979 Hsu J and others, p. 27, pl. 33, figs. 1 — 3a; fronds; Baoding, Sichuan; Late Triassic middle-upper part of Daqiaodi Formation.

1982a Wu Xiangwu, p. 51, pl. 5, fig. 5; pl. 8, fig. 5B; fronds; Tumain of Amdo, Tibet; Late Triassic Tumaingela Formation.

1984 Chen Gongxin, p. 575, pl. 232, figs. 2 — 4; fronds; Fenshuiling of Jingmen, Hubei; Early Jurassic Tongzhuyuan Formation; Donggong of Nanzhang, Hubei; Late Triassic Jiuligang Formation.

1984 Huang Qisheng, pl. 1, fig. 12; frond; Baolongshan of Huaining, Anhui; Late Triassic Lalijian Formation.

△***Thaumatopteris fujianensis*** **Zhou, 1978**

1978 Zhou Tongshun, p. 103, pl. 19, figs. 3, 3a; text-figs. 1a, 1b; fronds; Col. No. : SF-37; Reg. No. : FKP044; Repository: Institute of Geology, Chinese Academy of Geological Sciences; Xiyuan of Zhangping, Fujian; Early Jurassic Lishan Formation.

1982 Wang Guoping and others, p. 244, pl. 112, fig. 3; frond; Xiyuan of Zhangping, Fujian; Early Jurassic Lishan Formation.

Thaumatopteris hissarica **Brick et Sixtel, 1960**

1960 Sixtel, p. 58, pl. 6, figs. 3 — 5; fronds; Gissar Mountain; Late Triassic.

1986 Xu Fuxiang, p. 419, pl. 1, figs. 1 — 3; fronds; Daolengshan of Jingyuan, Gansu; Early Jurassic.

1987 He Dechang, p. 71, pl. 1, fig. 1; frond; Fengping of Suichang, Zhejiang; Early Jurassic bed 2 of Huaqiao Formation.

1998 Zhang Hong and others, pl. 22, figs. 4, 5; fronds; Hanxia Coal Mine of Yumen, Gansu; Middle Jurassic Dashankou Formation.

△***Thaumatopteris huiliensis*** **Wu, 1999** (in Chinese)

1999b Wu Shunqing, p. 19, pl. 9, fig. 3; pl. 10, fig. 4; pl. 11, figs. 3, 4; fronds; Col. No. : 鹿 f115-2, 鹿 f115-5, 广 23-07-f-1-14; Reg. No. : PB10580, PB10585, PB10589, PB10590; Holotype: PB10590 (pl. 11, fig. 4); Luchang of Huili, Sichuan; Repository: Nanjing Institute of Geology and Palaeontology, Chinese Academy of Sciences; Late Triassic Baiguowan Formaion; Xujiahe of Guangyuan, Sichuan; Late Triassic Hsuchiaho Formation.

△***Thaumatopteris lianpingensis*** **Liu (MS) ex Feng et al., 1977**

1977 Feng Shaonan and others, p. 209, pl. 77, fig. 1; frond; Lianping, Guangdong; Late Triassic Siaoping Formation.

Thaumatopteris nipponica **Ôishi, 1932**

1932 Ôishi, p. 239, pl. 12, figs. 5, 6; pl. 15, figs. 2, 3; pl. 21, fig. 5B; fronds; Nariwa, Japan; Late Triassic Nariwa Series.

1980 Wu Shunqing and others, p. 73, pl. 2, figs. 2, 3; fronds; Gengjiahe of Xingshan, Hubei; Late Triassic Shazhenxi Formation.

1984 Chen Gongxin, p. 575, pl. 235, fig. 7; frond; Gengjiahe of Xingshan, Hubei; Late Triassic Shazhenxi Formation.

1986 Ye Meina and others, p. 27, pl. 13, fig. 2; frond; Wenquan of Kaijiang, Sichuan; Late Triassic member 7 of Hsuchiaho Formation.

***Thaumatopteris* cf. *nipponica* Ôishi**

1982 Wang Guoping and others, p. 244, pl. 111, fig. 1; frond; Wuzao of Yiwu, Zhejiang; Late Triassic Wuzao Formation.

1986b Chen Qishi, p. 7, pl. 4, fig. 2; frond; Wuzao of Yiwu, Zhejiang; Late Triassic Wuzao Formation.

△*Thaumatopteris nodosa* Chu, 1975

1975 Chu Chiana, in Hsu J and others, p. 70, pl. 1, figs. 1 — 3; fronds; No. : No 2502; Repository: Institute of Botany, the Chinese Academy of Sciences; Nalajing of Yongren Yunnan; Late Triassic middle-upper part of Daqiaodi Formation.

1979 Hsu J and others, p. 27, pl. 33, figs. 4 — 5a; fronds; Baoding, Sichuan; Late Triassic middle-upper part of Daqiaodi Formation.

***Thaumatopteris pusilla* (Nathorst) Ôishi et Yamasita, 1936**

1878 *Dictyophyllum muensteri* var. *pusillum* Nathosrt, p. 45, pl. 5, figs. 14 — 16; pl. 8, figs. 8 — 10; fronds; Sweden; Late Triassic.

1936 Ôishi, Yamasita, p. 151.

1980 Zhang Wu and others, p. 245, pl. 126, figs. 1 — 3; fronds; Beipiao, Liaoning; Early Jurassic Beipiao Formation.

1989 Bureau of Geology and Mineral Resources of Liaoning Province, pl. 9, fig. 1; frond; Taiji of Beipiao, Liaoning; Early Jurassic Beipiao Formation.

***Thaumatopteris* cf. *pusilla* (Nathorst) Ôishi et Yamasita**

1985 Yang Xuelin, Sun Liwen, p. 103, pl. 2, fig. 17; text-fig. 2; fronds; Hongqi Coal Mine of southeastern Da Hinggan Ling; Early Jurassic Hongqi Formation.

***Thaumatopteris remauryi* (Zeiller) Ôishi et Yamasita, 1936**

1902 — 1903 *Dictyophyllum remauryi* Zeiller, p. 101, pl. 19, figs. 1, 2; pl. 20, figs. 1, 2(?), 3, 4; pl. 21, figs. 1, 2; fronds; Hong Gai, Vietnam; Late Triassic.

1936 Ôishi, Yamasita, p. 151; frond; Hong Gai, Vietnam; Late Triassic.

1976 Lee P C and others, p. 106, pl. 26, figs. 3 — 6; pl. 27, figs. 3, 4; sterile pinnae and fertile pinnae; Mahuangjing of Xiangyun, Yunnan; Late Triassic Huaguoshan Member of Xiangyun Formation; Yubacun and Yipinglang of Lufeng, Yunnan; Late Triassic Ganhaizi Member of Yipinglang Formation.

1978 Yang Xianhe, p. 487, pl. 173, fig. 3; frond; Baoding of Dukou, Sichuan; Late Triassic Daqiaodi Formation.

1979 Hsu J and others, p. 27, pl. 33, figs. 6, 6a; text-fig. 11; fronds; Baoding, Sichuan; Late Triassic middle-upper part of Daqiaodi Formation.

1980 Wu Shunqing and others, p. 75, pl. 1, fig. 10; pl. 2, fig. 1; fronds; Gengjiahe of Xingshan, Hubei; Late Triassic Shazhenxi Formation.

1983 Duan Shuying and others, pl. 9, fig. 3; frond; Beiluoshan of Ninglang, Yunnan (Tunnan); Late Triassic.

1984 Chen Gongxin, p. 575, pl. 234, fig. 4; frond; Gengjiahe of Xingshan, Hubei; Late Triassic

Shazhenxi Formation.

1984 Huang Qisheng, pl. 1, fig. 13; frond; Baolongshan of Huaining, Anhui; Late Triassic Lalijian Formation.

1987 Chen Ye and others, p. 99, pl. 11, fig. 4; frond; Qinghe of Yanbian, Sichuan; Late Triassic Hongguo Formation.

1989 Mei Meitang and others, p. 85, pl. 45, fig. 1; frond; China; Late Triassic.

1993 Wang Shijun, p. 8, pl. 2, figs. 6, 10; fronds; Guanchun of Lechang, Guangdong; Late Triassic Genkou Group.

***Thaumatopteris* cf. *remauryi* (Zeiller) Ôishi et Yamasita**

1982b Wu Xiangwu, p. 83, pl. 5, figs. 3B, 3b, 3C; pl. 8, fig. 4; text-fig. 3; fronds; Qamdo, Tibet; Late Triassic upper member of Bagong Formation.

***Thaumatopteris schenkii* Nathorst, 1876**

1876 Nathorast, p. 46, pl. 6, fig. 1; pl. 8, fig. 4; fronds; Switzerland; Late Triassic.

1956 Ngo C K, p. 21, pl. 3, figs. 4, 5; fronds; Xiaoping of Guangzhou, Guangdong; Late Triassic Siaoping Coal Series.

1978 Zhang Jihui, p. 478, pl. 161, fig. 2; frond; Puchu of Weining, Guizhou; Late Triassic.

1982b Yang Xuelin, Sun Liwen, p. 30, pl. 3, figs. 4 — 7; fronds; Hongqi Coal Mine of southeastern Da Hinggan Ling; Early Jurassic Hongqi Formation.

1985 Yang Xuelin, Sun Liwen, p. 102, pl. 2, figs. 5, 6, 7, 7a; fronds; Hongqi Coal Mine of southeastern Da Hinggan Ling; Early Jurassic Hongqi Formation.

2002 Meng Fansong and others, pl. 5, fig. 2; frond; Xiangxi of Zigui, Hubei; Early Jurassic Hsiangchi (Xiangxi) Formation.

***Thaumatopteris* cf. *schenkii* Nathorst**

1986b Chen Qishi, p. 8, pl. 4, figs. 3, 4; fronds; Wuzao of Yiwu, Zhejiang; Late Triassic Wuzao Formation.

△*Thaumatopteris*? *tenuinervis* Yang, 1978

1978 Yang Xianhe, p. 488, pl. 160, fig. 1; frond; No. : Sp0020; Holotype: Sp0020 (pl. 160, fig. 1); Repository: Chengdu Institute of Geology and Mineral Resources; Tiangongmiao of Daye, Sichuan; Late Triassic Hsukiaho Formation.

***Thaumatopteris vieillardii* (Pelourde) Ôishi et Yamasita, 1936**

1913 *Dictiophyllum vieillardii* Pelourde, p. 6, pl. 2; frond; Hong Gai, Vietnam; Late Triassic.

1936 Ôishi, Yamasita, p. 148; frond; Hong Gai, Vietnam; Late Triassic.

1979 Hsu J and others, p. 29, pl. 34, figs. 3, 3a; pl. 35, figs. 1, 2; fronds; Huashan of Baoding, Sichuan; Late Triassic middle-upper part of Daqiaodi Formation.

1987 Chen Ye and others, p. 99, pl. 11, fig. 1; frond; Qinghe of Yanbian, Sichuan; Late Triassic Hongguo Formation.

△*Thaumatopteris xiangchengensis* Yang, 1978

1978 Yang Xianhe, p. 487, pl. 173, fig. 2; frond; No. : Sp0081; Holotype: Sp0081 (pl. 173, fig. 2); Repository: Chengdu Institute of Geology and Mineral Resources; Shazi of

Xiangcheng, Sichuan; Late Triassic Lamaya Formation.

△***Thaumatopteris xinlongensis*** **Yang, 1978**

1978 Yang Xianhe, p. 487, pl. 177, fig. 6; frond; No. : Sp0097; Holotype: Sp0097 (pl. 177, fig. 6); Repository: Chengdu Institute of Geology and Mineral Resources; Xionglong of Xinlong, Sichuan; Late Triassic Lamaya Formation.

△***Thaumatopteris yiwuensis*** **Chen, 1986**

1986b Chen Qishi, p. 8, pl. 3, figs. 1 — 3; fronds; Col. No. : 63-3-1C, 63-3-5C; Reg. No. : ZMf-植-00011, M1044; Repository: Zhejiang Museum of Natural History; Wuzao of Yiwu, Zhejiang; Late Triassic Wuzao Formation. (Notes: The type specimen was not designated in the original paper)

Thaumatopteris **spp.**

1968 *Thaumatopteris* sp., *Fossil Atlas of Mesozoic Coal-bearing Strata in Kiangsi and Hunan Provinces*, p. 48, pl. 8, fig. 4; pinna; Chengtanjiang of Liuyang, Hunan; Late Triassic Zijiachong Member of Anyuan Formation.

1979 *Thaumatopteris* sp., Hsu J and others, p. 29, pl. 35, figs. 4, 5; fronds; Baoding, Sichuan; Late Triassic middle-upper part of Daqiaodi Formation.

1980 *Thaumatopteris* sp., Wu Shunqing and others, p. 93, pl. 11, figs. 3, 3a; sterile pinnae; Shazhenxi of Zigui, Hubei; Early — Middle Jurassic Hsiangchi (Xiangxi) Formation.

1982 *Thaumatopteris* sp., Li Peijuan, Wu Xiangwu, p. 43, pl. 13, fig. 1B; frond; Xiangcheng area, Sichuan; Late Triassic Lamaya Formation.

1982a *Thaumatopteris* sp., Wu Xiangwu, p. 51, pl. 9, fig. 4C; frond; Tumain of Amdo, Tibet; Late Triassic Tumaingela Formation.

1982b *Thaumatopteris* sp., Wu Xiangwu, p. 84, pl. 7, figs. 4A, 5, 5A, 6a; fronds; Gonjo, Tibet; Late Triassic upper member of Bagong Formation.

1982 *Thaumatopteris* sp., Zhang Caifan, p. 524, pl. 338, fig. 1; frond; Fengjiachong of Lingling, Hunan; Early Jurassic.

1986b *Thaumatopteris* sp. (sp. nov. ?), Chen Qishi, p. 8, pl. 1, fig. 5; frond; Wuzao of Yiwu, Zhejiang; Late Triassic Wuzao Formation.

1986 *Thaumatopteris* sp., Ye Meina and others, p. 27, pl. 13, figs. 6, 6a; fronds; Jinwo in Tieshan of Daxian; Early Jurassic Zhenzhuchong Formation.

1987 *Thaumatopteris* sp., Chen Ye and others, p. 100, pl. 11, figs. 2, 3; fronds; Qinghe of Yanbian, Sichuan; Late Triassic Hongguo Formation.

1999b *Thaumatopteris* sp., Wu Shunqing, p. 20, pl. 10, fig. 5; frond; Luchang of Huili, Sichuan; Late Triassic Baiguowan Formaion.

1999b *Thaumatopteris* sp., Meng Fansong, pl. 1, fig. 12; pinnule; Xiangxi of Zigui, Hubei; Middle Jurassic Chenjiawan Formation.

Thaumatopteris**?** **sp.**

1983 *Thaumatopteris*? sp., Sun Ge and others, p. 451, pl. 1, fig. 7; text-fig. 3; fronds; Dajianggang of Shuangyang, Jilin; Late Triassic Dajianggang Formation.

△Genus *Thelypterites* Tao et Xiong, 1986 ex Wu, 1993

[Notes: This name was originally not mentioned clealy as a new genus; The representative species is appointed by Wu Xiangwu (1993a)]

1986 Tao Junrong, Xiong Xianzheng, p. 122.

1993a Wu Xiangwu, pp. 41, 240.

Type species: *Thelypterites* sp. A, Tao et Xiong, 1986

Taxonomic status: Thelypteridaceae, Filicopsida

Thelypterites sp. A Tao et Xiong, 1986

1986 Thelypterites sp. A Tao et Xiong, Tao Junrong, Xiong Xianzheng, p. 122, pl. 5, fig. 2b; fertile pinna; No.: 52701; Repository: Institute of Botany, the Chinese Academy of Sciences; Jiayin of Heilongjiang; Late Cretaceous Wuyun Formation.

1993a Thelypterites sp. A Tao et Xiong, Wu Xiangwu, pp. 41, 240.

Thelypterites spp.

1986 *Thelypterites* sp. B Tao et Xiong, Tao Junrong, Xiong Xianzheng, p. 122, pl. 6, fig. 1; fertile pinna; No.: 52706; Repository: Institute of Botany, the Chinese Academy of Sciences; Jiayin of Heilongjiang; Late Cretaceous Wuyun Formation.

1993a *Thelypterites* sp., Wu Xiangwu, pp. 41, 240.

Genus *Thyrsopteris* Kunze, 1834

1883 Schenk, p. 254.

1993a Wu Xiangwu, p. 148.

Type species: (living genus)

Taxonomic status: Filicopsida

△*Thyrsopteris ahnertii* Krasser, 1906

1906 Krasser, p. 596, pl. 1, fig. 8; sterile pinna; Huoshiling (Ho-shi-ling-tza), Jilin; Jurassic. [Notes: This specimen lately was referred as ? *Coniopteris burejensis* (Zalessky) Seward (Sze H C, Lee H H and others, 1963)]

△*Thyrsopteris orientalis* Schenk, 1883

1883 Schenk, p. 254, pl. 52, figs. 4, 7; fronds; West Hill, Beijing; Jurassic. [Notes: This specimen lately was referred as *Coniopteris hymenophylloides* (Brongniart) Seward (Sze H C, Lee H H and others, 1963)]

1993a Wu Xiangwu, p. 148.

Thyrsopteris prisca (Eichwald) Heer, 1876

1865 *Sphenopteris prisca* Eichwald, p. 14, pl. 4, fig. 2a; frond; Donbass in Ukrainian; Middle Jurassic.

1876 Heer, p. 86, pl. 18, fig. 8; frond; upper reaches of Heilongjiang River; Late Jurassic(?).

1906 Krasser, p. 597, pl. 1, figs. 1 — 3; fronds; Huoshiling (Ho-shi-ling-tza), Jilin; Jurassic. [Notes: This specimen lately was referred as *Coniopteris hymenophylloides* (Brongniart) Seward (Sze H C, Lee H H and others, 1963)]

Genus *Todites* Seward, 1900

1900 Seweard, p. 87.

1906 Yokoyama, p. 20.

1963 Sze H C, Lee H H and others, p. 62.

1993a Wu Xiangwu, p. 149.

Type species: *Todites williamsoni* (Brongniart) Seward, 1900

Taxonomic status: Osmundaceae, Filicopsida

Todites williamsoni (Brongniart) Seward, 1900

1828 *Pecopteris williamsoni* Brongniart, p. 57. (nom. nud.)

1900 Seweard, p. 87, pl. 14, figs. 2, 5, 7; pl. 15, figs. 1 — 3; pl. 21, fig. 6; text-fig. 12; sterile leaves and fertile pinnules; Yorkshire, England; Middle Jurassic.

1906 Yokoyama, p. 18, 20, pl. 3; frond; Qingganglin of Pengxian, Sichuan; Dashigu of Baxian, Sichuan; Jurassic. [Notes: This specimen lately was referred as ? *Cladophlebis raciborskii* Zeiller (Sze H C, Lee H H and others, 1963)]

1906 Yokoyama, p. 25, pl. 6, fig. 4; frond; Fangzi, Weixian, Shandong; Jurassic. [Notes: This specimen lately was referred as *Todites denticulatus* (Brongniart) Krasser (Sze H C, Lee H H and others, 1963)]

1906 Yokoyama, p. 25, pl. 8, fig. 1; frond; Nianzigou in Saimaji of Fengcheng, Liaoning; Jurassic.

1950 Ôishi, p. 41; fertile pinna; Mishan, Heilongjiang; Late Jurassic; China; Early Jurassic.

1963 Sze H C, Lee H H and others, p. 63, pl. 19, figs. 2, 2a; fronds; Datong, Shanxi; Hejiadi(?) of Sangyu, Hebei; Biyunsi in Zhaitang of West Hill, Beijing; Mianxian, Shaanxi; Yanggetan of Saratsi of Ulanqab League, Inner Mongolia; Chaoyang (?), Liaoning; Early—Middle Jurassic.

1980 Chen Fen and others, p. 427, pl. 1, fig. 7; frond; West Hill, Beijing; Early Jurassic Lower Yaopo Formation and Upper Yaopo Formation, Middle Jurassic Longmen Formation; Xiahuayuan of Zhuolu, Hebei; Middle Jurassic Yudaishan Formation.

1980 Huang Zhigao, Zhou Huiqin, p. 74, pl. 57, fig. 4; frond; Jiaoping of Tongchuan, Shaanxi; Middle Jurassic middle-upper part of Yan'an Formation.

1980 Zhang Wu and others, p. 235, pl. 119, figs. 1 — 3; fronds; Beipiao, Liaoning; Early Jurassic Beipiao Formation and Middle Lurassic Haifanggou Formation; Benxi, Liaoning; Middle Jurassic Dabu Formation.

1982 Liu Zijin, p. 121, pl. 63, figs. 2, 3; fronds; Diantou of Huangling, Jiaoping of Tongchuan, Wulanmulunhe in Shengmu and Gushan of Fugu, Shaanxi; Early — Middle Jurassic

Yan'an Formation; Longjiagou of Wudu, Gansu; Midlle Jurassic Longjiagou Formation; Agan of Lanzhou, Gansu; Early Jurassic Daxigou Formation.

1982b Yang Xuelin, Sun Liwen, p. 43, pl. 17, figs. 1 — 3; pl. 18, fig. 1; text-fig. 17; frond; Wanbao Coal Mine, Dusheng, Heidingshan and Yumin Coal Mine of southeastern Da Hinggan Ling; Middle Jurassic Wanbao Formation.

1982 Zhang Caifan, p. 523, pl. 335, figs. 9 — 12; pl. 357, fig. 10; fronds; Wenjiashi of Liuyang, Gouyadong of Yizhang; Late Triassic; Xintianmen in Changce of Yizhang, Wenjiashi and Yuelong of Liuyang, Hunan; Early Jurassic.

1982b Zheng Shaolin, Zhang Wu, p. 296, pl. 9, fig. 1; frond; Xingkai of Mishan, Heilongjiang; Middle Jurassic Peide Formation.

1983 Li Jieru, pl. 1, fig. 8; frond; Houfulongshan of Jinxi, Liaoning; Middle Jurassic member 1 of Haifanggou Formation.

1983 Sun Ge and others, p. 451, pl. 3, figs. 1, 2; fronds; Dajianggang of Shuangyang, Jilin; Late Triassic Dajianggang Formation.

1984 Chen Fen and others, p. 36, pl. 6, fig. 4; pl. 7, figs. 12-2; text-fig. 2; sterile pinnae; Daanshan, Datai, Qianjuntai, Zhaitang and Fangshan, Beijing; Early Jurassic Lower Yaopo Formation and Upper Yaopo Formation, Middle Jurassic Longmen Formation.

1984 Chen Gongxin, p. 573, pl. 229, fig. 1; frond; Tongzhuyuan of Dangyang, Hubei; Early Jurassic Tongzhuyuan Formation.

1984 Gu Daoyuan, p. 139, pl. 74, figs. 1, 2; pl. 71, fig. 1; fronds; Karamay, Junggar (Dzungaria) Basin, Xinjiang; Early Jurassic Sangonghe Formation.

1987 Chen Ye and others, p. 95, pl. 8, figs. 2, 3; fronds; Qinghe of Yanbian, Sichuan; Late Triassic Hongguo Formation.

1988 Li Peijuan and others, p. 49, pl. 30, figs. 1 — 2a; pl. 39, figs. 1 — 1b; pl. 98, fig. 4; Dameigou of Da Qaidam, Qinghai; Early Jurassic *Zamites* Bed of Xiaomeigou Formation.

1990 Zheng Shaolin, Zhang Wu, p. 217, pl. 3, fig. 5; frond; Tianshifu of Benxi, Liaoning; Middle Jurassic Dabu Formation.

1991 Wu Xiangwu, p. 574, pl. 1, figs. 1, 2; pl. 3, figs. 1 — 3c; pl. 5, figs. 4 — 4b, 5; sterile fronds and fertile fronds; Shazhenxi of Zigui, Hubei; Middle Jurassic Hsiangchi (Xiangxi) Formation.

1992 Xie Mingzhong, Sun Jingsong, pl. 1, fig. 6; frond; Xuanhua, Hebei; Middle Jurassic Xiahuayuan Formation.

1993 Mi Jiarong and others, p. 85, pl. 7, figs. 1, 4, 6; fronds; Tianqiaoling of Wangqing, Jilin; Late Triassic Malugou Formation; Dajianggang of Shuangyang, Jilin; Late Triassic Dajianggang Formation; Yangcaogou of Beipiao, Liaoning; Late Triassic Yangcaogou Formation.

1993a Wu Xiangwu, p. 149.

1995 Zeng Yong and others, p. 52, pl. 4, fig. 5; pl. 9, fig. 4; fronds; Yima, Henan; Middle Jurassic Yima Formation.

1996 Mi Jiarong and others, p. 87, pl. 11, figs. 1, 4, 6; fronds; Guanshan of Beipiao, Liaoning; Early Jurassic lower member of Beipiao Formation; Dongsheng Mine of Beipiao, Liaoning; Early Jurassic upper member of Beipiao Formation; Haifanggou of Beipiao,

Liaoning; Middle Jurassic Haifanggou Formation; Shimenzhai of Funing, Hebei; Early Jurassic Beipiao Formation.

2002 Wu Xiangwu and others, p. 151, pl. 5, figs. 3, 3a, 4; pl. 6, figs. 9, 9a; sterile pinnae; Maohudong of Shandan, Gansu; Early Jurassic upper member of Jijigou Formation; Qingtujing of Jinchang, Gansu; Middle Jurassic lower member of Ninyuanpu Formation.

2003 Yuan Xiaoqi and others, pl. 15, figs. 3, 4; fronds; Hantaichuan of Dalad Banner, Inner Mongolia; Middle Jurassic Zhiluo Formation.

***Todites* cf. *williamsoni* (Brongniart) Seward**

1982b Yang Xuelin, Sun Liwen, p. 29, pl. 3, fig. 8; pl. 6, fig. 3; fronds; Hongqi Coal Mine of southeastern Da Hinggan Ling; Early Jurassic Hongqi Formation.

1986b Chen Qishi, p. 4, pl. 4, fig. 6; frond; Wuzao of Yiwu, Zhejiang; Late Triassic Wuzao Formation.

1987 Duan Shuying, p. 21, pl. 4, figs. 2 — 4; fronds; Zhaitang of West Hill, Beijing; Middle Jurassic.

1988 Bureau of Geology and Mineral Resources of Liaoning Province, pl. 8, fig. 11; frond; Jilin; Early Jurassic.

1989 Duan Shuying, pl. 1, fig. 2; frond; Zhaitang of West Hill, Beijing; Middle Jurassic Mentougou Coal Series.

△***Todites asianus* Wu, 1999** (in Chinese)

1999b Wu Shunqing, p. 21, pl. 12, figs. 1, 1a; pl. 13, figs. 5, 5a; sterile pinnae and fertile pinnae; Col. No.: f114-10, 鹿 f114-13; Reg. No.: PB10591, PB10595; Syntype 1: PB10591 (pl. 12, figs. 1, 1a); Syntype 2: PB10595 (pl. 13, figs. 5, 5a); Repository: Nanjing Institute of Geology and Palaeontology, Chinese Academy of Sciences; Luchang of Huili, Sichuan; Late Triassic Baiguowan Formaion. [Notes: According to *International Code of Botanical Nomenclature* (*Vienna Code*) article 37. 2, from the year 1958, the holotype type specimen should be unique]

***Todites crenatus* Bernard, 1965**

[Notes: The specific name was spelled as *crenatum* (Bernard, 1965) or *crenata* (Zhang Caifan, 1982), and was cited by Zhou Zhiyan (1989) as *crenatus*]

1965 *Todites crenatum* Barnard, p. 1129, pl. 95, fig. 14; pl. 96, figs. 1, 2; text-figs. 1A — 1D; sterile pinnae and fertile pinnae; Upper Djadjerund and Lar Valleys, North Iran; Early Jurassic (Lias).

1982 *Todites crenata* Barnard, Zhang Caifan, p. 523, pl. 348, fig. 7; frond; Huashi of Zhuzhou, Hunan; Late Triassic.

1989 *Todites crenatus* Barnard, Zhou Zhiyan, p. 136, pl. 3, figs. 1 — 3; pl. 5, fig. 1; text-figs. 2, 3; sterile pinnae and fertile pinnae; Shanqiao of Hengyang, Hunan; Late Triassic Yangbaichong Formation.

1999b *Todites crenatus* Barnard, Wu Shunqing, p. 22, pl. 17, figs. 2 — 4; pl. 18, figs. 2 — 4; pl. 19, figs. 1, 2; fronds; Huangshiban in Xinchang of Weiyuan, Sichuan; Late Triassic Hsuchiaho Formation.

Cf. *Todites crenatus* Bernard

1982a Cf. *Todites crenatus* Bernard, Wu Xiangwu, p. 51, pl. 2, fig. 4; pl. 3, figs. 4, 4a; fronds; Tumain of Amdo, Tibet; Late Triassic Tumaingela Formation.

△*Todites daqingshanensis* Wang, 1984

1984 Wang Ziqiang, p. 238, pl. 123, figs. 5 — 7a; fronds; Reg. No. : P0206 — P0208; Syntype 1: P0207 (pl. 123, fig. 6); Syntype 2: P0208 (pl. 123, figs. 7, 7a); Repository: Repository: Nanjing Institute of Geology and Palaeontology, Chinese Academy of Sciences; Chahar Right Wing Middle Banner, Inner Mongolia; Nansuletu Formation. [Notes: According to *International Code of Botanical Nomenclature* (*Vienna Code*) article 37. 2, from the year 1958, the holotype type specimen should be unique]

***Todites denticulatus* (Brongniart) Krasser, 1922**

1828a *Pecopteris denticulata* Brongniart, p. 57.

1828b *Pecopteris denticulata* Brongniart, p. 301, pl. 98, figs. 1, 2.

1900 *Cladophlebis denticulata* (Brongniart) Seward, p. 134, pl. 14, figs. 1, 3, 4 and others.

1922 Krasser, p. 355.

1963 Sze H C, Lee H H and others, p. 64, pl. 20, figs. 3, 4; fronds; Pingxiang, Ji'an and Chongren of Jiangxi, Taizigou and Dangyang of Hubei, Yipinchang in Baxian, Shaximiao in Hechuan and Xujiahe(?) in Guangyuan of Sichuan, Fangzi in Weixian of Shandong, Dabu (Tapu)(?) in Benxi of Liaoning; Qiadam Basin(?), Qinghai; late Late Triassic — Middle Jurassic.

1974a Lee P C and others, p. 355, pl. 187, figs. 1, 2; fronds; Cifengchang of Pengxian, Sichuan; Late Triassic Hsuchiaho Formation.

1977 Feng Shaonan and others, p. 205, pl. 74, fig. 6; sterile frond; Hongwei of Qujiang and Gouyadong in Guanchun of Lechang, Guangdong; Late Triassic Siaoping Formation; Zigui and Dangyang, Hubei; Early — Middle Jurassic Upper Coal Formation of Hsiangchi Group.

1978 Yang Xianhe, p. 477, pl. 165, fig. 9; frond; Xionglong of Xinlong, Sichuan; Late Triassic Lamaya Formation.

1978 Zhang Jihui, p. 473, pl. 157, fig. 8; frond; Zhijin, Guizhou; Late Triassic.

1978 Zhou Tongshun, pl. 29, fig. 3; frond; Xiyuan of Zhangping, Fujian; Early Jurassic upper member of Lishan Formation.

1979 Hsu J and others, p. 21, pl. 13, figs. 3 — 3b; fronds; Taipingchang of Dukou, Sichuan; Late Triassic lower part of Daqing Formation.

1980 Chen Fen and others, p. 427, pl. 1, fig. 7; frond; West Hill, Beijing; Early Jurassic Lower Yaopo Formation and Upper Yaopo Formation, Middle Jurassic Longmen Formation.

1980 Zhang Wu and others, p. 234, pl. 120, figs. 1, 2; text-fig. 172; fronds; Wangqing, Jilin; Late Triassic Tuopangou Formation.

1982 Duan Shuying, Chen Ye, p. 495, pl. 2, figs. 7, 8; sterile pinnae; Tanba of Hechuan, Sichuan; Late Triassic Hsuchiaho Formation.

1982 Li Peijuan, Wu Xiangwu, p. 40, pl. 4, fig. 2; pl. 8, fig. 4; pl. 18, fig. 3; fronds; Dege, Sichuan; Late Triassic Lamaya Formation.

1982 Liu Zijin, p. 121, pl. 60, figs. 5, 6; fronds; Zhenba, Shaanxi; Late Triassic Hsuchiaho Formation and Early — Middle Jurassic Baitianba Formation; Longjiagou of Wudu, Gansu; Midlle Jurassic Longjiagou Formation.

1982 Wang Guoping and others, p. 240, pl. 111, fig. 6; frond; Anyuan of Pingxiang, Jiangxi; Late Triassic Anyuan Formation.

1982 Yang Xianhe, p. 468, pl. 14, fig. 3; frond; Hulukou of Weiyuan, Sichuan; Late Triassic Hsuchiaho Formation.

1982b Yang Xuelin, Sun Liwen, p. 29, pl. 4, figs. 1 — 5; pl. 5, figs. 4, 4a; fronds; Hongqi Coal Mine of southeastern Da Hinggan Ling; Early Jurassic Hongqi Formation.

1982 Zhang Caifan, p. 523, pl. 335, fig. 8; frond; Wenjiashi of Liuyang, Hunan; Early Jurassic.

1982b Zheng Shaolin, Zhang Wu, p. 295, pl. 2, figs. 2, 3; fronds; Baomiqiao of Baoqing and Peide of Mishan, Heilongjiang; Middle Jurassic Dongshengcun Formation and Middle — Late Jurassic Chaoyangtun Formation.

1983 Li Jieru, pl. 1, fig. 7; frond; Houfulongshan of Nanpiao, Liaoning; Middle Jurassic member 3 of Haifanggou Formation.

1983 Duan Shuying and others, pl. 7, figs. 5, 6; fronds; Beiluoshan of Ninglang, Yunnan (Tunnan); Late Triassic.

1984 Chen Fen and others, p. 35, pl. 6, figs. 2, 3; text-fig. 1; sterile pinnae; Daanshan, Datai, Qianjuntai, Zhaitang and Fangshan, Beijing; Early Jurassic Lower Yaopo Formation and Upper Yaopo Formation, Middle Jurassic Longmen Formation.

1984 Chen Gongxin, p. 572, pl. 227, fig. 2; frond; Kuzhuqiao of Puqi, Hubei; Late Triassic Jigongshan Formation; Zigui and Dangyang, Hubei; Early Jurassic Hsiangchi (Xiangxi) Formation and Tongzhuyuan Formation.

1984 Gu Daoyuan, p. 138, pl. 71, fig. 9; frond; Kangsu of Wuqia, Xinjiang; Early Jurassic Kangsu Formation.

1985 Yang Xuelin, Sun Liwen, p. 102, pl. 1, fig. 16; frond; Hongqi Coal Mine of southeastern Da Hinggan Ling; Early Jurassic Hongqi Formation.

1986b Chen Qishi, p. 4, pl. 6, figs. 5 — 7; fronds; Wuzao of Yiwu, Zhejiang; Late Triassic Wuzao Formation.

1986 Li Weirong and others, pl. 1, fig. 4; frond; Guoguanshan in Peide of Mishan, Heilongjiang; Middle Jurassic Peide Formation.

1987 Chen Ye and others, p. 94, pl. 6, figs. 4, 5; fronds; Qinghe of Yanbian, Sichuan; Late Triassic Hongguo Formation.

1987 He Dechang, p. 80, pl. 16, fig. 2; frond; Kuzhuqiao of Puqi, Hubei; Late Triassic Jigongshan Formation.

1988b Huang Qisheng, Lu Zongsheng, pl. 10, fig. 9; frond; Jinshandian of Daye, Hubei; Early Jurassic middle part of Wuchang Formation.

1989 Mei Meitang and others, p. 80, pl. 37, fig. 3; text-fig. 3-68; fronds; China; middle late Late Triassic — Middle Jurassic.

1991 Huang Qisheng, Qi Yue, p. 604, pl. 1, figs. 1, 2; text-fig. 2; fertile pinnae and sterile pinnae; Majian of Lanxi, Zhejiang; Early — Middle Jurassic Majian Formation.

1993 Bureau of Geology and Mineral Resources of Heilongjiang Province, pl. 11, fig. 2; frond; Heilongjiang Province; Middle Jurassic Peide Formation.

1993 Mi Jiarong and others, p. 84, pl. 7, figs. 2, 3; fronds; Tianqiaoling of Wangqing, Jilin; Late Triassic Malugou Formation; Chengde, Hebei; Late Triassic Xingshikou Formation.

1996 Mi Jiarong and others, p. 87, pl. 10, figs. 2, 2a; fronds; Haifanggou of Beipiao, Liaoning; Middle Jurassic Haifanggou Formation.

1998 Huang Qisheng and others, pl. 1, fig. 4; frond; Miaoyuancun of Shangrao, Jiangxi; Early Jurassic member 5 of Linshan Formation.

2002 Wu Xiangwu and others, p. 150, pl. 6, figs. 5, 6; pl. 7, figs. 8, 9; pl. 8, fig. 4; fronds; Maohudong of Shandan, Gansu; Early Jurassic upper member of Jijigou Formation; Bailuanshan of Zhangye, Gansu; Early — Middle Jurassic Chaoshui Group.

2003 Xu Kun and others, pl. 7, fig. 6; frond; Haifanggou of Beipiao, Liaoning; Middle Jurassic Haifanggou Formation.

2005 Wang Yongdong and others, p. 826, fig. 3 (1 — 7), 4 (A — F), 5 (1); fronds; Taihu, Susong, Tongcheng and Hanshan, Anhui; Early Jurassic Moshan Formation; Nanjing, Jiangsu; Early Jurassic Nanxiangshan Formation.

***Todites* cf. *denticulatus* (Brongniart) Krasser**

1986 Chen Ye and others, p. 39, pl. 4, fig. 2; frond; Litang, Sichuan; Late Triassic Lanashan Formation.

***Todites* (*Cladophlebis*) *denticulatus* (Brongniart) Krasser, 1922**

1968 *Fossil Atlas of Mesozoic Coal-bearing Strata in Kiangsi and Hunan Provinces*, p. 40, pl. 2, figs. 4 — 6; sterile pinnae and fertile pinnae; Jiangxi (Kiangsi) and Hunan; Late Triassic — Early Jurassic.

1986a Chen Qishi, p. 447, pl. 1, fig. 15; sterile pinna; Hujia of Quxian, Zhejiang; Late Triassic Chayuanli Formation.

***Todites goeppertianus* (Muenster) Krasser, 1922**

1841 — 1846 *Neuropteris goeppertianus* Muenster, in Goeppert, p. 104, pls. 8, 9, figs. 9, 10; fronds; West Europe; Early Jurassic.

1922 Krasser, p. 355; frond; West Europe; Early Jurassic.

1963 Sze H C, Lee H H and others, p. 66, pl. 19, figs. 1, 1a; pl. 46, figs. 9, 9a; fronds; Taipingchang, Yunnan; Lijia of Shouchang, Zhejiang; Silupu of Xing'an, Jiangxi; Late Triassic — Early Jurassic.

1974a Lee P C and others, p. 355, pl. 187, figs. 5, 6; pl. 188, figs. 10, 11; sterile pinnae; Heyewan of Emei, Sichuan; Late Triassic Hsuchiaho Formation; Baiguowan and Yimen of Huili, Sichuan; Late Triassic Baiguowan Formation.

1976 Lee P C and others, p. 98, pl. 10, figs. 1 — 2a; fronds; Yipinglang and Yubacun of Lufeng, Yunnan; Late Triassic Ganhaizi Member and Shezi Member of Yipinglang Formation.

1977 Feng Shaonan and others, p. 205, pl. 73, fig. 6; sterile pinna; Gaoming, Hongwei of

Qujiang, Gouyadong in Guanchun of Lechang, Guangdong; Late Triassic Siaoping Formation

1978 Yang Xianhe, p. 477, pl. 187, fig. 1; frond; Baitianba of Guangyuan, Sichuan; Early Jurassic Baitianba Formation.

1978 Zhou Tongshun, p. 99, pl. 17, figs. 1, 1a; fronds; Dakeng of Zhangping, Fujian; Late Triassic Wenbinshan Formation.

1979 He Yuanliang and others, p. 136, pl. 60, fig. 3; frond; Alanhu of Dulan, Qinghai; Late Triassic Babaoshan Group.

1980 He Dechang, Shen Xiangpeng, p. 8, pl. 2, figs. 2, 2a; pl. 3, fig. 2; pl. 16, figs. 2, 3, 6; fronds; Hongweikeng of Qujiang, Guangdong; Late Triassic; Zhoushi of Hengnan, Hunan; Early Jurassic Zaoshang Formation.

1981 Zhou Huiqin, pl. 3, fig. 1; frond; Yangcaogou of Beipiao, Liaoning; Late Triassic Yangcaogou Formation.

1982 Li Peijuan, Wu Xiangwu, p. 40, pl. 2, fig. 1A; frond; Daocheng, Sichuan; Late Triassic Lamaya Formation.

1982 Wang Guoping and others, p. 240, pl. 109, fig. 8; frond; Dakeng of Zhangping, Fujian; Late Triassic Wenbinshan Formation.

1983 Duan Shuying and others, p. 61, pl. 9, fig. 2; frond; Beiluoshan of Ninglang, Yunnan (Tunnan); Late Triassic.

1984 Huang Qisheng, pl. 1, fig. 7; frond; Baolongshan of Huaining, Anhui; Late Triassic Lalijian Formation.

1984 Zhou Zhiyan, p. 7, pl. 2, fig. 1; sterile pinna; Hebutang of Qiyang, Hunan; Early Jurassic Paijiachong Member of Guanyintan Formation.

1987 Meng Fansong, p. 240, pl. 24, fig. 2; frond; Donggong of Nanzhang, Hubei; Late Triassic Jiuligang Formation.

1989 Zhou Zhiyan, p. 138, pl. 3, figs. 4, 5; sterile pinnae; Shanqiao of Hengyang, Hunan; Late Triassic Yangbaichong Formation.

1993 Wang Shijun, p. 7, pl. 1, figs. 6, 6a, 9, 9a; sterile fronds and fertile fronds; Guanchun and Ankou of Lechang, Guangdong; Late Triassic Genkou Group.

Todites cf. *goeppertianus* (Muenster) Krasser

1984 Gu Daoyuan, p. 138, pl. 72, fig. 2; frond; Beitashan of Qitai, Xinjiang; Early Jurassic Sangonghe Formation.

2005 Wang Yongdong and others, p. 830, fig. 5 (2, 3); frond; Nanjing, Jiangsu; Early Jurassic Nanxiangshan Formation.

Todites (*Cladophlebis*) *goeppertianus* (Muenster) Krasser

1968 *Fossil Atlas of Mesozoic Coal-bearing Strata in Kiangsi and Hunan Provinces*, p. 40, pl. 2, figs. 4 — 6; sterile pinnae and fertile pinnae; Jiangxi (Kiangsi) and Hunan; Late Triassic — Early Jurassic.

△*Todites hsiehiana* (Sze) Wang, 1984

1931 *Cladophlebis hsiehiana* Sze, Sze H C, p. 62, pl. 10, fig. 3; frond; Yanggetan (Yan-Kan-

Tan) of Saratsi, Inner Mongolia; Early Jurassic (Lias).

1984 Wang Ziqiang, p. 238, pl. 127, fig. 5; pl. 133, fig. 5; frond; Xiahuayuan, Hebei; Middle Jurassic Mentougou Formation; Chengde, Hebei; Early Jurassic Jiashan Formation.

△*Todites kwangyuanensis* (Lee) Ye et Chen, 1986

1964 *Cladophlebis kwangyuanensis* Lee, Lee P C, pp. 118, 168, pl. 8, figs. 1 — 1b; fronds; Rongshan of Guangyuan, Sichuan; Late Triassic Hsuchiaho Formation.

1986 Ye Meina, Chen Lixian, in Ye Meina and others, p. 22, pl. 7, figs. 2 — 3a; pl. 8, fig. 5; sterile pinnae and fertile pinnae; Qilixia of Kaijiang, Jinwo in Tieshan and Leiyinpu of Daxian and Dalugou Mine of Xuanhan, Sichuan; Late Triassic Hsuchiaho Formation.

△*Todites leei* Wu, 1991

1991 Wu Xiangwu, pp. 572, 578, pl. 1, figs. 3 — 7; pl. 2, figs. 1, 2A, 3 — 4C; pl. 4, figs. 1 — 3a; sterile pinnae and fertile pinnae; Col. No.: , MH58102, MH 58103, MH 58108 — 58110, MH58198, MH58199; Reg. No.: PB14825 — PB14833; Holotype: PB14830 (pl. 2, fig. 4); Paratype: PB14832 (pl. 4, fig. 2); Repository: Nanjing Institute of Geology and Palaeontology, Chinese Academy of Sciences; Shazhenxi of Zigui, Hubei; Middle Jurassic Hsiangchi (Xiangxi) Formation.

2002 Wang Yongdong, pl. 2, fig. 3; frond; Xiangxi of Zigui, Hubei; Early Jurassic Hsiangchi Formation.

△*Todites major* Sun et Zheng, 2001 (in Chinese and English)

2001 Sun Ge and others, pp. 77, 186, pl. 11, fig. 3; pl. 43, figs. 5, 6; fronds; No.: PB19024; Holotype: PB19024 (pl. 11, fig. 3); Repository: Nanjing Institute of Geology and Palaeontology, Chinese Academy of Sciences; Shangyuan of Beipiao, Liaoning; Late Jurassic Jianshangou Formation.

△*Todites microphylla* (Fontaine) Lee, 1976

1883 *Acrostichites microphylla* Fontaine, p. 33, pl. 7, fig. 5; pl. 10, fig. 2; pl. 11, fig. 4; pl. 12, fig. 3; fronds; Virginia, USA; Late Triassic.

1976 Lee P C and others, p. 100, pl. 9, figs. 1, 2; fronds; Yubacun of Lufeng, Yunnan; Late Triassic Shezi Member of Yipinglang Formation.

△*Todites nanjingensis* Wang, Cao et Thévenard, 2005 (in English)

2005 Wang Yongdong, Cao Zhengyao, Thévenard Frédéric, p. 830, fig. 5 (4 — 7), 6 (1 — 3), 7 (A — C); sterile pinnae and fertile pinnae; Reg. No.: PB19805 — PB19807; Holotype: PB19807 [fig. 5 (6)]; Repository: Nanjing Institute of Geology and Palaeontology, Chinese Academy of Sciences; Nanjing, Jiangsu; Early Jurassic Nanxiangshan Formation.

△*Todites paralobifolius* (Sze) Wang, 1984

1956a *Cladophlebis paralobifolius* Sze, Sze H C, pp. 24, 132, pl. 22, figs. 2, 2a; pl. 23, fig. 1; fronds; Yan'an, Shaanxi; Late Triassic Yenchang Formation.

1984 Wang Ziqiang, p. 238, pl. 119, fig. 3; pl. 120, fig. 1; fronds; Xingxian, Shanxi; Middle Triassic Yenchang Formation.

Todites princeps **(Presl) Gothan, 1914**

1838 *Sphenopteris princeps* Presl, in Sternberg, p. 126, pl. 59, figs. 12, 13; fronds; Germany; Early Jurassic.

1914 Gothan, p. 95, pl. 17, figs. 3, 4; fronds; Germany; Early Jurassic.

1954 Hsu J, p. 46, pl. 38, figs. 8, 9; sterile fronds; Xiangxi of Zigui, Hubei; Late Triassic — Middle Jurassic Hsiangchi Coal Series. [Notes: This specimen lately was referred as *Sphenopteris modesta* Leckenby (Sze H C, Lee H H and others, 1963)]

1958 Wang Longwen and others, p. 596, fig. 597; frond; Xinjiang and Hubei; Late Triassic — Middle Jurassic.

1964 Lee P C, p. 113, pl. 7, figs. 4, 4a; fronds; Yangjiaya of Guangyuan, Sichuan; Late Triassic Hsuchiaho Formation.

1974a Lee P C and others, p. 355, pl. 188, figs. 8, 9; sterile pinnae; Haiwozi of Pengxian and Lianjiechang of Weiyuan, Sichuan; Late Triassic Hsuchiaho Formation; Baitianba of Guangyuan, Sichuan; Early Jurassic Baitianba Formation.

1977 Feng Shaonan and others, p. 206, pl. 74, figs. 1 — 5; sterile fronds; Nanzhang and Yuanan, Hubei; Late Triassic Lower Coal Formation of Hsiangchi Group; Dangyang, Hubei; Early — Middle Jurassic Upper Coal Formation of Hsiangchi Group.

1978 Yang Xianhe, p. 478, pl. 165, fig. 8; sterile frond; Heyewan of Emei, Sichuan; Late Triassic Hsuchiaho Formation.

1978 Zhang Jihui, p. 473, pl. 157, fig. 3; frond; Shanpen of Zunyi, Guizhou; Late Triassic.

1978 Zhou Tongshun, pl. 18, fig. 1; frond; Longjing of Wuping, Fujian; Late Triassic upper member of Dakeng Formation.

1980 He Dechang, Shen Xiangpeng, p. 8, pl. 2, figs. 1 — 1b; fronds; Chengtanjiang of Liuyang, Hunan; Late Triassic Sanqiutian Formation.

1980 Wu Shunqing and others, p. 89, pl. 8, figs. 1 — 4a; pl. 9, figs. 1 — 5; sterile fronds and fertile pinnae; Xiangxi, Xietan and Shazhenxi of Zigui, Hubei; Early — Middle Jurassic Hsiangchi (Xiangxi) Formation.

1980 Zhang Wu and others, p. 234, pl. 119, figs. 4, 4a; text-fig. 173; sterile fronds; Taoan, Jilin; Early Jurassic Hongqi Formation.

1982 Duan Shuying, Chen Ye, p. 495, pl. 3, figs. 1, 2; sterile pinnae; Qilixia of Xuanhan, Sichuan; Early Jurassic Zhenzhuchong Formation.

1982 Yang Xianhe, p. 468, pl. 4, figs. 7 — 9; fronds; Hulukou of Weiyuan and Xinglong of Dazu, Sichuan; Late Triassic Hsuchiaho Formation.

1983 Duan Shuying and others, pl. 7, figs. 4, 4a; fronds; Beiluoshan of Ninglang, Yunnan (Tunnan); Late Triassic.

1984 Chen Gongxin, p. 572, pl. 227, figs. 3, 4; pl. 228, fig. 1; fronds; Dangyang, Jingmen, Yuanan, Zigui, Echeng and Puqi, Hubei; Late Friassic Jiuligang Formation, Shazhenxi Formation and Jigongshan Frmation, Early Jurassic Hsiangchi (Xiangxi) Formation, Wuchang Formation and Tongzhuyuan Formation.

1984 Wang Ziqiang, p. 238, pl. 124, fig. 1; pl. 125 fig. 7; pl. 133, figs. 1 — 4; fronds; Huairen, Shanxi; Early Jurassic Yongdingzhuang Formation; Xiahuayuan, Hebei; Middle Jurassic Mentougou Formation; Chengde, Hebei; Early Jurassic Jiashan Formation.

1985 Huang Qisheng, pl. 1, fig. 9; frond; Jinshandian of Daye, Hubei; Early Jurassic lower part of Wuchang Formation.

1986b Chen Qishi, p. 3, pl. 4, figs. 5, 6-1, 7; fronds; Wuzao of Yiwu, Zhejiang; Late Triassic Wuzao Formation.

1986 Ye Meina and others, p. 23, pl. 9, figs. 2, 2a; pl. 10, figs. 1, 1a; sterile fronds and fertile pinnae; Leiyinpu, Binlang and Tieshan of Daxian, Zhengba of Kaixian and Qilixia of Kaijiang, Sichuan; Early Jurassic Zhenzhuchong Formation; Tieshan of Daxian, Sichuan; Early — Middle Jurassic Ziliujing Formation.

1987 Chen Ye and others, p. 94, pl. 6, figs. 6 — 7a; fronds; Qinghe of Yanbian, Sichuan; Late Triassic Hongguo Formation.

1987 He Dechang, p. 71, pl. 1, fig. 5; pl. 3, figs. 3, 5; pl. 6, fig. 2; fronds; Huaqiao of Longquan, Zhejiang; Early Jurassic bed 6 of Huaqiao Formation.

1987 Meng Fansong, p. 240, pl. 27, fig. 7; frond; Yuanan, Hubei; Late Wanglongtan Formation; Dangyang, Hubei; Early Jurassic Hsiangchi Formation.

1989 Mei Meitang and others, p. 80, pl. 37, fig. 2; frond; China; Late Triassic — Middle Jurassic.

1991 Huang Qisheng, Qi Yue, pl. 2, figs. 2, 3; fertile pinnae and sterile pinnae; Majian of Lanxi, Zhejiang; Early — Middle Jurassic Majian Formation.

1991 Wu Xiangwu, p. 573, pl. 4, figs. 4 — 5b; pl. 5, fig. 1A — 3; sterile fronds and fertile fronds; Shazhenxi of Zigui, Hubei; Middle Jurassic Hsiangchi (Xiangxi) Formation.

1992 Huang Qisheng, Lu Zongsheng, pl. 2, fig. 6; frond; Kaokaowusugou of Shenmu, Shaanxi; Middle Jurassic Yan'an Formation.

1995a Li Xingxue (editor-in-chief), pl. 86, fig. 9; frond; Xiangxi of Zigui, Hubei; Early — Middle Jurassic Hsiangchi (Xiangxi) Formation. (in Chinese)

1995b Li Xingxue (editor-in-chief), pl. 86, fig. 9; frond; Xiangxi of Zigui, Hubei; Early — Middle Jurassic Hsiangchi (Xiangxi) Formation. (in English)

1996 Huang Qisheng and others, pl. 2, fig. 5; frond; Wenquan of Kaixian, Sichuan; Early Jurassic bed 16 in upper part of Zhenzhuchong Formation.

1996 Sun Yuewu and others, p. 12, pl. 1, figs. 1 — 2a; fronds; Gangouzi of Chengde, Hebei; Early Jurassic Nandaling Formation.

2001 Huang Qisheng, pl. 2, fig. 6; frond; Wenquan of Kaixian, Sichuan; Early Jurassic bed 19 in member Ⅳ of Zhenzhuchong Formation.

2002 Meng Fansong and others, pl. 1, fig. 3; frond; Buzhuanghe of Zigui, Hubei; Early Jurassic Hsiangchi (Xiangxi) Formation.

2002 Wang Yongdong, pl. 1, figs. 2, 6; pl. 2, fig. 1; pl. 3, fig. 3 (right); fronds; Xiangxi of Zigui, Hubei; Early Jurassic Hsiangchi Formation.

2002 Wu Xiangwu and others, p. 151, pl. 3, figs. 2, 3; pl. 4, fig. 6; pl. 6, fig. 7; fronds; Jijigou of Alxa Right Banner, Inner Mongolia; Middle Jurassic lower member of Ningyuanpu Formation.

2002 Zhang Zhenlai and others, pl. 15, figs. 3, 4; pinnae; Gengjiahe Coal Mine of Xingshan, Hubei; Late Triassic Shazhenxi Formation.

2003 Deng Shenghui and others, pl. 64, fig. 7; frond; Haojiagou Section of Junggar Basin,

Xinjiang; Early Jurassic Badaowan Formation.

2005 Wang Yongdong and others, p. 834, fig. 8 (3); frond; Tongcheng, Anhui; Early Jurassic Moshan Formation.

***Todites* cf. *princeps* (Presl) Gothan**

1987 He Dechang, p. 80, pl. 14, fig. 5; frond; Kuzhuqiao of Puqi, Hubei; Late Triassic Jigongshan Formation.

***Todites recurvatus* Harris, 1932**

1931 Harris, p. 39, pl. 9, figs. 1—4, 6—8, 11; pl. 10, figs. 7—11; text-figs. 10, 11; sterile fronds and fertile fronds; Scoresby Sound, East Greenland; Early Jurassic *Thaumatopteris* Zone.

1982 Li Peijuan, Wu Xiangwu, p. 41, pl. 4, figs. 1, 1a, 3(?); pl. 10, fig. 2B; sterile pinnae; Lamaya of Yidun, Sichuan; Late Triassic Lamaya Formation.

***Todites roessertii* (Zeiller) Ôishi, 1932**

1902—1903 *Cladophlebis* (*Todea*) *roesserstii* Zeiller, p. 38, pl. 11, figs. 1—3; pl. 3, figs. 1—3; fronds; Hong Gai, Vietnam; Late Triassic.

1902—1903 *Cladophlebis* (*Todea*) *roesserstii* Zeiller, p. 291, pl. 54, figs. 1, 2; fronds; Taipingchang (Tai-Pin-Tchang), Yunnan; Late Triassic. [Notes: This specimen lately was referred as *Todites goeppertianus* (Muenster) Krasser (Sze H C, Lee H H and others, 1963)]

1932 Ôishi, p. 174, pl. 22, figs. 7—9; pl. 23, figs. 1—3; Nariwa of Okayama, Japan; Late Triassic Nariwa Series.

Cf. *Todites roessertii* (Zeiller) Ôishi

1954 Hsu J, p. 46, pl. 37, fig. 12; frond; Qiaoshang of Suide, Shaanxi; Late Triassic.

***Todites scoresbyensis* (Harris) Harris, 1932**

1926 *Cladophlebis scoresbyensis* Harris, p. 59, pl. 2, figs. 4; text-fig. 4A—4D; sterile fronds and fertile fronds; Scoresby Sound, East Greenland; Late Triassic *Lepidopteris* Zone.

1932 Harris, p. 42, pl. 8; text-fig. 12; sterile frond and fertile frond; Scoresby Sound, East Greenland; Late Triassic *Lepidopteris* Zone.

1976 Lee P C and others, p. 97, pl. 7; pl. 8, figs. 5—7; pl. 9, fig. 5; pl. 13, fig. 3; text-fig. 2; sterile pinnae and fertile pinnae; Yipinglang of Lufeng, Yunnan; Late Triassic Ganhaizi Member of Yipinglang Formation.

1977 Feng Shaonan and others, p. 206, pl. 75; fig. 7; sterile frond; Puqi, Hubei; Late Triassic Lower Coal Formation of Wuchang Group.

1980 He Dechang, Shen Xiangpeng, p. 8, pl. 2, fig. 3; frond; Chengtanjiang of Liuyang, Hunan; Late Triassic Sanqiutian Formation.

1984 Chen Gongxin, p. 572, pl. 229, fig. 2; frond; Jigongshan of Puqi, Hubei; Late Triassic Jigongshan Formation.

1987 Chen Ye and others, p. 95, pl. 8, fig. 4; frond; Qinghe of Yanbian, Sichuan; Late Triassic Hongguo Formation.

1993 Wang Shijun, p. 7, pl. 3, fig. 5; pl. 4, figs. 3, 3a, 5; sterile fronds; Ankou and Guanchun of Lechang, Guangdong; Late Triassic Genkou Group.

***Todites* cf. *T. scoresbyensis* (Harris) Harris**

1993 Mi Jiarong and others, p. 85, pl. 7, fig. 5; sterile pinna; Tanzhesi of West Hill, Beijing; Late Triassic Xingshikou Formation.

△*Todites shensiensis* (P'an) Sze ex Sze, Lee et al., 1963

1936 *Cladophlebis shensiensis* P'an, P'an C H, p. 15, pl. 4, fig. 16; pl. 5, figs. 4 — 6; pl. 6, figs. 4 — 8; fronds; Qiaoshang, Gaojiaan, Shatanping and Yejiaping of Suide and Shijiagou of Yanchang, Shaanxi; Late Triassic lower part of Yenchang Formation.

1956a *Cladophlebis* (*Todites*) *shensiensis* P'an, Sze H C, p. 15, 123, pl. 10, figs. 1 — 3; pl. 11, figs. 1 — 3; pl. 12, figs. 1 — 5; pl. 13, figs. 1 — 4; pl. 14, figs. 1 — 5; pl. 15, figs. 1 — 17; pl. 16, fig. 5; pl. 18, figs. 1 — 8; pl. 19, figs. 3, 4; pl. 21, fig. 5; pl. 27, fig. 6; sterile fronds and fertile fronds; Yijun, Yanchang and Suide of Shaanxi, Huating of Gansu; Late Triassic Yenchang Formation.

1963 Sze H C, Lee H H and others, p. 65, pl. 19, fig. 4; pl. 20, figs. 1, 2; pl. 21, figs. 1 — 4; sterile fronds and fertile fronds; Yijun, Yanchang and Suide of Shaanxi, Huating of Gansu; Karamay of Junggar (Dzungaria) Basin, Xinjiang; Late Triassic Yenchang Group; Guangtong, Yunnan; Late Triassic Ganhaizi Member of Yipinglang Group.

1976 Chow Huiqin and others, p. 206, pl. 106, figs. 10, 11; pl. 107, figs. 1, 2; pl. 108, fig. 1; sterile fronds and fertile fronds; Wuziwan of Jungar Banner, Inner Mongolia; Middle Triassic Ermaying Formation.

1976 Lee P C and others, p. 99, pl. 8, figs. 1 — 4a; sterile pinnae and fertile pinnae; Yipinglang of Lufeng, Yunnan; Late Triassic Ganhaizi Member of Yipinglang Formation.

1977 Feng Shaonan and others, p. 206, pl. 73, fig. 8; sterile frond; Gaoming, Guangdong; Late Triassic Siaoping Formation.

1978 Yang Xianhe, p. 478, pl. 163, figs. 1, 2; fronds; Moshahe of Dukou, Sichuan; Late Triassic Daqiaodi Formation.

1978 Zhou Tongshun, p. 99, pl. 16, fig. 4; frond; Yangzhuang of Chongan, Fujian; Late Triassic upper member of Jiaokeng Formation.

1979 He Yuanliang and others, p. 136, pl. 60, figs. 2, 2a; fronds; Zhandunshan of Qilian, Qinghai; Late Triassic Mole Group.

1979 Hsu J and others, p. 21, pl. 14; pl. 15, fig. 1; fronds; Ganbatang and Huashan of Baoding, Sichuan; Late Triassic middle-upper part of Daqiaodi Formation; Taipingchang of Dukou, Sichuan; Late Triassic lower part of Daqing Formation.

1980 Huang Zhigao, Zhou Huiqin, p. 73, pl. 1, figs. 5 — 7; pl. 2, fig. 8; pl. 19, fig. 1; pl. 25, fig. 6; pl. 26, fig. 1; fronds; Liulingou, Jiaoping and Jinsuoguan in Tongchuan and Yangjiaping in Shenmu of Shaanxi, Wuziwan in Jungar Banner of Inner Mongolia; Late Triassic Yenchang Formation; Middle Triassic Tongchuan Formation and upper part of Ermaying Formation.

1980 Zhang Wu and others, p. 234, pl. 105, figs. 2, 3; fronds; Shiren of Hunjiang, Jilin; Late Triassic Beishan Formation.

1982 Liu Zijin, p. 121, pl. 60, figs. 3, 4; fronds; Shaanxi, Gansu and Ningxia; Late Triassic Yenchang Group and Late Triassic Horizon.

1982 Wang Guoping and others, p. 240, pl. 109, fig. 6; frond; Yangzhuang of Chongan, Fujian; Late Triassic Jiaokeng Formation; Laowuli of Yujiang, Jiangxi; Late Triassic Anyuan Formation; Fanjiatang of Nanjiang, Jiangsu; Late Triassic Fanjiatang Formation.

1982b Wu Xiangwu, p. 80, pl. 4, figs. 3, 3a, 4A, 5 — 6a; pl. 5, figs. 1, 1a; fronds; Gonjo and Bagong of Chagyab, Tibet; Late Triassic upper member of Bagong Formation.

1982 Yang Xianhe, p. 469, pl. 5, figs. 2 — 5; fronds; Jiefangqiao of Mianning, Sichuan; Late Triassic Baiguowan Formation.

1983 Ju Kuixiang and others, p. 123, pl. 2, figs. 1, 2; fronds; Fanjiatang in Longtan of Nanjing, Jiangsu; Late Triassic Fanjiatang Formation.

1984 Gu Daoyuan, p. 139, pl. 74, figs. 7, 8; fronds; Karamay of Junggar (Dzungaria) Basin, Xinjiang; Late Triassic Huangshanjie Formation.

1984 Wang Ziqiang, p. 239, pl. 131, figs. 11, 12; fronds; Linxian, Shanxi; Middle Triassic Yenchang Formation; Ningwu, Shanxi; Middle Triassic Ermaying Formation.

1986 Chen Ye and others, pl. 3, figs. 4, 4a; fronds; Litang, Sichuan; Late Triassic Lanashan Formation.

1986 Ye Meina and others, p. 24, pl. 8, fig. 4; pl. 9, figs. 1, 1a, 5, 5a; pl. 10, fig. 4; pl. 14, fig. 7; sterile pinnae and fertile pinnae; Bailin of Dazhu, Sichuan; Late Triassic member 5 of Hsuchiaho Formation.

1987 Chen Ye and others, p. 95, pl. 8, figs. 1, 1a; fronds; Qinghe of Yanbian, Sichuan; Late Triassic Hongguo Formation.

1987 Meng Fansong, p. 240, pl. 27, fig. 3; pl. 29, fig. 5; fronds; Chenjiawan in Donggong of Nanzhang, Hubei; Late Triassic Jiuligang Formation.

1988 Chen Chuzhen and others, pl. 5, figs. 1, 4, 5; fronds; Fanjiatang in Longtan of Nanjing and Meili of Changshu, Jiangsu; Late Triassic Fanjiatang Formation.

1988a Huang Qisheng, Lu Zongsheng, p. 182, pl. 2, fig. 7; frond; Shuanghuaishu of Lushi, Henan; Late Triassic bed 5 and bed 6 in lower part of Yenchang Formation.

1988 Wu Shunqing and others, p. 105, pl. 1, figs. 1, 1a; fronds; Meili of Changshu, Jiangsu; Late Triassic Fanjiatang Formation.

1989 Mei Meitang and others, p. 81, pl. 38, figs. 1, 2; fronds and fertile pinnae; China; Late Triassic.

1990 Bureau of Geology and Mineral Resources of Ningxia Hui Autonomous Region, pl. 8, figs. 3, 3a, 4; fronds; Rujigou of Pingluo, Ningxia; Late Triassic Yenchang Group.

1990 Meng Fansong, pl. 1, figs. 5, 6; fronds; Xinhua in Jiuqujiang of Qionghai, Hainan; Early Triassic Lingwen Formation.

1992b Meng Fansong, p. 177, pl. 3, fig. 9; pl. 5, figs. 9, 10; fronds; Xinhua in Jiuqujiang of Qionghai, Hainan; Early Triassic Lingwen Formation.

1993 Wang Shijun, p. 6, pl. 1, figs. 8, 8a, 11, 11a; sterile fronds and fertile fronds; Ankou of Lechang, Guangdong; Late Triassic Genkou Group.

1996 Wu Shunqing, Zhou Hanzhong, p. 4, pl. 1, figs. 9 — 11a; fronds; Kuqa River Section of Kuqa, Xinjiang; Middle Triassic lower member of Karamay Formation.

2000 Wu Shunqing and others, pl. 1, figs. 2, 2a; fertile pinnae; Karamay (Kuqa), Xinjiang; Late Triassic upper part of "Karamay Formation".

2002 Zhang Zhenlai and others, pl. 15, figs. 1, 2; pinnules; Shazhenxi of Zigui, Hubei; Late

Triassic Shazhenxi Formation.

Cf. *Todites shensiensis* (P'an) Sze

1982 Li Peijuan, Wu Xiangwu, p. 41, pl. 15, fig. 3; frond; Xiangcheng, Sichuan; Late Triassic Lamaya Formation.

***Todites* cf. *shensiensis* (P'an) Sze**

1976 Lee P C and others, p. 100, pl. 9, figs. 3 — 4a; sterile pinnae and fertile pinnae; Moshahe of Dukou, Sichuan; Late Triassic Daqiaodi Member of Nalaqing Formation.

1983 Zhang Wu and others, p. 74, pl. 1, figs. 18 — 20; fronds; Linjiawaizi of Benxi, Liaoning; Middle Triassic Linjia Formation.

***Todites* (*Cladophlebis*) *shensiensis* (P'an) Sze**

1963 Lee H H and others, p. 125, pl. 91, fig. 15; pl. 95, fig. 2; pl. 96, fig. 3; sterile fronds and fertile fronds; Northwest China; Late Triassic.

1986a Chen Qishi, p. 447, pl. 1, figs. 7 — 9; sterile pinna; Chayuanli of Quxian, Zhejiang; Late Triassic Chayuanli Formation.

△*Todites subtilis* Duan et Chen, 1979

1979a Duan Shuying, Chen Ye, in Chen Ye and others, p. 59, pl. 2, figs. 2, 2a, 3, 3a; text-fig. 1; sterile fronds and fertile fronds; No. : No. 6877, No. 6921, No. 6996, No. 7018, No. 7037, No. 7043, No. 7044, No. 7060; Syntype 1: No. 7044 (pl. 2, fig. 2); Syntype 2: No. 7060 (pl. 2, fig. 3); Repository: Institute of Botany, the Chinese Academy of Sciences; Hongni of Yanbian, Sichuan; Late Triassic Daqiaodi Formation. [Notes: According to *International Code of Botanical Nomenclature* (*Vienna Code*) article 37. 2, from the year 1958, the holotype type specimen should be unique]

***Todites thomasi* Harris, 1961**

1961 Harris, p. 76; text-fig. 2; sterile pinna and fertile pinna; Yorkshire, England; Middle Jurassic.

***Todites* cf. *thomasi* Harris**

1991 Huang Qisheng, Qi Yue, p. 604, pl. 2, figs. 8, 9; fronds; Majian of Lanxi, Zhejiang; Early — Middle Jurassic lower member of Majian Formation.

1992 Huang Qisheng, Lu Zongsheng, pl. 2, fig. 4; frond; Kaokaowusugou of Shenmu, Shaanxi; Middle Jurassic Yan'an Formation.

***Todites* (*Cladophlebis*) *whitbyensis* Brongniart ex Sze, 1933**

1828 — 1838 *Pecopteris whitbyensis* Brongniart, p. 321, pl. 109, figs. 2, 4; fronds; West Europe; Jurassic.

1849 *Cladophlebis whitbyensis* Brongniart, p. 105.

1933c Sze H C, p. 9.

***Todites* (*Cladophlebis*) cf. *whitbyensis* Brongniart**

1933c Sze H C, p. 9, pl. 6, figs. 3, 4; fertile pinnae; Xujiahe of Guangyuan, Sichuan; late Late Triassic — Early Jurassic. [Notes: This specimen lately was referred as *Todites* sp. (Sze H C, Lee H H and others, 1963)]

△*Todites xiangxiensis* **Yang, 1978**

1978 Yang Xianhe, p. 477, pl. 163, fig. 3; frond; No. : Sp0033; Holotype: Sp0033 (pl. 163, fig. 3); Repository: Chengdu Institute of Geology and Mineral Resources; Moshahe of Dukou, Sichuan; Late Triassic Daqiaodi Formation.

△*Todites yanbianensis* **Duan et Chen, 1979**

1979a Duan Shuying, Chen Ye, in Chen Ye and others, p. 58, pl. 2, figs. 1 — 1d; sterile fronds and fertile fronds; No. : No. 7069; Repository: Institute of Botany, the Chinese Academy of Sciences; Hongni of Yanbian, Sichuan; Late Triassic Daqiaodi Formation.

1981 Chen Ye, Duan Shuying, pl. 1, figs. 1 — 1c; sterile fronds and fertile fronds; Hongni of Yanbian, Sichuan; Late Triassic Daqiaodi Formation.

***Todites* spp.**

1963 *Todites* sp., Sze H C, Lee H H and others, p. 66, pl. 19, figs. 3, 3a; fertile pinnae; Xujiahe of Guangyuan, Sichuan, late Late Triassic — Early Jurassic.

1980 *Todites* sp., Wu Shunqing and others, p. 90, pl. 8, figs. 5 — 6a; sterile pinnae and fertile pinnae; Shazhenxi of Zigui, Hubei; Early — Middle Jurassic Hsiangchi (Xiangxi) Formation.

1983 *Todites* sp., Li Jieru, p. 21, pl. 1, figs. 9, 9a, 10; fronds; Houfulongshan of Jinxi, Liaoning; Middle Jurassic Haifanggou Formation.

1984a *Todites* sp., Cao Zhengyao, p. 4, pl. 8, figs. 1, 2; fertile pinnae; Peide Coal Mine of Mishan, Heilongjiang; Middle Jurassic Qihulin Formation.

1999b *Todites* sp., Wu Shunqing, p. 23, pl. 11, fig. 2; pl. 13, fig. 1; fertile pinnae; Langdai of Liuzhi, Guizhou; Late Triassic Huobachong Formation.

2002 *Todites* sp., Wu Xiangwu and others, p. 152, pl. 5, figs. 5, 5a; fronds; Wutongshugou of Alxa Rigth Banner, Inner Mongolia; Middle Jurassic Ningyuanpu Formation.

2003 *Todites* sp., Xu Kun and others, pl. 5, figs. 2, 9; fertile pinnae; Peide Coal Mine of Mishan, Heilongjiang; Middle Jurassic Qihulin Formation.

2005 *Todites* sp., Wang Yongdong and others, p. 835, fig. 8 (1, 2); fronds; Jiangdu, Jiangsu; Early Jurassic Nanxiangshan Formation.

***Todites*? spp.**

1963 *Todites*? sp., Sze H C, Lee H H and others, p. 67, pl. 18, figs. 4, 4a; fronds; Lijiadian of Dangyang, Hubei; Early Jurassic Hsiangchi (Xiangxi) Formation.

1993 *Todites*? sp., Sun Ge, p. 69, pl. 13, figs. 1, 2; text-fig. 18; fertile pinnae; Tianqiaoling of Wangqing, Jilin; Late Triassic Malugou Formation.

△**Genus** ***Toksunopteris*** **Wu S Q et Zhou, ap Wu X W, 1993**

1986 *Xinjiangopteris* Wu et Zhou (non Wu S Z, 1983), Wu Shunqing, Zhou Hanzhong, pp. 642, 645.

1993b Wu Shunqing, Zhou Hanzhong, in Wu Xiangwu, pp. 507, 521.

Type species: *Toksunopteris opposita* (Wu et Zhou) Wu S Q et Zhou, ap Wu X W, 1993

Taxonomic status: Filicopsida? or Pteridospermae?

△*Toksunopteris opposita* (Wu et Zhou) Wu S Q et Zhou, ap Wu X W, 1993

1986 *Xinjiangopteris opposita* Wu et Zhou, Wu Shunqing, Zhou Hanzhong, pp. 642, 645, pl. 5, figs. 1 — 8, 10, 10a; fronds; Col. No.: K215 — K217, K219 — K223, K228, K229; Reg. No.: PB11780 — PB11786, PB11793, PB11794; Holotype: PB11785 (pl. 5, fig. 10); Repository: Nanjing Institute of Geology and Palaeontology, Chinese Academy of Sciences; Toksun of northwestern Turpan Depression, Xinjiang; Early Jurassic Badaowan Formation.

1993b Wu Shunqing, Zhou Hanzhong, in Wu Xiangwu, pp. 507, 521; Toksun of northwestern Turpan Depression, Xinjiang; Early Jurassic Badaowan Formation.

Genus *Tuarella* Burakova, 1961

1961 Burakova, p. 139.

1988 Li Peijuan and others, p. 50.

1993a Wu Xiangwu, p. 151.

Type species: *Tuarella lobifolia* Burakova, 1961

Taxonomic status: Osmundaceae, Filicopsida

Tuarella lobifolia Burakova, 1961

1961 Burakova, p. 139, pl. 12, figs. 1 — 6; text-fig. 29; sterile fronds and fertile fronds; Tuarkyr, Central Asia; Middle Jurassic.

1988 Li Peijuan and others, p. 50, pl. 19, fig. 1; pl. 22, fig. 1; pl. 23, fig. 2; text-fig. 15; sterile pinnae and fertile pinnae; Datouyanggou of Da Qaidam, Qinghai; Middle Jurassic *Tyrmia* -*Sphenobaiera* Bed of Dameigou Formation.

1993a Wu Xiangwu, p. 151.

Genus *Weichselia* Stiehler, 1857

1857 Stiehler, p. 73.

1977 Tuan Shuying and others, p. 115.

1993a Wu Xiangwu, p. 155.

Type species: *Weichselia ludovicae* Stiehler, 1857

Taxonomic status: Filicopsida

Weichselia ludovicae Stiehler, 1857

1857 Stiehler, p. 73, pls. 12, 13; frond; Quedlinburgh of Saxony, Germany; Late Cretaceous.

1993a Wu Xiangwu, p. 155.

***Weichselia reticulata* (Stockes et Webb) Fontaine, 1899**

1824 *Pecoteris reticulata* Stockes et Webb, p. 423, pl. 46, fig. 5; pl. 47, fig. 3; fronds; England; Early Cretaceous.

1899 Fontaine, in Ward, p. 651, pl. 100, figs. 2 — 4; fronds; America; Early Cretaceous.

1977 Tuan Shuying and others, p. 115, pl. 1, figs. 4, 5; pl. 2, figs. 5 — 8; fronds; Lhasa, Tibet; Early Cretaceous.

1982 Li Peijuan, p. 80, pl. 1, figs. 5, 6; pl. 2, figs. 1, 2; pl. 5, fig. 4; fronds; Lhorong, Tibet; Early Cretaceous Duoni Formation; Painbo of Lhasa, Tibet; Early Cretaceous Linbuzong Formation.

1982 Cao Zhengyao, p. 345, pl. 1, figs. 3 — 5; fronds; eastern Zhejiang; Early Cretaceous member C of Moshishan Formation.

1989 Mei Meitang and others, p. 82, pl. 44, figs. 2, 3; fronds; China; Early Cretaceous.

1993a Wu Xiangwu, p. 155.

1994 Cao Zhengyao, fig. 2b; frond; Huangyan, Zhejiang; early Early Cretaceous Moshishan Formation.

1995a Li Xingxue (editor-in-chief), pl. 112, fig. 2; frond; Huangyan, Zhejiang; Early Cretaceous Moshishan Formation. (in Chinese)

1995b Li Xingxue (editor-in-chief), pl. 112, fig. 2; frond; Huangyan, Zhejiang; Early Cretaceous Moshishan Formation. (in English)

1999 Cao Zhengyao, p. 53; frond; Lengshuikeng of Huangyan, Zhejiang; Early Cretaceous member C of Moshishan Formation.

△Genus *Xiajiajienia* Sun et Zheng, 2001 (in Chinese and English)

2001 Sun Ge, Zheng Shaolin, in Sun Ge and others, pp. 77, 187.

Type species: *Xiajiajienia mirabila* Sun et Zheng, 2001

Taxonomic status: Filicopsida

△*Xiajiajienia mirabila* Sun et Zheng, 2001 (in Chinese and English)

2001 Sun Ge, Zheng Shaolin, in Sun Ge and others, pp. 77, 187, pl. 10, figs. 3 — 6; pl. 39, figs. 1 — 10; pl. 56, fig. 7; fronds; No.: PB19025, PB19026, PB19028 — PB19032, ZY3015; Holotype: PB19025 (pl. 10, fig. 3); Repository: Nanjing Institute of Geology and Palaeontology, Chinese Academy of Sciences; Xiajiajie of Liaoyuan, Jilin; Middle Jurassic Xiajiajie Formation; Huangbanjigou in Shangyuan of Beipiao, Liaoning; Late Jurassic Jianshangou Formation.

△Genus *Xinjiangopteris* Wu S Z, 1983 (non Wu S Q et Zhou, 1986)

1983 Wu Shaozu, in Dou Yawei and others, p. 607.

1993a Wu Xiangwu, pp. 45, 242.

1993b Wu Xiangwu, pp. 507, 521.

Type species: *Xinjiangopteris toksunensis* Wu S Z, 1983

Taxonomic status: Pteridospermae

△*Xinjiangopteris toksunensis* Wu S Z, 1983

1983 Wu Shaozu, in Dou Yawei and others, p. 607, pl. 223, figs. 1 — 6; leaves; Col. No.: 73KH1 — 73KH6a; Reg. No.: XPB-032 — XPB-037; Syntypes: XPB-032 — XPB-037 (pl. 223, figs. 1 — 6); Hejing, Xinjiang; Late Permian. [Notes: *According to International Nomencluture of Fossil Plants* (*Vienna Code*) 37. 2, from the year 1958, the holotype type specimen should be unique]

1993a Wu Xiangwu, pp. 45, 242.

1993b Wu Xiangwu, pp. 507, 521.

△Genus *Xinjiangopteris* Wu et Zhou, 1986 (non Wu S Z, 1983)

[Notes: This generic name *Xinjiangopteris* Wu et Zhou, 1986 is a late synonym (synonymun junius) of *Xinjiangopteris* Wu S Z 1983 (Wu Xiangwu, 1993a, 1993b)

1986 Wu Shunqing, Zhou Hanzhong, pp. 642, 645.

1993a Wu Xiangwu, pp. 45, 242.

1993b Wu Xiangwu, pp. 507, 521.

Type species: *Xinjiangopteris opposita* Wu et Zhou, 1986

Taxonomic status: Filicopsida or Pteridospermae

△*Xinjiangopteris opposita* Wu et Zhou, 1986 (non Wu S Z, 1983)

[Notes: This species lately was referred as *Toksunopteris opposita* Wu S Q et Zhou (Wu Xiangwu, 1993a)]

1986 Wu Shunqing, Zhou Hanzhong, pp. 642, 645, pl. 5, figs. 1 — 8, 10, 10a; fronds; Col. No.: K215 — K217, K219 — K223, K228, K229; Reg. No.: PB11780 — PB11786, PB11793, PB11794; Holotype: PB11785 (pl. 5, fig. 10); Repository: Nanjing Institute of Geology and Palaeontology, Chinese Academy of Sciences; Toksun of northwestern Turpan Depression, Xinjiang; Early Jurassic Badaowan Formation.

1993a Wu Xiangwu, pp. 45, 242.

1993b Wu Xiangwu, pp. 507, 521.

Genus *Zamiopsis* Fontaine, 1889

1889 Fontaine, p. 161.

1980 Zhang Wu and others, p. 262.

1993a Wu Xiangwu, p. 159.

Type species: *Zamiopsis pinnafida* Fontaine, 1889

Taxonomic status: Filicopsida?

Zamiopsis pinnafida **Fontaine, 1889**

1889 Fontaine, p. 161, pl. 61, fig. 7; pl. 62, fig. 5, pl. 64, fig. 2; sterile fronds; Fredericksburg of Virginia, USA; Early Cretaceous (Potomac Group).

1993a Wu Xiangwu, p. 159.

△*Zamiopsis fuxinensis* **Zhang, 1980**

1980 Zhang Wu and others, p. 262, pl. 155, figs. 4 — 6; fronds; Reg. No.: D235, D236; Repository: Shenyang Institute of Geology and Mineral Resources; Fuxin, Liaoning; Early Cretaceous Fuxin Formation. (Notes: The type specimen was not designated in the original paper)

1993a Wu Xiangwu, p. 159.

Indeterminable Pinna

1956a Undetermined Sterile Pinna, Sze H C, pp. 28, 135, pl. 28, figs. 5, 6; sterile pinnae; Dahuiping of Jiaxian, Shaanxi; Late Triassic lower part of Yenchang Formation.

1963 Indeterminable Pinna, Sze H C, Lee H H and others, p. 126, pl. 45, fig. 5; frond; Dahuiping of Jiaxian, Shaanxi; Late Triassic lower part of Yenchang Formation(?).

APPENDIXES

Appendix 1 Index of Generic Names

[Arranged alphabetically, generic names and the page numbers (in English part / in Chinese part), "△" indicates the generic name established based on Chinese material]

A

B

C

K

L

M

N

O

P

R

S

T

W

Z

Appendix 2 Index of Specific Names

(Arranged alphabetically, generic names or specific names and the page numbers (in English part / in Chinese part), "△" indicates the generic or specific name established based on Chinese material)

A

D

E

G

H

J

K

N

O

P

R

S

T

W

X

Z

Appendix 3 Table of Institutions that House the Type Specimens

English Name	中文名称
Changchun College Geology (College of Earth Sciences, Jilin University)	长春地质学院（吉林大学地球科学学院）
Chengdu Institute of Geology and Mineral Resources (Chengdu Institute of Geology and Mineral Resources, China Geological Survey)	成都地质矿产研究所（中国地质调查局成都地质调查中心）
Geological Museum of Ministry of Geology and Mineral Resources (Geological Museum of Ministry of Geology and Mineral Resources)	地质矿产部地质博物馆（中国地质博物馆）
Central Laboratory of Coal Geology Corporation of Gansu Province	甘肃省煤田地质公司中心实验室
Hubei Institute of Geological Sciences (Hubei Institute of Geosciences)	湖北地质科学研究所（湖北省地质科学研究院）
Geological Bureau of Hubei Province	湖北省地质局
Geological Museum of Hunan Province	湖南省地质博物馆
Geological Bureau of Hunan Province	湖南省地质局
Regional Geological Surveying Team, Jilin Geological Bureau (Regional Geological Surveying Team of Jilin Province)	吉林省地质局区域地质调查大队（吉林省区域地质调查大队）
Jilin Institute of Coal Field Geology (Coal-geological Exploration Institute of Jilin Coal Field Geological Bureau)	吉林省煤田地质研究所（吉林省煤田地质勘察设计研究院）
195 Geological Team of Jiangxi Province (Jiangxi Coal Geology Bureau 195 Geological Team)	江西省一九五地质队（江西省煤田地质局一九五地质队）
Department of Geology, Lanzhou University	兰州大学地质系
Xi'an Branch, China Coal Research Institute	煤炭科学研究总院西安分院

continued table

English Name	中文名称
Branch of Geology Exploration, China Coal Research Institute (Xi'an Branch, China Coal Research Institute)	煤炭科学研究总地质勘探分院（煤炭科学研究总院西安分院）
Shenyang Institute of Geology and Mineral Resources (Shenyang Institute of Geology and Mineral Resources, China Geological Survey)	沈阳地质矿产研究所（中国地质调查局沈阳地质调查中心）
Research Institute of Petroleum Exploration and Development (Research Institute of Petroleum Exploration and Development, PetroChina)	石油勘探开发科学研究院（中国石油化工股份有限公司石油勘探开发研究院）
137 Geological Team of Sichuan Coal Field Geological Company (Sichuan Coal Field Geology Bureau 137 Geological Team)	四川省煤田地质公司一三七地质队（四川省煤田地质局一三七地质队）
Beijing Graduate School, Wuhan College of Geology [China University of Geosciences (Beijing)]	武汉地质学院北京研究生部［中国地质大学（北京）］
Petroleum Administration of Xinjiang Uighur Autonomous Region (Petroleum Administration of Xinjiang Uighur Autonomous Region, PetroChina)	新疆石油管理局（中国石油天然气集团公司新疆石油管理局）
Yichang Institute of Geology and Mineral Resources (Wuhan Institute of Geology and Mineral Resources, China Geological Survey)	宜昌地质矿产研究所（中国地质调查局武汉地质调查中心）
Zhejiang Museum of Natural History	浙江省自然博物馆
China University of Geosciences (Beijing)	中国地质大学（北京）
Department of Palaeontology, China University of Geosciences (Wuhan)	中国地质大学（武汉）古生物教研室
Institute of Geology, Chinese Academy of Geological Sciences	中国地质科学院地质研究所
Nanjing Institute of Geology and Palaeontology, Chinese Academy of Sciences	中国科学院南京地质古生物研究所

continued table

English Name	中文名称
Department of Palaeobotany, Institute of Botany, Chinese Academy of Sciences	中国科学院植物研究所古植物研究室
Institute of Botany, Chinese Academy of Sciences	中国科学院植物研究所
Department of Geology, China University of Mining and Technology	中国矿业大学地质系

Appendix 4 Index of Generic Names to Volumes Ⅰ—Ⅵ

(Arranged alphabetically, generic name and the volume number / the page number in English part / the page number in Chinese part, "△" indicates the generic name established based on Chinese material)

A

C

D

F

G

H

I

J

K

L

M

N

Q

R

S

T

Y

Z

REFERENCES

Andrae C J, 1855. Tertiaer-Flor von Szakadat und Thalheim in Siebenbuergen. Kgl. -K. Geol. Reichsanst. Abh., V. 2, Abt. 3: 1-48, pls. 1-12.

Andrews H N, 1942a. Contributions to our knowledge of American Carboniferous floras: Part 1 *Scleropteris*, gen. nov., *Mesoxylon* and *Amyelon*. Missouri Bot. Garden Annals, 29: 1-11, pls. 1-4.

Andrews H N Jr, 1970. Index of generic names of fossil plants (1820-1965). US Geological Survey Bulletin (1300): 1-354. (in English)

Ash S R, 1969. Ferns from the Chinle Formation (Upper Triassic) in the Fort Wingate area, New Mexico. US Geol. Surv. Prof. Paper 613-D: D1-D52, pls. 1-5, figs. 1-19.

Barnard P D W, 1965. Florn of the Shemshak Formation: I. Liassic plants from Dorud. Riv. Ital. Palaeont., 71.

Bell W A, 1956. Lower Cretaceous floras of Western Canada. Geol. Surv. Canada Mem. : 285.

Berry E W, 1911a. Systematic palaeontology of the Lower Cretaceous deposits of Maryland. Maryland Geol. Surv. Lower Cretaceous: 173-597.

Berry E W, 1911b. Contributions to the Mesozoic flora of the Atlantic Coastal Plain: Part 7 Torrey Bot. Club Buil., 38: 399-424, pls. 18, 19.

Berry E W, 1911c. A Lower Cretaceous species of Schizaeaceae from eastern North America. Annals Botany, 25: 193-198, pl. 12.

Blazer A M, 1975. Index of generic names of fossil plants (1966-1973). US Geological Survey Bulletin (1396): 1-54. (in English)

Brongniart A, 1828a-1838. Histoire des veegeetaux fossiles ou recherches botaniques et geeologiques sur les veegeetaux renfermees dans les diverses couches du globe. Paris, G. Dufour and Ed. D'Ocagne, 1: 1-136 (1828a), 137-208 (1829), 209-248 (1830), 249-264 (1834), 337-368 (1835?), 369-488 (1836); 2: 1-24 (1837), 25-72 (1838). Plates Appeared Irregularly, V. 1: pls. 1-166; V. 2: pls. 1-29.

Brongniart A, 1828b. Prodrome d'une histoire des veegeetaux fossiles Dictionnaire Sci. Nat., V. 57: 16-212.

Brongniart A, 1828c. Notice sur les plantes d'Armissan prees Narbonne. Annales Sci. Nat. Ser. 1, V. 15: 43-51, pl. 3.

Brongniart A, 1828d. Essai d'une flora du grees bigarre. Annales Sci. Nat., Ser. 1, 15: 435-460.

Brongniart A, 1849. Tableau des genres de veegeetaux fossiles consideerees sous le point de vue de leur classification botanique et de leur distribution geeologique. Dictionnaire Univ. Histoire Nat., V. 13: 1-127.

Broniart A, 1874. Notes sur les plantes fossiles de Tinkiako (Shensi merdionale), envoyees en

1873 par M. l'abbé A. David. Bulletin de la Societe Geologique de France,3 (2):408.

Bronn H G,1858. Beitraege zur triassischen Fauna und Flora der bituminuesen Schiefer von Raibl. Neues Jahrb. Mineralogie,Geologie u. Palaeontologie:1-32,129-144,pls. 1-12.

Brown R W,1962. Paleocene flora of the Rocky Mountains and Great Plains. US Geol. Surv. Prof. Pap.,375:1-119.

Burakova A T,1961. Middle Jurassic Filicales from western Turkmenia. Paleont. Zhur.,V. 4:138-143.

Bureau of Geology and Mineral Resources of Beijing Municipality (北京市地质矿产局),1991. Regional geology of Beijing Municipality. People's Republic of China,Ministry of Geology and Mineral Resources,Geological Memoirs,Series 1,27:1-598,pls. 1-30. (in Chinese with English summary)

Bureau of Geology and Mineral Resources of Fujian Province (福建省地质矿产局),1985. Regional geology of Fujian Province. People's Republic of China,Ministry of Geology and Mineral Resources,Geological Memoirs,Series 1,4:1-671,pls. 1-16. (in Chinese with English summary)

Bureau of Geology and Mineral Resources of Heilongjiang Province (黑龙江省地质矿产局),1993. Regional geology of Heilongjiang Province. People's Republic of China,Ministry of Geology and Mineral Resources,Geological Memoirs,Series 1,33:1-734,pls. 1-18. (in Chinese with English summary)

Bureau of Geology and Mineral Resources of Jilin Province (吉林省地质矿产局),1988. Regional geology of Jilin Province. People's Republic of China, Ministry of Geology and Mineral Resources, Geological Memoirs, Series 1, 10: 1-698, pls. 1-10. (in Chinese with English summary)

Bureau of Geology and Mineral Resources of Liaoning Province (辽宁省地质矿产局),1989. Regional geology of Liaoning Province. People's Republic of China,Ministry of Geology and Mineral Resources,Geological Memoirs,Series 1,14:1-856,pls. 1-17. (in Chinese with English summary)

Bureau of Geology and Mineral Resources of Ningxia Hui Autonomous Region (宁夏回族自治区地质矿产局),1990. Regional geology of Ningxia Hui Autonomous Region. People's Republic of China,Ministry of Geology and Mineral Resources,Geological Memoirs,Series 1,22:1-522,pls. 1-14. (in Chinese with English summary)

Bureau of Geology and Mineral Resources of Zhejiang Province (浙江省地质矿产局),1989. Regional geology of Zhejiang Province. People's Republic of China,Ministry of Geology and Mineral Resources,Geological Memoirs,Series 1,11:1-688,pls. 1-14. (in Chinese with English summary)

Cao Baosen (曹宝森),Liang Shijing (梁诗经),Zhang Zhiming (张志明),Zhang Xiaoqin (张小勤),Ma Aishuang (马爱双),1989. A preliminary study on Jurassic biostratigraphy in Fujian Province. Fujian Geology,8 (3):198-216,pls. 1-3,figs. 1-8. (in Chinese with English summary)

Cao Zhengyao (曹正尧),1982. On the occurrence of *Scoresbya* from Jiangsu and *Weichselia* from Zhejiang. Acta Palaeontologica Sinica,21 (3):343-348,pl. 1,text-fig. 1. (in Chinese with English summary)

Cao Zhengyao (曹正尧),1983a. Fossil plants from the Longzhaogou Group in eastern Heilongjiang Province: Ⅰ // Research Team on the Mesozoic Coal-bearing Formation in Eastern Heilongjiang (ed). Fossils from the Middle-Upper Jurassic and Lower Cretaceous in eastern Heilongjiang Province,China:Part I. Harbin:Heilongjiang Science and Technology Publishing House:10-21,pls. 1,2. (in Chinese with English summary)

Cao Zhengyao (曹正尧),1983b. Fossil plants from the Longzhaogou Group in eastern Heilongjiang Province: Ⅱ //Research Team on the Mesozoic Coal-bearing Formation in eastern Heilongjiang (ed). Fossils from the Middle-Upper Jurassic and Lower Cretaceous in Eastern Heilongjiang Province,China:Part I. Harbin:Heilongjiang Science and Technology Publishing House:22-50,pls. 1-9. (in Chinese with English summary)

Cao Zhengyao (曹正尧),1984a. Fossil plants from the Longzhaogou Group in eastern Heilongjiang Province: Ⅲ // Research Team on the Mesozoic Coal-bearing Formation in Eastern Heilongjiang (ed). Fossils from the Middle-Upper Jurassic and Lower Cretaceous in Eastern Heilongjiang Province,China:Part Ⅱ. Harbin:Heilongjiang Science and Technology Publishing House:1-34,pls. 1-9,text-figs. 1-6. (in Chinese with English summary)

Cao Zhengyao (曹正尧),1984b. Fossil plants from Early Cretaceous Tongshan Formation in Mishan County of Heilongjiang Province//Research Team on the Mesozoic Coal-bearing Formation in Eastern Heilongjiang (ed). Fossils from the Middle-Upper Jurassic and Lower Cretaceous in Eastern Heilongjiang Province,China:Part Ⅱ. Harbin:Heilongjiang Science and Technology Publishing House:35-48,pls. 1-6,text-figs. 1,2. (in Chinese with English summary)

Cao Zhengyao (曹正尧),1985. Fossil plants and geological age of the Hanshan Formation at Hanshan County,Anhui. Acta Palaeontologica Sinica,24 (3):275-284,pls. 1-4,text-figs. 1-4. (in Chinese with English summary)

Cao Zhengyao (曹正尧),1992a. Fossil plants from Chengzihe Formation in Suibin-Shuangyashan region of eastern Heilongjiang. Acta Palaeontologica Sinica,31 (2):206-231,pls. 1-6, text-fig. 1. (in Chinese with English summary)

Cao Zhengyao (曹正尧),1994. Early Cretaceous floras in Circum-Pacific region of China. Cretaceous Research (15):317-332,pls. 1-5.

Cao Zhengyao (曹正尧),1999. Early Cretaceous flora of Zhejiang. Palaeontologia Sinica, Whole Number 187,New Series A,13:1-174,pls. 1-40,text-figs. 1-35. (in Chinese and English)

Cao Zhengyao (曹正尧),2001. Occrrence of *Ruffordia* and *Nageiopsis* from Early Cretaceous Yixian Formation of western Liaoning and its stratigraphic significance. Acta Palaeontologica Sinica,40 (2):214-218,pl. 1. (in Chinese with English summary)

Cao Zhengyao (曹正尧),Liang Shijing (梁诗经),Ma Aishuang (马爱双),1995. Fossil plants from Early Cretaceous Nanyuan Formation in Zhenghe,Fujian. Acta Palaeontologica Sinica,34 (1):1-17,pls. 1-4. (in Chinese with English summary)

Cao Zhengyao (曹正尧),Zhang Yaling (张亚玲),1996. A new species of *Coniopteris* from Jurassic of Gansu. Acta Palaeontologica Sinica,35 (2):241-247,pls. 1-3. (in Chinese with English summary)

Chang Chichen (张志诚),1976. Plant kingdom//Bureau of Geology of Inner Mongolia Autonomous Region, Northeast Institute of Geological Sciences (eds). Palaeotologica Atlas of North China, Inner Mongolia Volume: Ⅱ Mesozoic and Cenozoic. Beijing: Geological Publishing House: 179-204. (in Chinese)

Chang Jianglin (常江林), Gao Qiang (高强), 1996. Characteristics of flora from Datong Formation in Ningwu Coal Field, Shanxi. Coal Geology and Exploration, 24 (1): 4-8, pl. 1. (in Chinese with English summary)

Chen Chuzhen (陈楚震), Wang Yigang (王义刚), Wang Zhihao (王志浩), Huang bin (黄嫔), 1988. Triassic biostratigraphy of southern Jiangsu Province // Academy of Geological Sciences, Jiangsu Bureau of Petroleum Prospecting, Nanjing Institute of Geology and Palaeontology, Chinese Academy of Sciences (eds). Sinian-Triassic Biostratigraphy of the Lower Changjiang Peneplatform in Jiangsu Region. Nanjing: Nanjing University Press: 315-368, pls. 1-6, fig. 15. (in Chinese)

Chen Fen (陈芬), Deng Shenghui (邓胜徽), 1996. Studies on Early Cretaceous *Athyrium* Roth. Geoscience, 10 (3): 308-315, figs. 1-3. (in Chinese with English summary)

Chen Fen (陈芬), Deng Shenghui (邓胜徽), Ren Shouqin (任守勤), 1993. Two new species of the Early Cretaceous Filicinae and their taxonomical study. Acta Botanica Sinica, 35 (7): 561-566, pl. 1. (in Chinese with English summary)

Chen Fen (陈芬), Deng Shenghui (邓胜徽), Sun Keqin (孙克勤), 1997. On the Early Cretaceous *Athyrium* Roth from northeastern China. Palaeobotanist, 40 (3): 117-133, pls. 1-7, text-figs. 1-5.

Chen Fen (陈芬), Dou Yawei (窦亚伟), Huang Qisheng (黄其胜), 1984. The Jurassic flora of West Hills, Beijing (Peking). Beijing: Geological Publishing House: 1-136, pls. 1-38, text-figs. 1-18. (in Chinese with English summary)

Chen Fen (陈芬), Dou Yawei (窦亚伟), Yang Guanxiu (杨关秀), 1980. The Jurassic Mantougou-Yudaishan flora from western Yanshan, North China. Acta Palaeontologica Sinica, 19 (6): 423-430, pls. 1-3. (in Chinese with English summary)

Chen Fen (陈芬), Li Chengsen (李承森), Ren Shouqin (任守勤), 1990. On *Coniopteris concina* (Heer) comb. nov. Palaeontographica, Abt. B 216 (5,6): 129-136, pls. 1-6.

Chen Fen (陈芬), Meng Xiangying (孟祥营), Ren Shouqin (任守勤), Wu Chonglong (吴冲龙), 1988. The Early Cretaceous Flora of Fuxin Basin and Tiefa Basin, Liaoning Province. Beijing: Geological Publishing House: 1-180, pls. 1-60, text-figs. 1, 24. (in Chinese with English summary)

Chen Fen (陈芬), Yang Guanxiu (杨关秀), 1982. Lower Cretaceous plants from Pingquan, Hebei Province and Beijing, China. Acta Botanica Sinica, 24 (6): 575-580, pls. 1, 2. (in Chinese with English summary)

Chen Fen (陈芬), Yang Guanxiu (杨关秀), 1983. Early Cretaceous fossil plants in Shiquanhe area, Tibet, China. Earth Science: Journal of Wuhan College of Geology (1): 129-136, pls. 17, 18, figs. 1, 2. (in Chinese with English summary)

Chen Fen (陈芬), Yang Guanxiu (杨关秀), Zhou Huiqin (周惠琴), 1981. Lower Cretaceous flora in Fuxin Basin, Liaoning Province, China. Earth Science: Journal of the Wuhan College of Geology (2): 39-51, pls. 1-4, fig. 1. (in Chinese with English summary)

Chen Gongxin (陈公信), 1984. Pteridophyta, Spermatophyta // Regional Geological Surveying

Team of Hubei Province (ed). The Palaeontological Atlas of Hubei Province. Wuhan: Hubei Science and Technology Press: 556-615, 797-812, pls. 216-270, figs. 117-133. (in Chinese with English title)

Chen Qishi (陈其奭), 1986a. Late Triassic plants from Chayuanli Formation in Quxian, Zhejiang. Acta Palaeontologica Sinica, 25 (4): 445-453, pls. 1-3. (in Chinese with English summary)

Chen Qishi (陈其奭), 1986b. The fossil plants from the Late Triassic Wuzao Formation in Yiwu, Zhejiang. Geology of Zhejiang, 2 (2): 1-19, pls. 1-6, text-figs. 1-3. (in Chinese with English summary)

Chen Qishi (陈其奭), Ma Wuping (马武平), Tsao Chengyao (曹正尧), Chen Peichi (陈丕基), Shen Yanbin (沈炎彬), Lin Qibin (林启彬), 1978. Age of the Coal-bearing Wuzao Formation in Yiwu of Zhejiang. Acta Stratigraphica Sinica, 2 (1): 74-76, pl. 1. (in Chinese)

Chen Ye (陈晔), Chen Minghong (陈明洪), Kong Zhaochen (孔昭宸), 1986. Late Triassic fossil plants from Lanashan Formation of Litang district, Sichuan Province//The Comprehensive Scientific Expedition to the Qinghai-Xizang (Tibet) Plateau, Chinese Academy of Sciences (ed). Studies in Qinghai-Xizang (Tibet) Plateau: Special Issue of Hengduan Mountains Scientific Expedition: Ⅱ. Beijing: Beijing Science and Technology Press: 32-46, pls. 3-10. (in Chinese with English summary)

Chen Ye (陈晔), Duan Shuying (段淑英), 1981. Late Triassic flora of Hongni, Yanbian district of Sichuan//Palaeontological Society of China (ed). Selected Papers from 12th Annual Conference of the Palaeontological Society of China. Beijing: Science Press: 153-157, pls. 1-3. (in Chinese with English title)

Chen Ye (陈晔), Duan Shuying (段淑英), Zhang Yucheng (张玉成), 1979a. New species of the Late Triassic plants from Yanbian, Sichuan: I. Acta Botanica Sinica, 21 (1): 57-63, pls. 1-3, text-figs. 1, 2. (in Chinese with English summary)

Chen Ye (陈晔), Duan Shuying (段淑英), Zhang Yucheng (张玉成), 1985. A preliminary study of Late Triassic plants from Qinghe of Yanbian district, Sichuan Province. Acta Botanica Sinica, 27 (3): 318-325, pls. 1, 2. (in Chinese with English summary)

Chen Ye (陈晔), Duan Shuying (段淑英), Zhang Yucheng (张玉成), 1987. Late Triassic Qinghe flora of Sichuan. Botanical Research, 2: 83-158, pls. 1-45, fig. 1. (in Chinese with English summary)

Chow Huiqin (周惠琴), 1963. Plants//The 3rd Laboratory of Academy of Geological Sciences, Ministry of Geology (ed). Fossil atlas of Nanling. Beijing: Industry Press: 158-176, pls. 65-76. (in Chinese)

Chow Huiqin (周惠琴), Huang Zhigao (黄枝高), Chang Chichen (张志诚), 1976. Plants//Bureau of Geology of Inner Mongolia Autonomous Region, Northeast Institute of Geological Sciences (eds). Fossils Atlas of North China, Inner Mongolia Volume: Ⅱ. Beijing: Geological Publishing House: 179-211, pls. 86-120. (in Chinese)

Chow T Y (周志炎), Chang S J (张善桢), 1956. On the discovery of the Yenchang Formation in Alxa region, northwestern China. Acta Palaeontologica Sinica, 4 (1): 53-60, pl. 1. (in Chinese with English summary)

Chu C N (朱家柟), 1963. *Cyathea ordosica* Chu C N, a new cyatheoid fern from the Jurassic of

Dongsheng, the Inner Mongolia Autonomous Region. Acta Botanica Sinica, 11 (3): 272-278, pls. 1-3, text-figs. 1, 2. (in Chinese with English summary)

Corda A J, 1845. Flora Protogaea: Beitraege zur Flora der Vorwelt. Berlin, S. Calvary and Co. : 1-128, pls. 1-60.

Debey M H, Ettingshausen C, 1859a. Die urwdltlichen Thallophyten des Kreidegebirges von Aachen und Maestricht. Akad. Wiss. Wien Denkschr., Math.-naturw. Kl., 16: 131-214, pls. 1-3.

Debey M H, Ettingshausen C, 1859b. Die urweltlichen Acrobryen des Kreidegebirges von Aachen und Maestricht. Akad. Wiss. Wien. Denkschr., Math.-naturw. Kl., 17: 183-248, pls. 1-7.

Deng Longhua (邓龙华), 1976. A review of the "bamboo shoot" fossils at Ynzhou recorded in *Dream Pool Essays* with notes on Shen Kuo's contribution to the development of palaeontology. Acta Palaeontologica Sinica, 15 (1): 1-6, text-figs. 1-4. (in Chinese with English summary)

Deng Shenghui (邓胜徽), 1991. Early Cretaceous fossil plants from Huolinhe Basin in Inner Mongolia. Geoscience, 5 (2): 147-156, pls. 1, 2, fig. 1. (in Chinese with English summary)

Deng Shenghui (邓胜徽), 1992. New material of Filicopsida of the Early Cretaceous flora from Tiefa Basin, Liaoning Province. Earth Science: Journal of China University of Geosciences, 17 (1): 7-14, pls. 2-4, fig. 1. (in Chinese with English summary)

Deng Shenghui (邓胜徽), 1993. Four new species of Early Cretaceous ferns. Geoscience, 7 (3): 255-260, pl. 1, text-fig. 1. (in Chinese with English summary)

Deng Shenghui (邓胜徽), 1994. *Dracopteris liaoningensis* gen. et sp. nov. : a new Early Cretaceous fern from Northeast China. Geophytology, 24 (1): 13-22, pls. 1-4, text-figs. 1, 2.

Deng Shenghui (邓胜徽), 1995a. New materials of the Early Cretaceous monolete spore ferns and their taxonomic study. Acta Botanica Sinica, 37 (6): 483-491, pls. 1, 2. (in Chinese with English summary)

Deng Shenghui (邓胜徽), 1995b. Early Cretaceous Flora of Huolinhe Basin, Inner Mongolia, Northeast China. Beijing: Geological Publishing House: 1-125, pls. 1-48, text-figs. 1-23. (in Chinese with English summary)

Deng Shenghui (邓胜徽), 1997a. *Eogonocormus*: a new Early Cretaceous fern of Hymenophyllaceae from Northeast China. Australian Systematic Botany, 10 (1): 59-67, pls. 1-4, fig. 1.

Deng Shenghui (邓胜徽), 1998a. Relationship between the Early Cretaceous *Ruffordia goepperti* and dispersed spores *Cicatriosisporites*. Geological Review, 44 (3): 243-248, figs. 1. (in Chinese with English summary)

Deng Shenghui (邓胜徽), 1998b. Plant fossils from Early Cretaceous of Pingzhuang-Yuanbaoshan Basin, Inner Mongolia. Geoscience, 12 (2): 168-172, pls. 1, 2. (in Chinese with English summary)

Deng Shenghui (邓胜徽), 2002. Ecology of the Early Ctretaceous ferns of Northeast China. Review of Palaeobotany and Palynology, 119: 93-112, pls. 1-7.

Deng Shenghui (邓胜徽), Chen Fen (陈芬), 2001. The Early Cretaceous Filicopsida from Northeast China. Beijing: Geological Publishing House: 1-249, pls. 1-123, text-figs. 1-41. (in Chinese with English summary)

Deng Shenghui (邓胜徽), Liu Yongchang (刘永昌), Yuan Shenghu (袁生虎), 2004. Fossil plants from the late Middle Jurassic in Aram Basin, Western Inner Mongolia, China. Acta Palaeontologica Sinica, 43 (2): 205-220, pls. 1-3. (in Chinese and English)

Deng Shenghui (邓胜徽), Ren Shouqin (任守勤), Chen Fen (陈芬), 1997. Early Cretaceous flora of Hailar, Inner Mongolia, China. Beijing: Geological Publishing House: 1-116, pls. 1-32, text-figs. 1-12. (in Chinese with English summary)

Deng Shenghui (邓胜徽), Wang Shijun (王士俊), 2000. *Klukiopsis jurassica*: a new Jurassic schizaeaceous fern from China. Science in China, Series D, 43 (4): 356-363, fig. 1.

Deng Shenghui (邓胜徽), Yao Lijun (姚立军), 1995. Technique and significance of study on microstructure of reproductive organ in situ of fossil fern. Geoscience, 9 (1): 19-26, pl. 1. (in Chinese with English summary)

Deng Shenghui (邓胜徽), Yao Yimin (姚益民), Ye Dequan (叶德泉), Chen Piji (陈丕基), Jin Fan (金帆), Zhang Yijie (张义杰), Xu Kun (许坤), Zhao Yingcheng (赵应成), Yuan Xiaoqi (袁效奇), Zhang Shiben (张师本), et al., 2003. Jurassic System in the North of China: I Stratum Introduction. Beijing: Petroleum Industry Press: 1-399, pls. 1-105. (in Chinese with English summary)

Ding Baoliang (丁保良), Lan Shanxian (蓝善先), Wang Yingping (汪迎平), 1989. Nonmarine Jurassic-Cretaceous Volcano-sedimentary Strata and Biota of Zhejiang, Fujian and Jiangxi. Nanjing: Jiangsu Science and Technology Publishing House: 1-139, pls. 1-13, figs. 1-31. (in Chinese with English summary)

Dou Yawei (窦亚伟), Sun Zhehua (孙喆华), Wu Shaozu (吴绍祖), Gu Daoyuan (顾道源), 1983. Vegetable kingdom// Regional Geological Surveying Team, Institute of Geosciences of Xinjiang Bureau of Geology, Geological Surveying Department, Xinjiang Bureau of Petroleum (eds). Palaeontological Atlas of Northwest China, Uygur Autonomous Region of Xinjiang: 2. Beijing: Geological Publishing House: 561-614, pls. 189-226. (in Chinese)

Duan Shuying (段淑英), 1987. The Jurassic flora of Zhaitang, West Hill of Beijing. Department of Geology, University of Stockholm, Department of Palaeonbotang, Swedish Museum of Natural History, Stockholm: 1-95, pls. 1-22, text-figs. 1-17.

Duan Shuying (段淑英), 1989. Characteristics of the Zhaitang flora and its geological age// Cui Guangzheng, Shi Baoheng (eds). Approach to Geosciences of China. Beijing: Peking University Press: 84-93, pls. 1-3. (in Chinese with English summary)

Duan Shuying (段淑英), Chen Ye (陈晔), 1982. Mesozoic fossil plants and coal formation of eastern Sichuan Basin// Compilatory Group of Continental Mesozoic Stratigraphy and Palaeontology in Sichuan Basin (ed). Continental Mesozoic Stratigraphy and Paleontology in Sichuan Basin of China: Part II Paleontological Professional Papers. Chengdu: People's Publishing House of Sichuan: 491-519, pls. 1-16. (in Chinese with English summary)

Duan Shuying (段淑英), Chen Ye (陈晔), Chen Minghong (陈明洪), 1983. Late Triassic flora of Ninglang district, Yunnan// The Comprehensive Scientific Expedition to the Qinghai-Xizang (Tibet) Plateau, Chinese Academy of Sciences (ed). Studies in Qinghai-Tibet Plateau: Special Issue of Hengduan Mountains Scientific Expedition: I. Kunming: Yunnan People's Press: 55-65, pls. 6-12. (in Chinese with English summary)

Duan Shuying (段淑英), Chen Ye (陈晔), Niu Maolin (牛茂林), 1986. Middle Jurassic flora from southern margin of Ordos Basin. Acta Botanica Sinica, 28 (5): 549-554, pls. 1, 2. (in Chinese with English summary)

Dunker W, 1846, Monographie der Norddeutschen Wealdenbildung: p1-83, pls. 1-21.

Feistmantel O, 1880-1881. The fossil flora of the Lower Gondwanas: Part 2 The flora of the Damuda and Planchet Divisions. India-Geol. Survey Mem., Palaeontologia Indica, V. 3: 1-77 (1880), 78-149 (1881).

Feistmantel O, 1882. The fossil flora of the South Rewah Gondwana Basin. Palaeontologia Indica, Ser. 12, V. 4, Pt. 1.

Feng Shaonan (冯少南), Chen Gongxing (陈公信), Xi Yunhong (席运宏), Zhang Caifan (张采繁), 1977b. Plants // Hubei Institute of Geological Sciences, et al. (eds). Fossil Atlas of Middle-South China: Ⅱ. Beijing: Geological Publishing House: 622-674, pls. 230-253. (in Chinese)

Fliche P, 1900. Contribution ae la flore fossile de la Haute-Marne. Soc. Sci. Nancy Bull., Ser. 2, 16: 11-31, pls. 1, 2.

Fliche P, 1906. Flore fossil du trias en Lorraine et en Franche-Comtee. Soc. Nancy Bull, Ser. 3, 7: 67-166, pls. 6-15.

Fontaine W M, 1889. The Potomac or younger Mesozoic flora. Monogr. US Geol. Surv., 15: 1-377, pls. 1-180.

Gao Ruiqi (高瑞祺), Zhang Ying (张莹), Cui Tongcui (崔同翠), 1994. Cretaceous Oil and Gas Strata of Songliao Basin. Beijing: The Petroleum Industry Press: 1-333, pls. 1-22. (in Chinese with English title)

Goeppert H R, 1836. Die fossilen Farrenkraeuter (Systema filicum fossilium). Nova Acta Leopoldina, 17: 1-486, pls. 1-44.

Goeppert H R, 1841c-1846. Les genres des plantes fossiles: 1-70, pls. 1-18 (1841); 71-118, pls. 1-18 (1842); 119-154, pls. 1-20 (1846).

Goeppert H R, 1845. Description des veegeetaux fossiles recueillis par M. P. do Tchihatcheff en Scherie, in Tchihatcheff, Pierre, Voyage scientifque dans l'Altai Oriental et les parties adjacentes de la frontieere do la Chine. Paris: 379-390, pls. 25-35.

Gothan W, Sze H C (斯行健), 1931. Pflanzenreste aus dem Jura von Chinesisch Turkestan (Provinz Sinkiang). Contributions of National Research Institute Geology, Chinese Academy of Sciences, 1: 33-40, pl. 1.

Gu Daoyuan (顾道源), 1978. *Rhizomopteris sinensis*, a new species of fossil plants from the Jurassic of Sinkiang. Acta Palaeontologica Sinica, 17 (1): 97, 98, pl. 1. (in Chinese with English summary)

Gu Daoyuan (顾道源), 1984. Pteridiophyta and Gymnospermae // Geological Survey of Xinjiang Administrative Bureau of Petroleum, Regional Surveying Team of Xinjiang Geological Bureau (eds). Fossil Atlas of Northwest China, Xinjiang Uygur Autonomous Region Volume: Ⅲ Mesozoic and Cenozoic. Beijing: Geological Publishing House: 134-158, pls. 64-81. (in Chinese)

Gu Daoyuan (顾道源), Hu Yufan (胡雨帆), 1979. On the discovery of *Dictyophyllum-Clathropteris* flora from "Karroo Rocks", Sinkiang. Journal of Jianghan Petroleum Institute (1): 1-18, pls. 1, 2. (in Chinese with English summary)

Guo Shuangxing (郭双兴), 2000. New material of the Late Cretaceous flora from Hunchun of Jilin, Northeast China. Acta Palaeontologica Sinica, 39 (Supplement): 226-250, pls. 1-8. (in English with Chinese summary)

Gu Zhiwei (顾知微), Huang Weilong (黄为龙), Chen Deqiong (陈德琼), 1963. "Cretaceous" and Tertiary Strata of Western Zhejiang: Collections of Academic Reports of All-Nation Congress of Stratigraphy Western Zhejiang Meeting. Beijing: Science Press: 87-114, pls. 1,2. (in Chinese)

Halle T G, 1921. On The sporangia of some Mesozoic ferns. Arkiv. F. Bot., K. Sven. Vet. Akad., 17 (1).

Halle T G, 1927a. Fossil plants from Southwest China. Palaeontologia Sinica, Series A, 1 (2): 1-26, pls. 1-5.

Halle T G, 1927b. Palaeozoic plants from central Shanxi (Shansi). Palaeontologia Sinica, Series A, 2 (1): 1-316, pls. 1-64.

Harris T M, 1931a. Rhaetic floras. Biol. Rev., 6: 133-162.

Harris T M, 1931b. The fossil flora of Scoresby Sound, East Greenland: Part 1 Cryptogams (Exclusive of Lycopodiales). Medd. Om. Gronland, 85 (2): 1-102, pls. 1-18.

Harris T M, 1932a. The fossil flora of Scoresby Sound, East Greenland: Part 2 Description of seed plants incertae sedis, together with a discussion of certain cycadophyte cuticles. Medd. Om. Gronland, 85 (3): 1-112, pls. 1-9.

Harris T M, 1932b. The fossil flora of Scoresby Sound, East Greenland: Part 3 Caytoniales and Bennettitales. Medd. Om. Gronland, 85 (5): 1-133, pls. 1-19.

Harris T M, 1961. The Yorkshire Jurassic Flora: Part 1 Thallophytes and Pteridophytes. British Mus. (Nat. History): 1-212.

He Dechang (何德长), 1987. Fossil plants of some Mesozoic Coal-bearing strata from Zhejing, Hubei and Fujiang // Qian Lijun, Bai Qingzhao, Xiong Cunwei, Wu Jingjun, Xu Maoyu, He Dechang, Wang Saiyu (eds). Mesozoic Coal-bearing Strata from South China. Beijing: China Coal Industry Press: 1-322, pls. 1-69. (in Chinese)

He Dechang (何德长), Shen Xiangpeng (沈襄鹏), 1980. Plant fossils // Institute of Geology and Prospect, Chinese Academy of Coal Sciences (ed). Fossils of the Mesozoic Coal-bearing Series from Hunan and Jiangxi Provinces: Ⅳ. Beijing: China Coal Industry Publishing House: 1-49, pls. 1-26. (in Chinese)

He Yuanliang (何元良), 1983. Plants // Yang Zunyi, Yin Hongfu, Xu Guirong, et al. (eds). Triassic of the South Qilian Mountains. Beijing: Geological Publishing House: 38, 185-189, pls. 28, 29, figs. 4-60, 4-61. (in Chinese with English title)

He Yuanliang (何元良), Wu Xiuyuan (吴秀元), Wu Xiangwu (吴向午), Li Pejuan (李佩娟), Li Haomin (李浩敏), Guo Shuangxing (郭双兴), 1979. Plants // Nanjing Institute of Geology and Palaeontology, Chinese Academy of Sciences, Qinghai Institute of Geological Sciences (eds). Fossil Atlas of Northwest China, Qinghai Volume: Ⅱ. Beijing: Geological Publishing House: 129-167, pls. 50-82. (in Chinese)

Heer O, 1864-1865. Die Urwelt der Schweiz. Zurich, Pt. 1: 1-496, pls. 1-10; Pt. 2: 497-622, pl. 11.

Heer O, 1868. Die fossile Flora der Polarlaender, in Flora fossilis arctica, Band 1. Zurich: 1-192, pls. 1-50.

Heer O, 1874a. Die Kreide-Folra der arctischen Zone, in Flora fossilis arctica, Band 3, Heft 2. Kgl. Svenska Vetenskapsakad. Handlingar, 12 (6): 1-140, pls. 1-38.
Heer O, 1874b. Uebersicht der miocemen Flora der arctischen Zone: Zurich: 1-24.
Heer O, 1874c. Beitraege zur Steinkohlen-Flora der arctischen Zone, in Flora fossilis arctica, Band 3, Heft 1. Kgl. Svenska Vetenskapssakad. Handlingar, V. 12: 1-11, pls. 1-6.
Heer O, 1874d. Nachtraege zur miocene Flora Gruenlands, in Flora fossilis arctica, Band 3, Heft 3. Kgl. Svenska Vetenskapsakad. Handlingar, V. 13: 1-29, pls. 1-5.
Heer O, 1874e. Uebersicht der miocemen Flora der arctischen Zone, in Flora fossilis arctica, Band 3, Heft 4. Zurich: 1-24.
Heer O, 1876a. Flora fossile halvetiae: Teil I, Die Pflanzen der steinkohlen Periode. Zurich: 1-60, pls. 1-22.
Heer O, 1876b. Beitraege zur fossilen Flora Spitzbergens, in Flora fossilis arctica, Band 4, Heft 1. Kgl. Svenska Vetenskapsakad. Handlingar, V. 14: 1-141, pls. 1-32.
Heer O, 1876c. Beitraege zur Jura-Flora Ostsibitiens und des Amurlandes, in Flora fossilis arctica, Band 4, Heft 2. Acad. Imp. Sci. St. -Peetersbourg Meem., V. 22: 1-122, pls. 1-31.
Heer O, 1878a. Die miocene Flora des Grinnell-Landes, in Flora fossilis arctica, Band 5, Heft 1. Zurich. : 1-38, pls. 1-9.
Heer O, 1878b. Beitraege zur fossilen Flora Sibiriens und des Amurlandes, in Flora fossilis arctica, Band 5, Heft 2. Acad. Imp. Sci. St. -Peetersbourg Meem., V. 25: 1-58, pls. 1-15.
Heer O, 1878c. Miocene Flora des Insel Sachalin, in Flora fossilis arctica, Band 5, Heft 3. Acad. Imp. Sci. St. -Peetersbourg Meem., V. 25: 1-61, pls. 1-15.
Heer O, 1878d. Beitraege zur miocene Flora von Sachalin, in Flora fossilis arctica, Band 5, Heft 4. Kgl. Svenska Vetenskapsakad. Handlingar, 15 (4): 1-11, pls. 1-4.
Heer O, 1878e. Ueber fossile Pflanzem von Novaja Selmia in Flora fossilis arctica, Band 5, Heft 5. Kgl. Svenska Vetenskapsakad. Handlingar, 15 (3): 1-6, pl. 1.
Heer O, 1880a. Nachtraege zur Jura-Flora Sibiriens, in Flora fossilis arctica, Band 6, Teil 1, Heft 1. Acad. Imp. Sci. St. Peetersbourg Meem., 27: 1-34, pls. 1-9.
Heer O, 1880b. Nachtraege fossilen Flora Groenlands, in Flora fossilis arctica, Band 6, Teil 1, Heft 2. Kgl. Svenska Vetenskapsakad. Handlingar, 18: 1-17, pls. 1-7.
Heer O, 1880c. Beitraege zur miocenen Flora von Nord-Canada, in Flora fossilis arctica, Band 6, Teil 1, Heft 3. Zurich: 1-17, pls. 1-3.
Hirmer M, 1927. Handbuch der paläobotanik. Berlin, R. Oldenbourg V. 1: 1-708.
Hirmer M, Hoerhammer L, 1936. Morphologie, Systematik und geographische Verbreitung der Fossilen und rezenten Matoniaceae. Palaeontographica, 81, Abt. B: 1-70, pls. 1-10.
Hollick A, Jeffrey E C, 1909. Studies of Cretaceous coniferous remains from Kreischervile N Y. New York Bot. Garden Mem., 3: 1-76, pls. 1-29.
Hsu J (徐仁), Chu C N (朱家柟), Chen Yeh (陈晔), Hu Yufan (段淑英), Tuan Shuyin (段淑英), 1975. New genera and species of the Late Triassic plants from Yungjen, Yunnan: Ⅱ. Acta Botanica Sinica, 17 (1): 70-76, pls. 1-6, text-figs. 1, 2. (in Chinese with English summary)
Hsu J (徐仁), Chu C N (朱家楠), Chen Yeh (陈晔), Tuan Shuyin (段淑英), Hu Yufan (胡雨帆), Chu W C (朱为庆), 1974. New genera and species of Late Traissic plants from Yon-

gren, Yunnan: Ⅰ. Acta Botanica Sinica, 16 (3): 266-278, pls. 1-8, text-figs. 1-5. (in Chinese with English summary)

Hsu J (徐仁), Chu C N (朱家楠), Chen Yeh (陈晔), Tuan Shuyin (段淑英), Hu Yufan (胡雨帆), Chu W C (朱为庆), 1979. Late Triassic Baoding Flora, southwestern Sichuan, China. Beijing: Science Press: 1-130, pls. 1-75, text-figs. 1-18. (in Chinese)

Huang Qisheng (黄其胜), 1983. The Early Jurassic Xiangshan flora from the Changjiang River Basin in Anhui Province of East China. Earth Science: Journal of Wuhan College of Geology (2): 25-36, pls. 2-4. (in Chinese with English summary)

Huang Qisheng (黄其胜), 1984. A preliminary study on the age of Lalijian Formation in Huaining area, Anhui. Geological Review, 30 (1): 1-7, pl. 1, figs. 1, 2. (in Chinese with English summary)

Huang Qisheng (黄其胜), 1985. Discovery of pholidophorids from the Early Jurassic Wuchang Formation in Hubei Province, with notes on the Lower Wuchang Formation. Earth Science: Journal of Wuhan College of Geology, 10 (Special Issue): 187-190, pl. 1. (in Chinese with English summary)

Huang Qisheng (黄其胜), 1988. Vertical diversities of the Early Jurassic plant fossils in the middle-lower Changjiang River Basin. Geological Review, 34 (3): 193-202, pls. 1, 2, figs. 1-3. (in Chinese with English summary)

Huang Qisheng (黄其胜), 1992. Plants // Yin Hongfu, et al. (eds). The Triassic of Qinling Mountains and Neighbouring Areas. Wuhan: Press of China University of Geosciences: 77-85, 174-180, pls. 16-20. (in Chinese with English title)

Huang Qisheng (黄其胜), 2001. Early Jurassic flora and paleoenvironment in the Daxian and Kaixian couties, north border of Sichuan Basin, China. Earth Science: Journal of China University of Geosciences, 26 (3): 221-228. (in Chinese with English summary)

Huang Qisheng (黄其胜), Lu Zongsheng (卢宗盛), 1988a. Late Triassic fossil plants from Shuanghuaishu of Lushi County, Henan Province. Professional Papers of Stratigraphy and Palaeontology, 20: 178-188, pls. 1, 2. (in Chinese with English summary)

Huang Qisheng (黄其胜), Lu Zongsheng (卢宗盛), 1988b. The Early Jurassic Wuchang flora from southeastern Hubei Province. Earth Science: Journal of China University of Geosciences, 13 (5): 545-552, pls. 9, 10, figs. 1-4. (in Chinese with English summary)

Huang Qisheng (黄其胜), Lu Zongsheng (卢宗盛), 1992. Coal-bearing strata and fossil assemblage of Early and Middle Jurassic // Li Sitian, Chen Shoutian, Yang Shigong, Huang Qisheng, Xie Xihong, Jiao Yangquan, Lu Zhongsheng, Zhao Genrong (eds). Sequence Stratigraphy and Depositional System Analysis of the Northeastern Ordos Basin: The Fundamental Research for the Formation, Distribution and Prediction of Jurassic Coal Rich Units. Beijing: Geological Publishing House: 1-10, pls. 1-3. (in Chinese with English title)

Huang Qisheng (黄其胜), Lu Zongsheng (卢宗盛), Huang Jianyong (黄剑勇), 1998. Early Jurassic Linshan flora from northeastern Jiangxi Province, China. Earth Science: Journal of China University of Geosciences, 23 (3): 219-224, pl. 1, fig. 1. (in Chinese with English summary)

Huang Qisheng (黄其胜), Lu Zongsheng (卢宗盛), Lu Shengmei (鲁胜梅), 1996. The Early Jurassic flora and palaeoclimate in northeastern Sichuan, China. Palaeobotanist, 45: 344-

354,pls. 1,2,text-figs. 1,2.
Huang Qisheng (黄其胜),Qi Yue (齐悦),1991. The Early-Middle Majian flora from western Zhejiang Province. Earth Science:Journal of China University of Geosciences,16 (6):599-608,pls. 1,2,figs. 1,2. (in Chinese with English summary)
Huang Zhigao (黄枝高),Zhou Huiqin (周惠琴),1980. Fossil plants// Mesozoic Stratigraphy and Palaeontology from the Basin of Shaanxi,Gansu and Ningxia: Ⅰ. Beijing:Geological Publishing House:43-104,pls. 1-60. (in Chinese)
Hu Shusheng (胡书生),Mei Meitang (梅美棠),1993. The Late Mesozoic floral assemblage from the Lower Coal-bearing Member of Chang'an Formation ("Liaoyuan Formation") in Liaoyuan Coal Field. Memoirs of Beijing Natural History Museum (53):320-334,pls. 1,2,figs. 1,2. (in Chinese with English summary)
Hu Shusheng (胡书生),Mei Meitang (梅美棠),2000. The studies of fossil plants from Early Cretaceous Coal-bearing strata in Liaoyuan,Jilin. Chinese Bulletin of Botany,17 (Special Issue):210-219,pl. 1. (in Chinese with English summary)
Hu Yufan (胡雨帆),Gu Daoyuan (顾道源),1987. Plant fossils from the Xiaoquangou Group of the Xinjiang and its flora and age. Botanical Research,2:207-234,pls. 1-5. (in Chinese with English summary)
Hu Yufan (胡雨帆),Tuan Shuying (段淑英),Chen Yeh (陈晔),1974. Plant fossils of the Mesozoic Coal-bearing strata of Yaan,Sichuan (Szechuan),and their geological age. Acta Botanica Sinica,16 (2):170-172,pls. 1,2,text-fig. 1. (in Chinese)
Ju Kuixiang (鞠魁祥),Lan Shanxian (蓝善先),1986. The Mesozoic stratigraphy and the discovery of *Lobatannularia* Kaw. in Lvjiashan,Nanjing. Bulletin of the Nanjing Institute of Geology and Mineral Resources,Chinese Academy of Geological Sciences,7 (2):78-88,pls. 1,2,figs. 1-5. (in Chinese with English summary)
Ju Kuixiang (鞠魁祥),Lan Shanxian (蓝善先),Li Jinhua (李金华),1983. Late Triassic plants and bivalves from Fanjiatang,Nanjing. Bulletin of the Nanjing Institute of Geology and Mineral Resources,Chinese Academy of Geological Sciences,4 (4):112-135,pls. 1-4,figs. 1,2. (in Chinese with English summary)
Kang Ming (康明),Meng Fanshun (孟凡顺),Ren Baoshan (任宝山),Hu Bin (胡斌),Cheng Zhaobin (程昭斌),Li Baoxian (厉宝贤),1984. Age of the Yima Formation in western Henan and the establishment of the Yangshuzhuang Formation. Journal of Stratigraphy,8 (4):194-198,pl. 1. (in Chinese with English title)
Kawasaki S,1939. Second addition to the older Mesozoic plants in Korea. Bull. Geol. Surv. Korea,4,Pt. 3.
Kiangsi and Hunan Coal Explorating Command Post,Ministry of Coal (煤炭部湘赣煤田地质会战指挥部),Nanjing Institute of Geology and Palaeontology,Chinese Academy of Sciences (中国科学院南京地质古生物研究所)(eds),1968. Fossil atlas of Mesozoic Coal-bearing Strata in Jiangxi (Kiangsi) and Hunan Provinces:1-115,pls. 1-47,text-figs. 1-24. (in Chinese)
Kipariaova L S,Markovski B P,Radchenko G P (eds),1956. Novye semeistva i rody,Materialy po paleontologii:New families and genera,Records of paleontology:Ministerstvo Geologii i Okhrany Nedr, SSSR. Vses. Naouchno-Issled. Geol. Inst. (VSEGEI), Paleontologiia,

New Ser., No. 12:1-266, pls. 1-43.

Kobayashi T, Yosida T, 1944. *Odontosorites* from North Manchuria. Japanese Journal of Geology and Geography, 19 (1-4):255-273, pl. 28, text-figs. 1, 2.

Krasser F, 1901. Die von W A. Obrutschew in China und Centralasien (1893-1894): geasmmelten fossilien Pflanzen. Denkschriften der Könglische Akadedmie der Wissenschaften, Wien. Mathematik-Naturkunde Classe, 70:139-154, pls. 1-4.

Krasser F, 1906. Fossile Pflanzen aus Transbaikalien, der Mongolei und Mandschurei. Denkschriften der Könglische Akadedmie der Wissenschaften, Wien. Mathematik-Naturkunde Classe, 78:589-633, pls. 1-4.

Krasser F, 1922. Zur Kenntnis einige fossiler Floren des unteren Lias der Sukzessionstaater von Oesterreich-Ungarn. Sitzb. Akad. Wiss. Kl. Wien. 130. Abt. 1.

Krassilov V A, 1967. Rannemelovaya flora Yuzhnogo Primor'ya i ee znachenie dlya stratigrafii: Early Cretaceous flora of the southern Maritime Territory and its significance for stratigraphy. Moscow, Akad. Nauk SSSR, Sibrskoe Otdel. Dal'nevostoehnyy Geol. Inst.:1-262, pls, 1-93, figs. 1-38.

Krassilov V A, 1978. Mesozoic Lycopods and Ferns from Bureja Basin. Palaeontographica Abt. B, 166 (1-3):16-19.

Kryshtofovich A N, 1923. Equivalents of the Jurasssic Beds of Tonkin near Vladivostok. Rec. Geol. Comm. Russ. Far East, No. 22.

Kryshtofovich A N, Prinada V, 1933. Contribution To the Rhaeto-Liassic flora of the Cheliabinsk brown coal basin, eastern Urals. United Geol. Prosp. Service USSR Trans., Pt. 336.

Lebedev E L, Rasskazova, 1968. Novyy rod Mezozoiskikh paporotnikov: *Lovifolia*, in Rasteniya Mezozoya: New genera of the Mesozoie ferns *Lobifolia*, in Mesozoic plants. Akad. Nauk SSSR, Geol. Inst. Trudy, 191:56-69, pls. 1-3, figs. 1- 7.

Leckenby J, 1864. On the sandstone and shales of the oolites of Scarborough, with descriptions of some new species of fossil plants. Geol. Soc. London Quart. Jour., 20:74-82, pls. 8-11.

Lee H H (李星学), 1951. On some *Selaginellites* remains from the Tatung Coal Series. Science Record, 4 (2):193-196, pl. 1, text-fig. 1.

Lee H H (李星学), 1955. On the age of the Yunkang Series of the Tatung Coal Field in North Shansi. Acta Palaeontologica Sinica, 3 (1):25-46, pls. 1, 2, text-figs. 1-4. (in Chinese and English)

Lee H H (李星学), 1956. Index Plant Fossils of the Main Coal-bearing Deposits of China. Beijing: Science Press: 1-23, pls. 1-6. (in Chinese)

Lee H H (李星学), Ho Yen (何炎), Ho Techang (何德长), Xu Fuxiang (徐福祥), 1963. Upper Palaeozoic and Lower Mesozoic Strata of Western Zhejiang: Collections of Academic Reports of All-Nation Congress of Stratigraphy Western Zhejiang Meeting. Beijing: Science Press: 57-86, pls. 1-4. (in Chinese)

Lee H H (李星学), Li P C (李佩娟), Chow T Y (周志炎) Guo S H (郭双兴), 1964. Plants// Wang Y (ed). Handbook of Index Fossils of South China. Beijing: Science Press: 21-25, 81, 82, 87, 88, 91, 114-117, 123-125, 128-131, 134-136, 139, 140. (in Chinese)

Lee H H (李星学), Wang S (王水), Li P C (李佩娟), Chang S J (张善桢), Yeh Meina (叶美娜), Guo S H (郭双兴), Tsao Chengyao (曹正尧), 1963. Plants// Chao K K (ed). Handbook of Index Fossils in Northwest China. Beijing: Science Press: 73, 74, 85-87, 97, 98, 107-110, 121-123, 125-131, 133-136, 143, 144, 150-155. (in Chinese)

Lee H H (李星学), Wang S (王水), Li P C (李佩娟), Chow T Y (周志炎), 1962. Plants//Wang Y (ed). Handbook of Index Fossils in Yangtze Area. Beijing: Science Press: 20-23, 77, 78, 89, 96-98, 103, 104, 125-127, 134-137, 146-148, 150-154, 156-158. (in Chinese)

Lee P C (李佩娟), 1963. Plants//The 3rd Laboratory, Academy of Geological Sciences, Ministry of Geology (ed). Fossil Atlas of Chinling Mountains. Beijing: Industry Press: 112-130, pls. 42-59. (in Chinese)

Lee P C (李佩娟), 1964. Fossil plants from the Hsuchiaho Series of Guangyuan (Kwangyuan), northern Szechuan. Memoirs of Institute Geology and Palaeontology, Chinese Academy of Sciences, 3: 101-178, pls. 1-20, text-figs. 1-10. (in Chinese with English summary)

Lee P C (李佩娟), Tsao Chenyao (曹正尧), Wu Shunching (吴舜卿), 1976. Mesozoic plants from Yunnan//Nanjing Institute of Geology and Palaeontology, Chinese Academy of Sciences (ed). Mesozoic Plants from Yunnan: I. Beijing: Science Press: 87-150, pls. 1-47, text-figs. 1-3. (in Chinese)

Lee P C (李佩娟), Wu Shunching (吴舜卿), Li Baoxian (厉宝贤), 1974a. Triassic plants//Nanjing Institute of Geology and Palaeontology, Chinese Academy of Sciences (ed). Handbook of Stratigraphy and Palaeontology in Southwest China. Beijing: Science Press: 354-362, pls. 185-194. (in Chinese)

Lee P C (李佩娟), Wu Shunching (吴舜卿), Li Baoxian (厉宝贤), 1974b. Early Jurassic plants//Nanjing Institute of Geology and Palaeontology, Chinese Academy of Sciences (ed). Handbook of Stratigraphy and Palaeontology in Southwest China. Beijing: Science Press: 376, 377, pls. 200-202. (in Chinese)

Lele K M, 1962. Studies in the India Middle Gondwana Flora-2: Plant fossil the South Rewa Gondwana Basin. Palaeobotanist, 10 (1, 2): 69-83.

LiaoZhuoting (廖卓庭), Wu Guogan (吴国干) (editors-in-chief), 1998. Oil-bearing Strata (Upper Devonian to Jurassic) of the Santanghu Basin in Xinjiang, China. Nanjing: Southeast University Press: 1-138, pls. 1-31. (in Chinese with English summary)

Li Baoxian (厉宝贤), Hu Bin (胡斌), 1984. Fossil plants from the Yongdingzhuang Formation of the Datong Coal Field, northern Shanxi. Acta Palaeontologica Sinica, 23 (2): 135-147, pls. 1-4. (in Chinese with English summary)

Li Chengsen (李承森), Cui Jinzhong (崔金钟) (eds), 1995. Atlas of Fossil Plant Anatomy in China. Beijing: Science Press: 1-132, pls. 1-117.

Li Jieru (李杰儒), 1983. Middle Jurassic flora from Houfulongshan region of Jingxi, Liaoning. Bulletin of Geological Society of Liaoning Province, China (1): 15-29, pls. 1-4. (in Chinese with English summary)

Li Jieru (李杰儒), 1985. Discovery of *Chiaohoella* and *Acanthopteris* from eastern Liaoning and their significance. Liaoning Geology (3): 201-208, pls. 1, 2. (in Chinese with English summary)

Li Jieru (李杰儒), 1988. A study on Mesozoic biostrata of Suzihe Basin. Liaoning Geology (2): 97-124, pls. 1-7. (in Chinese with English summary)

Li Jieru (李杰儒), Li Chaoying (李超英), Sun Changling (孙常玲), 1993. Mesozoic stratigraphic-palaeontology in Dandong area. Liaoning Geology (3):230-243,pls. 1,2,figs. 1-3. (in Chinese with English summary)

Li Jie (李洁),Zhen Baosheng (甄保生),Sun Ge (孙革),1991. First discovery of Late Triassic florule in Wusitentag-Karamiran area of Kulun Mountain of Xinjiang. Xinjiang Geology,9 (1):50-58,pls. 1,2. (in Chinese with English summary)

Lindley J,Hutton W,1831-1837. The fossil flora of Great Britain,or figures and desciptions of the vegetable remains found in a fossil state in this country,1:1-48,pls. 1-14 (1831);49-166,pls. 15-49 (1832);167-218,pls. 50-79 (1833a);2:1-54,pls. 80-99 (1833b);57-156,pls. 100-137 (1834);157-206,pls. 138-156 (1835);3:1-72,pls. 157-176 (1835);73-122,pls. 177-194 (1836);123-205,pls. 195-230 (1837).

Li Peijuan (李佩娟),1982. Early Cretaceous plants from the Tuoni Formation of eastern Tibet // Regional Geological Surveying Team,Bureau of Geology and Mineral Resources of Sichuan Province,Nanjing Institute of Geology and Palaeontology,Chinese Academy of Sciences (eds). Stratigraphy and palaeontology in western. Sichuan and eastern Tibet,China:Part 2. Chengdu:People's Publishing House of Sichuan:71-105,pls. 1-14,figs. 1-5. (in Chinese with English summary)

Li Peijuan (李佩娟),1985. Flora of Early Jurassic Epoch // The Mountaineering Party of the Scientific Expedition,Chinese Academy of Sciences (ed). The Geology and palaeontology of Tuomuer region,Tianshan Mountain. Urumqi:People's Publishing House of Xinjiang: 147-149,pls. 17-21. (in Chinese with English title)

Li Peijuan (李佩娟),He Yuanliang (何元良),1986. Late Triassic plants from Mt. Burhan Budai,Qinghai // Qinghai Institute of Geological Sciences,Nanjing Institute of Geology and Palaeontology,Chinese Academy of Sciences (eds). Carboniferous and Triassic Strata and Fossils from the Southern Slope of Mt. Burhan Budai,Qinghai,China. Hefei:Anhui Science and Technology Publishing House:275-293,pls. 1-10. (in Chinese with English summary)

Li Peijuan (李佩娟),He Yuanliang (何元良),Wu Xiangwu (吴向午),Mei Shengwu (梅盛吴),Li Bingyou (李炳胡),1988. Early and Middle Jurassic Strata and Their Floras from Northeastern Border of Qaidam Basin,Qinghai. Nanjing:Nanjing University Press:1-231,pls. 1-140,text-figs. 1-24. (in Chinese with English summary)

Li Peijuan (李佩娟),Wu Xiangwu (吴向午),1982. Fossil plants from the Late Triassic Lamaya Formation of western Sichuan // Regional Geological Surveying Team,Bureau of Geology and Mineral Resources of Sichuan Province,Nanjing Institute of Geology and Palaeontology,Chinese Academy of Sciences (eds). Stratigraphy and palaeontology in Western Sichuan and E Xizang,China:Part 2. Chengdu:People's Publishing House of Sichuan: 29-70,pls. 1-22. (in Chinese with English summary)

Li Peijuan (李佩娟),Wu Yimin (吴一民),1991. A study of Lower Cretaceous fossil plants from Gerze,western Xizang (Tibet) // Sun Dongli,Xu Juntao,et al. (eds). Stratigraphy and Palaeontology of Permian,Jurassic and Cretaceous from the Rutog Region,Xizang (Tibet). Nanjing:Nanjing University Press:276-294,pls. 1-11,figs. 1-5. (in Chinese with English summary)

Liu Maoqiang (刘茂强),Mi Jiarong (米家榕),1981. A discussion on the geological age of the flora and its underlying volcanic rocks of Early Jurassic Epoch of Linjiang, Jilin Province. Journal of the Changchun Geological Institute (3): 18-39, pls. 1-3, figs. 1, 2. (in Chinese with English title)

Liu Mingwei (刘明渭), 1990. Plants of Laiyang Formation // Regional Geological Surveying Team, Shandong Bureau of Geology and Mineral Resources (ed). The Stratigraphy and Palaeontology of Laiyang Basin, Shandong Province. Beijing: Geological Publishing House: 196-210, pls. 31-34. (in Chinese with English summary)

Liu Yusheng (刘裕生), Guo Shuangxing (郭双兴), Ferguson D K, 1996. A catalogue of Cenozoic megafossil plants in China. Palaeontographica, B., 238: 141-179. (in English)

Liu Zijin (刘子进), 1982a. Vegetable kingdom // Xi'an Institute of Geology and Mineral Resources (ed). Paleontological Atlas of Northwest China, Shaanxi, Gansu-Ningxia Volume: Ⅲ Mesozoic and Cenozoic. Beijing: Geological Publishing House: 116-139, pls. 56-75. (in Chinese with English title)

Li Weirong (李蔚荣), Liu Maoqiang 刘茂强), Yu Tingxiang (于庭相), Yuan Fusheng (袁福盛), 1986. On the Jurassic Longzhaogou Group in the eastern of Heilongjiang Province. Ministry of Geology and Mineral Resources, Geological Memoirs, People's Republic of China, Series 2, No. 5: 1-59, pls. 1-13, figs. 1-9. (in Chinese with English summary)

Li Xingxue (李星学)(ed), 1995a. Fossil Floras of China Through the Geological Ages. Guangzhou: Guangdong Science and Technology Press: 1-542, pls. 1-144. (Chinese Edition)

Li Xingxue (李星学)(ed), 1995b. Fossil Floras of China Through the Geological Ages. Guangzhou: Guangdong Science and Technology Press: 1-695, pls. 1-144. (in English)

LiXingxue (李星学)(editor-in-chief), 1995a. Fossil Floras of China Through the Geological Ages. Guangzhou: Guangdong Science and Technology Press: 1-542, pls. 1-144. (in Chinese)

Li Xingxue (李星学)(editor-in-chief), 1995b. Fossil Floras of China Through the Geological Ages. Guangzhou: Guangdong Science and Technology Press: 1-695, pls. 1-144. (in English)

Li Xingxue (李星学), Ye Meina (叶美娜), 1980. Middle-late Early Cretacous floras from Jilin, EN China: Paper for the 1st Conf. IOP London and Reading, 1980. Nanjing Institute Geology Palaeontology Chinese Academy of Sciences: 1-13, pls. 1-5.

Li Xingxue (李星学), Ye Meina (叶美娜), Zhou Zhiyan (周志炎), 1986. Late Early Cretaceous flora from Shansong, Jiaohe, Jilin Province, Northeast China. Palaeontologia Cathayana, 3: 1-53, pls. 1-45, text-figs. 1-12.

Ma Qingwen (马清温), Wang Yufei (王宇飞), Chen Yongzhe (陈永喆), Li Chengsen (李承森), 1998. Studies on *Coniopteris tatungensis* of Jurassic from West Hill of Beijing. Acta Phytotaxonomica Sinica, 36 (2): 173-177, pls. 1, 2, figs. 1, 2. (in Chinese with English summary)

Mathews G B, 1943. A fossil dipterid found of Peking. Geobiologia, 1 (1): 50-52, fig. 1.

Mathews G B, 1947-1948. On some fructifications from the Shuanquan Series in the West Hill of Peking. Bulletin of National History Peking, 16 (3-4): 239-241.

Matuzawa I, 1939. Fossil flora from the Beipiao Coal Field, Manchoukuo and its geological age. Reports of First Sciencific Expedition to Manchoukuo, Section 2 (4): 1-16, pls. 1-7.

Mcneill J, Barrie F R, Burdet H M, DemoulinV, Hawksworth D L, Marhold K, NicolsonI D H, Prado J, Silva P C, Skog J E, Wiersema J H, Turland N J (eds), 2006. International Code of Botanical Nomenclature (Vienna Code). Ruggell:ARG Gantner Verlag.

Mei Meitang (梅美棠), Tian Baolin (田宝霖), Chen Ye (陈晔), Duan Shuying (段淑英), 1988. Floras of Coal-bearing Strata from China. Xuzhou:China University of Mining and Technology Publishing House:1-327, pls. 1-60. (in Chinese with English summary)

Meng Fansong (孟繁松), 1981. Fossil plants of the Lingxiang Group of southeastern Hubei and their implications. Bulletin of the Yichang Institute of Geology and Mineral Resources, Chinese Academy of Geological Sciences, 1981 (special issue of stratigraphy and paleontology):98-105, pls. 1, 2, fig. 1. (in Chinese with English summary)

Meng Fansong (孟繁松), 1984a. Some fossil plants from Early Jurassic in western Hubei with the relative problem between fossil plants and Coal-bearing. Acta Botanica Sinica, 26 (1): 99-104, pls. 1, 2. (in Chinese with English summary)

Meng Fansong (孟繁松), 1987. Fossil plants// Yichang Institute of Geology and Mineral Resources, CAGS (ed). Biostratigraphy of the Yangtze Gorges Area:4 Triassic and Jurassic. Beijing:Geological Publishing House:239-257, pls. 24-37, text-figs. 18-20. (in Chinese with English summary)

Meng Fansong (孟繁松), 1990. New observation on the age of the Lingwen Group in Hainan Island. Guangdong Geology, 5 (1):62-68, pl. 1. (in Chinese with English summary)

Meng Fansong (孟繁松), 1992a. New genus and species of fossil plants from Jiuligang Formation in western Hubei. Acta Palaeontologica Sinica, 31 (6):703-707, pls. 1-3. (in Chinese with English summary)

Meng Fansong (孟繁松), 1992b. Plants of Triassic System // Wang Xiaofeng, Ma Daquan, Jiang Dahai (eds). Geology of Hainan Island:I Stratigraphy and Palaeontology. Beijing: Geological Publishing House:175-182, pls. 1-8, text-figs. Ⅷ-1-Ⅷ-2. (in Chinese)

Meng Fansong (孟繁松), 1992c. Plants of the Cretaceous System // Wang Xiaofeng, Ma Daquan, Jiang Dahai (eds). Geology of Hainan Island, I Stratigraphy and Palaeontology. Beijing:Geological Publishing House:210-212, pl. 3. (in Chinese)

Meng Fansong (孟繁松), 1996b. Middle Triassic lycopsid flora of South China and its palaeoecological significance. Palaeobotanist, 45:334-343, pls. 1-4, text-figs. 1, 2.

Meng Fansong (孟繁松), 1999b. Middle Jurassic fossil plants in the Yangtze Gorges area of China and their paleo-climatic environment. Geology and Mineral Resources of South China (3):19-26, pl. 1, figs. 1, 2. (in Chinese with English summary)

Meng Fansong (孟繁松), Chen Dayou (陈大友), 1997. Fossil plants and palaeoclimatic environment from the Ziliujing Formation in the western Yangtze Gorges area, China. Geology and Mineral Resources of South China (1):51-59, pls. 1, 2. (in Chinese with English summary)

Meng Fansong (孟繁松), Li Xubing (李旭兵), Chen Huiming (陈辉明), 2003. Fossil plants from Dongyuemiao Member of the Ziliujing Formation and Lower-Middle Jurassic boundary in Sichuan Basin, China. Acta Palaeontologica Sinica, 42 (4):525-536, pls. 1-4, text-figs. 1-2. (in Chinese with English summary)

Meng Fansong (孟繁松), Xu Anwu (徐安武), Zhang Zhenlai (张振来), Lin Jinming (林金明), Yao Huazhou (姚华舟), 1995. Nonmarine Biota and Sedimentary Facies of the Badong Formation in the Yangtze and Its Neighbouring Areas. Wuhan:Press of China University of Geosciences: 1-76, pls. 1-20, figs. 1-18. (in Chinese with English summary)

Meng Fansong (孟繁松), Zhang Zhenlai (张振来), Niu Zhijun (牛志军), Chen Dayou (陈大友), 2000. Primitive Lycopsid Flora in the Yangtze Valley of China and Systematics and Evolution of Isoetales. Changsha: Hunan Science and Technology Press: 1-107, pls. 1-20, figs. 1-23. (in Chinese with English summary)

Meng Fansong (孟繁松), Zhang Zhenlai (张振来), Xu Guanghong (徐光洪), 2002. Jurassic// Wang Xiaofeng and others. Protection of Precise Geological Remains in the Yangtze Gorges Area, Cina with the Study of the Archean-Mesozoic Multiple Stratigraphic Subdivision and Sea-level Change. Beijing: Geological Publishing House: 291-317. (in Chinese with English title)

Miao Yuyan (苗雨雁), 2005. New material of Middle Jurassic plants from Baiyang River of northwastern Junggar Basin, Xinjiang, China. Acta Palaeontologica Sinica, 44 (4): 517-534. (in Englisg with Chinese summary)

Mi Jiarong (米家榕), Sun Chunlin (孙春林), Sun Yuewu (孙跃武), Cui Shangsen (崔尚森), Ai Yongliang (艾永亮), 1996. Early-Middle Jurassic Phytoecology and Coal-accumulating Environments in Northern Hebei and Western Liaoning. Beijing: Geological Publishing House: 1-169, pls. 1-39, text-figs. 1-20. (in Chinese with English summary)

Mi Jiarong (米家榕), Zhang Chuanbo (张川波), Sun Chunlin (孙春林), Luo Guichang (罗桂昌), Sun Yuewu (孙跃武), et al., 1993. Late Triassic Stratigraphy, Palaeontology and Paleogeography of the Northern Part of the Circum Pacific Belt, China. Beijing: Science Press: 1-219, pls. 1-66, text-figs. 1-47. (in Chinese with English title)

Mi Jiarong (米家榕), Zhang Chuanbo (张川波), Sun Chunlin (孙春林), Yao Chunqing (姚春青), 1984. On the characteristics and the geologic age of the Xingshikou Formation in the West Hill of Beijing. Acta Geologica Sinica, 58 (4): 273-283, fig. 1. (in Chinese with English summary)

Miller C N Jr, 1967. Evolution of the fern genus *Osmunda*. Michigan Univ. Mus. Paelontology Contr., 21 (8): 139-203.

Moeller H, 1902. Bidrag till Borholms Fossila Flora Pteridofyter. Lunds Univ. Arsskr. 38, Avd. 2, Nr. 5.

Nathorst A G, 1876. Bidrag till Sveriges fossila flora. Kgl. Svenska Vetenskapsakad. Handlingar, 14: 1-82, pls. 1-16.

Nathorst A G, 1878a. Om floran Skaenes Kolfoerande Bildningar: Part 1 Floran vid Bjuf: Sveriges Geol. Undersoekning, No. 27: 1-52, pls. 1-9.

Nathorst A G, 1878b. Bidrag till Sveriges, fossila flora: Part 2 Floran, vid Hogans och Helsingborg. Kgl. Svenska Vetenskapsakad. Handlingar, 16: 1-53, pls. 1-8.

Nathorst A G, 1878c. Beitraege zur fossilen Flora schwedens: Ueber einige rhaetische Pflanzen von Palsjoe in Schonen. Stuttgart: 1-34, pls. 1-16.

Newberry J S, 1867 (1865). Description of fossil plants from the Chinese Coal-bearing rocks// Pumpelly R (ed). Geological Researches in China, Mongolia and Japan During the Years 1862-1865. Smithsonian Contributions to Knowledge (Washington), 15 (202): 119-123, pl. 9.

Ngo C K (敖振宽), 1956. Preliminary notes on the Rhaetic flora from Siaoping Coal Series of

Guangdong (Kwangtung). Journal of Central-South Institute of Mining and Metallurgy (1):18-32, pls. 1-7, text-figs. 1-4. (in Chinese)

Ôishi S, 1932. The Rhaetic plants from the Nariwa district, Prov. Bitchu (Okayama Prefecture), Japan. J. Fac. Sci. Hokkaido Imp. Univ., 4, 2:257-379.

Ôishi S, 1935. Notes on some fossil plants from Tung-Ning, Province Pinchiang, Manchoukuo. J Fac Scie Hokkaido Imp Univ, Series 4, 3 (1):79-95, pls. 6-8, text-figs. 1-8.

Ôishi S, 1940. The Mesozoic Floras of Japan. J. Fac. Sci. Hokkaido Imp. Univ., Ser. 4, 5, (2-4).

Ôishi S, 1941. Notes on some Mesozoic plants from Lo-Tzu-Kou, Province Chientao, Manchoukuo. J Fac Sci Hokkaido Imp Univ, Series 4, 6 (2):167-176, pls. 36-38.

Ôishi S, 1950. Illustrated catalogue of East-Asiatic fossil plants. Kyoto: Chigaku-Shiseisha: 1-235. (two volumes: text and plates) (in Japanese)

Ôishi S, Takahashi E, 1938. Notes on some fossil plants from the Mulin and the Mishan Coal Fields, Province Pinchiang, Manchoukuo. J. Fac. f Sci. f Hokkaido Imp. Univ., Series 4, 4 (1, 2):57-63, pl. 5 (1).

Ôishi S, Yamasite K, 1936. On the fossil Dipteridaceae. Hokkaido Univ. Fac. Sci. Jour., 4(3): 135-184.

P'an C H (潘钟祥), 1933. On some Cretaceous plants from Fangshan Hsien, Southwest of Peiping. Bulletin of Geological Society of China, 12 (2):533-538, pl. 1.

P'an C H (潘钟祥), 1936. Older Mesozoic plants from North Shensi. Palaeontologia Sinica, Series A, 4 (2):1-49, pls. 1-15.

Pomel A, 1849. Materiaux pour servir, ae la flore fossile des terrains jurassiques de la France: Deutsch. Naturf. Aertzte Amtliche Ver., 25:332-354.

Popp O, 1863. Der Sandstein von Jägersburg bei Forchheim und die ihm vorkommenden fossilen Pflanzen. Neues Jahrb. f. Mineralogie, Geologie und Palaeont. Jahrg, 1863, Stuttgart.

Qian Lijun (钱丽君), Bai Qingzhao (白清昭), Xiong Cunwei (熊存卫), Wu Jingjun (吴景均), He Dechang (何德长), Zhang Xinmin (张新民), Xu Maoyu (徐茂钰), 1987a. Jurassic Coal-bearing Strata and the Characteristics of Coal Accumlation from Northern Shaanxi. Xi'an: Northwest University Press: 1-202, pls. 1-56, text-figs. 1-31. (in Chinese)

Raciborski M, 1890. Ueber die Osmundaceen und Schizaeaceen der Jura formation. Bot. Jahrb. , 12:1-8, pl. 1.

Raciborski M, 1891a. Beitraege zur Kenntnis der rhaetischen Flora Polens. Internat. Acad. Sci. Bull., 10:375-379.

Raciborski M, 1891b. Florn retycka Polnocnego stoku goer sewietokrzyskich (Ueber die rhaetische Flora am Nordabhange des polnischen Mittelgebirges). Polskiej Akad. Rozprawy Wydzialu Matemstyczno-przyrodniczego Umiejetnoseci, 2(3):292-326.

Raciborski M, 1894. Flora kopalna ogniotrwalych glinek Krakowshich. Akad. Umbiejet. Whdzialu Matematyczno-przyrodniczego, Pam., 18:141-243, pls. 6-27.

Ren Shouqin (任守勤), Chen Fen (陈芬), 1989. Fossil plants from Early Cretaceous Damoguaihe Formation in Wujiu Coal Basin, Hailar, Inner Mongolia. Acta Palaeontologica Sinica, 28 (5):634-641, pls. 1-3, text-figs. 1, 2. (in Chinese with English summary)

Samylina V A, 1964. The Mesozoic flora of the area to the west of the Kolyma River (the Zyrianka Coal Basin: 1 Equisetales, Filicales, Cycadales, Bennettitales. Paleobotanica (Akad.

Nauk SSSR, Bot. Inst. Trudy, Ser. 8), No. 5:39-79. (in Russian)

Saporta G, 1872a-1873b. Paleeontologie francaise ou description des fossiles de la France, plantes jurassiques. Paris, 1, Algues, Equisetaceees, Characeees, Fougeeres: 1-432 (1872a), 433-506 (1873a); Atlas, pls. 1-60 (1872b), 61-70 (1873b).

Saporta G, 1872c. Sur une determination plus precise de certains genres de conifeeres jurassiques par l'observation de leurs fruits. Acad. Sci. 〔Paris〕 Comptes Rendus, V. 74:1053-1056.

Schenk A, 1865b-1867. Die fossile Flora der grenzschichten des Keupers und Lias Frankens, Wiesbaden: Parts 1-9. Pt. 1 (1865): 1-32, pls. 1-5; pts. 2, 3 (1866): 33-96, pls. 6-15; Pt. 4 (1867): 97-128, pls. 16-20; Pts. 5, 6 (1867): 129-192, pls. 21-30; Pts. 7-9 (1867): 193-231, pls. 31-45.

Schenk A, 1871. Beitraege zue Flora vorwelt: Die Flora der nordwestdeutschen Wealden-Formation. Palaeontographica, 19:203-266, pls. 22-43.

Schenk A, 1883. Pflanzliche Versteinerungen: Pflanzen der Juraformation // Richthofen F (Von). China: Ⅳ. Berlin: 245-267, Taf. 46-54.

Schenk A, 1884. Die während der Reise des Grafen Bela Szechenyi in China gesammelten fossilen Pflanzen. Palaeontographica, 31 (3): 163-182, pls. 13-15.

Schimper W P, 1869-1874. Traitee de paléontologie végétale ou la flore du monde primitif. Paris, J B Baillieere et Fils, V. 1: 1-74, pls. 1-56 (1869); V. 2: 1-522, pls. 57-84 (1870); 523-698, pls. 85-94 (1872); V. 3: 1-896, pls. 95-110 (1874).

Schimper W P, Schenk A, 1879-1890. Zittel's Handbuch der Palaeontologie: Teil Ⅱ, Palaeophytologie. Leipzig, Lief. 1: 1-152 (1879); Lief. 2: 153-232 (1880); Lief. 3: 232-332 (1884); Lief. 4: 333-396 (1885); Lief. 5: 397-492 (1887); Lief. 6: 493-572 (1888); Lief. 7: 573-668 (1889); Lief. 8: 669-764 (1889); Lief. 9: 765-958 (1890).

Seward A C, 1894a. Catalogue of the Mesozoic plants in the Department of Geology, British Museum Natural History: The Wealden Flora: Part 1 Thallophyta-Pteridophyta. British Mus. (Nat. Hist.): 1-179, pls. 1-10.

Seward A C, 1899. Notes on the Binney Collection of Coal Measure plants. Cambridge Philos. Soc. Proc., 10: 137-174, pls. 3-7.

Seward A C, 1900. Catalogue of the Mesozoic plants in the British Museum: The Jurassic Flora: Part 1 The Yorkshire coast. British Mus. (Nat. Hist.): 1-341, pls. 1-21.

Seward A C, 1911. Jurassic plants from Chinese Dzungaria collected by Prof. Obrutschew. Mémoires du Comité Géologique, St. Petersburg, Nouvelle Série, 75: 1-61, pls. 1-7. (in Russian and English)

Seward A C, 1912. Mesozoic plants from Afghanistan and Afghan-Turkistan. India Geol. Surv. Mem., Palaeontologia Indica, New Ser. 4, Mem. 4: 1-57, pls. 1-7.

Seward A C, 1926. The Cretaceous plant-bearing rocks of western Greenland: Royal Soc. London Philos. Trans., 215B: 57-174, pls. 4-12.

Shang Ping (商平), 1985. Coal-bearing strata and Early Cretaceous flora in Fuxin Basin, Liaoning Province. Journal of Mining Institute, 1985 (4): 99-121. (in Chinese with English summary)

Shang Ping (商平), 1987. Early Cretaceous plant assemblage in Fuxin Coal-basin of Liaoning

Province and its significance. Acta Botanica Sinica,29 (2):212-217,pls. 1-3,figs. 1,2. (in Chinese with English summary)

Shang Ping (商平),Fu Guobin (付国斌),Hou Quanzheng (侯全政),Deng Shenghui (邓胜徽),1999. Middle Jurassic fossil plants from Turpan-Hami Basin, Xinjiang, Northwest China. Geoscience,13 (4):403-407,pls. 1,2. (in Chinese with English summary)

Shen K L (沈光隆),1961. Jurassic fossil plants from Mienhsien Series in the vicinity of Huicheng Hsien of southern. Gansu (Kansu). Acta Palaeontologica Sinica,9 (2):165-179,pls. 1,2. (in Chinese with English summary)

Shen K L (沈光隆),1975. On some new species from Longjiagou Coal Field, Wudu, Gansu (Kansu). Journal of Lanzhou University (Natural Sciences)(1):89-94,pls. 1,2. (in Chinese)

Shen K L (沈光隆),Ku Tsukang (谷祖刚),Lee Keting (李克定),1976. Additional informations of *Hausmannia* (*Protorhipis*) *ussuriensis* from Tsingyuan,Gansu (Kansu). Journal of Lanzhou University (Natural Sciences)(3):71-81,pls. 1-3,text-figs. 1,2. (in Chinese)

Sixtel T A,1960. Stratigraphy of the continental deposits of the Upper Permian and Triassic of Central Asia. Tashkent:1-101,pls. 1-19.

Stanislavskii F A,1976. Sredne-Keyperskaya flora Donetskogo basseyna:Middle Keuper flora of ghe Donets Basin. Kiev,Izd,Nauka Dumka:1-168.

Sternberg G K,1820-1838. Versuch einer geognostischen botanischen Darstellung der Flora der Vorwelt. Leipsic and Prague,V. 1:Pt. 1,1-24 (1820);Pt. 2,1-33 (1822);Pt. 3, 1-39 (1823);Pt. 4,1-24 (1825);V. 2:Pts. 5,6,1-80 (1833);Pts. 7,8,81-220 (1838).

Stiehler A W,1857. Beitraege zur Kenntniss der vorweltlichen Flora des Kreidegebirges im Harze. Palaeontographica,V. 5:Pt. 1,47-70,pls. 9-11;Pt. 2,71-80,pls. 12-15.

Stocamans F,Mathieu F F,1941. Contribution a l'etude de la flore jurassique de la Chine septentrionale. Bulletin du Musee Royal d'Histoire Naturelle de Belgique:33-67,pls. 1-7.

Sun Bainian (孙柏年),Shen Guanglong (沈光隆),1986. *Rhizomopteris yaojieensis* Sun et Shen,a new species of th genus *Rhizomopteris*. Journal of Lanzhou University (Natural Sciences),22 (3):127-130,figs. 1,2,text-fig. 1. (in Chinese with English summary)

Sun Bainian (孙柏年),Shi Yajun (石亚军),Zhang Chengjun (张成君),Wang Yunpeng (王云鹏),2005. Cuticular Analysis of Fossil Plants and Its Application. Beijing:Science Press: 1-116,pls. 1-24. (in Chinese with English summary)

Sun Ge (孙革),1981. Discovery of Dipteridaceae from the Upper Triassic of eastern Jilin. Acta Palaeontologica Sinica,20 (5):459-467,pls. 1-3,figs. 1-6. (in Chinese with English summary)

Sun Ge (孙革),1993b. Late Triassic flora from Tianqiaoling of Jilin,China. Changchun:Jilin Science and Technology Publishing House:1-157,pls. 1-56,figs. 1-11. (in Chinese with English summary)

Sun Ge (孙革),Mei Shengwu (梅盛吴),2004. Plants//Yumen Oil Field Company,PetroChina Co.,Ltd.,Nanjing Institute of Geology and Palaeontology,Chinese Academy of Scinces (eds). Cretaceous and Jurassic Stratigraphy and Environment of the Chaoshui and Aram Basins,Northwest China. Hefei:University of Science and Technology of China Press:46, 47,pls. 5-11. (in Chinese)

Sun Ge (孙革),Shang Ping (商平),1988. A brief report on preliminary research of Huolinhe Coal-bearing Jurassic-Cretaceous plant and strata from eastern Tibet,China. Journal of Fuxin Mining Institute,7 (4):69-75,pls. 1-4,figs. 1,2. (in Chinese with English summary)

Sun Ge (孙革),Zhao Yanhua (赵衍华),1992. Paleozoic and Mesozoic plants of Jilin//Jilin Bureau of Geology and Mineral Resources (ed). Palaeontological Atlas of Jilin. Changchun: Jilin Science and Technology Press:500-562,pls. 204-259. (in Chinese with English title)

Sun Ge (孙革),Zhao Yanhua (赵衍华),Li Chuntian (李春田),1983. Late Triassic plants from Dajianggang of Shuangyang County,Jilin Province. Acta Palaeontologica Sinica,22 (4):447-459,pls. 1-3,figs. 1-5. (in Chinese with English summary)

Sun Ge (孙革),Zheng Shaoling (郑少林),David L D,Wang Yongdong (王永栋),Mei Shengwu (梅盛吴),2001. Early Angiosperms and Their Associated Plants from Western Liaoning,China. Shanghai:Shanghai Scientific and Technological Education Publishing House: 1-227. (in Chinese and English)

Sun Yuewu (孙跃武),Liu Pengju (刘鹏举),Feng Jun (冯君),1996. Early Jurassic fossil plants from the Nandalong Formation in the vicinity of Shanggu,Chengde of Hebei. Journal of Changchun University of Earth Sciences,26 (1):9-16,pl. 1. (in Chinese with English summary)

Surveying Group of Department of Geological Exploration of Changchun College of Geology (长春地质学院地勘系),Regional Geological Surveying Team (吉林省地质局区测大队),the 102 Surveying Team of Coal Geology Exploration Company of Jilin (Kirin) Province (吉林省煤田地质勘探公司 102 队调查队),1977. Late Triassic stratigraphy and plants of Hunkiang,Kirin. Journal of Changchun College of Geology (3):2-12,pls. 1-4,text-fig. 1. (in Chinese)

Sze H C (斯行健),1931. Beiträge zur liasischen Flora von China. Memoirs of National Research Institute of Geology,Chinese Academy of Sciences,12:1-85,pls. 1-10.

Sze H C (斯行健),1933a. Mesozoic plants from Gansu (Kansu). Memoirs of National Research Institute of Geology,Chinese Academy of Sciences,13:65-75,pls. 8-10.

Sze H C (斯行健),1933b. Jurassic plants from Shanxi (Shensi). Memoirs of National Research Institute of Geology,Chinese Academy of Sciences,13:77-86,pls. 11,12.

Sze H C (斯行健),1933c. Fossils Pflanzen aus Shensi,Szechuan und Kueichow. Palaeontologia Sinica,Series A,1 (3):1-32,pls. 1-6.

Sze H C (斯行健),1933d. Beiträge zur mesozoischen Flora von China. Palaeontologia Sinica, Series A,4 (1):1-69,pls. 1-12.

Sze H C (斯行健),1945. The Cretaceous flora from the Pantou Series in Yunan,Fukien. Journal of Palaeontology,19 (1):45-59,text-figs. 1-21.

Sze H C (斯行健),1949. Die mesozoische Flora aus der Hsiangchi Kohlen Serie in Westhupeh. Palaeontologia Sinica,Whole Number 133,New Series A,2:1-71,pls. 1-15.

Sze H C (斯行健),1951a. Über einen problematischen Fossilrest aus der Wealdenformation der suedlichen Mandschurei. Science Record,4 (1):81-83,pl. 1.

Sze H C (斯行健),1952. Pflanzenreste aus dem Jura der Inneren Mongolei. Science Record,5 (1-4):183-190,pls. 1-3.

Sze H C (斯行健), 1956a. Older Mesozoic plants from the Yenchang Formation, northern Shanxi (Shensi). Palaeontologia Sinica, Whole Number 139, New Series A, 5: 1-217, pls. 1-56, text-fig. 1. (in Chinese and English)

Sze H C (斯行健), 1956b. On the occurrence of the Yenchang Pormation in Kuyuan district, Gansu (Kansu) Province. Acta Palaeeontologica Sinica, 4 (3): 285-292. (in Chinese and English)

Sze H C (斯行健), 1956c. The fossil flora of the Mesozoic oil-bearing deposits of the Dzungaria Basin, northwestern Sinkiang. Acta Palaeontologica Sinica, 4 (4): 461-476, pls. 1-3, text-fig. 1. (in Chinese and English)

Sze H C (斯行健), 1959. Jurassic plants from Qaidam (Tsaidam), Qinghai (Chinghai) Province. Acta Palaeontologica Sinica, 7 (1): 1-31, pls. 1-8, text-figs. 1-3. (in Chinese and English)

Sze H C (斯行健), 1960a. Late Triassic plants from Tiencho, Gansu (Kansu) // Institute of Geology and Palaeontology, Institute of Geology, Chinese Academy of Sciences, Peking College of Geology (eds). Contributions to Geology of Mt. Chilien, 4 (1). Beijing: Science Press: 23-26, pl. 1. (in Chinese)

Sze H C (斯行健), 1960b. Jurassic plants from Hanxia, Yumen, Gansu (Kansu) // Institute of Geology and Palaeontology, Institute of Geology, Chinese Academy of Sciences, Peking College of Geology (eds). Contributions to Geology of Mt. Chilien, 4 (1). Beijing: Science Press: 27-31, pls. 1, 2. (in Chinese)

Sze H C (斯行健), Hsu J (徐仁), 1954. Index Fossils of China Plants. Beijing: Geological Publishing House: 1-83, pls. 1-68. (in Chinese)

Sze H C (斯行健), Lee H H (李星学), 1951. Notes on a Rhaetic species *Danaeopsis fecunda* Halle from the Yenchang Formation of Gansu (Kansu). Science Record, 4 (1): 85-91, pl. 1.

Sze H C (斯行健), Lee H H (李星学), 1952. Jurassic plants from Szechuan. Palaeontologia Sinica, Whole Number 135, New Series A (3): 1-38, pls. 1-9, text-figs. 1-5. (in Chinese and English)

Sze H C (斯行健), Lee H H (李星学), et al., 1963. Fossil Plants of China: 2 Mesozoic Plants from China. Beijing: Science Press: 1-429, pls. 1-118, text-figs. 1-71. (in Chinese)

Takahashi E, 1953b. New occurrence of Dipteridaceae from the Fangtze Coal Field, Shandang (Shantung), China. Journal of Geological Society of Japan, 59 (698): 532. (in Japanese)

Tan Lin (谭琳), Zhu Jianan (朱家楠), 1982. Palaeobotany // Bureau of Geology and Mineral Resources of Inner Mongdia Autonomous Region (ed). The Mesozoic Stratigraphy and Palaeontology of Guyang Coal-bearing Basin, Inner Mongdia Autonomous Region, China. Beijing: Geological Publishing House: 137-160, pls. 33-41. (in Chinese with English title)

Tao Junrong (陶君容), Sun Xiangjun (孙湘君), 1980. The Cretaceous floras of Lindian County, Heilongjiang Province. Acta Botanica Sinica, 22 (1): 75-79, pls. 1, 2. (in Chinese with English summary)

Tao Junrong (陶君容), Xiong Xianzheng (熊宪政), 1986. The latest Cretaceous flora of Heilongjiang Province and the floristic relationship between East Asia and North America. Acta Phytotaxonomica Sinica, 24 (1): 1-15, pls. 1-16, fig. 1; 24 (2): 121-135. (in Chinese with English summary)

Teihard de Chardin P, Fritel P H, 1925. Note sur queques grés Mésozoiques a plantes de la Chine septentrionale. Bulletin de la Société Geologique de France, Series 4, 25 (6): 523-540, pls. 20-24, text-figs. 1-7.

Thomas H H, 1911. On the spores of some Jurassic ferns. Cambridge Philos. Soc. Proc., V. 16, Pt. 4: 384-388.

Thomas H H, 1913. On some new and rare Jurassic plants from Yorkshire: *Eretmophyllum*, a new type of ginkgoalean leaf. Proc. Cam. Phil. Soc., 17: 256-262.

Tidwell W D, 1986. *Millerocaulis*, a new genus with species formerly in *Osmundacaulis* Miller (fossils: Osmundaceae). Sida, 11 (4): 401-405.

Toyama B, Ôishi S, 1935. Notes on some Jurassic plants from Jalai Nur, Province North Hsingan, Manchoukuo. J. Fac Sci Hokkaido Imp Univ, Series 4, 3 (1): 61-77, pls. 3-5, text-figs. 1-4.

Tsao Chengyao (曹正尧), 1965. Fossil plants from the Siaoping Series in Gaoming (Kaoming), Guangdong (Kwangtung). Acta Palaentologica Sinica, 13 (3): 510-528, pls. 1-6, text-figs. 1-14. (in Chinese with English summary)

Tuan Shuying (段淑英), Chen Yeh (陈晔), Keng Kuochang (耿国仓), 1977. Some Early Cretaceous plant from Lhasa, Tibetan Autonomous Region, China. Acta Botanica Sinica, 19 (2): 114-119, pls. 1-3. (in Chinese with English summary)

Turutanova-Ketova A, 1930a, Materials to the knowledge of the Jurassic Flora of the Lake Issyk-Kul basin in the Kirghis USSR. Trav. Mus. Geol. Leningrad, 8: 311-356, pls. 1-5.

Turutanova-Ketova A I, 1930. Jurassic Flora of the Chain Kara-Tau (Tian Shan). Mus. Geol. Travaus, Acad. Sci. USSR, 6: 131-172, pls. 1-6.

Tutida T, 1940-1941. A new species of *Davallia* from the Lower Cretaceous(?) *Lycoptera* beds of Jehol, Manchoukuo. Jubilee Publication in Commemoration of Professor Yabe H's 60th Birthday, 2: 751-754, text-figs. 1-4. (in Japanese)

Unger F, 1849. Einige interessante Pflanzemabdrueecke aus der koenigl Petrefactensammlung in Muenchen. Bot. Zeitung, 7: 345-353, pl. 5.

Vachrameev V A, 1962. Cycadophytes nouveaux du Creetacee preecoce de la Yakoutie: Paleont. Zhur. (3): 123-129.

Vachrameev V A, 1980b. The Mesozoic Gymnosperms of USSR. Moscow: Science Press: 1-124. (in Russian)

Vachrameev V A, Doludenko M P, 1961. Upper Jurassic and Lower Cretaceous flora from the Bureja Basyn and their stratigraphic significances. Trud. Geol. Inst. SSSR, 54: 1-136.

Vachrameev V A, Samylina V A, 1958 The first discovery of a representative of the genus *Pachypteris* in the USSR. Bot. Zhur. SSSR, 43 (11).

Vackrameev V A, 1980a. The Mesozoic higher spolophytes of USSR. Moscow: Science Press: 1-230. (in Russian)

Vackrameev V A, 1980b. The Mesozoic Gymnosperms of USSR. Moscow: Science Press: 1-124. (in Russian)

Vasilevskaia N D, 1960. Novyi rod paporotniks: *Jacutopteris* gen. nov. iz nizhnemelovkh otlozhenii severa Yakutii. Sbornik stateie po paleontologii i biostratigrafii, 22: 63-67.

Wang Guoping (王国平), Chen Qishi (陈其奭), Li Yunting (李云亭), Lan Shanxian (蓝善先), Ju Kuixiang (鞠魁祥), 1982. Kingdom plant (Mesozoic) // Nanjing Institute of Geology and Mineral Resources (ed). Paleontological Atlas of East China: 3 Volume of Mesozoic and Cenozoic. Beijing: Geological Publishing House: 236-294, 392-401, pls. 108-134. (in Chinese with English title)

Wang Lixin (王立新), Xie Zhimin (解志民), Wang Ziqiang (王自强), 1978. On the occurrence of *Pleuromeia* from the Qinshui Basin in Shaanxi Province. Acta Palaeontologica Sinica, 17 (2): 195-212, pls. 1-4, text-figs. 1-3. (in Chinese with English summary)

Wang Longwen (汪龙文), Zhang Renshan (张仁山), Chang Anzhi (常安之), Yan Enzeng (严恩增), Wei Xinyu (韦新育), 1958. Plants // Index Fossil of China. Beijing: Geological Publishing House: 376-380, 468-473, 535-564, 585-599, 603-625, 541-663. (in Chinese)

Wang Rennong (王仁农), Li Guichun (李桂春), Guan Shiqiao (关世桥), Xu Feng (徐峰), Xu Jiamo (徐嘉谟) // Wang Rennong, Li Guichun (eds), 1998. Evolution of Coal Basins and Coal-accumulating Laws in China. Beijing: China Coal Industry Publishing House: 1-186, pls. 1-48, text-figs. 1-56. (in Chinese with English summary)

Wang Shijun (王士俊), 1992. Late Triassic plants from northern Guangdong Province, China. Guangzhou: Sun ya-sen University Press: 1-100, pls. 1-44, text-figs. 1-4. (in Chinese with English summary)

Wang Wuli, (王五力), Zhang Hong (张宏), Zhang Lijun (张立君), Zheng Shaolin (郑少林), Yang Fanglin (杨芳林), Li Zhitong (李之彤), Zheng Yuejuan (郑月娟), Ding Qiuhong (丁秋红), 2004. Standard Sections of Tuchengzi Stage and Yixian Stage and their Stratigraphy, Palaeontology and Tectoni-volcanic Actions. Beijing: Geological Publishing House: 1-514, pls. 1-37. (in Chinese with English summary)

Wang Xifu (王喜富), 1984. A supplement of Mesozoic plants from Hebei // Tianjin Institute of Geology and Mineral Resources (ed). Palaeontological Atlas of North China: Ⅱ Mesozoic. Beijing: Geological Publishing House: 297-302, pls. 174-178. (in Chinese)

Wang Xin (王鑫), 1995. Study on the Middle Jurassic flora of Tongchuan, Shaanxi Province. Chinese Journal of Botany, 7 (1): 81-88, pls. 1-3.

Wang Yongdong (王永栋). 1999. Fertile organs and in situ spores of *Marattia asiatica* (Kawasaki) Harris (Marattiales) from the Lower Jurassic Hsiangchi Formation in Hubei, China. Review of Palaeobotany and Palynology, 107 (3-4): 125-134, pls. 1-4.

Wang Yongdong (王永栋), 2002. Fern ecologicol implications from the Lower Jurassic in western Hubei, China. Review of Palaeobotany and Palynology, 119 (2002): 125-141, pls. 1-5.

Wang Yongdong (王永栋), Cao Zhengyao (曹正尧), Thévenard Frédéric, 2005. Additional data on *Todites* (Osmundaceae) from the Lower Jurassic: with special references to the paleogeographical and stratigraphical distributions in China. Geobios, 38: 823-841.

Wang Yongdong (王永栋), Mei Shengwu (梅盛武), 1999a. Fertile organs and in situ spores of a matoniaceous fern from the Lower Jurassic of West Hubei. Chinese Science Bulletin, 44 (4): 412-416, figs. 1-3. (in Chinese)

Wang Yongdong (王永栋), Mei Shengwu (梅盛武), 1999b. Fertile organs and in situ spores of a matoniaceous fern from the Lower Jurassic of West Hubei. Chinese Science Bulletin, 44

(14):1333-1337,figs. 1-3. (in English)
Wang Ziqiang (王自强),1983a. A new species of Pteridiaceae: *Pteridium dachingshanense*. Palaeobotanist,31 (1):45-51,pls. 50,51,text-figs. 1-3.
WangZiqiang (王自强),1983c. *Osmundacaulis hebeiensis*,a new species of fossil rhizomes from the Middle Jurassic of China. Review of Palaeobtany and Palynology,39:87-107,pls. 1-4, figs. 1-5.
Wang Ziqiang (王自强),1984. Plant kingdom// Tianjin Institute of Geology and Mineral Resources (ed). Palaeontological Atlas of North China: Ⅱ Mesozoic. Beijing: Geological Publishing House:223-296,367-384,pls. 108-174. (in Chinese with English title)
Wang Ziqiang (王自强),Wang Lixin (王立新),1989b. Headway made in the studies of fossil plants from the Shiqianfeng Group in North China. Shanxi Geology,4 (3):283-298,pls. 1-4. (in Chinese with English summary)
Wang Ziqiang (王自强),Wang Lixin (王立新),1990a. Late Early Triassic fossil plants from upper part of the Shiqianfeng Group in North China. Shanxi Geology,5 (2):97-154,pls. 1-26,figs. 1-7. (in Chinese with English summary)
Wang Ziqiang (王自强),Wang Lixin 王立新),1990b. A new plant assemblage from the bottom of the Middle Triassic Ermaying Formation. Shanxi Geology,5 (4):303-315,pls. 1-10,figs. 1-5. (in Chinese with English summary)
Wang Ziqiang (王自强),Wang Pu (王璞),1979. Notes on the Late Mesozoic formations and fossils from Tuoli-Dahuichang area in western Beijing. Acta Stratigraphica Sinica,3 (1): 40-50,pl. 1. (in Chinese)
Ward L F,1899. The Cretaceous formation of the Black Hills as indicated by the fossil plants. US Geol. Surv,19th Ann. Rep.,Pt. 2:523-712,pls. 57-172.
Ward L F,1905. Status of the Mesozoic floras of the United States (2d Paper): US Geol. Surv. Mon.,48,Pt. 1:1-616;Pt. 2:pls. 119.
Watt Arthur D. 1982. Index of generic names of fossil plants (1974-1978). US Geol. Surv. Bull. (1517):1-63.
Weiss C E,1869-1872. Fossile der jungsten Steinkohlenformation und des Rothliegenden im Saar-Rhein-Gebiete. Pt. 1: 1-100, pls. 1-12 (1869); Pt. 2: No. 1, 2: 101-212, pls. 13-20 (1871);Pt. 2:No. 3:213-250 (1872).
Wu Shuibo (吴水波),Sun Ge (孙革),Liu Weizhou (刘渭州),Xie Xueguang (谢学光),Li Chuntian (李春田),1980. The Upper Triassic of Tuopangou,Wangqing of eastern Jilin. Journal of Stratigraphy,4 (3):191-200,pls. 1,2,text-figs. 1-5. (in Chinese with English title)
Wu Shunching (吴舜卿),1966. Notes on some Upper Triassic plants from Anlung,Kweichow. Acta Palaeontologica Sinica,14 (2):233-241,pls. 1,2. (in Chinese with English summary)
Wu Shunqing (吴舜卿),1995. Lower Jurassic plants from Tariqike Formation,northern Tarim Basin. Acta Palaeontologica Sinica, 34 (4): 468-474, pls. 1-3. (in Chinese with English summary)
Wu Shunqing (吴舜卿),1999a. A preliminary study of the Jehol flora from western Liaoning. Palaeoworld,11:7-57,pls. 1-20. (in Chinese with English summary)
Wu Shunqing (吴舜卿),1999b. Upper Triassic plants from Sichuan. Bulletin of Nanjing Institute of Geology and Palaeontology,Chinese Academy of Sciences,14:1-69,pls. 1-52,fig. 1.

(in Chinese with English summary)

Wu Shunqing (吴舜卿),2000. Early Cretaceous plants from Hongkong. Chinese Bulletin of Botany,17 (Special Issue):218-228,pls. 1-8. (in Chinese with English summary)

Wu Shunqing (吴舜卿),2001. Land plants//Chang Meemann (editor-in-chief). The Jehol Biota. Shanghai: Shanghai Scientific and Technical Publishers: 1-150, figs. 1-183. (in Chinese)

Wu Shunqing (吴舜卿),2003. Land plants//Chang Meemann (editor-in-chief). The Jehol Biota. Shanghai:Shanghai Scientific and Technical Publishers:1-208,figs. 1-268. (in English)

Wu Shunqing (吴舜卿),Lee C M (李作明),Lai K W (黎权伟),He Guoxiong (何国雄),Liao Zhuoting (廖卓庭),1997. Discovery of Early Jurassic plants from Tai O,Hongkong//Lee C M,Chen Jinghua,He Guoxiong (eds). Stratigraphy and palaeontology of Hongkong:I. Beijing:Science Press:163-174,pls. 1-5,fig. 1. (in Chinese)

Wu Shunqing (吴舜卿),Teng Leiming (滕雷鸣),Hu Weizheng (胡为政),1988. Notes on some Upper Triassic plants from Changshu,Jiangsu. Acta Palaeontologica Sinica,27 (1): 103-110,pls. 1,2. (in Chinese with English summary)

Wu Shunqing (吴舜卿),Ye Meina (叶美娜),Li Baoxian (厉宝贤),1980. Upper Triassic and Lower and Middle Jurassic plants from Hsiangchi Group, western Hubei. Memoirs of Nanjing Institute of Geology and Palaeontology,Chinese Academy of Sciences,14:63-131, pls. 1-39,text-fig. 1. (in Chinese with English summary)

Wu Shunqing (吴舜卿),Zhong Duan (钟端),Zhao Peirong (赵培荣),2000. Appearance of Yenchang flora in Tarim with discussion on the west terminal of Late Triassic phytogeographical boundary of China. Journal of Stratigraphy,24 (4)(Special Issue):303-306,pls. 1,2. (in Chinese with English summary)

Wu Shunqing (吴舜卿),Zhou Hanzhong (周汉忠),1986. Early Liassic plants from East Tianshan Mountains. Acta Palaeontologica Sinica,25 (6):636-647,pls. 1-6. (in Chinese with English summary)

Wu Shunqing (吴舜卿),Zhou Hanzhong (周汉忠),1990. A preliminary study of Early Triassic plants from South Tianshan Mountains. Acta Palaeontologica Sinica,29 (4):447-459, pls. 1-4. (in Chinese with English summary)

Wu Shunqing (吴舜卿),Zhou Hanzhong (周汉忠),1996. A preliminary study of Middle Triassic plants from northern margin of the Tarim Basin. Acta Palaeontologica Sinica, 35 (Supplement):1-13,pls. 1-15. (in Chinese with English summary)

Wu Xiangwu (吴向午),1982a. Fossil plants from the Upper Triassic Tumaingela Formation in Amdo-Baqen area,northern Xizang//The Comprehensive Scientific Expedition Team to the Qinghai-Tibet Plateau, Chinese Academy of Sciences (ed). Palaeontology of Tibet: V. Beijing:Science Press:45-62,pls. 1-9. (in Chinese with English summary)

Wu Xiangwu (吴向午),1982b. Late Triassic plants from eastern Tibet//The Comprehensive Scientific Expedition Team to the Tibet-Xizang Plateau, Chinese Academy of Sciences (ed). Palaeontology of Xizang:V. Beijing:Science Press:63-109,pls. 1,20,text-figs. 1-4. (in Chinese with English summary)

Wu Xiangwu (吴向午),1988. Some plants of Bennettitales from Middle Jurassic Hsiangchi Formation in West Hubei,China. Acta Palaeontologica Sinica,27 (6):751-759,pls. 1-5.

(in Chinese with English summary)
Wu Xiangwu (吴向午), 1993a. Record of Generic Names of Mesozoic Megafossil Plants from China (1865-1990). Nanjing: Nanjing University Press: 1-250. (in Chinese with English summary)
Wu Xiangwu (吴向午), 1993b. Index of Generic Names Founded on Mesozoic-Cenozoic specimens from China in 1865-1990. Acta Palaeontologica Sinica, 32 (4): 495-524. (in Chinese with English summary)
Wu Xiangwu (吴向午), 2006. Record of Mesozoic-Cenozoic megafossil plant generic names founded on Chinese specimens (1991-2000). Acta Palaeontologica Sinica, 45 (1): 114-140 (in Chinese with English abstract)
Wu Xiangwu (吴向午), Deng Shenghui (邓胜徽), Zhang Yaling (张亚玲), 2002. Fossil plants from the Jurassic of Chaoshui Basin, Northwest China. Palaeoworld, 14: 136-201, pls. 1-17. (in Chinese with English summary)
Wu Xiangwu (吴向午), He Yuanliang (何元良), 1990. Fossil plants from the Late Triassic Jiezha Group in Yushu region, Qinghai // Qinghai Institute of Geological Sciences, Nanjing Institute of Geology and Palaeontology, Chinese Academy of Sciences (eds). Devonian-Triassic Stratigraphy and Palaeontology from Yushu Region of Qinghai, China: Part I. Nanjing: Nanjing University Prees: 289-324, pls. 1-8, figs. 1-6. (in Chinese with English summary)
Wu Xiangwu (吴向午), Li Baoxian (厉宝贤), 1992. A study of some bryophytes from Middle Jurassic Qiaoerjian Formation in Yuxian district of Hebei, China. Acta Palaeontologica Sinica, 31 (3): 257-279, pls. 1-6, text-figs. 1-8. (in Chinese with English summary)
Xiao Zongzheng (萧宗正), Yang Honglian (杨鸿连), Shan Qingsheng (单青生), 1994. The Mesozoic Stratigraphy and Biota of the Beijing area. Beijing: Geological Publishing House: 1-133, pls. 1-20. (in Chinese with English title)
Xie Mingzhong (谢明忠), Sun Jingsong (孙景嵩), 1992. Flora from Xiahuayuan Formation in Xuanhua Coal Field in Hebei. Coal Geology of China, 4 (4): 12-14, pl. 1. (in Chinese with English title)
Xiu Shengcheng (修申成), Yao Yimin (姚益民), Tao Minghua (陶明华), et al., 2003. Jurassic System in the North of China: V Ordos Stratigraphic Region. Beijing: Petroleum Industry Press: 1-162, pls. 1-18. (in Chinese with English summary)
Xu Fuxiang (徐福祥), 1975. Fossil plants from the coal field in Tianshui, Gansu. Journal of Lanzhou University (Natural Sciences) (2): 98-109, pls. 1-5. (in Chinese)
Xu Fuxiang (徐福祥), 1986. Early Jurassic plants of Jingyuan, Gansu. Acta Palaeontologica Sinica, 25 (4): 417-425, pls. 1, 2, text-fig. 1. (in Chinese with English summary)
Xu Kun (许坤), Yang Jianguo (杨建国), Tao Minghua (陶明华), Liang Hongde (梁鸿德), Zhao Chuanben (赵传本), Li Ronghui (李荣辉), Kong Hui (孔慧), Li Yu (李瑜), Wan Chuanbiao (万传彪), Peng Weisong (彭维松), 2003. Jurassic System in the North of China: Ⅶ The Stratigraphic Region of Northeast China. Beijing: Petroleum Industry Press: 1-261, pls. 1-22. (in Chinese with English summar)
Yabe H, 1905. Mesozoic plants from Korea. Journ. Coll. Sci., Imp. Univ. Tokyo, Vol. XX, Art. 8.

Yabe H,1908. Jurassic plants from Taojiatun (Tao-Chia-Tun),China. Japanese Journal of Geology and Geography,21 (1):1-10,pls. 1,2.

Yabe H,1922. Notes on some Mesozoic plants from Japan,Korea and China. Science Reports of Tohoku Imperial University Sendai,Series 2 (Geology),7 (1):1-28,pls. 1-4,text-figs. 1-26.

Yabe H,Endo S,1927. *Salvinia* from the Honkeiko Group of the Honkeiko Coal Field,South Manchuria. Japanese Journal of Geology and Geography,5 (3):113-115,text-figs. 1-3.

Yabe H, Hayasaka I, 1920. Palaeontology of southern China // Tokyo Geographical Society. Tokyo:Reports of Geographical Research of China (1911-1916),3:1-222,pls. 1-28.

Yabe H, Ôishi S, 1928. Jurassic plants from the Fangzi (Fang-Tzu) Coal Field, Shandong (Shantung). Japanese Journal of Geology and Geography,6 (1-2):1-14,pls. 1-4.

Yabe H,Ôishi S,1929b. Jurassic plants from Fangzi (Fang-Tzu) Coal Field,Shandong (Shantung). Japanese Journal of Geology and Geography,6 (3-4):103-106,pl. 26.

Yabe H,Ôishi S,1933. Mesozoic plants from Manchuria. Science Reports of Tohoku Imperial University,Sendai,Series 2 (Geology),12 (2):195-238,pls. 1-6,text-fig. 1.

Yang Xianhe (杨贤河),1978. The vegetable kingdom (Mesozoic) //Chengdu Institute of Geology and Mineral Resources (The Southwest China Institute of Geological Science)(ed). Atlas of Fossils of Southwest China, Sichuan Volume: Ⅱ Carboniferous to Mesozoic. Beijing:Geological Publishing House:469-536,pl. 156-190. (in Chinese with English title)

Yang Xianhe (杨贤河),1982. Notes on some Upper Triassic plants from Sichuan Basin// Compilatory Group of Continental Mesozoic Stratigraphy and Palaeontology in Sichuan Basin (ed). Continental Mesozoic Stratigraphy and Palaeontology in Sichuan Basin of China: Part Ⅱ Paleontological Professional Papers. Chengdu:People's Publishing House of Sichuan:462-490,pls. 1-16. (in Chinese with English title)

Yang Xianhe (杨贤河),1987. Jurassic plants from the Lower Shaximiao Formation of Rongxian,Sichuan. Bulletin of the Chengdu Institute of Geology and Mineral Resources,Chinese Academy of Geological Sciences,8:1-16,pls. 1-3. (in Chinese with English summary)

Yang Xiaoju (杨小菊),2002. A new species of Gleichenites (Filicopsioda) from Early Cretaceous Muling Formation in Jixi, Heilongjiang. Acta Palaeontologica Sinica, 41 (2): 259-264,pl. 1,text-fig. 1. (in Chinese with English summary)

Yang Xiaoju (杨小菊),2003. New material of fossil plants from the Early Cretaceous Muling Formation of Jixi Basin,eastern Heilongjiang Province,China. Acta Palaeontologica Sinica,42 (4):561-584,pls. 1-7. (in English with Chinese summary)

Yang Xuelin (杨学林),Lih Baoxian (厉宝贤),Li Wenben (黎文本),Chow Tseyen (周志炎), Wen Shixuan (文世宣),Chen Peichi (陈丕基),Yeh Meina (叶美娜),1978. Younger Mesozoic continental strata of the Jiaohe Basin,Jilin. Acta Stratigraphica Sinica,2 (2): 131-145,pls. 1-3,text-figs. 1-3. (in Chinese)

Yang Xuelin (杨学林), Sun Liwen (孙礼文), 1982a. Fossil plants from the Shahezi and Yingchen formations in southern part of the Songhuajiang-Liaohe Basin,northeast China. Acta Palaeontologica Sinica,21 (5):588-596,pls. 1-3,text-figs. 1-3. (in Chinese with English summary)

Yang Xuelin (杨学林),Sun Liwen (孙礼文),1982b. Early-Middle Jurassic Coal-bearing de-

posits and flora from the southeastern part of Da Hinggan Ling,China. Coal Geology of Jilin,1982 (1):1-67.(in Chinese with English summar)

Yang Xuelin (杨学林),Sun Liwen (孙礼文),1985. Jurassic fossil plants from the southern part of Da Hinggan Ling,China. Bulletin of the Shenyang Institute of Geology and Mineral Resources,Chinese Academy of Geological Sciences,12:98-111,pls. 1-3,figs. 1-5.(in Chinese with English summary)

YangZunyi (杨遵仪),Yin Hongfu (殷洪福),Xu Guirong (徐桂荣),Wu Shunbao (吴顺宝),He Yuanliang (何元良),Liu Guangcai (刘广才),Yin Jiarun (阴家润),1983. Triassic of the South Qilian Mountains. Beijing:Geological Publishing House:1-224,pls. 1-29.(in Chinese with English summary)

Yao Huazhou (姚华舟),Sheng Xiancai (盛贤才),Wang Dahe (王大河),Feng Shaonan (冯少南),2000. New material of Late Triassic plant fossils in the Yidun Island-arc Belt,western Sichuan. Regional Geology of China,19 (4):440-444,pls. 1-3.(in Chinese with English title)

Ye Meina (叶美娜),1979. On some Middle Triassic plants from Hebei (Hupeh) and Sichuan (Szechuan). Acta Palaeontologica Sinica,18 (1):73-81,pls. 1,2,text-fig. 1.(in Chinese with English summary)

Ye Meina (叶美娜),1981. On the preparation methods of fossil cuticle//Palaeontological Society of China (ed). Selected papers of the 12th Annual Conference of the Palaeontogical Society of China. Beijing:Science Press:170-179,pls. 1,2.(in Chinese with English title)

Ye Meina (叶美娜),Liu Xingyi (刘兴义),Huang Guoqing (黄国清),Chen Lixian (陈立贤),Peng Shijiang (彭时江),Xu Aifu (许爱福),Zhang Bixing (张必兴),1986. Late Triassic and Early-Middle Jurassic fossil plants from northeastern Sichuan. Hefei:Anhui Science and Technology Publishing House:1-141,pls. 1-56.(in Chinese with English summary)

Yokoyama M,1889. Jurassic plants from kaga and Echizen. Tokyo Univ. Coll. Sci. Jour.,V. 3,Pt. 1:1-66,pls. 1-14.

Yokoyama M,1906. Mesozoic plants from China. Journal of College of Sciences,Imperial University,Tokyo,21 (9):1-39,pls. 1-12,text-figs. 1,2.

Yuan Xiaoqi (袁效奇),Fu Zhiyan (傅智雁),Wang Xifu (王喜富),He Jing (贺静),Xie Liqin (解丽琴),Liu Suibao (刘绥保),2003. Jurassic System in the North of China:Ⅵ The Stratigraphic Region of North China. Beijing:Petroleum Industry Press:1-165,pls. 1-28.(in Chinese with English summary)

Zeiller R,1902-1903. Flore fossile des gîtes de charbon du Tonkin. Etudes des gîtes mineraux de la France,1903:1-328;1902:pls. 1-56,text-figs. 1-4.

Zeiller R,1914. Sur quelques plantes Wealdiennes recueilles au Peru. Rev. Gen. Bot.,25.

Zeng Yong (曾勇),Shen Shuzhong (沈树忠),Fan Bingheng (范炳恒),1995. Flora from the Coal-bearing strata of Yima Formation in western Henan. Nanchang:Jiangxi Science and Technology Publishing House:1-92,pls. 1-30,figs. 1-9.(in Chinese with English summary)

Zhang Caifan (张采繁),1982. Mesozoic and Cenozoic plants//Geological Bureau of Hunan (ed). The Palaeontological Atlas of Hunan. People's Republic of China,Ministry of Geology and Mineral Resources. Geological Memoirs,2 (1):521-543,pls. 334-358.(in Chinese)

Zhang Caifan (张采繁),1986. Early Jurassic flora from eastern Hunan. Professional Papers of

Stratigraphy and Palaeontology,14:185-206,pls. 1-6,figs. 1-10. (in Chinese with English summary)

Zhang Chuanbo (张川波),1986. The middle-late Early Cretaceous strata in Yanji Basin,Jilin Province. Journal of the Changchun Geological Institute (2):15-28,pls. 1,2,figs. 1-3. (in Chinese with English summary)

Zhang Chuanbo (张川波),Zhao Dongpu (赵东甫),Zhang Xiuying (张秀英),Ding Qiuhong (丁秋红),Yang Chunzhi (杨春志),Shen De'an (沈德安),1991. The Coal-bearing horizon of the Late Mesozoic in the eastern edge of the Songliao Basin,Jilin Province. Journal of Changchun University of Earth Sciences,21 (3):241,249,pls. 1,2. (in Chinese with English summary)

Zhang Hanrong (张汉荣),Fan Wenzhong (范文仲),Fan Heping (范和平),1988. The Jurassic Coal-bearing strata of the Yuxian area,Hebei. Journal of Stratigraphy,12 (4):281,289,pls. 1,2,figs. 1,2. (in Chinese with English title)

Zhang Hong (张泓),Li Hengtang (李恒堂),Xiong Cunwei (熊存卫),Zhang Hui (张慧),Wang Yongdong (王永栋),He Zonglian (何宗莲),Lin Guangmao (蔺广茂),Sun Bainian (孙柏年),1998. Jurassic Coal-bearing strata and Coal Auucmulation in Northwest China. Beijing:Geological Publishing House:1-317,pls. 1-100. (in Chinese with English summary)

Zhang Jihui (张吉惠),1978. Plants// Stratigraphical and Geological Working Team,Guizhou Province (ed). Fossil Atlas of Southwest China,Guizhou Volume:Ⅱ. Beijing:Geological Publishing House:458-491,pls. 150-165. (in Chinese)

Zhang Wu (张武),1982. Late Triassic fossil plants from Lingyuan County,Liaoning Province. Bulletin of the Shenyang Institute of Geology and Mineral Resources,Chinese Academy of Geological Sciences,3:187-196,pls. 1,2,text-figs. 1-6. (in Chinese with English summary)

Zhang Wu (张武),Chang Chichen (张志诚),Chang Shaoquan (常绍泉),1983. Studies on the Middle Triassic plants from Linjia Formation of Benxi,Liaoning Provence. Bulletin of the Shenyang Institute of Geology and Mineral Resources,Chinese Academy of Geological Sciences,8:62-91,pls. 1-5,text-figs. 1-12. (in Chinese with English summary)

Zhang Wu (张武),Zhang Zhicheng (张志诚),Zheng Shaolin (郑少林),1980. Phyllum Pteridophyta,subphyllum Gymnospermae // Shenyang Institute of Geology and Mineral Resources (ed). Paleontological Atlas of Northeast China:Ⅱ Mesozoic and Cenozoic. Beijing:Geological Publishing House:222-308,pls. 112-191,text-figs. 156-206. (in Chinese with English title)

Zhang Wu (张武),Zheng Shaolin (郑少林),1984. New fossil plants from the Laohugou Formation (Upper Triassic) in the Jinlingsi-Yangshan Basin,western Liaoning. Acta Palaeontologica Sinica,23 (3):383-393,pls. 1-3. (in Chinese with English summary)

Zhang Wu (张武),Zheng Shaolin (郑少林),1987. Early Mesozoic fossil plants in western Liaoning,Northeast China// Yu Xihan,et al. (eds). Mesozoic Stratigraphy and Palaeontology of Western Liaoning:3. Beijing:Geological Publishing House:239-338,pls. 1-30,figs. 1-42. (in Chinese with English summary)

Zhang Wu (张武),Zheng Shaolin (郑少林),1991. A new species of osmundaceous rhizome from Middle Jurassic of Liaoning,China. Acta Palaeontologica Sinica,30 (6):714-727,pls. 1-5,text-figs. 1-5. (in Chinese with English summary)

Zhang Zhenlai (张振来), Xu Guanghong (徐光洪), Niu Zhijun (牛志军), Meng Fansong (孟繁松), Yao Huazhou (姚华舟), Huang Zhaoxian (黄照先), 2002. Wang Xiaofeng, et al. Protection of Precise Geological Remains in the Yangtze Gorges Area, China with the Study of the Archean-Mesozoic Multiple Stratigraphic Subdivision and Sea-level Change. Beijin: Geological Publishing House: 229-266, pls. 1-21. (in Chinese)

Zhang Zhicheng (张志诚), 1987. Fossil plants from the Fuxin Formation in Fuxin district, Liaoning Province// Yu Xihan, et al. (eds). Mesozoic stratigraphy and palaeontology of western Liaoning: 3. Beijing: Geological Publishing House: 369-386, pls. 1-7. (in Chinese with English summary)

Zhang Zhicheng (张志诚), Xiong Xianzheng (熊宪政), 1983. Fossil plants from the Dongning Formation of the Dongning Basin, Heilongjiang Province and their significance. Bulletin of the Shenyang Institute of Geology and Mineral Resources, Chinese Academy of Geological Sciences, 7: 49-66, pls. 1-7. (in Chinese with English summary)

Zhao Liming (赵立明), Tao Junrong (陶君容), 1991. Fossil plants from Xingyuan Formation, Pingzhuang, Chifeng, Tibet. Acta Botanica Sinica, 33 (12): 963-967, pls. 1, 2. (in Chinese with English summary)

Zhao Yingcheng (赵应成), Wei Dongtao (魏东涛), Ma Zhiqiang (马志强), Yan Cunfeng (阎存凤), Liu Yongchang (刘永昌), Zhang Haiquan (张海泉), Li Zaiguang (李在光), Yuan Shenghu (袁生虎), 2003. Jurassic System in the North of China: Ⅳ Qilian Stratigraphic Region. Beijing: Petroleum Industry Press: 1-239, pls. 1-10. (in Chinese with English summar)

Zheng Shaolin (郑少林), Liang Zihua (梁子华), 1995. New data of the Chenzihe Formation and their stratigraphical significance. Journal of Statigraphy, 19 (1): 1-8, pl. 1, figs. 1, 2. (in Chinese with English summary)

Zheng Shaolin (郑少林), Zhang Wu (张武), 1982a. New material of the Middle Jurassic fossil plants from western Liaoning and their stratigraphic significance. Bulletin of the Shenyang Institute of Geology and Mineral Resources, Chinese Academy of Geological Sciences, 4: 160-168, pls. 1, 2, text-fig. 1. (in Chinese with English summary)

Zheng Shaolin (郑少林), Zhang Wu (张武), 1982b. Fossil plants from Longzhaogou and Jixi groups in eastern Heilongjiang Province. Bulletin of the Shenyang Institute of Geology and Mineral Resources, Chinese Academy of Geological Sciences, 5: 227-349, pls. 1-32, text-figs. 1-17. (in Chinese with English summary)

Zheng Shaolin (郑少林), Zhang Wu (张武), 1983a. Middle-late Early Cretaceous flora from the Boli Basin, eastern Heilongjiang Province. Bulletin of the Shenyang Institute of Geology and Mineral Resources, Chinese Academy of Geological Sciences, 7: 68-98, pls. 1-8, text-figs. 1-16. (in Chinese with English summary)

Zheng Shaolin (郑少林), Zhang Wu (张武), 1983b. A new genus of Pteridiaceae from Late Jurassic East Heilongjiang Province. Acta Botanica Sinica, 25 (4): 380-384, pls. 1, 2. (in Chinese with English summary)

Zheng Shaolin (郑少林), Zhang Wu (张武), 1986b. New discovery of Early Triassic fossil plants from western Liaoning Province. Bulletin of the Shenyang Institute of Geology and Mineral Resources, Chinese Academy of Geological Sciences, 14: 173-184, pls. 1-4, figs.

1-3. (in Chinese with English summary)

Zheng Shaolin (郑少林), Zhang Wu (张武), 1989. New materials of fossil plants from the Nieerku Formation at Nanzamu district of Xinbin County, Liaoning Province. Liaoning Geology (1): 26-36, pl. 1, figs. 1, 2. (in Chinese with English summary)

Zheng Shaolin (郑少林), Zhang Wu (张武), 1990. Early and Middle Jurassic fossil flora from Tianshifu, Liaoning. Liaoning Geology (3): 212-237, pls. 1-6, fig. 1. (in Chinese with English summary)

Zheng Shaolin (郑少林), Zhang Wu (张武), 1996. Early Cretaceous flora from central Jilin and northern Liaoning, Northeast China. Palaeobotanist, 45: 378-388, pls. 2-4, text-fig. 1.

Zheng Shaolin (郑少林), Zhang Ying (张莹), 1994. Cretaceous plants from Songliao Basin, Northeast China. Acta Palaeontologica Sinica, 33 (6): 756-764, pls. 1-4. (in Chinese with English summary)

Zhou Huiqin (周惠琴), 1981. Discovery of the Upper Triassic flora from Yangcaogou of Beipiao, Liaoning// Palaeontological Society of China (ed). Selected papers from 12th Annual Conference of the Palaeontological Society of China. Beijing: Science Press: 147-152, pls. 1-3, text-fig. 1. (in Chinese with English title)

Zhou Tongshun (周统顺), 1978. On the Mesozoic Coal-bearing strata and fossil plants from Fujian Province. Professional Papers of Stratigraphy and Palaeontology, 4: 88-134, pls. 15-30, text-figs. 1-5. (in Chinese)

Zhou Tongshun (周统顺), Zhou Huiqin (周惠琴), 1986. Fossil plants// Institute of Geology, Chinese Academy of Geological Sciences, Institute of Geology, Xinjiang Bureau of Geology and Mineral Resources (eds). Permian and Triassic strata and fossil assemblages in the Dalongkou area of Jimsar, Xinjiang. Ministry of Geology and Mineral Resources, Geological Memoirs, People's Republic of China, Series 2, Number 3: 39-69, pls. 5-20, figs. 1-10. (in Chinese with English summary)

Zhou Xianding (周贤定), 1988. *Jiangxifolium*, a new genus of fossil plants from Anyuan Formation in Jiangxi. Acta Palaeontologica Sinica, 27 (1): 125-128, pl. 1, text-fig. 1. (in Chinese with English summary)

Zhou Zhiyan (周志炎), 1984. Early Liassic Plants from southeastern Hunan, China. Palaeontologia Sinica, Whole Number 165, New Series A, 7: 1-91, pls. 1-34, text-figs. 1-14. (in Chinese with English summary)

Zhou Zhiyan (周志炎), 1989. Late Triassic plants form Shanqiao, Hengyang, Hunan Province. Palaeontologia Cathayana, 4: 131-197, pls. 1-15, text-figs. 1-46.

Zhou Zhiyan (周志炎), 2007. Some important concerns about nomenclature of fossil plants in China, with reference to relevant articles of the *Vienna Code*. Acta Palaeontologica Sinica, 46 (4): 387-393 (in Chinese with English abstract)

Zhou Zhiyan (周志炎), Li Baoxian (厉宝贤), 1979. A preliminary study of the Early Triassic plants from the Qionghai district, Hainan Island. Acta Palaeontologica Sinica, 18 (5): 444-462, pls. 1, 2, text-figs. 1, 2. (in Chinese with English summary)

Zhou Zhiyan (周志炎), Liu Xiuying (刘秀英), 1986. *Scleropteris tibetica*, a schizeaceous fern from the Lower Cretaceous of East Tibet (Xizang). Science Bulletin (Kexue Tongbao), 31 (5): 369-371, text-fig. 1. (in Chinese)

Zhou Zhiyan (周志炎), Liu Xiuying (刘秀英), 1987. *Scleropteris tibetica*, a schizeaceous fern from the Lower Cretaceous of East Tibet (Xizang). Science Bulletin (Kexue Tongbao), 32 (6): 399-401, text-fig. 1. (in English)

Zhou Zhiyan (周志炎), Wu Xiangwu (吴向午) (eds), 2002. Chinese Bibliography of Palaeobotany (Megafossils) (1865-2000). Hefei: University of Science and Technology of China Press. (in Chinese and English)

Zhou Zhiyan (周志炎), Wu Yimin (吴一民), 1993. Upper Gondwana plants from the Puna Formation, southern Tibet (Xizang). Palaeobotanist, 42 (2): 120-125, pl. 1, text-figs. 1-4.